"十三五"国家重点图书
大数据科学丛书

高斯误差条件下广义最小二乘估计理论与方法：针对线性观测模型

王鼎　唐涛　孙晨　李崇　编著

高等教育出版社·北京

图书在版编目（C I P）数据

高斯误差条件下广义最小二乘估计理论与方法：针对线性观测模型 / 王鼎等编著 . -- 北京：高等教育出版社，2020. 12

（“十三五”国家重点图书大数据科学丛书）

ISBN 978-7-04-054281-3

Ⅰ. ①高… Ⅱ. ①王… Ⅲ. ①最小二乘法 - 研究 Ⅳ. ① O241. 5

中国版本图书馆 CIP 数据核字（2020）第 105974 号

GAOSI WUCHA TIAOJIAN XIA GUANGYI ZUIXIAO ERCHENG GUJI LILUN YU FANGFA

策划编辑 冯 英　　责任编辑 冯 英　　封面设计 张志奇　　版式设计 杨 树
责任校对 刘娟娟　　责任印制 朱 琦

出版发行	高等教育出版社	咨询电话	400-810-0598
社　　址	北京市西城区德外大街4号	网　　址	http://www.hep.edu.cn
邮政编码	100120		http://www.hep.com.cn
印　　刷	保定市中画美凯印刷有限公司	网上订购	http://www.hepmall.com.cn
开　　本	787mm×1092mm 1/16		http://www.hepmall.com
印　　张	24.75		http://www.hepmall.cn
字　　数	510 千字	版　　次	2020 年12月第 1 版
插　　页	4	印　　次	2020 年12月第 1 次印刷
购书热线	010-58581118	定　　价	98.00 元

本书如有缺页、倒页、脱页等质量问题，请到所购图书销售部门联系调换

物 料 号 54281-00

前言

最小二乘估计方法是一类十分重要的参数估计方法, 主要用于解决超定系统未知参量估计问题。自问世以来, 全世界许多科学家、学者和工程技术人员对该理论和方法展开深入研究, 涉及领域包括数理统计、数学优化、计算物理、计算化学、材料科学、建筑科学、计量经济、医学影像、信息科学、通信网络、信号处理、雷达探测、控制理论、土木工程、航天航空、导航遥测、地震勘测等。

经过多年发展, 对各类广义和修正最小二乘估计问题的研究方兴未艾, 各种闭式型和迭代型算法层出不穷, 最小二乘估计方法已成为一种非常通用的参数估计技术。然而, 虽然该类方法具有很强的普适性, 但是系统论述其理论的书籍并不多见, 很多著作或教材仅将最小二乘估计方法作为书中一个章节进行介绍, 内容不够全面和深入。

近年来, 笔者一直为研究生开设"信号处理中的广义最小二乘估计理论与方法"课程, 并且长期从事统计信号处理领域的科研工作, 因此本书的内容融合了课程内容和最新的研究成果。需要指出的是, 最小二乘估计方法中的观测模型可分为线性观测模型与非线性观测模型两大类。针对这两类观测模型的最小二乘估计方法是不同的, 本书主要针对线性观测模型进行讨论, 笔者的后续著作将针对非线性观测模型展开论述。

本书侧重最小二乘估计理论和应用的优化模型建立、求解及其统计性能分析, 主要内容包括 (加权) 线性最小二乘估计理论与方法、(加权) 总体最小二乘估计理论与方法、含等式约束的 (加权) 总体最小二乘估计理论与方法、约束总体最小二乘估计理论与方法、基于秩亏损的结构总体最小二乘估计理论与方法、基于 2-范数的结构总体最小二乘估计理论与方法、线性贝叶斯估计理论与方法以及线性卡尔曼滤波方法等。针对每一类最小二乘估计问题, 重点描述其中的观测模型、参数估计优化模型、数值优化算法、估计器的几何意义, 以及估计值的统计特性, 并配有相应的数值例子或应用实例。

本书由王鼎、唐涛、孙晨和李崇共同执笔完成, 王鼎对全书进行了统一校对和修改。在编著过程中借鉴和参考了大量著作和论文, 在此向这些论著的作者表示最诚挚的谢意。

本书得到了“十三五国家重点图书规划”项目和“战略支援部队信息工程大学重点教材建设项目”的支持。此外，本书的出版还得到了各级领导和高等教育出版社的支持，在此一并感谢。

限于作者水平，书中难免有疏漏和不妥之处，恳请读者批评指正。如果读者对书中的内容有所疑问，敬请通过电子信箱 (wang_ding814@aliyun.com) 与作者联系，望不吝赐教。

作者

2020 年 6 月于郑州

数学符号表

$\boldsymbol{A}^{\mathrm{T}}$	矩阵 $\boldsymbol{A}$ 的转置
$\boldsymbol{A}^{-1}$	矩阵 $\boldsymbol{A}$ 的逆
$\boldsymbol{A}^{\dagger}$	矩阵 $\boldsymbol{A}$ 的 Moore-Penrose 逆
$\boldsymbol{A}^{1/2}$	矩阵 $\boldsymbol{A}$ 的平方根
$\mathrm{rank}[\boldsymbol{A}]$	矩阵 $\boldsymbol{A}$ 的秩
$\det(\boldsymbol{A})$	矩阵 $\boldsymbol{A}$ 的行列式
$\mathrm{range}\{\boldsymbol{A}\}$	矩阵 $\boldsymbol{A}$ 的列空间
$(\mathrm{range}\{\boldsymbol{A}\})^{\perp}$	矩阵 $\boldsymbol{A}$ 的列补空间
$\mathrm{null}\{\boldsymbol{A}\}$	矩阵 $\boldsymbol{A}$ 的零空间
$\boldsymbol{\varPi}[\boldsymbol{A}]$	矩阵 $\boldsymbol{A}$ 列空间的正交投影矩阵
$\boldsymbol{\varPi}^{\perp}[\boldsymbol{A}]$	矩阵 $\boldsymbol{A}$ 列补空间的正交投影矩阵
$\langle\boldsymbol{a}\rangle_k$	向量 $\boldsymbol{a}$ 中的第 k 个元素
$\langle\boldsymbol{A}\rangle_{ks}$	向量 $\boldsymbol{A}$ 中位于坐标 (k,s) 处的元素
$\langle\boldsymbol{A}\rangle_{:k}$	向量 $\boldsymbol{A}$ 中的第 k 列向量
$\boldsymbol{A}\otimes\boldsymbol{B}$	矩阵 $\boldsymbol{A}$ 和 $\boldsymbol{B}$ 的 Kronecker 积
$\boldsymbol{a}\otimes\boldsymbol{b}$	向量 $\boldsymbol{a}$ 和 $\boldsymbol{b}$ 的 Kronecker 积
$\mathrm{tr}(\cdot)$	矩阵的迹 (矩阵对角元素之和)
$\mathrm{diag}[\cdot]$	对角矩阵
$\mathrm{blkdiag}[\cdot]$	块状对角矩阵
$\mathrm{vec}(\cdot)$	矩阵向量化运算 (将矩阵元素按照字典顺序排成列向量)
$\mathrm{avec}(\cdot)$	向量矩阵化运算 ($\mathrm{vec}(\cdot)$ 的逆函数)
$\mathrm{Im}\{\cdot\}$	取虚部
i	虚数单位 (满足 $\mathrm{i}^2=-1$)
$\mathrm{sgn}(\cdot)$	符号运算 (正数为 1、负数为 -1)
$\boldsymbol{O}_{n\times m}$	$n\times m$ 阶全零矩阵
$\boldsymbol{1}_{n\times m}$	$n\times m$ 阶全 1 矩阵
$\boldsymbol{I}_n$	$n\times n$ 阶单位矩阵

$\boldsymbol{i}_n^{(k)}$	单位矩阵 $\boldsymbol{I}_n$ 中的第 k 列向量
$\mathrm{E}[\cdot]$	数学期望
$\mathbf{MSE}(\hat{\boldsymbol{x}})$	估计向量 $\hat{\boldsymbol{x}}$ 的均方误差矩阵
$\mathbf{cov}(\Delta\boldsymbol{x})$	误差向量 $\Delta\boldsymbol{x}$ 的协方差矩阵
$\dfrac{\partial \boldsymbol{f}(\boldsymbol{x})}{\partial \boldsymbol{x}^{\mathrm{T}}}$	向量函数 $\boldsymbol{f}(\boldsymbol{x})$ 的 Jacobian 矩阵
$((k))_p$	k 除以 p 的余数

目录

第 1 章 引言

本章将简要介绍最小二乘估计理论与方法、最小二乘估计方法的起源与研究现状 (针对线性观测模型), 以及本书的内容安排。

1.1 最小二乘估计理论与方法概述

最小二乘估计方法是一种数学优化技术, 旨在通过对误差平方和最小化来寻求与离散数据相匹配的最优函数。最小二乘估计方法最早应用在天文学和大地测量领域, 经过多年的发展, 现已成为一种非常通用的参数估计技术。对各类广义的、修正的最小二乘估计问题的研究方兴未艾, 各种闭式型和迭代型算法层出不穷。最小二乘估计理论与方法在数理统计、数学优化、计算物理、计算化学、材料科学、建筑科学、计量经济、医学影像、信息科学、通信网络、信号处理、雷达探测、控制理论、土木工程、航天航空、导航遥测、地震勘测等诸多科学和工程领域普遍适用。

最小二乘估计方法主要用于解决超定系统①的未知参量估计问题。从研究内容上进行划分, 最小二乘估计理论既可以认为是数值代数的一个重要分支, 也可以认为是统计信号处理的一个重要分支。前者侧重对迭代算法的设计和数值扰动性能的分析, 后者侧重对优化模型的建立、求解及其统计性能的分析。

最小二乘估计方法中的观测模型可以分为线性观测模型和非线性观测模型两大类。前者的数学模型可以表示为 $\boldsymbol{z}=\boldsymbol{A}\boldsymbol{x}+\boldsymbol{e}$ (其中 $\boldsymbol{x}$ 是未知参量); 后者的数学模型可以表示为 $\boldsymbol{z}=\boldsymbol{f}(\boldsymbol{x})+\boldsymbol{e}$ (其中 $\boldsymbol{f}(\boldsymbol{x})$ 是关于 $\boldsymbol{x}$ 的非线性函数)。针对这两类观测模型的最小二乘估计方法是不同的, 本书主要针对线性观测模型进行讨论, 笔者的后续著作将针对非线性观测模型进行讨论。

① 超定系统的特点在于方程个数大于未知参量个数。

1.2 最小二乘估计方法的起源与研究现状: 针对线性观测模型

最小二乘估计方法的产生最早可以追溯到天文学领域。19 世纪初, 意大利天文学家朱赛普 · 皮亚齐发现了一颗小行星谷神星 (Ceres)。在经历 40 天的跟踪观测后, 由于谷神星运行至太阳背后, 朱赛普 · 皮亚齐失去了它的位置。随后人们开始利用朱赛普 · 皮亚齐的观测数据寻找谷神星, 但是根据大多数人给出的计算结果都无法寻找到谷神星。年轻的高斯决定用数学方法来寻找这颗小行星的踪迹。3 个月后, 高斯宣称已预测出小行星的轨道, 而天文学家在高斯计算出的位置点果然再次发现了它。高斯因此名声大振, 但是他并没有透露计算小行星轨道的办法, 直至 8 年后高斯系统地完善了相关的数学理论, 才将他的方法公布于众, 并发表于著作《天体运动论》中, 这就是著名的最小二乘 (Least Squares, LS) 估计方法。

自从最小二乘估计方法提出以来, 全世界许许多多的科学家、学者、工程技术人员都开始对其理论和应用展开深入细致的研究。现在, 最小二乘估计方法的应用已经十分广泛, 几乎遍及所有与计算有关的科学技术领域, 最小二乘估计方法的相关著作也浩如烟海, 这里无法全部列举, 仅仅介绍一些重要的、具有代表性意义的研究成果, 并且只是介绍针对线性观测模型的。

文献 [1] 研究了广义最小二乘估计问题的理论与计算问题, 主要讨论与最小二乘相关的数值计算与扰动分析方法。文献 [2] 描述了线性规划问题中的最小二乘算法。文献 [3] 系统阐述了求解方程组问题的最小二乘算法。文献 [4] 讨论了最小二乘有限元方法。文献 [5] 提出了基于再生权的最小二乘稳健估计方法。文献 [6] 系统研究了基于最小二乘的数据滤波与系统辨识问题与方法。文献 [7] 给出了数据分析中的最小二乘估计方法。文献 [8] 深入讨论了数据拟合中的加权最小二乘拟合方法。文献 [9] 研究了鲁棒最小二乘支持向量机的相关理论及其应用。文献 [10] 描述了主元分析与偏最小二乘估计方法。文献 [11] 提出了最小二乘偏移成像理论与方法。文献 [12] 提出了目标源定位中的广义最小二乘估计理论与方法。文献 [13] 和文献 [14] 从统计信号处理的角度深入研究了最小二乘估计理论与方法。

基于目前已有研究工作不难发现, 针对线性观测模型的最小二乘估计方法主要包括 (加权) 线性最小二乘估计方法、(加权) 总体最小二乘估计方法、含有等式约束的 (加权) 总体最小二乘估计方法、约束总体最小二乘估计方法、结构总体最小二乘估计方法、鲁棒线性最小二乘估计方法、线性贝叶斯估计方法等。文

献 [13] 和文献 [14] 阐述了 (加权) 线性最小二乘估计方法及其统计性能。文献 [15-17] 系统研究了总体最小二乘估计问题及其统计性能, 其中文献 [16] 和文献 [17] 提出了加权总体最小二乘估计方法。文献 [18-20] 提出了含有等式约束的加权总体最小二乘估计方法。文献 [21] 和文献 [22] 研究了约束总体最小二乘估计问题, 定量分析了该类方法与最大似然估计方法之间的关系, 并且推导了其统计性能, 还将其应用于多信号频率估计问题。文献 [23] 和文献 [24] 提出了基于秩亏损的结构总体最小二乘估计方法, 推导了其统计性能, 并将其应用于系统辨识问题。文献 [25] 提出了基于范数的结构总体最小二乘估计方法, 推导了其统计性能, 并将其应用于信号参数估计问题中。文献 [26] 讨论了针对块状 Toeplitz/Hankel 矩阵的结构总体最小二乘估计方法。文献 [27] 从统计性能的角度证明了约束总体最小二乘估计方法与结构总体最小二乘估计方法之间的等价性。文献 [28-31] 提出了误差有界条件下的鲁棒线性最小二乘估计方法。文献 [32] 提出了扩展型线性最小二乘估计方法。文献 [13] 和文献 [33] 系统研究了线性贝叶斯估计问题。

上述文献从不同的角度研究了针对线性观测模型的最小二乘估计问题, 并且提出了有效的估计方法。本书将在现有研究成果的基础上, 系统阐述针对线性观测模型的最小二乘估计理论与方法。

1.3 本书的内容安排

本书所讨论的内容主要包括 (加权) 线性最小二乘估计理论与方法、(加权) 总体最小二乘估计理论与方法、含等式约束的 (加权) 总体最小二乘估计理论与方法、约束总体最小二乘估计理论与方法、基于秩亏损的结构总体最小二乘估计理论与方法、基于 2-范数的结构总体最小二乘估计理论与方法、线性贝叶斯估计理论与方法, 以及线性卡尔曼滤波方法等。针对每一类最小二乘估计问题, 在重点描述其中观测模型、参数估计优化模型、数值优化算法、估计器的几何意义和估计值的统计特性基础上, 还提供了相应的数值例子或应用实例。此外, 本书侧重从统计的视角讨论各类最小二乘估计方法, 并且尽可能保证每一类估计方法的统计性能均可以达到最优的性能界 (称为克拉美罗界①), 其中的观测误差均假设服从高斯 (或称正态) 分布, 这也是绝大多数文献所考虑的误差形式。

本书的具体内容安排如下:

① 只要存在观测误差, 任何一种估计器的估计方差都不会等于零, 而克拉美罗界正是估计方差的下限, 其具体内容可参阅文献 [13]。

(1) 基础内容 (第 1 章和第 2 章)

第 1 章是引言, 包括最小二乘估计理论与方法概述, 最小二乘估计方法的起源与研究现状 (针对线性观测模型), 以及本书的内容安排。

第 2 章是数学预备知识, 主要包括矩阵理论、多维函数分析、拉格朗日乘子法、参数估计的克拉美罗界和一阶误差分析方法。

(2) 线性最小二乘估计理论与方法 (第 3 章至第 5 章)

第 3 章是线性最小二乘估计理论与方法的基础知识, 主要讲述线性最小二乘估计优化模型、求解方法及其理论性能, 线性最小二乘估计的几何解释, 线性等式约束条件下的线性最小二乘估计优化模型、求解方法及其理论性能, 矩阵形式的线性最小二乘估计问题, 两个线性最小二乘估计的例子。

第 4 章是线性最小二乘估计的递推求解方法, 主要包括按阶递推线性最小二乘估计理论与方法, 序贯线性最小二乘估计理论与方法。

第 5 章是误差协方差矩阵秩亏损条件下的线性最小二乘估计理论与方法, 内容有误差协方差矩阵秩亏损条件下的线性最小二乘估计优化模型, 误差协方差矩阵秩亏损条件下的线性最小二乘估计问题的数值求解方法, 误差协方差矩阵秩亏损条件下的线性最小二乘估计的理论性能, 以及数值实验。

(3) 总体最小二乘估计理论与方法 (第 6 章和第 7 章)

第 6 章是总体最小二乘估计理论与方法的基础知识, 讲述总体最小二乘估计优化模型、求解方法及其理论性能, 总体最小二乘估计的几何解释。

第 7 章是加权与等式约束条件下的总体最小二乘估计理论与方法, 讲述加权总体最小二乘估计优化模型、求解方法及其理论性能, 含等式约束的加权总体最小二乘估计优化模型、求解方法及其理论性能。

(4) 约束总体最小二乘估计理论与方法 (第 8 章)

第 8 章是约束总体最小二乘估计理论与方法, 主要讨论约束总体最小二乘估计优化模型与求解方法, 约束总体最小二乘估计的理论性能, 约束总体最小二乘估计问题的克拉美罗界及其渐近最优性分析, 以及数值实验。

(5) 结构总体最小二乘估计理论与方法 (第 9 章至第 11 章)

第 9 章是基于秩亏损的结构总体最小二乘估计理论与方法, 内容包括从秩亏损的角度重新理解总体最小二乘估计问题, 基于秩亏损的结构总体最小二乘估计优化模型与求解方法, 结构总体最小二乘估计的理论性能, 以及数值实验。

第 10 章是基于 2-范数的结构总体最小二乘估计理论与方法 (针对模型 I), 内容包括基于 2-范数的结构总体最小二乘估计优化模型与求解方法 (针对模型 I), 基于 2-范数的结构总体最小二乘估计的理论性能 (针对模型 I), 以及数值实验。

第 11 章是基于 2-范数的结构总体最小二乘估计理论与方法 (针对模型 Ⅱ), 内容包括基于 2-范数的结构总体最小二乘估计优化模型与求解方法 (针对模型 Ⅱ), 基于 2-范数的结构总体最小二乘估计的理论性能 (针对模型 Ⅱ), 以及数值实验。

(6) 线性贝叶斯估计理论与方法 (第 12 章至第 15 章)

第 12 章是未知参量为标量条件下的贝叶斯估计理论与方法, 主要讨论先验知识的重要作用, 3 种常见的贝叶斯准则及其最优估计值, 关于高斯概率密度函数的一个重要性质, 高斯后验概率密度函数条件下的一个数值实验。

第 13 章是未知参量为向量条件下的贝叶斯估计理论与方法, 讨论多余参数的影响, 贝叶斯最小均方误差估计方法, 以及最大后验概率估计方法。

第 14 章是线性最小均方误差估计器, 讨论线性最小均方误差估计器的基本原理, 线性最小均方误差估计器的几何解释, 序贯线性最小均方误差估计器。

第 15 章是线性卡尔曼滤波, 讨论线性系统状态估计问题的数学模型与新息序列, 标准的线性卡尔曼滤波器, 信息滤波器, 以及误差统计相关条件下的线性卡尔曼滤波器。

第 2 章　数学预备知识

本章将介绍全书涉及的若干数学预备知识, 其中包括矩阵理论、多维函数分析、拉格朗日乘子法、参数估计的克拉美罗界, 以及一阶误差分析方法。本章的内容可作为后续章节的数学基础。

2.1　矩阵理论中的若干预备知识

本节将介绍矩阵理论, 涉及矩阵求逆计算公式、(半) 正定矩阵、Moore-Penrose 广义逆矩阵与正交投影矩阵、矩阵分解、向量范数与矩阵范数、矩阵 Kronecker 积与矩阵向量化运算, 以及关于分块矩阵行列式的一个等式等内容。

2.1.1　矩阵求逆计算公式

一、矩阵和求逆公式

【命题 2.1】 设矩阵 $\boldsymbol{A} \in \mathbf{R}^{m\times m}$、$\boldsymbol{B} \in \mathbf{R}^{m\times n}$、$\boldsymbol{C} \in \mathbf{R}^{n\times n}$ 以及 $\boldsymbol{D} \in \mathbf{R}^{n\times m}$, 并且矩阵 $\boldsymbol{A}$、$\boldsymbol{C}$ 以及 $\boldsymbol{C}^{-1}+\boldsymbol{D}\boldsymbol{A}^{-1}\boldsymbol{B}$ 均可逆, 则有

$$(\boldsymbol{A}+\boldsymbol{B}\boldsymbol{C}\boldsymbol{D})^{-1}=\boldsymbol{A}^{-1}-\boldsymbol{A}^{-1}\boldsymbol{B}(\boldsymbol{C}^{-1}+\boldsymbol{D}\boldsymbol{A}^{-1}\boldsymbol{B})^{-1}\boldsymbol{D}\boldsymbol{A}^{-1} \tag{2.1}$$

【证明】 根据矩阵乘法运算法则可知

$$\begin{aligned}&(\boldsymbol{A}^{-1}-\boldsymbol{A}^{-1}\boldsymbol{B}(\boldsymbol{C}^{-1}+\boldsymbol{D}\boldsymbol{A}^{-1}\boldsymbol{B})^{-1}\boldsymbol{D}\boldsymbol{A}^{-1})(\boldsymbol{A}+\boldsymbol{B}\boldsymbol{C}\boldsymbol{D})\\&=\boldsymbol{I}_m+\boldsymbol{A}^{-1}\boldsymbol{B}\boldsymbol{C}\boldsymbol{D}-\boldsymbol{A}^{-1}\boldsymbol{B}(\boldsymbol{C}^{-1}+\boldsymbol{D}\boldsymbol{A}^{-1}\boldsymbol{B})^{-1}\boldsymbol{D}\\&\quad-\boldsymbol{A}^{-1}\boldsymbol{B}(\boldsymbol{C}^{-1}+\boldsymbol{D}\boldsymbol{A}^{-1}\boldsymbol{B})^{-1}\boldsymbol{D}\boldsymbol{A}^{-1}\boldsymbol{B}\boldsymbol{C}\boldsymbol{D}\end{aligned} \tag{2.2}$$

式中的矩阵 $(\boldsymbol{C}^{-1}+\boldsymbol{D}\boldsymbol{A}^{-1}\boldsymbol{B})^{-1}$ 可以表示为

$$(\boldsymbol{C}^{-1}+\boldsymbol{D}\boldsymbol{A}^{-1}\boldsymbol{B})^{-1}=((\boldsymbol{I}_n+\boldsymbol{D}\boldsymbol{A}^{-1}\boldsymbol{B}\boldsymbol{C})\boldsymbol{C}^{-1})^{-1}=\boldsymbol{C}(\boldsymbol{I}_n+\boldsymbol{D}\boldsymbol{A}^{-1}\boldsymbol{B}\boldsymbol{C})^{-1} \tag{2.3}$$

将式 (2.3) 代入式 (2.2) 可得

$$
\begin{aligned}
&(\boldsymbol{A}^{-1}-\boldsymbol{A}^{-1}\boldsymbol{B}(\boldsymbol{C}^{-1}+\boldsymbol{D}\boldsymbol{A}^{-1}\boldsymbol{B})^{-1}\boldsymbol{D}\boldsymbol{A}^{-1})(\boldsymbol{A}+\boldsymbol{B}\boldsymbol{C}\boldsymbol{D})\\
=&\boldsymbol{I}_m+\boldsymbol{A}^{-1}\boldsymbol{B}\boldsymbol{C}\boldsymbol{D}-\boldsymbol{A}^{-1}\boldsymbol{B}\boldsymbol{C}(\boldsymbol{I}_n+\boldsymbol{D}\boldsymbol{A}^{-1}\boldsymbol{B}\boldsymbol{C})^{-1}\boldsymbol{D}\\
&-\boldsymbol{A}^{-1}\boldsymbol{B}\boldsymbol{C}(\boldsymbol{I}_n+\boldsymbol{D}\boldsymbol{A}^{-1}\boldsymbol{B}\boldsymbol{C})^{-1}\boldsymbol{D}\boldsymbol{A}^{-1}\boldsymbol{B}\boldsymbol{C}\boldsymbol{D}\\
=&\boldsymbol{I}_m+\boldsymbol{A}^{-1}\boldsymbol{B}\boldsymbol{C}\boldsymbol{D}-\boldsymbol{A}^{-1}\boldsymbol{B}\boldsymbol{C}((\boldsymbol{I}_n+\boldsymbol{D}\boldsymbol{A}^{-1}\boldsymbol{B}\boldsymbol{C})^{-1}\\
&+(\boldsymbol{I}_n+\boldsymbol{D}\boldsymbol{A}^{-1}\boldsymbol{B}\boldsymbol{C})^{-1}\boldsymbol{D}\boldsymbol{A}^{-1}\boldsymbol{B}\boldsymbol{C})\boldsymbol{D}\\
=&\boldsymbol{I}_m+\boldsymbol{A}^{-1}\boldsymbol{B}\boldsymbol{C}\boldsymbol{D}-\boldsymbol{A}^{-1}\boldsymbol{B}\boldsymbol{C}\boldsymbol{D}=\boldsymbol{I}_m
\end{aligned}
\tag{2.4}
$$

由此可知结论成立。证毕。

基于命题 2.1 可以得到如下 3 个结论。

【命题 2.2】 设矩阵 $\boldsymbol{A}\in\mathbf{R}^{m\times m}$、向量 $\boldsymbol{b},\boldsymbol{d}\in\mathbf{R}^{m\times 1}$ 和标量 $c\in\mathbf{R}$, 并且矩阵 $\boldsymbol{A}$ 可逆, 标量 c 和 $c^{-1}+\boldsymbol{d}^{\mathrm{T}}\boldsymbol{A}^{-1}\boldsymbol{b}$ 均不为零, 则有

$$
(\boldsymbol{A}+\boldsymbol{b}c\boldsymbol{d}^{\mathrm{T}})^{-1}=\boldsymbol{A}^{-1}-\frac{\boldsymbol{A}^{-1}\boldsymbol{b}\boldsymbol{d}^{\mathrm{T}}\boldsymbol{A}^{-1}}{c^{-1}+\boldsymbol{d}^{\mathrm{T}}\boldsymbol{A}^{-1}\boldsymbol{b}}
\tag{2.5}
$$

【证明】 将式 (2.1) 中的矩阵 $\boldsymbol{B}$ 替换为列向量 $\boldsymbol{b}$, 矩阵 $\boldsymbol{C}$ 替换为标量 c, 矩阵 $\boldsymbol{D}$ 替换为行向量 $\boldsymbol{d}^{\mathrm{T}}$, 即可得到式 (2.5)。证毕。

【命题 2.3】 设矩阵 $\boldsymbol{A}\in\mathbf{R}^{m\times m}$、向量 $\boldsymbol{b},\boldsymbol{d}\in\mathbf{R}^{m\times 1}$ 和标量 $c\in\mathbf{R}$, 并且矩阵 $\boldsymbol{A}$ 可逆, 标量 c 和 $c^{-1}-\boldsymbol{d}^{\mathrm{T}}\boldsymbol{A}^{-1}\boldsymbol{b}$ 均不为零, 则有

$$
(\boldsymbol{A}-\boldsymbol{b}c\boldsymbol{d}^{\mathrm{T}})^{-1}=\boldsymbol{A}^{-1}+\frac{\boldsymbol{A}^{-1}\boldsymbol{b}\boldsymbol{d}^{\mathrm{T}}\boldsymbol{A}^{-1}}{c^{-1}-\boldsymbol{d}^{\mathrm{T}}\boldsymbol{A}^{-1}\boldsymbol{b}}
\tag{2.6}
$$

【证明】 将式 (2.1) 中的矩阵 $\boldsymbol{B}$ 替换为列向量 $\boldsymbol{b}$, 矩阵 $\boldsymbol{C}$ 替换为标量 $-c$, 矩阵 $\boldsymbol{D}$ 替换为行向量 $\boldsymbol{d}^{\mathrm{T}}$, 即可得到式 (2.6)。证毕。

【命题 2.4】 设矩阵 $\boldsymbol{A}\in\mathbf{R}^{m\times m}$、$\boldsymbol{B}\in\mathbf{R}^{m\times n}$、$\boldsymbol{C}\in\mathbf{R}^{n\times n}$、$\boldsymbol{D}\in\mathbf{R}^{n\times m}$, 并且矩阵 $\boldsymbol{A}$、$\boldsymbol{C}$ 和 $\boldsymbol{C}^{-1}-\boldsymbol{D}\boldsymbol{A}^{-1}\boldsymbol{B}$ 均可逆, 则有

$$
(\boldsymbol{A}-\boldsymbol{B}\boldsymbol{C}\boldsymbol{D})^{-1}=\boldsymbol{A}^{-1}+\boldsymbol{A}^{-1}\boldsymbol{B}(\boldsymbol{C}^{-1}-\boldsymbol{D}\boldsymbol{A}^{-1}\boldsymbol{B})^{-1}\boldsymbol{D}\boldsymbol{A}^{-1}
\tag{2.7}
$$

【证明】 将式 (2.1) 中的矩阵 $\boldsymbol{C}$ 替换为 $-\boldsymbol{C}$ 即可得到式 (2.7)。证毕。

二、分块矩阵求逆公式

【命题 2.5】 设有如下分块对称可逆矩阵

$$
\boldsymbol{U}=\begin{bmatrix}\underbrace{\boldsymbol{A}}_{m\times m} & \underbrace{\boldsymbol{B}}_{m\times n}\\ \underbrace{\boldsymbol{B}^{\mathrm{T}}}_{n\times m} & \underbrace{\boldsymbol{C}}_{n\times n}\end{bmatrix}
\tag{2.8}
$$

其中 $\boldsymbol{A}=\boldsymbol{A}^{\mathrm{T}}$ 和 $\boldsymbol{C}=\boldsymbol{C}^{\mathrm{T}}$, 并且矩阵 $\boldsymbol{A}$、$\boldsymbol{C}$、$\boldsymbol{A}-\boldsymbol{B}\boldsymbol{C}^{-1}\boldsymbol{B}^{\mathrm{T}}$、$\boldsymbol{C}-\boldsymbol{B}^{\mathrm{T}}\boldsymbol{A}^{-1}\boldsymbol{B}$ 均可逆, 则式 (2.9) 成立

$$\begin{aligned}\boldsymbol{V}&=\boldsymbol{U}^{-1}\\&=\left[\begin{array}{c:c}\underbrace{(\boldsymbol{A}-\boldsymbol{B}\boldsymbol{C}^{-1}\boldsymbol{B}^{\mathrm{T}})^{-1}}_{m\times m} & \underbrace{-(\boldsymbol{A}-\boldsymbol{B}\boldsymbol{C}^{-1}\boldsymbol{B}^{\mathrm{T}})^{-1}\boldsymbol{B}\boldsymbol{C}^{-1}}_{m\times n}\\ \hdashline \underbrace{-\boldsymbol{C}^{-1}\boldsymbol{B}^{\mathrm{T}}(\boldsymbol{A}-\boldsymbol{B}\boldsymbol{C}^{-1}\boldsymbol{B}^{\mathrm{T}})^{-1}}_{n\times m} & \underbrace{(\boldsymbol{C}-\boldsymbol{B}^{\mathrm{T}}\boldsymbol{A}^{-1}\boldsymbol{B})^{-1}}_{n\times n}\end{array}\right]\end{aligned} \tag{2.9}$$

【证明】由于 $\boldsymbol{U}$ 是对称矩阵, 因此其逆矩阵 $\boldsymbol{V}$ 也是对称的, 于是可将矩阵 $\boldsymbol{V}$ 分块表示为

$$\boldsymbol{V}=\boldsymbol{U}^{-1}=\begin{bmatrix}\underbrace{\boldsymbol{X}}_{m\times m} & \underbrace{\boldsymbol{Y}}_{m\times n}\\ \underbrace{\boldsymbol{Y}^{\mathrm{T}}}_{n\times m} & \underbrace{\boldsymbol{Z}}_{n\times n}\end{bmatrix} \tag{2.10}$$

根据逆矩阵的基本定义可知

$$\boldsymbol{V}\boldsymbol{U}=\begin{bmatrix}\boldsymbol{X} & \boldsymbol{Y}\\ \boldsymbol{Y}^{\mathrm{T}} & \boldsymbol{Z}\end{bmatrix}\begin{bmatrix}\boldsymbol{A} & \boldsymbol{B}\\ \boldsymbol{B}^{\mathrm{T}} & \boldsymbol{C}\end{bmatrix}=\begin{bmatrix}\boldsymbol{I}_m & \boldsymbol{O}_{m\times n}\\ \boldsymbol{O}_{n\times m} & \boldsymbol{I}_n\end{bmatrix} \tag{2.11}$$

基于式 (2.11) 可以得到如下 3 个等式

$$\begin{cases}\boldsymbol{X}\boldsymbol{A}+\boldsymbol{Y}\boldsymbol{B}^{\mathrm{T}}=\boldsymbol{I}_m & (\mathrm{I})\\ \boldsymbol{X}\boldsymbol{B}+\boldsymbol{Y}\boldsymbol{C}=\boldsymbol{O}_{m\times n} & (\mathrm{II})\\ \boldsymbol{Y}^{\mathrm{T}}\boldsymbol{B}+\boldsymbol{Z}\boldsymbol{C}=\boldsymbol{I}_n & (\mathrm{III})\end{cases} \tag{2.12}$$

利用式 (2.12) 中的式 (Ⅱ) 可得 $\boldsymbol{Y}=-\boldsymbol{X}\boldsymbol{B}\boldsymbol{C}^{-1}$, 代入式 (2.12) 中的式 (Ⅰ) 可得

$$\boldsymbol{X}\boldsymbol{A}-\boldsymbol{X}\boldsymbol{B}\boldsymbol{C}^{-1}\boldsymbol{B}^{\mathrm{T}}=\boldsymbol{I}_m\Rightarrow\boldsymbol{X}=(\boldsymbol{A}-\boldsymbol{B}\boldsymbol{C}^{-1}\boldsymbol{B}^{\mathrm{T}})^{-1} \tag{2.13}$$

进一步可得

$$\boldsymbol{Y}=-(\boldsymbol{A}-\boldsymbol{B}\boldsymbol{C}^{-1}\boldsymbol{B}^{\mathrm{T}})^{-1}\boldsymbol{B}\boldsymbol{C}^{-1} \tag{2.14}$$

结合式 (2.12) 中的式 (Ⅲ) 和式 (2.14) 可得

$$\begin{aligned}\boldsymbol{Z}&=(\boldsymbol{I}_n-\boldsymbol{Y}^{\mathrm{T}}\boldsymbol{B})\boldsymbol{C}^{-1}=\boldsymbol{C}^{-1}+\boldsymbol{C}^{-1}\boldsymbol{B}^{\mathrm{T}}(\boldsymbol{A}-\boldsymbol{B}\boldsymbol{C}^{-1}\boldsymbol{B}^{\mathrm{T}})^{-1}\boldsymbol{B}\boldsymbol{C}^{-1}\\&=(\boldsymbol{C}-\boldsymbol{B}^{\mathrm{T}}\boldsymbol{A}^{-1}\boldsymbol{B})^{-1}\end{aligned} \tag{2.15}$$

式 (2.15) 中的第 3 个等号利用了命题 2.4 中的结论。结合式 (2.13) 至式 (2.15) 可知式 (2.9) 成立。证毕。

【注记 2.1】 由于

$$\begin{aligned}&\boldsymbol{B}\boldsymbol{C}^{-1}(\boldsymbol{C}-\boldsymbol{B}^{\mathrm{T}}\boldsymbol{A}^{-1}\boldsymbol{B})=(\boldsymbol{A}-\boldsymbol{B}\boldsymbol{C}^{-1}\boldsymbol{B}^{\mathrm{T}})\boldsymbol{A}^{-1}\boldsymbol{B}\\ \Rightarrow&(\boldsymbol{A}-\boldsymbol{B}\boldsymbol{C}^{-1}\boldsymbol{B}^{\mathrm{T}})^{-1}\boldsymbol{B}\boldsymbol{C}^{-1}=\boldsymbol{A}^{-1}\boldsymbol{B}(\boldsymbol{C}-\boldsymbol{B}^{\mathrm{T}}\boldsymbol{A}^{-1}\boldsymbol{B})^{-1}\end{aligned}\tag{2.16}$$

于是, 式 (2.9) 还可以写成如下形式

$$\begin{aligned}\boldsymbol{V}&=\boldsymbol{U}^{-1}\\&=\left[\begin{array}{c:c}\underbrace{(\boldsymbol{A}-\boldsymbol{B}\boldsymbol{C}^{-1}\boldsymbol{B}^{\mathrm{T}})^{-1}}_{m\times m} & \underbrace{-\boldsymbol{A}^{-1}\boldsymbol{B}(\boldsymbol{C}-\boldsymbol{B}^{\mathrm{T}}\boldsymbol{A}^{-1}\boldsymbol{B})^{-1}}_{m\times n}\\ \hdashline \underbrace{-(\boldsymbol{C}-\boldsymbol{B}^{\mathrm{T}}\boldsymbol{A}^{-1}\boldsymbol{B})^{-1}\boldsymbol{B}^{\mathrm{T}}\boldsymbol{A}^{-1}}_{n\times m} & \underbrace{(\boldsymbol{C}-\boldsymbol{B}^{\mathrm{T}}\boldsymbol{A}^{-1}\boldsymbol{B})^{-1}}_{n\times n}\end{array}\right]\end{aligned}\tag{2.17}$$

2.1.2 (半) 正定矩阵

本小节将介绍 (半) 正定矩阵的定义和基本性质。

【定义 2.1】 设对称矩阵 $\boldsymbol{A}\in\mathbf{R}^{m\times m}$, 若对于任意非零向量 $\boldsymbol{x}\in\mathbf{R}^{m\times 1}$ 均满足 $\boldsymbol{x}^{\mathrm{T}}\boldsymbol{A}\boldsymbol{x}\geqslant 0$, 则称 $\boldsymbol{A}$ 为半正定矩阵, 并记为 $\boldsymbol{A}\geqslant\boldsymbol{O}$; 若对于任意非零向量 $\boldsymbol{x}\in\mathbf{R}^{m\times 1}$ 均满足 $\boldsymbol{x}^{\mathrm{T}}\boldsymbol{A}\boldsymbol{x}>0$, 则称 $\boldsymbol{A}$ 为正定矩阵, 并记为 $\boldsymbol{A}>\boldsymbol{O}$。

【定义 2.2】 设两个对称矩阵 $\boldsymbol{A},\boldsymbol{B}\in\mathbf{R}^{m\times m}$, 若 $\boldsymbol{A}-\boldsymbol{B}$ 为半正定矩阵, 则记为 $\boldsymbol{A}\geqslant\boldsymbol{B}$ 或者 $\boldsymbol{B}\leqslant\boldsymbol{A}$; 若 $\boldsymbol{A}-\boldsymbol{B}$ 为正定矩阵, 则记为 $\boldsymbol{A}>\boldsymbol{B}$ 或者 $\boldsymbol{B}<\boldsymbol{A}$。

半正定矩阵和正定矩阵的一个重要性质是其特征值和对角元素均为非负数 (半正定矩阵) 和正数 (正定矩阵)。因此, 若 $\boldsymbol{A}\geqslant\boldsymbol{B}$, 则有 $\lambda\{\boldsymbol{A}-\boldsymbol{B}\}\geqslant 0$ 和 $\mathrm{tr}(\boldsymbol{A})\geqslant\mathrm{tr}(\boldsymbol{B})$; 若 $\boldsymbol{A}>\boldsymbol{B}$, 则有 $\lambda\{\boldsymbol{A}-\boldsymbol{B}\}>0$ 和 $\mathrm{tr}(\boldsymbol{A})>\mathrm{tr}(\boldsymbol{B})$。需要指出, 正定矩阵一定是可逆矩阵, 并且其逆矩阵也是正定的, 但是半正定矩阵可能是不可逆的。

【命题 2.6】 设 $\boldsymbol{A}\in\mathbf{R}^{m\times m}$ 为半正定矩阵, $\boldsymbol{B}\in\mathbf{R}^{m\times n}$ 为任意矩阵, 则 $\boldsymbol{B}^{\mathrm{T}}\boldsymbol{A}\boldsymbol{B}$ 是半正定矩阵。

【证明】 对于任意非零向量 $\boldsymbol{x}\in\mathbf{R}^{n\times 1}$, 若令 $\boldsymbol{y}=\boldsymbol{B}\boldsymbol{x}$, 则利用矩阵 $\boldsymbol{A}$ 的半正定性可得

$$\boldsymbol{y}^{\mathrm{T}}\boldsymbol{A}\boldsymbol{y}=\boldsymbol{x}^{\mathrm{T}}\boldsymbol{B}^{\mathrm{T}}\boldsymbol{A}\boldsymbol{B}\boldsymbol{x}\geqslant 0\tag{2.18}$$

基于式 (2.18) 和向量 $\boldsymbol{x}$ 的任意性可知, 矩阵 $\boldsymbol{B}^{\mathrm{T}}\boldsymbol{A}\boldsymbol{B}$ 具有半正定性。证毕。

基于命题 2.6 可以得到如下两个结论。

【命题 2.7】设 $\boldsymbol{B}\in\mathbf{R}^{m\times n}$ 为任意矩阵, 则 $\boldsymbol{B}^{\mathrm{T}}\boldsymbol{B}$ 是半正定矩阵。

【证明】将命题 2.6 中的 $\boldsymbol{A}$ 设为单位矩阵即可证明 $\boldsymbol{B}^{\mathrm{T}}\boldsymbol{B}$ 是半正定矩阵。证毕。

【命题 2.8】若 $\boldsymbol{A}\in\mathbf{R}^{m\times m}$ 为 (半) 正定矩阵, 则存在 (半) 正定矩阵 $\boldsymbol{B}\in\mathbf{R}^{m\times m}$ 满足 $\boldsymbol{A}=\boldsymbol{B}^2$。

【证明】由于 $\boldsymbol{A}$ 为 (半) 正定矩阵, 因此其存在特征分解 $\boldsymbol{A}=\boldsymbol{U}\boldsymbol{\Sigma}\boldsymbol{U}^{\mathrm{T}}$, 其中 $\boldsymbol{U}$ 为特征向量矩阵, 它是正交矩阵, 对角矩阵 $\boldsymbol{\Sigma}$ 中的对角元素为矩阵 $\boldsymbol{A}$ 的特征值 (均为非负数), 若将矩阵 $\boldsymbol{\Sigma}$ 中的正对角元素开根号 (零元素保持不变) 所得到的矩阵记为 $\boldsymbol{\Sigma}^{1/2}$, 并令 $\boldsymbol{B}=\boldsymbol{U}\boldsymbol{\Sigma}^{1/2}\boldsymbol{U}^{\mathrm{T}}$, 则 $\boldsymbol{B}$ 是 (半) 正定矩阵, 并且满足 $\boldsymbol{A}=\boldsymbol{B}^2$。证毕。

本书将命题 2.8 中的矩阵 $\boldsymbol{B}$ 记为 $\boldsymbol{B}=\boldsymbol{A}^{1/2}$, 将其逆矩阵 $\boldsymbol{B}^{-1}$ 记为 $\boldsymbol{B}^{-1}=\boldsymbol{A}^{-1/2}$。

2.1.3 Moore-Penrose 广义逆矩阵与正交投影矩阵

本节将介绍 Moore-Penrose 广义逆矩阵与正交投影矩阵的若干重要结论, 它们在最小二乘估计理论中发挥着重要的作用。

一、Moore-Penrose 广义逆矩阵

Moore-Penrose 广义逆是一种十分重要的广义逆, 利用该矩阵可以构造任意矩阵的列空间或是其列补空间上的正交投影矩阵, 其基本定义如下。

【定义 2.3】设矩阵 $\boldsymbol{A}\in\mathbf{R}^{m\times n}$, 若矩阵 $\boldsymbol{X}\in\mathbf{R}^{n\times m}$ 满足以下 4 个矩阵方程

$$\boldsymbol{AXA}=\boldsymbol{A},\boldsymbol{XAX}=\boldsymbol{X},(\boldsymbol{AX})^{\mathrm{T}}=\boldsymbol{AX},(\boldsymbol{XA})^{\mathrm{T}}=\boldsymbol{XA} \tag{2.19}$$

则称 $\boldsymbol{X}$ 是矩阵 $\boldsymbol{A}$ 的 Moore-Penrose 广义逆, 并将其记为 $\boldsymbol{X}=\boldsymbol{A}^{\dagger}$。

根据定义 2.3 可知, 若 $\boldsymbol{A}$ 是可逆方阵, 则有 $\boldsymbol{A}^{\dagger}=\boldsymbol{A}^{-1}$。满足式 (2.19) 的 Moore-Penrose 逆矩阵存在并且唯一, 它可以通过矩阵 $\boldsymbol{A}$ 的奇异值分解来获得。对于列满秩矩阵而言, Moore-Penrose 逆矩阵存在更为显式的表达式, 具体可见如下命题。

【命题 2.9】设矩阵 $\boldsymbol{A}\in\mathbf{R}^{m\times n}$, 若 $\boldsymbol{A}$ 为列满秩矩阵, 则有 $\boldsymbol{A}^{\dagger}=(\boldsymbol{A}^{\mathrm{T}}\boldsymbol{A})^{-1}\boldsymbol{A}^{\mathrm{T}}$。

【证明】若 $\boldsymbol{A}$ 为列满秩矩阵, 则 $\boldsymbol{A}^{\mathrm{T}}\boldsymbol{A}$ 是可逆矩阵, 现将 $\boldsymbol{X}=(\boldsymbol{A}^{\mathrm{T}}\boldsymbol{A})^{-1}\boldsymbol{A}^{\mathrm{T}}$ 代入式 (2.19) 可得

$$\begin{cases}\boldsymbol{AXA}=\boldsymbol{A}(\boldsymbol{A}^{\mathrm{T}}\boldsymbol{A})^{-1}\boldsymbol{A}^{\mathrm{T}}\boldsymbol{A}=\boldsymbol{A}\\ \boldsymbol{XAX}=(\boldsymbol{A}^{\mathrm{T}}\boldsymbol{A})^{-1}\boldsymbol{A}^{\mathrm{T}}\boldsymbol{A}(\boldsymbol{A}^{\mathrm{T}}\boldsymbol{A})^{-1}\boldsymbol{A}^{\mathrm{T}}=(\boldsymbol{A}^{\mathrm{T}}\boldsymbol{A})^{-1}\boldsymbol{A}^{\mathrm{T}}=\boldsymbol{X}\\ (\boldsymbol{AX})^{\mathrm{T}}=(\boldsymbol{A}(\boldsymbol{A}^{\mathrm{T}}\boldsymbol{A})^{-1}\boldsymbol{A}^{\mathrm{T}})^{\mathrm{T}}=\boldsymbol{A}(\boldsymbol{A}^{\mathrm{T}}\boldsymbol{A})^{-1}\boldsymbol{A}^{\mathrm{T}}=\boldsymbol{AX}\\ (\boldsymbol{XA})^{\mathrm{T}}=((\boldsymbol{A}^{\mathrm{T}}\boldsymbol{A})^{-1}\boldsymbol{A}^{\mathrm{T}}\boldsymbol{A})^{\mathrm{T}}=\boldsymbol{I}_n^{\mathrm{T}}=\boldsymbol{I}_n=\boldsymbol{XA}\end{cases} \tag{2.20}$$

由式 (2.20) 可知, 矩阵 $\boldsymbol{X}=(\boldsymbol{A}^{\mathrm{T}}\boldsymbol{A})^{-1}\boldsymbol{A}^{\mathrm{T}}$ 满足 Moore-Penrose 广义逆定义中的 4 个条件。证毕。

【**命题 2.10**】设矩阵 $\boldsymbol{A}\in\mathbf{R}^{m\times n}$, 若 $\boldsymbol{A}$ 为行满秩矩阵, 则有 $\boldsymbol{A}^{\dagger}=\boldsymbol{A}^{\mathrm{T}}(\boldsymbol{A}\boldsymbol{A}^{\mathrm{T}})^{-1}$。

【**证明**】若 $\boldsymbol{A}$ 为行满秩矩阵, 则 $\boldsymbol{A}\boldsymbol{A}^{\mathrm{T}}$ 是可逆矩阵, 现将 $\boldsymbol{X}=\boldsymbol{A}^{\mathrm{T}}(\boldsymbol{A}\boldsymbol{A}^{\mathrm{T}})^{-1}$ 代入式 (2.19) 中可得

$$\begin{cases}\boldsymbol{AXA}=\boldsymbol{A}\boldsymbol{A}^{\mathrm{T}}(\boldsymbol{A}\boldsymbol{A}^{\mathrm{T}})^{-1}\boldsymbol{A}=\boldsymbol{A}\\ \boldsymbol{XAX}=\boldsymbol{A}^{\mathrm{T}}(\boldsymbol{A}\boldsymbol{A}^{\mathrm{T}})^{-1}\boldsymbol{A}\boldsymbol{A}^{\mathrm{T}}(\boldsymbol{A}\boldsymbol{A}^{\mathrm{T}})^{-1}=\boldsymbol{A}^{\mathrm{T}}(\boldsymbol{A}\boldsymbol{A}^{\mathrm{T}})^{-1}=\boldsymbol{X}\\ (\boldsymbol{AX})^{\mathrm{T}}=(\boldsymbol{A}\boldsymbol{A}^{\mathrm{T}}(\boldsymbol{A}\boldsymbol{A}^{\mathrm{T}})^{-1})^{\mathrm{T}}=\boldsymbol{I}_m^{\mathrm{T}}=\boldsymbol{I}_m=\boldsymbol{AX}\\ (\boldsymbol{XA})^{\mathrm{T}}=(\boldsymbol{A}^{\mathrm{T}}(\boldsymbol{A}\boldsymbol{A}^{\mathrm{T}})^{-1}\boldsymbol{A})^{\mathrm{T}}=\boldsymbol{A}^{\mathrm{T}}(\boldsymbol{A}\boldsymbol{A}^{\mathrm{T}})^{-1}\boldsymbol{A}=\boldsymbol{XA}\end{cases}\tag{2.21}$$

由式 (2.21) 可知, 矩阵 $\boldsymbol{X}=\boldsymbol{A}^{\mathrm{T}}(\boldsymbol{A}\boldsymbol{A}^{\mathrm{T}})^{-1}$ 满足 Moore-Penrose 广义逆定义中的 4 个条件。证毕。

二、正交投影矩阵

正交投影矩阵在矩阵理论中具有十分重要的作用, 其基本定义如下。

【**定义 2.4**】设 $\mathbf{S}$ 是 m 维欧氏空间 $\mathbf{R}^m$ 中的一个线性子空间, $\mathbf{S}^{\perp}$ 是其正交补空间, 对于任意向量 $\boldsymbol{x}\in\mathbf{R}^{m\times 1}$, 若存在某个 $m\times m$ 阶矩阵 $\boldsymbol{P}$ 满足

$$\boldsymbol{x}=\boldsymbol{x}_1+\boldsymbol{x}_2=\boldsymbol{Px}+(\boldsymbol{I}_m-\boldsymbol{P})\boldsymbol{x}\tag{2.22}$$

式中 $\boldsymbol{x}_1=\boldsymbol{Px}\in\mathbf{S}$ 和 $\boldsymbol{x}_2=(\boldsymbol{I}_m-\boldsymbol{P})\boldsymbol{x}\in\mathbf{S}^{\perp}$, 则称 $\boldsymbol{P}$ 是线性子空间 $\mathbf{S}$ 上的正交投影矩阵, $\boldsymbol{I}_m-\boldsymbol{P}$ 是 $\mathbf{S}$ 的正交补空间 $\mathbf{S}^{\perp}$ 上的正交投影矩阵。若 $\mathbf{S}$ 表示矩阵 $\boldsymbol{A}$ 的列空间 (即 $\mathbf{S}=\mathrm{range}\{\boldsymbol{A}\}$), 则将矩阵 $\boldsymbol{P}$ 记为 $\boldsymbol{\Pi}[\boldsymbol{A}]$, 将矩阵 $\boldsymbol{I}_m-\boldsymbol{P}$ 记为 $\boldsymbol{\Pi}^{\perp}[\boldsymbol{A}]$。

根据正交投影矩阵的定义可知, 若矩阵 $\boldsymbol{A}$ 和 $\boldsymbol{B}$ 的列空间满足 $\mathrm{range}\{\boldsymbol{A}\}=(\mathrm{range}\{\boldsymbol{B}\})^{\perp}$, 则有 $\boldsymbol{\Pi}[\boldsymbol{A}]=\boldsymbol{\Pi}^{\perp}[\boldsymbol{B}]$ 或者 $\boldsymbol{\Pi}^{\perp}[\boldsymbol{A}]=\boldsymbol{\Pi}[\boldsymbol{B}]$。根据正交投影矩阵的定义可以得到如下重要结论。

【**命题 2.11**】设 $\mathbf{S}$ 是 m 维欧氏空间 $\mathbf{R}^m$ 中的一个线性子空间, 则该子空间上的正交投影矩阵 $\boldsymbol{P}$ 是唯一的, 并且它是对称幂等矩阵, 即满足 $\boldsymbol{P}^{\mathrm{T}}=\boldsymbol{P}$ 和 $\boldsymbol{P}^2=\boldsymbol{P}$。

【**证明**】对于任意向量 $\boldsymbol{x}$, $\boldsymbol{y}\in\mathbf{R}^{m\times 1}$, 根据正交投影矩阵的定义可知

$$0=(\boldsymbol{Px})^{\mathrm{T}}(\boldsymbol{I}_m-\boldsymbol{P})\boldsymbol{y}=\boldsymbol{x}^{\mathrm{T}}(\boldsymbol{P}^{\mathrm{T}}-\boldsymbol{P}^{\mathrm{T}}\boldsymbol{P})\boldsymbol{y}\tag{2.23}$$

由向量 $\boldsymbol{x}$ 和 $\boldsymbol{y}$ 的任意性可得

$$\boldsymbol{P}^{\mathrm{T}}-\boldsymbol{P}^{\mathrm{T}}\boldsymbol{P}=\boldsymbol{O}_{m\times m}\Rightarrow\boldsymbol{P}^{\mathrm{T}}=\boldsymbol{P}^{\mathrm{T}}\boldsymbol{P}\Rightarrow\boldsymbol{P}=\boldsymbol{P}^{\mathrm{T}}=\boldsymbol{P}^2\tag{2.24}$$

由此可知, 矩阵 $\boldsymbol{P}$ 是对称幂等的。

接着证明唯一性, 假设存在子空间 $\mathbf{S}$ 上的另一个正交投影矩阵 $\boldsymbol{Q}$(也是对称幂等矩阵), 则对于任意向量 $\boldsymbol{x} \in \mathbf{R}^{m\times 1}$, 满足

$$||(\boldsymbol{P}-\boldsymbol{Q})\boldsymbol{x}||_2^2 = \boldsymbol{x}^{\mathrm{T}}(\boldsymbol{P}-\boldsymbol{Q})(\boldsymbol{P}-\boldsymbol{Q})\boldsymbol{x} = (\boldsymbol{P}\boldsymbol{x})^{\mathrm{T}}(\boldsymbol{I}_m-\boldsymbol{Q})\boldsymbol{x}+(\boldsymbol{Q}\boldsymbol{x})^{\mathrm{T}}(\boldsymbol{I}_m-\boldsymbol{P})\boldsymbol{x} = 0 \tag{2.25}$$

由向量 $\boldsymbol{x}$ 的任意性可知 $\boldsymbol{P} = \boldsymbol{Q}$, 由此证得唯一性。证毕。

基于命题 2.11 可以直接得到如下结论。

【命题 2.12】任意正交投影矩阵都是半正定矩阵。

【证明】由命题 2.11 可知, 任意正交投影矩阵 $\boldsymbol{P}$ 都满足 $\boldsymbol{P} = \boldsymbol{P}^2 = \boldsymbol{P}\boldsymbol{P}^{\mathrm{T}} \geqslant \boldsymbol{O}$。证毕。

正交投影矩阵可以利用 Moore-Penrose 逆矩阵来表示, 具体可见如下命题。

【命题 2.13】设矩阵 $\boldsymbol{A} \in \mathbf{R}^{m\times n}$, 则其列空间和列补空间上的正交投影矩阵可以分别表示为

$$\boldsymbol{\Pi}[\boldsymbol{A}] = \boldsymbol{A}\boldsymbol{A}^{\dagger}, \quad \boldsymbol{\Pi}^{\perp}[\boldsymbol{A}] = \boldsymbol{I}_m - \boldsymbol{A}\boldsymbol{A}^{\dagger} \tag{2.26}$$

【证明】任意向量 $\boldsymbol{x} \in \mathbf{R}^{m\times 1}$ 都可以进行如下分解

$$\boldsymbol{x} = \boldsymbol{x}_1 + \boldsymbol{x}_2 = \boldsymbol{A}\boldsymbol{A}^{\dagger}\boldsymbol{x} + (\boldsymbol{I}_m - \boldsymbol{A}\boldsymbol{A}^{\dagger})\boldsymbol{x} \tag{2.27}$$

式中 $\boldsymbol{x}_1 = \boldsymbol{A}\boldsymbol{A}^{\dagger}\boldsymbol{x}$ 和 $\boldsymbol{x}_2 = (\boldsymbol{I}_m - \boldsymbol{A}\boldsymbol{A}^{\dagger})\boldsymbol{x}$, 下面仅需要证明 $\boldsymbol{x}_1 \in \mathrm{range}\{\boldsymbol{A}\}$ 和 $\boldsymbol{x}_2 \in (\mathrm{range}\{\boldsymbol{A}\})^{\perp}$ 即可。

首先有

$$\boldsymbol{x}_1 = \boldsymbol{A}(\boldsymbol{A}^{\dagger}\boldsymbol{x}) = \boldsymbol{A}\boldsymbol{y} \in \mathrm{range}\{\boldsymbol{A}\} \tag{2.28}$$

式中 $\boldsymbol{y} = \boldsymbol{A}^{\dagger}\boldsymbol{x}$。其次, 利用 Moore-Penrose 逆矩阵的性质可知

$$\boldsymbol{x}_2^{\mathrm{T}}\boldsymbol{A} = \boldsymbol{x}^{\mathrm{T}}(\boldsymbol{I}_m - \boldsymbol{A}\boldsymbol{A}^{\dagger})^{\mathrm{T}}\boldsymbol{A} = \boldsymbol{x}^{\mathrm{T}}(\boldsymbol{A} - \boldsymbol{A}\boldsymbol{A}^{\dagger}\boldsymbol{A}) = \boldsymbol{O}_{1\times n} \Rightarrow \boldsymbol{x}_2 \in (\mathrm{range}\{\boldsymbol{A}\})^{\perp} \tag{2.29}$$

证毕。

结合命题 2.9 和命题 2.13 可以直接得到如下结论。

【命题 2.14】设 $\boldsymbol{A} \in \mathbf{R}^{m\times n}$ 是列满秩矩阵, 则其列空间和列补空间上的正交投影矩阵可以分别表示为

$$\boldsymbol{\Pi}[\boldsymbol{A}] = \boldsymbol{A}(\boldsymbol{A}^{\mathrm{T}}\boldsymbol{A})^{-1}\boldsymbol{A}^{\mathrm{T}}, \quad \boldsymbol{\Pi}^{\perp}[\boldsymbol{A}] = \boldsymbol{I}_m - \boldsymbol{A}(\boldsymbol{A}^{\mathrm{T}}\boldsymbol{A})^{-1}\boldsymbol{A}^{\mathrm{T}} \tag{2.30}$$

关于正交投影矩阵还有如下两个重要结论。

【命题 2.15】设矩阵 $\boldsymbol{A}\in\mathbf{R}^{m\times n}$, 若 $\boldsymbol{x}\in\mathbf{R}^{n\times 1}$ 是其零空间 null$\{\boldsymbol{A}\}$ 中的任意向量, 则向量 $\boldsymbol{x}$ 可以表示为

$$\boldsymbol{x}=\boldsymbol{\Pi}^{\perp}[\boldsymbol{A}^{\mathrm{T}}]\boldsymbol{y} \tag{2.31}$$

式中 $\boldsymbol{y}\in\mathbf{R}^{n\times 1}$。

【证明】由于 null$\{\boldsymbol{A}\}\perp$range$\{\boldsymbol{A}^{\mathrm{T}}\}$, 根据正交投影矩阵的定义可知, 对于任意 $\boldsymbol{x}\in$ null$\{\boldsymbol{A}\}$, 一定可以将其表示为 $\boldsymbol{x}=\boldsymbol{\Pi}^{\perp}[\boldsymbol{A}^{\mathrm{T}}]\boldsymbol{y}$, 其中 $\boldsymbol{y}\in\mathbf{R}^{n\times 1}$。证毕。

【命题 2.16】设 $\boldsymbol{A}\in\mathbf{R}^{m\times n}$ 是列满秩矩阵, 则有 $\boldsymbol{\Pi}^{\perp}[\boldsymbol{A}^{\mathrm{T}}]=\boldsymbol{O}_{n\times n}$。

【证明】由于 $\boldsymbol{A}$ 是列满秩矩阵, 因此 $\boldsymbol{A}^{\mathrm{T}}$ 是行满秩矩阵, 于是由命题 2.10 可得 $(\boldsymbol{A}^{\mathrm{T}})^{\dagger}=\boldsymbol{A}(\boldsymbol{A}^{\mathrm{T}}\boldsymbol{A})^{-1}$, 将该式与式 (2.26) 中的第 2 个等式相结合可得

$$\boldsymbol{\Pi}^{\perp}[\boldsymbol{A}^{\mathrm{T}}]=\boldsymbol{I}_n-\boldsymbol{A}^{\mathrm{T}}(\boldsymbol{A}^{\mathrm{T}})^{\dagger}=\boldsymbol{I}_n-\boldsymbol{A}^{\mathrm{T}}\boldsymbol{A}(\boldsymbol{A}^{\mathrm{T}}\boldsymbol{A})^{-1}=\boldsymbol{I}_n-\boldsymbol{I}_n=\boldsymbol{O}_{n\times n} \tag{2.32}$$

证毕。

2.1.4 矩阵分解

本节将介绍 4 种矩阵分解, 分别为 $\boldsymbol{QR}$ 分解、特征值分解、奇异值分解和广义奇异值分解。

一、$\boldsymbol{QR}$ 分解

【定义 2.5】设 $\boldsymbol{A}\in\mathbf{R}^{m\times m}$ 为可逆方阵, 若矩阵 $\boldsymbol{A}$ 分解为正交矩阵 $\boldsymbol{Q}$ 与非奇异上三角矩阵 $\boldsymbol{R}$ 的乘积, 即 $\boldsymbol{A}=\boldsymbol{QR}$, 则称其为矩阵 $\boldsymbol{A}$ 的 $\boldsymbol{QR}$ 分解。

下面讨论可逆矩阵 $\boldsymbol{QR}$ 分解的存在性和唯一性问题, 具体可见如下命题。

【命题 2.17】设矩阵 $\boldsymbol{A}\in\mathbf{R}^{m\times m}$, 则存在正交矩阵 $\boldsymbol{P}$, 使得 $\boldsymbol{R}=\boldsymbol{PA}$ 为上三角矩阵。

【证明】对矩阵行数 (或列数)m 采用数学归纳法进行证明。当 $m=1$ 时, 该结论显然成立。假设当 $m=k$ 时该结论成立。令 $\boldsymbol{A}$ 为任意 $(k+1)\times(k+1)$ 阶矩阵, 并且它的第 1 列为 $\boldsymbol{a}_1$, 则存在 $(k+1)\times(k+1)$ 阶豪斯霍尔德 (Householder) 矩阵 $\boldsymbol{H}$①, 使得 $\boldsymbol{H}\boldsymbol{a}_1=-\mathrm{sgn}(\langle\boldsymbol{a}_1\rangle_1)\|\boldsymbol{a}_1\|_2\boldsymbol{i}_{k+1}^{(1)}$, 于是矩阵 $\boldsymbol{B}=\boldsymbol{HA}$ 具有如下结构

$$\boldsymbol{B}=\boldsymbol{HA}=\left[\begin{array}{c:ccc} * & * & \cdots & * \\ \hdashline 0 & & & \\ \vdots & & \boldsymbol{A}_1 & \\ 0 & & & \end{array}\right] \tag{2.33}$$

① 读者可参阅文献 [34]。

式中 $\boldsymbol{A}_1$ 为 $k\times k$ 阶矩阵。根据假设可知, 存在正交矩阵 $\boldsymbol{P}_1$ 使得 $\boldsymbol{R}_1=\boldsymbol{P}_1\boldsymbol{A}_1$ 为上三角矩阵。若令 $\boldsymbol{P}=\mathrm{diag}[1\quad \boldsymbol{P}_1]\boldsymbol{H}$, 则有

$$\boldsymbol{R}=\boldsymbol{P}\boldsymbol{A}=\mathrm{diag}[1\quad \boldsymbol{P}_1]\boldsymbol{H}\boldsymbol{A}=\begin{bmatrix} * & * & \cdots & * & * \\ 0 & * & \cdots & & * \\ \vdots & \vdots & & \vdots & \vdots \\ 0 & & \cdots & * & * \\ 0 & 0 & \cdots & 0 & * \end{bmatrix} \tag{2.34}$$

由此可知, 当 $m=k+1$ 时结论成立。证毕。

【命题 2.18】 设 $\boldsymbol{A}\in\mathbf{R}^{m\times m}$ 为可逆方阵, 则矩阵 $\boldsymbol{A}$ 可以分解为

$$\boldsymbol{A}=\boldsymbol{Q}\boldsymbol{R} \tag{2.35}$$

式中, $\boldsymbol{Q}$ 是 $m\times m$ 阶正交矩阵, $\boldsymbol{R}$ 是 $m\times m$ 阶上三角矩阵。此外, 若令矩阵 $\boldsymbol{R}$ 的对角元素均为正数, 则 $\boldsymbol{QR}$ 分解是唯一的。

【证明】 根据命题 2.17 可知, 只要令 $\boldsymbol{Q}=\boldsymbol{P}^{\mathrm{T}}$ 就可得 $\boldsymbol{A}=\boldsymbol{Q}\boldsymbol{R}$。因此仅需要证明, 当矩阵 $\boldsymbol{R}$ 的对角元素均为正数时, $\boldsymbol{QR}$ 分解是唯一的。假设矩阵 $\boldsymbol{A}$ 存在两种 $\boldsymbol{QR}$ 分解, 分别为

$$\boldsymbol{A}=\boldsymbol{Q}_{\mathrm{a}}\boldsymbol{R}_{\mathrm{a}}=\boldsymbol{Q}_{\mathrm{b}}\boldsymbol{R}_{\mathrm{b}} \tag{2.36}$$

式中矩阵 $\boldsymbol{R}_{\mathrm{a}}$ 和 $\boldsymbol{R}_{\mathrm{b}}$ 的对角元素均为正数, 由式 (2.36) 可得

$$\boldsymbol{Q}_{\mathrm{b}}^{\mathrm{T}}\boldsymbol{Q}_{\mathrm{a}}=\boldsymbol{R}_{\mathrm{b}}\boldsymbol{R}_{\mathrm{a}}^{-1} \tag{2.37}$$

式 (2.37) 的左边 $\boldsymbol{Q}_{\mathrm{b}}^{\mathrm{T}}\boldsymbol{Q}_{\mathrm{a}}$ 是正交矩阵, 右边 $\boldsymbol{R}_{\mathrm{b}}\boldsymbol{R}_{\mathrm{a}}^{-1}$ 是上三角矩阵①, 同时也是正交矩阵 (因为左边等于右边), 于是有

$$(\boldsymbol{R}_{\mathrm{b}}\boldsymbol{R}_{\mathrm{a}}^{-1})^{\mathrm{T}}=(\boldsymbol{R}_{\mathrm{b}}\boldsymbol{R}_{\mathrm{a}}^{-1})^{-1}=\boldsymbol{R}_{\mathrm{a}}\boldsymbol{R}_{\mathrm{b}}^{-1} \tag{2.38}$$

式 (2.38) 的左边 $(\boldsymbol{R}_{\mathrm{b}}\boldsymbol{R}_{\mathrm{a}}^{-1})^{\mathrm{T}}$ 是下三角矩阵, 而右边 $\boldsymbol{R}_{\mathrm{a}}\boldsymbol{R}_{\mathrm{b}}^{-1}$ 是上三角矩阵, 故它们只能同时是对角矩阵, 不妨令

$$\boldsymbol{D}=(\boldsymbol{R}_{\mathrm{b}}\boldsymbol{R}_{\mathrm{a}}^{-1})^{\mathrm{T}}=\mathrm{diag}[d_1\ d_2\ \cdots\ d_m]=\boldsymbol{R}_{\mathrm{b}}\boldsymbol{R}_{\mathrm{a}}^{-1} \tag{2.39}$$

式中 $d_j>0\ (1\leqslant j\leqslant m)$②。利用 $\boldsymbol{R}_{\mathrm{b}}\boldsymbol{R}_{\mathrm{a}}^{-1}$ 的正交性可得 $\boldsymbol{D}\boldsymbol{D}^{\mathrm{T}}=\boldsymbol{D}^2=\boldsymbol{I}_m$, 于是有 $\boldsymbol{D}=\boldsymbol{I}_m$, 由此可知, $\boldsymbol{R}_{\mathrm{a}}=\boldsymbol{R}_{\mathrm{b}}$ 和 $\boldsymbol{Q}_{\mathrm{a}}=\boldsymbol{Q}_{\mathrm{b}}$。证毕。

---

① 上三角矩阵的逆也是上三角矩阵，两个上三角矩阵的乘积仍是上三角矩阵。

② 对于对角元素均为正数的上三角矩阵而言, 其逆矩阵也是对角元素均为正数的上三角矩阵; 两个对角元素均为正数的上三角矩阵的乘积仍是对角元素均为正数的上三角矩阵。

矩阵 $\boldsymbol{QR}$ 分解也可以推广至非方阵的情形, 具体可见如下命题。

【**命题 2.19**】设 $\boldsymbol{A} \in \mathbf{R}^{m\times n}$ $(m > n)$ 是列满秩矩阵, 则矩阵 $\boldsymbol{A}$ 可以分解为

$$\boldsymbol{A} = \begin{bmatrix} \underbrace{\boldsymbol{Q}_1}_{m\times n} & \underbrace{\boldsymbol{Q}_2}_{m\times(m-n)} \end{bmatrix} \begin{bmatrix} \underbrace{\boldsymbol{R}_1}_{n\times n} \\ \underbrace{\boldsymbol{O}}_{(m-n)\times n} \end{bmatrix} = \boldsymbol{Q}_1\boldsymbol{R}_1 \tag{2.40}$$

式中 $\boldsymbol{Q} = [\boldsymbol{Q}_1 \quad \boldsymbol{Q}_2]$ 是 $m \times m$ 阶正交矩阵, 矩阵 $\boldsymbol{Q}_1$ 是 $\boldsymbol{Q}$ 的前 n 列构成的矩阵, 矩阵 $\boldsymbol{Q}_2$ 是 $\boldsymbol{Q}$ 的后 $m-n$ 列构成的矩阵, $\boldsymbol{R}_1$ 是 $n \times n$ 阶上三角矩阵。

【**证明**】由于 $\boldsymbol{A}$ 是列满秩矩阵, 因此一定存在矩阵 $\boldsymbol{B} \in \mathbf{R}^{m\times(m-n)}$, 使得 $\tilde{\boldsymbol{A}} = [\boldsymbol{A} \quad \boldsymbol{B}]$ 为 $m\times m$ 阶可逆矩阵。根据命题 2.18 可知, 对于矩阵 $\tilde{\boldsymbol{A}}$, 存在 $\boldsymbol{QR}$ 分解 $\tilde{\boldsymbol{A}} = \boldsymbol{Q}\tilde{\boldsymbol{R}}$。可以将上三角矩阵 $\tilde{\boldsymbol{R}}$ 分块表示为 $\tilde{\boldsymbol{R}} = \begin{bmatrix} \underbrace{\boldsymbol{R}}_{m\times n} & \underbrace{\boldsymbol{T}}_{m\times(m-n)} \end{bmatrix}$, 则有 $\boldsymbol{A} = \boldsymbol{QR}$。由于 $\tilde{\boldsymbol{R}}$ 为上三角矩阵, 于是矩阵 $\boldsymbol{R}$ 可以表示为 $\boldsymbol{R} = \begin{bmatrix} \boldsymbol{R}_1 \\ \boldsymbol{O} \end{bmatrix}$。证毕。

二、特征值分解

【**定义 2.6**】设矩阵 $\boldsymbol{A} \in \mathbf{R}^{m\times m}$, 若存在标量 λ 和非零向量 $\boldsymbol{u}$ 满足等式

$$\boldsymbol{Au} = \boldsymbol{u}\lambda \tag{2.41}$$

则称 λ 和 $\boldsymbol{u}$ 为矩阵 $\boldsymbol{A}$ 的一对特征值和特征向量。特别地, 若向量 $\boldsymbol{u}$ 满足 $||\boldsymbol{u}||_2 = 1$, 则称其为单位特征向量。

根据定义 2.6 可知, 矩阵特征值 λ 是 $m \times m$ 阶多项式 $\det(\boldsymbol{A} - \lambda\boldsymbol{I}_m)$ 的根, 因此对于任意 $m\times m$ 阶矩阵, 都存在 m 个特征值 (可能相等)。下面给出关于对称矩阵[①]特征值和特征向量的重要结论, 具体可见如下命题。

【**命题 2.20**】对称矩阵 $\boldsymbol{A} \in \mathbf{R}^{m\times m}$ 的特征值均为实数。

【**证明**】假设 λ 和 $\boldsymbol{u}$ 是矩阵 $\boldsymbol{A}$ 的一对特征值和特征向量, 则有

$$\boldsymbol{Au} = \boldsymbol{u}\lambda \tag{2.42}$$

将向量 $\boldsymbol{u}^{\mathrm{H}}$ 左乘以式 (2.42) 两侧可得

$$\boldsymbol{u}^{\mathrm{H}}\boldsymbol{Au} = \lambda||\boldsymbol{u}||_2^2 \Rightarrow \lambda = \frac{\boldsymbol{u}^{\mathrm{H}}\boldsymbol{Au}}{||\boldsymbol{u}||_2^2} \tag{2.43}$$

① 本书中的对称矩阵均是指实对称矩阵。

由于 $\boldsymbol{A}$ 是实对称矩阵, 所以有 $(\boldsymbol{u}^{\mathrm{H}}\boldsymbol{A}\boldsymbol{u})^* = (\boldsymbol{u}^{\mathrm{H}}\boldsymbol{A}\boldsymbol{u})^{\mathrm{H}} = \boldsymbol{u}^{\mathrm{H}}\boldsymbol{A}^{\mathrm{H}}\boldsymbol{u} = \boldsymbol{u}^{\mathrm{H}}\boldsymbol{A}\boldsymbol{u}$, 这意味着 $\boldsymbol{u}^{\mathrm{H}}\boldsymbol{A}\boldsymbol{u}$ 是实数, 结合式 (2.43) 可知 λ 是实数。证毕。

【注记 2.2】容易验证, 对称矩阵的特征向量也是实向量。

【命题 2.21】对称矩阵 $\boldsymbol{A} \in \mathbf{R}^{m\times m}$ 的不同特征值对应的特征向量是相互正交的。

【证明】假设 λ 和 η 是矩阵 $\boldsymbol{A}$ 的不同 (实) 特征值, 它们对应的 (实) 特征向量分别为 $\boldsymbol{u}$ 和 $\boldsymbol{v}$, 于是有

$$\begin{cases}\boldsymbol{A}\boldsymbol{u} = \boldsymbol{u}\lambda \\ \boldsymbol{A}\boldsymbol{v} = \boldsymbol{v}\eta\end{cases} \Rightarrow \begin{cases}\boldsymbol{v}^{\mathrm{T}}\boldsymbol{A}\boldsymbol{u} = (\boldsymbol{v}^{\mathrm{T}}\boldsymbol{u})\lambda \\ \boldsymbol{u}^{\mathrm{T}}\boldsymbol{A}\boldsymbol{v} = (\boldsymbol{u}^{\mathrm{T}}\boldsymbol{v})\eta\end{cases} \tag{2.44}$$

由于 $\boldsymbol{A}$ 是对称矩阵, 由式 (2.44) 可得

$$\boldsymbol{u}^{\mathrm{T}}\boldsymbol{A}\boldsymbol{v} = (\boldsymbol{u}^{\mathrm{T}}\boldsymbol{v})\eta \Rightarrow \boldsymbol{v}^{\mathrm{T}}\boldsymbol{A}^{\mathrm{T}}\boldsymbol{u} = \boldsymbol{v}^{\mathrm{T}}\boldsymbol{A}\boldsymbol{u} = (\boldsymbol{v}^{\mathrm{T}}\boldsymbol{u})\eta \tag{2.45}$$

结合式 (2.44) 和式 (2.45) 可知

$$(\boldsymbol{v}^{\mathrm{T}}\boldsymbol{u})\eta = (\boldsymbol{v}^{\mathrm{T}}\boldsymbol{u})\lambda \Rightarrow (\boldsymbol{v}^{\mathrm{T}}\boldsymbol{u})(\lambda - \eta) = 0 \tag{2.46}$$

由于 $\lambda \neq \eta$, 利用式 (2.46) 可得 $\boldsymbol{v}^{\mathrm{T}}\boldsymbol{u} = 0$, 即向量 $\boldsymbol{u}$ 和 $\boldsymbol{v}$ 是相互正交的。证毕。

【命题 2.22】设对称矩阵 $\boldsymbol{A} \in \mathbf{R}^{m\times m}$, 则存在正交矩阵 $\boldsymbol{V} \in \mathbf{R}^{m\times m}$ 满足

$$\boldsymbol{V}^{\mathrm{T}}\boldsymbol{A}\boldsymbol{V} = \boldsymbol{\Sigma} \tag{2.47}$$

式中 $\boldsymbol{\Sigma} = \mathrm{diag}[\lambda_1 \quad \lambda_2 \quad \cdots \quad \lambda_m]$ (其中 $\{\lambda_j\}_{1\leqslant j\leqslant m}$ 是矩阵 $\boldsymbol{A}$ 的特征值), 矩阵 $\boldsymbol{V}$ 中的列向量是矩阵 $\boldsymbol{A}$ 的单位特征向量。

【证明】对矩阵行数 (或列数) m 采用数学归纳法进行证明。当 $m = 1$ 时, 该结论显然成立。假设当 $m = k$ 时该结论成立。令 $\boldsymbol{A}$ 为任意 $(k+1)\times(k+1)$ 阶对称矩阵, 并且 λ_1 是矩阵 $\boldsymbol{A}$ 的特征值, $\boldsymbol{u}_1$ 是 λ_1 对应的单位特征向量, 由向量 $\boldsymbol{u}_1$ 可以扩充 $\mathbf{R}^{k+1}$ 空间上的标准正交基 $\boldsymbol{u}_1, \boldsymbol{u}_2, \cdots, \boldsymbol{u}_{k+1}$。若记 $\boldsymbol{U}_1 = [\boldsymbol{u}_1 \quad \boldsymbol{u}_2 \quad \cdots \quad \boldsymbol{u}_{k+1}] \in \mathbf{R}^{(k+1)\times(k+1)}$, 则 $\boldsymbol{U}_1$ 是正交矩阵, 并且满足

$$\langle \boldsymbol{U}_1^{\mathrm{T}}\boldsymbol{A}\boldsymbol{U}_1\rangle_{j_1 j_2} = \boldsymbol{u}_{j_1}^{\mathrm{T}}\boldsymbol{A}\boldsymbol{u}_{j_2} \quad (1 \leqslant j_1, j_2 \leqslant k+1) \tag{2.48}$$

当 $j_1 = 1$ 时

$$\boldsymbol{u}_1^{\mathrm{T}}\boldsymbol{A}\boldsymbol{u}_{j_2} = \lambda_1\boldsymbol{u}_1^{\mathrm{T}}\boldsymbol{u}_{j_2} = \begin{cases}\lambda_1; & j_2 = 1 \\ 0; & j_2 \neq 1\end{cases} \tag{2.49}$$

当 $j_2=1$ 时

$$\boldsymbol{u}_{j_1}^{\mathrm{T}}\boldsymbol{A}\boldsymbol{u}_1=\lambda_1\boldsymbol{u}_{j_1}^{\mathrm{T}}\boldsymbol{u}_1=\begin{cases}\lambda_1; & j_1=1\\ 0; & j_1\neq 1\end{cases}\tag{2.50}$$

结合式 (2.49) 和式 (2.50) 可知, 矩阵 $\boldsymbol{U}_1^{\mathrm{T}}\boldsymbol{A}\boldsymbol{U}_1$ 具有如下分块结构

$$\boldsymbol{U}_1^{\mathrm{T}}\boldsymbol{A}\boldsymbol{U}_1=\begin{bmatrix}\lambda_1 & \boldsymbol{O}_{1\times k}\\ \boldsymbol{O}_{k\times 1} & \boldsymbol{B}\end{bmatrix}\tag{2.51}$$

式中 $\boldsymbol{B}\in\mathbf{R}^{k\times k}$ 是对称矩阵。根据归纳假设可知, 存在正交矩阵 $\boldsymbol{U}_2\in\mathbf{R}^{k\times k}$ 且满足

$$\boldsymbol{U}_2^{\mathrm{T}}\boldsymbol{B}\boldsymbol{U}_2=\boldsymbol{\Gamma}\tag{2.52}$$

式中 $\boldsymbol{\Gamma}=\mathrm{diag}[\lambda_2\ \lambda_3\ \cdots\ \lambda_{k+1}]$ (其中 $\{\lambda_j\}_{2\leqslant j\leqslant k+1}$ 是矩阵 $\boldsymbol{B}$ 的特征值, 也是矩阵 $\boldsymbol{A}$ 的特征值)。若记 $\boldsymbol{V}=\boldsymbol{U}_1\mathrm{blkdiag}[1\quad \boldsymbol{U}_2]$, 则 $\boldsymbol{V}$ 是 $(k+1)\times(k+1)$ 阶正交矩阵, 并且满足

$$\begin{aligned}\boldsymbol{V}^{\mathrm{T}}\boldsymbol{A}\boldsymbol{V}&=\begin{bmatrix}1 & \boldsymbol{O}_{1\times k}\\ \boldsymbol{O}_{k\times 1} & \boldsymbol{U}_2^{\mathrm{T}}\end{bmatrix}\boldsymbol{U}_1^{\mathrm{T}}\boldsymbol{A}\boldsymbol{U}_1\begin{bmatrix}1 & \boldsymbol{O}_{1\times k}\\ \boldsymbol{O}_{k\times 1} & \boldsymbol{U}_2\end{bmatrix}\\ &=\begin{bmatrix}\lambda_1 & \boldsymbol{O}_{1\times k}\\ \boldsymbol{O}_{k\times 1} & \boldsymbol{U}_2^{\mathrm{T}}\boldsymbol{B}\boldsymbol{U}_2\end{bmatrix}=\begin{bmatrix}\lambda_1 & \boldsymbol{O}_{1\times k}\\ \boldsymbol{O}_{k\times 1} & \boldsymbol{\Gamma}\end{bmatrix}\\ &=\mathrm{diag}[\lambda_1\ \lambda_2\ \cdots\ \lambda_{k+1}]=\boldsymbol{\Sigma}\end{aligned}\tag{2.53}$$

由此可知, 当 $m=k+1$ 时结论亦成立。证毕。

根据命题 2.22 可知, 任意对称矩阵 $\boldsymbol{A}\in\mathbf{R}^{m\times m}$ 都可以分解为如下形式

$$\boldsymbol{A}=\boldsymbol{V}\boldsymbol{\Sigma}\boldsymbol{V}^{\mathrm{T}}=\boldsymbol{V}\boldsymbol{\Sigma}\boldsymbol{V}^{-1}\tag{2.54}$$

式中矩阵 $\boldsymbol{V}$ 和 $\boldsymbol{\Sigma}$ 的定义见命题 2.22, 式 (2.54) 称为矩阵的特征值分解。

【注记 2.3】 需要指出的是, 并不是所有矩阵都存在特征值分解, 但对于对称矩阵而言, 其特征值分解是一定存在的。

三、奇异值分解与广义奇异值分解

与矩阵特征值分解不同, 任意矩阵都存在奇异值分解, 具体可见如下命题。

【命题 2.23】 设矩阵 $\boldsymbol{A}\in\mathbf{R}^{m\times n}$, 并且其秩为 $\mathrm{rank}[\boldsymbol{A}]=r$, 则存在两个正交矩阵 $\boldsymbol{U}\in\mathbf{R}^{m\times m}$ 和 $\boldsymbol{V}\in\mathbf{R}^{n\times n}$, 满足

$$\boldsymbol{U}^{\mathrm{T}}\boldsymbol{A}\boldsymbol{V}=\begin{bmatrix}\boldsymbol{\Sigma} & \boldsymbol{O}_{r\times(n-r)}\\ \boldsymbol{O}_{(m-r)\times r} & \boldsymbol{O}_{(m-r)\times(n-r)}\end{bmatrix}\tag{2.55}$$

式中 $\boldsymbol{\Sigma}=\mathrm{diag}[\sigma_1\ \sigma_2\ \cdots\ \sigma_r]$ (其中 $\{\sigma_j\}_{1\leqslant j\leqslant r}$ 称为奇异值), 矩阵 $\boldsymbol{U}$ 和 $\boldsymbol{V}$ 中的列向量分别称为左和右奇异向量。

【证明】由于 $\boldsymbol{A}^{\mathrm{T}}\boldsymbol{A}$ 是半正定矩阵, 并且其秩为 $\mathrm{rank}[\boldsymbol{A}^{\mathrm{T}}\boldsymbol{A}]=\mathrm{rank}[\boldsymbol{A}]=r$, 因此矩阵 $\boldsymbol{A}^{\mathrm{T}}\boldsymbol{A}$ 的特征值中会包含 r 个正值和 $n-r$ 个零值。不妨将该矩阵的全部特征值设为

$$\lambda_1\geqslant\lambda_2\geqslant\cdots\geqslant\lambda_r>\lambda_{r+1}=\lambda_{r+2}=\cdots=\lambda_n=0 \tag{2.56}$$

并记 $\boldsymbol{\Sigma}=\mathrm{diag}[\sigma_1\ \sigma_2\ \cdots\ \sigma_r]$, 其中 $\sigma_j=\sqrt{\lambda_j}\ (1\leqslant j\leqslant r)$。根据命题 2.22 可知, 存在正交矩阵 $\boldsymbol{V}\in\mathbf{R}^{n\times n}$ 满足

$$\boldsymbol{V}^{\mathrm{T}}\boldsymbol{A}^{\mathrm{T}}\boldsymbol{A}\boldsymbol{V}=\begin{bmatrix}\boldsymbol{\Sigma}^2 & \boldsymbol{O}_{r\times(n-r)}\\ \boldsymbol{O}_{(n-r)\times r} & \boldsymbol{O}_{(n-r)\times(n-r)}\end{bmatrix} \tag{2.57}$$

利用式 (2.57) 可以进一步推得

$$\boldsymbol{A}^{\mathrm{T}}\boldsymbol{A}\boldsymbol{V}=\boldsymbol{V}\begin{bmatrix}\boldsymbol{\Sigma}^2 & \boldsymbol{O}_{r\times(n-r)}\\ \boldsymbol{O}_{(n-r)\times r} & \boldsymbol{O}_{(n-r)\times(n-r)}\end{bmatrix} \tag{2.58}$$

将矩阵 $\boldsymbol{V}$ 按列分块表示为 $\boldsymbol{V}=\begin{bmatrix}\underbrace{\boldsymbol{V}_1}_{n\times r} & \underbrace{\boldsymbol{V}_2}_{n\times(n-r)}\end{bmatrix}$, 结合式 (2.58) 可知

$$\boldsymbol{A}^{\mathrm{T}}\boldsymbol{A}\boldsymbol{V}_1=\boldsymbol{V}_1\boldsymbol{\Sigma}^2,\quad \boldsymbol{A}^{\mathrm{T}}\boldsymbol{A}\boldsymbol{V}_2=\boldsymbol{O}_{n\times(n-r)} \tag{2.59}$$

进一步可以推得

$$\boldsymbol{V}_1^{\mathrm{T}}\boldsymbol{A}^{\mathrm{T}}\boldsymbol{A}\boldsymbol{V}_1=\boldsymbol{\Sigma}^2,\quad \boldsymbol{V}_2^{\mathrm{T}}\boldsymbol{A}^{\mathrm{T}}\boldsymbol{A}\boldsymbol{V}_2=\boldsymbol{O}_{(n-r)\times(n-r)} \tag{2.60}$$

于是有

$$(\boldsymbol{A}\boldsymbol{V}_1\boldsymbol{\Sigma}^{-1})^{\mathrm{T}}(\boldsymbol{A}\boldsymbol{V}_1\boldsymbol{\Sigma}^{-1})=\boldsymbol{I}_r,\quad \boldsymbol{A}\boldsymbol{V}_2=\boldsymbol{O}_{m\times(n-r)} \tag{2.61}$$

若令 $\boldsymbol{U}_1=\boldsymbol{A}\boldsymbol{V}_1\boldsymbol{\Sigma}^{-1}$ (等价于 $\boldsymbol{U}_1\boldsymbol{\Sigma}=\boldsymbol{A}\boldsymbol{V}_1$), 根据式 (2.61) 中的第 1 个等式可知, 矩阵 $\boldsymbol{U}_1$ 中的列向量是相互正交的单位向量, 将其按列分块表示为 $\boldsymbol{U}_1=[\boldsymbol{u}_1\ \boldsymbol{u}_2\ \cdots\ \boldsymbol{u}_r]$, 然后再扩充 $m-r$ 个列向量 $\boldsymbol{u}_{r+1},\boldsymbol{u}_{r+2},\cdots,\boldsymbol{u}_m$ 构造矩阵 $\boldsymbol{U}_2=[\boldsymbol{u}_{r+1}\ \boldsymbol{u}_{r+2}\ \cdots\ \boldsymbol{u}_m]$, 以使得 $\boldsymbol{U}=[\boldsymbol{U}_1\quad \boldsymbol{U}_2]$ 为正交矩阵。于是有

$$\begin{aligned}\boldsymbol{U}^{\mathrm{T}}\boldsymbol{A}\boldsymbol{V}&=\begin{bmatrix}\boldsymbol{U}_1^{\mathrm{T}}\\ \boldsymbol{U}_2^{\mathrm{T}}\end{bmatrix}[\boldsymbol{A}\boldsymbol{V}_1\quad \boldsymbol{A}\boldsymbol{V}_2]\\ &=\begin{bmatrix}\boldsymbol{U}_1^{\mathrm{T}}\boldsymbol{U}_1\boldsymbol{\Sigma} & \boldsymbol{O}_{r\times(n-r)}\\ \boldsymbol{U}_2^{\mathrm{T}}\boldsymbol{U}_1\boldsymbol{\Sigma} & \boldsymbol{O}_{(m-r)\times(n-r)}\end{bmatrix}=\begin{bmatrix}\boldsymbol{\Sigma} & \boldsymbol{O}_{r\times(n-r)}\\ \boldsymbol{O}_{(m-r)\times r} & \boldsymbol{O}_{(m-r)\times(n-r)}\end{bmatrix}\end{aligned} \tag{2.62}$$

证毕。

由命题 2.23 可知, 任意矩阵 $\boldsymbol{A} \in \mathbf{R}^{m\times n}$ 都可以分解为

$$\boldsymbol{A}=\boldsymbol{U}\begin{bmatrix} \boldsymbol{\Sigma} & \boldsymbol{O}_{r\times(n-r)} \\ \boldsymbol{O}_{(m-r)\times r} & \boldsymbol{O}_{(m-r)\times(n-r)} \end{bmatrix}\boldsymbol{V}^{\mathrm{T}} \tag{2.63}$$

式中矩阵 $\boldsymbol{U}$、$\boldsymbol{V}$ 和 $\boldsymbol{\Sigma}$ 的定义见命题 2.23。式 (2.63) 称为矩阵奇异值分解, 该分解对于任意矩阵都是存在的。

【注记 2.4】 由式 (2.63) 可知, $\boldsymbol{A}\boldsymbol{A}^{\mathrm{T}}=\boldsymbol{U}\begin{bmatrix} \boldsymbol{\Sigma}^2 & \boldsymbol{O}_{r\times(m-r)} \\ \boldsymbol{O}_{(m-r)\times r} & \boldsymbol{O}_{(m-r)\times(m-r)} \end{bmatrix}\boldsymbol{U}^{\mathrm{T}}$。由此可知, 矩阵 $\boldsymbol{U}$ 中的列向量即为矩阵 $\boldsymbol{A}\boldsymbol{A}^{\mathrm{T}}$ 的单位特征向量, 而矩阵 $\boldsymbol{A}$ 的奇异值平方即为矩阵 $\boldsymbol{A}\boldsymbol{A}^{\mathrm{T}}$ 的非零特征值。

【注记 2.5】 由式 (2.63) 可知, $\boldsymbol{A}^{\mathrm{T}}\boldsymbol{A}=\boldsymbol{V}\begin{bmatrix} \boldsymbol{\Sigma}^2 & \boldsymbol{O}_{r\times(n-r)} \\ \boldsymbol{O}_{(n-r)\times r} & \boldsymbol{O}_{(n-r)\times(n-r)} \end{bmatrix}\boldsymbol{V}^{\mathrm{T}}$。由此可知, 矩阵 $\boldsymbol{V}$ 中的列向量即为矩阵 $\boldsymbol{A}^{\mathrm{T}}\boldsymbol{A}$ 的单位特征向量, 而矩阵 $\boldsymbol{A}$ 的奇异值平方即为矩阵 $\boldsymbol{A}^{\mathrm{T}}\boldsymbol{A}$ 的非零特征值。

上述奇异值分解可以进行推广, 从而得到广义奇异值分解, 具体见如下命题。

【命题 2.24】 设矩阵 $\boldsymbol{A}_1 \in \mathbf{R}^{m_1\times n}$ 和 $\boldsymbol{A}_2 \in \mathbf{R}^{m_2\times n}$, 则存在正交矩阵 $\boldsymbol{U}_1 \in \mathbf{R}^{m_1\times m_1}$ 和 $\boldsymbol{U}_2 \in \mathbf{R}^{m_2\times m_2}$, 以及可逆矩阵 $\boldsymbol{X} \in \mathbf{R}^{n\times n}$ 使得

$$\boldsymbol{U}_1^{\mathrm{T}}\boldsymbol{A}_1\boldsymbol{X}=\boldsymbol{\Sigma}_1,\quad \boldsymbol{U}_2^{\mathrm{T}}\boldsymbol{A}_2\boldsymbol{X}=\boldsymbol{\Sigma}_2 \tag{2.64}$$

式中 $\boldsymbol{\Sigma}_1$ 和 $\boldsymbol{\Sigma}_2$ 均为对角矩阵, 并且其对角元素均为非负数。

命题 2.24 的证明过程过于复杂, 读者可参阅文献 [35]。

2.1.5 向量范数与矩阵范数

一、向量范数

【定义 2.7】 若从 $\mathbf{R}^{m\times 1}$ 到 $\mathbf{R}$ 的非负函数 $||\cdot||$ 满足以下 3 条性质:

① 正定性: 对所有 $\boldsymbol{x} \in \mathbf{R}^{m\times 1}$ 都有 $||\boldsymbol{x}|| \geqslant 0$, 并且 $||\boldsymbol{x}||=0$ 当且仅当 $\boldsymbol{x}=\boldsymbol{O}_{m\times 1}$;

② 齐次性: 对所有 $\boldsymbol{x} \in \mathbf{R}^{m\times 1}$ 和 $\alpha \in \mathbf{R}$ 都有 $||\boldsymbol{x}\alpha||=|\alpha|||\boldsymbol{x}||$;

③ 三角不等式: 对所有 $\boldsymbol{x},\boldsymbol{y} \in \mathbf{R}^{m\times 1}$ 都有 $||\boldsymbol{x}+\boldsymbol{y}|| \leqslant ||\boldsymbol{x}||+||\boldsymbol{y}||$;

则称该函数为向量范数。

最常用的向量范数包括以下 3 种形式:

① 1-范数: $||\boldsymbol{x}||_1=|x_1|+|x_2|+\cdots+|x_m|$;

② 2-范数: $||\boldsymbol{x}||_2=\sqrt{|x_1|^2+|x_2|^2+\cdots+|x_m|^2}$;

③ ∞-范数: $||\boldsymbol{x}||_\infty = \max\limits_{1\leqslant j\leqslant m}\{|x_j|\}$;
它们都是 p-范数 (亦称 Hölder 范数) $||\boldsymbol{x}||_p = (|x_1|^p+|x_2|^p+\cdots+|x_m|^p)^{1/p}$ $(p\geqslant 1)$ 的特例。如图 2.1 所示分别为集合 $\{\boldsymbol{x}|\boldsymbol{x}\in\mathbf{R}^2, ||\boldsymbol{x}||\leqslant 1\}$ 在不同范数条件下的区域, 从中可以看出 3 种范数的几何意义。

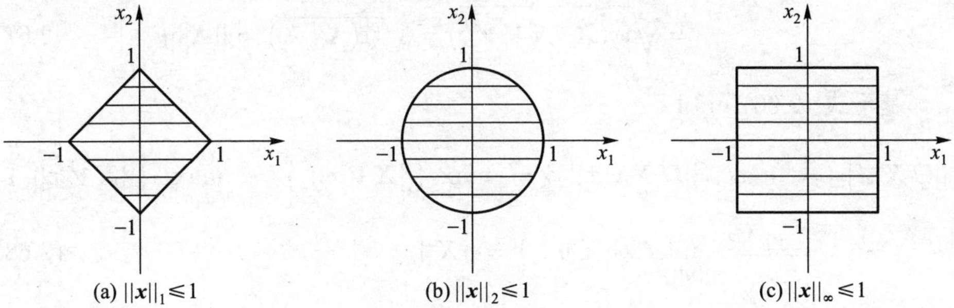

图 2.1　3 种范数的几何意义 $(m=2)$

本书涉及的范数仅为 2-范数。

二、矩阵范数

【定义 2.8】若从 $\mathbf{R}^{m\times n}$ 到 $\mathbf{R}$ 的非负函数 $||\cdot||$ 满足以下 4 条性质:

① 正定性: 对所有 $\boldsymbol{X}\in\mathbf{R}^{m\times n}$ 都有 $||\boldsymbol{X}||\geqslant 0$, 并且 $||\boldsymbol{X}||=0$ 当且仅当 $\boldsymbol{X}=\boldsymbol{O}_{m\times n}$;

② 齐次性: 对所有 $\boldsymbol{X}\in\mathbf{R}^{m\times n}$ 和 $\alpha\in\mathbf{R}$ 都有 $||\alpha\boldsymbol{X}||=|\alpha|||\boldsymbol{X}||$;

③ 三角不等式: 对所有 $\boldsymbol{X}$, $\boldsymbol{Y}\in\mathbf{R}^{m\times n}$ 都有 $||\boldsymbol{X}+\boldsymbol{Y}||\leqslant||\boldsymbol{X}||+||\boldsymbol{Y}||$;

④ 相容性: 对所有 $\boldsymbol{X}$, $\boldsymbol{Y}\in\mathbf{R}^{m\times n}$ 都有 $||\boldsymbol{X}\boldsymbol{Y}||\leqslant||\boldsymbol{X}||||\boldsymbol{Y}||$;

则称该函数为矩阵范数。

矩阵范数的形式有多种, 本书仅涉及两种矩阵范数。第一种是 Frobenius 范数 (记为 $||\cdot||_\mathrm{F}$), 简称为 F-范数, 其定义式为

$$||\boldsymbol{X}||_\mathrm{F} = \sqrt{\sum_{j_1=1}^{m}\sum_{j_2=1}^{n}(\langle\boldsymbol{X}\rangle_{j_1j_2})^2} = \sqrt{\mathrm{tr}(\boldsymbol{X}^\mathrm{T}\boldsymbol{X})} \tag{2.65}$$

第二种是谱范数, 也称为由向量 2-范数导出的矩阵范数 (记为 $||\cdot||_2$), 其定义式为

$$||\boldsymbol{X}||_2 = \max_{||\boldsymbol{x}||_2=1}\{||\boldsymbol{X}\boldsymbol{x}||_2\} \tag{2.66}$$

关于这两种矩阵范数有一些重要的性质, 具体可见如下命题。

【命题 2.25】设矩阵 $\boldsymbol{X}\in\mathbf{R}^{m\times n}$, 并且 $\boldsymbol{U}\in\mathbf{R}^{m\times m}$ 和 $\boldsymbol{V}\in\mathbf{R}^{n\times n}$ 均为正交矩阵, 则有 $||\boldsymbol{X}||_{\mathrm{F}}=||\boldsymbol{UXV}||_{\mathrm{F}}$ 和 $||\boldsymbol{X}||_2=||\boldsymbol{UXV}||_2$。

【证明】根据式 (2.65) 可得

$$\begin{aligned}||\boldsymbol{UXV}||_{\mathrm{F}}&=\sqrt{\mathrm{tr}(\boldsymbol{V}^{\mathrm{T}}\boldsymbol{X}^{\mathrm{T}}\boldsymbol{U}^{\mathrm{T}}\boldsymbol{UXV})}=\sqrt{\mathrm{tr}(\boldsymbol{V}^{\mathrm{T}}\boldsymbol{X}^{\mathrm{T}}\boldsymbol{XV})}\\&=\sqrt{\mathrm{tr}(\boldsymbol{X}^{\mathrm{T}}\boldsymbol{XVV}^{\mathrm{T}})}=\sqrt{\mathrm{tr}(\boldsymbol{X}^{\mathrm{T}}\boldsymbol{X})}=||\boldsymbol{X}||_{\mathrm{F}}\end{aligned}\tag{2.67}$$

基于式 (2.66) 可知

$$\begin{aligned}||\boldsymbol{UXV}||_2&=\max_{||\boldsymbol{x}||_2=1}\{||\boldsymbol{UXVx}||_2\}=\max_{||\boldsymbol{x}||_2=1}\{||\boldsymbol{XVx}||_2\}=\max_{||\boldsymbol{Vx}||_2=1}\{||\boldsymbol{XVx}||_2\}\\&\xlongequal{\text{令 }\boldsymbol{y}=\boldsymbol{Vx}}\max_{||\boldsymbol{y}||_2=1}\{||\boldsymbol{Xy}||_2\}=||\boldsymbol{X}||_2\end{aligned}\tag{2.68}$$

证毕。

【命题 2.26】设矩阵 $\boldsymbol{X}\in\mathbf{R}^{m\times n}$, 则有 $||\boldsymbol{X}||_{\mathrm{F}}=\sqrt{\sum\limits_{j=1}^{n}\lambda_j\{\boldsymbol{X}^{\mathrm{T}}\boldsymbol{X}\}}$, 其中 $\lambda_j\{\boldsymbol{X}^{\mathrm{T}}\boldsymbol{X}\}$ 表示矩阵 $\boldsymbol{X}^{\mathrm{T}}\boldsymbol{X}$ 的第 j 个特征值。

【证明】根据矩阵迹的性质可得

$$\mathrm{tr}(\boldsymbol{X}^{\mathrm{T}}\boldsymbol{X})=\sum_{j=1}^{n}\lambda_j\{\boldsymbol{X}^{\mathrm{T}}\boldsymbol{X}\}\tag{2.69}$$

结合式 (2.65) 和式 (2.69) 可知 $||\boldsymbol{X}||_{\mathrm{F}}=\sqrt{\sum\limits_{j=1}^{n}\lambda_j\{\boldsymbol{X}^{\mathrm{T}}\boldsymbol{X}\}}$。证毕。

【命题 2.27】设矩阵 $\boldsymbol{X}\in\mathbf{R}^{m\times n}$, 则有 $||\boldsymbol{X}||_2=\sqrt{\lambda_{\max}\{\boldsymbol{X}^{\mathrm{T}}\boldsymbol{X}\}}$, 其中 $\lambda_{\max}\{\boldsymbol{X}^{\mathrm{T}}\boldsymbol{X}\}$ 表示矩阵 $\boldsymbol{X}^{\mathrm{T}}\boldsymbol{X}$ 的最大特征值。

【证明】由于 $\boldsymbol{X}^{\mathrm{T}}\boldsymbol{X}$ 是对称矩阵, 根据命题 2.22 可知, 该矩阵存在特征值分解, 如下式所示

$$\boldsymbol{X}^{\mathrm{T}}\boldsymbol{X}=\boldsymbol{V\Sigma V}^{\mathrm{T}}=\sum_{j=1}^{n}\lambda_j\boldsymbol{v}_j\boldsymbol{v}_j^{\mathrm{T}}\tag{2.70}$$

式中 $\boldsymbol{V}=[\boldsymbol{v}_1\ \boldsymbol{v}_2\ \cdots\ \boldsymbol{v}_n]$ 为正交矩阵, $\boldsymbol{\Sigma}=\mathrm{diag}[\lambda_1\ \lambda_2\ \cdots\ \lambda_n]$ 为对角矩阵, 并令 $\lambda_1\geqslant\lambda_2\geqslant\cdots\geqslant\lambda_n\geqslant 0$。根据矩阵 $\boldsymbol{V}$ 的正交性可知, 对于任意满足 $||\boldsymbol{x}||_2=1$ 的向量 $\boldsymbol{x}\in\mathbf{R}^{n\times 1}$ 都可以表示为

$$\boldsymbol{x}=\boldsymbol{v}_1\eta_1+\boldsymbol{v}_2\eta_2+\cdots+\boldsymbol{v}_n\eta_n=\sum_{j=1}^{n}\boldsymbol{v}_j\eta_j\tag{2.71}$$

式中 $\sum_{j=1}^{n}\eta_j^2=1$。结合式 (2.70) 和式 (2.71) 可得

$$\begin{aligned}||\boldsymbol{X}\boldsymbol{x}||_2=\sqrt{\boldsymbol{x}^{\mathrm{T}}\boldsymbol{X}^{\mathrm{T}}\boldsymbol{X}\boldsymbol{x}}&=\sqrt{\left(\sum_{j=1}^{n}\eta_j\boldsymbol{v}_j^{\mathrm{T}}\right)\left(\sum_{j=1}^{n}\lambda_j\boldsymbol{v}_j\boldsymbol{v}_j^{\mathrm{T}}\right)\left(\sum_{j=1}^{n}\boldsymbol{v}_j\eta_j\right)}\\&=\sqrt{\sum_{j=1}^{n}\lambda_j\eta_j^2}\leqslant\sqrt{\lambda_1}=\sqrt{\lambda_{\max}\{\boldsymbol{X}^{\mathrm{T}}\boldsymbol{X}\}}\end{aligned}\tag{2.72}$$

另一方面, 若令 $\boldsymbol{x}=\boldsymbol{v}_1$, 则有 $||\boldsymbol{x}||_2=1$, 并且

$$||\boldsymbol{X}\boldsymbol{x}||_2=\sqrt{\boldsymbol{x}^{\mathrm{T}}\boldsymbol{X}^{\mathrm{T}}\boldsymbol{X}\boldsymbol{x}}=\sqrt{\boldsymbol{v}_1^{\mathrm{T}}\left(\sum_{j=1}^{n}\lambda_j\boldsymbol{v}_j\boldsymbol{v}_j^{\mathrm{T}}\right)\boldsymbol{v}_1}=\sqrt{\lambda_1}=\sqrt{\lambda_{\max}\{\boldsymbol{X}^{\mathrm{T}}\boldsymbol{X}\}}\tag{2.73}$$

联合式 (2.72) 和式 (2.73) 可知

$$||\boldsymbol{X}||_2=\max_{||\boldsymbol{x}||_2=1}\{||\boldsymbol{X}\boldsymbol{x}||_2\}=\sqrt{\lambda_1}=\sqrt{\lambda_{\max}\{\boldsymbol{X}^{\mathrm{T}}\boldsymbol{X}\}}\tag{2.74}$$

证毕。

【命题 2.28】 设矩阵 $\boldsymbol{X}\in\mathbf{R}^{m\times n}$, 则有 $||\boldsymbol{X}||_2\leqslant||\boldsymbol{X}||_{\mathrm{F}}$。

【证明】 结合命题 2.26 和命题 2.27 中的结论可以直接推得 $||\boldsymbol{X}||_2\leqslant||\boldsymbol{X}||_{\mathrm{F}}$。证毕。

【注记 2.6】 根据注记 2.5、命题 2.26 和命题 2.27 还可将矩阵范数 $||\boldsymbol{X}||_2$ 和 $||\boldsymbol{X}||_{\mathrm{F}}$ 分别表示为

$$||\boldsymbol{X}||_2=\sigma_{\max}\{\boldsymbol{X}\},\quad ||\boldsymbol{X}||_{\mathrm{F}}=\sqrt{\sum_{j=1}^{n}(\sigma_j\{\boldsymbol{X}\})^2}\tag{2.75}$$

式中 $\sigma_j\{\boldsymbol{X}\}$ 表示矩阵 $\boldsymbol{X}$ 的第 j 个奇异值, $\sigma_{\max}\{\boldsymbol{X}\}$ 为矩阵 $\boldsymbol{X}$ 的最大奇异值。

【注记 2.7】 类似于命题 2.27 中的证明过程, 可知

$$\begin{aligned}&\sigma_{\min}\{\boldsymbol{X}\}=\min_{||\boldsymbol{x}||_2=1}\{||\boldsymbol{X}\boldsymbol{x}||_2\},\\&\lambda_{\min}\{\boldsymbol{X}^{\mathrm{T}}\boldsymbol{X}\}=\min_{||\boldsymbol{x}||_2=1}\{||\boldsymbol{X}\boldsymbol{x}||_2^2\}=\min_{||\boldsymbol{x}||_2=1}\{\boldsymbol{x}^{\mathrm{T}}\boldsymbol{X}^{\mathrm{T}}\boldsymbol{X}\boldsymbol{x}\}\end{aligned}\tag{2.76}$$

式中 $\sigma_{\min}\{\boldsymbol{X}\}$ 表示矩阵 $\boldsymbol{X}$ 的最小奇异值, $\lambda_{\min}\{\boldsymbol{X}^{\mathrm{T}}\boldsymbol{X}\}$ 表示矩阵 $\boldsymbol{X}^{\mathrm{T}}\boldsymbol{X}$ 的最小特征值。式 (2.76) 中两个优化问题向量 $\boldsymbol{x}$ 的最优解是相同的, 均是矩阵 $\boldsymbol{X}^{\mathrm{T}}\boldsymbol{X}$ 最小特征值对应的单位特征向量, 又或是矩阵 $\boldsymbol{X}$ 最小奇异值对应的单位右奇异向量。

2.1.6 矩阵克罗内克积与矩阵向量化运算

一、矩阵克罗内克 (Kronecker) 积

矩阵 Kronecker 积也称为直积。设矩阵 $\boldsymbol{A} \in \mathbf{R}^{m\times n}$ 和 $\boldsymbol{B} \in \mathbf{R}^{r\times s}$, 则它们的 Kronecker 积可以表示为

$$\boldsymbol{A} \otimes \boldsymbol{B} = \begin{bmatrix} \langle \boldsymbol{A} \rangle_{11}\boldsymbol{B} & \cdots & \langle \boldsymbol{A} \rangle_{1n}\boldsymbol{B} \\ \vdots & & \vdots \\ \langle \boldsymbol{A} \rangle_{m1}\boldsymbol{B} & \cdots & \langle \boldsymbol{A} \rangle_{mn}\boldsymbol{B} \end{bmatrix} \in \mathbf{C}^{mr\times ns} \tag{2.77}$$

根据式 (2.77) 不难看出, Kronecker 积并没有交换律 (即 $\boldsymbol{A}\otimes\boldsymbol{B} \neq \boldsymbol{B}\otimes\boldsymbol{A}$)。Kronecker 积有如下重要的性质:

① $(\boldsymbol{A}\otimes\boldsymbol{B})\otimes\boldsymbol{C} = \boldsymbol{A}\otimes(\boldsymbol{B}\otimes\boldsymbol{C})$;

② $(\boldsymbol{A}\otimes\boldsymbol{C})(\boldsymbol{B}\otimes\boldsymbol{D}) = (\boldsymbol{AB})\otimes(\boldsymbol{CD})$;

③ $(\boldsymbol{A}\otimes\boldsymbol{B})^{\mathrm{T}} = \boldsymbol{A}^{\mathrm{T}}\otimes\boldsymbol{B}^{\mathrm{T}}$;

④ $(\boldsymbol{A}\otimes\boldsymbol{B})^{\dagger} = \boldsymbol{A}^{\dagger}\otimes\boldsymbol{B}^{\dagger}$;

⑤ $\mathrm{tr}(\boldsymbol{A}\otimes\boldsymbol{B}) = \mathrm{tr}(\boldsymbol{A})\mathrm{tr}(\boldsymbol{B})$;

⑥ $\mathrm{rank}[\boldsymbol{A}\otimes\boldsymbol{B}] = \mathrm{rank}[\boldsymbol{A}]\mathrm{rank}[\boldsymbol{B}]$。

二、矩阵向量化运算

矩阵向量化 (记为 $\mathrm{vec}(\cdot)$) 的概念具有广泛的应用, 具体可见如下定义。

【定义 2.9】 设矩阵 $\boldsymbol{A} = [a_{ij}]_{m\times n}$, 则该矩阵的向量化函数定义为

$$\mathrm{vec}(\boldsymbol{A}) = [\, a_{11}\ a_{21}\ \cdots\ a_{m1} \,\vdots\, a_{12}\ a_{22}\ \cdots\ a_{m2} \,\vdots\, \cdots \,\vdots\, a_{1n}\ a_{2n}\ \cdots\ a_{mn} \,]^{\mathrm{T}} \in \mathbf{R}^{mn\times 1} \tag{2.78}$$

由此可知, 矩阵向量化是将矩阵按照字典顺序排成列向量。

根据该定义可以得到如下等式

$$\mathrm{vec}(\boldsymbol{ab}^{\mathrm{T}}) = \boldsymbol{b}\otimes\boldsymbol{a}, \quad \mathrm{tr}(\boldsymbol{AB}) = (\mathrm{vec}(\boldsymbol{A}^{\mathrm{T}}))^{\mathrm{T}}\mathrm{vec}(\boldsymbol{B}) \tag{2.79}$$

利用矩阵向量化运算可以得到关于 Kronecker 积的一个重要等式, 见如下命题。

【命题 2.29】 设矩阵 $\boldsymbol{A} \in \mathbf{C}^{m\times r}$、$\boldsymbol{B} \in \mathbf{C}^{r\times s}$ 和 $\boldsymbol{C} \in \mathbf{C}^{s\times n}$, 则有 $\mathrm{vec}(\boldsymbol{ABC}) = (\boldsymbol{C}^{\mathrm{T}}\otimes\boldsymbol{A})\mathrm{vec}(\boldsymbol{B})$。

【证明】 首先将矩阵 $\boldsymbol{B}$ 按列分块表示为 $\boldsymbol{B} = [\boldsymbol{b}_1\ \boldsymbol{b}_2\ \cdots\ \boldsymbol{b}_s]$, 基于此可以将矩阵 $\boldsymbol{B}$ 进一步表示为

$$\boldsymbol{B} = \sum_{j=1}^{s} \boldsymbol{b}_j \boldsymbol{i}_s^{(j)\mathrm{T}} \tag{2.80}$$

由此可知

$$
\begin{aligned}
\operatorname{vec}(\boldsymbol{ABC}) &= \operatorname{vec}\left(\sum_{j=1}^{s}\boldsymbol{Ab}_j\boldsymbol{i}_s^{(j)\mathrm{T}}\boldsymbol{C}\right)\\
&=\sum_{j=1}^{s}\operatorname{vec}((\boldsymbol{Ab}_j)(\boldsymbol{C}^{\mathrm{T}}\boldsymbol{i}_s^{(j)})^{\mathrm{T}})=\sum_{j=1}^{s}(\boldsymbol{C}^{\mathrm{T}}\boldsymbol{i}_s^{(j)})\otimes(\boldsymbol{Ab}_j)\\
&=(\boldsymbol{C}^{\mathrm{T}}\otimes\boldsymbol{A})\left(\sum_{j=1}^{s}\boldsymbol{i}_s^{(j)}\otimes\boldsymbol{b}_j\right)=(\boldsymbol{C}^{\mathrm{T}}\otimes\boldsymbol{A})\operatorname{vec}\left(\sum_{j=1}^{s}\boldsymbol{b}_j\boldsymbol{i}_s^{(j)\mathrm{T}}\right)\\
&=(\boldsymbol{C}^{\mathrm{T}}\otimes\boldsymbol{A})\operatorname{vec}(\boldsymbol{B})
\end{aligned}
\tag{2.81}
$$

证毕。

2.1.7 关于分块矩阵行列式的一个重要等式

【命题 2.30】 设有如下分块对称可逆矩阵

$$
\boldsymbol{U}=\begin{bmatrix}\underbrace{\boldsymbol{A}}_{m\times m} & \underbrace{\boldsymbol{B}}_{m\times n}\\ \underbrace{\boldsymbol{B}^{\mathrm{T}}}_{n\times m} & \underbrace{\boldsymbol{C}}_{n\times n}\end{bmatrix}
\tag{2.82}
$$

其中 $\boldsymbol{A}=\boldsymbol{A}^{\mathrm{T}}$ 和 $\boldsymbol{C}=\boldsymbol{C}^{\mathrm{T}}$, 则有

$$
\det(\boldsymbol{U})=\det(\boldsymbol{A})\det(\boldsymbol{C}-\boldsymbol{B}^{\mathrm{T}}\boldsymbol{A}^{-1}\boldsymbol{B})
\tag{2.83}
$$

【证明】 根据分块矩阵乘法规则可知

$$
\begin{aligned}
\boldsymbol{U}&=\begin{bmatrix}\boldsymbol{A} & \boldsymbol{B}\\ \boldsymbol{B}^{\mathrm{T}} & \boldsymbol{C}\end{bmatrix}\\
&=\begin{bmatrix}\boldsymbol{I}_m & \boldsymbol{O}_{m\times n}\\ \boldsymbol{B}^{\mathrm{T}}\boldsymbol{A}^{-1} & \boldsymbol{I}_n\end{bmatrix}\begin{bmatrix}\boldsymbol{A} & \boldsymbol{O}_{m\times n}\\ \boldsymbol{O}_{n\times m} & \boldsymbol{C}-\boldsymbol{B}^{\mathrm{T}}\boldsymbol{A}^{-1}\boldsymbol{B}\end{bmatrix}\begin{bmatrix}\boldsymbol{I}_m & \boldsymbol{A}^{-1}\boldsymbol{B}\\ \boldsymbol{O}_{n\times m} & \boldsymbol{I}_n\end{bmatrix}
\end{aligned}
\tag{2.84}
$$

由此可得

$$
\det(\boldsymbol{U})=\det\left(\begin{bmatrix}\boldsymbol{A} & \boldsymbol{B}\\ \boldsymbol{B}^{\mathrm{T}} & \boldsymbol{C}\end{bmatrix}\right)
$$

$$
\begin{aligned}
&= \det\left(\begin{bmatrix} \boldsymbol{I}_m & \boldsymbol{O}_{m\times n} \\ \boldsymbol{B}^{\mathrm{T}}\boldsymbol{A}^{-1} & \boldsymbol{I}_n \end{bmatrix}\right)\det\left(\begin{bmatrix} \boldsymbol{A} & \boldsymbol{O}_{m\times n} \\ \boldsymbol{O}_{n\times m} & \boldsymbol{C}-\boldsymbol{B}^{\mathrm{T}}\boldsymbol{A}^{-1}\boldsymbol{B} \end{bmatrix}\right) \\
&\quad \times \det\left(\begin{bmatrix} \boldsymbol{I}_m & \boldsymbol{A}^{-1}\boldsymbol{B} \\ \boldsymbol{O}_{n\times m} & \boldsymbol{I}_n \end{bmatrix}\right) \\
&= \det\left(\begin{bmatrix} \boldsymbol{A} & \boldsymbol{O}_{m\times n} \\ \boldsymbol{O}_{n\times m} & \boldsymbol{C}-\boldsymbol{B}^{\mathrm{T}}\boldsymbol{A}^{-1}\boldsymbol{B} \end{bmatrix}\right) \\
&= \det(\boldsymbol{A})\det(\boldsymbol{C}-\boldsymbol{B}^{\mathrm{T}}\boldsymbol{A}^{-1}\boldsymbol{B})
\end{aligned} \tag{2.85}
$$

证毕。

2.2 多维函数分析初步

本节将介绍多维函数分析中的初步知识, 涉及多维标量函数的梯度向量、梯度矩阵和多维向量函数的 Jacobian 矩阵。

2.2.1 多维标量函数的梯度向量和梯度矩阵

如果多维标量函数的自变量为向量, 那么其梯度就为向量, 具体如下。

【定义 2.10】 假设 $f(\boldsymbol{x})$ 是关于 n 维实向量 $\boldsymbol{x}=[x_1\ x_2\ \cdots\ x_n]^{\mathrm{T}}$ 的连续且一阶可导的标量函数, 则其梯度向量定义为

$$
\boldsymbol{h}(\boldsymbol{x})=\frac{\partial f(\boldsymbol{x})}{\partial \boldsymbol{x}}=\left[\frac{\partial f(\boldsymbol{x})}{\partial x_1}\quad \frac{\partial f(\boldsymbol{x})}{\partial x_2}\quad \cdots\quad \frac{\partial f(\boldsymbol{x})}{\partial x_n}\right]^{\mathrm{T}}\in \mathbf{R}^{n\times 1} \tag{2.86}
$$

举例而言, 若令 $f(\boldsymbol{x})=\boldsymbol{a}^{\mathrm{T}}\boldsymbol{x}$, 则有 $\boldsymbol{h}(\boldsymbol{x})=\dfrac{\partial f(\boldsymbol{x})}{\partial \boldsymbol{x}}=\boldsymbol{a}$; 若令 $f(\boldsymbol{x})=(\boldsymbol{b}-\boldsymbol{A}\boldsymbol{x})^{\mathrm{T}}(\boldsymbol{b}-\boldsymbol{A}\boldsymbol{x})$, 则有 $\boldsymbol{h}(\boldsymbol{x})=2\boldsymbol{A}^{\mathrm{T}}(\boldsymbol{A}\boldsymbol{x}-\boldsymbol{b})$。

如果多维标量函数的自变量为矩阵, 那么其梯度就为矩阵, 具体如下。

【定义 2.11】 假设 $f(\boldsymbol{X})$ 是关于 $m\times n$ 阶实矩阵 $\boldsymbol{X}=[x_{ij}]_{m\times n}$ 的连续且一阶可导的标量函数, 则其梯度矩阵定义为

$$
\boldsymbol{h}(\boldsymbol{X})=\frac{\partial f(\boldsymbol{X})}{\partial \boldsymbol{X}}=\begin{bmatrix} \dfrac{\partial f(\boldsymbol{X})}{\partial x_{11}} & \cdots & \dfrac{\partial f(\boldsymbol{X})}{\partial x_{1n}} \\ \vdots & & \vdots \\ \dfrac{\partial f(\boldsymbol{X})}{\partial x_{m1}} & \cdots & \dfrac{\partial f(\boldsymbol{X})}{\partial x_{mn}} \end{bmatrix}\in \mathbf{R}^{m\times n} \tag{2.87}
$$

举例而言, 若令 $f(\boldsymbol{X})=\boldsymbol{a}^{\mathrm{T}}\boldsymbol{X}\boldsymbol{b}$, 则有 $\boldsymbol{h}(\boldsymbol{X})=\dfrac{\partial f(\boldsymbol{X})}{\partial \boldsymbol{X}}=\boldsymbol{a}\boldsymbol{b}^{\mathrm{T}}$; 若令 $f(\boldsymbol{X})=\mathrm{tr}(\boldsymbol{A}\boldsymbol{X})$, 则有 $\boldsymbol{h}(\boldsymbol{X})=\dfrac{\partial f(\boldsymbol{X})}{\partial \boldsymbol{X}}=\boldsymbol{A}^{\mathrm{T}}$; 若令 $f(\boldsymbol{X})=\mathrm{tr}(\boldsymbol{X}\boldsymbol{A}\boldsymbol{X}^{\mathrm{T}})$, 则有 $\boldsymbol{h}(\boldsymbol{X})=\dfrac{\partial f(\boldsymbol{X})}{\partial \boldsymbol{X}}=\boldsymbol{X}(\boldsymbol{A}^{\mathrm{T}}+\boldsymbol{A})$, 如果 $\boldsymbol{A}$ 是对称矩阵, 则有 $\boldsymbol{h}(\boldsymbol{X})=\dfrac{\partial f(\boldsymbol{X})}{\partial \boldsymbol{X}}=2\boldsymbol{X}\boldsymbol{A}$。

2.2.2 多维向量函数的 Jacobian 矩阵

Jacobian 矩阵是向量函数的一阶导数矩阵, 具体可见如下定义。

【定义 2.12】 假设由 m 个多维标量函数构成的向量函数 $\boldsymbol{f}(\boldsymbol{x})=[f_1(\boldsymbol{x})\ f_2(\boldsymbol{x})\ \cdots\ f_m(\boldsymbol{x})]^{\mathrm{T}}$, 其中每个标量函数 $\{f_j(\boldsymbol{x})\}_{1\leqslant j\leqslant m}$ 都是关于 n 维实向量 $\boldsymbol{x}=[x_1\ x_2\ \cdots\ x_n]^{\mathrm{T}}$ 的连续且一阶可导函数, 则其 Jacobian 矩阵定义为

$$\boldsymbol{F}(\boldsymbol{x})=\frac{\partial \boldsymbol{f}(\boldsymbol{x})}{\partial \boldsymbol{x}^{\mathrm{T}}}=\begin{bmatrix}\dfrac{\partial f_1(\boldsymbol{x})}{\partial x_1} & \cdots & \dfrac{\partial f_1(\boldsymbol{x})}{\partial x_n}\\ \vdots & & \vdots\\ \dfrac{\partial f_m(\boldsymbol{x})}{\partial x_1} & \cdots & \dfrac{\partial f_m(\boldsymbol{x})}{\partial x_n}\end{bmatrix}\in\mathbf{R}^{m\times n} \tag{2.88}$$

根据 Jacobian 矩阵的定义可知, 该矩阵中的第 j 行为第 j 个标量函数 $f_j(\boldsymbol{x})$ 的梯度向量的转置。下面的命题给出了复合向量函数 Jacobian 矩阵的表达式。

【命题 2.31】 设两个连续且一阶可导的向量函数 $\boldsymbol{f}_1(\boldsymbol{y})$ 和 $\boldsymbol{f}_2(\boldsymbol{x})$, 其中 $\boldsymbol{x}\in\mathbf{R}^{n\times 1}$,$\boldsymbol{y}=\boldsymbol{f}_2(\boldsymbol{x})\in\mathbf{R}^{m\times 1}$ 和 $\boldsymbol{f}_1(\boldsymbol{y})\in\mathbf{R}^{k\times 1}$, 若定义复合向量函数 $\boldsymbol{f}(\boldsymbol{x})=\boldsymbol{f}_1(\boldsymbol{y})=\boldsymbol{f}_1(\boldsymbol{f}_2(\boldsymbol{x}))$, 则复合向量函数 $\boldsymbol{f}(\boldsymbol{x})$ 关于向量 $\boldsymbol{x}$ 的 Jacobian 矩阵可以表示为

$$\boldsymbol{F}(\boldsymbol{x})=\frac{\partial \boldsymbol{f}(\boldsymbol{x})}{\partial \boldsymbol{x}^{\mathrm{T}}}=\boldsymbol{F}_1(\boldsymbol{y})\boldsymbol{F}_2(\boldsymbol{x})\in\mathbf{R}^{k\times n} \tag{2.89}$$

式中 $\boldsymbol{F}_1(\boldsymbol{y})=\dfrac{\partial \boldsymbol{f}_1(\boldsymbol{y})}{\partial \boldsymbol{y}^{\mathrm{T}}}\in\mathbf{R}^{k\times m}$ 和 $\boldsymbol{F}_2(\boldsymbol{x})=\dfrac{\partial \boldsymbol{f}_2(\boldsymbol{x})}{\partial \boldsymbol{x}^{\mathrm{T}}}\in\mathbf{R}^{m\times n}$ 分别表示向量函数 $\boldsymbol{f}_1(\boldsymbol{y})$ 和 $\boldsymbol{f}_2(\boldsymbol{x})$ 的 Jacobian 矩阵。

【证明】 根据复合函数的链式求导法则, 可知

$$\begin{aligned}\frac{\partial \boldsymbol{f}(\boldsymbol{x})}{\partial \langle\boldsymbol{x}\rangle_j}&=\sum_{i=1}^{m}\frac{\partial \boldsymbol{f}_1(\boldsymbol{y})}{\partial \langle\boldsymbol{y}\rangle_i}\frac{\partial \langle\boldsymbol{y}\rangle_i}{\partial \langle\boldsymbol{x}\rangle_j}\\&=\sum_{i=1}^{m}\frac{\partial \boldsymbol{f}_1(\boldsymbol{y})}{\partial \langle\boldsymbol{y}\rangle_i}\frac{\partial \langle\boldsymbol{f}_2(\boldsymbol{x})\rangle_i}{\partial \langle\boldsymbol{x}\rangle_j}\\&=\boldsymbol{F}_1(\boldsymbol{y})\boldsymbol{F}_2(\boldsymbol{x})\,\boldsymbol{i}_n^{(j)}\quad(1\leqslant j\leqslant n)\end{aligned} \tag{2.90}$$

由此可知

$$\begin{aligned}\boldsymbol{F}(\boldsymbol{x})&=\left[\frac{\partial \boldsymbol{f}(\boldsymbol{x})}{\partial\langle\boldsymbol{x}\rangle_1}\ \frac{\partial \boldsymbol{f}(\boldsymbol{x})}{\partial\langle\boldsymbol{x}\rangle_2}\ \cdots\ \frac{\partial \boldsymbol{f}(\boldsymbol{x})}{\partial\langle\boldsymbol{x}\rangle_n}\right]\\&=\left[\boldsymbol{F}_1(\boldsymbol{y})\boldsymbol{F}_2(\boldsymbol{x})\boldsymbol{i}_n^{(1)}\ \vdots\ \boldsymbol{F}_1(\boldsymbol{y})\boldsymbol{F}_2(\boldsymbol{x})\boldsymbol{i}_n^{(2)}\ \vdots\ \cdots\ \vdots\ \boldsymbol{F}_1(\boldsymbol{y})\boldsymbol{F}_2(\boldsymbol{x})\boldsymbol{i}_n^{(n)}\right]\\&=\boldsymbol{F}_1(\boldsymbol{y})\boldsymbol{F}_2(\boldsymbol{x})\end{aligned}\tag{2.91}$$

证毕。

基于命题 2.31 可以进一步得到如下结论。

【命题 2.32】设连续且一阶可导的矩阵函数 $\boldsymbol{G}(\boldsymbol{y})$ 和向量函数 $\boldsymbol{f}_1(\boldsymbol{x})$ 与 $\boldsymbol{f}_2(\boldsymbol{x})$, 其中 $\boldsymbol{x}\in\mathbf{R}^{n\times1}$, $\boldsymbol{y}=\boldsymbol{f}_1(\boldsymbol{x})\in\mathbf{R}^{m\times1}$, $\boldsymbol{G}(\boldsymbol{y})\in\mathbf{R}^{k\times s}$ 和 $\boldsymbol{f}_2(\boldsymbol{x})\in\mathbf{R}^{s\times1}$, 定义复合向量函数 $\boldsymbol{f}(\boldsymbol{x})=\boldsymbol{G}(\boldsymbol{y})\boldsymbol{f}_2(\boldsymbol{x})=\boldsymbol{G}(\boldsymbol{f}_1(\boldsymbol{x}))\boldsymbol{f}_2(\boldsymbol{x})$, 则向量函数 $\boldsymbol{f}(\boldsymbol{x})$ 关于向量 $\boldsymbol{x}$ 的 Jacobian 矩阵可以表示为

$$\begin{aligned}\boldsymbol{F}(\boldsymbol{x})&=\frac{\partial \boldsymbol{f}(\boldsymbol{x})}{\partial \boldsymbol{x}^{\mathrm{T}}}\\&=\left[\dot{\boldsymbol{G}}_1(\boldsymbol{y})\boldsymbol{f}_2(\boldsymbol{x})\ \vdots\ \dot{\boldsymbol{G}}_2(\boldsymbol{y})\boldsymbol{f}_2(\boldsymbol{x})\ \vdots\ \cdots\ \vdots\ \dot{\boldsymbol{G}}_m(\boldsymbol{y})\boldsymbol{f}_2(\boldsymbol{x})\right]\boldsymbol{F}_1(\boldsymbol{x})\\&\quad+\boldsymbol{G}(\boldsymbol{y})\boldsymbol{F}_2(\boldsymbol{x})\in\mathbf{R}^{k\times n}\end{aligned}\tag{2.92}$$

式中$\dot{\boldsymbol{G}}_j(\boldsymbol{y})=\dfrac{\partial \boldsymbol{G}(\boldsymbol{y})}{\partial\langle\boldsymbol{y}\rangle_j}\in\mathbf{R}^{k\times s}$ $(1\leqslant j\leqslant m)$, $\boldsymbol{F}_1(\boldsymbol{x})=\dfrac{\partial \boldsymbol{f}_1(\boldsymbol{x})}{\partial \boldsymbol{x}^{\mathrm{T}}}\in\mathbf{R}^{m\times n}$ 和 $\boldsymbol{F}_2(\boldsymbol{x})=\dfrac{\partial \boldsymbol{f}_2(\boldsymbol{x})}{\partial \boldsymbol{x}^{\mathrm{T}}}\in\mathbf{R}^{s\times n}$ 分别表示向量函数 $\boldsymbol{f}_1(\boldsymbol{x})$ 和 $\boldsymbol{f}_2(\boldsymbol{x})$ 关于向量 $\boldsymbol{x}$ 的 Jacobian 矩阵。

【证明】根据复合函数的链式求导法则可知

$$\begin{aligned}\frac{\partial \boldsymbol{f}(\boldsymbol{x})}{\partial\langle\boldsymbol{x}\rangle_j}&=\sum_{i=1}^{m}\frac{\partial \boldsymbol{G}(\boldsymbol{y})}{\partial\langle\boldsymbol{y}\rangle_i}\boldsymbol{f}_2(\boldsymbol{x})\frac{\partial\langle\boldsymbol{y}\rangle_i}{\partial\langle\boldsymbol{x}\rangle_j}+\boldsymbol{G}(\boldsymbol{y})\frac{\partial \boldsymbol{f}_2(\boldsymbol{x})}{\partial\langle\boldsymbol{x}\rangle_j}\\&=\sum_{i=1}^{m}\frac{\partial \boldsymbol{G}(\boldsymbol{y})}{\partial\langle\boldsymbol{y}\rangle_i}\boldsymbol{f}_2(\boldsymbol{x})\frac{\partial\langle\boldsymbol{f}_1(\boldsymbol{x})\rangle_i}{\partial\langle\boldsymbol{x}\rangle_j}+\boldsymbol{G}(\boldsymbol{y})\frac{\partial \boldsymbol{f}_2(\boldsymbol{x})}{\partial\langle\boldsymbol{x}\rangle_j}\\&=\left[\dot{\boldsymbol{G}}_1(\boldsymbol{y})\boldsymbol{f}_2(\boldsymbol{x})\ \vdots\ \dot{\boldsymbol{G}}_2(\boldsymbol{y})\boldsymbol{f}_2(\boldsymbol{x})\ \vdots\ \cdots\ \vdots\ \dot{\boldsymbol{G}}_m(\boldsymbol{y})\boldsymbol{f}_2(\boldsymbol{x})\right]\boldsymbol{F}_1(\boldsymbol{x})\boldsymbol{i}_n^{(j)}\\&\quad+\boldsymbol{G}(\boldsymbol{y})\boldsymbol{F}_2(\boldsymbol{x})\boldsymbol{i}_n^{(j)}\end{aligned}\tag{2.93}$$

由此可知

$$\boldsymbol{F}(\boldsymbol{x}) = \left[\frac{\partial \boldsymbol{f}(\boldsymbol{x})}{\partial \langle \boldsymbol{x}\rangle_1}\ \frac{\partial \boldsymbol{f}(\boldsymbol{x})}{\partial \langle \boldsymbol{x}\rangle_2}\ \cdots\ \frac{\partial \boldsymbol{f}(\boldsymbol{x})}{\partial \langle \boldsymbol{x}\rangle_n}\right]$$
$$= \left[\dot{\boldsymbol{G}}_1(\boldsymbol{y})\boldsymbol{f}_2(\boldsymbol{x}) \,\vdots\, \dot{\boldsymbol{G}}_2(\boldsymbol{y})\boldsymbol{f}_2(\boldsymbol{x}) \,\vdots\, \cdots \,\vdots\, \dot{\boldsymbol{G}}_m(\boldsymbol{y})\boldsymbol{f}_2(\boldsymbol{x})\right]\boldsymbol{F}_1(\boldsymbol{x}) + \boldsymbol{G}(\boldsymbol{y})\boldsymbol{F}_2(\boldsymbol{x}) \tag{2.94}$$

证毕。

2.3 拉格朗日乘子法原理

本节将介绍拉格朗日 (Lagrange) 乘子法的若干基础知识, 该方法主要用于求解含有等式约束的优化问题, 相应的数学模型为

$$\begin{cases} \min\limits_{\boldsymbol{x}\in \mathbf{R}^{n\times 1}} f(\boldsymbol{x}) \\ \text{s.t. } h_j(\boldsymbol{x}) = 0 \quad (1 \leqslant j \leqslant m) \end{cases} \tag{2.95}$$

式中 $m < n$。式 (2.95) 中的等式约束也可以写成向量形式

$$\begin{cases} \min\limits_{\boldsymbol{x}\in \mathbf{R}^{n\times 1}} f(\boldsymbol{x}) \\ \text{s.t. } \boldsymbol{h}(\boldsymbol{x}) = \boldsymbol{O}_{m\times 1} \end{cases} \tag{2.96}$$

式中 $\boldsymbol{h}(\boldsymbol{x}) = [h_1(\boldsymbol{x})\quad h_2(\boldsymbol{x})\quad \cdots\quad h_m(\boldsymbol{x})]^{\mathrm{T}}$。式 (2.96) 的求解方法可见如下命题。

【命题 2.33】假设 $\boldsymbol{x}_{\mathrm{OPT}} \in \mathbf{R}^{n\times 1}$ 是函数 $f(\boldsymbol{x})$ 在等式约束 $\boldsymbol{h}(\boldsymbol{x}) = \boldsymbol{O}$ 条件下的局部最小值点, 并且约束函数 $\{h_j(\boldsymbol{x})\}_{1\leqslant j\leqslant m}$ 的梯度 $\nabla h_1(\boldsymbol{x}_{\mathrm{OPT}}), \nabla h_2(\boldsymbol{x}_{\mathrm{OPT}}), \cdots, \nabla h_m(\boldsymbol{x}_{\mathrm{OPT}})$ 线性无关, 则存在唯一的向量 $\boldsymbol{\lambda}_{\mathrm{OPT}} = [\lambda_{1,\mathrm{OPT}}\ \lambda_{2,\mathrm{OPT}}\ \cdots\ \lambda_{m,\mathrm{OPT}}]^{\mathrm{T}}$ (称为拉格朗日乘子) 满足

$$\nabla f(\boldsymbol{x}_{\mathrm{OPT}}) + \sum_{j=1}^{m} \lambda_{j,\mathrm{OPT}} \nabla h_j(\boldsymbol{x}_{\mathrm{OPT}}) = \boldsymbol{O}_{n\times 1}$$
$$\Leftrightarrow \nabla f(\boldsymbol{x}_{\mathrm{OPT}}) + (\boldsymbol{H}(\boldsymbol{x}_{\mathrm{OPT}}))^{\mathrm{T}} \boldsymbol{\lambda}_{\mathrm{OPT}} = \boldsymbol{O}_{n\times 1} \tag{2.97}$$

式中 $\boldsymbol{H}(\boldsymbol{x}) = \dfrac{\partial \boldsymbol{h}(\boldsymbol{x})}{\partial \boldsymbol{x}^{\mathrm{T}}}$ 表示函数 $\boldsymbol{h}(\boldsymbol{x})$ 的 Jacobian 矩阵。

【注记 2.8】命题 2.33 的证明方法有两种, 第一种是罚函数法, 第二种是消元法, 下面分别给出这两种证明方法。

【证明: 罚函数法】针对正整数 k, 首先引入目标函数

$$g^{(k)}(\boldsymbol{x})=f(\boldsymbol{x})+\frac{k}{2}||\boldsymbol{h}(\boldsymbol{x})||_2^2+\frac{\alpha}{2}||\boldsymbol{x}-\boldsymbol{x}_{\mathrm{OPT}}||_2^2 \tag{2.98}$$

式中 $\frac{k}{2}||\boldsymbol{h}(\boldsymbol{x})||_2^2$ 表示罚函数项, α 为正数, $\frac{\alpha}{2}||\boldsymbol{x}-\boldsymbol{x}_{\mathrm{OPT}}||_2^2$ 表示辅助项, 它可以使 $\boldsymbol{x}_{\mathrm{OPT}}$ 是函数 $f(\boldsymbol{x})+\frac{\alpha}{2}||\boldsymbol{x}-\boldsymbol{x}_{\mathrm{OPT}}||_2^2$ 在等式约束 $\boldsymbol{h}(\boldsymbol{x})=\boldsymbol{O}$ 条件下的严格局部最小值点。

由于 $\boldsymbol{x}_{\mathrm{OPT}}$ 是局部最小值点, 所以存在 $\varepsilon>0$, 使得在闭球 $\mathbf{S}_\varepsilon=\{\boldsymbol{x}|||\boldsymbol{x}-\boldsymbol{x}_{\mathrm{OPT}}||_2\leqslant\varepsilon\}$ 内服从等式约束 $\boldsymbol{h}(\boldsymbol{x})=\boldsymbol{O}$ 的所有 $\boldsymbol{x}$ 均满足 $f(\boldsymbol{x}_{\mathrm{OPT}})\leqslant f(\boldsymbol{x})$。假设 $\boldsymbol{x}^{(k)}$ 是优化问题

$$\begin{cases}\min\limits_{\boldsymbol{x}\in\mathbf{R}^{n\times1}} g^{(k)}(\boldsymbol{x})\\ \text{s.t. } \boldsymbol{x}\in\mathbf{S}_\varepsilon\end{cases} \tag{2.99}$$

的最优解, 下面证明序列 $\{\boldsymbol{x}^{(k)}\}$ 收敛至 $\boldsymbol{x}_{\mathrm{OPT}}$ (即有 $\lim\limits_{k\to+\infty}\boldsymbol{x}^{(k)}=\boldsymbol{x}_{\mathrm{OPT}}$)。对于任意正整数 k 都满足

$$g^{(k)}(\boldsymbol{x}^{(k)})=f(\boldsymbol{x}^{(k)})+\frac{k}{2}||\boldsymbol{h}(\boldsymbol{x}^{(k)})||_2^2+\frac{\alpha}{2}||\boldsymbol{x}^{(k)}-\boldsymbol{x}_{\mathrm{OPT}}||_2^2\leqslant g^{(k)}(\boldsymbol{x}_{\mathrm{OPT}})=f(\boldsymbol{x}_{\mathrm{OPT}}) \tag{2.100}$$

由于 $f(\boldsymbol{x}^{(k)})$ 在闭球 $\mathbf{S}_\varepsilon$ 上是有界的, 所以由式 (2.100) 可知 $\lim\limits_{k\to+\infty}||\boldsymbol{h}(\boldsymbol{x}^{(k)})||_2=0$, 否则当 $k\to+\infty$ 时, 式 (2.100) 左边无界。因此, 序列 $\{\boldsymbol{x}^{(k)}\}$ 的每个极限点 $\bar{\boldsymbol{x}}$ 都服从 $\boldsymbol{h}(\bar{\boldsymbol{x}})=\boldsymbol{O}_{m\times1}$。另一方面, 由式 (2.100) 可知, 对于任意 k 都有 $f(\boldsymbol{x}^{(k)})+\frac{\alpha}{2}||\boldsymbol{x}^{(k)}-\boldsymbol{x}_{\mathrm{OPT}}||_2^2\leqslant f(\boldsymbol{x}_{\mathrm{OPT}})$, 而对 k 取极限可得

$$f(\bar{\boldsymbol{x}})+\frac{\alpha}{2}||\bar{\boldsymbol{x}}-\boldsymbol{x}_{\mathrm{OPT}}||_2^2\leqslant f(\boldsymbol{x}_{\mathrm{OPT}}) \tag{2.101}$$

由于 $\bar{\boldsymbol{x}}\in\mathbf{S}_\varepsilon$, 并且 $\boldsymbol{h}(\bar{\boldsymbol{x}})=\boldsymbol{O}_{m\times1}$, 于是有 $f(\boldsymbol{x}_{\mathrm{OPT}})\leqslant f(\bar{\boldsymbol{x}})$, 再结合式 (2.101) 可知 $||\bar{\boldsymbol{x}}-\boldsymbol{x}_{\mathrm{OPT}}||_2=0$, 于是有 $\bar{\boldsymbol{x}}=\boldsymbol{x}_{\mathrm{OPT}}$, 这意味着序列 $\{\boldsymbol{x}^{(k)}\}$ 收敛至 $\boldsymbol{x}_{\mathrm{OPT}}$。

根据闭球 $\mathbf{S}_\varepsilon$ 的定义可知, 对于充分大的正整数 k, 向量 $\boldsymbol{x}^{(k)}$ 是闭球 $\mathbf{S}_\varepsilon$ 的内点, 因此当正整数 k 足够大时, 向量 $\boldsymbol{x}^{(k)}$ 是函数 $g^{(k)}(\boldsymbol{x})$ 在无约束条件下的局部最小值点, 此时根据式 (2.100) 可得

$$\boldsymbol{O}_{n\times1}=\nabla g^{(k)}(\boldsymbol{x}^{(k)})=\nabla f(\boldsymbol{x}^{(k)})+k(\boldsymbol{H}(\boldsymbol{x}^{(k)}))^{\mathrm{T}}\boldsymbol{h}(\boldsymbol{x}^{(k)})+\alpha(\boldsymbol{x}^{(k)}-\boldsymbol{x}_{\mathrm{OPT}}) \tag{2.102}$$

由于 $\boldsymbol{H}(\boldsymbol{x}_{\mathrm{OPT}})$ 是行满秩矩阵, 当正整数 k 足够大时, $\boldsymbol{H}(\boldsymbol{x}^{(k)})$ 也是行满秩矩阵, 此时 $\boldsymbol{H}(\boldsymbol{x}^{(k)})(\boldsymbol{H}(\boldsymbol{x}^{(k)}))^{\mathrm{T}}$ 是可逆矩阵, 将式 (2.102) 两边同时乘以 $(\boldsymbol{H}(\boldsymbol{x}^{(k)})$

$(\boldsymbol{H}(\boldsymbol{x}^{(k)}))^{\mathrm{T}})^{-1}\boldsymbol{H}(\boldsymbol{x}^{(k)})$, 可知

$$k\boldsymbol{h}(\boldsymbol{x}^{(k)})=-(\boldsymbol{H}(\boldsymbol{x}^{(k)})(\boldsymbol{H}(\boldsymbol{x}^{(k)}))^{\mathrm{T}})^{-1}\boldsymbol{H}(\boldsymbol{x}^{(k)})(\nabla f(\boldsymbol{x}^{(k)})+\alpha(\boldsymbol{x}^{(k)}-\boldsymbol{x}_{\mathrm{OPT}})) \tag{2.103}$$

将式 (2.103) 两边对 k 取极限, 并且结合 $\lim\limits_{k\to+\infty}\boldsymbol{x}^{(k)}=\boldsymbol{x}_{\mathrm{OPT}}$, 可得

$$\lim_{k\to+\infty}k\boldsymbol{h}(\boldsymbol{x}^{(k)})=-(\boldsymbol{H}(\boldsymbol{x}_{\mathrm{OPT}})(\boldsymbol{H}(\boldsymbol{x}_{\mathrm{OPT}}))^{\mathrm{T}})^{-1}\boldsymbol{H}(\boldsymbol{x}_{\mathrm{OPT}})\nabla f(\boldsymbol{x}_{\mathrm{OPT}})=\boldsymbol{\lambda}_{\mathrm{OPT}} \tag{2.104}$$

随后将式 (2.102) 两边对 k 取极限, 并将式 (2.104) 代入式 (2.102) 中可知

$$\nabla f(\boldsymbol{x}_{\mathrm{OPT}})+(\boldsymbol{H}(\boldsymbol{x}_{\mathrm{OPT}}))^{\mathrm{T}}\boldsymbol{\lambda}_{\mathrm{OPT}}=\boldsymbol{O}_{n\times 1} \tag{2.105}$$

由此可知式 (2.97) 成立。证毕。

【证明: 消元法】由于最优解 $\boldsymbol{x}_{\mathrm{OPT}}$ 服从等式约束 $\boldsymbol{h}(\boldsymbol{x}_{\mathrm{OPT}})=\boldsymbol{O}_{m\times 1}$, 不失一般性, 假设 Jacobian 矩阵 $\boldsymbol{H}(\boldsymbol{x}_{\mathrm{OPT}})$ 中的前 m 列构成的子矩阵是可逆矩阵, 并令 $\boldsymbol{x}_{1,\mathrm{OPT}}$ 和 $\boldsymbol{x}_{2,\mathrm{OPT}}$ 分别是 $\boldsymbol{x}_{\mathrm{OPT}}$ 中前 m 个分量和后 $n-m$ 个分量所构成的向量, 于是利用隐函数定理可知, 存在定义在以 $\boldsymbol{x}_{2,\mathrm{OPT}}$ 为中心的开球 $\mathbf{Q}$ 上的连续可微函数 $\boldsymbol{\varphi}:\mathbf{Q}\mapsto\mathbf{R}^{m\times 1}$, 使得 $\boldsymbol{x}_{1,\mathrm{OPT}}=\boldsymbol{\varphi}(\boldsymbol{x}_{2,\mathrm{OPT}})$, 并且对于任意 $\boldsymbol{x}_2\in\mathbf{Q}$, 恒有 $\boldsymbol{h}\left(\begin{bmatrix}\boldsymbol{\varphi}(\boldsymbol{x}_2)\\ \boldsymbol{x}_2\end{bmatrix}\right)=\boldsymbol{O}_{m\times 1}$, 以及

$$\begin{aligned}&\boldsymbol{H}_1\left(\begin{bmatrix}\boldsymbol{\varphi}(\boldsymbol{x}_2)\\ \boldsymbol{x}_2\end{bmatrix}\right)\frac{\partial\boldsymbol{\varphi}(\boldsymbol{x}_2)}{\partial\boldsymbol{x}_2^{\mathrm{T}}}+\boldsymbol{H}_2\left(\begin{bmatrix}\boldsymbol{\varphi}(\boldsymbol{x}_2)\\ \boldsymbol{x}_2\end{bmatrix}\right)=\boldsymbol{O}_{m\times(n-m)}\\ &\Rightarrow\frac{\partial\boldsymbol{\varphi}(\boldsymbol{x}_2)}{\partial\boldsymbol{x}_2^{\mathrm{T}}}=-\left(\boldsymbol{H}_1\left(\begin{bmatrix}\boldsymbol{\varphi}(\boldsymbol{x}_2)\\ \boldsymbol{x}_2\end{bmatrix}\right)\right)^{-1}\boldsymbol{H}_2\left(\begin{bmatrix}\boldsymbol{\varphi}(\boldsymbol{x}_2)\\ \boldsymbol{x}_2\end{bmatrix}\right)\end{aligned} \tag{2.106}$$

式中 $\boldsymbol{H}_1(\boldsymbol{x})$ 和 $\boldsymbol{H}_2(\boldsymbol{x})$ 分别表示 Jacobian 矩阵 $\boldsymbol{H}(\boldsymbol{x})$ 中的前 m 列和后 $n-m$ 列构成的子矩阵。由此可知, 向量 $\boldsymbol{x}_{2,\mathrm{OPT}}$ 是目标函数 $f\left(\begin{bmatrix}\boldsymbol{\varphi}(\boldsymbol{x}_2)\\ \boldsymbol{x}_2\end{bmatrix}\right)$ 的无约束局部最小值点, 于是有

$$\begin{aligned}&\left(\left.\frac{\partial\boldsymbol{\varphi}(\boldsymbol{x}_2)}{\partial\boldsymbol{x}_2^{\mathrm{T}}}\right|_{\boldsymbol{x}_2=\boldsymbol{x}_{2,\mathrm{OPT}}}\right)^{\mathrm{T}}\nabla_1 f\left(\begin{bmatrix}\boldsymbol{\varphi}(\boldsymbol{x}_{2,\mathrm{OPT}})\\ \boldsymbol{x}_{2,\mathrm{OPT}}\end{bmatrix}\right)+\nabla_2 f\left(\begin{bmatrix}\boldsymbol{\varphi}(\boldsymbol{x}_{2,\mathrm{OPT}})\\ \boldsymbol{x}_{2,\mathrm{OPT}}\end{bmatrix}\right)=\boldsymbol{O}_{(n-m)\times 1}\\ &\Rightarrow\left(\left.\frac{\partial\boldsymbol{\varphi}(\boldsymbol{x}_2)}{\partial\boldsymbol{x}_2^{\mathrm{T}}}\right|_{\boldsymbol{x}_2=\boldsymbol{x}_{2,\mathrm{OPT}}}\right)^{\mathrm{T}}\nabla_1 f(\boldsymbol{x}_{\mathrm{OPT}})+\nabla_2 f(\boldsymbol{x}_{\mathrm{OPT}})=\boldsymbol{O}_{(n-m)\times 1}\end{aligned} \tag{2.107}$$

式中 $\nabla f_1(\boldsymbol{x})$ 和 $\nabla f_2(\boldsymbol{x})$ 分别表示 $\nabla f(\boldsymbol{x})$ 中的前 m 个分量和后 $n-m$ 个分量所构成的向量。将式 (2.106) 代入式 (2.107), 可得

$$\nabla_2 f(\boldsymbol{x}_{\mathrm{OPT}}) = (\boldsymbol{H}_2(\boldsymbol{x}_{\mathrm{OPT}}))^{\mathrm{T}}(\boldsymbol{H}_1(\boldsymbol{x}_{\mathrm{OPT}}))^{-\mathrm{T}}\nabla_1 f(\boldsymbol{x}_{\mathrm{OPT}}) \tag{2.108}$$

若令 $\boldsymbol{\lambda}_{\mathrm{OPT}} = -(\boldsymbol{H}_1(\boldsymbol{x}_{\mathrm{OPT}}))^{-\mathrm{T}}\nabla_1 f(\boldsymbol{x}_{\mathrm{OPT}})$, 则有

$$\begin{cases} \nabla_1 f(\boldsymbol{x}_{\mathrm{OPT}}) + (\boldsymbol{H}_1(\boldsymbol{x}_{\mathrm{OPT}}))^{\mathrm{T}}\boldsymbol{\lambda}_{\mathrm{OPT}} = \boldsymbol{O}_{m\times 1} \\ \nabla_2 f(\boldsymbol{x}_{\mathrm{OPT}}) + (\boldsymbol{H}_2(\boldsymbol{x}_{\mathrm{OPT}}))^{\mathrm{T}}\boldsymbol{\lambda}_{\mathrm{OPT}} = \boldsymbol{O}_{(n-m)\times 1} \end{cases} \tag{2.109}$$

由此可知

$$\begin{aligned} &\begin{bmatrix} \nabla_1 f(\boldsymbol{x}_{\mathrm{OPT}}) \\ \nabla_2 f(\boldsymbol{x}_{\mathrm{OPT}}) \end{bmatrix} + \begin{bmatrix} (\boldsymbol{H}_1(\boldsymbol{x}_{\mathrm{OPT}}))^{\mathrm{T}} \\ (\boldsymbol{H}_2(\boldsymbol{x}_{\mathrm{OPT}}))^{\mathrm{T}} \end{bmatrix} \boldsymbol{\lambda}_{\mathrm{OPT}} = \boldsymbol{O}_{n\times 1} \\ &\Rightarrow \nabla f(\boldsymbol{x}_{\mathrm{OPT}}) + (\boldsymbol{H}(\boldsymbol{x}_{\mathrm{OPT}}))^{\mathrm{T}}\boldsymbol{\lambda}_{\mathrm{OPT}} = \boldsymbol{O}_{n\times 1} \end{aligned} \tag{2.110}$$

由此可知式 (2.97) 成立。证毕。

下面通过一个简单的例子来说明消元法的具体应用, 例中的等式约束为线性约束

$$\begin{cases} \min\limits_{\boldsymbol{x}\in\mathbf{R}^{n\times 1}} f(\boldsymbol{x}) \\ \text{s.t. } \boldsymbol{A}\boldsymbol{x} = \boldsymbol{b} \end{cases} \tag{2.111}$$

式中 $\boldsymbol{b}\in\mathbf{R}^{m\times 1}$, $\boldsymbol{A}\in\mathbf{R}^{m\times n}$ 是一个行满秩矩阵。不妨将矩阵 $\boldsymbol{A}$ 和向量 $\boldsymbol{x}$ 写成如下分块形式

$$\boldsymbol{A} = \begin{bmatrix} \underbrace{\boldsymbol{A}_1}_{m\times m} & \underbrace{\boldsymbol{A}_2}_{m\times(n-m)} \end{bmatrix}, \quad \boldsymbol{x} = \begin{bmatrix} \underbrace{\boldsymbol{x}_1}_{m\times 1} \\ \underbrace{\boldsymbol{x}_2}_{(n-m)\times 1} \end{bmatrix} \tag{2.112}$$

此时可以将式 (2.111) 转化为

$$\begin{cases} \min\limits_{\boldsymbol{x}\in\mathbf{R}^{n\times 1}} f(\boldsymbol{x}_1,\boldsymbol{x}_2) \\ \text{s.t. } \boldsymbol{A}_1\boldsymbol{x}_1 + \boldsymbol{A}_2\boldsymbol{x}_2 = \boldsymbol{b} \end{cases} \tag{2.113}$$

假设 $\boldsymbol{A}_1$ 是可逆矩阵, 则可将 $\boldsymbol{x}_1$ 表示成关于 $\boldsymbol{x}_2$ 的函数形式

$$\boldsymbol{x}_1 = \boldsymbol{A}_1^{-1}(\boldsymbol{b} - \boldsymbol{A}_2\boldsymbol{x}_2) \tag{2.114}$$

将式 (2.114) 代入式 (2.113), 可以得到仅关于 $\boldsymbol{x}_2$ 的无约束优化问题

$$\min_{\boldsymbol{x}_2\in\mathbf{R}^{(n-m)\times 1}} g(\boldsymbol{x}_2) = \min_{\boldsymbol{x}_2\in\mathbf{R}^{(n-m)\times 1}} f(\boldsymbol{A}_1^{-1}(\boldsymbol{b} - \boldsymbol{A}_2\boldsymbol{x}_2),\boldsymbol{x}_2) \tag{2.115}$$

若令 $\boldsymbol{x}_{2,\mathrm{OPT}}$ 是式 (2.115) 的最优解, 则式 (2.113) 的最优解为

$$\boldsymbol{x}_{\mathrm{OPT}}=\begin{bmatrix}\boldsymbol{x}_{1,\mathrm{OPT}}\\ \boldsymbol{x}_{2,\mathrm{OPT}}\end{bmatrix}=\begin{bmatrix}\boldsymbol{A}_1^{-1}(\boldsymbol{b}-\boldsymbol{A}_2\boldsymbol{x}_{2,\mathrm{OPT}})\\ \boldsymbol{x}_{2,\mathrm{OPT}}\end{bmatrix} \tag{2.116}$$

并且有

$$\boldsymbol{O}_{(n-m)\times 1}=\nabla g(\boldsymbol{x}_{2,\mathrm{OPT}})=-\boldsymbol{A}_2^{\mathrm{T}}\boldsymbol{A}_1^{-\mathrm{T}}\nabla f_1(\boldsymbol{x}_{\mathrm{OPT}})+\nabla f_2(\boldsymbol{x}_{\mathrm{OPT}}) \tag{2.117}$$

式中 $\nabla f_1(\boldsymbol{x}_{\mathrm{OPT}})$ 和 $\nabla f_2(\boldsymbol{x}_{\mathrm{OPT}})$ 分别表示 $\nabla f(\boldsymbol{x}_{\mathrm{OPT}})$ 中的前 m 个分量和后 $n-m$ 个分量所构成的向量。若令 $\boldsymbol{\lambda}_{\mathrm{OPT}}=-\boldsymbol{A}_1^{-\mathrm{T}}\nabla_1 f(\boldsymbol{x}_{\mathrm{OPT}})$, 则有

$$\begin{cases}\nabla_1 f(\boldsymbol{x}_{\mathrm{OPT}})+\boldsymbol{A}_1^{\mathrm{T}}\boldsymbol{\lambda}_{\mathrm{OPT}}=\boldsymbol{O}_{m\times 1}\\ \nabla_2 f(\boldsymbol{x}_{\mathrm{OPT}})+\boldsymbol{A}_2^{\mathrm{T}}\boldsymbol{\lambda}_{\mathrm{OPT}}=\boldsymbol{O}_{(n-m)\times 1}\end{cases} \tag{2.118}$$

由此可知

$$\begin{aligned}&\begin{bmatrix}\nabla_1 f(\boldsymbol{x}_{\mathrm{OPT}})\\ \nabla_2 f(\boldsymbol{x}_{\mathrm{OPT}})\end{bmatrix}+\begin{bmatrix}\boldsymbol{A}_1^{\mathrm{T}}\\ \boldsymbol{A}_2^{\mathrm{T}}\end{bmatrix}\boldsymbol{\lambda}_{\mathrm{OPT}}=\boldsymbol{O}_{n\times 1}\\ &\Rightarrow \nabla f(\boldsymbol{x}_{\mathrm{OPT}})+\boldsymbol{A}^{\mathrm{T}}\boldsymbol{\lambda}_{\mathrm{OPT}}=\boldsymbol{O}_{n\times 1}\end{aligned} \tag{2.119}$$

式 (2.119) 就是拉格朗日乘子条件式 (2.97) 在线性等式约束条件下的特定形式。

【注记 2.9】 命题 2.33 间接给出了求解式 (2.96) 的方法, 即拉格朗日乘子法, 其中向量 $\boldsymbol{\lambda}$ 称为拉格朗日乘子。根据该命题可知, 为了求解式 (2.96) 可以构造如下拉格朗日函数

$$J(\boldsymbol{x},\lambda_1,\lambda_2,\cdots,\lambda_m)=f(\boldsymbol{x})+\sum_{j=1}^{m}\lambda_j h_j(\boldsymbol{x})=f(\boldsymbol{x})+\boldsymbol{\lambda}^{\mathrm{T}}\boldsymbol{h}(\boldsymbol{x}) \tag{2.120}$$

于是最优解 $\boldsymbol{x}_{\mathrm{OPT}}$ 和拉格朗日乘子 $\{\lambda_{j,\mathrm{OPT}}\}_{1\leqslant j\leqslant m}$ (或者 $\boldsymbol{\lambda}_{\mathrm{OPT}}$) 需要满足如下等式

$$\begin{cases}\left.\dfrac{\partial J(\boldsymbol{x},\lambda_1,\lambda_2,\cdots,\lambda_m)}{\partial \boldsymbol{x}}\right|_{\substack{\boldsymbol{x}=\boldsymbol{x}_{\mathrm{OPT}}\\ \boldsymbol{\lambda}=\boldsymbol{\lambda}_{\mathrm{OPT}}}}=\nabla f(\boldsymbol{x}_{\mathrm{OPT}})+\displaystyle\sum_{j=1}^{m}\lambda_{j,\mathrm{OPT}}\nabla h_j(\boldsymbol{x}_{\mathrm{OPT}})=\boldsymbol{O}_{n\times 1}\\ \left.\dfrac{\partial J(\boldsymbol{x},\lambda_1,\lambda_2,\cdots,\lambda_m)}{\partial \lambda_j}\right|_{\substack{\boldsymbol{x}=\boldsymbol{x}_{\mathrm{OPT}}\\ \boldsymbol{\lambda}=\boldsymbol{\lambda}_{\mathrm{OPT}}}}=h_j(\boldsymbol{x}_{\mathrm{OPT}})=0\quad(1\leqslant j\leqslant m)\end{cases} \tag{2.121}$$

式 (2.121) 是关于 $\boldsymbol{x}_{\mathrm{OPT}}$ 和 $\boldsymbol{\lambda}_{\mathrm{OPT}}$ 的方程组, 其中的方程个数为 $n+m$, 未知参数个数也为 $n+m$。在一些特殊情况下该方程组存在闭式解, 但是在大多数情况下该方程组并不存在闭式解, 需要通过迭代来进行求解。

2.4 参数估计方差的克拉美罗界

克拉美罗界给出了任意无偏估计 (即估计均值等于真实值) 所能获得的估计方差的理论下界, 本节将推导克拉美罗界的表达式, 包含无等式约束和有等式约束两种情形下的性能界。

2.4.1 无等式约束条件下的克拉美罗界

在给出无等式约束条件下的克拉美罗界的表达式之前, 需要引出著名的柯西–施瓦茨 (Cauchy-Schwarz) 不等式。

【命题 2.34】假设有 3 个连续可积的标量函数 $w(\boldsymbol{z})$、$h_1(\boldsymbol{z})$ 和 $h_2(\boldsymbol{z})$, 其中 $w(\boldsymbol{z}) \geqslant 0$, 则有

$$\left(\int w(\boldsymbol{z})h_1(\boldsymbol{z})h_2(\boldsymbol{z})\mathrm{d}\boldsymbol{z}\right)^2 \leqslant \left(\int w(\boldsymbol{z})(h_1(\boldsymbol{z}))^2\mathrm{d}\boldsymbol{z}\right)\left(\int w(\boldsymbol{z})(h_2(\boldsymbol{z}))^2\mathrm{d}\boldsymbol{z}\right) \tag{2.122}$$

当且仅当存在常数 c 满足 $h_1(\boldsymbol{z}) = ch_2(\boldsymbol{z})$ 时, 式 (2.122) 中的等号才成立。

关于命题 2.34 的证明, 读者可参阅文献 [36]。

无等式约束条件下的克拉美罗界可以利用下面 4 个命题来获得。

【命题 2.35】假设 l 维随机观测向量 $\boldsymbol{z}$ 受到 n $(n \leqslant l)$ 维未知参量 $\boldsymbol{x}$ 的支配, 则其概率密度函数 $g(\boldsymbol{z};\boldsymbol{x})$ 满足

$$\mathrm{E}\left[\frac{\partial \ln(g(\boldsymbol{z};\boldsymbol{x}))}{\partial \boldsymbol{x}}\right] = \boldsymbol{O}_{n\times 1} \quad (对于\ \forall \boldsymbol{x}) \tag{2.123}$$

【证明】式 (2.123) 的证明过程如下

$$\begin{aligned}\mathrm{E}\left[\frac{\partial \ln(g(\boldsymbol{z};\boldsymbol{x}))}{\partial \boldsymbol{x}}\right] &= \int \frac{\partial \ln(g(\boldsymbol{z};\boldsymbol{x}))}{\partial \boldsymbol{x}} g(\boldsymbol{z};\boldsymbol{x})\mathrm{d}\boldsymbol{z} = \int \frac{\partial g(\boldsymbol{z};\boldsymbol{x})}{\partial \boldsymbol{x}} \frac{g(\boldsymbol{z};\boldsymbol{x})}{g(\boldsymbol{z};\boldsymbol{x})}\mathrm{d}\boldsymbol{z} \\ &= \int \frac{\partial g(\boldsymbol{z};\boldsymbol{x})}{\partial \boldsymbol{x}}\mathrm{d}\boldsymbol{z} = \frac{\partial}{\partial \boldsymbol{x}}\int g(\boldsymbol{z};\boldsymbol{x})\mathrm{d}\boldsymbol{z} = \frac{\partial 1}{\partial \boldsymbol{x}} \\ &= \boldsymbol{O}_{n\times 1} \quad (对于\ \forall \boldsymbol{x})\end{aligned} \tag{2.124}$$

证毕。

【命题 2.36】假设 l 维随机观测向量 $\boldsymbol{z}$ 受到 n $(n \leqslant l)$ 维未知参量 $\boldsymbol{x}$ 的支配, 其概率密度函数为 $g(\boldsymbol{z};\boldsymbol{x})$, 若令向量 $\hat{\boldsymbol{x}}_\mathrm{u}$ 表示关于 $\boldsymbol{x}$ 的任意无偏估计值 (即 $\mathrm{E}[\hat{\boldsymbol{x}}_\mathrm{u}] = \boldsymbol{x}$), 则有

$$\mathrm{E}\left[(\hat{\boldsymbol{x}}_\mathrm{u} - \boldsymbol{x})\frac{\partial \ln(g(\boldsymbol{z};\boldsymbol{x}))}{\partial \boldsymbol{x}^\mathrm{T}}\right] = \boldsymbol{I}_n \tag{2.125}$$

【证明】式 (2.125) 的证明过程如下

$$\begin{aligned}
\mathrm{E}\left[(\hat{\boldsymbol{x}}_{\mathrm{u}}-\boldsymbol{x})\frac{\partial \ln(g(\boldsymbol{z};\boldsymbol{x}))}{\partial \boldsymbol{x}^{\mathrm{T}}}\right] &= \int (\hat{\boldsymbol{x}}_{\mathrm{u}}-\boldsymbol{x})\frac{\partial \ln(g(\boldsymbol{z};\boldsymbol{x}))}{\partial \boldsymbol{x}^{\mathrm{T}}} g(\boldsymbol{z};\boldsymbol{x})\mathrm{d}\boldsymbol{z} \\
&= \int (\hat{\boldsymbol{x}}_{\mathrm{u}}-\boldsymbol{x})\frac{\partial g(\boldsymbol{z};\boldsymbol{x})}{\partial \boldsymbol{x}^{\mathrm{T}}} \frac{g(\boldsymbol{z};\boldsymbol{x})}{g(\boldsymbol{z};\boldsymbol{x})}\mathrm{d}\boldsymbol{z} \\
&= \int (\hat{\boldsymbol{x}}_{\mathrm{u}}-\boldsymbol{x})\frac{\partial g(\boldsymbol{z};\boldsymbol{x})}{\partial \boldsymbol{x}^{\mathrm{T}}}\mathrm{d}\boldsymbol{z} \\
&= \int \hat{\boldsymbol{x}}_{\mathrm{u}}\frac{\partial g(\boldsymbol{z};\boldsymbol{x})}{\partial \boldsymbol{x}^{\mathrm{T}}}\mathrm{d}\boldsymbol{z} - \boldsymbol{x}\int \frac{\partial g(\boldsymbol{z};\boldsymbol{x})}{\partial \boldsymbol{x}^{\mathrm{T}}}\mathrm{d}\boldsymbol{z} \\
&= \frac{\partial}{\partial \boldsymbol{x}^{\mathrm{T}}}\int \hat{\boldsymbol{x}}_{\mathrm{u}} g(\boldsymbol{z};\boldsymbol{x})\mathrm{d}\boldsymbol{z} - \boldsymbol{x}\frac{\partial}{\partial \boldsymbol{x}^{\mathrm{T}}}\int g(\boldsymbol{z};\boldsymbol{x})\mathrm{d}\boldsymbol{z} \\
&= \frac{\partial \mathrm{E}[\hat{\boldsymbol{x}}_{\mathrm{u}}]}{\partial \boldsymbol{x}^{\mathrm{T}}} - \boldsymbol{x}\frac{\partial 1}{\partial \boldsymbol{x}^{\mathrm{T}}} = \frac{\partial \boldsymbol{x}}{\partial \boldsymbol{x}^{\mathrm{T}}} = \boldsymbol{I}_n
\end{aligned} \tag{2.126}$$

证毕。

【**命题 2.37**】假设 l 维随机观测向量 $\boldsymbol{z}$ 受到 n ($n \leqslant l$) 维未知参量 $\boldsymbol{x}$ 的支配, 其概率密度函数为 $g(\boldsymbol{z};\boldsymbol{x})$, 若定义如下费希尔 (Fisher) 信息矩阵

$$\begin{aligned}
\mathbf{FISH}(\boldsymbol{x}) &= \mathrm{E}\left[\frac{\partial \ln(g(\boldsymbol{z};\boldsymbol{x}))}{\partial \boldsymbol{x}}\frac{\partial \ln(g(\boldsymbol{z};\boldsymbol{x}))}{\partial \boldsymbol{x}^{\mathrm{T}}}\right] \\
&= \int \frac{\partial \ln(g(\boldsymbol{z};\boldsymbol{x}))}{\partial \boldsymbol{x}}\frac{\partial \ln(g(\boldsymbol{z};\boldsymbol{x}))}{\partial \boldsymbol{x}^{\mathrm{T}}} g(\boldsymbol{z};\boldsymbol{x})\mathrm{d}\boldsymbol{z}
\end{aligned} \tag{2.127}$$

则有

$$\mathbf{FISH}(\boldsymbol{x}) = -\mathrm{E}\left[\frac{\partial^2 \ln(g(\boldsymbol{z};\boldsymbol{x}))}{\partial \boldsymbol{x}\partial \boldsymbol{x}^{\mathrm{T}}}\right] = -\int \frac{\partial^2 \ln(g(\boldsymbol{z};\boldsymbol{x}))}{\partial \boldsymbol{x}\partial \boldsymbol{x}^{\mathrm{T}}} g(\boldsymbol{z};\boldsymbol{x})\mathrm{d}\boldsymbol{z} \tag{2.128}$$

【证明】根据命题 2.35 可知

$$\mathrm{E}\left[\frac{\partial \ln(g(\boldsymbol{z};\boldsymbol{x}))}{\partial \boldsymbol{x}}\right] = \int \frac{\partial \ln(g(\boldsymbol{z};\boldsymbol{x}))}{\partial \boldsymbol{x}} g(\boldsymbol{z};\boldsymbol{x})\mathrm{d}\boldsymbol{z} = \boldsymbol{O}_{n\times 1} \tag{2.129}$$

将式 (2.129) 两边对未知参量 $\boldsymbol{x}$ 求导可得

$$\begin{aligned}
\boldsymbol{O}_{n\times n} &= \int \frac{\partial^2 \ln(g(\boldsymbol{z};\boldsymbol{x}))}{\partial \boldsymbol{x}\partial \boldsymbol{x}^{\mathrm{T}}} g(\boldsymbol{z};\boldsymbol{x})\mathrm{d}\boldsymbol{z} + \int \frac{\partial \ln(g(\boldsymbol{z};\boldsymbol{x}))}{\partial \boldsymbol{x}}\frac{\partial g(\boldsymbol{z};\boldsymbol{x})}{\partial \boldsymbol{x}^{\mathrm{T}}}\mathrm{d}\boldsymbol{z} \\
&= \int \frac{\partial^2 \ln(g(\boldsymbol{z};\boldsymbol{x}))}{\partial \boldsymbol{x}\partial \boldsymbol{x}^{\mathrm{T}}} g(\boldsymbol{z};\boldsymbol{x})\mathrm{d}\boldsymbol{z} + \int \frac{\partial \ln(g(\boldsymbol{z};\boldsymbol{x}))}{\partial \boldsymbol{x}}\frac{\partial \ln(g(\boldsymbol{z};\boldsymbol{x}))}{\partial \boldsymbol{x}^{\mathrm{T}}} g(\boldsymbol{z};\boldsymbol{x})\mathrm{d}\boldsymbol{z} \\
&= \mathrm{E}\left[\frac{\partial^2 \ln(g(\boldsymbol{z};\boldsymbol{x}))}{\partial \boldsymbol{x}\partial \boldsymbol{x}^{\mathrm{T}}}\right] + \mathrm{E}\left[\frac{\partial \ln(g(\boldsymbol{z};\boldsymbol{x}))}{\partial \boldsymbol{x}}\frac{\partial \ln(g(\boldsymbol{z};\boldsymbol{x}))}{\partial \boldsymbol{x}^{\mathrm{T}}}\right] \\
&= \mathrm{E}\left[\frac{\partial^2 \ln(g(\boldsymbol{z};\boldsymbol{x}))}{\partial \boldsymbol{x}\partial \boldsymbol{x}^{\mathrm{T}}}\right] + \mathbf{FISH}(\boldsymbol{x})
\end{aligned} \tag{2.130}$$

由此可知式 (2.128) 成立。证毕。

【注记 2.10】对于超定问题 (观测量足够多), 通常可以假设费希尔信息矩阵是正定矩阵。

【命题 2.38】假设 l 维随机观测向量 $\boldsymbol{z}$ 受到 n ($n \leqslant l$) 维未知参量 $\boldsymbol{x}$ 的支配, 其概率密度函数为 $g(\boldsymbol{z};\boldsymbol{x})$, 若令 $\hat{\boldsymbol{x}}_{\mathrm{u}}$ 是关于 $\boldsymbol{x}$ 的任意无偏估计值 (即 $\mathrm{E}[\hat{\boldsymbol{x}}_{\mathrm{u}}]=\boldsymbol{x}$), 则其均方误差矩阵满足

$$\mathbf{MSE}(\hat{\boldsymbol{x}}_{\mathrm{u}})=\mathrm{E}[(\hat{\boldsymbol{x}}_{\mathrm{u}}-\boldsymbol{x})(\hat{\boldsymbol{x}}_{\mathrm{u}}-\boldsymbol{x})^{\mathrm{T}}]\geqslant(\mathbf{FISH}(\boldsymbol{x}))^{-1} \tag{2.131}$$

并且当且仅当

$$\frac{\partial \ln(g(\boldsymbol{z};\boldsymbol{x}))}{\partial \boldsymbol{x}}=\mathbf{FISH}(\boldsymbol{x})(\hat{\boldsymbol{x}}_{\mathrm{u}}-\boldsymbol{x}) \tag{2.132}$$

式 (2.131) 中的等号成立。

【证明】假设 $\boldsymbol{a}$ 和 $\boldsymbol{b}$ 为任意 n 维列向量, 利用命题 2.36 可知

$$\begin{aligned}
\boldsymbol{a}^{\mathrm{T}}\boldsymbol{b}&=\boldsymbol{a}^{\mathrm{T}}\mathrm{E}\left[(\hat{\boldsymbol{x}}_{\mathrm{u}}-\boldsymbol{x})\frac{\partial \ln(g(\boldsymbol{z};\boldsymbol{x}))}{\partial \boldsymbol{x}^{\mathrm{T}}}\right]\boldsymbol{b}\\
&=\boldsymbol{a}^{\mathrm{T}}\left(\int(\hat{\boldsymbol{x}}_{\mathrm{u}}-\boldsymbol{x})\frac{\partial \ln(g(\boldsymbol{z};\boldsymbol{x}))}{\partial \boldsymbol{x}^{\mathrm{T}}}g(\boldsymbol{z};\boldsymbol{x})\mathrm{d}\boldsymbol{z}\right)\boldsymbol{b}\\
&=\int(\boldsymbol{a}^{\mathrm{T}}(\hat{\boldsymbol{x}}_{\mathrm{u}}-\boldsymbol{x}))\left(\frac{\partial \ln(g(\boldsymbol{z};\boldsymbol{x}))}{\partial \boldsymbol{x}^{\mathrm{T}}}\boldsymbol{b}\right)g(\boldsymbol{z};\boldsymbol{x})\mathrm{d}\boldsymbol{z}
\end{aligned} \tag{2.133}$$

若令

$$h_1(\boldsymbol{z})=\boldsymbol{a}^{\mathrm{T}}(\hat{\boldsymbol{x}}_{\mathrm{u}}-\boldsymbol{x}),\quad h_2(\boldsymbol{z})=\frac{\partial \ln(g(\boldsymbol{z};\boldsymbol{x}))}{\partial \boldsymbol{x}^{\mathrm{T}}}\boldsymbol{b},\quad w(\boldsymbol{z})=g(\boldsymbol{z};\boldsymbol{x})\geqslant 0 \tag{2.134}$$

则根据命题 2.34 可得

$$\begin{aligned}
(\boldsymbol{a}^{\mathrm{T}}\boldsymbol{b})^2&\leqslant\left(\int w(\boldsymbol{z})(h_1(\boldsymbol{z}))^2\mathrm{d}\boldsymbol{z}\right)\left(\int w(\boldsymbol{z})(h_2(\boldsymbol{z}))^2\mathrm{d}\boldsymbol{z}\right)\\
&=\left(\int(\boldsymbol{a}^{\mathrm{T}}(\hat{\boldsymbol{x}}_{\mathrm{u}}-\boldsymbol{x})(\hat{\boldsymbol{x}}_{\mathrm{u}}-\boldsymbol{x})^{\mathrm{T}}\boldsymbol{a})g(\boldsymbol{z};\boldsymbol{x})\mathrm{d}\boldsymbol{z}\right)\\
&\quad\times\left(\int\left(\boldsymbol{b}^{\mathrm{T}}\frac{\partial \ln(g(\boldsymbol{z};\boldsymbol{x}))}{\partial \boldsymbol{x}}\frac{\partial \ln(g(\boldsymbol{z};\boldsymbol{x}))}{\partial \boldsymbol{x}^{\mathrm{T}}}\boldsymbol{b}\right)g(\boldsymbol{z};\boldsymbol{x})\mathrm{d}\boldsymbol{z}\right)\\
&=(\boldsymbol{a}^{\mathrm{T}}\mathbf{MSE}(\hat{\boldsymbol{x}}_{\mathrm{u}})\boldsymbol{a})(\boldsymbol{b}^{\mathrm{T}}\mathbf{FISH}(\boldsymbol{x})\boldsymbol{b})
\end{aligned} \tag{2.135}$$

由于向量 $\boldsymbol{b}$ 可以任意选取, 不妨令 $\boldsymbol{b}=(\mathbf{FISH}(\boldsymbol{x}))^{-1}\boldsymbol{a}$, 并将其代入式 (2.135) 中可知

$$(\boldsymbol{a}^{\mathrm{T}}(\mathbf{FISH}(\boldsymbol{x}))^{-1}\boldsymbol{a})^2\leqslant(\boldsymbol{a}^{\mathrm{T}}\mathbf{MSE}(\hat{\boldsymbol{x}}_{\mathrm{u}})\boldsymbol{a})(\boldsymbol{a}^{\mathrm{T}}(\mathbf{FISH}(\boldsymbol{x}))^{-1}\boldsymbol{a}) \tag{2.136}$$

基于 $\mathbf{FISH}(\boldsymbol{x})$ 的正定性可得 $\boldsymbol{a}^{\mathrm{T}}(\mathbf{FISH}(\boldsymbol{x}))^{-1}\boldsymbol{a} \geqslant 0$, 结合式 (2.136) 可知 $\boldsymbol{a}^{\mathrm{T}}(\mathbf{MSE}(\hat{\boldsymbol{x}}_{\mathrm{u}}) - (\mathbf{FISH}(\boldsymbol{x}))^{-1})\boldsymbol{a} \geqslant 0$, 再由向量 $\boldsymbol{a}$ 的任意性可知式 (2.131) 成立。

根据命题 2.34 可知, 式 (2.135) 中等号成立的充要条件是存在常数 c 满足

$$h_1(\boldsymbol{z}) = ch_2(\boldsymbol{z})$$

$$\Rightarrow \boldsymbol{a}^{\mathrm{T}}(\hat{\boldsymbol{x}}_{\mathrm{u}} - \boldsymbol{x}) = c\frac{\partial \ln(g(\boldsymbol{z};\boldsymbol{x}))}{\partial \boldsymbol{x}^{\mathrm{T}}}\boldsymbol{b} = c\frac{\partial \ln(g(\boldsymbol{z};\boldsymbol{x}))}{\partial \boldsymbol{x}^{\mathrm{T}}}(\mathbf{FISH}(\boldsymbol{x}))^{-1}\boldsymbol{a} \tag{2.137}$$

由此可知

$$\hat{\boldsymbol{x}}_{\mathrm{u}} - \boldsymbol{x} = c(\mathbf{FISH}(\boldsymbol{x}))^{-1}\frac{\partial \ln(g(\boldsymbol{z};\boldsymbol{x}))}{\partial \boldsymbol{x}}$$

$$\Rightarrow \frac{\partial \ln(g(\boldsymbol{z};\boldsymbol{x}))}{\partial \boldsymbol{x}} = \frac{1}{c}\mathbf{FISH}(\boldsymbol{x})(\hat{\boldsymbol{x}}_{\mathrm{u}} - \boldsymbol{x}) \tag{2.138}$$

利用式 (2.138) 还可以进一步推得

$$\frac{\partial^2 \ln(g(\boldsymbol{z};\boldsymbol{x}))}{\partial \boldsymbol{x}\partial \boldsymbol{x}^{\mathrm{T}}} = \frac{1}{c}((\hat{\boldsymbol{x}}_{\mathrm{u}} - \boldsymbol{x})^{\mathrm{T}} \otimes \boldsymbol{I}_n)\frac{\partial \mathrm{vec}(\mathbf{FISH}(\boldsymbol{x}))}{\partial \boldsymbol{x}^{\mathrm{T}}} - \frac{1}{c}\mathbf{FISH}(\boldsymbol{x}) \tag{2.139}$$

对式 (2.139) 两边取数学期望, 并且利用式 (2.128) 和估计值 $\hat{\boldsymbol{x}}_{\mathrm{u}}$ 的无偏性可知

$$\mathbf{FISH}(\boldsymbol{x}) = c\mathbf{FISH}(\boldsymbol{x}) \Rightarrow c = 1 \tag{2.140}$$

结合式 (2.138) 和式 (2.140) 可知, 当式 (2.132) 满足时, 式 (2.131) 中的等号成立。证毕。

【注记 2.11】费希尔信息矩阵的逆矩阵 $(\mathbf{FISH}(\boldsymbol{x}))^{-1}$ 称为未知参量 $\boldsymbol{x}$ 的估计方差的克拉美罗界, 并将其记为 $\mathbf{CRB}(\boldsymbol{x}) = (\mathbf{FISH}(\boldsymbol{x}))^{-1}$。根据命题 2.38 可知, 未知参量 $\boldsymbol{x}$ 的任意无偏估计值 $\hat{\boldsymbol{x}}_{\mathrm{u}}$ 均满足 $\mathbf{MSE}(\hat{\boldsymbol{x}}_{\mathrm{u}}) \geqslant \mathbf{CRB}(\boldsymbol{x})$。

2.4.2 等式约束条件下的克拉美罗界

在一些应用中, 未知参量 $\boldsymbol{x}$ 需要服从等式约束

$$\boldsymbol{h}(\boldsymbol{x}) = \boldsymbol{O}_{m\times 1} \tag{2.141}$$

式中 $\boldsymbol{h}(\cdot)$ 表示某连续可导的函数, 其 Jacobian 矩阵定义为 $\boldsymbol{H}(\boldsymbol{x}) = \dfrac{\partial \boldsymbol{h}(\boldsymbol{x})}{\partial \boldsymbol{x}^{\mathrm{T}}} \in \mathbf{R}^{m\times n}$ (其中 $m < n$), 并且假设该矩阵是行满秩的。

等式约束式 (2.141) 条件下的克拉美罗界可以利用下面两个命题来获得。

【命题 2.39】假设 l 维随机观测向量 $\boldsymbol{z}$ 受到 n $(n \leqslant l)$ 维未知参量 $\boldsymbol{x}$ 的支配, 其概率密度函数为 $g(\boldsymbol{z};\boldsymbol{x})$, 并且 $\boldsymbol{x}$ 服从等式约束式 (2.141) (即 $\boldsymbol{h}(\boldsymbol{x}) = \boldsymbol{O}_{m\times 1}$)。

若令 $\hat{\boldsymbol{x}}_{\text{c-u}}$ 是关于 $\boldsymbol{x}$ 的无偏估计值 (即 $\text{E}[\hat{\boldsymbol{x}}_{\text{c-u}}]=\boldsymbol{x}$), 并且服从等式约束式 (2.141) (即 $\boldsymbol{h}(\hat{\boldsymbol{x}}_{\text{c-u}})=\boldsymbol{O}_{m\times 1}$), 则对于满足等式 $\boldsymbol{H}(\boldsymbol{x})\boldsymbol{\beta}=\boldsymbol{O}_{m\times 1}$ 的任意向量 $\boldsymbol{\beta}\in\mathbf{R}^{n\times 1}$ 恒有

$$\text{E}\left[(\hat{\boldsymbol{x}}_{\text{c-u}}-\boldsymbol{x})\frac{\partial\ln(g(\boldsymbol{z};\boldsymbol{x}))}{\partial\boldsymbol{x}^{\text{T}}}\right]\boldsymbol{\beta}=\boldsymbol{\beta} \tag{2.142}$$

【证明】由于 $\boldsymbol{H}(\boldsymbol{x})$ 是行满秩矩阵, 不失一般性, 假设其前 m 列构成的子矩阵 $\boldsymbol{H}_1(\boldsymbol{x})$ 为可逆矩阵, 其后 $n-m$ 列构成的子矩阵为 $\boldsymbol{H}_2(\boldsymbol{x})$。若未知参量 $\boldsymbol{x}$ 服从等式约束 $\boldsymbol{h}(\boldsymbol{x})=\boldsymbol{O}_{m\times 1}$, 并且令 $\boldsymbol{x}_1$ 和 $\boldsymbol{x}_2$ 分别是 $\boldsymbol{x}$ 中的前 m 个分量和后 $n-m$ 个分量所构成的向量, 则根据隐函数定理可知, 存在连续可微函数 $\boldsymbol{\varphi}(\cdot)$ 使得 $\boldsymbol{x}_1=\boldsymbol{\varphi}(\boldsymbol{x}_2)$, 并且满足

$$\boldsymbol{H}_1(\boldsymbol{x})\frac{\partial\boldsymbol{\varphi}(\boldsymbol{x}_2)}{\partial\boldsymbol{x}_2^{\text{T}}}+\boldsymbol{H}_2(\boldsymbol{x})=\boldsymbol{O}_{m\times(n-m)}\Rightarrow\frac{\partial\boldsymbol{\varphi}(\boldsymbol{x}_2)}{\partial\boldsymbol{x}_2^{\text{T}}}=-(\boldsymbol{H}_1(\boldsymbol{x}))^{-1}\boldsymbol{H}_2(\boldsymbol{x}) \tag{2.143}$$

定义偏置函数

$$\boldsymbol{b}(\boldsymbol{x})=\text{E}[\hat{\boldsymbol{x}}_{\text{c-u}}]-\boldsymbol{x}=\int(\hat{\boldsymbol{x}}_{\text{c-u}}-\boldsymbol{x})g(\boldsymbol{z};\boldsymbol{x})\text{d}\boldsymbol{z} \tag{2.144}$$

该向量函数的 Jacobian 矩阵为

$$\begin{aligned}\boldsymbol{B}(\boldsymbol{x})&=\frac{\partial\boldsymbol{b}(\boldsymbol{x})}{\partial\boldsymbol{x}^{\text{T}}}\\&=\int(\hat{\boldsymbol{x}}_{\text{c-u}}-\boldsymbol{x})\frac{\partial g(\boldsymbol{z};\boldsymbol{x})}{\partial\boldsymbol{x}^{\text{T}}}\text{d}\boldsymbol{z}-\boldsymbol{I}_n\int g(\boldsymbol{z};\boldsymbol{x})\text{d}\boldsymbol{z}\\&=\int(\hat{\boldsymbol{x}}_{\text{c-u}}-\boldsymbol{x})\frac{\partial\ln(g(\boldsymbol{z};\boldsymbol{x}))}{\partial\boldsymbol{x}^{\text{T}}}g(\boldsymbol{z};\boldsymbol{x})\text{d}\boldsymbol{z}-\boldsymbol{I}_n\\&=\text{E}\left[(\hat{\boldsymbol{x}}_{\text{c-u}}-\boldsymbol{x})\frac{\partial\ln(g(\boldsymbol{z};\boldsymbol{x}))}{\partial\boldsymbol{x}^{\text{T}}}\right]-\boldsymbol{I}_n\end{aligned} \tag{2.145}$$

利用估计值 $\hat{\boldsymbol{x}}_{\text{c-u}}$ 的无偏性可知 $\boldsymbol{b}(\boldsymbol{x})=\boldsymbol{O}_{n\times 1}$, 将此式两边对 $\boldsymbol{x}_2$ 求导可得

$$\boldsymbol{B}_1(\boldsymbol{x})\frac{\partial\boldsymbol{\varphi}(\boldsymbol{x}_2)}{\partial\boldsymbol{x}_2^{\text{T}}}+\boldsymbol{B}_2(\boldsymbol{x})=\boldsymbol{O}_{n\times(n-m)} \tag{2.146}$$

式中 $\boldsymbol{B}_1(\boldsymbol{x})$ 表示 $\boldsymbol{B}(\boldsymbol{x})$ 中的前 m 列构成的子矩阵, $\boldsymbol{B}_2(\boldsymbol{x})$ 表示 $\boldsymbol{B}(\boldsymbol{x})$ 中的后 $n-m$ 列构成的子矩阵。将式 (2.143) 代入式 (2.146) 中可知

$$\boldsymbol{B}_2(\boldsymbol{x})=\boldsymbol{B}_1(\boldsymbol{x})(\boldsymbol{H}_1(\boldsymbol{x}))^{-1}\boldsymbol{H}_2(\boldsymbol{x}) \tag{2.147}$$

此外, 对于满足等式 $\boldsymbol{H}(\boldsymbol{x})\boldsymbol{\beta}=\boldsymbol{O}_{m\times 1}$ 的向量 $\boldsymbol{\beta}\in\mathbf{R}^{n\times 1}$, 若令 $\boldsymbol{\beta}_1$ 和 $\boldsymbol{\beta}_2$ 分别是 $\boldsymbol{\beta}$ 中的前 m 个分量和后 $n-m$ 个分量所构成的向量, 则有

$$\boldsymbol{H}_1(\boldsymbol{x})\boldsymbol{\beta}_1+\boldsymbol{H}_2(\boldsymbol{x})\boldsymbol{\beta}_2=\boldsymbol{O}_{m\times 1} \tag{2.148}$$

由此可得

$$\boldsymbol{\beta}_1 = -(\boldsymbol{H}_1(\boldsymbol{x}))^{-1}\boldsymbol{H}_2(\boldsymbol{x})\boldsymbol{\beta}_2 \tag{2.149}$$

结合式 (2.145)、式 (2.147) 和式 (2.149) 可得

$$\begin{aligned}
&\mathrm{E}\left[(\hat{\boldsymbol{x}}_{\mathrm{c-u}}-\boldsymbol{x})\frac{\partial \ln(g(\boldsymbol{z};\boldsymbol{x}))}{\partial \boldsymbol{x}^{\mathrm{T}}}\right]\boldsymbol{\beta}-\boldsymbol{\beta}\\
&=\boldsymbol{B}(\boldsymbol{x})\boldsymbol{\beta}=\boldsymbol{B}_1(\boldsymbol{x})\boldsymbol{\beta}_1+\boldsymbol{B}_2(\boldsymbol{x})\boldsymbol{\beta}_2\\
&=\boldsymbol{B}_1(\boldsymbol{x})\boldsymbol{\beta}_1+\boldsymbol{B}_1(\boldsymbol{x})(\boldsymbol{H}_1(\boldsymbol{x}))^{-1}\boldsymbol{H}_2(\boldsymbol{x})\boldsymbol{\beta}_2\\
&=-\boldsymbol{B}_1(\boldsymbol{x})(\boldsymbol{H}_1(\boldsymbol{x}))^{-1}\boldsymbol{H}_2(\boldsymbol{x})\boldsymbol{\beta}_2+\boldsymbol{B}_1(\boldsymbol{x})(\boldsymbol{H}_1(\boldsymbol{x}))^{-1}\boldsymbol{H}_2(\boldsymbol{x})\boldsymbol{\beta}_2\\
&=\boldsymbol{O}_{n\times 1}
\end{aligned} \tag{2.150}$$

由此可知式 (2.142) 成立。证毕。

【注记 2.12】定义如下对称矩阵

$$\begin{aligned}
\boldsymbol{R}_{\mathrm{c}}&=(\mathbf{FISH}(\boldsymbol{x}))^{-1}-(\mathbf{FISH}(\boldsymbol{x}))^{-1}(\boldsymbol{H}(\boldsymbol{x}))^{\mathrm{T}}(\boldsymbol{H}(\boldsymbol{x})\\
&\quad\times(\mathbf{FISH}(\boldsymbol{x}))^{-1}(\boldsymbol{H}(\boldsymbol{x}))^{\mathrm{T}})^{-1}\boldsymbol{H}(\boldsymbol{x})(\mathbf{FISH}(\boldsymbol{x}))^{-1}\\
&=\mathbf{CRB}(\boldsymbol{x})-\mathbf{CRB}(\boldsymbol{x})(\boldsymbol{H}(\boldsymbol{x}))^{\mathrm{T}}\\
&\quad\times(\boldsymbol{H}(\boldsymbol{x})\mathbf{CRB}(\boldsymbol{x})(\boldsymbol{H}(\boldsymbol{x}))^{\mathrm{T}})^{-1}\boldsymbol{H}(\boldsymbol{x})\mathbf{CRB}(\boldsymbol{x})
\end{aligned} \tag{2.151}$$

不难证明 $\boldsymbol{H}(\boldsymbol{x})\boldsymbol{R}_{\mathrm{c}}=\boldsymbol{O}_{m\times n}$，于是利用命题 2.39 的结论可知

$$\mathrm{E}\left[(\hat{\boldsymbol{x}}_{\mathrm{c-u}}-\boldsymbol{x})\frac{\partial \ln(g(\boldsymbol{z};\boldsymbol{x}))}{\partial \boldsymbol{x}^{\mathrm{T}}}\right]\boldsymbol{R}_{\mathrm{c}}=\boldsymbol{R}_{\mathrm{c}} \tag{2.152}$$

【命题 2.40】假设 l 维随机观测向量 $\boldsymbol{z}$ 受到 n ($n \leqslant l$) 维未知参量 $\boldsymbol{x}$ 的支配，其概率密度函数为 $g(\boldsymbol{z};\boldsymbol{x})$，并且 $\boldsymbol{x}$ 服从等式约束式 (2.141) (即 $\boldsymbol{h}(\boldsymbol{x})=\boldsymbol{O}_{m\times 1}$)。若令 $\hat{\boldsymbol{x}}_{\mathrm{c-u}}$ 是关于 $\boldsymbol{x}$ 的无偏估计值 (即 $\mathrm{E}[\hat{\boldsymbol{x}}_{\mathrm{c-u}}]=\boldsymbol{x}$)，并且服从等式约束式 (2.141) (即 $\boldsymbol{h}(\hat{\boldsymbol{x}}_{\mathrm{c-u}})=\boldsymbol{O}_{m\times 1}$)，则其均方误差矩阵满足

$$\mathbf{MSE}(\hat{\boldsymbol{x}}_{\mathrm{c-u}})=\mathrm{E}[(\hat{\boldsymbol{x}}_{\mathrm{c-u}}-\boldsymbol{x})(\hat{\boldsymbol{x}}_{\mathrm{c-u}}-\boldsymbol{x})^{\mathrm{T}}]\geqslant\boldsymbol{R}_{\mathrm{c}} \tag{2.153}$$

并且当且仅当

$$\hat{\boldsymbol{x}}_{\mathrm{c-u}}-\boldsymbol{x}=\boldsymbol{R}_{\mathrm{c}}\frac{\partial \ln(g(\boldsymbol{z};\boldsymbol{x}))}{\partial \boldsymbol{x}} \tag{2.154}$$

式 (2.153) 中的等号成立。

【证明】根据命题 2.35 可得 $\mathrm{E}\left[\dfrac{\partial \ln(g(\boldsymbol{z};\boldsymbol{x}))}{\partial \boldsymbol{x}}\right]=\boldsymbol{O}_{n\times 1}$, 基于估计值 $\hat{\boldsymbol{x}}_{\text{c-u}}$ 的无偏性可知 $\hat{\boldsymbol{x}}_{\text{c-u}}-\boldsymbol{x}-\boldsymbol{R}_{\text{c}}\dfrac{\partial \ln(g(\boldsymbol{z};\boldsymbol{x}))}{\partial \boldsymbol{x}}$ 是零均值的随机向量, 并且满足

$$\mathrm{E}\left[\left(\hat{\boldsymbol{x}}_{\text{c-u}}-\boldsymbol{x}-\boldsymbol{R}_{\text{c}}\frac{\partial \ln(g(\boldsymbol{z};\boldsymbol{x}))}{\partial \boldsymbol{x}}\right)\left(\hat{\boldsymbol{x}}_{\text{c-u}}-\boldsymbol{x}-\boldsymbol{R}_{\text{c}}\frac{\partial \ln(g(\boldsymbol{z};\boldsymbol{x}))}{\partial \boldsymbol{x}}\right)^{\mathrm{T}}\right]\geqslant \boldsymbol{O} \tag{2.155}$$

将式 (2.155) 展开可得

$$\begin{aligned}&\mathrm{E}[(\hat{\boldsymbol{x}}_{\text{c-u}}-\boldsymbol{x})(\hat{\boldsymbol{x}}_{\text{c-u}}-\boldsymbol{x})^{\mathrm{T}}]-\mathrm{E}\left[(\hat{\boldsymbol{x}}_{\text{c-u}}-\boldsymbol{x})\frac{\partial \ln(g(\boldsymbol{z};\boldsymbol{x}))}{\partial \boldsymbol{x}^{\mathrm{T}}}\right]\boldsymbol{R}_{\text{c}}\\&-\boldsymbol{R}_{\text{c}}\mathrm{E}\left[\frac{\partial \ln(g(\boldsymbol{z};\boldsymbol{x}))}{\partial \boldsymbol{x}}(\hat{\boldsymbol{x}}_{\text{c-u}}-\boldsymbol{x})^{\mathrm{T}}\right]+\boldsymbol{R}_{\text{c}}\mathrm{E}\left[\frac{\partial \ln(g(\boldsymbol{z};\boldsymbol{x}))}{\partial \boldsymbol{x}}\frac{\partial \ln(g(\boldsymbol{z};\boldsymbol{x}))}{\partial \boldsymbol{x}^{\mathrm{T}}}\right]\boldsymbol{R}_{\text{c}}\geqslant \boldsymbol{O}\end{aligned} \tag{2.156}$$

将式 (2.127) 和式 (2.152) 代入式 (2.156), 可知

$$\mathbf{MSE}(\hat{\boldsymbol{x}}_{\text{c-u}})=\mathrm{E}[(\hat{\boldsymbol{x}}_{\text{c-u}}-\boldsymbol{x})(\hat{\boldsymbol{x}}_{\text{c-u}}-\boldsymbol{x})^{\mathrm{T}}]\geqslant 2\boldsymbol{R}_{\text{c}}-\boldsymbol{R}_{\text{c}}\mathbf{FISH}(\boldsymbol{x})\boldsymbol{R}_{\text{c}} \tag{2.157}$$

利用式 (2.151) 可以证明 $\boldsymbol{R}_{\text{c}}\mathbf{FISH}(\boldsymbol{x})\boldsymbol{R}_{\text{c}}=\boldsymbol{R}_{\text{c}}$, 将此式代入式 (2.157) 可得

$$\mathbf{MSE}(\hat{\boldsymbol{x}}_{\text{c-u}})=\mathrm{E}[(\hat{\boldsymbol{x}}_{\text{c-u}}-\boldsymbol{x})(\hat{\boldsymbol{x}}_{\text{c-u}}-\boldsymbol{x})^{\mathrm{T}}]\geqslant \boldsymbol{R}_{\text{c}} \tag{2.158}$$

另一方面, 如果式 (2.154) 成立, 则有

$$\begin{aligned}\mathbf{MSE}(\hat{\boldsymbol{x}}_{\text{c-u}})&=\mathrm{E}[(\hat{\boldsymbol{x}}_{\text{c-u}}-\boldsymbol{x})(\hat{\boldsymbol{x}}_{\text{c-u}}-\boldsymbol{x})^{\mathrm{T}}]\\&=\boldsymbol{R}_{\text{c}}\mathrm{E}\left[\frac{\partial \ln(g(\boldsymbol{z};\boldsymbol{x}))}{\partial \boldsymbol{x}}\frac{\partial \ln(g(\boldsymbol{z};\boldsymbol{x}))}{\partial \boldsymbol{x}^{\mathrm{T}}}\right]\boldsymbol{R}_{\text{c}}\\&=\boldsymbol{R}_{\text{c}}\mathbf{FISH}(\boldsymbol{x})\boldsymbol{R}_{\text{c}}=\boldsymbol{R}_{\text{c}}\end{aligned} \tag{2.159}$$

此外, 如果式 (2.153) 取等号, 基于式 (2.156) 和式 (2.157) 可知式 (2.155) 也取等号, 这意味着 $\hat{\boldsymbol{x}}_{\text{c-u}}-\boldsymbol{x}-\boldsymbol{R}_{\text{c}}\dfrac{\partial \ln(g(\boldsymbol{z};\boldsymbol{x}))}{\partial \boldsymbol{x}}=\boldsymbol{O}_{n\times 1}$, 此时式 (2.154) 成立。证毕。

【注记 2.13】由命题 2.40 可知, 矩阵 $\boldsymbol{R}_{\text{c}}$ 即为等式约束 $\boldsymbol{h}(\boldsymbol{x})=\boldsymbol{O}_{m\times 1}$ 条件下估计未知参量 $\boldsymbol{x}$ 方差的克拉美罗界。由于矩阵 $\boldsymbol{R}_{\text{c}}$ 中的第 2 项为半正定矩阵, 于是有 $\boldsymbol{R}_{\text{c}}\leqslant \mathbf{CRB}(\boldsymbol{x})$, 这意味着通过引入等式约束, 减少了估计未知参量 $\boldsymbol{x}$ 的不确定性, 从而降低了其估计方差的克拉美罗界。

关于等式约束条件下的克拉美罗界还有另一种表达式, 具体可见如下命题。

【命题 2.41】假设 l 维随机观测向量 $\boldsymbol{z}$ 受到 n $(n \leqslant l)$ 维未知参量 $\boldsymbol{x}$ 的支配, 其概率密度函数为 $g(\boldsymbol{z};\boldsymbol{x})$, 并且 $\boldsymbol{x}$ 服从等式约束式 (2.141) (即 $\boldsymbol{h}(\boldsymbol{x}) = \boldsymbol{O}_{m\times 1}$)。若函数 $\boldsymbol{h}(\boldsymbol{x})$ 的 Jacobian 矩阵 $\boldsymbol{H}(\boldsymbol{x}) \in \mathbf{R}^{m\times n}$ 是行满秩的, 并且矩阵 $\boldsymbol{Q}(\boldsymbol{x}) \in \mathbf{R}^{n\times(n-m)}$ 满足

$$\boldsymbol{H}(\boldsymbol{x})\boldsymbol{Q}(\boldsymbol{x}) = \boldsymbol{O}_{m\times(n-m)}, \quad (\boldsymbol{Q}(\boldsymbol{x}))^{\mathrm{T}}\boldsymbol{Q}(\boldsymbol{x}) = \boldsymbol{I}_{n-m} \tag{2.160}$$

则矩阵 $\boldsymbol{R}_{\mathrm{c}}$ 可以表示为

$$\begin{aligned}\boldsymbol{R}_{\mathrm{c}} &= \boldsymbol{Q}(\boldsymbol{x})((\boldsymbol{Q}(\boldsymbol{x}))^{\mathrm{T}}\mathbf{FISH}(\boldsymbol{x})\boldsymbol{Q}(\boldsymbol{x}))^{-1}(\boldsymbol{Q}(\boldsymbol{x}))^{\mathrm{T}} \\ &= \boldsymbol{Q}(\boldsymbol{x})((\boldsymbol{Q}(\boldsymbol{x}))^{\mathrm{T}}(\mathbf{CRB}(\boldsymbol{x}))^{-1}\boldsymbol{Q}(\boldsymbol{x}))^{-1}(\boldsymbol{Q}(\boldsymbol{x}))^{\mathrm{T}}\end{aligned} \tag{2.161}$$

若令 $\hat{\boldsymbol{x}}_{\mathrm{c-u}}$ 是关于 $\boldsymbol{x}$ 的无偏估计值 (即 $\mathrm{E}[\hat{\boldsymbol{x}}_{\mathrm{c-u}}] = \boldsymbol{x}$), 并且服从等式约束式 (2.141) (即 $\boldsymbol{h}(\hat{\boldsymbol{x}}_{\mathrm{c-u}}) = \boldsymbol{O}_{m\times 1}$), 则其均方误差矩阵满足

$$\begin{aligned}\mathbf{MSE}(\hat{\boldsymbol{x}}_{\mathrm{c-u}}) &= \mathrm{E}[(\hat{\boldsymbol{x}}_{\mathrm{c-u}} - \boldsymbol{x})(\hat{\boldsymbol{x}}_{\mathrm{c-u}} - \boldsymbol{x})^{\mathrm{T}}] \geqslant \boldsymbol{R}_{\mathrm{c}} \\ &= \boldsymbol{Q}(\boldsymbol{x})((\boldsymbol{Q}(\boldsymbol{x}))^{\mathrm{T}}(\mathbf{CRB}(\boldsymbol{x}))^{-1}\boldsymbol{Q}(\boldsymbol{x}))^{-1}(\boldsymbol{Q}(\boldsymbol{x}))^{\mathrm{T}}\end{aligned} \tag{2.162}$$

【证明】这里仅需要证明式 (2.161) 即可。由于 $\boldsymbol{H}(\boldsymbol{x})$ 是行满秩矩阵, 因此 $(\mathbf{FISH}(\boldsymbol{x}))^{-1/2}(\boldsymbol{H}(\boldsymbol{x}))^{\mathrm{T}}$ 就是列满秩矩阵, 于是利用式 (2.151) 可得

$$\begin{aligned}\boldsymbol{R}_{\mathrm{c}} &= (\mathbf{FISH}(\boldsymbol{x}))^{-1} - (\mathbf{FISH}(\boldsymbol{x}))^{-1}(\boldsymbol{H}(\boldsymbol{x}))^{\mathrm{T}}(\boldsymbol{H}(\boldsymbol{x}) \\ &\quad \times (\mathbf{FISH}(\boldsymbol{x}))^{-1}(\boldsymbol{H}(\boldsymbol{x}))^{\mathrm{T}})^{-1}\boldsymbol{H}(\boldsymbol{x})(\mathbf{FISH}(\boldsymbol{x}))^{-1} \\ &= (\mathbf{FISH}(\boldsymbol{x}))^{-1/2}(\mathbf{FISH}(\boldsymbol{x}))^{-1/2} - (\mathbf{FISH}(\boldsymbol{x}))^{-1/2}(\mathbf{FISH}(\boldsymbol{x}))^{-1/2} \\ &\quad \times (\boldsymbol{H}(\boldsymbol{x}))^{\mathrm{T}}(\boldsymbol{H}(\boldsymbol{x})(\mathbf{FISH}(\boldsymbol{x}))^{-1}(\boldsymbol{H}(\boldsymbol{x}))^{\mathrm{T}})^{-1}\boldsymbol{H}(\boldsymbol{x}) \\ &\quad \times (\mathbf{FISH}(\boldsymbol{x}))^{-1/2}(\mathbf{FISH}(\boldsymbol{x}))^{-1/2} \\ &= (\mathbf{FISH}(\boldsymbol{x}))^{-1/2}(\boldsymbol{I}_n - (\mathbf{FISH}(\boldsymbol{x}))^{-1/2}(\boldsymbol{H}(\boldsymbol{x}))^{\mathrm{T}}(\boldsymbol{H}(\boldsymbol{x}) \\ &\quad \times (\mathbf{FISH}(\boldsymbol{x}))^{-1}(\boldsymbol{H}(\boldsymbol{x}))^{\mathrm{T}})^{-1}\boldsymbol{H}(\boldsymbol{x})(\mathbf{FISH}(\boldsymbol{x}))^{-1/2})(\mathbf{FISH}(\boldsymbol{x}))^{-1/2} \\ &= (\mathbf{FISH}(\boldsymbol{x}))^{-1/2}\boldsymbol{\Pi}^{\perp}[(\mathbf{FISH}(\boldsymbol{x}))^{-1/2}(\boldsymbol{H}(\boldsymbol{x}))^{\mathrm{T}}](\mathbf{FISH}(\boldsymbol{x}))^{-1/2}\end{aligned} \tag{2.163}$$

另一方面, 根据式 (2.160) 可知矩阵 $(\mathbf{FISH}(\boldsymbol{x}))^{1/2}\boldsymbol{Q}(\boldsymbol{x})$ 满足

$$\begin{cases}((\mathbf{FISH}(\boldsymbol{x}))^{1/2}\boldsymbol{Q}(\boldsymbol{x}))^{\mathrm{T}}(\mathbf{FISH}(\boldsymbol{x}))^{-1/2}(\boldsymbol{H}(\boldsymbol{x}))^{\mathrm{T}} = (\boldsymbol{H}(\boldsymbol{x})\boldsymbol{Q}(\boldsymbol{x}))^{\mathrm{T}} = \boldsymbol{O}_{(n-m)\times m} \\ \mathrm{rank}[(\mathbf{FISH}(\boldsymbol{x}))^{1/2}\boldsymbol{Q}(\boldsymbol{x})] = \mathrm{rank}[\boldsymbol{Q}(\boldsymbol{x})] = n-m\end{cases} \tag{2.164}$$

由此可得

$$\mathrm{range}\{(\mathbf{FISH}(\boldsymbol{x}))^{1/2}\boldsymbol{Q}(\boldsymbol{x})\} = (\mathrm{range}\{(\mathbf{FISH}(\boldsymbol{x}))^{-1/2}(\boldsymbol{H}(\boldsymbol{x}))^{\mathrm{T}}\})^{\perp} \tag{2.165}$$

于是利用正交投影矩阵的定义可知

$$\begin{aligned}
&\boldsymbol{\Pi}^{\perp}[(\mathbf{FISH}(\boldsymbol{x}))^{-1/2}(\boldsymbol{H}(\boldsymbol{x}))^{\mathrm{T}}] \\
&= \boldsymbol{\Pi}[(\mathbf{FISH}(\boldsymbol{x}))^{1/2}\boldsymbol{Q}(\boldsymbol{x})] \\
&= (\mathbf{FISH}(\boldsymbol{x}))^{1/2}\boldsymbol{Q}(\boldsymbol{x})((\boldsymbol{Q}(\boldsymbol{x}))^{\mathrm{T}}\mathbf{FISH}(\boldsymbol{x})\boldsymbol{Q}(\boldsymbol{x}))^{-1}(\boldsymbol{Q}(\boldsymbol{x}))^{\mathrm{T}}(\mathbf{FISH}(\boldsymbol{x}))^{1/2}
\end{aligned} \tag{2.166}$$

将式 (2.166) 代入式 (2.163) 中可得

$$\begin{aligned}
\boldsymbol{R}_{\mathrm{c}} &= \boldsymbol{Q}(\boldsymbol{x})((\boldsymbol{Q}(\boldsymbol{x}))^{\mathrm{T}}\mathbf{FISH}(\boldsymbol{x})\boldsymbol{Q}(\boldsymbol{x}))^{-1}(\boldsymbol{Q}(\boldsymbol{x}))^{\mathrm{T}} \\
&= \boldsymbol{Q}(\boldsymbol{x})((\boldsymbol{Q}(\boldsymbol{x}))^{\mathrm{T}}(\mathbf{CRB}(\boldsymbol{x}))^{-1}\boldsymbol{Q}(\boldsymbol{x}))^{-1}(\boldsymbol{Q}(\boldsymbol{x}))^{\mathrm{T}}
\end{aligned} \tag{2.167}$$

证毕。

2.5 一阶误差分析方法原理

当研究一种估计器的统计性能时, 最常使用的方法是一阶误差分析法, 本节将介绍该方法的基本原理。

2.5.1 无等式约束条件下的一阶误差分析方法

考虑如下两个估计器

$$\min_{\boldsymbol{x}\in\mathbf{R}^{n\times 1}} f(\boldsymbol{x}, \boldsymbol{O}_{k\times 1}) \tag{2.168}$$

$$\min_{\boldsymbol{x}\in\mathbf{R}^{n\times 1}} f(\boldsymbol{x}, \boldsymbol{\varepsilon}) \tag{2.169}$$

式 (2.168) 表示无观测误差条件 (即理想条件) 下的估计器, 假设其最优解为 $\boldsymbol{x}_0$, 由于其中没有观测误差, 因此该最优值就等于未知参量的真实值; 而式 (2.169) 表示存在观测误差条件下的估计器, 其中 $\boldsymbol{\varepsilon}\in\mathbf{R}^{k\times 1}$ 表示观测误差。观测误差的存在会导致式 (2.169) 的最优解不再等于真实值 $\boldsymbol{x}_0$, 不妨令其最优值为 $\hat{\boldsymbol{x}}$, 并将其估计误差记为 $\Delta\boldsymbol{x}=\hat{\boldsymbol{x}}-\boldsymbol{x}_0$[①]。实际应用中使用的估计器大都是式 (2.169), 因为观测误差 $\boldsymbol{\varepsilon}$ 是不可避免会出现的。

---

① 有时也可将估计误差表示为 $\Delta\boldsymbol{x}=\boldsymbol{x}_0-\hat{\boldsymbol{x}}$, 两者并无实质差异。

为了得到估计值 $\hat{\boldsymbol{x}}$ 的统计特性, 需要推导估计误差 $\Delta\boldsymbol{x}$ 与观测误差 $\boldsymbol{\varepsilon}$ 之间的闭式关系式。然而当目标函数较复杂时, 精确的闭式关系式往往难以获得, 只能得到其近似关系。一阶误差分析方法的目的就是要得到 $\Delta\boldsymbol{x}$ 与 $\boldsymbol{\varepsilon}$ 之间的线性关系, 该方法在观测误差较小的情形下可以获得较为准确的性能预测精度。

有两种方法可以得到 $\Delta\boldsymbol{x}$ 与 $\boldsymbol{\varepsilon}$ 之间的线性关系, 并且这两种方法得到的结果完全相等。

首先介绍第一种方法, 结合式 (2.168) 和式 (2.169), 以及极值原理可知

$$\boldsymbol{f}_1(\boldsymbol{x}_0,\boldsymbol{O}_{k\times 1})=\left.\frac{\partial f(\boldsymbol{x},\boldsymbol{\varepsilon})}{\partial \boldsymbol{x}}\right|_{\substack{\boldsymbol{x}=\boldsymbol{x}_0\\ \boldsymbol{\varepsilon}=\boldsymbol{O}_{k\times 1}}}=\boldsymbol{O}_{n\times 1} \tag{2.170}$$

$$\boldsymbol{f}_1(\hat{\boldsymbol{x}},\boldsymbol{\varepsilon})=\left.\frac{\partial f(\boldsymbol{x},\boldsymbol{\varepsilon})}{\partial \boldsymbol{x}}\right|_{\boldsymbol{x}=\hat{\boldsymbol{x}}}=\boldsymbol{O}_{n\times 1} \tag{2.171}$$

将 $\boldsymbol{f}_1(\hat{\boldsymbol{x}},\boldsymbol{\varepsilon})$ 在点 $(\boldsymbol{x}_0,\boldsymbol{O}_{k\times 1})$ 处进行一阶 Taylor 级数展开可得

$$\begin{aligned}\boldsymbol{O}_{n\times 1}=\boldsymbol{f}_1(\hat{\boldsymbol{x}},\boldsymbol{\varepsilon})&\approx \boldsymbol{f}_1(\boldsymbol{x}_0,\boldsymbol{O}_{k\times 1})+\boldsymbol{F}_{11}(\boldsymbol{x}_0,\boldsymbol{O}_{k\times 1})\Delta\boldsymbol{x}+\boldsymbol{F}_{12}(\boldsymbol{x}_0,\boldsymbol{O}_{k\times 1})\boldsymbol{\varepsilon}\\ &=\boldsymbol{F}_{11}(\boldsymbol{x}_0,\boldsymbol{O}_{k\times 1})\Delta\boldsymbol{x}+\boldsymbol{F}_{12}(\boldsymbol{x}_0,\boldsymbol{O}_{k\times 1})\boldsymbol{\varepsilon}\end{aligned} \tag{2.172}$$

式中 $\boldsymbol{F}_{11}(\boldsymbol{x}_0,\boldsymbol{O}_{k\times 1})=\left.\dfrac{\partial^2 f(\boldsymbol{x},\boldsymbol{\varepsilon})}{\partial \boldsymbol{x}\partial \boldsymbol{x}^{\mathrm{T}}}\right|_{\substack{\boldsymbol{x}=\boldsymbol{x}_0\\ \boldsymbol{\varepsilon}=\boldsymbol{O}_{k\times 1}}}$, $\boldsymbol{F}_{12}(\boldsymbol{x}_0,\boldsymbol{O}_{k\times 1})=\left.\dfrac{\partial^2 f(\boldsymbol{x},\boldsymbol{\varepsilon})}{\partial \boldsymbol{x}\partial \boldsymbol{\varepsilon}^{\mathrm{T}}}\right|_{\substack{\boldsymbol{x}=\boldsymbol{x}_0\\ \boldsymbol{\varepsilon}=\boldsymbol{O}_{k\times 1}}}$。式 (2.172) 中的第 3 个等号利用了式 (2.170), 基于式 (2.172) 可以进一步推得

$$\Delta\boldsymbol{x}\approx-(\boldsymbol{F}_{11}(\boldsymbol{x}_0,\boldsymbol{O}_{k\times 1}))^{-1}\boldsymbol{F}_{12}(\boldsymbol{x}_0,\boldsymbol{O}_{k\times 1})\boldsymbol{\varepsilon} \tag{2.173}$$

式 (2.173) 刻画了 $\Delta\boldsymbol{x}$ 与 $\boldsymbol{\varepsilon}$ 之间的线性关系。若误差向量 $\boldsymbol{\varepsilon}$ 服从零均值的高斯分布, 并且其协方差矩阵为 $\mathbf{cov}(\boldsymbol{\varepsilon})$, 那么估计误差向量 $\Delta\boldsymbol{x}$ 也近似服从零均值的高斯分布, 并且其协方差矩阵为

$$\begin{aligned}\mathbf{cov}(\Delta\boldsymbol{x})&=\mathrm{E}[\Delta\boldsymbol{x}\Delta\boldsymbol{x}^{\mathrm{T}}]\\ &=(\boldsymbol{F}_{11}(\boldsymbol{x}_0,\boldsymbol{O}_{k\times 1}))^{-1}\boldsymbol{F}_{12}(\boldsymbol{x}_0,\boldsymbol{O}_{k\times 1})\\ &\quad\times\mathbf{cov}(\boldsymbol{\varepsilon})(\boldsymbol{F}_{12}(\boldsymbol{x}_0,\boldsymbol{O}_{k\times 1}))^{\mathrm{T}}(\boldsymbol{F}_{11}(\boldsymbol{x}_0,\boldsymbol{O}_{k\times 1}))^{-1}\end{aligned} \tag{2.174}$$

【注记 2.14】误差向量 $\Delta\boldsymbol{x}$ 的协方差矩阵 $\mathbf{cov}(\Delta\boldsymbol{x})$ 亦为估计值 $\hat{\boldsymbol{x}}$ 的均方误差矩阵 $\mathbf{MSE}(\hat{\boldsymbol{x}})$。

接着介绍第二种方法, 该方法需要将 $f(\hat{\boldsymbol{x}},\boldsymbol{\varepsilon})$ 在点 $(\boldsymbol{x}_0,\boldsymbol{O}_{k\times 1})$ 处进行二阶

Taylor 级数展开

$$\begin{aligned}f(\hat{\boldsymbol{x}},\boldsymbol{\varepsilon}) &\approx f(\boldsymbol{x}_0,\boldsymbol{O}_{k\times 1})+\Delta\boldsymbol{x}^{\mathrm{T}}\boldsymbol{f}_1(\boldsymbol{x}_0,\boldsymbol{O}_{k\times 1})+\boldsymbol{\varepsilon}^{\mathrm{T}}\boldsymbol{f}_2(\boldsymbol{x}_0,\boldsymbol{O}_{k\times 1})\\&\quad+\frac{1}{2}\Delta\boldsymbol{x}^{\mathrm{T}}\boldsymbol{F}_{11}(\boldsymbol{x}_0,\boldsymbol{O}_{k\times 1})\Delta\boldsymbol{x}\\&\quad+\frac{1}{2}\boldsymbol{\varepsilon}^{\mathrm{T}}\boldsymbol{F}_{22}(\boldsymbol{x}_0,\boldsymbol{O}_{k\times 1})\boldsymbol{\varepsilon}+\Delta\boldsymbol{x}^{\mathrm{T}}\boldsymbol{F}_{12}(\boldsymbol{x}_0,\boldsymbol{O}_{k\times 1})\boldsymbol{\varepsilon}\\&=f(\boldsymbol{x}_0,\boldsymbol{O}_{k\times 1})+\boldsymbol{\varepsilon}^{\mathrm{T}}\boldsymbol{f}_2(\boldsymbol{x}_0,\boldsymbol{O}_{k\times 1})+\frac{1}{2}\Delta\boldsymbol{x}^{\mathrm{T}}\boldsymbol{F}_{11}(\boldsymbol{x}_0,\boldsymbol{O}_{k\times 1})\Delta\boldsymbol{x}\\&\quad+\frac{1}{2}\boldsymbol{\varepsilon}^{\mathrm{T}}\boldsymbol{F}_{22}(\boldsymbol{x}_0,\boldsymbol{O}_{k\times 1})\boldsymbol{\varepsilon}+\Delta\boldsymbol{x}^{\mathrm{T}}\boldsymbol{F}_{12}(\boldsymbol{x}_0,\boldsymbol{O}_{k\times 1})\boldsymbol{\varepsilon}\end{aligned}\tag{2.175}$$

式中 $\boldsymbol{f}_2(\boldsymbol{x}_0,\boldsymbol{O}_{k\times 1})=\left.\dfrac{\partial f(\boldsymbol{x},\boldsymbol{\varepsilon})}{\partial\boldsymbol{\varepsilon}}\right|_{\substack{\boldsymbol{x}=\boldsymbol{x}_0\\ \boldsymbol{\varepsilon}=\boldsymbol{O}_{k\times 1}}}$，$\boldsymbol{F}_{22}(\boldsymbol{x}_0,\boldsymbol{O}_{k\times 1})=\left.\dfrac{\partial^2 f(\boldsymbol{x},\boldsymbol{\varepsilon})}{\partial\boldsymbol{\varepsilon}\partial\boldsymbol{\varepsilon}^{\mathrm{T}}}\right|_{\substack{\boldsymbol{x}=\boldsymbol{x}_0\\ \boldsymbol{\varepsilon}=\boldsymbol{O}_{k\times 1}}}$。式 (2.175) 中的第 2 个等号利用了式 (2.170)。根据式 (2.169) 可知 $\hat{\boldsymbol{x}}=\arg\min\limits_{\boldsymbol{x}\in\mathbf{R}^{n\times 1}} f(\boldsymbol{x},\boldsymbol{\varepsilon})$, 结合式 (2.175) 可得

$$\begin{aligned}\Delta\boldsymbol{x} &\approx \arg\min_{\boldsymbol{z}\in\mathbf{R}^{n\times 1}}\left(f(\boldsymbol{x}_0,\boldsymbol{O}_{k\times 1})+\boldsymbol{\varepsilon}^{\mathrm{T}}\boldsymbol{f}_2(\boldsymbol{x}_0,\boldsymbol{O}_{k\times 1})+\frac{1}{2}\boldsymbol{z}^{\mathrm{T}}\boldsymbol{F}_{11}(\boldsymbol{x}_0,\boldsymbol{O}_{k\times 1})\boldsymbol{z}\right.\\&\qquad\left.+\frac{1}{2}\boldsymbol{\varepsilon}^{\mathrm{T}}\boldsymbol{F}_{22}(\boldsymbol{x}_0,\boldsymbol{O}_{k\times 1})\boldsymbol{\varepsilon}+\boldsymbol{z}^{\mathrm{T}}\boldsymbol{F}_{12}(\boldsymbol{x}_0,\boldsymbol{O}_{k\times 1})\boldsymbol{\varepsilon}\right)\\&=\arg\min_{\boldsymbol{z}\in\mathbf{R}^{n\times 1}}\left(\frac{1}{2}\boldsymbol{z}^{\mathrm{T}}\boldsymbol{F}_{11}(\boldsymbol{x}_0,\boldsymbol{O}_{k\times 1})\boldsymbol{z}+\boldsymbol{z}^{\mathrm{T}}\boldsymbol{F}_{12}(\boldsymbol{x}_0,\boldsymbol{O}_{k\times 1})\boldsymbol{\varepsilon}\right)\\&=-(\boldsymbol{F}_{11}(\boldsymbol{x}_0,\boldsymbol{O}_{k\times 1}))^{-1}\boldsymbol{F}_{12}(\boldsymbol{x}_0,\boldsymbol{O}_{k\times 1})\boldsymbol{\varepsilon}\end{aligned}\tag{2.176}$$

式 (2.173) 和式 (2.176) 给出了相同的表达式, 因此这两种方法得到的估计误差的统计特性是一致的。

【注记 2.15】一阶误差分析方法仅能在小误差条件下获得较高的性能预测精度, 若要在大误差条件下获得较高的性能预测精度, 则应该采用高阶误差性能分析方法, 读者可参阅文献 [37]。

2.5.2 等式约束条件下的一阶误差分析方法

下面考虑另一种更为复杂的估计器, 其中的未知参量需要服从等式约束。考虑如下两个估计器

$$\begin{cases}\min\limits_{\boldsymbol{x}\in\mathbf{R}^{n\times 1}} f(\boldsymbol{x},\boldsymbol{O}_{k\times 1})\\ \text{s.t. } \boldsymbol{h}(\boldsymbol{x})=\boldsymbol{O}_{m\times 1}\end{cases}\tag{2.177}$$

$$\begin{cases} \min\limits_{\boldsymbol{x}\in\mathbf{R}^{n\times 1}} f(\boldsymbol{x},\boldsymbol{\varepsilon}) \\ \text{s.t. } \boldsymbol{h}(\boldsymbol{x})=\boldsymbol{O}_{m\times 1} \end{cases} \tag{2.178}$$

式 (2.177) 表示无观测误差条件 (即理想条件) 下的估计器, 假设其最优解为 $\boldsymbol{x}_{\mathrm{c}}$, 由于其中没有观测误差, 因此该最优值就等于未知参量的真实值 $\boldsymbol{x}_0$ (即 $\boldsymbol{x}_c=\boldsymbol{x}_0$); 式 (2.178) 表示存在观测误差条件下的估计器, 其中 $\boldsymbol{\varepsilon}\in\mathbf{R}^{k\times 1}$ 表示观测误差。观测误差的存在会导致式 (2.178) 的最优解不再等于真实值 $\boldsymbol{x}_0$, 不妨令其最优值为 $\hat{\boldsymbol{x}}_{\mathrm{c}}$, 并将其估计误差记为 $\Delta\boldsymbol{x}_{\mathrm{c}}=\hat{\boldsymbol{x}}_{\mathrm{c}}-\boldsymbol{x}_0$。由于 $\boldsymbol{h}(\hat{\boldsymbol{x}}_{\mathrm{c}})=\boldsymbol{h}(\boldsymbol{x}_{\mathrm{c}})=\boldsymbol{h}(\boldsymbol{x}_0)=\boldsymbol{O}_{m\times 1}$, 由此可以推得估计误差 $\Delta\boldsymbol{x}_{\mathrm{c}}$ 近似满足

$$\boldsymbol{H}(\boldsymbol{x}_{\mathrm{c}})\Delta\boldsymbol{x}_{\mathrm{c}}=\boldsymbol{H}(\boldsymbol{x}_0)\Delta\boldsymbol{x}_{\mathrm{c}}\approx\boldsymbol{O}_{m\times 1} \tag{2.179}$$

其中, $\boldsymbol{H}(\boldsymbol{x}_0)=\left.\dfrac{\partial\boldsymbol{h}(\boldsymbol{x})}{\partial\boldsymbol{x}^{\mathrm{T}}}\right|_{\boldsymbol{x}=\boldsymbol{x}_0}$ 表示向量函数 $\boldsymbol{h}(\boldsymbol{x})$ 的 Jacobian 矩阵在真实值 $\boldsymbol{x}_0$ 处的取值, 这里假设该矩阵是行满秩的。结合式 (2.176) 和式 (2.179) 可知, 在一阶误差分析框架下, 误差向量 $\Delta\boldsymbol{x}_{\mathrm{c}}$ 应是如下约束优化问题的最优解

$$\begin{cases} \min\limits_{\boldsymbol{z}\in\mathbf{R}^{n\times 1}} \left(\dfrac{1}{2}\boldsymbol{z}^{\mathrm{T}}\boldsymbol{F}_{11}(\boldsymbol{x}_0,\boldsymbol{O}_{k\times 1})\boldsymbol{z}+\boldsymbol{z}^{\mathrm{T}}\boldsymbol{F}_{12}(\boldsymbol{x}_0,\boldsymbol{O}_{k\times 1})\boldsymbol{\varepsilon}\right) \\ \text{s.t. } \boldsymbol{H}(\boldsymbol{x}_0)\boldsymbol{z}=\boldsymbol{O}_{m\times 1} \end{cases} \tag{2.180}$$

根据第 2.3 节的讨论可知, 式 (2.180) 可以利用拉格朗日乘子法进行求解, 相应的拉格朗日函数为

$$l(\boldsymbol{z},\boldsymbol{\lambda})=\left(\frac{1}{2}\boldsymbol{z}^{\mathrm{T}}\boldsymbol{F}_{11}(\boldsymbol{x}_0,\boldsymbol{O}_{k\times 1})\boldsymbol{z}+\boldsymbol{z}^{\mathrm{T}}\boldsymbol{F}_{12}(\boldsymbol{x}_0,\boldsymbol{O}_{k\times 1})\boldsymbol{\varepsilon}\right)+\boldsymbol{\lambda}^{\mathrm{T}}\boldsymbol{H}(\boldsymbol{x}_0)\boldsymbol{z} \tag{2.181}$$

于是有

$$\left.\frac{\partial l(\boldsymbol{z},\boldsymbol{\lambda})}{\partial\boldsymbol{z}}\right|_{\boldsymbol{z}=\Delta\boldsymbol{x}_{\mathrm{c}}}=\boldsymbol{F}_{11}(\boldsymbol{x}_0,\boldsymbol{O}_{k\times 1})\Delta\boldsymbol{x}_{\mathrm{c}}+\boldsymbol{F}_{12}(\boldsymbol{x}_0,\boldsymbol{O}_{k\times 1})\boldsymbol{\varepsilon}+(\boldsymbol{H}(\boldsymbol{x}_0))^{\mathrm{T}}\boldsymbol{\lambda}=\boldsymbol{O}_{n\times 1} \tag{2.182}$$

$$\left.\frac{\partial l(\boldsymbol{z},\boldsymbol{\lambda})}{\partial\boldsymbol{\lambda}}\right|_{\boldsymbol{z}=\Delta\boldsymbol{x}_{\mathrm{c}}}=\boldsymbol{H}(\boldsymbol{x}_0)\Delta\boldsymbol{x}_{\mathrm{c}}=\boldsymbol{O}_{m\times 1} \tag{2.183}$$

由式 (2.182) 可得

$$\Delta\boldsymbol{x}_{\mathrm{c}}=-(\boldsymbol{F}_{11}(\boldsymbol{x}_0,\boldsymbol{O}_{k\times 1}))^{-1}\boldsymbol{F}_{12}(\boldsymbol{x}_0,\boldsymbol{O}_{k\times 1})\boldsymbol{\varepsilon}-(\boldsymbol{F}_{11}(\boldsymbol{x}_0,\boldsymbol{O}_{k\times 1}))^{-1}(\boldsymbol{H}(\boldsymbol{x}_0))^{\mathrm{T}}\boldsymbol{\lambda} \tag{2.184}$$

将式 (2.184) 代入式 (2.183), 可得

$$
\begin{aligned}
&-\boldsymbol{H}(\boldsymbol{x}_0)(\boldsymbol{F}_{11}(\boldsymbol{x}_0,\boldsymbol{O}_{k\times 1}))^{-1}\boldsymbol{F}_{12}(\boldsymbol{x}_0,\boldsymbol{O}_{k\times 1})\boldsymbol{\varepsilon}\\
&-\boldsymbol{H}(\boldsymbol{x}_0)(\boldsymbol{F}_{11}(\boldsymbol{x}_0,\boldsymbol{O}_{k\times 1}))^{-1}(\boldsymbol{H}(\boldsymbol{x}_0))^{\mathrm{T}}\boldsymbol{\lambda}=\boldsymbol{O}_{m\times 1}\\
&\Rightarrow \boldsymbol{\lambda}=-(\boldsymbol{H}(\boldsymbol{x}_0)(\boldsymbol{F}_{11}(\boldsymbol{x}_0,\boldsymbol{O}_{k\times 1}))^{-1}(\boldsymbol{H}(\boldsymbol{x}_0))^{\mathrm{T}})^{-1}\\
&\times \boldsymbol{H}(\boldsymbol{x}_0)(\boldsymbol{F}_{11}(\boldsymbol{x}_0,\boldsymbol{O}_{k\times 1}))^{-1}\boldsymbol{F}_{12}(\boldsymbol{x}_0,\boldsymbol{O}_{k\times 1})\boldsymbol{\varepsilon}
\end{aligned}
\tag{2.185}
$$

接着将式 (2.185) 代入式 (2.184), 可得

$$
\begin{aligned}
\Delta\boldsymbol{x}_{\mathrm{c}}=&-(\boldsymbol{F}_{11}(\boldsymbol{x}_0,\boldsymbol{O}_{k\times 1}))^{-1}\boldsymbol{F}_{12}(\boldsymbol{x}_0,\boldsymbol{O}_{k\times 1})\boldsymbol{\varepsilon}+(\boldsymbol{F}_{11}(\boldsymbol{x}_0,\boldsymbol{O}_{k\times 1}))^{-1}\\
&(\boldsymbol{H}(\boldsymbol{x}_0))^{\mathrm{T}}(\boldsymbol{H}(\boldsymbol{x}_0)(\boldsymbol{F}_{11}(\boldsymbol{x}_0,\boldsymbol{O}_{k\times 1}))^{-1}(\boldsymbol{H}(\boldsymbol{x}_0))^{\mathrm{T}})^{-1}\\
&\times \boldsymbol{H}(\boldsymbol{x}_0)(\boldsymbol{F}_{11}(\boldsymbol{x}_0,\boldsymbol{O}_{k\times 1}))^{-1}\boldsymbol{F}_{12}(\boldsymbol{x}_0,\boldsymbol{O}_{k\times 1})\boldsymbol{\varepsilon}\\
=&-(\boldsymbol{I}_n-(\boldsymbol{F}_{11}(\boldsymbol{x}_0,\boldsymbol{O}_{k\times 1}))^{-1}(\boldsymbol{H}(\boldsymbol{x}_0))^{\mathrm{T}}\\
&\times(\boldsymbol{H}(\boldsymbol{x}_0)(\boldsymbol{F}_{11}(\boldsymbol{x}_0,\boldsymbol{O}_{k\times 1}))^{-1}(\boldsymbol{H}(\boldsymbol{x}_0))^{\mathrm{T}})^{-1}\\
&\times \boldsymbol{H}(\boldsymbol{x}_0))(\boldsymbol{F}_{11}(\boldsymbol{x}_0,\boldsymbol{O}_{k\times 1}))^{-1}\boldsymbol{F}_{12}(\boldsymbol{x}_0,\boldsymbol{O}_{k\times 1})\boldsymbol{\varepsilon}
\end{aligned}
\tag{2.186}
$$

式 (2.186) 刻画了 $\Delta\boldsymbol{x}_{\mathrm{c}}$ 与 $\boldsymbol{\varepsilon}$ 之间的线性关系。若误差向量 $\boldsymbol{\varepsilon}$ 服从零均值的高斯分布, 并且其协方差矩阵为 $\mathbf{cov}(\boldsymbol{\varepsilon})$, 则估计误差向量 $\Delta\boldsymbol{x}_{\mathrm{c}}$ 也近似服从零均值的高斯分布, 并且其协方差矩阵为

$$
\begin{aligned}
\mathbf{cov}(\Delta\boldsymbol{x}_{\mathrm{c}})=&\,\mathrm{E}[\Delta\boldsymbol{x}_{\mathrm{c}}\Delta\boldsymbol{x}_{\mathrm{c}}^{\mathrm{T}}]\\
=&\,(\boldsymbol{I}_n-(\boldsymbol{F}_{11}(\boldsymbol{x}_0,\boldsymbol{O}_{k\times 1}))^{-1}(\boldsymbol{H}(\boldsymbol{x}_0))^{\mathrm{T}}\\
&\times(\boldsymbol{H}(\boldsymbol{x}_0)(\boldsymbol{F}_{11}(\boldsymbol{x}_0,\boldsymbol{O}_{k\times 1}))^{-1}(\boldsymbol{H}(\boldsymbol{x}_0))^{\mathrm{T}})^{-1}\boldsymbol{H}(\boldsymbol{x}_0))\\
&\times(\boldsymbol{F}_{11}(\boldsymbol{x}_0,\boldsymbol{O}_{k\times 1}))^{-1}\boldsymbol{F}_{12}(\boldsymbol{x}_0,\boldsymbol{O}_{k\times 1})\mathbf{cov}(\boldsymbol{\varepsilon})\\
&\times(\boldsymbol{F}_{12}(\boldsymbol{x}_0,\boldsymbol{O}_{k\times 1}))^{\mathrm{T}}(\boldsymbol{F}_{11}(\boldsymbol{x}_0,\boldsymbol{O}_{k\times 1}))^{-1}\\
&\times(\boldsymbol{I}_n-(\boldsymbol{H}(\boldsymbol{x}_0))^{\mathrm{T}}(\boldsymbol{H}(\boldsymbol{x}_0)(\boldsymbol{F}_{11}(\boldsymbol{x}_0,\boldsymbol{O}_{k\times 1}))^{-1}\\
&\times(\boldsymbol{H}(\boldsymbol{x}_0))^{\mathrm{T}})^{-1}\boldsymbol{H}(\boldsymbol{x}_0)(\boldsymbol{F}_{11}(\boldsymbol{x}_0,\boldsymbol{O}_{k\times 1}))^{-1})
\end{aligned}
\tag{2.187}
$$

【注记 2.16】误差向量 $\Delta\boldsymbol{x}_{\mathrm{c}}$ 的协方差矩阵 $\mathbf{cov}(\Delta\boldsymbol{x}_{\mathrm{c}})$ 亦为估计值 $\hat{\boldsymbol{x}}_{\mathrm{c}}$ 的均方误差矩阵 $\mathbf{MSE}(\hat{\boldsymbol{x}}_{\mathrm{c}})$。

【注记 2.17】对于有些估计器而言会满足

$$
\boldsymbol{F}_{12}(\boldsymbol{x}_0,\boldsymbol{O}_{k\times 1})\mathbf{cov}(\boldsymbol{\varepsilon})(\boldsymbol{F}_{12}(\boldsymbol{x}_0,\boldsymbol{O}_{k\times 1}))^{\mathrm{T}}=2\boldsymbol{F}_{11}(\boldsymbol{x}_0,\boldsymbol{O}_{k\times 1})
\tag{2.188}
$$

将式 (2.188) 代入式 (2.187), 可知

$$\begin{aligned}\mathbf{cov}(\Delta \boldsymbol{x}_{\mathrm{c}}) &= \mathrm{E}[\Delta \boldsymbol{x}_{\mathrm{c}} \Delta \boldsymbol{x}_{\mathrm{c}}^{\mathrm{T}}] \\ &= 2(\boldsymbol{F}_{11}(\boldsymbol{x}_0, \boldsymbol{O}_{k\times 1}))^{-1} - 2(\boldsymbol{F}_{11}(\boldsymbol{x}_0, \boldsymbol{O}_{k\times 1}))^{-1}(\boldsymbol{H}(\boldsymbol{x}_0))^{\mathrm{T}}(\boldsymbol{H}(\boldsymbol{x}_0) \\ &\quad \times (\boldsymbol{F}_{11}(\boldsymbol{x}_0, \boldsymbol{O}_{k\times 1}))^{-1}(\boldsymbol{H}(\boldsymbol{x}_0))^{\mathrm{T}})^{-1}\boldsymbol{H}(\boldsymbol{x}_0)(\boldsymbol{F}_{11}(\boldsymbol{x}_0, \boldsymbol{O}_{k\times 1}))^{-1}\end{aligned} \tag{2.189}$$

若将式 (2.188) 代入式 (2.174) 中可得 $\mathbf{cov}(\Delta \boldsymbol{x}) = 2(\boldsymbol{F}_{11}(\boldsymbol{x}_0, \boldsymbol{O}_{k\times 1}))^{-1}$, 于是有 $\mathbf{cov}(\Delta \boldsymbol{x}_{\mathrm{c}}) \leqslant \mathbf{cov}(\Delta \boldsymbol{x})$。由该关系式可知, 在相同条件下, 若能获得关于未知参量的 (先验) 等式约束, 则未知参量的估计方差会有所降低。

第 3 章　线性最小二乘估计理论与方法 I：基础知识

本章将讨论线性最小二乘估计理论与方法的基础知识，这些内容虽然是非常基础的，但至关重要，能够为读者阅读本书后续章节打下良好的基奠。

3.1　线性观测模型

考虑如下线性观测模型

$$\boldsymbol{z}=\boldsymbol{z}_0+\boldsymbol{e}=\boldsymbol{A}\boldsymbol{x}+\boldsymbol{e} \tag{3.1}$$

其中:

$\boldsymbol{z}_0=\boldsymbol{A}\boldsymbol{x}\in\mathbf{R}^{p\times 1}$ 表示没有误差条件下的观测向量;

$\boldsymbol{z}\in\mathbf{R}^{p\times 1}$ 表示含有误差条件下的观测向量;

$\boldsymbol{x}\in\mathbf{R}^{q\times 1}$ 表示待估计的未知参量，其中 $q<p$ 以确保问题是超定的 (即观测量个数大于未知参数个数);

$\boldsymbol{A}\in\mathbf{R}^{p\times q}$ 表示观测矩阵，本章假设其精确已知;

$\boldsymbol{e}\in\mathbf{R}^{p\times 1}$ 表示观测误差向量，这里假设其均值为零，协方差矩阵为 $\mathbf{cov}(\boldsymbol{e})=\mathrm{E}[\boldsymbol{e}\boldsymbol{e}^{\mathrm{T}}]=\boldsymbol{E}$。

【**注记 3.1**】所谓线性观测模型特指观测向量 $\boldsymbol{z}_0$ 与未知参量 $\boldsymbol{x}$ 之间是线性关系。

3.2　线性最小二乘估计优化模型、求解方法及其理论性能

3.2.1　线性最小二乘估计优化模型及其最优闭式解

为了便于讨论，这里首先假设 $\boldsymbol{E}=\beta\boldsymbol{I}_p$，此时可以建立如下线性最小二乘估计优化模型

$$\begin{cases} \min\limits_{\substack{\boldsymbol{x}\in\mathbf{R}^{q\times 1}\\ \boldsymbol{e}\in\mathbf{R}^{p\times 1}}} \{\boldsymbol{e}^{\mathrm{T}}\boldsymbol{e}\} \text{ 或 } \{\|\boldsymbol{e}\|_2^2\} \\ \text{s.t. } \boldsymbol{z}=\boldsymbol{A}\boldsymbol{x}+\boldsymbol{e} \end{cases} \tag{3.2}$$

由于在实际应用中仅需要估计未知参量 $\boldsymbol{x}$, 可以将式 (3.2) 直接转化为如下优化模型

$$\min_{\boldsymbol{x}\in\mathbf{R}^{q\times 1}} \{(\boldsymbol{z}-\boldsymbol{A}\boldsymbol{x})^{\mathrm{T}}(\boldsymbol{z}-\boldsymbol{A}\boldsymbol{x})\} \text{ 或 } \{\|\boldsymbol{z}-\boldsymbol{A}\boldsymbol{x}\|_2^2\} \tag{3.3}$$

不难看出, 式 (3.3) 是关于未知参量 $\boldsymbol{x}$ 的二次无约束优化问题, 关于该问题的最优解集可见如下命题。

【命题 3.1】优化问题式 (3.3) 的最优解集为

$$\hat{\boldsymbol{x}}_{\mathrm{OPT}}=\boldsymbol{A}^{\dagger}\boldsymbol{z}+\boldsymbol{\Pi}^{\perp}[\boldsymbol{A}^{\mathrm{T}}]\boldsymbol{y} \tag{3.4}$$

式中 $\boldsymbol{y}$ 为 $\mathbf{R}^{q\times 1}$ 中的任意向量。当 $\boldsymbol{A}$ 为列满秩矩阵时, 其存在唯一最优解 (记为 $\hat{\boldsymbol{x}}_{\mathrm{O}}$) 为

$$\hat{\boldsymbol{x}}_{\mathrm{O}}=\boldsymbol{A}^{\dagger}\boldsymbol{z}=(\boldsymbol{A}^{\mathrm{T}}\boldsymbol{A})^{-1}\boldsymbol{A}^{\mathrm{T}}\boldsymbol{z} \tag{3.5}$$

【证明】不妨将观测向量 $\boldsymbol{z}$ 进行如下分解

$$\boldsymbol{z}=\boldsymbol{\Pi}[\boldsymbol{A}]\boldsymbol{z}+(\boldsymbol{I}_p-\boldsymbol{\Pi}[\boldsymbol{A}])\boldsymbol{z}=\boldsymbol{\Pi}[\boldsymbol{A}]\boldsymbol{z}+\boldsymbol{\Pi}^{\perp}[\boldsymbol{A}]\boldsymbol{z} \tag{3.6}$$

将式 (3.6) 代入式 (3.3) 中的目标函数, 可得①

$$\|\boldsymbol{z}-\boldsymbol{A}\boldsymbol{x}\|_2^2=\|\boldsymbol{\Pi}[\boldsymbol{A}]\boldsymbol{z}-\boldsymbol{A}\boldsymbol{x}\|_2^2+\|\boldsymbol{\Pi}^{\perp}[\boldsymbol{A}]\boldsymbol{z}\|_2^2=\|\boldsymbol{A}(\boldsymbol{A}^{\dagger}\boldsymbol{z}-\boldsymbol{x})\|_2^2+\|\boldsymbol{\Pi}^{\perp}[\boldsymbol{A}]\boldsymbol{z}\|_2^2 \tag{3.7}$$

由于式 (3.7) 第 2 个等号右边第 2 项 $\|\boldsymbol{\Pi}^{\perp}[\boldsymbol{A}]\boldsymbol{z}\|_2^2$ 与向量 $\boldsymbol{x}$ 无关, 所以仅需要对第 1 项 $\|\boldsymbol{A}(\boldsymbol{A}^{\dagger}\boldsymbol{z}-\boldsymbol{x})\|_2^2$ 进行优化即可。不难证明, 当 $\boldsymbol{x}=\boldsymbol{A}^{\dagger}\boldsymbol{z}+\tilde{\boldsymbol{x}}$(其中 $\tilde{\boldsymbol{x}}$ 为线性子空间 $\mathrm{null}\{\boldsymbol{A}\}$ 中的任意向量) 时, $\|\boldsymbol{A}(\boldsymbol{A}^{\dagger}\boldsymbol{z}-\boldsymbol{x})\|_2^2=0$, 此时即达到了最小值。根据命题 2.15 可知, 向量 $\tilde{\boldsymbol{x}}$ 可以表示为 $\boldsymbol{\Pi}^{\perp}[\boldsymbol{A}^{\mathrm{T}}]\boldsymbol{y}$ (其中 $\boldsymbol{y}\in\mathbf{R}^{q\times 1}$), 于是式 (3.3) 的最优解集可以由式 (3.4) 表示。

另外, 根据命题 2.16 可知, 当 $\boldsymbol{A}$ 为列满秩矩阵时, $\boldsymbol{\Pi}^{\perp}[\boldsymbol{A}^{\mathrm{T}}]=\boldsymbol{O}_{q\times q}$, 此时最优解集式 (3.4) 中仅存在唯一的最优解, 并且该解由式 (3.5) 表示。证毕。

① 由于 $\boldsymbol{\Pi}[\boldsymbol{A}]\boldsymbol{z}-\boldsymbol{A}\boldsymbol{x}\in\mathrm{range}\{\boldsymbol{A}\}$, $\boldsymbol{\Pi}^{\perp}[\boldsymbol{A}]\boldsymbol{z}\in\mathrm{range}\{\boldsymbol{A}\}^{\perp}$, 于是向量 $\boldsymbol{\Pi}[\boldsymbol{A}]\boldsymbol{z}-\boldsymbol{A}\boldsymbol{x}$ 与向量 $\boldsymbol{\Pi}^{\perp}[\boldsymbol{A}]\boldsymbol{z}$ 相互正交, 这是式 (3.7) 第 1 个等号成立的原因。

【注记 3.2】在由式 (3.4) 给出的解集中, 其最小 2-范数解为 $\hat{\boldsymbol{x}}_{\text{MIN}}=\hat{\boldsymbol{x}}_{\text{O}}=\boldsymbol{A}^{\dagger}\boldsymbol{z}$。这是因为①

$$\|\hat{\boldsymbol{x}}_{\text{OPT}}\|_2^2=\|\boldsymbol{A}^{\dagger}\boldsymbol{z}\|_2^2+\|\boldsymbol{\Pi}^{\perp}[\boldsymbol{A}^{\text{T}}]\boldsymbol{y}\|_2^2\geqslant\|\boldsymbol{A}^{\dagger}\boldsymbol{z}\|_2^2=\|\hat{\boldsymbol{x}}_{\text{O}}\|_2^2=\|\hat{\boldsymbol{x}}_{\text{MIN}}\|_2^2 \tag{3.8}$$

需要指出的是, 对于参数估计问题而言, 解的唯一性是一个重要且基本条件, 因此下面仅讨论矩阵 $\boldsymbol{A}$ 为列满秩的情况。此外, 观测误差的协方差矩阵 $\boldsymbol{E}$ 通常并不具备 $\beta\boldsymbol{I}_p$ 的形式, 此时的线性最小二乘估计优化模型应该修正为

$$\begin{cases}\min\limits_{\substack{\boldsymbol{x}\in\mathbf{R}^{q\times1}\\ \boldsymbol{e}\in\mathbf{R}^{p\times1}}}\{\boldsymbol{e}^{\text{T}}\boldsymbol{E}^{-1}\boldsymbol{e}\}\ \text{或}\ \{\|\boldsymbol{E}^{-1/2}\boldsymbol{e}\|_2^2\}\\ \text{s.t.}\ \boldsymbol{z}=\boldsymbol{A}\boldsymbol{x}+\boldsymbol{e}\end{cases} \tag{3.9}$$

其中 $\boldsymbol{E}^{-1}$ 是加权矩阵, 其作用在于最大程度地抑制观测误差 $\boldsymbol{e}$ 的影响。式 (3.9) 也可以直接转化为如下优化模型

$$\min_{\boldsymbol{x}\in\mathbf{R}^{q\times1}}\{(\boldsymbol{z}-\boldsymbol{A}\boldsymbol{x})^{\text{T}}\boldsymbol{E}^{-1}(\boldsymbol{z}-\boldsymbol{A}\boldsymbol{x})\}\ \text{或}\ \{\|\boldsymbol{E}^{-1/2}\boldsymbol{z}-\boldsymbol{E}^{-1/2}\boldsymbol{A}\boldsymbol{x}\|_2^2\} \tag{3.10}$$

根据命题 3.1 可知, 当 $\boldsymbol{A}$ 为列满秩矩阵时, $\boldsymbol{E}^{-1/2}\boldsymbol{A}$ 也为列满秩矩阵, 此时式 (3.10) 的唯一最优解 (记为 $\hat{\boldsymbol{x}}_{\text{LLS}}$) 可以表示为

$$\hat{\boldsymbol{x}}_{\text{LLS}}=(\boldsymbol{E}^{-1/2}\boldsymbol{A})^{\dagger}(\boldsymbol{E}^{-1/2}\boldsymbol{z})=(\boldsymbol{A}^{\text{T}}\boldsymbol{E}^{-1}\boldsymbol{A})^{-1}\boldsymbol{A}^{\text{T}}\boldsymbol{E}^{-1}\boldsymbol{z} \tag{3.11}$$

3.2.2 线性最小二乘估计问题的数值求解方法

虽然式 (3.11) 已经给出了线性最小二乘估计问题的最优闭式解, 但从数值计算的角度来说并不是最有效的计算方法。本小节将从数值计算的角度, 介绍 3 种求解线性最小二乘估计问题的常用算法②。

一、正规方程法

根据式 (3.11) 可知, 线性最小二乘估计问题的解 $\hat{\boldsymbol{x}}_{\text{LLS}}$ 可以通过求解正规方程

$$(\boldsymbol{A}^{\text{T}}\boldsymbol{E}^{-1}\boldsymbol{A})\boldsymbol{x}=\boldsymbol{A}^{\text{T}}\boldsymbol{E}^{-1}\boldsymbol{z} \tag{3.12}$$

---

① 由于 $\boldsymbol{\Pi}^{\perp}[\boldsymbol{A}^{\text{T}}]\boldsymbol{A}^{\dagger}=(\boldsymbol{I}_q-\boldsymbol{A}^{\text{T}}\boldsymbol{A}^{\text{T}\dagger})\boldsymbol{A}^{\dagger}=\boldsymbol{A}^{\dagger}-(\boldsymbol{A}^{\dagger}\boldsymbol{A})^{\text{T}}\boldsymbol{A}^{\dagger}=\boldsymbol{A}^{\dagger}-\boldsymbol{A}^{\dagger}\boldsymbol{A}\boldsymbol{A}^{\dagger}=\boldsymbol{O}_{q\times q}$, 因此向量 $\boldsymbol{A}^{\dagger}\boldsymbol{z}$ 与向量 $\boldsymbol{\Pi}^{\perp}[\boldsymbol{A}^{\text{T}}]\boldsymbol{y}$ 相互正交, 这是式 (3.8) 第 1 个等号成立的原因。

② 虽然关于最小二乘估计的数值计算方法并不是本书讨论的重点, 但是这里仍然有必要介绍关于线性最小二乘估计问题的基本数值计算方法。

来获得。为了求解式 (3.12), 可以先对矩阵 $\boldsymbol{A}^{\mathrm{T}}\boldsymbol{E}^{-1}\boldsymbol{A}$ 进行 Cholesky 分解, 有

$$\boldsymbol{A}^{\mathrm{T}}\boldsymbol{E}^{-1}\boldsymbol{A}=\boldsymbol{\varLambda}^{\mathrm{T}}\boldsymbol{\varLambda} \tag{3.13}$$

式中 $\boldsymbol{\varLambda}$ 是上三角矩阵。然后令 $\boldsymbol{y}=\boldsymbol{\varLambda x}$，并求解如下下三角线性方程组

$$\boldsymbol{\varLambda}^{\mathrm{T}}\boldsymbol{y}=\boldsymbol{A}^{\mathrm{T}}\boldsymbol{E}^{-1}\boldsymbol{z} \tag{3.14}$$

最后再求解上三角线性方程组 $\boldsymbol{\varLambda x}=\boldsymbol{y}$, 即可得到式 (3.12) 的解 $\hat{\boldsymbol{x}}_{\mathrm{LLS}}$。

表 3.1 给出了正规方程法的计算步骤。

表 3.1 求解线性最小二乘估计问题的正规方程法的计算步骤

步骤	求解方法
1	计算矩阵 $\boldsymbol{A}^{\mathrm{T}}\boldsymbol{E}^{-1}\boldsymbol{A}$ 的 Cholesky 分解, 即有 $\boldsymbol{A}^{\mathrm{T}}\boldsymbol{E}^{-1}\boldsymbol{A}=\boldsymbol{\varLambda}^{\mathrm{T}}\boldsymbol{\varLambda}$
2	求解下三角线性方程组 $\boldsymbol{\varLambda}^{\mathrm{T}}\boldsymbol{y}=\boldsymbol{A}^{\mathrm{T}}\boldsymbol{E}^{-1}\boldsymbol{z}$
3	求解上三角线性方程组 $\boldsymbol{\varLambda x}=\boldsymbol{y}$

二、$\boldsymbol{QR}$ 分解法

$\boldsymbol{QR}$ 分解法需要首先对矩阵 $\boldsymbol{E}^{-1/2}\boldsymbol{A}$ 进行 $\boldsymbol{QR}$ 分解, 根据命题 2.19 可以将矩阵 $\boldsymbol{E}^{-1/2}\boldsymbol{A}$ 分解为

$$\boldsymbol{E}^{-1/2}\boldsymbol{A}=\boldsymbol{QR} \tag{3.15}$$

式中 $\boldsymbol{Q}\in\mathbf{R}^{p\times p}$ 为正交矩阵, $\boldsymbol{R}\in\mathbf{R}^{p\times q}$ 为上三角矩阵, 可以将它们分块表示为

$$\boldsymbol{Q}=\begin{bmatrix}\underbrace{\boldsymbol{Q}_1}_{p\times q} & \underbrace{\boldsymbol{Q}_2}_{p\times(p-q)}\end{bmatrix},\quad \boldsymbol{R}=\begin{bmatrix}\underbrace{\boldsymbol{R}_1}_{q\times q}\\ \boldsymbol{O}_{(p-q)\times q}\end{bmatrix} \tag{3.16}$$

再利用式 (3.15) 和式 (3.16), 将式 (3.10) 中的目标函数转化为

$$\begin{aligned}&\|\boldsymbol{E}^{-1/2}\boldsymbol{z}-\boldsymbol{E}^{-1/2}\boldsymbol{Ax}\|_2^2\\&=\|\boldsymbol{E}^{-1/2}\boldsymbol{z}-\boldsymbol{QRx}\|_2^2=\|\boldsymbol{Q}^{\mathrm{T}}\boldsymbol{E}^{-1/2}\boldsymbol{z}-\boldsymbol{Q}^{\mathrm{T}}\boldsymbol{QRx}\|_2^2\\&=\left\|\begin{bmatrix}\boldsymbol{Q}_1^{\mathrm{T}}\boldsymbol{E}^{-1/2}\boldsymbol{z}\\ \boldsymbol{Q}_2^{\mathrm{T}}\boldsymbol{E}^{-1/2}\boldsymbol{z}\end{bmatrix}-\begin{bmatrix}\boldsymbol{R}_1\boldsymbol{x}\\ \boldsymbol{O}_{(p-q)\times 1}\end{bmatrix}\right\|_2^2\\&=\|\boldsymbol{Q}_1^{\mathrm{T}}\boldsymbol{E}^{-1/2}\boldsymbol{z}-\boldsymbol{R}_1\boldsymbol{x}\|_2^2+\|\boldsymbol{Q}_2^{\mathrm{T}}\boldsymbol{E}^{-1/2}\boldsymbol{z}\|_2^2\end{aligned} \tag{3.17}$$

由于式 (3.17) 中的第 4 个等号右侧第 2 项与向量 $\boldsymbol{x}$ 无关, 因此线性最小二乘估计问题的解可以通过求解上三角线性方程组

$$\boldsymbol{R}_1\boldsymbol{x} = \boldsymbol{Q}_1^{\mathrm{T}}\boldsymbol{E}^{-1/2}\boldsymbol{z} \tag{3.18}$$

来获得。

表 3.2 给出了 $\boldsymbol{QR}$ 分解法的计算步骤。

表 3.2 求解线性最小二乘估计问题的 QR 分解法的计算步骤

步骤	求解方法
1	计算矩阵 $\boldsymbol{E}^{-1/2}\boldsymbol{A}$ 的 $\boldsymbol{QR}$ 分解, 即有 $\boldsymbol{E}^{-1/2}\boldsymbol{A} = \boldsymbol{QR}$
2	利用式 (3.16) 获得矩阵 $\boldsymbol{Q}_1$ 和 $\boldsymbol{R}_1$
3	求解上三角线性方程组 $\boldsymbol{R}_1\boldsymbol{x} = \boldsymbol{Q}_1^{\mathrm{T}}\boldsymbol{E}^{-1/2}\boldsymbol{z}$

三、奇异值分解法

奇异值分解法需要首先对矩阵 $\boldsymbol{E}^{-1/2}\boldsymbol{A}$ 进行奇异值分解, 根据命题 2.23 可以将矩阵 $\boldsymbol{E}^{-1/2}\boldsymbol{A}$ 分解为

$$\boldsymbol{E}^{-1/2}\boldsymbol{A} = \boldsymbol{U}\boldsymbol{\Sigma}\boldsymbol{V}^{\mathrm{T}} \tag{3.19}$$

式中 $\boldsymbol{U} \in \mathbf{R}^{p\times p}$ 和 $\boldsymbol{V} \in \mathbf{R}^{q\times q}$ 均为正交矩阵, $\boldsymbol{\Sigma} \in \mathbf{R}^{p\times q}$ 为对角矩阵, 并且可以将矩阵 $\boldsymbol{U}$ 和 $\boldsymbol{\Sigma}$ 分块表示为

$$\boldsymbol{U} = \Big[\underbrace{\boldsymbol{U}_1}_{p\times q}\quad \underbrace{\boldsymbol{U}_2}_{p\times(p-q)}\Big], \quad \boldsymbol{\Sigma} = \begin{bmatrix} \underbrace{\boldsymbol{\Sigma}_1}_{q\times q} \\ \boldsymbol{O}_{(p-q)\times q} \end{bmatrix} \tag{3.20}$$

再利用式 (3.19) 和式 (3.20), 将式 (3.10) 中的目标函数转化为

$$\begin{aligned} & \|\boldsymbol{E}^{-1/2}\boldsymbol{z} - \boldsymbol{E}^{-1/2}\boldsymbol{A}\boldsymbol{x}\|_2^2 \\ = & \|\boldsymbol{E}^{-1/2}\boldsymbol{z} - \boldsymbol{U}\boldsymbol{\Sigma}\boldsymbol{V}^{\mathrm{T}}\boldsymbol{x}\|_2^2 \\ = & \|\boldsymbol{U}^{\mathrm{T}}\boldsymbol{E}^{-1/2}\boldsymbol{z} - \boldsymbol{U}^{\mathrm{T}}\boldsymbol{U}\boldsymbol{\Sigma}\boldsymbol{V}^{\mathrm{T}}\boldsymbol{x}\|_2^2 \\ = & \left\| \begin{bmatrix} \boldsymbol{U}_1^{\mathrm{T}}\boldsymbol{E}^{-1/2}\boldsymbol{z} \\ \boldsymbol{U}_2^{\mathrm{T}}\boldsymbol{E}^{-1/2}\boldsymbol{z} \end{bmatrix} - \begin{bmatrix} \boldsymbol{\Sigma}_1\boldsymbol{V}^{\mathrm{T}}\boldsymbol{x} \\ \boldsymbol{O}_{(p-q)\times 1} \end{bmatrix} \right\|_2^2 \\ = & \|\boldsymbol{U}_1^{\mathrm{T}}\boldsymbol{E}^{-1/2}\boldsymbol{z} - \boldsymbol{\Sigma}_1\boldsymbol{V}^{\mathrm{T}}\boldsymbol{x}\|_2^2 + \|\boldsymbol{U}_2^{\mathrm{T}}\boldsymbol{E}^{-1/2}\boldsymbol{z}\|_2^2 \end{aligned} \tag{3.21}$$

由于式 (3.21) 中的第 4 个等号右侧第 2 项与向量 $\boldsymbol{x}$ 无关, 因此线性最小二乘估计问题的解可以通过求解线性方程组

$$\boldsymbol{\Sigma}_1\boldsymbol{V}^{\mathrm{T}}\boldsymbol{x}=\boldsymbol{U}_1^{\mathrm{T}}\boldsymbol{E}^{-1/2}\boldsymbol{z} \tag{3.22}$$

来获得。为此, 可以首先令 $\boldsymbol{y}=\boldsymbol{V}^{\mathrm{T}}\boldsymbol{x}$, 然后求解如下对角方程组

$$\boldsymbol{\Sigma}_1\boldsymbol{y}=\boldsymbol{U}_1^{\mathrm{T}}\boldsymbol{E}^{-1/2}\boldsymbol{z} \tag{3.23}$$

最后再利用矩阵 $\boldsymbol{V}$ 的正交性可得 $\boldsymbol{x}=\boldsymbol{V}\boldsymbol{y}$。

表 3.3 给出了奇异值分解法的计算步骤。

表 3.3 求解线性最小二乘估计问题的奇异值分解法的计算步骤

步骤	求解方法
1	计算矩阵 $\boldsymbol{E}^{-1/2}\boldsymbol{A}$ 的奇异值分解, 即有 $\boldsymbol{E}^{-1/2}\boldsymbol{A}=\boldsymbol{U}\boldsymbol{\Sigma}\boldsymbol{V}^{\mathrm{T}}$
2	利用式 (3.20) 获得矩阵 $\boldsymbol{U}_1$ 和 $\boldsymbol{\Sigma}_1$
3	求解对角方程组 $\boldsymbol{\Sigma}_1\boldsymbol{y}=\boldsymbol{U}_1^{\mathrm{T}}\boldsymbol{E}^{-1/2}\boldsymbol{z}$
4	计算 $\boldsymbol{x}=\boldsymbol{V}\boldsymbol{y}$

3.2.3 线性最小二乘估计的理论性能

本节将从统计的角度讨论线性最小二乘估计值 $\hat{\boldsymbol{x}}_{\mathrm{LLS}}$ 的理论性能。具体结论可见以下的 3 个命题。

【命题 3.2】 向量 $\hat{\boldsymbol{x}}_{\mathrm{LLS}}$ 是关于未知参量 $\boldsymbol{x}$ 的无偏估计值, 并且其均方误差 (Mean Square Error, MSE) 矩阵①为 $\mathbf{MSE}(\hat{\boldsymbol{x}}_{\mathrm{LLS}})=(\boldsymbol{A}^{\mathrm{T}}\boldsymbol{E}^{-1}\boldsymbol{A})^{-1}$。

【证明】 将式 (3.1) 代入式 (3.11), 可得

$$\begin{aligned}\hat{\boldsymbol{x}}_{\mathrm{LLS}}&=(\boldsymbol{A}^{\mathrm{T}}\boldsymbol{E}^{-1}\boldsymbol{A})^{-1}\boldsymbol{A}^{\mathrm{T}}\boldsymbol{E}^{-1}\boldsymbol{A}\boldsymbol{x}+(\boldsymbol{A}^{\mathrm{T}}\boldsymbol{E}^{-1}\boldsymbol{A})^{-1}\boldsymbol{A}^{\mathrm{T}}\boldsymbol{E}^{-1}\boldsymbol{e}\\&=\boldsymbol{x}+(\boldsymbol{A}^{\mathrm{T}}\boldsymbol{E}^{-1}\boldsymbol{A})^{-1}\boldsymbol{A}^{\mathrm{T}}\boldsymbol{E}^{-1}\boldsymbol{e}\end{aligned} \tag{3.24}$$

由式 (3.24) 可知 $\mathrm{E}[\hat{\boldsymbol{x}}_{\mathrm{LLS}}]=\boldsymbol{x}$, 因此 $\hat{\boldsymbol{x}}_{\mathrm{LLS}}$ 是关于未知参量 $\boldsymbol{x}$ 的无偏估计值。此外, 基于式 (3.24) 可以进一步推得 $\hat{\boldsymbol{x}}_{\mathrm{LLS}}$ 的估计误差为

$$\Delta\boldsymbol{x}_{\mathrm{LLS}}=\hat{\boldsymbol{x}}_{\mathrm{LLS}}-\boldsymbol{x}=(\boldsymbol{A}^{\mathrm{T}}\boldsymbol{E}^{-1}\boldsymbol{A})^{-1}\boldsymbol{A}^{\mathrm{T}}\boldsymbol{E}^{-1}\boldsymbol{e} \tag{3.25}$$

① 由于 $\hat{\boldsymbol{x}}_{\mathrm{LLS}}$ 是无偏估计, 因此均方误差矩阵亦为协方差矩阵。

于是有

$$\begin{aligned}\mathbf{MSE}(\hat{\boldsymbol{x}}_{\mathrm{LLS}}) &= \mathrm{E}[(\hat{\boldsymbol{x}}_{\mathrm{LLS}}-\boldsymbol{x})(\hat{\boldsymbol{x}}_{\mathrm{LLS}}-\boldsymbol{x})^{\mathrm{T}}] = \mathrm{E}[\Delta\boldsymbol{x}_{\mathrm{LLS}}\Delta\boldsymbol{x}_{\mathrm{LLS}}^{\mathrm{T}}] \\ &= (\boldsymbol{A}^{\mathrm{T}}\boldsymbol{E}^{-1}\boldsymbol{A})^{-1}\boldsymbol{A}^{\mathrm{T}}\boldsymbol{E}^{-1}\mathrm{E}[\boldsymbol{e}\boldsymbol{e}^{\mathrm{T}}]\boldsymbol{E}^{-1}\boldsymbol{A}(\boldsymbol{A}^{\mathrm{T}}\boldsymbol{E}^{-1}\boldsymbol{A})^{-1} \\ &= (\boldsymbol{A}^{\mathrm{T}}\boldsymbol{E}^{-1}\boldsymbol{A})^{-1}(\boldsymbol{A}^{\mathrm{T}}\boldsymbol{E}^{-1}\boldsymbol{A})(\boldsymbol{A}^{\mathrm{T}}\boldsymbol{E}^{-1}\boldsymbol{A})^{-1} = (\boldsymbol{A}^{\mathrm{T}}\boldsymbol{E}^{-1}\boldsymbol{A})^{-1}\end{aligned} \tag{3.26}$$

证毕。

【**命题 3.3**】向量 $\hat{\boldsymbol{x}}_{\mathrm{LLS}}$ 是关于未知参量 $\boldsymbol{x}$ 的最优无偏线性估计值①。

【**证明**】首先, 关于未知参量 $\boldsymbol{x}$ 的任意线性估计值 (Linear Estimation, LE) 可以表示为

$$\hat{\boldsymbol{x}}_{\mathrm{LE}} = \boldsymbol{B}\boldsymbol{z} + \boldsymbol{b} \tag{3.27}$$

式中 $\boldsymbol{B} \in \mathbf{R}^{q\times p}$ 和 $\boldsymbol{b} \in \mathbf{R}^{q\times 1}$。根据式 (3.1) 可知, 向量 $\hat{\boldsymbol{x}}_{\mathrm{LE}}$ 的估计误差为

$$\Delta\boldsymbol{x}_{\mathrm{LE}} = \hat{\boldsymbol{x}}_{\mathrm{LE}} - \boldsymbol{x} = \boldsymbol{B}\boldsymbol{z} + \boldsymbol{b} - \boldsymbol{x} = (\boldsymbol{B}\boldsymbol{A} - \boldsymbol{I}_q)\boldsymbol{x} + \boldsymbol{b} + \boldsymbol{B}\boldsymbol{e} \tag{3.28}$$

于是有

$$\mathrm{E}[\Delta\boldsymbol{x}_{\mathrm{LE}}] = (\boldsymbol{B}\boldsymbol{A} - \boldsymbol{I}_q)\boldsymbol{x} + \boldsymbol{b} + \boldsymbol{B}\mathrm{E}[\boldsymbol{e}] = (\boldsymbol{B}\boldsymbol{A} - \boldsymbol{I}_q)\boldsymbol{x} + \boldsymbol{b} \tag{3.29}$$

由式 (3.29) 可知, 若未知参量 $\boldsymbol{x}$ 并不服从其他任何先验约束, 那么当且仅当 $\boldsymbol{B}\boldsymbol{A} = \boldsymbol{I}_q$ 和 $\boldsymbol{b} = \boldsymbol{O}_{q\times 1}$ 时, $\hat{\boldsymbol{x}}_{\mathrm{LE}}$ 是关于未知参量 $\boldsymbol{x}$ 的无偏估计值, 并且其均方误差矩阵

$$\begin{aligned}\mathbf{MSE}(\hat{\boldsymbol{x}}_{\mathrm{LE}}) &= \mathrm{E}[(\hat{\boldsymbol{x}}_{\mathrm{LE}}-\boldsymbol{x})(\hat{\boldsymbol{x}}_{\mathrm{LE}}-\boldsymbol{x})^{\mathrm{T}}] = \mathrm{E}[\Delta\boldsymbol{x}_{\mathrm{LE}}\Delta\boldsymbol{x}_{\mathrm{LE}}^{\mathrm{T}}] \\ &= \boldsymbol{B}\mathrm{E}[\boldsymbol{e}\boldsymbol{e}^{\mathrm{T}}]\boldsymbol{B}^{\mathrm{T}} = \boldsymbol{B}\boldsymbol{E}\boldsymbol{B}^{\mathrm{T}}\end{aligned} \tag{3.30}$$

接着, 若要找寻最优无偏线性估计值 (即估计方差最小), 需要对矩阵 $\boldsymbol{B}$ 进行优化, 相应的优化模型可以表示为

$$\begin{cases}\min\limits_{\boldsymbol{B}\in\mathbf{R}^{q\times p}} \{\mathrm{tr}(\boldsymbol{B}\boldsymbol{E}\boldsymbol{B}^{\mathrm{T}})\} \\ \text{s.t. } \boldsymbol{B}\boldsymbol{A} = \boldsymbol{I}_q\end{cases} \tag{3.31}$$

式 (3.31) 可以利用拉格朗日乘子法进行求解, 其拉格朗日函数为

$$l_{\mathrm{a}}(\boldsymbol{B}, \boldsymbol{M}) = \mathrm{tr}(\boldsymbol{B}\boldsymbol{E}\boldsymbol{B}^{\mathrm{T}}) + \mathrm{tr}((\boldsymbol{B}\boldsymbol{A} - \boldsymbol{I}_q)^{\mathrm{T}}\boldsymbol{M}) \tag{3.32}$$

---

① 最优无偏线性估计值是指具有最小方差的线性估计值。

式中 $\boldsymbol{M} \in \mathbf{R}^{q\times q}$ 为拉格朗日乘子矩阵。为了得到矩阵 $\boldsymbol{B}$ 和 $\boldsymbol{M}$ 的最优解 (分别记为 $\boldsymbol{B}_{\mathrm{OPT}}$ 和 $\boldsymbol{M}_{\mathrm{OPT}}$), 需要将函数 $l_{\mathrm{a}}(\boldsymbol{B},\boldsymbol{M})$ 分别对矩阵 $\boldsymbol{B}$ 和 $\boldsymbol{M}$ 求偏导, 然后再令它们等于零, 可知

$$\left.\frac{\partial l_{\mathrm{a}}(\boldsymbol{B},\boldsymbol{M})}{\partial \boldsymbol{B}}\right|_{\substack{\boldsymbol{B}=\boldsymbol{B}_{\mathrm{OPT}}\\ \boldsymbol{M}=\boldsymbol{M}_{\mathrm{OPT}}}} = 2\boldsymbol{B}_{\mathrm{OPT}}\boldsymbol{E} + \boldsymbol{M}_{\mathrm{OPT}}\boldsymbol{A}^{\mathrm{T}} = \boldsymbol{O}_{q\times p} \tag{3.33}$$

$$\left.\frac{\partial l_{\mathrm{a}}(\boldsymbol{B},\boldsymbol{M})}{\partial \boldsymbol{M}}\right|_{\substack{\boldsymbol{B}=\boldsymbol{B}_{\mathrm{OPT}}\\ \boldsymbol{M}=\boldsymbol{M}_{\mathrm{OPT}}}} = \boldsymbol{B}_{\mathrm{OPT}}\boldsymbol{A} - \boldsymbol{I}_q = \boldsymbol{O}_{q\times q} \tag{3.34}$$

由式 (3.33) 可得

$$\boldsymbol{B}_{\mathrm{OPT}} = -\frac{1}{2}\boldsymbol{M}_{\mathrm{OPT}}\boldsymbol{A}^{\mathrm{T}}\boldsymbol{E}^{-1} \tag{3.35}$$

将式 (3.35) 代回式 (3.34), 可知

$$-\frac{1}{2}\boldsymbol{M}_{\mathrm{OPT}}\boldsymbol{A}^{\mathrm{T}}\boldsymbol{E}^{-1}\boldsymbol{A} = \boldsymbol{I}_q \Rightarrow \boldsymbol{M}_{\mathrm{OPT}} = -2(\boldsymbol{A}^{\mathrm{T}}\boldsymbol{E}^{-1}\boldsymbol{A})^{-1} \tag{3.36}$$

最后再将式 (3.36) 代入式 (3.35), 可得

$$\boldsymbol{B}_{\mathrm{OPT}} = (\boldsymbol{A}^{\mathrm{T}}\boldsymbol{E}^{-1}\boldsymbol{A})^{-1}\boldsymbol{A}^{\mathrm{T}}\boldsymbol{E}^{-1} \tag{3.37}$$

结合式 (3.11)、式 (3.27)、式 (3.37), 以及 $\boldsymbol{b} = \boldsymbol{O}_{q\times 1}$ 可知, 向量 $\hat{\boldsymbol{x}}_{\mathrm{LLS}}$ 是关于未知参量 $\boldsymbol{x}$ 的最优无偏线性估计值。证毕。

【命题 3.4】当观测误差 $\boldsymbol{e}$ 服从高斯分布时, 向量 $\hat{\boldsymbol{x}}_{\mathrm{LLS}}$ 是关于未知参量 $\boldsymbol{x}$ 的最优无偏估计值。

【证明】无偏性已在命题 3.2 中得到证明, 这里仅需要证明在高斯误差条件下, 向量 $\hat{\boldsymbol{x}}_{\mathrm{LLS}}$ 是关于未知参量 $\boldsymbol{x}$ 的最优估计值 (即估计方差最小), 为此需要证明估计值 $\hat{\boldsymbol{x}}_{\mathrm{LLS}}$ 的均方误差矩阵等于克拉美罗界。

下面将基于观测模型式 (3.1) 推导估计未知参量 $\boldsymbol{x}$ 的克拉美罗界。对于给定的参量 $\boldsymbol{x}$, 观测向量 $\boldsymbol{z}$ 的概率密度函数可以表示为

$$g(\boldsymbol{z};\boldsymbol{x}) = (2\pi)^{-p/2}(\det(\boldsymbol{E}))^{-1/2}\exp\left\{-\frac{1}{2}(\boldsymbol{z}-\boldsymbol{A}\boldsymbol{x})^{\mathrm{T}}\boldsymbol{E}^{-1}(\boldsymbol{z}-\boldsymbol{A}\boldsymbol{x})\right\} \tag{3.38}$$

取对数可得

$$\ln(g(\boldsymbol{z};\boldsymbol{x})) = -\frac{p}{2}\ln(2\pi) - \frac{1}{2}\ln(\det(\boldsymbol{E})) - \frac{1}{2}(\boldsymbol{z}-\boldsymbol{A}\boldsymbol{x})^{\mathrm{T}}\boldsymbol{E}^{-1}(\boldsymbol{z}-\boldsymbol{A}x) \tag{3.39}$$

由式 (3.39) 可知, 函数 $\ln(g(\boldsymbol{z};\boldsymbol{x}))$ 关于未知参量 $\boldsymbol{x}$ 的梯度向量可以表示为

$$\frac{\partial \ln(g(\boldsymbol{z};\boldsymbol{x}))}{\partial \boldsymbol{x}} = \boldsymbol{A}^{\mathrm{T}}\boldsymbol{E}^{-1}(\boldsymbol{z}-\boldsymbol{A}\boldsymbol{x}) = \boldsymbol{A}^{\mathrm{T}}\boldsymbol{E}^{-1}\boldsymbol{e} \tag{3.40}$$

根据命题 2.37 可知, 关于未知参量 $\boldsymbol{x}$ 的费希尔信息矩阵为

$$\begin{aligned}\mathbf{FISH}_{\mathrm{LLS}}(\boldsymbol{x}) &= \mathrm{E}\left[\frac{\partial \ln(g(\boldsymbol{z};\boldsymbol{x}))}{\partial \boldsymbol{x}}\left(\frac{\partial \ln(g(\boldsymbol{z};\boldsymbol{x}))}{\partial \boldsymbol{x}}\right)^{\mathrm{T}}\right] \\ &= \boldsymbol{A}^{\mathrm{T}}\boldsymbol{E}^{-1}\mathrm{E}[\boldsymbol{e}\boldsymbol{e}^{\mathrm{T}}]\boldsymbol{E}^{-1}\boldsymbol{A} = \boldsymbol{A}^{\mathrm{T}}\boldsymbol{E}^{-1}\boldsymbol{A}\end{aligned} \tag{3.41}$$

由式 (3.41) 可知, 估计未知参量 $\boldsymbol{x}$ 的克拉美罗界可以表示为

$$\mathbf{CRB}_{\mathrm{LLS}}(\boldsymbol{x}) = (\mathbf{FISH}_{\mathrm{LLS}}(\boldsymbol{x}))^{-1} = (\boldsymbol{A}^{\mathrm{T}}\boldsymbol{E}^{-1}\boldsymbol{A})^{-1} = \mathbf{MSE}(\hat{\boldsymbol{x}}_{\mathrm{LLS}}) \tag{3.42}$$

因此, 向量 $\hat{\boldsymbol{x}}_{\mathrm{LLS}}$ 是关于未知参量 $\boldsymbol{x}$ 的最优无偏估计值。证毕。

3.3 线性最小二乘估计的几何解释

本节将从几何视角对线性最小二乘估计问题进行解释。为了便于讨论, 假设观测误差的协方差矩阵为 $\boldsymbol{E} = \beta\boldsymbol{I}_p$, 此时的参数估计优化模型可以直接表示为

$$\min_{\boldsymbol{x}\in\mathbf{R}^{q\times 1}} J_{\mathrm{LLS}}(\boldsymbol{x}) = \min_{\boldsymbol{x}\in\mathbf{R}^{q\times 1}} \{\|\boldsymbol{z}-\boldsymbol{A}\boldsymbol{x}\|_2^2\} \tag{3.43}$$

若将向量 $\boldsymbol{x}$ 和矩阵 $\boldsymbol{A}$ 分块表示为

$$\begin{cases}\boldsymbol{A} = [\boldsymbol{a}_1\ \boldsymbol{a}_2\ \cdots\ \boldsymbol{a}_q] \in \mathbf{R}^{p\times q} \\ \boldsymbol{x} = [x_1\ x_2\ \cdots\ x_q]^{\mathrm{T}} \in \mathbf{R}^{q\times 1}\end{cases} \tag{3.44}$$

则可将式 (3.43) 进一步修正为①

$$\min_{\boldsymbol{x}\in\mathbf{R}^{q\times 1}} J_{\mathrm{LLS}}(\boldsymbol{x}) = \min_{\boldsymbol{x}\in\mathbf{R}^{q\times 1}} \left\{\left\|\boldsymbol{z}-\sum_{j=1}^{q}\boldsymbol{a}_j x_j\right\|_2^2\right\} \tag{3.45}$$

由式 (3.26) 可知, 线性最小二乘估计的几何意义, 就是要在线性子空间 $\mathrm{range}\{\boldsymbol{A}\} = \mathrm{span}\{\boldsymbol{a}_1\ ,\ \boldsymbol{a}_2\ ,\ \cdots\ ,\ \boldsymbol{a}_q\}$ 中找到一个向量 (将其记为 $\boldsymbol{a}_{\mathrm{OPT}}$) 与

① 即便协方差矩阵 $\boldsymbol{E}$ 不具备 $\beta\boldsymbol{I}_p$ 的形式, 仍然可以将参数估计优化模型转化为式 (3.45) 的形式, 因为仅需要将向量 $\boldsymbol{z}$ 和矩阵 $\boldsymbol{A}$ 左乘以矩阵 $\boldsymbol{E}^{-1/2}$ 即可 (即有 $\boldsymbol{z} := \boldsymbol{E}^{-1/2}\boldsymbol{z}$ 和 $\boldsymbol{A} := \boldsymbol{E}^{-1/2}\boldsymbol{A}$), 该过程可称之为预白化。

观测向量 $\boldsymbol{z}$ 之间的欧氏距离最小，其中向量 $\boldsymbol{a}_{\mathrm{OPT}}$ 是向量组 $\{\boldsymbol{a}_j\}_{1\leqslant j\leqslant q}$ 的线性组合，其组合系数即为最终估计值。由于 $q<p$，因此 $\mathrm{range}\{\boldsymbol{A}\}$ 一定是欧氏空间 $\mathbf{R}^p$ 中的某个线性子空间。图 3.1 以 $p=3$ 和 $q=2$ 为例描绘了线性子空间 $\mathrm{range}\{\boldsymbol{A}\}$ 与欧氏空间 $\mathbf{R}^p$ 的示意图。

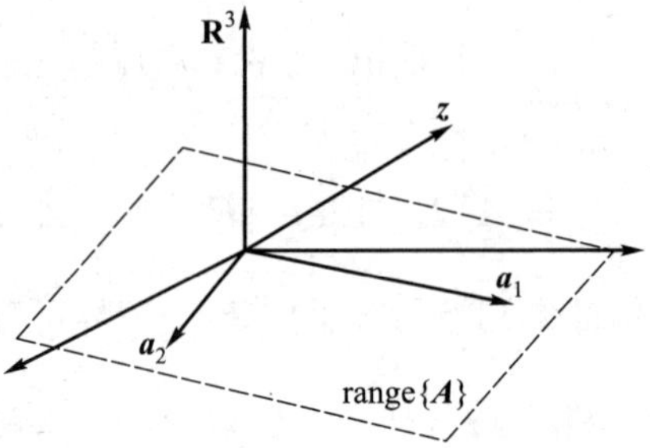

图 3.1　线性子空间 $\mathrm{range}\{\boldsymbol{A}\}$ 与欧氏空间 $\mathbf{R}^p$ 的示意图 (以 $p=3$ 和 $q=2$ 为例) (彩图)

为了确定向量 $\boldsymbol{a}_{\mathrm{OPT}}$，可以将函数 $J_{\mathrm{LLS}}(\boldsymbol{x})$ 依次对 $\{x_j\}_{1\leqslant j\leqslant q}$ 求偏导，并令其等于零，可得

$$\frac{\partial J_{\mathrm{LLS}}(\boldsymbol{x})}{\partial x_j}=0\Rightarrow(\boldsymbol{z}-\boldsymbol{a}_{\mathrm{OPT}})^{\mathrm{T}}\boldsymbol{a}_j=0\quad(1\leqslant j\leqslant q)\tag{3.46}$$

由式 (3.46) 可知，误差向量 $\boldsymbol{\xi}_{\mathrm{OPT}}=\boldsymbol{z}-\boldsymbol{a}_{\mathrm{OPT}}$ 与线性子空间 $\mathrm{range}\{\boldsymbol{A}\}$ 是相互正交的，这就是著名的正交性原理，图 3.2 描绘了其中的几何关系。

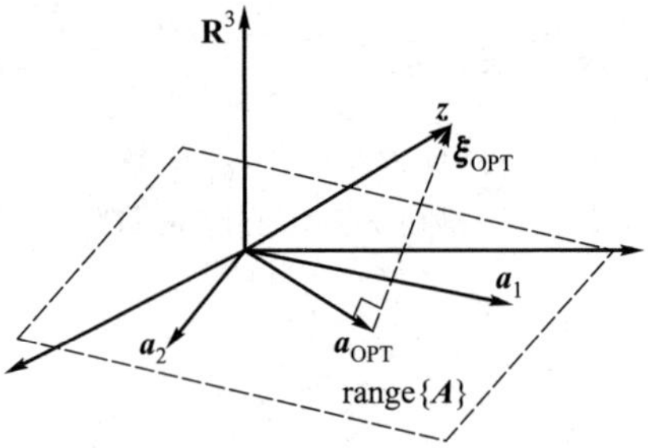

图 3.2　最小二乘估计正交原理示意图 (彩图)

假设向量 $\boldsymbol{a}_{\mathrm{OPT}}$ 对应的参数估计值为 $\hat{\boldsymbol{x}}_{\mathrm{OPT}}$(即有 $\boldsymbol{a}_{\mathrm{OPT}}=\boldsymbol{A}\hat{\boldsymbol{x}}_{\mathrm{OPT}}$)，则根据式 (3.46) 可得

$$(\boldsymbol{z}-\boldsymbol{a}_{\mathrm{OPT}})^{\mathrm{T}}\boldsymbol{A}=\boldsymbol{O}_{1\times q}\Rightarrow(\boldsymbol{z}-\boldsymbol{A}\hat{\boldsymbol{x}}_{\mathrm{OPT}})^{\mathrm{T}}\boldsymbol{A}=\boldsymbol{O}_{1\times q}\Rightarrow\hat{\boldsymbol{x}}_{\mathrm{OPT}}=(\boldsymbol{A}^{\mathrm{T}}\boldsymbol{A})^{-1}\boldsymbol{A}^{\mathrm{T}}\boldsymbol{z}\tag{3.47}$$

显然该结果与式 (3.4) 给出的结果是一致的 (当 $\boldsymbol{A}$ 为列满秩矩阵时)。于是，进一步有

$$\boldsymbol{a}_{\mathrm{OPT}}=\boldsymbol{A}\hat{\boldsymbol{x}}_{\mathrm{OPT}}=\boldsymbol{A}(\boldsymbol{A}^{\mathrm{T}}\boldsymbol{A})^{-1}\boldsymbol{A}^{\mathrm{T}}\boldsymbol{z}=\boldsymbol{\Pi}[\boldsymbol{A}]\boldsymbol{z} \tag{3.48}$$

相应地, 误差向量 $\boldsymbol{\xi}_{\mathrm{OPT}}$ 等于

$$\boldsymbol{\xi}_{\mathrm{OPT}}=\boldsymbol{z}-\boldsymbol{a}_{\mathrm{OPT}}=\boldsymbol{z}-\boldsymbol{\Pi}[\boldsymbol{A}]\boldsymbol{z}=\boldsymbol{\Pi}^{\perp}[\boldsymbol{A}]\boldsymbol{z} \tag{3.49}$$

【注记 3.3】误差向量 $\boldsymbol{\xi}_{\mathrm{OPT}}$ 可以理解为观测向量 $\boldsymbol{z}$ 中无法由矩阵 $\boldsymbol{A}$ 的列向量线性表示的部分。

3.4 线性等式约束条件下的线性最小二乘估计优化模型、求解方法及其理论性能

在一些应用中, 未知参数之间是线性相关的, 它们服从一定的线性等式约束 (Linear Equation Constraint, LEC), 本节考虑在这种情况下的线性最小二乘估计问题。

3.4.1 线性等式约束条件下的线性最小二乘估计优化模型及其求解方法

观测模型同式 (3.1), 在此基础上, 未知参量 $\boldsymbol{x}$ 服从如下线性等式约束

$$\boldsymbol{C}\boldsymbol{x}=\boldsymbol{c} \tag{3.50}$$

式中 $\boldsymbol{C}\in\mathbf{R}^{r\times q}$ 和 $\boldsymbol{c}\in\mathbf{R}^{r\times 1}$ 分别为已知的矩阵和向量, 并且满足 $r<q$[①]。此外, 假设 $\boldsymbol{C}$ 为行满秩矩阵, 也就是说线性等式约束之间是相互独立的, 此时的最小二乘估计优化模型为

$$\begin{cases}\min\limits_{\boldsymbol{x}\in\mathbf{R}^{q\times 1}}\{(\boldsymbol{z}-\boldsymbol{A}\boldsymbol{x})^{\mathrm{T}}\boldsymbol{E}^{-1}(\boldsymbol{z}-\boldsymbol{A}\boldsymbol{x})\}\ \text{或}\ \{\|\boldsymbol{E}^{-1/2}\boldsymbol{z}-\boldsymbol{E}^{-1/2}\boldsymbol{A}\boldsymbol{x}\|_2^2\}\\ \text{s.t.}\ \boldsymbol{C}\boldsymbol{x}=\boldsymbol{c}\end{cases} \tag{3.51}$$

与式 (3.31) 的求解方法相类似, 式 (3.51) 同样可以利用拉格朗日乘子法进行求解, 相应的拉格朗日函数

$$l_{\mathrm{b}}(\boldsymbol{x},\boldsymbol{\lambda})=(\boldsymbol{z}-\boldsymbol{A}\boldsymbol{x})^{\mathrm{T}}\boldsymbol{E}^{-1}(\boldsymbol{z}-\boldsymbol{A}\boldsymbol{x})+\boldsymbol{\lambda}^{\mathrm{T}}(\boldsymbol{C}\boldsymbol{x}-\boldsymbol{c}) \tag{3.52}$$

① 该条件是必要的，否则直接求解线性等式约束方程即可获得未知参量 $\boldsymbol{x}$ 的精确解。

式中 $\boldsymbol{\lambda}$ 为拉格朗日乘子向量。为了得到向量 $\boldsymbol{x}$ 和 $\boldsymbol{\lambda}$ 的最优解 (分别记为 $\hat{\boldsymbol{x}}_{\mathrm{LEC-LLS}}$ 和 $\hat{\boldsymbol{\lambda}}_{\mathrm{LEC-LLS}}$), 需要将函数 $l_{\mathrm{b}}(\boldsymbol{x},\boldsymbol{\lambda})$ 分别对向量 $\boldsymbol{x}$ 和 $\boldsymbol{\lambda}$ 求偏导, 然后再令它们等于零, 可知

$$\left.\frac{\partial l_{\mathrm{b}}(\boldsymbol{x},\boldsymbol{\lambda})}{\partial \boldsymbol{x}}\right|_{\substack{\boldsymbol{x}=\hat{\boldsymbol{x}}_{\mathrm{LEC-LLS}} \\ \boldsymbol{\lambda}=\hat{\boldsymbol{\lambda}}_{\mathrm{LEC-LLS}}}} = 2\boldsymbol{A}^{\mathrm{T}}\boldsymbol{E}^{-1}(\boldsymbol{A}\hat{\boldsymbol{x}}_{\mathrm{LEC-LLS}}-\boldsymbol{z})+\boldsymbol{C}^{\mathrm{T}}\hat{\boldsymbol{\lambda}}_{\mathrm{LEC-LLS}}=\boldsymbol{O}_{q\times 1} \tag{3.53}$$

$$\left.\frac{\partial l_{\mathrm{b}}(\boldsymbol{x},\boldsymbol{\lambda})}{\partial \boldsymbol{\lambda}}\right|_{\substack{\boldsymbol{x}=\hat{\boldsymbol{x}}_{\mathrm{LEC-LLS}} \\ \boldsymbol{\lambda}=\hat{\boldsymbol{\lambda}}_{\mathrm{LEC-LLS}}}} = \boldsymbol{C}\hat{\boldsymbol{x}}_{\mathrm{LEC-LLS}}-\boldsymbol{c}=\boldsymbol{O}_{r\times 1} \tag{3.54}$$

由式 (3.53) 可得

$$\hat{\boldsymbol{x}}_{\mathrm{LEC-LLS}}=(\boldsymbol{A}^{\mathrm{T}}\boldsymbol{E}^{-1}\boldsymbol{A})^{-1}\boldsymbol{A}^{\mathrm{T}}\boldsymbol{E}^{-1}\boldsymbol{z}-\frac{1}{2}(\boldsymbol{A}^{\mathrm{T}}\boldsymbol{E}^{-1}\boldsymbol{A})^{-1}\boldsymbol{C}^{\mathrm{T}}\hat{\boldsymbol{\lambda}}_{\mathrm{LEC-LLS}} \tag{3.55}$$

将式 (3.55) 代入式 (3.54), 可知

$$\begin{aligned}
&\boldsymbol{C}(\boldsymbol{A}^{\mathrm{T}}\boldsymbol{E}^{-1}\boldsymbol{A})^{-1}\boldsymbol{A}^{\mathrm{T}}\boldsymbol{E}^{-1}\boldsymbol{z}-\frac{1}{2}\boldsymbol{C}(\boldsymbol{A}^{\mathrm{T}}\boldsymbol{E}^{-1}\boldsymbol{A})^{-1}\boldsymbol{C}^{\mathrm{T}}\hat{\boldsymbol{\lambda}}_{\mathrm{LEC-LLS}}=\boldsymbol{c} \\
\Rightarrow &\hat{\boldsymbol{\lambda}}_{\mathrm{LEC-LLS}}=2(\boldsymbol{C}(\boldsymbol{A}^{\mathrm{T}}\boldsymbol{E}^{-1}\boldsymbol{A})^{-1}\boldsymbol{C}^{\mathrm{T}})^{-1}(\boldsymbol{C}(\boldsymbol{A}^{\mathrm{T}}\boldsymbol{E}^{-1}\boldsymbol{A})^{-1}\boldsymbol{A}^{\mathrm{T}}\boldsymbol{E}^{-1}\boldsymbol{z}-\boldsymbol{c})
\end{aligned} \tag{3.56}$$

最后, 将式 (3.56) 代入式 (3.55), 可得

$$\begin{aligned}
\hat{\boldsymbol{x}}_{\mathrm{LEC-LLS}} &= (\boldsymbol{A}^{\mathrm{T}}\boldsymbol{E}^{-1}\boldsymbol{A})^{-1}\boldsymbol{A}^{\mathrm{T}}\boldsymbol{E}^{-1}\boldsymbol{z}-(\boldsymbol{A}^{\mathrm{T}}\boldsymbol{E}^{-1}\boldsymbol{A})^{-1}\boldsymbol{C}^{\mathrm{T}}(\boldsymbol{C}(\boldsymbol{A}^{\mathrm{T}}\boldsymbol{E}^{-1}\boldsymbol{A})^{-1}\boldsymbol{C}^{\mathrm{T}})^{-1} \\
&\quad \times(\boldsymbol{C}(\boldsymbol{A}^{\mathrm{T}}\boldsymbol{E}^{-1}\boldsymbol{A})^{-1}\boldsymbol{A}^{\mathrm{T}}\boldsymbol{E}^{-1}\boldsymbol{z}-\boldsymbol{c}) \\
&= \hat{\boldsymbol{x}}_{\mathrm{LLS}}-(\boldsymbol{A}^{\mathrm{T}}\boldsymbol{E}^{-1}\boldsymbol{A})^{-1}\boldsymbol{C}^{\mathrm{T}}(\boldsymbol{C}(\boldsymbol{A}^{\mathrm{T}}\boldsymbol{E}^{-1}\boldsymbol{A})^{-1}\boldsymbol{C}^{\mathrm{T}})^{-1}(\boldsymbol{C}\hat{\boldsymbol{x}}_{\mathrm{LLS}}-\boldsymbol{c})
\end{aligned} \tag{3.57}$$

【注记 3.4】 估计值 $\hat{\boldsymbol{x}}_{\mathrm{LEC-LLS}}$ 中包含两项, 其中第 2 项用于对无约束最小二乘估计值 $\hat{\boldsymbol{x}}_{\mathrm{LLS}}$ 进行修正。如果 $\hat{\boldsymbol{x}}_{\mathrm{LLS}}$ 恰好服从线性等式约束式 (3.50) (即有 $\boldsymbol{C}\hat{\boldsymbol{x}}_{\mathrm{LLS}}=\boldsymbol{c}$), 那么第 2 项为零, 此时 $\hat{\boldsymbol{x}}_{\mathrm{LEC-LLS}}$ 与 $\hat{\boldsymbol{x}}_{\mathrm{LLS}}$ 是相等的。

3.4.2 线性等式约束条件下的线性最小二乘估计的理论性能

下面将从统计的角度讨论估计值 $\hat{\boldsymbol{x}}_{\mathrm{LEC-LLS}}$ 的理论性能, 具体可见以下 3 个命题。

【命题 3.5】 向量 $\hat{\boldsymbol{x}}_{\mathrm{LEC-LLS}}$ 是关于未知参量 $\boldsymbol{x}$ 的无偏估计值, 并且其均方误

差矩阵为

$$\begin{aligned}\mathbf{MSE}(\hat{\boldsymbol{x}}_{\text{LEC-LLS}})&=\mathbf{MSE}(\hat{\boldsymbol{x}}_{\text{LLS}})-\mathbf{MSE}(\hat{\boldsymbol{x}}_{\text{LLS}})\boldsymbol{C}^{\text{T}}(\boldsymbol{C}\mathbf{MSE}(\hat{\boldsymbol{x}}_{\text{LLS}})\boldsymbol{C}^{\text{T}})^{-1}\boldsymbol{C}\\&\quad\times\mathbf{MSE}(\hat{\boldsymbol{x}}_{\text{LLS}})\\&=(\boldsymbol{A}^{\text{T}}\boldsymbol{E}^{-1}\boldsymbol{A})^{-1}-(\boldsymbol{A}^{\text{T}}\boldsymbol{E}^{-1}\boldsymbol{A})^{-1}\boldsymbol{C}^{\text{T}}(\boldsymbol{C}(\boldsymbol{A}^{\text{T}}\boldsymbol{E}^{-1}\boldsymbol{A})^{-1}\boldsymbol{C}^{\text{T}})^{-1}\\&\quad\times\boldsymbol{C}(\boldsymbol{A}^{\text{T}}\boldsymbol{E}^{-1}\boldsymbol{A})^{-1}\end{aligned}\tag{3.58}$$

【**证明**】结合式 (3.50) 和式 (3.57), 可以推得 $\hat{\boldsymbol{x}}_{\text{LEC-LLS}}$ 的估计误差为

$$\begin{aligned}\Delta\boldsymbol{x}_{\text{LEC-LLS}}&=\hat{\boldsymbol{x}}_{\text{LEC-LLS}}-\boldsymbol{x}\\&=\Delta\boldsymbol{x}_{\text{LLS}}-(\boldsymbol{A}^{\text{T}}\boldsymbol{E}^{-1}\boldsymbol{A})^{-1}\boldsymbol{C}^{\text{T}}(\boldsymbol{C}(\boldsymbol{A}^{\text{T}}\boldsymbol{E}^{-1}\boldsymbol{A})^{-1}\boldsymbol{C}^{\text{T}})^{-1}\boldsymbol{C}\Delta\boldsymbol{x}_{\text{LLS}}\\&=\boldsymbol{T}\Delta\boldsymbol{x}_{\text{LLS}}\end{aligned}\tag{3.59}$$

式中

$$\begin{aligned}\boldsymbol{T}&=\boldsymbol{I}_q-(\boldsymbol{A}^{\text{T}}\boldsymbol{E}^{-1}\boldsymbol{A})^{-1}\boldsymbol{C}^{\text{T}}(\boldsymbol{C}(\boldsymbol{A}^{\text{T}}\boldsymbol{E}^{-1}\boldsymbol{A})^{-1}\boldsymbol{C}^{\text{T}})^{-1}\boldsymbol{C}\\&=\boldsymbol{I}_q-\mathbf{MSE}(\hat{\boldsymbol{x}}_{\text{LLS}})\boldsymbol{C}^{\text{T}}(\boldsymbol{C}\mathbf{MSE}(\hat{\boldsymbol{x}}_{\text{LLS}})\boldsymbol{C}^{\text{T}})^{-1}\boldsymbol{C}\end{aligned}\tag{3.60}$$

于是有

$$\text{E}[\hat{\boldsymbol{x}}_{\text{LEC-LLS}}]=\boldsymbol{x}+\text{E}[\Delta\boldsymbol{x}_{\text{LEC-LLS}}]=\boldsymbol{x}+\boldsymbol{T}\text{E}[\Delta\boldsymbol{x}_{\text{LLS}}]=\boldsymbol{x}\tag{3.61}$$

由式 (3.61) 可知, $\hat{\boldsymbol{x}}_{\text{LEC-LLS}}$ 是关于未知参量 $\boldsymbol{x}$ 的无偏估计值。再结合式 (3.59) 和式 (3.60), 可得

$$\begin{aligned}&\mathbf{MSE}(\hat{\boldsymbol{x}}_{\text{LEC-LLS}})\\&=\text{E}[(\hat{\boldsymbol{x}}_{\text{LEC-LLS}}-\boldsymbol{x})(\hat{\boldsymbol{x}}_{\text{LEC-LLS}}-\boldsymbol{x})^{\text{T}}]\\&=\text{E}[\Delta\boldsymbol{x}_{\text{LEC-LLS}}\Delta\boldsymbol{x}_{\text{LEC-LLS}}^{\text{T}}]\\&=\boldsymbol{T}\mathbf{MSE}(\hat{\boldsymbol{x}}_{\text{LLS}})\boldsymbol{T}^{\text{T}}\\&=(\boldsymbol{I}_q-\mathbf{MSE}(\hat{\boldsymbol{x}}_{\text{LLS}})\boldsymbol{C}^{\text{T}}(\boldsymbol{C}\mathbf{MSE}(\hat{\boldsymbol{x}}_{\text{LLS}})\boldsymbol{C}^{\text{T}})^{-1}\boldsymbol{C})\mathbf{MSE}(\hat{\boldsymbol{x}}_{\text{LLS}})\\&\quad\times(\boldsymbol{I}_q-\boldsymbol{C}^{\text{T}}(\boldsymbol{C}\mathbf{MSE}(\hat{\boldsymbol{x}}_{\text{LLS}})\boldsymbol{C}^{\text{T}})^{-1}\boldsymbol{C}\mathbf{MSE}(\hat{\boldsymbol{x}}_{\text{LLS}}))\\&=\mathbf{MSE}(\hat{\boldsymbol{x}}_{\text{LLS}})-\mathbf{MSE}(\hat{\boldsymbol{x}}_{\text{LLS}})\boldsymbol{C}^{\text{T}}(\boldsymbol{C}\mathbf{MSE}(\hat{\boldsymbol{x}}_{\text{LLS}})\boldsymbol{C}^{\text{T}})^{-1}\boldsymbol{C}\mathbf{MSE}(\hat{\boldsymbol{x}}_{\text{LLS}})\\&=(\boldsymbol{A}^{\text{T}}\boldsymbol{E}^{-1}\boldsymbol{A})^{-1}-(\boldsymbol{A}^{\text{T}}\boldsymbol{E}^{-1}\boldsymbol{A})^{-1}\boldsymbol{C}^{\text{T}}(\boldsymbol{C}(\boldsymbol{A}^{\text{T}}\boldsymbol{E}^{-1}\boldsymbol{A})^{-1}\boldsymbol{C}^{\text{T}})^{-1}\boldsymbol{C}(\boldsymbol{A}^{\text{T}}\boldsymbol{E}^{-1}\boldsymbol{A})^{-1}\end{aligned}\tag{3.62}$$

证毕。

【**命题 3.6**】在服从线性等式约束式 (3.50) 的条件下, 向量 $\hat{\boldsymbol{x}}_{\text{LEC-LLS}}$ 是关于未知参量 $\boldsymbol{x}$ 的最优无偏线性估计值。

【**证明**】首先, 在服从线性等式约束式 (3.50) 的条件下, 关于未知参量 $\boldsymbol{x}$ 的任意线性估计值为

$$\hat{\boldsymbol{x}}_{\text{LEC-LE}} = \boldsymbol{H}\boldsymbol{z} + \boldsymbol{h} \tag{3.63}$$

式中 $\boldsymbol{H} \in \mathbf{R}^{q\times p}$ 和 $\boldsymbol{h} \in \mathbf{R}^{q\times 1}$。结合式 (3.1) 可知, 向量 $\hat{\boldsymbol{x}}_{\text{LEC-LE}}$ 的估计误差为

$$\Delta\boldsymbol{x}_{\text{LEC-LE}} = \hat{\boldsymbol{x}}_{\text{LEC-LE}} - \boldsymbol{x} = \boldsymbol{H}\boldsymbol{z} + \boldsymbol{h} - \boldsymbol{x} = (\boldsymbol{H}\boldsymbol{A} - \boldsymbol{I}_q)\boldsymbol{x} + \boldsymbol{h} + \boldsymbol{H}\boldsymbol{e} \tag{3.64}$$

于是有

$$\text{E}[\Delta\boldsymbol{x}_{\text{LEC-LE}}] = (\boldsymbol{H}\boldsymbol{A} - \boldsymbol{I}_q)\boldsymbol{x} + \boldsymbol{h} + \boldsymbol{H}\text{E}[\boldsymbol{e}] = (\boldsymbol{H}\boldsymbol{A} - \boldsymbol{I}_q)\boldsymbol{x} + \boldsymbol{h} \tag{3.65}$$

由式 (3.65) 可知, 若未知参量 $\boldsymbol{x}$ 服从线性等式约束, 那么当且仅当 $(\boldsymbol{H}\boldsymbol{A} - \boldsymbol{I}_q)\boldsymbol{x} + \boldsymbol{h} = \boldsymbol{O}_{q\times 1}$ 时, $\hat{\boldsymbol{x}}_{\text{LEC-LE}}$ 是关于未知参量 $\boldsymbol{x}$ 的无偏估计值, 并且其均方误差矩阵为

$$\begin{aligned}\mathbf{MSE}(\hat{\boldsymbol{x}}_{\text{LEC-LE}}) &= \text{E}[(\hat{\boldsymbol{x}}_{\text{LEC-LE}} - \boldsymbol{x})(\hat{\boldsymbol{x}}_{\text{LEC-LE}} - \boldsymbol{x})^{\text{T}}] \\ &= \text{E}[\Delta\boldsymbol{x}_{\text{LEC-LE}}\Delta\boldsymbol{x}_{\text{LEC-LE}}^{\text{T}}] = \boldsymbol{H}\text{E}[\boldsymbol{e}\boldsymbol{e}^{\text{T}}]\boldsymbol{H}^{\text{T}} = \boldsymbol{H}\boldsymbol{E}\boldsymbol{H}^{\text{T}}\end{aligned} \tag{3.66}$$

又由于未知参量 $\boldsymbol{x}$ 服从线性等式约束 $\boldsymbol{C}\boldsymbol{x} = \boldsymbol{c}$, 因此等式 $(\boldsymbol{H}\boldsymbol{A} - \boldsymbol{I}_q)\boldsymbol{x} + \boldsymbol{h} = \boldsymbol{O}_{q\times 1}$ 意味着存在某个矩阵 $\boldsymbol{\Gamma} \in \mathbf{R}^{q\times r}$ 使得

$$\boldsymbol{H}\boldsymbol{A} - \boldsymbol{I}_q = \boldsymbol{\Gamma}\boldsymbol{C} \tag{3.67}$$

由此可知

$$\boldsymbol{h} = -(\boldsymbol{H}\boldsymbol{A} - \boldsymbol{I}_q)\boldsymbol{x} = -\boldsymbol{\Gamma}\boldsymbol{C}\boldsymbol{x} = -\boldsymbol{\Gamma}\boldsymbol{c} \tag{3.68}$$

接下来, 若要找寻最优无偏线性估计值 (即估计方差最小), 需要对矩阵 $\boldsymbol{H}$ 和 $\boldsymbol{\Gamma}$ 进行优化, 其优化模型可以表示为

$$\begin{cases}\min\limits_{\substack{\boldsymbol{H}\in\mathbf{R}^{q\times p}\\ \boldsymbol{\Gamma}\in\mathbf{R}^{q\times r}}} \{\text{tr}(\boldsymbol{H}\boldsymbol{E}\boldsymbol{H}^{\text{T}})\} \\ \text{s.t. } \boldsymbol{H}\boldsymbol{A} - \boldsymbol{I}_q = \boldsymbol{\Gamma}\boldsymbol{C}\end{cases} \tag{3.69}$$

可以利用拉格朗日乘子法对式 (3.69) 进行求解, 相应的拉格朗日函数为

$$l_{\mathrm{c}}(\boldsymbol{H},\boldsymbol{\Gamma},\boldsymbol{N})=\mathrm{tr}(\boldsymbol{H}\boldsymbol{E}\boldsymbol{H}^{\mathrm{T}})+\mathrm{tr}((\boldsymbol{H}\boldsymbol{A}-\boldsymbol{\Gamma}\boldsymbol{C}-\boldsymbol{I}_q)^{\mathrm{T}}\boldsymbol{N}) \tag{3.70}$$

式中 $\boldsymbol{N}$ 为拉格朗日乘子矩阵。为了得到矩阵 $\boldsymbol{H}$、$\boldsymbol{\Gamma}$ 和 $\boldsymbol{N}$ 的最优解 (分别记为 $\boldsymbol{H}_{\mathrm{OPT}}$、$\boldsymbol{\Gamma}_{\mathrm{OPT}}$ 和 $\boldsymbol{N}_{\mathrm{OPT}}$), 需要将函数 $l_{\mathrm{c}}(\boldsymbol{H},\boldsymbol{\Gamma},\boldsymbol{N})$ 分别对矩阵 $\boldsymbol{H}$、$\boldsymbol{\Gamma}$ 和 $\boldsymbol{N}$ 求偏导, 然后再令它们等于零, 可知

$$\left.\frac{\partial l_{\mathrm{c}}(\boldsymbol{H},\boldsymbol{\Gamma},\boldsymbol{N})}{\partial \boldsymbol{H}}\right|_{\substack{\boldsymbol{H}=\boldsymbol{H}_{\mathrm{OPT}}\\ \boldsymbol{\Gamma}=\boldsymbol{\Gamma}_{\mathrm{OPT}}\\ \boldsymbol{N}=\boldsymbol{N}_{\mathrm{OPT}}}}=2\boldsymbol{H}_{\mathrm{OPT}}\boldsymbol{E}+\boldsymbol{N}_{\mathrm{OPT}}\boldsymbol{A}^{\mathrm{T}}=\boldsymbol{O}_{q\times p} \tag{3.71}$$

$$\left.\frac{\partial l_{\mathrm{c}}(\boldsymbol{H},\boldsymbol{\Gamma},\boldsymbol{N})}{\partial \boldsymbol{\Gamma}}\right|_{\substack{\boldsymbol{H}=\boldsymbol{H}_{\mathrm{OPT}}\\ \boldsymbol{\Gamma}=\boldsymbol{\Gamma}_{\mathrm{OPT}}\\ \boldsymbol{N}=\boldsymbol{N}_{\mathrm{OPT}}}}=-\boldsymbol{N}_{\mathrm{OPT}}\boldsymbol{C}^{\mathrm{T}}=\boldsymbol{O}_{q\times r} \tag{3.72}$$

$$\left.\frac{\partial l_{\mathrm{c}}(\boldsymbol{H},\boldsymbol{\Gamma},\boldsymbol{N})}{\partial \boldsymbol{N}}\right|_{\substack{\boldsymbol{H}=\boldsymbol{H}_{\mathrm{OPT}}\\ \boldsymbol{\Gamma}=\boldsymbol{\Gamma}_{\mathrm{OPT}}\\ \boldsymbol{N}=\boldsymbol{N}_{\mathrm{OPT}}}}=\boldsymbol{H}_{\mathrm{OPT}}\boldsymbol{A}-\boldsymbol{\Gamma}_{\mathrm{OPT}}\boldsymbol{C}-\boldsymbol{I}_q=\boldsymbol{O}_{q\times q} \tag{3.73}$$

由式 (3.71) 可得

$$\boldsymbol{H}_{\mathrm{OPT}}=-\frac{1}{2}\boldsymbol{N}_{\mathrm{OPT}}\boldsymbol{A}^{\mathrm{T}}\boldsymbol{E}^{-1} \tag{3.74}$$

将式 (3.74) 代入式 (3.73) 可知

$$-\frac{1}{2}\boldsymbol{N}_{\mathrm{OPT}}\boldsymbol{A}^{\mathrm{T}}\boldsymbol{E}^{-1}\boldsymbol{A}=\boldsymbol{\Gamma}_{\mathrm{OPT}}\boldsymbol{C}+\boldsymbol{I}_q\Rightarrow\boldsymbol{N}_{\mathrm{OPT}}=-2(\boldsymbol{\Gamma}_{\mathrm{OPT}}\boldsymbol{C}+\boldsymbol{I}_q)(\boldsymbol{A}^{\mathrm{T}}\boldsymbol{E}^{-1}\boldsymbol{A})^{-1} \tag{3.75}$$

将式 (3.75) 代入式 (3.72), 可得

$$\begin{aligned}\boldsymbol{N}_{\mathrm{OPT}}\boldsymbol{C}^{\mathrm{T}}&=-2(\boldsymbol{\Gamma}_{\mathrm{OPT}}\boldsymbol{C}+\boldsymbol{I}_q)(\boldsymbol{A}^{\mathrm{T}}\boldsymbol{E}^{-1}\boldsymbol{A})^{-1}\boldsymbol{C}^{\mathrm{T}}=\boldsymbol{O}_{q\times r}\\ \Rightarrow\boldsymbol{\Gamma}_{\mathrm{OPT}}&=-(\boldsymbol{A}^{\mathrm{T}}\boldsymbol{E}^{-1}\boldsymbol{A})^{-1}\boldsymbol{C}^{\mathrm{T}}(\boldsymbol{C}(\boldsymbol{A}^{\mathrm{T}}\boldsymbol{E}^{-1}\boldsymbol{A})^{-1}\boldsymbol{C}^{\mathrm{T}})^{-1}\end{aligned} \tag{3.76}$$

再将式 (3.76) 代入式 (3.75), 可知

$$\begin{aligned}\boldsymbol{N}_{\mathrm{OPT}}=&\,2(\boldsymbol{A}^{\mathrm{T}}\boldsymbol{E}^{-1}\boldsymbol{A})^{-1}\boldsymbol{C}^{\mathrm{T}}(\boldsymbol{C}(\boldsymbol{A}^{\mathrm{T}}\boldsymbol{E}^{-1}\boldsymbol{A})^{-1}\boldsymbol{C}^{\mathrm{T}})^{-1}\\ &\times\boldsymbol{C}(\boldsymbol{A}^{\mathrm{T}}\boldsymbol{E}^{-1}\boldsymbol{A})^{-1}-2(\boldsymbol{A}^{\mathrm{T}}\boldsymbol{E}^{-1}\boldsymbol{A})^{-1}\end{aligned} \tag{3.77}$$

最后将式 (3.77) 代入式 (3.74), 可得

$$\begin{aligned}\boldsymbol{H}_{\mathrm{OPT}}=&\,(\boldsymbol{A}^{\mathrm{T}}\boldsymbol{E}^{-1}\boldsymbol{A})^{-1}\boldsymbol{A}^{\mathrm{T}}\boldsymbol{E}^{-1}-(\boldsymbol{A}^{\mathrm{T}}\boldsymbol{E}^{-1}\boldsymbol{A})^{-1}\boldsymbol{C}^{\mathrm{T}}(\boldsymbol{C}(\boldsymbol{A}^{\mathrm{T}}\boldsymbol{E}^{-1}\boldsymbol{A})^{-1}\boldsymbol{C}^{\mathrm{T}})^{-1}\\ &\times\boldsymbol{C}(\boldsymbol{A}^{\mathrm{T}}\boldsymbol{E}^{-1}\boldsymbol{A})^{-1}\boldsymbol{A}^{\mathrm{T}}\boldsymbol{E}^{-1}\end{aligned} \tag{3.78}$$

结合式 (3.57)、式 (3.63)、式 (3.68)、式 (3.76) 和式 (3.78) 可知, 向量 $\hat{\boldsymbol{x}}_{\text{LEC-LLS}}$ 是关于未知参量 $\boldsymbol{x}$ 的最优无偏线性估计值。证毕。

【命题 3.7】 当观测误差 $\boldsymbol{e}$ 服从高斯分布并在服从线性等式约束式 (3.50) 的条件下, 向量 $\hat{\boldsymbol{x}}_{\text{LEC-LLS}}$ 是关于未知参量 $\boldsymbol{x}$ 的最优无偏估计值。

【证明】 无偏性已在命题 3.5 中得到证明, 这里仅需要证明在高斯误差条件下, 向量 $\hat{\boldsymbol{x}}_{\text{LEC-LLS}}$ 是在服从线性等式约束式 (3.50) 条件下, 关于未知参量 $\boldsymbol{x}$ 的最优估计值 (即估计方差最小), 为此需要证明 $\hat{\boldsymbol{x}}_{\text{LEC-LLS}}$ 的均方误差矩阵等于其克拉美罗界。

下面将基于观测模型式 (3.1) 和线性等式约束式 (3.50) 给出估计未知参量 $\boldsymbol{x}$ 的克拉美罗界。根据命题 2.40 可知, 在线性等式约束式 (3.50) 的条件下, 估计未知参量 $\boldsymbol{x}$ 的克拉美罗界可以表示为

$$\begin{aligned}\mathbf{CRB}_{\text{LEC-LLS}}(\boldsymbol{x}) = \mathbf{CRB}_{\text{LLS}}(\boldsymbol{x}) - \mathbf{CRB}_{\text{LLS}}(\boldsymbol{x})\boldsymbol{C}^{\text{T}}(\boldsymbol{C}\mathbf{CRB}_{\text{LLS}}(\boldsymbol{x})\\ \times \boldsymbol{C}^{\text{T}})^{-1}\boldsymbol{C}\mathbf{CRB}_{\text{LLS}}(\boldsymbol{x})\end{aligned} \tag{3.79}$$

由于 $\mathbf{CRB}_{\text{LLS}}(\boldsymbol{x}) = \mathbf{MSE}(\hat{\boldsymbol{x}}_{\text{LLS}})$, 将其代入式 (3.79) 可得

$$\begin{aligned}\mathbf{CRB}_{\text{LEC-LLS}}(\boldsymbol{x}) = \mathbf{MSE}(\hat{\boldsymbol{x}}_{\text{LLS}}) - \mathbf{MSE}(\hat{\boldsymbol{x}}_{\text{LLS}})\boldsymbol{C}^{\text{T}}(\boldsymbol{C}\mathbf{MSE}(\hat{\boldsymbol{x}}_{\text{LLS}})\boldsymbol{C}^{\text{T}})^{-1}\\ \times \boldsymbol{C}\mathbf{MSE}(\hat{\boldsymbol{x}}_{\text{LLS}}) = \mathbf{MSE}(\hat{\boldsymbol{x}}_{\text{LEC-LLS}})\end{aligned} \tag{3.80}$$

由此可知, 向量 $\hat{\boldsymbol{x}}_{\text{LEC-LLS}}$ 是关于未知参量 $\boldsymbol{x}$ 的最优无偏估计值。证毕。

【注记 3.5】 根据式 (3.79) 可知 $\mathbf{CRB}_{\text{LEC-LLS}}(\boldsymbol{x}) \leqslant \mathbf{CRB}_{\text{LLS}}(\boldsymbol{x})$, 这意味着通过引入等式约束, 减少了估计未知参量 $\boldsymbol{x}$ 的不确定性, 从而降低了其估计方差的克拉美罗界。

3.5 矩阵形式的线性最小二乘估计问题

本节将讨论观测量与未知参量均为矩阵形式的线性最小二乘估计问题。考虑如下线性观测模型

$$\boldsymbol{Z} = \boldsymbol{Z}_0 + \boldsymbol{\varXi} = \boldsymbol{A}_1\boldsymbol{X}\boldsymbol{A}_2 + \boldsymbol{\varXi} \tag{3.81}$$

式中,

$\boldsymbol{Z}_0 = \boldsymbol{A}_1\boldsymbol{X}\boldsymbol{A}_2 \in \mathbf{R}^{p_1 \times p_2}$ 表示没有误差条件下的观测矩阵;

$\boldsymbol{Z} \in \mathbf{R}^{p_1 \times p_2}$ 表示含有误差条件下的观测矩阵;

$\boldsymbol{X} \in \mathbf{R}^{q_1 \times q_2}$ 表示需要求解的未知参量，该参量是矩阵形式，其中 $q_1 q_2 < p_1 p_2$ 以确保问题是超定的 (即观测量个数大于未知参数个数);

$\boldsymbol{A}_1 \in \mathbf{R}^{p_1 \times q_1}$ 和 $\boldsymbol{A}_2 \in \mathbf{R}^{q_2 \times p_2}$ 表示观测矩阵，这里假设其精确已知;

$\boldsymbol{\varXi} \in \mathbf{R}^{p_1 \times p_2}$ 表示观测误差矩阵，这里假设其服从均值为零、协方差矩阵为 $\mathbf{cov}(\text{vec}(\boldsymbol{\varXi})) = \text{E}[\text{vec}(\boldsymbol{\varXi})(\text{vec}(\boldsymbol{\varXi}))^{\text{T}}] = \boldsymbol{\varOmega}$ 的高斯分布。

【注记 3.6】这里的观测矩阵 $\boldsymbol{Z}_0$ 与未知参量 $\boldsymbol{X}$ 之间也是线性关系。

虽然式 (3.81) 中的观测量与未知参量都是矩阵形式，但是利用向量化运算 $\text{vec}(\cdot)$ 仍可以得到向量形式的观测模型。根据命题 2.29 可得

$$\text{vec}(\boldsymbol{Z}) = (\boldsymbol{A}_2^{\text{T}} \otimes \boldsymbol{A}_1)\text{vec}(\boldsymbol{X}) + \text{vec}(\boldsymbol{\varXi}) \tag{3.82}$$

基于式 (3.82) 可以建立如下线性最小二乘估计优化模型

$$\min_{\boldsymbol{X} \in \mathbf{R}^{q_1 \times q_2}} \{(\text{vec}(\boldsymbol{Z}) - (\boldsymbol{A}_2^{\text{T}} \otimes \boldsymbol{A}_1)\text{vec}(\boldsymbol{X}))^{\text{T}} \boldsymbol{\varOmega}^{-1} (\text{vec}(\boldsymbol{Z}) - (\boldsymbol{A}_2^{\text{T}} \otimes \boldsymbol{A}_1)\text{vec}(\boldsymbol{X}))\} \tag{3.83}$$

类似于式 (3.11), 式 (3.83) 的最优闭式解为

$$\text{vec}(\hat{\boldsymbol{X}}_{\text{LLS}}) = ((\boldsymbol{A}_2 \otimes \boldsymbol{A}_1^{\text{T}})\boldsymbol{\varOmega}^{-1}(\boldsymbol{A}_2^{\text{T}} \otimes \boldsymbol{A}_1))^{-1}(\boldsymbol{A}_2 \otimes \boldsymbol{A}_1^{\text{T}})\boldsymbol{\varOmega}^{-1}\text{vec}(\boldsymbol{Z}) \tag{3.84}$$

即有

$$\hat{\boldsymbol{X}}_{\text{LLS}} = \text{avec}(((\boldsymbol{A}_2 \otimes \boldsymbol{A}_1^{\text{T}})\boldsymbol{\varOmega}^{-1}(\boldsymbol{A}_2^{\text{T}} \otimes \boldsymbol{A}_1))^{-1}(\boldsymbol{A}_2 \otimes \boldsymbol{A}_1^{\text{T}})\boldsymbol{\varOmega}^{-1}\text{vec}(\boldsymbol{Z})) \tag{3.85}$$

需要指出的是，$\text{vec}(\hat{\boldsymbol{X}}_{\text{LLS}})$ 或者 $\hat{\boldsymbol{X}}_{\text{LLS}}$ 同样具备命题 3.2 至命题 3.4 所描述的各类统计性质，限于篇幅这里不再赘述。

假设观测模型式 (3.81) 中的未知参量 $\boldsymbol{X}$ 还服从如下线性等式约束

$$\boldsymbol{C}_1 \boldsymbol{X} \boldsymbol{C}_2 = \boldsymbol{C}_3 \tag{3.86}$$

虽然该线性等式约束是矩阵形式的，但是仍然可以利用向量化运算 $\text{vec}(\cdot)$ 将其转化为向量形式，即有

$$(\boldsymbol{C}_2^{\text{T}} \otimes \boldsymbol{C}_1)\text{vec}(\boldsymbol{X}) = \text{vec}(\boldsymbol{C}_3) \tag{3.87}$$

此时的最小二乘估计优化模型为

$$\begin{cases} \min\limits_{\boldsymbol{X} \in \mathbf{R}^{q_1 \times q_2}} \{(\text{vec}(\boldsymbol{Z}) - (\boldsymbol{A}_2^{\text{T}} \otimes \boldsymbol{A}_1)\text{vec}(\boldsymbol{X}))^{\text{T}} \boldsymbol{\varOmega}^{-1} (\text{vec}(\boldsymbol{Z}) - (\boldsymbol{A}_2^{\text{T}} \otimes \boldsymbol{A}_1)\text{vec}(\boldsymbol{X}))\} \\ \text{s.t. } (\boldsymbol{C}_2^{\text{T}} \otimes \boldsymbol{C}_1)\text{vec}(\boldsymbol{X}) = \text{vec}(\boldsymbol{C}_3) \end{cases} \tag{3.88}$$

类似于式 (3.57), 式 (3.88) 的最优闭式解为

$$\begin{aligned}\operatorname{vec}(\hat{\boldsymbol{X}}_{\mathrm{LC-LLS}}) = \operatorname{vec}(\hat{\boldsymbol{X}}_{\mathrm{LLS}}) - ((\boldsymbol{A}_2 \otimes \boldsymbol{A}_1^{\mathrm{T}})\boldsymbol{\Omega}^{-1}(\boldsymbol{A}_2^{\mathrm{T}} \otimes \boldsymbol{A}_1))^{-1}(\boldsymbol{C}_2 \otimes \boldsymbol{C}_1^{\mathrm{T}}) \\ \times ((\boldsymbol{C}_2^{\mathrm{T}} \otimes \boldsymbol{C}_1)((\boldsymbol{A}_2 \otimes \boldsymbol{A}_1^{\mathrm{T}})\boldsymbol{\Omega}^{-1}(\boldsymbol{A}_2^{\mathrm{T}} \otimes \boldsymbol{A}_1))^{-1}(\boldsymbol{C}_2 \otimes \boldsymbol{C}_1^{\mathrm{T}}))^{-1} \\ \times ((\boldsymbol{C}_2^{\mathrm{T}} \otimes \boldsymbol{C}_1)\operatorname{vec}(\hat{\boldsymbol{X}}_{\mathrm{LLS}}) - \operatorname{vec}(\boldsymbol{C}_3))\end{aligned} \tag{3.89}$$

即有

$$\hat{\boldsymbol{X}}_{\mathrm{LC-LLS}} = \hat{\boldsymbol{X}}_{\mathrm{LLS}} - \operatorname{avec}\begin{pmatrix}((\boldsymbol{A}_2 \otimes \boldsymbol{A}_1^{\mathrm{T}})\boldsymbol{\Omega}^{-1}(\boldsymbol{A}_2^{\mathrm{T}} \otimes \boldsymbol{A}_1))^{-1}(\boldsymbol{C}_2 \otimes \boldsymbol{C}_1^{\mathrm{T}}) \\ \times((\boldsymbol{C}_2^{\mathrm{T}} \otimes \boldsymbol{C}_1)((\boldsymbol{A}_2 \otimes \boldsymbol{A}_1^{\mathrm{T}})\boldsymbol{\Omega}^{-1}(\boldsymbol{A}_2^{\mathrm{T}} \otimes \boldsymbol{A}_1))^{-1} \\ \times(\boldsymbol{C}_2 \otimes \boldsymbol{C}_1^{\mathrm{T}}))^{-1}((\boldsymbol{C}_2^{\mathrm{T}} \otimes \boldsymbol{C}_1)\operatorname{vec}(\hat{\boldsymbol{X}}_{\mathrm{LLS}}) - \operatorname{vec}(\boldsymbol{C}_3))\end{pmatrix} \tag{3.90}$$

【注记 3.7】估计值 $\operatorname{vec}(\hat{\boldsymbol{X}}_{\mathrm{LC-LLS}})$ 或者 $\hat{\boldsymbol{X}}_{\mathrm{LC-LLS}}$ 中包含两项, 其中第 2 项用于对无约束的最小二乘估计值 $\operatorname{vec}(\hat{\boldsymbol{X}}_{\mathrm{LLS}})$ 或者 $\hat{\boldsymbol{X}}_{\mathrm{LLS}}$ 进行修正。如果 $\operatorname{vec}(\hat{\boldsymbol{X}}_{\mathrm{LLS}})$ 或者 $\hat{\boldsymbol{X}}_{\mathrm{LLS}}$ 恰好服从等式约束式 (3.86) 或者式 (3.87)(即有 $\boldsymbol{C}_1\hat{\boldsymbol{X}}_{\mathrm{LLS}}\boldsymbol{C}_2 = \boldsymbol{C}_3$ 或者 $(\boldsymbol{C}_2^{\mathrm{T}} \otimes \boldsymbol{C}_1)\operatorname{vec}(\hat{\boldsymbol{X}}_{\mathrm{LLS}}) = \operatorname{vec}(\boldsymbol{C}_3)$), 那么第 2 项恰好为零, 此时 $\hat{\boldsymbol{X}}_{\mathrm{LC-LLS}}$ 与 $\hat{\boldsymbol{X}}_{\mathrm{LLS}}$ 或者 $\operatorname{vec}(\hat{\boldsymbol{X}}_{\mathrm{LC-LLS}})$ 与 $\operatorname{vec}(\hat{\boldsymbol{X}}_{\mathrm{LLS}})$ 就是相等的。

需要指出的是, $\operatorname{vec}(\hat{\boldsymbol{X}}_{\mathrm{LC-LLS}})$ 或者 $\hat{\boldsymbol{X}}_{\mathrm{LC-LLS}}$ 同样具备命题 3.5 至命题 3.7 所描述的各类统计性质, 限于篇幅这里不再赘述。

3.6 两个线性最小二乘估计的例子

3.6.1 多项式函数拟合

考虑如下 $q-1$ 次多项式函数

$$f(t) = x_1 + x_2 t + x_3 t^2 + \cdots + x_q t^{q-1} \tag{3.91}$$

该函数的自变量为 t, 需要估计的未知参数为 $\{x_j\}_{1\leqslant j\leqslant q}$。若能够得到 p 个观测量 $\{z_j\}_{1\leqslant j\leqslant p}$, 并且 z_j 是多项式函数在 t_j 处的数值叠加观测误差 e_j 所产生的, 则有

$$z_j = x_1 + x_2 t_j + x_3 t_j^2 + \cdots + x_q t_j^{q-1} + e_j \quad (1 \leqslant j \leqslant p) \tag{3.92}$$

多项式函数拟合问题就是利用观测量 $\{z_j\}_{1\leqslant j\leqslant p}$ 估计未知参数 $\{x_j\}_{1\leqslant j\leqslant q}$。

由式 (3.92) 可知, 多项式函数拟合的观测模型为①

$$\boldsymbol{z}=\begin{bmatrix} z_1 \\ z_2 \\ \vdots \\ z_p \end{bmatrix}=\begin{bmatrix} 1 & t_1 & \cdots & t_1^{q-1} \\ 1 & t_2 & \cdots & t_2^{q-1} \\ \vdots & \vdots & & \vdots \\ 1 & t_p & \cdots & t_p^{q-1} \end{bmatrix}\begin{bmatrix} x_1 \\ x_2 \\ \vdots \\ x_q \end{bmatrix}+\begin{bmatrix} e_1 \\ e_2 \\ \vdots \\ e_p \end{bmatrix}=\boldsymbol{A}\boldsymbol{x}+\boldsymbol{e} \tag{3.93}$$

【注记 3.8】 虽然高于一次的多项式函数是非线性函数 (关于自变量 t), 但是多项式函数拟合问题仍然是线性最小二乘估计问题。

根据本章的讨论可知, 在无约束的条件下, 利用式 (3.11) 即可获得关于未知参量 $\boldsymbol{x}$ 的最小二乘估计值; 在含有线性等式约束的条件下, 利用式 (3.57) 即可获得关于未知参量 $\boldsymbol{x}$ 的最小二乘估计值。

下面将通过一个数值实验统计线性最小二乘估计值的精度。假设观测数据是通过 3 次多项式函数 $f(t)=4+3t+2t^2+t^3$ 所生成, 并且一共产生了 11 个观测量, 它们所对应的自变量 t 是在区间 [0 , 1] 内以 0.1 为间隔均匀取值, 相应的观测矩阵 $\boldsymbol{A}$ 等于

$$\boldsymbol{A}=\begin{bmatrix} 1 & 0 & 0^2 & 0^3 \\ 1 & 0.1 & 0.1^2 & 0.1^3 \\ 1 & 0.2 & 0.2^2 & 0.2^3 \\ \vdots & \vdots & \vdots & \vdots \\ 1 & 0.9 & 0.9^2 & 0.9^3 \\ 1 & 1 & 1^2 & 1^3 \end{bmatrix} \tag{3.94}$$

假设观测误差服从零均值的高斯分布, 并且其协方差矩阵

$$\boldsymbol{E}=\sigma^2(0.5\boldsymbol{1}_{11\times 1}\boldsymbol{1}_{11\times 1}^{\mathrm{T}}+0.5\boldsymbol{I}_{11}) \tag{3.95}$$

式中 σ 表示每个观测误差的标准差, σ^2 则表示每个观测误差的方差。

这里将统计 3 种线性最小二乘估计值的精度。第 1 种是无约束线性最小二乘估计精度; 第 2 种和第 3 种均为线性等式约束条件下的线性最小二乘估计精度, 但是等式约束的个数有所不同。第 2 种仅包含 1 个等式约束, 并且为 $[-1\ \ 1\ \ 1\ \ -1]\boldsymbol{x}=0$, 第 3 种包含两个等式约束, 并且为 $\begin{bmatrix} -1 & 1 & 1 & -1 \\ 1 & -1 & 1 & 1 \end{bmatrix}\boldsymbol{x}=\begin{bmatrix} 0 \\ 4 \end{bmatrix}$。

① 本例中的观测矩阵 $\boldsymbol{A}$ 具有 Vandermonde 形式。

首先, 将观测误差标准差固定为 $\sigma = 2$, 图 3.3 给出了观测数据点、真实多项式函数曲线, 以及 3 种线性最小二乘估计方法所得到的拟合曲线[①]; 然后, 改变观测误差标准差 σ 的数值 (从 0.1 变化至 2), 图 3.4 给出了 3 种线性最小二乘估计均方根误差随着观测误差标准差 σ 的变化曲线。

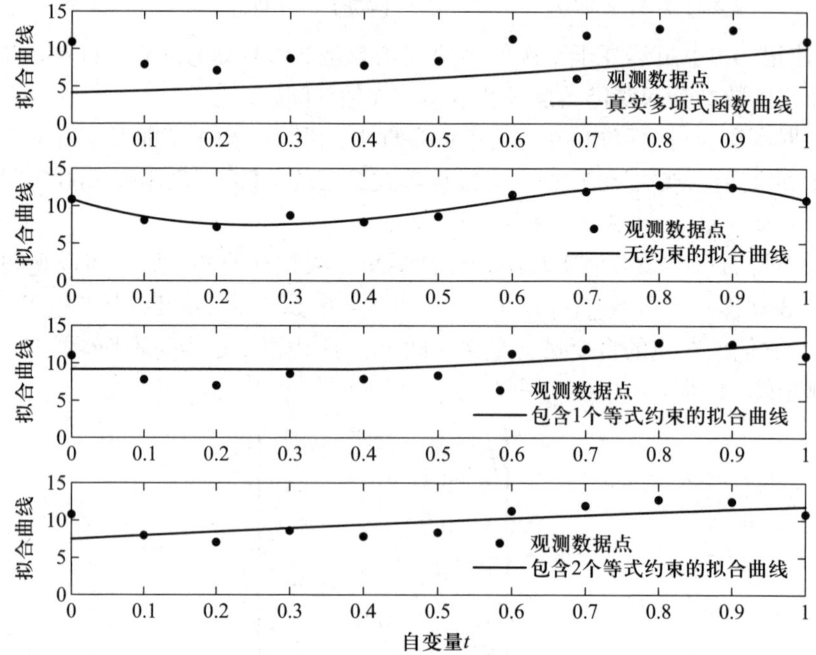

图 3.3　观测数据点与拟合曲线

从图 3.3 和图 3.4 中可以看出, 无论是否含有线性等式约束, 最小二乘估计均方根误差均可以达到相应的克拉美罗界, 从而验证了第 3.2.3 节和第 3.4.2 节理论分析的有效性。此外, 含有线性等式约束的最小二乘估计精度要高于无约束条件下的最小二乘估计精度, 并且等式约束的个数越多, 其性能增益越高。

① 由于观测误差服从随机分布，因此图 3.3 中仅能给出单次实验的拟合结果。

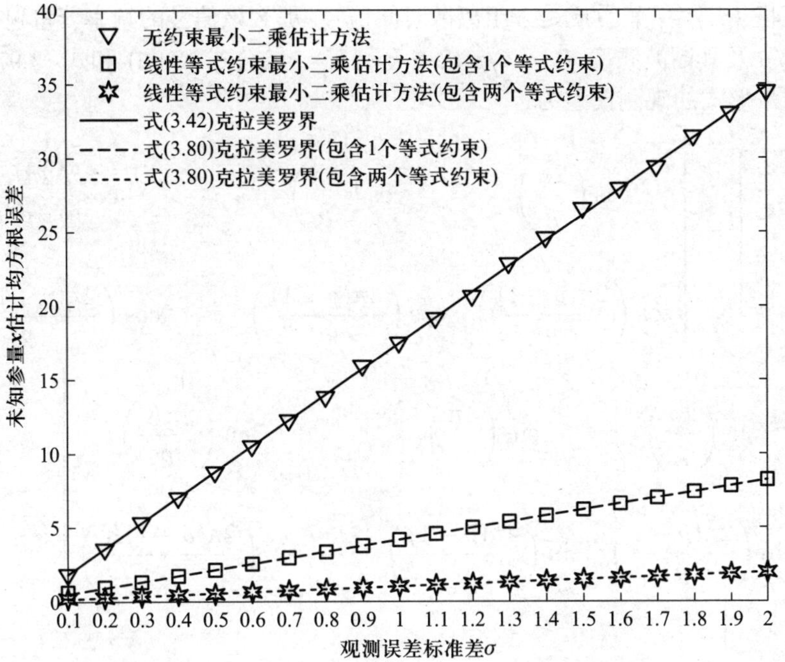

图 3.4　未知参量 $\boldsymbol{x}$ 估计均方根误差随着观测误差标准差 σ 的变化曲线

3.6.2　傅里叶系数估计

考虑如下信号观测模型

$$z_j=\sum_{k=1}^{K}\left(x_k^{(1)}\cos\left(\frac{2\pi k(j-1)}{p}\right)+x_k^{(2)}\sin\left(\frac{2\pi k(j-1)}{p}\right)\right)+e_j\quad(1\leqslant j\leqslant p) \tag{3.96}$$

式中:

$\{e_j\}_{1\leqslant j\leqslant p}$ 表示观测误差, 其服从均值为零、标准差为 σ 的高斯分布, 并且彼此间相互独立;

$\{x_k^{(1)}\}_{1\leqslant k\leqslant K}$ 和 $\{x_k^{(2)}\}_{1\leqslant k\leqslant K}$ 是需要估计的傅里叶系数, 于是可将未知参量定义为

$$\boldsymbol{x}=\left[\begin{array}{cccc:cccc}x_1^{(1)} & x_2^{(1)} & \cdots & x_K^{(1)} & x_1^{(2)} & x_2^{(2)} & \cdots & x_K^{(2)}\end{array}\right]^{\mathrm{T}}\in\mathbf{R}^{q\times 1} \tag{3.97}$$

其中 $q=2K$。由于 $q<p$, 于是 $p>2K$。

若将 $\{z_j\}_{1\leqslant j\leqslant p}$ 看成是一组离散时间信号, 那么该信号的频率分量包含基频 $f_1=1/p$ 及其谐波频率 $f_k=k/p\ (2\leqslant k\leqslant K)$。结合式 (3.96) 和式 (3.97) 可以得到向量形式的观测模型为

$$\boldsymbol{z}=\begin{bmatrix} z_1\\ z_2\\ \vdots\\ z_p\end{bmatrix}=\left[\begin{array}{cccc:cccc} 1 & 1 & \cdots & 1 & 0 & 0 & \cdots & 0\\ \cos\left(\dfrac{2\pi}{p}\right) & \cos\left(\dfrac{4\pi}{p}\right) & \cdots & \cos\left(\dfrac{2\pi K}{p}\right) & \sin\left(\dfrac{2\pi}{p}\right) & \sin\left(\dfrac{4\pi}{p}\right) & \cdots & \sin\left(\dfrac{2\pi K}{p}\right)\\ \vdots & \vdots & & \vdots & \vdots & \vdots & & \vdots\\ \cos\left(\dfrac{2\pi(p-1)}{p}\right) & \cos\left(\dfrac{4\pi(p-1)}{p}\right) & \cdots & \cos\left(\dfrac{2\pi(p-1)K}{p}\right) & \sin\left(\dfrac{2\pi(p-1}{p}\right) & \sin\left(\dfrac{4\pi(p-1)}{p}\right) & \cdots & \sin\left(\dfrac{2\pi(p-1)K}{p}\right) \end{array}\right]\left[\begin{array}{c} x_1^{(1)}\\ \vdots\\ x_K^{(1)}\\ \hdashline x_1^{(2)}\\ \vdots\\ x_K^{(2)}\end{array}\right]+\begin{bmatrix} e_1\\ e_2\\ \vdots\\ e_p\end{bmatrix}$$

$$=\boldsymbol{A}\boldsymbol{x}+\boldsymbol{e} \tag{3.98}$$

根据前面的假设可知, 观测误差向量 $\boldsymbol{e}$ 的协方差矩阵为 $\boldsymbol{E}=\sigma^2\boldsymbol{I}_p$, 其中 σ 表示每个观测误差的标准差。

注意到矩阵 $\boldsymbol{A}$ 中的列向量是相互正交的, 这是由于

$$\sum_{j=1}^{p}\cos\left(\frac{2\pi(j-1)k_1}{p}\right)\cos\left(\frac{2\pi(j-1)k_2}{p}\right)=\frac{p}{2}\delta_{k_1,k_2}\quad(1\leqslant k_1,\ k_2\leqslant K) \tag{3.99}$$

$$\sum_{j=1}^{p}\sin\left(\frac{2\pi(j-1)k_1}{p}\right)\sin\left(\frac{2\pi(j-1)k_2}{p}\right)=\frac{p}{2}\delta_{k_1,k_2}\quad(1\leqslant k_1,\ k_2\leqslant K) \tag{3.100}$$

$$\sum_{j=1}^{p}\cos\left(\frac{2\pi(j-1)k_1}{p}\right)\sin\left(\frac{2\pi(j-1)k_2}{p}\right)=0 \quad (1\leqslant k_1,\ k_2\leqslant K) \tag{3.101}$$

式 (3.99) 至式 (3.101) 的证明见附录 A。根据式 (3.99) 至式 (3.101) 可知

$$\boldsymbol{A}^{\mathrm{T}}\boldsymbol{A}=\frac{p}{2}\boldsymbol{I}_q \tag{3.102}$$

结合式 (3.11) 和式 (3.102) 可知, 在无约束条件下未知参量 $\boldsymbol{x}$ 的最小二乘估计值为

$$\hat{\boldsymbol{x}}_{\mathrm{LLS}}=\frac{2}{p}\boldsymbol{A}^{\mathrm{T}}\boldsymbol{z}=\frac{2}{p}\begin{bmatrix}\sum_{j=1}^{p}z_j\cos\left(\frac{2\pi(j-1)}{p}\right)\\ \vdots\\ \sum_{j=1}^{p}z_j\cos\left(\frac{2\pi(j-1)K}{p}\right)\\ \hdashline \sum_{j=1}^{p}z_j\sin\left(\frac{2\pi(j-1)}{p}\right)\\ \vdots\\ \sum_{j=1}^{p}z_j\sin\left(\frac{2\pi(j-1)K}{p}\right)\end{bmatrix} \tag{3.103}$$

结合式 (3.57) 和式 (3.102) 可知, 在线性等式约束条件下未知参量 $\boldsymbol{x}$ 的最小二乘估计值为

$$\hat{\boldsymbol{x}}_{\mathrm{LEC-LLS}}=\hat{\boldsymbol{x}}_{\mathrm{LLS}}-\boldsymbol{C}^{\mathrm{T}}(\boldsymbol{C}\boldsymbol{C}^{\mathrm{T}})^{-1}(\boldsymbol{C}\hat{\boldsymbol{x}}_{\mathrm{LLS}}-\boldsymbol{c}) \tag{3.104}$$

下面将通过一个数值实验统计线性最小二乘估计值的精度。假设 $p=12$, $K=3$, $x_k^{(1)}=x_k^{(2)}=1$ $(1\leqslant k\leqslant 3)$。这里仍然统计 3 种线性最小二乘估计值的精度。

第 1 种是无约束线性最小二乘估计精度; 第 2 种和第 3 种均为线性等式约束条件下的线性最小二乘估计精度, 但是等式约束的个数有所不同。

第 2 种包含两个等式约束, 并且为 $\begin{bmatrix}1&0&0&-1&0&0\\0&1&0&0&-1&0\end{bmatrix}\boldsymbol{x}=\begin{bmatrix}0\\0\end{bmatrix}$。

第 3 种包含 3 个等式约束, 并且为 $\begin{bmatrix}1&0&0&-1&0&0\\0&1&0&0&-1&0\\0&0&1&0&0&-1\end{bmatrix}\boldsymbol{x}=\begin{bmatrix}0\\0\\0\end{bmatrix}$。

改变观测误差标准差 σ 的数值 (从 0.1 变化至 2), 图 3.5 给出了 3 种线性最小二乘估计均方根误差随着观测误差标准差 σ 的变化曲线。图 3.5 中所呈现的结论与从图 3.4 中得到的结论相似, 限于篇幅不再赘述。

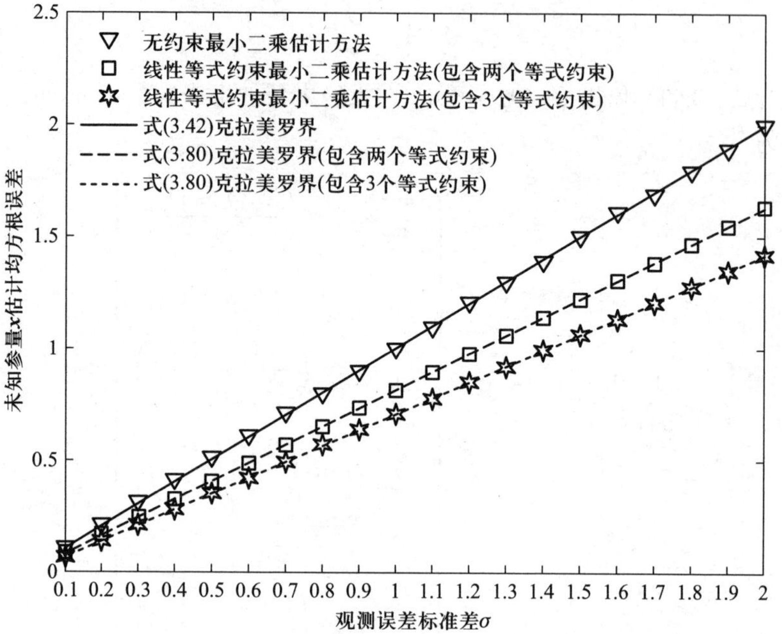

图 3.5　未知参量 $\boldsymbol{x}$ 估计均方根误差随着观测误差标准差 σ 的变化曲线

第 4 章 线性最小二乘估计理论与方法 Ⅱ: 递推求解

本章将讨论线性最小二乘估计中的另一个重要问题——递推求解。所谓递推求解, 就是利用递推公式获得线性最小二乘估计问题的最优解。这种求解方法可以避免矩阵求逆运算, 计算更为简单。本章将给出两类递推求解方法。第 1 类是按阶递推线性最小二乘估计方法, 该方法适用于观测模型函数阶数未知的情形, 并且可对观测模型函数的阶数进行预估。第 2 类是序贯线性最小二乘估计方法, 该方法适用于观测数据个数随着时间推进而不断增加的场景, 其优势在于可以利用最新的观测数据对未知参量进行实时更新。

4.1 按阶递推线性最小二乘估计

4.1.1 问题的引入

在实际应用中, 人们有时无法准确判断应采用何种观测模型函数进行参数估计, 即便已知观测模型的函数类型, 对于所应选用的函数阶数可能也是未知的, 而观测模型的函数阶数与未知参数个数直接相关, 下面不妨以多项式函数拟合为例进行讨论。

图 4.1 所示的观测数据点是由多项式函数 $f(t)=1+0.3t+0.001t^2$ 所生成的, 其自变量 t 在区间 [0, 200] 内以 1 为间隔均匀取值, 共产生了 201 个观测数据 $\{z_j\}_{1\leqslant j\leqslant 201}$, 其观测误差 $\{e_j\}_{1\leqslant j\leqslant 201}$ 服从均值为零、标准差为 5 的高斯分布, 并且彼此间相互独立。

由于观测误差的存在, 从观测数据中难以判断应该选取几阶多项式函数进行拟合, 图 4.2 至图 4.6 分别给出了常数拟合、直线拟合、抛物线拟合、3 阶多项式函数拟合和 4 阶多项式函数拟合曲线, 其中还给出了最小二乘误差值①。可以看出, 随着多项式函数阶数的增加, 其拟合效果越来越好, 最小二乘误差值也越来越小。事实上, 随着多项式函数阶数的增加, 其最小二乘误差值总是会递减的 (见式 (4.18)), 甚至可能会逼近零, 这是因为当多项式函数阶数加 1 等于观测数

① 这里所说的最小二乘误差值可以理解为拟合残差, 其计算公式为 $J_{\mathrm{MIN}}=\|\boldsymbol{E}^{-1/2}(\boldsymbol{z}-\boldsymbol{A}\hat{\boldsymbol{x}}_{\mathrm{LLS}})\|_2^2$。

据个数时, 观测量个数与未知参数个数完全相等, 此时所拟合出的函数曲线恰好经过每个数据点, 从而使最小二乘误差值等于零。然而, 这样的拟合曲线未必是想要的结果, 因为其对观测误差也进行了拟合, 这种现象称为 “过拟合”。

为了解决函数阶数未知的问题, 可以逐次增加函数阶数, 直至最小二乘误差值不再显著降低为止。如图 4.7 所示是本例中的最小二乘误差值随着多项式函数阶数的变化曲线。从图中可以看出, 当多项式函数阶数大于 2 阶时, 最小二乘误差值的下降速度会明显放缓, 说明此时新增的函数分量主要用于对观测误差进行拟合。需要指出的是, 如果选取正确的模型函数进行拟合, 并且参数估计值也较为准确, 此时的最小二乘误差值应该近似为

$$
\begin{aligned}
J_{\mathrm{MIN}} &= \sum_{j=1}^{201}(z_j - (\langle\hat{\boldsymbol{x}}_{\mathrm{LLS}}\rangle_1 + \langle\hat{\boldsymbol{x}}_{\mathrm{LLS}}\rangle_2 t_j + \langle\hat{\boldsymbol{x}}_{\mathrm{LLS}}\rangle_3 t_j^2))^2 \\
&\approx \sum_{j=1}^{201} e_j^2 \approx 201 \times 5^2 = 5\,025
\end{aligned} \tag{4.1}
$$

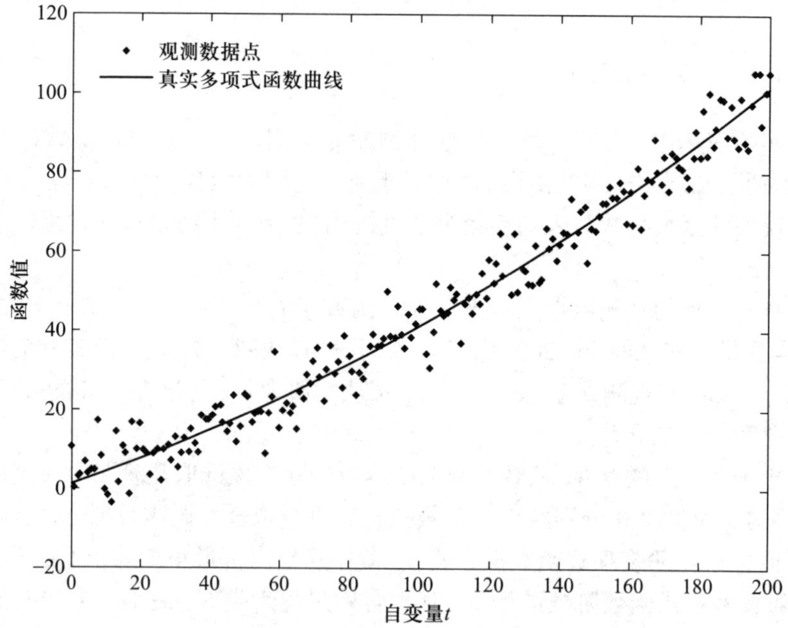

图 4.1　多项式函数曲线与观测数据点

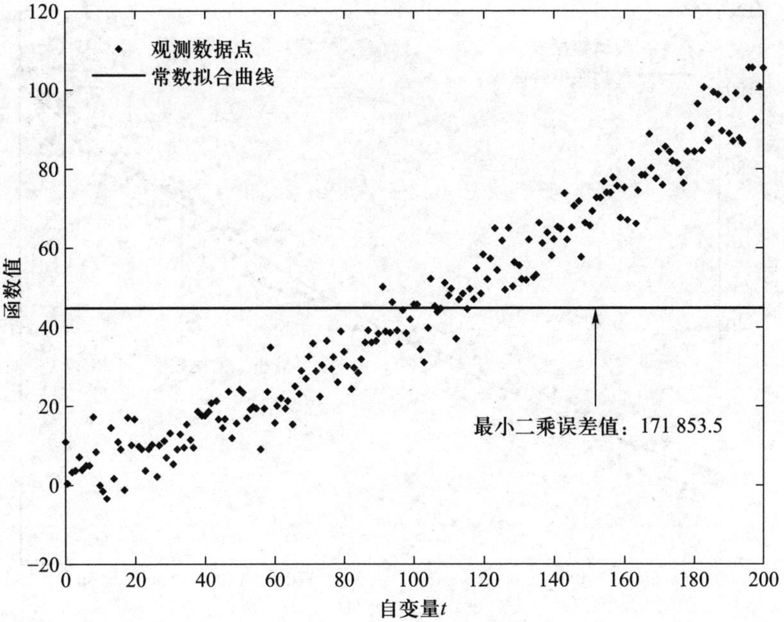

图 4.2　常数拟合曲线

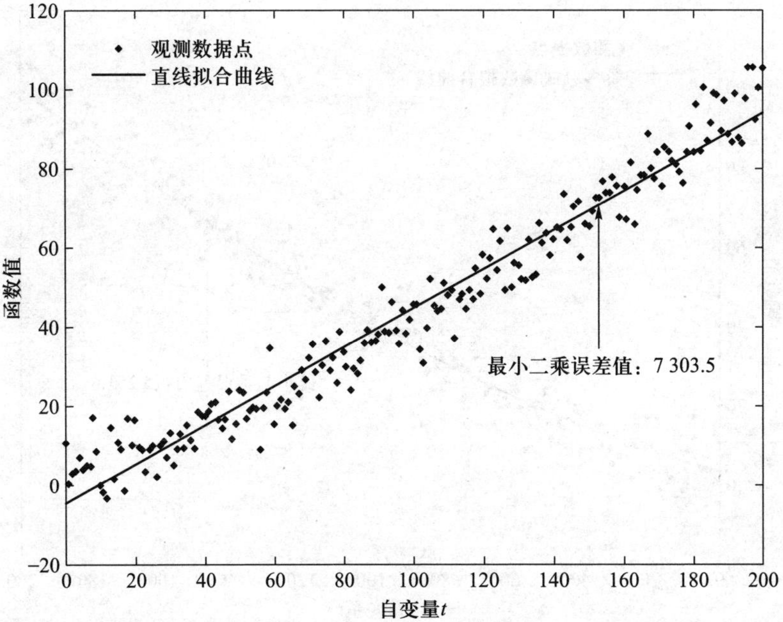

图 4.3　直线拟合曲线

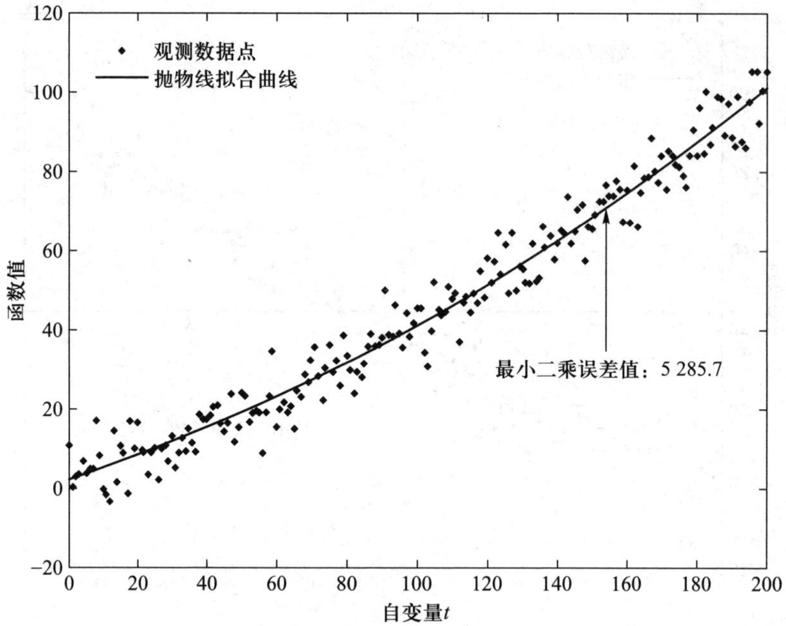

图 4.4　抛物线拟合曲线

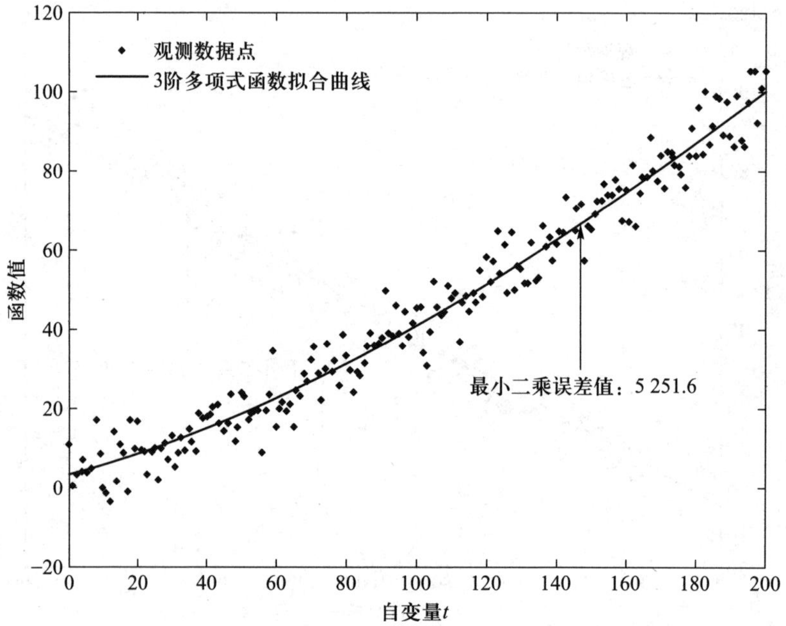

图 4.5　3 阶多项式函数拟合曲线

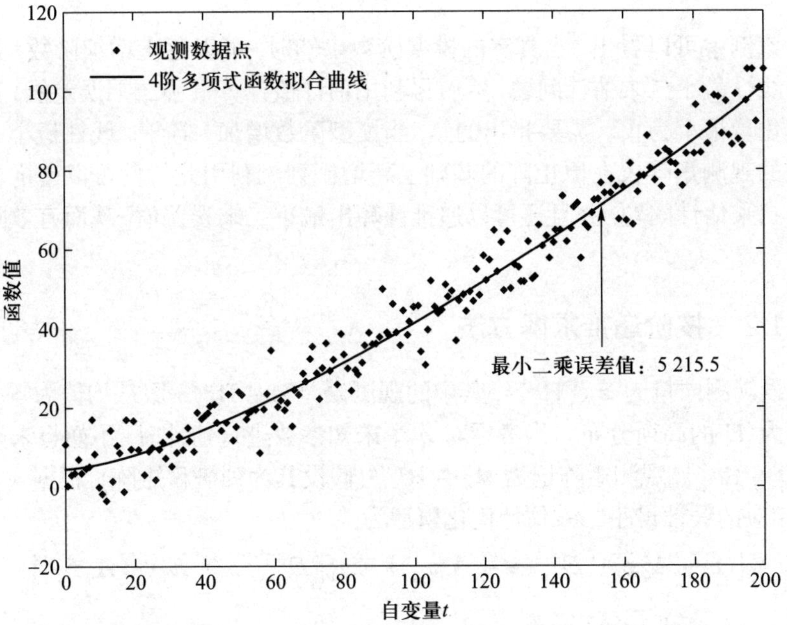

图 4.6　4 阶多项式函数拟合曲线

式中 $\langle \hat{\boldsymbol{x}}_{\mathrm{LLS}} \rangle_j$ 表示线性最小二乘估计值 $\hat{\boldsymbol{x}}_{\mathrm{LLS}}$ 中的第 j 个分量, t_j 表示 z_j 所对应的自变量。显然, 图 4.7 中给出的最小二乘误差值与该值是较为接近的, 这增加了所选模型函数的置信度。

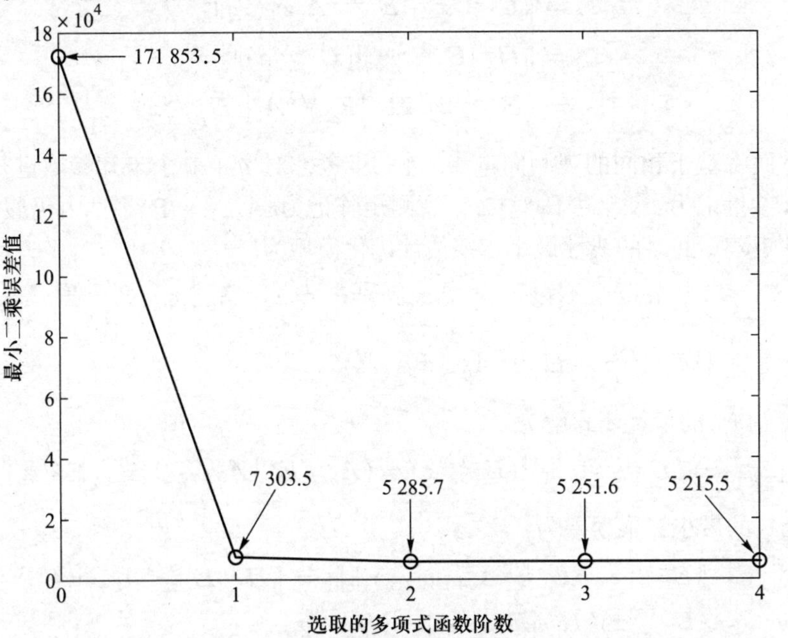

图 4.7　最小二乘误差值随着多项式函数阶数的变化曲线

从该例中可以看出，当真实的模型阶数未知时，可以逐次增加阶数，并求解相应的线性最小二乘估计问题，然后再利用估计值计算最小二乘误差值，直至该值的变化量很小为止。需要指出的是，当模型阶数增加一阶时，线性最小二乘估计问题的观测矩阵仅在原矩阵的基础上新增一列。利用此特性可以递推求解线性最小二乘估计问题，并且还可以递推计算出最小二乘误差值，从而有效降低运算量。

4.1.2 按阶递推求解方法

假设观测向量为 $\boldsymbol{z} \in \mathbf{R}^{p\times 1}$，其中的观测误差 $\boldsymbol{e} \in \mathbf{R}^{p\times 1}$ 服从均值为零、协方差矩阵为 $\boldsymbol{E}$ 的高斯分布。当考虑对 q 个未知参数进行估计时，不妨将未知参量记为 $\boldsymbol{x}_q \in \mathbf{R}^{q\times 1}$，观测矩阵记为 $\boldsymbol{A}_q \in \mathbf{R}^{p\times q}$(假设其为列满秩矩阵)，根据式 (3.10) 可知，相应的线性最小二乘估计优化模型为

$$\min_{\boldsymbol{x}_q \in \mathbf{R}^{q\times 1}} \{(\boldsymbol{z}-\boldsymbol{A}_q\boldsymbol{x}_q)^{\mathrm{T}}\boldsymbol{E}^{-1}(\boldsymbol{z}-\boldsymbol{A}_q\boldsymbol{x}_q)\} \text{ 或 } \{\|\boldsymbol{E}^{-1/2}\boldsymbol{z}-\boldsymbol{E}^{-1/2}\boldsymbol{A}_q\boldsymbol{x}_q\|_2^2\} \tag{4.2}$$

式 (4.2) 的最优闭式解为

$$\hat{\boldsymbol{x}}_{\mathrm{LLS},q} = (\boldsymbol{E}^{-1/2}\boldsymbol{A}_q)^{\dagger}(\boldsymbol{E}^{-1/2}\boldsymbol{z}) = (\boldsymbol{A}_q^{\mathrm{T}}\boldsymbol{E}^{-1}\boldsymbol{A}_q)^{-1}\boldsymbol{A}_q^{\mathrm{T}}\boldsymbol{E}^{-1}\boldsymbol{z} \tag{4.3}$$

相应的最小二乘误差为

$$\begin{aligned} J_{\mathrm{MIN},q} &= \|\boldsymbol{E}^{-1/2}\boldsymbol{z}-\boldsymbol{E}^{-1/2}\boldsymbol{A}_q\hat{\boldsymbol{x}}_{\mathrm{LLS},q}\|_2^2 \\ &= \|\boldsymbol{\Pi}^{\perp}[\boldsymbol{E}^{-1/2}\boldsymbol{A}_q](\boldsymbol{E}^{-1/2}\boldsymbol{z})\|_2^2 \\ &= (\boldsymbol{E}^{-1/2}\boldsymbol{z})^{\mathrm{T}}\boldsymbol{\Pi}^{\perp}[\boldsymbol{E}^{-1/2}\boldsymbol{A}_q](\boldsymbol{E}^{-1/2}\boldsymbol{z}) \end{aligned} \tag{4.4}$$

下面将基于相同的观测向量 $\boldsymbol{z}$，进一步考虑对 $q+1$ 个未知参数进行估计。将未知参量记为 $\boldsymbol{x}_{q+1} \in \mathbf{R}^{(q+1)\times 1}$，观测矩阵记为 $\boldsymbol{A}_{q+1} \in \mathbf{R}^{p\times(q+1)}$(仍假设其为列满秩矩阵)，此时的线性最小二乘估计优化模型为

$$\begin{aligned} &\min_{\boldsymbol{x}_{q+1} \in \mathbf{R}^{(q+1)\times 1}} \{(\boldsymbol{z}-\boldsymbol{A}_{q+1}\boldsymbol{x}_{q+1})^{\mathrm{T}}\boldsymbol{E}^{-1}(\boldsymbol{z}-\boldsymbol{A}_{q+1}\boldsymbol{x}_{q+1})\} \text{ 或} \\ &\{\|\boldsymbol{E}^{-1/2}\boldsymbol{z}-\boldsymbol{E}^{-1/2}\boldsymbol{A}_{q+1}\boldsymbol{x}_{q+1}\|_2^2\} \end{aligned} \tag{4.5}$$

式 (4.5) 的最优闭式解为

$$\hat{\boldsymbol{x}}_{\mathrm{LLS},q+1} = (\boldsymbol{E}^{-1/2}\boldsymbol{A}_{q+1})^{\dagger}(\boldsymbol{E}^{-1/2}\boldsymbol{z}) = (\boldsymbol{A}_{q+1}^{\mathrm{T}}\boldsymbol{E}^{-1}\boldsymbol{A}_{q+1})^{-1}\boldsymbol{A}_{q+1}^{\mathrm{T}}\boldsymbol{E}^{-1}\boldsymbol{z} \tag{4.6}$$

相应的最小二乘误差为

$$\begin{aligned} J_{\mathrm{MIN},q+1} &= \|\boldsymbol{E}^{-1/2}\boldsymbol{z}-\boldsymbol{E}^{-1/2}\boldsymbol{A}_{q+1}\hat{\boldsymbol{x}}_{\mathrm{LLS},q+1}\|_2^2 = \|\boldsymbol{\Pi}^{\perp}[\boldsymbol{E}^{-1/2}\boldsymbol{A}_{q+1}](\boldsymbol{E}^{-1/2}\boldsymbol{z})\|_2^2 \\ &= (\boldsymbol{E}^{-1/2}\boldsymbol{z})^{\mathrm{T}}\boldsymbol{\Pi}^{\perp}[\boldsymbol{E}^{-1/2}\boldsymbol{A}_{q+1}](\boldsymbol{E}^{-1/2}\boldsymbol{z}) \end{aligned} \tag{4.7}$$

下面将推导两个递推公式: 第一个公式是利用 $\hat{\boldsymbol{x}}_{\mathrm{LLS},q}$ 递推求解 $\hat{\boldsymbol{x}}_{\mathrm{LLS},q+1}$; 第二个公式是利用 $J_{\mathrm{MIN},q}$ 递推求解 $J_{\mathrm{MIN},q+1}$。

一、第一个递推公式

注意到矩阵 $\boldsymbol{A}_{q+1}$ 与矩阵 $\boldsymbol{A}_q$ 之间的关系为

$$\boldsymbol{A}_{q+1}=[\boldsymbol{A}_q \quad \boldsymbol{a}_{q+1}] \tag{4.8}$$

于是有

$$\begin{aligned}\boldsymbol{A}_{q+1}^{\mathrm{T}}\boldsymbol{E}^{-1}\boldsymbol{A}_{q+1}&=\begin{bmatrix}\boldsymbol{A}_q^{\mathrm{T}}\\ \boldsymbol{a}_{q+1}^{\mathrm{T}}\end{bmatrix}\boldsymbol{E}^{-1}[\boldsymbol{A}_q \quad \boldsymbol{a}_{q+1}]\\ &=\left[\begin{array}{cc}\underbrace{\boldsymbol{A}_q^{\mathrm{T}}\boldsymbol{E}^{-1}\boldsymbol{A}_q}_{q\times q} & \underbrace{\boldsymbol{A}_q^{\mathrm{T}}\boldsymbol{E}^{-1}\boldsymbol{a}_{q+1}}_{q\times 1}\\ \hdashline \underbrace{\boldsymbol{a}_{q+1}^{\mathrm{T}}\boldsymbol{E}^{-1}\boldsymbol{A}_q}_{1\times q} & \underbrace{\boldsymbol{a}_{q+1}^{\mathrm{T}}\boldsymbol{E}^{-1}\boldsymbol{a}_{q+1}}_{1\times 1}\end{array}\right]\end{aligned} \tag{4.9}$$

为了简化理论推导, 不妨记 $\boldsymbol{B}_q=(\boldsymbol{A}_q^{\mathrm{T}}\boldsymbol{E}^{-1}\boldsymbol{A}_q)^{-1}$ 和 $\boldsymbol{B}_{q+1}=(\boldsymbol{A}_{q+1}^{\mathrm{T}}\boldsymbol{E}^{-1}\boldsymbol{A}_{q+1})^{-1}$, 根据式 (2.17) 可得

$$\begin{aligned}\boldsymbol{B}_{q+1}&=(\boldsymbol{A}_{q+1}^{\mathrm{T}}\boldsymbol{E}^{-1}\boldsymbol{A}_{q+1})^{-1}=\begin{bmatrix}\boldsymbol{A}_q^{\mathrm{T}}\boldsymbol{E}^{-1}\boldsymbol{A}_q & \boldsymbol{A}_q^{\mathrm{T}}\boldsymbol{E}^{-1}\boldsymbol{a}_{q+1}\\ \boldsymbol{a}_{q+1}^{\mathrm{T}}\boldsymbol{E}^{-1}\boldsymbol{A}_q & \boldsymbol{a}_{q+1}^{\mathrm{T}}\boldsymbol{E}^{-1}\boldsymbol{a}_{q+1}\end{bmatrix}^{-1}\\ &=\left[\begin{array}{c:c}\underbrace{\left(\boldsymbol{A}_q^{\mathrm{T}}\boldsymbol{E}^{-1}\boldsymbol{A}_q-\dfrac{\boldsymbol{A}_q^{\mathrm{T}}\boldsymbol{E}^{-1}\boldsymbol{a}_{q+1}\boldsymbol{a}_{q+1}^{\mathrm{T}}\boldsymbol{E}^{-1}\boldsymbol{A}_q}{\boldsymbol{a}_{q+1}^{\mathrm{T}}\boldsymbol{E}^{-1}\boldsymbol{a}_{q+1}}\right)^{-1}}_{q\times q} & \underbrace{-\dfrac{(\boldsymbol{A}_q^{\mathrm{T}}\boldsymbol{E}^{-1}\boldsymbol{A}_q)^{-1}\boldsymbol{A}_q^{\mathrm{T}}\boldsymbol{E}^{-1}\boldsymbol{a}_{q+1}}{\boldsymbol{a}_{q+1}^{\mathrm{T}}\boldsymbol{E}^{-1}\boldsymbol{a}_{q+1}-\boldsymbol{a}_{q+1}^{\mathrm{T}}\boldsymbol{E}^{-1}\boldsymbol{A}_q(\boldsymbol{A}_q^{\mathrm{T}}\boldsymbol{E}^{-1}\boldsymbol{A}_q)^{-1}\boldsymbol{A}_q^{\mathrm{T}}\boldsymbol{E}^{-1}\boldsymbol{a}_{q+1}}}_{q\times 1}\\ \hdashline \underbrace{-\dfrac{\boldsymbol{a}_{q+1}^{\mathrm{T}}\boldsymbol{E}^{-1}\boldsymbol{A}_q(\boldsymbol{A}_q^{\mathrm{T}}\boldsymbol{E}^{-1}\boldsymbol{A}_q)^{-1}}{\boldsymbol{a}_{q+1}^{\mathrm{T}}\boldsymbol{E}^{-1}\boldsymbol{a}_{q+1}-\boldsymbol{a}_{q+1}^{\mathrm{T}}\boldsymbol{E}^{-1}\boldsymbol{A}_q(\boldsymbol{A}_q^{\mathrm{T}}\boldsymbol{E}^{-1}\boldsymbol{A}_q)^{-1}\boldsymbol{A}_q^{\mathrm{T}}\boldsymbol{E}^{-1}\boldsymbol{a}_{q+1}}}_{1\times q} & \underbrace{\dfrac{1}{\boldsymbol{a}_{q+1}^{\mathrm{T}}\boldsymbol{E}^{-1}\boldsymbol{a}_{q+1}-\boldsymbol{a}_{q+1}^{\mathrm{T}}\boldsymbol{E}^{-1}\boldsymbol{A}_q(\boldsymbol{A}_q^{\mathrm{T}}\boldsymbol{E}^{-1}\boldsymbol{A}_q)^{-1}\boldsymbol{A}_q^{\mathrm{T}}\boldsymbol{E}^{-1}\boldsymbol{a}_{q+1}}}_{1\times 1}\end{array}\right]\end{aligned}$$

$$
= \left[\begin{array}{c:c}
\underbrace{\left(\boldsymbol{A}_q^{\mathrm{T}}\boldsymbol{E}^{-1}\boldsymbol{A}_q - \dfrac{\boldsymbol{A}_q^{\mathrm{T}}\boldsymbol{E}^{-1}\boldsymbol{a}_{q+1}\boldsymbol{a}_{q+1}^{\mathrm{T}}\boldsymbol{E}^{-1}\boldsymbol{A}_q}{\boldsymbol{a}_{q+1}^{\mathrm{T}}\boldsymbol{E}^{-1}\boldsymbol{a}_{q+1}}\right)^{-1}}_{q\times q} & \underbrace{-\dfrac{\boldsymbol{B}_q\boldsymbol{A}_q^{\mathrm{T}}\boldsymbol{E}^{-1}\boldsymbol{a}_{q+1}}{\boldsymbol{a}_{q+1}^{\mathrm{T}}\boldsymbol{E}^{-1}\boldsymbol{a}_{q+1} - \boldsymbol{a}_{q+1}^{\mathrm{T}}\boldsymbol{E}^{-1}\boldsymbol{A}_q\boldsymbol{B}_q\boldsymbol{A}_q^{\mathrm{T}}\boldsymbol{E}^{-1}\boldsymbol{a}_{q+1}}}_{q\times 1} \\
\hdashline
\underbrace{-\dfrac{\boldsymbol{a}_{q+1}^{\mathrm{T}}\boldsymbol{E}^{-1}\boldsymbol{A}_q\boldsymbol{B}_q}{\boldsymbol{a}_{q+1}^{\mathrm{T}}\boldsymbol{E}^{-1}\boldsymbol{a}_{q+1} - \boldsymbol{a}_{q+1}^{\mathrm{T}}\boldsymbol{E}^{-1}\boldsymbol{A}_q\boldsymbol{B}_q\boldsymbol{A}_q^{\mathrm{T}}\boldsymbol{E}^{-1}\boldsymbol{a}_{q+1}}}_{1\times q} & \underbrace{\dfrac{1}{\boldsymbol{a}_{q+1}^{\mathrm{T}}\boldsymbol{E}^{-1}\boldsymbol{a}_{q+1} - \boldsymbol{a}_{q+1}^{\mathrm{T}}\boldsymbol{E}^{-1}\boldsymbol{A}_q\boldsymbol{B}_q\boldsymbol{A}_q^{\mathrm{T}}\boldsymbol{E}^{-1}\boldsymbol{a}_{q+1}}}_{1\times 1}
\end{array}\right] \tag{4.10}
$$

利用命题 2.3 可知

$$
\begin{aligned}
&\left(\boldsymbol{A}_q^{\mathrm{T}}\boldsymbol{E}^{-1}\boldsymbol{A}_q - \frac{\boldsymbol{A}_q^{\mathrm{T}}\boldsymbol{E}^{-1}\boldsymbol{a}_{q+1}\boldsymbol{a}_{q+1}^{\mathrm{T}}\boldsymbol{E}^{-1}\boldsymbol{A}_q}{\boldsymbol{a}_{q+1}^{\mathrm{T}}\boldsymbol{E}^{-1}\boldsymbol{a}_{q+1}}\right)^{-1} = (\boldsymbol{A}_q^{\mathrm{T}}\boldsymbol{E}^{-1}\boldsymbol{A}_q)^{-1} \\
&\quad + \frac{(\boldsymbol{A}_q^{\mathrm{T}}\boldsymbol{E}^{-1}\boldsymbol{A}_q)^{-1}\boldsymbol{A}_q^{\mathrm{T}}\boldsymbol{E}^{-1}\boldsymbol{a}_{q+1}\boldsymbol{a}_{q+1}^{\mathrm{T}}\boldsymbol{E}^{-1}\boldsymbol{A}_q(\boldsymbol{A}_q^{\mathrm{T}}\boldsymbol{E}^{-1}\boldsymbol{A}_q)^{-1}}{\boldsymbol{a}_{q+1}^{\mathrm{T}}\boldsymbol{E}^{-1}\boldsymbol{a}_{q+1} - \boldsymbol{a}_{q+1}^{\mathrm{T}}\boldsymbol{E}^{-1}\boldsymbol{A}_q(\boldsymbol{A}_q^{\mathrm{T}}\boldsymbol{E}^{-1}\boldsymbol{A}_q)^{-1}\boldsymbol{A}_q^{\mathrm{T}}\boldsymbol{E}^{-1}\boldsymbol{a}_{q+1}} \\
&= \boldsymbol{B}_q + \frac{\boldsymbol{B}_q\boldsymbol{A}_q^{\mathrm{T}}\boldsymbol{E}^{-1}\boldsymbol{a}_{q+1}\boldsymbol{a}_{q+1}^{\mathrm{T}}\boldsymbol{E}^{-1}\boldsymbol{A}_q\boldsymbol{B}_q}{\boldsymbol{a}_{q+1}^{\mathrm{T}}\boldsymbol{E}^{-1}\boldsymbol{a}_{q+1} - \boldsymbol{a}_{q+1}^{\mathrm{T}}\boldsymbol{E}^{-1}\boldsymbol{A}_q\boldsymbol{B}_q\boldsymbol{A}_q^{\mathrm{T}}\boldsymbol{E}^{-1}\boldsymbol{a}_{q+1}}
\end{aligned} \tag{4.11}
$$

另有

$$
\begin{aligned}
&\boldsymbol{a}_{q+1}^{\mathrm{T}}\boldsymbol{E}^{-1}\boldsymbol{a}_{q+1} - \boldsymbol{a}_{q+1}^{\mathrm{T}}\boldsymbol{E}^{-1}\boldsymbol{A}_q\boldsymbol{B}_q\boldsymbol{A}_q^{\mathrm{T}}\boldsymbol{E}^{-1}\boldsymbol{a}_{q+1} \\
&= (\boldsymbol{E}^{-1/2}\boldsymbol{a}_{q+1})^{\mathrm{T}}(\boldsymbol{I}_p - \boldsymbol{E}^{-1/2}\boldsymbol{A}_q(\boldsymbol{A}_q^{\mathrm{T}}\boldsymbol{E}^{-1}\boldsymbol{A}_q)^{-1}\boldsymbol{A}_q^{\mathrm{T}}\boldsymbol{E}^{-1/2})(\boldsymbol{E}^{-1/2}\boldsymbol{a}_{q+1}) \\
&= (\boldsymbol{E}^{-1/2}\boldsymbol{a}_{q+1})^{\mathrm{T}}\boldsymbol{\Pi}^{\perp}[\boldsymbol{E}^{-1/2}\boldsymbol{A}_q](\boldsymbol{E}^{-1/2}\boldsymbol{a}_{q+1})
\end{aligned} \tag{4.12}
$$

式中 $\boldsymbol{\Pi}^{\perp}[\boldsymbol{E}^{-1/2}\boldsymbol{A}_q] = \boldsymbol{I}_p - \boldsymbol{E}^{-1/2}\boldsymbol{A}_q\boldsymbol{B}_q\boldsymbol{A}_q^{\mathrm{T}}\boldsymbol{E}^{-1/2}$。将式 (4.11) 和式 (4.12) 代入式 (4.10), 可得

$$
\boldsymbol{B}_{q+1} = \left[\begin{array}{c:}
\underbrace{\boldsymbol{B}_q + \dfrac{\boldsymbol{B}_q\boldsymbol{A}_q^{\mathrm{T}}\boldsymbol{E}^{-1}\boldsymbol{a}_{q+1}\boldsymbol{a}_{q+1}^{\mathrm{T}}\boldsymbol{E}^{-1}\boldsymbol{A}_q\boldsymbol{B}_q}{(\boldsymbol{E}^{-1/2}\boldsymbol{a}_{q+1})^{\mathrm{T}}\boldsymbol{\Pi}^{\perp}[\boldsymbol{E}^{-1/2}\boldsymbol{A}_q](\boldsymbol{E}^{-1/2}\boldsymbol{a}_{q+1})}}_{q\times q} \\
\hdashline
\underbrace{-\dfrac{\boldsymbol{a}_{q+1}^{\mathrm{T}}\boldsymbol{E}^{-1}\boldsymbol{A}_q\boldsymbol{B}_q}{(\boldsymbol{E}^{-1/2}\boldsymbol{a}_{q+1})^{\mathrm{T}}\boldsymbol{\Pi}^{\perp}[\boldsymbol{E}^{-1/2}\boldsymbol{A}_q](\boldsymbol{E}^{-1/2}\boldsymbol{a}_{q+1})}}_{1\times q}
\end{array}\right.
$$

$$
\left.\begin{array}{c}
-\underbrace{\dfrac{\boldsymbol{B}_q\boldsymbol{A}_q^{\mathrm{T}}\boldsymbol{E}^{-1}\boldsymbol{a}_{q+1}}{(\boldsymbol{E}^{-1/2}\boldsymbol{a}_{q+1})^{\mathrm{T}}\boldsymbol{\Pi}^{\perp}[\boldsymbol{E}^{-1/2}\boldsymbol{A}_q](\boldsymbol{E}^{-1/2}\boldsymbol{a}_{q+1})}}_{q\times 1} \\
\hdashline
\underbrace{\dfrac{1}{(\boldsymbol{E}^{-1/2}\boldsymbol{a}_{q+1})^{\mathrm{T}}\boldsymbol{\Pi}^{\perp}[\boldsymbol{E}^{-1/2}\boldsymbol{A}_q](\boldsymbol{E}^{-1/2}\boldsymbol{a}_{q+1})}}_{1\times 1}
\end{array}\right] \tag{4.13}
$$

然后将式 (4.8) 和式 (4.13) 代入式 (4.6), 可知

$$
\begin{aligned}
&\hat{\boldsymbol{x}}_{\mathrm{LLS},q+1} \\
&=\boldsymbol{B}_{q+1}\boldsymbol{A}_{q+1}^{\mathrm{T}}\boldsymbol{E}^{-1}\boldsymbol{z}=\boldsymbol{B}_{q+1}\begin{bmatrix}\boldsymbol{A}_q^{\mathrm{T}}\boldsymbol{E}^{-1}\boldsymbol{z}\\ \boldsymbol{a}_{q+1}^{\mathrm{T}}\boldsymbol{E}^{-1}\boldsymbol{z}\end{bmatrix} \\
&=\begin{bmatrix}
\boldsymbol{B}_q\boldsymbol{A}_q^{\mathrm{T}}\boldsymbol{E}^{-1}\boldsymbol{z}+ \\
\dfrac{\boldsymbol{B}_q\boldsymbol{A}_q^{\mathrm{T}}\boldsymbol{E}^{-1}\boldsymbol{a}_{q+1}\boldsymbol{a}_{q+1}^{\mathrm{T}}\boldsymbol{E}^{-1}\boldsymbol{A}_q\boldsymbol{B}_q\boldsymbol{A}_q^{\mathrm{T}}\boldsymbol{E}^{-1}\boldsymbol{z}-\boldsymbol{B}_q\boldsymbol{A}_q^{\mathrm{T}}\boldsymbol{E}^{-1}\boldsymbol{a}_{q+1}\boldsymbol{a}_{q+1}^{\mathrm{T}}\boldsymbol{E}^{-1}\boldsymbol{z}}{(\boldsymbol{E}^{-1/2}\boldsymbol{a}_{q+1})^{\mathrm{T}}\boldsymbol{\Pi}^{\perp}[\boldsymbol{E}^{-1/2}\boldsymbol{A}_q](\boldsymbol{E}^{-1/2}\boldsymbol{a}_{q+1})} \\
\dfrac{\boldsymbol{a}_{q+1}^{\mathrm{T}}\boldsymbol{E}^{-1}\boldsymbol{z}-\boldsymbol{a}_{q+1}^{\mathrm{T}}\boldsymbol{E}^{-1}\boldsymbol{A}_q\boldsymbol{B}_q\boldsymbol{A}_q^{\mathrm{T}}\boldsymbol{E}^{-1}\boldsymbol{z}}{(\boldsymbol{E}^{-1/2}\boldsymbol{a}_{q+1})^{\mathrm{T}}\boldsymbol{\Pi}^{\perp}[\boldsymbol{E}^{-1/2}\boldsymbol{A}_q](\boldsymbol{E}^{-1/2}\boldsymbol{a}_{q+1})}
\end{bmatrix} \\
&=\begin{bmatrix}
\hat{\boldsymbol{x}}_{\mathrm{LLS},q}-\dfrac{\boldsymbol{B}_q\boldsymbol{A}_q^{\mathrm{T}}\boldsymbol{E}^{-1}\boldsymbol{a}_{q+1}(\boldsymbol{E}^{-1/2}\boldsymbol{a}_{q+1})^{\mathrm{T}}\boldsymbol{\Pi}^{\perp}[\boldsymbol{E}^{-1/2}\boldsymbol{A}_q](\boldsymbol{E}^{-1/2}\boldsymbol{z})}{(\boldsymbol{E}^{-1/2}\boldsymbol{a}_{q+1})^{\mathrm{T}}\boldsymbol{\Pi}^{\perp}[\boldsymbol{E}^{-1/2}\boldsymbol{A}_q](\boldsymbol{E}^{-1/2}\boldsymbol{a}_{q+1})} \\
\dfrac{(\boldsymbol{E}^{-1/2}\boldsymbol{a}_{q+1})^{\mathrm{T}}\boldsymbol{\Pi}^{\perp}[\boldsymbol{E}^{-1/2}\boldsymbol{A}_q](\boldsymbol{E}^{-1/2}\boldsymbol{z})}{(\boldsymbol{E}^{-1/2}\boldsymbol{a}_{q+1})^{\mathrm{T}}\boldsymbol{\Pi}^{\perp}[\boldsymbol{E}^{-1/2}\boldsymbol{A}_q](\boldsymbol{E}^{-1/2}\boldsymbol{a}_{q+1})}
\end{bmatrix}
\end{aligned} \tag{4.14}
$$

需要指出的是, 为了避免计算矩阵 $\boldsymbol{B}_q$ 时所需的矩阵求逆运算, 可以根据式 (4.13) 进行递推计算。表 4.1 给出了利用 $\hat{\boldsymbol{x}}_{\mathrm{LLS},q}$ 递推求解 $\hat{\boldsymbol{x}}_{\mathrm{LLS},q+1}$ 的计算步骤。

表 4.1 利用 $\hat{\boldsymbol{x}}_{\mathrm{LLS},q}$ 递推求解 $\hat{\boldsymbol{x}}_{\mathrm{LLS},q+1}$ 的计算步骤

步骤	求解方法
1	令 $q:=1$, 并计算 $\hat{\boldsymbol{x}}_{\mathrm{LLS},q}=\dfrac{\boldsymbol{a}_1^{\mathrm{T}}\boldsymbol{E}^{-1}\boldsymbol{z}}{\boldsymbol{a}_1^{\mathrm{T}}\boldsymbol{E}^{-1}\boldsymbol{a}_1}$ 和 $\boldsymbol{B}_q=\dfrac{1}{\boldsymbol{a}_1^{\mathrm{T}}\boldsymbol{E}^{-1}\boldsymbol{a}_1}$
2	计算 $\boldsymbol{\Pi}^{\perp}[\boldsymbol{E}^{-1/2}\boldsymbol{A}_q]=\boldsymbol{I}_p-\boldsymbol{E}^{-1/2}\boldsymbol{A}_q\boldsymbol{B}_q\boldsymbol{A}_q^{\mathrm{T}}\boldsymbol{E}^{-1/2}$
3	利用式 (4.14) 计算 $\hat{\boldsymbol{x}}_{\mathrm{LLS},q+1}$
4	利用式 (4.13) 计算 $\boldsymbol{B}_{q+1}$, 并令 $q:=q+1$, 然后转至步骤 2

【注记 4.1】在该递推算法的步骤 1 中, 矩阵 $\boldsymbol{A}_1$ 已经退化为向量 $\boldsymbol{a}_1$。

【**注记 4.2**】由于逆矩阵 $\boldsymbol{E}^{-1}$ 和 $\boldsymbol{E}^{-1/2}$ 可以在执行该算法前计算好, 因此在整个递推算法中并不需要矩阵求逆运算。

【**注记 4.3**】若矩阵 $\boldsymbol{A}_{q+1}$ 中新增向量 $\boldsymbol{a}_{q+1}$, 并且满足 $\boldsymbol{E}^{-1/2}\boldsymbol{a}_{q+1}$ 与子空间 range $\{\boldsymbol{E}^{-1/2}\boldsymbol{A}_q\}$ 相互正交, 则有 $\boldsymbol{A}_q^{\mathrm{T}}\boldsymbol{E}^{-1}\boldsymbol{a}_{q+1} = \boldsymbol{O}_{q\times 1}$, 于是可以将递推公式 (4.14) 简化为

$$\hat{\boldsymbol{x}}_{\mathrm{LLS},q+1} = \begin{bmatrix} \hat{\boldsymbol{x}}_{\mathrm{LLS},q} \\ \dfrac{(\boldsymbol{E}^{-1/2}\boldsymbol{a}_{q+1})^{\mathrm{T}}\boldsymbol{\Pi}^{\perp}[\boldsymbol{E}^{-1/2}\boldsymbol{A}_q](\boldsymbol{E}^{-1/2}\boldsymbol{z})}{(\boldsymbol{E}^{-1/2}\boldsymbol{a}_{q+1})^{\mathrm{T}}\boldsymbol{\Pi}^{\perp}[\boldsymbol{E}^{-1/2}\boldsymbol{A}_q](\boldsymbol{E}^{-1/2}\boldsymbol{a}_{q+1})} \end{bmatrix} \tag{4.15}$$

此时向量 $\hat{\boldsymbol{x}}_{\mathrm{LLS},q+1}$ 中前 q 个分量所形成的向量等于 $\hat{\boldsymbol{x}}_{\mathrm{LLS},q}$。

二、第二个递推公式

结合式 (4.6) 和式 (4.7) 可知

$$\begin{aligned} J_{\mathrm{MIN},q+1} &= \boldsymbol{z}^{\mathrm{T}}\boldsymbol{E}^{-1}\boldsymbol{z} - \boldsymbol{z}^{\mathrm{T}}\boldsymbol{E}^{-1}\boldsymbol{A}_{q+1}\boldsymbol{B}_{q+1}\boldsymbol{A}_{q+1}^{\mathrm{T}}\boldsymbol{E}^{-1}\boldsymbol{z} \\ &= \boldsymbol{z}^{\mathrm{T}}\boldsymbol{E}^{-1}\boldsymbol{z} - \boldsymbol{z}^{\mathrm{T}}\boldsymbol{E}^{-1}\boldsymbol{A}_{q+1}\hat{\boldsymbol{x}}_{\mathrm{LLS},q+1} \end{aligned} \tag{4.16}$$

将式 (4.8)、式 (4.14) 代入式 (4.16), 可得

$$\begin{aligned} J_{\mathrm{MIN},q+1} &= \boldsymbol{z}^{\mathrm{T}}\boldsymbol{E}^{-1}\boldsymbol{z} - \boldsymbol{z}^{\mathrm{T}}\boldsymbol{E}^{-1}[\boldsymbol{A}_q \quad \boldsymbol{a}_{q+1}] \\ &\quad \times \begin{bmatrix} \hat{\boldsymbol{x}}_{\mathrm{LLS},q} - \dfrac{\boldsymbol{B}_q\boldsymbol{A}_q^{\mathrm{T}}\boldsymbol{E}^{-1}\boldsymbol{a}_{q+1}(\boldsymbol{E}^{-1/2}\boldsymbol{a}_{q+1})^{\mathrm{T}}\boldsymbol{\Pi}^{\perp}[\boldsymbol{E}^{-1/2}\boldsymbol{A}_q](\boldsymbol{E}^{-1/2}\boldsymbol{z})}{(\boldsymbol{E}^{-1/2}\boldsymbol{a}_{q+1})^{\mathrm{T}}\boldsymbol{\Pi}^{\perp}[\boldsymbol{E}^{-1/2}\boldsymbol{A}_q](\boldsymbol{E}^{-1/2}\boldsymbol{a}_{q+1})} \\ \dfrac{(\boldsymbol{E}^{-1/2}\boldsymbol{a}_{q+1})^{\mathrm{T}}\boldsymbol{\Pi}^{\perp}[\boldsymbol{E}^{-1/2}\boldsymbol{A}_q](\boldsymbol{E}^{-1/2}\boldsymbol{z})}{(\boldsymbol{E}^{-1/2}\boldsymbol{a}_{q+1})^{\mathrm{T}}\boldsymbol{\Pi}^{\perp}[\boldsymbol{E}^{-1/2}\boldsymbol{A}_q](\boldsymbol{E}^{-1/2}\boldsymbol{a}_{q+1})} \end{bmatrix} \\ &= \boldsymbol{z}^{\mathrm{T}}\boldsymbol{E}^{-1}\boldsymbol{z} - \boldsymbol{z}^{\mathrm{T}}\boldsymbol{E}^{-1}\boldsymbol{A}_q\hat{\boldsymbol{x}}_{\mathrm{LLS},q} \\ &\quad + \frac{\boldsymbol{z}^{\mathrm{T}}\boldsymbol{E}^{-1}\boldsymbol{A}_q\boldsymbol{B}_q\boldsymbol{A}_q^{\mathrm{T}}\boldsymbol{E}^{-1}\boldsymbol{a}_{q+1}(\boldsymbol{E}^{-1/2}\boldsymbol{a}_{q+1})^{\mathrm{T}}\boldsymbol{\Pi}^{\perp}[\boldsymbol{E}^{-1/2}\boldsymbol{A}_q](\boldsymbol{E}^{-1/2}\boldsymbol{z})}{(\boldsymbol{E}^{-1/2}\boldsymbol{a}_{q+1})^{\mathrm{T}}\boldsymbol{\Pi}^{\perp}[\boldsymbol{E}^{-1/2}\boldsymbol{A}_q](\boldsymbol{E}^{-1/2}\boldsymbol{a}_{q+1})} \\ &\quad - \frac{\boldsymbol{z}^{\mathrm{T}}\boldsymbol{E}^{-1}\boldsymbol{a}_{q+1}(\boldsymbol{E}^{-1/2}\boldsymbol{a}_{q+1})^{\mathrm{T}}\boldsymbol{\Pi}^{\perp}[\boldsymbol{E}^{-1/2}\boldsymbol{A}_q](\boldsymbol{E}^{-1/2}\boldsymbol{z})}{(\boldsymbol{E}^{-1/2}\boldsymbol{a}_{q+1})^{\mathrm{T}}\boldsymbol{\Pi}^{\perp}[\boldsymbol{E}^{-1/2}\boldsymbol{A}_q](\boldsymbol{E}^{-1/2}\boldsymbol{a}_{q+1})} \\ &= J_{\mathrm{MIN},q} \\ &\quad - \frac{(\boldsymbol{E}^{-1/2}\boldsymbol{z})^{\mathrm{T}}\boldsymbol{\Pi}^{\perp}[\boldsymbol{E}^{-1/2}\boldsymbol{A}_q](\boldsymbol{E}^{-1/2}\boldsymbol{a}_{q+1})(\boldsymbol{E}^{-1/2}\boldsymbol{a}_{q+1})^{\mathrm{T}}\boldsymbol{\Pi}^{\perp}[\boldsymbol{E}^{-1/2}\boldsymbol{A}_q](\boldsymbol{E}^{-1/2}\boldsymbol{z})}{(\boldsymbol{E}^{-1/2}\boldsymbol{a}_{q+1})^{\mathrm{T}}\boldsymbol{\Pi}^{\perp}[\boldsymbol{E}^{-1/2}\boldsymbol{A}_q](\boldsymbol{E}^{-1/2}\boldsymbol{a}_{q+1})} \\ &= J_{\mathrm{MIN},q} - \frac{((\boldsymbol{E}^{-1/2}\boldsymbol{a}_{q+1})^{\mathrm{T}}\boldsymbol{\Pi}^{\perp}[\boldsymbol{E}^{-1/2}\boldsymbol{A}_q](\boldsymbol{E}^{-1/2}\boldsymbol{z}))^2}{(\boldsymbol{E}^{-1/2}\boldsymbol{a}_{q+1})^{\mathrm{T}}\boldsymbol{\Pi}^{\perp}[\boldsymbol{E}^{-1/2}\boldsymbol{A}_q](\boldsymbol{E}^{-1/2}\boldsymbol{a}_{q+1})} \end{aligned} \tag{4.17}$$

需要指出的是, 为了避免计算矩阵 $\boldsymbol{B}_q$ 时所需的矩阵求逆运算, 同样可以根

据式 (4.13) 进行递推计算。表 4.2 给出了利用 $J_{\mathrm{MIN},q}$ 递推求解 $J_{\mathrm{MIN},q+1}$ 的计算步骤。

表 4.2 利用 $J_{\mathrm{MIN},q}$ 递推求解 $J_{\mathrm{MIN},q+1}$ 的计算步骤

步骤	求解方法
1	令 $q:=1$, 并计算 $J_{\mathrm{MIN},q}=\boldsymbol{z}^{\mathrm{T}}\boldsymbol{E}^{-1}\boldsymbol{z}-\dfrac{(\boldsymbol{a}_1^{\mathrm{T}}\boldsymbol{E}^{-1}\boldsymbol{z})^2}{\boldsymbol{a}_1^{\mathrm{T}}\boldsymbol{E}^{-1}\boldsymbol{a}_1}$ 和 $\boldsymbol{B}_q=\dfrac{1}{\boldsymbol{a}_1^{\mathrm{T}}\boldsymbol{E}^{-1}\boldsymbol{a}_1}$
2	计算 $\boldsymbol{\Pi}^{\perp}[\boldsymbol{E}^{-1/2}\boldsymbol{A}_q]=\boldsymbol{I}_p-\boldsymbol{E}^{-1/2}\boldsymbol{A}_q\boldsymbol{B}_q\boldsymbol{A}_q^{\mathrm{T}}\boldsymbol{E}^{-1/2}$
3	利用式 (4.17) 计算 $J_{\mathrm{MIN},q+1}$
4	利用式 (4.13) 计算 $\boldsymbol{B}_{q+1}$, 并令 $q:=q+1$, 然后转至步骤 2

【注记 4.4】 在该递推算法中, 同样不需要任何矩阵求逆运算。

【注记 4.5】 将式 (4.4) 代入式 (4.17), 可知

$$\begin{aligned}J_{\mathrm{MIN},q+1}&=(\boldsymbol{E}^{-1/2}\boldsymbol{z})^{\mathrm{T}}\boldsymbol{\Pi}^{\perp}[\boldsymbol{E}^{-1/2}\boldsymbol{A}_q](\boldsymbol{E}^{-1/2}\boldsymbol{z})\\&\quad-\frac{((\boldsymbol{E}^{-1/2}\boldsymbol{a}_{q+1})^{\mathrm{T}}\boldsymbol{\Pi}^{\perp}[\boldsymbol{E}^{-1/2}\boldsymbol{A}_q](\boldsymbol{E}^{-1/2}\boldsymbol{z}))^2}{(\boldsymbol{E}^{-1/2}\boldsymbol{a}_{q+1})^{\mathrm{T}}\boldsymbol{\Pi}^{\perp}[\boldsymbol{E}^{-1/2}\boldsymbol{A}_q](\boldsymbol{E}^{-1/2}\boldsymbol{a}_{q+1})}\\&=(\boldsymbol{E}^{-1/2}\boldsymbol{z})^{\mathrm{T}}\boldsymbol{\Pi}^{\perp}[\boldsymbol{E}^{-1/2}\boldsymbol{A}_q](\boldsymbol{E}^{-1/2}\boldsymbol{z})\\&\quad\times\left(1-\frac{((\boldsymbol{E}^{-1/2}\boldsymbol{a}_{q+1})^{\mathrm{T}}\boldsymbol{\Pi}^{\perp}[\boldsymbol{E}^{-1/2}\boldsymbol{A}_q](\boldsymbol{E}^{-1/2}\boldsymbol{z}))^2}{((\boldsymbol{E}^{-1/2}\boldsymbol{z})^{\mathrm{T}}\boldsymbol{\Pi}^{\perp}[\boldsymbol{E}^{-1/2}\boldsymbol{A}_q](\boldsymbol{E}^{-1/2}\boldsymbol{z}))((\boldsymbol{E}^{-1/2}\boldsymbol{a}_{q+1})^{\mathrm{T}}\boldsymbol{\Pi}^{\perp}[\boldsymbol{E}^{-1/2}\boldsymbol{A}_q](\boldsymbol{E}^{-1/2}\boldsymbol{a}_{q+1}))}\right)\\&=J_{\mathrm{MIN},q}(1-\gamma_{q+1}^2)\end{aligned}\tag{4.18}$$

其中

$$\begin{aligned}\gamma_{q+1}^2&=\frac{((\boldsymbol{E}^{-1/2}\boldsymbol{a}_{q+1})^{\mathrm{T}}\boldsymbol{\Pi}^{\perp}[\boldsymbol{E}^{-1/2}\boldsymbol{A}_q](\boldsymbol{E}^{-1/2}\boldsymbol{z}))^2}{((\boldsymbol{E}^{-1/2}\boldsymbol{z})^{\mathrm{T}}\boldsymbol{\Pi}^{\perp}[\boldsymbol{E}^{-1/2}\boldsymbol{A}_q](\boldsymbol{E}^{-1/2}\boldsymbol{z}))((\boldsymbol{E}^{-1/2}\boldsymbol{a}_{q+1})^{\mathrm{T}}\boldsymbol{\Pi}^{\perp}[\boldsymbol{E}^{-1/2}\boldsymbol{A}_q](\boldsymbol{E}^{-1/2}\boldsymbol{a}_{q+1}))}\\&=\left(\frac{(\boldsymbol{\Pi}^{\perp}[\boldsymbol{E}^{-1/2}\boldsymbol{A}_q](\boldsymbol{E}^{-1/2}\boldsymbol{a}_{q+1}))^{\mathrm{T}}(\boldsymbol{\Pi}^{\perp}[\boldsymbol{E}^{-1/2}\boldsymbol{A}_q](\boldsymbol{E}^{-1/2}\boldsymbol{z}))}{\|\boldsymbol{\Pi}^{\perp}[\boldsymbol{E}^{-1/2}\boldsymbol{A}_q](\boldsymbol{E}^{-1/2}\boldsymbol{z})\|_2\|\boldsymbol{\Pi}^{\perp}[\boldsymbol{E}^{-1/2}\boldsymbol{A}_q](\boldsymbol{E}^{-1/2}\boldsymbol{a}_{q+1})\|_2}\right)^2\end{aligned}\tag{4.19}$$

由式 (4.19) 可知, γ_{q+1} 可以看成是向量 $\boldsymbol{\Pi}^{\perp}[\boldsymbol{E}^{-1/2}\boldsymbol{A}_q](\boldsymbol{E}^{-1/2}\boldsymbol{z})$ 与向量 $\boldsymbol{\Pi}^{\perp}[\boldsymbol{E}^{-1/2}\boldsymbol{A}_q](\boldsymbol{E}^{-1/2}\boldsymbol{a}_{q+1})$ 之间的相关系数, 因此恒有 $0\leqslant\gamma_{q+1}^2\leqslant 1$, 结合式 (4.18) 可知 $J_{\mathrm{MIN},q+1}\leqslant J_{\mathrm{MIN},q}$。进一步, 只要向量 $\boldsymbol{\Pi}^{\perp}[\boldsymbol{E}^{-1/2}\boldsymbol{A}_q](\boldsymbol{E}^{-1/2}\boldsymbol{z})$ 与向量 $\boldsymbol{\Pi}^{\perp}[\boldsymbol{E}^{-1/2}\boldsymbol{A}_q](\boldsymbol{E}^{-1/2}\boldsymbol{a}_{q+1})$ 不相互正交, 则必有 $\gamma_{q+1}^2>0$, 此时根据式 (4.18) 可知 $J_{\mathrm{MIN},q+1}<J_{\mathrm{MIN},q}$, 即最小二乘误差会随模型阶数的增加而下降。

【注记 4.6】 还可以利用正交投影矩阵的递推公式获得式 (4.17), 附录 B 证

明了如下递推公式

$$\begin{aligned}&\boldsymbol{\Pi}^{\perp}[\boldsymbol{E}^{-1/2}\boldsymbol{A}_{q+1}]\\&=\boldsymbol{\Pi}^{\perp}[\boldsymbol{E}^{-1/2}\boldsymbol{A}_q]-\frac{\boldsymbol{\Pi}^{\perp}[\boldsymbol{E}^{-1/2}\boldsymbol{A}_q](\boldsymbol{E}^{-1/2}\boldsymbol{a}_{q+1})(\boldsymbol{E}^{-1/2}\boldsymbol{a}_{q+1})^{\mathrm{T}}\boldsymbol{\Pi}^{\perp}[\boldsymbol{E}^{-1/2}\boldsymbol{A}_q]}{(\boldsymbol{E}^{-1/2}\boldsymbol{a}_{q+1})^{\mathrm{T}}\boldsymbol{\Pi}^{\perp}[\boldsymbol{E}^{-1/2}\boldsymbol{A}_q](\boldsymbol{E}^{-1/2}\boldsymbol{a}_{q+1})}\end{aligned}\tag{4.20}$$

将式 (4.20) 代入式 (4.7) 中, 并结合式 (4.4) 可得

$$\begin{aligned}&J_{\mathrm{MIN},q+1}=(\boldsymbol{E}^{-1/2}\boldsymbol{z})^{\mathrm{T}}\\&\times\left(\boldsymbol{\Pi}^{\perp}[\boldsymbol{E}^{-1/2}\boldsymbol{A}_q]-\frac{\boldsymbol{\Pi}^{\perp}[\boldsymbol{E}^{-1/2}\boldsymbol{A}_q](\boldsymbol{E}^{-1/2}\boldsymbol{a}_{q+1})(\boldsymbol{E}^{-1/2}\boldsymbol{a}_{q+1})^{\mathrm{T}}\boldsymbol{\Pi}^{\perp}[\boldsymbol{E}^{-1/2}\boldsymbol{A}_q]}{(\boldsymbol{E}^{-1/2}\boldsymbol{a}_{q+1})^{\mathrm{T}}\boldsymbol{\Pi}^{\perp}[\boldsymbol{E}^{-1/2}\boldsymbol{A}_q](\boldsymbol{E}^{-1/2}\boldsymbol{a}_{q+1})}\right)\\&\times(\boldsymbol{E}^{-1/2}\boldsymbol{z})\\&=(\boldsymbol{E}^{-1/2}\boldsymbol{z})^{\mathrm{T}}\boldsymbol{\Pi}^{\perp}[\boldsymbol{E}^{-1/2}\boldsymbol{A}_q](\boldsymbol{E}^{-1/2}\boldsymbol{z})-\frac{((\boldsymbol{E}^{-1/2}\boldsymbol{a}_{q+1})^{\mathrm{T}}\boldsymbol{\Pi}^{\perp}[\boldsymbol{E}^{-1/2}\boldsymbol{A}_q](\boldsymbol{E}^{-1/2}\boldsymbol{z}))^2}{(\boldsymbol{E}^{-1/2}\boldsymbol{a}_{q+1})^{\mathrm{T}}\boldsymbol{\Pi}^{\perp}[\boldsymbol{E}^{-1/2}\boldsymbol{A}_q](\boldsymbol{E}^{-1/2}\boldsymbol{a}_{q+1})}\\&=J_{\mathrm{MIN},q}-\frac{((\boldsymbol{E}^{-1/2}\boldsymbol{a}_{q+1})^{\mathrm{T}}\boldsymbol{\Pi}^{\perp}[\boldsymbol{E}^{-1/2}\boldsymbol{A}_q](\boldsymbol{E}^{-1/2}\boldsymbol{z}))^2}{(\boldsymbol{E}^{-1/2}\boldsymbol{a}_{q+1})^{\mathrm{T}}\boldsymbol{\Pi}^{\perp}[\boldsymbol{E}^{-1/2}\boldsymbol{A}_q](\boldsymbol{E}^{-1/2}\boldsymbol{a}_{q+1})}\end{aligned}\tag{4.21}$$

显然, 式 (4.21) 与式 (4.17) 是一致的。

4.1.3 按阶递推求解方法在多项式函数拟合中的应用

本小节将利用按阶递推求解方法给出由常数拟合至直线拟合的递推公式, 为了简化推导, 假设 $\boldsymbol{E}=\beta\boldsymbol{I}_p$, 并且令式 (4.1) 中的 $t_j=j$。

首先考虑 $q=1$, 此时 $\boldsymbol{A}_1=\boldsymbol{a}_1=\boldsymbol{1}_{p\times1}$, 于是有

$$\begin{cases}\hat{\boldsymbol{x}}_{\mathrm{LLS},1}=\dfrac{\boldsymbol{a}_1^{\mathrm{T}}\boldsymbol{E}^{-1}\boldsymbol{z}}{\boldsymbol{a}_1^{\mathrm{T}}\boldsymbol{E}^{-1}\boldsymbol{a}_1}=\dfrac{\boldsymbol{a}_1^{\mathrm{T}}\boldsymbol{z}}{\boldsymbol{a}_1^{\mathrm{T}}\boldsymbol{a}_1}=\dfrac{1}{p}\displaystyle\sum_{j=1}^{p}z_j=\bar{z}\\ J_{\mathrm{MIN},1}=\boldsymbol{z}^{\mathrm{T}}\boldsymbol{E}^{-1}\boldsymbol{z}-\dfrac{(\boldsymbol{a}_1^{\mathrm{T}}\boldsymbol{E}^{-1}\boldsymbol{z})^2}{\boldsymbol{a}_1^{\mathrm{T}}\boldsymbol{E}^{-1}\boldsymbol{a}_1}\\ \qquad\quad=\dfrac{1}{\beta}\left(\displaystyle\sum_{j=1}^{p}z_j^2-\dfrac{1}{p}\left(\sum_{j=1}^{p}z_j\right)^2\right)\\ \qquad\quad=\dfrac{1}{\beta}\left(\displaystyle\sum_{j=1}^{p}z_j^2-p\bar{z}^2\right)\\ \boldsymbol{B}_1=\dfrac{1}{\boldsymbol{a}_1^{\mathrm{T}}\boldsymbol{E}^{-1}\boldsymbol{a}_1}=\dfrac{\beta}{p}\\ \boldsymbol{\Pi}^{\perp}[\boldsymbol{E}^{-1/2}\boldsymbol{A}_1]=\boldsymbol{I}_p-\dfrac{1}{p}\boldsymbol{1}_{p\times1}\boldsymbol{1}_{p\times1}^{\mathrm{T}}\end{cases}\tag{4.22}$$

式中 $\hat{\boldsymbol{x}}_{\mathrm{LLS},1}$ 和 $J_{\mathrm{MIN},1}$ 为常数拟合估计值及其最小二乘误差。

接着令 $q=2$, 此时 $\boldsymbol{a}_2=[1\ \ 2\ \ \cdots\ \ p]^{\mathrm{T}}$, 利用式 (4.14) 和式 (4.17) 可得

$$\begin{aligned}\hat{\boldsymbol{x}}_{\mathrm{LLS},2}&=\begin{bmatrix}\hat{\boldsymbol{x}}_{\mathrm{LLS},1}-\dfrac{\boldsymbol{B}_1\boldsymbol{A}_1^{\mathrm{T}}\boldsymbol{E}^{-1}\boldsymbol{a}_2(\boldsymbol{E}^{-1/2}\boldsymbol{a}_2)^{\mathrm{T}}\boldsymbol{\Pi}^{\perp}[\boldsymbol{E}^{-1/2}\boldsymbol{A}_1](\boldsymbol{E}^{-1/2}\boldsymbol{z})}{(\boldsymbol{E}^{-1/2}\boldsymbol{a}_2)^{\mathrm{T}}\boldsymbol{\Pi}^{\perp}[\boldsymbol{E}^{-1/2}\boldsymbol{A}_1](\boldsymbol{E}^{-1/2}\boldsymbol{a}_2)}\\ \dfrac{(\boldsymbol{E}^{-1/2}\boldsymbol{a}_2)^{\mathrm{T}}\boldsymbol{\Pi}^{\perp}[\boldsymbol{E}^{-1/2}\boldsymbol{A}_1](\boldsymbol{E}^{-1/2}\boldsymbol{z})}{(\boldsymbol{E}^{-1/2}\boldsymbol{a}_2)^{\mathrm{T}}\boldsymbol{\Pi}^{\perp}[\boldsymbol{E}^{-1/2}\boldsymbol{A}_1](\boldsymbol{E}^{-1/2}\boldsymbol{a}_2)}\end{bmatrix}\\ &=\begin{bmatrix}\hat{\boldsymbol{x}}_{\mathrm{LLS},1}-\dfrac{\varphi}{p}\displaystyle\sum_{j=1}^{p}j\\ \varphi\end{bmatrix}=\begin{bmatrix}\hat{\boldsymbol{x}}_{\mathrm{LLS},1}-\dfrac{p+1}{2}\varphi\\ \varphi\end{bmatrix}\end{aligned}\tag{4.23}$$

$$\begin{aligned}J_{\mathrm{MIN},2}&=J_{\mathrm{MIN},1}-\frac{((\boldsymbol{E}^{-1/2}\boldsymbol{a}_2)^{\mathrm{T}}\boldsymbol{\Pi}^{\perp}[\boldsymbol{E}^{-1/2}\boldsymbol{A}_1](\boldsymbol{E}^{-1/2}\boldsymbol{z}))^2}{(\boldsymbol{E}^{-1/2}\boldsymbol{a}_2)^{\mathrm{T}}\boldsymbol{\Pi}^{\perp}[\boldsymbol{E}^{-1/2}\boldsymbol{A}_1](\boldsymbol{E}^{-1/2}\boldsymbol{a}_2)}\\ &=J_{\mathrm{MIN},1}-\frac{1}{\beta}\left(\sum_{j=1}^{p}jz_j-\frac{p(p+1)}{2}\bar{z}\right)\varphi\end{aligned}\tag{4.24}$$

其中,

$$\begin{aligned}\varphi&=\frac{\boldsymbol{a}_2^{\mathrm{T}}\left(\boldsymbol{I}_p-\dfrac{1}{p}\boldsymbol{1}_{p\times1}\boldsymbol{1}_{p\times1}^{\mathrm{T}}\right)\boldsymbol{z}}{\boldsymbol{a}_2^{\mathrm{T}}\left(\boldsymbol{I}_p-\dfrac{1}{p}\boldsymbol{1}_{p\times1}\boldsymbol{1}_{p\times1}^{\mathrm{T}}\right)\boldsymbol{a}_2}=\frac{\displaystyle\sum_{j=1}^{p}jz_j-\frac{1}{p}\left(\sum_{j=1}^{p}j\right)\left(\sum_{j=1}^{p}z_j\right)}{\displaystyle\sum_{j=1}^{p}j^2-\frac{1}{p}\left(\sum_{j=1}^{p}j\right)^2}\\ &=\frac{\displaystyle\sum_{j=1}^{p}jz_j-\frac{p(p+1)}{2}\bar{z}}{\dfrac{p^3-p}{12}}=\frac{12}{p^3-p}\sum_{j=1}^{p}jz_j-\frac{6}{p-1}\bar{z}\end{aligned}\tag{4.25}$$

将式 (4.22) 中的第 1 个等式和式 (4.25) 代入式 (4.23), 可知

$$\hat{\boldsymbol{x}}_{\mathrm{LLS},2}=\begin{bmatrix}-\dfrac{6}{p(p-1)}\displaystyle\sum_{j=1}^{p}jz_j+\dfrac{4p+2}{p-1}\bar{z}\\ \dfrac{12}{p^3-p}\displaystyle\sum_{j=1}^{p}jz_j-\dfrac{6}{p-1}\bar{z}\end{bmatrix}\tag{4.26}$$

然后将式 (4.22) 中的第 2 个等式和式 (4.25) 代入式 (4.24), 可得

$$J_{\mathrm{MIN},2}=\frac{1}{\beta}\left(\sum_{j=1}^{p}z_j^2-p\bar{z}^2\right)-\frac{1}{\beta}\left(\sum_{j=1}^{p}jz_j-\frac{p(p+1)}{2}\bar{z}\right)\left(\frac{12}{p^3-p}\sum_{j=1}^{p}jz_j-\frac{6}{p-1}\bar{z}\right)$$

$$= \frac{1}{\beta}\left(\sum_{j=1}^{p} z_j^2 - \frac{12}{p^3-p}\left(\sum_{j=1}^{p} jz_j\right)^2 + \frac{12\bar{z}}{p-1}\sum_{j=1}^{p} jz_j - \frac{4p^2+2p}{p-1}\bar{z}^2\right) \tag{4.27}$$

需要指出的是，若需要继续计算抛物线拟合结果，应该根据式 (4.13) 更新矩阵 $\boldsymbol{B}_2$，并基于此计算正交投影矩阵 $\boldsymbol{\Pi}^{\perp}[\boldsymbol{E}^{-1/2}\boldsymbol{A}_2]$，然后再利用式 (4.14) 和式 (4.17) 计算 $\hat{\boldsymbol{x}}_{\mathrm{LLS},3}$ 和 $J_{\mathrm{MIN},3}$。由于相应的递推公式非常复杂，限于篇幅这里不再一一罗列。

4.2 序贯线性最小二乘估计

4.2.1 问题的引入

这里假设观测模型函数的阶数固定不变，但是观测量个数随时间不断增加。最典型的应用场景是观测量由对连续时间信号的波形进行采样所获得的。针对此情形，一种处理方式是将全部观测量累积完成以后再进行最小二乘估计①；另一种处理方式则是按照时间顺序更新最小二乘估计值。显然，后者更具有实时性，本节将讨论第二种处理方法。于是，很自然地衍生出一个重要问题：当基于观测数据 $\{z_j\}_{1\leqslant j\leqslant p}$ 得到最小二乘估计值 $\hat{\boldsymbol{x}}_{\mathrm{LLS},p}$ 时，如果新增观测数据 z_{p+1}，如何在 $\hat{\boldsymbol{x}}_{\mathrm{LLS},p}$ 的基础上进行实时更新而得到 $\hat{\boldsymbol{x}}_{\mathrm{LLS},p+1}$。

为了回答上述问题，不妨考虑如下最为简单的观测模型

$$z_j = x + e_j \quad (j = 1\ ,\ 2\ ,\ \cdots) \tag{4.28}$$

式中 x 为待求解的未知参数，观测误差 e_j 服从均值为零、标准差为 σ_j 的高斯分布，并且彼此间相互独立；j 用于刻画时间索引。

根据式 (3.11) 可知，当 $j = p$ 和 $j = p + 1$ 时，关于未知参数 x 的线性最小二乘估计值为

$$\hat{x}_{\mathrm{LLS},p} = \frac{1}{\sum\limits_{j=1}^{p}\frac{1}{\sigma_j^2}}\sum_{j=1}^{p}\frac{z_j}{\sigma_j^2} \tag{4.29}$$

$$\hat{x}_{\mathrm{LLS},p+1} = \frac{1}{\sum\limits_{j=1}^{p+1}\frac{1}{\sigma_j^2}}\sum_{j=1}^{p+1}\frac{z_j}{\sigma_j^2} \tag{4.30}$$

---

① 这种处理方式称为批处理方式。

对比式 (4.29) 和式 (4.30) 可知, $\hat{x}_{\mathrm{LLS},p}$ 与 $\hat{x}_{\mathrm{LLS},p+1}$ 之间满足如下关系式

$$\hat{x}_{\mathrm{LLS},p+1}=\frac{\sum\limits_{j=1}^{p}\frac{1}{\sigma_j^2}}{\sum\limits_{j=1}^{p+1}\frac{1}{\sigma_j^2}}\hat{x}_{\mathrm{LLS},p}+\frac{\frac{1}{\sigma_{p+1}^2}}{\sum\limits_{j=1}^{p+1}\frac{1}{\sigma_j^2}}z_{p+1} \tag{4.31}$$

由式 (4.31) 可知, 将第 p 个时刻得到的最小二乘估计值 $\hat{x}_{\mathrm{LLS},p}$ 与第 $p+1$ 个时刻新增的观测数据 z_{p+1} 进行线性组合, 即可得到第 $p+1$ 个时刻的最小二乘估计值 $\hat{x}_{\mathrm{LLS},p+1}$。

需要指出的是, 式 (4.31) 还有着其他理解方式, 对其稍加整理可得

$$\hat{x}_{\mathrm{LLS},p+1}=\hat{x}_{\mathrm{LLS},p}+\frac{\frac{1}{\sigma_{p+1}^2}}{\sum\limits_{j=1}^{p+1}\frac{1}{\sigma_j^2}}(z_{p+1}-\hat{x}_{\mathrm{LLS},p})=\hat{x}_{\mathrm{LLS},p}+\beta_{p+1}(z_{p+1}-\hat{x}_{\mathrm{LLS},p}) \tag{4.32}$$

其中,

$$\beta_{p+1}=\frac{\frac{1}{\sigma_{p+1}^2}}{\sum\limits_{j=1}^{p+1}\frac{1}{\sigma_j^2}} \tag{4.33}$$

从式 (4.32) 可以得到以下 3 点启示。

【注记 4.7】式 (4.32) 右边第 1 项表示第 p 个时刻的估计值, 第 2 项则表示修正量, 其中 $z_{p+1}-\hat{x}_{\mathrm{LLS},p}$ 表示利用第 p 个时刻及其前面时刻的观测数据 $\{z_j\}_{1\leqslant j\leqslant p}$ 预测第 $p+1$ 个时刻观测数据 z_{p+1} 所产生的预测误差①。

【注记 4.8】式 (4.32) 中的系数 β_{p+1} 表示增益因子, 若 $\sigma_{p+1}^2\to+\infty$, 则新增数据 z_{p+1} 的不确定度将趋于无穷大, 此时 $\beta_{p+1}\to 0$, 因而无需对前面时刻的估计值 $\hat{x}_{\mathrm{LLS},p}$ 进行修正; 若 $\sigma_{p+1}^2\to 0$, 则说明新增数据 z_{p+1} 的可靠度很高, 此时 $\beta_{p+1}\to 1$, 因而 $\hat{x}_{\mathrm{LLS},p+1}\to z_{p+1}$, 说明估计值忽略了前面时刻观测数据 $\{z_j\}_{1\leqslant j\leqslant p}$ 的影响, 仅仅使用新增数据 z_{p+1}。

【注记 4.9】增益因子 β_{p+1} 反映了新增数据 z_{p+1} 相比于前面时刻数据 $\{z_j\}_{1\leqslant j\leqslant p}$ 的置信度。

---

① 估计值 $\hat{x}_{\mathrm{LLS},p}$ 中包含了观测数据 $\{z_j\}_{1\leqslant j\leqslant p}$ 的信息。

为了得到最小二乘估计递推公式, 下面还需要给出增益因子 β_{p+1} 的另一种表达式。首先, 根据命题 3.2 可知

$$\mathrm{MSE}(\hat{x}_{\mathrm{LLS},p})=\frac{1}{\sum\limits_{j=1}^{p}\dfrac{1}{\sigma_j^2}} \tag{4.34}$$

再结合式 (4.33) 和式 (4.34) 得到

$$\beta_{p+1}=\frac{\dfrac{1}{\sigma_{p+1}^2}}{\sum\limits_{j=1}^{p}\dfrac{1}{\sigma_j^2}+\dfrac{1}{\sigma_{p+1}^2}}=\frac{\dfrac{1}{\sigma_{p+1}^2}}{\dfrac{1}{\mathrm{MSE}(\hat{x}_{\mathrm{LLS},p})}+\dfrac{1}{\sigma_{p+1}^2}}=\frac{\mathrm{MSE}(\hat{x}_{\mathrm{LLS},p})}{\mathrm{MSE}(\hat{x}_{\mathrm{LLS},p})+\sigma_{p+1}^2} \tag{4.35}$$

最后, 还需要给出 $\mathrm{MSE}(\hat{x}_{\mathrm{LLS},p+1})$ 的更新公式。利用式 (4.34) 和式 (4.35) 可知

$$\begin{aligned}\mathrm{MSE}(\hat{x}_{\mathrm{LLS},p+1})&=\frac{1}{\sum\limits_{j=1}^{p+1}\dfrac{1}{\sigma_j^2}}=\frac{1}{\sum\limits_{j=1}^{p}\dfrac{1}{\sigma_j^2}+\dfrac{1}{\sigma_{p+1}^2}}=\frac{1}{\dfrac{1}{\mathrm{MSE}(\hat{x}_{\mathrm{LLS},p})}+\dfrac{1}{\sigma_{p+1}^2}}\\&=\frac{\mathrm{MSE}(\hat{x}_{\mathrm{LLS},p})\sigma_{p+1}^2}{\mathrm{MSE}(\hat{x}_{\mathrm{LLS},p})+\sigma_{p+1}^2}\\&=\left(1-\frac{\mathrm{MSE}(\hat{x}_{\mathrm{LLS},p})}{\mathrm{MSE}(\hat{x}_{\mathrm{LLS},p})+\sigma_{p+1}^2}\right)\mathrm{MSE}(\hat{x}_{\mathrm{LLS},p})\\&=(1-\beta_{p+1})\mathrm{MSE}(\hat{x}_{\mathrm{LLS},p})\end{aligned} \tag{4.36}$$

综合式 (4.32)、式 (4.35) 和式 (4.36) 可得求解式 (4.28) 的递推最小二乘估计方法, 表 4.3 给出了计算步骤。

表 4.3 求解式 (4.28) 的递推最小二乘估计计算步骤

步骤	求解方法
1	令 $p:=1$, 并且 $\hat{x}_{\mathrm{LLS},p}=z_p$ 和 $\mathrm{MSE}(\hat{x}_{\mathrm{LLS},p})=\sigma_p^2$
2	计算 $\beta_{p+1}=\dfrac{\mathrm{MSE}(\hat{x}_{\mathrm{LLS},p})}{\mathrm{MSE}(\hat{x}_{\mathrm{LLS},p})+\sigma_{p+1}^2}$
3	计算 $\hat{x}_{\mathrm{LLS},p+1}=\hat{x}_{\mathrm{LLS},p}+\beta_{p+1}(z_{p+1}-\hat{x}_{\mathrm{LLS},p})$
4	计算 $\mathrm{MSE}(\hat{x}_{\mathrm{LLS},p+1})=(1-\beta_{p+1})\mathrm{MSE}(\hat{x}_{\mathrm{LLS},p})$, 并令 $p:=p+1$, 然后转至步骤 2

需要指出的是, 由于上述方法随着时间推演递推求解未知参数, 因而称其为序贯线性最小二乘估计方法。

4.2.2 序贯递推求解方法

假设第 p 个时刻的观测向量为 $\boldsymbol{z}_p \in \mathbf{R}^{p\times 1}$, 其中的观测误差 $\boldsymbol{e}_p \in \mathbf{R}^{p\times 1}$ 服从均值为零、协方差矩阵为 $\boldsymbol{E}_p$ 的高斯分布, 此时的观测矩阵记为 $\boldsymbol{A}_p \in \mathbf{R}^{p\times q}$(假设其为列满秩矩阵)。根据式 (3.10) 可知, 相应的线性最小二乘估计优化模型为

$$\min_{\boldsymbol{x}\in\mathbf{R}^{q\times 1}}\{(\boldsymbol{z}_p-\boldsymbol{A}_p\boldsymbol{x})^{\mathrm{T}}\boldsymbol{E}_p^{-1}(\boldsymbol{z}_p-\boldsymbol{A}_p\boldsymbol{x})\} \text{ 或 } \{\|\boldsymbol{E}_p^{-1/2}\boldsymbol{z}_p-\boldsymbol{E}_p^{-1/2}\boldsymbol{A}_p\boldsymbol{x}\|_2^2\} \tag{4.37}$$

式 (4.37) 的最优闭式解为

$$\hat{\boldsymbol{x}}_{\mathrm{LLS},p}=(\boldsymbol{E}_p^{-1/2}\boldsymbol{A}_p)^{\dagger}(\boldsymbol{E}_p^{-1/2}\boldsymbol{z}_p)=(\boldsymbol{A}_p^{\mathrm{T}}\boldsymbol{E}_p^{-1}\boldsymbol{A}_p)^{-1}\boldsymbol{A}_p^{\mathrm{T}}\boldsymbol{E}_p^{-1}\boldsymbol{z}_p \tag{4.38}$$

其最小二乘误差为

$$J_{\mathrm{MIN},p}=(\boldsymbol{z}_p-\boldsymbol{A}_p\hat{\boldsymbol{x}}_{\mathrm{LLS},p})^{\mathrm{T}}\boldsymbol{E}_p^{-1}(\boldsymbol{z}_p-\boldsymbol{A}_p\hat{\boldsymbol{x}}_{\mathrm{LLS},p}) \tag{4.39}$$

现将第 $p+1$ 个时刻的观测向量记为 $\boldsymbol{z}_{p+1} \in \mathbf{R}^{(p+1)\times 1}$, 其中的观测误差 $\boldsymbol{e}_{p+1} \in \mathbf{R}^{(p+1)\times 1}$ 服从均值为零、协方差矩阵为 $\boldsymbol{E}_{p+1}$ 的高斯分布, 并且令此时的观测矩阵为 $\boldsymbol{A}_{p+1} \in \mathbf{R}^{(p+1)\times q}$(仍假设其为列满秩矩阵), 相应的线性最小二乘估计优化模型为

$$\min_{\boldsymbol{x}\in\mathbf{R}^{q\times 1}}\{(\boldsymbol{z}_{p+1}-\boldsymbol{A}_{p+1}\boldsymbol{x})^{\mathrm{T}}\boldsymbol{E}_{p+1}^{-1}(\boldsymbol{z}_{p+1}-\boldsymbol{A}_{p+1}\boldsymbol{x})\} \text{ 或 } \{\|\boldsymbol{E}_{p+1}^{-1/2}\boldsymbol{z}_{p+1}-\boldsymbol{E}_{p+1}^{-1/2}\boldsymbol{A}_{p+1}\boldsymbol{x}\|_2^2\} \tag{4.40}$$

式 (4.40) 的最优闭式解为

$$\hat{\boldsymbol{x}}_{\mathrm{LLS},p+1}=(\boldsymbol{E}_{p+1}^{-1/2}\boldsymbol{A}_{p+1})^{\dagger}(\boldsymbol{E}_{p+1}^{-1/2}\boldsymbol{z}_{p+1})=(\boldsymbol{A}_{p+1}^{\mathrm{T}}\boldsymbol{E}_{p+1}^{-1}\boldsymbol{A}_{p+1})^{-1}\boldsymbol{A}_{p+1}^{\mathrm{T}}\boldsymbol{E}_{p+1}^{-1}\boldsymbol{z}_{p+1} \tag{4.41}$$

其最小二乘误差为

$$J_{\mathrm{MIN},p+1}=(\boldsymbol{z}_{p+1}-\boldsymbol{A}_{p+1}\hat{\boldsymbol{x}}_{\mathrm{LLS},p+1})^{\mathrm{T}}\boldsymbol{E}_{p+1}^{-1}(\boldsymbol{z}_{p+1}-\boldsymbol{A}_{p+1}\hat{\boldsymbol{x}}_{\mathrm{LLS},p+1}) \tag{4.42}$$

下面将推导两个递推公式: 第一个公式是利用 $\hat{\boldsymbol{x}}_{\mathrm{LLS},p}$ 递推求解 $\hat{\boldsymbol{x}}_{\mathrm{LLS},p+1}$; 第二个公式则是利用 $J_{\mathrm{MIN},p}$ 递推求解 $J_{\mathrm{MIN},p+1}$。为了获得这两个递推公式, 需要假设协方差矩阵 $\boldsymbol{E}_p$ 和 $\boldsymbol{E}_{p+1}$ 均为对角矩阵。

一、第一个递推公式

注意到向量 $\boldsymbol{z}_p$ 与向量 $\boldsymbol{z}_{p+1}$, 矩阵 $\boldsymbol{A}_p$ 与矩阵 $\boldsymbol{A}_{p+1}$, 以及矩阵 $\boldsymbol{E}_p$ 与矩阵 $\boldsymbol{E}_{p+1}$ 之间的关系为

$$\boldsymbol{z}_{p+1}=\begin{bmatrix}\boldsymbol{z}_p\\ z_{p+1}\end{bmatrix},\quad \boldsymbol{A}_{p+1}=\begin{bmatrix}\boldsymbol{A}_p\\ \boldsymbol{a}_{p+1}^{\mathrm{T}}\end{bmatrix},\quad \boldsymbol{E}_{p+1}=\begin{bmatrix}\boldsymbol{E}_p & \boldsymbol{O}_{p\times 1}\\ \boldsymbol{O}_{1\times p} & \sigma_{p+1}^2\end{bmatrix} \tag{4.43}$$

若令 $\boldsymbol{B}_p=(\boldsymbol{A}_p^{\mathrm{T}}\boldsymbol{E}_p^{-1}\boldsymbol{A}_p)^{-1}$, $\boldsymbol{B}_{p+1}=(\boldsymbol{A}_{p+1}^{\mathrm{T}}\boldsymbol{E}_{p+1}^{-1}\boldsymbol{A}_{p+1})^{-1}$, 由式 (4.43) 可知

$$\begin{aligned}\boldsymbol{B}_{p+1}&=(\boldsymbol{A}_{p+1}^{\mathrm{T}}\boldsymbol{E}_{p+1}^{-1}\boldsymbol{A}_{p+1})^{-1}=\left([\boldsymbol{A}_p^{\mathrm{T}}\quad \boldsymbol{a}_{p+1}]\begin{bmatrix}\boldsymbol{E}_p^{-1} & \boldsymbol{O}_{p\times 1}\\ \boldsymbol{O}_{1\times p} & \dfrac{1}{\sigma_{p+1}^2}\end{bmatrix}\begin{bmatrix}\boldsymbol{A}_p\\ \boldsymbol{a}_{p+1}^{\mathrm{T}}\end{bmatrix}\right)^{-1}\\&=\left(\boldsymbol{A}_p^{\mathrm{T}}\boldsymbol{E}_p^{-1}\boldsymbol{A}_p+\frac{1}{\sigma_{p+1}^2}\boldsymbol{a}_{p+1}\boldsymbol{a}_{p+1}^{\mathrm{T}}\right)^{-1}=\left(\boldsymbol{B}_p^{-1}+\frac{1}{\sigma_{p+1}^2}\boldsymbol{a}_{p+1}\boldsymbol{a}_{p+1}^{\mathrm{T}}\right)^{-1}\end{aligned} \tag{4.44}$$

利用命题 2.2 可以进一步推得①

$$\boldsymbol{B}_{p+1}=\boldsymbol{B}_p-\frac{\boldsymbol{B}_p\boldsymbol{a}_{p+1}\boldsymbol{a}_{p+1}^{\mathrm{T}}\boldsymbol{B}_p}{\sigma_{p+1}^2+\boldsymbol{a}_{p+1}^{\mathrm{T}}\boldsymbol{B}_p\boldsymbol{a}_{p+1}}=(\boldsymbol{I}_q-\boldsymbol{\beta}_{p+1}\boldsymbol{a}_{p+1}^{\mathrm{T}})\boldsymbol{B}_p \tag{4.45}$$

其中,

$$\boldsymbol{\beta}_{p+1}=\frac{\boldsymbol{B}_p\boldsymbol{a}_{p+1}}{\sigma_{p+1}^2+\boldsymbol{a}_{p+1}^{\mathrm{T}}\boldsymbol{B}_p\boldsymbol{a}_{p+1}} \tag{4.46}$$

根据式 (4.43) 可知

$$\boldsymbol{A}_{p+1}^{\mathrm{T}}\boldsymbol{E}_{p+1}^{-1}\boldsymbol{z}_{p+1}=[\boldsymbol{A}_p^{\mathrm{T}}\quad \boldsymbol{a}_{p+1}]\begin{bmatrix}\boldsymbol{E}_p^{-1} & \boldsymbol{O}_{p\times 1}\\ \boldsymbol{O}_{1\times p} & \dfrac{1}{\sigma_{p+1}^2}\end{bmatrix}\begin{bmatrix}\boldsymbol{z}_p\\ z_{p+1}\end{bmatrix}=\boldsymbol{A}_p^{\mathrm{T}}\boldsymbol{E}_p^{-1}\boldsymbol{z}_p+\boldsymbol{a}_{p+1}\frac{z_{p+1}}{\sigma_{p+1}^2} \tag{4.47}$$

将式 (4.45) 和式 (4.47) 代入式 (4.41), 并且结合式 (4.38) 可得

$$\begin{aligned}&\hat{\boldsymbol{x}}_{\mathrm{LLS},p+1}\\&=\boldsymbol{B}_{p+1}\boldsymbol{A}_{p+1}^{\mathrm{T}}\boldsymbol{E}_{p+1}^{-1}\boldsymbol{z}_{p+1}=(\boldsymbol{I}_q-\boldsymbol{\beta}_{p+1}\boldsymbol{a}_{p+1}^{\mathrm{T}})\boldsymbol{B}_p\left(\boldsymbol{A}_p^{\mathrm{T}}\boldsymbol{E}_p^{-1}\boldsymbol{z}_p+\boldsymbol{a}_{p+1}\frac{z_{p+1}}{\sigma_{p+1}^2}\right)\end{aligned}$$

① 利用矩阵 $\boldsymbol{B}_p$ 可以获得每个参数的估计方差。

$$
\begin{aligned}
&= \boldsymbol{B}_p\boldsymbol{A}_p^{\mathrm{T}}\boldsymbol{E}_p^{-1}\boldsymbol{z}_p + \boldsymbol{B}_p\boldsymbol{a}_{p+1}\frac{z_{p+1}}{\sigma_{p+1}^2} - \boldsymbol{\beta}_{p+1}\boldsymbol{a}_{p+1}^{\mathrm{T}}\boldsymbol{B}_p\boldsymbol{A}_p^{\mathrm{T}}\boldsymbol{E}_p^{-1}\boldsymbol{z}_p - \boldsymbol{\beta}_{p+1}\boldsymbol{a}_{p+1}^{\mathrm{T}}\boldsymbol{B}_p\boldsymbol{a}_{p+1}\frac{z_{p+1}}{\sigma_{p+1}^2} \\
&= \hat{\boldsymbol{x}}_{\mathrm{LLS},p} - \boldsymbol{\beta}_{p+1}\boldsymbol{a}_{p+1}^{\mathrm{T}}\hat{\boldsymbol{x}}_{\mathrm{LLS},p} + (\boldsymbol{B}_p\boldsymbol{a}_{p+1} - \boldsymbol{\beta}_{p+1}\boldsymbol{a}_{p+1}^{\mathrm{T}}\boldsymbol{B}_p\boldsymbol{a}_{p+1})\frac{z_{p+1}}{\sigma_{p+1}^2}
\end{aligned} \tag{4.48}
$$

由式 (4.46) 可知

$$
\begin{aligned}
&\boldsymbol{B}_p\boldsymbol{a}_{p+1} - \boldsymbol{\beta}_{p+1}\boldsymbol{a}_{p+1}^{\mathrm{T}}\boldsymbol{B}_p\boldsymbol{a}_{p+1} \\
&= \boldsymbol{B}_p\boldsymbol{a}_{p+1} - \frac{\boldsymbol{B}_p\boldsymbol{a}_{p+1}\boldsymbol{a}_{p+1}^{\mathrm{T}}\boldsymbol{B}_p\boldsymbol{a}_{p+1}}{\sigma_{p+1}^2 + \boldsymbol{a}_{p+1}^{\mathrm{T}}\boldsymbol{B}_p\boldsymbol{a}_{p+1}} = \frac{\boldsymbol{B}_p\boldsymbol{a}_{p+1}\sigma_{p+1}^2}{\sigma_{p+1}^2 + \boldsymbol{a}_{p+1}^{\mathrm{T}}\boldsymbol{B}_p\boldsymbol{a}_{p+1}} = \boldsymbol{\beta}_{p+1}\sigma_{p+1}^2
\end{aligned} \tag{4.49}
$$

最后将式 (4.49) 代入式 (4.48), 可得

$$
\begin{aligned}
\hat{\boldsymbol{x}}_{\mathrm{LLS},p+1} &= \hat{\boldsymbol{x}}_{\mathrm{LLS},p} - \boldsymbol{\beta}_{p+1}\boldsymbol{a}_{p+1}^{\mathrm{T}}\hat{\boldsymbol{x}}_{\mathrm{LLS},p} + \boldsymbol{\beta}_{p+1}z_{p+1} \\
&= \hat{\boldsymbol{x}}_{\mathrm{LLS},p} + \boldsymbol{\beta}_{p+1}(z_{p+1} - \boldsymbol{a}_{p+1}^{\mathrm{T}}\hat{\boldsymbol{x}}_{\mathrm{LLS},p})
\end{aligned} \tag{4.50}
$$

式 (4.45)、式 (4.46) 和式 (4.50) 给出了序贯线性最小二乘估计方法的递推公式。需要指出的是, 既然是递推公式就需要初始值。由于未知参量 $\boldsymbol{x}$ 中包含的参数个数为 q, 因此至少需要累积到第 q 个时刻 (得到观测向量 $\boldsymbol{z}_q \in \mathbf{R}^{q\times 1}$) 才能给出未知参量 $\boldsymbol{x}$ 的初始值, 并且可以采用常规的批处理方法获取初始值。表 4.4 给出了利用 $\hat{\boldsymbol{x}}_{\mathrm{LLS},p}$ 递推求解 $\hat{\boldsymbol{x}}_{\mathrm{LLS},p+1}$ 的计算步骤。

表 4.4　利用 $\hat{\boldsymbol{x}}_{\mathrm{LLS},p}$ 递推求解 $\hat{\boldsymbol{x}}_{\mathrm{LLS},p+1}$ 的计算步骤

步骤	求解方法
1	令 $p := q$, 并且 $\hat{\boldsymbol{x}}_{\mathrm{LLS},p} = \boldsymbol{A}_p^{-1}\boldsymbol{z}_p$ 和 $\boldsymbol{B}_p = \boldsymbol{A}_p^{-1}\boldsymbol{E}_p\boldsymbol{A}_p^{-\mathrm{T}}$
2	计算 $\boldsymbol{\beta}_{p+1} = \dfrac{\boldsymbol{B}_p\boldsymbol{a}_{p+1}}{\sigma_{p+1}^2 + \boldsymbol{a}_{p+1}^{\mathrm{T}}\boldsymbol{B}_p\boldsymbol{a}_{p+1}}$
3	计算 $\hat{\boldsymbol{x}}_{\mathrm{LLS},p+1} = \hat{\boldsymbol{x}}_{\mathrm{LLS},p} + \boldsymbol{\beta}_{p+1}(z_{p+1} - \boldsymbol{a}_{p+1}^{\mathrm{T}}\hat{\boldsymbol{x}}_{\mathrm{LLS},p})$
4	计算 $\boldsymbol{B}_{p+1} = (\boldsymbol{I}_q - \boldsymbol{\beta}_{p+1}\boldsymbol{a}_{p+1}^{\mathrm{T}})\boldsymbol{B}_p$, 并令 $p := p+1$, 然后转至步骤 2

【注记 4.10】 在该递推算法的步骤 1 中, 矩阵 $\boldsymbol{A}_p$ 为方阵, 于是可以直接进行求逆, 这意味着初始值是通过求解线性方程组所获得的。

【注记 4.11】 结合式 (4.45) 和命题 2.7 可知 $\boldsymbol{B}_{p+1} \leqslant \boldsymbol{B}_p$, 这意味着随着观测量个数 p 的增加, 未知参量 $\boldsymbol{x}$ 的估计方差会逐渐变小。

【注记 4.12】 关于递推公式 (4.45)、式 (4.46) 和式 (4.50), 附录 C 中给出了另一种推导方法。

二、第二个递推公式

结合式 (4.42)、式 (4.43) 和第 3.3 节中的正交性原理可知①

$$\begin{aligned}J_{\mathrm{MIN},p+1}&=(\boldsymbol{z}_{p+1}-\boldsymbol{A}_{p+1}\hat{\boldsymbol{x}}_{\mathrm{LLS},p+1})^{\mathrm{T}}\boldsymbol{E}_{p+1}^{-1}(\boldsymbol{z}_{p+1}-\boldsymbol{A}_{p+1}\hat{\boldsymbol{x}}_{\mathrm{LLS},p+1})\\&=\boldsymbol{z}_{p+1}^{\mathrm{T}}\boldsymbol{E}_{p+1}^{-1}(\boldsymbol{z}_{p+1}-\boldsymbol{A}_{p+1}\hat{\boldsymbol{x}}_{\mathrm{LLS},p+1})\\&=[\boldsymbol{z}_p^{\mathrm{T}}\quad z_{p+1}]\begin{bmatrix}\boldsymbol{E}_p^{-1}&\boldsymbol{O}_{p\times 1}\\\boldsymbol{O}_{1\times p}&\dfrac{1}{\sigma_{p+1}^2}\end{bmatrix}\begin{bmatrix}\boldsymbol{z}_p-\boldsymbol{A}_p\hat{\boldsymbol{x}}_{\mathrm{LLS},p+1}\\z_{p+1}-\boldsymbol{a}_{p+1}^{\mathrm{T}}\hat{\boldsymbol{x}}_{\mathrm{LLS},p+1}\end{bmatrix}\\&=\boldsymbol{z}_p^{\mathrm{T}}\boldsymbol{E}_p^{-1}(\boldsymbol{z}_p-\boldsymbol{A}_p\hat{\boldsymbol{x}}_{\mathrm{LLS},p+1})+\frac{z_{p+1}}{\sigma_{p+1}^2}(z_{p+1}-\boldsymbol{a}_{p+1}^{\mathrm{T}}\hat{\boldsymbol{x}}_{\mathrm{LLS},p+1})\end{aligned}\tag{4.51}$$

将式 (4.50) 代入式 (4.51) 中, 并且令 $\delta_{p+1}=z_{p+1}-\boldsymbol{a}_{p+1}^{\mathrm{T}}\hat{\boldsymbol{x}}_{\mathrm{LLS},p}$ 可得

$$\begin{aligned}J_{\mathrm{MIN},p+1}&=\boldsymbol{z}_p^{\mathrm{T}}\boldsymbol{E}_p^{-1}(\boldsymbol{z}_p-\boldsymbol{A}_p\hat{\boldsymbol{x}}_{\mathrm{LLS},p}-\boldsymbol{A}_p\boldsymbol{\beta}_{p+1}\delta_{p+1})+\frac{z_{p+1}}{\sigma_{p+1}^2}\\&\quad\times(z_{p+1}-\boldsymbol{a}_{p+1}^{\mathrm{T}}\hat{\boldsymbol{x}}_{\mathrm{LLS},p}-\boldsymbol{a}_{p+1}^{\mathrm{T}}\boldsymbol{\beta}_{p+1}\delta_{p+1})\\&=\boldsymbol{z}_p^{\mathrm{T}}\boldsymbol{E}_p^{-1}(\boldsymbol{z}_p-\boldsymbol{A}_p\hat{\boldsymbol{x}}_{\mathrm{LLS},p})-\boldsymbol{z}_p^{\mathrm{T}}\boldsymbol{E}_p^{-1}\boldsymbol{A}_p\boldsymbol{\beta}_{p+1}\delta_{p+1}\\&\quad+\frac{z_{p+1}\delta_{p+1}}{\sigma_{p+1}^2}(1-\boldsymbol{a}_{p+1}^{\mathrm{T}}\boldsymbol{\beta}_{p+1})\end{aligned}\tag{4.52}$$

此外, 由式 (4.38) 可知

$$\boldsymbol{A}_p^{\mathrm{T}}\boldsymbol{E}_p^{-1}\boldsymbol{z}_p=\boldsymbol{A}_p^{\mathrm{T}}\boldsymbol{E}_p^{-1}\boldsymbol{A}_p\hat{\boldsymbol{x}}_{\mathrm{LLS},p}=\boldsymbol{B}_p^{-1}\hat{\boldsymbol{x}}_{\mathrm{LLS},p}\tag{4.53}$$

将式 (4.53) 代入式 (4.52) 可得

$$J_{\mathrm{MIN},p+1}=J_{\mathrm{MIN},p}-\hat{\boldsymbol{x}}_{\mathrm{LLS},p}^{\mathrm{T}}\boldsymbol{B}_p^{-1}\boldsymbol{\beta}_{p+1}\delta_{p+1}+\frac{z_{p+1}\delta_{p+1}}{\sigma_{p+1}^2}(1-\boldsymbol{a}_{p+1}^{\mathrm{T}}\boldsymbol{\beta}_{p+1})\tag{4.54}$$

根据式 (4.46) 可知

$$\begin{aligned}&\frac{z_{p+1}}{\sigma_{p+1}^2}(1-\boldsymbol{a}_{p+1}^{\mathrm{T}}\boldsymbol{\beta}_{p+1})-\hat{\boldsymbol{x}}_{\mathrm{LLS},p}^{\mathrm{T}}\boldsymbol{B}_p^{-1}\boldsymbol{\beta}_{p+1}\\&=\frac{z_{p+1}}{\sigma_{p+1}^2}\left(1-\frac{\boldsymbol{a}_{p+1}^{\mathrm{T}}\boldsymbol{B}_p\boldsymbol{a}_{p+1}}{\sigma_{p+1}^2+\boldsymbol{a}_{p+1}^{\mathrm{T}}\boldsymbol{B}_p\boldsymbol{a}_{p+1}}\right)-\frac{\hat{\boldsymbol{x}}_{\mathrm{LLS},p}^{\mathrm{T}}\boldsymbol{a}_{p+1}}{\sigma_{p+1}^2+\boldsymbol{a}_{p+1}^{\mathrm{T}}\boldsymbol{B}_p\boldsymbol{a}_{p+1}}\\&=\frac{z_{p+1}-\boldsymbol{a}_{p+1}^{\mathrm{T}}\hat{\boldsymbol{x}}_{\mathrm{LLS},p}}{\sigma_{p+1}^2+\boldsymbol{a}_{p+1}^{\mathrm{T}}\boldsymbol{B}_p\boldsymbol{a}_{p+1}}=\frac{\delta_{p+1}}{\sigma_{p+1}^2+\boldsymbol{a}_{p+1}^{\mathrm{T}}\boldsymbol{B}_p\boldsymbol{a}_{p+1}}\end{aligned}\tag{4.55}$$

---

① $\boldsymbol{A}_{p+1}^{\mathrm{T}}\boldsymbol{E}_{p+1}^{-1}(\boldsymbol{z}_{p+1}-\boldsymbol{A}_{p+1}\hat{\boldsymbol{x}}_{\mathrm{LLS},p+1})=\boldsymbol{O}_{q\times 1}$。

最后将式 (4.55) 代入式 (4.54) 可得

$$J_{\mathrm{MIN},p+1} = J_{\mathrm{MIN},p} + \frac{\delta_{p+1}^2}{\sigma_{p+1}^2 + \boldsymbol{a}_{p+1}^{\mathrm{T}} \boldsymbol{B}_p \boldsymbol{a}_{p+1}} \tag{4.56}$$

由式 (4.56) 可知, 最小二乘误差值随着观测量个数 p 的增加而增加。这是因为最小二乘误差反映了对全部观测量拟合残差的平方和, 其数值通常会随着观测量个数的增加而增加。表 4.5 列出利用 $J_{\mathrm{MIN},p}$ 递推求解 $J_{\mathrm{MIN},p+1}$ 的计算步骤。

表 4.5 利用 $J_{\mathrm{MIN},p}$ 递推求解 $J_{\mathrm{MIN},p+1}$ 的计算步骤

步骤	求解方法
1	令 $p := q$, 并且 $\boldsymbol{B}_p = \boldsymbol{A}_p^{-1} \boldsymbol{E}_p \boldsymbol{A}_p^{-\mathrm{T}}$, $J_{\mathrm{MIN},p} = 0$
2	计算 $\delta_{p+1} = z_{p+1} - \boldsymbol{a}_{p+1}^{\mathrm{T}} \hat{\boldsymbol{x}}_{\mathrm{LLS},p}$
3	计算 $J_{\mathrm{MIN},p+1} = J_{\mathrm{MIN},p} + \dfrac{\delta_{p+1}^2}{\sigma_{p+1}^2 + \boldsymbol{a}_{p+1}^{\mathrm{T}} \boldsymbol{B}_p \boldsymbol{a}_{p+1}}$
4	计算 $\boldsymbol{B}_{p+1} = (\boldsymbol{I}_q - \boldsymbol{\beta}_{p+1} \boldsymbol{a}_{p+1}^{\mathrm{T}}) \boldsymbol{B}_p$, 并令 $p := p+1$, 然后转至步骤 2

【**注记 4.13**】在该递推算法的步骤 1 中,$J_{\mathrm{MIN},p} = 0$ 的原因在于, 当求解初始值时, 观测量个数与未知参数个数完全相等, 此时是通过求解线性方程组获得其初始值, 因此其最小二乘误差值应等于零。

4.2.3 序贯递推求解方法在傅里叶系数估计中的应用

本小节将利用序贯递推求解方法对傅里叶系数进行估计。

考虑如下信号观测模型

$$z_j = x_1 \cos(2\pi f_0 (j-1)) + x_2 \sin(2\pi f_0 (j-1)) + e_j \tag{4.57}$$

其中:

$\{e_j\}$ 表示观测误差, 其服从均值为零、标准差为 σ 的高斯分布, 并且彼此间相互独立;

x_1 和 x_2 是需要估计的傅里叶系数, 于是可将未知参量定义为 $\boldsymbol{x} = [x_1\ x_2]^{\mathrm{T}} \in \mathbf{R}^{2\times 1}$;

f_0 表示已知的信号频率。

首先, 由于这里仅有两个参数需要估计, 因此利用两个观测量 (即 z_1 和 z_2)

即可获得递推初始值。根据表 4.5 步骤 1 可得

$$
\begin{aligned}
\hat{\boldsymbol{x}}_{\mathrm{LLS},2} &= \boldsymbol{A}_2^{-1}\boldsymbol{z}_2 = \begin{bmatrix} 1 & 0 \\ \cos(2\pi f_0) & \sin(2\pi f_0) \end{bmatrix}^{-1} \begin{bmatrix} z_1 \\ z_2 \end{bmatrix} \\
&= \frac{1}{\sin(2\pi f_0)} \begin{bmatrix} z_1 \sin(2\pi f_0) \\ z_2 - z_1 \cos(2\pi f_0) \end{bmatrix}
\end{aligned} \tag{4.58}
$$

$$
\begin{aligned}
\boldsymbol{B}_2 &= \boldsymbol{A}_2^{-1}\boldsymbol{E}_2\boldsymbol{A}_2^{-\mathrm{T}} = \frac{\sigma^2}{(\sin(2\pi f_0))^2} \begin{bmatrix} \sin(2\pi f_0) & 0 \\ -\cos(2\pi f_0) & 1 \end{bmatrix} \\
&\quad \times \begin{bmatrix} \sin(2\pi f_0) & -\cos(2\pi f_0) \\ 0 & 1 \end{bmatrix} \\
&= \frac{\sigma^2}{(\sin(2\pi f_0))^2} \begin{bmatrix} (\sin(2\pi f_0))^2 & -\sin(2\pi f_0)\cos(2\pi f_0) \\ -\sin(2\pi f_0)\cos(2\pi f_0) & 1 + (\cos(2\pi f_0))^2 \end{bmatrix}
\end{aligned} \tag{4.59}
$$

此外, $J_{\mathrm{MIN},2} = 0$。

接着, 利用递推公式计算 $\hat{\boldsymbol{x}}_{\mathrm{LLS},3}$。根据式 (4.45)、式 (4.46)、式 (4.50) 和式 (4.56) 可得

$$
\begin{aligned}
\boldsymbol{\beta}_3 &= \frac{\boldsymbol{B}_2\boldsymbol{a}_3}{\sigma^2 + \boldsymbol{a}_3^{\mathrm{T}}\boldsymbol{B}_2\boldsymbol{a}_3} \\
&= \frac{\dfrac{1}{(\sin(2\pi f_0))^2} \begin{bmatrix} (\sin(2\pi f_0))^2 & -\sin(2\pi f_0)\cos(2\pi f_0) \\ -\sin(2\pi f_0)\cos(2\pi f_0) & 1 + (\cos(2\pi f_0))^2 \end{bmatrix} \begin{bmatrix} \cos(4\pi f_0) \\ \sin(4\pi f_0) \end{bmatrix}}{1 + \dfrac{[\cos(4\pi f_0) \ \ \sin(4\pi f_0)]}{(\sin(2\pi f_0))^2} \begin{bmatrix} (\sin(2\pi f_0))^2 & -\sin(2\pi f_0)\cos(2\pi f_0) \\ -\sin(2\pi f_0)\cos(2\pi f_0) & 1 + (\cos(2\pi f_0))^2 \end{bmatrix} \begin{bmatrix} \cos(4\pi f_0) \\ \sin(4\pi f_0) \end{bmatrix}} \\
&= \frac{1}{\sin(2\pi f_0)(2 + 4(\cos(2\pi f_0))^2)} \begin{bmatrix} -\sin(2\pi f_0) \\ 3\cos(2\pi f_0) \end{bmatrix}
\end{aligned} \tag{4.60}
$$

$$
\begin{aligned}
\hat{\boldsymbol{x}}_{\mathrm{LLS},3} &= \hat{\boldsymbol{x}}_{\mathrm{LLS},2} + \boldsymbol{\beta}_3(z_3 - \boldsymbol{a}_3^{\mathrm{T}}\hat{\boldsymbol{x}}_{\mathrm{LLS},2}) = \frac{1}{\sin(2\pi f_0)} \begin{bmatrix} z_1 \sin(2\pi f_0) \\ z_2 - z_1\cos(2\pi f_0) \end{bmatrix} \\
&\quad + \frac{z_3 - \dfrac{[\cos(4\pi f_0) \ \ \sin(4\pi f_0)]}{\sin(2\pi f_0)} \begin{bmatrix} z_1 \sin(2\pi f_0) \\ z_2 - z_1\cos(2\pi f_0) \end{bmatrix}}{\sin(2\pi f_0)(2 + 4(\cos(2\pi f_0))^2)} \begin{bmatrix} -\sin(2\pi f_0) \\ 3\cos(2\pi f_0) \end{bmatrix}
\end{aligned}
$$

$$
=\frac{1}{\sin(2\pi f_0)}\begin{bmatrix} z_1\sin(2\pi f_0) \\ z_2 - z_1\cos(2\pi f_0) \end{bmatrix} + \frac{z_1 - 2\cos(2\pi f_0)z_2 + z_3}{\sin(2\pi f_0)(2+4(\cos(2\pi f_0))^2)}\begin{bmatrix} -\sin(2\pi f_0) \\ 3\cos(2\pi f_0) \end{bmatrix} \tag{4.61}
$$

$$
\begin{aligned}
J_{\mathrm{MIN},3} &= J_{\mathrm{MIN},2} + \frac{(z_3 - \boldsymbol{a}_3^{\mathrm{T}}\hat{\boldsymbol{x}}_{\mathrm{LLS},2})^2}{\sigma^2 + \boldsymbol{a}_3^{\mathrm{T}}\boldsymbol{B}_2\boldsymbol{a}_3} \\
&= 0 + \frac{\left(z_3 - \dfrac{1}{\sin(2\pi f_0)}[\cos(4\pi f_0) \quad \sin(4\pi f_0)]\begin{bmatrix} z_1\sin(2\pi f_0) \\ z_2 - z_1\cos(2\pi f_0) \end{bmatrix}\right)^2}{\sigma^2\left(1 + \dfrac{[\cos(4\pi f_0) \quad \sin(4\pi f_0)]}{(\sin(2\pi f_0))^2}\begin{bmatrix} (\sin(2\pi f_0))^2 & -\sin(2\pi f_0)\cos(2\pi f_0) \\ -\sin(2\pi f_0)\cos(2\pi f_0) & 1+(\cos(2\pi f_0))^2 \end{bmatrix}\begin{bmatrix} \cos(4\pi f_0) \\ \sin(4\pi f_0) \end{bmatrix}\right)} \\
&= \frac{(z_1 - 2z_2\cos(2\pi f_0) + z_3)^2}{\sigma^2(2+4(\cos(2\pi f_0))^2)}
\end{aligned} \tag{4.62}
$$

$$
\begin{aligned}
\boldsymbol{B}_3 &= (\boldsymbol{I}_2 - \boldsymbol{\beta}_3\boldsymbol{a}_3^{\mathrm{T}})\boldsymbol{B}_2 = \frac{\sigma^2}{(\sin(2\pi f_0))^2} \\
&\quad \times \left(\boldsymbol{I}_2 - \frac{1}{2\sin(2\pi f_0)(1+2(\cos(2\pi f_0))^2)}\begin{bmatrix} -\sin(2\pi f_0) \\ 3\cos(2\pi f_0) \end{bmatrix}[\cos(4\pi f_0) \quad \sin(4\pi f_0)]\right) \\
&\quad \times \begin{bmatrix} (\sin(2\pi f_0))^2 & -\sin(2\pi f_0)\cos(2\pi f_0) \\ -\sin(2\pi f_0)\cos(2\pi f_0) & 1+(\cos(2\pi f_0))^2 \end{bmatrix} \\
&= \frac{\sigma^2}{(\sin(2\pi f_0))^2}\begin{bmatrix} (\sin(2\pi f_0))^2 & -\sin(2\pi f_0)\cos(2\pi f_0) \\ -\sin(2\pi f_0)\cos(2\pi f_0) & 1+(\cos(2\pi f_0))^2 \end{bmatrix} \\
&\quad - \frac{\sigma^2}{2(\sin(2\pi f_0))^2(1+2(\cos(2\pi f_0))^2)} \\
&\quad \times \begin{bmatrix} (\sin(2\pi f_0))^2 & -3\sin(2\pi f_0)\cos(2\pi f_0) \\ -3\sin(2\pi f_0)\cos(2\pi f_0) & 9(\cos(2\pi f_0))^2 \end{bmatrix}
\end{aligned} \tag{4.63}
$$

按照类似的方法可以继续计算 $\boldsymbol{\beta}_4$、$\hat{\boldsymbol{x}}_{\mathrm{LLS},4}$、$J_{\mathrm{MIN},4}$ 和 $\boldsymbol{B}_4$。由于相应的递推公式过于复杂, 限于篇幅这里就不再一一罗列。

可以通过一个数值实验统计序贯线性最小二乘估计值的精度。假设信号频率 $f_0 = 0.16$, 两个未知参数分别设为 $x_1 = 1$ 和 $x_2 = 2$, 观测误差 $\{e_j\}$ 服从均值为零、标准差为 $\sigma = 0.2$ 的高斯分布, 并且彼此间相互独立。图 4.8 所示的是第 1 个参数 (即参数 x_1) 的估计均方根误差随着观测时刻 p 的变化曲线; 图 4.9 所示为第 2 个参数 (即参数 x_2) 的估计均方根误差随着观测时刻 p 的变化曲线。需要指出的是, 图 4.8 和图 4.9 中的实验值均利用 10 000 次蒙特卡罗实验结果统计所得, 而理论值则是根据矩阵 $\boldsymbol{B}_p$ 计算所得。此外, 图 4.10 给出了在某次实验中, 第 1 个参数 (即参数 x_1) 的估计值随观测时刻 p 的变化曲线; 图 4.11 给出了在此次实验中, 第 2 个参数 (即参数 x_2) 的估计值随观测时刻 p 的变化曲线; 图 4.12 所示是在同样的实验中, 最小二乘误差值随观测时刻 p 的变化曲线。

从图 4.8 和图 4.9 可以看出, 两个参数估计均方根误差均随观测时刻 p(亦即观测量个数) 的增加而减少, 这与注记 4.11 中的分析结论相一致。此外, 图中的实验值与理论值基本吻合, 这验证了理论推导的正确性。

从图 4.10 和图 4.11 可以看出, 在单次实验中, 虽然参数估计值逐渐趋向于真实值, 但估计值与真实值之间的绝对偏差并不总是在递减, 这是因为在单次实验中, 由于观测误差的随机性, 其估计值会不断起伏, 这使得其与真实值的绝对距离并非单调减少。然而, 如图 4.8 和图 4.9 所示, 若进行多次实验, 参数估计均方根误差则会随着 p 的增加而递减。最后, 从图 4.12 可以看出, 最小二乘误差值随着 p 的增加而增加, 这与式 (4.56) 给出的结论相一致。

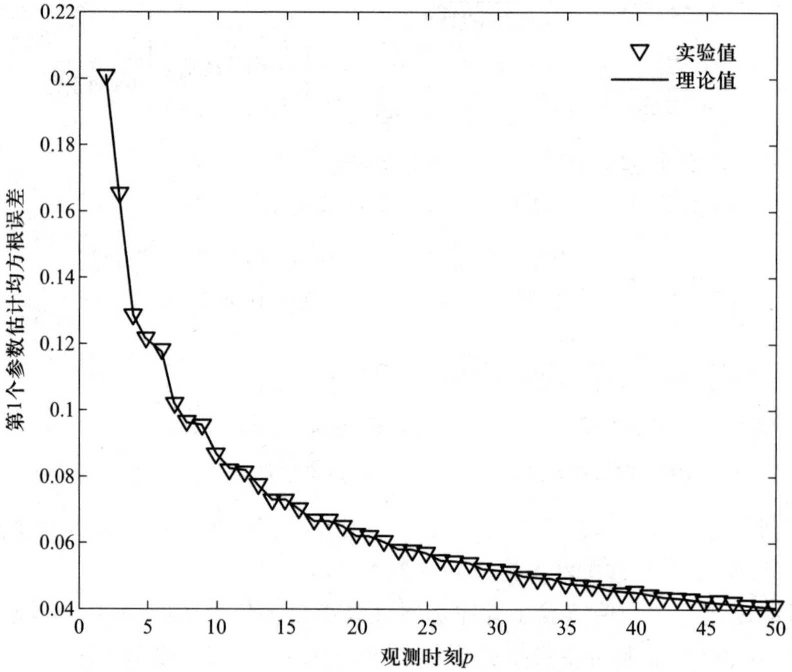

图 4.8 参数 x_1 的估计均方根误差随观测时刻 p 的变化曲线

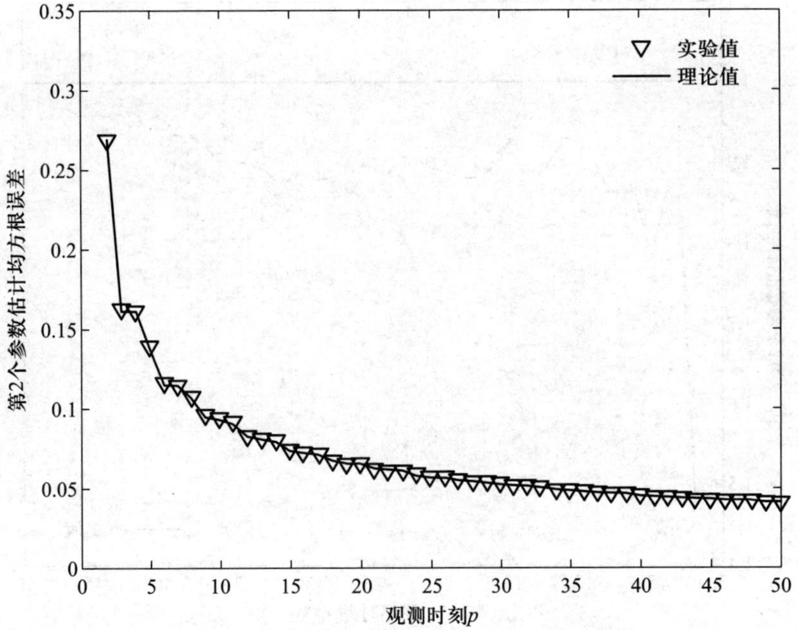

图 4.9　参数 x_2 的估计均方根误差随观测时刻 p 的变化曲线

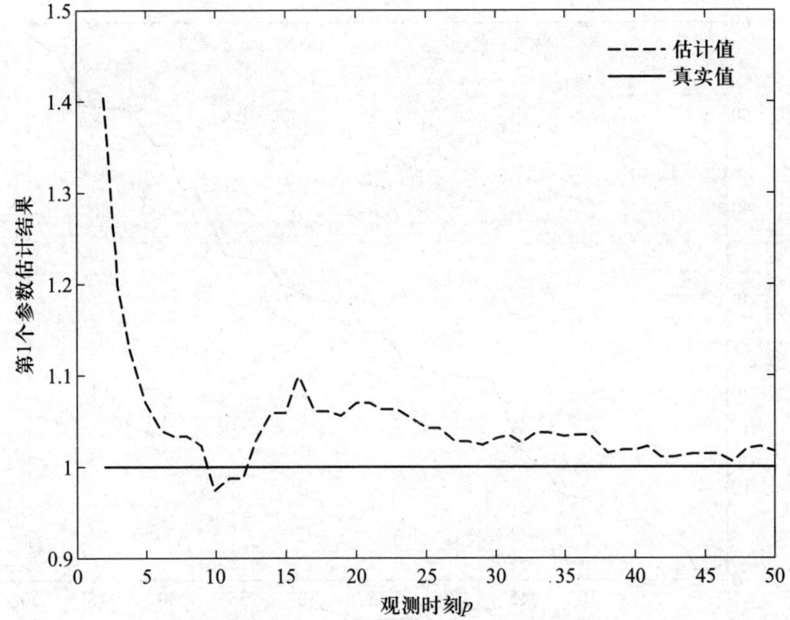

图 4.10　参数 x_1 的估计值随观测时刻 p 的变化曲线

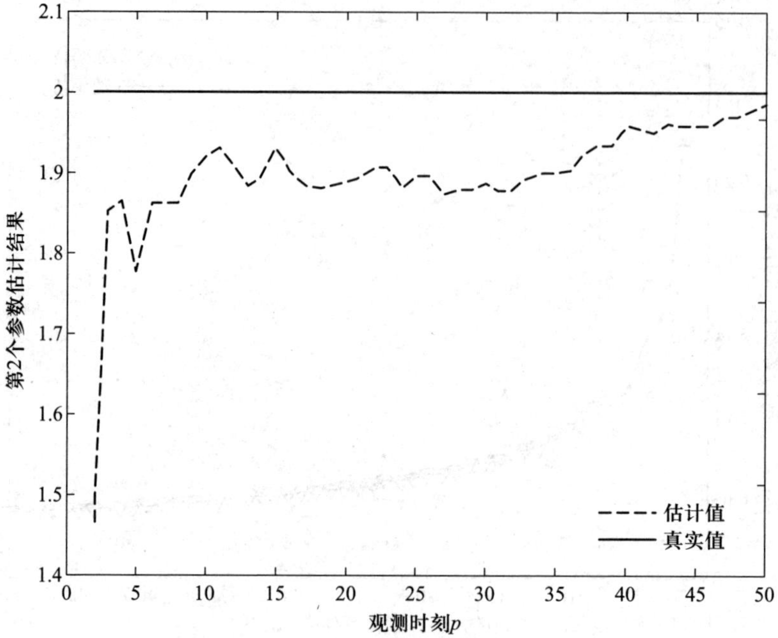

图 4.11　参数 x_2 的估计值随观测时刻 p 的变化曲线

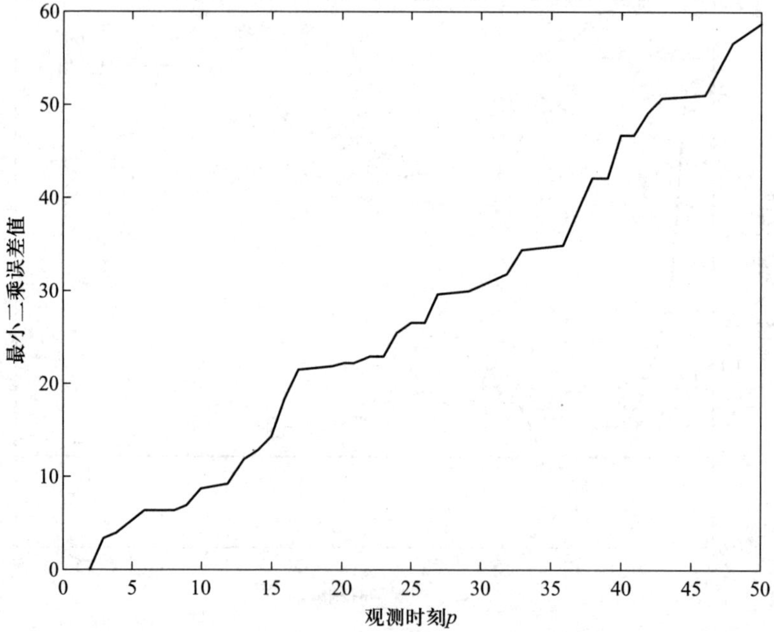

图 4.12　最小二乘误差值随观测时刻 p 的变化曲线

第 5 章 线性最小二乘估计理论与方法 III:误差协方差矩阵秩亏损

第 3 章和第 4 章均假设观测误差 $\boldsymbol{e}$ 的协方差矩阵 $\boldsymbol{E}$ 是满秩的, 因此可以直接对其进行求逆, 并且基于此逆矩阵能够获得最优的最小二乘估计准则。然而, 在实际应用中矩阵 $\boldsymbol{E}$ 很可能是秩亏损 (Rank Deficiency, RD) 的。不妨举个简单的数值例子, 假设观测误差 $\boldsymbol{e}$ 是 4 维向量, 其中的元素为 $\boldsymbol{e}=[e_1\quad e_2\quad e_3\quad e_1+e_2+e_3]^{\mathrm{T}}$。显然, 此时的协方差矩阵 $\boldsymbol{E}$ 就是秩亏损的。本章将针对此类问题进行讨论, 利用矩阵奇异值分解将原问题转化成含有线性等式约束的最小二乘估计问题, 而此新问题的误差协方差矩阵可以恢复为满秩矩阵。

5.1 线性观测模型

考虑如下线性观测模型

$$\boldsymbol{z}=\boldsymbol{z}_0+\boldsymbol{e}=\boldsymbol{A}\boldsymbol{x}+\boldsymbol{T}\boldsymbol{\beta} \tag{5.1}$$

其中:

$\boldsymbol{z}_0=\boldsymbol{A}\boldsymbol{x}\in\mathbf{R}^{p\times 1}$ 表示没有误差条件下的观测向量;

$\boldsymbol{z}\in\mathbf{R}^{p\times 1}$ 表示含有误差条件下的观测向量;

$\boldsymbol{x}\in\mathbf{R}^{q\times 1}$ 表示待估计的未知参量, 其中 $q<p$ 以确保问题是超定的 (即观测量个数大于未知参数个数);

$\boldsymbol{A}\in\mathbf{R}^{p\times q}$ 表示观测矩阵, 本章假设其精确已知, 并且是列满秩矩阵;

$\boldsymbol{e}=\boldsymbol{T}\boldsymbol{\beta}\in\mathbf{R}^{p\times 1}$ 表示观测误差向量;

$\boldsymbol{\beta}\in\mathbf{R}^{n\times 1}$ 服从均值为零、协方差矩阵为 $\mathbf{cov}(\boldsymbol{\beta})=\mathrm{E}[\boldsymbol{\beta}\boldsymbol{\beta}^{\mathrm{T}}]=\boldsymbol{\Sigma}_{\boldsymbol{\beta}}$ 的高斯分布, 其中 $q<n<p$;

$\boldsymbol{T}\in\mathbf{R}^{p\times n}$ 是列满秩矩阵①, 其对于估计器而言是确定已知的。

【注记 5.1】式 (5.1) 中的误差向量 $\boldsymbol{e}$ 服从均值为零、协方差矩阵为 $\boldsymbol{E}=\mathrm{E}[\boldsymbol{e}\boldsymbol{e}^{\mathrm{T}}]=\boldsymbol{T}\boldsymbol{\Sigma}_{\boldsymbol{\beta}}\boldsymbol{T}^{\mathrm{T}}$ 的高斯分布。假设 $\boldsymbol{\Sigma}_{\boldsymbol{\beta}}$ 是满秩矩阵, 由于 $\boldsymbol{T}$ 是“瘦高型”列满秩矩阵, 因此协方差矩阵 $\boldsymbol{E}$ 就是秩亏损的, 其逆矩阵并不存在, 此时无法直接利

① 由于 $n<p$, 因此 $\boldsymbol{T}$ 是“瘦高型”矩阵。

用第 3 章的线性最小二乘估计优化模型进行求解。

5.2 误差协方差矩阵秩亏损条件下的线性最小二乘估计优化模型

由于协方差矩阵 $\boldsymbol{E}$ 是秩亏损的, 所以无法直接利用式 (3.10) 中的最小二乘估计优化模型进行求解。下面需要针对此类情形推导另一种线性最小二乘估计优化模型, 其中会出现线性等式约束。

对矩阵 $\boldsymbol{T}$ 进行奇异值分解, 由于该矩阵是列满秩的, 于是有

$$\boldsymbol{T}=\boldsymbol{U}\boldsymbol{\Lambda}\boldsymbol{V}^{\mathrm{T}}=\left[\underbrace{\boldsymbol{U}_1}_{p\times n}\quad\underbrace{\boldsymbol{U}_2}_{p\times(p-n)}\right]\left[\begin{array}{c}\underbrace{\boldsymbol{\Lambda}_1}_{n\times n}\\ \boldsymbol{O}_{(p-n)\times n}\end{array}\right]\boldsymbol{V}^{\mathrm{T}}=\boldsymbol{U}_1\boldsymbol{\Lambda}_1\boldsymbol{V}^{\mathrm{T}} \tag{5.2}$$

式中 $\boldsymbol{U}=[\boldsymbol{U}_1\ \boldsymbol{U}_2]\in\mathbf{R}^{p\times p}$ 和 $\boldsymbol{V}\in\mathbf{R}^{n\times n}$ 均为正交矩阵; $\boldsymbol{\Lambda}=\left[\begin{array}{c}\boldsymbol{\Lambda}_1\\ \boldsymbol{O}_{(p-n)\times n}\end{array}\right]$, 其中 $\boldsymbol{\Lambda}_1$ 是 $n\times n$ 阶对角矩阵, 该矩阵的对角元素均为矩阵 $\boldsymbol{T}$ 的奇异值, 它们都是正数。为了使得误差协方差矩阵为满秩矩阵, 可以利用矩阵 $\boldsymbol{U}_1^{\mathrm{T}}$ 和 $\boldsymbol{U}_2^{\mathrm{T}}$ 左乘式 (5.1) 两侧, 得到

$$\boldsymbol{z}_1=\boldsymbol{U}_1^{\mathrm{T}}\boldsymbol{z}=\boldsymbol{U}_1^{\mathrm{T}}\boldsymbol{A}\boldsymbol{x}+\boldsymbol{U}_1^{\mathrm{T}}\boldsymbol{T}\boldsymbol{\beta}\in\mathbf{R}^{n\times 1} \tag{5.3}$$

$$\boldsymbol{z}_2=\boldsymbol{U}_2^{\mathrm{T}}\boldsymbol{z}=\boldsymbol{U}_2^{\mathrm{T}}\boldsymbol{A}\boldsymbol{x}+\boldsymbol{U}_2^{\mathrm{T}}\boldsymbol{T}\boldsymbol{\beta}=\boldsymbol{U}_2^{\mathrm{T}}\boldsymbol{A}\boldsymbol{x}+\boldsymbol{U}_2^{\mathrm{T}}\boldsymbol{U}_1\boldsymbol{\Lambda}_1\boldsymbol{V}^{\mathrm{T}}\boldsymbol{\beta}=\boldsymbol{U}_2^{\mathrm{T}}\boldsymbol{A}\boldsymbol{x}\in\mathbf{R}^{(p-n)\times 1} \tag{5.4}$$

式 (5.4) 中的最后一个等号利用了关系式 $\boldsymbol{U}_2^{\mathrm{T}}\boldsymbol{U}_1=\boldsymbol{O}_{(p-n)\times n}$。不难发现, 向量 $\boldsymbol{\beta}$ 仅仅出现在式 (5.3) 中, 而并未出现在式 (5.4) 中, 此时观测模型式 (5.1) 可以等价表示为含有线性等式约束的观测模型, 即

$$\begin{cases}\boldsymbol{z}_1=\boldsymbol{U}_1^{\mathrm{T}}\boldsymbol{z}=\boldsymbol{A}_1\boldsymbol{x}+\boldsymbol{e}_1\\ \text{s.t. }\boldsymbol{z}_2=\boldsymbol{U}_2^{\mathrm{T}}\boldsymbol{z}=\boldsymbol{A}_2\boldsymbol{x}\end{cases} \tag{5.5}$$

式中 $\boldsymbol{A}_1=\boldsymbol{U}_1^{\mathrm{T}}\boldsymbol{A}\in\mathbf{R}^{n\times q}$, $\boldsymbol{A}_2=\boldsymbol{U}_2^{\mathrm{T}}\boldsymbol{A}\in\mathbf{R}^{(p-n)\times q}$, $\boldsymbol{e}_1=\boldsymbol{U}_1^{\mathrm{T}}\boldsymbol{T}\boldsymbol{\beta}\in\mathbf{R}^{n\times 1}$。显然, 向量 $\boldsymbol{e}_1$ 可以看成是式 (5.5) 中的观测误差, 其协方差矩阵

$$\boldsymbol{E}_1=\mathrm{E}[\boldsymbol{e}_1\boldsymbol{e}_1^{\mathrm{T}}]=\boldsymbol{U}_1^{\mathrm{T}}\boldsymbol{E}\boldsymbol{U}_1=\boldsymbol{U}_1^{\mathrm{T}}\boldsymbol{T}\boldsymbol{\Sigma}_{\boldsymbol{\beta}}\boldsymbol{T}^{\mathrm{T}}\boldsymbol{U}_1\in\mathbf{R}^{n\times n} \tag{5.6}$$

由于 $\boldsymbol{U}_1^{\mathrm{T}}\boldsymbol{T}=\boldsymbol{\varLambda}_1\boldsymbol{V}^{\mathrm{T}}$ 是满秩方阵, 所以 $\boldsymbol{E}_1$ 为可逆矩阵, 甚至是正定矩阵, 此时就可以建立含有线性等式约束的线性最小二乘估计优化模型

$$\begin{cases}\min\limits_{\boldsymbol{x}\in\mathbf{R}^{q\times 1}}\{(\boldsymbol{z}_1-\boldsymbol{A}_1\boldsymbol{x})^{\mathrm{T}}\boldsymbol{E}_1^{-1}(\boldsymbol{z}_1-\boldsymbol{A}_1\boldsymbol{x})\}\ 或\ \{\|\boldsymbol{E}_1^{-1/2}(\boldsymbol{z}_1-\boldsymbol{A}_1\boldsymbol{x})\|_2^2\} \\ \text{s.t. } \boldsymbol{A}_2\boldsymbol{x}=\boldsymbol{z}_2\end{cases}\tag{5.7}$$

【**注记 5.2**】与式 (3.51) 相类似, 这里需要假设式 (5.7) 中的 $\boldsymbol{A}_2$ 为行满秩矩阵, 以使得线性等式约束之间是相互独立的。此外, 还假设 $p-n<q$, 即 $\boldsymbol{A}_2$ 为“矮胖型”矩阵。

【**注记 5.3**】式 (5.7) 与式 (3.51) 相类似, 都是含有线性等式约束的线性最小二乘估计问题, 所以式 (3.57) 给出的闭式解同样也可以作为式 (5.7) 的最优解。

5.3 误差协方差矩阵秩亏损条件下的线性最小二乘估计问题的数值求解方法

将式 (5.7) 的最优解记为 $\hat{\boldsymbol{x}}_{\mathrm{RD-LLS}}$, 根据式 (3.57) 可知, 解向量 $\hat{\boldsymbol{x}}_{\mathrm{RD-LLS}}$ 的表达式为

$$\begin{aligned}\hat{\boldsymbol{x}}_{\mathrm{RD-LLS}}=&(\boldsymbol{A}_1^{\mathrm{T}}\boldsymbol{E}_1^{-1}\boldsymbol{A}_1)^{-1}\boldsymbol{A}_1^{\mathrm{T}}\boldsymbol{E}_1^{-1}\boldsymbol{z}_1-(\boldsymbol{A}_1^{\mathrm{T}}\boldsymbol{E}_1^{-1}\boldsymbol{A}_1)^{-1}\boldsymbol{A}_2^{\mathrm{T}}(\boldsymbol{A}_2(\boldsymbol{A}_1^{\mathrm{T}}\boldsymbol{E}_1^{-1}\boldsymbol{A}_1)^{-1}\boldsymbol{A}_2^{\mathrm{T}})^{-1} \\ &\times(\boldsymbol{A}_2(\boldsymbol{A}_1^{\mathrm{T}}\boldsymbol{E}_1^{-1}\boldsymbol{A}_1)^{-1}\boldsymbol{A}_1^{\mathrm{T}}\boldsymbol{E}_1^{-1}\boldsymbol{z}_1-\boldsymbol{z}_2)\end{aligned}\tag{5.8}$$

尽管最优解的闭式形式存在, 但从计算量的角度来看尚不是最有效的计算方法。本节将从数值计算的角度给出 3 种求解式 (5.7) 的算法①。

5.3.1 消元法

本节主要讨论利用消元法求解式 (5.7) 的基本原理, 并给出其计算步骤。

由于 $\boldsymbol{A}_2$ 是“矮胖型”行满秩矩阵, 并且其行数为 $p-n$, 因此该矩阵一定存在 $p-n$ 个列向量可以构成满秩方阵。不失一般性, 假设矩阵 $\boldsymbol{A}_2$ 中前 $p-n$ 列构成的子矩阵为满秩方阵, 并且将矩阵 $\boldsymbol{A}_1$ 和 $\boldsymbol{A}_2$ 分别写成如下分块形式

$$\boldsymbol{A}_1=\Big[\underbrace{\boldsymbol{A}_{11}}_{n\times(p-n)}\quad\underbrace{\boldsymbol{A}_{12}}_{n\times(q-p+n)}\Big],\quad \boldsymbol{A}_2=\Big[\underbrace{\boldsymbol{A}_{21}}_{(p-n)\times(p-n)}\quad\underbrace{\boldsymbol{A}_{22}}_{(p-n)\times(q-p+n)}\Big]\tag{5.9}$$

① 这里给出的数值算法同样可用于求解式 (3.51)。

根据假设可知,$\boldsymbol{A}_{21}$ 是可逆矩阵。接着将未知参量 $\boldsymbol{x}$ 分块表示为

$$\boldsymbol{x} = \begin{bmatrix} \underbrace{\boldsymbol{x}_1}_{(p-n)\times 1} \\ \underbrace{\boldsymbol{x}_2}_{(q-p+n)\times 1} \end{bmatrix} \tag{5.10}$$

于是等式约束 $\boldsymbol{A}_2\boldsymbol{x} = \boldsymbol{z}_2$ 可以等价表示为

$$\boldsymbol{A}_2\boldsymbol{x} = \boldsymbol{A}_{21}\boldsymbol{x}_1 + \boldsymbol{A}_{22}\boldsymbol{x}_2 = \boldsymbol{z}_2 \Rightarrow \boldsymbol{x}_1 = \boldsymbol{A}_{21}^{-1}(\boldsymbol{z}_2 - \boldsymbol{A}_{22}\boldsymbol{x}_2) \tag{5.11}$$

由此可知, 向量 $\boldsymbol{x}_1$ 可以利用向量 $\boldsymbol{x}_2$ 显式表示, 于是仅需要针对向量 $\boldsymbol{x}_2$ 进行优化求解即可。

将式 (5.9) 中的第 1 个等式和式 (5.11) 代入式 (5.7) 中的目标函数可得

$$\begin{aligned}
&(\boldsymbol{z}_1 - \boldsymbol{A}_1\boldsymbol{x})^{\mathrm{T}}\boldsymbol{E}_1^{-1}(\boldsymbol{z}_1 - \boldsymbol{A}_1\boldsymbol{x}) \\
&= (\boldsymbol{z}_1 - \boldsymbol{A}_{11}\boldsymbol{x}_1 - \boldsymbol{A}_{12}\boldsymbol{x}_2)^{\mathrm{T}}\boldsymbol{E}_1^{-1}(\boldsymbol{z}_1 - \boldsymbol{A}_{11}\boldsymbol{x}_1 - \boldsymbol{A}_{12}\boldsymbol{x}_2) \\
&= (\boldsymbol{z}_1 - \boldsymbol{A}_{11}\boldsymbol{A}_{21}^{-1}\boldsymbol{z}_2 - (\boldsymbol{A}_{12} - \boldsymbol{A}_{11}\boldsymbol{A}_{21}^{-1}\boldsymbol{A}_{22})\boldsymbol{x}_2)^{\mathrm{T}}\boldsymbol{E}_1^{-1} \\
&\quad \times (\boldsymbol{z}_1 - \boldsymbol{A}_{11}\boldsymbol{A}_{21}^{-1}\boldsymbol{z}_2 - (\boldsymbol{A}_{12} - \boldsymbol{A}_{11}\boldsymbol{A}_{21}^{-1}\boldsymbol{A}_{22})\boldsymbol{x}_2)
\end{aligned} \tag{5.12}$$

由此可知, 向量 $\boldsymbol{x}_2$ 的最优解为

$$\begin{aligned}
\hat{\boldsymbol{x}}_{2,\mathrm{OPT}} = &((\boldsymbol{A}_{12} - \boldsymbol{A}_{11}\boldsymbol{A}_{21}^{-1}\boldsymbol{A}_{22})^{\mathrm{T}}\boldsymbol{E}_1^{-1}(\boldsymbol{A}_{12} - \boldsymbol{A}_{11}\boldsymbol{A}_{21}^{-1}\boldsymbol{A}_{22}))^{-1} \\
&\times (\boldsymbol{A}_{12} - \boldsymbol{A}_{11}\boldsymbol{A}_{21}^{-1}\boldsymbol{A}_{22})^{\mathrm{T}}\boldsymbol{E}_1^{-1}(\boldsymbol{z}_1 - \boldsymbol{A}_{11}\boldsymbol{A}_{21}^{-1}\boldsymbol{z}_2)
\end{aligned} \tag{5.13}$$

将式 (5.13) 代入式 (5.11) 就可以得到向量 $\boldsymbol{x}_1$ 的最优解 $\hat{\boldsymbol{x}}_{1,\mathrm{OPT}}$, 最后基于式 (5.10) 得到向量 $\boldsymbol{x}$ 的最优解 $\hat{\boldsymbol{x}}_{\mathrm{RD-LLS}}$。

表 5.1 给出了消元法的计算步骤。

表 5.1 求解式 (5.7) 的消元法计算步骤

步骤	求解方法
1	计算 $\hat{\boldsymbol{x}}_{2,\mathrm{OPT}} = ((\boldsymbol{A}_{12} - \boldsymbol{A}_{11}\boldsymbol{A}_{21}^{-1}\boldsymbol{A}_{22})^{\mathrm{T}}\boldsymbol{E}_1^{-1}(\boldsymbol{A}_{12} - \boldsymbol{A}_{11}\boldsymbol{A}_{21}^{-1}\boldsymbol{A}_{22}))^{-1}(\boldsymbol{A}_{12} - \boldsymbol{A}_{11}\boldsymbol{A}_{21}^{-1}\boldsymbol{A}_{22})^{\mathrm{T}}\boldsymbol{E}_1^{-1}(\boldsymbol{z}_1 - \boldsymbol{A}_{11}\boldsymbol{A}_{21}^{-1}\boldsymbol{z}_2)$
2	计算 $\hat{\boldsymbol{x}}_{1,\mathrm{OPT}} = \boldsymbol{A}_{21}^{-1}(\boldsymbol{z}_2 - \boldsymbol{A}_{22}\hat{\boldsymbol{x}}_{2,\mathrm{OPT}})$
3	确定 $\hat{\boldsymbol{x}}_{\mathrm{RD-LLS}} = \begin{bmatrix} \hat{\boldsymbol{x}}_{1,\mathrm{OPT}} \\ \hat{\boldsymbol{x}}_{2,\mathrm{OPT}} \end{bmatrix}$

【注记 5.4】消元法是将高维参量 $\boldsymbol{x}$ 的计算问题“解耦”成对两个低维参量 $\boldsymbol{x}_1$ 和 $\boldsymbol{x}_2$ 的计算问题。

5.3.2 QR 分解法

本小节讨论利用 $\boldsymbol{QR}$ 分解法求解式 (5.7) 的原理, 并且给出其计算步骤。

首先对矩阵 $\boldsymbol{A}_2^{\mathrm{T}}$ 进行 $\boldsymbol{QR}$ 分解, 可得

$$\begin{aligned}\boldsymbol{A}_2^{\mathrm{T}}&=\boldsymbol{Q}_{\mathrm{a}}\begin{bmatrix}\underbrace{\boldsymbol{R}_{\mathrm{a}}}_{(p-n)\times(p-n)}\\ \boldsymbol{O}_{(q+n-p)\times(p-n)}\end{bmatrix}=\begin{bmatrix}\underbrace{\boldsymbol{Q}_{\mathrm{a1}}}_{q\times(p-n)} & \underbrace{\boldsymbol{Q}_{\mathrm{a2}}}_{q\times(q+n-p)}\end{bmatrix}\begin{bmatrix}\underbrace{\boldsymbol{R}_{\mathrm{a}}}_{(p-n)\times(p-n)}\\ \boldsymbol{O}_{(q+n-p)\times(p-n)}\end{bmatrix}\\&=\boldsymbol{Q}_{\mathrm{a1}}\boldsymbol{R}_{\mathrm{a}}\Rightarrow\boldsymbol{A}_2=\boldsymbol{R}_{\mathrm{a}}^{\mathrm{T}}\boldsymbol{Q}_{\mathrm{a1}}^{\mathrm{T}}\end{aligned}\tag{5.14}$$

式中 $\boldsymbol{Q}_{\mathrm{a}}\in\mathbf{R}^{q\times q}$ 为正交矩阵;$\boldsymbol{Q}_{\mathrm{a1}}$ 为矩阵 $\boldsymbol{Q}_{\mathrm{a}}$ 的前 $p-n$ 列构成的子矩阵; $\boldsymbol{Q}_{\mathrm{a2}}$ 为矩阵 $\boldsymbol{Q}_{\mathrm{a}}$ 的后 $q+n-p$ 列构成的子矩阵; $\boldsymbol{R}_{\mathrm{a}}$ 为上三角矩阵。

接着求解线性方程组 $\boldsymbol{R}_{\mathrm{a}}^{\mathrm{T}}\boldsymbol{y}_{\mathrm{a}}=\boldsymbol{z}_2$, 并且令 $\boldsymbol{x}_{\mathrm{a}}=\boldsymbol{Q}_{\mathrm{a1}}\boldsymbol{y}_{\mathrm{a}}$, 于是有

$$\boldsymbol{A}_2\boldsymbol{x}_{\mathrm{a}}=\boldsymbol{R}_{\mathrm{a}}^{\mathrm{T}}\boldsymbol{Q}_{\mathrm{a1}}^{\mathrm{T}}\boldsymbol{x}_{\mathrm{a}}=\boldsymbol{R}_{\mathrm{a}}^{\mathrm{T}}\boldsymbol{Q}_{\mathrm{a1}}^{\mathrm{T}}\boldsymbol{Q}_{\mathrm{a1}}\boldsymbol{y}_{\mathrm{a}}=\boldsymbol{R}_{\mathrm{a}}^{\mathrm{T}}\boldsymbol{y}_{\mathrm{a}}=\boldsymbol{z}_2\tag{5.15}$$

式中第 3 个等号利用了矩阵 $\boldsymbol{Q}_{\mathrm{a1}}$ 的列正交性, 即有 $\boldsymbol{Q}_{\mathrm{a1}}^{\mathrm{T}}\boldsymbol{Q}_{\mathrm{a1}}=\boldsymbol{I}_{p-n}$。由式 (5.15) 可知, 向量 $\boldsymbol{x}_{\mathrm{a}}$ 满足式 (5.7) 中的等式约束, 于是可将式 (5.7) 的最优解 $\hat{\boldsymbol{x}}_{\mathrm{RD-LLS}}$ 表示为

$$\hat{\boldsymbol{x}}_{\mathrm{RD-LLS}}=\boldsymbol{x}_{\mathrm{a}}+\boldsymbol{x}_{\mathrm{b}}\tag{5.16}$$

式中向量 $\boldsymbol{x}_{\mathrm{b}}$ 应满足等式 $\boldsymbol{A}_2\boldsymbol{x}_{\mathrm{b}}=\boldsymbol{O}_{(p-n)\times 1}$, 并且使得式 (5.7) 中的目标函数最小化。

下面给出向量 $\boldsymbol{x}_{\mathrm{b}}$ 的解。若要满足 $\boldsymbol{A}_2\boldsymbol{x}_{\mathrm{b}}=\boldsymbol{O}_{(p-n)\times 1}$, 可以令 $\boldsymbol{x}_{\mathrm{b}}=\boldsymbol{Q}_{\mathrm{a2}}\boldsymbol{y}_{\mathrm{b}}$①, 则有

$$\begin{aligned}&\|\boldsymbol{E}_1^{-1/2}(\boldsymbol{z}_1-\boldsymbol{A}_1\hat{\boldsymbol{x}}_{\mathrm{RD-LLS}})\|_2^2\\=&\|\boldsymbol{E}_1^{-1/2}(\boldsymbol{z}_1-\boldsymbol{A}_1\boldsymbol{x}_{\mathrm{a}}-\boldsymbol{A}_1\boldsymbol{Q}_{\mathrm{a2}}\boldsymbol{y}_{\mathrm{b}})\|_2^2\\=&\|\boldsymbol{E}_1^{-1/2}(\boldsymbol{z}_1-\boldsymbol{A}_1\boldsymbol{x}_{\mathrm{a}})-\boldsymbol{E}_1^{-1/2}\boldsymbol{A}_1\boldsymbol{Q}_{\mathrm{a2}}\boldsymbol{y}_{\mathrm{b}}\|_2^2\end{aligned}\tag{5.17}$$

① 这是由于 $\boldsymbol{A}_2\boldsymbol{x}_{\mathrm{b}}=\boldsymbol{R}_{\mathrm{a}}^{\mathrm{T}}\boldsymbol{Q}_{\mathrm{a1}}^{\mathrm{T}}\boldsymbol{Q}_{\mathrm{a2}}\boldsymbol{y}_{\mathrm{b}}=\boldsymbol{O}_{(p-n)\times 1}$。

为了确定向量 $\boldsymbol{y}_{\mathrm{b}}$, 需要对矩阵 $\boldsymbol{E}_1^{-1/2}\boldsymbol{A}_1\boldsymbol{Q}_{\mathrm{a2}}$ 进行 $\boldsymbol{QR}$ 分解, 即

$$\begin{aligned}\boldsymbol{E}_1^{-1/2}\boldsymbol{A}_1\boldsymbol{Q}_{\mathrm{a2}} &= \boldsymbol{Q}_{\mathrm{b}}\begin{bmatrix}\underbrace{\boldsymbol{R}_{\mathrm{b}}}_{(q+n-p)\times(q+n-p)} \\ \boldsymbol{O}_{(p-q)\times(q+n-p)}\end{bmatrix} \\ &= \begin{bmatrix}\underbrace{\boldsymbol{Q}_{\mathrm{b1}}}_{n\times(q+n-p)} & \underbrace{\boldsymbol{Q}_{\mathrm{b2}}}_{n\times(p-q)}\end{bmatrix}\begin{bmatrix}\underbrace{\boldsymbol{R}_{\mathrm{b}}}_{(q+n-p)\times(q+n-p)} \\ \boldsymbol{O}_{(p-q)\times(q+n-p)}\end{bmatrix} = \boldsymbol{Q}_{\mathrm{b1}}\boldsymbol{R}_{\mathrm{b}} \end{aligned} \tag{5.18}$$

式中 $\boldsymbol{Q}_{\mathrm{b}} \in \mathbf{R}^{n\times n}$ 为正交矩阵; $\boldsymbol{Q}_{\mathrm{b1}}$ 为矩阵 $\boldsymbol{Q}_{\mathrm{b}}$ 的前 $q+n-p$ 列构成的子矩阵; $\boldsymbol{Q}_{\mathrm{b2}}$ 为矩阵 $\boldsymbol{Q}_{\mathrm{b}}$ 的后 $p-q$ 列构成的子矩阵; $\boldsymbol{R}_{\mathrm{b}}$ 为上三角矩阵。

将式 (5.18) 代入式 (5.17) 可得

$$\begin{aligned}\|\boldsymbol{E}_1^{-1/2}(\boldsymbol{z}_1-\boldsymbol{A}_1\hat{\boldsymbol{x}}_{\mathrm{RD-LLS}})\|_2^2 &= \|\boldsymbol{E}_1^{-1/2}(\boldsymbol{z}_1-\boldsymbol{A}_1\boldsymbol{x}_{\mathrm{a}})-\boldsymbol{Q}_{\mathrm{b1}}\boldsymbol{R}_{\mathrm{b}}\boldsymbol{y}_{\mathrm{b}}\|_2^2 \\ &= \|\boldsymbol{Q}_{\mathrm{b}}^{\mathrm{T}}\boldsymbol{E}_1^{-1/2}(\boldsymbol{z}_1-\boldsymbol{A}_1\boldsymbol{x}_{\mathrm{a}})-\boldsymbol{Q}_{\mathrm{b}}^{\mathrm{T}}\boldsymbol{Q}_{\mathrm{b1}}\boldsymbol{R}_{\mathrm{b}}\boldsymbol{y}_{\mathrm{b}}\|_2^2 \\ &= \left\|\begin{bmatrix}\boldsymbol{Q}_{\mathrm{b1}}^{\mathrm{T}}\boldsymbol{E}_1^{-1/2}(\boldsymbol{z}_1-\boldsymbol{A}_1\boldsymbol{x}_{\mathrm{a}}) \\ \boldsymbol{Q}_{\mathrm{b2}}^{\mathrm{T}}\boldsymbol{E}_1^{-1/2}(\boldsymbol{z}_1-\boldsymbol{A}_1\boldsymbol{x}_{\mathrm{a}})\end{bmatrix}-\begin{bmatrix}\boldsymbol{R}_{\mathrm{b}}\boldsymbol{y}_{\mathrm{b}} \\ \boldsymbol{O}_{(p-q)\times 1}\end{bmatrix}\right\|_2^2\end{aligned} \tag{5.19}$$

由此可知, 向量 $\boldsymbol{y}_{\mathrm{b}}$ 可以通过求解线性方程组 $\boldsymbol{R}_{\mathrm{b}}\boldsymbol{y}_{\mathrm{b}}=\boldsymbol{Q}_{\mathrm{b1}}^{\mathrm{T}}\boldsymbol{E}_1^{-1/2}(\boldsymbol{z}_1-\boldsymbol{A}_1\boldsymbol{x}_{\mathrm{a}})$ 来获得。

表 5.2 是 $\boldsymbol{Q}R$ 分解法的计算步骤。

表 5.2　求解式 (5.7) $\boldsymbol{QR}$ 分解法的计算步骤

步骤	求解方法
1	计算矩阵 $\boldsymbol{A}_2^{\mathrm{T}}$ 的 $\boldsymbol{QR}$ 分解, 即有 $\boldsymbol{A}_2^{\mathrm{T}}=[\boldsymbol{Q}_{\mathrm{a1}}\ \boldsymbol{Q}_{\mathrm{a2}}]\begin{bmatrix}\boldsymbol{R}_{\mathrm{a}} \\ \boldsymbol{O}_{(q+n-p)\times(p-n)}\end{bmatrix}$
2	求解线性方程组 $\boldsymbol{R}_{\mathrm{a}}^{\mathrm{T}}\boldsymbol{y}_{\mathrm{a}}=\boldsymbol{z}_2$, 并且计算 $\boldsymbol{x}_{\mathrm{a}}=\boldsymbol{Q}_{\mathrm{a1}}\boldsymbol{y}_{\mathrm{a}}$
3	对矩阵 $\boldsymbol{E}_1^{-1/2}\boldsymbol{A}_1\boldsymbol{Q}_{\mathrm{a2}}$ 进行 $\boldsymbol{QR}$ 分解, 即有 $\boldsymbol{E}_1^{-1/2}\boldsymbol{A}_1\boldsymbol{Q}_{\mathrm{a2}}=[\boldsymbol{Q}_{\mathrm{b1}}\ \boldsymbol{Q}_{\mathrm{b2}}]$ $\times\begin{bmatrix}\boldsymbol{R}_{\mathrm{b}} \\ \boldsymbol{O}_{(p-q)\times(q+n-p)}\end{bmatrix}$
4	求解线性方程组 $\boldsymbol{R}_{\mathrm{b}}\boldsymbol{y}_{\mathrm{b}}=\boldsymbol{Q}_{\mathrm{b1}}^{\mathrm{T}}\boldsymbol{E}_1^{-1/2}(\boldsymbol{z}_1-\boldsymbol{A}_1\boldsymbol{x}_{\mathrm{a}})$, 并且计算 $\boldsymbol{x}_{\mathrm{b}}=\boldsymbol{Q}_{\mathrm{a2}}\boldsymbol{y}_{\mathrm{b}}$
5	计算 $\hat{\boldsymbol{x}}_{\mathrm{RD-LLS}}=\boldsymbol{x}_{\mathrm{a}}+\boldsymbol{x}_{\mathrm{b}}$

【注记 5.5】上述 $\boldsymbol{QR}$ 分解法需要进行两次矩阵 $\boldsymbol{QR}$ 分解。

【注记 5.6】步骤 2 中的线性方程组是下三角线性方程组, 步骤 4 中的线性方程组是上三角线性方程组, 可以利用三角特征简化线性方程组的求解过程。

5.3.3 加权法

一、基本原理

加权法的基本思想是通过引入加权因子将式 (5.7) 转化为无约束优化问题, 即

$$\min_{\boldsymbol{x}\in\mathbf{R}^{q\times 1}}\left\|\begin{bmatrix}\boldsymbol{E}_1^{-1/2}\boldsymbol{z}_1\\ \boldsymbol{z}_2 w\end{bmatrix}-\begin{bmatrix}\boldsymbol{E}_1^{-1/2}\boldsymbol{A}_1\boldsymbol{x}\\ \boldsymbol{A}_2\boldsymbol{x}w\end{bmatrix}\right\|_2^2 \tag{5.20}$$

式中 $w\in\mathbf{R}^+$ 表示加权因子。显然, 式 (5.20) 的最优解一定与加权因子 w 有关, 不妨将其记为 $\hat{\boldsymbol{x}}_{\mathrm{OPT}}(w)$。命题 5.1 将证明, 当 w 的数值逐渐增大时, 式 (5.20) 的最优解 $\hat{\boldsymbol{x}}_{\mathrm{OPT}}(w)$ 将会收敛至式 (5.7) 的最优解 $\hat{\boldsymbol{x}}_{\mathrm{RD-LLS}}$。

【命题 5.1】基于上述定义可得 $\lim\limits_{w\to+\infty}\hat{\boldsymbol{x}}_{\mathrm{OPT}}(w)=\hat{\boldsymbol{x}}_{\mathrm{RD-LLS}}$。

【证明】首先考虑式 (5.7) 的最优解 $\hat{\boldsymbol{x}}_{\mathrm{RD-LLS}}$ 应满足的条件。由于式 (5.7) 是含有等式约束的优化问题, 因此可以利用拉格朗日乘子法进行求解, 相应的拉格朗日函数为①

$$l(\boldsymbol{x},\boldsymbol{\lambda})=(\boldsymbol{z}_1-\boldsymbol{A}_1\boldsymbol{x})^{\mathrm{T}}\boldsymbol{E}_1^{-1}(\boldsymbol{z}_1-\boldsymbol{A}_1\boldsymbol{x})+2\boldsymbol{\lambda}^{\mathrm{T}}(\boldsymbol{z}_2-\boldsymbol{A}_2\boldsymbol{x}) \tag{5.21}$$

式中 $\boldsymbol{\lambda}$ 为拉格朗日乘子向量。将向量 $\boldsymbol{x}$ 和 $\boldsymbol{\lambda}$ 的最优解分别记为 $\hat{\boldsymbol{x}}_{\mathrm{RD-LLS}}$ 和 $\hat{\boldsymbol{\lambda}}_{\mathrm{RD-LLS}}$, 将函数 $l(\boldsymbol{x},\boldsymbol{\lambda})$ 分别对向量 $\boldsymbol{x}$ 和 $\boldsymbol{\lambda}$ 求偏导, 并令它们等于零, 可得

$$\begin{aligned}\left.\frac{\partial l(\boldsymbol{x},\boldsymbol{\lambda})}{\partial\boldsymbol{x}}\right|_{\substack{\boldsymbol{x}=\hat{\boldsymbol{x}}_{\mathrm{RD-LLS}}\\ \boldsymbol{\lambda}=\hat{\boldsymbol{\lambda}}_{\mathrm{RD-LLS}}}}&=2\boldsymbol{A}_1^{\mathrm{T}}\boldsymbol{E}_1^{-1}(\boldsymbol{A}_1\hat{\boldsymbol{x}}_{\mathrm{RD-LLS}}-\boldsymbol{z}_1)-2\boldsymbol{A}_2^{\mathrm{T}}\hat{\boldsymbol{\lambda}}_{\mathrm{RD-LLS}}=\boldsymbol{O}_{q\times 1}\\ &\Rightarrow\boldsymbol{A}_1^{\mathrm{T}}\boldsymbol{E}_1^{-1/2}\hat{\boldsymbol{r}}_{\mathrm{RD-LLS}}+\boldsymbol{A}_2^{\mathrm{T}}\hat{\boldsymbol{\lambda}}_{\mathrm{RD-LLS}}=\boldsymbol{O}_{q\times 1}\end{aligned} \tag{5.22}$$

$$\left.\frac{\partial l(\boldsymbol{x},\boldsymbol{\lambda})}{\partial\boldsymbol{\lambda}}\right|_{\substack{\boldsymbol{x}=\hat{\boldsymbol{x}}_{\mathrm{RD-LLS}}\\ \boldsymbol{\lambda}=\hat{\boldsymbol{\lambda}}_{\mathrm{RD-LLS}}}}=2(\boldsymbol{z}_2-\boldsymbol{A}_2\hat{\boldsymbol{x}}_{\mathrm{RD-LLS}})=\boldsymbol{O}_{(p-n)\times 1}\Rightarrow\boldsymbol{A}_2\hat{\boldsymbol{x}}_{\mathrm{RD-LLS}}=\boldsymbol{z}_2 \tag{5.23}$$

式中 $\hat{\boldsymbol{r}}_{\mathrm{RD-LLS}}=\boldsymbol{E}_1^{-1/2}\boldsymbol{z}_1-\boldsymbol{E}_1^{-1/2}\boldsymbol{A}_1\hat{\boldsymbol{x}}_{\mathrm{RD-LLS}}$, 将该式与式 (5.22) 和式 (5.23)

① 相比式 (3.52), 式 (5.21) 右边第 2 项多了常数 “2”, 这是为了便于后续描述简洁, 并无实质影响。

联立可得

$$\begin{bmatrix} \boldsymbol{O}_{(p-n)\times(p-n)} & \boldsymbol{O}_{(p-n)\times n} & \boldsymbol{A}_2 \\ \boldsymbol{O}_{n\times(p-n)} & \boldsymbol{I}_n & \boldsymbol{E}_1^{-1/2}\boldsymbol{A}_1 \\ \boldsymbol{A}_2^{\mathrm{T}} & \boldsymbol{A}_1^{\mathrm{T}}\boldsymbol{E}_1^{-1/2} & \boldsymbol{O}_{q\times q} \end{bmatrix} \begin{bmatrix} \hat{\boldsymbol{\lambda}}_{\mathrm{RD-LLS}} \\ \hat{\boldsymbol{r}}_{\mathrm{RD-LLS}} \\ \hat{\boldsymbol{x}}_{\mathrm{RD-LLS}} \end{bmatrix} = \begin{bmatrix} \boldsymbol{z}_2 \\ \boldsymbol{E}_1^{-1/2}\boldsymbol{z}_1 \\ \boldsymbol{O}_{q\times 1} \end{bmatrix} \tag{5.24}$$

接着考虑式 (5.20) 的最优解 $\hat{\boldsymbol{x}}_{\mathrm{OPT}}(w)$ 应满足的条件。由于式 (5.20) 是无约束线性最小二乘估计问题, 故 $\hat{\boldsymbol{x}}_{\mathrm{OPT}}(w)$ 应满足如下正规方程

$$\begin{aligned} &(\boldsymbol{A}_1^{\mathrm{T}}\boldsymbol{E}_1^{-1}\boldsymbol{A}_1 + w^2\boldsymbol{A}_2^{\mathrm{T}}\boldsymbol{A}_2)\hat{\boldsymbol{x}}_{\mathrm{OPT}}(w) = \boldsymbol{A}_1^{\mathrm{T}}\boldsymbol{E}_1^{-1}\boldsymbol{z}_1 + w^2\boldsymbol{A}_2^{\mathrm{T}}\boldsymbol{z}_2 \\ \Rightarrow &\boldsymbol{A}_1^{\mathrm{T}}\boldsymbol{E}_1^{-1/2}\hat{\boldsymbol{r}}_{1,\mathrm{OPT}}(w) + \boldsymbol{A}_2^{\mathrm{T}}\hat{\boldsymbol{r}}_{2,\mathrm{OPT}}(w) = \boldsymbol{O}_{q\times 1} \end{aligned} \tag{5.25}$$

式中 $\hat{\boldsymbol{r}}_{1,\mathrm{OPT}}(w) = \boldsymbol{E}_1^{-1/2}\boldsymbol{z}_1 - \boldsymbol{E}_1^{-1/2}\boldsymbol{A}_1\hat{\boldsymbol{x}}_{\mathrm{OPT}}(w)$, $\hat{\boldsymbol{r}}_{2,\mathrm{OPT}}(w) = (\boldsymbol{z}_2 - \boldsymbol{A}_2\hat{\boldsymbol{x}}_{\mathrm{OPT}}(w))w^2$。联合这两式和式 (5.25), 可得

$$\begin{bmatrix} \dfrac{1}{w^2}\boldsymbol{I}_{p-n} & \boldsymbol{O}_{(p-n)\times n} & \boldsymbol{A}_2 \\ \boldsymbol{O}_{n\times(p-n)} & \boldsymbol{I}_n & \boldsymbol{E}_1^{-1/2}\boldsymbol{A}_1 \\ \boldsymbol{A}_2^{\mathrm{T}} & \boldsymbol{A}_1^{\mathrm{T}}\boldsymbol{E}_1^{-1/2} & \boldsymbol{O}_{q\times q} \end{bmatrix} \begin{bmatrix} \hat{\boldsymbol{r}}_{2,\mathrm{OPT}}(w) \\ \hat{\boldsymbol{r}}_{1,\mathrm{OPT}}(w) \\ \hat{\boldsymbol{x}}_{\mathrm{OPT}}(w) \end{bmatrix} = \begin{bmatrix} \boldsymbol{z}_2 \\ \boldsymbol{E}_1^{-1/2}\boldsymbol{z}_1 \\ \boldsymbol{O}_{q\times 1} \end{bmatrix} \tag{5.26}$$

由于 $\lim\limits_{w\to+\infty} \dfrac{1}{w^2}\boldsymbol{I}_{p-n} = \boldsymbol{O}_{(p-n)\times(p-n)}$, 对比式 (5.24) 和式 (5.26) 可知

$$\begin{aligned} &\lim_{w\to+\infty} \hat{\boldsymbol{r}}_{1,\mathrm{OPT}}(w) = \hat{\boldsymbol{r}}_{\mathrm{RD-LLS}} \\ &\lim_{w\to+\infty} \hat{\boldsymbol{r}}_{2,\mathrm{OPT}}(w) = \hat{\boldsymbol{\lambda}}_{\mathrm{RD-LLS}} \\ &\lim_{w\to+\infty} \hat{\boldsymbol{x}}_{\mathrm{OPT}}(w) = \hat{\boldsymbol{x}}_{\mathrm{RD-LLS}} \end{aligned} \tag{5.27}$$

证毕。

命题 5.1 虽然证明了随加权因子 w 的增加,$\hat{\boldsymbol{x}}_{\mathrm{OPT}}(w)$ 会逐渐逼近 $\hat{\boldsymbol{x}}_{\mathrm{RD-LLS}}$, 但是尚未定量刻画 $\hat{\boldsymbol{x}}_{\mathrm{OPT}}(w)$ 与 $\hat{\boldsymbol{x}}_{\mathrm{RD-LLS}}$ 之间的差异。为了定量刻画这两者之间的差异, 可以通过矩阵广义奇异值分解来获得。根据命题 2.24 可知, 存在正交矩阵 $\boldsymbol{G} = [\boldsymbol{g}_1\ \boldsymbol{g}_2\ \cdots\ \boldsymbol{g}_n] \in \mathbf{R}^{n\times n}$, $\boldsymbol{H} = [\boldsymbol{h}_1\ \boldsymbol{h}_2\ \cdots\ \boldsymbol{h}_{p-n}] \in \mathbf{R}^{(p-n)\times(p-n)}$, 以及可

逆矩阵 $\boldsymbol{\Psi}=[\boldsymbol{\varphi}_1\ \boldsymbol{\varphi}_2\ \cdots\ \boldsymbol{\varphi}_q]\in\mathbf{R}^{q\times q}$ 满足

$$\begin{aligned}\boldsymbol{G}^{\mathrm{T}}\boldsymbol{E}_1^{-1/2}\boldsymbol{A}_1\boldsymbol{\Psi}=\left[\begin{array}{c}\mathrm{diag}[\eta_1\ \eta_2\ \cdots\ \eta_q]\\ \hdashline \boldsymbol{O}_{(n-q)\times q}\end{array}\right]&\Rightarrow\boldsymbol{E}_1^{-1/2}\boldsymbol{A}_1\\ &=\boldsymbol{G}\left[\begin{array}{c}\mathrm{diag}[\eta_1\ \eta_2\ \cdots\ \eta_q]\\ \hdashline \boldsymbol{O}_{(n-q)\times q}\end{array}\right]\boldsymbol{\Psi}^{-1}\end{aligned}\tag{5.28}$$

$$\begin{aligned}\boldsymbol{H}^{\mathrm{T}}\boldsymbol{A}_2\boldsymbol{\Psi}=&\left[\begin{array}{c:c}\mathrm{diag}[\mu_1\ \mu_2\ \cdots\ \mu_{p-n}]&\boldsymbol{O}_{(p-n)\times(q-p+n)}\end{array}\right]\\ &\Rightarrow\boldsymbol{A}_2=\boldsymbol{H}\left[\begin{array}{c:c}\mathrm{diag}[\mu_1\ \mu_2\ \cdots\ \mu_{p-n}]&\boldsymbol{O}_{(p-n)\times(q-p+n)}\end{array}\right]\boldsymbol{\Psi}^{-1}\end{aligned}\tag{5.29}$$

式中 $\{\eta_j\}_{1\leqslant j\leqslant q}$ 和 $\{\mu_j\}_{1\leqslant j\leqslant p-n}$ 均为正数。利用式 (5.28) 和式 (5.29), 可以将式 (5.7) 转化为

$$\begin{cases}\min\limits_{\boldsymbol{x}\in\mathbf{R}^{q\times 1}}\left\{\left\|\boldsymbol{G}^{\mathrm{T}}\boldsymbol{E}_1^{-1/2}\boldsymbol{z}_1-\left[\begin{array}{c}\mathrm{diag}[\eta_1\ \eta_2\ \cdots\ \eta_q]\\ \hdashline \boldsymbol{O}_{(n-q)\times q}\end{array}\right]\boldsymbol{\Psi}^{-1}\boldsymbol{x}\right\|_2^2\right\}\\ \text{s.t. }\left[\begin{array}{c:c}\mathrm{diag}[\mu_1\ \mu_2\ \cdots\ \mu_{p-n}]&\boldsymbol{O}_{(p-n)\times(q-p+n)}\end{array}\right]\boldsymbol{\Psi}^{-1}\boldsymbol{x}=\boldsymbol{H}^{\mathrm{T}}\boldsymbol{z}_2\end{cases}\tag{5.30}$$

通过求解式 (5.30) 可知, 式 (5.7) 的最优解 $\hat{\boldsymbol{x}}_{\mathrm{RD-LLS}}$ 应满足

$$\begin{aligned}\boldsymbol{\Psi}^{-1}\hat{\boldsymbol{x}}_{\mathrm{RD-LLS}}=&\left[\begin{array}{cccc:}\dfrac{\boldsymbol{h}_1^{\mathrm{T}}\boldsymbol{z}_2}{\mu_1}&\dfrac{\boldsymbol{h}_2^{\mathrm{T}}\boldsymbol{z}_2}{\mu_2}&\cdots&\dfrac{\boldsymbol{h}_{p-n}^{\mathrm{T}}\boldsymbol{z}_2}{\mu_{p-n}}\end{array}\right.\\ &\left.\begin{array}{cccc}\dfrac{\boldsymbol{g}_{p-n+1}^{\mathrm{T}}\boldsymbol{E}_1^{-1/2}\boldsymbol{z}_1}{\eta_{p-n+1}}&\dfrac{\boldsymbol{g}_{p-n+2}^{\mathrm{T}}\boldsymbol{E}_1^{-1/2}\boldsymbol{z}_1}{\eta_{p-n+2}}&\cdots&\dfrac{\boldsymbol{g}_q^{\mathrm{T}}\boldsymbol{E}_1^{-1/2}\boldsymbol{z}_1}{\eta_q}\end{array}\right]^{\mathrm{T}}\\ &\Rightarrow\hat{\boldsymbol{x}}_{\mathrm{RD-LLS}}=\sum_{j=1}^{p-n}\boldsymbol{\varphi}_j\frac{\boldsymbol{h}_j^{\mathrm{T}}\boldsymbol{z}_2}{\mu_j}+\sum_{j=p-n+1}^{q}\boldsymbol{\varphi}_j\frac{\boldsymbol{g}_j^{\mathrm{T}}\boldsymbol{E}_1^{-1/2}\boldsymbol{z}_1}{\eta_j}\end{aligned}\tag{5.31}$$

此外, 根据式 (5.25) 中的第 1 个等式可知

$$\hat{\boldsymbol{x}}_{\mathrm{OPT}}(w)=(\boldsymbol{A}_1^{\mathrm{T}}\boldsymbol{E}_1^{-1}\boldsymbol{A}_1+w^2\boldsymbol{A}_2^{\mathrm{T}}\boldsymbol{A}_2)^{-1}(\boldsymbol{A}_1^{\mathrm{T}}\boldsymbol{E}_1^{-1}\boldsymbol{z}_1+w^2\boldsymbol{A}_2^{\mathrm{T}}\boldsymbol{z}_2)\tag{5.32}$$

将式 (5.28) 和式 (5.29) 代入式 (5.32), 可得

$$\begin{aligned}\hat{\boldsymbol{x}}_{\mathrm{OPT}}(w)=\Big(\boldsymbol{\Psi}^{-\mathrm{T}}\mathrm{diag}\Big[&\eta_1^2+w^2\mu_1^2\quad\eta_2^2+w^2\mu_2^2\quad\cdots\quad\eta_{p-n}^2+w^2\mu_{p-n}^2\,\vdots\\ &\eta_{p-n+1}^2\quad\eta_{p-n+2}^2\quad\cdots\quad\eta_q^2\Big]\boldsymbol{\Psi}^{-1}\Big)^{-1}\end{aligned}$$

$$
\times \boldsymbol{\Psi}^{-\mathrm{T}}\left(\left[\operatorname{diag}[\eta_1\ \eta_2\ \cdots\ \eta_q] \,\vdots\, \boldsymbol{O}_{q\times(n-q)}\right]\boldsymbol{G}^{\mathrm{T}}\boldsymbol{E}_1^{-1/2}\boldsymbol{z}_1 + w^2 \right.
$$

$$
\left.\times \begin{bmatrix} \operatorname{diag}[\mu_1\ \mu_2\ \cdots\ \mu_{p-n}] \\ \hdashline \boldsymbol{O}_{(q-p+n)\times(p-n)} \end{bmatrix} \boldsymbol{H}^{\mathrm{T}}\boldsymbol{z}_2\right)
$$

$$
= \boldsymbol{\Psi}\left(\begin{bmatrix} \dfrac{\eta_1 \boldsymbol{g}_1^{\mathrm{T}}\boldsymbol{E}_1^{-1/2}\boldsymbol{z}_1}{\eta_1^2 + w^2\mu_1^2} \\ \dfrac{\eta_2 \boldsymbol{g}_2^{\mathrm{T}}\boldsymbol{E}_1^{-1/2}\boldsymbol{z}_1}{\eta_2^2 + w^2\mu_2^2} \\ \vdots \\ \dfrac{\eta_{p-n} \boldsymbol{g}_{p-n}^{\mathrm{T}}\boldsymbol{E}_1^{-1/2}\boldsymbol{z}_1}{\eta_{p-n}^2 + w^2\mu_{p-n}^2} \\ \hdashline \dfrac{\boldsymbol{g}_{p-n+1}^{\mathrm{T}}\boldsymbol{E}_1^{-1/2}\boldsymbol{z}_1}{\eta_{p-n+1}} \\ \dfrac{\boldsymbol{g}_{p-n+2}^{\mathrm{T}}\boldsymbol{E}_1^{-1/2}\boldsymbol{z}_1}{\eta_{p-n+2}} \\ \vdots \\ \dfrac{\boldsymbol{g}_q^{\mathrm{T}}\boldsymbol{E}_1^{-1/2}\boldsymbol{z}_1}{\eta_q} \end{bmatrix} + \begin{bmatrix} \dfrac{w^2\mu_1 \boldsymbol{h}_1^{\mathrm{T}}\boldsymbol{z}_2}{\eta_1^2 + w^2\mu_1^2} \\ \dfrac{w^2\mu_2 \boldsymbol{h}_2^{\mathrm{T}}\boldsymbol{z}_2}{\eta_2^2 + w^2\mu_2^2} \\ \vdots \\ \dfrac{w^2\mu_{p-n} \boldsymbol{h}_{p-n}^{\mathrm{T}}\boldsymbol{z}_2}{\eta_{p-n}^2 + w^2\mu_{p-n}^2} \\ \hdashline 0 \\ 0 \\ \vdots \\ 0 \end{bmatrix}\right)
$$

$$
= \sum_{j=1}^{p-n} \boldsymbol{\varphi}_j \frac{\eta_j \boldsymbol{g}_j^{\mathrm{T}}\boldsymbol{E}_1^{-1/2}\boldsymbol{z}_1 + w^2\mu_j \boldsymbol{h}_j^{\mathrm{T}}\boldsymbol{z}_2}{\eta_j^2 + w^2\mu_j^2} + \sum_{j=p-n+1}^{q} \boldsymbol{\varphi}_j \frac{\boldsymbol{g}_j^{\mathrm{T}}\boldsymbol{E}_1^{-1/2}\boldsymbol{z}_1}{\eta_j} \tag{5.33}
$$

结合式 (5.31) 和式 (5.33) 可知

$$
\begin{aligned}
\hat{\boldsymbol{x}}_{\mathrm{OPT}}(w) - \hat{\boldsymbol{x}}_{\mathrm{RD-LLS}} &= \sum_{j=1}^{p-n} \boldsymbol{\varphi}_j \left(\frac{\eta_j \boldsymbol{g}_j^{\mathrm{T}}\boldsymbol{E}_1^{-1/2}\boldsymbol{z}_1 + w^2\mu_j \boldsymbol{h}_j^{\mathrm{T}}\boldsymbol{z}_2}{\eta_j^2 + w^2\mu_j^2} - \frac{\boldsymbol{h}_j^{\mathrm{T}}\boldsymbol{z}_2}{\mu_j}\right) \\
&= \sum_{j=1}^{p-n} \boldsymbol{\varphi}_j \frac{\eta_j(\mu_j \boldsymbol{g}_j^{\mathrm{T}}\boldsymbol{E}_1^{-1/2}\boldsymbol{z}_1 - \eta_j \boldsymbol{h}_j^{\mathrm{T}}\boldsymbol{z}_2)}{\mu_j(\eta_j^2 + w^2\mu_j^2)} \\
&= \sum_{j=1}^{p-n} \boldsymbol{\varphi}_j \frac{\gamma_j}{\eta_j} \frac{\rho_j^2}{\rho_j^2 + w^2}
\end{aligned} \tag{5.34}
$$

式中 $\rho_j = \dfrac{\eta_j}{\mu_j}$，$\gamma_j = \boldsymbol{g}_j^{\mathrm{T}}\boldsymbol{E}_1^{-1/2}\boldsymbol{z}_1 - \rho_j \boldsymbol{h}_j^{\mathrm{T}}\boldsymbol{z}_2$。式 (5.34) 定量刻画了 $\hat{\boldsymbol{x}}_{\mathrm{OPT}}(w)$

与 $\hat{\boldsymbol{x}}_{\mathrm{RD-LLS}}$ 之间的差值, 由于 $\lim\limits_{w\to+\infty}\dfrac{\rho_j^2}{\rho_j^2+w^2}=0$, 因此有 $\lim\limits_{w\to+\infty}\hat{\boldsymbol{x}}_{\mathrm{OPT}}(w)=\hat{\boldsymbol{x}}_{\mathrm{RD-LLS}}$。

【注记 5.7】上述理论分析表明, 当加权因子 w 逐渐增大时, 向量 $\hat{\boldsymbol{x}}_{\mathrm{OPT}}(w)$ 会逐渐逼近向量 $\hat{\boldsymbol{x}}_{\mathrm{RD-LLS}}$, 由此说明了利用式 (5.20) 代替式 (5.7) 的合理性。

二、数值算法

理论分析表明, 加权因子 w 必须足够大才能使 $\hat{\boldsymbol{x}}_{\mathrm{OPT}}(w)$ 逼近最优解 $\hat{\boldsymbol{x}}_{\mathrm{RD-LLS}}$。然而, w 取值过大可能会在数值上产生一些问题①。下面给出的算法则是要在 w 取值较小时也能提供较好的估计值, 其基本思想是利用式 (5.24) 修正式 (5.26) 给出的估计值, 相应的计算步骤见算法 1。

算法 1

步骤 1: 选择合理的 w(无需过大), 并计算式 (5.20) 的最优解 $\hat{\boldsymbol{x}}_{\mathrm{OPT}}(w)$;

步骤 2: 令 $k:=1$, 设置迭代收敛门限 δ, 并计算 $\hat{\boldsymbol{x}}_k=\hat{\boldsymbol{x}}_{\mathrm{OPT}}(w)$, $\hat{\boldsymbol{r}}_k=\boldsymbol{E}_1^{-1/2}\boldsymbol{z}_1-\boldsymbol{E}_1^{-1/2}\boldsymbol{A}_1\hat{\boldsymbol{x}}_k$ 和 $\hat{\boldsymbol{\lambda}}_k=(\boldsymbol{z}_2-\boldsymbol{A}_2\hat{\boldsymbol{x}}_k)w^2$;

步骤 3: 计算 $\begin{bmatrix}\boldsymbol{\xi}_{\mathrm{a},k}\\ \boldsymbol{\xi}_{\mathrm{b},k}\\ \boldsymbol{\xi}_{\mathrm{c},k}\end{bmatrix}=\begin{bmatrix}\boldsymbol{z}_2\\ \boldsymbol{E}_1^{-1/2}\boldsymbol{z}_1\\ \boldsymbol{O}_{q\times 1}\end{bmatrix}-\begin{bmatrix}\boldsymbol{O}_{(p-n)\times(p-n)} & \boldsymbol{O}_{(p-n)\times n} & \boldsymbol{A}_2\\ \boldsymbol{O}_{n\times(p-n)} & \boldsymbol{I}_n & \boldsymbol{E}_1^{-1/2}\boldsymbol{A}_1\\ \boldsymbol{A}_2^{\mathrm{T}} & \boldsymbol{A}_1^{\mathrm{T}}\boldsymbol{E}_1^{-1/2} & \boldsymbol{O}_{q\times q}\end{bmatrix}\begin{bmatrix}\hat{\boldsymbol{\lambda}}_k\\ \hat{\boldsymbol{r}}_k\\ \hat{\boldsymbol{x}}_k\end{bmatrix}$;

步骤 4: 求解线性方程组 $\begin{bmatrix}\dfrac{1}{w^2}\boldsymbol{I}_{p-n} & \boldsymbol{O}_{(p-n)\times n} & \boldsymbol{A}_2\\ \boldsymbol{O}_{n\times(p-n)} & \boldsymbol{I}_n & \boldsymbol{E}_1^{-1/2}\boldsymbol{A}_1\\ \boldsymbol{A}_2^{\mathrm{T}} & \boldsymbol{A}_1^{\mathrm{T}}\boldsymbol{E}_1^{-1/2} & \boldsymbol{O}_{q\times q}\end{bmatrix}\begin{bmatrix}\Delta\boldsymbol{\lambda}_k\\ \Delta\boldsymbol{r}_k\\ \Delta\boldsymbol{x}_k\end{bmatrix}=\begin{bmatrix}\boldsymbol{\xi}_{\mathrm{a},k}\\ \boldsymbol{\xi}_{\mathrm{b},k}\\ \boldsymbol{\xi}_{\mathrm{c},k}\end{bmatrix}$;

步骤 5: 计算 $\begin{bmatrix}\hat{\boldsymbol{\lambda}}_{k+1}\\ \hat{\boldsymbol{r}}_{k+1}\\ \hat{\boldsymbol{x}}_{k+1}\end{bmatrix}=\begin{bmatrix}\hat{\boldsymbol{\lambda}}_k\\ \hat{\boldsymbol{r}}_k\\ \hat{\boldsymbol{x}}_k\end{bmatrix}+\begin{bmatrix}\Delta\boldsymbol{\lambda}_k\\ \Delta\boldsymbol{r}_k\\ \Delta\boldsymbol{x}_k\end{bmatrix}$, 若 $\left\|\begin{bmatrix}\Delta\boldsymbol{\lambda}_k\\ \Delta\boldsymbol{r}_k\\ \Delta\boldsymbol{x}_k\end{bmatrix}\right\|_2\leqslant\delta$ 则停止计算; 否则令 $k:=k+1$, 并转至步骤 3。

需要指出的是, 基于算法 1 的计算步骤难以证明序列 $\{\hat{\boldsymbol{x}}_k\}_{1\leqslant k\leqslant+\infty}$ 收敛至向量 $\hat{\boldsymbol{x}}_{\mathrm{RD-LLS}}$。幸运的是, 算法 1 的计算步骤还可以进一步得到简化, 如命题 5.2 所示。

【命题 5.2】在算法 1 中, 对于任意 $k\geqslant 1$ 均有 $\boldsymbol{\xi}_{\mathrm{b},k}=\boldsymbol{O}_{n\times 1}$ 和 $\boldsymbol{\xi}_{\mathrm{c},k}=\boldsymbol{O}_{q\times 1}$。

【证明】采用数学归纳法进行证明。当 $k=1$ 时, 根据算法 1 中的步骤 2 和

① 关于该问题的详细讨论可见文献 [38]。

步骤 3 可知

$$
\begin{cases}
\boldsymbol{\xi}_{\mathrm{b},1} = \boldsymbol{E}_1^{-1/2}\boldsymbol{z}_1 - (\hat{\boldsymbol{r}}_1 + \boldsymbol{E}_1^{-1/2}\boldsymbol{A}_1\hat{\boldsymbol{x}}_1) = (\boldsymbol{E}_1^{-1/2}\boldsymbol{z}_1 - \boldsymbol{E}_1^{-1/2}\boldsymbol{A}_1\hat{\boldsymbol{x}}_1) - \hat{\boldsymbol{r}}_1 = \boldsymbol{O}_{n\times 1} \\
\boldsymbol{\xi}_{\mathrm{c},1} = -\boldsymbol{A}_2^{\mathrm{T}}\hat{\boldsymbol{\lambda}}_1 - \boldsymbol{A}_1^{\mathrm{T}}\boldsymbol{E}_1^{-1/2}\hat{\boldsymbol{r}}_1 \\
\quad = -w^2\boldsymbol{A}_2^{\mathrm{T}}(\boldsymbol{z}_2 - \boldsymbol{A}_2\hat{\boldsymbol{x}}_1) - \boldsymbol{A}_1^{\mathrm{T}}\boldsymbol{E}_1^{-1/2}(\boldsymbol{E}_1^{-1/2}\boldsymbol{z}_1 - \boldsymbol{E}_1^{-1/2}\boldsymbol{A}_1\hat{\boldsymbol{x}}_1) \\
\quad = (\boldsymbol{A}_1^{\mathrm{T}}\boldsymbol{E}_1^{-1}\boldsymbol{A}_1 + w^2\boldsymbol{A}_2^{\mathrm{T}}\boldsymbol{A}_2)\hat{\boldsymbol{x}}_1 - (\boldsymbol{A}_1^{\mathrm{T}}\boldsymbol{E}_1^{-1}\boldsymbol{z}_1 + w^2\boldsymbol{A}_2^{\mathrm{T}}\boldsymbol{z}_2) \\
\quad = (\boldsymbol{A}_1^{\mathrm{T}}\boldsymbol{E}_1^{-1}\boldsymbol{A}_1 + w^2\boldsymbol{A}_2^{\mathrm{T}}\boldsymbol{A}_2)\hat{\boldsymbol{x}}_{\mathrm{OPT}}(w) - (\boldsymbol{A}_1^{\mathrm{T}}\boldsymbol{E}_1^{-1}\boldsymbol{z}_1 + w^2\boldsymbol{A}_2^{\mathrm{T}}\boldsymbol{z}_2) = \boldsymbol{O}_{q\times 1}
\end{cases}
\tag{5.35}
$$

因此, 当 $k=1$ 时结论成立。假设当 $k=K$ 时结论成立, 即有 $\boldsymbol{\xi}_{\mathrm{b},K} = \boldsymbol{O}_{n\times 1}$ 和 $\boldsymbol{\xi}_{\mathrm{c},K} = \boldsymbol{O}_{q\times 1}$。当 $k=K+1$ 时, 结合算法 1 中的步骤 3、步骤 4, 可得

$$
\begin{aligned}
\begin{bmatrix} \boldsymbol{\xi}_{\mathrm{a},K+1} \\ \boldsymbol{\xi}_{\mathrm{b},K+1} \\ \boldsymbol{\xi}_{\mathrm{c},K+1} \end{bmatrix}
&= \begin{bmatrix} \boldsymbol{\xi}_{\mathrm{a},K} \\ \boldsymbol{\xi}_{\mathrm{b},K} \\ \boldsymbol{\xi}_{\mathrm{c},K} \end{bmatrix}
- \begin{bmatrix} \boldsymbol{O}_{(p-n)\times(p-n)} & \boldsymbol{O}_{(p-n)\times n} & \boldsymbol{A}_2 \\ \boldsymbol{O}_{n\times(p-n)} & \boldsymbol{I}_n & \boldsymbol{E}_1^{-1/2}\boldsymbol{A}_1 \\ \boldsymbol{A}_2^{\mathrm{T}} & \boldsymbol{A}_1^{\mathrm{T}}\boldsymbol{E}_1^{-1/2} & \boldsymbol{O}_{q\times q} \end{bmatrix}
\begin{bmatrix} \Delta\boldsymbol{\lambda}_K \\ \Delta\boldsymbol{r}_K \\ \Delta\boldsymbol{x}_K \end{bmatrix} \\
&= \begin{bmatrix} \boldsymbol{\xi}_{\mathrm{a},K} \\ \boldsymbol{\xi}_{\mathrm{b},K} \\ \boldsymbol{\xi}_{\mathrm{c},K} \end{bmatrix}
- \begin{bmatrix} \boldsymbol{A}_2\Delta\boldsymbol{x}_K \\ \Delta\boldsymbol{r}_K + \boldsymbol{E}_1^{-1/2}\boldsymbol{A}_1\Delta\boldsymbol{x}_K \\ \boldsymbol{A}_2^{\mathrm{T}}\Delta\boldsymbol{\lambda}_K + \boldsymbol{A}_1^{\mathrm{T}}\boldsymbol{E}_1^{-1/2}\Delta\boldsymbol{r}_K \end{bmatrix}
\end{aligned}
\tag{5.36}
$$

由于 $\boldsymbol{\xi}_{\mathrm{b},K} = \boldsymbol{O}_{n\times 1}$ 和 $\boldsymbol{\xi}_{\mathrm{c},K} = \boldsymbol{O}_{q\times 1}$, 将它们代入式 (5.36) 可知

$$
\begin{cases}
\boldsymbol{\xi}_{\mathrm{b},K+1} = -(\Delta\boldsymbol{r}_K + \boldsymbol{E}_1^{-1/2}\boldsymbol{A}_1\Delta\boldsymbol{x}_K) \\
\boldsymbol{\xi}_{\mathrm{c},K+1} = -(\boldsymbol{A}_2^{\mathrm{T}}\Delta\boldsymbol{\lambda}_K + \boldsymbol{A}_1^{\mathrm{T}}\boldsymbol{E}_1^{-1/2}\Delta\boldsymbol{r}_K)
\end{cases}
\tag{5.37}
$$

再根据算法 1 中的步骤 4 可得

$$
\begin{cases}
\Delta\boldsymbol{r}_K + \boldsymbol{E}_1^{-1/2}\boldsymbol{A}_1\Delta\boldsymbol{x}_K = \boldsymbol{\xi}_{\mathrm{b},K} = \boldsymbol{O}_{n\times 1} \\
\boldsymbol{A}_2^{\mathrm{T}}\Delta\boldsymbol{\lambda}_K + \boldsymbol{A}_1^{\mathrm{T}}\boldsymbol{E}_1^{-1/2}\Delta\boldsymbol{r}_K = \boldsymbol{\xi}_{\mathrm{c},K} = \boldsymbol{O}_{q\times 1}
\end{cases}
\tag{5.38}
$$

联合式 (5.37) 和式 (5.38) 可知 $\boldsymbol{\xi}_{\mathrm{b},K+1} = \boldsymbol{O}_{n\times 1}$ 和 $\boldsymbol{\xi}_{\mathrm{c},K+1} = \boldsymbol{O}_{q\times 1}$, 因此, 当 $k=K+1$ 时结论也成立。

证毕。

利用命题 5.2 中的结论可以对算法 1 进行简化。基于算法 1 中的步骤 4, 可得

$$
\begin{bmatrix} \dfrac{1}{w^2}\boldsymbol{I}_{p-n} & \boldsymbol{O}_{(p-n)\times n} & \boldsymbol{A}_2 \\ \boldsymbol{O}_{n\times(p-n)} & \boldsymbol{I}_n & \boldsymbol{E}_1^{-1/2}\boldsymbol{A}_1 \\ \boldsymbol{A}_2^{\mathrm{T}} & \boldsymbol{A}_1^{\mathrm{T}}\boldsymbol{E}_1^{-1/2} & \boldsymbol{O}_{q\times q} \end{bmatrix}
\begin{bmatrix} \Delta\boldsymbol{\lambda}_k \\ \Delta\boldsymbol{r}_k \\ \Delta\boldsymbol{x}_k \end{bmatrix}
= \begin{bmatrix} \boldsymbol{\xi}_{\mathrm{a},k} \\ \boldsymbol{O}_{n\times 1} \\ \boldsymbol{O}_{q\times 1} \end{bmatrix}
\tag{5.39}
$$

由此可知

$$\begin{cases}\boldsymbol{A}_2\Delta\boldsymbol{x}_k+\dfrac{\Delta\boldsymbol{\lambda}_k}{w^2}=\boldsymbol{\xi}_{\mathrm{a},k}\\ \Delta\boldsymbol{r}_k+\boldsymbol{E}_1^{-1/2}\boldsymbol{A}_1\Delta\boldsymbol{x}_k=\boldsymbol{O}_{n\times 1}\\ \boldsymbol{A}_2^{\mathrm{T}}\Delta\boldsymbol{\lambda}_k+\boldsymbol{A}_1^{\mathrm{T}}\boldsymbol{E}_1^{-1/2}\Delta\boldsymbol{r}_k=\boldsymbol{O}_{q\times 1}\end{cases} \tag{5.40}$$

联立式 (5.40) 中的线性方程组, 可得

$$(\boldsymbol{A}_1^{\mathrm{T}}\boldsymbol{E}_1^{-1}\boldsymbol{A}_1+w^2\boldsymbol{A}_2^{\mathrm{T}}\boldsymbol{A}_2)\Delta\boldsymbol{x}_k=w^2\boldsymbol{A}_2^{\mathrm{T}}\boldsymbol{\xi}_{\mathrm{a},k} \tag{5.41}$$

由此可知, 向量 $\Delta\boldsymbol{x}_k$ 是如下线性最小二乘估计问题的最优解

$$\Delta\boldsymbol{x}_k=\arg\min_{\Delta\boldsymbol{x}\in\mathbf{R}^{q\times 1}}\left\|\begin{bmatrix}\boldsymbol{O}_{n\times 1}\\ \boldsymbol{\xi}_{\mathrm{a},k}w\end{bmatrix}-\begin{bmatrix}\boldsymbol{E}_1^{-1/2}\boldsymbol{A}_1\\ w\boldsymbol{A}_2\end{bmatrix}\Delta\boldsymbol{x}\right\|_2^2 \tag{5.42}$$

基于上述分析结果可以对算法 1 进行简化, 相应的计算步骤见算法 2。

算法 2

步骤 1: 选择合理的 w(无需过大), 并计算式 (5.20) 的最优解 $\hat{\boldsymbol{x}}_{\mathrm{OPT}}(w)$;

步骤 2: 令 $k:=1$, 设置迭代收敛门限 δ, 并记 $\hat{\boldsymbol{x}}_k=\hat{\boldsymbol{x}}_{\mathrm{OPT}}(w)$;

步骤 3: 计算 $\boldsymbol{\xi}_{\mathrm{a},k}=\boldsymbol{z}_2-\boldsymbol{A}_2\hat{\boldsymbol{x}}_k$;

步骤 4: 求解线性最小二乘估计问题 $\Delta\boldsymbol{x}_k=\arg\min\limits_{\Delta\boldsymbol{x}\in\mathbf{R}^{q\times 1}}\left\|\begin{bmatrix}\boldsymbol{O}_{n\times 1}\\ \boldsymbol{\xi}_{\mathrm{a},k}w\end{bmatrix}-\begin{bmatrix}\boldsymbol{E}_1^{-1/2}\boldsymbol{A}_1\\ w\boldsymbol{A}_2\end{bmatrix}\Delta\boldsymbol{x}\right\|_2^2$;

步骤 5: 计算 $\hat{\boldsymbol{x}}_{k+1}=\hat{\boldsymbol{x}}_k+\Delta\boldsymbol{x}_k$, 若 $\|\Delta\boldsymbol{x}_k\|_2\leqslant\delta$ 则停止计算; 否则令 $k:=k+1$, 并转至步骤 3。

【**注记 5.8**】算法 2 中的线性最小二乘估计问题可以利用第 3.2.2 节中的方法进行求解。

命题 5.3 将证明, 由算法 2 得到的序列 $\{\hat{\boldsymbol{x}}_k\}_{1\leqslant k\leqslant+\infty}$ 收敛于向量 $\hat{\boldsymbol{x}}_{\mathrm{RD-LLS}}$。

【**命题 5.3**】在算法 2 中, 对于任意 $k\geqslant 1$ 均有

$$\hat{\boldsymbol{x}}_k-\hat{\boldsymbol{x}}_{\mathrm{RD-LLS}}=\sum_{j=1}^{p-n}\boldsymbol{\varphi}_j\frac{\gamma_j}{\eta_j}\left(\frac{\rho_j^2}{\rho_j^2+w^2}\right)^k \tag{5.43}$$

式中 γ_j、η_j、ρ_j 和 $\boldsymbol{\varphi}_j$ 的定义同上。

【证明】采用数学归纳法进行证明。当 $k=1$ 时, 结合式 (5.34) 和算法 2 的步骤 2 可知结论成立。假设当 $k=K$ 时结论成立, 即有

$$\hat{\boldsymbol{x}}_K-\hat{\boldsymbol{x}}_{\mathrm{RD-LLS}}=\sum_{j=1}^{p-n}\boldsymbol{\varphi}_j\frac{\gamma_j}{\eta_j}\left(\frac{\rho_j^2}{\rho_j^2+w^2}\right)^K \tag{5.44}$$

下面将证明当 $k=K+1$ 时结论也成立。

首先, 根据式 (5.41) 和算法 2 的步骤 3, 可知

$$\begin{aligned}&(\boldsymbol{A}_1^{\mathrm{T}}\boldsymbol{E}_1^{-1}\boldsymbol{A}_1+w^2\boldsymbol{A}_2^{\mathrm{T}}\boldsymbol{A}_2)\Delta\boldsymbol{x}_K=w^2\boldsymbol{A}_2^{\mathrm{T}}\boldsymbol{\xi}_{\mathrm{a},K}\\&=w^2\boldsymbol{A}_2^{\mathrm{T}}(\boldsymbol{z}_2-\boldsymbol{A}_2\hat{\boldsymbol{x}}_K)\\&=w^2\boldsymbol{A}_2^{\mathrm{T}}(\boldsymbol{z}_2-\boldsymbol{A}_2\hat{\boldsymbol{x}}_{\mathrm{RD-LLS}}+\boldsymbol{A}_2(\hat{\boldsymbol{x}}_{\mathrm{RD-LLS}}-\hat{\boldsymbol{x}}_K))\end{aligned} \tag{5.45}$$

由于向量 $\hat{\boldsymbol{x}}_{\mathrm{RD-LLS}}$ 是式 (5.7) 的最优解, 因此一定满足其中的等式约束, 即有 $\boldsymbol{A}_2\hat{\boldsymbol{x}}_{\mathrm{RD-LLS}}=\boldsymbol{z}_2$, 将此式代入式 (5.45) 可得

$$(\boldsymbol{A}_1^{\mathrm{T}}\boldsymbol{E}_1^{-1}\boldsymbol{A}_1+w^2\boldsymbol{A}_2^{\mathrm{T}}\boldsymbol{A}_2)\Delta\boldsymbol{x}_K=w^2\boldsymbol{A}_2^{\mathrm{T}}\boldsymbol{A}_2(\hat{\boldsymbol{x}}_{\mathrm{RD-LLS}}-\hat{\boldsymbol{x}}_K) \tag{5.46}$$

由此可知

$$\Delta\boldsymbol{x}_K=w^2(\boldsymbol{A}_1^{\mathrm{T}}\boldsymbol{E}_1^{-1}\boldsymbol{A}_1+w^2\boldsymbol{A}_2^{\mathrm{T}}\boldsymbol{A}_2)^{-1}\boldsymbol{A}_2^{\mathrm{T}}\boldsymbol{A}_2(\hat{\boldsymbol{x}}_{\mathrm{RD-LLS}}-\hat{\boldsymbol{x}}_K) \tag{5.47}$$

根据算法 2 的步骤 5, 可得

$$\hat{\boldsymbol{x}}_{K+1}-\hat{\boldsymbol{x}}_{\mathrm{RD-LLS}}=\hat{\boldsymbol{x}}_K+\Delta\boldsymbol{x}_K-\hat{\boldsymbol{x}}_{\mathrm{RD-LLS}}=\hat{\boldsymbol{x}}_K-\hat{\boldsymbol{x}}_{\mathrm{RD-LLS}}+\Delta\boldsymbol{x}_K \tag{5.48}$$

将式 (5.47) 代入式 (5.48), 可知

$$\hat{\boldsymbol{x}}_{K+1}-\hat{\boldsymbol{x}}_{\mathrm{RD-LLS}}=(\boldsymbol{I}_q-w^2(\boldsymbol{A}_1^{\mathrm{T}}\boldsymbol{E}_1^{-1}\boldsymbol{A}_1+w^2\boldsymbol{A}_2^{\mathrm{T}}\boldsymbol{A}_2)^{-1}\boldsymbol{A}_2^{\mathrm{T}}\boldsymbol{A}_2)(\hat{\boldsymbol{x}}_K-\hat{\boldsymbol{x}}_{\mathrm{RD-LLS}}) \tag{5.49}$$

结合式 (5.28) 和式 (5.29) 可得

$$\begin{aligned}&\boldsymbol{I}_q-w^2(\boldsymbol{A}_1^{\mathrm{T}}\boldsymbol{E}_1^{-1}\boldsymbol{A}_1+w^2\boldsymbol{A}_2^{\mathrm{T}}\boldsymbol{A}_2)^{-1}\boldsymbol{A}_2^{\mathrm{T}}\boldsymbol{A}_2\\&=\boldsymbol{I}_q-w^2\Big(\boldsymbol{\varPsi}^{-\mathrm{T}}\mathrm{diag}\Big[\eta_1^2+w^2\mu_1^2\quad\eta_2^2+w^2\mu_2^2\quad\cdots\quad\eta_{p-n}^2+w^2\mu_{p-n}^2\,\vdots\\&\quad\eta_{p-n+1}^2\quad\eta_{p-n+2}^2\quad\cdots\quad\eta_q^2\Big]\boldsymbol{\varPsi}^{-1}\Big)^{-1}\\&\quad\times\boldsymbol{\varPsi}^{-\mathrm{T}}\mathrm{diag}\left[\mu_1^2\ \mu_2^2\ \cdots\ \mu_{p-n}^2\,\vdots\,0\ 0\ \cdots\ 0\right]\boldsymbol{\varPsi}^{-1}\\&=\boldsymbol{I}_q-\boldsymbol{\varPsi}\mathrm{diag}\left[\frac{w^2\mu_1^2}{\eta_1^2+w^2\mu_1^2}\ \frac{w^2\mu_2^2}{\eta_2^2+w^2\mu_2^2}\ \cdots\ \frac{w^2\mu_{p-n}^2}{\eta_{p-n}^2+w^2\mu_{p-n}^2}\,\vdots\,0\ 0\ \cdots\ 0\right]\boldsymbol{\varPsi}^{-1}\\&=\boldsymbol{\varPsi}\mathrm{diag}\left[\frac{\eta_1^2}{\eta_1^2+w^2\mu_1^2}\ \frac{\eta_2^2}{\eta_2^2+w^2\mu_2^2}\ \cdots\ \frac{\eta_{p-n}^2}{\eta_{p-n}^2+w^2\mu_{p-n}^2}\,\vdots\,1\ 1\ \cdots\ 1\right]\boldsymbol{\varPsi}^{-1}\end{aligned}$$

$$= \boldsymbol{\Psi}\mathrm{diag}\left[\frac{\rho_1^2}{\rho_1^2+w^2}\ \frac{\rho_2^2}{\rho_2^2+w^2}\ \cdots\ \frac{\rho_{p-n}^2}{\rho_{p-n}^2+w^2}\ \vdots\ 1\ 1\ \cdots\ 1\right]\boldsymbol{\Psi}^{-1} \tag{5.50}$$

由此可知

$$\begin{aligned}
&(\boldsymbol{I}_q - w^2(\boldsymbol{A}_1^{\mathrm{T}}\boldsymbol{E}_1^{-1}\boldsymbol{A}_1 + w^2\boldsymbol{A}_2^{\mathrm{T}}\boldsymbol{A}_2)^{-1}\boldsymbol{A}_2^{\mathrm{T}}\boldsymbol{A}_2)\boldsymbol{\varphi}_j \\
&= \boldsymbol{\Psi}\mathrm{diag}\left[\frac{\rho_1^2}{\rho_1^2+w^2}\ \frac{\rho_2^2}{\rho_2^2+w^2}\ \cdots\ \frac{\rho_{p-n}^2}{\rho_{p-n}^2+w^2}\ \vdots\ 1\ 1\ \cdots\ 1\right]\boldsymbol{\Psi}^{-1}\boldsymbol{\varphi}_j \\
&= \boldsymbol{\Psi}\mathrm{diag}\left[\frac{\rho_1^2}{\rho_1^2+w^2}\ \frac{\rho_2^2}{\rho_2^2+w^2}\ \cdots\ \frac{\rho_{p-n}^2}{\rho_{p-n}^2+w^2}\ \vdots\ 1\ 1\ \cdots\ 1\right]\boldsymbol{i}_q^{(j)} \\
&= \boldsymbol{\varphi}_j\frac{\rho_j^2}{\rho_j^2+w^2}\quad (1 \leqslant j \leqslant p-n)
\end{aligned} \tag{5.51}$$

式中 $\boldsymbol{i}_q^{(j)} = \boldsymbol{\Psi}^{-1}\boldsymbol{\varphi}_j$ 表示单位矩阵 $\boldsymbol{I}_q$ 中的第 j 个列向量。将式 (5.44) 代入式 (5.49), 并且利用式 (5.51) 可得

$$\begin{aligned}
&\hat{\boldsymbol{x}}_{K+1} - \hat{\boldsymbol{x}}_{\mathrm{RD-LLS}} \\
&= (\boldsymbol{I}_q - w^2(\boldsymbol{A}_1^{\mathrm{T}}\boldsymbol{E}_1^{-1}\boldsymbol{A}_1 + w^2\boldsymbol{A}_2^{\mathrm{T}}\boldsymbol{A}_2)^{-1}\boldsymbol{A}_2^{\mathrm{T}}\boldsymbol{A}_2)\left(\sum_{j=1}^{p-n}\boldsymbol{\varphi}_j\frac{\gamma_j}{\eta_j}\left(\frac{\rho_j^2}{\rho_j^2+w^2}\right)^K\right) \\
&= \sum_{j=1}^{p-n}(\boldsymbol{I}_q - w^2(\boldsymbol{A}_1^{\mathrm{T}}\boldsymbol{E}_1^{-1}\boldsymbol{A}_1 + w^2\boldsymbol{A}_2^{\mathrm{T}}\boldsymbol{A}_2)^{-1}\boldsymbol{A}_2^{\mathrm{T}}\boldsymbol{A}_2)\boldsymbol{\varphi}_j\frac{\gamma_j}{\eta_j}\left(\frac{\rho_j^2}{\rho_j^2+w^2}\right)^K \\
&= \sum_{j=1}^{p-n}\boldsymbol{\varphi}_j\frac{\gamma_j}{\eta_j}\left(\frac{\rho_j^2}{\rho_j^2+w^2}\right)^{K+1}
\end{aligned} \tag{5.52}$$

由此可知, 当 $k = K+1$ 时结论也成立。证毕。

【注记 5.9】 由于 $\lim\limits_{k\to+\infty}\left(\dfrac{\rho_j^2}{\rho_j^2+w^2}\right)^k = 0$, 由 (5.43) 可知, 无论 w 取何值都满足

$$\lim_{k\to+\infty}(\hat{\boldsymbol{x}}_k - \hat{\boldsymbol{x}}_{\mathrm{RD-LLS}}) = \lim_{k\to+\infty}\sum_{j=1}^{p-n}\boldsymbol{\varphi}_j\frac{\gamma_j}{\eta_j}\left(\frac{\rho_j^2}{\rho_j^2+w^2}\right)^k = 0 \tag{5.53}$$

这就意味着由算法 2 得到的序列 $\{\hat{\boldsymbol{x}}_k\}_{1\leqslant k\leqslant+\infty}$ 收敛至向量 $\hat{\boldsymbol{x}}_{\mathrm{RD-LLS}}$, 而且 w 的数值越大, 其收敛速度越快。

【注记 5.10】 算法 2 的重要意义在于, 即使加权因子 w 的数值不是太大, 通过迭代仍然可以使得迭代值 $\hat{\boldsymbol{x}}_k$ 收敛至最优解 $\hat{\boldsymbol{x}}_{\mathrm{RD-LLS}}$。

5.4 误差协方差矩阵秩亏损条件下的线性最小二乘估计的理论性能

本节将给出估计值 $\hat{\boldsymbol{x}}_{\text{RD-LLS}}$ 的理论性能。注意到第 3.4.2 节已经推导了线性等式约束条件下的线性最小二乘估计的理论性能, 相关结论可以直接应用于此。

【命题 5.4】 向量 $\hat{\boldsymbol{x}}_{\text{RD-LLS}}$ 是关于未知参量 $\boldsymbol{x}$ 的最优无偏估计值, 并且其均方误差矩阵为

$$\mathbf{MSE}(\hat{\boldsymbol{x}}_{\text{RD-LLS}}) = (\boldsymbol{A}_1^{\text{T}}\boldsymbol{E}_1^{-1}\boldsymbol{A}_1)^{-1} - (\boldsymbol{A}_1^{\text{T}}\boldsymbol{E}_1^{-1}\boldsymbol{A}_1)^{-1}\boldsymbol{A}_2^{\text{T}}(\boldsymbol{A}_2 \times (\boldsymbol{A}_1^{\text{T}}\boldsymbol{E}_1^{-1}\boldsymbol{A}_1)^{-1}\boldsymbol{A}_2^{\text{T}})^{-1}\boldsymbol{A}_2(\boldsymbol{A}_1^{\text{T}}\boldsymbol{E}_1^{-1}\boldsymbol{A}_1)^{-1} \tag{5.54}$$

【证明】 参见命题 3.5 至命题 3.7。

【注记 5.11】 根据命题 3.7 可知, 式 (5.54) 给出的均方误差矩阵 $\mathbf{MSE}(\hat{\boldsymbol{x}}_{\text{RD-LLS}})$ 等于相应的克拉美罗界。

5.5 数值实验

将观测矩阵 $\boldsymbol{A}$ 设为

$$\boldsymbol{A} = \begin{bmatrix} 1 & -2 & 3 & 4 \\ 6 & -1 & 5 & 7 \\ -3 & -5 & 1 & 2 \\ 5 & -2 & -3 & 6 \\ -3 & 5 & -7 & 9 \\ -2 & 6 & 5 & -4 \\ 1 & 5 & 3 & -2 \\ 9 & -4 & 3 & 7 \end{bmatrix} \tag{5.55}$$

将未知参量设为 $\boldsymbol{x} = [1\ 2\ 3\ 4]^{\text{T}}$。假设观测误差 $\boldsymbol{e} = \boldsymbol{T}\boldsymbol{\beta}$ 中的向量 $\boldsymbol{\beta} \in \mathbf{R}^{6\times 1}$ 服从均值为零、协方差矩阵为 $\boldsymbol{\Sigma}_{\boldsymbol{\beta}} = \sigma^2\boldsymbol{I}_6$ 的高斯分布, 其中 σ 表示观测误差标准差, 而矩阵 $\boldsymbol{T} \in \mathbf{R}^{8\times 6}$ 设为

$$
\boldsymbol{T}=\begin{bmatrix}1&0&0&0&0&0\\0&1&0&0&0&0\\0&0&1&0&0&0\\0&0&0&1&0&0\\0&0&0&0&1&0\\0&0&0&0&0&1\\1&0&0&1&0&0\\1&0&0&0&0&1\end{bmatrix} \tag{5.56}
$$

首先比较式 (5.8)、消元法和 $\boldsymbol{QR}$ 分解法的估计值, 图 5.1 所示的是 3 种方法对未知参量 $\boldsymbol{x}$ 的估计均方根误差随观测误差标准差 σ 的变化曲线。然后观察不同的加权因子 w 对加权法的影响, 图 5.2 给出了加权因子 w 取不同数值条件下, 加权法对未知参量 $\boldsymbol{x}$ 的估计均方根误差随观测误差标准差 σ 的变化曲线。需要指出的是, 图 5.2 中的加权法是指式 (5.32) 给出的闭式解, 而不是指第 5.3.3 小节中的迭代算法。

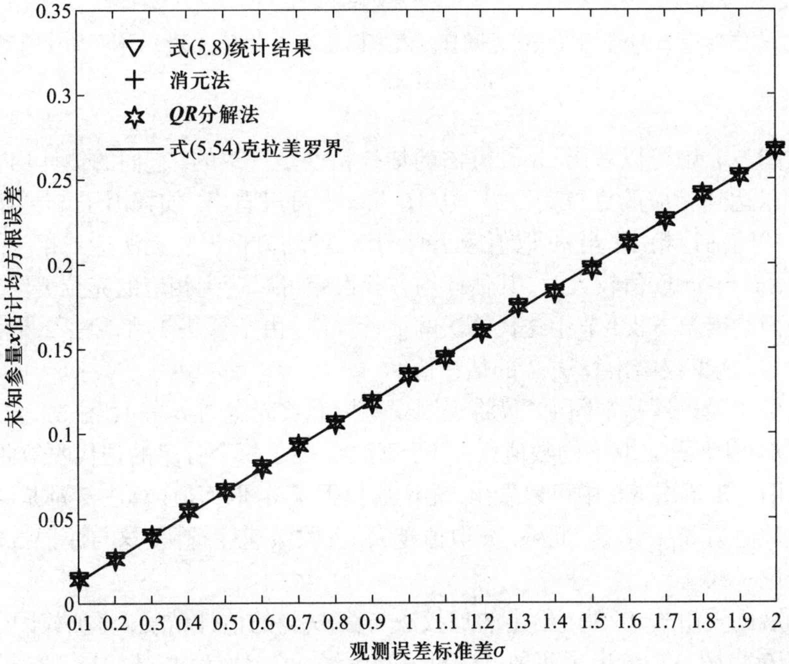

图 5.1　未知参量 $\boldsymbol{x}$ 估计均方根误差随观测误差标准差 σ 的变化曲线 (比较式 (5.8)、消元法和 $\boldsymbol{QR}$ 分解法) (彩图)

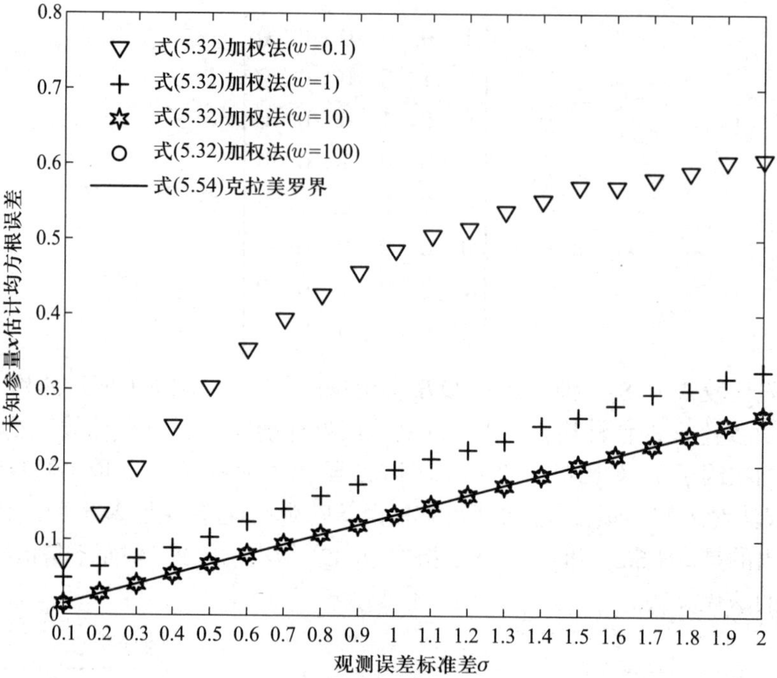

图 5.2　未知参量 $\boldsymbol{x}$ 估计均方根误差随观测误差标准差 σ 的变化曲线 (不同加权因子条件下的性能比较) (彩图)

从图 5.1 中可以看出, 3 种方法的估计精度是一致的, 它们的估计均方根误差均可以达到相应的克拉美罗界。从图 5.2 中可以看出, 加权因子 w 会显著影响加权法的估计精度, 当 w 取值较小时, 其估计均方根误差无法达到相应的克拉美罗界; 而当 w 取值较大时, 其估计均方根误差可以达到相应的克拉美罗界。

下面给出第 5.3.3 节中迭代算法的估计性能, 由于算法 1 和算法 2 是相互等价的, 所以这里仅给出算法 2 的估计值。

数值实验条件基本同上, 仅将观测误差标准差固定为 $\sigma = 1$, 图 5.3 至图 5.6 给出了加权因子 w 取不同数值条件下, 算法 2 关于每个分量的迭代收敛曲线。

从图 5.3 至图 5.6 中可以看出, 无论加权因子 w 取何值, 算法 2 都是收敛的, 并且收敛值为 $\hat{\boldsymbol{x}}_{\mathrm{RD-LLS}}$。此外, w 取值越大, 其收敛速度越快, 这与注记 5.9 中的分析结论一致。

最后比较由式 (5.32) 给出的加权法与算法 2 的估计精度, 将加权因子固定为 $w = 0.4$, 图 5.7 给出了两种方法对未知参量 $\boldsymbol{x}$ 的估计均方根误差随观测误差标准差 σ 的变化曲线。

从图 5.7 中可以看出, 当 $w = 0.4$ 时, 由式 (5.32) 给出的加权法的估计均方

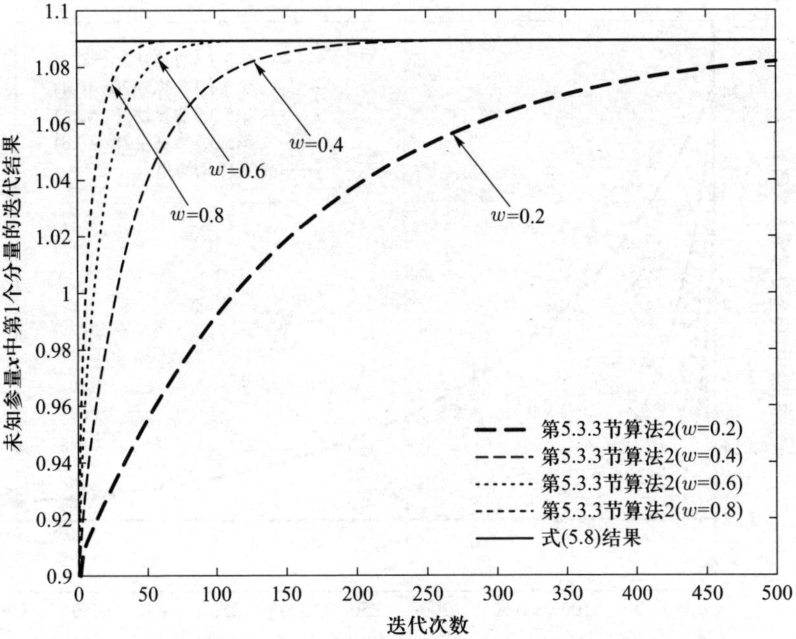

图 5.3　未知参量 $\boldsymbol{x}$ 中第 1 个分量的迭代收敛曲线

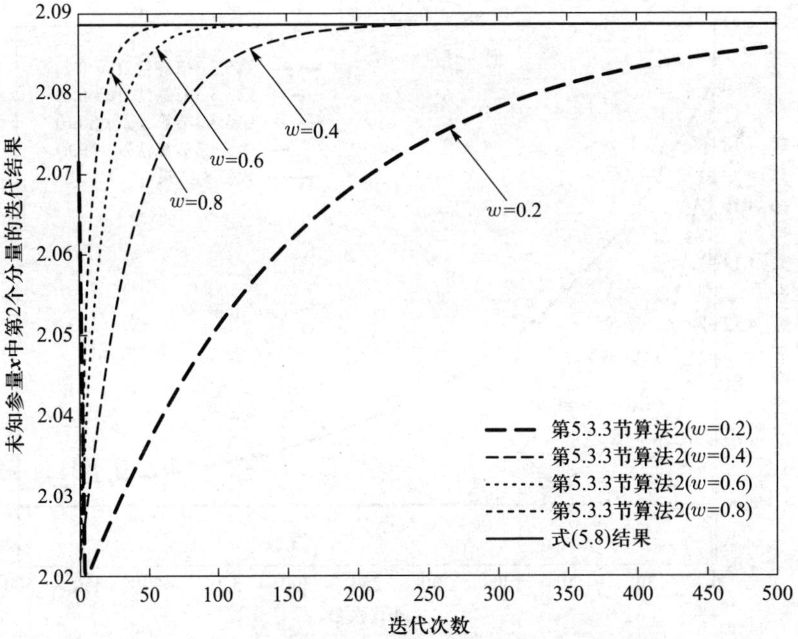

图 5.4　未知参量 $\boldsymbol{x}$ 中第 2 个分量的迭代收敛曲线

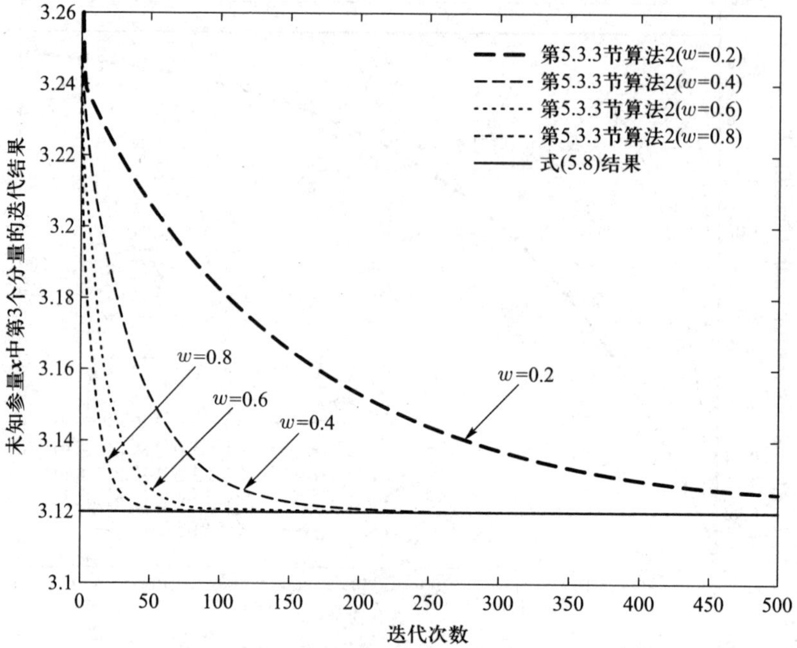

图 5.5　未知参量 $\boldsymbol{x}$ 中第 3 个分量的迭代收敛曲线

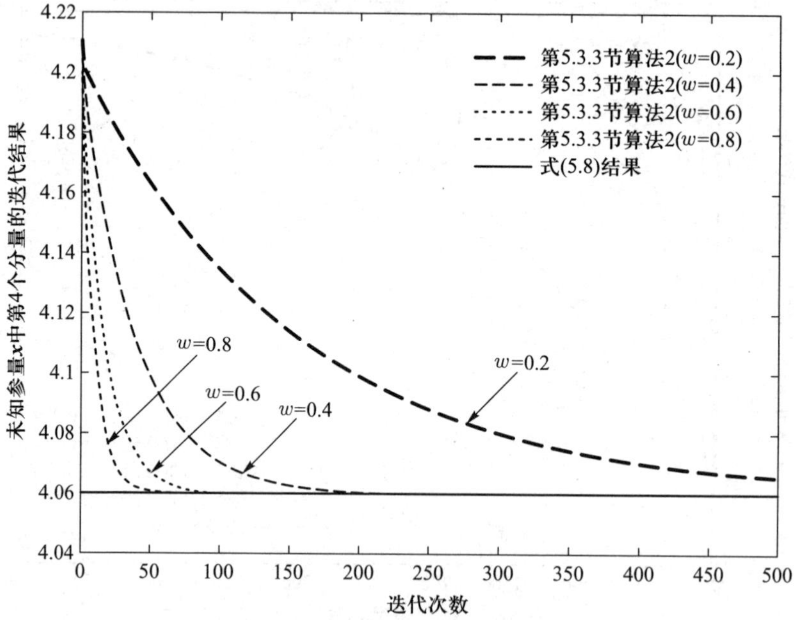

图 5.6　未知参量 $\boldsymbol{x}$ 中第 4 个分量的迭代收敛曲线

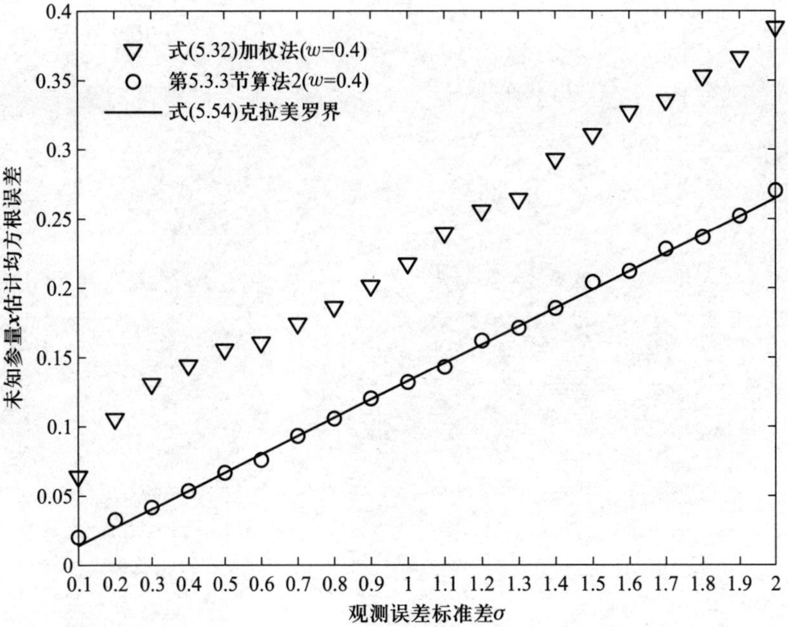

图 5.7　未知参量 $\boldsymbol{x}$ 估计均方根误差随观测误差标准差 σ 的变化曲线 (比较式 (5.32) 给出的加权法与算法 2)

根误差是难以达到克拉美罗界的, 这是因为 w 的取值较小, 这与图 5.2 中的结论是一致的①。然而, 虽然 w 的取值较小, 算法 2 的估计均方根误差却可以达到克拉美罗界, 这是因为其迭代序列 $\{\hat{\boldsymbol{x}}_k\}_{1\leqslant k\leqslant +\infty}$ 总是能够收敛至式 (5.7) 的最优解 $\hat{\boldsymbol{x}}_{\mathrm{RD-LLS}}$。

① 在图 5.2 中，即使 $w=1$，其估计均方根误差也没能达到克拉美罗界。

第 6 章　总体最小二乘估计理论与方法 I: 基础知识

第 3 章至第 5 章所讨论的线性观测模型, 均假设观测矩阵 $\boldsymbol{A}$ 是精确已知的。然而, 在实际应用中, 观测矩阵 $\boldsymbol{A}$ 也可能源自测量, 所以其中也会包含观测误差。显然, 线性最小二乘估计方法并未考虑矩阵 $\boldsymbol{A}$ 中的误差, 但是总体最小二乘 (Total Least Squares, TLS) 估计方法则将这一部分误差考虑进来。本章将针对总体最小二乘估计的相关理论与方法进行讨论。需要指出的是, 总体最小二乘估计模型与方法存在很多种形式, 本章侧重讨论其中的基础性问题, 第 7 章将讨论一些更为复杂的模型与方法。

6.1　线性观测模型

总体最小二乘估计问题考虑的仍然是线性观测模型, 即

$$\boldsymbol{z}=\boldsymbol{z}_0+\boldsymbol{e}=\boldsymbol{A}\boldsymbol{x}+\boldsymbol{e} \tag{6.1}$$

其中:

$\boldsymbol{z}_0=\boldsymbol{A}\boldsymbol{x}\in\mathbf{R}^{p\times 1}$ 表示没有误差条件下的观测向量;

$\boldsymbol{z}\in\mathbf{R}^{p\times 1}$ 表示含有误差条件下的观测向量;

$\boldsymbol{x}=[x_1\ x_2\ \cdots\ x_q]^{\mathrm{T}}\in\mathbf{R}^{q\times 1}$ 表示待估计的未知参量, 其中 $q<p$ 以确保问题是超定的 (即观测量个数大于未知参数个数);

$\boldsymbol{A}\in\mathbf{R}^{p\times q}$ 表示观测矩阵;

$\boldsymbol{e}\in\mathbf{R}^{p\times 1}$ 表示观测误差向量, 这里假设其服从均值为零、协方差矩阵为 $\mathbf{cov}(\boldsymbol{e})=\mathrm{E}[\boldsymbol{e}\boldsymbol{e}^{\mathrm{T}}]=\boldsymbol{E}$ 的高斯分布。

总体最小二乘估计问题与常规的线性最小二乘估计问题的主要区别在于, 观测矩阵 $\boldsymbol{A}$ 并不能精确已知, 也就是说实际中获得的观测矩阵 (记为 $\boldsymbol{B}$) 是在矩阵 $\boldsymbol{A}$ 的基础上叠加了观测误差 (记为 $\boldsymbol{\varXi}$), 即

$$\boldsymbol{B}=\boldsymbol{A}+\boldsymbol{\varXi} \tag{6.2}$$

式中 $\boldsymbol{\Xi} \in \mathbf{R}^{p\times q}$ 表示观测误差矩阵, 这里假设其与观测误差向量 $\boldsymbol{e}$ 统计独立①, 并且服从均值为零、协方差矩阵为 $\mathbf{cov}(\mathrm{vec}(\boldsymbol{\Xi})) = \mathrm{E}[\mathrm{vec}(\boldsymbol{\Xi})(\mathrm{vec}(\boldsymbol{\Xi}))^{\mathrm{T}}] = \boldsymbol{\Omega}$ 的高斯分布。

6.2 总体最小二乘估计优化模型、求解方法及其理论性能

6.2.1 总体最小二乘估计优化模型及其最优解集的性质

一、标准总体最小二乘估计优化模型及其最优解集的性质

为了简化分析, 这里首先假设 $\boldsymbol{E} = \beta \boldsymbol{I}_p$ 和 $\boldsymbol{\Omega} = \beta \boldsymbol{I}_{pq}$, 此时可以建立如下总体最小二乘估计优化模型

$$\begin{cases} \min\limits_{\substack{\boldsymbol{x}\in\mathbf{R}^{q\times 1} \\ \boldsymbol{e}\in\mathbf{R}^{p\times 1} \\ \boldsymbol{\Xi}\in\mathbf{R}^{p\times q}}} \{\boldsymbol{e}^{\mathrm{T}}\boldsymbol{e} + \mathrm{tr}(\boldsymbol{\Xi}^{\mathrm{T}}\boldsymbol{\Xi})\} \text{ 或 } \{\|[\boldsymbol{\Xi} \quad \boldsymbol{e}]\|_{\mathrm{F}}^2\} \\ \text{s.t. } \boldsymbol{z} = (\boldsymbol{B} - \boldsymbol{\Xi})\boldsymbol{x} + \boldsymbol{e} \end{cases} \tag{6.3}$$

如果式 (6.3) 存在最优解, 根据其中的等式约束可知

$$\boldsymbol{z} - \boldsymbol{e} \in \mathrm{range}\{\boldsymbol{B} - \boldsymbol{\Xi}\} \tag{6.4}$$

于是可将式 (6.3) 转化为

$$\begin{cases} \min\limits_{\substack{\boldsymbol{e}\in\mathbf{R}^{p\times 1} \\ \boldsymbol{\Xi}\in\mathbf{R}^{p\times q}}} \{\|[\boldsymbol{\Xi} \quad \boldsymbol{e}]\|_{\mathrm{F}}^2\} \\ \text{s.t. } \boldsymbol{z} - \boldsymbol{e} \in \mathrm{range}\{\boldsymbol{B} - \boldsymbol{\Xi}\} \end{cases} \tag{6.5}$$

若式 (6.5) 存在最优解, 并将其记为 $\hat{\boldsymbol{e}}_{\mathrm{TLS}}$ 和 $\hat{\boldsymbol{\Xi}}_{\mathrm{TLS}}$, 则式 (6.3) 中关于未知参量 $\boldsymbol{x}$ 的最优解 $\hat{\boldsymbol{x}}_{\mathrm{TLS}}$ 应满足

$$(\boldsymbol{B} - \hat{\boldsymbol{\Xi}}_{\mathrm{TLS}})\hat{\boldsymbol{x}}_{\mathrm{TLS}} = \boldsymbol{z} - \hat{\boldsymbol{e}}_{\mathrm{TLS}} \tag{6.6}$$

事实上, 式 (6.3) 与式 (6.5) 是相互等价的, 只是在式 (6.5) 中无需求解未知参量 $\boldsymbol{x}$ 的最优解。

① $\boldsymbol{\Xi}$ 与 $\boldsymbol{e}$ 也可以统计相关, 第 7 章将对此种情形进行讨论。

值得一提的是, 式 (6.3) 或者式 (6.5) 未必一定存在最优解。这里不妨举一个简单的数值例子, 考虑如下矩阵和向量

$$\boldsymbol{B} = \begin{bmatrix} 1 & 0 \\ 0 & 0 \\ 0 & 0 \end{bmatrix}, \quad \boldsymbol{z} = \begin{bmatrix} 1 \\ 1 \\ 1 \end{bmatrix}, \quad \boldsymbol{\Xi}_{\varepsilon} = \begin{bmatrix} 0 & 0 \\ 0 & -\varepsilon \\ 0 & -\varepsilon \end{bmatrix} \tag{6.7}$$

显然, 对于任意 $\varepsilon > 0$ 恒有 $\boldsymbol{z} \in \text{range}\{\boldsymbol{B} - \boldsymbol{\Xi}_{\varepsilon}\}$, 但是 $\boldsymbol{z} \notin \text{range}\{\boldsymbol{B}\}$, 在这种情况下并不存在 $\hat{\boldsymbol{\Xi}}_{\text{TLS}}$ 和 $\hat{\boldsymbol{e}}_{\text{TLS}}$ 能成为式 (6.5) 的最优解。因此, 为了获得式 (6.3) 或者式 (6.5) 的最优解, 需要考虑它们在何种情况下存在最优解, 具体可见如下 6 个命题。值得一提的是, 仅最后一个命题 (即命题 6.6) 给出了最关键的结论, 而前面 5 个命题的结论均是铺垫。

【命题 6.1】 假设矩阵 $\boldsymbol{X}_1 \in \mathbf{R}^{p \times q}$ 的最小奇异值为 η_{MIN}, 矩阵 $\boldsymbol{X}_2 \in \mathbf{R}^{p \times q}$ 满足 $\|\boldsymbol{X}_2\|_{\text{F}} = \eta_{\text{MIN}}$。若存在非零向量 $\boldsymbol{v} \in \mathbf{R}^{q \times 1}$ 使得 $(\boldsymbol{X}_1 - \boldsymbol{X}_2)\boldsymbol{v} = \boldsymbol{O}_{p \times 1}$, 则向量 $\boldsymbol{v}$ 是对应矩阵 $\boldsymbol{X}_1$ 最小奇异值 η_{MIN} 的右奇异向量。

【证明】 不失一般性, 假设 $\|\boldsymbol{v}\|_2 = 1$。根据命题 2.28 和注记 2.7 可知

$$\eta_{\text{MIN}} = \min_{\|\boldsymbol{u}\|_2=1} \{\|\boldsymbol{X}_1\boldsymbol{u}\|_2\} \leqslant \|\boldsymbol{X}_1\boldsymbol{v}\|_2 = \|\boldsymbol{X}_2\boldsymbol{v}\|_2 \leqslant \|\boldsymbol{X}_2\|_2 \leqslant \|\boldsymbol{X}_2\|_{\text{F}} = \eta_{\text{MIN}} \tag{6.8}$$

由式 (6.8) 可得

$$\|\boldsymbol{X}_1\boldsymbol{v}\|_2 = \eta_{\text{MIN}} \tag{6.9}$$

若 $\eta_{\text{MIN}} = 0$, 则有 $\boldsymbol{v} \in \text{null}\{\boldsymbol{X}_1\}$, 此时向量 $\boldsymbol{v}$ 一定是对应矩阵 $\boldsymbol{X}_1$ 最小奇异值 $\eta_{\text{MIN}} = 0$ 的右奇异向量; 若 $\eta_{\text{MIN}} > 0$, 则根据式 (6.9) 可知

$$\boldsymbol{v}^{\text{T}}\boldsymbol{X}_1^{\text{T}}\boldsymbol{X}_1\boldsymbol{v} = \eta_{\text{MIN}}^2 \tag{6.10}$$

结合式 (6.10) 和注记 2.7 可知, 向量 $\boldsymbol{v}$ 是对应矩阵 $\boldsymbol{X}_1^{\text{T}}\boldsymbol{X}_1$ 最小特征值 η_{MIN}^2 的单位特征向量, 再根据注记 2.7 可知, 向量 $\boldsymbol{v}$ 亦是对应矩阵 $\boldsymbol{X}_1$ 最小奇异值 η_{MIN} 的右奇异向量。证毕。

【命题 6.2】 假设矩阵 $\boldsymbol{X}_1$, $\boldsymbol{X}_2 \in \mathbf{R}^{p \times q}(p \geqslant q)$, 并且它们的奇异值分别为 $\eta_1 \geqslant \eta_2 \geqslant \cdots \geqslant \eta_q$ 和 $\mu_1 \geqslant \mu_2 \geqslant \cdots \geqslant \mu_q$, 则有

$$-\sum_{j=1}^{q} \eta_j\mu_j \leqslant \text{tr}(\boldsymbol{X}_1^{\text{T}}\boldsymbol{X}_2) \leqslant \sum_{j=1}^{q} \eta_j\mu_j \tag{6.11}$$

【证明】 见文献 [39] 中第 6 章的推论 6.4.3。

【**命题 6.3**】假设矩阵 $\boldsymbol{X}_1 \in \mathbf{R}^{p\times q}(p>q)$, 并且其奇异值为 $\eta_1 \geqslant \eta_2 \geqslant \cdots \geqslant \eta_q$, 则有

$$\min_{\text{rank}[\boldsymbol{X}_2]=k}\{\|\boldsymbol{X}_1-\boldsymbol{X}_2\|_{\text{F}}\}=\sqrt{\sum_{j=k+1}^{q}\eta_j^2} \tag{6.12}$$

【**证明**】若矩阵 $\boldsymbol{X}_2 \in \mathbf{R}^{p\times q}$ 满足 $\text{rank}[\boldsymbol{X}_2]=k$, 并且其非零奇异值为 $\mu_1 \geqslant \mu_2 \geqslant \cdots \geqslant \mu_k$, 根据矩阵范数 $\|\cdot\|_{\text{F}}$ 的定义可知

$$\begin{aligned}\|\boldsymbol{X}_1-\boldsymbol{X}_2\|_{\text{F}}^2&=\text{tr}((\boldsymbol{X}_1-\boldsymbol{X}_2)^{\text{T}}(\boldsymbol{X}_1-\boldsymbol{X}_2))\\&=\text{tr}(\boldsymbol{X}_1^{\text{T}}\boldsymbol{X}_1)+\text{tr}(\boldsymbol{X}_2^{\text{T}}\boldsymbol{X}_2)-2\text{tr}(\boldsymbol{X}_1^{\text{T}}\boldsymbol{X}_2)\\&=\sum_{j=1}^{q}\eta_j^2+\sum_{j=1}^{k}\mu_j^2-2\text{tr}(\boldsymbol{X}_1^{\text{T}}\boldsymbol{X}_2)\end{aligned} \tag{6.13}$$

利用式 (6.13) 和命题 6.2 可得

$$\|\boldsymbol{X}_1-\boldsymbol{X}_2\|_{\text{F}}^2 \geqslant \sum_{j=1}^{q}\eta_j^2+\sum_{j=1}^{k}\mu_j^2-2\sum_{j=1}^{k}\eta_j\mu_j=\sum_{j=1}^{k}(\eta_j-\mu_j)^2+\sum_{j=k+1}^{q}\eta_j^2 \geqslant \sum_{j=k+1}^{q}\eta_j^2 \tag{6.14}$$

由此可知

$$\|\boldsymbol{X}_1-\boldsymbol{X}_2\|_{\text{F}} \geqslant \sqrt{\sum_{j=k+1}^{q}\eta_j^2} \tag{6.15}$$

假设矩阵 $\boldsymbol{X}_1$ 的奇异值分解为 $\boldsymbol{X}_1=\boldsymbol{U\Sigma V}^{\text{T}}$, 其中 $\boldsymbol{\Sigma}=\begin{bmatrix}\text{diag}\ [\eta_1\ \eta_2\ \cdots\ \eta_q]\\ \boldsymbol{O}_{(p-q)\times q}\end{bmatrix}$. 若取 $\boldsymbol{X}_{2,\text{O}}=\boldsymbol{U\Sigma}_k\boldsymbol{V}^{\text{T}}$, 其中 $\boldsymbol{\Sigma}_k=\begin{bmatrix}\text{diag}\ [\eta_1\ \eta_2\ \cdots\ \eta_k\ \underbrace{0\ \cdots\ 0}_{q-k\text{ 个零}}]\\ \boldsymbol{O}_{(p-q)\times q}\end{bmatrix}$, 则有

$$\text{rank}[\boldsymbol{X}_{2,\text{O}}]=k\ ,\ \|\boldsymbol{X}_1-\boldsymbol{X}_{2,\text{O}}\|_{\text{F}}=\|\boldsymbol{U}(\boldsymbol{\Sigma}-\boldsymbol{\Sigma}_k)\boldsymbol{V}^{\text{T}}\|_{\text{F}}=\|\boldsymbol{\Sigma}-\boldsymbol{\Sigma}_k\|_{\text{F}}=\sqrt{\sum_{j=k+1}^{q}\eta_j^2} \tag{6.16}$$

结合式 (6.15) 和式 (6.16) 可知式 (6.12) 成立。证毕。

【命题 6.4】假设矩阵 $\boldsymbol{X}_1 \in \mathbf{R}^{p\times q}(p>q)$, 并且其奇异值为 $\eta_1 \geqslant \eta_2 \geqslant \cdots \geqslant \eta_q$, 则有

$$\min_{\text{rank}[\boldsymbol{X}_2]\leqslant k}\{\|\boldsymbol{X}_1-\boldsymbol{X}_2\|_\text{F}\}=\sqrt{\sum_{j=k+1}^{q}\eta_j^2} \tag{6.17}$$

【证明】若 $\text{rank}[\boldsymbol{X}_2]=k$, 则有 $\text{rank}[\boldsymbol{X}_2]\leqslant k$, 根据命题 6.3 可知

$$\min_{\text{rank}[\boldsymbol{X}_2]\leqslant k}\{\|\boldsymbol{X}_1-\boldsymbol{X}_2\|_\text{F}\}\leqslant \min_{\text{rank}[\boldsymbol{X}_2]=k}\{\|\boldsymbol{X}_1-\boldsymbol{X}_2\|_\text{F}\}=\sqrt{\sum_{j=k+1}^{q}\eta_j^2} \tag{6.18}$$

对于关系式

$$\min_{\text{rank}[\boldsymbol{X}_2]<k}\{\|\boldsymbol{X}_1-\boldsymbol{X}_2\|_\text{F}\}\geqslant\sqrt{\sum_{j=k+1}^{q}\eta_j^2} \tag{6.19}$$

可以采用反证法进行证明。假设存在矩阵 $\boldsymbol{X}_{2,\text{O}}$ 满足 $\text{rank}[\boldsymbol{X}_{2,\text{O}}]=r<k$, 并且有

$$\|\boldsymbol{X}_1-\boldsymbol{X}_{2,\text{O}}\|_\text{F}<\sqrt{\sum_{j=k+1}^{q}\eta_j^2} \tag{6.20}$$

利用命题 6.3 可得

$$\sqrt{\sum_{j=k+1}^{q}\eta_j^2}\leqslant\sqrt{\sum_{j=r+1}^{q}\eta_j^2}=\min_{\text{rank}[\boldsymbol{X}_2]=r}\{\|\boldsymbol{X}_1-\boldsymbol{X}_2\|_\text{F}\}\leqslant\|\boldsymbol{X}_1-\boldsymbol{X}_{2,\text{O}}\|_\text{F}<\sqrt{\sum_{j=k+1}^{q}\eta_j^2} \tag{6.21}$$

式 (6.21) 显然是矛盾的, 因此式 (6.19) 成立。结合式 (6.18) 和式 (6.19) 可知式 (6.17) 成立。证毕。

【命题 6.5】假设矩阵 $\boldsymbol{X}_1 \in \mathbf{R}^{p\times q}(p>q)$ 和 $\boldsymbol{y}_1 \in \mathbf{R}^{p\times 1}$, 并且 η_{q+1} 是矩阵 $[\boldsymbol{X}_1 \quad \boldsymbol{y}_1]$ 的最小奇异值, 则有

$$\min_{\boldsymbol{y}_1-\boldsymbol{y}_2\in\text{range}\{\boldsymbol{X}_1-\boldsymbol{X}_2\}}\{\|[\boldsymbol{X}_2 \quad \boldsymbol{y}_2]\|_\text{F}\}=\eta_{q+1} \tag{6.22}$$

【证明】利用命题 6.4 可得

$$\begin{aligned}\eta_{q+1}&=\min_{\text{rank}[\boldsymbol{X}_1-\boldsymbol{X}_2 \quad \boldsymbol{y}_1-\boldsymbol{y}_2]\leqslant q}\{\|[\boldsymbol{X}_1 \quad \boldsymbol{y}_1]-[\boldsymbol{X}_1-\boldsymbol{X}_2 \quad \boldsymbol{y}_1-\boldsymbol{y}_2]\|_\text{F}\}\\&=\min_{\text{rank}[\boldsymbol{X}_1-\boldsymbol{X}_2 \quad \boldsymbol{y}_1-\boldsymbol{y}_2]\leqslant q}\{\|[\boldsymbol{X}_2 \quad \boldsymbol{y}_2]\|_\text{F}\}\end{aligned} \tag{6.23}$$

令 $d = \min\limits_{\boldsymbol{y}_1-\boldsymbol{y}_2\in\text{range}\{\boldsymbol{X}_1-\boldsymbol{X}_2\}}\{\|[\boldsymbol{X}_2 \quad \boldsymbol{y}_2]\|_\text{F}\}$, 若 $\boldsymbol{y}_1-\boldsymbol{y}_2\in\text{range}\{\boldsymbol{X}_1-\boldsymbol{X}_2\}$, 则有

$\text{rank}[\boldsymbol{X}_1-\boldsymbol{X}_2 \quad \boldsymbol{y}_1-\boldsymbol{y}_2]\leqslant q$, 由式 (6.23) 可知 $d\geqslant\eta_{q+1}$。若令 $\boldsymbol{X}_{2,\text{OPT}}\in\mathbf{R}^{p\times q}$, $\boldsymbol{y}_{2,\text{OPT}}\in\mathbf{R}^{p\times 1}$ 是 (6.23) 的最优解, 则有

$$\begin{cases}\eta_{q+1}=\|[\boldsymbol{X}_{2,\text{OPT}} \quad \boldsymbol{y}_{2,\text{OPT}}]\|_\text{F}\\ \text{rank}[\boldsymbol{X}_1-\boldsymbol{X}_{2,\text{OPT}} \quad \boldsymbol{y}_1-\boldsymbol{y}_{2,\text{OPT}}]\leqslant q\end{cases}\tag{6.24}$$

根据式 (6.24) 中的第 2 式可知, 一定存在 $\boldsymbol{y}_3\in\mathbf{R}^{q\times 1}$ 和 $y_4\in\mathbf{R}$ 不全为零使得

$$(\boldsymbol{X}_1-\boldsymbol{X}_{2,\text{OPT}})\boldsymbol{y}_3+(\boldsymbol{y}_1-\boldsymbol{y}_{2,\text{OPT}})y_4=\boldsymbol{O}_{p\times 1}\tag{6.25}$$

若 $y_4\neq 0$, 则式 (6.25) 意味着 $\boldsymbol{y}_1-\boldsymbol{y}_{2,\text{OPT}}\in\text{range}\{\boldsymbol{X}_1-\boldsymbol{X}_{2,\text{OPT}}\}$, 于是有

$$d\leqslant\|[\boldsymbol{X}_{2,\text{OPT}} \quad \boldsymbol{y}_{2,\text{OPT}}]\|_\text{F}=\eta_{q+1}\tag{6.26}$$

结合式 (6.26) 和 $d\geqslant\eta_{q+1}$ 可知 $d=\eta_{q+1}$。若 $y_4=0$, 则由式 (6.25) 可得

$$(\boldsymbol{X}_1-\boldsymbol{X}_{2,\text{OPT}})\boldsymbol{y}_3=\boldsymbol{O}_{p\times 1}, \quad \boldsymbol{y}_3\neq\boldsymbol{O}_{q\times 1}\tag{6.27}$$

从而有 $\text{rank}[\boldsymbol{X}_1-\boldsymbol{X}_{2,\text{OPT}}]<q$, 此式对于任意 $\varepsilon>0$, 存在 $\boldsymbol{X}_\varepsilon\in\mathbf{R}^{p\times q}$ 满足 $\|\boldsymbol{X}_\varepsilon\|_\text{F}<\varepsilon$, 并使得

$$\boldsymbol{y}_1-\boldsymbol{y}_{2,\text{OPT}}\in\text{range}\{\boldsymbol{X}_1-\boldsymbol{X}_{2,\text{OPT}}+\boldsymbol{X}_\varepsilon\}\tag{6.28}$$

由此可知

$$d\leqslant\|[\boldsymbol{X}_{2,\text{OPT}}-\boldsymbol{X}_\varepsilon \quad \boldsymbol{y}_{2,\text{OPT}}]\|_\text{F}\leqslant\|[\boldsymbol{X}_{2,\text{OPT}} \quad \boldsymbol{y}_{2,\text{OPT}}]\|_\text{F}+\|\boldsymbol{X}_\varepsilon\|_\text{F}\leqslant\eta_{q+1}+\varepsilon\tag{6.29}$$

利用 ε 的任意性, 并且结合式 (6.29) 和 $d\geqslant\eta_{q+1}$ 可得 $d=\eta_{q+1}$。证毕。

【命题 6.6】总体最小二乘估计问题式 (6.3) 或者式 (6.5) 存在最优解的充要条件是, 至少存在一个对应矩阵 $[\boldsymbol{B} \quad \boldsymbol{z}]$ 最小奇异值 η_{q+1} 的右奇异向量 $\boldsymbol{v}$, 其最后一个元素不为零。

【证明】首先证明充分性。假设向量 $\boldsymbol{v}$ 是对应于矩阵 $[\boldsymbol{B} \quad \boldsymbol{z}]$ 最小奇异值 η_{q+1} 的右奇异向量, 并且向量 $\boldsymbol{v}$ 中的最后一个元素不为零, 再令向量 $\boldsymbol{u}$ 是对应矩阵 $[\boldsymbol{B} \quad \boldsymbol{z}]$ 最小奇异值 η_{q+1} 的左奇异向量, 则有

$$[\boldsymbol{B} \quad \boldsymbol{z}]\boldsymbol{v}=\boldsymbol{u}\eta_{q+1}\tag{6.30}$$

不失一般性, 假设 $\|\boldsymbol{u}\|_2=\|\boldsymbol{v}\|_2=1$。如果令

$$[\boldsymbol{\varXi}_{\mathrm{O}}\quad \boldsymbol{e}_{\mathrm{O}}]=\eta_{q+1}\boldsymbol{u}\boldsymbol{v}^{\mathrm{T}} \tag{6.31}$$

则有

$$\begin{cases}\|[\boldsymbol{\varXi}_{\mathrm{O}}\quad \boldsymbol{e}_{\mathrm{O}}]\|_{\mathrm{F}}=\sqrt{\mathrm{tr}(\eta_{q+1}^2\boldsymbol{u}\boldsymbol{v}^{\mathrm{T}}\boldsymbol{v}\boldsymbol{u}^{\mathrm{T}})}=\sqrt{\eta_{q+1}^2\|\boldsymbol{u}\|_2^2\|\boldsymbol{v}\|_2^2}=\eta_{q+1}\\ [\boldsymbol{B}-\boldsymbol{\varXi}_{\mathrm{O}}\quad \boldsymbol{z}-\boldsymbol{e}_{\mathrm{O}}]\boldsymbol{v}=\boldsymbol{u}\eta_{q+1}-\eta_{q+1}\boldsymbol{u}\boldsymbol{v}^{\mathrm{T}}\boldsymbol{v}=\boldsymbol{u}\eta_{q+1}-\boldsymbol{u}\eta_{q+1}=\boldsymbol{O}_{p\times 1}\end{cases} \tag{6.32}$$

由于向量 $\boldsymbol{v}$ 中的最后一个元素不为零, 于是有

$$\boldsymbol{z}-\boldsymbol{e}_{\mathrm{O}}\in\mathrm{range}\{\boldsymbol{B}-\boldsymbol{\varXi}_{\mathrm{O}}\} \tag{6.33}$$

结合式 (6.32)、式 (6.33) 和命题 6.5 可知, $[\boldsymbol{\varXi}_{\mathrm{O}}\ \boldsymbol{e}_{\mathrm{O}}]=\eta_{q+1}\boldsymbol{u}\boldsymbol{v}^{\mathrm{T}}$ 是式 (6.3) 或者式 (6.5) 的一个最优解, 并且从向量 $\boldsymbol{v}$ 中可以求得关于未知参量 $\boldsymbol{x}$ 的最优解。

接着证明必要性。假设式 (6.3) 或者式 (6.5) 存在最优解 $[\boldsymbol{\varXi}_{\mathrm{O}}\quad \boldsymbol{e}_{\mathrm{O}}]$, 利用命题 6.5 可知

$$\|[\boldsymbol{\varXi}_{\mathrm{O}}\quad \boldsymbol{e}_{\mathrm{O}}]\|_{\mathrm{F}}=\eta_{q+1} \tag{6.34}$$

以及 $\boldsymbol{z}-\boldsymbol{e}_{\mathrm{O}}\in\mathrm{range}\{\boldsymbol{B}-\boldsymbol{\varXi}_{\mathrm{O}}\}$。因此, 一定存在向量 $\boldsymbol{x}_{\mathrm{O}}\in\mathbf{R}^{q\times 1}$ 满足

$$\boldsymbol{z}-\boldsymbol{e}_{\mathrm{O}}=(\boldsymbol{B}-\boldsymbol{\varXi}_{\mathrm{O}})\boldsymbol{x}_{\mathrm{O}} \tag{6.35}$$

而向量 $\boldsymbol{x}_{\mathrm{O}}$ 即为未知参量 $\boldsymbol{x}$ 的最优解。若令 $\boldsymbol{v}=[\boldsymbol{x}_{\mathrm{O}}^{\mathrm{T}}\quad -1]^{\mathrm{T}}$, 则有

$$([\boldsymbol{B}\quad \boldsymbol{z}]-[\boldsymbol{\varXi}_{\mathrm{O}}\quad \boldsymbol{e}_{\mathrm{O}}])\boldsymbol{v}=\boldsymbol{O}_{p\times 1} \tag{6.36}$$

综合式 (6.34)、式 (6.36) 和命题 6.1 可知, 向量 $\boldsymbol{v}$ 是对应矩阵 $[\boldsymbol{B}\quad \boldsymbol{z}]$ 最小奇异值 η_{q+1} 的右奇异向量, 并且向量 $\boldsymbol{v}$ 中的最后一个元素为 -1 不为零。证毕。

【注记 6.1】容易验证, 式 (6.7) 给出的例子并不满足命题 6.6 中的条件, 因此其并不存在最优解。

【注记 6.2】根据命题 6.6 的证明过程可知, 若向量 $\boldsymbol{v}=[v_1\ v_2\ \cdots\ v_q\ v_{q+1}]^{\mathrm{T}}$ 是对应矩阵 $[\boldsymbol{B}\quad \boldsymbol{z}]$ 最小奇异值 η_{q+1} 的右奇异向量, 并且 $v_{q+1}\neq 0$, 则 $\hat{\boldsymbol{x}}_{\mathrm{TLS}}=-\dfrac{1}{v_{q+1}}[v_1\ v_2\ \cdots\ v_q]^{\mathrm{T}}$ 是式 (6.3) 的一个最优解; 反之, 若 $\hat{\boldsymbol{x}}_{\mathrm{TLS}}$ 是式 (6.3) 的一个最优解, 则 $\boldsymbol{v}=[\hat{\boldsymbol{x}}_{\mathrm{TLS}}^{\mathrm{T}}\quad -1]^{\mathrm{T}}$ 是对应矩阵 $[\boldsymbol{B}\quad \boldsymbol{z}]$ 最小奇异值 η_{q+1} 的一个右奇异向量。

【注记 6.3】命题 6.6 虽然给出了式 (6.3) 或者式 (6.5) 存在最优解的充要条件, 但是并未讨论最优解的唯一性问题, 事实上其最优解有可能并不唯一。由于实际中所求的是未知参量 $\boldsymbol{x}$, 因此可将其最优解集定义为

$$\mathbf{S}_{\text{TLS}} = \{\boldsymbol{x} | \boldsymbol{x} \in \mathbf{R}^{q \times 1}\ ,\ \boldsymbol{x}\ \text{是式 (6.3) 的最优解}\} \tag{6.37}$$

下面的命题给出了最优解集 $\mathbf{S}_{\text{TLS}}$ 中仅包含唯一最优解的充要条件。

【命题 6.7】假设总体最小二乘估计问题式 (6.3) 或者式 (6.5) 存在最优解, 那么最优解集 $\mathbf{S}_{\text{TLS}}$ 中仅包含唯一最优解的充要条件是矩阵 $[\boldsymbol{B} \quad \boldsymbol{z}]$ 的最小奇异值 η_{q+1} 是单重的。

【证明】首先证明充分性。由于式 (6.3) 或者式 (6.5) 存在最优解, 若矩阵 $[\boldsymbol{B} \quad \boldsymbol{z}]$ 的最小奇异值 η_{q+1} 是单重的, 则有且仅有唯一的 $\boldsymbol{v} = [\boldsymbol{x}_{\text{o}}^{\text{T}} \quad -1]^{\text{T}}$ 对应 η_{q+1} 的右奇异向量, 于是最优解集 $\mathbf{S}_{\text{TLS}}$ 中仅包含唯一的最优解。

接着证明必要性, 并且采用反证法进行证明。若最优解集 $\mathbf{S}_{\text{TLS}}$ 中仅包含唯一最优解, 但是 η_{q+1} 是非单重奇异值, 则至少存在两个对应 η_{q+1} 并且线性无关的右奇异向量 $\boldsymbol{v}_1$ 和 $\boldsymbol{v}_2$, 根据命题 6.6 可知, 这两个向量至少有一个向量的最后一个元素不为零, 不失一般性, 不妨令 $\boldsymbol{v}_1 = [\boldsymbol{x}_1^{\text{T}} \quad -1]^{\text{T}}$。若向量 $\boldsymbol{v}_2$ 中的最后一个元素不为零, 则可令 $\boldsymbol{v}_2 = [\boldsymbol{x}_2^{\text{T}} \quad -1]^{\text{T}}$, 此时向量 $\boldsymbol{x}_1$ 和 $\boldsymbol{x}_2$ 均为式 (6.3) 的最优解, 这与最优解集 $\mathbf{S}_{\text{TLS}}$ 中仅包含唯一最优解矛盾。若向量 $\boldsymbol{v}_2$ 中的最后一个元素等于零, 则令 $\boldsymbol{v}_2 = [\boldsymbol{x}_2^{\text{T}} \quad 0]^{\text{T}}$, 此时向量 $\boldsymbol{v}_1 + \boldsymbol{v}_2 = [(\boldsymbol{x}_1 + \boldsymbol{x}_2)^{\text{T}} \quad -1]^{\text{T}}$ 也是对应 η_{q+1} 的右奇异向量, 于是向量 $\boldsymbol{x}_1$ 和 $\boldsymbol{x}_1 + \boldsymbol{x}_2$ 均为式 (6.3) 的最优解, 这也与最优解集 $\mathbf{S}_{\text{TLS}}$ 中仅包含唯一最优解相矛盾。综上所述, 若最优解集 $\mathbf{S}_{\text{TLS}}$ 中仅包含唯一最优解, 则 η_{q+1} 一定是单重奇异值。证毕。

【注记 6.4】结合命题 6.6 和命题 6.7 可知, 若矩阵 $[\boldsymbol{B} \quad \boldsymbol{z}]$ 最小奇异值 η_{q+1} 是单重的, 并且对应该奇异值的右奇异向量中的最后一个元素不为零, 那么, 式 (6.3) 或者式 (6.5) 有且仅有唯一最优解。

需要指出的是, 除了上述条件外还存在另一个充分条件以使得式 (6.3) 或者式 (6.5) 有且仅有唯一最优解, 具体可见如下命题。

【命题 6.8】假设 η_{q+1} 和 $\bar{\eta}_q$ 分别是矩阵 $[\boldsymbol{B} \quad \boldsymbol{z}]$ 和 $\boldsymbol{B}$ 的最小奇异值, 如果 $\bar{\eta}_q > \eta_{q+1}$, 则总体最小二乘估计问题式 (6.3) 或者式 (6.5) 有且仅有唯一最优解。

【证明】令向量 $\boldsymbol{v} = [\boldsymbol{x}_{\text{O}}^{\text{T}} \quad v_{q+1}]^{\text{T}}$ 是对应矩阵 $[\boldsymbol{B} \quad \boldsymbol{z}]$ 最小奇异值 η_{q+1} 的右奇异向量, 可以采用反证法证明 $v_{q+1} \neq 0$。若 $v_{q+1} = 0$, 并令 $\boldsymbol{u}$ 是对应矩阵 $[\boldsymbol{B} \quad \boldsymbol{z}]$ 最小奇异值 η_{q+1} 的左奇异向量, 则有

$$[\boldsymbol{B} \quad \boldsymbol{z}]\boldsymbol{v} = \boldsymbol{u}\eta_{q+1} \tag{6.38}$$

不失一般性, 假设 $\|\boldsymbol{u}\|_2 = \|\boldsymbol{v}\|_2 = 1$, 则由 $v_{q+1} = 0$ 可知

$$[\boldsymbol{B} \quad \boldsymbol{z}]\boldsymbol{v} = \boldsymbol{B}\boldsymbol{x}_{\mathrm{O}} = \boldsymbol{u}\eta_{q+1}\ ,\ \|\boldsymbol{u}\|_2 = \|\boldsymbol{x}_{\mathrm{O}}\|_2 = 1 \tag{6.39}$$

利用式 (6.39) 和注记 2.7 可得

$$\bar{\eta}_q = \min_{\|\boldsymbol{y}\|_2=1}\{\|\boldsymbol{B}\boldsymbol{y}\|_2\} \leqslant \|\boldsymbol{B}\boldsymbol{x}_{\mathrm{O}}\|_2 = \eta_{q+1}\|\boldsymbol{u}\|_2 = \eta_{q+1} \tag{6.40}$$

这与 $\bar{\eta}_q > \eta_{q+1}$ 相矛盾, 因此 $v_{q+1} \neq 0$, 此时根据命题 6.6 可知, 式 (6.3) 或者式 (6.5) 存在最优解。

此外, 由于

$$[\boldsymbol{B} \quad \boldsymbol{z}]^{\mathrm{T}}[\boldsymbol{B} \quad \boldsymbol{z}] = \begin{bmatrix} \boldsymbol{B}^{\mathrm{T}}\boldsymbol{B} & \boldsymbol{B}^{\mathrm{T}}\boldsymbol{z} \\ \boldsymbol{z}^{\mathrm{T}}\boldsymbol{B} & \boldsymbol{z}^{\mathrm{T}}\boldsymbol{z} \end{bmatrix} \tag{6.41}$$

根据矩阵特征值交错定理①可知, 条件 $\bar{\eta}_q > \eta_{q+1}$ 意味着 η_{q+1} 是矩阵 $[\boldsymbol{B} \quad \boldsymbol{z}]$ 的单重奇异值, 然后利用命题 6.7 可知, 式 (6.5) 有唯一最优解。证毕。

【注记 6.5】根据上述讨论可知, 总体最小二乘估计问题式 (6.3) 的最优解可以通过对矩阵 $[\boldsymbol{B} \quad \boldsymbol{z}]$ 进行奇异值分解获得②, 更具体地, 就是利用矩阵 $[\boldsymbol{B} \quad \boldsymbol{z}]$ 最小奇异值对应的右奇异向量所得。尽管其存在多个最优解的可能性, 但在实际工程应用中, 由于矩阵 $[\boldsymbol{B} \quad \boldsymbol{z}]$ 中包含随机观测误差, 其最小奇异值是多重根的可能性并不大。此外, 由于本书讨论的最小二乘估计问题均默认仅存在唯一最优解, 所以这里假设矩阵 $[\boldsymbol{B} \quad \boldsymbol{z}]$ 的最小奇异值是单重的。

二、加权总体最小二乘估计优化模型及其最优解集的性质

注意到上述讨论均是在 $\boldsymbol{E} = \beta\boldsymbol{I}_p$ 和 $\boldsymbol{\Omega} = \beta\boldsymbol{I}_{pq}$ 的条件下所进行, 也就是说所有观测误差分配到的权值是一致的。下面考虑加权形式的总体最小二乘估计问题, 即

$$\begin{cases} \min\limits_{\substack{\boldsymbol{x}\in\mathbf{R}^{q\times 1} \\ \boldsymbol{e}\in\mathbf{R}^{p\times 1} \\ \boldsymbol{\Xi}\in\mathbf{R}^{p\times q}}} \{\|\boldsymbol{W}_1[\boldsymbol{\Xi} \quad \boldsymbol{e}]\boldsymbol{W}_2\|_{\mathrm{F}}^2\} \\ \text{s.t. } \boldsymbol{z} = (\boldsymbol{B} - \boldsymbol{\Xi})\boldsymbol{x} + \boldsymbol{e} \end{cases} \tag{6.42}$$

式 (6.42) 可以转化为

$$\begin{cases} \min\limits_{\substack{\boldsymbol{e}\in\mathbf{R}^{p\times 1} \\ \boldsymbol{\Xi}\in\mathbf{R}^{p\times q}}} \{\|\boldsymbol{W}_1[\boldsymbol{\Xi} \quad \boldsymbol{e}]\boldsymbol{W}_2\|_{\mathrm{F}}^2\} \\ \text{s.t. } \boldsymbol{z} - \boldsymbol{e} \in \mathrm{range}\{\boldsymbol{B} - \boldsymbol{\Xi}\} \end{cases} \tag{6.43}$$

① 读者可参阅文献 [40]。

② 也可以通过矩阵特征值分解来获得，具体可见第 6.2.2 节。

式中 $\boldsymbol{W}_1 \in \mathbf{R}^{p\times p}$ 和 $\boldsymbol{W}_2 \in \mathbf{R}^{(q+1)\times(q+1)}$ 均为可逆的加权矩阵。

【注记 6.6】 式 (6.42) 或者式 (6.43) 给出的模型虽然比式 (6.3) 或者式 (6.5) 的普适性更强, 但是其加权方式并不是最具普适的, 只是基于模型式 (6.42) 或者式 (6.43) 可以得到一系列有意义的结论, 其分析过程与未加权的模型基本相类似, 更具普适性的加权方式将会在第 7 章进行讨论。

下面首先考虑式 (6.42) 或者式 (6.43) 在何种情况下存在最优解, 具体可见如下两个命题。

【命题 6.9】 假设矩阵 $\boldsymbol{X}_1 \in \mathbf{R}^{p\times q}(p>q)$ 和 $\boldsymbol{y}_1 \in \mathbf{R}^{p\times 1}$, 并且 η_{q+1} 是矩阵 $\boldsymbol{W}_1[\boldsymbol{X}_1 \quad \boldsymbol{y}_1]\boldsymbol{W}_2$ 的最小奇异值, 则有

$$\min_{\boldsymbol{y}_1-\boldsymbol{y}_2\in\mathrm{range}\{\boldsymbol{X}_1-\boldsymbol{X}_2\}}\{\|\boldsymbol{W}_1[\boldsymbol{X}_2 \quad \boldsymbol{y}_2]\boldsymbol{W}_2\|_{\mathrm{F}}\} = \eta_{q+1} \tag{6.44}$$

【证明】 首先根据命题 6.4 可得

$$\begin{aligned}\eta_{q+1} &= \min_{\mathrm{rank}[\boldsymbol{W}_1[\boldsymbol{X}_1-\boldsymbol{X}_2 \quad \boldsymbol{y}_1-\boldsymbol{y}_2]\boldsymbol{W}_2]\leqslant q}\{\|\boldsymbol{W}_1[\boldsymbol{X}_1 \quad \boldsymbol{y}_1]\boldsymbol{W}_2-\boldsymbol{W}_1[\boldsymbol{X}_1-\boldsymbol{X}_2 \quad \boldsymbol{y}_1-\boldsymbol{y}_2]\boldsymbol{W}_2\|_{\mathrm{F}}\} \\ &= \min_{\mathrm{rank}[\boldsymbol{X}_1-\boldsymbol{X}_2 \quad \boldsymbol{y}_1-\boldsymbol{y}_2]\leqslant q}\{\|\boldsymbol{W}_1[\boldsymbol{X}_2 \quad \boldsymbol{y}_2]\boldsymbol{W}_2\|_{\mathrm{F}}\}\end{aligned} \tag{6.45}$$

式中第 2 个等号利用了性质

$$\mathrm{rank}[\boldsymbol{W}_1[\boldsymbol{X}_1-\boldsymbol{X}_2 \quad \boldsymbol{y}_1-\boldsymbol{y}_2]\boldsymbol{W}_2] = \mathrm{rank}[\boldsymbol{X}_1-\boldsymbol{X}_2 \quad \boldsymbol{y}_1-\boldsymbol{y}_2].$$

令 $d = \min\limits_{\boldsymbol{y}_1-\boldsymbol{y}_2\in\mathrm{range}\{\boldsymbol{X}_1-\boldsymbol{X}_2\}}\{\|\boldsymbol{W}_1[\boldsymbol{X}_2 \quad \boldsymbol{y}_2]\boldsymbol{W}_2\|_{\mathrm{F}}\}$, 若 $\boldsymbol{y}_1-\boldsymbol{y}_2 \in \mathrm{range}\{\boldsymbol{X}_1-\boldsymbol{X}_2\}$, 则有 $\mathrm{rank}[\boldsymbol{X}_1-\boldsymbol{X}_2 \quad \boldsymbol{y}_1-\boldsymbol{y}_2] \leqslant q$, 结合式 (6.45) 可知 $d \geqslant \eta_{q+1}$。若令 $\boldsymbol{X}_{2,\mathrm{OPT}} \in \mathbf{R}^{p\times q}$ 和 $\boldsymbol{y}_{2,\mathrm{OPT}} \in \mathbf{R}^{p\times 1}$ 是式 (6.45) 的最优解, 则有

$$\begin{cases}\eta_{q+1} = \|\boldsymbol{W}_1[\boldsymbol{X}_{2,\mathrm{OPT}} \quad \boldsymbol{y}_{2,\mathrm{OPT}}]\boldsymbol{W}_2\|_{\mathrm{F}} \\ \mathrm{rank}[\boldsymbol{X}_1-\boldsymbol{X}_{2,\mathrm{OPT}} \quad \boldsymbol{y}_1-\boldsymbol{y}_{2,\mathrm{OPT}}] \leqslant q\end{cases} \tag{6.46}$$

由式 (6.46) 中的第 2 式可知, 一定存在 $\boldsymbol{y}_3 \in \mathbf{R}^{q\times 1}$ 和 $y_4 \in \mathbf{R}$ 不全为零使得

$$(\boldsymbol{X}_1-\boldsymbol{X}_{2,\mathrm{OPT}})\boldsymbol{y}_3 + (\boldsymbol{y}_1-\boldsymbol{y}_{2,\mathrm{OPT}})y_4 = \boldsymbol{O}_{p\times 1} \tag{6.47}$$

若 $y_4 \neq 0$, 则式 (6.47) 意味着 $\boldsymbol{y}_1-\boldsymbol{y}_{2,\mathrm{OPT}} \in \mathrm{range}\{\boldsymbol{X}_1-\boldsymbol{X}_{2,\mathrm{OPT}}\}$, 于是有

$$d \leqslant \|\boldsymbol{W}_1[\boldsymbol{X}_{2,\mathrm{OPT}} \quad \boldsymbol{y}_{2,\mathrm{OPT}}]\boldsymbol{W}_2\|_{\mathrm{F}} = \eta_{q+1} \tag{6.48}$$

结合式 (6.48) 和 $d \geqslant \eta_{q+1}$ 可知 $d = \eta_{q+1}$。若 $y_4 = 0$, 则由式 (6.47) 可得

$$(\boldsymbol{X}_1-\boldsymbol{X}_{2,\mathrm{OPT}})\boldsymbol{y}_3 = \boldsymbol{O}_{p\times 1}\ ,\ \boldsymbol{y}_3 \neq \boldsymbol{O}_{q\times 1} \tag{6.49}$$

从而有 $\text{rank}[\boldsymbol{X}_1-\boldsymbol{X}_{2,\text{OPT}}]<q$, 此时对于任意 $\varepsilon>0$, 存在 $\boldsymbol{X}_\varepsilon\in\mathbf{R}^{p\times q}$ 满足 $\|\boldsymbol{W}_1[\boldsymbol{X}_\varepsilon\quad \boldsymbol{O}_{p\times 1}]\boldsymbol{W}_2\|_\text{F}<\varepsilon$ 使得

$$\boldsymbol{y}_1-\boldsymbol{y}_{2,\text{OPT}}\in\text{range}\{\boldsymbol{X}_1-\boldsymbol{X}_{2,\text{OPT}}+\boldsymbol{X}_\varepsilon\} \tag{6.50}$$

由此可知

$$\begin{aligned} d\leqslant&\|\boldsymbol{W}_1[\boldsymbol{X}_{2,\text{OPT}}-\boldsymbol{X}_\varepsilon\quad \boldsymbol{y}_{2,\text{OPT}}]\boldsymbol{W}_2\|_\text{F}\leqslant\|\boldsymbol{W}_1[\boldsymbol{X}_{2,\text{OPT}}\quad \boldsymbol{y}_{2,\text{OPT}}]\boldsymbol{W}_2\|_\text{F}\\ &+\|\boldsymbol{W}_1[\boldsymbol{X}_\varepsilon\quad \boldsymbol{O}_{p\times 1}]\boldsymbol{W}_2\|_\text{F}\leqslant\eta_{q+1}+\varepsilon \end{aligned} \tag{6.51}$$

利用 ε 的任意性, 并结合式 (6.51) 和 $d\geqslant\eta_{q+1}$ 可知 $d=\eta_{q+1}$。证毕。

【命题 6.10】总体最小二乘估计问题式 (6.42) 或者式 (6.43) 存在最优解的充要条件是, 至少存在一个对应矩阵 $\boldsymbol{W}_1[\boldsymbol{B}\quad \boldsymbol{z}]\boldsymbol{W}_2$ 最小奇异值 η_{q+1} 的右奇异向量 $\boldsymbol{v}$, 使得向量 $\boldsymbol{W}_2\boldsymbol{v}$ 中的最后一个元素不为零。

【证明】首先证明充分性。假设向量 $\boldsymbol{v}$ 是对应矩阵 $\boldsymbol{W}_1[\boldsymbol{B}\quad \boldsymbol{z}]\boldsymbol{W}_2$ 最小奇异值 η_{q+1} 的右奇异向量, 并且向量 $\boldsymbol{W}_2\boldsymbol{v}$ 中的最后一个元素不为零, 再令向量 $\boldsymbol{u}$ 是对应矩阵 $\boldsymbol{W}_1[\boldsymbol{B}\quad \boldsymbol{z}]\boldsymbol{W}_2$ 最小奇异值 η_{q+1} 的左奇异向量, 则有

$$\boldsymbol{W}_1[\boldsymbol{B}\quad \boldsymbol{z}]\boldsymbol{W}_2\boldsymbol{v}=\boldsymbol{u}\eta_{q+1} \tag{6.52}$$

不失一般性, 假设 $\|\boldsymbol{u}\|_2=\|\boldsymbol{v}\|_2=1$。如果令

$$\boldsymbol{W}_1[\boldsymbol{\varXi}_\text{O}\quad \boldsymbol{e}_\text{O}]\boldsymbol{W}_2=\eta_{q+1}\boldsymbol{u}\boldsymbol{v}^\text{T}\Rightarrow[\boldsymbol{\varXi}_\text{O}\quad \boldsymbol{e}_\text{O}]=\eta_{q+1}\boldsymbol{W}_1^{-1}\boldsymbol{u}\boldsymbol{v}^\text{T}\boldsymbol{W}_2^{-1} \tag{6.53}$$

则有

$$\begin{cases}\|\boldsymbol{W}_1[\boldsymbol{\varXi}_\text{O}\quad \boldsymbol{e}_\text{O}]\boldsymbol{W}_2\|_\text{F}=\sqrt{\text{tr}(\eta_{q+1}^2\boldsymbol{u}\boldsymbol{v}^\text{T}\boldsymbol{v}\boldsymbol{u}^\text{T})}=\sqrt{\eta_{q+1}^2\|\boldsymbol{u}\|_2^2\|\boldsymbol{v}\|_2^2}=\eta_{q+1}\\ \boldsymbol{W}_1[\boldsymbol{B}-\boldsymbol{\varXi}_\text{O}\quad \boldsymbol{z}-\boldsymbol{e}_\text{O}]\boldsymbol{W}_2\boldsymbol{v}=\boldsymbol{u}\eta_{q+1}-\eta_{q+1}\boldsymbol{u}\boldsymbol{v}^\text{T}\boldsymbol{v}=\boldsymbol{u}\eta_{q+1}-\boldsymbol{u}\eta_{q+1}=\boldsymbol{O}_{p\times 1}\end{cases} \tag{6.54}$$

由于向量 $\boldsymbol{W}_2\boldsymbol{v}$ 中的最后一个元素不为零, 并且 $\boldsymbol{W}_1$ 是可逆矩阵, 于是有

$$\boldsymbol{z}-\boldsymbol{e}_\text{O}\in\text{range}\{\boldsymbol{B}-\boldsymbol{\varXi}_\text{O}\} \tag{6.55}$$

结合式 (6.54)、式 (6.55) 和命题 6.9 可知, $[\boldsymbol{\varXi}_\text{O}\quad \boldsymbol{e}_\text{O}]=\eta_{q+1}\boldsymbol{W}_1^{-1}\boldsymbol{u}\boldsymbol{v}^\text{T}\boldsymbol{W}_2^{-1}$ 是式 (6.42) 或者式 (6.43) 的一个最优解, 而从向量 $\boldsymbol{W}_2\boldsymbol{v}$ 中可以求得关于未知参量 $\boldsymbol{x}$ 的最优解。

接着证明必要性。假设式 (6.42) 或者式 (6.43) 存在最优解 $[\boldsymbol{\Xi}_{\mathrm{O}}\ \boldsymbol{e}_{\mathrm{O}}]$, 由命题 6.9 可知

$$\|\boldsymbol{W}_1[\boldsymbol{\Xi}_{\mathrm{O}}\quad \boldsymbol{e}_{\mathrm{O}}]\boldsymbol{W}_2\|_{\mathrm{F}} = \eta_{q+1} \tag{6.56}$$

以及 $\boldsymbol{z} - \boldsymbol{e}_{\mathrm{O}} \in \mathrm{range}\{\boldsymbol{B} - \boldsymbol{\Xi}_{\mathrm{O}}\}$。因此, 一定存在向量 $\boldsymbol{x}_{\mathrm{O}} \in \mathbf{R}^{q\times 1}$ 满足

$$\boldsymbol{z} - \boldsymbol{e}_{\mathrm{O}} = (\boldsymbol{B} - \boldsymbol{\Xi}_{\mathrm{O}})\boldsymbol{x}_{\mathrm{O}} \tag{6.57}$$

而向量 $\boldsymbol{x}_{\mathrm{O}}$ 即为未知参量 $\boldsymbol{x}$ 的最优解。若令 $\boldsymbol{v} = \boldsymbol{W}_2^{-1}[\boldsymbol{x}_{\mathrm{O}}^{\mathrm{T}}\ \ -1]^{\mathrm{T}}$, 则有

$$\begin{aligned}
&([\boldsymbol{B}\quad \boldsymbol{z}] - [\boldsymbol{\Xi}_{\mathrm{O}}\quad \boldsymbol{e}_{\mathrm{O}}])\boldsymbol{W}_2\boldsymbol{v} = \boldsymbol{O}_{p\times 1} \\
\Rightarrow &(\boldsymbol{W}_1[\boldsymbol{B}\quad \boldsymbol{z}]\boldsymbol{W}_2 - \boldsymbol{W}_1[\boldsymbol{\Xi}_{\mathrm{O}}\quad \boldsymbol{e}_{\mathrm{O}}]\boldsymbol{W}_2)\boldsymbol{v} = \boldsymbol{O}_{p\times 1}
\end{aligned} \tag{6.58}$$

结合式 (6.56)、式 (6.58) 和命题 6.1 可知, 向量 $\boldsymbol{v}$ 是对应矩阵 $\boldsymbol{W}_1[\boldsymbol{B}\quad \boldsymbol{z}]\boldsymbol{W}_2$ 最小奇异值 η_{q+1} 的右奇异向量, 并且向量 $\boldsymbol{W}_2\boldsymbol{v}$ 中的最后一个元素为 -1 不为零。证毕。

【注记 6.7】根据命题 6.10 的证明过程可知, 若向量 $\boldsymbol{v}$ 是对应矩阵 $\boldsymbol{W}_1[\boldsymbol{B}\quad \boldsymbol{z}]\boldsymbol{W}_2$ 最小奇异值 η_{q+1} 的右奇异向量, 令 $\boldsymbol{W}_2\boldsymbol{v} = [v_1\ v_2\ \cdots\ v_q\ v_{q+1}]^{\mathrm{T}}$, 并且 $v_{q+1} \neq 0$, 则 $\hat{\boldsymbol{x}}_{\mathrm{TLS}} = -\dfrac{1}{v_{q+1}}[v_1\ v_2\ \cdots\ v_q]^{\mathrm{T}}$ 就是式 (6.42) 的一个最优解; 反之, 若 $\hat{\boldsymbol{x}}_{\mathrm{TLS}}$ 是式 (6.42) 的一个最优解, 则 $\boldsymbol{v} = \boldsymbol{W}_2^{-1}[\hat{\boldsymbol{x}}_{\mathrm{TLS}}^{\mathrm{T}}\quad -1]^{\mathrm{T}}$ 是对应矩阵 $\boldsymbol{W}_1[\boldsymbol{B}\quad \boldsymbol{z}]\boldsymbol{W}_2$ 最小奇异值 η_{q+1} 的一个右奇异向量。

下面讨论式 (6.42) 或者式 (6.43) 在何种情况下具有唯一最优解, 具体可见如下两个命题。

【命题 6.11】若总体最小二乘估计问题式 (6.42) 或者式 (6.43) 存在最优解, 那么其中仅包含唯一最优解的充要条件是矩阵 $\boldsymbol{W}_1[\boldsymbol{B}\quad \boldsymbol{z}]\boldsymbol{W}_2$ 的最小奇异值 η_{q+1} 是单重的。

【证明】由于式 (6.42) 或者式 (6.43) 存在最优解, 若矩阵 $\boldsymbol{W}_1[\boldsymbol{B}\quad \boldsymbol{z}]\boldsymbol{W}_2$ 的最小奇异值 η_{q+1} 是单重的, 则有且仅有唯一的 $\boldsymbol{v} = \boldsymbol{W}_2^{-1}[\boldsymbol{x}_{\mathrm{O}}^{\mathrm{T}}\quad -1]^{\mathrm{T}}$ 对应 η_{q+1} 的右奇异向量, 于是式 (6.42) 或者式 (6.43) 中仅包含唯一最优解。

可以采用反证法证明必要性。若式 (6.42) 或者式 (6.43) 仅包含唯一最优解, 但是 η_{q+1} 是非单重奇异值, 则至少存在两个对应 η_{q+1} 并且线性无关的右奇异向量 $\boldsymbol{v}_1$ 和 $\boldsymbol{v}_2$, 根据命题 6.10 可知, 向量 $\boldsymbol{W}_2\boldsymbol{v}_1$ 和 $\boldsymbol{W}_2\boldsymbol{v}_2$ 至少有一个向量的最后一个元素不为零, 不失一般性, 不妨令 $\boldsymbol{v}_1 = \boldsymbol{W}_2^{-1}[\boldsymbol{x}_1^{\mathrm{T}}\ \ -1]^{\mathrm{T}}$。若向量 $\boldsymbol{W}_2\boldsymbol{v}_2$ 中的最后一个元素不为零, 则可令 $\boldsymbol{v}_2 = \boldsymbol{W}_2^{-1}[\boldsymbol{x}_2^{\mathrm{T}}\ \ -1]^{\mathrm{T}}$, 此时向量 $\boldsymbol{x}_1$ 和

$\boldsymbol{x}_2$ 均为式 (6.42) 的最优解, 这与式 (6.42) 或者式 (6.43) 仅包含唯一最优解相矛盾。若向量 $\boldsymbol{W}_2\boldsymbol{v}_2$ 中的最后一个元素为零, 则可令 $\boldsymbol{v}_2 = \boldsymbol{W}_2^{-1}[\boldsymbol{x}_2^{\mathrm{T}} \quad 0]^{\mathrm{T}}$, 此时 $\boldsymbol{v}_1 + \boldsymbol{v}_2 = \boldsymbol{W}_2^{-1}[(\boldsymbol{x}_1 + \boldsymbol{x}_2)^{\mathrm{T}} \quad -1]^{\mathrm{T}}$ 也是对应 η_{q+1} 的右奇异向量, 于是向量 $\boldsymbol{x}_1$ 和 $\boldsymbol{x}_1 + \boldsymbol{x}_2$ 均为式 (6.42) 的最优解, 这与式 (6.42) 或者式 (6.43) 仅包含唯一最优解相矛盾。综上所述, 若式 (6.42) 或者式 (6.43) 中仅包含唯一最优解, 则 η_{q+1} 一定是单重奇异值。证毕。

【命题 6.12】令矩阵 $\boldsymbol{C} = \boldsymbol{W}_1[\boldsymbol{B} \quad \boldsymbol{z}]\boldsymbol{W}_2 = [\boldsymbol{C}_1 \ \ \boldsymbol{c}_2]$, 其中 $\boldsymbol{C}_1$ 是由矩阵 $\boldsymbol{C}$ 中的前 q 列构成的子矩阵, $\boldsymbol{c}_2$ 是矩阵 $\boldsymbol{C}$ 中的第 $q+1$ 列。假设 $\boldsymbol{W}_2$ 为非奇异对角矩阵①, 并且 η_{q+1} 和 $\bar{\eta}_q$ 分别为矩阵 $\boldsymbol{C}$ 和 $\boldsymbol{C}_1$ 的最小奇异值, 如果 $\bar{\eta}_q > \eta_{q+1}$, 则式 (6.42) 或者式 (6.43) 有且仅有唯一最优解。

【证明】令向量 $\boldsymbol{v}$ 是对应矩阵 $\boldsymbol{W}_1[\boldsymbol{B} \quad \boldsymbol{z}]\boldsymbol{W}_2$ 最小奇异值 η_{q+1} 的右奇异向量, 并记 $\boldsymbol{v} = [\boldsymbol{x}_{\mathrm{O}}^{\mathrm{T}} \quad v_{q+1}]^{\mathrm{T}}$, 下面首先采用反证法证明 $v_{q+1} \neq 0$。若 $v_{q+1} = 0$, 并令向量 $\boldsymbol{u}$ 是对应矩阵 $\boldsymbol{W}_1[\boldsymbol{B} \quad \boldsymbol{z}]\boldsymbol{W}_2$ 最小奇异值 η_{q+1} 的左奇异向量, 则有

$$\boldsymbol{W}_1[\boldsymbol{B} \quad \boldsymbol{z}]\boldsymbol{W}_2\boldsymbol{v} = \boldsymbol{u}\eta_{q+1} \tag{6.59}$$

不失一般性, 假设 $\|\boldsymbol{u}\|_2 = \|\boldsymbol{v}\|_2 = 1$, 则由 $v_{q+1} = 0$ 可得

$$\boldsymbol{W}_1[\boldsymbol{B} \quad \boldsymbol{z}]\boldsymbol{W}_2\boldsymbol{v} = \boldsymbol{C}_1\boldsymbol{x}_{\mathrm{O}} = \boldsymbol{u}\eta_{q+1}\ ,\ \|\boldsymbol{u}\|_2 = \|\boldsymbol{x}_{\mathrm{O}}\|_2 = 1 \tag{6.60}$$

利用式 (6.60) 和注记 2.7 可得

$$\bar{\eta}_q = \min_{\|\boldsymbol{y}\|_2=1}\{\|\boldsymbol{C}_1\boldsymbol{y}\|_2\} \leqslant \|\boldsymbol{C}_1\boldsymbol{x}_{\mathrm{O}}\|_2 = \eta_{q+1}\|\boldsymbol{u}\|_2 = \eta_{q+1} \tag{6.61}$$

这与 $\bar{\eta}_q > \eta_{q+1}$ 相矛盾, 因此 $v_{q+1} \neq 0$, 由于 $\boldsymbol{W}_2$ 为非奇异对角矩阵, 因而向量 $\boldsymbol{W}_2\boldsymbol{v}$ 中的最后一个元素也不为零, 此时结合命题 6.10 可知, 式 (6.42) 或者式 (6.43) 存在最优解。

又由于

$$\boldsymbol{C}^{\mathrm{T}}\boldsymbol{C} = \begin{bmatrix} \boldsymbol{C}_1^{\mathrm{T}}\boldsymbol{C}_1 & \boldsymbol{C}_1^{\mathrm{T}}\boldsymbol{c}_2 \\ \boldsymbol{c}_2^{\mathrm{T}}\boldsymbol{C}_1 & \boldsymbol{c}_2^{\mathrm{T}}\boldsymbol{c}_2 \end{bmatrix} \tag{6.62}$$

根据矩阵特征值交错定理可知, 条件 $\bar{\eta}_q > \eta_{q+1}$ 意味着 η_{q+1} 是矩阵 $\boldsymbol{C} = \boldsymbol{W}_1[\boldsymbol{B} \quad \boldsymbol{z}]\boldsymbol{W}_2$ 的单重奇异值, 然后利用命题 6.11 可知, 式 (6.42) 或者式 (6.43) 存在唯一最优解。证毕。

① 加权矩阵通常可以满足此条件。

【注记 6.8】根据上述讨论可知, 总体最小二乘估计问题式 (6.42) 的最优解可以通过对矩阵 $\boldsymbol{W}_1[\boldsymbol{B}\quad \boldsymbol{z}]\boldsymbol{W}_2$ 进行奇异值分解获得, 更具体地, 就是利用矩阵 $\boldsymbol{W}_1[\boldsymbol{B}\quad \boldsymbol{z}]\boldsymbol{W}_2$ 最小奇异值对应的右奇异向量所得。尽管其存在多个最优解的可能性, 但在实际工程应用中, 由于矩阵 $\boldsymbol{W}_1[\boldsymbol{B}\quad \boldsymbol{z}]\boldsymbol{W}_2$ 中包含随机观测误差, 因此其最小奇异值是多重根的可能性并不是很大。此外, 由于本书讨论的最小二乘估计问题均默认仅存在唯一最优解, 所以这里假设矩阵 $\boldsymbol{W}_1[\boldsymbol{B}\quad \boldsymbol{z}]\boldsymbol{W}_2$ 的最小奇异值是单重的。

6.2.2 总体最小二乘估计的理论性能

一、理论性能分析

下面将从统计的角度推导总体最小二乘估计值的理论性能。根据第 6.2.1 节中的讨论可知, 总体最小二乘估计问题的解可以通过矩阵奇异值分解获得。然而, 很难基于这一求解方法直接推导其理论性能。为此, 这里考虑利用拉格朗日乘子法将总体最小二乘估计问题转化成无约束优化问题, 并进而得到总体最小二乘估计值的理论性能。

为了简化分析, 这里假设 $\boldsymbol{E}=\beta\boldsymbol{I}_p$ 和 $\boldsymbol{\Omega}=\beta\boldsymbol{I}_{pq}$, 若利用拉格朗日乘子法对式 (6.3) 进行求解, 相应的拉格朗日函数为

$$l_{\mathrm{a}}(\boldsymbol{x},\boldsymbol{e},\boldsymbol{\Xi},\boldsymbol{\lambda})=\boldsymbol{e}^{\mathrm{T}}\boldsymbol{e}+\mathrm{tr}(\boldsymbol{\Xi}^{\mathrm{T}}\boldsymbol{\Xi})+\boldsymbol{\lambda}^{\mathrm{T}}(\boldsymbol{z}-(\boldsymbol{B}-\boldsymbol{\Xi})\boldsymbol{x}-\boldsymbol{e}) \tag{6.63}$$

式中 $\boldsymbol{\lambda}$ 为拉格朗日乘子向量。不妨将向量 $\boldsymbol{x}$、$\boldsymbol{e}$ 和 $\boldsymbol{\lambda}$ 以及矩阵 $\boldsymbol{\Xi}$ 的最优解分别记为 $\hat{\boldsymbol{x}}_{\mathrm{TLS}}$、$\hat{\boldsymbol{e}}_{\mathrm{TLS}}$、$\hat{\boldsymbol{\lambda}}_{\mathrm{TLS}}$ 以及 $\hat{\boldsymbol{\Xi}}_{\mathrm{TLS}}$, 下面将函数 $l_{\mathrm{a}}(\boldsymbol{x},\boldsymbol{e},\boldsymbol{\Xi},\boldsymbol{\lambda})$ 分别对向量 $\boldsymbol{e}$ 和 $\boldsymbol{\lambda}$, 以及矩阵 $\boldsymbol{\Xi}$ 求偏导, 并令它们等于零, 可得

$$\left.\frac{\partial l_{\mathrm{a}}(\boldsymbol{x},\boldsymbol{e},\boldsymbol{\Xi},\boldsymbol{\lambda})}{\partial \boldsymbol{e}}\right|_{\substack{\boldsymbol{x}=\hat{\boldsymbol{x}}_{\mathrm{TLS}}\\ \boldsymbol{e}=\hat{\boldsymbol{e}}_{\mathrm{TLS}}\\ \boldsymbol{\Xi}=\hat{\boldsymbol{\Xi}}_{\mathrm{TLS}}\\ \boldsymbol{\lambda}=\hat{\boldsymbol{\lambda}}_{\mathrm{TLS}}}}=2\hat{\boldsymbol{e}}_{\mathrm{TLS}}-\hat{\boldsymbol{\lambda}}_{\mathrm{TLS}}=\boldsymbol{O}_{p\times 1} \tag{6.64}$$

$$\left.\frac{\partial l_{\mathrm{a}}(\boldsymbol{x},\boldsymbol{e},\boldsymbol{\Xi},\boldsymbol{\lambda})}{\partial \boldsymbol{\Xi}}\right|_{\substack{\boldsymbol{x}=\hat{\boldsymbol{x}}_{\mathrm{TLS}}\\ \boldsymbol{e}=\hat{\boldsymbol{e}}_{\mathrm{TLS}}\\ \boldsymbol{\Xi}=\hat{\boldsymbol{\Xi}}_{\mathrm{TLS}}\\ \boldsymbol{\lambda}=\hat{\boldsymbol{\lambda}}_{\mathrm{TLS}}}}=2\hat{\boldsymbol{\Xi}}_{\mathrm{TLS}}+\hat{\boldsymbol{\lambda}}_{\mathrm{TLS}}\hat{\boldsymbol{x}}_{\mathrm{TLS}}^{\mathrm{T}}=\boldsymbol{O}_{p\times q} \tag{6.65}$$

$$\left.\frac{\partial l_{\mathrm{a}}(\boldsymbol{x},\boldsymbol{e},\boldsymbol{\Xi},\boldsymbol{\lambda})}{\partial \boldsymbol{\lambda}}\right|_{\substack{\boldsymbol{x}=\hat{\boldsymbol{x}}_{\mathrm{TLS}}\\ \boldsymbol{e}=\hat{\boldsymbol{e}}_{\mathrm{TLS}}\\ \boldsymbol{\Xi}=\hat{\boldsymbol{\Xi}}_{\mathrm{TLS}}\\ \boldsymbol{\lambda}=\hat{\boldsymbol{\lambda}}_{\mathrm{TLS}}}}=\boldsymbol{z}-(\boldsymbol{B}-\hat{\boldsymbol{\Xi}}_{\mathrm{TLS}})\hat{\boldsymbol{x}}_{\mathrm{TLS}}-\hat{\boldsymbol{e}}_{\mathrm{TLS}}=\boldsymbol{O}_{p\times 1} \tag{6.66}$$

由式 (6.64) 和式 (6.65) 可以分别推得

$$\hat{\boldsymbol{e}}_{\mathrm{TLS}}=\frac{1}{2}\hat{\boldsymbol{\lambda}}_{\mathrm{TLS}} \tag{6.67}$$

$$\hat{\boldsymbol{\varXi}}_{\text{TLS}}=-\frac{1}{2}\hat{\boldsymbol{\lambda}}_{\text{TLS}}\hat{\boldsymbol{x}}_{\text{TLS}}^{\text{T}} \tag{6.68}$$

将式 (6.67)、式 (6.68) 代入式 (6.66), 可知

$$\begin{aligned}
&\boldsymbol{z}-\boldsymbol{B}\hat{\boldsymbol{x}}_{\text{TLS}}-\frac{1}{2}\hat{\boldsymbol{\lambda}}_{\text{TLS}}\hat{\boldsymbol{x}}_{\text{TLS}}^{\text{T}}\hat{\boldsymbol{x}}_{\text{TLS}}-\frac{1}{2}\hat{\boldsymbol{\lambda}}_{\text{TLS}}=\boldsymbol{O}_{p\times 1}\\
&\Rightarrow \boldsymbol{z}-\boldsymbol{B}\hat{\boldsymbol{x}}_{\text{TLS}}=\frac{1}{2}\hat{\boldsymbol{\lambda}}_{\text{TLS}}(1+\|\hat{\boldsymbol{x}}_{\text{TLS}}\|_2^2)\\
&\Rightarrow \hat{\boldsymbol{\lambda}}_{\text{TLS}}=\frac{2(\boldsymbol{z}-\boldsymbol{B}\hat{\boldsymbol{x}}_{\text{TLS}})}{1+\|\hat{\boldsymbol{x}}_{\text{TLS}}\|_2^2}
\end{aligned} \tag{6.69}$$

结合式 (6.67) 和式 (6.68) 可得

$$\begin{aligned}
&\hat{\boldsymbol{e}}_{\text{TLS}}^{\text{T}}\hat{\boldsymbol{e}}_{\text{TLS}}+\text{tr}(\hat{\boldsymbol{\varXi}}_{\text{TLS}}^{\text{T}}\hat{\boldsymbol{\varXi}}_{\text{TLS}})=\|\hat{\boldsymbol{e}}_{\text{TLS}}\|_2^2+\|\hat{\boldsymbol{\varXi}}_{\text{TLS}}\|_{\text{F}}^2\\
&=\frac{1}{4}\|\hat{\boldsymbol{\lambda}}_{\text{TLS}}\|_2^2+\frac{1}{4}\|\hat{\boldsymbol{\lambda}}_{\text{TLS}}\|_2^2\|\hat{\boldsymbol{x}}_{\text{TLS}}\|_2^2\\
&=\frac{1}{4}\|\hat{\boldsymbol{\lambda}}_{\text{TLS}}\|_2^2(1+\|\hat{\boldsymbol{x}}_{\text{TLS}}\|_2^2)
\end{aligned} \tag{6.70}$$

然后将式 (6.69) 代入式 (6.70) 可知

$$\hat{\boldsymbol{e}}_{\text{TLS}}^{\text{T}}\hat{\boldsymbol{e}}_{\text{TLS}}+\text{tr}(\hat{\boldsymbol{\varXi}}_{\text{TLS}}^{\text{T}}\hat{\boldsymbol{\varXi}}_{\text{TLS}})=\frac{\|\boldsymbol{B}\hat{\boldsymbol{x}}_{\text{TLS}}-\boldsymbol{z}\|_2^2}{1+\|\hat{\boldsymbol{x}}_{\text{TLS}}\|_2^2} \tag{6.71}$$

基于式 (6.71) 可以将约束优化问题式 (6.3) 转化为如下无约束优化问题

$$\min_{\boldsymbol{x}\in\mathbf{R}^{q\times 1}}\left\{\frac{\|\boldsymbol{B}\boldsymbol{x}-\boldsymbol{z}\|_2^2}{1+\|\boldsymbol{x}\|_2^2}\right\} \tag{6.72}$$

【注记 6.9】与式 (6.3) 类似, 式 (6.72) 也可能不存在最优解。不妨以式 (6.7) 给出的数值为例, 此时式 (6.72) 对应的优化模型为

$$\min_{x_1,x_2\in\mathbf{R}}\left\{\frac{(x_1-1)^2+2}{x_1^2+x_2^2+1}\right\} \tag{6.73}$$

显然, 当 $|x_2|\to+\infty$ 时, 式 (6.73) 中的目标函数会逐渐逼近零, 但是却无法达到零, 因此该问题并没有最优解。这与第 6.2.1 节中的分析结果是一致的。

【注记 6.10】式 (6.72) 还可以表示为

$$\min_{\boldsymbol{x}\in\mathbf{R}^{q\times 1}}\left\{\left\|[\boldsymbol{B}\quad\boldsymbol{z}]\begin{bmatrix}\dfrac{\boldsymbol{x}}{\sqrt{1+\|\boldsymbol{x}\|_2^2}}\\ -\dfrac{1}{\sqrt{1+\|\boldsymbol{x}\|_2^2}}\end{bmatrix}\right\|_2^2\right\} \tag{6.74}$$

为了对式 (6.74) 进行求解, 可以令 $\boldsymbol{y}=\left[\dfrac{\boldsymbol{x}^{\mathrm{T}}}{\sqrt{1+\|\boldsymbol{x}\|_2^2}} \,\vdots\, -\dfrac{1}{\sqrt{1+\|\boldsymbol{x}\|_2^2}}\right]^{\mathrm{T}}$, 于是有 $\|\boldsymbol{y}\|_2=1$, 此时优化模型式 (6.74) 可以转化为

$$\begin{cases}\min\limits_{\boldsymbol{y}\in\mathbf{R}^{(q+1)\times 1}}\{\|[\boldsymbol{B}\quad \boldsymbol{z}]\boldsymbol{y}\|_2^2\} \text{ 或 } \left\{\boldsymbol{y}^{\mathrm{T}}\begin{bmatrix}\boldsymbol{B}^{\mathrm{T}}\boldsymbol{B} & \boldsymbol{B}^{\mathrm{T}}\boldsymbol{z}\\ \boldsymbol{z}^{\mathrm{T}}\boldsymbol{B} & \boldsymbol{z}^{\mathrm{T}}\boldsymbol{z}\end{bmatrix}\boldsymbol{y}\right\}\\ \text{s.t. } \|\boldsymbol{y}\|_2=1\end{cases} \tag{6.75}$$

根据注记 2.7 可知, 式 (6.75) 的最优解 $\hat{\boldsymbol{y}}_{\mathrm{TLS}}$ 可以取为矩阵 $\begin{bmatrix}\boldsymbol{B}^{\mathrm{T}}\boldsymbol{B} & \boldsymbol{B}^{\mathrm{T}}\boldsymbol{z}\\ \boldsymbol{z}^{\mathrm{T}}\boldsymbol{B} & \boldsymbol{z}^{\mathrm{T}}\boldsymbol{z}\end{bmatrix}$ 最小特征值对应的单位特征向量, 亦即矩阵 $[\boldsymbol{B}\quad \boldsymbol{z}]$ 最小奇异值对应的单位右奇异向量。若最小特征值或者最小奇异值是单重的, 并且向量 $\hat{\boldsymbol{y}}_{\mathrm{TLS}}$ 中的最后一个元素不为零, 则式 (6.74) 的最优解可以表示为 $\hat{\boldsymbol{x}}_{\mathrm{TLS}}=-\dfrac{\langle\hat{\boldsymbol{y}}_{\mathrm{TLS}}\rangle_{1:q}}{\langle\hat{\boldsymbol{y}}_{\mathrm{TLS}}\rangle_{q+1}}$, 该解与第 6.2.1 节给出的结果是一致的。

下面推导由式 (6.72) 获得的估计值的统计特性。由于无法直接得到该式的最优闭式解, 因此在进行理论分析时需要进行近似处理, 通常会采用一阶误差分析方法, 该方法忽略误差的二次及其以上各次项。

首先令 $J_{\mathrm{TLS}}(\boldsymbol{x})=\dfrac{\|\boldsymbol{B}\boldsymbol{x}-\boldsymbol{z}\|_2^2}{1+\|\boldsymbol{x}\|_2^2}$, 并且将该式的最小值点记为 $\hat{\boldsymbol{x}}_{\mathrm{TLS}}$。首先推导函数 $J_{\mathrm{TLS}}(\boldsymbol{x})$ 的梯度向量, 有

$$\nabla J_{\mathrm{TLS}}(\boldsymbol{x})=\frac{\partial J_{\mathrm{TLS}}(\boldsymbol{x})}{\partial \boldsymbol{x}}=\frac{2\boldsymbol{B}^{\mathrm{T}}(\boldsymbol{B}\boldsymbol{x}-\boldsymbol{z})}{1+\|\boldsymbol{x}\|_2^2}-\frac{2\|\boldsymbol{B}\boldsymbol{x}-\boldsymbol{z}\|_2^2\boldsymbol{x}}{(1+\|\boldsymbol{x}\|_2^2)^2} \tag{6.76}$$

由于向量 $\hat{\boldsymbol{x}}_{\mathrm{TLS}}$ 是目标函数 $J_{\mathrm{TLS}}(\boldsymbol{x})$ 的最小值点, 于是有 $\nabla J_{\mathrm{TLS}}(\hat{\boldsymbol{x}}_{\mathrm{TLS}})=\boldsymbol{O}_{q\times 1}$, 结合式 (6.76) 可知

$$\boldsymbol{O}_{q\times 1}=\nabla J_{\mathrm{TLS}}(\hat{\boldsymbol{x}}_{\mathrm{TLS}})=\frac{2\boldsymbol{B}^{\mathrm{T}}(\boldsymbol{B}\hat{\boldsymbol{x}}_{\mathrm{TLS}}-\boldsymbol{z})}{1+\|\hat{\boldsymbol{x}}_{\mathrm{TLS}}\|_2^2}-\frac{2\|\boldsymbol{B}\hat{\boldsymbol{x}}_{\mathrm{TLS}}-\boldsymbol{z}\|_2^2\hat{\boldsymbol{x}}_{\mathrm{TLS}}}{(1+\|\hat{\boldsymbol{x}}_{\mathrm{TLS}}\|_2^2)^2} \tag{6.77}$$

若令 $\hat{\boldsymbol{x}}_{\mathrm{TLS}}=\boldsymbol{x}+\Delta\boldsymbol{x}_{\mathrm{TLS}}$, 其中 $\Delta\boldsymbol{x}_{\mathrm{TLS}}$ 表示估计误差, 可以通过一阶误差分析方法将 $\Delta\boldsymbol{x}_{\mathrm{TLS}}$ 表示成关于观测误差 $\boldsymbol{e}$ 和 $\boldsymbol{\varXi}$ 的线性函数。不妨将式 (6.1) 和式 (6.2), 以及 $\hat{\boldsymbol{x}}_{\mathrm{TLS}}=\boldsymbol{x}+\Delta\boldsymbol{x}_{\mathrm{TLS}}$ 代入式 (6.77), 可得

$$\begin{aligned}\boldsymbol{O}_{q\times 1}=&\frac{2(\boldsymbol{A}+\boldsymbol{\varXi})^{\mathrm{T}}((\boldsymbol{A}+\boldsymbol{\varXi})(\boldsymbol{x}+\Delta\boldsymbol{x}_{\mathrm{TLS}})-\boldsymbol{A}\boldsymbol{x}-\boldsymbol{e})}{1+\|\boldsymbol{x}+\Delta\boldsymbol{x}_{\mathrm{TLS}}\|_2^2}\\&-\frac{2\|(\boldsymbol{A}+\boldsymbol{\varXi})(\boldsymbol{x}+\Delta\boldsymbol{x}_{\mathrm{TLS}})-(\boldsymbol{A}\boldsymbol{x}+\boldsymbol{e})\|_2^2(\boldsymbol{x}+\Delta\boldsymbol{x}_{\mathrm{TLS}})}{(1+\|\boldsymbol{x}+\Delta\boldsymbol{x}_{\mathrm{TLS}}\|_2^2)^2}\end{aligned}$$

$$
\begin{aligned}
&= \frac{2(\boldsymbol{A}+\boldsymbol{\varXi})^{\mathrm{T}}(\boldsymbol{A}\Delta\boldsymbol{x}_{\mathrm{TLS}}+\boldsymbol{\varXi}\boldsymbol{x}+\boldsymbol{\varXi}\Delta\boldsymbol{x}_{\mathrm{TLS}}-\boldsymbol{e})}{1+\|\boldsymbol{x}+\Delta\boldsymbol{x}_{\mathrm{TLS}}\|_2^2} \\
&\quad - \frac{2\|\boldsymbol{A}\Delta\boldsymbol{x}_{\mathrm{TLS}}+\boldsymbol{\varXi}\boldsymbol{x}+\boldsymbol{\varXi}\Delta\boldsymbol{x}_{\mathrm{TLS}}-\boldsymbol{e}\|_2^2(\boldsymbol{x}+\Delta\boldsymbol{x}_{\mathrm{TLS}})}{(1+\|\boldsymbol{x}+\Delta\boldsymbol{x}_{\mathrm{TLS}}\|_2^2)^2} \\
&\approx \frac{2\boldsymbol{A}^{\mathrm{T}}(\boldsymbol{A}\Delta\boldsymbol{x}_{\mathrm{TLS}}+\boldsymbol{\varXi}\boldsymbol{x}-\boldsymbol{e})}{1+\|\boldsymbol{x}\|_2^2}
\end{aligned} \tag{6.78}
$$

式中的约等号忽略了关于误差 (包括 $\boldsymbol{e}$、$\boldsymbol{\varXi}$ 和 $\Delta\boldsymbol{x}_{\mathrm{TLS}}$) 的二次及其以上各次项。由式 (6.78) 可以进一步推得

$$
\Delta\boldsymbol{x}_{\mathrm{TLS}} \approx (\boldsymbol{A}^{\mathrm{T}}\boldsymbol{A})^{-1}\boldsymbol{A}^{\mathrm{T}}(\boldsymbol{e}-\boldsymbol{\varXi}\boldsymbol{x}) \tag{6.79}
$$

式 (6.79) 给出了估计误差 $\Delta\boldsymbol{x}_{\mathrm{TLS}}$ 与观测误差 $\boldsymbol{e}$ 和 $\boldsymbol{\varXi}$ 之间的线性表达式, 由此式可知, 误差向量 $\Delta\boldsymbol{x}_{\mathrm{TLS}}$ 渐近服从零均值的高斯分布, 并且估计值 $\hat{\boldsymbol{x}}_{\mathrm{TLS}}$ 的均方误差矩阵为

$$
\begin{aligned}
&\mathbf{MSE}(\hat{\boldsymbol{x}}_{\mathrm{TLS}}) \\
&= \mathrm{E}[(\hat{\boldsymbol{x}}_{\mathrm{TLS}}-\boldsymbol{x})(\hat{\boldsymbol{x}}_{\mathrm{TLS}}-\boldsymbol{x})^{\mathrm{T}}] = \mathrm{E}[\Delta\boldsymbol{x}_{\mathrm{TLS}}\Delta\boldsymbol{x}_{\mathrm{TLS}}^{\mathrm{T}}] \\
&\approx (\boldsymbol{A}^{\mathrm{T}}\boldsymbol{A})^{-1}\boldsymbol{A}^{\mathrm{T}}\mathrm{E}[(\boldsymbol{e}-\boldsymbol{\varXi}\boldsymbol{x})(\boldsymbol{e}-\boldsymbol{\varXi}\boldsymbol{x})^{\mathrm{T}}]\boldsymbol{A}(\boldsymbol{A}^{\mathrm{T}}\boldsymbol{A})^{-1} \\
&= (\boldsymbol{A}^{\mathrm{T}}\boldsymbol{A})^{-1}\boldsymbol{A}^{\mathrm{T}}\mathrm{E}[(\boldsymbol{e}-(\boldsymbol{x}^{\mathrm{T}}\otimes\boldsymbol{I}_p)\mathrm{vec}(\boldsymbol{\varXi}))(\boldsymbol{e}-(\boldsymbol{x}^{\mathrm{T}}\otimes\boldsymbol{I}_p)\mathrm{vec}(\boldsymbol{\varXi}))^{\mathrm{T}}]\boldsymbol{A}(\boldsymbol{A}^{\mathrm{T}}\boldsymbol{A})^{-1} \\
&= \beta(\boldsymbol{A}^{\mathrm{T}}\boldsymbol{A})^{-1}\boldsymbol{A}^{\mathrm{T}}\boldsymbol{A}(\boldsymbol{A}^{\mathrm{T}}\boldsymbol{A})^{-1} + \beta(\boldsymbol{A}^{\mathrm{T}}\boldsymbol{A})^{-1}\boldsymbol{A}^{\mathrm{T}}(\boldsymbol{x}^{\mathrm{T}}\otimes\boldsymbol{I}_p)(\boldsymbol{x}\otimes\boldsymbol{I}_p)\boldsymbol{A}(\boldsymbol{A}^{\mathrm{T}}\boldsymbol{A})^{-1} \\
&= \beta(1+\|\boldsymbol{x}\|_2^2)(\boldsymbol{A}^{\mathrm{T}}\boldsymbol{A})^{-1}
\end{aligned} \tag{6.80}
$$

【注记 6.11】 总体最小二乘估计值 $\hat{\boldsymbol{x}}_{\mathrm{TLS}}$ 的均方误差矩阵 $\mathbf{MSE}(\hat{\boldsymbol{x}}_{\mathrm{TLS}})$ 随着 $\|\boldsymbol{x}\|_2$ 的增加而增大, 这是因为观测误差 $\boldsymbol{\varXi}$ 存在于观测矩阵 $\boldsymbol{B}$ 中, 而 $\boldsymbol{\varXi}$ 与未知参量 $\boldsymbol{x}$ 以乘性方式相结合。

下面的命题将证明, 当 $\boldsymbol{E}=\beta\boldsymbol{I}_p$ 和 $\boldsymbol{\varOmega}=\beta\boldsymbol{I}_{pq}$ 时, 向量 $\hat{\boldsymbol{x}}_{\mathrm{TLS}}$ 是关于未知参量 $\boldsymbol{x}$ 的渐近最优无偏估计值①。

【命题 6.13】 当 $\boldsymbol{E}=\beta\boldsymbol{I}_p$ 和 $\boldsymbol{\varOmega}=\beta\boldsymbol{I}_{pq}$ 时, 总体最小二乘估计问题式 (6.3) 或者式 (6.72) 的最优解 $\hat{\boldsymbol{x}}_{\mathrm{TLS}}$ 是关于未知参量 $\boldsymbol{x}$ 的渐近最优无偏估计值。

【证明】 首先根据式 (6.79) 可得 $\mathrm{E}[\Delta\boldsymbol{x}_{\mathrm{TLS}}]\approx\boldsymbol{O}_{q\times 1}$, 于是 $\hat{\boldsymbol{x}}_{\mathrm{TLS}}$ 的渐近无偏性得证。接下来仅需要证明 $\hat{\boldsymbol{x}}_{\mathrm{TLS}}$ 是关于未知参量 $\boldsymbol{x}$ 的渐近最优估计值 (即估计方差最小), 为此应证明 $\hat{\boldsymbol{x}}_{\mathrm{TLS}}$ 的均方误差矩阵等于其克拉美罗界。

下面将基于观测模型式 (6.1) 和式 (6.2) 推导估计未知参量 $\boldsymbol{x}$ 的克拉美罗界。由于此时观测矩阵 $\boldsymbol{A}$ 也是未知的, 而矩阵 $\boldsymbol{B}$ 可以看成是矩阵 $\boldsymbol{A}$ 的观测值,

① 渐近最优无偏估计值是指在观测误差较小的情况下估计方差最小, 并且是无偏估计。

于是未知参量将同时包含向量 $\boldsymbol{x}$ 和矩阵 $\boldsymbol{A}$ (或者 $\mathrm{vec}(\boldsymbol{A})$), 而观测量将同时包含向量 $\boldsymbol{z}$ 和矩阵 $\boldsymbol{B}$ (或者 $\mathrm{vec}(\boldsymbol{B})$)。对于给定的参量 $\boldsymbol{x}$ 和 $\boldsymbol{A}$, 观测量 $\boldsymbol{z}$ 和 $\boldsymbol{B}$ 的概率密度函数可以表示为

$$\begin{aligned} g(\boldsymbol{z},\boldsymbol{B};\boldsymbol{x},\boldsymbol{A}) = {} & (2\pi)^{-p(q+1)/2}(\det(\boldsymbol{E}))^{-1/2}(\det(\boldsymbol{\varOmega}))^{-1/2} \\ & \times \exp\left\{-\frac{1}{2}(\boldsymbol{z}-\boldsymbol{A}\boldsymbol{x})^{\mathrm{T}}\boldsymbol{E}^{-1}(\boldsymbol{z}-\boldsymbol{A}\boldsymbol{x})\right\} \\ & \times \exp\left\{-\frac{1}{2}(\mathrm{vec}(\boldsymbol{B}-\boldsymbol{A}))^{\mathrm{T}}\boldsymbol{\varOmega}^{-1}\mathrm{vec}(\boldsymbol{B}-\boldsymbol{A})\right\} \end{aligned} \tag{6.81}$$

取对数可得

$$\begin{aligned} \ln(g(\boldsymbol{z},\boldsymbol{B};\boldsymbol{x},\boldsymbol{A})) = & -\frac{p(q+1)}{2}\ln(2\pi) - \frac{1}{2}\ln(\det(\boldsymbol{E})) - \frac{1}{2}\ln(\det(\boldsymbol{\varOmega})) \\ & -\frac{1}{2}(\boldsymbol{z}-\boldsymbol{A}\boldsymbol{x})^{\mathrm{T}}\boldsymbol{E}^{-1}(\boldsymbol{z}-\boldsymbol{A}\boldsymbol{x}) \\ & -\frac{1}{2}(\mathrm{vec}(\boldsymbol{B}-\boldsymbol{A}))^{\mathrm{T}}\boldsymbol{\varOmega}^{-1}\mathrm{vec}(\boldsymbol{B}-\boldsymbol{A}) \end{aligned} \tag{6.82}$$

根据式 (6.82) 可知, $\ln(g(\boldsymbol{z},\boldsymbol{B};\boldsymbol{x},\boldsymbol{A}))$ 关于全部未知向量 $\begin{bmatrix} \boldsymbol{x} \\ \mathrm{vec}(\boldsymbol{A}) \end{bmatrix}$ 的梯度向量为

$$\begin{aligned} \begin{bmatrix} \dfrac{\partial \ln(g(\boldsymbol{z},\boldsymbol{B};\boldsymbol{x},\boldsymbol{A}))}{\partial \boldsymbol{x}} \\ \dfrac{\partial \ln(g(\boldsymbol{z},\boldsymbol{B};\boldsymbol{x},\boldsymbol{A}))}{\partial \mathrm{vec}(\boldsymbol{A})} \end{bmatrix} &= \begin{bmatrix} \boldsymbol{A}^{\mathrm{T}}\boldsymbol{E}^{-1}(\boldsymbol{z}-\boldsymbol{A}\boldsymbol{x}) \\ (\boldsymbol{x}\otimes\boldsymbol{I}_p)\boldsymbol{E}^{-1}(\boldsymbol{z}-\boldsymbol{A}\boldsymbol{x}) + \boldsymbol{\varOmega}^{-1}\mathrm{vec}(\boldsymbol{B}-\boldsymbol{A}) \end{bmatrix} \\ &= \begin{bmatrix} \boldsymbol{A}^{\mathrm{T}}\boldsymbol{E}^{-1}\boldsymbol{e} \\ (\boldsymbol{x}\otimes\boldsymbol{I}_p)\boldsymbol{E}^{-1}\boldsymbol{e} + \boldsymbol{\varOmega}^{-1}\mathrm{vec}(\boldsymbol{\varXi}) \end{bmatrix} \end{aligned} \tag{6.83}$$

利用命题 2.37 可知, 关于全部未知向量 $\begin{bmatrix} \boldsymbol{x} \\ \mathrm{vec}(\boldsymbol{A}) \end{bmatrix}$ 的费希尔信息矩阵为

$$\mathbf{FISH}_{\mathrm{TLS}}\left(\begin{bmatrix} \boldsymbol{x} \\ \mathrm{vec}(\boldsymbol{A}) \end{bmatrix}\right)$$

$$
= \mathrm{E}\left(\begin{bmatrix} \dfrac{\partial \ln(g(\boldsymbol{z},\boldsymbol{B};\boldsymbol{x},\boldsymbol{A}))}{\partial \boldsymbol{x}} \\ \dfrac{\partial \ln(g(\boldsymbol{z},\boldsymbol{B};\boldsymbol{x},\boldsymbol{A}))}{\partial \mathrm{vec}(\boldsymbol{A})} \end{bmatrix}\begin{bmatrix} \dfrac{\partial \ln(g(\boldsymbol{z},\boldsymbol{B};\boldsymbol{x},\boldsymbol{A}))}{\partial \boldsymbol{x}} \\ \dfrac{\partial \ln(g(\boldsymbol{z},\boldsymbol{B};\boldsymbol{x},\boldsymbol{A}))}{\partial \mathrm{vec}(\boldsymbol{A})} \end{bmatrix}^{\mathrm{T}}\right)
$$

$$
= \left[\begin{array}{c:c} \boldsymbol{A}^{\mathrm{T}}\boldsymbol{E}^{-1}\mathrm{E}[\boldsymbol{e}\boldsymbol{e}^{\mathrm{T}}]\boldsymbol{E}^{-1}\boldsymbol{A} & \boldsymbol{A}^{\mathrm{T}}\boldsymbol{E}^{-1}\mathrm{E}[\boldsymbol{e}\boldsymbol{e}^{\mathrm{T}}]\boldsymbol{E}^{-1}(\boldsymbol{x}^{\mathrm{T}}\otimes\boldsymbol{I}_p) \\ \hdashline (\boldsymbol{x}\otimes\boldsymbol{I}_p)\boldsymbol{E}^{-1}\mathrm{E}[\boldsymbol{e}\boldsymbol{e}^{\mathrm{T}}]\boldsymbol{E}^{-1}\boldsymbol{A} & \begin{array}{c}(\boldsymbol{x}\otimes\boldsymbol{I}_p)\boldsymbol{E}^{-1}\mathrm{E}[\boldsymbol{e}\boldsymbol{e}^{\mathrm{T}}]\boldsymbol{E}^{-1}(\boldsymbol{x}^{\mathrm{T}}\otimes\boldsymbol{I}_p) \\ +\boldsymbol{\Omega}^{-1}\mathrm{E}[\mathrm{vec}(\boldsymbol{\Xi})(\mathrm{vec}(\boldsymbol{\Xi}))^{\mathrm{T}}]\boldsymbol{\Omega}^{-1}\end{array} \end{array}\right]
$$

$$
= \left[\begin{array}{c:c} \boldsymbol{A}^{\mathrm{T}}\boldsymbol{E}^{-1}\boldsymbol{A} & \boldsymbol{A}^{\mathrm{T}}\boldsymbol{E}^{-1}(\boldsymbol{x}^{\mathrm{T}}\otimes\boldsymbol{I}_p) \\ \hdashline (\boldsymbol{x}\otimes\boldsymbol{I}_p)\boldsymbol{E}^{-1}\boldsymbol{A} & (\boldsymbol{x}\otimes\boldsymbol{I}_p)\boldsymbol{E}^{-1}(\boldsymbol{x}^{\mathrm{T}}\otimes\boldsymbol{I}_p)+\boldsymbol{\Omega}^{-1} \end{array}\right] \tag{6.84}
$$

结合式 (6.84)、命题 2.1 和命题 2.5 可知, 估计未知参量 $\boldsymbol{x}$ 的克拉美罗界

$$
\begin{aligned}
\mathbf{CRB}_{\mathrm{TLS}}(\boldsymbol{x}) &= (\boldsymbol{A}^{\mathrm{T}}(\boldsymbol{E}^{-1}-\boldsymbol{E}^{-1}(\boldsymbol{x}^{\mathrm{T}}\otimes\boldsymbol{I}_p)((\boldsymbol{x}\otimes\boldsymbol{I}_p)\boldsymbol{E}^{-1}(\boldsymbol{x}^{\mathrm{T}}\otimes\boldsymbol{I}_p)+\boldsymbol{\Omega}^{-1})^{-1} \\
&\quad\times(\boldsymbol{x}\otimes\boldsymbol{I}_p)\boldsymbol{E}^{-1})\boldsymbol{A})^{-1} \\
&= (\boldsymbol{A}^{\mathrm{T}}(\boldsymbol{E}+(\boldsymbol{x}^{\mathrm{T}}\otimes\boldsymbol{I}_p)\boldsymbol{\Omega}(\boldsymbol{x}\otimes\boldsymbol{I}_p))^{-1}\boldsymbol{A})^{-1}
\end{aligned} \tag{6.85}
$$

将 $\boldsymbol{E}=\beta\boldsymbol{I}_p$ 和 $\boldsymbol{\Omega}=\beta\boldsymbol{I}_{pq}$ 代入式 (6.85), 可得

$$
\begin{aligned}
\mathbf{CRB}_{\mathrm{TLS}}(\boldsymbol{x}) &= \beta(\boldsymbol{A}^{\mathrm{T}}(\boldsymbol{I}_p+(\boldsymbol{x}^{\mathrm{T}}\otimes\boldsymbol{I}_p)(\boldsymbol{x}\otimes\boldsymbol{I}_p))^{-1}\boldsymbol{A})^{-1} \\
&= \beta(1+\|\boldsymbol{x}\|_2^2)(\boldsymbol{A}^{\mathrm{T}}\boldsymbol{A})^{-1} \\
&\approx \mathbf{MSE}(\hat{\boldsymbol{x}}_{\mathrm{TLS}})
\end{aligned} \tag{6.86}
$$

综上可知, 向量 $\hat{\boldsymbol{x}}_{\mathrm{TLS}}$ 是关于未知参量 $\boldsymbol{x}$ 的渐近最优无偏估计值。证毕。

【注记 6.12】 当 $\boldsymbol{x}\neq\boldsymbol{O}_{q\times1}$ 时, 恒有 $1+\|\boldsymbol{x}\|_2^2>1$, 因此比较式 (6.86) 和式 (3.42) 可知 $\mathbf{CRB}_{\mathrm{TLS}}(\boldsymbol{x})>\mathbf{CRB}_{\mathrm{LLS}}(\boldsymbol{x})$, 也就是说由于观测矩阵 $\boldsymbol{B}$ 中含有观测误差, 这增加了参数估计方差的最优下界, 并且这两种克拉美罗界的差距会随着 $\|\boldsymbol{x}\|_2$ 的增加而增大。

【注记 6.13】 上述性能分析方法同样适用于 $\boldsymbol{E}\neq\beta\boldsymbol{I}_p$ 或者 $\boldsymbol{\Omega}\neq\beta\boldsymbol{I}_{pq}$ 的情形, 详细的理论推导将在第 7 章进行描述。

二、数值实验

下面将通过一个数值实验统计总体最小二乘估计值的精度。将观测矩阵 $\boldsymbol{A}$ 和未知参量 $\boldsymbol{x}$ 分别设为

$$
\begin{cases}
\boldsymbol{A} = \begin{bmatrix} 1 & 3 & 8 & 5 & 2 & 4 & 7 & 6 \\ 2 & 5 & 4 & 1 & 7 & 6 & 3 & 4 \\ 3 & 2 & 6 & 3 & 1 & 3 & 6 & 2 \\ 4 & 2 & 3 & 6 & 4 & 2 & 5 & 1 \end{bmatrix}^{\mathrm{T}} \\
\boldsymbol{x} = \alpha \begin{bmatrix} \frac{1}{2} & \frac{1}{2} & \frac{1}{2} & \frac{1}{2} \end{bmatrix}^{\mathrm{T}}
\end{cases}
\tag{6.87}
$$

式中 $\alpha = \|\boldsymbol{x}\|_2$。观测误差 $\boldsymbol{e}$ 和 $\boldsymbol{\Xi}$ 中的元素均服从均值为零、标准差为 σ 的高斯分布, 并且彼此间相互独立。

首先, 将 α 固定为 $\alpha = 1$, 图 6.1 给出了总体最小二乘估计均方根误差随观测误差标准差 σ 的变化曲线; 然后, 将 σ 固定为 $\sigma = 0.1$, 图 6.2 给出了总体最小二乘估计均方根误差随 $\alpha = \|\boldsymbol{x}\|_2$ 的变化曲线。需要指出的是, 图 6.1 和图 6.2 中都同时给出了两种克拉美罗界, 分别为 $\mathbf{CRB}_{\mathrm{LLS}}(\boldsymbol{x})$ 和 $\mathbf{CRB}_{\mathrm{TLS}}(\boldsymbol{x})$。

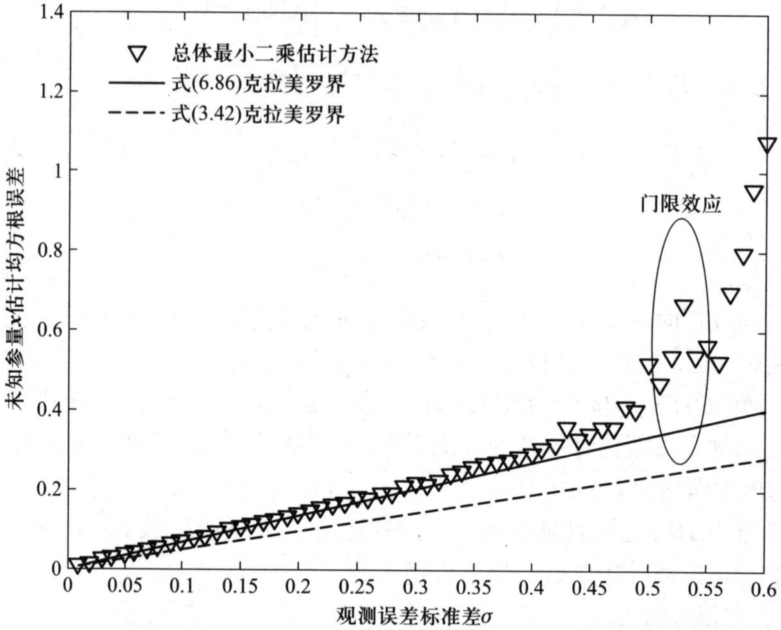

图 6.1　未知参量 $\boldsymbol{x}$ 估计均方根误差随观测误差标准差 σ 的变化曲线

从图 6.1 中可以看出, 当观测误差标准差 σ 取值较小时, 总体最小二乘估计均方根误差可以达到相应的克拉美罗界 (由式 (6.86) 给出); 但是当 σ 取值较大

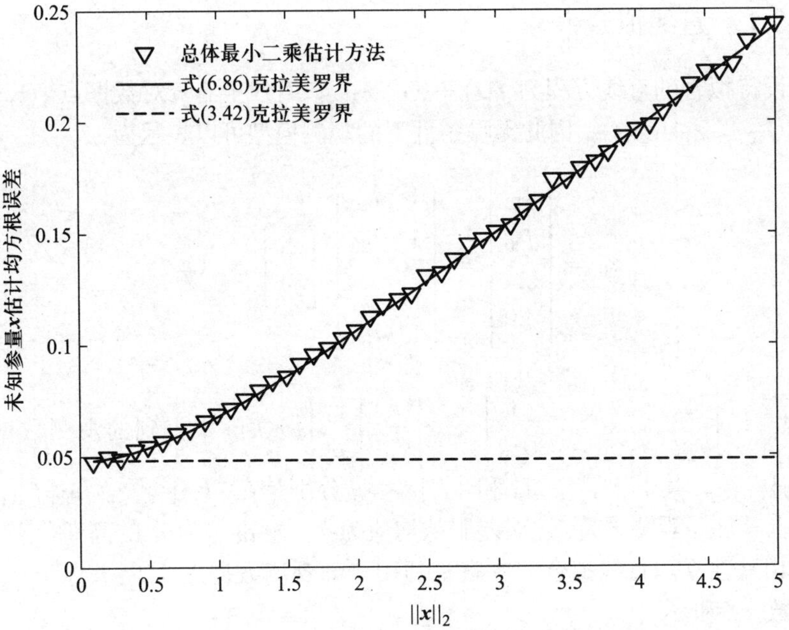

图 6.2　未知参量 $\boldsymbol{x}$ 估计均方根误差随 $\|\boldsymbol{x}\|_2$ 的变化曲线

时, 总体最小二乘估计均方根误差会迅速偏离此克拉美罗界, 这一现象可称为门限效应。所谓门限效应是指当观测误差高于某个阈值时, 估计器的性能突然偏离克拉美罗界。门限效应一般发生在非线性问题中, 对于总体最小二乘估计问题而言, 虽然其观测模型是以线性模型为基础的, 但由于观测矩阵 $\boldsymbol{A}$ 不是精确已知的, 这使得问题不再是线性问题了, 从而导致门限效应的出现。事实上, 式 (6.80) 只有在观测误差较小的情况下才能成立。另一方面, 式 (6.86) 给出的克拉美罗界大于式 (3.42) 给出的克拉美罗界, 这与注记 6.12 中的分析结论相一致。

从图 6.2 中可以看出, 总体最小二乘估计均方根误差随着 $\|\boldsymbol{x}\|_2$ 的增加而增大, 由于此时 σ 的数值设置得比较小 (仅为 0.1), 因此其均方根误差始终能够达到克拉美罗界。此外, 两种克拉美罗界的差距随 $\|\boldsymbol{x}\|_2$ 的增加而增大, 这也与注记 6.12 中的分析结论相一致。

6.3　总体最小二乘估计的几何解释

本节将以直线拟合 (Straight Line Fitting, SLF) 和超平面拟合 (Hyperplane Fitting, HPF) 为例讨论总体最小二乘估计的几何意义。

6.3.1 直线拟合

假设待拟合的直线方程为 $f(t) = x_1+x_2t$, 该直线上有 p 对数据点 $\{(t_{j0}, f_{j0})\}_{1\leqslant$
于是有 $f_{j0} = x_1 + x_2t_{j0}$, 因此无噪条件下的观测模型可以表示为

$$\boldsymbol{z}_0 = \begin{bmatrix} f_{10} \\ f_{20} \\ \vdots \\ f_{p0} \end{bmatrix} = \begin{bmatrix} 1 & t_{10} \\ 1 & t_{20} \\ \vdots & \vdots \\ 1 & t_{p0} \end{bmatrix} \begin{bmatrix} x_1 \\ x_2 \end{bmatrix} = \boldsymbol{Ax} \tag{6.88}$$

式中 $\boldsymbol{A} = \begin{bmatrix} 1 & 1 & \cdots & 1 \\ t_{10} & t_{20} & \cdots & t_{p0} \end{bmatrix}^{\mathrm{T}}$, $\boldsymbol{x} = \begin{bmatrix} x_1 \\ x_2 \end{bmatrix}$。实际中得到的观测数据点为 $\{(t_j, f_j)\}_{1\leqslant j\leqslant p}$, 其中 $\{t_j\}_{1\leqslant j\leqslant p}$ 和 $\{f_j\}_{1\leqslant j\leqslant p}$ 分别是在 $\{t_{j0}\}_{1\leqslant j\leqslant p}$ 和 $\{f_{j0}\}_{1\leqslant j\leqslant p}$ 的基础上叠加了观测误差, 该误差服从均值为零、标准差为 σ 的高斯分布, 并且彼此间相互独立。直线拟合问题就是利用全部观测数据点 $\{(t_j, f_j)\}_{1\leqslant j\leqslant p}$ 估计直线参数 x_1 和 x_2。

常规的线性最小二乘拟合仅考虑了观测数据 $\{f_j\}_{1\leqslant j\leqslant p}$ 中的误差, 根据式 (3.11) 可知其拟合结果为

$$\begin{aligned}
\boldsymbol{x}_{\mathrm{LLS}} &= (\boldsymbol{B}^{\mathrm{T}}\boldsymbol{B})^{-1}\boldsymbol{B}^{\mathrm{T}}\boldsymbol{z} \\
&= \begin{bmatrix} p & \sum\limits_{j=1}^{p} t_j \\ \sum\limits_{j=1}^{p} t_j & \sum\limits_{j=1}^{p} t_j^2 \end{bmatrix}^{-1} \begin{bmatrix} \sum\limits_{j=1}^{p} f_j \\ \sum\limits_{j=1}^{p} t_j f_j \end{bmatrix} \\
&= \frac{1}{p\left(\sum\limits_{j=1}^{p} t_j^2\right) - \left(\sum\limits_{j=1}^{p} t_j\right)^2} \begin{bmatrix} \left(\sum\limits_{j=1}^{p} t_j^2\right)\left(\sum\limits_{j=1}^{p} f_j\right) - \left(\sum\limits_{j=1}^{p} t_j\right)\left(\sum\limits_{j=1}^{p} t_j f_j\right) \\ \times p\left(\sum\limits_{j=1}^{p} t_j f_j\right) - \left(\sum\limits_{j=1}^{p} t_j\right)\left(\sum\limits_{j=1}^{p} f_j\right) \end{bmatrix}
\end{aligned} \tag{6.89}$$

式中 $\boldsymbol{B} = \begin{bmatrix} 1 & 1 & \cdots & 1 \\ t_1 & t_2 & \cdots & t_p \end{bmatrix}^{\mathrm{T}}$, $\boldsymbol{z} = [f_1\ f_2\ \cdots\ f_p]^{\mathrm{T}}$。

【注记 6.14】由于线性最小二乘拟合方法仅仅考虑了观测数据 $\{f_j\}_{1\leqslant j\leqslant p}$ 中的误差, 因此其拟合得到的直线与全部观测数据点的“纵向”距离平方和最小。

与线性最小二乘拟合不同的是，总体最小二乘拟合同时考虑了观测数据 $\{t_j\}_{1\leqslant j\leqslant p}$ 和 $\{f_j\}_{1\leqslant j\leqslant p}$ 中的误差，其中 $\{t_j\}_{1\leqslant j\leqslant p}$ 中的误差包含在观测矩阵 $\boldsymbol{B}$ 中①。类似于式 (6.3)，用于直线拟合的总体最小二乘估计优化模型为

$$\begin{cases}\min\limits_{\substack{\boldsymbol{x}\in\mathbf{R}^{2\times1}\\ \boldsymbol{e}_1\in\mathbf{R}^{p\times1}\\ \boldsymbol{e}_2\in\mathbf{R}^{p\times1}}}\ \{\boldsymbol{e}_1^{\mathrm{T}}\boldsymbol{e}_1+\boldsymbol{e}_2^{\mathrm{T}}\boldsymbol{e}_2\}\ \text{或}\ \{\|\boldsymbol{e}_1\|_2^2+\|\boldsymbol{e}_2\|_2^2\}\\ \text{s.t. } \boldsymbol{z}=(\boldsymbol{B}-[0\quad 1]\otimes\boldsymbol{e}_2)\boldsymbol{x}+\boldsymbol{e}_1\end{cases} \tag{6.90}$$

为了获知总体最小二乘估计的几何意义，需要利用拉格朗日乘子法将式 (6.90) 转化为仅关于未知参量 $\boldsymbol{x}$ 的优化模型，相应的拉格朗日函数为

$$l_{\mathrm{b}}(\boldsymbol{x},\boldsymbol{e}_1,\boldsymbol{e}_2,\boldsymbol{\lambda})=\boldsymbol{e}_1^{\mathrm{T}}\boldsymbol{e}_1+\boldsymbol{e}_2^{\mathrm{T}}\boldsymbol{e}_2+\boldsymbol{\lambda}^{\mathrm{T}}(\boldsymbol{z}-(\boldsymbol{B}-[0\quad 1]\otimes\boldsymbol{e}_2)\boldsymbol{x}-\boldsymbol{e}_1) \tag{6.91}$$

式中 $\boldsymbol{\lambda}$ 为拉格朗日乘子向量。不妨将向量 $\boldsymbol{x}$、$\boldsymbol{e}_1$、$\boldsymbol{e}_2$ 和 $\boldsymbol{\lambda}$ 的最优解分别记为 $\hat{\boldsymbol{x}}_{\mathrm{TLS}}$、$\hat{\boldsymbol{e}}_{1,\mathrm{TLS}}$、$\hat{\boldsymbol{e}}_{2,\mathrm{TLS}}$ 和 $\hat{\boldsymbol{\lambda}}_{\mathrm{TLS}}$，将函数 $l_{\mathrm{b}}(\boldsymbol{x},\boldsymbol{e}_1,\boldsymbol{e}_2,\boldsymbol{\lambda})$ 分别对向量 $\boldsymbol{e}_1$、$\boldsymbol{e}_2$ 和 $\boldsymbol{\lambda}$ 求偏导，并令它们等于零，可得

$$\left.\frac{\partial l_{\mathrm{b}}(\boldsymbol{x},\boldsymbol{e}_1,\boldsymbol{e}_2,\boldsymbol{\lambda})}{\partial\boldsymbol{e}_1}\right|_{\substack{\boldsymbol{x}=\hat{\boldsymbol{x}}_{\mathrm{TLS}}\\ \boldsymbol{e}_1=\hat{\boldsymbol{e}}_{1,\mathrm{TLS}}\\ \boldsymbol{e}_2=\hat{\boldsymbol{e}}_{2,\mathrm{TLS}}\\ \boldsymbol{\lambda}=\hat{\boldsymbol{\lambda}}_{\mathrm{TLS}}}}=2\hat{\boldsymbol{e}}_{1,\mathrm{TLS}}-\hat{\boldsymbol{\lambda}}_{\mathrm{TLS}}=\boldsymbol{O}_{p\times1} \tag{6.92}$$

$$\left.\frac{\partial l_{\mathrm{b}}(\boldsymbol{x},\boldsymbol{e}_1,\boldsymbol{e}_2,\boldsymbol{\lambda})}{\partial\boldsymbol{e}_2}\right|_{\substack{\boldsymbol{x}=\hat{\boldsymbol{x}}_{\mathrm{TLS}}\\ \boldsymbol{e}_1=\hat{\boldsymbol{e}}_{1,\mathrm{TLS}}\\ \boldsymbol{e}_2=\hat{\boldsymbol{e}}_{2,\mathrm{TLS}}\\ \boldsymbol{\lambda}=\hat{\boldsymbol{\lambda}}_{\mathrm{TLS}}}}=2\hat{\boldsymbol{e}}_{2,\mathrm{TLS}}+\hat{\boldsymbol{\lambda}}_{\mathrm{TLS}}\langle\hat{\boldsymbol{x}}_{\mathrm{TLS}}\rangle_2=\boldsymbol{O}_{p\times1} \tag{6.93}$$

$$\left.\frac{\partial l_{\mathrm{b}}(\boldsymbol{x},\boldsymbol{e}_1,\boldsymbol{e}_2,\boldsymbol{\lambda})}{\partial\boldsymbol{\lambda}}\right|_{\substack{\boldsymbol{x}=\hat{\boldsymbol{x}}_{\mathrm{TLS}}\\ \boldsymbol{e}_1=\hat{\boldsymbol{e}}_{1,\mathrm{TLS}}\\ \boldsymbol{e}_2=\hat{\boldsymbol{e}}_{2,\mathrm{TLS}}\\ \boldsymbol{\lambda}=\hat{\boldsymbol{\lambda}}_{\mathrm{TLS}}}}=\boldsymbol{z}-(\boldsymbol{B}-[0\quad 1]\otimes\hat{\boldsymbol{e}}_{2,\mathrm{TLS}})\hat{\boldsymbol{x}}_{\mathrm{TLS}}-\hat{\boldsymbol{e}}_{1,\mathrm{TLS}}=\boldsymbol{O}_{p\times1} \tag{6.94}$$

由式 (6.92) 和式 (6.93) 可以分别推得

$$\hat{\boldsymbol{e}}_{1,\mathrm{TLS}}=\frac{1}{2}\hat{\boldsymbol{\lambda}}_{\mathrm{TLS}} \tag{6.95}$$

$$\hat{\boldsymbol{e}}_{2,\mathrm{TLS}}=-\frac{1}{2}\hat{\boldsymbol{\lambda}}_{\mathrm{TLS}}\langle\hat{\boldsymbol{x}}_{\mathrm{TLS}}\rangle_2 \tag{6.96}$$

① 与第 6.2 节不同的是，这里观测矩阵 $\boldsymbol{B}$ 中的第 1 列并不含有误差。

将式 (6.95) 和式 (6.96) 代入式 (6.94), 可知

$$\begin{aligned}&\boldsymbol{z}-\boldsymbol{B}\hat{\boldsymbol{x}}_{\mathrm{TLS}}-\left([0\quad 1]\otimes\left(\frac{1}{2}\hat{\boldsymbol{\lambda}}_{\mathrm{TLS}}\langle\hat{\boldsymbol{x}}_{\mathrm{TLS}}\rangle_2\right)\right)\hat{\boldsymbol{x}}_{\mathrm{TLS}}-\frac{1}{2}\hat{\boldsymbol{\lambda}}_{\mathrm{TLS}}=\boldsymbol{O}_{p\times 1}\\ \Rightarrow&\boldsymbol{z}-\boldsymbol{B}\hat{\boldsymbol{x}}_{\mathrm{TLS}}=\frac{1}{2}\hat{\boldsymbol{\lambda}}_{\mathrm{TLS}}(1+|\langle\hat{\boldsymbol{x}}_{\mathrm{TLS}}\rangle_2|^2)\Rightarrow\hat{\boldsymbol{\lambda}}_{\mathrm{TLS}}=\frac{2(\boldsymbol{z}-\boldsymbol{B}\hat{\boldsymbol{x}}_{\mathrm{TLS}})}{1+|\langle\hat{\boldsymbol{x}}_{\mathrm{TLS}}\rangle_2|^2}\end{aligned} \tag{6.97}$$

结合式 (6.95) 和式 (6.96) 可得

$$\begin{aligned}\hat{\boldsymbol{e}}_{1,\mathrm{TLS}}^{\mathrm{T}}\hat{\boldsymbol{e}}_{1,\mathrm{TLS}}+\hat{\boldsymbol{e}}_{2,\mathrm{TLS}}^{\mathrm{T}}\hat{\boldsymbol{e}}_{2,\mathrm{TLS}}&=\|\hat{\boldsymbol{e}}_{1,\mathrm{TLS}}\|_2^2+\|\hat{\boldsymbol{e}}_{2,\mathrm{TLS}}\|_2^2\\&=\frac{1}{4}\|\hat{\boldsymbol{\lambda}}_{\mathrm{TLS}}\|_2^2+\frac{1}{4}\|\hat{\boldsymbol{\lambda}}_{\mathrm{TLS}}\|_2^2|\langle\hat{\boldsymbol{x}}_{\mathrm{TLS}}\rangle_2|^2\\&=\frac{1}{4}\|\hat{\boldsymbol{\lambda}}_{\mathrm{TLS}}\|_2^2(1+|\langle\hat{\boldsymbol{x}}_{\mathrm{TLS}}\rangle_2|^2)\end{aligned} \tag{6.98}$$

然后将式 (6.97) 代入式 (6.98), 可知

$$\hat{\boldsymbol{e}}_{1,\mathrm{TLS}}^{\mathrm{T}}\hat{\boldsymbol{e}}_{1,\mathrm{TLS}}+\hat{\boldsymbol{e}}_{2,\mathrm{TLS}}^{\mathrm{T}}\hat{\boldsymbol{e}}_{2,\mathrm{TLS}}=\frac{\|\boldsymbol{B}\hat{\boldsymbol{x}}_{\mathrm{TLS}}-\boldsymbol{z}\|_2^2}{1+|\langle\hat{\boldsymbol{x}}_{\mathrm{TLS}}\rangle_2|^2} \tag{6.99}$$

基于式 (6.99) 可以将约束优化问题式 (6.90) 转化为如下无约束优化问题

$$\min_{\boldsymbol{x}\in\mathbf{R}^{2\times 1}}\left\{\frac{\|\boldsymbol{B}\boldsymbol{x}-\boldsymbol{z}\|_2^2}{1+x_2^2}\right\}=\min_{x_1,x_2\in\mathbf{R}}\left\{\frac{1}{1+x_2^2}\sum_{j=1}^{p}(x_1+x_2t_j-f_j)^2\right\} \tag{6.100}$$

【注记 6.15】 由于 $\dfrac{1}{\sqrt{1+x_2^2}}|(x_1+x_2t_j)-f_j|$ 表示观测数据点 (t_j,f_j) 到直线 $f(t)=x_1+x_2t$ 的垂直距离, 因此, 总体最小二乘拟合方法得到的直线与全部观测数据点的 “垂直” 距离平方和最小。

图 6.3 和图 6.4 分别给出了线性最小二乘估计方法与总体最小二乘估计方法的拟合直线示意图。

下面考虑对式 (6.100) 进行求解, 将目标函数定义为

$$J_{\mathrm{SLF-TLS}}(x_1,x_2)=\frac{1}{1+x_2^2}\sum_{j=1}^{p}(x_1+x_2t_j-f_j)^2 \tag{6.101}$$

由于 $J_{\mathrm{SLF-TLS}}(x_1,x_2)$ 是关于 x_1 的二次函数, 因此可以获得关于 x_1 的最优闭式解, 只是该闭式解是由 x_2 来表示的。将此闭式解代回式 (6.100) 中就可以得到仅关于 x_2 的优化问题。

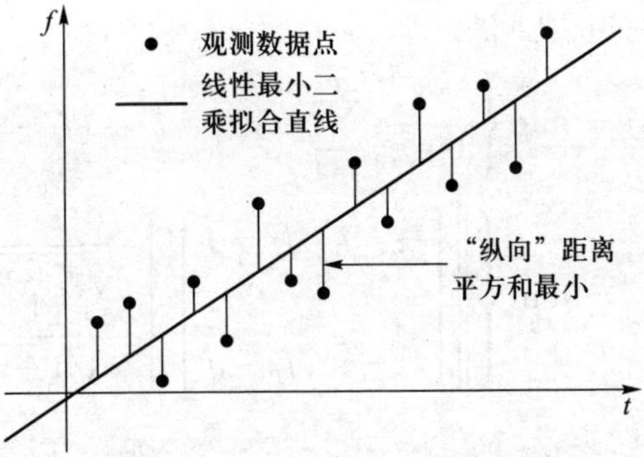

图 6.3　线性最小二乘拟合直线示意图

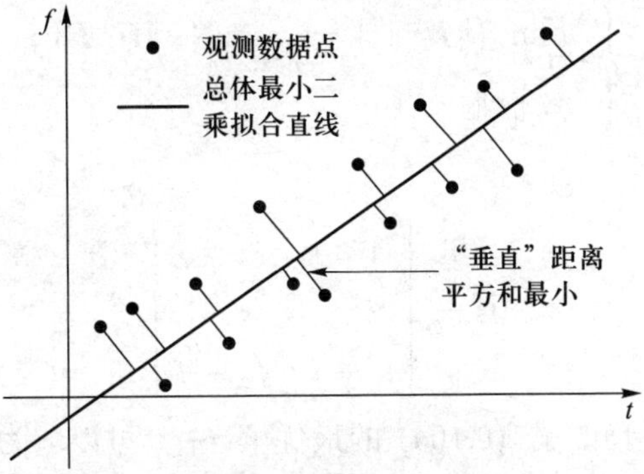

图 6.4　总体最小二乘拟合直线示意图

不妨将 x_1 和 x_2 的最优解分别记为 $\hat{x}_{1,\mathrm{TLS}}$ 和 $\hat{x}_{2,\mathrm{TLS}}$。将函数 $J_{\mathrm{SLF-TLS}}(x_1,x_2)$ 对 x_1 求偏导，并令其等于零，可得

$$\left.\frac{\partial J_{\mathrm{SLF-TLS}}(x_1,x_2)}{\partial x_1}\right|_{\substack{x_1=\hat{x}_{1,\mathrm{TLS}}\\ x_2=\hat{x}_{2,\mathrm{TLS}}}}=\frac{2}{1+\hat{x}_{2,\mathrm{TLS}}^2}\sum_{j=1}^{p}(\hat{x}_{1,\mathrm{TLS}}+\hat{x}_{2,\mathrm{TLS}}t_j-f_j)=0$$
$$\Rightarrow\hat{x}_{1,\mathrm{TLS}}=\bar{f}-\hat{x}_{2,\mathrm{TLS}}\bar{t} \tag{6.102}$$

式中 $\bar{f}=\frac{1}{p}\sum_{j=1}^{p}f_j$ 和 $\bar{t}=\frac{1}{p}\sum_{j=1}^{p}t_j$。由式 (6.102) 可知，总体最小二乘估计方法得到的拟合直线经过观测数据的中心点 $(\bar{t},\bar{f})$①。将式 (6.102) 代入式 (6.100)，

① 线性最小二乘估计方法得到的拟合直线也经过全部观测数据的中心点 $(\bar{t},\bar{f})$。

可以得到仅关于 x_2 的优化问题, 即

$$
\begin{aligned}
\min_{x_2} \tilde{J}_{\mathrm{SLF-TLS}}(x_2) &= \min_{x_2}\left\{\frac{1}{1+x_2^2}\sum_{j=1}^{p}(x_2(t_j-\bar{t})-(f_j-\bar{f}))^2\right\} \\
&= \min_{x_2}\left\{\left\|\begin{bmatrix} t_1-\bar{t} & f_1-\bar{f} \\ \vdots & \vdots \\ t_p-\bar{t} & f_p-\bar{f}\end{bmatrix}\begin{bmatrix}\dfrac{x_2}{\sqrt{1+x_2^2}} \\ -\dfrac{1}{\sqrt{1+x_2^2}}\end{bmatrix}\right\|_2^2\right\}
\end{aligned}
\tag{6.103}
$$

为了对式 (6.103) 进行求解, 可以令 $\boldsymbol{r}=\left[\dfrac{x_2}{\sqrt{1+x_2^2}} \,\vdots\, -\dfrac{1}{\sqrt{1+x_2^2}}\right]^{\mathrm{T}}$, 于是有 $\|\boldsymbol{r}\|_2=1$, 此时优化模型式 (6.103) 可以转化为

$$
\begin{cases}
\min\limits_{\boldsymbol{r}\in\mathbf{R}^{2\times 1}}\{\|\boldsymbol{R}\boldsymbol{r}\|_2^2\}=\min\limits_{\boldsymbol{r}\in\mathbf{R}^{2\times 1}}\{\boldsymbol{r}^{\mathrm{T}}\boldsymbol{R}^{\mathrm{T}}\boldsymbol{R}\boldsymbol{r}\} \\
\text{s.t. } \|\boldsymbol{r}\|_2=1
\end{cases}
\tag{6.104}
$$

其中,

$$
\boldsymbol{R}=\begin{bmatrix} t_1-\bar{t} & f_1-\bar{f} \\ \vdots & \vdots \\ t_p-\bar{t} & f_p-\bar{f}\end{bmatrix}
\tag{6.105}
$$

根据注记 2.7 可知, 式 (6.104) 的最优解 $\hat{\boldsymbol{r}}_{\mathrm{TLS}}$ 可以取为对称矩阵 $\boldsymbol{R}^{\mathrm{T}}\boldsymbol{R}$ 最小特征值对应的单位特征向量, 于是式 (6.103) 的最优解可以表示为 $\hat{x}_{2,\mathrm{TLS}}=-\dfrac{\langle\hat{\boldsymbol{r}}_{\mathrm{TLS}}\rangle_1}{\langle\hat{\boldsymbol{r}}_{\mathrm{TLS}}\rangle_2}$, 将其代入式 (6.102) 中即可得到 $\hat{x}_{1,\mathrm{TLS}}$。

下面将通过一个数值实验比较线性最小二乘直线拟合与总体最小二乘直线拟合结果。表 6.1 给出了 8 对 (待拟合) 观测数据点的坐标值。

表 6.1　观测数据点的坐标值

坐标	数据点							
	1	2	3	4	5	6	7	8
t_j	0.2	5.1	10.3	15.4	20.1	25.2	30.4	35.1
f_j	10.5	20.1	22.3	30.5	60.2	61.2	68.2	110.3

首先采用线性最小二乘估计方法进行直线拟合, 利用式 (6.89) 可以得到拟合直线方程为 $f_{\mathrm{LLS}}(t)=2.2629+2.5754t$[①]。接着采用总体最小二乘估计方法进行直

① 本实验的数值精度均保留到小数点后 4 位。

线拟合, 为此需要先计算出全部观测数据的中心点为 $(\bar{t}, \bar{f}) = (17.7250, 47.9125)$, 并进一步求得对称矩阵 $\boldsymbol{R}^{\mathrm{T}}\boldsymbol{R}$ 最小特征值对应的单位特征向量为 $\hat{\boldsymbol{r}}_{\mathrm{TLS}} = [-0.9430\ \ 0.3329]^{\mathrm{T}}$, 由此可知 $\hat{x}_{2,\mathrm{TLS}} = -\dfrac{\langle \hat{\boldsymbol{r}}_{\mathrm{TLS}} \rangle_1}{\langle \hat{\boldsymbol{r}}_{\mathrm{TLS}} \rangle_2} = 2.8327$, 然后利用式 (6.102) 可得 $\hat{x}_{1,\mathrm{TLS}} = -2.2968$, 最终求出拟合直线方程为 $f_{\mathrm{TLS}}(t) = -2.2968 + 2.8327t$。

为了突出总体最小二乘拟合方法的优势, 下面分别计算全部观测数据点到这两条拟合直线的 "垂直" 距离平方和

$$d_{\mathrm{LLS}} = \frac{1}{1+2.5754^2}\sum_{j=1}^{8}(f_j - 2.2629 - 2.5754t_j)^2 = 103.7421$$

$$d_{\mathrm{TLS}} = \frac{1}{1+2.8327^2}\sum_{j=1}^{8}(f_j + 2.2968 - 2.8327t_j)^2 = 95.4565 < d_{\mathrm{LLS}}$$

不难看出, 观测数据点到总体最小二乘拟合直线的 "垂直" 距离平方和相对较小, 这与理论的分析结果相一致。

图 6.5 描绘了两种最小二乘估计方法所得到的拟合直线, 以及全部观测数据点。

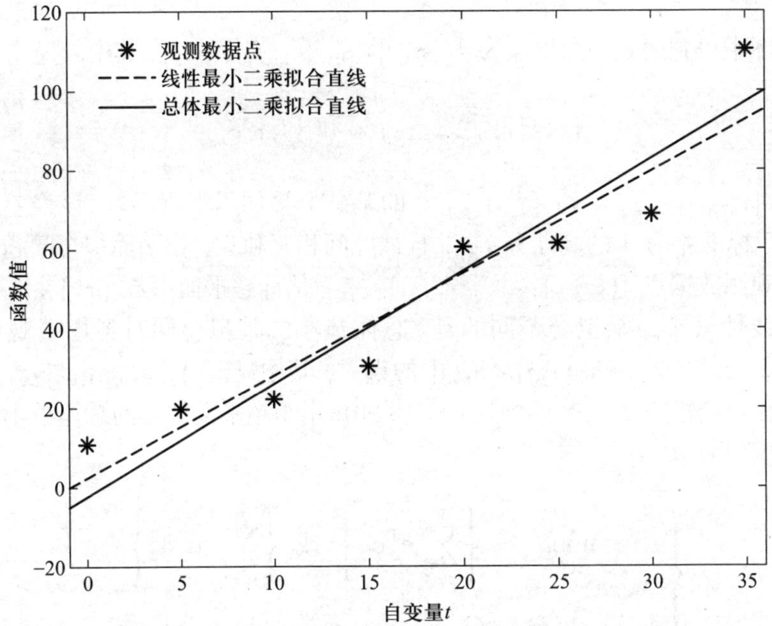

图 6.5　两种方法的拟合直线与观测数据点

6.3.2 超平面拟合

超平面拟合可以看成是直线拟合的推广。假设待拟合的超平面方程为 $f(\boldsymbol{\tau}) = x_1 + x_2\tau_1 + x_3\tau_2 + \cdots + x_q\tau_{q-1}$, 此超平面上有 p 对数据点 $\{(\{\tau_{n,j0}\}_{1\leqslant n\leqslant q-1}, f_{j0})\}_{1\leqslant j\leqslant p}$, 于是有 $f_{j0} = x_1 + x_2\tau_{1,j0} + x_3\tau_{2,j0} + \cdots + x_q\tau_{q-1,j0}$, 而无噪条件下的观测模型可以表示为

$$\boldsymbol{z}_0 = \begin{bmatrix} f_{10} \\ f_{20} \\ \vdots \\ f_{p0} \end{bmatrix} = \begin{bmatrix} 1 & \tau_{1,10} & \cdots & \tau_{q-1,10} \\ \vdots & \vdots & & \vdots \\ 1 & \tau_{1,p0} & \cdots & \tau_{q-1,p0} \end{bmatrix} \begin{bmatrix} x_1 \\ \vdots \\ x_q \end{bmatrix} = \boldsymbol{A}\boldsymbol{x} \tag{6.106}$$

其中,

$$\boldsymbol{A} = \begin{bmatrix} 1 & \tau_{1,10} & \cdots & \tau_{q-1,10} \\ \vdots & \vdots & & \vdots \\ 1 & \tau_{1,p0} & \cdots & \tau_{q-1,p0} \end{bmatrix}, \quad \boldsymbol{x} = \begin{bmatrix} x_1 \\ \vdots \\ x_q \end{bmatrix} \tag{6.107}$$

实际中得到的观测数据点为 $\{(\{\tau_{n,j}\}_{1\leqslant n\leqslant q-1}, f_j)\}_{1\leqslant j\leqslant p}$, 其中,

$$\{\tau_{n,j}\}_{1\leqslant n\leqslant q-1, 1\leqslant j\leqslant p} \text{ 和 } \{f_j\}_{1\leqslant j\leqslant p}$$

分别在 $\{\tau_{n,j0}\}_{1\leqslant n\leqslant q-1}$ 和 $\{f_{j0}\}_{1\leqslant j\leqslant p}$ 的基础上叠加了观测误差, 该误差服从均值为零、标准差为 σ 的高斯分布, 并且彼此间相互独立。超平面拟合问题就是利用全部观测数据点 $\{(\{\tau_{n,j}\}_{1\leqslant n\leqslant q-1}, f_j)\}_{1\leqslant j\leqslant p}$ 估计超平面参数 $\{x_n\}_{1\leqslant n\leqslant q}$。

与线性最小二乘拟合不同的是, 总体最小二乘拟合同时考虑了观测数据 $\{\tau_{n,j}\}_{1\leqslant n\leqslant q-1,1\leqslant j\leqslant p}$ 和 $\{f_j\}_{1\leqslant j\leqslant p}$ 中的误差, 其中 $\{\tau_{n,j}\}_{1\leqslant n\leqslant q-1,1\leqslant j\leqslant p}$ 中的误差包含在观测矩阵 $\boldsymbol{B}$ 中①。类似于式 (6.90), 用于超平面拟合的总体最小二乘估计优化模型为

$$\begin{cases} \min\limits_{\substack{\boldsymbol{x}\in\mathbf{R}^{q\times 1} \\ \{\boldsymbol{e}_n\in\mathbf{R}^{p\times 1}\}_{1\leqslant n\leqslant q}}} \left\{\sum_{n=1}^{q} \boldsymbol{e}_n^{\mathrm{T}}\boldsymbol{e}_n\right\} \text{ 或 } \left\{\sum_{n=1}^{q} \|\boldsymbol{e}_n\|_2^2\right\} \\ \text{s.t. } \boldsymbol{z} = (\boldsymbol{B} - [\boldsymbol{O}_{p\times 1} \quad \boldsymbol{e}_2 \quad \boldsymbol{e}_3 \quad \cdots \quad \boldsymbol{e}_q])\boldsymbol{x} + \boldsymbol{e}_1 \end{cases} \tag{6.108}$$

① 与直线拟合相同, 这里观测矩阵 $\boldsymbol{B}$ 中的第 1 列也不包含误差。

其中,

$$
\boldsymbol{B}=\begin{bmatrix}1 & \tau_{1,1} & \cdots & \tau_{q-1,1}\\ \vdots & \vdots & & \vdots\\ 1 & \tau_{1,p} & \cdots & \tau_{q-1,p}\end{bmatrix} \tag{6.109}
$$

为了获知总体最小二乘估计的几何意义,需要利用拉格朗日乘子法将式 (6.108) 转化为仅关于未知参量 $\boldsymbol{x}$ 的优化模型,相应的拉格朗日函数

$$
l_{\mathrm{c}}(\boldsymbol{x},\boldsymbol{e}_1,\cdots,\boldsymbol{e}_q,\boldsymbol{\lambda})=\sum_{n=1}^{q}\boldsymbol{e}_n^{\mathrm{T}}\boldsymbol{e}_n+\boldsymbol{\lambda}^{\mathrm{T}}(\boldsymbol{z}-(\boldsymbol{B}-[\boldsymbol{O}_{p\times 1}\ \boldsymbol{e}_2\ \boldsymbol{e}_3\ \cdots\ \boldsymbol{e}_q])\boldsymbol{x}-\boldsymbol{e}_1) \tag{6.110}
$$

式中 $\boldsymbol{\lambda}$ 为拉格朗日乘子向量。不妨将向量 $\boldsymbol{x}$、$\{\boldsymbol{e}_n\}_{1\leqslant n\leqslant q}$ 和 $\boldsymbol{\lambda}$ 的最优解分别记为 $\hat{\boldsymbol{x}}_{\mathrm{TLS}}$、$\{\hat{\boldsymbol{e}}_{n,\mathrm{TLS}}\}_{1\leqslant n\leqslant q}$ 和 $\hat{\boldsymbol{\lambda}}_{\mathrm{TLS}}$, 将函数 $l_{\mathrm{c}}(\boldsymbol{x},\boldsymbol{e}_1,\cdots,\boldsymbol{e}_q,\boldsymbol{\lambda})$ 分别对向量 $\{\boldsymbol{e}_n\}_{1\leqslant n\leqslant q}$ 和 $\boldsymbol{\lambda}$ 求偏导, 并令它们等于零, 可得

$$
\left.\frac{\partial l_{\mathrm{c}}(\boldsymbol{x},\boldsymbol{e}_1,\cdots,\boldsymbol{e}_q,\boldsymbol{\lambda})}{\partial \boldsymbol{e}_1}\right|_{\substack{\boldsymbol{x}=\hat{\boldsymbol{x}}_{\mathrm{TLS}}\\ \{\boldsymbol{e}_n=\hat{\boldsymbol{e}}_{n,\mathrm{TLS}}\}_{1\leqslant n\leqslant q}\\ \boldsymbol{\lambda}=\hat{\boldsymbol{\lambda}}_{\mathrm{TLS}}}}=2\hat{\boldsymbol{e}}_{1,\mathrm{TLS}}-\hat{\boldsymbol{\lambda}}_{\mathrm{TLS}}=\boldsymbol{O}_{p\times 1} \tag{6.111}
$$

$$
\left.\frac{\partial l_{\mathrm{c}}(\boldsymbol{x},\boldsymbol{e}_1,\cdots,\boldsymbol{e}_q,\boldsymbol{\lambda})}{\partial \boldsymbol{e}_n}\right|_{\substack{\boldsymbol{x}=\hat{\boldsymbol{x}}_{\mathrm{TLS}}\\ \{\boldsymbol{e}_n=\hat{\boldsymbol{e}}_{n,\mathrm{TLS}}\}_{1\leqslant n\leqslant q}\\ \boldsymbol{\lambda}=\hat{\boldsymbol{\lambda}}_{\mathrm{TLS}}}}=2\hat{\boldsymbol{e}}_{n,\mathrm{TLS}}+\hat{\boldsymbol{\lambda}}_{\mathrm{TLS}}\langle\hat{\boldsymbol{x}}_{\mathrm{TLS}}\rangle_n
$$

$$
=\boldsymbol{O}_{p\times 1}\quad (2\leqslant n\leqslant q) \tag{6.112}
$$

$$
\left.\frac{\partial l_{\mathrm{c}}(\boldsymbol{x},\boldsymbol{e}_1,\cdots,\boldsymbol{e}_q,\boldsymbol{\lambda})}{\partial \boldsymbol{\lambda}}\right|_{\substack{\boldsymbol{x}=\hat{\boldsymbol{x}}_{\mathrm{TLS}}\\ \{\boldsymbol{e}_n=\hat{\boldsymbol{e}}_{n,\mathrm{TLS}}\}_{1\leqslant n\leqslant q}\\ \boldsymbol{\lambda}=\hat{\boldsymbol{\lambda}}_{\mathrm{TLS}}}}
$$

$$
=\boldsymbol{z}-(\boldsymbol{B}-[\boldsymbol{O}_{p\times 1}\ \hat{\boldsymbol{e}}_{2,\mathrm{TLS}}\ \hat{\boldsymbol{e}}_{3,\mathrm{TLS}}\ \cdots\ \hat{\boldsymbol{e}}_{q,\mathrm{TLS}}])\hat{\boldsymbol{x}}_{\mathrm{TLS}}-\hat{\boldsymbol{e}}_{1,\mathrm{TLS}}=\boldsymbol{O}_{p\times 1} \tag{6.113}
$$

由式 (6.111) 和式 (6.112) 可以分别推得

$$
\hat{\boldsymbol{e}}_{1,\mathrm{TLS}}=\frac{1}{2}\hat{\boldsymbol{\lambda}}_{\mathrm{TLS}} \tag{6.114}
$$

$$
\hat{\boldsymbol{e}}_{n,\mathrm{TLS}}=-\frac{1}{2}\hat{\boldsymbol{\lambda}}_{\mathrm{TLS}}\langle\hat{\boldsymbol{x}}_{\mathrm{TLS}}\rangle_n\quad (2\leqslant n\leqslant q) \tag{6.115}
$$

将式 (6.114) 和式 (6.115) 代入式 (6.113), 可知

$$
\begin{aligned}
&\boldsymbol{z}-\boldsymbol{B}\hat{\boldsymbol{x}}_{\text{TLS}}+[\boldsymbol{O}_{p\times1}\ \hat{\boldsymbol{e}}_{2,\text{TLS}}\ \hat{\boldsymbol{e}}_{3,\text{TLS}}\ \cdots\ \hat{\boldsymbol{e}}_{q,\text{TLS}}]\hat{\boldsymbol{x}}_{\text{TLS}}-\hat{\boldsymbol{e}}_{1,\text{TLS}}=\boldsymbol{O}_{p\times1}\\
\Rightarrow&\boldsymbol{z}-\boldsymbol{B}\hat{\boldsymbol{x}}_{\text{TLS}}=\frac{1}{2}\hat{\boldsymbol{\lambda}}_{\text{TLS}}(1+\sum_{n=2}^{q}|\langle\hat{\boldsymbol{x}}_{\text{TLS}}\rangle_n|^2)\Rightarrow\hat{\boldsymbol{\lambda}}_{\text{TLS}}=\frac{2(\boldsymbol{z}-\boldsymbol{B}\hat{\boldsymbol{x}}_{\text{TLS}})}{1+\sum\limits_{n=2}^{q}|\langle\hat{\boldsymbol{x}}_{\text{TLS}}\rangle_n|^2}
\end{aligned}
\tag{6.116}
$$

结合式 (6.114) 和式 (6.115) 可得

$$
\begin{aligned}
\sum_{n=1}^{q}\hat{\boldsymbol{e}}_{n,\text{TLS}}^{\text{T}}\hat{\boldsymbol{e}}_{n,\text{TLS}}&=\sum_{n=1}^{q}\|\hat{\boldsymbol{e}}_{n,\text{TLS}}\|_2^2\\
&=\frac{1}{4}\|\hat{\boldsymbol{\lambda}}_{\text{TLS}}\|_2^2+\sum_{n=2}^{q}\frac{1}{4}\|\hat{\boldsymbol{\lambda}}_{\text{TLS}}\|_2^2|\langle\hat{\boldsymbol{x}}_{\text{TLS}}\rangle_n|^2\\
&=\frac{1}{4}\|\hat{\boldsymbol{\lambda}}_{\text{TLS}}\|_2^2\left(1+\sum_{n=2}^{q}|\langle\hat{\boldsymbol{x}}_{\text{TLS}}\rangle_n|^2\right)
\end{aligned}
\tag{6.117}
$$

将式 (6.116) 代入式 (6.117) 可知

$$
\sum_{n=1}^{q}\hat{\boldsymbol{e}}_{n,\text{TLS}}^{\text{T}}\hat{\boldsymbol{e}}_{n,\text{TLS}}=\frac{\|\boldsymbol{B}\hat{\boldsymbol{x}}_{\text{TLS}}-\boldsymbol{z}\|_2^2}{1+\sum\limits_{n=2}^{q}|\langle\hat{\boldsymbol{x}}_{\text{TLS}}\rangle_n|^2}
\tag{6.118}
$$

基于式 (6.118) 可以将约束优化问题式 (6.108) 转化为如下无约束优化问题

$$
\begin{aligned}
&\min_{\boldsymbol{x}\in\mathbf{R}^{q\times1}}\left\{\frac{\|\boldsymbol{B}\boldsymbol{x}-\boldsymbol{z}\|_2^2}{1+\sum\limits_{n=2}^{q}x_n^2}\right\}\\
=&\min_{\boldsymbol{x}\in\mathbf{R}^{q\times1}}\left\{\frac{1}{1+\sum\limits_{n=2}^{q}x_n^2}\sum_{j=1}^{p}(x_1+x_2\tau_{1,j}+x_3\tau_{2,j}+\cdots+x_q\tau_{q-1,j}-f_j)^2\right\}
\end{aligned}
\tag{6.119}
$$

【注记 6.16】 由于 $\dfrac{1}{\sqrt{1+\sum\limits_{n=2}^{q}x_n^2}}|(x_1+x_2\tau_{1,j}+x_3\tau_{2,j}+\cdots+x_q\tau_{q-1,j})-f_j|$ 表示观测数据点 $(\{\tau_{n,j}\}_{1\leqslant n\leqslant q-1},f_j)$ 到超平面 $f(\boldsymbol{\tau})=x_1+x_2\tau_1+x_3\tau_2+\cdots+x_q\tau_{q-1}$

上的垂直距离, 因此, 总体最小二乘拟合方法得到的超平面与全部观测数据点的“垂直”距离平方和最小。

考虑对式 (6.119) 进行求解, 为此首先将其目标函数定义为

$$J_{\mathrm{HPF-TLS}}(\boldsymbol{x})=\frac{1}{1+\sum\limits_{n=2}^{q}x_n^2}\sum_{j=1}^{p}(x_1+x_2\tau_{1,j}+x_3\tau_{2,j}+\cdots+x_q\tau_{q-1,j}-f_j)^2 \tag{6.120}$$

由于 $J_{\mathrm{HPF-TLS}}(\boldsymbol{x})$ 是关于 x_1 的二次函数, 因此可以获得关于 x_1 的最优闭式解, 只是该闭式解是由其他变量 (记为 $\widetilde{\boldsymbol{x}}=[x_2\ x_3\ \cdots\ x_q]^{\mathrm{T}}$) 来表示的。将此闭式解代入式 (6.119), 可以得到仅关于 $\widetilde{\boldsymbol{x}}$ 的优化问题。

不妨将 $\{x_n\}_{1\leqslant n\leqslant q}$ 的最优解记为 $\{\hat{x}_{n,\mathrm{TLS}}\}_{1\leqslant n\leqslant q}$, 将函数 $J_{\mathrm{HPF-TLS}}(\boldsymbol{x})$ 对 x_1 求偏导, 并令其等于零, 可得

$$\begin{aligned}&\left.\frac{\partial J_{\mathrm{HPF-TLS}}(\boldsymbol{x})}{\partial x_1}\right|_{\{x_n=\hat{x}_{n,\mathrm{TLS}}\}_{1\leqslant n\leqslant q}}\\&=\frac{2}{1+\sum\limits_{n=2}^{q}\hat{x}_{n,\mathrm{TLS}}^2}\sum_{j=1}^{p}(\hat{x}_{1,\mathrm{TLS}}+\hat{x}_{2,\mathrm{TLS}}\tau_{1,j}+\hat{x}_{3,\mathrm{TLS}}\tau_{2,j}+\cdots+\hat{x}_{q,\mathrm{TLS}}\tau_{q-1,j}-f_j)=0\\&\Rightarrow\hat{x}_{1,\mathrm{TLS}}=\bar{f}-(\hat{x}_{2,\mathrm{TLS}}\bar{\tau}_1+\hat{x}_{3,\mathrm{TLS}}\bar{\tau}_2+\cdots+\hat{x}_{q,\mathrm{TLS}}\bar{\tau}_{q-1})\end{aligned} \tag{6.121}$$

式中 $\bar{f}=\frac{1}{p}\sum_{j=1}^{p}f_j$, $\bar{\tau}_n=\frac{1}{p}\sum_{j=1}^{p}\tau_{n,j}\ (1\leqslant n\leqslant q-1)$。由式 (6.121) 可知, 总体最小二乘估计方法所得到的拟合超平面经过观测数据的中心点 $(\{\bar{\tau}_n\}_{1\leqslant n\leqslant q-1},\bar{f})$。将式 (6.121) 代入式 (6.119) 中可以得到仅关于 $\widetilde{\boldsymbol{x}}$ 的优化问题, 有

$$\begin{aligned}&\min_{\widetilde{\boldsymbol{x}}\in\mathbf{R}^{(q-1)\times 1}}\tilde{J}_{\mathrm{HPF-TLS}}(\widetilde{\boldsymbol{x}})=\min_{\widetilde{\boldsymbol{x}}\in\mathbf{R}^{(q-1)\times 1}}\left\{\frac{1}{1+\|\widetilde{\boldsymbol{x}}\|_2^2}\sum_{j=1}^{p}(x_2(\tau_{1,j}-\bar{\tau}_1)\right.\\&\qquad\left.+x_3(\tau_{2,j}-\bar{\tau}_2)+\cdots+x_q(\tau_{q-1,j}-\bar{\tau}_{q-1})-(f_j-\bar{f}))^2\right\}\\&=\min_{\widetilde{\boldsymbol{x}}\in\mathbf{R}^{(q-1)\times 1}}\left\{\left\|\begin{bmatrix}\tau_{1,1}-\bar{\tau}_1&\cdots&\tau_{q-1,1}-\bar{\tau}_{q-1}&f_1-\bar{f}\\\vdots&&\vdots&\vdots\\\tau_{1,p}-\bar{\tau}_1&\cdots&\tau_{q-1,p}-\bar{\tau}_{q-1}&f_p-\bar{f}\end{bmatrix}\begin{bmatrix}\dfrac{\widetilde{\boldsymbol{x}}}{\sqrt{1+\|\widetilde{\boldsymbol{x}}\|_2^2}}\\-\dfrac{1}{\sqrt{1+\|\widetilde{\boldsymbol{x}}\|_2^2}}\end{bmatrix}\right\|_2^2\right\}\end{aligned} \tag{6.122}$$

为了对式 (6.122) 进行求解, 可以令 $\boldsymbol{r}=\left[\begin{array}{c:c}\dfrac{\widetilde{\boldsymbol{x}}}{\sqrt{1+\|\widetilde{\boldsymbol{x}}\|_2^2}} & -\dfrac{1}{\sqrt{1+\|\widetilde{\boldsymbol{x}}\|_2^2}}\end{array}\right]^{\mathrm{T}}$, 于是有 $\|\boldsymbol{r}\|_2=1$, 此时优化模型式 (6.122) 可以转化为

$$
\begin{cases}\min\limits_{\boldsymbol{r}\in\mathbf{R}^{q\times 1}}\{\|\boldsymbol{R}\boldsymbol{r}\|_2^2\}=\min\limits_{\boldsymbol{r}\in\mathbf{R}^{q\times 1}}\{\boldsymbol{r}^{\mathrm{T}}\boldsymbol{R}^{\mathrm{T}}\boldsymbol{R}\boldsymbol{r}\} \\ \text{s.t. } \|\boldsymbol{r}\|_2=1\end{cases} \tag{6.123}
$$

其中

$$
\boldsymbol{R}=\begin{bmatrix}\tau_{1,1}-\bar{\tau}_1 & \tau_{2,1}-\bar{\tau}_2 & \cdots & \tau_{q-1,1}-\bar{\tau}_{q-1} & f_1-\bar{f} \\ \tau_{1,2}-\bar{\tau}_1 & \tau_{2,2}-\bar{\tau}_2 & \cdots & \tau_{q-1,2}-\bar{\tau}_{q-1} & f_2-\bar{f} \\ \vdots & \vdots & & \vdots & \vdots \\ \tau_{1,p}-\bar{\tau}_1 & \tau_{2,p}-\bar{\tau}_2 & \cdots & \tau_{q-1,p}-\bar{\tau}_{q-1} & f_p-\bar{f}\end{bmatrix} \tag{6.124}
$$

根据注记 2.7 可知, 式 (6.123) 的最优解 $\hat{\boldsymbol{r}}_{\mathrm{TLS}}$ 可以取为对称矩阵 $\boldsymbol{R}^{\mathrm{T}}\boldsymbol{R}$ 最小特征值对应的单位特征向量, 式 (6.122) 的最优解可以表示为 $\hat{\tilde{\boldsymbol{x}}}_{\mathrm{TLS}}=-\dfrac{\langle\hat{\boldsymbol{r}}_{\mathrm{TLS}}\rangle_{1:q-1}}{\langle\hat{\boldsymbol{r}}_{\mathrm{TLS}}\rangle_q}$ 最后将其代入式 (6.121) 中即可得到 $\hat{x}_{1,\mathrm{TLS}}$。

表 6.2 是利用总体最小二乘估计方法进行超平面拟合的计算步骤。

表 6.2 利用总体最小二乘估计方法进行超平面拟合的计算步骤

步骤	求解方法
1	计算观测数据的中心点 $(\{\bar{\tau}_n\}_{1\leqslant n\leqslant q-1},\bar{f})$
2	利用式 (6.124) 计算 $\boldsymbol{R}$, 并进一步计算 $\boldsymbol{R}^{\mathrm{T}}\boldsymbol{R}$
3	计算对称矩阵 $\boldsymbol{R}^{\mathrm{T}}\boldsymbol{R}$ 最小特征值对应的单位特征向量 $\hat{\boldsymbol{r}}_{\mathrm{TLS}}$
4	计算 $\hat{\tilde{\boldsymbol{x}}}_{\mathrm{TLS}}=-\dfrac{\langle\hat{\boldsymbol{r}}_{\mathrm{TLS}}\rangle_{1:q-1}}{\langle\hat{\boldsymbol{r}}_{\mathrm{TLS}}\rangle_q}$
5	利用式 (6.121) 计算 $\hat{x}_{1,\mathrm{TLS}}$

第 7 章　总体最小二乘估计理论与方法 II: 加权与等式约束

本章将讨论加权总体最小二乘 (Weighted Total Least Squares, WTLS) 估计问题, 以及含有等式约束 (Equation Constraint, EC) 的加权总体最小二乘估计问题。文中将给出相应的参数估计优化模型与数值求解方法, 并且推导其参数估计的理论性能。本章内容可以作为第 6 章内容的拓展与延伸。

7.1　线性观测模型

总体最小二乘估计问题考虑如下线性观测模型

$$\boldsymbol{z} = \boldsymbol{z}_0 + \boldsymbol{e} = \boldsymbol{A}\boldsymbol{x} + \boldsymbol{e} \tag{7.1}$$

其中:

$\boldsymbol{z}_0 = \boldsymbol{A}\boldsymbol{x} \in \mathbf{R}^{p\times 1}$ 表示没有误差条件下的观测向量;

$\boldsymbol{z} \in \mathbf{R}^{p\times 1}$ 表示含有误差条件下的观测向量;

$\boldsymbol{x} = [x_1\ x_2\ \cdots\ x_q]^{\mathrm{T}} \in \mathbf{R}^{q\times 1}$ 表示待估计的未知参量, 其中 $q < p$ 以确保问题是超定的 (即观测量个数大于未知参数个数);

$\boldsymbol{A} \in \mathbf{R}^{p\times q}$ 表示观测矩阵;

$\boldsymbol{e} \in \mathbf{R}^{p\times 1}$ 表示观测误差向量, 这里假设其服从均值为零、协方差矩阵为 $\mathbf{cov}(\boldsymbol{e}) = \mathrm{E}[\boldsymbol{e}\boldsymbol{e}^{\mathrm{T}}] = \boldsymbol{E}$ 的高斯分布。

根据第 6 章的讨论可知, 总体最小二乘估计问题假设观测矩阵 $\boldsymbol{A}$ 并不能精确已知, 也就是说实际中获得的观测矩阵 (记为 $\boldsymbol{B}$) 在矩阵 $\boldsymbol{A}$ 的基础上叠加了观测误差 (记为 $\boldsymbol{\varXi}$), 即

$$\boldsymbol{B} = \boldsymbol{A} + \boldsymbol{\varXi} \tag{7.2}$$

式中 $\boldsymbol{\varXi} \in \mathbf{R}^{p\times q}$ 表示观测误差矩阵, 这里假设其服从均值为零、协方差矩阵为 $\mathbf{cov}(\mathrm{vec}(\boldsymbol{\varXi})) = \mathrm{E}[\mathrm{vec}(\boldsymbol{\varXi})(\mathrm{vec}(\boldsymbol{\varXi}))^{\mathrm{T}}] = \boldsymbol{\varOmega}$ 的高斯分布。需要指出的是, 矩阵 $\boldsymbol{B}$ 也可以看成是矩阵 $\boldsymbol{A}$ 的先验估计值, 并且本章假设这两个矩阵都是列满秩的。

7.2 加权总体最小二乘估计优化模型、求解方法及其理论性能

本节将讨论加权总体最小二乘估计问题, 与第 6.2.1 节中考虑的加权方式相比, 这里研究的加权方式更具有普适性, 也就是说, 第 6.2.1 节中的加权矩阵是本节中的加权矩阵的一个特例。

7.2.1 加权总体最小二乘估计优化模型

为了得到具有普适性的加权总体最小二乘估计优化模型, 需要重新定义一个新的误差向量, 该向量包含所有的观测误差

$$\boldsymbol{\varphi} = \mathrm{vec}([\boldsymbol{e} \quad \boldsymbol{\Xi}]) = \begin{bmatrix} \boldsymbol{e} \\ \mathrm{vec}(\boldsymbol{\Xi}) \end{bmatrix} \in \mathbf{R}^{p(q+1)\times 1} \tag{7.3}$$

根据第 7.1 节中的假设可知, 误差向量 $\boldsymbol{\varphi}$ 服从均值为零、协方差矩阵为 $\mathbf{cov}(\boldsymbol{\varphi}) = \mathrm{E}[\boldsymbol{\varphi}\boldsymbol{\varphi}^{\mathrm{T}}] = \boldsymbol{\Phi}$ 的高斯分布, 其中矩阵 $\boldsymbol{\Phi}$ 可以表示为

$$\boldsymbol{\Phi} = \left[\begin{array}{c:c} \boldsymbol{E} & \mathrm{E}[\boldsymbol{e}(\mathrm{vec}(\boldsymbol{\Xi}))^{\mathrm{T}}] \\ \hdashline \mathrm{E}[\mathrm{vec}(\boldsymbol{\Xi})\boldsymbol{e}^{\mathrm{T}}] & \boldsymbol{\Omega} \end{array}\right] \tag{7.4}$$

与第 6 章不同的是, 观测误差 $\boldsymbol{e}$ 和 $\boldsymbol{\Xi}$ 既可以统计独立, 也可以统计相关。若统计独立, 则有 $\boldsymbol{\Phi} = \mathrm{blkdiag}[\boldsymbol{E} \quad \boldsymbol{\Omega}]$, 此时该矩阵具有块状对角结构。

基于上述讨论可以建立如下加权总体最小二乘估计优化模型

$$\begin{cases} \min\limits_{\substack{\boldsymbol{x}\in\mathbf{R}^{q\times 1} \\ \boldsymbol{\varphi}\in\mathbf{R}^{p(q+1)\times 1}}} \{\boldsymbol{\varphi}^{\mathrm{T}}\boldsymbol{\Phi}^{-1}\boldsymbol{\varphi}\} \\ \text{s.t. } \boldsymbol{z} = (\boldsymbol{B} - \boldsymbol{\Xi})\boldsymbol{x} + \boldsymbol{e} \end{cases} \tag{7.5}$$

式中 $\boldsymbol{\Phi}^{-1}$ 是加权矩阵, 其作用在于最大程度地抑制观测误差 $\boldsymbol{\varphi}$ 的影响。

【注记 7.1】 注意到式 (6.42) 中的目标函数可以表示为

$$\begin{aligned} \|\boldsymbol{W}_1[\boldsymbol{\Xi} \quad \boldsymbol{e}]\boldsymbol{W}_2\|_{\mathrm{F}}^2 &= \|\mathrm{vec}(\boldsymbol{W}_1[\boldsymbol{\Xi} \quad \boldsymbol{e}]\boldsymbol{W}_2)\|_2^2 \\ &= \|(\boldsymbol{W}_2^{\mathrm{T}} \otimes \boldsymbol{W}_1)\mathrm{vec}([\boldsymbol{\Xi} \quad \boldsymbol{e}])\|_2^2 \\ &= \|(\boldsymbol{W}_2^{\mathrm{T}} \otimes \boldsymbol{W}_1)\boldsymbol{\Lambda}\boldsymbol{\varphi}\|_2^2 \\ &= \boldsymbol{\varphi}^{\mathrm{T}}\boldsymbol{\Lambda}^{\mathrm{T}}(\boldsymbol{W}_2 \otimes \boldsymbol{W}_1^{\mathrm{T}})(\boldsymbol{W}_2^{\mathrm{T}} \otimes \boldsymbol{W}_1)\boldsymbol{\Lambda}\boldsymbol{\varphi} \\ &= \boldsymbol{\varphi}^{\mathrm{T}}\boldsymbol{\Lambda}^{\mathrm{T}}((\boldsymbol{W}_2\boldsymbol{W}_2^{\mathrm{T}}) \otimes (\boldsymbol{W}_1^{\mathrm{T}}\boldsymbol{W}_1))\boldsymbol{\Lambda}\boldsymbol{\varphi} \end{aligned} \tag{7.6}$$

式中 $\boldsymbol{\Lambda}$ 是满足等式 $\mathrm{vec}([\boldsymbol{\Xi} \quad \boldsymbol{e}]) = \boldsymbol{\Lambda}\mathrm{vec}([\boldsymbol{e} \quad \boldsymbol{\Xi}]) = \boldsymbol{\Lambda}\boldsymbol{\varphi}$ 的置换矩阵。比较式 (7.5) 和式 (7.6) 可知，当 $\boldsymbol{\Lambda}^{\mathrm{T}}((\boldsymbol{W}_2\boldsymbol{W}_2^{\mathrm{T}}) \otimes (\boldsymbol{W}_1^{\mathrm{T}}\boldsymbol{W}_1))\boldsymbol{\Lambda} = \boldsymbol{\Phi}^{-1}$ 时，式 (6.42) 就与式 (7.5) 等价，所以说前者是后者的一个特例。

式 (7.5) 是含有等式约束的优化问题，因此可以利用拉格朗日乘子法进行求解，相应的拉格朗日函数

$$l_{\mathrm{a}}(\boldsymbol{x},\boldsymbol{\varphi},\boldsymbol{\lambda}) = \boldsymbol{\varphi}^{\mathrm{T}}\boldsymbol{\Phi}^{-1}\boldsymbol{\varphi} + \boldsymbol{\lambda}^{\mathrm{T}}(\boldsymbol{z} - (\boldsymbol{B} - \boldsymbol{\Xi})\boldsymbol{x} - \boldsymbol{e}) \tag{7.7}$$

式中 $\boldsymbol{\lambda}$ 为拉格朗日乘子向量。不妨将向量 $\boldsymbol{x}$、$\boldsymbol{\varphi}$ 和 $\boldsymbol{\lambda}$ 的最优解分别记为 $\hat{\boldsymbol{x}}_{\mathrm{WTLS}}$、$\hat{\boldsymbol{\varphi}}_{\mathrm{WTLS}}$ 和 $\hat{\boldsymbol{\lambda}}_{\mathrm{WTLS}}$，将函数 $l_{\mathrm{a}}(\boldsymbol{x},\boldsymbol{\varphi},\boldsymbol{\lambda})$ 分别对向量 $\boldsymbol{\varphi}$ 和 $\boldsymbol{\lambda}$ 求偏导，并令它们等于零，可得

$$\begin{aligned}\left.\frac{\partial l_{\mathrm{a}}(\boldsymbol{x},\boldsymbol{\varphi},\boldsymbol{\lambda})}{\partial \boldsymbol{\varphi}}\right|_{\substack{\boldsymbol{x}=\hat{\boldsymbol{x}}_{\mathrm{WTLS}}\\ \boldsymbol{\varphi}=\hat{\boldsymbol{\varphi}}_{\mathrm{WTLS}}\\ \boldsymbol{\lambda}=\hat{\boldsymbol{\lambda}}_{\mathrm{WTLS}}}} &= 2\boldsymbol{\Phi}^{-1}\hat{\boldsymbol{\varphi}}_{\mathrm{WTLS}} + \begin{bmatrix} -\boldsymbol{I}_p \\ \hat{\boldsymbol{x}}_{\mathrm{WTLS}} \otimes \boldsymbol{I}_p \end{bmatrix}\hat{\boldsymbol{\lambda}}_{\mathrm{WTLS}} \\ &= \boldsymbol{O}_{p(q+1)\times 1}\end{aligned} \tag{7.8}$$

$$\begin{aligned}\left.\frac{\partial l_{\mathrm{a}}(\boldsymbol{x},\boldsymbol{\varphi},\boldsymbol{\lambda})}{\partial \boldsymbol{\lambda}}\right|_{\substack{\boldsymbol{x}=\hat{\boldsymbol{x}}_{\mathrm{WTLS}}\\ \boldsymbol{\varphi}=\hat{\boldsymbol{\varphi}}_{\mathrm{WTLS}}\\ \boldsymbol{\lambda}=\hat{\boldsymbol{\lambda}}_{\mathrm{WTLS}}}} &= \boldsymbol{z} - (\boldsymbol{B} - \hat{\boldsymbol{\Xi}}_{\mathrm{WTLS}})\hat{\boldsymbol{x}}_{\mathrm{WTLS}} - \hat{\boldsymbol{e}}_{\mathrm{WTLS}} \\ &= \boldsymbol{z} - \boldsymbol{B}\hat{\boldsymbol{x}}_{\mathrm{WTLS}} + \left[-\boldsymbol{I}_p \;\vdots\; \hat{\boldsymbol{x}}_{\mathrm{WTLS}}^{\mathrm{T}} \otimes \boldsymbol{I}_p\right]\hat{\boldsymbol{\varphi}}_{\mathrm{WTLS}} \\ &= \boldsymbol{O}_{p\times 1}\end{aligned} \tag{7.9}$$

式中 $\hat{\boldsymbol{\varphi}}_{\mathrm{WTLS}} = \begin{bmatrix} \hat{\boldsymbol{e}}_{\mathrm{WTLS}} \\ \mathrm{vec}(\hat{\boldsymbol{\Xi}}_{\mathrm{WTLS}}) \end{bmatrix}$。由式 (7.8) 可知

$$\hat{\boldsymbol{\varphi}}_{\mathrm{WTLS}} = -\frac{1}{2}\boldsymbol{\Phi}\begin{bmatrix} -\boldsymbol{I}_p \\ \hat{\boldsymbol{x}}_{\mathrm{WTLS}} \otimes \boldsymbol{I}_p \end{bmatrix}\hat{\boldsymbol{\lambda}}_{\mathrm{WTLS}} \tag{7.10}$$

将式 (7.10) 代入式 (7.9)，可得

$$\hat{\boldsymbol{\lambda}}_{\mathrm{WTLS}} = 2\left(\left[-\boldsymbol{I}_p \;\vdots\; \hat{\boldsymbol{x}}_{\mathrm{WTLS}}^{\mathrm{T}} \otimes \boldsymbol{I}_p\right]\boldsymbol{\Phi}\begin{bmatrix} -\boldsymbol{I}_p \\ \hat{\boldsymbol{x}}_{\mathrm{WTLS}} \otimes \boldsymbol{I}_p \end{bmatrix}\right)^{-1}(\boldsymbol{z} - \boldsymbol{B}\hat{\boldsymbol{x}}_{\mathrm{WTLS}}) \tag{7.11}$$

再将式 (7.11) 代入式 (7.10) 可知

$$\begin{aligned}\hat{\boldsymbol{\varphi}}_{\mathrm{WTLS}} = {}& \boldsymbol{\Phi}\begin{bmatrix} -\boldsymbol{I}_p \\ \hat{\boldsymbol{x}}_{\mathrm{WTLS}} \otimes \boldsymbol{I}_p \end{bmatrix} \\ & \times \left(\left[-\boldsymbol{I}_p \;\vdots\; \hat{\boldsymbol{x}}_{\mathrm{WTLS}}^{\mathrm{T}} \otimes \boldsymbol{I}_p\right]\boldsymbol{\Phi}\begin{bmatrix} -\boldsymbol{I}_p \\ \hat{\boldsymbol{x}}_{\mathrm{WTLS}} \otimes \boldsymbol{I}_p \end{bmatrix}\right)^{-1}(\boldsymbol{B}\hat{\boldsymbol{x}}_{\mathrm{WTLS}} - \boldsymbol{z})\end{aligned} \tag{7.12}$$

由此可得

$$
\begin{aligned}
&\hat{\boldsymbol{\varphi}}_{\mathrm{WTLS}}^{\mathrm{T}}\boldsymbol{\Phi}^{-1}\hat{\boldsymbol{\varphi}}_{\mathrm{WTLS}}\\
&=(\boldsymbol{B}\hat{\boldsymbol{x}}_{\mathrm{WTLS}}-\boldsymbol{z})^{\mathrm{T}}\left(\left[-\boldsymbol{I}_p \mid \hat{\boldsymbol{x}}_{\mathrm{WTLS}}^{\mathrm{T}}\otimes\boldsymbol{I}_p\right]\boldsymbol{\Phi}\begin{bmatrix}-\boldsymbol{I}_p\\ \hat{\boldsymbol{x}}_{\mathrm{WTLS}}\otimes\boldsymbol{I}_p\end{bmatrix}\right)^{-1}(\boldsymbol{B}\hat{\boldsymbol{x}}_{\mathrm{WTLS}}-\boldsymbol{z})
\end{aligned}
\tag{7.13}
$$

基于式 (7.13) 可以将约束优化问题式 (7.5) 转化为如下无约束优化问题

$$
\begin{aligned}
&\min_{\boldsymbol{x}\in\mathbf{R}^{q\times1}} J_{\mathrm{WTLS}}(\boldsymbol{x})\\
&=\min_{\boldsymbol{x}\in\mathbf{R}^{q\times1}}\left\{(\boldsymbol{B}\boldsymbol{x}-\boldsymbol{z})^{\mathrm{T}}\left(\left[-\boldsymbol{I}_p \mid \boldsymbol{x}^{\mathrm{T}}\otimes\boldsymbol{I}_p\right]\boldsymbol{\Phi}\begin{bmatrix}-\boldsymbol{I}_p\\ \boldsymbol{x}\otimes\boldsymbol{I}_p\end{bmatrix}\right)^{-1}(\boldsymbol{B}\boldsymbol{x}-\boldsymbol{z})\right\}
\end{aligned}
\tag{7.14}
$$

根据上述推导过程可知, 加权总体最小二乘估计问题的解既可以通过求解式 (7.5) 来获得, 也可以通过求解式 (7.14) 来求得。

7.2.2 加权总体最小二乘估计问题的数值求解方法

本小节将给出加权总体最小二乘估计问题的两类数值求解方法。第 1 类方法用于求解式 (7.5), 由于它需要针对多类型参量进行联合优化, 因此称其为多类型参量联合迭代法; 第 2 类方法则用于求解式 (7.14), 该方法是基于牛顿迭代所提出的, 并且仅针对未知参量 $\boldsymbol{x}$ 进行优化, 所以称其为单类型参量牛顿迭代法。

一、多类型参量联合迭代法

多类型参量联合迭代法的基本思想是对向量 $\boldsymbol{x}$、$\boldsymbol{\varphi}$ 和 $\boldsymbol{\lambda}$ 进行联合迭代, 可以将其看成是求解式 (7.5) 的数值方法。

为了得到多参量联合迭代公式, 需要将函数 $l_{\mathrm{a}}(\boldsymbol{x},\boldsymbol{\varphi},\boldsymbol{\lambda})$ 对向量 $\boldsymbol{x}$ 求偏导, 并令其等于零, 可得

$$
\left.\frac{\partial l_{\mathrm{a}}(\boldsymbol{x},\boldsymbol{\varphi},\boldsymbol{\lambda})}{\partial\boldsymbol{x}}\right|_{\substack{\boldsymbol{x}=\hat{\boldsymbol{x}}_{\mathrm{WTLS}}\\ \boldsymbol{\varphi}=\hat{\boldsymbol{\varphi}}_{\mathrm{WTLS}}\\ \boldsymbol{\lambda}=\hat{\boldsymbol{\lambda}}_{\mathrm{WTLS}}}}=-(\boldsymbol{B}-\hat{\boldsymbol{\Xi}}_{\mathrm{WTLS}})^{\mathrm{T}}\hat{\boldsymbol{\lambda}}_{\mathrm{WTLS}}=\boldsymbol{O}_{q\times1}
\tag{7.15}
$$

结合式 (7.11) 和式 (7.15) 可以得到关于 $\hat{\boldsymbol{x}}_{\mathrm{WTLS}}$ 的 3 种表达式, 基于这 3 种表达式可以分别得到 3 种迭代方法。

首先推导第 1 个表达式, 对式 (7.15) 进行移项, 并将式 (7.11) 代入其中可知

$$
\begin{aligned}
\hat{\boldsymbol{\Xi}}_{\mathrm{WTLS}}^{\mathrm{T}}\hat{\boldsymbol{\lambda}}_{\mathrm{WTLS}} &= \boldsymbol{B}^{\mathrm{T}}\hat{\boldsymbol{\lambda}}_{\mathrm{WTLS}} \\
&= 2\boldsymbol{B}^{\mathrm{T}}\left(\left[-\boldsymbol{I}_p \,\vdots\, \hat{\boldsymbol{x}}_{\mathrm{WTLS}}^{\mathrm{T}} \otimes \boldsymbol{I}_p\right]\boldsymbol{\Phi}\begin{bmatrix} -\boldsymbol{I}_p \\ \hat{\boldsymbol{x}}_{\mathrm{WTLS}} \otimes \boldsymbol{I}_p \end{bmatrix}\right)^{-1}(\boldsymbol{z}-\boldsymbol{B}\hat{\boldsymbol{x}}_{\mathrm{WTLS}})
\end{aligned} \tag{7.16}
$$

由式 (7.16) 可以进一步推得

$$
\begin{aligned}
\hat{\boldsymbol{x}}_{\mathrm{WTLS}} = &\left(\boldsymbol{B}^{\mathrm{T}}\left(\left[-\boldsymbol{I}_p \,\vdots\, \hat{\boldsymbol{x}}_{\mathrm{WTLS}}^{\mathrm{T}} \otimes \boldsymbol{I}_p\right]\boldsymbol{\Phi}\begin{bmatrix} -\boldsymbol{I}_p \\ \hat{\boldsymbol{x}}_{\mathrm{WTLS}} \otimes \boldsymbol{I}_p \end{bmatrix}\right)^{-1}\boldsymbol{B}\right)^{-1} \\
&\times\left(\boldsymbol{B}^{\mathrm{T}}\left(\left[-\boldsymbol{I}_p \,\vdots\, \hat{\boldsymbol{x}}_{\mathrm{WTLS}}^{\mathrm{T}} \otimes \boldsymbol{I}_p\right]\boldsymbol{\Phi}\begin{bmatrix} -\boldsymbol{I}_p \\ \hat{\boldsymbol{x}}_{\mathrm{WTLS}} \otimes \boldsymbol{I}_p \end{bmatrix}\right)^{-1}\boldsymbol{z}-\frac{1}{2}\hat{\boldsymbol{\Xi}}_{\mathrm{WTLS}}^{\mathrm{T}}\hat{\boldsymbol{\lambda}}_{\mathrm{WTLS}}\right)
\end{aligned} \tag{7.17}
$$

式 (7.17) 就是关于 $\hat{\boldsymbol{x}}_{\mathrm{WTLS}}$ 的第 1 个表达式。

接着推导第 2 个表达式, 将式 (7.11) 直接代入式 (7.15), 可知

$$
(\boldsymbol{B}-\hat{\boldsymbol{\Xi}}_{\mathrm{WTLS}})^{\mathrm{T}}\left(\left[-\boldsymbol{I}_p \,\vdots\, \hat{\boldsymbol{x}}_{\mathrm{WTLS}}^{\mathrm{T}} \otimes \boldsymbol{I}_p\right]\boldsymbol{\Phi}\begin{bmatrix} -\boldsymbol{I}_p \\ \hat{\boldsymbol{x}}_{\mathrm{WTLS}} \otimes \boldsymbol{I}_p \end{bmatrix}\right)^{-1}(\boldsymbol{z}-\boldsymbol{B}\hat{\boldsymbol{x}}_{\mathrm{WTLS}}) = \boldsymbol{O}_{q\times 1} \tag{7.18}
$$

由式 (7.18) 可以进一步推得

$$
\begin{aligned}
\hat{\boldsymbol{x}}_{\mathrm{WTLS}} = &\left((\boldsymbol{B}-\hat{\boldsymbol{\Xi}}_{\mathrm{WTLS}})^{\mathrm{T}}\left(\left[-\boldsymbol{I}_p \,\vdots\, \hat{\boldsymbol{x}}_{\mathrm{WTLS}}^{\mathrm{T}} \otimes \boldsymbol{I}_p\right]\boldsymbol{\Phi}\begin{bmatrix} -\boldsymbol{I}_p \\ \hat{\boldsymbol{x}}_{\mathrm{WTLS}} \otimes \boldsymbol{I}_p \end{bmatrix}\right)^{-1}\boldsymbol{B}\right)^{-1} \\
&\times(\boldsymbol{B}-\hat{\boldsymbol{\Xi}}_{\mathrm{WTLS}})^{\mathrm{T}}\left(\left[-\boldsymbol{I}_p \,\vdots\, \hat{\boldsymbol{x}}_{\mathrm{WTLS}}^{\mathrm{T}} \otimes \boldsymbol{I}_p\right]\boldsymbol{\Phi}\begin{bmatrix} -\boldsymbol{I}_p \\ \hat{\boldsymbol{x}}_{\mathrm{WTLS}} \otimes \boldsymbol{I}_p \end{bmatrix}\right)^{-1}\boldsymbol{z}
\end{aligned} \tag{7.19}
$$

式 (7.19) 是关于 $\hat{\boldsymbol{x}}_{\mathrm{WTLS}}$ 的第 2 个表达式。

最后推导第 3 个表达式, 根据式 (7.18) 可知

$$
\begin{aligned}
&(\boldsymbol{B}-\hat{\boldsymbol{\Xi}}_{\mathrm{WTLS}})^{\mathrm{T}}\left(\left[-\boldsymbol{I}_p \,\vdots\, \hat{\boldsymbol{x}}_{\mathrm{WTLS}}^{\mathrm{T}} \otimes \boldsymbol{I}_p\right]\boldsymbol{\Phi}\begin{bmatrix} -\boldsymbol{I}_p \\ \hat{\boldsymbol{x}}_{\mathrm{WTLS}} \otimes \boldsymbol{I}_p \end{bmatrix}\right)^{-1} \\
&\times(\boldsymbol{z}-\hat{\boldsymbol{\Xi}}_{\mathrm{WTLS}}\hat{\boldsymbol{x}}_{\mathrm{WTLS}}-(\boldsymbol{B}-\hat{\boldsymbol{\Xi}}_{\mathrm{WTLS}})\hat{\boldsymbol{x}}_{\mathrm{WTLS}}) = \boldsymbol{O}_{q\times 1}
\end{aligned} \tag{7.20}
$$

由式 (7.20) 可以进一步推得

$$\begin{aligned}\hat{\boldsymbol{x}}_{\mathrm{WTLS}} = &\left((\boldsymbol{B}-\hat{\boldsymbol{\varXi}}_{\mathrm{WTLS}})^{\mathrm{T}}\left(\left[-\boldsymbol{I}_p \;\vdots\; \hat{\boldsymbol{x}}_{\mathrm{WTLS}}^{\mathrm{T}}\otimes\boldsymbol{I}_p\right]\right.\right.\\ &\left.\left.\times\,\boldsymbol{\varPhi}\begin{bmatrix}-\boldsymbol{I}_p\\ \hat{\boldsymbol{x}}_{\mathrm{WTLS}}\otimes\boldsymbol{I}_p\end{bmatrix}\right)^{-1}(\boldsymbol{B}-\hat{\boldsymbol{\varXi}}_{\mathrm{WTLS}})\right)^{-1}\\ &\times(\boldsymbol{B}-\hat{\boldsymbol{\varXi}}_{\mathrm{WTLS}})^{\mathrm{T}}\left(\left[-\boldsymbol{I}_p \;\vdots\; \hat{\boldsymbol{x}}_{\mathrm{WTLS}}^{\mathrm{T}}\otimes\boldsymbol{I}_p\right]\boldsymbol{\varPhi}\begin{bmatrix}-\boldsymbol{I}_p\\ \hat{\boldsymbol{x}}_{\mathrm{WTLS}}\otimes\boldsymbol{I}_p\end{bmatrix}\right)^{-1}\\ &\times(\boldsymbol{z}-\hat{\boldsymbol{\varXi}}_{\mathrm{WTLS}}\hat{\boldsymbol{x}}_{\mathrm{WTLS}})\end{aligned} \tag{7.21}$$

式 (7.21) 是关于 $\hat{\boldsymbol{x}}_{\mathrm{WTLS}}$ 的第 3 个表达式。

基于式 (7.17)、式 (7.19) 和式 (7.21) 可以分别得到求解式 (7.5) 的 3 种迭代方法, 表 7.1、表 7.2 和表 7.3 依次给出计算步骤。

表 7.1 联合迭代法-1 计算步骤

步骤	求解方法
1	令 $k:=1$, 设置迭代收敛门限 δ, 并计算 $\hat{\boldsymbol{x}}_k=(\boldsymbol{B}^{\mathrm{T}}\boldsymbol{E}^{-1}\boldsymbol{B})^{-1}\boldsymbol{B}^{\mathrm{T}}\boldsymbol{E}^{-1}\boldsymbol{z}$
2	计算 $\hat{\boldsymbol{\lambda}}_{k+1}=2\left(\left[-\boldsymbol{I}_p \;\vdots\; \hat{\boldsymbol{x}}_k^{\mathrm{T}}\otimes\boldsymbol{I}_p\right]\boldsymbol{\varPhi}\begin{bmatrix}-\boldsymbol{I}_p\\ \hat{\boldsymbol{x}}_k\otimes\boldsymbol{I}_p\end{bmatrix}\right)^{-1}(\boldsymbol{z}-\boldsymbol{B}\hat{\boldsymbol{x}}_k)$
3	计算 $\hat{\boldsymbol{\varphi}}_{k+1}=-\frac{1}{2}\boldsymbol{\varPhi}\begin{bmatrix}-\boldsymbol{I}_p\\ \hat{\boldsymbol{x}}_k\otimes\boldsymbol{I}_p\end{bmatrix}\hat{\boldsymbol{\lambda}}_{k+1}$, 并由此构造 $\hat{\boldsymbol{\varXi}}_{k+1}$
4	计算 $\hat{\boldsymbol{x}}_{k+1}=\left(\boldsymbol{B}^{\mathrm{T}}\left(\left[-\boldsymbol{I}_p \;\vdots\; \hat{\boldsymbol{x}}_k^{\mathrm{T}}\otimes\boldsymbol{I}_p\right]\boldsymbol{\varPhi}\begin{bmatrix}-\boldsymbol{I}_p\\ \hat{\boldsymbol{x}}_k\otimes\boldsymbol{I}_p\end{bmatrix}\right)^{-1}\boldsymbol{B}\right)^{-1}$ $\times\left(\boldsymbol{B}^{\mathrm{T}}\left(\left[-\boldsymbol{I}_p \;\vdots\; \hat{\boldsymbol{x}}_k^{\mathrm{T}}\otimes\boldsymbol{I}_p\right]\boldsymbol{\varPhi}\begin{bmatrix}-\boldsymbol{I}_p\\ \hat{\boldsymbol{x}}_k\otimes\boldsymbol{I}_p\end{bmatrix}\right)^{-1}\boldsymbol{z}-\frac{1}{2}\hat{\boldsymbol{\varXi}}_{k+1}^{\mathrm{T}}\hat{\boldsymbol{\lambda}}_{k+1}\right)$, 若 $\Vert\hat{\boldsymbol{x}}_{k+1}-\hat{\boldsymbol{x}}_k\Vert_2\leqslant\delta$ 则停止计算; 否则令 $k:=k+1$, 并转至步骤 2

表 7.2　联合迭代法-2 计算步骤

步骤	求解方法
1	令 $k:=1$, 设置迭代收敛门限 δ, 并计算 $\hat{\boldsymbol{x}}_k=(\boldsymbol{B}^{\mathrm{T}}\boldsymbol{E}^{-1}\boldsymbol{B})^{-1}\boldsymbol{B}^{\mathrm{T}}\boldsymbol{E}^{-1}\boldsymbol{z}$
2	计算 $\hat{\boldsymbol{\lambda}}_{k+1}=2\left(\left[-\boldsymbol{I}_p \;\vdots\; \hat{\boldsymbol{x}}_k^{\mathrm{T}}\otimes\boldsymbol{I}_p\right]\boldsymbol{\Phi}\begin{bmatrix}-\boldsymbol{I}_p\\ \hat{\boldsymbol{x}}_k\otimes\boldsymbol{I}_p\end{bmatrix}\right)^{-1}(\boldsymbol{z}-\boldsymbol{B}\hat{\boldsymbol{x}}_k)$
3	计算 $\hat{\boldsymbol{\varphi}}_{k+1}=-\frac{1}{2}\boldsymbol{\Phi}\begin{bmatrix}-\boldsymbol{I}_p\\ \hat{\boldsymbol{x}}_k\otimes\boldsymbol{I}_p\end{bmatrix}\hat{\boldsymbol{\lambda}}_{k+1}$, 并由此构造 $\hat{\boldsymbol{\varXi}}_{k+1}$
4	计算 $\hat{\boldsymbol{x}}_{k+1}=\left((\boldsymbol{B}-\hat{\boldsymbol{\varXi}}_{k+1})^{\mathrm{T}}\left(\left[-\boldsymbol{I}_p \;\vdots\; \hat{\boldsymbol{x}}_k^{\mathrm{T}}\otimes\boldsymbol{I}_p\right]\boldsymbol{\Phi}\begin{bmatrix}-\boldsymbol{I}_p\\ \hat{\boldsymbol{x}}_k\otimes\boldsymbol{I}_p\end{bmatrix}\right)^{-1}\boldsymbol{B}\right)^{-1}(\boldsymbol{B}-\hat{\boldsymbol{\varXi}}_{k+1})^{\mathrm{T}}\left(\left[-\boldsymbol{I}_p \;\vdots\; \hat{\boldsymbol{x}}_k^{\mathrm{T}}\otimes\boldsymbol{I}_p\right]\boldsymbol{\Phi}\begin{bmatrix}-\boldsymbol{I}_p\\ \hat{\boldsymbol{x}}_k\otimes\boldsymbol{I}_p\end{bmatrix}\right)^{-1}\boldsymbol{z}$, 若 $\lVert\hat{\boldsymbol{x}}_{k+1}-\hat{\boldsymbol{x}}_k\rVert_2\leqslant\delta$ 则停止计算; 否则令 $k:=k+1$, 并转至步骤 2

表 7.3　联合迭代法-3 计算步骤

步骤	求解方法
1	令 $k:=1$, 设置迭代收敛门限 δ, 并计算 $\hat{\boldsymbol{x}}_k=(\boldsymbol{B}^{\mathrm{T}}\boldsymbol{E}^{-1}\boldsymbol{B})^{-1}\boldsymbol{B}^{\mathrm{T}}\boldsymbol{E}^{-1}\boldsymbol{z}$
2	计算 $\hat{\boldsymbol{\lambda}}_{k+1}=2\left(\left[-\boldsymbol{I}_p \;\vdots\; \hat{\boldsymbol{x}}_k^{\mathrm{T}}\otimes\boldsymbol{I}_p\right]\boldsymbol{\Phi}\begin{bmatrix}-\boldsymbol{I}_p\\ \hat{\boldsymbol{x}}_k\otimes\boldsymbol{I}_p\end{bmatrix}\right)^{-1}(\boldsymbol{z}-\boldsymbol{B}\hat{\boldsymbol{x}}_k)$
3	计算 $\hat{\boldsymbol{\varphi}}_{k+1}=-\frac{1}{2}\boldsymbol{\Phi}\begin{bmatrix}-\boldsymbol{I}_p\\ \hat{\boldsymbol{x}}_k\otimes\boldsymbol{I}_p\end{bmatrix}\hat{\boldsymbol{\lambda}}_{k+1}$, 并由此构造 $\hat{\boldsymbol{\varXi}}_{k+1}$
4	计算 $\hat{\boldsymbol{x}}_{k+1}=\left((\boldsymbol{B}-\hat{\boldsymbol{\varXi}}_{k+1})^{\mathrm{T}}\left(\left[-\boldsymbol{I}_p \;\vdots\; \hat{\boldsymbol{x}}_k^{\mathrm{T}}\otimes\boldsymbol{I}_p\right]\boldsymbol{\Phi}\begin{bmatrix}-\boldsymbol{I}_p\\ \hat{\boldsymbol{x}}_k\otimes\boldsymbol{I}_p\end{bmatrix}\right)^{-1}(\boldsymbol{B}-\hat{\boldsymbol{\varXi}}_{k+1})\right)^{-1}$ $\times(\boldsymbol{B}-\hat{\boldsymbol{\varXi}}_{k+1})^{\mathrm{T}}\left(\left[-\boldsymbol{I}_p \;\vdots\; \hat{\boldsymbol{x}}_k^{\mathrm{T}}\otimes\boldsymbol{I}_p\right]\boldsymbol{\Phi}\begin{bmatrix}-\boldsymbol{I}_p\\ \hat{\boldsymbol{x}}_k\otimes\boldsymbol{I}_p\end{bmatrix}\right)^{-1}(\boldsymbol{z}-\hat{\boldsymbol{\varXi}}_{k+1}\hat{\boldsymbol{x}}_k)$, 若 $\lVert\hat{\boldsymbol{x}}_{k+1}-\hat{\boldsymbol{x}}_k\rVert_2\leqslant\delta$ 则停止计算; 否则令 $k:=k+1$, 并转至步骤 2

【注记 7.2】上述 3 种迭代方法的初始值均是由第 3 章的线性最小二乘估计值 (即式 (3.11)) 给出, 而将其作为迭代初始值确实也是较好的选择。

【注记 7.3】若上述 3 种迭代方法收敛[①], 则有 $\lim\limits_{k\to+\infty}\hat{\boldsymbol{\varXi}}_k=\hat{\boldsymbol{\varXi}}_{\mathrm{WTLS}}$, 此时可将 $\hat{\boldsymbol{A}}_{\mathrm{WTLS}}=\boldsymbol{B}-\hat{\boldsymbol{\varXi}}_{\mathrm{WTLS}}$ 作为矩阵 $\boldsymbol{A}$ 的估计值, 并且其估计精度要比矩阵 $\boldsymbol{B}$ 作为其估计值的精度高, 该结论可在第 7.2.3 节的数值实验中得到验证。

二、单类型参量牛顿迭代法

单类型参量牛顿迭代法的基本思想是利用牛顿迭代法求解式 (7.14), 并且仅需要对未知参量 $\boldsymbol{x}$ 进行优化即可。

为了得到牛顿迭代公式, 不妨将式 (7.14) 中的目标函数 $J_{\mathrm{WTLS}}(\boldsymbol{x})$ 表示为

$$J_{\mathrm{WTLS}}(\boldsymbol{x})=(\boldsymbol{h}(\boldsymbol{x}))^{\mathrm{T}}(\boldsymbol{H}(\boldsymbol{x}))^{-1}\boldsymbol{h}(\boldsymbol{x}) \tag{7.22}$$

式中

$$\boldsymbol{h}(\boldsymbol{x})=\boldsymbol{B}\boldsymbol{x}-\boldsymbol{z},\quad \boldsymbol{H}(\boldsymbol{x})=\left[-\boldsymbol{I}_p\ \vdots\ \boldsymbol{x}^{\mathrm{T}}\otimes\boldsymbol{I}_p\right]\boldsymbol{\varPhi}\begin{bmatrix}-\boldsymbol{I}_p\\ \boldsymbol{x}\otimes\boldsymbol{I}_p\end{bmatrix} \tag{7.23}$$

牛顿迭代法需要目标函数 $J_{\mathrm{WTLS}}(\boldsymbol{x})$ 关于向量 $\boldsymbol{x}$ 的梯度向量和黑塞 (Hessian) 矩阵, 它们可以分别表示为

$$\begin{aligned}
\nabla J_{\mathrm{WTLS}}(\boldsymbol{x})&=\frac{\partial J_{\mathrm{WTLS}}(\boldsymbol{x})}{\partial\boldsymbol{x}}\\
&=2\left(\frac{\partial\boldsymbol{h}(\boldsymbol{x})}{\partial\boldsymbol{x}^{\mathrm{T}}}\right)^{\mathrm{T}}(\boldsymbol{H}(\boldsymbol{x}))^{-1}\boldsymbol{h}(\boldsymbol{x})\\
&\quad+\left(\frac{\partial\mathrm{vec}((\boldsymbol{H}(\boldsymbol{x}))^{-1})}{\partial\boldsymbol{x}^{\mathrm{T}}}\right)^{\mathrm{T}}(\boldsymbol{h}(\boldsymbol{x})\otimes\boldsymbol{h}(\boldsymbol{x})) \qquad (7.24)\\
\nabla^2 J_{\mathrm{WTLS}}(\boldsymbol{x})&\approx\frac{\partial^2 J_{\mathrm{WTLS}}(\boldsymbol{x})}{\partial\boldsymbol{x}\partial\boldsymbol{x}^{\mathrm{T}}}\\
&=2\left(\frac{\partial\boldsymbol{h}(\boldsymbol{x})}{\partial\boldsymbol{x}^{\mathrm{T}}}\right)^{\mathrm{T}}(\boldsymbol{H}(\boldsymbol{x}))^{-1}\frac{\partial\boldsymbol{h}(\boldsymbol{x})}{\partial\boldsymbol{x}^{\mathrm{T}}}\\
&\quad+2\left(\boldsymbol{h}(\boldsymbol{x})\otimes\frac{\partial\boldsymbol{h}(\boldsymbol{x})}{\partial\boldsymbol{x}^{\mathrm{T}}}\right)^{\mathrm{T}}\frac{\partial\mathrm{vec}((\boldsymbol{H}(\boldsymbol{x}))^{-1})}{\partial\boldsymbol{x}^{\mathrm{T}}}\\
&\quad+2(((\boldsymbol{h}(\boldsymbol{x}))^{\mathrm{T}}(\boldsymbol{H}(\boldsymbol{x}))^{-1})\otimes\boldsymbol{I}_q)\frac{\partial}{\partial\boldsymbol{x}^{\mathrm{T}}}\mathrm{vec}\left(\left(\frac{\partial\boldsymbol{h}(\boldsymbol{x})}{\partial\boldsymbol{x}^{\mathrm{T}}}\right)^{\mathrm{T}}\right)
\end{aligned}$$

① 这 3 种迭代方法的收敛性能本书并未加以证明, 感兴趣的读者可以参阅相关文献。

$$+\left(\frac{\partial \mathrm{vec}((\boldsymbol{H}(\boldsymbol{x}))^{-1})}{\partial \boldsymbol{x}^{\mathrm{T}}}\right)^{\mathrm{T}}\left(\boldsymbol{h}(\boldsymbol{x})\otimes\frac{\partial \boldsymbol{h}(\boldsymbol{x})}{\partial \boldsymbol{x}^{\mathrm{T}}}\right)$$
$$+\left(\frac{\partial \mathrm{vec}((\boldsymbol{H}(\boldsymbol{x}))^{-1})}{\partial \boldsymbol{x}^{\mathrm{T}}}\right)^{\mathrm{T}}(\boldsymbol{I}_p\otimes \boldsymbol{h}(\boldsymbol{x}))\frac{\partial \boldsymbol{h}(\boldsymbol{x})}{\partial \boldsymbol{x}^{\mathrm{T}}} \tag{7.25}$$

式中

$$\begin{cases}\dfrac{\partial \boldsymbol{h}(\boldsymbol{x})}{\partial \boldsymbol{x}^{\mathrm{T}}}=\boldsymbol{B}, \quad \dfrac{\partial}{\partial \boldsymbol{x}^{\mathrm{T}}}\mathrm{vec}\left(\left(\dfrac{\partial \boldsymbol{h}(\boldsymbol{x})}{\partial \boldsymbol{x}^{\mathrm{T}}}\right)^{\mathrm{T}}\right)=\boldsymbol{O}_{pq\times q}\\ \dfrac{\partial \mathrm{vec}((\boldsymbol{H}(\boldsymbol{x}))^{-1})}{\partial \boldsymbol{x}^{\mathrm{T}}}=-((\boldsymbol{H}(\boldsymbol{x}))^{-\mathrm{T}}\otimes(\boldsymbol{H}(\boldsymbol{x}))^{-1})\dfrac{\partial \mathrm{vec}(\boldsymbol{H}(\boldsymbol{x}))}{\partial \boldsymbol{x}^{\mathrm{T}}}\end{cases} \tag{7.26}$$

其中 $\frac{\partial \mathrm{vec}(\boldsymbol{H}(\boldsymbol{x}))}{\partial \boldsymbol{x}^{\mathrm{T}}}$ 的表达式见附录 D。

【注记 7.4】 式 (7.25) 中省略的项为 $((\boldsymbol{h}(\boldsymbol{x})\otimes\boldsymbol{h}(\boldsymbol{x}))^{\mathrm{T}}\otimes\boldsymbol{I}_q)\frac{\partial}{\partial \boldsymbol{x}^{\mathrm{T}}}\mathrm{vec}\left(\left(\frac{\partial \mathrm{vec}((\boldsymbol{H}(\boldsymbol{x}))^{-1})}{\partial \boldsymbol{x}^{\mathrm{T}}}\right)^{\mathrm{T}}\right)$, 由于该项是关于 $\boldsymbol{h}(\boldsymbol{x})$ 的二次函数, 当迭代趋于收敛时, 其值相对于其他项来说比较小, 甚至可以忽略, 难以影响最终结果的收敛性能和统计特性。

基于上述分析可知, 求解式 (7.14) 的牛顿迭代公式为

$$\hat{\boldsymbol{x}}_{k+1}=\hat{\boldsymbol{x}}_k-\mu_k(\nabla^2 J_{\mathrm{WTLS}}(\hat{\boldsymbol{x}}_k))^{-1}\nabla J_{\mathrm{WTLS}}(\hat{\boldsymbol{x}}_k) \tag{7.27}$$

式中 $\hat{\boldsymbol{x}}_k$ 和 $\hat{\boldsymbol{x}}_{k+1}$ 分别表示第 k 次和第 $k+1$ 次迭代结果, 而 μ_k 表示步长因子。牛顿迭代法的计算步骤见表 7.4。

表 7.4 牛顿迭代法计算步骤

步骤	求解方法
1	令 $k:=1$, 设置迭代收敛门限 δ, 并计算 $\hat{\boldsymbol{x}}_k=(\boldsymbol{B}^{\mathrm{T}}\boldsymbol{E}^{-1}\boldsymbol{B})^{-1}\boldsymbol{B}^{\mathrm{T}}\boldsymbol{E}^{-1}\boldsymbol{z}$
2	利用式 (7.24) 计算 $\nabla J_{\mathrm{WTLS}}(\hat{\boldsymbol{x}}_k)$
3	利用式 (7.25) 计算 $\nabla^2 J_{\mathrm{WTLS}}(\hat{\boldsymbol{x}}_k)$
4	计算 $\hat{\boldsymbol{x}}_{k+1}=\hat{\boldsymbol{x}}_k-\mu_k(\nabla^2 J_{\mathrm{WTLS}}(\hat{\boldsymbol{x}}_k))^{-1}\nabla J_{\mathrm{WTLS}}(\hat{\boldsymbol{x}}_k)$, 若 $\|\hat{\boldsymbol{x}}_{k+1}-\hat{\boldsymbol{x}}_k\|_2\leqslant\delta$ 则停止计算; 否则令 $k:=k+1$, 并转至步骤 2

需要指出的是, 为了使上述牛顿迭代法更加稳健, 可以对步长因子进行优化。此外, 与前面 3 种联合迭代方法相类似的是, 牛顿迭代法的初始值也可以由第 3 章的线性最小二乘估计值给出。

7.2.3 加权总体最小二乘估计的理论性能

一、理论性能分析

下面将从统计的角度推导加权总体最小二乘估计值的理论性能，由于人们更为关心的是未知参量 $\boldsymbol{x}$ 的估计性能，并且式 (7.5) 与式 (7.14) 是相互等价的，所以这里的性能分析仅针对式 (7.14) 进行推导。此外，由于无法直接给出式 (7.14) 的最优闭式解，因此与第 6.2.2 小节类似，这里仍然采用一阶误差分析方法进行推导，即忽略误差的二次及其以上各次项。

将式 (7.14) 的最优解 (亦即目标函数 $J_{\text{WTLS}}(\boldsymbol{x})$ 的最小值点) 记为 $\hat{\boldsymbol{x}}_{\text{WTLS}}$，于是有 $\nabla J_{\text{WTLS}}(\hat{\boldsymbol{x}}_{\text{WTLS}})=\boldsymbol{O}_{q\times 1}$，根据式 (7.24) 可得

$$\begin{aligned}\boldsymbol{O}_{q\times 1}&=\nabla J_{\text{WTLS}}(\hat{\boldsymbol{x}}_{\text{WTLS}})\\&=2\left(\left.\frac{\partial \boldsymbol{h}(\boldsymbol{x})}{\partial \boldsymbol{x}^{\text{T}}}\right|_{\boldsymbol{x}=\hat{\boldsymbol{x}}_{\text{WTLS}}}\right)^{\text{T}}(\boldsymbol{H}(\hat{\boldsymbol{x}}_{\text{WTLS}}))^{-1}\boldsymbol{h}(\hat{\boldsymbol{x}}_{\text{WTLS}})\\&\quad+\left(\left.\frac{\partial \text{vec}((\boldsymbol{H}(\boldsymbol{x}))^{-1})}{\partial \boldsymbol{x}^{\text{T}}}\right|_{\boldsymbol{x}=\hat{\boldsymbol{x}}_{\text{WTLS}}}\right)^{\text{T}}(\boldsymbol{h}(\hat{\boldsymbol{x}}_{\text{WTLS}})\otimes\boldsymbol{h}(\hat{\boldsymbol{x}}_{\text{WTLS}}))\end{aligned}\tag{7.28}$$

若令 $\hat{\boldsymbol{x}}_{\text{WTLS}}=\boldsymbol{x}+\Delta\boldsymbol{x}_{\text{WTLS}}$，其中 $\Delta\boldsymbol{x}_{\text{WTLS}}$ 表示估计误差，可以通过一阶误差分析方法将 $\Delta\boldsymbol{x}_{\text{WTLS}}$ 表示成关于观测误差 $\boldsymbol{\varphi}$ 的线性函数。首先结合式 (7.1)、式 (7.2) 和式 (7.23) 中的第 1 个等式可知

$$\begin{aligned}\boldsymbol{h}(\hat{\boldsymbol{x}}_{\text{WTLS}})&=\boldsymbol{B}\hat{\boldsymbol{x}}_{\text{WTLS}}-\boldsymbol{z}=(\boldsymbol{A}+\boldsymbol{\varXi})(\boldsymbol{x}+\Delta\boldsymbol{x}_{\text{WTLS}})-(\boldsymbol{A}\boldsymbol{x}+\boldsymbol{e})\\&=\boldsymbol{\varXi}\boldsymbol{x}+\boldsymbol{A}\Delta\boldsymbol{x}_{\text{WTLS}}+\boldsymbol{\varXi}\Delta\boldsymbol{x}_{\text{WTLS}}-\boldsymbol{e}\\&=\left[-\boldsymbol{I}_p\ \vdots\ \boldsymbol{x}^{\text{T}}\otimes\boldsymbol{I}_p\right]\boldsymbol{\varphi}+\boldsymbol{A}\Delta\boldsymbol{x}_{\text{WTLS}}+\boldsymbol{\varXi}\Delta\boldsymbol{x}_{\text{WTLS}}\end{aligned}\tag{7.29}$$

将式 (7.29) 代入式 (7.28) 中，并且忽略关于误差 (包括 $\boldsymbol{\varphi}$ 和 $\Delta\boldsymbol{x}_{\text{WTLS}}$) 的二次及其以上各次项，可得

$$\begin{aligned}\boldsymbol{O}_{q\times 1}&\approx 2\boldsymbol{B}^{\text{T}}(\boldsymbol{H}(\hat{\boldsymbol{x}}_{\text{WTLS}}))^{-1}(\left[-\boldsymbol{I}_p\ \vdots\ \boldsymbol{x}^{\text{T}}\otimes\boldsymbol{I}_p\right]\boldsymbol{\varphi}+\boldsymbol{A}\Delta\boldsymbol{x}_{\text{WTLS}}+\boldsymbol{\varXi}\Delta\boldsymbol{x}_{\text{WTLS}})\\&\approx 2\boldsymbol{A}^{\text{T}}(\boldsymbol{H}(\boldsymbol{x}))^{-1}(\left[-\boldsymbol{I}_p\ \vdots\ \boldsymbol{x}^{\text{T}}\otimes\boldsymbol{I}_p\right]\boldsymbol{\varphi}+\boldsymbol{A}\Delta\boldsymbol{x}_{\text{WTLS}})\end{aligned}\tag{7.30}$$

由式 (7.30) 可以进一步推得

$$\Delta\boldsymbol{x}_{\text{WTLS}}\approx-(\boldsymbol{A}^{\text{T}}(\boldsymbol{H}(\boldsymbol{x}))^{-1}\boldsymbol{A})^{-1}\boldsymbol{A}^{\text{T}}(\boldsymbol{H}(\boldsymbol{x}))^{-1}\left[-\boldsymbol{I}_p\ \vdots\ \boldsymbol{x}^{\text{T}}\otimes\boldsymbol{I}_p\right]\boldsymbol{\varphi}\tag{7.31}$$

式 (7.31) 给出了估计误差 $\Delta\boldsymbol{x}_{\text{WTLS}}$ 与观测误差 $\boldsymbol{\varphi}$ 之间的线性关系, 由该式可知, 向量 $\Delta\boldsymbol{x}_{\text{WTLS}}$ 渐近服从零均值的高斯分布, 且估计值 $\hat{\boldsymbol{x}}_{\text{WTLS}}$ 的均方误差矩阵为

$$\begin{aligned}
\mathbf{MSE}(\hat{\boldsymbol{x}}_{\text{WTLS}}) &= \text{E}[(\hat{\boldsymbol{x}}_{\text{WTLS}}-\boldsymbol{x})(\hat{\boldsymbol{x}}_{\text{WTLS}}-\boldsymbol{x})^{\text{T}}] = \text{E}[\Delta\boldsymbol{x}_{\text{WTLS}}\Delta\boldsymbol{x}_{\text{WTLS}}^{\text{T}}] \\
&\approx (\boldsymbol{A}^{\text{T}}(\boldsymbol{H}(\boldsymbol{x}))^{-1}\boldsymbol{A})^{-1}\boldsymbol{A}^{\text{T}}(\boldsymbol{H}(\boldsymbol{x}))^{-1}\left[-\boldsymbol{I}_p \;\vdots\; \boldsymbol{x}^{\text{T}}\otimes\boldsymbol{I}_p\right]\text{E}[\boldsymbol{\varphi}\boldsymbol{\varphi}^{\text{T}}] \\
&\quad\times\begin{bmatrix}-\boldsymbol{I}_p \\ \boldsymbol{x}\otimes\boldsymbol{I}_p\end{bmatrix}(\boldsymbol{H}(\boldsymbol{x}))^{-1}\boldsymbol{A}(\boldsymbol{A}^{\text{T}}(\boldsymbol{H}(\boldsymbol{x}))^{-1}\boldsymbol{A})^{-1} \\
&= (\boldsymbol{A}^{\text{T}}(\boldsymbol{H}(\boldsymbol{x}))^{-1}\boldsymbol{A})^{-1}\boldsymbol{A}^{\text{T}}(\boldsymbol{H}(\boldsymbol{x}))^{-1}\boldsymbol{H}(\boldsymbol{x})(\boldsymbol{H}(\boldsymbol{x}))^{-1} \\
&\quad\times\boldsymbol{A}(\boldsymbol{A}^{\text{T}}(\boldsymbol{H}(\boldsymbol{x}))^{-1}\boldsymbol{A})^{-1} \\
&= (\boldsymbol{A}^{\text{T}}(\boldsymbol{H}(\boldsymbol{x}))^{-1}\boldsymbol{A})^{-1} \\
&= \left(\boldsymbol{A}^{\text{T}}\left(\left[-\boldsymbol{I}_p \;\vdots\; \boldsymbol{x}^{\text{T}}\otimes\boldsymbol{I}_p\right]\boldsymbol{\Phi}\begin{bmatrix}-\boldsymbol{I}_p \\ \boldsymbol{x}\otimes\boldsymbol{I}_p\end{bmatrix}\right)^{-1}\boldsymbol{A}\right)^{-1}
\end{aligned} \tag{7.32}$$

【**命题 7.1**】加权总体最小二乘估计问题式 (7.14) 的最优解 $\hat{\boldsymbol{x}}_{\text{WTLS}}$ 是关于未知参量 $\boldsymbol{x}$ 的渐近最优无偏估计值。

【**证明**】首先根据式 (7.31) 可知 $\text{E}[\Delta\boldsymbol{x}_{\text{WTLS}}]\approx\boldsymbol{O}_{q\times 1}$, 因此 $\hat{\boldsymbol{x}}_{\text{WTLS}}$ 的渐近无偏性得证。接下来仅需要证明 $\hat{\boldsymbol{x}}_{\text{WTLS}}$ 是关于未知参量 $\boldsymbol{x}$ 的渐近最优估计值 (即估计方差最小), 为此需要证明 $\hat{\boldsymbol{x}}_{\text{WTLS}}$ 的均方误差矩阵等于其克拉美罗界。

下面将基于观测模型式 (7.1) 和式 (7.2) 推导估计未知参量 $\boldsymbol{x}$ 的克拉美罗界。由于此时观测矩阵 $\boldsymbol{A}$ 是未知的, 而矩阵 $\boldsymbol{B}$ 可以看成是矩阵 $\boldsymbol{A}$ 的观测值, 于是未知参量将同时包含向量 $\boldsymbol{x}$ 和矩阵 $\boldsymbol{A}$ (或者 $\text{vec}(\boldsymbol{A})$), 而观测量将同时包含向量 $\boldsymbol{z}$ 和矩阵 $\boldsymbol{B}$ (或者 $\text{vec}(\boldsymbol{B})$)。对于给定的参量 $\boldsymbol{x}$ 和 $\boldsymbol{A}$, 观测量 $\boldsymbol{z}$ 和 $\boldsymbol{B}$ 的概率密度函数可以表示为

$$\begin{aligned}
g(\boldsymbol{z},\boldsymbol{B};\boldsymbol{x},\boldsymbol{A}) &= (2\pi)^{-p(q+1)/2}(\det(\boldsymbol{\Phi}))^{-1/2} \\
&\quad\times\exp\left\{-\frac{1}{2}\left(\begin{bmatrix}\boldsymbol{z} \\ \text{vec}(\boldsymbol{B})\end{bmatrix}-\begin{bmatrix}\boldsymbol{A}\boldsymbol{x} \\ \text{vec}(\boldsymbol{A})\end{bmatrix}\right)^{\text{T}}\right. \\
&\quad\left.\times\boldsymbol{\Phi}^{-1}\left(\begin{bmatrix}\boldsymbol{z} \\ \text{vec}(\boldsymbol{B})\end{bmatrix}-\begin{bmatrix}\boldsymbol{A}\boldsymbol{x} \\ \text{vec}(\boldsymbol{A})\end{bmatrix}\right)\right\}
\end{aligned} \tag{7.33}$$

取其对数可得

$$\begin{aligned}\ln(g(\boldsymbol{z},\boldsymbol{B};\boldsymbol{x},\boldsymbol{A})) = & -\frac{p(q+1)}{2}\ln(2\pi)-\frac{1}{2}\ln(\det(\boldsymbol{\Phi})) \\ & -\frac{1}{2}\left(\begin{bmatrix}\boldsymbol{z}\\ \mathrm{vec}(\boldsymbol{B})\end{bmatrix}-\begin{bmatrix}\boldsymbol{Ax}\\ \mathrm{vec}(\boldsymbol{A})\end{bmatrix}\right)^{\mathrm{T}} \\ & \times\boldsymbol{\Phi}^{-1}\left(\begin{bmatrix}\boldsymbol{z}\\ \mathrm{vec}(\boldsymbol{B})\end{bmatrix}-\begin{bmatrix}\boldsymbol{Ax}\\ \mathrm{vec}(\boldsymbol{A})\end{bmatrix}\right)\end{aligned} \tag{7.34}$$

由式 (7.34) 可知, $\ln(g(\boldsymbol{z},\boldsymbol{B};\boldsymbol{x},\boldsymbol{A}))$ 关于全部未知向量 $\begin{bmatrix}\boldsymbol{x}\\ \mathrm{vec}(\boldsymbol{A})\end{bmatrix}$ 的梯度向量可以表示为

$$\begin{aligned}\begin{bmatrix}\dfrac{\partial\ln(g(\boldsymbol{z},\boldsymbol{B};\boldsymbol{x},\boldsymbol{A}))}{\partial\boldsymbol{x}}\\ \dfrac{\partial\ln(g(\boldsymbol{z},\boldsymbol{B};\boldsymbol{x},\boldsymbol{A}))}{\partial\mathrm{vec}(\boldsymbol{A})}\end{bmatrix} &= \begin{bmatrix}\boldsymbol{A} & \boldsymbol{x}^{\mathrm{T}}\otimes\boldsymbol{I}_p\\ \boldsymbol{O}_{pq\times q} & \boldsymbol{I}_{pq}\end{bmatrix}^{\mathrm{T}}\boldsymbol{\Phi}^{-1}\begin{bmatrix}\boldsymbol{z}-\boldsymbol{Ax}\\ \mathrm{vec}(\boldsymbol{B}-\boldsymbol{A})\end{bmatrix} \\ &= \begin{bmatrix}\boldsymbol{A}^{\mathrm{T}} & \boldsymbol{O}_{q\times pq}\\ \boldsymbol{x}\otimes\boldsymbol{I}_p & \boldsymbol{I}_{pq}\end{bmatrix}\boldsymbol{\Phi}^{-1}\boldsymbol{\varphi}\end{aligned} \tag{7.35}$$

根据命题 2.37 可知, 关于全部未知向量 $\begin{bmatrix}\boldsymbol{x}\\ \mathrm{vec}(\boldsymbol{A})\end{bmatrix}$ 的费希尔信息矩阵为

$$\begin{aligned}&\mathbf{FISH}_{\mathrm{WTLS}}\left(\begin{bmatrix}\boldsymbol{x}\\ \mathrm{vec}(\boldsymbol{A})\end{bmatrix}\right) \\ &= \mathrm{E}\left(\begin{bmatrix}\dfrac{\partial\ln(g(\boldsymbol{z},\boldsymbol{B};\boldsymbol{x},\boldsymbol{A}))}{\partial\boldsymbol{x}}\\ \dfrac{\partial\ln(g(\boldsymbol{z},\boldsymbol{B};\boldsymbol{x},\boldsymbol{A}))}{\partial\mathrm{vec}(\boldsymbol{A})}\end{bmatrix}\begin{bmatrix}\dfrac{\partial\ln(g(\boldsymbol{z},\boldsymbol{B};\boldsymbol{x},\boldsymbol{A}))}{\partial\boldsymbol{x}}\\ \dfrac{\partial\ln(g(\boldsymbol{z},\boldsymbol{B};\boldsymbol{x},\boldsymbol{A}))}{\partial\mathrm{vec}(\boldsymbol{A})}\end{bmatrix}^{\mathrm{T}}\right) \\ &= \begin{bmatrix}\boldsymbol{A}^{\mathrm{T}} & \boldsymbol{O}_{q\times pq}\\ \boldsymbol{x}\otimes\boldsymbol{I}_p & \boldsymbol{I}_{pq}\end{bmatrix}\boldsymbol{\Phi}^{-1}\begin{bmatrix}\boldsymbol{A} & \boldsymbol{x}^{\mathrm{T}}\otimes\boldsymbol{I}_p\\ \boldsymbol{O}_{pq\times q} & \boldsymbol{I}_{pq}\end{bmatrix}\end{aligned} \tag{7.36}$$

则估计未知参量 $\boldsymbol{x}$ 的克拉美罗界可以表示为

$$\begin{aligned}\mathbf{CRB}_{\mathrm{WTLS}}(\boldsymbol{x}) &= [\boldsymbol{I}_q \quad \boldsymbol{O}_{q\times pq}]\mathbf{CRB}_{\mathrm{WTLS}}\left(\begin{bmatrix}\boldsymbol{x}\\ \mathrm{vec}(\boldsymbol{A})\end{bmatrix}\right)\begin{bmatrix}\boldsymbol{I}_q\\ \boldsymbol{O}_{pq\times q}\end{bmatrix} \\ &= [\boldsymbol{I}_q \quad \boldsymbol{O}_{q\times pq}]\left(\mathbf{FISH}_{\mathrm{WTLS}}\left(\begin{bmatrix}\boldsymbol{x}\\ \mathrm{vec}(\boldsymbol{A})\end{bmatrix}\right)\right)^{-1}\begin{bmatrix}\boldsymbol{I}_q\\ \boldsymbol{O}_{pq\times q}\end{bmatrix}\end{aligned}$$

$$= [\boldsymbol{I}_q \quad \boldsymbol{O}_{q\times pq}] \left(\begin{bmatrix} \boldsymbol{A}^{\mathrm{T}} & \boldsymbol{O}_{q\times pq} \\ \boldsymbol{x}\otimes\boldsymbol{I}_p & \boldsymbol{I}_{pq} \end{bmatrix} \boldsymbol{\Phi}^{-1} \begin{bmatrix} \boldsymbol{A} & \boldsymbol{x}^{\mathrm{T}}\otimes\boldsymbol{I}_p \\ \boldsymbol{O}_{pq\times q} & \boldsymbol{I}_{pq} \end{bmatrix} \right)^{-1} \begin{bmatrix} \boldsymbol{I}_q \\ \boldsymbol{O}_{pq\times q} \end{bmatrix} \tag{7.37}$$

通过附录 E 中证明的如下等式

$$\begin{aligned} &[\boldsymbol{I}_q\ \boldsymbol{O}_{q\times pq}] \left(\begin{bmatrix} \boldsymbol{A}^{\mathrm{T}} & \boldsymbol{O}_{q\times pq} \\ \boldsymbol{x}\otimes\boldsymbol{I}_p & \boldsymbol{I}_{pq} \end{bmatrix} \boldsymbol{\Phi}^{-1} \begin{bmatrix} \boldsymbol{A} & \boldsymbol{x}^{\mathrm{T}}\otimes\boldsymbol{I}_p \\ \boldsymbol{O}_{pq\times q} & \boldsymbol{I}_{pq} \end{bmatrix} \right)^{-1} \begin{bmatrix} \boldsymbol{I}_q \\ \boldsymbol{O}_{pq\times q} \end{bmatrix} \\ =& \left(\boldsymbol{A}^{\mathrm{T}} \left(\begin{bmatrix} -\boldsymbol{I}_p & \boldsymbol{x}^{\mathrm{T}}\otimes\boldsymbol{I}_p \end{bmatrix} \boldsymbol{\Phi} \begin{bmatrix} -\boldsymbol{I}_p \\ \boldsymbol{x}\otimes\boldsymbol{I}_p \end{bmatrix} \right)^{-1} \boldsymbol{A} \right)^{-1} \end{aligned} \tag{7.38}$$

并结合式 (7.32)、式 (7.37) 和 (7.38) 可得

$$\begin{aligned} \mathbf{CRB}_{\mathrm{WTLS}}(\boldsymbol{x}) &= \left(\boldsymbol{A}^{\mathrm{T}} \left(\begin{bmatrix} -\boldsymbol{I}_p & \boldsymbol{x}^{\mathrm{T}}\otimes\boldsymbol{I}_p \end{bmatrix} \boldsymbol{\Phi} \begin{bmatrix} -\boldsymbol{I}_p \\ \boldsymbol{x}\otimes\boldsymbol{I}_p \end{bmatrix} \right)^{-1} \boldsymbol{A} \right)^{-1} \\ &= (\boldsymbol{A}^{\mathrm{T}}(\boldsymbol{H}(\boldsymbol{x}))^{-1}\boldsymbol{A})^{-1} \\ &\approx \mathbf{MSE}(\hat{\boldsymbol{x}}_{\mathrm{WTLS}}) \end{aligned} \tag{7.39}$$

综上可知, 向量 $\hat{\boldsymbol{x}}_{\mathrm{WTLS}}$ 是关于未知参量 $\boldsymbol{x}$ 的渐近最优无偏估计值。证毕。

【注记 7.5】基于式 (7.36) 还可以得到估计 $\mathrm{vec}(\boldsymbol{A})$ 的克拉美罗界, 即有

$$\begin{aligned} &\mathbf{CRB}_{\mathrm{WTLS}}(\mathrm{vec}(\boldsymbol{A})) \\ =& [\boldsymbol{O}_{pq\times q} \quad \boldsymbol{I}_{pq}] \left(\begin{bmatrix} \boldsymbol{A}^{\mathrm{T}} & \boldsymbol{O}_{q\times pq} \\ \boldsymbol{x}\otimes\boldsymbol{I}_p & \boldsymbol{I}_{pq} \end{bmatrix} \boldsymbol{\Phi}^{-1} \begin{bmatrix} \boldsymbol{A} & \boldsymbol{x}^{\mathrm{T}}\otimes\boldsymbol{I}_p \\ \boldsymbol{O}_{pq\times q} & \boldsymbol{I}_{pq} \end{bmatrix} \right)^{-1} \begin{bmatrix} \boldsymbol{O}_{q\times pq} \\ \boldsymbol{I}_{pq} \end{bmatrix} \end{aligned} \tag{7.40}$$

二、数值实验

下面将通过一个数值实验统计上述 4 种加权总体最小二乘估计值的精度。将观测矩阵 $\boldsymbol{A}$ 和未知参量 $\boldsymbol{x}$ 分别设为

$$\left\{ \begin{aligned} &\boldsymbol{A} = \begin{bmatrix} 3 & 3 & 3 & 3 & 3 & -5 & -5 & -5 & -5 & -5 \\ 3 & 3 & 3 & 3 & 3 & 3 & 3 & 3 & 3 & 3 \\ -3 & -3 & -3 & -3 & -3 & -3 & -3 & -2 & -2 & -2 \\ 5 & 5 & 5 & 5 & -3 & -3 & -3 & -3 & 3 & 3 \\ -2 & -2 & -2 & -2 & -2 & -2 & -2 & -2 & -2 & -2 \\ -5 & -5 & -5 & -5 & -5 & -5 & -5 & -5 & -5 & -5 \\ -2 & -2 & -2 & -2 & 4 & 4 & 4 & 4 & 4 & 4 \\ 3 & 3 & 3 & 3 & 3 & 3 & 3 & 3 & 3 & 3 \end{bmatrix}^{\mathrm{T}} \\ &\boldsymbol{x} = [1 \quad 1 \quad 1 \quad 1]^{\mathrm{T}} \end{aligned} \right. \tag{7.41}$$

观测误差 φ 服从均值为零的高斯分布, 并且其协方差矩阵为

$$\boldsymbol{\Phi}=\sigma^2(0.5\boldsymbol{1}_{100\times1}\boldsymbol{1}_{100\times1}^{\mathrm{T}}+0.5\boldsymbol{I}_{100}) \tag{7.42}$$

式中 σ 表示每个观测误差的标准差, σ^2 则表示每个观测误差的方差。

图 7.1 所示为未知参量 $\boldsymbol{x}$ 的估计均方根误差随观测误差标准差 σ 的变化曲线, 图 7.2 所示为观测矩阵 $\boldsymbol{A}$ 的估计均方根误差随观测误差标准差 σ 的变化曲线。需要指出的是, 由于牛顿迭代法仅仅给出了未知参量 $\boldsymbol{x}$ 的估计值, 因此图 7.2 中无法给出该方法的统计结果。此外, 图 7.2 中还给出了将矩阵 $\boldsymbol{B}$ 作为矩阵 $\boldsymbol{A}$ 估计值时的统计结果。

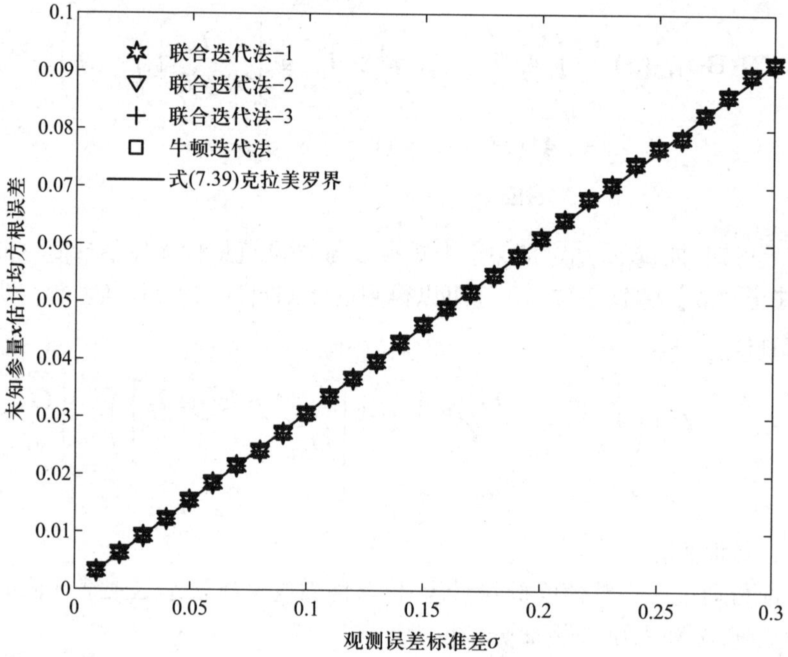

图 7.1　未知参量 $\boldsymbol{x}$ 估计均方根误差随观测误差标准差 σ 的变化曲线 (彩图)

从图 7.1 和图 7.2 可以看出, 4 种加权总体最小二乘估计方法的性能几乎是一致的, 它们的估计均方根误差均可以达到相应的克拉美罗界, 并且无论是针对未知参量 $\boldsymbol{x}$ 的估计精度还是针对观测矩阵 $\boldsymbol{A}$ 的估计精度都是如此。这一结果不仅验证了上述 4 种方法的渐近最优性, 同时也验证了本节理论分析的有效性。此外, 从图 7.2 还可以看出, 若将矩阵 $\boldsymbol{B}$ 作为矩阵 $\boldsymbol{A}$ 的估计值, 其估计精度要低于 3 种联合迭代法的估计精度, 这验证了注记 7.3 中的结论。最后还需要强调

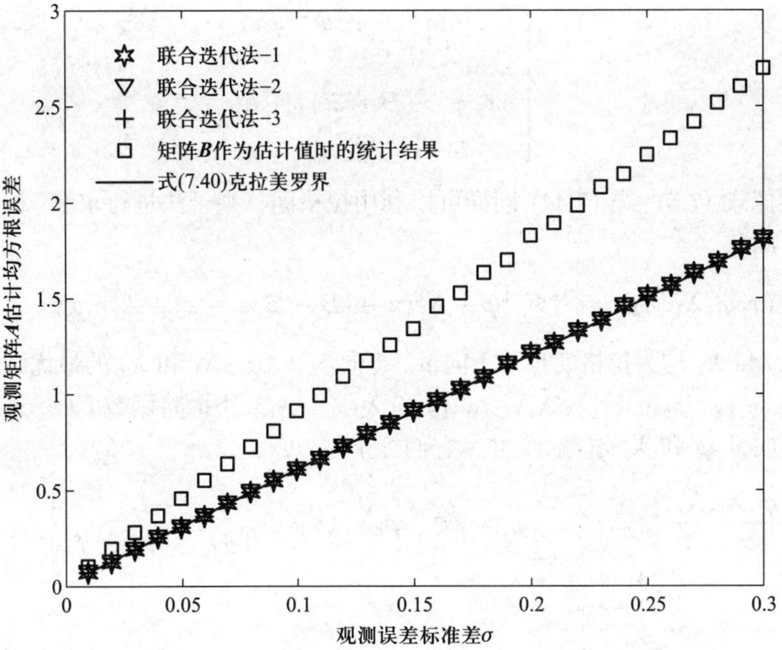

图 7.2　观测矩阵 $\boldsymbol{A}$ 估计均方根误差随观测误差标准差 σ 的变化曲线 (彩图)

的是, 类似于第 6.2.2 节中的讨论, 加权总体最小二乘估计方法同样存在 “门限效应”, 只是在图 7.1 和图 7.2 中, σ 的数值还不足够大, 因此尚未出现 “门限效应”。事实上, 如果进一步增大 σ 的数值, “门限效应” 就会显现出来。

7.3　含等式约束的加权总体最小二乘估计优化模型、求解方法及其理论性能

7.3.1　含等式约束的加权总体最小二乘估计优化模型

观测模型同式 (7.1) 和式 (7.2), 在此基础上, 已知未知参量 $\boldsymbol{x}$ 满足如下等式约束

$$\boldsymbol{c}(\boldsymbol{x}) = \boldsymbol{O}_{r\times 1} \quad (r < q) \tag{7.43}$$

式中 $\boldsymbol{c}(\boldsymbol{x})$ 是关于 $\boldsymbol{x}$ 的连续可导函数, 其既可以是线性函数, 也可以是非线性函数。此时的加权总体最小二乘估计优化模型为

$$
\begin{cases}
\min\limits_{\substack{\boldsymbol{x}\in\mathbf{R}^{q\times 1}\\ \boldsymbol{\varphi}\in\mathbf{R}^{p(q+1)\times 1}}} \quad \{\boldsymbol{\varphi}^{\mathrm{T}}\boldsymbol{\Phi}^{-1}\boldsymbol{\varphi}\}\\
\text{s.t. } \boldsymbol{z}=(\boldsymbol{B}-\boldsymbol{\Xi})\boldsymbol{x}+\boldsymbol{e}\\
\qquad \boldsymbol{c}(\boldsymbol{x})=\boldsymbol{O}_{r\times 1}
\end{cases} \tag{7.44}
$$

类似式 (7.5), 式 (7.44) 同样可以利用拉格朗日乘子法进行求解, 相应的拉格朗日函数

$$
l_{\mathrm{b}}(\boldsymbol{x},\boldsymbol{\varphi},\boldsymbol{\lambda}_1,\boldsymbol{\lambda}_2)=\boldsymbol{\varphi}^{\mathrm{T}}\boldsymbol{\Phi}^{-1}\boldsymbol{\varphi}+\boldsymbol{\lambda}_1^{\mathrm{T}}(\boldsymbol{z}-(\boldsymbol{B}-\boldsymbol{\Xi})\boldsymbol{x}-\boldsymbol{e})+\boldsymbol{\lambda}_2^{\mathrm{T}}\boldsymbol{c}(\boldsymbol{x}) \tag{7.45}
$$

式中 $\boldsymbol{\lambda}_1$ 和 $\boldsymbol{\lambda}_2$ 均为拉格朗日乘子向量。将向量 $\boldsymbol{x}$、$\boldsymbol{\varphi}$、$\boldsymbol{\lambda}_1$ 和 $\boldsymbol{\lambda}_2$ 的最优解分别记为 $\hat{\boldsymbol{x}}_{\mathrm{EC-WTLS}}$、$\hat{\boldsymbol{\varphi}}_{\mathrm{EC-WTLS}}$、$\hat{\boldsymbol{\lambda}}_{1,\mathrm{EC-WTLS}}$ 和 $\hat{\boldsymbol{\lambda}}_{2,\mathrm{EC-WTLS}}$, 下面将函数 $l_{\mathrm{b}}(\boldsymbol{x},\boldsymbol{\varphi},\boldsymbol{\lambda}_1,\boldsymbol{\lambda}_2)$ 分别对向量 $\boldsymbol{\varphi}$ 和 $\boldsymbol{\lambda}_1$ 求偏导, 并令它们等于零, 可得

$$
\begin{aligned}
\left.\frac{\partial l_{\mathrm{b}}(\boldsymbol{x},\boldsymbol{\varphi},\boldsymbol{\lambda}_1,\boldsymbol{\lambda}_2)}{\partial\boldsymbol{\varphi}}\right|_{\substack{\boldsymbol{x}=\hat{\boldsymbol{x}}_{\mathrm{EC-WTLS}}\\ \boldsymbol{\varphi}=\hat{\boldsymbol{\varphi}}_{\mathrm{EC-WTLS}}\\ \boldsymbol{\lambda}_1=\hat{\boldsymbol{\lambda}}_{1,\mathrm{EC-WTLS}}\\ \boldsymbol{\lambda}_2=\hat{\boldsymbol{\lambda}}_{2,\mathrm{EC-WTLS}}}} &= 2\boldsymbol{\Phi}^{-1}\hat{\boldsymbol{\varphi}}_{\mathrm{EC-WTLS}}+\begin{bmatrix}-\boldsymbol{I}_p\\ \hat{\boldsymbol{x}}_{\mathrm{EC-WTLS}}\otimes\boldsymbol{I}_p\end{bmatrix}\hat{\boldsymbol{\lambda}}_{1,\mathrm{EC-WTLS}}\\
&=\boldsymbol{O}_{p(q+1)\times 1}
\end{aligned} \tag{7.46}
$$

$$
\begin{aligned}
\left.\frac{\partial l_{\mathrm{b}}(\boldsymbol{x},\boldsymbol{\varphi},\boldsymbol{\lambda}_1,\boldsymbol{\lambda}_2)}{\partial\boldsymbol{\lambda}_1}\right|_{\substack{\boldsymbol{x}=\hat{\boldsymbol{x}}_{\mathrm{EC-WTLS}}\\ \boldsymbol{\varphi}=\hat{\boldsymbol{\varphi}}_{\mathrm{EC-WTLS}}\\ \boldsymbol{\lambda}_1=\hat{\boldsymbol{\lambda}}_{1,\mathrm{EC-WTLS}}\\ \boldsymbol{\lambda}_2=\hat{\boldsymbol{\lambda}}_{2,\mathrm{EC-WTLS}}}} &= \boldsymbol{z}-(\boldsymbol{B}-\hat{\boldsymbol{\Xi}}_{\mathrm{EC-WTLS}})\hat{\boldsymbol{x}}_{\mathrm{EC-WTLS}}-\hat{\boldsymbol{e}}_{\mathrm{EC-WTLS}}\\
&=\boldsymbol{z}-\boldsymbol{B}\hat{\boldsymbol{x}}_{\mathrm{EC-WTLS}}\\
&\quad+\left[-\boldsymbol{I}_p \;\vdots\; \hat{\boldsymbol{x}}_{\mathrm{EC-WTLS}}^{\mathrm{T}}\otimes\boldsymbol{I}_p\right]\hat{\boldsymbol{\varphi}}_{\mathrm{EC-WTLS}}\\
&=\boldsymbol{O}_{p\times 1}
\end{aligned} \tag{7.47}
$$

式中 $\hat{\boldsymbol{\varphi}}_{\mathrm{EC-WTLS}}=\begin{bmatrix}\hat{\boldsymbol{e}}_{\mathrm{EC-WTLS}}\\ \mathrm{vec}(\hat{\boldsymbol{\Xi}}_{\mathrm{EC-WTLS}})\end{bmatrix}$。由式 (7.46) 可知

$$
\hat{\boldsymbol{\varphi}}_{\mathrm{EC-WTLS}}=-\frac{1}{2}\boldsymbol{\Phi}\begin{bmatrix}-\boldsymbol{I}_p\\ \hat{\boldsymbol{x}}_{\mathrm{EC-WTLS}}\otimes\boldsymbol{I}_p\end{bmatrix}\hat{\boldsymbol{\lambda}}_{1,\mathrm{EC-WTLS}} \tag{7.48}
$$

将式 (7.48) 代入式 (7.47), 可得

$$
\begin{aligned}
\hat{\boldsymbol{\lambda}}_{1,\mathrm{EC-WTLS}} &= 2\left(\left[-\boldsymbol{I}_p \;\vdots\; \hat{\boldsymbol{x}}_{\mathrm{EC-WTLS}}^{\mathrm{T}}\otimes\boldsymbol{I}_p\right]\boldsymbol{\Phi}\begin{bmatrix}-\boldsymbol{I}_p\\ \hat{\boldsymbol{x}}_{\mathrm{EC-WTLS}}\otimes\boldsymbol{I}_p\end{bmatrix}\right)^{-1}\\
&\quad\times(\boldsymbol{z}-\boldsymbol{B}\hat{\boldsymbol{x}}_{\mathrm{EC-WTLS}})
\end{aligned} \tag{7.49}
$$

再将式 (7.49) 代入式 (7.48), 可知

$$\hat{\boldsymbol{\varphi}}_{\text{EC-WTLS}}=\boldsymbol{\Phi}\begin{bmatrix}-\boldsymbol{I}_p\\ \hat{\boldsymbol{x}}_{\text{EC-WTLS}}\otimes\boldsymbol{I}_p\end{bmatrix}\times\left(\left[-\boldsymbol{I}_p\ \vdots\ \hat{\boldsymbol{x}}_{\text{EC-WTLS}}^{\text{T}}\otimes\boldsymbol{I}_p\right]\boldsymbol{\Phi}\begin{bmatrix}-\boldsymbol{I}_p\\ \hat{\boldsymbol{x}}_{\text{EC-WTLS}}\otimes\boldsymbol{I}_p\end{bmatrix}\right)^{-1}(\boldsymbol{B}\hat{\boldsymbol{x}}_{\text{EC-WTLS}}-\boldsymbol{z}) \tag{7.50}$$

由式 (7.50) 可得

$$\begin{aligned}&\hat{\boldsymbol{\varphi}}_{\text{EC-WTLS}}^{\text{T}}\boldsymbol{\Phi}^{-1}\hat{\boldsymbol{\varphi}}_{\text{EC-WTLS}}\\ =&(\boldsymbol{B}\hat{\boldsymbol{x}}_{\text{EC-WTLS}}-\boldsymbol{z})^{\text{T}}\\ &\times\left(\left[-\boldsymbol{I}_p\ \vdots\ \hat{\boldsymbol{x}}_{\text{EC-WTLS}}^{\text{T}}\otimes\boldsymbol{I}_p\right]\boldsymbol{\Phi}\begin{bmatrix}-\boldsymbol{I}_p\\ \hat{\boldsymbol{x}}_{\text{EC-WTLS}}\otimes\boldsymbol{I}_p\end{bmatrix}\right)^{-1}(\boldsymbol{B}\hat{\boldsymbol{x}}_{\text{EC-WTLS}}-\boldsymbol{z})\end{aligned} \tag{7.51}$$

基于式 (7.51) 可以将约束优化问题式 (7.44) 转化为另一种约束优化问题, 如下式所示

$$\begin{cases}\min\limits_{\boldsymbol{x}\in\mathbf{R}^{q\times 1}}\left\{(\boldsymbol{B}\boldsymbol{x}-\boldsymbol{z})^{\text{T}}\left(\left[-\boldsymbol{I}_p\ \vdots\ \boldsymbol{x}^{\text{T}}\otimes\boldsymbol{I}_p\right]\boldsymbol{\Phi}\begin{bmatrix}-\boldsymbol{I}_p\\ \boldsymbol{x}\otimes\boldsymbol{I}_p\end{bmatrix}\right)^{-1}(\boldsymbol{B}\boldsymbol{x}-\boldsymbol{z})\right\}\\ \text{s.t. } \boldsymbol{c}(\boldsymbol{x})=\boldsymbol{O}_{r\times 1}\end{cases} \tag{7.52}$$

根据上述推导过程可知, 含等式约束的加权总体最小二乘估计问题的解既可以通过求解式 (7.44) 来获得, 也可以通过求解式 (7.52) 来求得。

7.3.2 含等式约束的加权总体最小二乘估计问题的数值求解方法

本节将给出含等式约束的加权总体最小二乘估计问题的数值求解方法。数值求解方法既可以针对式 (7.44) 所提出, 也可以针对式 (7.52) 而提出。下面将讨论 4 种等式约束形式, 第 1 种是线性等式约束; 第 2 种是二次等式约束; 第 3 种是同时含有线性等式约束和二次等式约束; 第 4 种则是任意形式的等式约束。

一、线性等式约束加权总体最小二乘估计问题

线性等式约束意味着 $\boldsymbol{c}(\boldsymbol{x})$ 是关于 $\boldsymbol{x}$ 的线性函数, 即

$$\boldsymbol{c}(\boldsymbol{x})=\boldsymbol{W}\boldsymbol{x}-\boldsymbol{w} \tag{7.53}$$

式中 $\boldsymbol{W}\in\mathbf{R}^{r\times q}$ 是行满秩矩阵, 这意味着线性等式约束之间是相互独立的。

在线性等式约束条件下的拉格朗日函数可以表示为

$$l_{\mathrm{c}}(\boldsymbol{x},\boldsymbol{\varphi},\boldsymbol{\lambda}_1,\boldsymbol{\lambda}_2)=\boldsymbol{\varphi}^{\mathrm{T}}\boldsymbol{\Phi}^{-1}\boldsymbol{\varphi}+\boldsymbol{\lambda}_1^{\mathrm{T}}(\boldsymbol{z}-(\boldsymbol{B}-\boldsymbol{\Xi})\boldsymbol{x}-\boldsymbol{e})+\boldsymbol{\lambda}_2^{\mathrm{T}}(\boldsymbol{W}\boldsymbol{x}-\boldsymbol{w}) \tag{7.54}$$

将函数 $l_{\mathrm{c}}(\boldsymbol{x},\boldsymbol{\varphi},\boldsymbol{\lambda}_1,\boldsymbol{\lambda}_2)$ 分别对向量 $\boldsymbol{x}$ 和 $\boldsymbol{\lambda}_2$ 求偏导, 并令它们等于零, 可得

$$\left.\frac{\partial l_{\mathrm{c}}(\boldsymbol{x},\boldsymbol{\varphi},\boldsymbol{\lambda}_1,\boldsymbol{\lambda}_2)}{\partial \boldsymbol{x}}\right|_{\substack{\boldsymbol{x}=\hat{\boldsymbol{x}}_{\mathrm{EC-WTLS}}\\ \boldsymbol{\varphi}=\hat{\boldsymbol{\varphi}}_{\mathrm{EC-WTLS}}\\ \boldsymbol{\lambda}_1=\hat{\boldsymbol{\lambda}}_{1,\mathrm{EC-WTLS}}\\ \boldsymbol{\lambda}_2=\hat{\boldsymbol{\lambda}}_{2,\mathrm{EC-WTLS}}}}=-(\boldsymbol{B}-\hat{\boldsymbol{\Xi}}_{\mathrm{EC-WTLS}})^{\mathrm{T}}\hat{\boldsymbol{\lambda}}_{1,\mathrm{EC-WTLS}}+\boldsymbol{W}^{\mathrm{T}}\hat{\boldsymbol{\lambda}}_{2,\mathrm{EC-WTLS}}=\boldsymbol{O}_{q\times 1} \tag{7.55}$$

$$\left.\frac{\partial l_{\mathrm{c}}(\boldsymbol{x},\boldsymbol{\varphi},\boldsymbol{\lambda}_1,\boldsymbol{\lambda}_2)}{\partial \boldsymbol{\lambda}_2}\right|_{\substack{\boldsymbol{x}=\hat{\boldsymbol{x}}_{\mathrm{EC-WTLS}}\\ \boldsymbol{\varphi}=\hat{\boldsymbol{\varphi}}_{\mathrm{EC-WTLS}}\\ \boldsymbol{\lambda}_1=\hat{\boldsymbol{\lambda}}_{1,\mathrm{EC-WTLS}}\\ \boldsymbol{\lambda}_2=\hat{\boldsymbol{\lambda}}_{2,\mathrm{EC-WTLS}}}}=\boldsymbol{W}\hat{\boldsymbol{x}}_{\mathrm{EC-WTLS}}-\boldsymbol{w}=\boldsymbol{O}_{r\times 1} \tag{7.56}$$

将式 (7.49) 代入式 (7.55), 可知

$$\begin{aligned}&-2(\boldsymbol{B}-\hat{\boldsymbol{\Xi}}_{\mathrm{EC-WTLS}})^{\mathrm{T}}\left(\left[-\boldsymbol{I}_p \,\vdots\, \hat{\boldsymbol{x}}_{\mathrm{EC-WTLS}}^{\mathrm{T}}\otimes\boldsymbol{I}_p\right]\boldsymbol{\Phi}\begin{bmatrix}-\boldsymbol{I}_p\\ \hat{\boldsymbol{x}}_{\mathrm{EC-WTLS}}\otimes\boldsymbol{I}_p\end{bmatrix}\right)^{-1}\\&\times(\boldsymbol{z}-\boldsymbol{B}\hat{\boldsymbol{x}}_{\mathrm{EC-WTLS}})+\boldsymbol{W}^{\mathrm{T}}\hat{\boldsymbol{\lambda}}_{2,\mathrm{EC-WTLS}}=\boldsymbol{O}_{q\times 1}\\&\Rightarrow(\boldsymbol{B}-\hat{\boldsymbol{\Xi}}_{\mathrm{EC-WTLS}})^{\mathrm{T}}\left(\left[-\boldsymbol{I}_p \,\vdots\, \hat{\boldsymbol{x}}_{\mathrm{EC-WTLS}}^{\mathrm{T}}\otimes\boldsymbol{I}_p\right]\boldsymbol{\Phi}\begin{bmatrix}-\boldsymbol{I}_p\\ \hat{\boldsymbol{x}}_{\mathrm{EC-WTLS}}\otimes\boldsymbol{I}_p\end{bmatrix}\right)^{-1}\\&\times(\boldsymbol{B}-\hat{\boldsymbol{\Xi}}_{\mathrm{EC-WTLS}})\hat{\boldsymbol{x}}_{\mathrm{EC-WTLS}}\\&=(\boldsymbol{B}-\hat{\boldsymbol{\Xi}}_{\mathrm{EC-WTLS}})^{\mathrm{T}}\left(\left[-\boldsymbol{I}_p \,\vdots\, \hat{\boldsymbol{x}}_{\mathrm{EC-WTLS}}^{\mathrm{T}}\otimes\boldsymbol{I}_p\right]\boldsymbol{\Phi}\begin{bmatrix}-\boldsymbol{I}_p\\ \hat{\boldsymbol{x}}_{\mathrm{EC-WTLS}}\otimes\boldsymbol{I}_p\end{bmatrix}\right)^{-1}\\&\times(\boldsymbol{z}-\hat{\boldsymbol{\Xi}}_{\mathrm{EC-WTLS}}\hat{\boldsymbol{x}}_{\mathrm{EC-WTLS}})-\frac{1}{2}\boldsymbol{W}^{\mathrm{T}}\hat{\boldsymbol{\lambda}}_{2,\mathrm{EC-WTLS}}\end{aligned} \tag{7.57}$$

若令

$$\begin{cases}\boldsymbol{M}(\hat{\boldsymbol{x}}_{\mathrm{EC-WTLS}},\hat{\boldsymbol{\Xi}}_{\mathrm{EC-WTLS}})=(\boldsymbol{B}-\hat{\boldsymbol{\Xi}}_{\mathrm{EC-WTLS}})^{\mathrm{T}}\\ \times\left(\left[-\boldsymbol{I}_p \,\vdots\, \hat{\boldsymbol{x}}_{\mathrm{EC-WTLS}}^{\mathrm{T}}\otimes\boldsymbol{I}_p\right]\boldsymbol{\Phi}\begin{bmatrix}-\boldsymbol{I}_p\\ \hat{\boldsymbol{x}}_{\mathrm{EC-WTLS}}\otimes\boldsymbol{I}_p\end{bmatrix}\right)^{-1}(\boldsymbol{B}-\hat{\boldsymbol{\Xi}}_{\mathrm{EC-WTLS}})\\ \boldsymbol{m}(\hat{\boldsymbol{x}}_{\mathrm{EC-WTLS}},\hat{\boldsymbol{\Xi}}_{\mathrm{EC-WTLS}})=(\boldsymbol{B}-\hat{\boldsymbol{\Xi}}_{\mathrm{EC-WTLS}})^{\mathrm{T}}\\ \times\left(\left[-\boldsymbol{I}_p \,\vdots\, \hat{\boldsymbol{x}}_{\mathrm{EC-WTLS}}^{\mathrm{T}}\otimes\boldsymbol{I}_p\right]\boldsymbol{\Phi}\begin{bmatrix}-\boldsymbol{I}_p\\ \hat{\boldsymbol{x}}_{\mathrm{EC-WTLS}}\otimes\boldsymbol{I}_p\end{bmatrix}\right)^{-1}(\boldsymbol{z}-\hat{\boldsymbol{\Xi}}_{\mathrm{EC-WTLS}}\hat{\boldsymbol{x}}_{\mathrm{EC-WTLS}})\end{cases} \tag{7.58}$$

并记

$$
\begin{aligned}
&\boldsymbol{\eta}(\hat{\boldsymbol{x}}_{\mathrm{EC-WTLS}}, \hat{\boldsymbol{\Xi}}_{\mathrm{EC-WTLS}}) \\
&= (\boldsymbol{M}(\hat{\boldsymbol{x}}_{\mathrm{EC-WTLS}}, \hat{\boldsymbol{\Xi}}_{\mathrm{EC-WTLS}}))^{-1}\boldsymbol{m}(\hat{\boldsymbol{x}}_{\mathrm{EC-WTLS}}, \hat{\boldsymbol{\Xi}}_{\mathrm{EC-WTLS}})
\end{aligned} \tag{7.59}
$$

将式 (7.58) 和式 (7.59) 代入式 (7.57), 可得

$$
\begin{aligned}
\hat{\boldsymbol{x}}_{\mathrm{EC-WTLS}} = \boldsymbol{\eta}(\hat{\boldsymbol{x}}_{\mathrm{EC-WTLS}}, \hat{\boldsymbol{\Xi}}_{\mathrm{EC-WTLS}}) \\
- \frac{1}{2}(\boldsymbol{M}(\hat{\boldsymbol{x}}_{\mathrm{EC-WTLS}}, \hat{\boldsymbol{\Xi}}_{\mathrm{EC-WTLS}}))^{-1}\boldsymbol{W}^{\mathrm{T}}\hat{\boldsymbol{\lambda}}_{2,\mathrm{EC-WTLS}}
\end{aligned} \tag{7.60}
$$

再将式 (7.60) 代入式 (7.56), 可知

$$
\begin{aligned}
&\boldsymbol{W}\boldsymbol{\eta}(\hat{\boldsymbol{x}}_{\mathrm{EC-WTLS}}, \hat{\boldsymbol{\Xi}}_{\mathrm{EC-WTLS}}) - \frac{1}{2}\boldsymbol{W}(\boldsymbol{M}(\hat{\boldsymbol{x}}_{\mathrm{EC-WTLS}}, \hat{\boldsymbol{\Xi}}_{\mathrm{EC-WTLS}}))^{-1} \\
&\times \boldsymbol{W}^{\mathrm{T}}\hat{\boldsymbol{\lambda}}_{2,\mathrm{EC-WTLS}} = \boldsymbol{w} \Rightarrow \hat{\boldsymbol{\lambda}}_{2,\mathrm{EC-WTLS}} = 2(\boldsymbol{W}(\boldsymbol{M}(\hat{\boldsymbol{x}}_{\mathrm{EC-WTLS}}, \hat{\boldsymbol{\Xi}}_{\mathrm{EC-WTLS}}))^{-1}\boldsymbol{W}^{\mathrm{T}})^{-1} \\
&\times (\boldsymbol{W}\boldsymbol{\eta}(\hat{\boldsymbol{x}}_{\mathrm{EC-WTLS}}, \hat{\boldsymbol{\Xi}}_{\mathrm{EC-WTLS}}) - \boldsymbol{w})
\end{aligned} \tag{7.61}
$$

最后将式 (7.61) 代入式 (7.60), 可得

$$
\begin{aligned}
\hat{\boldsymbol{x}}_{\mathrm{EC-WTLS}} = \boldsymbol{\eta}(\hat{\boldsymbol{x}}_{\mathrm{EC-WTLS}}, \hat{\boldsymbol{\Xi}}_{\mathrm{EC-WTLS}}) - (\boldsymbol{M}(\hat{\boldsymbol{x}}_{\mathrm{EC-WTLS}}, \hat{\boldsymbol{\Xi}}_{\mathrm{EC-WTLS}}))^{-1} \\
\times \boldsymbol{W}^{\mathrm{T}}(\boldsymbol{W}(\boldsymbol{M}(\hat{\boldsymbol{x}}_{\mathrm{EC-WTLS}}, \hat{\boldsymbol{\Xi}}_{\mathrm{EC-WTLS}}))^{-1}\boldsymbol{W}^{\mathrm{T}})^{-1} \\
\times (\boldsymbol{W}\boldsymbol{\eta}(\hat{\boldsymbol{x}}_{\mathrm{EC-WTLS}}, \hat{\boldsymbol{\Xi}}_{\mathrm{EC-WTLS}}) - \boldsymbol{w})
\end{aligned} \tag{7.62}
$$

基于上述推导可以得到在线性等式约束条件下求解式 (7.44) 的迭代方法, 详细的计算步骤见表 7.5。

表 7.5 线性等式约束加权总体最小二乘估计方法的计算步骤

步骤	求解方法
1	令 $k := 1$, 设置迭代收敛门限 δ, 并计算 $\hat{\boldsymbol{x}}_k = (\boldsymbol{B}^{\mathrm{T}}\boldsymbol{E}^{-1}\boldsymbol{B})^{-1}\boldsymbol{B}^{\mathrm{T}}\boldsymbol{E}^{-1}\boldsymbol{z} - (\boldsymbol{B}^{\mathrm{T}}\boldsymbol{E}^{-1}\boldsymbol{B})^{-1}\boldsymbol{W}^{\mathrm{T}}(\boldsymbol{W}(\boldsymbol{B}^{\mathrm{T}}\boldsymbol{E}^{-1}\boldsymbol{B})^{-1}\boldsymbol{W}^{\mathrm{T}})^{-1}(\boldsymbol{W}(\boldsymbol{B}^{\mathrm{T}}\boldsymbol{E}^{-1}\boldsymbol{B})^{-1}\boldsymbol{B}^{\mathrm{T}}\boldsymbol{E}^{-1}\boldsymbol{z} - \boldsymbol{w})$
2	计算 $\hat{\boldsymbol{\lambda}}_{1,k+1} = 2\left(\left[-\boldsymbol{I}_p \;\vdots\; \hat{\boldsymbol{x}}_k^{\mathrm{T}} \otimes \boldsymbol{I}_p\right]\boldsymbol{\Phi}\begin{bmatrix}-\boldsymbol{I}_p \\ \cdots \\ \hat{\boldsymbol{x}}_k \otimes \boldsymbol{I}_p\end{bmatrix}\right)^{-1}(\boldsymbol{z} - \boldsymbol{B}\hat{\boldsymbol{x}}_k)$

续表

步骤	求解方法
3	计算 $\hat{\varphi}_{k+1}=-\frac{1}{2}\boldsymbol{\Phi}\begin{bmatrix}-\boldsymbol{I}_p\\ \hat{\boldsymbol{x}}_k\otimes\boldsymbol{I}_p\end{bmatrix}\hat{\boldsymbol{\lambda}}_{1,k+1}$, 并由此构造 $\hat{\boldsymbol{\Xi}}_{k+1}$
4	利用式 (7.58) 计算 $\boldsymbol{m}(\hat{\boldsymbol{x}}_k,\hat{\boldsymbol{\Xi}}_{k+1})$ 和 $\boldsymbol{M}(\hat{\boldsymbol{x}}_k,\hat{\boldsymbol{\Xi}}_{k+1})$
5	利用式 (7.59) 计算 $\boldsymbol{\eta}(\hat{\boldsymbol{x}}_k,\hat{\boldsymbol{\Xi}}_{k+1})$
6	计算 $\hat{\boldsymbol{x}}_{k+1}=\boldsymbol{\eta}(\hat{\boldsymbol{x}}_k,\hat{\boldsymbol{\Xi}}_{k+1})-(\boldsymbol{M}(\hat{\boldsymbol{x}}_k,\hat{\boldsymbol{\Xi}}_{k+1}))^{-1}\boldsymbol{W}^{\mathrm{T}}(\boldsymbol{W}(\boldsymbol{M}(\hat{\boldsymbol{x}}_k,\hat{\boldsymbol{\Xi}}_{k+1}))^{-1}\boldsymbol{W}^{\mathrm{T}})^{-1}$ $\times(\boldsymbol{W}\boldsymbol{\eta}(\hat{\boldsymbol{x}}_k,\hat{\boldsymbol{\Xi}}_{k+1})-\boldsymbol{w})$, 若 $\\|\hat{\boldsymbol{x}}_{k+1}-\hat{\boldsymbol{x}}_k\\|_2\leqslant\delta$ 则停止计算; 否则令 $k:=k+1$, 并转至步骤 2

【**注记 7.6**】该迭代方法的初始值是由第 3 章的含线性等式约束的线性最小二乘估计值 (即式 (3.57)) 给出, 而将其作为迭代初始值确实也是较好的选择。

【**注记 7.7**】若此迭代方法收敛, 则有 $\lim\limits_{k\to+\infty}\hat{\boldsymbol{\Xi}}_k=\hat{\boldsymbol{\Xi}}_{\mathrm{EC-WTLS}}$, 此时可将 $\hat{\boldsymbol{A}}_{\mathrm{EC-WTLS}}=\boldsymbol{B}-\hat{\boldsymbol{\Xi}}_{\mathrm{EC-WTLS}}$ 作为矩阵 $\boldsymbol{A}$ 的估计值, 并且其估计精度要比矩阵 $\boldsymbol{B}$ 作为其估计值的精度高, 该结论可在第 7.3.3 节的数值实验中得到验证。

二、二次等式约束加权总体最小二乘估计问题

二次等式约束意味着 $\boldsymbol{c}(\boldsymbol{x})$ 是关于 $\boldsymbol{x}$ 的二次函数, 即

$$c(\boldsymbol{x})=\boldsymbol{x}^{\mathrm{T}}\boldsymbol{Q}\boldsymbol{x}-\alpha \tag{7.63}$$

式中 $\boldsymbol{Q}\in\mathbf{R}^{q\times q}$ 是正定矩阵, α 是正数。由式 (7.63) 可知, 向量函数 $\boldsymbol{c}(\boldsymbol{x})$ 已退化为标量函数 $c(\boldsymbol{x})$。

在二次等式约束条件下的拉格朗日函数可以表示为

$$l_{\mathrm{d}}(\boldsymbol{x},\boldsymbol{\varphi},\boldsymbol{\lambda}_1,\lambda_2)=\boldsymbol{\varphi}^{\mathrm{T}}\boldsymbol{\Phi}^{-1}\boldsymbol{\varphi}+\boldsymbol{\lambda}_1^{\mathrm{T}}(\boldsymbol{z}-(\boldsymbol{B}-\boldsymbol{\Xi})\boldsymbol{x}-\boldsymbol{e})+\lambda_2(\boldsymbol{x}^{\mathrm{T}}\boldsymbol{Q}\boldsymbol{x}-\alpha) \tag{7.64}$$

式中 λ_2 已由式 (7.45) 中的向量退化为标量。将函数 $l_{\mathrm{d}}(\boldsymbol{x},\boldsymbol{\varphi},\boldsymbol{\lambda}_1,\lambda_2)$ 分别对向量 $\boldsymbol{x}$ 和标量 λ_2 求偏导, 并令它们等于零, 可得

$$\left.\frac{\partial l_{\mathrm{d}}(\boldsymbol{x},\boldsymbol{\varphi},\boldsymbol{\lambda}_1,\lambda_2)}{\partial\boldsymbol{x}}\right|_{\substack{\boldsymbol{x}=\hat{\boldsymbol{x}}_{\mathrm{EC-WTLS}}\\ \boldsymbol{\varphi}=\hat{\boldsymbol{\varphi}}_{\mathrm{EC-WTLS}}\\ \boldsymbol{\lambda}_1=\hat{\boldsymbol{\lambda}}_{1,\mathrm{EC-WTLS}}\\ \lambda_2=\hat{\lambda}_{2,\mathrm{EC-WTLS}}}}=-(\boldsymbol{B}-\hat{\boldsymbol{\Xi}}_{\mathrm{EC-WTLS}})^{\mathrm{T}}\hat{\boldsymbol{\lambda}}_{1,\mathrm{EC-WTLS}}+2\boldsymbol{Q}\hat{\boldsymbol{x}}_{\mathrm{EC-WTLS}}\hat{\lambda}_{2,\mathrm{EC-WTLS}}=\boldsymbol{O}_{q\times1} \tag{7.65}$$

$$\left.\frac{\partial l_{\mathrm{d}}(\boldsymbol{x},\boldsymbol{\varphi},\boldsymbol{\lambda}_1,\lambda_2)}{\partial\lambda_2}\right|_{\substack{\boldsymbol{x}=\hat{\boldsymbol{x}}_{\mathrm{EC-WTLS}}\\ \boldsymbol{\varphi}=\hat{\boldsymbol{\varphi}}_{\mathrm{EC-WTLS}}\\ \boldsymbol{\lambda}_1=\hat{\boldsymbol{\lambda}}_{1,\mathrm{EC-WTLS}}\\ \lambda_2=\hat{\lambda}_{2,\mathrm{EC-WTLS}}}}=\hat{\boldsymbol{x}}_{\mathrm{EC-WTLS}}^{\mathrm{T}}\boldsymbol{Q}\hat{\boldsymbol{x}}_{\mathrm{EC-WTLS}}-\alpha=0 \tag{7.66}$$

同样, 将式 (7.49) 代入式 (7.65) 可知

$$\begin{aligned}
&-2(\boldsymbol{B}-\hat{\boldsymbol{\Xi}}_{\mathrm{EC-WTLS}})^{\mathrm{T}}\left(\left[-\boldsymbol{I}_p \,\vdots\, \hat{\boldsymbol{x}}_{\mathrm{EC-WTLS}}^{\mathrm{T}}\otimes\boldsymbol{I}_p\right]\boldsymbol{\Phi}\begin{bmatrix}-\boldsymbol{I}_p\\ \hat{\boldsymbol{x}}_{\mathrm{EC-WTLS}}\otimes\boldsymbol{I}_p\end{bmatrix}\right)^{-1}\\
&\times(\boldsymbol{z}-\boldsymbol{B}\hat{\boldsymbol{x}}_{\mathrm{EC-WTLS}})+2\boldsymbol{Q}\hat{\boldsymbol{x}}_{\mathrm{EC-WTLS}}\hat{\lambda}_{2,\mathrm{EC-WTLS}}=\boldsymbol{O}_{q\times 1}\\
&\Rightarrow(\boldsymbol{B}-\hat{\boldsymbol{\Xi}}_{\mathrm{EC-WTLS}})^{\mathrm{T}}\left(\left[-\boldsymbol{I}_p \,\vdots\, \hat{\boldsymbol{x}}_{\mathrm{EC-WTLS}}^{\mathrm{T}}\otimes\boldsymbol{I}_p\right]\boldsymbol{\Phi}\begin{bmatrix}-\boldsymbol{I}_p\\ \hat{\boldsymbol{x}}_{\mathrm{EC-WTLS}}\otimes\boldsymbol{I}_p\end{bmatrix}\right)^{-1}\\
&\times(\boldsymbol{B}-\hat{\boldsymbol{\Xi}}_{\mathrm{EC-WTLS}})\hat{\boldsymbol{x}}_{\mathrm{EC-WTLS}}\\
&=(\boldsymbol{B}-\hat{\boldsymbol{\Xi}}_{\mathrm{EC-WTLS}})^{\mathrm{T}}\left(\left[-\boldsymbol{I}_p \,\vdots\, \hat{\boldsymbol{x}}_{\mathrm{EC-WTLS}}^{\mathrm{T}}\otimes\boldsymbol{I}_p\right]\boldsymbol{\Phi}\begin{bmatrix}-\boldsymbol{I}_p\\ \hat{\boldsymbol{x}}_{\mathrm{EC-WTLS}}\otimes\boldsymbol{I}_p\end{bmatrix}\right)^{-1}\\
&\times(\boldsymbol{z}-\hat{\boldsymbol{\Xi}}_{\mathrm{EC-WTLS}}\hat{\boldsymbol{x}}_{\mathrm{EC-WTLS}})-\boldsymbol{Q}\hat{\boldsymbol{x}}_{\mathrm{EC-WTLS}}\hat{\lambda}_{2,\mathrm{EC-WTLS}}
\end{aligned}\tag{7.67}$$

若令

$$\boldsymbol{\gamma}(\hat{\boldsymbol{x}}_{\mathrm{EC-WTLS}},\hat{\boldsymbol{\Xi}}_{\mathrm{EC-WTLS}})=-(\boldsymbol{M}(\hat{\boldsymbol{x}}_{\mathrm{EC-WTLS}},\hat{\boldsymbol{\Xi}}_{\mathrm{EC-WTLS}}))^{-1}\boldsymbol{Q}\hat{\boldsymbol{x}}_{\mathrm{EC-WTLS}} \tag{7.68}$$

将式 (7.58)、式 (7.59) 和式 (7.68) 代入式 (7.67), 可得

$$\hat{\boldsymbol{x}}_{\mathrm{EC-WTLS}}=\boldsymbol{\eta}(\hat{\boldsymbol{x}}_{\mathrm{EC-WTLS}},\hat{\boldsymbol{\Xi}}_{\mathrm{EC-WTLS}})+\boldsymbol{\gamma}(\hat{\boldsymbol{x}}_{\mathrm{EC-WTLS}},\hat{\boldsymbol{\Xi}}_{\mathrm{EC-WTLS}})\hat{\lambda}_{2,\mathrm{EC-WTLS}} \tag{7.69}$$

再将式 (7.69) 代入式 (7.66), 可知

$$\begin{aligned}
&\hat{\lambda}_{2,\mathrm{EC-WTLS}}^2(\boldsymbol{\gamma}(\hat{\boldsymbol{x}}_{\mathrm{EC-WTLS}},\hat{\boldsymbol{\Xi}}_{\mathrm{EC-WTLS}}))^{\mathrm{T}}\boldsymbol{Q}\boldsymbol{\gamma}(\hat{\boldsymbol{x}}_{\mathrm{EC-WTLS}},\hat{\boldsymbol{\Xi}}_{\mathrm{EC-WTLS}})\\
&+2\hat{\lambda}_{2,\mathrm{EC-WTLS}}(\boldsymbol{\eta}(\hat{\boldsymbol{x}}_{\mathrm{EC-WTLS}},\hat{\boldsymbol{\Xi}}_{\mathrm{EC-WTLS}}))^{\mathrm{T}}\boldsymbol{Q}\boldsymbol{\gamma}(\hat{\boldsymbol{x}}_{\mathrm{EC-WTLS}},\hat{\boldsymbol{\Xi}}_{\mathrm{EC-WTLS}})\\
&+(\boldsymbol{\eta}(\hat{\boldsymbol{x}}_{\mathrm{EC-WTLS}},\hat{\boldsymbol{\Xi}}_{\mathrm{EC-WTLS}}))^{\mathrm{T}}\boldsymbol{Q}\boldsymbol{\eta}(\hat{\boldsymbol{x}}_{\mathrm{EC-WTLS}},\hat{\boldsymbol{\Xi}}_{\mathrm{EC-WTLS}})-\alpha=0
\end{aligned}\tag{7.70}$$

不难发现, 式 (7.70) 是关于 $\hat{\lambda}_{2,\mathrm{EC-WTLS}}$ 的一元二次方程, 因此 $\hat{\lambda}_{2,\mathrm{EC-WTLS}}$

的表达式为[①]

$$\hat{\lambda}_{2,\text{EC-WTLS}}=-\frac{(\boldsymbol{\eta}(\hat{\boldsymbol{x}}_{\text{EC-WTLS}},\hat{\boldsymbol{\Xi}}_{\text{EC-WTLS}}))^{\mathrm{T}}\boldsymbol{Q}\boldsymbol{\gamma}(\hat{\boldsymbol{x}}_{\text{EC-WTLS}},\hat{\boldsymbol{\Xi}}_{\text{EC-WTLS}})}{(\boldsymbol{\gamma}(\hat{\boldsymbol{x}}_{\text{EC-WTLS}},\hat{\boldsymbol{\Xi}}_{\text{EC-WTLS}}))^{\mathrm{T}}\boldsymbol{Q}\boldsymbol{\gamma}(\hat{\boldsymbol{x}}_{\text{EC-WTLS}},\hat{\boldsymbol{\Xi}}_{\text{EC-WTLS}})}$$
$$\pm\frac{\begin{pmatrix}((\boldsymbol{\eta}(\hat{\boldsymbol{x}}_{\text{EC-WTLS}},\hat{\boldsymbol{\Xi}}_{\text{EC-WTLS}}))^{\mathrm{T}}\boldsymbol{Q}\boldsymbol{\gamma}(\hat{\boldsymbol{x}}_{\text{EC-WTLS}},\hat{\boldsymbol{\Xi}}_{\text{EC-WTLS}}))^2\\-((\boldsymbol{\gamma}(\hat{\boldsymbol{x}}_{\text{EC-WTLS}},\hat{\boldsymbol{\Xi}}_{\text{EC-WTLS}}))^{\mathrm{T}}\boldsymbol{Q}\boldsymbol{\gamma}(\hat{\boldsymbol{x}}_{\text{EC-WTLS}},\hat{\boldsymbol{\Xi}}_{\text{EC-WTLS}}))\\\times((\boldsymbol{\eta}(\hat{\boldsymbol{x}}_{\text{EC-WTLS}},\hat{\boldsymbol{\Xi}}_{\text{EC-WTLS}}))^{\mathrm{T}}\boldsymbol{Q}\boldsymbol{\eta}(\hat{\boldsymbol{x}}_{\text{EC-WTLS}},\hat{\boldsymbol{\Xi}}_{\text{EC-WTLS}})-\alpha)\end{pmatrix}^{1/2}}{(\boldsymbol{\gamma}(\hat{\boldsymbol{x}}_{\text{EC-WTLS}},\hat{\boldsymbol{\Xi}}_{\text{EC-WTLS}}))^{\mathrm{T}}\boldsymbol{Q}\boldsymbol{\gamma}(\hat{\boldsymbol{x}}_{\text{EC-WTLS}},\hat{\boldsymbol{\Xi}}_{\text{EC-WTLS}})}\tag{7.71}$$

最后将式 (7.71) 代入式 (7.69) 中可以得到 $\hat{\boldsymbol{x}}_{\text{EC-WTLS}}$ 的表达式, 鉴于该表达式过于冗长且推导非常直接, 这里就不再详细描述了。

基于上述推导可以得到在二次等式约束条件下求解式 (7.44) 的迭代方法, 表 7.6 列出其计算步骤。

表 7.6 二次等式约束加权总体最小二乘估计方法的计算步骤

步骤	求解方法
1	令 $k:=1$, 设置迭代收敛门限 δ, 并计算 $\hat{\boldsymbol{x}}_k=(\boldsymbol{B}^{\mathrm{T}}\boldsymbol{E}^{-1}\boldsymbol{B})^{-1}\boldsymbol{B}^{\mathrm{T}}\boldsymbol{E}^{-1}\boldsymbol{z}$
2	计算 $\hat{\boldsymbol{\lambda}}_{1,k+1}=2\left(\left[-\boldsymbol{I}_p\ \vdots\ \hat{\boldsymbol{x}}_k^{\mathrm{T}}\otimes\boldsymbol{I}_p\right]\boldsymbol{\Phi}\begin{bmatrix}-\boldsymbol{I}_p\\\hat{\boldsymbol{x}}_k\otimes\boldsymbol{I}_p\end{bmatrix}\right)^{-1}(\boldsymbol{z}-\boldsymbol{B}\hat{\boldsymbol{x}}_k)$
3	计算 $\hat{\varphi}_{k+1}=-\frac{1}{2}\boldsymbol{\Phi}\begin{bmatrix}-\boldsymbol{I}_p\\\hat{\boldsymbol{x}}_k\otimes\boldsymbol{I}_p\end{bmatrix}\hat{\boldsymbol{\lambda}}_{1,k+1}$, 并由此构造 $\hat{\boldsymbol{\Xi}}_{k+1}$
4	利用式 (7.58) 计算 $\boldsymbol{m}(\hat{\boldsymbol{x}}_k,\hat{\boldsymbol{\Xi}}_{k+1})$ 和 $\boldsymbol{M}(\hat{\boldsymbol{x}}_k,\hat{\boldsymbol{\Xi}}_{k+1})$
5	利用式 (7.59) 和式 (7.68) 分别计算 $\boldsymbol{\eta}(\hat{\boldsymbol{x}}_k,\hat{\boldsymbol{\Xi}}_{k+1})$ 和 $\boldsymbol{\gamma}(\hat{\boldsymbol{x}}_k,\hat{\boldsymbol{\Xi}}_{k+1})$
6	利用式 (7.71) 计算 $\hat{\lambda}_{2,k+1}$
7	计算 $\hat{\boldsymbol{x}}_{k+1}=\boldsymbol{\eta}(\hat{\boldsymbol{x}}_k,\hat{\boldsymbol{\Xi}}_{k+1})+\boldsymbol{\gamma}(\hat{\boldsymbol{x}}_k,\hat{\boldsymbol{\Xi}}_{k+1})\hat{\lambda}_{2,k+1}$, 若 $\Vert\hat{\boldsymbol{x}}_{k+1}-\hat{\boldsymbol{x}}_k\Vert_2\leqslant\delta$ 则停止计算; 否则令 $k:=k+1$, 并转至步骤 2

【注记 7.8】 该迭代方法的初始值是由第 3 章的线性最小二乘估计值 (即式 (3.11)) 给出, 而将其作为迭代初始值确实也是较好的选择。

① 通过一元二次方程的求根公式获得。

【**注记 7.9**】由于式 (7.71) 中包含两个根, 所以在迭代方法的步骤 7 中能够得到两个 $\hat{\boldsymbol{x}}_{k+1}$, 这意味着必须要进行判决, 可以选择使式 (7.52) 中的目标函数取值更小的解作为最终结果。

【**注记 7.10**】若此迭代方法收敛, 则有 $\lim\limits_{k\to+\infty} \hat{\boldsymbol{\Xi}}_k = \hat{\boldsymbol{\Xi}}_{\mathrm{EC-WTLS}}$, 此时可将 $\hat{\boldsymbol{A}}_{\mathrm{EC-WTLS}} = \boldsymbol{B} - \hat{\boldsymbol{\Xi}}_{\mathrm{EC-WTLS}}$ 作为矩阵 $\boldsymbol{A}$ 的估计值, 并且其估计精度要比矩阵 $\boldsymbol{B}$ 作为其估计值的精度高, 该结论可在第 7.3.3 节的数值实验中得到验证。

三、同时含有线性等式约束和二次等式约束的加权总体最小二乘估计问题

若同时含有线性等式约束和二次等式约束, 则可将 $\boldsymbol{c}(\boldsymbol{x})$ 表示为

$$\boldsymbol{c}(\boldsymbol{x}) = \begin{bmatrix} \boldsymbol{W}\boldsymbol{x} - \boldsymbol{w} \\ \boldsymbol{x}^{\mathrm{T}}\boldsymbol{Q}\boldsymbol{x} - \alpha \end{bmatrix} \tag{7.72}$$

式中 $\boldsymbol{W} \in \mathbf{R}^{r\times q}$ 是行满秩矩阵, $\boldsymbol{Q} \in \mathbf{R}^{q\times q}$ 是正定矩阵, α 是正数。

在两种等式约束同时存在下的拉格朗日函数可以表示为

$$\begin{aligned} l_{\mathrm{e}}(\boldsymbol{x},\boldsymbol{\varphi},\boldsymbol{\lambda}_1,\boldsymbol{\lambda}_2^{(1)},\lambda_2^{(2)}) &= \boldsymbol{\varphi}^{\mathrm{T}}\boldsymbol{\Phi}^{-1}\boldsymbol{\varphi} + \boldsymbol{\lambda}_1^{\mathrm{T}}(\boldsymbol{z} - (\boldsymbol{B} - \boldsymbol{\Xi})\boldsymbol{x} - \boldsymbol{e}) \\ &\quad + \boldsymbol{\lambda}_2^{(1)\mathrm{T}}(\boldsymbol{W}\boldsymbol{x} - \boldsymbol{w}) + \lambda_2^{(2)}(\boldsymbol{x}^{\mathrm{T}}\boldsymbol{Q}\boldsymbol{x} - \alpha) \end{aligned} \tag{7.73}$$

式中 $\boldsymbol{\lambda}_2^{(1)}$ 为拉格朗日乘子向量, $\lambda_2^{(2)}$ 为拉格朗日乘子标量, 而式 (7.45) 中的 $\boldsymbol{\lambda}_2 = [\boldsymbol{\lambda}_2^{(1)}\ \lambda_2^{(2)}]^{\mathrm{T}}$。将函数 $l_{\mathrm{e}}(\boldsymbol{x},\boldsymbol{\varphi},\boldsymbol{\lambda}_1,\boldsymbol{\lambda}_2^{(1)},\lambda_2^{(2)})$ 分别对向量 $\boldsymbol{x}$ 和 $\boldsymbol{\lambda}_2^{(1)}$, 以及标量 $\lambda_2^{(2)}$ 求偏导, 并令它们等于零, 可得

$$\begin{aligned} \left.\frac{\partial l_{\mathrm{e}}(\boldsymbol{x},\boldsymbol{\varphi},\boldsymbol{\lambda}_1,\boldsymbol{\lambda}_2^{(1)},\lambda_2^{(2)})}{\partial \boldsymbol{x}}\right|_{\substack{\boldsymbol{x}=\hat{\boldsymbol{x}}_{\mathrm{EC-WTLS}} \\ \boldsymbol{\varphi}=\hat{\boldsymbol{\varphi}}_{\mathrm{EC-WTLS}} \\ \boldsymbol{\lambda}_1=\hat{\boldsymbol{\lambda}}_{1,\mathrm{EC-WTLS}} \\ \boldsymbol{\lambda}_2^{(1)}=\hat{\boldsymbol{\lambda}}_{2,\mathrm{EC-WTLS}}^{(1)} \\ \lambda_2^{(2)}=\hat{\lambda}_{2,\mathrm{EC-WTLS}}^{(2)}}} &= -(\boldsymbol{B} - \hat{\boldsymbol{\Xi}}_{\mathrm{EC-WTLS}})^{\mathrm{T}}\hat{\boldsymbol{\lambda}}_{1,\mathrm{EC-WTLS}} \\ &\quad + \boldsymbol{W}^{\mathrm{T}}\hat{\boldsymbol{\lambda}}_{2,\mathrm{EC-WTLS}}^{(1)} + 2\boldsymbol{Q}\hat{\boldsymbol{x}}_{\mathrm{EC-WTLS}} \\ &\quad \times \hat{\lambda}_{2,\mathrm{EC-WTLS}}^{(2)} = \boldsymbol{O}_{q\times 1} \end{aligned} \tag{7.74}$$

$$\left.\frac{\partial l_{\mathrm{e}}(\boldsymbol{x},\boldsymbol{\varphi},\boldsymbol{\lambda}_1,\boldsymbol{\lambda}_2^{(1)},\lambda_2^{(2)})}{\partial \boldsymbol{\lambda}_2^{(1)}}\right|_{\substack{\boldsymbol{x}=\hat{\boldsymbol{x}}_{\mathrm{EC-WTLS}} \\ \boldsymbol{\varphi}=\hat{\boldsymbol{\varphi}}_{\mathrm{EC-WTLS}} \\ \boldsymbol{\lambda}_1=\hat{\boldsymbol{\lambda}}_{1,\mathrm{EC-WTLS}} \\ \boldsymbol{\lambda}_2^{(1)}=\hat{\boldsymbol{\lambda}}_{2,\mathrm{EC-WTLS}}^{(1)} \\ \lambda_2^{(2)}=\hat{\lambda}_{2,\mathrm{EC-WTLS}}^{(2)}}} = \boldsymbol{W}\hat{\boldsymbol{x}}_{\mathrm{EC-WTLS}} - \boldsymbol{w} = \boldsymbol{O}_{r\times 1} \tag{7.75}$$

$$\left.\frac{\partial l_{\mathrm{e}}(\boldsymbol{x},\boldsymbol{\varphi},\boldsymbol{\lambda}_1,\boldsymbol{\lambda}_2^{(1)},\lambda_2^{(2)})}{\partial\lambda_2^{(2)}}\right|_{\substack{\boldsymbol{x}=\hat{\boldsymbol{x}}_{\mathrm{EC-WTLS}}\\ \boldsymbol{\varphi}=\hat{\boldsymbol{\varphi}}_{\mathrm{EC-WTLS}}\\ \boldsymbol{\lambda}_1=\hat{\boldsymbol{\lambda}}_{1,\mathrm{EC-WTLS}}\\ \boldsymbol{\lambda}_2^{(1)}=\hat{\boldsymbol{\lambda}}_{2,\mathrm{EC-WTLS}}^{(1)}\\ \lambda_2^{(2)}=\hat{\lambda}_{2,\mathrm{EC-WTLS}}^{(2)}}}=\hat{\boldsymbol{x}}_{\mathrm{EC-WTLS}}^{\mathrm{T}}\boldsymbol{Q}\hat{\boldsymbol{x}}_{\mathrm{EC-WTLS}}-\alpha=0 \tag{7.76}$$

同样, 将式 (7.49) 代入式 (7.74) 可知

$$\begin{aligned}
&-2(\boldsymbol{B}-\hat{\boldsymbol{\Xi}}_{\mathrm{EC-WTLS}})^{\mathrm{T}}\left(\left[-\boldsymbol{I}_p\ \vdots\ \hat{\boldsymbol{x}}_{\mathrm{EC-WTLS}}^{\mathrm{T}}\otimes\boldsymbol{I}_p\right]\boldsymbol{\Phi}\begin{bmatrix}-\boldsymbol{I}_p\\ \hat{\boldsymbol{x}}_{\mathrm{EC-WTLS}}\otimes\boldsymbol{I}_p\end{bmatrix}\right)^{-1}\\
&\times(\boldsymbol{z}-\boldsymbol{B}\hat{\boldsymbol{x}}_{\mathrm{EC-WTLS}})+\boldsymbol{W}^{\mathrm{T}}\hat{\boldsymbol{\lambda}}_{2,\mathrm{EC-WTLS}}^{(1)}+2\boldsymbol{Q}\hat{\boldsymbol{x}}_{\mathrm{EC-WTLS}}\hat{\lambda}_{2,\mathrm{EC-WTLS}}^{(2)}=\boldsymbol{O}_{q\times 1}\\
&\Rightarrow(\boldsymbol{B}-\hat{\boldsymbol{\Xi}}_{\mathrm{EC-WTLS}})^{\mathrm{T}}\left(\left[-\boldsymbol{I}_p\ \vdots\ \hat{\boldsymbol{x}}_{\mathrm{EC-WTLS}}^{\mathrm{T}}\otimes\boldsymbol{I}_p\right]\boldsymbol{\Phi}\begin{bmatrix}-\boldsymbol{I}_p\\ \hat{\boldsymbol{x}}_{\mathrm{EC-WTLS}}\otimes\boldsymbol{I}_p\end{bmatrix}\right)^{-1}\\
&\times(\boldsymbol{B}-\hat{\boldsymbol{\Xi}}_{\mathrm{EC-WTLS}})\hat{\boldsymbol{x}}_{\mathrm{EC-WTLS}}\\
&=(\boldsymbol{B}-\hat{\boldsymbol{\Xi}}_{\mathrm{EC-WTLS}})^{\mathrm{T}}\left(\left[-\boldsymbol{I}_p\ \vdots\ \hat{\boldsymbol{x}}_{\mathrm{EC-WTLS}}^{\mathrm{T}}\otimes\boldsymbol{I}_p\right]\boldsymbol{\Phi}\begin{bmatrix}-\boldsymbol{I}_p\\ \hat{\boldsymbol{x}}_{\mathrm{EC-WTLS}}\otimes\boldsymbol{I}_p\end{bmatrix}\right)^{-1}\\
&\times(\boldsymbol{z}-\hat{\boldsymbol{\Xi}}_{\mathrm{EC-WTLS}}\hat{\boldsymbol{x}}_{\mathrm{EC-WTLS}})-\frac{1}{2}\boldsymbol{W}^{\mathrm{T}}\hat{\boldsymbol{\lambda}}_{2,\mathrm{EC-WTLS}}^{(1)}-\boldsymbol{Q}\hat{\boldsymbol{x}}_{\mathrm{EC-WTLS}}\hat{\lambda}_{2,\mathrm{EC-WTLS}}^{(2)}
\end{aligned}\tag{7.77}$$

将式 (7.58)、式 (7.59) 和式 (7.68) 代入式 (7.77), 可得

$$\begin{aligned}
\hat{\boldsymbol{x}}_{\mathrm{EC-WTLS}}=&\ \boldsymbol{\eta}(\hat{\boldsymbol{x}}_{\mathrm{EC-WTLS}},\hat{\boldsymbol{\Xi}}_{\mathrm{EC-WTLS}})\\
&+\boldsymbol{\gamma}(\hat{\boldsymbol{x}}_{\mathrm{EC-WTLS}},\hat{\boldsymbol{\Xi}}_{\mathrm{EC-WTLS}})\hat{\lambda}_{2,\mathrm{EC-WTLS}}^{(2)}\\
&-\frac{1}{2}(\boldsymbol{M}(\hat{\boldsymbol{x}}_{\mathrm{EC-WTLS}},\hat{\boldsymbol{\Xi}}_{\mathrm{EC-WTLS}}))^{-1}\boldsymbol{W}^{\mathrm{T}}\hat{\boldsymbol{\lambda}}_{2,\mathrm{EC-WTLS}}^{(1)}
\end{aligned}\tag{7.78}$$

将式 (7.78) 代入式 (7.75), 可知

$$\begin{aligned}
&\boldsymbol{W}\boldsymbol{\eta}(\hat{\boldsymbol{x}}_{\mathrm{EC-WTLS}},\hat{\boldsymbol{\Xi}}_{\mathrm{EC-WTLS}})+\boldsymbol{W}\boldsymbol{\gamma}(\hat{\boldsymbol{x}}_{\mathrm{EC-WTLS}},\hat{\boldsymbol{\Xi}}_{\mathrm{EC-WTLS}})\hat{\lambda}_{2,\mathrm{EC-WTLS}}^{(2)}\\
&-\frac{1}{2}\boldsymbol{W}(\boldsymbol{M}(\hat{\boldsymbol{x}}_{\mathrm{EC-WTLS}},\hat{\boldsymbol{\Xi}}_{\mathrm{EC-WTLS}}))^{-1}\boldsymbol{W}^{\mathrm{T}}\hat{\boldsymbol{\lambda}}_{2,\mathrm{EC-WTLS}}^{(1)}=\boldsymbol{w}\\
&\Rightarrow\hat{\boldsymbol{\lambda}}_{2,\mathrm{EC-WTLS}}^{(1)}=2(\boldsymbol{W}(\boldsymbol{M}(\hat{\boldsymbol{x}}_{\mathrm{EC-WTLS}},\hat{\boldsymbol{\Xi}}_{\mathrm{EC-WTLS}}))^{-1}\boldsymbol{W}^{\mathrm{T}})^{-1}\\
&\times(\boldsymbol{W}(\boldsymbol{\eta}(\hat{\boldsymbol{x}}_{\mathrm{EC-WTLS}},\hat{\boldsymbol{\Xi}}_{\mathrm{EC-WTLS}})+\boldsymbol{\gamma}(\hat{\boldsymbol{x}}_{\mathrm{EC-WTLS}},\hat{\boldsymbol{\Xi}}_{\mathrm{EC-WTLS}})\hat{\lambda}_{2,\mathrm{EC-WTLS}}^{(2)})-\boldsymbol{w})
\end{aligned}\tag{7.79}$$

再将式 (7.79) 代入式 (7.78), 可得

$$\hat{\boldsymbol{x}}_{\mathrm{EC-WTLS}}=\boldsymbol{\rho}_1(\hat{\boldsymbol{x}}_{\mathrm{EC-WTLS}},\hat{\boldsymbol{\Xi}}_{\mathrm{EC-WTLS}})+\boldsymbol{\rho}_2(\hat{\boldsymbol{x}}_{\mathrm{EC-WTLS}},\hat{\boldsymbol{\Xi}}_{\mathrm{EC-WTLS}})\hat{\lambda}_{2,\mathrm{EC-WTLS}}^{(2)} \tag{7.80}$$

式中

$$\begin{cases}\boldsymbol{\rho}_1(\hat{\boldsymbol{x}}_{\text{EC-WTLS}},\hat{\boldsymbol{\Xi}}_{\text{EC-WTLS}})=\boldsymbol{\eta}(\hat{\boldsymbol{x}}_{\text{EC-WTLS}},\hat{\boldsymbol{\Xi}}_{\text{EC-WTLS}})\\ +(\boldsymbol{M}(\hat{\boldsymbol{x}}_{\text{EC-WTLS}},\hat{\boldsymbol{\Xi}}_{\text{EC-WTLS}}))^{-1}\boldsymbol{W}^{\text{T}}(\boldsymbol{W}(\boldsymbol{M}(\hat{\boldsymbol{x}}_{\text{EC-WTLS}},\hat{\boldsymbol{\Xi}}_{\text{EC-WTLS}}))^{-1}\boldsymbol{W}^{\text{T}})^{-1}\\ \times(\boldsymbol{w}-\boldsymbol{W}\boldsymbol{\eta}(\hat{\boldsymbol{x}}_{\text{EC-WTLS}},\hat{\boldsymbol{\Xi}}_{\text{EC-WTLS}}))\\ \boldsymbol{\rho}_2(\hat{\boldsymbol{x}}_{\text{EC-WTLS}},\hat{\boldsymbol{\Xi}}_{\text{EC-WTLS}})=(\boldsymbol{I}_q-(\boldsymbol{M}(\hat{\boldsymbol{x}}_{\text{EC-WTLS}},\hat{\boldsymbol{\Xi}}_{\text{EC-WTLS}}))^{-1}\\ \times\boldsymbol{W}^{\text{T}}(\boldsymbol{W}(\boldsymbol{M}(\hat{\boldsymbol{x}}_{\text{EC-WTLS}},\hat{\boldsymbol{\Xi}}_{\text{EC-WTLS}}))^{-1}\boldsymbol{W}^{\text{T}})^{-1}\boldsymbol{W})\boldsymbol{\gamma}(\hat{\boldsymbol{x}}_{\text{EC-WTLS}},\hat{\boldsymbol{\Xi}}_{\text{EC-WTLS}})\end{cases}\tag{7.81}$$

然后将式 (7.80) 代入式 (7.76), 可知

$$\begin{aligned}&\hat{\lambda}_{2,\text{EC-WTLS}}^{(2)2}(\boldsymbol{\rho}_2(\hat{\boldsymbol{x}}_{\text{EC-WTLS}},\hat{\boldsymbol{\Xi}}_{\text{EC-WTLS}}))^{\text{T}}\boldsymbol{Q}\boldsymbol{\rho}_2(\hat{\boldsymbol{x}}_{\text{EC-WTLS}},\hat{\boldsymbol{\Xi}}_{\text{EC-WTLS}})\\&+2\hat{\lambda}_{2,\text{EC-WTLS}}^{(2)}(\boldsymbol{\rho}_1(\hat{\boldsymbol{x}}_{\text{EC-WTLS}},\hat{\boldsymbol{\Xi}}_{\text{EC-WTLS}}))^{\text{T}}\boldsymbol{Q}\boldsymbol{\rho}_2(\hat{\boldsymbol{x}}_{\text{EC-WTLS}},\hat{\boldsymbol{\Xi}}_{\text{EC-WTLS}})\\&+(\boldsymbol{\rho}_1(\hat{\boldsymbol{x}}_{\text{EC-WTLS}},\hat{\boldsymbol{\Xi}}_{\text{EC-WTLS}}))^{\text{T}}\boldsymbol{Q}\boldsymbol{\rho}_1(\hat{\boldsymbol{x}}_{\text{EC-WTLS}},\hat{\boldsymbol{\Xi}}_{\text{EC-WTLS}})-\alpha=0\end{aligned}\tag{7.82}$$

不难发现, 式 (7.82) 是关于 $\hat{\lambda}_{2,\text{EC-WTLS}}^{(2)}$ 的一元二次方程, 因此 $\hat{\lambda}_{2,\text{EC-WTLS}}^{(2)}$ 的表达式为

$$\begin{aligned}\hat{\lambda}_{2,\text{EC-WTLS}}^{(2)}=&-\frac{(\boldsymbol{\rho}_1(\hat{\boldsymbol{x}}_{\text{EC-WTLS}},\hat{\boldsymbol{\Xi}}_{\text{EC-WTLS}}))^{\text{T}}\boldsymbol{Q}\boldsymbol{\rho}_2(\hat{\boldsymbol{x}}_{\text{EC-WTLS}},\hat{\boldsymbol{\Xi}}_{\text{EC-WTLS}})}{(\boldsymbol{\rho}_2(\hat{\boldsymbol{x}}_{\text{EC-WTLS}},\hat{\boldsymbol{\Xi}}_{\text{EC-WTLS}}))^{\text{T}}\boldsymbol{Q}\boldsymbol{\rho}_2(\hat{\boldsymbol{x}}_{\text{EC-WTLS}},\hat{\boldsymbol{\Xi}}_{\text{EC-WTLS}})}\\&\pm\frac{\begin{pmatrix}((\boldsymbol{\rho}_1(\hat{\boldsymbol{x}}_{\text{EC-WTLS}},\hat{\boldsymbol{\Xi}}_{\text{EC-WTLS}}))^{\text{T}}\boldsymbol{Q}\boldsymbol{\rho}_2(\hat{\boldsymbol{x}}_{\text{EC-WTLS}},\hat{\boldsymbol{\Xi}}_{\text{EC-WTLS}}))^2\\-((\boldsymbol{\rho}_2(\hat{\boldsymbol{x}}_{\text{EC-WTLS}},\hat{\boldsymbol{\Xi}}_{\text{EC-WTLS}}))^{\text{T}}\boldsymbol{Q}\boldsymbol{\rho}_2(\hat{\boldsymbol{x}}_{\text{EC-WTLS}},\hat{\boldsymbol{\Xi}}_{\text{EC-WTLS}}))\\\times((\boldsymbol{\rho}_1(\hat{\boldsymbol{x}}_{\text{EC-WTLS}},\hat{\boldsymbol{\Xi}}_{\text{EC-WTLS}}))^{\text{T}}\boldsymbol{Q}\boldsymbol{\rho}_1(\hat{\boldsymbol{x}}_{\text{EC-WTLS}},\hat{\boldsymbol{\Xi}}_{\text{EC-WTLS}})-\alpha)\end{pmatrix}^{1/2}}{(\boldsymbol{\rho}_2(\hat{\boldsymbol{x}}_{\text{EC-WTLS}},\hat{\boldsymbol{\Xi}}_{\text{EC-WTLS}}))^{\text{T}}\boldsymbol{Q}\boldsymbol{\rho}_2(\hat{\boldsymbol{x}}_{\text{EC-WTLS}},\hat{\boldsymbol{\Xi}}_{\text{EC-WTLS}})}\end{aligned}\tag{7.83}$$

最后将式 (7.83) 代入式 (7.80) 中可以得到 $\hat{\boldsymbol{x}}_{\text{EC-WTLS}}$ 的表达式, 鉴于该表达式过于冗长且推导非常直接, 这里不再详细描述。

基于上述推导可以得到在线性等式约束和二次等式约束同时存在时求解式 (7.44) 的迭代方法, 计算步骤见表 7.7。

表 7.7 同时含有线性等式约束和二次等式约束的加权总体最小二乘估计方法的计算步骤

步骤	求解方法
1	令 $k:=1$, 设置迭代收敛门限 δ, 并计算 $\hat{\boldsymbol{x}}_k=(\boldsymbol{B}^{\text{T}}\boldsymbol{E}^{-1}\boldsymbol{B})^{-1}\boldsymbol{B}^{\text{T}}\boldsymbol{E}^{-1}\boldsymbol{z}$

续表

步骤	求解方法
2	计算 $\hat{\boldsymbol{\lambda}}_{1,k+1}=2\left(\left[-\boldsymbol{I}_p \,\vdots\, \hat{\boldsymbol{x}}_k^{\mathrm{T}}\otimes\boldsymbol{I}_p\right]\boldsymbol{\varPhi}\begin{bmatrix}-\boldsymbol{I}_p\\ \hat{\boldsymbol{x}}_k\otimes\boldsymbol{I}_p\end{bmatrix}\right)^{-1}(\boldsymbol{z}-\boldsymbol{B}\hat{\boldsymbol{x}}_k)$
3	计算 $\hat{\boldsymbol{\varphi}}_{k+1}=-\dfrac{1}{2}\boldsymbol{\varPhi}\begin{bmatrix}-\boldsymbol{I}_p\\ \hat{\boldsymbol{x}}_k\otimes\boldsymbol{I}_p\end{bmatrix}\hat{\boldsymbol{\lambda}}_{1,k+1}$, 并由此构造 $\hat{\boldsymbol{\varXi}}_{k+1}$
4	利用式 (7.58) 计算 $\boldsymbol{m}(\hat{\boldsymbol{x}}_k,\hat{\boldsymbol{\varXi}}_{k+1})$ 和 $\boldsymbol{M}(\hat{\boldsymbol{x}}_k,\hat{\boldsymbol{\varXi}}_{k+1})$
5	利用式 (7.59) 和式 (7.68) 分别计算 $\boldsymbol{\eta}(\hat{\boldsymbol{x}}_k,\hat{\boldsymbol{\varXi}}_{k+1})$ 和 $\gamma(\hat{\boldsymbol{x}}_k,\hat{\boldsymbol{\varXi}}_{k+1})$
6	利用式 (7.81) 计算 $\boldsymbol{\rho}_1(\hat{\boldsymbol{x}}_k,\hat{\boldsymbol{\varXi}}_{k+1})$ 和 $\boldsymbol{\rho}_2(\hat{\boldsymbol{x}}_k,\hat{\boldsymbol{\varXi}}_{k+1})$
7	利用式 (7.83) 计算 $\hat{\lambda}_{2,k+1}^{(2)}$
8	计算 $\hat{\boldsymbol{x}}_{k+1}=\boldsymbol{\rho}_1(\hat{\boldsymbol{x}}_k,\hat{\boldsymbol{\varXi}}_{k+1})+\boldsymbol{\rho}_2(\hat{\boldsymbol{x}}_k,\hat{\boldsymbol{\varXi}}_{k+1})\hat{\lambda}_{2,k+1}^{(2)}$, 若 $\Vert\hat{\boldsymbol{x}}_{k+1}-\hat{\boldsymbol{x}}_k\Vert_2\leqslant\delta$ 则停止计算; 否则令 $k:=k+1$, 并转至步骤 2

【注记 7.11】 该迭代方法的初始值是由第 3 章的线性最小二乘估计值 (即式 (3.11)) 给出, 而将其作为迭代初始值确实也是较好的选择。

【注记 7.12】 由于式 (7.83) 中包含两个根, 所以在迭代方法的步骤 8 中可以得到两个 $\hat{\boldsymbol{x}}_{k+1}$, 这意味着必须要进行判定, 可以选择使式 (7.52) 中的目标函数取值更小的解作为最终结果。

【注记 7.13】 若此迭代方法收敛, 则有 $\lim\limits_{k\to+\infty}\hat{\boldsymbol{\varXi}}_k=\hat{\boldsymbol{\varXi}}_{\mathrm{EC-WTLS}}$, 此时可将 $\hat{\boldsymbol{A}}_{\mathrm{EC-WTLS}}=\boldsymbol{B}-\hat{\boldsymbol{\varXi}}_{\mathrm{EC-WTLS}}$ 作为矩阵 $\boldsymbol{A}$ 的估计值, 并且其估计精度要比矩阵 $\boldsymbol{B}$ 作为其估计值的精度高, 该结论可在第 7.3.3 节的数值实验中得到验证。

四、任意等式约束加权总体最小二乘估计问题的数值求解方法

假设 $\boldsymbol{c}(\boldsymbol{x})$ 为任意形式的连续可导函数, 并不局限于线性函数或者二次函数, 此时直接求解式 (7.44) 将无法得到拉格朗日乘子向量 $\boldsymbol{\lambda}_2$ 的闭式表达式①, 相应的迭代公式也将难以获得。在这种情况下, 可以考虑直接对式 (7.52) 进行求解。

求解式 (7.52) 的拉格朗日函数可以表示为

$$\begin{aligned} l_{\mathrm{f}}(\boldsymbol{x},\boldsymbol{\lambda})&=(\boldsymbol{B}\boldsymbol{x}-\boldsymbol{z})^{\mathrm{T}}\left(\left[-\boldsymbol{I}_p \,\vdots\, \boldsymbol{x}^{\mathrm{T}}\otimes\boldsymbol{I}_p\right]\boldsymbol{\varPhi}\begin{bmatrix}-\boldsymbol{I}_p\\ \boldsymbol{x}\otimes\boldsymbol{I}_p\end{bmatrix}\right)^{-1}(\boldsymbol{B}\boldsymbol{x}-\boldsymbol{z})+\boldsymbol{\lambda}^{\mathrm{T}}\boldsymbol{c}(\boldsymbol{x})\\ &=J_{\mathrm{WTLS}}(\boldsymbol{x})+\boldsymbol{\lambda}^{\mathrm{T}}\boldsymbol{c}(\boldsymbol{x}) \end{aligned} \tag{7.84}$$

① 在线性等式约束和二次等式约束条件下均能够给出关于 $\boldsymbol{\lambda}_2$ 的闭式表达式。

式中 $\boldsymbol{\lambda}$ 为拉格朗日乘子向量, 而 $J_{\mathrm{WTLS}}(\boldsymbol{x})$ 的表达式见式 (7.14)。分别将向量 $\boldsymbol{x}$ 和 $\boldsymbol{\lambda}$ 的最优解记为 $\hat{\boldsymbol{x}}_{\mathrm{EC-WTLS}}$ 和 $\hat{\boldsymbol{\lambda}}_{\mathrm{EC-WTLS}}$, 将函数 $l_{\mathrm{f}}(\boldsymbol{x},\boldsymbol{\lambda})$ 分别对向量 $\boldsymbol{x}$ 和 $\boldsymbol{\lambda}$ 求偏导, 并令它们等于零, 可得

$$\left.\frac{\partial l_{\mathrm{f}}(\boldsymbol{x},\boldsymbol{\lambda})}{\partial \boldsymbol{x}}\right|_{\substack{\boldsymbol{x}=\hat{\boldsymbol{x}}_{\mathrm{EC-WTLS}}\\ \boldsymbol{\lambda}=\hat{\boldsymbol{\lambda}}_{\mathrm{EC-WTLS}}}} = \nabla J_{\mathrm{WTLS}}(\hat{\boldsymbol{x}}_{\mathrm{EC-WTLS}}) + (\boldsymbol{C}(\hat{\boldsymbol{x}}_{\mathrm{EC-WTLS}}))^{\mathrm{T}}\hat{\boldsymbol{\lambda}}_{\mathrm{EC-WTLS}} = \boldsymbol{O}_{q\times 1} \tag{7.85}$$

$$\left.\frac{\partial l_{\mathrm{f}}(\boldsymbol{x},\boldsymbol{\lambda})}{\partial \boldsymbol{\lambda}}\right|_{\substack{\boldsymbol{x}=\hat{\boldsymbol{x}}_{\mathrm{EC-WTLS}}\\ \boldsymbol{\lambda}=\hat{\boldsymbol{\lambda}}_{\mathrm{EC-WTLS}}}} = \boldsymbol{c}(\hat{\boldsymbol{x}}_{\mathrm{EC-WTLS}}) = \boldsymbol{O}_{r\times 1} \tag{7.86}$$

其中, $\nabla J_{\mathrm{WTLS}}(\hat{\boldsymbol{x}}_{\mathrm{EC-WTLS}})$ 的表达式见式 (7.24), $\boldsymbol{C}(\boldsymbol{x}) = \frac{\partial \boldsymbol{c}(\boldsymbol{x})}{\partial \boldsymbol{x}^{\mathrm{T}}}$ 表示 $\boldsymbol{c}(\boldsymbol{x})$ 的 Jacobian 矩阵, 这里假设其为行满秩矩阵, 也就是说等式约束是非冗余的。式 (7.85) 和式 (7.86) 可以看成是关于 $\hat{\boldsymbol{x}}_{\mathrm{EC-WTLS}}$ 和 $\hat{\boldsymbol{\lambda}}_{\mathrm{EC-WTLS}}$ 的非线性方程组, 而求解式 (7.52) 等价于求解此非线性方程组。

非线性方程组式 (7.85) 和式 (7.86) 可以利用牛顿迭代法进行求解, 为此需要先确定拉格朗日函数 $l_{\mathrm{f}}(\boldsymbol{x},\boldsymbol{\lambda})$ 的梯度向量和 Hessian 矩阵的表达式, 分别为

$$\nabla l_{\mathrm{f}}(\boldsymbol{x},\boldsymbol{\lambda}) = \begin{bmatrix} \dfrac{\partial l_{\mathrm{f}}(\boldsymbol{x},\boldsymbol{\lambda})}{\partial \boldsymbol{x}} \\ \dfrac{\partial l_{\mathrm{f}}(\boldsymbol{x},\boldsymbol{\lambda})}{\partial \boldsymbol{\lambda}} \end{bmatrix} = \begin{bmatrix} \nabla J_{\mathrm{WTLS}}(\boldsymbol{x}) + (\boldsymbol{C}(\boldsymbol{x}))^{\mathrm{T}}\boldsymbol{\lambda} \\ \boldsymbol{c}(\boldsymbol{x}) \end{bmatrix} \tag{7.87}$$

$$\nabla^2 l_{\mathrm{f}}(\boldsymbol{x},\boldsymbol{\lambda}) = \begin{bmatrix} \dfrac{\partial^2 l_{\mathrm{f}}(\boldsymbol{x},\boldsymbol{\lambda})}{\partial \boldsymbol{x}\partial \boldsymbol{x}^{\mathrm{T}}} & \dfrac{\partial^2 l_{\mathrm{f}}(\boldsymbol{x},\boldsymbol{\lambda})}{\partial \boldsymbol{x}\partial \boldsymbol{\lambda}^{\mathrm{T}}} \\ \dfrac{\partial^2 l_{\mathrm{f}}(\boldsymbol{x},\boldsymbol{\lambda})}{\partial \boldsymbol{\lambda}\partial \boldsymbol{x}^{\mathrm{T}}} & \dfrac{\partial^2 l_{\mathrm{f}}(\boldsymbol{x},\boldsymbol{\lambda})}{\partial \boldsymbol{\lambda}\partial \boldsymbol{\lambda}^{\mathrm{T}}} \end{bmatrix} = \left[\begin{array}{c:c} \nabla^2 J_{\mathrm{WTLS}}(\boldsymbol{x}) + \sum\limits_{j=1}^{r}\lambda_j \nabla^2 c_j(\boldsymbol{x}) & (\boldsymbol{C}(\boldsymbol{x}))^{\mathrm{T}} \\ \hdashline \boldsymbol{C}(\boldsymbol{x}) & \boldsymbol{O}_{r\times r} \end{array}\right] \tag{7.88}$$

其中, $\nabla^2 J_{\mathrm{WTLS}}(\boldsymbol{x})$ 的表达式见式 (7.25), 而 λ_j 和 $c_j(\boldsymbol{x})$ 则分别表示向量 $\boldsymbol{\lambda}$ 和 $\boldsymbol{c}(\boldsymbol{x})$ 中的第 j 个分量。

牛顿迭代公式满足

$$\nabla^2 l_{\mathrm{f}}(\hat{\boldsymbol{x}}_k,\hat{\boldsymbol{\lambda}}_k)\begin{bmatrix} \hat{\boldsymbol{x}}_{k+1} - \hat{\boldsymbol{x}}_k \\ \hat{\boldsymbol{\lambda}}_{k+1} - \hat{\boldsymbol{\lambda}}_k \end{bmatrix} = -\nabla l_{\mathrm{f}}(\hat{\boldsymbol{x}}_k,\hat{\boldsymbol{\lambda}}_k) \tag{7.89}$$

其中, $\hat{\boldsymbol{x}}_k$ 和 $\hat{\boldsymbol{\lambda}}_k$ 均表示第 k 次迭代结果, $\hat{\boldsymbol{x}}_{k+1}$ 和 $\hat{\boldsymbol{\lambda}}_{k+1}$ 均表示第 $k+1$ 次迭代结

果。将式 (7.87) 和式 (7.88) 代入式 (7.89), 可知

$$\left[\begin{array}{c:c}\nabla^2 J_{\text{WTLS}}(\hat{\boldsymbol{x}}_k)+\sum_{j=1}^{r}\hat{\lambda}_{k,j}\nabla^2 c_j(\hat{\boldsymbol{x}}_k) & (\boldsymbol{C}(\hat{\boldsymbol{x}}_k))^{\text{T}} \\ \hdashline \boldsymbol{C}(\hat{\boldsymbol{x}}_k) & \boldsymbol{O}_{r\times r}\end{array}\right]\begin{bmatrix}\hat{\boldsymbol{x}}_{k+1}-\hat{\boldsymbol{x}}_k \\ \hat{\boldsymbol{\lambda}}_{k+1}-\hat{\boldsymbol{\lambda}}_k\end{bmatrix}$$
$$=-\begin{bmatrix}\nabla J_{\text{WTLS}}(\hat{\boldsymbol{x}}_k)+(\boldsymbol{C}(\hat{\boldsymbol{x}}_k))^{\text{T}}\hat{\boldsymbol{\lambda}}_k \\ \boldsymbol{c}(\hat{\boldsymbol{x}}_k)\end{bmatrix} \tag{7.90}$$

式中 $\hat{\lambda}_{k,j}$ 表示向量 $\hat{\boldsymbol{\lambda}}_k$ 中的第 j 个分量。

基于式 (7.90) 可以推导出关于 $\hat{\boldsymbol{x}}_{k+1}$ 和 $\hat{\boldsymbol{\lambda}}_{k+1}$ 的迭代公式。首先将式 (7.90) 展开可得

$$\left(\nabla^2 J_{\text{WTLS}}(\hat{\boldsymbol{x}}_k)+\sum_{j=1}^{r}\hat{\lambda}_{k,j}\nabla^2 c_j(\hat{\boldsymbol{x}}_k)\right)(\hat{\boldsymbol{x}}_{k+1}-\hat{\boldsymbol{x}}_k)+(\boldsymbol{C}(\hat{\boldsymbol{x}}_k))^{\text{T}}(\hat{\boldsymbol{\lambda}}_{k+1}-\hat{\boldsymbol{\lambda}}_k) \tag{7.91}$$

$$=-(\nabla J_{\text{WTLS}}(\hat{\boldsymbol{x}}_k)+(\boldsymbol{C}(\hat{\boldsymbol{x}}_k))^{\text{T}}\hat{\boldsymbol{\lambda}}_k)\boldsymbol{C}(\hat{\boldsymbol{x}}_k)(\hat{\boldsymbol{x}}_{k+1}-\hat{\boldsymbol{x}}_k)=-\boldsymbol{c}(\hat{\boldsymbol{x}}_k) \tag{7.92}$$

将式 (7.91) 两边同时乘以 $\boldsymbol{C}(\hat{\boldsymbol{x}}_k)\left(\nabla^2 J_{\text{WTLS}}(\hat{\boldsymbol{x}}_k)+\sum_{j=1}^{r}\hat{\lambda}_{k,j}\nabla^2 c_j(\hat{\boldsymbol{x}}_k)\right)^{-1}$, 有

$$\boldsymbol{C}(\hat{\boldsymbol{x}}_k)(\hat{\boldsymbol{x}}_{k+1}-\hat{\boldsymbol{x}}_k)+\boldsymbol{C}(\hat{\boldsymbol{x}}_k)\left(\nabla^2 J_{\text{WTLS}}(\hat{\boldsymbol{x}}_k)+\sum_{j=1}^{r}\hat{\lambda}_{k,j}\nabla^2 c_j(\hat{\boldsymbol{x}}_k)\right)^{-1}$$
$$\times(\boldsymbol{C}(\hat{\boldsymbol{x}}_k))^{\text{T}}(\hat{\boldsymbol{\lambda}}_{k+1}-\hat{\boldsymbol{\lambda}}_k)$$
$$=-\boldsymbol{C}(\hat{\boldsymbol{x}}_k)\left(\nabla^2 J_{\text{WTLS}}(\hat{\boldsymbol{x}}_k)+\sum_{j=1}^{r}\hat{\lambda}_{k,j}\nabla^2 c_j(\hat{\boldsymbol{x}}_k)\right)^{-1}(\nabla J_{\text{WTLS}}(\hat{\boldsymbol{x}}_k)+(\boldsymbol{C}(\hat{\boldsymbol{x}}_k))^{\text{T}}\hat{\boldsymbol{\lambda}}_k) \tag{7.93}$$

然后将式 (7.92) 代入式 (7.93), 可得

$$-\boldsymbol{c}(\hat{\boldsymbol{x}}_k)+\boldsymbol{C}(\hat{\boldsymbol{x}}_k)\left(\nabla^2 J_{\text{WTLS}}(\hat{\boldsymbol{x}}_k)+\sum_{j=1}^{r}\hat{\lambda}_{k,j}\nabla^2 c_j(\hat{\boldsymbol{x}}_k)\right)^{-1}(\boldsymbol{C}(\hat{\boldsymbol{x}}_k))^{\text{T}}(\hat{\boldsymbol{\lambda}}_{k+1}-\hat{\boldsymbol{\lambda}}_k)$$
$$=-\boldsymbol{C}(\hat{\boldsymbol{x}}_k)\left(\nabla^2 J_{\text{WTLS}}(\hat{\boldsymbol{x}}_k)+\sum_{j=1}^{r}\hat{\lambda}_{k,j}\nabla^2 c_j(\hat{\boldsymbol{x}}_k)\right)^{-1}(\nabla J_{\text{WTLS}}(\hat{\boldsymbol{x}}_k)+(\boldsymbol{C}(\hat{\boldsymbol{x}}_k))^{\text{T}}\hat{\boldsymbol{\lambda}}_k)$$

$$\Rightarrow \hat{\boldsymbol{\lambda}}_{k+1}=\left(\boldsymbol{C}(\hat{\boldsymbol{x}}_k)\left(\nabla^2 J_{\mathrm{WTLS}}(\hat{\boldsymbol{x}}_k)+\sum_{j=1}^{r}\hat{\lambda}_{k,j}\nabla^2 c_j(\hat{\boldsymbol{x}}_k)\right)^{-1}(\boldsymbol{C}(\hat{\boldsymbol{x}}_k))^{\mathrm{T}}\right)^{-1}$$
$$\times\left(\boldsymbol{c}(\hat{\boldsymbol{x}}_k)-\boldsymbol{C}(\hat{\boldsymbol{x}}_k)\left(\nabla^2 J_{\mathrm{WTLS}}(\hat{\boldsymbol{x}}_k)+\sum_{j=1}^{r}\hat{\lambda}_{k,j}\nabla^2 c_j(\hat{\boldsymbol{x}}_k)\right)^{-1}\nabla J_{\mathrm{WTLS}}(\hat{\boldsymbol{x}}_k)\right) \tag{7.94}$$

此外, 由式 (7.91) 还可以推得

$$\hat{\boldsymbol{x}}_{k+1}=\hat{\boldsymbol{x}}_k-\left(\nabla^2 J_{\mathrm{WTLS}}(\hat{\boldsymbol{x}}_k)+\sum_{j=1}^{r}\hat{\lambda}_{k,j}\nabla^2 c_j(\hat{\boldsymbol{x}}_k)\right)^{-1}$$
$$\times(\nabla J_{\mathrm{WTLS}}(\hat{\boldsymbol{x}}_k)+(\boldsymbol{C}(\hat{\boldsymbol{x}}_k))^{\mathrm{T}}\hat{\boldsymbol{\lambda}}_{k+1}) \tag{7.95}$$

基于上述推导可以得到在任意等式约束条件下求解式 (7.52) 的迭代方法, 计算步骤见表 7.8。

表 7.8 任意等式约束加权总体最小二乘估计方法的计算步骤

步骤	求解方法
1	令 $k:=1$, 设置迭代收敛门限 δ, 并计算 $\hat{\boldsymbol{x}}_k=(\boldsymbol{B}^{\mathrm{T}}\boldsymbol{E}^{-1}\boldsymbol{B})^{-1}\boldsymbol{B}^{\mathrm{T}}\boldsymbol{E}^{-1}\boldsymbol{z}$ 和 $\hat{\boldsymbol{\lambda}}_k=-(\boldsymbol{C}(\hat{\boldsymbol{x}}_k)(\boldsymbol{C}(\hat{\boldsymbol{x}}_k))^{\mathrm{T}})^{-1}\boldsymbol{C}(\hat{\boldsymbol{x}}_k)\nabla J_{\mathrm{WTLS}}(\hat{\boldsymbol{x}}_k)$
2	利用式 (7.24) 和式 (7.25) 分别计算 $\nabla J_{\mathrm{WTLS}}(\hat{\boldsymbol{x}}_k)$ 和 $\nabla^2 J_{\mathrm{WTLS}}(\hat{\boldsymbol{x}}_k)$
3	利用式 (7.94) 计算 $\hat{\boldsymbol{\lambda}}_{k+1}$
4	利用式 (7.95) 计算 $\hat{\boldsymbol{x}}_{k+1}$, 若 $\Vert\hat{\boldsymbol{x}}_{k+1}-\hat{\boldsymbol{x}}_k\Vert_2\leqslant\delta$ 则停止计算; 否则令 $k:=k+1$, 并转至步骤 2

【注记 7.14】在该迭代方法中, 未知参量 $\boldsymbol{x}$ 的初始值是由第 3 章的线性最小二乘估计值 (即式 (3.11)) 给出, 而拉格朗日乘子向量 $\boldsymbol{\lambda}$ 的初始值则是通过求解方程组式 (7.85) 所获得①。

【注记 7.15】由于此迭代方法并不受限于等式约束的函数表达式, 因此它同样适用于线性等式约束和二次等式约束的情形, 但是该方法并未给出观测矩阵 $\boldsymbol{A}$ 的估计值。

① 当 $\boldsymbol{x}$ 已知时, 式 (7.85) 可以看成是关于 $\boldsymbol{\lambda}$ 的线性方程组, 并且其系数矩阵是列满秩的。

7.3.3 含等式约束的加权总体最小二乘估计的理论性能

一、理论性能分析

下面将从统计的角度推导含等式约束的加权总体最小二乘估计值的理论性能，由于人们关心的是未知参量 $\boldsymbol{x}$ 的估计性能，并且式 (7.44) 与式 (7.52) 是相互等价的，所以这里的性能分析仅针对式 (7.52) 进行推导。此外，由于无法直接给出式 (7.52) 的最优闭式解，因此与第 6.2.2 节相类似，这里仍然采用一阶误差分析方法进行推导，即忽略误差的二次及其以上各次项。

将式 (7.52) 最优解 $\hat{\boldsymbol{x}}_{\text{EC-WTLS}}$ 中的误差记为 $\Delta\boldsymbol{x}_{\text{EC-WTLS}}$，即 $\Delta\boldsymbol{x}_{\text{EC-WTLS}} = \hat{\boldsymbol{x}}_{\text{EC-WTLS}} - \boldsymbol{x}$。根据第 2.5.2 节可知，在含有等式约束的条件下，向量 $\Delta\boldsymbol{x}_{\text{EC-WTLS}}$ 是如下约束优化问题的最优解

$$\begin{cases} \min\limits_{\Delta\boldsymbol{x}\in\mathbf{R}^{q\times 1}} \left\{ \begin{aligned} &(\boldsymbol{A}\Delta\boldsymbol{x} + [-\boldsymbol{I}_p \,\vdots\, \boldsymbol{x}^{\mathrm{T}}\otimes\boldsymbol{I}_p]\boldsymbol{\varphi})^{\mathrm{T}} \left([-\boldsymbol{I}_p \,\vdots\, \boldsymbol{x}^{\mathrm{T}}\otimes\boldsymbol{I}_p]\boldsymbol{\Phi}\begin{bmatrix} -\boldsymbol{I}_p \\ \boldsymbol{x}\otimes\boldsymbol{I}_p \end{bmatrix} \right)^{-1} \\ &\times(\boldsymbol{A}\Delta\boldsymbol{x} + [-\boldsymbol{I}_p \,\vdots\, \boldsymbol{x}^{\mathrm{T}}\otimes\boldsymbol{I}_p]\boldsymbol{\varphi}) \end{aligned} \right\} \\ \text{s.t. } \boldsymbol{C}(\boldsymbol{x})\Delta\boldsymbol{x} = \boldsymbol{O}_{r\times 1} \end{cases} \tag{7.96}$$

式 (7.96) 是含有线性等式约束的二次优化问题，其最优解存在闭式表达式，根据式 (3.57) 可知其最优解的表达式为

$$\begin{aligned} \Delta\boldsymbol{x}_{\text{OPT}} &= \Delta\boldsymbol{x}_{\text{EC-WTLS}} \\ &= \Delta\boldsymbol{x}_{\text{WTLS}} - (\boldsymbol{A}^{\mathrm{T}}(\boldsymbol{H}(\boldsymbol{x}))^{-1}\boldsymbol{A})^{-1}(\boldsymbol{C}(\boldsymbol{x}))^{\mathrm{T}}(\boldsymbol{C}(\boldsymbol{x})(\boldsymbol{A}^{\mathrm{T}}(\boldsymbol{H}(\boldsymbol{x}))^{-1}\boldsymbol{A})^{-1} \\ &\quad\times(\boldsymbol{C}(\boldsymbol{x}))^{\mathrm{T}})^{-1}\boldsymbol{C}(\boldsymbol{x})\Delta\boldsymbol{x}_{\text{WTLS}} \end{aligned} \tag{7.97}$$

式中 $\boldsymbol{H}(\boldsymbol{x})$ 和 $\Delta\boldsymbol{x}_{\text{WTLS}}$ 的表达式分别见式 (7.23) 和式 (7.31)。根据第 7.2.3 节中的讨论可知，向量 $\Delta\boldsymbol{x}_{\text{WTLS}}$ 渐近服从零均值的高斯分布，因此 $\Delta\boldsymbol{x}_{\text{EC-WTLS}}$ 也渐近服从零均值的高斯分布，并且估计值 $\hat{\boldsymbol{x}}_{\text{EC-WTLS}}$ 的均方误差矩阵为

$$\begin{aligned} \mathbf{MSE}(\hat{\boldsymbol{x}}_{\text{EC-WTLS}}) &= \mathrm{E}[(\hat{\boldsymbol{x}}_{\text{EC-WTLS}} - \boldsymbol{x})(\hat{\boldsymbol{x}}_{\text{EC-WTLS}} - \boldsymbol{x})^{\mathrm{T}}] \\ &= \mathrm{E}[\Delta\boldsymbol{x}_{\text{EC-WTLS}}\Delta\boldsymbol{x}_{\text{EC-WTLS}}^{\mathrm{T}}] \\ &\approx (\boldsymbol{A}^{\mathrm{T}}(\boldsymbol{H}(\boldsymbol{x}))^{-1}\boldsymbol{A})^{-1} - (\boldsymbol{A}^{\mathrm{T}}(\boldsymbol{H}(\boldsymbol{x}))^{-1}\boldsymbol{A})^{-1} \\ &\quad\times(\boldsymbol{C}(\boldsymbol{x}))^{\mathrm{T}}(\boldsymbol{C}(\boldsymbol{x})(\boldsymbol{A}^{\mathrm{T}}(\boldsymbol{H}(\boldsymbol{x}))^{-1}\boldsymbol{A})^{-1}(\boldsymbol{C}(\boldsymbol{x}))^{\mathrm{T}})^{-1} \\ &\quad\times\boldsymbol{C}(\boldsymbol{x})(\boldsymbol{A}^{\mathrm{T}}(\boldsymbol{H}(\boldsymbol{x}))^{-1}\boldsymbol{A})^{-1} \end{aligned} \tag{7.98}$$

【**注记 7.16**】根据式 (7.98) 可知 $\mathbf{MSE}(\hat{\boldsymbol{x}}_{\text{EC-WTLS}}) \leqslant \mathbf{MSE}(\hat{\boldsymbol{x}}_{\text{WTLS}})$, 这意味着通过引入等式约束减少了估计未知参量 $\boldsymbol{x}$ 的不确定性, 从而提高了估计精度。

下面的命题将证明, 在服从等式约束式 (7.43) 的条件下, 向量 $\hat{\boldsymbol{x}}_{\text{EC-WTLS}}$ 是关于未知参量 $\boldsymbol{x}$ 的渐近最优无偏估计值。

【**命题 7.2**】含等式约束的加权总体最小二乘估计问题式 (7.52) 的最优解 $\hat{\boldsymbol{x}}_{\text{EC-WTLS}}$ 是关于未知参量 $\boldsymbol{x}$ 的渐近最优无偏估计值。

【**证明**】由于 $\mathrm{E}[\Delta\boldsymbol{x}_{\text{EC-WTLS}}] \approx \boldsymbol{O}_{q\times1}$, 因此 $\hat{\boldsymbol{x}}_{\text{EC-WTLS}}$ 的渐近无偏性得证。仅需要证明 $\hat{\boldsymbol{x}}_{\text{EC-WTLS}}$ 是关于未知参量 $\boldsymbol{x}$ 的最优估计值 (即估计方差最小), 也就是证明 $\hat{\boldsymbol{x}}_{\text{EC-WTLS}}$ 的均方误差矩阵等于其克拉美罗界。

命题 7.1 已经在无等式约束条件下推导了联合估计 $\boldsymbol{x}$ 和 $\mathrm{vec}(\boldsymbol{A})$ 的克拉美罗界 (记为 $\mathbf{CRB}_{\text{WTLS}}\left(\begin{bmatrix}\boldsymbol{x}\\ \mathrm{vec}(\boldsymbol{A})\end{bmatrix}\right)$), 而这里的 $\boldsymbol{x}$ 服从等式约束 $\boldsymbol{c}(\boldsymbol{x}) = \boldsymbol{O}_{r\times1}$, 约束函数 $\boldsymbol{c}(\boldsymbol{x})$ 关于未知向量 $\begin{bmatrix}\boldsymbol{x}\\ \mathrm{vec}(\boldsymbol{A})\end{bmatrix}$ 的 Jacobian 矩阵可以表示为 $[\boldsymbol{C}(\boldsymbol{x}) \quad \boldsymbol{O}_{r\times pq}]$, 此时结合命题 2.40 可知, 在等式约束 $\boldsymbol{c}(\boldsymbol{x}) = \boldsymbol{O}_{r\times1}$ 条件下, 联合估计 $\boldsymbol{x}$ 和 $\mathrm{vec}(\boldsymbol{A})$ 的克拉美罗界可以表示为

$$
\begin{aligned}
&\mathbf{CRB}_{\text{EC-WTLS}}\left(\begin{bmatrix}\boldsymbol{x}\\ \mathrm{vec}(\boldsymbol{A})\end{bmatrix}\right)\\
&= \mathbf{CRB}_{\text{WTLS}}\left(\begin{bmatrix}\boldsymbol{x}\\ \mathrm{vec}(\boldsymbol{A})\end{bmatrix}\right) - \mathbf{CRB}_{\text{WTLS}}\left(\begin{bmatrix}\boldsymbol{x}\\ \mathrm{vec}(\boldsymbol{A})\end{bmatrix}\right)\begin{bmatrix}(\boldsymbol{C}(\boldsymbol{x}))^{\mathrm{T}}\\ \boldsymbol{O}_{pq\times r}\end{bmatrix}\\
&\quad \times \left([\boldsymbol{C}(\boldsymbol{x}) \quad \boldsymbol{O}_{r\times pq}]\mathbf{CRB}_{\text{WTLS}}\left(\begin{bmatrix}\boldsymbol{x}\\ \mathrm{vec}(\boldsymbol{A})\end{bmatrix}\right)\begin{bmatrix}(\boldsymbol{C}(\boldsymbol{x}))^{\mathrm{T}}\\ \boldsymbol{O}_{pq\times r}\end{bmatrix}\right)^{-1}[\boldsymbol{C}(\boldsymbol{x}) \quad \boldsymbol{O}_{r\times pq}]\\
&\quad \times \mathbf{CRB}_{\text{WTLS}}\left(\begin{bmatrix}\boldsymbol{x}\\ \mathrm{vec}(\boldsymbol{A})\end{bmatrix}\right)
\end{aligned} \tag{7.99}
$$

由式 (7.99) 可以进一步推得

$$
\begin{aligned}
&\mathbf{CRB}_{\text{EC-WTLS}}(\boldsymbol{x})\\
&= [\boldsymbol{I}_q \quad \boldsymbol{O}_{q\times pq}]\mathbf{CRB}_{\text{WTLS}}\left(\begin{bmatrix}\boldsymbol{x}\\ \mathrm{vec}(\boldsymbol{A})\end{bmatrix}\right)\begin{bmatrix}\boldsymbol{I}_q\\ \boldsymbol{O}_{pq\times q}\end{bmatrix}\\
&\quad - [\boldsymbol{I}_q \quad \boldsymbol{O}_{q\times pq}]\mathbf{CRB}_{\text{WTLS}}\left(\begin{bmatrix}\boldsymbol{x}\\ \mathrm{vec}(\boldsymbol{A})\end{bmatrix}\right)\begin{bmatrix}(\boldsymbol{C}(\boldsymbol{x}))^{\mathrm{T}}\\ \boldsymbol{O}_{pq\times r}\end{bmatrix}
\end{aligned}
$$

$$
\begin{aligned}
&\times\left([\boldsymbol{C}(\boldsymbol{x})\quad \boldsymbol{O}_{r\times pq}]\mathbf{CRB}_{\mathrm{WTLS}}\left(\begin{bmatrix}\boldsymbol{x}\\ \mathrm{vec}(\boldsymbol{A})\end{bmatrix}\right)\begin{bmatrix}(\boldsymbol{C}(\boldsymbol{x}))^{\mathrm{T}}\\ \boldsymbol{O}_{pq\times r}\end{bmatrix}\right)^{-1}\\
&\times[\boldsymbol{C}(\boldsymbol{x})\quad \boldsymbol{O}_{r\times pq}]\mathbf{CRB}_{\mathrm{WTLS}}\left(\begin{bmatrix}\boldsymbol{x}\\ \mathrm{vec}(\boldsymbol{A})\end{bmatrix}\right)\begin{bmatrix}\boldsymbol{I}_q\\ \boldsymbol{O}_{pq\times q}\end{bmatrix}\\
=&[\boldsymbol{I}_q\quad \boldsymbol{O}_{q\times pq}]\mathbf{CRB}_{\mathrm{WTLS}}\left(\begin{bmatrix}\boldsymbol{x}\\ \mathrm{vec}(\boldsymbol{A})\end{bmatrix}\right)\begin{bmatrix}\boldsymbol{I}_q\\ \boldsymbol{O}_{pq\times q}\end{bmatrix}\\
&-[\boldsymbol{I}_q\quad \boldsymbol{O}_{q\times pq}]\mathbf{CRB}_{\mathrm{WTLS}}\left(\begin{bmatrix}\boldsymbol{x}\\ \mathrm{vec}(\boldsymbol{A})\end{bmatrix}\right)\begin{bmatrix}\boldsymbol{I}_q\\ \boldsymbol{O}_{pq\times q}\end{bmatrix}(\boldsymbol{C}(\boldsymbol{x}))^{\mathrm{T}}\\
&\times\left(\boldsymbol{C}(\boldsymbol{x})[\boldsymbol{I}_q\quad \boldsymbol{O}_{q\times pq}]\mathbf{CRB}_{\mathrm{WTLS}}\left(\begin{bmatrix}\boldsymbol{x}\\ \mathrm{vec}(\boldsymbol{A})\end{bmatrix}\right)\begin{bmatrix}\boldsymbol{I}_q\\ \boldsymbol{O}_{pq\times q}\end{bmatrix}(\boldsymbol{C}(\boldsymbol{x}))^{\mathrm{T}}\right)^{-1}\\
&\times\boldsymbol{C}(\boldsymbol{x})[\boldsymbol{I}_q\quad \boldsymbol{O}_{q\times pq}]\mathbf{CRB}_{\mathrm{WTLS}}\left(\begin{bmatrix}\boldsymbol{x}\\ \mathrm{vec}(\boldsymbol{A})\end{bmatrix}\right)\begin{bmatrix}\boldsymbol{I}_q\\ \boldsymbol{O}_{pq\times q}\end{bmatrix}\\
=&\mathbf{CRB}_{\mathrm{WTLS}}(\boldsymbol{x})-\mathbf{CRB}_{\mathrm{WTLS}}(\boldsymbol{x})(\boldsymbol{C}(\boldsymbol{x}))^{\mathrm{T}}(\boldsymbol{C}(\boldsymbol{x})\\
&\times\mathbf{CRB}_{\mathrm{WTLS}}(\boldsymbol{x})(\boldsymbol{C}(\boldsymbol{x}))^{\mathrm{T}})^{-1}\boldsymbol{C}(\boldsymbol{x})\mathbf{CRB}_{\mathrm{WTLS}}(\boldsymbol{x})
\end{aligned}
\tag{7.100}
$$

结合式 (7.39)、式 (7.98) 和式 (7.100) 可知 $\mathbf{CRB}_{\mathrm{EC-WTLS}}(\boldsymbol{x})\approx\mathbf{MSE}(\hat{\boldsymbol{x}}_{\mathrm{EC-WTLS}})$，因此, 向量 $\hat{\boldsymbol{x}}_{\mathrm{EC-WTLS}}$ 是在等式约束条件下关于未知参量 $\boldsymbol{x}$ 的渐近最优无偏估计值。证毕。

【注记 7.17】利用式 (7.99) 还可以得到估计 $\mathrm{vec}(\boldsymbol{A})$ 的克拉美罗界, 即有

$$
\begin{aligned}
&\mathbf{CRB}_{\mathrm{EC-WTLS}}(\mathrm{vec}(\boldsymbol{A}))\\
=&[\boldsymbol{O}_{pq\times q}\quad \boldsymbol{I}_{pq}]\mathbf{CRB}_{\mathrm{WTLS}}\left(\begin{bmatrix}\boldsymbol{x}\\ \mathrm{vec}(\boldsymbol{A})\end{bmatrix}\right)\begin{bmatrix}\boldsymbol{O}_{q\times pq}\\ \boldsymbol{I}_{pq}\end{bmatrix}\\
&-[\boldsymbol{O}_{pq\times q}\quad \boldsymbol{I}_{pq}]\mathbf{CRB}_{\mathrm{WTLS}}\left(\begin{bmatrix}\boldsymbol{x}\\ \mathrm{vec}(\boldsymbol{A})\end{bmatrix}\right)\begin{bmatrix}(\boldsymbol{C}(\boldsymbol{x}))^{\mathrm{T}}\\ \boldsymbol{O}_{pq\times r}\end{bmatrix}\\
&\times\left([\boldsymbol{C}(\boldsymbol{x})\quad \boldsymbol{O}_{r\times pq}]\mathbf{CRB}_{\mathrm{WTLS}}\left(\begin{bmatrix}\boldsymbol{x}\\ \mathrm{vec}(\boldsymbol{A})\end{bmatrix}\right)\begin{bmatrix}(\boldsymbol{C}(\boldsymbol{x}))^{\mathrm{T}}\\ \boldsymbol{O}_{pq\times r}\end{bmatrix}\right)^{-1}[\boldsymbol{C}(\boldsymbol{x})\quad \boldsymbol{O}_{r\times pq}]\\
&\times\mathbf{CRB}_{\mathrm{WTLS}}\left(\begin{bmatrix}\boldsymbol{x}\\ \mathrm{vec}(\boldsymbol{A})\end{bmatrix}\right)\begin{bmatrix}\boldsymbol{O}_{q\times pq}\\ \boldsymbol{I}_{pq}\end{bmatrix}
\end{aligned}
\tag{7.101}
$$

二、数值实验

下面将通过若干数值实验统计含等式约束的加权总体最小二乘估计值的精度。这里的观测矩阵 $\boldsymbol{A}$、未知参量 $\boldsymbol{x}$ 和观测误差 $\boldsymbol{\varphi}$ 的统计特性均同第 7.2.3 节的数值实验, 但已知未知参量 $\boldsymbol{x}$ 满足某种等式约束。根据等式约束形式的不同, 下面将进行 4 个数值实验。此外, 本节图中 “无等式约束的加权总体最小二乘估计方法” 特指第 7.2.2 节中的 “联合迭代法-1”, 由于第 7.2.2 节中给出的 4 种迭代法的性能相当, 所以这里仅选择其中一种性能曲线进行比较。

1. 数值实验 1

将等式约束设为线性等式约束, 具体为 $\begin{bmatrix} 1 & 1 & 0 & 1 \\ 1 & 0 & 1 & 1 \end{bmatrix}\boldsymbol{x} - \begin{bmatrix} 3 \\ 3 \end{bmatrix} = \begin{bmatrix} 0 \\ 0 \end{bmatrix}$。如图 7.3 所示是未知参量 $\boldsymbol{x}$ 的估计均方根误差随观测误差标准差 σ 的变化曲线, 图 7.4 所示为观测矩阵 $\boldsymbol{A}$ 的估计均方根误差随观测误差标准差 σ 的变化曲线。

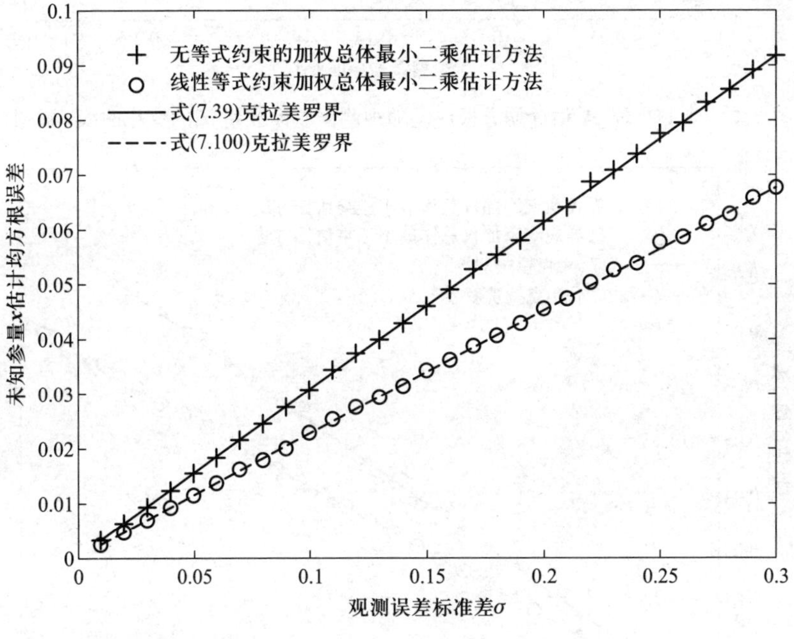

图 7.3　未知参量 $\boldsymbol{x}$ 估计均方根误差随观测误差标准差 σ 的变化曲线

2. 数值实验 2

将等式约束设为二次等式约束, 具体为 $\boldsymbol{x}^{\mathrm{T}}\mathrm{diag}[1 \quad 2 \quad 3 \quad 4]\boldsymbol{x} - 10 = 0$。图 7.5 所示为未知参量 $\boldsymbol{x}$ 的估计均方根误差随观测误差标准差 σ 的变化曲线, 图 7.6 给出了观测矩阵 $\boldsymbol{A}$ 的估计均方根误差随观测误差标准差 σ 的变化曲线。

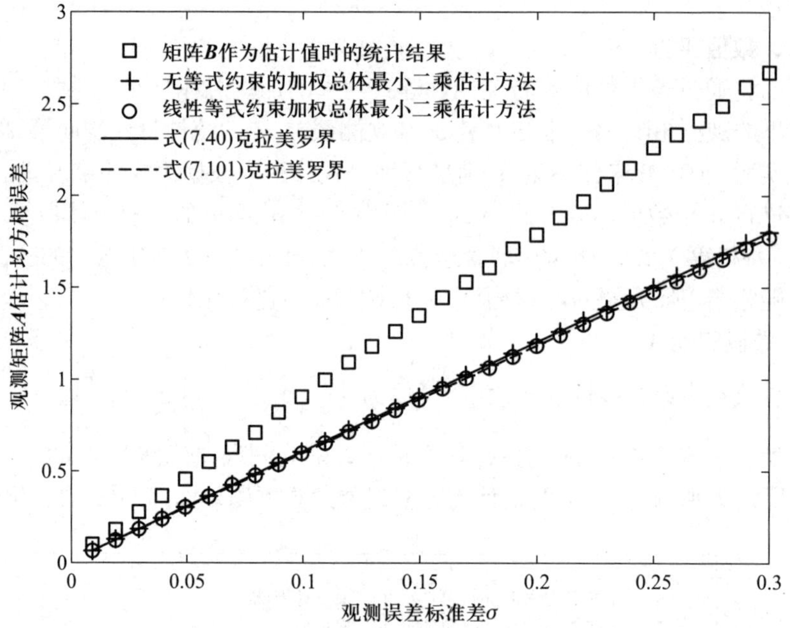

图 7.4　观测矩阵 $\boldsymbol{A}$ 估计均方根误差随观测误差标准差 σ 的变化曲线 (彩图)

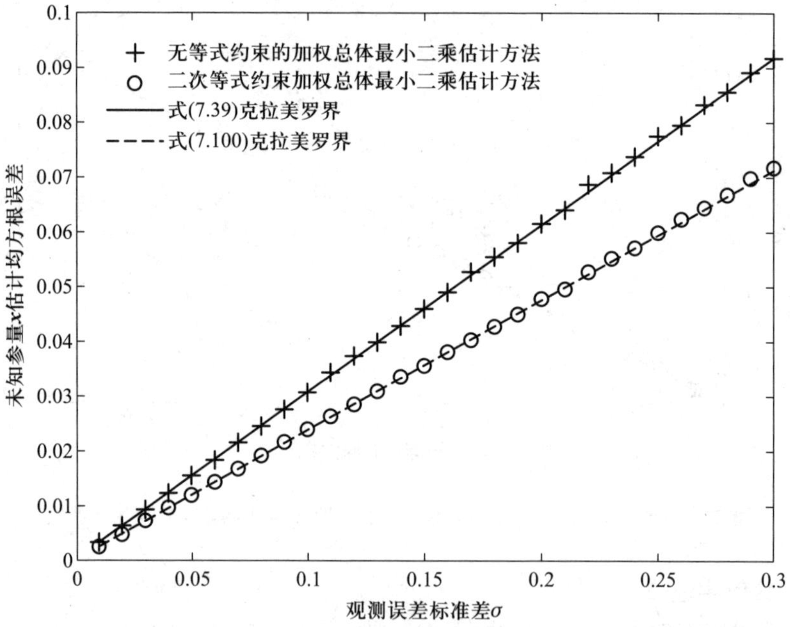

图 7.5　未知参量 $\boldsymbol{x}$ 估计均方根误差随观测误差标准差 σ 的变化曲线

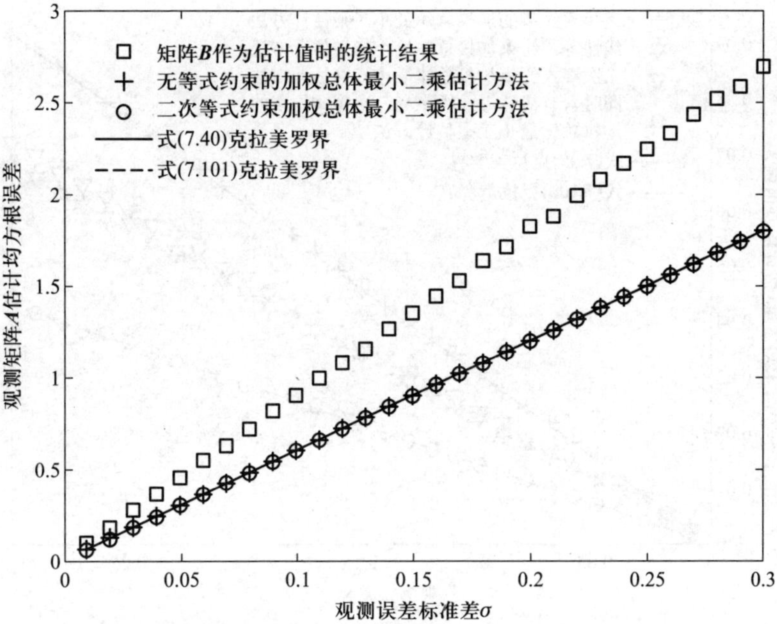

图 7.6　观测矩阵 $\boldsymbol{A}$ 估计均方根误差随观测误差标准差 σ 的变化曲线 (彩图)

3. 数值实验 3

这里的等式约束同时包含线性等式约束和二次等式约束，并且线性等式约束同数值实验 1，二次等式约束同数值实验 2。图 7.7 给出了未知参量 $\boldsymbol{x}$ 的估计均方根误差随观测误差标准差 σ 的变化曲线，图 7.8 给出了观测矩阵 $\boldsymbol{A}$ 的估计均方根误差随观测误差标准差 σ 的变化曲线。

4. 数值实验 4

将等式约束设为 $\begin{bmatrix} x_1\exp(x_3-1)-x_2^3 \\ x_4^3-\dfrac{1}{x_1^2} \end{bmatrix}=\begin{bmatrix}0\\0\end{bmatrix}$。显然，该等式约束既不是线性等式约束，也不是二次等式约束。图 7.9 所示为未知参量 $\boldsymbol{x}$ 的估计均方根误差随观测误差标准差 σ 的变化曲线。需要指出的是，这里没有给出观测矩阵 $\boldsymbol{A}$ 的估计均方根误差曲线。这是因为书中针对任意等式约束所给出的迭代方法无法提供观测矩阵 $\boldsymbol{A}$ 的估计值 (见注记 7.15)。

从图 7.3 至图 7.9 中可以看出，含等式约束的加权总体最小二乘估计方法的均方根误差均可以达到相应的克拉美罗界，并且无论是针对未知参量 $\boldsymbol{x}$ 的估计精度还是针对观测矩阵 $\boldsymbol{A}$ 的估计精度都是如此，这一结果不仅验证了上述方法

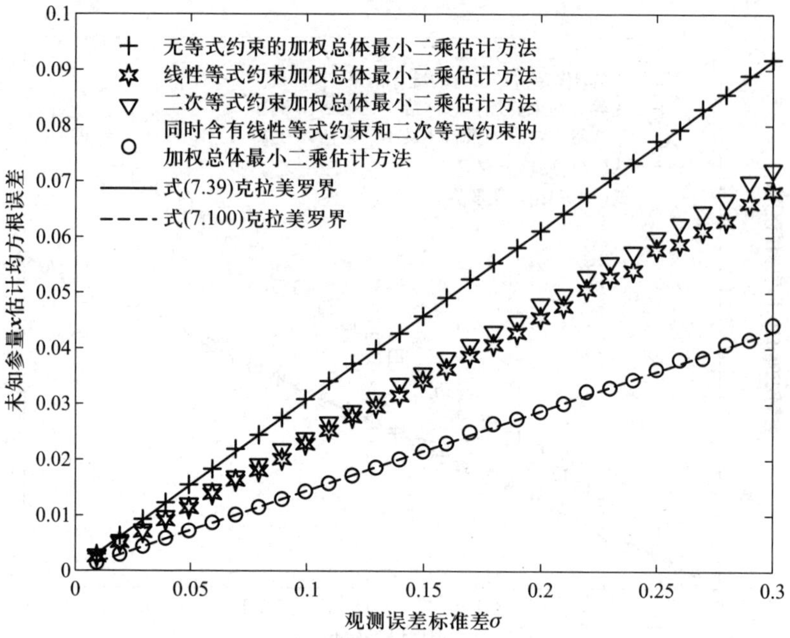

图 7.7　未知参量 $\boldsymbol{x}$ 估计均方根误差随观测误差标准差 σ 的变化曲线

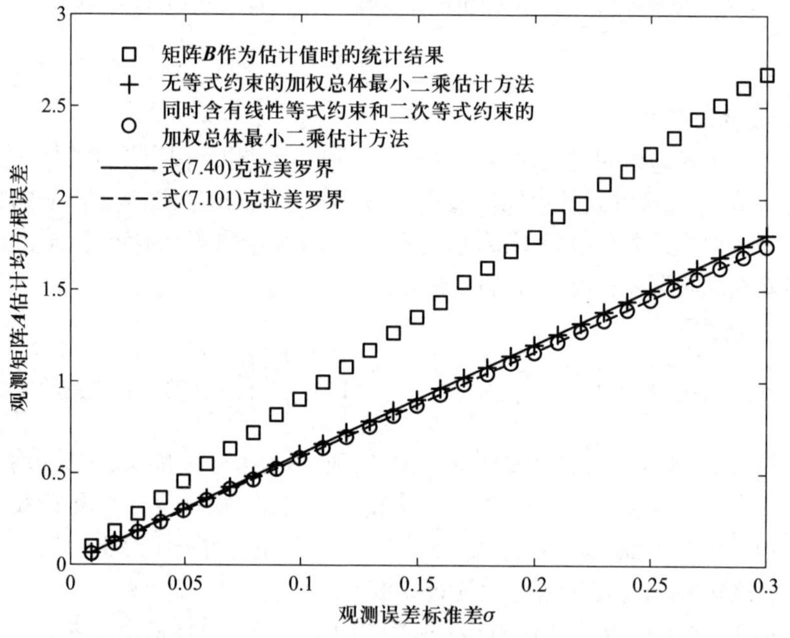

图 7.8　观测矩阵 $\boldsymbol{A}$ 估计均方根误差随观测误差标准差 σ 的变化曲线 (彩图)

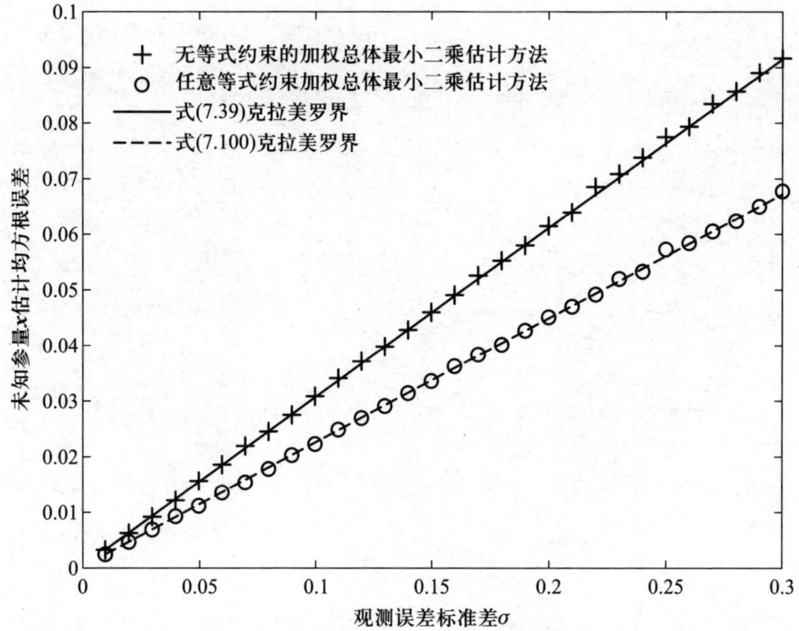

图 7.9　未知参量 $\boldsymbol{x}$ 估计均方根误差随观测误差标准差 σ 的变化曲线

的渐近最优性, 同时也验证了本节理论分析的有效性。此外, 从图中还可以看出, 利用等式约束显著提高了未知参量 $\boldsymbol{x}$ 的估计精度, 并且等式约束个数越多, 通常其性能增益就会越大 (图 7.7)。然而, 利用等式约束并没有提升观测矩阵 $\boldsymbol{A}$ 的估计精度 (图 7.4、图 7.6 和图 7.8), 这是因为等式约束仅与未知参量 $\boldsymbol{x}$ 有关, 而与观测矩阵 $\boldsymbol{A}$ 无关。

第 8 章　约束总体最小二乘估计理论与方法

本章将讨论约束总体最小二乘 (Constrained Total Least Squares, CTLS) 估计问题, 给出相应的参数估计优化模型与数值求解方法, 并且推导该方法参数估计的理论性能。需要指出的是, 这里的约束并不是指未知参量 $\boldsymbol{x}$ 服从某个约束条件, 而是指观测向量 $\boldsymbol{z}$ 和观测矩阵 $\boldsymbol{B}$ 中的误差满足特定的模型或是特殊的结构。由此可知, 约束总体最小二乘估计方法同样考虑了线性观测方程中观测矩阵的误差, 只是该误差具有更加精细化的结构。严格地说, 约束总体最小二乘估计方法可以看成是总体最小二乘估计方法的改进型, 该方法可以解决很多具体的实际问题。

8.1　线性观测模型

约束总体最小二乘估计问题假设观测向量 $\boldsymbol{z}$ 和观测矩阵 $\boldsymbol{B}$ 中的误差满足一定的约束或是包含特殊的结构。下面不妨举出一个简单的例子, 假设没有误差的观测向量 $\boldsymbol{z}_0$ 和观测矩阵 $\boldsymbol{A}$ 具有如下形式

$$[\boldsymbol{A} \quad \boldsymbol{z}_0] = \begin{bmatrix} \alpha_1 & \alpha_2 & \alpha_3 \\ \alpha_2 & \alpha_3 & \alpha_2 \\ \alpha_3 & \alpha_2 & \alpha_4 \end{bmatrix} \tag{8.1}$$

由于该矩阵包含一定的结构, 因此其中的误差也必然服从特定的模型, 即

$$[\boldsymbol{B} \quad \boldsymbol{z}] = [\boldsymbol{A} \quad \boldsymbol{z}_0] + \begin{bmatrix} e_1 & e_2 & e_3 \\ e_2 & e_3 & e_2 \\ e_3 & e_2 & e_4 \end{bmatrix} \tag{8.2}$$

虽然式 (8.2) 的误差矩阵中包含 9 个元素, 但是其误差自由度[①]仅为 4, 若将包含

① 这里的误差自由度是指误差向量 $\boldsymbol{e}$ 中所包含的元素个数。

全部误差的向量记为 $\boldsymbol{e}=[e_1\quad e_2\quad e_3\quad e_4]^{\mathrm{T}}$, 则有

$$\begin{bmatrix} e_1 & e_2 & e_3 \\ e_2 & e_3 & e_2 \\ e_3 & e_2 & e_4 \end{bmatrix}=[\boldsymbol{\varGamma}_1\boldsymbol{e}\quad \boldsymbol{\varGamma}_2\boldsymbol{e}\quad \boldsymbol{\varGamma}_0\boldsymbol{e}] \tag{8.3}$$

式中

$$\boldsymbol{\varGamma}_0=\begin{bmatrix} 0 & 0 & 1 & 0 \\ 0 & 1 & 0 & 0 \\ 0 & 0 & 0 & 1 \end{bmatrix},\quad \boldsymbol{\varGamma}_1=\begin{bmatrix} 1 & 0 & 0 & 0 \\ 0 & 1 & 0 & 0 \\ 0 & 0 & 1 & 0 \end{bmatrix},\quad \boldsymbol{\varGamma}_2=\begin{bmatrix} 0 & 1 & 0 & 0 \\ 0 & 0 & 1 & 0 \\ 0 & 1 & 0 & 0 \end{bmatrix} \tag{8.4}$$

基于上面讨论的例子, 可以将约束总体最小二乘估计问题所考虑的线性观测模型表示为

$$\boldsymbol{z}=\boldsymbol{z}_0+\boldsymbol{\varGamma}_0\boldsymbol{e}=\boldsymbol{A}\boldsymbol{x}+\boldsymbol{\varGamma}_0\boldsymbol{e} \tag{8.5}$$

其中:

$\boldsymbol{z}_0=\boldsymbol{A}\boldsymbol{x}\in\mathbf{R}^{p\times 1}$ 表示没有误差条件下的观测向量;

$\boldsymbol{z}\in\mathbf{R}^{p\times 1}$ 表示含有误差条件下的观测向量;

$\boldsymbol{x}=[x_1\ x_2\ \cdots\ x_q]^{\mathrm{T}}\in\mathbf{R}^{q\times 1}$ 表示待估计的未知参量, 其中 $q<p$ 以确保问题属于超定问题 (即观测量个数大于未知参数个数);

$\boldsymbol{A}\in\mathbf{R}^{p\times q}$ 表示观测矩阵;

$\boldsymbol{e}\in\mathbf{R}^{r\times 1}$ 表示观测误差向量, 这里假设其服从均值为零、协方差矩阵为 $\mathbf{cov}(\boldsymbol{e})=\mathrm{E}[\boldsymbol{e}\boldsymbol{e}^{\mathrm{T}}]=\boldsymbol{E}$ 的高斯分布;

$\boldsymbol{\varGamma}_0\in\mathbf{R}^{p\times r}$ 是与观测误差 $\boldsymbol{e}$ 相乘的矩阵, 并且该矩阵相对于估计器是确定已知的。

此外, 矩阵 $\boldsymbol{A}$ 的先验观测值 $\boldsymbol{B}$ 可以表示为

$$\boldsymbol{B}=\boldsymbol{A}+\boldsymbol{\varXi}=\boldsymbol{A}+[\boldsymbol{\varGamma}_1\boldsymbol{e}\ \boldsymbol{\varGamma}_2\boldsymbol{e}\ \cdots\ \boldsymbol{\varGamma}_q\boldsymbol{e}] \tag{8.6}$$

式中 $\boldsymbol{\varXi}=[\boldsymbol{\varGamma}_1\boldsymbol{e}\ \boldsymbol{\varGamma}_2\boldsymbol{e}\ \cdots\ \boldsymbol{\varGamma}_q\boldsymbol{e}]\in\mathbf{R}^{p\times q}$ 表示观测误差矩阵, 其中 $\{\boldsymbol{\varGamma}_j\}_{1\leqslant j\leqslant q}$ 对于估计器而言均是确定已知的。本章假设矩阵 $\boldsymbol{A}$ 和 $\boldsymbol{B}$ 都是列满秩的。

8.2 约束总体最小二乘估计优化模型与求解方法

8.2.1 约束总体最小二乘估计优化模型

根据第 8.1 节中的模型假设可以建立如下约束总体最小二乘估计优化模型

$$\begin{cases} \min\limits_{\substack{\boldsymbol{x}\in\mathbf{R}^{q\times 1}\\ \boldsymbol{e}\in\mathbf{R}^{r\times 1}}} \{\boldsymbol{e}^{\mathrm{T}}\boldsymbol{E}^{-1}\boldsymbol{e}\} \\ \text{s.t. } \boldsymbol{z}=(\boldsymbol{B}-[\boldsymbol{\Gamma}_1\boldsymbol{e}\ \boldsymbol{\Gamma}_2\boldsymbol{e}\ \cdots\ \boldsymbol{\Gamma}_q\boldsymbol{e}])\boldsymbol{x}+\boldsymbol{\Gamma}_0\boldsymbol{e} \end{cases} \tag{8.7}$$

式中 $\boldsymbol{E}^{-1}$ 是加权矩阵, 其作用在于最大程度抑制观测误差 $\boldsymbol{e}$ 的影响。

式 (8.7) 是含有等式约束的优化问题, 因此可以利用拉格朗日乘子法进行求解, 相应的拉格朗日函数为

$$l_{\mathrm{a}}(\boldsymbol{x},\boldsymbol{e},\boldsymbol{\lambda})=\boldsymbol{e}^{\mathrm{T}}\boldsymbol{E}^{-1}\boldsymbol{e}+\boldsymbol{\lambda}^{\mathrm{T}}(\boldsymbol{z}-(\boldsymbol{B}-[\boldsymbol{\Gamma}_1\boldsymbol{e}\ \boldsymbol{\Gamma}_2\boldsymbol{e}\ \cdots\ \boldsymbol{\Gamma}_q\boldsymbol{e}])\boldsymbol{x}-\boldsymbol{\Gamma}_0\boldsymbol{e}) \tag{8.8}$$

式中 $\boldsymbol{\lambda}$ 为拉格朗日乘子向量。分别将向量 $\boldsymbol{x}$、$\boldsymbol{e}$ 和 $\boldsymbol{\lambda}$ 的最优解记为 $\hat{\boldsymbol{x}}_{\mathrm{CTLS}}$、$\hat{\boldsymbol{e}}_{\mathrm{CTLS}}$ 和 $\hat{\boldsymbol{\lambda}}_{\mathrm{CTLS}}$, 将函数 $l_{\mathrm{a}}(\boldsymbol{x},\boldsymbol{e},\boldsymbol{\lambda})$ 分别对向量 $\boldsymbol{e}$ 和 $\boldsymbol{\lambda}$ 求偏导, 并令它们等于零, 可得

$$\left.\frac{\partial l_{\mathrm{a}}(\boldsymbol{x},\boldsymbol{e},\boldsymbol{\lambda})}{\partial \boldsymbol{e}}\right|_{\substack{\boldsymbol{x}=\hat{\boldsymbol{x}}_{\mathrm{CTLS}}\\ \boldsymbol{e}=\hat{\boldsymbol{e}}_{\mathrm{CTLS}}\\ \boldsymbol{\lambda}=\hat{\boldsymbol{\lambda}}_{\mathrm{CTLS}}}}=2\boldsymbol{E}^{-1}\hat{\boldsymbol{e}}_{\mathrm{CTLS}}+\left(\sum_{j=1}^{q}\langle\hat{\boldsymbol{x}}_{\mathrm{CTLS}}\rangle_j\boldsymbol{\Gamma}_j-\boldsymbol{\Gamma}_0\right)^{\mathrm{T}}\hat{\boldsymbol{\lambda}}_{\mathrm{CTLS}}=\boldsymbol{O}_{r\times 1} \tag{8.9}$$

$$\begin{aligned}\left.\frac{\partial l_{\mathrm{a}}(\boldsymbol{x},\boldsymbol{e},\boldsymbol{\lambda})}{\partial \boldsymbol{\lambda}}\right|_{\substack{\boldsymbol{x}=\hat{\boldsymbol{x}}_{\mathrm{CTLS}}\\ \boldsymbol{e}=\hat{\boldsymbol{e}}_{\mathrm{CTLS}}\\ \boldsymbol{\lambda}=\hat{\boldsymbol{\lambda}}_{\mathrm{CTLS}}}}&=\boldsymbol{z}-(\boldsymbol{B}-[\boldsymbol{\Gamma}_1\hat{\boldsymbol{e}}_{\mathrm{CTLS}}\ \boldsymbol{\Gamma}_2\hat{\boldsymbol{e}}_{\mathrm{CTLS}}\ \cdots\ \boldsymbol{\Gamma}_q\hat{\boldsymbol{e}}_{\mathrm{CTLS}}])\hat{\boldsymbol{x}}_{\mathrm{CTLS}}-\boldsymbol{\Gamma}_0\hat{\boldsymbol{e}}_{\mathrm{CTLS}}\\ &=\boldsymbol{z}-\boldsymbol{B}\hat{\boldsymbol{x}}_{\mathrm{CTLS}}+\left(\sum_{j=1}^{q}\langle\hat{\boldsymbol{x}}_{\mathrm{CTLS}}\rangle_j\boldsymbol{\Gamma}_j-\boldsymbol{\Gamma}_0\right)\hat{\boldsymbol{e}}_{\mathrm{CTLS}}=\boldsymbol{O}_{p\times 1}\end{aligned} \tag{8.10}$$

由式 (8.9) 可知

$$\hat{\boldsymbol{e}}_{\mathrm{CTLS}}=-\frac{1}{2}\boldsymbol{E}\left(\sum_{j=1}^{q}\langle\hat{\boldsymbol{x}}_{\mathrm{CTLS}}\rangle_j\boldsymbol{\Gamma}_j-\boldsymbol{\Gamma}_0\right)^{\mathrm{T}}\hat{\boldsymbol{\lambda}}_{\mathrm{CTLS}} \tag{8.11}$$

将式 (8.11) 代入式 (8.10), 可得

$$\hat{\boldsymbol{\lambda}}_{\mathrm{CTLS}}=2\left(\left(\sum_{j=1}^{q}\langle\hat{\boldsymbol{x}}_{\mathrm{CTLS}}\rangle_j\boldsymbol{\Gamma}_j-\boldsymbol{\Gamma}_0\right)\boldsymbol{E}\left(\sum_{j=1}^{q}\langle\hat{\boldsymbol{x}}_{\mathrm{CTLS}}\rangle_j\boldsymbol{\Gamma}_j-\boldsymbol{\Gamma}_0\right)^{\mathrm{T}}\right)^{-1}(\boldsymbol{z}-\boldsymbol{B}\hat{\boldsymbol{x}}_{\mathrm{CTLS}}) \tag{8.12}$$

再将式 (8.12) 代入式 (8.11), 可知

$$\hat{\boldsymbol{e}}_{\mathrm{CTLS}}=\boldsymbol{E}\left(\sum_{j=1}^{q}\langle\hat{\boldsymbol{x}}_{\mathrm{CTLS}}\rangle_j\boldsymbol{\varGamma}_j-\boldsymbol{\varGamma}_0\right)^{\mathrm{T}}\left(\left(\sum_{j=1}^{q}\langle\hat{\boldsymbol{x}}_{\mathrm{CTLS}}\rangle_j\boldsymbol{\varGamma}_j-\boldsymbol{\varGamma}_0\right)\right.$$
$$\left.\times\boldsymbol{E}\left(\sum_{j=1}^{q}\langle\hat{\boldsymbol{x}}_{\mathrm{CTLS}}\rangle_j\boldsymbol{\varGamma}_j-\boldsymbol{\varGamma}_0\right)^{\mathrm{T}}\right)^{-1}(\boldsymbol{B}\hat{\boldsymbol{x}}_{\mathrm{CTLS}}-\boldsymbol{z}) \tag{8.13}$$

由式 (8.13) 可得

$$\hat{\boldsymbol{e}}_{\mathrm{CTLS}}^{\mathrm{T}}\boldsymbol{E}^{-1}\hat{\boldsymbol{e}}_{\mathrm{CTLS}}=(\boldsymbol{B}\hat{\boldsymbol{x}}_{\mathrm{CTLS}}-\boldsymbol{z})^{\mathrm{T}}\left(\left(\sum_{j=1}^{q}\langle\hat{\boldsymbol{x}}_{\mathrm{CTLS}}\rangle_j\boldsymbol{\varGamma}_j-\boldsymbol{\varGamma}_0\right)\right.$$
$$\left.\times\boldsymbol{E}\left(\sum_{j=1}^{q}\langle\hat{\boldsymbol{x}}_{\mathrm{CTLS}}\rangle_j\boldsymbol{\varGamma}_j-\boldsymbol{\varGamma}_0\right)^{\mathrm{T}}\right)^{-1}(\boldsymbol{B}\hat{\boldsymbol{x}}_{\mathrm{CTLS}}-\boldsymbol{z}) \tag{8.14}$$

基于式 (8.14) 可以将约束优化问题式 (8.7) 转化为如下无约束优化问题

$$\min_{\boldsymbol{x}\in\mathbf{R}^{q\times 1}}J_{\mathrm{CTLS}}(\boldsymbol{x})=\min_{\boldsymbol{x}\in\mathbf{R}^{q\times 1}}\left\{(\boldsymbol{B}\boldsymbol{x}-\boldsymbol{z})^{\mathrm{T}}\left(\left(\sum_{j=1}^{q}x_j\boldsymbol{\varGamma}_j-\boldsymbol{\varGamma}_0\right)\right.\right.$$
$$\left.\left.\times\boldsymbol{E}\left(\sum_{j=1}^{q}x_j\boldsymbol{\varGamma}_j-\boldsymbol{\varGamma}_0\right)^{\mathrm{T}}\right)^{-1}(\boldsymbol{B}\boldsymbol{x}-\boldsymbol{z})\right\} \tag{8.15}$$

根据上述推导过程可知, 约束总体最小二乘估计问题的解既可以通过求解式 (8.7) 来获得, 也可以通过求解式 (8.15) 来求得。

【注记 8.1】 上述推导假设 $\sum_{j=1}^{q}x_j\boldsymbol{\varGamma}_j-\boldsymbol{\varGamma}_0\in\mathbf{R}^{p\times r}$ 是行满秩矩阵 (否则式 (8.15) 中的矩阵不可逆), 这就需要满足 $p\leqslant r$。在实际问题中, 条件 $p\leqslant r$ 在绝大多数条件下是可以得到满足的, 例如第 8.4 节给出的两个例子。

8.2.2 约束总体最小二乘估计问题的数值求解方法

本节将研究约束总体最小二乘估计问题的两类求解方法①。第一类方法用于求解式 (8.7), 由于它需要针对多类型参量进行联合优化, 因此称其为多类型参量联合迭代法; 第二类方法则用于求解式 (8.15), 该方法是基于牛顿迭代提出的, 并且仅针对未知参量 $\boldsymbol{x}$ 进行优化, 所以称其为单类型参量牛顿迭代法。

① 这里给出的求解方法与第 7.2.2 节中给出的求解方法相类似。

一、多类型参量联合迭代法

多类型参量联合迭代法的基本思想是对向量 $\boldsymbol{x}$、$\boldsymbol{e}$ 和 $\boldsymbol{\lambda}$ 进行联合迭代, 可以将其看成是求解式 (8.7) 的数值方法。

为了得到多参量联合迭代公式, 需要将函数 $l_{\mathrm{a}}(\boldsymbol{x},\boldsymbol{e},\boldsymbol{\lambda})$ 对向量 $\boldsymbol{x}$ 求偏导, 并令其等于零, 可得

$$\left.\frac{\partial l_{\mathrm{a}}(\boldsymbol{x},\boldsymbol{e},\boldsymbol{\lambda})}{\partial \boldsymbol{x}}\right|_{\substack{\boldsymbol{x}=\hat{\boldsymbol{x}}_{\mathrm{CTLS}}\\ \boldsymbol{e}=\hat{\boldsymbol{e}}_{\mathrm{CTLS}}\\ \boldsymbol{\lambda}=\hat{\boldsymbol{\lambda}}_{\mathrm{CTLS}}}}=-(\boldsymbol{B}-[\boldsymbol{\Gamma}_1\hat{\boldsymbol{e}}_{\mathrm{CTLS}}\ \boldsymbol{\Gamma}_2\hat{\boldsymbol{e}}_{\mathrm{CTLS}}\ \cdots\ \boldsymbol{\Gamma}_q\hat{\boldsymbol{e}}_{\mathrm{CTLS}}])^{\mathrm{T}}\hat{\boldsymbol{\lambda}}_{\mathrm{CTLS}}=\boldsymbol{O}_{q\times 1} \tag{8.16}$$

结合式 (8.12) 和式 (8.16) 可以得到关于 $\hat{\boldsymbol{x}}_{\mathrm{CTLS}}$ 的 3 种表达式, 基于这 3 种表达式可以得到 3 种迭代方法。

首先推导第 1 个表达式, 对式 (8.16) 进行移项, 并将式 (8.12) 代入其中可知

$$\begin{aligned}&[\boldsymbol{\Gamma}_1\hat{\boldsymbol{e}}_{\mathrm{CTLS}}\ \boldsymbol{\Gamma}_2\hat{\boldsymbol{e}}_{\mathrm{CTLS}}\ \cdots\ \boldsymbol{\Gamma}_q\hat{\boldsymbol{e}}_{\mathrm{CTLS}}]^{\mathrm{T}}\hat{\boldsymbol{\lambda}}_{\mathrm{CTLS}}=\boldsymbol{B}^{\mathrm{T}}\hat{\boldsymbol{\lambda}}_{\mathrm{CTLS}}\\ &=2\boldsymbol{B}^{\mathrm{T}}\left(\left(\sum_{j=1}^{q}\langle\hat{\boldsymbol{x}}_{\mathrm{CTLS}}\rangle_j\boldsymbol{\Gamma}_j-\boldsymbol{\Gamma}_0\right)\boldsymbol{E}\left(\sum_{j=1}^{q}\langle\hat{\boldsymbol{x}}_{\mathrm{CTLS}}\rangle_j\boldsymbol{\Gamma}_j-\boldsymbol{\Gamma}_0\right)^{\mathrm{T}}\right)^{-1}(\boldsymbol{z}-\boldsymbol{B}\hat{\boldsymbol{x}}_{\mathrm{CTLS}})\end{aligned} \tag{8.17}$$

由式 (8.17) 可以进一步推得

$$\begin{aligned}\hat{\boldsymbol{x}}_{\mathrm{CTLS}}=&\left(\boldsymbol{B}^{\mathrm{T}}\left(\left(\sum_{j=1}^{q}\langle\hat{\boldsymbol{x}}_{\mathrm{CTLS}}\rangle_j\boldsymbol{\Gamma}_j-\boldsymbol{\Gamma}_0\right)\boldsymbol{E}\left(\sum_{j=1}^{q}\langle\hat{\boldsymbol{x}}_{\mathrm{CTLS}}\rangle_j\boldsymbol{\Gamma}_j-\boldsymbol{\Gamma}_0\right)^{\mathrm{T}}\right)^{-1}\boldsymbol{B}\right)^{-1}\\ &\times\left(\boldsymbol{B}^{\mathrm{T}}\left(\left(\sum_{j=1}^{q}\langle\hat{\boldsymbol{x}}_{\mathrm{CTLS}}\rangle_j\boldsymbol{\Gamma}_j-\boldsymbol{\Gamma}_0\right)\boldsymbol{E}\left(\sum_{j=1}^{q}\langle\hat{\boldsymbol{x}}_{\mathrm{CTLS}}\rangle_j\boldsymbol{\Gamma}_j-\boldsymbol{\Gamma}_0\right)^{\mathrm{T}}\right)^{-1}\boldsymbol{z}\right.\\ &\left.-\frac{1}{2}[\boldsymbol{\Gamma}_1\hat{\boldsymbol{e}}_{\mathrm{CTLS}}\ \boldsymbol{\Gamma}_2\hat{\boldsymbol{e}}_{\mathrm{CTLS}}\ \cdots\ \boldsymbol{\Gamma}_q\hat{\boldsymbol{e}}_{\mathrm{CTLS}}]^{\mathrm{T}}\hat{\boldsymbol{\lambda}}_{\mathrm{CTLS}}\right)\end{aligned} \tag{8.18}$$

式 (8.18) 即为关于 $\hat{\boldsymbol{x}}_{\mathrm{CTLS}}$ 的第 1 个表达式。

接着推导第 2 个表达式, 将式 (8.12) 直接代入式 (8.16), 可知

$$\begin{aligned}&(\boldsymbol{B}-[\boldsymbol{\Gamma}_1\hat{\boldsymbol{e}}_{\mathrm{CTLS}}\ \boldsymbol{\Gamma}_2\hat{\boldsymbol{e}}_{\mathrm{CTLS}}\ \cdots\ \boldsymbol{\Gamma}_q\hat{\boldsymbol{e}}_{\mathrm{CTLS}}])^{\mathrm{T}}\\ &\times\left(\left(\sum_{j=1}^{q}\langle\hat{\boldsymbol{x}}_{\mathrm{CTLS}}\rangle_j\boldsymbol{\Gamma}_j-\boldsymbol{\Gamma}_0\right)\boldsymbol{E}\left(\sum_{j=1}^{q}\langle\hat{\boldsymbol{x}}_{\mathrm{CTLS}}\rangle_j\boldsymbol{\Gamma}_j-\boldsymbol{\Gamma}_0\right)^{\mathrm{T}}\right)^{-1}(\boldsymbol{z}-\boldsymbol{B}\hat{\boldsymbol{x}}_{\mathrm{CTLS}})=\boldsymbol{O}_{q\times 1}\end{aligned} \tag{8.19}$$

由式 (8.19) 可以进一步推得

$$\hat{\boldsymbol{x}}_{\mathrm{CTLS}} = \left((\boldsymbol{B} - [\boldsymbol{\Gamma}_1 \hat{\boldsymbol{e}}_{\mathrm{CTLS}} \ \boldsymbol{\Gamma}_2 \hat{\boldsymbol{e}}_{\mathrm{CTLS}} \ \cdots \ \boldsymbol{\Gamma}_q \hat{\boldsymbol{e}}_{\mathrm{CTLS}}])^{\mathrm{T}} \left(\left(\sum_{j=1}^{q} \langle \hat{\boldsymbol{x}}_{\mathrm{CTLS}} \rangle_j \boldsymbol{\Gamma}_j - \boldsymbol{\Gamma}_0 \right) \right.\right.$$
$$\left.\left. \times \boldsymbol{E} \left(\sum_{j=1}^{q} \langle \hat{\boldsymbol{x}}_{\mathrm{CTLS}} \rangle_j \boldsymbol{\Gamma}_j - \boldsymbol{\Gamma}_0 \right)^{\mathrm{T}} \right)^{-1} \boldsymbol{B} \right)^{-1}$$
$$\times (\boldsymbol{B} - [\boldsymbol{\Gamma}_1 \hat{\boldsymbol{e}}_{\mathrm{CTLS}} \ \boldsymbol{\Gamma}_2 \hat{\boldsymbol{e}}_{\mathrm{CTLS}} \ \cdots \ \boldsymbol{\Gamma}_q \hat{\boldsymbol{e}}_{\mathrm{CTLS}}])^{\mathrm{T}} \left(\left(\sum_{j=1}^{q} \langle \hat{\boldsymbol{x}}_{\mathrm{CTLS}} \rangle_j \boldsymbol{\Gamma}_j - \boldsymbol{\Gamma}_0 \right) \right.$$
$$\left. \times \boldsymbol{E} \left(\sum_{j=1}^{q} \langle \hat{\boldsymbol{x}}_{\mathrm{CTLS}} \rangle_j \boldsymbol{\Gamma}_j - \boldsymbol{\Gamma}_0 \right)^{\mathrm{T}} \right)^{-1} \boldsymbol{z} \tag{8.20}$$

式 (8.20) 即为关于 $\hat{\boldsymbol{x}}_{\mathrm{CTLS}}$ 的第 2 个表达式。

最后推导第 3 个表达式, 基于式 (8.19) 可知

$$(\boldsymbol{B} - [\boldsymbol{\Gamma}_1 \hat{\boldsymbol{e}}_{\mathrm{CTLS}} \ \boldsymbol{\Gamma}_2 \hat{\boldsymbol{e}}_{\mathrm{CTLS}} \ \cdots \ \boldsymbol{\Gamma}_q \hat{\boldsymbol{e}}_{\mathrm{CTLS}}])^{\mathrm{T}}$$
$$\times \left(\left(\sum_{j=1}^{q} \langle \hat{\boldsymbol{x}}_{\mathrm{CTLS}} \rangle_j \boldsymbol{\Gamma}_j - \boldsymbol{\Gamma}_0 \right) \boldsymbol{E} \left(\sum_{j=1}^{q} \langle \hat{\boldsymbol{x}}_{\mathrm{CTLS}} \rangle_j \boldsymbol{\Gamma}_j - \boldsymbol{\Gamma}_0 \right)^{\mathrm{T}} \right)^{-1}$$
$$\times (\boldsymbol{z} - [\boldsymbol{\Gamma}_1 \hat{\boldsymbol{e}}_{\mathrm{CTLS}} \ \boldsymbol{\Gamma}_2 \hat{\boldsymbol{e}}_{\mathrm{CTLS}} \ \cdots \ \boldsymbol{\Gamma}_q \hat{\boldsymbol{e}}_{\mathrm{CTLS}}] \hat{\boldsymbol{x}}_{\mathrm{CTLS}}$$
$$- (\boldsymbol{B} - [\boldsymbol{\Gamma}_1 \hat{\boldsymbol{e}}_{\mathrm{CTLS}} \ \boldsymbol{\Gamma}_2 \hat{\boldsymbol{e}}_{\mathrm{CTLS}} \ \cdots \ \boldsymbol{\Gamma}_q \hat{\boldsymbol{e}}_{\mathrm{CTLS}}]) \hat{\boldsymbol{x}}_{\mathrm{CTLS}}) = \boldsymbol{O}_{q \times 1} \tag{8.21}$$

由式 (8.21) 可以进一步推得

$$\hat{\boldsymbol{x}}_{\mathrm{CTLS}} = \begin{pmatrix} (\boldsymbol{B} - [\boldsymbol{\Gamma}_1 \hat{\boldsymbol{e}}_{\mathrm{CTLS}} \ \boldsymbol{\Gamma}_2 \hat{\boldsymbol{e}}_{\mathrm{CTLS}} \ \cdots \ \boldsymbol{\Gamma}_q \hat{\boldsymbol{e}}_{\mathrm{CTLS}}])^{\mathrm{T}} \\ \times \left(\left(\sum_{j=1}^{q} \langle \hat{\boldsymbol{x}}_{\mathrm{CTLS}} \rangle_j \boldsymbol{\Gamma}_j - \boldsymbol{\Gamma}_0 \right) \boldsymbol{E} \left(\sum_{j=1}^{q} \langle \hat{\boldsymbol{x}}_{\mathrm{CTLS}} \rangle_j \boldsymbol{\Gamma}_j - \boldsymbol{\Gamma}_0 \right)^{\mathrm{T}} \right)^{-1} \\ \times (\boldsymbol{B} - [\boldsymbol{\Gamma}_1 \hat{\boldsymbol{e}}_{\mathrm{CTLS}} \ \boldsymbol{\Gamma}_2 \hat{\boldsymbol{e}}_{\mathrm{CTLS}} \ \cdots \ \boldsymbol{\Gamma}_q \hat{\boldsymbol{e}}_{\mathrm{CTLS}}]) \end{pmatrix}^{-1}$$
$$\times (\boldsymbol{B} - [\boldsymbol{\Gamma}_1 \hat{\boldsymbol{e}}_{\mathrm{CTLS}} \ \boldsymbol{\Gamma}_2 \hat{\boldsymbol{e}}_{\mathrm{CTLS}} \ \cdots \ \boldsymbol{\Gamma}_q \hat{\boldsymbol{e}}_{\mathrm{CTLS}}])^{\mathrm{T}}$$
$$\times \left(\left(\sum_{j=1}^{q} \langle \hat{\boldsymbol{x}}_{\mathrm{CTLS}} \rangle_j \boldsymbol{\Gamma}_j - \boldsymbol{\Gamma}_0 \right) \boldsymbol{E} \left(\sum_{j=1}^{q} \langle \hat{\boldsymbol{x}}_{\mathrm{CTLS}} \rangle_j \boldsymbol{\Gamma}_j - \boldsymbol{\Gamma}_0 \right)^{\mathrm{T}} \right)^{-1}$$
$$\times (\boldsymbol{z} - [\boldsymbol{\Gamma}_1 \hat{\boldsymbol{e}}_{\mathrm{CTLS}} \ \boldsymbol{\Gamma}_2 \hat{\boldsymbol{e}}_{\mathrm{CTLS}} \ \cdots \ \boldsymbol{\Gamma}_q \hat{\boldsymbol{e}}_{\mathrm{CTLS}}] \hat{\boldsymbol{x}}_{\mathrm{CTLS}}) \tag{8.22}$$

式 (8.22) 即为关于 $\hat{\boldsymbol{x}}_{\mathrm{CTLS}}$ 的第 3 个表达式。

基于式 (8.18)、式 (8.20) 和式 (8.22) 可以分别得到求解式 (8.7) 的 3 种迭代方法, 计算步骤见表 8.1、表 8.2 和表 8.3。

表 8.1 联合迭代法-1 的计算步骤

步骤	求解方法
1	令 $k:=1$, 设置迭代收敛门限 δ, 并计算 $\hat{\boldsymbol{x}}_k=(\boldsymbol{B}^{\mathrm{T}}(\boldsymbol{\Gamma}_0\boldsymbol{E}\boldsymbol{\Gamma}_0^{\mathrm{T}})^{-1}\boldsymbol{B})^{-1}\boldsymbol{B}^{\mathrm{T}}\times(\boldsymbol{\Gamma}_0\boldsymbol{E}\boldsymbol{\Gamma}_0^{\mathrm{T}})^{-1}\boldsymbol{z}$
2	计算 $\hat{\boldsymbol{\lambda}}_{k+1}=2\left(\left(\sum\limits_{j=1}^{q}\langle\hat{\boldsymbol{x}}_k\rangle_j\boldsymbol{\Gamma}_j-\boldsymbol{\Gamma}_0\right)\boldsymbol{E}\left(\sum\limits_{j=1}^{q}\langle\hat{\boldsymbol{x}}_k\rangle_j\boldsymbol{\Gamma}_j-\boldsymbol{\Gamma}_0\right)^{\mathrm{T}}\right)^{-1}(\boldsymbol{z}-\boldsymbol{B}\hat{\boldsymbol{x}}_k)$
3	计算 $\hat{\boldsymbol{e}}_{k+1}=-\dfrac{1}{2}\boldsymbol{E}\left(\sum\limits_{j=1}^{q}\langle\hat{\boldsymbol{x}}_k\rangle_j\boldsymbol{\Gamma}_j-\boldsymbol{\Gamma}_0\right)^{\mathrm{T}}\hat{\boldsymbol{\lambda}}_{k+1}$
4	构造 $\hat{\boldsymbol{\Xi}}_{k+1}=[\boldsymbol{\Gamma}_1\hat{\boldsymbol{e}}_{k+1}\ \boldsymbol{\Gamma}_2\hat{\boldsymbol{e}}_{k+1}\ \cdots\ \boldsymbol{\Gamma}_q\hat{\boldsymbol{e}}_{k+1}]$
5	计算 $\begin{aligned}\hat{\boldsymbol{x}}_{k+1}=&\left(\boldsymbol{B}^{\mathrm{T}}\left(\left(\sum\limits_{j=1}^{q}\langle\hat{\boldsymbol{x}}_k\rangle_j\boldsymbol{\Gamma}_j-\boldsymbol{\Gamma}_0\right)\boldsymbol{E}\left(\sum\limits_{j=1}^{q}\langle\hat{\boldsymbol{x}}_k\rangle_j\boldsymbol{\Gamma}_j-\boldsymbol{\Gamma}_0\right)^{\mathrm{T}}\right)^{-1}\boldsymbol{B}\right)^{-1}\\&\times\left(\boldsymbol{B}^{\mathrm{T}}\left(\left(\sum\limits_{j=1}^{q}\langle\hat{\boldsymbol{x}}_k\rangle_j\boldsymbol{\Gamma}_j-\boldsymbol{\Gamma}_0\right)\boldsymbol{E}\left(\sum\limits_{j=1}^{q}\langle\hat{\boldsymbol{x}}_k\rangle_j\boldsymbol{\Gamma}_j-\boldsymbol{\Gamma}_0\right)^{\mathrm{T}}\right)^{-1}\boldsymbol{z}-\dfrac{1}{2}\hat{\boldsymbol{\Xi}}_{k+1}^{\mathrm{T}}\hat{\boldsymbol{\lambda}}_{k+1}\right)\end{aligned}$, 若 $\\|\hat{\boldsymbol{x}}_{k+1}-\hat{\boldsymbol{x}}_k\\|_2\leqslant\delta$ 则停止计算; 否则令 $k:=k+1$, 并转至步骤 2

表 8.2 联合迭代法-2 的计算步骤

步骤	求解方法
1	令 $k:=1$, 设置迭代收敛门限 δ, 并计算 $\hat{\boldsymbol{x}}_k=(\boldsymbol{B}^{\mathrm{T}}(\boldsymbol{\Gamma}_0\boldsymbol{E}\boldsymbol{\Gamma}_0^{\mathrm{T}})^{-1}\boldsymbol{B})^{-1}\boldsymbol{B}^{\mathrm{T}}\times(\boldsymbol{\Gamma}_0\boldsymbol{E}\boldsymbol{\Gamma}_0^{\mathrm{T}})^{-1}\boldsymbol{z}$
2	计算 $\hat{\boldsymbol{\lambda}}_{k+1}=2\left(\left(\sum\limits_{j=1}^{q}\langle\hat{\boldsymbol{x}}_k\rangle_j\boldsymbol{\Gamma}_j-\boldsymbol{\Gamma}_0\right)\boldsymbol{E}\left(\sum\limits_{j=1}^{q}\langle\hat{\boldsymbol{x}}_k\rangle_j\boldsymbol{\Gamma}_j-\boldsymbol{\Gamma}_0\right)^{\mathrm{T}}\right)^{-1}(\boldsymbol{z}-\boldsymbol{B}\hat{\boldsymbol{x}}_k)$
3	计算 $\hat{\boldsymbol{e}}_{k+1}=-\dfrac{1}{2}\boldsymbol{E}\left(\sum\limits_{j=1}^{q}\langle\hat{\boldsymbol{x}}_k\rangle_j\boldsymbol{\Gamma}_j-\boldsymbol{\Gamma}_0\right)^{\mathrm{T}}\hat{\boldsymbol{\lambda}}_{k+1}$

续表

步骤	求解方法
4	构造 $\hat{\boldsymbol{\Xi}}_{k+1}=[\boldsymbol{\Gamma}_1\hat{\boldsymbol{e}}_{k+1}\ \boldsymbol{\Gamma}_2\hat{\boldsymbol{e}}_{k+1}\ \cdots\ \boldsymbol{\Gamma}_q\hat{\boldsymbol{e}}_{k+1}]$
5	计算 $\begin{aligned}\hat{\boldsymbol{x}}_{k+1}=&\left((\boldsymbol{B}-\hat{\boldsymbol{\Xi}}_{k+1})^{\mathrm{T}}\left(\left(\sum_{j=1}^{q}\langle\hat{\boldsymbol{x}}_k\rangle_j\boldsymbol{\Gamma}_j-\boldsymbol{\Gamma}_0\right)\boldsymbol{E}\left(\sum_{j=1}^{q}\langle\hat{\boldsymbol{x}}_k\rangle_j\boldsymbol{\Gamma}_j-\boldsymbol{\Gamma}_0\right)^{\mathrm{T}}\right)^{-1}\boldsymbol{B}\right)^{-1}\\&\times(\boldsymbol{B}-\hat{\boldsymbol{\Xi}}_{k+1})^{\mathrm{T}}\left(\left(\sum_{j=1}^{q}\langle\hat{\boldsymbol{x}}_k\rangle_j\boldsymbol{\Gamma}_j-\boldsymbol{\Gamma}_0\right)\boldsymbol{E}\left(\sum_{j=1}^{q}\langle\hat{\boldsymbol{x}}_k\rangle_j\boldsymbol{\Gamma}_j-\boldsymbol{\Gamma}_0\right)^{\mathrm{T}}\right)^{-1}\boldsymbol{z}\end{aligned}$, 若 $\Vert\hat{\boldsymbol{x}}_{k+1}-\hat{\boldsymbol{x}}_k\Vert_2\leqslant\delta$ 则停止计算; 否则令 $k:=k+1$, 并转至步骤 2

表 8.3　联合迭代法-3 的计算步骤

步骤	求解方法
1	令 $k:=1$, 设置迭代收敛门限 δ, 并计算 $\hat{\boldsymbol{x}}_k=(\boldsymbol{B}^{\mathrm{T}}(\boldsymbol{\Gamma}_0\boldsymbol{E}\boldsymbol{\Gamma}_0^{\mathrm{T}})^{-1}\boldsymbol{B})^{-1}\boldsymbol{B}^{\mathrm{T}}\times(\boldsymbol{\Gamma}_0\boldsymbol{E}\boldsymbol{\Gamma}_0^{\mathrm{T}})^{-1}\boldsymbol{z}$
2	计算 $\hat{\boldsymbol{\lambda}}_{k+1}=2\left(\left(\sum_{j=1}^{q}\langle\hat{\boldsymbol{x}}_k\rangle_j\boldsymbol{\Gamma}_j-\boldsymbol{\Gamma}_0\right)\boldsymbol{E}\left(\sum_{j=1}^{q}\langle\hat{\boldsymbol{x}}_k\rangle_j\boldsymbol{\Gamma}_j-\boldsymbol{\Gamma}_0\right)^{\mathrm{T}}\right)^{-1}(\boldsymbol{z}-\boldsymbol{B}\hat{\boldsymbol{x}}_k)$
3	计算 $\hat{\boldsymbol{e}}_{k+1}=-\dfrac{1}{2}\boldsymbol{E}\left(\sum_{j=1}^{q}\langle\hat{\boldsymbol{x}}_k\rangle_j\boldsymbol{\Gamma}_j-\boldsymbol{\Gamma}_0\right)^{\mathrm{T}}\hat{\boldsymbol{\lambda}}_{k+1}$
4	构造 $\hat{\boldsymbol{\Xi}}_{k+1}=[\boldsymbol{\Gamma}_1\hat{\boldsymbol{e}}_{k+1}\ \boldsymbol{\Gamma}_2\hat{\boldsymbol{e}}_{k+1}\ \cdots\ \boldsymbol{\Gamma}_q\hat{\boldsymbol{e}}_{k+1}]$
5	计算 $\begin{aligned}\hat{\boldsymbol{x}}_{k+1}=&\left((\boldsymbol{B}-\hat{\boldsymbol{\Xi}}_{k+1})^{\mathrm{T}}\left(\left(\sum_{j=1}^{q}\langle\hat{\boldsymbol{x}}_k\rangle_j\boldsymbol{\Gamma}_j-\boldsymbol{\Gamma}_0\right)\boldsymbol{E}\left(\sum_{j=1}^{q}\langle\hat{\boldsymbol{x}}_k\rangle_j\boldsymbol{\Gamma}_j-\boldsymbol{\Gamma}_0\right)^{\mathrm{T}}\right)^{-1}\right.\\&\left.\times(\boldsymbol{B}-\hat{\boldsymbol{\Xi}}_{k+1})\right)^{-1}(\boldsymbol{B}-\hat{\boldsymbol{\Xi}}_{k+1})^{\mathrm{T}}\left(\left(\sum_{j=1}^{q}\langle\hat{\boldsymbol{x}}_k\rangle_j\boldsymbol{\Gamma}_j-\boldsymbol{\Gamma}_0\right)\right.\\&\left.\times\boldsymbol{E}\left(\sum_{j=1}^{q}\langle\hat{\boldsymbol{x}}_k\rangle_j\boldsymbol{\Gamma}_j-\boldsymbol{\Gamma}_0\right)^{\mathrm{T}}\right)^{-1}(\boldsymbol{z}-\hat{\boldsymbol{\Xi}}_{k+1}\hat{\boldsymbol{x}}_k)\end{aligned}$, 若 $\Vert\hat{\boldsymbol{x}}_{k+1}-\hat{\boldsymbol{x}}_k\Vert_2\leqslant\delta$ 则停止计算; 否则令 $k:=k+1$, 并转至步骤 2

【注记 8.2】上述 3 种迭代方法的初始值均是由第 3 章的线性最小二乘估计值 (即式 (3.11)) 给出, 大量数值实验结果表明这种初始值的选取方式是可行的。

二、单类型参量牛顿迭代法

单类型参量牛顿迭代法的基本思想是利用牛顿迭代法求解式 (8.15), 并且仅需要对未知参量 $\boldsymbol{x}$ 进行优化即可。

为了便于得到牛顿迭代公式, 将式 (8.15) 中的目标函数 $J_{\text{CTLS}}(\boldsymbol{x})$ 表示为

$$J_{\text{CTLS}}(\boldsymbol{x}) = (\boldsymbol{w}(\boldsymbol{x}))^{\text{T}}(\boldsymbol{W}(\boldsymbol{x}))^{-1}\boldsymbol{w}(\boldsymbol{x}) \tag{8.23}$$

其中:

$$\boldsymbol{w}(\boldsymbol{x}) = \boldsymbol{B}\boldsymbol{x} - \boldsymbol{z}, \quad \boldsymbol{W}(\boldsymbol{x}) = \left(\sum_{j=1}^{q} x_j \boldsymbol{\varGamma}_j - \boldsymbol{\varGamma}_0\right) \boldsymbol{E} \left(\sum_{j=1}^{q} x_j \boldsymbol{\varGamma}_j - \boldsymbol{\varGamma}_0\right)^{\text{T}} \tag{8.24}$$

牛顿迭代法需要计算目标函数 $J_{\text{CTLS}}(\boldsymbol{x})$ 关于向量 $\boldsymbol{x}$ 的梯度向量和 Hessian 矩阵, 它们可以分别表示为

$$\begin{aligned}
&\nabla J_{\text{CTLS}}(\boldsymbol{x}) = \frac{\partial J_{\text{CTLS}}(\boldsymbol{x})}{\partial \boldsymbol{x}} \\
&= 2\left(\frac{\partial \boldsymbol{w}(\boldsymbol{x})}{\partial \boldsymbol{x}^{\text{T}}}\right)^{\text{T}} (\boldsymbol{W}(\boldsymbol{x}))^{-1}\boldsymbol{w}(\boldsymbol{x}) + \left(\frac{\partial \text{vec}((\boldsymbol{W}(\boldsymbol{x}))^{-1})}{\partial \boldsymbol{x}^{\text{T}}}\right)^{\text{T}} (\boldsymbol{w}(\boldsymbol{x}) \otimes \boldsymbol{w}(\boldsymbol{x}))
\end{aligned} \tag{8.25}$$

$$\begin{aligned}
\nabla^2 J_{\text{CTLS}}(\boldsymbol{x}) \approx & \frac{\partial^2 J_{\text{CTLS}}(\boldsymbol{x})}{\partial \boldsymbol{x} \partial \boldsymbol{x}^{\text{T}}} \\
&= 2\left(\frac{\partial \boldsymbol{w}(\boldsymbol{x})}{\partial \boldsymbol{x}^{\text{T}}}\right)^{\text{T}} (\boldsymbol{W}(\boldsymbol{x}))^{-1} \frac{\partial \boldsymbol{w}(\boldsymbol{x})}{\partial \boldsymbol{x}^{\text{T}}} \\
&\quad + 2\left(\boldsymbol{w}(\boldsymbol{x}) \otimes \frac{\partial \boldsymbol{w}(\boldsymbol{x})}{\partial \boldsymbol{x}^{\text{T}}}\right)^{\text{T}} \frac{\partial \text{vec}((\boldsymbol{W}(\boldsymbol{x}))^{-1})}{\partial \boldsymbol{x}^{\text{T}}} \\
&\quad + 2(((\boldsymbol{w}(\boldsymbol{x}))^{\text{T}}(\boldsymbol{W}(\boldsymbol{x}))^{-1}) \otimes \boldsymbol{I}_q) \frac{\partial}{\partial \boldsymbol{x}^{\text{T}}} \text{vec}\left(\left(\frac{\partial \boldsymbol{w}(\boldsymbol{x})}{\partial \boldsymbol{x}^{\text{T}}}\right)^{\text{T}}\right) \\
&\quad + \left(\frac{\partial \text{vec}((\boldsymbol{W}(\boldsymbol{x}))^{-1})}{\partial \boldsymbol{x}^{\text{T}}}\right)^{\text{T}} \left(\boldsymbol{w}(\boldsymbol{x}) \otimes \frac{\partial \boldsymbol{w}(\boldsymbol{x})}{\partial \boldsymbol{x}^{\text{T}}}\right) \\
&\quad + \left(\frac{\partial \text{vec}((\boldsymbol{W}(\boldsymbol{x}))^{-1})}{\partial \boldsymbol{x}^{\text{T}}}\right)^{\text{T}} (\boldsymbol{I}_p \otimes \boldsymbol{w}(\boldsymbol{x})) \frac{\partial \boldsymbol{w}(\boldsymbol{x})}{\partial \boldsymbol{x}^{\text{T}}}
\end{aligned} \tag{8.26}$$

式中

$$\begin{cases}
\dfrac{\partial \boldsymbol{w}(\boldsymbol{x})}{\partial \boldsymbol{x}^{\text{T}}} = \boldsymbol{B}, \ \dfrac{\partial}{\partial \boldsymbol{x}^{\text{T}}} \text{vec}\left(\left(\dfrac{\partial \boldsymbol{w}(\boldsymbol{x})}{\partial \boldsymbol{x}^{\text{T}}}\right)^{\text{T}}\right) = \boldsymbol{O}_{pq \times q} \\
\dfrac{\partial \text{vec}((\boldsymbol{W}(\boldsymbol{x}))^{-1})}{\partial \boldsymbol{x}^{\text{T}}} = -((\boldsymbol{W}(\boldsymbol{x}))^{-\text{T}} \otimes (\boldsymbol{W}(\boldsymbol{x}))^{-1}) \dfrac{\partial \text{vec}(\boldsymbol{W}(\boldsymbol{x}))}{\partial \boldsymbol{x}^{\text{T}}}
\end{cases} \tag{8.27}$$

其中 $\frac{\partial \mathrm{vec}(\boldsymbol{W}(\boldsymbol{x}))}{\partial \boldsymbol{x}^{\mathrm{T}}}$ 的表达式见附录 F。

【**注记 8.3**】式 (8.26) 中省略的项为

$$((\boldsymbol{w}(\boldsymbol{x}) \otimes \boldsymbol{w}(\boldsymbol{x}))^{\mathrm{T}} \otimes \boldsymbol{I}_q)\frac{\partial}{\partial \boldsymbol{x}^{\mathrm{T}}}\mathrm{vec}\left(\left(\frac{\partial \mathrm{vec}((\boldsymbol{W}(\boldsymbol{x}))^{-1})}{\partial \boldsymbol{x}^{\mathrm{T}}}\right)^{\mathrm{T}}\right)$$

由于该项是关于 $\boldsymbol{w}(\boldsymbol{x})$ 的二次函数, 当迭代趋于收敛时, 其数值相对其他项来说比较小, 因此并不会影响最终结果的收敛性能和统计特性。

基于上述分析可知, 求解式 (8.15) 的牛顿迭代公式为

$$\hat{\boldsymbol{x}}_{k+1} = \hat{\boldsymbol{x}}_k - \mu_k(\nabla^2 J_{\mathrm{CTLS}}(\hat{\boldsymbol{x}}_k))^{-1}\nabla J_{\mathrm{CTLS}}(\hat{\boldsymbol{x}}_k) \tag{8.28}$$

其中, $\hat{\boldsymbol{x}}_k$ 和 $\hat{\boldsymbol{x}}_{k+1}$ 分别表示第 k 次和第 $k+1$ 次迭代结果, 而 μ_k 表示步长因子。牛顿迭代法的计算步骤见表 8.4。

表 8.4 牛顿迭代法的计算步骤

步骤	求解方法
1	令 $k := 1$, 设置迭代收敛门限 δ, 并计算 $\hat{\boldsymbol{x}}_k = (\boldsymbol{B}^{\mathrm{T}}(\boldsymbol{\Gamma}_0\boldsymbol{E}\boldsymbol{\Gamma}_0^{\mathrm{T}})^{-1}\boldsymbol{B})^{-1}\boldsymbol{B}^{\mathrm{T}} \times(\boldsymbol{\Gamma}_0\boldsymbol{E}\boldsymbol{\Gamma}_0^{\mathrm{T}})^{-1}\boldsymbol{z}$
2	利用式 (8.25) 计算 $\nabla J_{\mathrm{CTLS}}(\hat{\boldsymbol{x}}_k)$
3	利用式 (8.26) 计算 $\nabla^2 J_{\mathrm{CTLS}}(\hat{\boldsymbol{x}}_k)$
4	计算 $\hat{\boldsymbol{x}}_{k+1} = \hat{\boldsymbol{x}}_k - \mu_k(\nabla^2 J_{\mathrm{CTLS}}(\hat{\boldsymbol{x}}_k))^{-1}\nabla J_{\mathrm{CTLS}}(\hat{\boldsymbol{x}}_k)$, 若 $\|\hat{\boldsymbol{x}}_{k+1} - \hat{\boldsymbol{x}}_k\|_2 \leqslant \delta$ 则停止计算; 否则令 $k := k+1$, 并转至步骤 2

需要指出的是, 为了使上述牛顿迭代法更加稳健, 可以对步长因子进行优化。此外, 与前面 3 种联合迭代方法相类似的是, 牛顿迭代法的初始值也可以由第 3 章的线性最小二乘估计值给出。

8.3 约束总体最小二乘估计的理论性能

本节将从统计的角度推导约束总体最小二乘估计值的理论性能。由于人们更为关心的是未知参量 $\boldsymbol{x}$ 的估计性能, 而式 (8.7) 与式 (8.15) 又是相互等价的, 所以这里的性能分析仅仅针对式 (8.15) 进行推导。此外, 由于无法直接给出式 (8.15) 的最优闭式解, 因此与第 6.2.2 节类似, 这里仍然采用一阶误差分析方法进行推导, 即忽略误差的二次及其以上各次项。

将式 (8.15) 的最优解 (亦即目标函数 $J_{\text{CTLS}}(\boldsymbol{x})$ 的最小值点) 记为 $\hat{\boldsymbol{x}}_{\text{CTLS}}$, 于是有 $\nabla J_{\text{CTLS}}(\hat{\boldsymbol{x}}_{\text{CTLS}})=\boldsymbol{O}_{q\times 1}$, 根据式 (8.25) 可得

$$
\begin{aligned}
\boldsymbol{O}_{q\times 1} &= \nabla J_{\text{CTLS}}(\hat{\boldsymbol{x}}_{\text{CTLS}}) \\
&= 2\left(\left.\frac{\partial \boldsymbol{w}(\boldsymbol{x})}{\partial \boldsymbol{x}^{\text{T}}}\right|_{\boldsymbol{x}=\hat{\boldsymbol{x}}_{\text{CTLS}}}\right)^{\text{T}} (\boldsymbol{W}(\hat{\boldsymbol{x}}_{\text{CTLS}}))^{-1}\boldsymbol{w}(\hat{\boldsymbol{x}}_{\text{CTLS}}) \\
&\quad + \left(\left.\frac{\partial \text{vec}((\boldsymbol{W}(\boldsymbol{x}))^{-1})}{\partial \boldsymbol{x}^{\text{T}}}\right|_{\boldsymbol{x}=\hat{\boldsymbol{x}}_{\text{CTLS}}}\right)^{\text{T}} (\boldsymbol{w}(\hat{\boldsymbol{x}}_{\text{CTLS}})\otimes \boldsymbol{w}(\hat{\boldsymbol{x}}_{\text{CTLS}}))
\end{aligned}
\tag{8.29}
$$

若令 $\hat{\boldsymbol{x}}_{\text{CTLS}}=\boldsymbol{x}+\Delta\boldsymbol{x}_{\text{CTLS}}$, 其中 $\Delta\boldsymbol{x}_{\text{CTLS}}$ 表示估计误差, 可以通过一阶误差分析方法将 $\Delta\boldsymbol{x}_{\text{CTLS}}$ 表示成关于观测误差 $\boldsymbol{e}$ 的线性函数。结合式 (8.5)、式 (8.6) 和式 (8.24) 中的第 1 个等式可知

$$
\begin{aligned}
\boldsymbol{w}(\hat{\boldsymbol{x}}_{\text{CTLS}}) &= \boldsymbol{B}\hat{\boldsymbol{x}}_{\text{CTLS}}-\boldsymbol{z} \\
&= (\boldsymbol{A}+[\boldsymbol{\Gamma}_1\boldsymbol{e}\quad \boldsymbol{\Gamma}_2\boldsymbol{e}\quad \cdots\quad \boldsymbol{\Gamma}_q\boldsymbol{e}])(\boldsymbol{x}+\Delta\boldsymbol{x}_{\text{CTLS}})-(\boldsymbol{A}\boldsymbol{x}+\boldsymbol{\Gamma}_0\boldsymbol{e}) \\
&= [\boldsymbol{\Gamma}_1\boldsymbol{e}\quad \boldsymbol{\Gamma}_2\boldsymbol{e}\quad \cdots\quad \boldsymbol{\Gamma}_q\boldsymbol{e}]\boldsymbol{x}+\boldsymbol{A}\Delta\boldsymbol{x}_{\text{CTLS}} \\
&\quad +[\boldsymbol{\Gamma}_1\boldsymbol{e}\ \ \boldsymbol{\Gamma}_2\boldsymbol{e}\ \ \cdots\ \ \boldsymbol{\Gamma}_q\boldsymbol{e}]\Delta\boldsymbol{x}_{\text{CTLS}}-\boldsymbol{\Gamma}_0\boldsymbol{e} \\
&= \left(\sum_{j=1}^{q} x_j\boldsymbol{\Gamma}_j-\boldsymbol{\Gamma}_0\right)\boldsymbol{e}+\boldsymbol{A}\Delta\boldsymbol{x}_{\text{CTLS}}+[\boldsymbol{\Gamma}_1\boldsymbol{e}\ \boldsymbol{\Gamma}_2\boldsymbol{e}\ \cdots\ \boldsymbol{\Gamma}_q\boldsymbol{e}]\Delta\boldsymbol{x}_{\text{CTLS}}
\end{aligned}
\tag{8.30}
$$

将式 (8.30) 代入式 (8.29) 中, 并且忽略关于误差 (包括 $\boldsymbol{e}$ 和 $\Delta\boldsymbol{x}_{\text{CTLS}}$) 的二次及其以上各次项, 可得

$$
\begin{aligned}
\boldsymbol{O}_{q\times 1} &\approx 2\boldsymbol{B}^{\text{T}}(\boldsymbol{W}(\hat{\boldsymbol{x}}_{\text{WTLS}}))^{-1}\left(\left(\sum_{j=1}^{q} x_j\boldsymbol{\Gamma}_j-\boldsymbol{\Gamma}_0\right)\boldsymbol{e}\right. \\
&\qquad \left. +\boldsymbol{A}\Delta\boldsymbol{x}_{\text{CTLS}}+[\boldsymbol{\Gamma}_1\boldsymbol{e}\ \ \boldsymbol{\Gamma}_2\boldsymbol{e}\ \ \cdots\ \ \boldsymbol{\Gamma}_q\boldsymbol{e}]\Delta\boldsymbol{x}_{\text{CTLS}}\right) \\
&\approx 2\boldsymbol{A}^{\text{T}}(\boldsymbol{W}(\boldsymbol{x}))^{-1}\left(\left(\sum_{j=1}^{q} x_j\boldsymbol{\Gamma}_j-\boldsymbol{\Gamma}_0\right)\boldsymbol{e}+\boldsymbol{A}\Delta\boldsymbol{x}_{\text{CTLS}}\right)
\end{aligned}
\tag{8.31}
$$

由式 (8.31) 可以进一步推得

$$
\Delta\boldsymbol{x}_{\text{CTLS}} \approx -(\boldsymbol{A}^{\text{T}}(\boldsymbol{W}(\boldsymbol{x}))^{-1}\boldsymbol{A})^{-1}\boldsymbol{A}^{\text{T}}(\boldsymbol{W}(\boldsymbol{x}))^{-1}\left(\sum_{j=1}^{q} x_j\boldsymbol{\Gamma}_j-\boldsymbol{\Gamma}_0\right)\boldsymbol{e} \tag{8.32}
$$

式 (8.32) 给出了估计误差 $\Delta\boldsymbol{x}_{\text{CTLS}}$ 与观测误差 $\boldsymbol{e}$ 之间的线性关系, 由此可知, 误差向量 $\Delta\boldsymbol{x}_{\text{CTLS}}$ 渐近服从零均值的高斯分布, 并且估计值 $\hat{\boldsymbol{x}}_{\text{CTLS}}$ 的均方误

差矩阵为

$$
\begin{aligned}
\mathbf{MSE}(\hat{\boldsymbol{x}}_{\mathrm{CTLS}}) &= \mathrm{E}[(\hat{\boldsymbol{x}}_{\mathrm{CTLS}}-\boldsymbol{x})(\hat{\boldsymbol{x}}_{\mathrm{CTLS}}-\boldsymbol{x})^{\mathrm{T}}] = \mathrm{E}[\Delta\boldsymbol{x}_{\mathrm{CTLS}}\Delta\boldsymbol{x}_{\mathrm{CTLS}}^{\mathrm{T}}] \\
&\approx (\boldsymbol{A}^{\mathrm{T}}(\boldsymbol{W}(\boldsymbol{x}))^{-1}\boldsymbol{A})^{-1}\boldsymbol{A}^{\mathrm{T}}(\boldsymbol{W}(\boldsymbol{x}))^{-1}\left(\sum_{j=1}^{q}x_j\boldsymbol{\Gamma}_j-\boldsymbol{\Gamma}_0\right) \\
&\quad \times \mathrm{E}[\boldsymbol{e}\boldsymbol{e}^{\mathrm{T}}]\left(\sum_{j=1}^{q}x_j\boldsymbol{\Gamma}_j-\boldsymbol{\Gamma}_0\right)^{\mathrm{T}}(\boldsymbol{W}(\boldsymbol{x}))^{-1}\boldsymbol{A}(\boldsymbol{A}^{\mathrm{T}}(\boldsymbol{W}(\boldsymbol{x}))^{-1}\boldsymbol{A})^{-1} \\
&= (\boldsymbol{A}^{\mathrm{T}}(\boldsymbol{W}(\boldsymbol{x}))^{-1}\boldsymbol{A})^{-1}\boldsymbol{A}^{\mathrm{T}}(\boldsymbol{W}(\boldsymbol{x}))^{-1}\boldsymbol{W}(\boldsymbol{x})(\boldsymbol{W}(\boldsymbol{x}))^{-1} \\
&\quad \times \boldsymbol{A}(\boldsymbol{A}^{\mathrm{T}}(\boldsymbol{W}(\boldsymbol{x}))^{-1}\boldsymbol{A})^{-1} \\
&= (\boldsymbol{A}^{\mathrm{T}}(\boldsymbol{W}(\boldsymbol{x}))^{-1}\boldsymbol{A})^{-1} \\
&= \left(\boldsymbol{A}^{\mathrm{T}}\left(\left(\sum_{j=1}^{q}x_j\boldsymbol{\Gamma}_j-\boldsymbol{\Gamma}_0\right)\boldsymbol{E}\left(\sum_{j=1}^{q}x_j\boldsymbol{\Gamma}_j-\boldsymbol{\Gamma}_0\right)^{\mathrm{T}}\right)^{-1}\boldsymbol{A}\right)^{-1}
\end{aligned}
\tag{8.33}
$$

【**注记 8.4**】对于一些应用实例 (见第 8.4.1 节), 矩阵 $\{\boldsymbol{\Gamma}_j\}_{0\leqslant j\leqslant q}$ 虽然是已知的, 但却与观测误差 $\boldsymbol{e}$ 有关, 此时在计算理论性能时, 矩阵 $\{\boldsymbol{\Gamma}_j\}_{0\leqslant j\leqslant q}$ 中的误差向量 $\boldsymbol{e}$ 应该被忽略。这是由于在式 (8.30) 中, 矩阵 $\{\boldsymbol{\Gamma}_j\}_{0\leqslant j\leqslant q}$ 都是与误差向量 $\boldsymbol{e}$ 进行相乘的, 在一阶误差分析理论框架下, 这些矩阵中含有的观测误差是可以被近似忽略的。

8.4 约束总体最小二乘估计问题的克拉美罗界及其渐近最优性分析

本节将推导约束总体最小二乘估计问题的克拉美罗界, 并证明约束总体最小二乘估计值的渐近最优性。

8.4.1 约束总体最小二乘观测模型的产生机理

为了推导约束总体最小二乘估计问题的克拉美罗界, 需要重新审视约束总体最小二乘观测模型产生的机理, 下面不妨通过两个具体的应用实例加以讨论。

一、应用实例 1: 基于方位信息的目标定位问题

问题描述: 假设有 N 个位置坐标已知的观测站, 其中第 n 个观测站的位置向量为 $\boldsymbol{y}_n=[y_{n,1}\quad y_{n,2}]^{\mathrm{T}}$ (已知量), 辐射源目标①的位置向量为 $\boldsymbol{x}=[x_1\quad x_2]^{\mathrm{T}}$ (未

① 辐射源目标是指待定位的目标主动发射无线电信号, 观测站通过接收此信号来完成对目标的定位。

知量), 并且第 n 个观测站可以通过目标辐射的无线信号测得目标相对该站的方位角, 并将其记为 θ_n。现在的问题是要利用全部方位值 $\{\theta_n\}_{1\leqslant n\leqslant N}$ 确定目标的位置向量 $\boldsymbol{x}$ (即定位)。

该问题最初的基本观测模型可以表示为

$$\theta_n=\arctan\left(\frac{x_1-y_{n,1}}{x_2-y_{n,2}}\right)\quad(1\leqslant n\leqslant N)\tag{8.34}$$

式 (8.34) 并不是线性观测模型, 因此无法与约束总体最小二乘估计问题进行直接关联。然而, 利用函数 $\arctan(\cdot)$ 的代数特征可以将式 (8.34) 转化为

$$\begin{aligned}\tan(\theta_n)=\frac{\sin(\theta_n)}{\cos(\theta_n)}&=\frac{x_1-y_{n,1}}{x_2-y_{n,2}}\\ \Rightarrow\ &\cos(\theta_n)y_{n,1}-\sin(\theta_n)y_{n,2}\\ =\ &\cos(\theta_n)x_1-\sin(\theta_n)x_2\quad(1\leqslant n\leqslant N)\end{aligned}\tag{8.35}$$

将式 (8.35) 中的 N 个方程进行联立可以得到如下线性观测模型

$$\boldsymbol{z}_0=\begin{bmatrix}\cos(\theta_1)y_{1,1}-\sin(\theta_1)y_{1,2}\\ \cos(\theta_2)y_{2,1}-\sin(\theta_2)y_{2,2}\\ \vdots\\ \cos(\theta_N)y_{N,1}-\sin(\theta_N)y_{N,2}\end{bmatrix}=\left[\begin{array}{c:c}\cos(\theta_1)&-\sin(\theta_1)\\ \cos(\theta_2)&-\sin(\theta_2)\\ \vdots&\vdots\\ \cos(\theta_N)&-\sin(\theta_N)\end{array}\right]\begin{bmatrix}x_1\\ x_2\end{bmatrix}=\boldsymbol{A}\boldsymbol{x}\tag{8.36}$$

式中

$$\boldsymbol{A}=\left[\begin{array}{c:c}\cos(\theta_1)&-\sin(\theta_1)\\ \cos(\theta_2)&-\sin(\theta_2)\\ \vdots&\vdots\\ \cos(\theta_N)&-\sin(\theta_N)\end{array}\right]\tag{8.37}$$

由上述推导过程可知, 虽然方位观测模型是非线性的 (见式 (8.34)), 但是利用非线性函数的代数特征可以将其转化为等价的线性模型 (见式 (8.36))。仔细观察式 (8.36) 可知, 左侧的观测向量 $\boldsymbol{z}_0$ 已不是最初的方位值 $\{\theta_n\}_{1\leqslant n\leqslant N}$, 而是关于方位值 $\{\theta_n\}_{1\leqslant n\leqslant N}$ 的函数, 右侧的观测矩阵 $\boldsymbol{A}$ 也是关于方位值 $\{\theta_n\}_{1\leqslant n\leqslant N}$ 的函数。而真实方位值 $\{\theta_n\}_{1\leqslant n\leqslant N}$ 在实际中是无法获知的, 实际中仅能得到含有

观测误差的方位值, 可将其记为 $\{\hat{\theta}_n\}_{1\leqslant n\leqslant N}$, 并且其中的误差记为 $\{\Delta\theta_n\}_{1\leqslant n\leqslant N}$, 此时的观测矩阵也含有误差。

将含有观测误差的方位值 $\{\hat{\theta}_n\}_{1\leqslant n\leqslant N}$ 代入式 (8.36) 中, 并且忽略关于观测误差 $\{\Delta\theta_n\}_{1\leqslant n\leqslant N}$ 的二次及其以上各次项, 可得

$$\begin{aligned}\boldsymbol{z}&=\begin{bmatrix}\cos(\hat{\theta}_1)y_{1,1}-\sin(\hat{\theta}_1)y_{1,2}\\ \cos(\hat{\theta}_2)y_{2,1}-\sin(\hat{\theta}_2)y_{2,2}\\ \vdots\\ \cos(\hat{\theta}_N)y_{N,1}-\sin(\hat{\theta}_N)y_{N,2}\end{bmatrix}\\
&\approx\left(\begin{bmatrix}\cos(\hat{\theta}_1) & -\sin(\hat{\theta}_1)\\ \cos(\hat{\theta}_2) & -\sin(\hat{\theta}_2)\\ \vdots & \vdots\\ \cos(\hat{\theta}_N) & -\sin(\hat{\theta}_N)\end{bmatrix}-\begin{bmatrix}-\sin(\hat{\theta}_1)\Delta\theta_1 & -\cos(\hat{\theta}_1)\Delta\theta_1\\ -\sin(\hat{\theta}_2)\Delta\theta_2 & -\cos(\hat{\theta}_2)\Delta\theta_2\\ \vdots & \vdots\\ -\sin(\hat{\theta}_N)\Delta\theta_N & -\cos(\hat{\theta}_N)\Delta\theta_N\end{bmatrix}\right)\begin{bmatrix}x_1\\ x_2\end{bmatrix}\\
&\quad+\begin{bmatrix}-(\sin(\hat{\theta}_1)y_{1,1}+\cos(\hat{\theta}_1)y_{1,2})\Delta\theta_1\\ -(\sin(\hat{\theta}_2)y_{2,1}+\cos(\hat{\theta}_2)y_{2,2})\Delta\theta_2\\ \vdots\\ -(\sin(\hat{\theta}_N)y_{N,1}+\cos(\hat{\theta}_N)y_{N,2})\Delta\theta_N\end{bmatrix}\\
&=(\boldsymbol{B}-[\boldsymbol{\Gamma}_1\boldsymbol{e}\quad \boldsymbol{\Gamma}_2\boldsymbol{e}])\boldsymbol{x}+\boldsymbol{\Gamma}_0\boldsymbol{e}\end{aligned}\tag{8.38}$$

其中,

$$\boldsymbol{B}=\begin{bmatrix}\cos(\hat{\theta}_1) & -\sin(\hat{\theta}_1)\\ \cos(\hat{\theta}_2) & -\sin(\hat{\theta}_2)\\ \vdots & \vdots\\ \cos(\hat{\theta}_N) & -\sin(\hat{\theta}_N)\end{bmatrix},\quad \boldsymbol{e}=\begin{bmatrix}\Delta\theta_1\\ \Delta\theta_2\\ \vdots\\ \Delta\theta_N\end{bmatrix}\tag{8.39}$$

$$\begin{cases}\boldsymbol{\Gamma}_0=\mathrm{diag}\Big[-(\sin(\hat{\theta}_1)y_{1,1}+\cos(\hat{\theta}_1)y_{1,2})\ \vdots\ -(\sin(\hat{\theta}_2)y_{2,1}+\cos(\hat{\theta}_2)y_{2,2})\ \vdots\ \cdots\\ \qquad\qquad\ \vdots\ -(\sin(\hat{\theta}_N)y_{N,1}+\cos(\hat{\theta}_N)y_{N,2})\Big]\\ \boldsymbol{\Gamma}_1=\mathrm{diag}\Big[-\sin(\hat{\theta}_1)\ \vdots\ -\sin(\hat{\theta}_2)\ \vdots\ \cdots\ \vdots\ -\sin(\hat{\theta}_N)\Big]\\ \boldsymbol{\Gamma}_2=\mathrm{diag}\Big[-\cos(\hat{\theta}_1)\ \vdots\ -\cos(\hat{\theta}_2)\ \vdots\ \cdots\ \vdots\ -\cos(\hat{\theta}_N)\Big]\end{cases}\tag{8.40}$$

利用式 (8.38) 至式 (8.40) 就可以将基于方位信息的目标定位问题转化为约束总体最小二乘估计问题, 然后利用第 8.2.2 节给出的方法即可对其进行求解。

【注记 8.5】根据应用实例 1 可知, 约束总体最小二乘观测模型可以由非线性观测模型转化而来。

二、应用实例 2: 多项式因式分解问题

问题描述: 假设 N 次多项式 $\beta(\eta)=a_0+a_1\eta+a_2\eta^2+\cdots+a_N\eta^N$ 可表示为 N_1 次多项式 $\beta_1(\eta)=b_0+b_1\eta+b_2\eta^2+\cdots+b_{N_1}\eta^{N_1}$ 和 N_2 次多项式 $\beta_2(\eta)=c_0+c_1\eta+c_2\eta^2+\cdots+c_{N_2}\eta^{N_2}$ 的乘积 (即有 $\beta(\eta)=\beta_1(\eta)\beta_2(\eta)$ 并且 $N=N_1+N_2$)。现在的问题是要利用多项式 $\beta(\eta)$ 和 $\beta_1(\eta)$ 的系数 $\{a_n\}_{0\leqslant n\leqslant N}$ 和 $\{b_n\}_{0\leqslant n\leqslant N_1}$ 确定多项式 $\beta_2(\eta)$ 的系数 $\{c_n\}_{0\leqslant n\leqslant N_2}$。

比较等式 $\beta(\eta)=\beta_1(\eta)\beta_2(\eta)$ 两边的系数，可以建立如下线性方程组

$$\boldsymbol{z}_0=\begin{bmatrix}a_0\\a_1\\\vdots\\a_N\end{bmatrix}=\begin{bmatrix}b_0 & 0 & 0 & \cdots & 0\\ b_1 & b_0 & & & \vdots\\ & b_1 & & 0 & 0\\ \vdots & & & b_0 & 0\\ & \vdots & & & \\ b_{N_1} & & & b_1 & b_0\\ & & \vdots & & \\ 0 & b_{N_1} & & & b_1\\ & & & \vdots & \\ 0 & & & & \vdots\\ \vdots & & 0 & b_{N_1} & \\ 0 & \cdots & 0 & 0 & b_{N_1}\end{bmatrix}\begin{bmatrix}c_0\\c_1\\\vdots\\c_{N_2}\end{bmatrix}=\boldsymbol{A}\boldsymbol{x} \tag{8.41}$$

其中,

$$\boldsymbol{A}=\begin{bmatrix}b_0 & 0 & 0 & \cdots & 0\\ b_1 & b_0 & & & \vdots\\ & b_1 & & 0 & 0\\ \vdots & & & b_0 & 0\\ & \vdots & & & \\ b_{N_1} & & & b_1 & b_0\\ & & \vdots & & \\ 0 & b_{N_1} & & & b_1\\ & & & \vdots & \\ 0 & & & & \vdots\\ \vdots & & 0 & b_{N_1} & \\ 0 & \cdots & 0 & 0 & b_{N_1}\end{bmatrix},\quad \boldsymbol{x}=\begin{bmatrix}c_0\\c_1\\\vdots\\c_{N_2}\end{bmatrix} \tag{8.42}$$

假设真实的多项式系数 $\{a_n\}_{0\leqslant n\leqslant N}$ 和 $\{b_n\}_{0\leqslant n\leqslant N_1}$ 无法获得, 仅能得到它们的观测值或者估计值 $\{\hat{a}_n\}_{0\leqslant n\leqslant N}$ 和 $\{\hat{b}_n\}_{0\leqslant n\leqslant N_1}$，其中的误差分别记为

$\{\Delta a_n\}_{0\leqslant n\leqslant N}$ 和 $\{\Delta b_n\}_{0\leqslant n\leqslant N_1}$。将它们代入式 (8.41) 中可得

$$
\begin{aligned}
\boldsymbol{z}=\begin{bmatrix}\hat{a}_0\\ \hat{a}_1\\ \vdots\\ \hat{a}_N\end{bmatrix}&=\left(\begin{bmatrix}
\hat{b}_0 & 0 & 0 & \cdots & 0\\
\hat{b}_1 & \hat{b}_0 & & & \vdots\\
\vdots & \hat{b}_1 & & 0 & 0\\
 & \vdots & & \hat{b}_0 & 0\\
\hat{b}_{N_1} & & \vdots & \hat{b}_1 & \hat{b}_0\\
0 & \hat{b}_{N_1} & & \vdots & \hat{b}_1\\
0 & & & & \vdots\\
\vdots & & 0 & \hat{b}_{N_1} & \\
0 & \cdots & 0 & 0 & \hat{b}_{N_1}
\end{bmatrix}\right.\\
&\quad\left.-\begin{bmatrix}
\Delta b_0 & 0 & 0 & \cdots & 0\\
\Delta b_1 & \Delta b_0 & & & \vdots\\
\vdots & \Delta b_1 & & 0 & 0\\
 & \vdots & & \Delta b_0 & 0\\
\Delta b_{N_1} & & \vdots & \Delta b_1 & \Delta b_0\\
0 & \Delta b_{N_1} & & \vdots & \Delta b_1\\
0 & & & & \vdots\\
\vdots & & 0 & \Delta b_{N_1} & \\
0 & \cdots & 0 & 0 & \Delta b_{N_1}
\end{bmatrix}\right)\begin{bmatrix}c_0\\ c_1\\ \vdots\\ c_{N_2}\end{bmatrix}+\begin{bmatrix}\Delta a_0\\ \Delta a_1\\ \vdots\\ \Delta a_N\end{bmatrix}\\
&=(\boldsymbol{B}-[\boldsymbol{\Gamma}_1\boldsymbol{e}\quad \boldsymbol{\Gamma}_2\boldsymbol{e}\ \cdots\ \boldsymbol{\Gamma}_{N_2+1}\boldsymbol{e}])\boldsymbol{x}+\boldsymbol{\Gamma}_0\boldsymbol{e}
\end{aligned}\tag{8.43}
$$

其中,

$$
\boldsymbol{B}=\begin{bmatrix}
\hat{b}_0 & 0 & 0 & \cdots & 0\\
\hat{b}_1 & \hat{b}_0 & & & \vdots\\
\vdots & \hat{b}_1 & & 0 & 0\\
 & \vdots & & \hat{b}_0 & 0\\
\hat{b}_{N_1} & & \vdots & \hat{b}_1 & \hat{b}_0\\
0 & \hat{b}_{N_1} & & \vdots & \hat{b}_1\\
0 & & & & \vdots\\
\vdots & & 0 & \hat{b}_{N_1} & \\
0 & \cdots & 0 & 0 & \hat{b}_{N_1}
\end{bmatrix},\quad \boldsymbol{e}=\left[\begin{array}{c}\Delta a_0\\ \Delta a_1\\ \vdots\\ \Delta a_N\\ \hline \Delta b_0\\ \Delta b_1\\ \vdots\\ \Delta b_{N_1}\end{array}\right]\tag{8.44}
$$

$$\begin{cases} \boldsymbol{\Gamma}_0 = [\boldsymbol{I}_{N+1} \quad \boldsymbol{O}_{(N+1)\times(N_1+1)}], \quad \boldsymbol{\Gamma}_1 = \left[\begin{array}{cc} \boldsymbol{O}_{(N_1+1)\times(N+1)} & \boldsymbol{I}_{N_1+1} \\ \hdashline \multicolumn{2}{c}{\boldsymbol{O}_{N_2\times(N+N_1+2)}} \end{array}\right], \\ \boldsymbol{\Gamma}_2 = \left[\begin{array}{cc} \multicolumn{2}{c}{\boldsymbol{O}_{1\times(N+N_1+2)}} \\ \hdashline \boldsymbol{O}_{(N_1+1)\times(N+1)} & \boldsymbol{I}_{N_1+1} \\ \hdashline \multicolumn{2}{c}{\boldsymbol{O}_{(N_2-1)\times(N+N_1+2)}} \end{array}\right], \quad \boldsymbol{\Gamma}_3 = \left[\begin{array}{cc} \multicolumn{2}{c}{\boldsymbol{O}_{2\times(N+N_1+2)}} \\ \hdashline \boldsymbol{O}_{(N_1+1)\times(N+1)} & \boldsymbol{I}_{N_1+1} \\ \hdashline \multicolumn{2}{c}{\boldsymbol{O}_{(N_2-2)\times(N+N_1+2)}} \end{array}\right], \\ \cdots, \boldsymbol{\Gamma}_{N_2+1} = \left[\begin{array}{cc} \multicolumn{2}{c}{\boldsymbol{O}_{N_2\times(N+N_1+2)}} \\ \hdashline \boldsymbol{O}_{(N_1+1)\times(N+1)} & \boldsymbol{I}_{N_1+1} \end{array}\right] \end{cases} \tag{8.45}$$

首先, 利用式 (8.43) 至式 (8.45) 可以将多项式因式分解问题转化为约束总体最小二乘估计问题, 然后利用第 8.2.2 节给出的方法即可对其进行求解。

【**注记 8.6**】根据应用实例 2 可知, 约束总体最小二乘观测模型也可以通过问题自身的特性获得。

8.4.2 约束总体最小二乘估计问题的克拉美罗界及其渐近最优性分析

一、基于应用实例 1 观测模型的理论性能分析

根据第 8.4.1 节应用实例 1 中的讨论可知, 约束总体最小二乘观测模型可以由非线性观测模型转化而来。不妨将问题最初的基本非线性观测模型表示为①

$$\tilde{\boldsymbol{z}} = \tilde{\boldsymbol{z}}_0 + \boldsymbol{e} = \boldsymbol{f}(\boldsymbol{x}) + \boldsymbol{e} \tag{8.46}$$

其中: $\tilde{\boldsymbol{z}}_0 = \boldsymbol{f}(\boldsymbol{x}) \in \mathbf{R}^{r\times 1}$ 表示没有误差条件下的观测向量, $\boldsymbol{f}(\boldsymbol{x})$ 是关于未知参量 $\boldsymbol{x}$ 的连续可导函数; $\tilde{\boldsymbol{z}} = [\tilde{z}_1 \quad \tilde{z}_2 \quad \cdots \quad \tilde{z}_r]^{\mathrm{T}} \in \mathbf{R}^{r\times 1}$ 表示含有误差条件下的观测向量; $\boldsymbol{e} = [e_1 \quad e_2 \quad \cdots \quad e_r]^{\mathrm{T}} \in \mathbf{R}^{r\times 1}$ 表示观测误差向量。$\tilde{\boldsymbol{z}}_0$ 和 $\tilde{\boldsymbol{z}}$ 上方的 "波浪线" 是为了与式 (8.5) 中的 $\boldsymbol{z}_0$ 和 $\boldsymbol{z}$ 相区别。注意到此处将向量 $\tilde{\boldsymbol{z}}_0$ 和 $\tilde{\boldsymbol{z}}$ 的维数记为 r, 这是因为误差向量 $\boldsymbol{e}$ 的维数为 r (见式 (8.5))。

利用函数 $\boldsymbol{f}(\boldsymbol{x})$ 的代数特征可以将非线性观测模型 $\tilde{\boldsymbol{z}}_0 = \boldsymbol{f}(\boldsymbol{x})$ 转化为如下线性观测模型

$$\boldsymbol{z}_0 = \boldsymbol{t}(\tilde{\boldsymbol{z}}_0) = \boldsymbol{R}(\tilde{\boldsymbol{z}}_0)\boldsymbol{x} = \boldsymbol{A}\boldsymbol{x} \tag{8.47}$$

其中: $\boldsymbol{z}_0 = \boldsymbol{t}(\tilde{\boldsymbol{z}}_0) \in \mathbf{R}^{p\times 1}$ 表示线性模型观测量 $\boldsymbol{z}_0$ 是观测量 $\tilde{\boldsymbol{z}}_0$ 的连续可导函数 (通常是非线性函数), 并且向量 $\boldsymbol{z}_0$ 和 $\tilde{\boldsymbol{z}}_0$ 具有相同的维数 (即有 $p = r$);

① 在应用实例 1 中, $\tilde{\boldsymbol{z}}$ 是由真实方位值所构成的向量, $\tilde{\boldsymbol{z}}$ 则是由含误差的方位观测值所形成的向量。

$\boldsymbol{A} = \boldsymbol{R}(\tilde{\boldsymbol{z}}_0) \in \mathbf{R}^{p \times q}$ 表示观测矩阵 $\boldsymbol{A}$ 是观测量 $\tilde{\boldsymbol{z}}_0$ 的连续可导函数 (通常也是非线性函数)。

【**注记 8.7**】向量 $\tilde{\boldsymbol{z}}_0$ 表示问题最初的基本观测量, 通常具有一定的物理含义 (例如方位值); 而向量 $\boldsymbol{z}_0$ 则是由 $\tilde{\boldsymbol{z}}_0$ 转化而来的观测量, 它可能没有具体的物理意义。

下面将基于观测模型式 (8.46) 推导估计未知参量 $\boldsymbol{x}$ 的克拉美罗界。对于给定的参量 $\boldsymbol{x}$, 观测向量 $\tilde{\boldsymbol{z}}$ 的概率密度函数

$$g(\tilde{\boldsymbol{z}};\boldsymbol{x}) = (2\pi)^{-p/2}(\det(\boldsymbol{E}))^{-1/2}\exp\left\{-\frac{1}{2}(\tilde{\boldsymbol{z}} - \boldsymbol{f}(\boldsymbol{x}))^{\mathrm{T}}\boldsymbol{E}^{-1}(\tilde{\boldsymbol{z}} - \boldsymbol{f}(\boldsymbol{x}))\right\} \tag{8.48}$$

取对数可得

$$\ln(g(\tilde{\boldsymbol{z}};\boldsymbol{x})) = -\frac{p}{2}\ln(2\pi) - \frac{1}{2}\ln(\det(\boldsymbol{E})) - \frac{1}{2}(\tilde{\boldsymbol{z}} - \boldsymbol{f}(\boldsymbol{x}))^{\mathrm{T}}\boldsymbol{E}^{-1}(\tilde{\boldsymbol{z}} - \boldsymbol{f}(\boldsymbol{x})) \tag{8.49}$$

由式 (8.49) 可知, 函数 $\ln(g(\tilde{\boldsymbol{z}};\boldsymbol{x}))$ 关于未知参量 $\boldsymbol{x}$ 的梯度向量可以表示为

$$\frac{\partial \ln(g(\tilde{\boldsymbol{z}};\boldsymbol{x}))}{\partial \boldsymbol{x}} = (\boldsymbol{F}(\boldsymbol{x}))^{\mathrm{T}}\boldsymbol{E}^{-1}(\tilde{\boldsymbol{z}} - \boldsymbol{f}(\boldsymbol{x})) = (\boldsymbol{F}(\boldsymbol{x}))^{\mathrm{T}}\boldsymbol{E}^{-1}\boldsymbol{e} \tag{8.50}$$

式中 $\boldsymbol{F}(\boldsymbol{x}) = \dfrac{\partial \boldsymbol{f}(\boldsymbol{x})}{\partial \boldsymbol{x}^{\mathrm{T}}} \in \mathbf{R}^{p \times q}$ 表示函数 $\boldsymbol{f}(\boldsymbol{x})$ 的 Jacobian 矩阵。根据命题 2.37 可知, 关于未知参量 $\boldsymbol{x}$ 的费希尔信息矩阵为

$$\begin{aligned}\mathbf{FISH}_{\mathrm{CTLS}}(\boldsymbol{x}) &= \mathrm{E}\left[\frac{\partial \ln(g(\tilde{\boldsymbol{z}};\boldsymbol{x}))}{\partial \boldsymbol{x}}\left(\frac{\partial \ln(g(\tilde{\boldsymbol{z}};\boldsymbol{x}))}{\partial \boldsymbol{x}}\right)^{\mathrm{T}}\right] \\ &= (\boldsymbol{F}(\boldsymbol{x}))^{\mathrm{T}}\boldsymbol{E}^{-1}\mathrm{E}[\mathbf{e}\mathbf{e}^{\mathrm{T}}]\boldsymbol{E}^{-1}\boldsymbol{F}(\boldsymbol{x}) \\ &= (\boldsymbol{F}(\boldsymbol{x}))^{\mathrm{T}}\boldsymbol{E}^{-1}\boldsymbol{F}(\boldsymbol{x})\end{aligned} \tag{8.51}$$

由式 (8.51) 可知, 估计未知参量 $\boldsymbol{x}$ 的克拉美罗界

$$\mathbf{CRB}_{\mathrm{CTLS}}(\boldsymbol{x}) = (\mathbf{FISH}_{\mathrm{CTLS}}(\boldsymbol{x}))^{-1} = ((\boldsymbol{F}(\boldsymbol{x}))^{\mathrm{T}}\boldsymbol{E}^{-1}\boldsymbol{F}(\boldsymbol{x}))^{-1} \tag{8.52}$$

【**注记 8.8**】式 (8.52) 中的克拉美罗界是针对非线性观测模型推导出的, 而其中的下标 “CTLS” 是为了突出由此非线性观测模型可以衍生出约束总体最小二乘观测模型, 该性能界也可以看成是相应的约束总体最小二乘估计问题的克拉美罗界。

要证明约束总体最小二乘估计值的渐近最优性, 需要先获得此时的约束总体最小二乘观测模型。将含有误差的观测向量 $\tilde{\boldsymbol{z}}$ 代入式 (8.47) 中, 并且忽略关于

误差 $\boldsymbol{e}$ 的二次及其以上各次项可得

$$\begin{aligned}\boldsymbol{z}=\boldsymbol{t}(\tilde{\boldsymbol{z}})&\approx\left(\boldsymbol{R}(\tilde{\boldsymbol{z}})-\sum_{k=1}^{p}e_k\dot{\boldsymbol{R}}_k(\tilde{\boldsymbol{z}})\right)\boldsymbol{x}+\boldsymbol{T}(\tilde{\boldsymbol{z}})\boldsymbol{e}\\&=(\boldsymbol{B}-[\boldsymbol{\Gamma}_1\boldsymbol{e}\quad\boldsymbol{\Gamma}_2\boldsymbol{e}\quad\cdots\quad\boldsymbol{\Gamma}_q\boldsymbol{e}])\boldsymbol{x}+\boldsymbol{\Gamma}_0\boldsymbol{e}\end{aligned}\tag{8.53}$$

其中,

$$\begin{cases}\boldsymbol{B}=\boldsymbol{R}(\tilde{\boldsymbol{z}}),\boldsymbol{\Gamma}_0=\boldsymbol{T}(\tilde{\boldsymbol{z}})=\dfrac{\partial\boldsymbol{t}(\tilde{\boldsymbol{z}})}{\partial\tilde{\boldsymbol{z}}^{\mathrm{T}}},\dot{\boldsymbol{R}}_k(\tilde{\boldsymbol{z}})=\dfrac{\partial\boldsymbol{R}(\tilde{\boldsymbol{z}})}{\partial\tilde{z}_k}\quad(1\leqslant k\leqslant p)\\\boldsymbol{\Gamma}_j=[\langle\dot{\boldsymbol{R}}_1(\tilde{\boldsymbol{z}})\rangle_{:,j}\quad\langle\dot{\boldsymbol{R}}_2(\tilde{\boldsymbol{z}})\rangle_{:,j}\quad\cdots\quad\langle\dot{\boldsymbol{R}}_p(\tilde{\boldsymbol{z}})\rangle_{:,j}]\quad(1\leqslant j\leqslant q)\end{cases}\tag{8.54}$$

基于式 (8.53) 和式 (8.54) 可以建立相应的约束总体最小二乘估计优化模型, 然后利用第 8.2.2 节中的方法即可对其进行求解, 而其理论性能可以由式 (8.33) 所获得。为了证明约束总体最小二乘估计值的渐近最优性, 仅需要证明 $\mathbf{MSE}(\hat{\boldsymbol{x}}_{\mathrm{CTLS}})\approx\mathbf{CRB}_{\mathrm{CTLS}}(\boldsymbol{x})$, 比较式 (8.33) 和式 (8.52) 可知其等价于证明

$$\begin{aligned}&\left(\boldsymbol{A}^{\mathrm{T}}\left(\left(\sum_{j=1}^{q}x_j\boldsymbol{\Gamma}_j-\boldsymbol{\Gamma}_0\right)\boldsymbol{E}\left(\sum_{j=1}^{q}x_j\boldsymbol{\Gamma}_j-\boldsymbol{\Gamma}_0\right)^{\mathrm{T}}\right)^{-1}\boldsymbol{A}\right)^{-1}\\&=((\boldsymbol{F}(\boldsymbol{x}))^{\mathrm{T}}\boldsymbol{E}^{-1}\boldsymbol{F}(\boldsymbol{x}))^{-1}\\&\Leftrightarrow\boldsymbol{A}^{\mathrm{T}}\left(\left(\sum_{j=1}^{q}x_j\boldsymbol{\Gamma}_j-\boldsymbol{\Gamma}_0\right)\boldsymbol{E}\left(\sum_{j=1}^{q}x_j\boldsymbol{\Gamma}_j-\boldsymbol{\Gamma}_0\right)^{\mathrm{T}}\right)^{-1}\boldsymbol{A}\\&=(\boldsymbol{F}(\boldsymbol{x}))^{\mathrm{T}}\boldsymbol{E}^{-1}\boldsymbol{F}(\boldsymbol{x})\end{aligned}\tag{8.55}$$

结合式 (8.46) 和式 (8.54) 可以看出, 矩阵 $\{\boldsymbol{\Gamma}_j\}_{0\leqslant j\leqslant q}$ 均可能与观测误差 $\boldsymbol{e}$ 有关。然而, 根据注记 8.4 中的讨论可知, 在计算理论性能时, 矩阵 $\{\boldsymbol{\Gamma}_j\}_{0\leqslant j\leqslant q}$ 中的观测误差 $\boldsymbol{e}$ 应该被忽略, 此时应该将式 (8.55) 中的矩阵 $\{\boldsymbol{\Gamma}_j\}_{0\leqslant j\leqslant q}$ 写为

$$\boldsymbol{\Gamma}_0\overset{\Delta}{=}\boldsymbol{T}(\tilde{\boldsymbol{z}}_0),\quad\boldsymbol{\Gamma}_j\overset{\Delta}{=}[\langle\dot{\boldsymbol{R}}_1(\tilde{\boldsymbol{z}}_0)\rangle_{:,j}\quad\langle\dot{\boldsymbol{R}}_2(\tilde{\boldsymbol{z}}_0)\rangle_{:,j}\quad\cdots\quad\langle\dot{\boldsymbol{R}}_p(\tilde{\boldsymbol{z}}_0)\rangle_{:,j}]\quad(1\leqslant j\leqslant q)\tag{8.56}$$

下面将证明式 (8.55)。由于 $p=r$, 所以矩阵 $\{\boldsymbol{\Gamma}\}_{0\leqslant j\leqslant q}$ 均为方阵, 而 $\sum\limits_{j=1}^{q}x_j\boldsymbol{\Gamma}_j-\boldsymbol{\Gamma}_0$ 为可逆矩阵 (见注记 8.1), 于是可以将式 (8.55) 的左侧表示为

$$\boldsymbol{A}^{\mathrm{T}}\left(\sum_{j=1}^{q}x_j\boldsymbol{\Gamma}_j-\boldsymbol{\Gamma}_0\right)^{-\mathrm{T}}\boldsymbol{E}^{-1}\left(\sum_{j=1}^{q}x_j\boldsymbol{\Gamma}_j-\boldsymbol{\Gamma}_0\right)^{-1}\boldsymbol{A}\tag{8.57}$$

将 $\tilde{\boldsymbol{z}}_0=\boldsymbol{f}(\boldsymbol{x})$ 代入等式 $\boldsymbol{t}(\tilde{\boldsymbol{z}}_0)=\boldsymbol{R}(\tilde{\boldsymbol{z}}_0)\boldsymbol{x}$, 可以得到关于未知参量 $\boldsymbol{x}$ 的恒等式①

$$\boldsymbol{t}(\boldsymbol{f}(\boldsymbol{x}))=\boldsymbol{R}(\boldsymbol{f}(\boldsymbol{x}))\boldsymbol{x} \tag{8.58}$$

将该等式两边对向量 $\boldsymbol{x}$ 求导, 并且利用命题 2.32, 可得

$$\begin{aligned}&\boldsymbol{T}(\tilde{\boldsymbol{z}}_0)\boldsymbol{F}(\boldsymbol{x})=\boldsymbol{R}(\tilde{\boldsymbol{z}}_0)+[\dot{\boldsymbol{R}}_1(\tilde{\boldsymbol{z}}_0)\boldsymbol{x}\quad \dot{\boldsymbol{R}}_2(\tilde{\boldsymbol{z}}_0)\boldsymbol{x}\quad\cdots\quad \dot{\boldsymbol{R}}_p(\tilde{\boldsymbol{z}}_0)\boldsymbol{x}]\boldsymbol{F}(\boldsymbol{x})\\ &\Rightarrow(\boldsymbol{T}(\tilde{\boldsymbol{z}}_0)-[\dot{\boldsymbol{R}}_1(\tilde{\boldsymbol{z}}_0)\boldsymbol{x}\quad \dot{\boldsymbol{R}}_2(\tilde{\boldsymbol{z}}_0)\boldsymbol{x}\quad\cdots\quad \dot{\boldsymbol{R}}_p(\tilde{\boldsymbol{z}}_0)\boldsymbol{x}])\boldsymbol{F}(\boldsymbol{x})=\boldsymbol{R}(\tilde{\boldsymbol{z}}_0)=\boldsymbol{A}\end{aligned} \tag{8.59}$$

结合式 (8.56) 和式 (8.59) 可知

$$\left(\boldsymbol{\Gamma}_0-\sum_{j=1}^{q}x_j\boldsymbol{\Gamma}_j\right)\boldsymbol{F}(\boldsymbol{x})=\boldsymbol{A}\Rightarrow\boldsymbol{F}(\boldsymbol{x})=-\left(\sum_{j=1}^{q}x_j\boldsymbol{\Gamma}_j-\boldsymbol{\Gamma}_0\right)^{-1}\boldsymbol{A} \tag{8.60}$$

最后将式 (8.60) 代入式 (8.57), 可得

$$\text{式 (8.55) 左侧}=(\boldsymbol{F}(\boldsymbol{x}))^{\mathrm{T}}\boldsymbol{E}^{-1}\boldsymbol{F}(\boldsymbol{x})=\text{式 (8.55) 右侧} \tag{8.61}$$

至此证明了约束总体最小二乘估计值的渐近最优性, 第 8.5.1 节的数值实验还将对其进行验证。

二、基于应用实例 2 观测模型的理论性能分析

这里仍然将最初无误差的基本观测量记为 $\tilde{\boldsymbol{z}}_0\in\mathbf{R}^{r\times1}$, 而将含有误差的观测量记为 $\tilde{\boldsymbol{z}}=[\tilde{z}_1\ \tilde{z}_2\ \cdots\ \tilde{z}_r]^{\mathrm{T}}\in\mathbf{R}^{r\times1}$, 于是有②

$$\tilde{\boldsymbol{z}}=\tilde{\boldsymbol{z}}_0+\boldsymbol{e} \tag{8.62}$$

式中 $\boldsymbol{e}=[e_1\ e_2\ \cdots\ e_r]^{\mathrm{T}}\in\mathbf{R}^{r\times1}$ 表示观测误差向量。与式 (8.46) 不同, 式 (8.62) 中的 $\tilde{\boldsymbol{z}}_0$ 关于未知参量 $\boldsymbol{x}$ 的表达式并不显式存在, 也就是说式 (8.46) 中的函数 $\boldsymbol{f}(\boldsymbol{x})$ 难以直接获得。

根据问题自身的特性, 向量 $\tilde{\boldsymbol{z}}_0$ 与 $\boldsymbol{x}$ 之间满足如下线性方程

$$\boldsymbol{z}_0=\boldsymbol{t}(\tilde{\boldsymbol{z}}_0)=\boldsymbol{R}(\tilde{\boldsymbol{z}}_0)\boldsymbol{x}=\boldsymbol{A}\boldsymbol{x} \tag{8.63}$$

---

① 由于等式 $\boldsymbol{t}(\tilde{\boldsymbol{z}}_0)=\boldsymbol{R}(\tilde{\boldsymbol{z}}_0)\boldsymbol{x}$ 是从 $\tilde{\boldsymbol{z}}_0=\boldsymbol{f}(\boldsymbol{x})$ 推演而来的, 因此将后者代入前者必然可以得到关于 $\boldsymbol{x}$ 的恒等式。

② 在应用实例 2 中, $\tilde{\boldsymbol{z}}_0$ 是由多项式 $\beta(\eta)$ 和 $\beta_1(\eta)$ 的系数所构成的向量, $\tilde{\boldsymbol{z}}$ 则是由含有误差的系数观测值或估计值所形成的向量。

其中: $\boldsymbol{z}_0=\boldsymbol{t}(\tilde{\boldsymbol{z}}_0)\in\mathbf{R}^{p\times 1}$ 表示线性模型观测量 $\boldsymbol{z}_0$ 是观测量 $\tilde{\boldsymbol{z}}_0$ 的线性函数, 并且向量 $\boldsymbol{z}_0$ 的维数小于向量 $\tilde{\boldsymbol{z}}_0$ 的维数 (即有 $p<r$); $\boldsymbol{A}=\boldsymbol{R}(\tilde{\boldsymbol{z}}_0)\in\mathbf{R}^{p\times q}$ 表示观测矩阵 $\boldsymbol{A}$ 是观测量 $\tilde{\boldsymbol{z}}_0$ 的线性函数。

【注记 8.9】式 (8.63) 与式 (8.47) 虽然形式类似, 但却存在两点不同: 首先, 式 (8.63) 并不是由某个非线性函数衍生出的, 事实上可以将该式看成是向量 $\tilde{\boldsymbol{z}}_0$ 和 $\boldsymbol{x}$ 之间所满足的等式约束, 并且此约束是由问题本身的特性所得到的, 例如, 在应用实例 2 中是基于等式 $\beta(\eta)=\beta_1(\eta)\beta_2(\eta)$ 所获得; 其次, 式 (8.63) 中的 $\boldsymbol{t}(\tilde{\boldsymbol{z}}_0)$ 和 $\boldsymbol{R}(\tilde{\boldsymbol{z}}_0)$ 都是关于 $\tilde{\boldsymbol{z}}_0$ 的线性函数 (见式 (8.41)), 因此其一阶导数为常量。

在这种情况下, 可以将 $\boldsymbol{x}$ 和 $\tilde{\boldsymbol{z}}_0$ 均看成是未知参数, 而观测量仅有 $\tilde{\boldsymbol{z}}$, 并且未知参数 $\boldsymbol{x}$ 和 $\tilde{\boldsymbol{z}}_0$ 之间服从等式约束式 (8.63)。因此, 这里的克拉美罗界是基于等式约束所推导的。对于给定的参量 $\boldsymbol{x}$ 和 $\tilde{\boldsymbol{z}}_0$, 观测向量 $\tilde{\boldsymbol{z}}$ 的概率密度函数可以表示为

$$g(\tilde{\boldsymbol{z}};\boldsymbol{x},\tilde{\boldsymbol{z}}_0)=(2\pi)^{-r/2}(\det(\boldsymbol{E}))^{-1/2}\exp\left\{-\frac{1}{2}(\tilde{\boldsymbol{z}}-\tilde{\boldsymbol{z}}_0)^{\mathrm{T}}\boldsymbol{E}^{-1}(\tilde{\boldsymbol{z}}-\tilde{\boldsymbol{z}}_0)\right\}\tag{8.64}$$

取对数可得

$$\ln(g(\tilde{\boldsymbol{z}};\boldsymbol{x},\tilde{\boldsymbol{z}}_0))=-\frac{r}{2}\ln(2\pi)-\frac{1}{2}\ln(\det(\boldsymbol{E}))-\frac{1}{2}(\tilde{\boldsymbol{z}}-\tilde{\boldsymbol{z}}_0)^{\mathrm{T}}\boldsymbol{E}^{-1}(\tilde{\boldsymbol{z}}-\tilde{\boldsymbol{z}}_0)\tag{8.65}$$

由式 (8.65) 可知, 函数 $\ln(g(\tilde{\boldsymbol{z}};\boldsymbol{x},\tilde{\boldsymbol{z}}_0))$ 关于未知参数 $\boldsymbol{x}$ 和 $\tilde{\boldsymbol{z}}_0$ 的梯度向量可以表示为

$$\begin{bmatrix}\dfrac{\partial\ln(g(\tilde{\boldsymbol{z}};\boldsymbol{x},\tilde{\boldsymbol{z}}_0))}{\partial\boldsymbol{x}}\\ \dfrac{\partial\ln(g(\tilde{\boldsymbol{z}};\boldsymbol{x},\tilde{\boldsymbol{z}}_0))}{\partial\tilde{\boldsymbol{z}}_0}\end{bmatrix}=\begin{bmatrix}\boldsymbol{O}_{q\times 1}\\ \boldsymbol{E}^{-1}(\tilde{\boldsymbol{z}}-\tilde{\boldsymbol{z}}_0)\end{bmatrix}=\begin{bmatrix}\boldsymbol{O}_{q\times 1}\\ \boldsymbol{E}^{-1}\boldsymbol{e}\end{bmatrix}\tag{8.66}$$

根据命题 2.37 可知, 关于未知参数 $\boldsymbol{x}$ 和 $\tilde{\boldsymbol{z}}_0$ 的费希尔信息矩阵为

$$\begin{aligned}\mathbf{FISH}_{\mathrm{CTLS}}\left(\begin{bmatrix}\boldsymbol{x}\\ \tilde{\boldsymbol{z}}_0\end{bmatrix}\right)&=\mathrm{E}\left(\begin{bmatrix}\dfrac{\partial\ln(g(\tilde{\boldsymbol{z}};\boldsymbol{x},\tilde{\boldsymbol{z}}_0))}{\partial\boldsymbol{x}}\\ \dfrac{\partial\ln(g(\tilde{\boldsymbol{z}};\boldsymbol{x},\tilde{\boldsymbol{z}}_0))}{\partial\tilde{\boldsymbol{z}}_0}\end{bmatrix}\begin{bmatrix}\dfrac{\partial\ln(g(\tilde{\boldsymbol{z}};\boldsymbol{x},\tilde{\boldsymbol{z}}_0))}{\partial\boldsymbol{x}}\\ \dfrac{\partial\ln(g(\tilde{\boldsymbol{z}};\boldsymbol{x},\tilde{\boldsymbol{z}}_0))}{\partial\tilde{\boldsymbol{z}}_0}\end{bmatrix}^{\mathrm{T}}\right)\\ &=\begin{bmatrix}\boldsymbol{O}_{q\times q}&\boldsymbol{O}_{q\times r}\\ \boldsymbol{O}_{r\times q}&\boldsymbol{E}^{-1}\mathrm{E}[\boldsymbol{e}\boldsymbol{e}^{\mathrm{T}}]\boldsymbol{E}^{-1}\end{bmatrix}\\ &=\begin{bmatrix}\boldsymbol{O}_{q\times q}&\boldsymbol{O}_{q\times r}\\ \boldsymbol{O}_{r\times q}&\boldsymbol{E}^{-1}\end{bmatrix}\end{aligned}\tag{8.67}$$

该费希尔信息矩阵是奇异的, 此时还需要利用命题 2.41 中的结论才能获得相应的克拉美罗界。

将等式约束式 (8.63) 重新表示为

$$\boldsymbol{c}\left(\begin{bmatrix}\boldsymbol{x}\\ \tilde{\boldsymbol{z}}_0\end{bmatrix}\right)=\boldsymbol{R}(\tilde{\boldsymbol{z}}_0)\boldsymbol{x}-\boldsymbol{t}(\tilde{\boldsymbol{z}}_0)=\boldsymbol{O}_{p\times 1} \tag{8.68}$$

而函数 $\boldsymbol{c}\left(\begin{bmatrix}\boldsymbol{x}\\ \tilde{\boldsymbol{z}}_0\end{bmatrix}\right)$ 关于 $\begin{bmatrix}\boldsymbol{x}\\ \tilde{\boldsymbol{z}}_0\end{bmatrix}$ 的 Jacobian 矩阵可以表示为

$$\begin{aligned}\boldsymbol{C}\left(\begin{bmatrix}\boldsymbol{x}\\ \tilde{\boldsymbol{z}}_0\end{bmatrix}\right)&=\left[\boldsymbol{R}(\tilde{\boldsymbol{z}}_0)\;\vdots\;[\dot{\boldsymbol{R}}_1\boldsymbol{x}\ \dot{\boldsymbol{R}}_2\boldsymbol{x}\ \cdots\ \dot{\boldsymbol{R}}_r\boldsymbol{x}]-\boldsymbol{T}\right]\\&=\left[\boldsymbol{A}\;\vdots\;[\dot{\boldsymbol{R}}_1\boldsymbol{x}\ \dot{\boldsymbol{R}}_2\boldsymbol{x}\ \cdots\ \dot{\boldsymbol{R}}_r\boldsymbol{x}]-\boldsymbol{T}\right]\in\mathbf{R}^{p\times(q+r)}\end{aligned} \tag{8.69}$$

其中,

$$\boldsymbol{T}=\frac{\partial\boldsymbol{t}(\tilde{\boldsymbol{z}}_0)}{\partial\tilde{\boldsymbol{z}}_0^{\mathrm{T}}},\quad \dot{\boldsymbol{R}}_k=\frac{\partial\boldsymbol{R}(\tilde{\boldsymbol{z}}_0)}{\partial\langle\tilde{\boldsymbol{z}}_0\rangle_k}\quad(1\leqslant k\leqslant r) \tag{8.70}$$

由于 $\boldsymbol{t}(\tilde{\boldsymbol{z}}_0)$ 和 $\boldsymbol{R}(\tilde{\boldsymbol{z}}_0)$ 都是关于 $\tilde{\boldsymbol{z}}_0$ 的线性函数, 因此式 (8.70) 中的矩阵 $\boldsymbol{T}$ 和 $\{\dot{\boldsymbol{R}}_k\}_{1\leqslant k\leqslant p}$ 都是常量矩阵, 均与 $\tilde{\boldsymbol{z}}_0$ 无关。此外, $\boldsymbol{C}\left(\begin{bmatrix}\boldsymbol{x}\\ \tilde{\boldsymbol{z}}_0\end{bmatrix}\right)$ 是行满秩矩阵, 也就是说等式约束式 (8.63) 是非冗余的。

若令矩阵 $\boldsymbol{Q}\in\mathbf{R}^{(q+r)\times(q+r-p)}$ 满足

$$\boldsymbol{C}\left(\begin{bmatrix}\boldsymbol{x}\\ \tilde{\boldsymbol{z}}_0\end{bmatrix}\right)\boldsymbol{Q}=\boldsymbol{O}_{p\times(q+r-p)},\quad \boldsymbol{Q}^{\mathrm{T}}\boldsymbol{Q}=\boldsymbol{I}_{q+r-p} \tag{8.71}$$

利用命题 2.41 中的结论可得

$$\begin{aligned}\mathbf{CRB}_{\mathrm{CTLS}}\left(\begin{bmatrix}\boldsymbol{x}\\ \tilde{\boldsymbol{z}}_0\end{bmatrix}\right)&=\boldsymbol{Q}\left(\boldsymbol{Q}^{\mathrm{T}}\mathbf{FISH}_{\mathrm{CTLS}}\left(\begin{bmatrix}\boldsymbol{x}\\ \tilde{\boldsymbol{z}}_0\end{bmatrix}\right)\boldsymbol{Q}\right)^{-1}\boldsymbol{Q}^{\mathrm{T}}\\&=\boldsymbol{Q}\left(\boldsymbol{Q}^{\mathrm{T}}\begin{bmatrix}\boldsymbol{O}_{q\times q}&\boldsymbol{O}_{q\times r}\\ \boldsymbol{O}_{r\times q}&\boldsymbol{E}^{-1}\end{bmatrix}\boldsymbol{Q}\right)^{-1}\boldsymbol{Q}^{\mathrm{T}}\end{aligned} \tag{8.72}$$

而估计未知参量 $\boldsymbol{x}$ 的克拉美罗界可以表示为

$$\begin{aligned}\mathbf{CRB}_{\mathrm{CTLS}}(\boldsymbol{x})&=[\boldsymbol{I}_q\quad\boldsymbol{O}_{q\times r}]\mathbf{CRB}_{\mathrm{CTLS}}\left(\begin{bmatrix}\boldsymbol{x}\\ \tilde{\boldsymbol{z}}_0\end{bmatrix}\right)\begin{bmatrix}\boldsymbol{I}_q\\ \boldsymbol{O}_{r\times q}\end{bmatrix}\\&=[\boldsymbol{I}_q\quad\boldsymbol{O}_{q\times r}]\boldsymbol{Q}\left(\boldsymbol{Q}^{\mathrm{T}}\begin{bmatrix}\boldsymbol{O}_{q\times q}&\boldsymbol{O}_{q\times r}\\ \boldsymbol{O}_{r\times q}&\boldsymbol{E}^{-1}\end{bmatrix}\boldsymbol{Q}\right)^{-1}\boldsymbol{Q}^{\mathrm{T}}\begin{bmatrix}\boldsymbol{I}_q\\ \boldsymbol{O}_{r\times q}\end{bmatrix}\end{aligned} \tag{8.73}$$

为了证明约束总体最小二乘估计值的渐近最优性, 需要首先获得此时的约束总体最小二乘观测模型。将含有误差的观测向量 $\tilde{\boldsymbol{z}}$ 代入式 (8.63), 得到

$$\begin{aligned}\boldsymbol{z}=\boldsymbol{t}(\tilde{\boldsymbol{z}})&=\left(\boldsymbol{R}(\tilde{\boldsymbol{z}})-\sum_{k=1}^{r}e_k\dot{\boldsymbol{R}}_k\right)\boldsymbol{x}+\boldsymbol{T}\boldsymbol{e}\\&=(\boldsymbol{B}-[\boldsymbol{\Gamma}_1\boldsymbol{e}\quad\boldsymbol{\Gamma}_2\boldsymbol{e}\quad\cdots\quad\boldsymbol{\Gamma}_q\boldsymbol{e}])\boldsymbol{x}+\boldsymbol{\Gamma}_0\boldsymbol{e}\end{aligned}\tag{8.74}$$

其中,

$$\begin{cases}\boldsymbol{B}=\boldsymbol{R}(\tilde{\boldsymbol{z}}),\boldsymbol{\Gamma}_0=\boldsymbol{T}\\\boldsymbol{\Gamma}_j=[\langle\dot{\boldsymbol{R}}_1\rangle_{:,j}\quad\langle\dot{\boldsymbol{R}}_2\rangle_{:,j}\quad\cdots\quad\langle\dot{\boldsymbol{R}}_r\rangle_{:,j}]\quad(1\leqslant j\leqslant q)\end{cases}\tag{8.75}$$

结合式 (8.74) 和式 (8.75) 可以建立相应的约束总体最小二乘估计优化模型, 然后利用第 8.2.2 节中的方法即可对其进行求解, 而其理论性能可以由式 (8.33) 所获得。为了证明约束总体最小二乘估计值的渐近最优性, 仅需要证明 $\mathbf{MSE}(\hat{\boldsymbol{x}}_{\text{CTLS}})\approx\mathbf{CRB}_{\text{CTLS}}(\boldsymbol{x})$, 比较式 (8.33) 和式 (8.73) 可知其等价于证明

$$\begin{aligned}&\left(\boldsymbol{A}^{\mathrm{T}}\left(\left(\sum_{j=1}^{q}x_j\boldsymbol{\Gamma}_j-\boldsymbol{\Gamma}_0\right)\boldsymbol{E}\left(\sum_{j=1}^{q}x_j\boldsymbol{\Gamma}_j-\boldsymbol{\Gamma}_0\right)^{\mathrm{T}}\right)^{-1}\boldsymbol{A}\right)^{-1}\\&=[\boldsymbol{I}_q\quad\boldsymbol{O}_{q\times r}]\boldsymbol{Q}\left(\boldsymbol{Q}^{\mathrm{T}}\begin{bmatrix}\boldsymbol{O}_{q\times q}&\boldsymbol{O}_{q\times r}\\\boldsymbol{O}_{r\times q}&\boldsymbol{E}^{-1}\end{bmatrix}\boldsymbol{Q}\right)^{-1}\boldsymbol{Q}^{\mathrm{T}}\begin{bmatrix}\boldsymbol{I}_q\\\boldsymbol{O}_{r\times q}\end{bmatrix}\end{aligned}\tag{8.76}$$

附录 G 对式 (8.76) 进行了证明, 由此可知约束总体最小二乘估计值具有渐近最优性, 第 8.5.2 节的数值实验还将对其做进一步的验证。

8.5 数值实验

8.5.1 基于方位信息的目标定位

假设有 5 个位置坐标已知的观测站对目标进行定位, 观测站位置坐标和目标位置坐标如图 8.1 所示。方位观测误差 $\boldsymbol{e}$ 服从均值为零的高斯分布, 并且其协方差矩阵为 $\boldsymbol{E}=\sigma^2\boldsymbol{I}_5$, 其中 σ 表示方位观测误差标准差。采用第 8.2.2 节中的 4 种约束总体最小二乘估计方法对目标进行定位, 目标位置向量 $\boldsymbol{x}$ 估计均方根误差随方位观测误差标准差 σ 的变化曲线如图 8.2 所示。

从图 8.2 中可以看出, 4 种约束总体最小二乘估计方法的性能几乎是一致的, 它们的目标位置估计均方根误差均可以达到相应的克拉美罗界。这一结果不仅

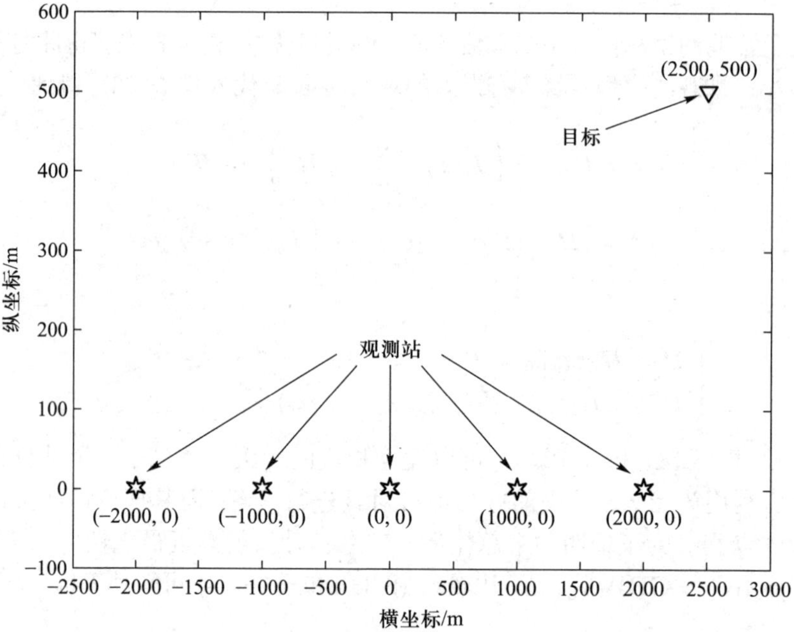

图 8.1　基于方位信息的目标定位场景示意图

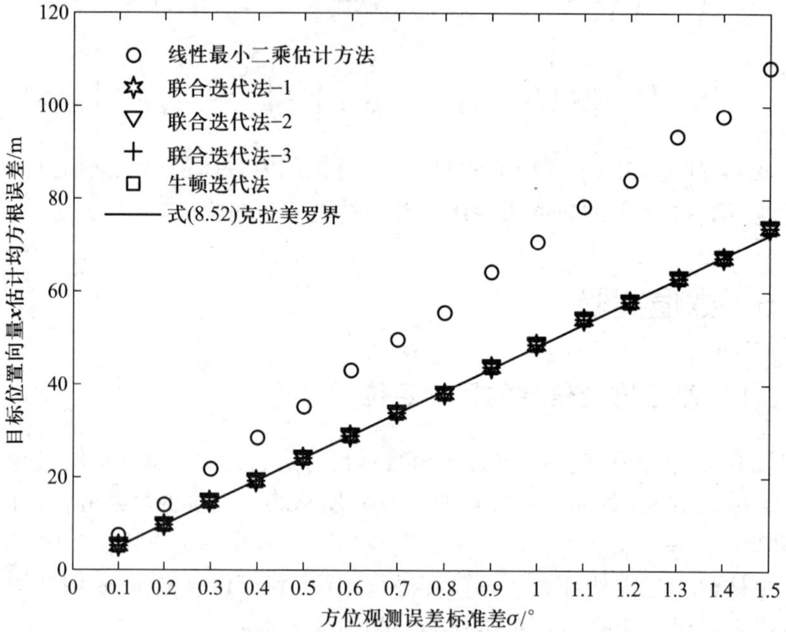

图 8.2　目标位置向量 $\boldsymbol{x}$ 估计均方根误差随方位观测误差标准差 σ 的变化曲线 (彩图)

验证了上述 4 种方法的渐近最优性, 同时也验证了第 8.4.2 节第 1 部分理论分析的有效性。此外, 相比线性最小二乘估计方法, 约束总体最小二乘估计方法的估计精度明显更高, 这是充分考虑观测向量 $\boldsymbol{z}$ 和观测矩阵 $\boldsymbol{B}$ 中的误差模型所带来的性能增益。

8.5.2 多项式因式分解

将多项式 $\beta_1(\eta)$、$\beta_2(\eta)$ 和 $\beta(\eta)$ 分别设为

$$\begin{cases}\beta_1(\eta)=2+3\eta-4\eta^2+\eta^3\\ \beta_2(\eta)=1-5\eta+2\eta^2-6\eta^3+2\eta^4\\ \beta(\eta)=2-7\eta-15\eta^2+15\eta^3-27\eta^4+32\eta^5-14\eta^6+2\eta^7\end{cases} \tag{8.77}$$

不难验证 $\beta(\eta)=\beta_1(\eta)\beta_2(\eta)$, 需要求解的参数是多项式 $\beta_2(\eta)$ 的系数。

假设多项式 $\beta_1(\eta)$ 和 $\beta(\eta)$ 中的系数均含有误差, 并且观测误差服从均值为零的高斯分布, 其协方差矩阵为 $\boldsymbol{E}=\sigma^2\boldsymbol{I}_{12}$, 其中 σ 表示观测误差标准差。采用第 8.2.2 节中的 4 种约束总体最小二乘估计方法对多项式 $\beta_2(\eta)$ 的系数进行求

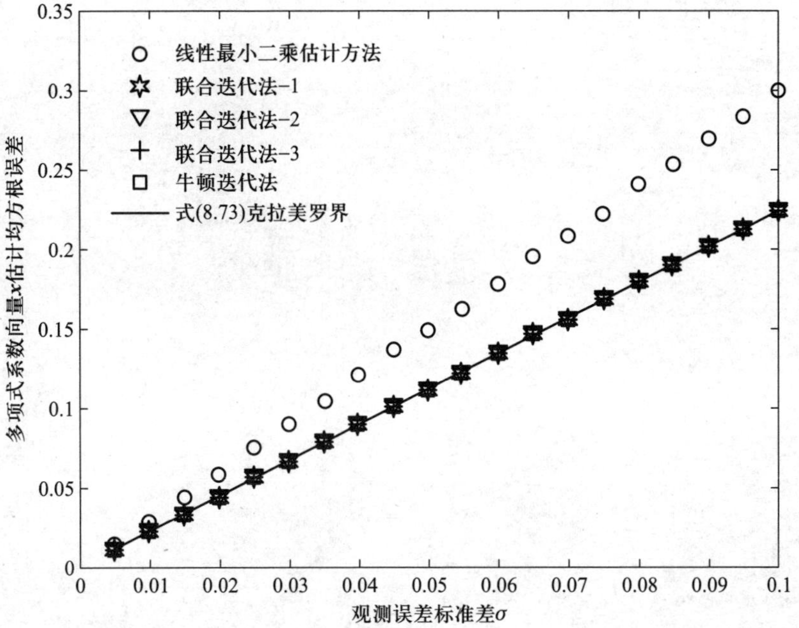

图 8.3 多项式 $\beta_2(\eta)$ 的系数向量 $\boldsymbol{x}$ 估计均方根误差随观测误差标准差 σ 的变化曲线 (彩图)

解, 多项式 $\beta_2(\eta)$ 的系数向量 $\boldsymbol{x}$ 估计均方根误差随着观测误差标准差 σ 的变化曲线如图 8.3 所示。

图 8.3 所呈现的结论与从图 8.2 中得到的结论类似, 限于篇幅这里不再阐述。但需要强调的是, 图 8.3 中的结果验证了第 8.4.2 节第 2 部分理论分析的有效性。

最后特别指出, 约束总体最小二乘估计方法同样存在 "门限效应", 也就是说当观测误差继续增加时, 其性能曲线会突然偏离克拉美罗界, 读者可以自行加以验证。出现门限效应的原因在于, 当观测矩阵 $\boldsymbol{A}$ 不能精确已知时, 相应的参数估计问题属于非线性问题, 从而导致该效应的发生。

第 9 章　基于秩亏损的结构总体最小二乘估计理论与方法

除了第 8 章的约束总体最小二乘估计方法外，还有另一类最小二乘估计方法也充分考虑了观测向量 $\boldsymbol{z}$ 和观测矩阵 $\boldsymbol{B}$ 中的误差结构，该方法称为结构总体最小二乘 (Structured Total Least Squares, STLS) 估计方法，其中包括基于秩亏损的结构总体最小二乘估计方法和基于 2-范数的结构总体最小二乘估计方法。本章讨论第一种方法，首先从秩亏损的角度重新观察第 6 章总体最小二乘估计问题，然后建立基于秩亏损的结构总体最小二乘估计优化模型，并且给出相应的数值求解算法，最后推导该方法参数估计的理论性能。需要指出的是，这里的“结构”指的是观测向量 $\boldsymbol{z}$ 和观测矩阵 $\boldsymbol{B}$ 中的元素结构或者是误差结构。

9.1　从秩亏损的角度重新理解总体最小二乘估计问题

为了引出基于秩亏损的结构总体最小二乘估计问题，本节首先从秩亏损的角度重新对第 6 章总体最小二乘估计问题进行建模。虽然估计参数的优化模型并不相同，但是最终得到的估计值却是一致的。

仍然考虑线性观测模型

$$\boldsymbol{z} = \boldsymbol{z}_0 + \boldsymbol{e} = \boldsymbol{A}\boldsymbol{x} + \boldsymbol{e} \tag{9.1}$$

其中：

$\boldsymbol{z}_0 = \boldsymbol{A}\boldsymbol{x} \in \mathbf{R}^{p\times 1}$ 表示没有误差条件下的观测向量；

$\boldsymbol{z} \in \mathbf{R}^{p\times 1}$ 表示含有误差条件下的观测向量；

$\boldsymbol{x} = [x_1\ x_2\ \cdots\ x_q]^{\mathrm{T}} \in \mathbf{R}^{q\times 1}$ 表示待估计的未知参量，其中 $q < p$ 以确保问题属于超定问题 (即观测量个数大于未知参数个数)；

$\boldsymbol{A} \in \mathbf{R}^{p\times q}$ 表示观测矩阵；

$\boldsymbol{e} \in \mathbf{R}^{p\times 1}$ 表示观测误差向量，这里假设其服从均值为零、协方差矩阵为 $\mathbf{cov}(\boldsymbol{e}) = \mathrm{E}[\boldsymbol{e}\boldsymbol{e}^{\mathrm{T}}] = \boldsymbol{E}$ 的高斯分布。

在总体最小二乘估计问题中，观测矩阵 $\boldsymbol{A}$ 并不能精确已知，也就是说实际中获得的观测矩阵 (记为 $\boldsymbol{B}$) 是在矩阵 $\boldsymbol{A}$ 的基础上叠加了观测误差 (记为 $\boldsymbol{\varXi}$)，如

式 (9.2) 所示

$$\boldsymbol{B}=\boldsymbol{A}+\boldsymbol{\varXi} \tag{9.2}$$

式中 $\boldsymbol{\varXi}\in\mathbf{R}^{p\times q}$ 表示观测误差矩阵, 这里假设其与观测误差向量 $\boldsymbol{e}$ 统计独立, 并且服从均值为零、协方差矩阵为 $\mathbf{cov}(\text{vec}(\boldsymbol{\varXi}))=\text{E}[\text{vec}(\boldsymbol{\varXi})(\text{vec}(\boldsymbol{\varXi}))^{\text{T}}]=\boldsymbol{\varOmega}$ 的高斯分布。

若 $\boldsymbol{E}=\gamma\boldsymbol{I}_p$ 和 $\boldsymbol{\varOmega}=\gamma\boldsymbol{I}_{pq}$, 则总体最小二乘估计优化模型为

$$\begin{cases}\min\limits_{\substack{\boldsymbol{x}\in\mathbf{R}^{q\times 1}\\ \boldsymbol{e}\in\mathbf{R}^{p\times 1}\\ \boldsymbol{\varXi}\in\mathbf{R}^{p\times q}}}\{\boldsymbol{e}^{\text{T}}\boldsymbol{e}+\text{tr}(\boldsymbol{\varXi}^{\text{T}}\boldsymbol{\varXi})\}\text{ 或 }\{||[\boldsymbol{\varXi}\quad \boldsymbol{e}]||_{\text{F}}^2\}\\ \text{s.t. } \boldsymbol{z}=(\boldsymbol{B}-\boldsymbol{\varXi})\boldsymbol{x}+\boldsymbol{e}\end{cases} \tag{9.3}$$

式 (9.3) 是常规形式的总体最小二乘估计优化模型, 下面将从秩亏损的角度建立另一种总体最小二乘估计优化模型。记 $\boldsymbol{C}=[\boldsymbol{B}\quad \boldsymbol{z}]$ 和 $\boldsymbol{C}_0=[\boldsymbol{A}\quad \boldsymbol{z}_0]$, 由于

$$\boldsymbol{C}_0\begin{bmatrix}\boldsymbol{x}\\-1\end{bmatrix}=[\boldsymbol{A}\quad \boldsymbol{z}_0]\begin{bmatrix}\boldsymbol{x}\\-1\end{bmatrix}=\boldsymbol{A}\boldsymbol{x}-\boldsymbol{z}_0=\boldsymbol{O}_{p\times 1} \tag{9.4}$$

因此, 可知 $\boldsymbol{C}_0$ 是秩亏损矩阵, 基于这一特性可以建立新的总体最小二乘估计优化模型, 即有

$$\begin{cases}\min\limits_{\substack{\boldsymbol{T}\in\mathbf{R}^{p\times(q+1)}\\ \boldsymbol{y}\in\mathbf{R}^{(q+1)\times 1}}}||\boldsymbol{T}-\boldsymbol{C}||_{\text{F}}^2\\ \text{s.t. } \boldsymbol{T}\boldsymbol{y}=\boldsymbol{O}_{p\times 1}\\ \qquad ||\boldsymbol{y}||_2^2=\boldsymbol{y}^{\text{T}}\boldsymbol{y}=1\end{cases} \tag{9.5}$$

式中等式约束 $\boldsymbol{T}\boldsymbol{y}=\boldsymbol{O}_{p\times 1}$ 表明 $\boldsymbol{T}$ 为秩亏损矩阵, 而等式约束 $||\boldsymbol{y}||_2^2=1$ 是为了避免出现 $\boldsymbol{y}$ 为零向量的无用解。若将式 (9.5) 的最优解记为 $\hat{\boldsymbol{y}}_{\text{TLS}}$, 则式 (9.3) 中关于未知参量 $\boldsymbol{x}$ 的最优解为

$$\hat{\boldsymbol{x}}_{\text{TLS}}=-\frac{1}{\langle\hat{\boldsymbol{y}}_{\text{TLS}}\rangle_{q+1}}\begin{bmatrix}\langle\hat{\boldsymbol{y}}_{\text{TLS}}\rangle_1\\ \langle\hat{\boldsymbol{y}}_{\text{TLS}}\rangle_2\\ \vdots\\ \langle\hat{\boldsymbol{y}}_{\text{TLS}}\rangle_q\end{bmatrix} \tag{9.6}$$

由于式 (9.5) 是含有等式约束的优化问题, 因此可以利用拉格朗日乘子法进

行求解, 相应的拉格朗日函数为

$$\begin{aligned}l_{\mathrm{a}}(\boldsymbol{y},\boldsymbol{T},\boldsymbol{\lambda}_1,\lambda_2)&=||\boldsymbol{T}-\boldsymbol{C}||_{\mathrm{F}}^2+2\boldsymbol{\lambda}_1^{\mathrm{T}}\boldsymbol{T}\boldsymbol{y}+\lambda_2(||\boldsymbol{y}||_2^2-1)\\&=\mathrm{tr}((\boldsymbol{T}-\boldsymbol{C})(\boldsymbol{T}-\boldsymbol{C})^{\mathrm{T}})+2\boldsymbol{\lambda}_1^{\mathrm{T}}\boldsymbol{T}\boldsymbol{y}+\lambda_2(\boldsymbol{y}^{\mathrm{T}}\boldsymbol{y}-1)\end{aligned} \tag{9.7}$$

其中, $\boldsymbol{\lambda}_1$ 为拉格朗日乘子向量, λ_2 为拉格朗日乘子标量。将矩阵 $\boldsymbol{T}$、向量 $\boldsymbol{y}$ 和 $\boldsymbol{\lambda}_1$, 以及标量 λ_2 的最优解分别记为 $\hat{\boldsymbol{T}}_{\mathrm{TLS}}$、$\hat{\boldsymbol{y}}_{\mathrm{TLS}}$、$\hat{\boldsymbol{\lambda}}_{1,\mathrm{TLS}}$ 和 $\hat{\lambda}_{2,\mathrm{TLS}}$, 将函数 $l_{\mathrm{a}}(\boldsymbol{y},\boldsymbol{T},\boldsymbol{\lambda}_1,\lambda_2)$ 分别对矩阵 $\boldsymbol{T}$、向量 $\boldsymbol{y}$ 和 $\boldsymbol{\lambda}_1$, 以及标量 λ_2 求偏导, 并令它们等于零, 可得

$$\left.\frac{\partial l_{\mathrm{a}}(\boldsymbol{y},\boldsymbol{T},\boldsymbol{\lambda}_1,\lambda_2)}{\partial \boldsymbol{T}}\right|_{\substack{\boldsymbol{y}=\hat{\boldsymbol{y}}_{\mathrm{TLS}}\\ \boldsymbol{T}=\hat{\boldsymbol{T}}_{\mathrm{TLS}}\\ \boldsymbol{\lambda}_1=\hat{\boldsymbol{\lambda}}_{1,\mathrm{TLS}}\\ \lambda_2=\hat{\lambda}_{2,\mathrm{TLS}}}}=2\hat{\boldsymbol{T}}_{\mathrm{TLS}}-2\boldsymbol{C}+2\hat{\boldsymbol{\lambda}}_{1,\mathrm{TLS}}\hat{\boldsymbol{y}}_{\mathrm{TLS}}^{\mathrm{T}}=\boldsymbol{O}_{p\times(q+1)} \tag{9.8}$$

$$\left.\frac{\partial l_{\mathrm{a}}(\boldsymbol{y},\boldsymbol{T},\boldsymbol{\lambda}_1,\lambda_2)}{\partial \boldsymbol{y}}\right|_{\substack{\boldsymbol{y}=\hat{\boldsymbol{y}}_{\mathrm{TLS}}\\ \boldsymbol{T}=\hat{\boldsymbol{T}}_{\mathrm{TLS}}\\ \boldsymbol{\lambda}_1=\hat{\boldsymbol{\lambda}}_{1,\mathrm{TLS}}\\ \lambda_2=\hat{\lambda}_{2,\mathrm{TLS}}}}=2\hat{\boldsymbol{T}}_{\mathrm{TLS}}^{\mathrm{T}}\hat{\boldsymbol{\lambda}}_{1,\mathrm{TLS}}+2\hat{\boldsymbol{y}}_{\mathrm{TLS}}\hat{\lambda}_{2,\mathrm{TLS}}=\boldsymbol{O}_{(q+1)\times 1} \tag{9.9}$$

$$\left.\frac{\partial l_{\mathrm{a}}(\boldsymbol{y},\boldsymbol{T},\boldsymbol{\lambda}_1,\lambda_2)}{\partial \boldsymbol{\lambda}_1}\right|_{\substack{\boldsymbol{y}=\hat{\boldsymbol{y}}_{\mathrm{TLS}}\\ \boldsymbol{T}=\hat{\boldsymbol{T}}_{\mathrm{TLS}}\\ \boldsymbol{\lambda}_1=\hat{\boldsymbol{\lambda}}_{1,\mathrm{TLS}}\\ \lambda_2=\hat{\lambda}_{2,\mathrm{TLS}}}}=2\hat{\boldsymbol{T}}_{\mathrm{TLS}}\hat{\boldsymbol{y}}_{\mathrm{TLS}}=\boldsymbol{O}_{p\times 1} \tag{9.10}$$

$$\left.\frac{\partial l_{\mathrm{a}}(\boldsymbol{y},\boldsymbol{T},\boldsymbol{\lambda}_1,\lambda_2)}{\partial \lambda_2}\right|_{\substack{\boldsymbol{y}=\hat{\boldsymbol{y}}_{\mathrm{TLS}}\\ \boldsymbol{T}=\hat{\boldsymbol{T}}_{\mathrm{TLS}}\\ \boldsymbol{\lambda}_1=\hat{\boldsymbol{\lambda}}_{1,\mathrm{TLS}}\\ \lambda_2=\hat{\lambda}_{2,\mathrm{TLS}}}}=\hat{\boldsymbol{y}}_{\mathrm{TLS}}^{\mathrm{T}}\hat{\boldsymbol{y}}_{\mathrm{TLS}}-1=0 \tag{9.11}$$

基于式 (9.8) 至式 (9.11) 可以推导式 (9.5) 的最优解所应满足的等式条件。首先将向量 $\hat{\boldsymbol{y}}_{\mathrm{TLS}}^{\mathrm{T}}$ 左乘以式 (9.9), 并且结合式 (9.10) 和式 (9.11) 可知

$$\begin{aligned}2\hat{\boldsymbol{y}}_{\mathrm{TLS}}^{\mathrm{T}}\hat{\boldsymbol{T}}_{\mathrm{TLS}}^{\mathrm{T}}\hat{\boldsymbol{\lambda}}_{1,\mathrm{TLS}}+2\hat{\boldsymbol{y}}_{\mathrm{TLS}}^{\mathrm{T}}\hat{\boldsymbol{y}}_{\mathrm{TLS}}\hat{\lambda}_{2,\mathrm{TLS}}=2\hat{\boldsymbol{y}}_{\mathrm{TLS}}^{\mathrm{T}}\hat{\boldsymbol{y}}_{\mathrm{TLS}}\hat{\lambda}_{2,\mathrm{TLS}}=2\hat{\lambda}_{2,\mathrm{TLS}}=0\\ \Rightarrow \hat{\lambda}_{2,\mathrm{TLS}}=0\end{aligned} \tag{9.12}$$

将 $\hat{\lambda}_{2,\mathrm{TLS}}=0$ 代入式 (9.9), 可得

$$\hat{\boldsymbol{T}}_{\mathrm{TLS}}^{\mathrm{T}}\hat{\boldsymbol{\lambda}}_{1,\mathrm{TLS}}=\boldsymbol{O}_{(q+1)\times 1} \tag{9.13}$$

接着将向量 $\hat{\boldsymbol{y}}_{\mathrm{TLS}}$ 右乘以式 (9.8), 并且结合式 (9.10) 和式 (9.11), 可知

$$2\hat{\boldsymbol{T}}_{\mathrm{TLS}}\hat{\boldsymbol{y}}_{\mathrm{TLS}}-2\boldsymbol{C}\hat{\boldsymbol{y}}_{\mathrm{TLS}}+2\hat{\boldsymbol{\lambda}}_{1,\mathrm{TLS}}\hat{\boldsymbol{y}}_{\mathrm{TLS}}^{\mathrm{T}}\hat{\boldsymbol{y}}_{\mathrm{TLS}}=\boldsymbol{O}_{p\times 1}\Rightarrow \boldsymbol{C}\hat{\boldsymbol{y}}_{\mathrm{TLS}}=\hat{\boldsymbol{\lambda}}_{1,\mathrm{TLS}} \tag{9.14}$$

最后将向量 $\hat{\boldsymbol{\lambda}}_{1,\mathrm{TLS}}^{\mathrm{T}}$ 左乘以式 (9.8), 并且结合式 (9.13) 得到

$$\begin{aligned}
&2\hat{\boldsymbol{\lambda}}_{1,\mathrm{TLS}}^{\mathrm{T}}\hat{\boldsymbol{T}}_{\mathrm{TLS}} - 2\hat{\boldsymbol{\lambda}}_{1,\mathrm{TLS}}^{\mathrm{T}}\boldsymbol{C} + 2\hat{\boldsymbol{\lambda}}_{1,\mathrm{TLS}}^{\mathrm{T}}\hat{\boldsymbol{\lambda}}_{1,\mathrm{TLS}}\hat{\boldsymbol{y}}_{\mathrm{TLS}}^{\mathrm{T}} \\
&= 2||\hat{\boldsymbol{\lambda}}_{1,\mathrm{TLS}}||_2^2\hat{\boldsymbol{y}}_{\mathrm{TLS}}^{\mathrm{T}} - 2\hat{\boldsymbol{\lambda}}_{1,\mathrm{TLS}}^{\mathrm{T}}\boldsymbol{C} = \boldsymbol{O}_{1\times(q+1)} \\
&\Rightarrow \boldsymbol{C}^{\mathrm{T}}\hat{\boldsymbol{\lambda}}_{1,\mathrm{TLS}} = \hat{\boldsymbol{y}}_{\mathrm{TLS}}||\hat{\boldsymbol{\lambda}}_{1,\mathrm{TLS}}||_2^2
\end{aligned} \tag{9.15}$$

若令 $\hat{\boldsymbol{\eta}}_{\mathrm{TLS}} = \frac{\hat{\boldsymbol{\lambda}}_{1,\mathrm{TLS}}}{||\hat{\boldsymbol{\lambda}}_{1,\mathrm{TLS}}||_2}$, $\hat{\rho}_{\mathrm{TLS}} = ||\hat{\boldsymbol{\lambda}}_{1,\mathrm{TLS}}||_2$, 则由式 (9.14) 和式 (9.15) 可知

$$\begin{cases}\boldsymbol{C}\hat{\boldsymbol{y}}_{\mathrm{TLS}} = \hat{\boldsymbol{\eta}}_{\mathrm{TLS}}\hat{\rho}_{\mathrm{TLS}}, & ||\hat{\boldsymbol{\eta}}_{\mathrm{TLS}}||_2^2 = 1 \\ \boldsymbol{C}^{\mathrm{T}}\hat{\boldsymbol{\eta}}_{\mathrm{TLS}} = \hat{\boldsymbol{y}}_{\mathrm{TLS}}\hat{\rho}_{\mathrm{TLS}}, & ||\hat{\boldsymbol{y}}_{\mathrm{TLS}}||_2^2 = 1\end{cases} \tag{9.16}$$

由此可知, $\hat{\boldsymbol{\eta}}_{\mathrm{TLS}}$ 和 $\hat{\boldsymbol{y}}_{\mathrm{TLS}}$ 分别对应矩阵 $\boldsymbol{C} = [\boldsymbol{B} \quad \boldsymbol{z}]$ 的左、右奇异向量, 而 $\hat{\rho}_{\mathrm{TLS}}$ 则是相应的奇异值。结合式 (9.8) 和式 (9.11) 可得

$$\begin{aligned}
&\hat{\boldsymbol{T}}_{\mathrm{TLS}} - \boldsymbol{C} = -\hat{\boldsymbol{\lambda}}_{1,\mathrm{TLS}}\hat{\boldsymbol{y}}_{\mathrm{TLS}}^{\mathrm{T}} \\
&\qquad \Rightarrow ||\hat{\boldsymbol{T}}_{\mathrm{TLS}} - \boldsymbol{C}||_{\mathrm{F}}^2 = ||\hat{\boldsymbol{\lambda}}_{1,\mathrm{TLS}}||_2^2||\hat{\boldsymbol{y}}_{\mathrm{TLS}}||_2^2 = ||\hat{\boldsymbol{\lambda}}_{1,\mathrm{TLS}}||_2^2 = \hat{\rho}_{\mathrm{TLS}}^2
\end{aligned} \tag{9.17}$$

由此可知, 奇异向量 $\hat{\boldsymbol{\eta}}_{\mathrm{TLS}}$ 和 $\hat{\boldsymbol{y}}_{\mathrm{TLS}}$ 分别对应矩阵 $\boldsymbol{C} = [\boldsymbol{B} \quad \boldsymbol{z}]$ 的最小奇异值。这与第 6 章给出的解是一致的 (在矩阵 $\boldsymbol{C} = [\boldsymbol{B} \quad \boldsymbol{z}]$ 的最小奇异值是单重的条件下), 具体可见注记 6.5。

【**注记 9.1**】结合式 (9.13) 和式 (9.17), 可以得到如下正交关系

$$\hat{\boldsymbol{T}}_{\mathrm{TLS}}^{\mathrm{T}}(\hat{\boldsymbol{T}}_{\mathrm{TLS}} - \boldsymbol{C}) = -\hat{\boldsymbol{T}}_{\mathrm{TLS}}^{\mathrm{T}}\hat{\boldsymbol{\lambda}}_{1,\mathrm{TLS}}\hat{\boldsymbol{y}}_{\mathrm{TLS}}^{\mathrm{T}} = \boldsymbol{O}_{(q+1)\times(q+1)} \tag{9.18}$$

【**注记 9.2**】基于式 (9.17) 可知

$$\hat{\boldsymbol{T}}_{\mathrm{TLS}} = \boldsymbol{C} - \hat{\boldsymbol{\lambda}}_{1,\mathrm{TLS}}\hat{\boldsymbol{y}}_{\mathrm{TLS}}^{\mathrm{T}} = \boldsymbol{C} - \hat{\rho}_{\mathrm{TLS}}\hat{\boldsymbol{\eta}}_{\mathrm{TLS}}\hat{\boldsymbol{y}}_{\mathrm{TLS}}^{\mathrm{T}} \tag{9.19}$$

由此可知, 矩阵 $\hat{\boldsymbol{T}}_{\mathrm{TLS}}$ 是关于矩阵 $\boldsymbol{C}$ 的秩 1 修正。

9.2 基于秩亏损的结构总体最小二乘估计优化模型与求解方法

9.2.1 基于秩亏损的结构总体最小二乘估计优化模型

与约束总体最小二乘估计问题相类似, 结构总体最小二乘估计问题同样考虑了矩阵 $\boldsymbol{C} = [\boldsymbol{B} \quad \boldsymbol{z}]$ 中的元素结构 (或者误差结构), 只是两类问题的建模方

式有所不同。为了引出结构总体最小二乘估计优化模型，先讨论一个简单的数值例子。

假设在没有观测误差的条件下，矩阵 $\boldsymbol{C}_0$ 具有如下形式

$$\boldsymbol{C}_0=[\boldsymbol{A}\quad \boldsymbol{z}_0]=\begin{bmatrix}1+h_1 & h_2 & h_3\\ h_2 & 2+h_3 & h_4\\ h_3 & h_4 & 3+h_5\end{bmatrix} \tag{9.20}$$

并且 $\boldsymbol{C}_0$ 是秩亏损矩阵，即存在 $\begin{bmatrix}\boldsymbol{x}\\ -1\end{bmatrix}$ 满足 $\boldsymbol{C}_0\begin{bmatrix}\boldsymbol{x}\\ -1\end{bmatrix}=\boldsymbol{O}_{3\times 1}$。若矩阵 $\boldsymbol{C}_0$ 中的 $\{h_j\}_{1\leqslant j\leqslant 5}$ 并不能精确已知，只能得到其估计值或者观测值 $\{\hat{h}_j\}_{1\leqslant j\leqslant 5}$，则可将矩阵 $\boldsymbol{C}$ 表示为

$$\begin{aligned}\boldsymbol{C}=[\boldsymbol{B}\quad \boldsymbol{z}]&=\begin{bmatrix}1+\hat{h}_1 & \hat{h}_2 & \hat{h}_3\\ \hat{h}_2 & 2+\hat{h}_3 & \hat{h}_4\\ \hat{h}_3 & \hat{h}_4 & 3+\hat{h}_5\end{bmatrix}\\ &=\begin{bmatrix}1&0&0\\0&2&0\\0&0&3\end{bmatrix}+\hat{h}_1\begin{bmatrix}1&0&0\\0&0&0\\0&0&0\end{bmatrix}+\hat{h}_2\begin{bmatrix}0&1&0\\1&0&0\\0&0&0\end{bmatrix}+\hat{h}_3\begin{bmatrix}0&0&1\\0&1&0\\1&0&0\end{bmatrix}\\ &\quad+\hat{h}_4\begin{bmatrix}0&0&0\\0&0&1\\0&1&0\end{bmatrix}+\hat{h}_5\begin{bmatrix}0&0&0\\0&0&0\\0&0&1\end{bmatrix}\\ &=\boldsymbol{H}_0+\hat{h}_1\boldsymbol{H}_1+\hat{h}_2\boldsymbol{H}_2+\hat{h}_3\boldsymbol{H}_3+\hat{h}_4\boldsymbol{H}_4+\hat{h}_5\boldsymbol{H}_5\end{aligned} \tag{9.21}$$

其中，

$$\begin{cases}\boldsymbol{H}_0=\begin{bmatrix}1&0&0\\0&2&0\\0&0&3\end{bmatrix},\boldsymbol{H}_1=\begin{bmatrix}1&0&0\\0&0&0\\0&0&0\end{bmatrix},\boldsymbol{H}_2=\begin{bmatrix}0&1&0\\1&0&0\\0&0&0\end{bmatrix}\\ \boldsymbol{H}_3=\begin{bmatrix}0&0&1\\0&1&0\\1&0&0\end{bmatrix},\boldsymbol{H}_4=\begin{bmatrix}0&0&0\\0&0&1\\0&1&0\end{bmatrix},\boldsymbol{H}_5=\begin{bmatrix}0&0&0\\0&0&0\\0&0&1\end{bmatrix}\\ \hat{h}_j=h_j+e_j\quad (1\leqslant j\leqslant 5)\end{cases} \tag{9.22}$$

其中 $\{e_j\}_{1\leqslant j\leqslant 5}$ 为 $\{\hat{h}_j\}_{1\leqslant j\leqslant 5}$ 中的误差。显然，当 $\hat{h}_j=h_j$ $(1\leqslant j\leqslant 5)$ 或者 $e_j=0$ $(1\leqslant j\leqslant 5)$ 时，矩阵 $\boldsymbol{C}=\boldsymbol{C}_0$ 就变成了秩亏损矩阵。

为了引出基于秩亏损的结构总体最小二乘估计优化模型，需要定义如下向量和矩阵

$$\begin{cases}\hat{\boldsymbol{h}}=[\hat{h}_1 \quad \hat{h}_2 \quad \cdots \quad \hat{h}_r]^{\mathrm{T}} \\ \boldsymbol{h}=[h_1 \quad h_2 \quad \cdots \quad h_r]^{\mathrm{T}} \\ \boldsymbol{e}=\hat{\boldsymbol{h}}-\boldsymbol{h}=[e_1 \quad e_2 \quad \cdots \quad e_r]^{\mathrm{T}} \\ \boldsymbol{E}=\mathrm{E}[\boldsymbol{e}\boldsymbol{e}^{\mathrm{T}}]\end{cases} \tag{9.23}$$

式 (9.23) 中的 r 表示误差向量 $\boldsymbol{e}$ 的维数，它与观测向量 $\boldsymbol{z}$ 的维数 p 有可能相等，也有可能不相等。例如，在式 (9.20) 至式 (9.22) 中，$r=5>p=3$。根据上述讨论可以建立基于秩亏损的结构总体最小二乘估计优化模型

$$\begin{cases}\min\limits_{\substack{\boldsymbol{y}\in\mathbf{R}^{(q+1)\times 1}\\ \boldsymbol{h}\in\mathbf{R}^{r\times 1}}}\{(\boldsymbol{h}-\hat{\boldsymbol{h}})^{\mathrm{T}}\boldsymbol{E}^{-1}(\boldsymbol{h}-\hat{\boldsymbol{h}})\} \\ \text{s.t.} \ \left(\boldsymbol{H}_0+\sum\limits_{j=1}^{r}h_j\boldsymbol{H}_j\right)\boldsymbol{y}=\boldsymbol{O}_{p\times 1} \\ \qquad ||\boldsymbol{y}||_2^2=\boldsymbol{y}^{\mathrm{T}}\boldsymbol{y}=1\end{cases} \tag{9.24}$$

式中 $\boldsymbol{E}^{-1}$ 是加权矩阵，其作用是最大程度地抑制观测误差 $\boldsymbol{e}$ 的影响。

【注记 9.3】 式 (9.24) 中的两个等式约束与式 (9.5) 中的两个等式约束起到相同的作用，只是式 (9.24) 中需要优化的变量维数小于式 (9.5) 中需要优化的变量维数。

【注记 9.4】 在式 (9.24) 中，已知量为 $\hat{\boldsymbol{h}}$ 和 $\{\boldsymbol{H}_j\}_{0\leqslant j\leqslant r}$，未知量为 $\boldsymbol{h}$ 和 $\boldsymbol{y}$，而问题最终需要求解的未知参量为向量 $\boldsymbol{x}$。与式 (9.6) 类似，若将式 (9.24) 的最优解记为 $\hat{\boldsymbol{y}}_{\mathrm{STLS}}$，则关于未知参量 $\boldsymbol{x}$ 的最优解为

$$\hat{\boldsymbol{x}}_{\mathrm{STLS}}=-\frac{1}{\langle\hat{\boldsymbol{y}}_{\mathrm{STLS}}\rangle_{q+1}}\begin{bmatrix}\langle\hat{\boldsymbol{y}}_{\mathrm{STLS}}\rangle_1 \\ \langle\hat{\boldsymbol{y}}_{\mathrm{STLS}}\rangle_2 \\ \vdots \\ \langle\hat{\boldsymbol{y}}_{\mathrm{STLS}}\rangle_q\end{bmatrix} \tag{9.25}$$

9.2.2 基于秩亏损的结构总体最小二乘估计问题的数值求解方法

一、基本思路

本节将讨论式 (9.24) 的数值求解方法，首先讨论简单的情形，令 $\boldsymbol{E}$ 为单位矩阵和标量的乘积，即误差向量 $\boldsymbol{e}$ 中的元素间相互独立，并且服从相同的高斯分

布, 此时可以将式 (9.24) 简化为

$$
\begin{cases}
\min\limits_{\substack{\boldsymbol{y}\in\mathbf{R}^{(q+1)\times 1}\\ \boldsymbol{h}\in\mathbf{R}^{r\times 1}}} \{(\boldsymbol{h}-\hat{\boldsymbol{h}})^{\mathrm{T}}(\boldsymbol{h}-\hat{\boldsymbol{h}})\} \text{ 或 } \{\|\boldsymbol{h}-\hat{\boldsymbol{h}}\|_2^2\} \\
\text{s.t.} \left(\boldsymbol{H}_0+\sum\limits_{j=1}^{r} h_j \boldsymbol{H}_j\right)\boldsymbol{y}=\boldsymbol{O}_{p\times 1} \\
\qquad \|\boldsymbol{y}\|_2^2=\boldsymbol{y}^{\mathrm{T}}\boldsymbol{y}=1
\end{cases}
\tag{9.26}
$$

下面的命题给出了求解式 (9.26) 的基本思路。

【命题 9.1】若将式 (9.26) 的最优解记为 $\hat{\boldsymbol{y}}_{\mathrm{STLS}}$ 和 $\hat{\boldsymbol{h}}_{\mathrm{STLS}}$, 则它们可以通过以下 3 个步骤求得。

步骤 1: 求解使 $|\tau|$ 取最小值的三元组 $(\boldsymbol{\alpha},\tau,\boldsymbol{\beta})$, 其中 $\boldsymbol{\alpha}\in\mathbf{R}^{p\times 1}$, $\boldsymbol{\beta}\in\mathbf{R}^{(q+1)\times 1}$ 和 $\tau\in\mathbf{R}$ 满足

$$
\begin{cases}
\overline{\boldsymbol{H}}\boldsymbol{\beta}=\tau\boldsymbol{S}_1(\boldsymbol{\beta})\boldsymbol{\alpha}; \quad \boldsymbol{\alpha}^{\mathrm{T}}\boldsymbol{S}_1(\boldsymbol{\beta})\boldsymbol{\alpha}=1 \\
\overline{\boldsymbol{H}}^{\mathrm{T}}\boldsymbol{\alpha}=\tau\boldsymbol{S}_2(\boldsymbol{\alpha})\boldsymbol{\beta}; \quad \boldsymbol{\beta}^{\mathrm{T}}\boldsymbol{S}_2(\boldsymbol{\alpha})\boldsymbol{\beta}=1
\end{cases}
\tag{9.27}
$$

式中①

$$
\overline{\boldsymbol{H}}=\boldsymbol{H}_0+\sum_{j=1}^{r}\hat{h}_j\boldsymbol{H}_j \tag{9.28}
$$

矩阵 $\boldsymbol{S}_1(\boldsymbol{\beta})$ 和 $\boldsymbol{S}_2(\boldsymbol{\alpha})$ 分别是关于向量 $\boldsymbol{\beta}$ 和 $\boldsymbol{\alpha}$ 的二次函数, 相应的表达式

$$
\begin{cases}
\boldsymbol{S}_1(\boldsymbol{\beta})=\sum\limits_{j=1}^{r}\boldsymbol{H}_j\boldsymbol{\beta}\boldsymbol{\beta}^{\mathrm{T}}\boldsymbol{H}_j^{\mathrm{T}}\in\mathbf{R}^{p\times p} \\
\boldsymbol{S}_2(\boldsymbol{\alpha})=\sum\limits_{j=1}^{r}\boldsymbol{H}_j^{\mathrm{T}}\boldsymbol{\alpha}\boldsymbol{\alpha}^{\mathrm{T}}\boldsymbol{H}_j\in\mathbf{R}^{(q+1)\times(q+1)}
\end{cases}
\tag{9.29}
$$

并且将所获得的三元组记为 $(\hat{\boldsymbol{\alpha}}_{\mathrm{STLS}},\hat{\tau}_{\mathrm{STLS}},\hat{\boldsymbol{\beta}}_{\mathrm{STLS}})$。

步骤 2: 计算 $\hat{\boldsymbol{y}}_{\mathrm{STLS}}=\dfrac{\hat{\boldsymbol{\beta}}_{\mathrm{STLS}}}{\|\hat{\boldsymbol{\beta}}_{\mathrm{STLS}}\|_2}$。

步骤 3: 计算 $\langle\hat{\boldsymbol{h}}_{\mathrm{STLS}}\rangle_j=\hat{h}_j-\hat{\tau}_{\mathrm{STLS}}\hat{\boldsymbol{\alpha}}_{\mathrm{STLS}}^{\mathrm{T}}\boldsymbol{H}_j\hat{\boldsymbol{\beta}}_{\mathrm{STLS}}$ $(1\leqslant j\leqslant r)$。

【证明】由于式 (9.26) 是含有等式约束的优化问题, 因此可以利用拉格朗日

① 比较式 (9.21) 和式 (9.28) 可知 $\overline{\boldsymbol{H}}=\boldsymbol{C}$。

乘子法进行求解, 相应的拉格朗日函数为

$$l_{\mathrm{b}}(\boldsymbol{y},\boldsymbol{h},\boldsymbol{\lambda}_1,\lambda_2)=(\boldsymbol{h}-\hat{\boldsymbol{h}})^{\mathrm{T}}(\boldsymbol{h}-\hat{\boldsymbol{h}})+2\boldsymbol{\lambda}_1^{\mathrm{T}}\left(\boldsymbol{H}_0+\sum_{j=1}^{r}h_j\boldsymbol{H}_j\right)\boldsymbol{y}+\lambda_2(\boldsymbol{y}^{\mathrm{T}}\boldsymbol{y}-1) \tag{9.30}$$

其中, $\boldsymbol{\lambda}_1$ 为拉格朗日乘子向量, λ_2 为拉格朗日乘子标量。将向量 $\boldsymbol{y}$、$\boldsymbol{h}$ 和 $\boldsymbol{\lambda}_1$, 以及标量 λ_2 的最优解分别记为 $\hat{\boldsymbol{y}}_{\mathrm{STLS}}$、$\hat{\boldsymbol{h}}_{\mathrm{STLS}}$、$\hat{\boldsymbol{\lambda}}_{1,\mathrm{STLS}}$ 和 $\hat{\lambda}_{2,\mathrm{STLS}}$, 将函数 $l_{\mathrm{b}}(\boldsymbol{y},\boldsymbol{h},\boldsymbol{\lambda}_1,\lambda_2)$ 分别对向量 $\boldsymbol{y}$、$\boldsymbol{h}$ 和 $\boldsymbol{\lambda}_1$, 以及标量 λ_2 求偏导, 并令它们等于零, 可得

$$\left.\frac{\partial l_{\mathrm{b}}(\boldsymbol{y},\boldsymbol{h},\boldsymbol{\lambda}_1,\lambda_2)}{\partial \boldsymbol{y}}\right|_{\substack{\boldsymbol{y}=\hat{\boldsymbol{y}}_{\mathrm{STLS}}\\ \boldsymbol{h}=\hat{\boldsymbol{h}}_{\mathrm{STLS}}\\ \boldsymbol{\lambda}_1=\hat{\boldsymbol{\lambda}}_{1,\mathrm{STLS}}\\ \lambda_2=\hat{\lambda}_{2,\mathrm{STLS}}}}=2\left(\boldsymbol{H}_0+\sum_{j=1}^{r}\langle\hat{\boldsymbol{h}}_{\mathrm{STLS}}\rangle_j\boldsymbol{H}_j\right)^{\mathrm{T}}\hat{\boldsymbol{\lambda}}_{1,\mathrm{STLS}}+2\hat{\boldsymbol{y}}_{\mathrm{STLS}}\hat{\lambda}_{2,\mathrm{STLS}}=\boldsymbol{O}_{(q+1)\times 1} \tag{9.31}$$

$$\left.\frac{\partial l_{\mathrm{b}}(\boldsymbol{y},\boldsymbol{h},\boldsymbol{\lambda}_1,\lambda_2)}{\partial \langle\boldsymbol{h}\rangle_j}\right|_{\substack{\boldsymbol{y}=\hat{\boldsymbol{y}}_{\mathrm{STLS}}\\ \boldsymbol{h}=\hat{\boldsymbol{h}}_{\mathrm{STLS}}\\ \boldsymbol{\lambda}_1=\hat{\boldsymbol{\lambda}}_{1,\mathrm{STLS}}\\ \lambda_2=\hat{\lambda}_{2,\mathrm{STLS}}}}=2(\langle\hat{\boldsymbol{h}}_{\mathrm{STLS}}\rangle_j-\hat{h}_j)+2\hat{\boldsymbol{\lambda}}_{1,\mathrm{STLS}}^{\mathrm{T}}\boldsymbol{H}_j\hat{\boldsymbol{y}}_{\mathrm{STLS}}=0\ (1\leqslant j\leqslant r) \tag{9.32}$$

$$\left.\frac{\partial l_{\mathrm{b}}(\boldsymbol{y},\boldsymbol{h},\boldsymbol{\lambda}_1,\lambda_2)}{\partial \boldsymbol{\lambda}_1}\right|_{\substack{\boldsymbol{y}=\hat{\boldsymbol{y}}_{\mathrm{STLS}}\\ \boldsymbol{h}=\hat{\boldsymbol{h}}_{\mathrm{STLS}}\\ \boldsymbol{\lambda}_1=\hat{\boldsymbol{\lambda}}_{1,\mathrm{STLS}}\\ \lambda_2=\hat{\lambda}_{2,\mathrm{STLS}}}}=2\left(\boldsymbol{H}_0+\sum_{j=1}^{r}\langle\hat{\boldsymbol{h}}_{\mathrm{STLS}}\rangle_j\boldsymbol{H}_j\right)\hat{\boldsymbol{y}}_{\mathrm{STLS}}=\boldsymbol{O}_{p\times 1} \tag{9.33}$$

$$\left.\frac{\partial l_{\mathrm{b}}(\boldsymbol{y},\boldsymbol{h},\boldsymbol{\lambda}_1,\lambda_2)}{\partial \lambda_2}\right|_{\substack{\boldsymbol{y}=\hat{\boldsymbol{y}}_{\mathrm{STLS}}\\ \boldsymbol{h}=\hat{\boldsymbol{h}}_{\mathrm{STLS}}\\ \boldsymbol{\lambda}_1=\hat{\boldsymbol{\lambda}}_{1,\mathrm{STLS}}\\ \lambda_2=\hat{\lambda}_{2,\mathrm{STLS}}}}=\hat{\boldsymbol{y}}_{\mathrm{STLS}}^{\mathrm{T}}\hat{\boldsymbol{y}}_{\mathrm{STLS}}-1=0 \tag{9.34}$$

进一步, 基于式 (9.31) 至式 (9.34) 推导式 (9.26) 最优解所应满足的等式条件。先将向量 $\hat{\boldsymbol{y}}_{\mathrm{STLS}}^{\mathrm{T}}$ 左乘以式 (9.31), 并且结合式 (9.33) 和式 (9.34) 可知

$$\begin{aligned}&2\hat{\boldsymbol{y}}_{\mathrm{STLS}}^{\mathrm{T}}\left(\boldsymbol{H}_0+\sum_{j=1}^{r}\langle\hat{\boldsymbol{h}}_{\mathrm{STLS}}\rangle_j\boldsymbol{H}_j\right)^{\mathrm{T}}\hat{\boldsymbol{\lambda}}_{1,\mathrm{STLS}}+2\hat{\boldsymbol{y}}_{\mathrm{STLS}}^{\mathrm{T}}\hat{\boldsymbol{y}}_{\mathrm{STLS}}\hat{\lambda}_{2,\mathrm{STLS}}\\ &=2\hat{\boldsymbol{y}}_{\mathrm{STLS}}^{\mathrm{T}}\hat{\boldsymbol{y}}_{\mathrm{STLS}}\hat{\lambda}_{2,\mathrm{STLS}}=0\Rightarrow\hat{\lambda}_{2,\mathrm{STLS}}=0\end{aligned} \tag{9.35}$$

将 $\hat{\lambda}_{2,\mathrm{STLS}}=0$ 代入式 (9.31), 可得

$$\left(\boldsymbol{H}_0+\sum_{j=1}^{r}\langle\hat{\boldsymbol{h}}_{\mathrm{STLS}}\rangle_j\boldsymbol{H}_j\right)^{\mathrm{T}}\hat{\boldsymbol{\lambda}}_{1,\mathrm{STLS}}=\boldsymbol{O}_{(q+1)\times 1} \tag{9.36}$$

接着由式 (9.32) 可知

$$\langle\hat{\boldsymbol{h}}_{\mathrm{STLS}}\rangle_j=\hat{h}_j-\hat{\boldsymbol{\lambda}}_{1,\mathrm{STLS}}^{\mathrm{T}}\boldsymbol{H}_j\hat{\boldsymbol{y}}_{\mathrm{STLS}}\quad(1\leqslant j\leqslant r) \tag{9.37}$$

将式 (9.37) 代入式 (9.33) 和式 (9.36), 可以分别得到

$$\begin{aligned}&\left(\boldsymbol{H}_0+\sum_{j=1}^{r}\langle\hat{\boldsymbol{h}}_{\mathrm{STLS}}\rangle_j\boldsymbol{H}_j\right)\hat{\boldsymbol{y}}_{\mathrm{STLS}}\\&=\left(\boldsymbol{H}_0+\sum_{j=1}^{r}\hat{h}_j\boldsymbol{H}_j-\sum_{j=1}^{r}\hat{\boldsymbol{\lambda}}_{1,\mathrm{STLS}}^{\mathrm{T}}\boldsymbol{H}_j\hat{\boldsymbol{y}}_{\mathrm{STLS}}\boldsymbol{H}_j\right)\hat{\boldsymbol{y}}_{\mathrm{STLS}}=\boldsymbol{O}_{p\times 1}\\&\Rightarrow\overline{\boldsymbol{H}}\hat{\boldsymbol{y}}_{\mathrm{STLS}}=\left(\sum_{j=1}^{r}\boldsymbol{H}_j\hat{\boldsymbol{y}}_{\mathrm{STLS}}\hat{\boldsymbol{y}}_{\mathrm{STLS}}^{\mathrm{T}}\boldsymbol{H}_j^{\mathrm{T}}\right)\hat{\boldsymbol{\lambda}}_{1,\mathrm{STLS}}=\boldsymbol{S}_1(\hat{\boldsymbol{y}}_{\mathrm{STLS}})\hat{\boldsymbol{\lambda}}_{1,\mathrm{STLS}}\end{aligned} \tag{9.38}$$

$$\begin{aligned}&\left(\boldsymbol{H}_0+\sum_{j=1}^{r}\langle\hat{\boldsymbol{h}}_{\mathrm{STLS}}\rangle_j\boldsymbol{H}_j\right)^{\mathrm{T}}\hat{\boldsymbol{\lambda}}_{1,\mathrm{STLS}}\\&=\left(\boldsymbol{H}_0+\sum_{j=1}^{r}\hat{h}_j\boldsymbol{H}_j-\sum_{j=1}^{r}\hat{\boldsymbol{\lambda}}_{1,\mathrm{STLS}}^{\mathrm{T}}\boldsymbol{H}_j\hat{\boldsymbol{y}}_{\mathrm{STLS}}\boldsymbol{H}_j\right)^{\mathrm{T}}\hat{\boldsymbol{\lambda}}_{1,\mathrm{STLS}}=\boldsymbol{O}_{(q+1)\times 1}\\&\Rightarrow\overline{\boldsymbol{H}}^{\mathrm{T}}\hat{\boldsymbol{\lambda}}_{1,\mathrm{STLS}}=\left(\sum_{j=1}^{r}\boldsymbol{H}_j^{\mathrm{T}}\hat{\boldsymbol{\lambda}}_{1,\mathrm{STLS}}\hat{\boldsymbol{\lambda}}_{1,\mathrm{STLS}}^{\mathrm{T}}\boldsymbol{H}_j\right)\hat{\boldsymbol{y}}_{\mathrm{STLS}}=\boldsymbol{S}_2(\hat{\boldsymbol{\lambda}}_{1,\mathrm{STLS}})\hat{\boldsymbol{y}}_{\mathrm{STLS}}\end{aligned} \tag{9.39}$$

若令 $\hat{\boldsymbol{\eta}}_{\mathrm{STLS}}=\dfrac{\hat{\boldsymbol{\lambda}}_{1,\mathrm{STLS}}}{||\hat{\boldsymbol{\lambda}}_{1,\mathrm{STLS}}||_2}$, $\hat{\rho}_{\mathrm{STLS}}=||\hat{\boldsymbol{\lambda}}_{1,\mathrm{STLS}}||_2$, 则有 $\boldsymbol{S}_2(\hat{\boldsymbol{\lambda}}_{1,\mathrm{STLS}})=\hat{\rho}_{\mathrm{STLS}}^2\boldsymbol{S}_2(\hat{\boldsymbol{\eta}}_{\mathrm{STLS}})$。结合式 (9.38) 和式 (9.39) 可知, 三元组 $(\hat{\boldsymbol{\eta}}_{\mathrm{STLS}},\hat{\rho}_{\mathrm{STLS}},\hat{\boldsymbol{y}}_{\mathrm{STLS}})$ 是如下方程组的解

$$\begin{cases}\overline{\boldsymbol{H}}\boldsymbol{y}=\rho\boldsymbol{S}_1(\boldsymbol{y})\boldsymbol{\eta};\quad\boldsymbol{\eta}^{\mathrm{T}}\boldsymbol{\eta}=1\\\overline{\boldsymbol{H}}^{\mathrm{T}}\boldsymbol{\eta}=\rho\boldsymbol{S}_2(\boldsymbol{\eta})\boldsymbol{y};\quad\boldsymbol{y}^{\mathrm{T}}\boldsymbol{y}=1\end{cases} \tag{9.40}$$

下面证明方程组 (9.27) 与方程组 (9.40) 相互等价, 即满足式 (9.27) 的三元组 $(\boldsymbol{\alpha},\tau,\boldsymbol{\beta})$ 与满足式 (9.40) 的三元组 $(\boldsymbol{\eta},\rho,\boldsymbol{y})$ 可以相互转换。首先假设三元组

$(\boldsymbol{\alpha}_{\text{O}}, \tau_{\text{O}}, \boldsymbol{\beta}_{\text{O}})$ 满足式 (9.27), 则有

$$\begin{cases} \overline{\boldsymbol{H}}\boldsymbol{\beta}_{\text{O}} = \tau_{\text{O}}\boldsymbol{S}_1(\boldsymbol{\beta}_{\text{O}})\boldsymbol{\alpha}_{\text{O}} \Rightarrow \overline{\boldsymbol{H}}\dfrac{\boldsymbol{\beta}_{\text{O}}}{||\boldsymbol{\beta}_{\text{O}}||_2} = (\tau_{\text{O}}||\boldsymbol{\alpha}_{\text{O}}||_2||\boldsymbol{\beta}_{\text{O}}||_2)\boldsymbol{S}_1\left(\dfrac{\boldsymbol{\beta}_{\text{O}}}{||\boldsymbol{\beta}_{\text{O}}||_2}\right)\dfrac{\boldsymbol{\alpha}_{\text{O}}}{||\boldsymbol{\alpha}_{\text{O}}||_2} \\ \overline{\boldsymbol{H}}^{\text{T}}\boldsymbol{\alpha}_{\text{O}} = \tau_{\text{O}}\boldsymbol{S}_2(\boldsymbol{\alpha}_{\text{O}})\boldsymbol{\beta}_{\text{O}} \Rightarrow \overline{\boldsymbol{H}}^{\text{T}}\dfrac{\boldsymbol{\alpha}_{\text{O}}}{||\boldsymbol{\alpha}_{\text{O}}||_2} = (\tau_{\text{O}}||\boldsymbol{\alpha}_{\text{O}}||_2||\boldsymbol{\beta}_{\text{O}}||_2)\boldsymbol{S}_2\left(\dfrac{\boldsymbol{\alpha}_{\text{O}}}{||\boldsymbol{\alpha}_{\text{O}}||_2}\right)\dfrac{\boldsymbol{\beta}_{\text{O}}}{||\boldsymbol{\beta}_{\text{O}}||_2} \end{cases} \tag{9.41}$$

若令 $\boldsymbol{y}_{\text{O}} = \dfrac{\boldsymbol{\beta}_{\text{O}}}{||\boldsymbol{\beta}_{\text{O}}||_2}$, $\boldsymbol{\eta}_{\text{O}} = \dfrac{\boldsymbol{\alpha}_{\text{O}}}{||\boldsymbol{\alpha}_{\text{O}}||_2}$ 和 $\rho_{\text{O}} = \tau_{\text{O}}||\boldsymbol{\alpha}_{\text{O}}||_2||\boldsymbol{\beta}_{\text{O}}||_2$, 则由式 (9.41) 可知三元组 $(\boldsymbol{\eta}_{\text{O}}, \rho_{\text{O}}, \boldsymbol{y}_{\text{O}})$ 满足式 (9.40)。因此, 由满足式 (9.27) 的三元组 $(\boldsymbol{\alpha}_{\text{O}}, \tau_{\text{O}}, \boldsymbol{\beta}_{\text{O}})$ 可以得到满足式 (9.40) 的三元组 $(\boldsymbol{\eta}_{\text{O}}, \rho_{\text{O}}, \boldsymbol{y}_{\text{O}})$。另外, 假设三元组 $(\boldsymbol{\eta}_{\text{O}}, \rho_{\text{O}}, \boldsymbol{y}_{\text{O}})$ 满足式 (9.40), 若令 $\boldsymbol{\alpha}_{\text{O}} = \dfrac{\boldsymbol{\eta}_{\text{O}}}{d_1}$, $\boldsymbol{\beta}_{\text{O}} = \dfrac{\boldsymbol{y}_{\text{O}}}{d_2}$, 则有

$$\begin{cases} d_2\overline{\boldsymbol{H}}\boldsymbol{\beta}_{\text{O}} = \rho_{\text{O}}d_1d_2^2\boldsymbol{S}_1(\boldsymbol{\beta}_{\text{O}})\boldsymbol{\alpha}_{\text{O}} \Rightarrow \overline{\boldsymbol{H}}\boldsymbol{\beta}_{\text{O}} = \rho_{\text{O}}d_1d_2\boldsymbol{S}_1(\boldsymbol{\beta}_{\text{O}})\boldsymbol{\alpha}_{\text{O}} \\ d_1\overline{\boldsymbol{H}}^{\text{T}}\boldsymbol{\alpha}_{\text{O}} = \rho_{\text{O}}d_1^2d_2\boldsymbol{S}_2(\boldsymbol{\alpha}_{\text{O}})\boldsymbol{\beta}_{\text{O}} \Rightarrow \overline{\boldsymbol{H}}^{\text{T}}\boldsymbol{\alpha}_{\text{O}} = \rho_{\text{O}}d_1d_2\boldsymbol{S}_2(\boldsymbol{\alpha}_{\text{O}})\boldsymbol{\beta}_{\text{O}} \end{cases} \tag{9.42}$$

根据矩阵函数 $\boldsymbol{S}_1(\cdot)$ 和 $\boldsymbol{S}_2(\cdot)$ 的定义式 (9.29) 可以推得

$$\begin{cases} \boldsymbol{\eta}_{\text{O}}^{\text{T}}\boldsymbol{S}_1(\boldsymbol{y}_{\text{O}})\boldsymbol{\eta}_{\text{O}} = \boldsymbol{y}_{\text{O}}^{\text{T}}\boldsymbol{S}_2(\boldsymbol{\eta}_{\text{O}})\boldsymbol{y}_{\text{O}} \\ \boldsymbol{\alpha}_{\text{O}}^{\text{T}}\boldsymbol{S}_1(\boldsymbol{\beta}_{\text{O}})\boldsymbol{\alpha}_{\text{O}} = \boldsymbol{\beta}_{\text{O}}^{\text{T}}\boldsymbol{S}_2(\boldsymbol{\alpha}_{\text{O}})\boldsymbol{\beta}_{\text{O}} \end{cases} \tag{9.43}$$

若令 $\boldsymbol{\eta}_{\text{O}}^{\text{T}}\boldsymbol{S}_1(\boldsymbol{y}_{\text{O}})\boldsymbol{\eta}_{\text{O}} = \boldsymbol{y}_{\text{O}}^{\text{T}}\boldsymbol{S}_2(\boldsymbol{\eta}_{\text{O}})\boldsymbol{y}_{\text{O}} = d^2$, 则有

$$\boldsymbol{\alpha}_{\text{O}}^{\text{T}}\boldsymbol{S}_1(\boldsymbol{\beta}_{\text{O}})\boldsymbol{\alpha}_{\text{O}} = \boldsymbol{\beta}_{\text{O}}^{\text{T}}\boldsymbol{S}_2(\boldsymbol{\alpha}_{\text{O}})\boldsymbol{\beta}_{\text{O}} = \frac{d^2}{d_1^2d_2^2} \tag{9.44}$$

由此可知, 若取 d_1 和 d_2 满足 $d_1 = d_2 = d^{1/2}$, 并且令 $\tau_{\text{O}} = \rho_{\text{O}}d_1d_2 = \rho_{\text{O}}d$, 则结合式 (9.42) 和式 (9.44) 可知三元组 $(\boldsymbol{\alpha}_{\text{O}}, \tau_{\text{O}}, \boldsymbol{\beta}_{\text{O}})$ 满足式 (9.27)。基于上述分析可知, 方程组式 (9.27) 的解与方程组式 (9.40) 的解可以相互转化, 对式 (9.40) 进行求解可以直接转化为对式 (9.27) 进行求解。

根据上述讨论可知, 既然三元组 $(\hat{\boldsymbol{\eta}}_{\text{STLS}}, \hat{\rho}_{\text{STLS}}, \hat{\boldsymbol{y}}_{\text{STLS}})$ 是满足式 (9.40) 的一组解, 那么由其可以得到满足式 (9.27) 的一组解, 并将其记为 $(\hat{\boldsymbol{\alpha}}_{\text{STLS}}, \hat{\tau}_{\text{STLS}}, \hat{\boldsymbol{\beta}}_{\text{STLS}})$, 此时利用式 (9.37) 可得式 (9.26) 中的目标函数为

$$\begin{aligned} (\hat{\boldsymbol{h}}_{\text{STLS}} - \hat{\boldsymbol{h}})^{\text{T}}(\hat{\boldsymbol{h}}_{\text{STLS}} - \hat{\boldsymbol{h}}) &= \sum_{j=1}^{r}(\hat{\boldsymbol{\lambda}}_{1,\text{STLS}}^{\text{T}}\boldsymbol{H}_j\hat{\boldsymbol{y}}_{\text{STLS}})^2 \\ &= \hat{\rho}_{\text{STLS}}^2\sum_{j=1}^{r}(\hat{\boldsymbol{\eta}}_{\text{STLS}}^{\text{T}}\boldsymbol{H}_j\hat{\boldsymbol{y}}_{\text{STLS}})^2 \\ &= \hat{\rho}_{\text{STLS}}^2\hat{\boldsymbol{\eta}}_{\text{STLS}}^{\text{T}}\boldsymbol{S}_1(\hat{\boldsymbol{y}}_{\text{STLS}})\hat{\boldsymbol{\eta}}_{\text{STLS}} \end{aligned} \tag{9.45}$$

利用三元组 $(\hat{\boldsymbol{\eta}}_{\mathrm{STLS}}, \hat{\rho}_{\mathrm{STLS}}, \hat{\boldsymbol{y}}_{\mathrm{STLS}})$ 与三元组 $(\hat{\boldsymbol{\alpha}}_{\mathrm{STLS}}, \hat{\tau}_{\mathrm{STLS}}, \hat{\boldsymbol{\beta}}_{\mathrm{STLS}})$ 之间的闭式关系, 可以进一步推得

$$\begin{aligned}(\hat{\boldsymbol{h}}_{\mathrm{STLS}} - \hat{\boldsymbol{h}})^{\mathrm{T}}(\hat{\boldsymbol{h}}_{\mathrm{STLS}} - \hat{\boldsymbol{h}}) &= (\hat{\rho}_{\mathrm{STLS}}\hat{d}_{1,\mathrm{STLS}}\hat{d}_{2,\mathrm{STLS}})^2\hat{\boldsymbol{\alpha}}_{\mathrm{STLS}}^{\mathrm{T}}\boldsymbol{S}_1(\hat{\boldsymbol{\beta}}_{\mathrm{STLS}})\hat{\boldsymbol{\alpha}}_{\mathrm{STLS}} \\ &= (\hat{\rho}_{\mathrm{STLS}}\hat{d}_{1,\mathrm{STLS}}\hat{d}_{2,\mathrm{STLS}})^2 = \hat{\tau}_{\mathrm{STLS}}^2 \end{aligned} \tag{9.46}$$

式中 $\hat{d}_{1,\mathrm{STLS}}$ 和 $\hat{d}_{2,\mathrm{STLS}}$ 满足

$$\hat{d}_{1,\mathrm{STLS}} = \hat{d}_{2,\mathrm{STLS}} = (\hat{\boldsymbol{\eta}}_{\mathrm{STLS}}^{\mathrm{T}}\boldsymbol{S}_1(\hat{\boldsymbol{y}}_{\mathrm{STLS}})\hat{\boldsymbol{\eta}}_{\mathrm{STLS}})^{1/4} = (\hat{\boldsymbol{y}}_{\mathrm{STLS}}^{\mathrm{T}}\boldsymbol{S}_2(\hat{\boldsymbol{\eta}}_{\mathrm{STLS}})\hat{\boldsymbol{y}}_{\mathrm{STLS}})^{1/4} \tag{9.47}$$

由式 (9.46) 可知, 最终求得的三元组 $(\hat{\boldsymbol{\alpha}}_{\mathrm{STLS}}, \hat{\tau}_{\mathrm{STLS}}, \hat{\boldsymbol{\beta}}_{\mathrm{STLS}})$ 应使 $|\hat{\tau}_{\mathrm{STLS}}|$ 最小化。又因为 $||\hat{\boldsymbol{y}}_{\mathrm{STLS}}||_2 = 1$, 于是有 $\hat{\boldsymbol{y}}_{\mathrm{STLS}} = \dfrac{\hat{\boldsymbol{\beta}}_{\mathrm{STLS}}}{||\hat{\boldsymbol{\beta}}_{\mathrm{STLS}}||_2}$, 而向量 $\hat{\boldsymbol{h}}_{\mathrm{STLS}}$ 中各个元素的计算公式为

$$\begin{aligned}\langle\hat{\boldsymbol{h}}_{\mathrm{STLS}}\rangle_j &= \hat{h}_j - \hat{\boldsymbol{\lambda}}_{1,\mathrm{STLS}}^{\mathrm{T}}\boldsymbol{H}_j\hat{\boldsymbol{y}}_{\mathrm{STLS}} = \hat{h}_j - \hat{\rho}_{\mathrm{STLS}}\hat{\boldsymbol{\eta}}_{1,\mathrm{STLS}}^{\mathrm{T}}\boldsymbol{H}_j\hat{\boldsymbol{y}}_{\mathrm{STLS}} \\ &= \hat{h}_j - (\hat{\rho}_{\mathrm{STLS}}\hat{d}_{1,\mathrm{STLS}}\hat{d}_{2,\mathrm{STLS}})\hat{\boldsymbol{\alpha}}_{\mathrm{STLS}}^{\mathrm{T}}\boldsymbol{H}_j\hat{\boldsymbol{\beta}}_{\mathrm{STLS}} \\ &= \hat{h}_j - \hat{\tau}_{\mathrm{STLS}}\hat{\boldsymbol{\alpha}}_{\mathrm{STLS}}^{\mathrm{T}}\boldsymbol{H}_j\hat{\boldsymbol{\beta}}_{\mathrm{STLS}} \quad (1 \leqslant j \leqslant r)\end{aligned} \tag{9.48}$$

证毕。

【注记 9.5】结合式 (9.32) 和式 (9.33) 可知

$$\begin{aligned}&\hat{\boldsymbol{\lambda}}_{1,\mathrm{STLS}}^{\mathrm{T}}\left(\boldsymbol{H}_0 + \sum_{j=1}^{r}\langle\hat{\boldsymbol{h}}_{\mathrm{STLS}}\rangle_j\boldsymbol{H}_j\right)\hat{\boldsymbol{y}}_{\mathrm{STLS}} = 0 \\ &\Rightarrow \hat{\boldsymbol{\lambda}}_{1,\mathrm{STLS}}^{\mathrm{T}}\boldsymbol{H}_0\hat{\boldsymbol{y}}_{\mathrm{STLS}} + \sum_{j=1}^{r}\langle\hat{\boldsymbol{h}}_{\mathrm{STLS}}\rangle_j(\hat{h}_j - \langle\hat{\boldsymbol{h}}_{\mathrm{STLS}}\rangle_j) = 0\end{aligned} \tag{9.49}$$

如果 $\boldsymbol{H}_0 = \boldsymbol{O}_{p\times(q+1)}$, 则有 $\hat{\boldsymbol{h}}_{\mathrm{STLS}}^{\mathrm{T}}(\hat{\boldsymbol{h}} - \hat{\boldsymbol{h}}_{\mathrm{STLS}}) = 0$。该正交关系与式 (9.18) 相类似, 可用于判断求解方法是否获得了最优解。

【注记 9.6】如果 $\boldsymbol{S}_1(\boldsymbol{\beta})$ 是可逆矩阵, 那么由式 (9.27) 可得

$$\begin{aligned}&\overline{\boldsymbol{H}}\boldsymbol{\beta} = \tau\boldsymbol{S}_1(\boldsymbol{\beta})\boldsymbol{\alpha} \Rightarrow (\boldsymbol{S}_1(\boldsymbol{\beta}))^{-1}\overline{\boldsymbol{H}}\boldsymbol{\beta} = \boldsymbol{\alpha}\tau \\ &\Rightarrow \overline{\boldsymbol{H}}^{\mathrm{T}}(\boldsymbol{S}_1(\boldsymbol{\beta}))^{-1}\overline{\boldsymbol{H}}\boldsymbol{\beta} = \tau\overline{\boldsymbol{H}}^{\mathrm{T}}\boldsymbol{\alpha} = \tau^2\boldsymbol{S}_2(\boldsymbol{\alpha})\boldsymbol{\beta} \\ &\Rightarrow \boldsymbol{\beta}^{\mathrm{T}}\overline{\boldsymbol{H}}^{\mathrm{T}}(\boldsymbol{S}_1(\boldsymbol{\beta}))^{-1}\overline{\boldsymbol{H}}\boldsymbol{\beta} = \tau^2\boldsymbol{\beta}^{\mathrm{T}}\boldsymbol{S}_2(\boldsymbol{\alpha})\boldsymbol{\beta} = \tau^2\end{aligned} \tag{9.50}$$

由此可知, 命题 9.1 中的步骤 1 可以转化为求解如下优化问题

$$\begin{cases} \min\limits_{\substack{\boldsymbol{\alpha}\in\mathbf{R}^{p\times 1}\\ \boldsymbol{\beta}\in\mathbf{R}^{(q+1)\times 1}}} \{\boldsymbol{\beta}^{\mathrm{T}}\overline{\boldsymbol{H}}^{\mathrm{T}}(\boldsymbol{S}_1(\boldsymbol{\beta}))^{-1}\overline{\boldsymbol{H}}\boldsymbol{\beta}\} \\ \text{s.t. } \boldsymbol{\beta}^{\mathrm{T}}\boldsymbol{S}_2(\boldsymbol{\alpha})\boldsymbol{\beta}=1 \\ \quad\;\; \boldsymbol{\alpha}^{\mathrm{T}}\boldsymbol{S}_1(\boldsymbol{\beta})\boldsymbol{\alpha}=1 \end{cases} \tag{9.51}$$

【注记 9.7】命题 9.1 中步骤 1 所确定的三元组 $(\hat{\boldsymbol{\alpha}}_{\mathrm{STLS}},\hat{\tau}_{\mathrm{STLS}},\hat{\boldsymbol{\beta}}_{\mathrm{STLS}})$ 并不是唯一的, 这是因为若令 $\hat{\boldsymbol{\alpha}}'_{\mathrm{STLS}}=\dfrac{\hat{\boldsymbol{\alpha}}_{\mathrm{STLS}}}{u},\hat{\boldsymbol{\beta}}'_{\mathrm{STLS}}=\dfrac{\hat{\boldsymbol{\beta}}_{\mathrm{STLS}}}{v}$, 并且 $uv=1$, 则有

$$\begin{cases} \overline{\boldsymbol{H}}\hat{\boldsymbol{\beta}}'_{\mathrm{STLS}}=\overline{\boldsymbol{H}}\dfrac{\hat{\boldsymbol{\beta}}_{\mathrm{STLS}}}{v}=\hat{\tau}_{\mathrm{STLS}}\boldsymbol{S}_1\left(\dfrac{\hat{\boldsymbol{\beta}}_{\mathrm{STLS}}}{v}\right)\dfrac{\hat{\boldsymbol{\alpha}}_{\mathrm{STLS}}}{u}=\hat{\tau}_{\mathrm{STLS}}\boldsymbol{S}_1(\hat{\boldsymbol{\beta}}'_{\mathrm{STLS}})\hat{\boldsymbol{\alpha}}'_{\mathrm{STLS}}; \\ \hat{\boldsymbol{\alpha}}'^{\mathrm{T}}_{\mathrm{STLS}}\boldsymbol{S}_1(\hat{\boldsymbol{\beta}}'_{\mathrm{STLS}})\hat{\boldsymbol{\alpha}}'_{\mathrm{STLS}}=\dfrac{\hat{\boldsymbol{\alpha}}^{\mathrm{T}}_{\mathrm{STLS}}}{u}\boldsymbol{S}_1\left(\dfrac{\hat{\boldsymbol{\beta}}_{\mathrm{STLS}}}{v}\right)\dfrac{\hat{\boldsymbol{\alpha}}_{\mathrm{STLS}}}{u}=1 \\ \overline{\boldsymbol{H}}^{\mathrm{T}}\hat{\boldsymbol{\alpha}}'_{\mathrm{STLS}}=\overline{\boldsymbol{H}}^{\mathrm{T}}\dfrac{\hat{\boldsymbol{\alpha}}_{\mathrm{STLS}}}{u}=\hat{\tau}_{\mathrm{STLS}}\boldsymbol{S}_2\left(\dfrac{\hat{\boldsymbol{\alpha}}_{\mathrm{STLS}}}{u}\right)\dfrac{\hat{\boldsymbol{\beta}}_{\mathrm{STLS}}}{v}=\hat{\tau}_{\mathrm{STLS}}\boldsymbol{S}_1(\hat{\boldsymbol{\alpha}}'_{\mathrm{STLS}})\hat{\boldsymbol{\beta}}'_{\mathrm{STLS}}; \\ \hat{\boldsymbol{\beta}}'^{\mathrm{T}}_{\mathrm{STLS}}\boldsymbol{S}_2(\hat{\boldsymbol{\alpha}}'_{\mathrm{STLS}})\hat{\boldsymbol{\beta}}'_{\mathrm{STLS}}=\dfrac{\hat{\boldsymbol{\beta}}^{\mathrm{T}}_{\mathrm{STLS}}}{v}\boldsymbol{S}_2\left(\dfrac{\hat{\boldsymbol{\alpha}}_{\mathrm{STLS}}}{u}\right)\dfrac{\hat{\boldsymbol{\beta}}_{\mathrm{STLS}}}{v}=1 \end{cases} \tag{9.52}$$

由此可知, 三元组 $\left(\dfrac{\hat{\boldsymbol{\alpha}}_{\mathrm{STLS}}}{u},\hat{\tau}_{\mathrm{STLS}},\dfrac{\hat{\boldsymbol{\beta}}_{\mathrm{STLS}}}{v}\right)$ 也是命题 9.1 中步骤 1 的解。尽管命题 9.1 中步骤 1 的解并不是唯一的, 但由于向量 $\hat{\boldsymbol{y}}_{\mathrm{STLS}}$ 是向量 $\hat{\boldsymbol{\beta}}_{\mathrm{STLS}}$ 的单位化, 并结合式 (9.25) 可知解向量 $\hat{\boldsymbol{x}}_{\mathrm{STLS}}$ 是唯一的。

二、具体的实现算法

命题 9.1 虽然为求解式 (9.26) 奠定了基本思路, 但它还不是可以执行的数值算法。命题 9.1 中最关键的环节是求解步骤 1 中的方程组式 (9.27), 它可以利用逆迭代算法进行求解。逆迭代算法的基本思想是在每次迭代过程中, 假设矩阵 $\boldsymbol{S}_1(\boldsymbol{\beta})$ 和 $\boldsymbol{S}_2(\boldsymbol{\alpha})$ 都是常量矩阵, 然后基于此求解方程组式 (9.27), 从而确定向量 $\boldsymbol{\alpha}$ 和 $\boldsymbol{\beta}$ 最新的迭代值, 接着利用它们更新矩阵 $\boldsymbol{S}_1(\boldsymbol{\beta})$ 和 $\boldsymbol{S}_2(\boldsymbol{\alpha})$, 并进入下一轮迭代, 重复此过程直至迭代收敛为止。

为了获得向量 $\boldsymbol{\alpha}$ 和 $\boldsymbol{\beta}$ 最新的迭代值, 可以利用矩阵 $\overline{\boldsymbol{H}}$ 的 $\boldsymbol{QR}$ 分解, 如式 (9.53) 所示

$$\overline{\boldsymbol{H}}=\left[\underbrace{\boldsymbol{Q}_1}_{p\times(q+1)}\;\vdots\;\underbrace{\boldsymbol{Q}_2}_{p\times(p-q-1)}\right]\begin{bmatrix}\overbrace{\qquad}^{\boldsymbol{R}}_{(q+1)\times(q+1)} \\ \hdashline \overbrace{\qquad}^{\boldsymbol{O}}_{(p-q-1)\times(q+1)}\end{bmatrix}=\boldsymbol{Q}_1\boldsymbol{R} \tag{9.53}$$

其中: $\boldsymbol{Q}=[\boldsymbol{Q}_1\ \boldsymbol{Q}_2]$ 为正交矩阵 (即满足 $\boldsymbol{Q}^{\mathrm{T}}\boldsymbol{Q}=\boldsymbol{I}_p$), $\boldsymbol{R}$ 为上三角矩阵。由于矩阵 $\boldsymbol{Q}$ 的列向量是欧氏空间 $\mathbf{R}^{p\times 1}$ 上的标准正交基, 因此可以将向量 $\boldsymbol{\alpha}\in\mathbf{R}^{p\times 1}$ 分解为

$$\boldsymbol{\alpha}=\boldsymbol{Q}_1\boldsymbol{\alpha}_1+\boldsymbol{Q}_2\boldsymbol{\alpha}_2 \tag{9.54}$$

其中: $\boldsymbol{\alpha}_1\in\mathbf{R}^{(q+1)\times 1}$,$\boldsymbol{\alpha}_2\in\mathbf{R}^{(p-q-1)\times 1}$。利用式 (9.27) 建立如下线性方程组①

$$\begin{bmatrix} \boldsymbol{R}^{\mathrm{T}} & \boldsymbol{O}_{(q+1)\times(p-q-1)} & \boldsymbol{O}_{(q+1)\times(q+1)} \\ \boldsymbol{Q}_2^{\mathrm{T}}\boldsymbol{S}_1(\boldsymbol{\beta})\boldsymbol{Q}_1 & \boldsymbol{Q}_2^{\mathrm{T}}\boldsymbol{S}_1(\boldsymbol{\beta})\boldsymbol{Q}_2 & \boldsymbol{O}_{(p-q-1)\times(q+1)} \\ \tau\boldsymbol{Q}_1^{\mathrm{T}}\boldsymbol{S}_1(\boldsymbol{\beta})\boldsymbol{Q}_1 & \tau\boldsymbol{Q}_1^{\mathrm{T}}\boldsymbol{S}_1(\boldsymbol{\beta})\boldsymbol{Q}_2 & -\boldsymbol{R} \end{bmatrix}\begin{bmatrix}\boldsymbol{\alpha}_1\\ \boldsymbol{\alpha}_2\\ \boldsymbol{\beta}\end{bmatrix}=\begin{bmatrix}\tau\boldsymbol{S}_2(\boldsymbol{\alpha})\boldsymbol{\beta}\\ \boldsymbol{O}_{(p-q-1)\times 1}\\ \boldsymbol{O}_{(q+1)\times 1}\end{bmatrix} \tag{9.55}$$

式中 $\boldsymbol{S}_1(\boldsymbol{\beta})$ 和 $\boldsymbol{S}_2(\boldsymbol{\alpha})$ 均为已知量, 可以依据向量 $\boldsymbol{\alpha}$ 和 $\boldsymbol{\beta}$ 上一轮迭代值进行计算。不难发现, 线性方程组式 (9.55) 中包含的未知量个数是 $p+q+1$, 方程个数也为 $p+q+1$, 于是就可以得到唯一的解。此外, 由于式 (9.55) 左边的系数矩阵具有分块下三角结构, 因此该方程的解可以通过递推公式来求得, 相应的计算公式如下

$$\begin{cases} \boldsymbol{\alpha}_1=\tau\boldsymbol{R}^{-\mathrm{T}}\boldsymbol{S}_2(\boldsymbol{\alpha})\boldsymbol{\beta} \\ \boldsymbol{\alpha}_2=-(\boldsymbol{Q}_2^{\mathrm{T}}\boldsymbol{S}_1(\boldsymbol{\beta})\boldsymbol{Q}_2)^{-1}\boldsymbol{Q}_2^{\mathrm{T}}\boldsymbol{S}_1(\boldsymbol{\beta})\boldsymbol{Q}_1\boldsymbol{\alpha}_1 \\ \boldsymbol{\alpha}=\boldsymbol{Q}_1\boldsymbol{\alpha}_1+\boldsymbol{Q}_2\boldsymbol{\alpha}_2 \\ \boldsymbol{\beta}=\tau\boldsymbol{R}^{-1}\boldsymbol{Q}_1^{\mathrm{T}}\boldsymbol{S}_1(\boldsymbol{\beta})\boldsymbol{\alpha} \end{cases} \tag{9.56}$$

基于上述讨论, 下面给出求解式 (9.26) 的逆迭代算法的具体步骤。

步骤 1 (初始化): 设置迭代收敛门限 δ, 选择初始值 $\hat{\boldsymbol{\alpha}}_0$、$\hat{\boldsymbol{\beta}}_0$ 和 $\hat{\tau}_0$, 并利用式 (9.29) 构造矩阵 $\boldsymbol{S}_1(\hat{\boldsymbol{\beta}}_0)$、$\boldsymbol{S}_2(\hat{\boldsymbol{\alpha}}_0)$, 然后对 $\hat{\boldsymbol{\alpha}}_0$ 和 $\hat{\boldsymbol{\beta}}_0$ 进行归一化以使其满足

$$\hat{\boldsymbol{\alpha}}_0^{\mathrm{T}}\boldsymbol{S}_1(\hat{\boldsymbol{\beta}}_0)\hat{\boldsymbol{\alpha}}_0=\hat{\boldsymbol{\beta}}_0^{\mathrm{T}}\boldsymbol{S}_2(\hat{\boldsymbol{\alpha}}_0)\hat{\boldsymbol{\beta}}_0=1 \tag{9.57}$$

步骤 2: 对矩阵 $\overline{\boldsymbol{H}}$ 进行 $\boldsymbol{QR}$ 分解 (如式 (9.53) 所示), 从而获得矩阵 $\boldsymbol{Q}_1$、$\boldsymbol{Q}_2$ 和 $\boldsymbol{R}$。

步骤 3: 令 $k:=1$, 并依次计算

(a) $\hat{\boldsymbol{\alpha}}_{1,k}=\hat{\tau}_{k-1}\boldsymbol{R}^{-\mathrm{T}}\boldsymbol{S}_2(\hat{\boldsymbol{\alpha}}_{k-1})\hat{\boldsymbol{\beta}}_{k-1}$;

(b) $\hat{\boldsymbol{\alpha}}_{2,k}=-(\boldsymbol{Q}_2^{\mathrm{T}}\boldsymbol{S}_1(\hat{\boldsymbol{\beta}}_{k-1})\boldsymbol{Q}_2)^{-1}\boldsymbol{Q}_2^{\mathrm{T}}\boldsymbol{S}_1(\hat{\boldsymbol{\beta}}_{k-1})\boldsymbol{Q}_1\hat{\boldsymbol{\alpha}}_{1,k}$;

① 之所以称其为线性方程组是由于其中的矩阵 $\boldsymbol{S}_1(\boldsymbol{\beta})$ 和 $\boldsymbol{S}_2(\boldsymbol{\alpha})$ 均被认为是已知量, 若无此前提, 式 (9.55) 就不再是线性方程组。

(c) $\hat{\boldsymbol{\alpha}}_k = \boldsymbol{Q}_1\hat{\boldsymbol{\alpha}}_{1,k} + \boldsymbol{Q}_2\hat{\boldsymbol{\alpha}}_{2,k}$, 并利用式 (9.29) 构造矩阵 $\boldsymbol{S}_2(\hat{\boldsymbol{\alpha}}_k)$;

(d) $\hat{\boldsymbol{\beta}}_k = \boldsymbol{R}^{-1}\boldsymbol{Q}_1^{\mathrm{T}}\boldsymbol{S}_1(\hat{\boldsymbol{\beta}}_{k-1})\hat{\boldsymbol{\alpha}}_k$;

(e) $\hat{\boldsymbol{\beta}}_k := \dfrac{\hat{\boldsymbol{\beta}}_k}{||\hat{\boldsymbol{\beta}}_k||_2}$, 并利用式 (9.29) 构造矩阵 $\boldsymbol{S}_1(\hat{\boldsymbol{\beta}}_k)$;

(f) $d_k = (\hat{\boldsymbol{\alpha}}_k^{\mathrm{T}}\boldsymbol{S}_1(\hat{\boldsymbol{\beta}}_k)\hat{\boldsymbol{\alpha}}_k)^{1/4}$;

(g) $\hat{\boldsymbol{\alpha}}_k := \dfrac{\hat{\boldsymbol{\alpha}}_k}{d_k}$ 和 $\hat{\boldsymbol{\beta}}_k := \dfrac{\hat{\boldsymbol{\beta}}_k}{d_k}$;

(h) $\boldsymbol{S}_1(\hat{\boldsymbol{\beta}}_k) := \dfrac{\boldsymbol{S}_1(\hat{\boldsymbol{\beta}}_k)}{d_k^2}$ 和 $\boldsymbol{S}_2(\hat{\boldsymbol{\alpha}}_k) := \dfrac{\boldsymbol{S}_2(\hat{\boldsymbol{\alpha}}_k)}{d_k^2}$;

(i) $\hat{\tau}_k = \hat{\boldsymbol{\alpha}}_k^{\mathrm{T}}\overline{\boldsymbol{H}}\hat{\boldsymbol{\beta}}_k$;

(j) $\langle\hat{\boldsymbol{h}}_k\rangle_j = \hat{h}_j - \hat{\tau}_k\hat{\boldsymbol{\alpha}}_k^{\mathrm{T}}\boldsymbol{H}_j\hat{\boldsymbol{\beta}}_k \ (1 \leqslant j \leqslant r)$;

(k) $\hat{\boldsymbol{C}}_k = \boldsymbol{H}_0 + \sum\limits_{j=1}^{r}\langle\hat{\boldsymbol{h}}_k\rangle_j\boldsymbol{H}_j$。

步骤 4: 计算矩阵 $\hat{\boldsymbol{C}}_k$ 最大奇异值 $\mu_{k,\max}$ 和最小奇异值 $\mu_{k,\min}$, 若 $\dfrac{\mu_{k,\min}}{\mu_{k,\max}} \geqslant \delta$, 则令 $k := k+1$, 并转至步骤 3; 否则令 $\hat{\boldsymbol{\beta}}_{\mathrm{STLS}} := \hat{\boldsymbol{\beta}}_k$, 并转至步骤 5。

步骤 5: 计算未知参量 $\boldsymbol{x}$ 的最终估计值

$$\hat{\boldsymbol{x}}_{\mathrm{STLS}} = -\frac{1}{\langle\hat{\boldsymbol{\beta}}_{\mathrm{STLS}}\rangle_{q+1}}\begin{bmatrix}\langle\hat{\boldsymbol{\beta}}_{\mathrm{STLS}}\rangle_1\\ \langle\hat{\boldsymbol{\beta}}_{\mathrm{STLS}}\rangle_2\\ \vdots\\ \langle\hat{\boldsymbol{\beta}}_{\mathrm{STLS}}\rangle_q\end{bmatrix} \tag{9.58}$$

针对上述逆迭代算法, 下面给出一些解释和说明。

【注记 9.8】 步骤 1 中的初始值 $\hat{\boldsymbol{\alpha}}_0$、$\hat{\boldsymbol{\beta}}_0$ 和 $\hat{\tau}_0$ 可以利用矩阵 $\overline{\boldsymbol{H}}$ 的奇异值分解来获得, 其中 $\hat{\tau}_0$ 取其最小奇异值, $\hat{\boldsymbol{\alpha}}_0$ 和 $\hat{\boldsymbol{\beta}}_0$ 分别取最小奇异值对应的左奇异向量和右奇异向量。

【注记 9.9】 若要对向量 $\hat{\boldsymbol{\alpha}}_0$ 和 $\hat{\boldsymbol{\beta}}_0$ 进行归一化, 以使其满足式 (9.57), 可以令 $\hat{\boldsymbol{\alpha}}'_0 = \frac{\hat{\boldsymbol{\alpha}}_0}{r_1}$ 和 $\hat{\boldsymbol{\beta}}'_0 = \frac{\hat{\boldsymbol{\beta}}_0}{r_2}$, 于是有

$$\begin{cases}\hat{\boldsymbol{\alpha}}_0'^{\mathrm{T}}\boldsymbol{S}_1(\hat{\boldsymbol{\beta}}'_0)\hat{\boldsymbol{\alpha}}'_0 = \dfrac{\hat{\boldsymbol{\alpha}}_0^{\mathrm{T}}}{r_1}\boldsymbol{S}_1\left(\dfrac{\hat{\boldsymbol{\beta}}_0}{r_2}\right)\dfrac{\hat{\boldsymbol{\alpha}}_0}{r_1} = \dfrac{\hat{\boldsymbol{\alpha}}_0^{\mathrm{T}}\boldsymbol{S}_1(\hat{\boldsymbol{\beta}}_0)\hat{\boldsymbol{\alpha}}_0}{r_1^2r_2^2}\\ \hat{\boldsymbol{\beta}}_0'^{\mathrm{T}}\boldsymbol{S}_2(\hat{\boldsymbol{\alpha}}'_0)\hat{\boldsymbol{\beta}}'_0 = \dfrac{\hat{\boldsymbol{\beta}}_0^{\mathrm{T}}}{r_2}\boldsymbol{S}_2\left(\dfrac{\hat{\boldsymbol{\alpha}}_0}{r_1}\right)\dfrac{\hat{\boldsymbol{\beta}}_0}{r_2} = \dfrac{\hat{\boldsymbol{\beta}}_0^{\mathrm{T}}\boldsymbol{S}_2(\hat{\boldsymbol{\alpha}}_0)\hat{\boldsymbol{\beta}}_0}{r_1^2r_2^2}\end{cases} \tag{9.59}$$

由此可知, 为了使得 $\hat{\boldsymbol{\alpha}}_0'^{\mathrm{T}}\boldsymbol{S}_1(\hat{\boldsymbol{\beta}}_0')\hat{\boldsymbol{\alpha}}_0' = \hat{\boldsymbol{\beta}}_0'^{\mathrm{T}}\boldsymbol{S}_2(\hat{\boldsymbol{\alpha}}_0')\hat{\boldsymbol{\beta}}_0' = 1$, 只需令 $r_1 = r_2 = (\hat{\boldsymbol{\alpha}}_0^{\mathrm{T}}\boldsymbol{S}_1(\hat{\boldsymbol{\beta}}_0)\hat{\boldsymbol{\alpha}}_0)^{1/4} = (\hat{\boldsymbol{\beta}}_0^{\mathrm{T}}\boldsymbol{S}_2(\hat{\boldsymbol{\alpha}}_0)\hat{\boldsymbol{\beta}}_0)^{1/4}$ 即可。

【注记 9.10】步骤 3 中的前 4 步是为了求解线性方程组式 (9.55), 它们与式 (9.56) 相对应。两者唯一不同之处在于, 步骤 (d) 与式 (9.56) 中的第 4 个等式相比少了标量 τ, 这是因为步骤 (e) 中对向量 $\hat{\boldsymbol{\beta}}_k$ 进行了单位化处理。

【注记 9.11】步骤 3 中的步骤 (e) 对向量 $\hat{\boldsymbol{\beta}}_k$ 进行了单位化处理, 此步骤可以使迭代算法变得更加稳健。若没有此步骤, 根据注记 9.7 中的讨论可知, 很有可能出现 $||\hat{\boldsymbol{\beta}}_k||_2 \to 0$ 和 $||\hat{\boldsymbol{\alpha}}_k||_2 \to +\infty$, 而 $||\hat{\boldsymbol{\alpha}}_k||_2||\hat{\boldsymbol{\beta}}_k||_2$ 却保持为常量的情形。

【注记 9.12】步骤 3 中的步骤 (i) 是由于

$$\begin{cases} \overline{\boldsymbol{H}}\boldsymbol{\beta} = \tau\boldsymbol{S}_1(\boldsymbol{\beta})\boldsymbol{\alpha} \\ \boldsymbol{\alpha}^{\mathrm{T}}\boldsymbol{S}_1(\boldsymbol{\beta})\boldsymbol{\alpha} = 1 \end{cases} \Rightarrow \tau\boldsymbol{\alpha}^{\mathrm{T}}\boldsymbol{S}_1(\boldsymbol{\beta})\boldsymbol{\alpha} = \boldsymbol{\alpha}^{\mathrm{T}}\overline{\boldsymbol{H}}\boldsymbol{\beta} \Rightarrow \tau = \boldsymbol{\alpha}^{\mathrm{T}}\overline{\boldsymbol{H}}\boldsymbol{\beta} \tag{9.60}$$

【注记 9.13】步骤 3 中的步骤 (j) 是依据式 (9.48) 所得。

【注记 9.14】与式 (9.25) 不同的是, 式 (9.58) 并不是利用 $\hat{\boldsymbol{y}}_{\mathrm{STLS}}$ 进行计算, 而是直接利用 $\{\hat{\boldsymbol{\beta}}_k\}$ 的收敛值 $\hat{\boldsymbol{\beta}}_{\mathrm{STLS}}$ 进行计算, 这是因为在命题 9.1 的步骤 2 中, 向量 $\hat{\boldsymbol{y}}_{\mathrm{STLS}}$ 与向量 $\hat{\boldsymbol{\beta}}_{\mathrm{STLS}}$ 仅仅相差一个常数因子, 所以式 (9.25) 与式 (9.58) 给出的结果是一致的。

需要指出的是, 式 (9.26) 中假设误差向量 $\boldsymbol{e}$ 中的元素相互独立, 并且服从相同的高斯分布, 若此假设条件不能满足, 则应将式 (9.26) 修改为

$$\begin{cases} \min\limits_{\substack{\boldsymbol{y}\in\mathbf{R}^{(q+1)\times 1} \\ \boldsymbol{h}\in\mathbf{R}^{r\times 1}}} \{(\boldsymbol{h}-\hat{\boldsymbol{h}})^{\mathrm{T}}\boldsymbol{E}^{-1}(\boldsymbol{h}-\hat{\boldsymbol{h}})\} \\ \text{s.t.} \left(\boldsymbol{H}_0 + \sum\limits_{j=1}^{r} h_j\boldsymbol{H}_j\right)\boldsymbol{y} = \boldsymbol{O}_{p\times 1} \\ \qquad ||\boldsymbol{y}||_2^2 = \boldsymbol{y}^{\mathrm{T}}\boldsymbol{y} = 1 \end{cases} \tag{9.61}$$

幸运的是, 式 (9.61) 可以转化为式 (9.26) 的形式。不妨令

$$\begin{cases} \hat{\tilde{\boldsymbol{h}}} = [\hat{\tilde{h}}_1\ \hat{\tilde{h}}_2\ \cdots\ \hat{\tilde{h}}_r]^{\mathrm{T}} = \boldsymbol{E}^{-1/2}\hat{\boldsymbol{h}} \\ \tilde{\boldsymbol{h}} = [\tilde{h}_1\ \tilde{h}_2\ \cdots\ \tilde{h}_r]^{\mathrm{T}} = \boldsymbol{E}^{-1/2}\boldsymbol{h} \Rightarrow \boldsymbol{h} = \boldsymbol{E}^{1/2}\tilde{\boldsymbol{h}} \Rightarrow h_j = \sum\limits_{l=1}^{r}\langle\boldsymbol{E}^{1/2}\rangle_{jl}\tilde{h}_l \end{cases} \tag{9.62}$$

由此可得

$$\begin{aligned}\left(\boldsymbol{H}_0+\sum_{j=1}^{r}h_j\boldsymbol{H}_j\right)\boldsymbol{y}&=\left(\boldsymbol{H}_0+\sum_{j=1}^{r}\sum_{l=1}^{r}\tilde{h}_l\langle\boldsymbol{E}^{1/2}\rangle_{jl}\boldsymbol{H}_j\right)\boldsymbol{y}\\&=\left(\boldsymbol{H}_0+\sum_{j=1}^{r}\sum_{l=1}^{r}\tilde{h}_j\langle\boldsymbol{E}^{1/2}\rangle_{lj}\boldsymbol{H}_l\right)\boldsymbol{y}\\&=\left(\boldsymbol{H}_0+\sum_{j=1}^{r}\tilde{h}_j\tilde{\boldsymbol{H}}_j\right)\boldsymbol{y}\end{aligned}\tag{9.63}$$

式中

$$\tilde{\boldsymbol{H}}_j=\sum_{l=1}^{r}\langle\boldsymbol{E}^{1/2}\rangle_{lj}\boldsymbol{H}_l\quad(1\leqslant j\leqslant r)\tag{9.64}$$

将式 (9.62) 和式 (9.63) 代入式 (9.61), 可以得到如下优化问题

$$\begin{cases}\min\limits_{\substack{\boldsymbol{y}\in\mathbf{R}^{(q+1)\times1}\\ \tilde{\boldsymbol{h}}\in\mathbf{R}^{r\times1}}}\{(\tilde{\boldsymbol{h}}-\hat{\tilde{\boldsymbol{h}}})^{\mathrm{T}}(\tilde{\boldsymbol{h}}-\hat{\tilde{\boldsymbol{h}}})\}\\ \text{s.t.}\quad\left(\boldsymbol{H}_0+\sum\limits_{j=1}^{r}\tilde{h}_j\tilde{\boldsymbol{H}}_j\right)\boldsymbol{y}=\boldsymbol{O}_{p\times1}\\ \qquad||\boldsymbol{y}||_2^2=\boldsymbol{y}^{\mathrm{T}}\boldsymbol{y}=1\end{cases}\tag{9.65}$$

式 (9.65) 与式 (9.26) 具有相同的代数形式, 因此前面给出的逆迭代算法同样可用于求解式 (9.65), 只是需要用矩阵 $\{\tilde{\boldsymbol{H}}_j\}_{1\leqslant j\leqslant r}$ 替换矩阵 $\{\boldsymbol{H}_j\}_{1\leqslant j\leqslant r}$, 并且用向量 $\hat{\tilde{\boldsymbol{h}}}$ 替换向量 $\hat{\boldsymbol{h}}$。

9.3 结构总体最小二乘估计的理论性能

本节将从统计的角度推导结构总体最小二乘估计值的理论性能, 证明结构总体最小二乘估计器与第 8 章约束总体最小二乘估计器是相互等价的, 以及结构总体最小二乘估计值也具有渐近最优性。

9.3.1 等价的无约束优化问题

为了证明结构总体最小二乘估计器与约束总体最小二乘估计器是相互等价的, 需要将式 (9.65) 转化成关于未知参量 $\boldsymbol{x}$ 的无约束优化问题。将式 (9.65) 的

最优解记为 $\hat{\boldsymbol{y}}_{\text{STLS}}$ 和 $\hat{\tilde{\boldsymbol{h}}}_{\text{STLS}}$, 然后考虑如下优化问题

$$\begin{cases}\min\limits_{\substack{\boldsymbol{y}\in\mathbf{R}^{(q+1)\times 1}\\ \tilde{\boldsymbol{h}}\in\mathbf{R}^{r\times 1}}}\{(\tilde{\boldsymbol{h}}-\hat{\tilde{\boldsymbol{h}}})^{\text{T}}(\tilde{\boldsymbol{h}}-\hat{\tilde{\boldsymbol{h}}})\}\\ \text{s.t.}\ \left(\boldsymbol{H}_0+\sum\limits_{j=1}^{r}\tilde{h}_j\tilde{\boldsymbol{H}}_j\right)\boldsymbol{y}=\boldsymbol{O}_{p\times 1}\\ \qquad\langle\boldsymbol{y}\rangle_{q+1}=-1\end{cases} \tag{9.66}$$

将式 (9.66) 的最优解记为 $\hat{\boldsymbol{y}}'_{\text{STLS}}$ 和 $\hat{\tilde{\boldsymbol{h}}}'_{\text{STLS}}$。附录 H 中证明了 $\hat{\tilde{\boldsymbol{h}}}_{\text{STLS}}$ 与 $\hat{\tilde{\boldsymbol{h}}}'_{\text{STLS}}$, 以及 $\hat{\boldsymbol{y}}_{\text{STLS}}$ 与 $\hat{\boldsymbol{y}}'_{\text{STLS}}$ 之间满足关系式

$$\begin{cases}\hat{\tilde{\boldsymbol{h}}}'_{\text{STLS}}=\hat{\tilde{\boldsymbol{h}}}_{\text{STLS}}\\ \hat{\boldsymbol{y}}'_{\text{STLS}}=-\dfrac{\hat{\boldsymbol{y}}_{\text{STLS}}}{\langle\hat{\boldsymbol{y}}_{\text{STLS}}\rangle_{q+1}}\end{cases} \tag{9.67}$$

结合式 (9.25) 和式 (9.67) 可知, 未知参量 $\boldsymbol{x}$ 的最优解 $\hat{\boldsymbol{x}}_{\text{STLS}}$ 是向量 $\hat{\boldsymbol{y}}'_{\text{STLS}}$ 中的前 q 个分量构成的向量, 即有

$$\hat{\boldsymbol{x}}_{\text{STLS}}=[\langle\hat{\boldsymbol{y}}'_{\text{STLS}}\rangle_1\quad\langle\hat{\boldsymbol{y}}'_{\text{STLS}}\rangle_2\quad\cdots\quad\langle\hat{\boldsymbol{y}}'_{\text{STLS}}\rangle_q]^{\text{T}} \tag{9.68}$$

于是 $\hat{\boldsymbol{x}}_{\text{STLS}}$ 和 $\hat{\tilde{\boldsymbol{h}}}'_{\text{STLS}}=\hat{\tilde{\boldsymbol{h}}}_{\text{STLS}}$ 一定是如下优化问题的最优解

$$\begin{cases}\min\limits_{\substack{\boldsymbol{x}\in\mathbf{R}^{q\times 1}\\ \tilde{\boldsymbol{h}}\in\mathbf{R}^{r\times 1}}}\{(\tilde{\boldsymbol{h}}-\hat{\tilde{\boldsymbol{h}}})^{\text{T}}(\tilde{\boldsymbol{h}}-\hat{\tilde{\boldsymbol{h}}})\}\\ \text{s.t.}\ \left(\boldsymbol{H}_0+\sum\limits_{j=1}^{r}\tilde{h}_j\tilde{\boldsymbol{H}}_j\right)\begin{bmatrix}\boldsymbol{x}\\-1\end{bmatrix}=\boldsymbol{O}_{p\times 1}\end{cases} \tag{9.69}$$

下面需要将式 (9.69) 进一步转化为仅关于未知参量 $\boldsymbol{x}$ 的优化问题。由于式 (9.69) 是含有等式约束的优化问题, 因此可以利用拉格朗日乘子法进行求解, 相应的拉格朗日函数为

$$l_{\text{c}}(\boldsymbol{x},\tilde{\boldsymbol{h}},\boldsymbol{\lambda})=(\tilde{\boldsymbol{h}}-\hat{\tilde{\boldsymbol{h}}})^{\text{T}}(\tilde{\boldsymbol{h}}-\hat{\tilde{\boldsymbol{h}}})+\boldsymbol{\lambda}^{\text{T}}\left(\boldsymbol{H}_0+\sum_{j=1}^{r}\tilde{h}_j\tilde{\boldsymbol{H}}_j\right)\begin{bmatrix}\boldsymbol{x}\\-1\end{bmatrix} \tag{9.70}$$

式中 $\boldsymbol{\lambda}$ 为拉格朗日乘子向量。分别将向量 $\boldsymbol{x}$、$\tilde{\boldsymbol{h}}$ 和 $\boldsymbol{\lambda}$ 的最优解记为 $\hat{\boldsymbol{x}}_{\text{STLS}}$、$\hat{\tilde{\boldsymbol{h}}}_{\text{STLS}}$ 和 $\hat{\boldsymbol{\lambda}}_{\text{STLS}}$, 将函数 $l_{\text{c}}(\boldsymbol{x},\tilde{\boldsymbol{h}},\boldsymbol{\lambda})$ 分别对向量 $\boldsymbol{x}$、$\tilde{\boldsymbol{h}}$ 和 $\boldsymbol{\lambda}$ 求偏导, 并令它们等于零, 可

得

$$\left.\frac{\partial l_{\mathrm{c}}(\boldsymbol{x},\tilde{\boldsymbol{h}},\boldsymbol{\lambda})}{\partial \boldsymbol{x}}\right|_{\substack{\boldsymbol{x}=\hat{\boldsymbol{x}}_{\mathrm{STLS}}\\ \tilde{\boldsymbol{h}}=\hat{\tilde{\boldsymbol{h}}}_{\mathrm{STLS}}\\ \boldsymbol{\lambda}=\hat{\boldsymbol{\lambda}}_{\mathrm{STLS}}}} = [\boldsymbol{I}_q \quad \boldsymbol{O}_{q\times 1}]\left(\boldsymbol{H}_0+\sum_{j=1}^{r}\langle\hat{\tilde{\boldsymbol{h}}}_{\mathrm{STLS}}\rangle_j\tilde{\boldsymbol{H}}_j\right)^{\mathrm{T}}\hat{\boldsymbol{\lambda}}_{\mathrm{STLS}}=\boldsymbol{O}_{q\times 1} \tag{9.71}$$

$$\left.\frac{\partial l_{\mathrm{c}}(\boldsymbol{x},\tilde{\boldsymbol{h}},\boldsymbol{\lambda})}{\partial \langle\tilde{\boldsymbol{h}}\rangle_j}\right|_{\substack{\boldsymbol{x}=\hat{\boldsymbol{x}}_{\mathrm{STLS}}\\ \tilde{\boldsymbol{h}}=\hat{\tilde{\boldsymbol{h}}}_{\mathrm{STLS}}\\ \boldsymbol{\lambda}=\hat{\boldsymbol{\lambda}}_{\mathrm{STLS}}}} = 2(\langle\hat{\tilde{\boldsymbol{h}}}_{\mathrm{STLS}}\rangle_j-\hat{\tilde{h}}_j)+\hat{\boldsymbol{\lambda}}_{\mathrm{STLS}}^{\mathrm{T}}\tilde{\boldsymbol{H}}_j\begin{bmatrix}\hat{\boldsymbol{x}}_{\mathrm{STLS}}\\ -1\end{bmatrix}=0 \quad (1\leqslant j\leqslant r) \tag{9.72}$$

$$\left.\frac{\partial l_{\mathrm{c}}(\boldsymbol{x},\tilde{\boldsymbol{h}},\boldsymbol{\lambda})}{\partial \boldsymbol{\lambda}}\right|_{\substack{\boldsymbol{x}=\hat{\boldsymbol{x}}_{\mathrm{STLS}}\\ \tilde{\boldsymbol{h}}=\hat{\tilde{\boldsymbol{h}}}_{\mathrm{STLS}}\\ \boldsymbol{\lambda}=\hat{\boldsymbol{\lambda}}_{\mathrm{STLS}}}} = \left(\boldsymbol{H}_0+\sum_{j=1}^{r}\langle\hat{\tilde{\boldsymbol{h}}}_{\mathrm{STLS}}\rangle_j\tilde{\boldsymbol{H}}_j\right)\begin{bmatrix}\hat{\boldsymbol{x}}_{\mathrm{STLS}}\\ -1\end{bmatrix}=\boldsymbol{O}_{p\times 1} \tag{9.73}$$

根据式 (9.72) 可知

$$\langle\hat{\tilde{\boldsymbol{h}}}_{\mathrm{STLS}}\rangle_j=\hat{\tilde{h}}_j-\frac{1}{2}\hat{\boldsymbol{\lambda}}_{\mathrm{STLS}}^{\mathrm{T}}\tilde{\boldsymbol{H}}_j\begin{bmatrix}\hat{\boldsymbol{x}}_{\mathrm{STLS}}\\ -1\end{bmatrix} \quad (1\leqslant j\leqslant r) \tag{9.74}$$

将式 (9.74) 代入式 (9.73), 可得

$$\left(\boldsymbol{H}_0+\sum_{j=1}^{r}\hat{\tilde{h}}_j\tilde{\boldsymbol{H}}_j\right)\begin{bmatrix}\hat{\boldsymbol{x}}_{\mathrm{STLS}}\\ -1\end{bmatrix}-\frac{1}{2}\left(\sum_{j=1}^{r}\tilde{\boldsymbol{H}}_j\begin{bmatrix}\hat{\boldsymbol{x}}_{\mathrm{STLS}}\\ -1\end{bmatrix}\begin{bmatrix}\hat{\boldsymbol{x}}_{\mathrm{STLS}}\\ -1\end{bmatrix}^{\mathrm{T}}\tilde{\boldsymbol{H}}_j^{\mathrm{T}}\right)\hat{\boldsymbol{\lambda}}_{\mathrm{STLS}}=\boldsymbol{O}_{p\times 1} \tag{9.75}$$

由此可知

$$\hat{\boldsymbol{\lambda}}_{\mathrm{STLS}}=2\left(\sum_{j=1}^{r}\tilde{\boldsymbol{H}}_j\begin{bmatrix}\hat{\boldsymbol{x}}_{\mathrm{STLS}}\\ -1\end{bmatrix}\begin{bmatrix}\hat{\boldsymbol{x}}_{\mathrm{STLS}}\\ -1\end{bmatrix}^{\mathrm{T}}\tilde{\boldsymbol{H}}_j^{\mathrm{T}}\right)^{-1}\left(\boldsymbol{H}_0+\sum_{j=1}^{r}\hat{\tilde{h}}_j\tilde{\boldsymbol{H}}_j\right)\begin{bmatrix}\hat{\boldsymbol{x}}_{\mathrm{STLS}}\\ -1\end{bmatrix} \tag{9.76}$$

此外, 利用式 (9.74) 可得

$$\begin{aligned}(\hat{\tilde{\boldsymbol{h}}}_{\mathrm{STLS}}-\hat{\tilde{\boldsymbol{h}}})^{\mathrm{T}}(\hat{\tilde{\boldsymbol{h}}}_{\mathrm{STLS}}-\hat{\tilde{\boldsymbol{h}}})&=\sum_{j=1}^{r}(\langle\hat{\tilde{\boldsymbol{h}}}_{\mathrm{STLS}}\rangle_j-\hat{\tilde{h}}_j)^2\\&=\frac{1}{4}\hat{\boldsymbol{\lambda}}_{\mathrm{STLS}}^{\mathrm{T}}\left(\sum_{j=1}^{r}\tilde{\boldsymbol{H}}_j\begin{bmatrix}\hat{\boldsymbol{x}}_{\mathrm{STLS}}\\ -1\end{bmatrix}\begin{bmatrix}\hat{\boldsymbol{x}}_{\mathrm{STLS}}\\ -1\end{bmatrix}^{\mathrm{T}}\tilde{\boldsymbol{H}}_j^{\mathrm{T}}\right)\hat{\boldsymbol{\lambda}}_{\mathrm{STLS}}\end{aligned} \tag{9.77}$$

将式 (9.76) 代入式 (9.77), 可知

$$
\begin{aligned}
&(\hat{\tilde{\boldsymbol{h}}}_{\text{STLS}}-\hat{\tilde{\boldsymbol{h}}})^{\text{T}}(\hat{\tilde{\boldsymbol{h}}}_{\text{STLS}}-\hat{\tilde{\boldsymbol{h}}}) \\
&=\begin{bmatrix}\hat{\boldsymbol{x}}_{\text{STLS}}\\-1\end{bmatrix}^{\text{T}}\left(\boldsymbol{H}_0+\sum_{j=1}^{r}\hat{\tilde{h}}_j\tilde{\boldsymbol{H}}_j\right)^{\text{T}}\left(\sum_{j=1}^{r}\tilde{\boldsymbol{H}}_j\begin{bmatrix}\hat{\boldsymbol{x}}_{\text{STLS}}\\-1\end{bmatrix}\begin{bmatrix}\hat{\boldsymbol{x}}_{\text{STLS}}\\-1\end{bmatrix}^{\text{T}}\tilde{\boldsymbol{H}}_j^{\text{T}}\right)^{-1} \\
&\quad\times\left(\boldsymbol{H}_0+\sum_{j=1}^{r}\hat{\tilde{h}}_j\tilde{\boldsymbol{H}}_j\right)\begin{bmatrix}\hat{\boldsymbol{x}}_{\text{STLS}}\\-1\end{bmatrix}
\end{aligned}
\tag{9.78}
$$

由此可知, 约束优化问题式 (9.69) 可以转化为关于未知参量 $\boldsymbol{x}$ 的无约束优化问题, 即

$$
\begin{aligned}
&\min_{\boldsymbol{x}\in\mathbf{R}^{q\times 1}}\left\{\begin{bmatrix}\boldsymbol{x}\\-1\end{bmatrix}^{\text{T}}\left(\boldsymbol{H}_0+\sum_{j=1}^{r}\hat{\tilde{h}}_j\tilde{\boldsymbol{H}}_j\right)^{\text{T}}\left(\sum_{j=1}^{r}\tilde{\boldsymbol{H}}_j\begin{bmatrix}\boldsymbol{x}\\-1\end{bmatrix}\begin{bmatrix}\boldsymbol{x}\\-1\end{bmatrix}^{\text{T}}\tilde{\boldsymbol{H}}_j^{\text{T}}\right)^{-1}\right. \\
&\quad\left.\times\left(\boldsymbol{H}_0+\sum_{j=1}^{r}\hat{\tilde{h}}_j\tilde{\boldsymbol{H}}_j\right)\begin{bmatrix}\boldsymbol{x}\\-1\end{bmatrix}\right\}
\end{aligned}
\tag{9.79}
$$

向量 $\hat{\boldsymbol{x}}_{\text{STLS}}$ 就是式 (9.79) 的最优解。

9.3.2 与约束总体最小二乘估计器的等价性

本节将证明式 (9.79) 与式 (8.15) 是相互等价的, 由于两者都是无约束优化问题, 因此仅需要证明它们的目标函数相同即可。

根据本章对观测模型的定义可得

$$
\begin{aligned}
\boldsymbol{C}=[\boldsymbol{B}\quad\boldsymbol{z}]&=\boldsymbol{H}_0+\sum_{j=1}^{r}\hat{h}_j\boldsymbol{H}_j \\
&=\boldsymbol{H}_0+\sum_{j=1}^{r}h_j\boldsymbol{H}_j+\sum_{j=1}^{r}e_j\boldsymbol{H}_j=[\boldsymbol{A}\quad\boldsymbol{z}_0]+\sum_{j=1}^{r}e_j\boldsymbol{H}_j
\end{aligned}
\tag{9.80}
$$

将式 (9.80) 与式 (8.5) 和式 (8.6) 进行对比可知

$$
\begin{cases}
\boldsymbol{\varGamma}_j=[\langle\boldsymbol{H}_1\rangle_{:,j}\quad\langle\boldsymbol{H}_2\rangle_{:,j}\quad\cdots\quad\langle\boldsymbol{H}_r\rangle_{:,j}]\quad(1\leqslant j\leqslant q) \\
\boldsymbol{\varGamma}_0=[\langle\boldsymbol{H}_1\rangle_{:,q+1}\quad\langle\boldsymbol{H}_2\rangle_{:,q+1}\quad\cdots\quad\langle\boldsymbol{H}_r\rangle_{:,q+1}]
\end{cases}
\tag{9.81}
$$

根据式 (9.64) 有

$$\left(\boldsymbol{H}_0+\sum_{j=1}^{r}\hat{\hat{h}}_j\tilde{\boldsymbol{H}}_j\right)\begin{bmatrix}\boldsymbol{x}\\-1\end{bmatrix}=\left(\boldsymbol{H}_0+\sum_{j=1}^{r}\sum_{l=1}^{r}\hat{\hat{h}}_j\langle\boldsymbol{E}^{1/2}\rangle_{lj}\boldsymbol{H}_l\right)\begin{bmatrix}\boldsymbol{x}\\-1\end{bmatrix}$$
$$=\left(\boldsymbol{H}_0+\sum_{l=1}^{r}\sum_{j=1}^{r}\hat{\hat{h}}_j\langle\boldsymbol{E}^{1/2}\rangle_{jl}\boldsymbol{H}_l\right)\begin{bmatrix}\boldsymbol{x}\\-1\end{bmatrix}$$
$$=\left(\boldsymbol{H}_0+\sum_{l=1}^{r}(\hat{\hat{\boldsymbol{h}}}^{\mathrm{T}}\langle\boldsymbol{E}^{1/2}\rangle_{:,l})\boldsymbol{H}_l\right)\begin{bmatrix}\boldsymbol{x}\\-1\end{bmatrix}\tag{9.82}$$

将式 (9.62) 中的第 1 个等式代入式 (9.82), 可知

$$\left(\boldsymbol{H}_0+\sum_{j=1}^{r}\hat{\hat{h}}_j\tilde{\boldsymbol{H}}_j\right)\begin{bmatrix}\boldsymbol{x}\\-1\end{bmatrix}=\left(\boldsymbol{H}_0+\sum_{l=1}^{r}(\hat{\boldsymbol{h}}^{\mathrm{T}}\boldsymbol{E}^{-1/2}\langle\boldsymbol{E}^{1/2}\rangle_{:,l})\boldsymbol{H}_l\right)\begin{bmatrix}\boldsymbol{x}\\-1\end{bmatrix}$$
$$=\left(\boldsymbol{H}_0+\sum_{j=1}^{r}(\hat{\boldsymbol{h}}^{\mathrm{T}}\langle\boldsymbol{I}_r\rangle_{:,j})\boldsymbol{H}_j\right)\begin{bmatrix}\boldsymbol{x}\\-1\end{bmatrix}$$
$$=\left(\boldsymbol{H}_0+\sum_{j=1}^{r}\hat{h}_j\boldsymbol{H}_j\right)\begin{bmatrix}\boldsymbol{x}\\-1\end{bmatrix}$$
$$=[\boldsymbol{B}\quad\boldsymbol{z}]\begin{bmatrix}\boldsymbol{x}\\-1\end{bmatrix}$$
$$=\boldsymbol{B}\boldsymbol{x}-\boldsymbol{z}\tag{9.83}$$

式 (9.83) 中的第 2 个等号右侧将累加变量由 l 换成了 j, 这并没有任何影响, 第 4 个等号利用了式 (9.80)。

此外, 利用式 (9.64) 和式 (9.81) 可得

$$\tilde{\boldsymbol{H}}_j\begin{bmatrix}\boldsymbol{x}\\-1\end{bmatrix}=\sum_{l=1}^{r}\boldsymbol{H}_l\begin{bmatrix}\boldsymbol{x}\\-1\end{bmatrix}\langle\boldsymbol{E}^{1/2}\rangle_{lj}$$
$$=\sum_{l=1}^{r}\left\langle\sum_{k=1}^{q}x_k\boldsymbol{\Gamma}_k-\boldsymbol{\Gamma}_0\right\rangle_{:,l}\langle\boldsymbol{E}^{1/2}\rangle_{lj}$$
$$=\left(\sum_{k=1}^{q}x_k\boldsymbol{\Gamma}_k-\boldsymbol{\Gamma}_0\right)\langle\boldsymbol{E}^{1/2}\rangle_{:,j}\tag{9.84}$$

由此可知

$$
\begin{aligned}
&\sum_{j=1}^{r}\tilde{\boldsymbol{H}}_j\begin{bmatrix}\boldsymbol{x}\\-1\end{bmatrix}\begin{bmatrix}\boldsymbol{x}\\-1\end{bmatrix}^{\mathrm{T}}\tilde{\boldsymbol{H}}_j^{\mathrm{T}}\\
&=\sum_{j=1}^{r}\left(\sum_{k=1}^{q}x_k\boldsymbol{\Gamma}_k-\boldsymbol{\Gamma}_0\right)\langle\boldsymbol{E}^{1/2}\rangle_{:,j}(\langle\boldsymbol{E}^{1/2}\rangle_{:,j})^{\mathrm{T}}\left(\sum_{k=1}^{q}x_k\boldsymbol{\Gamma}_k-\boldsymbol{\Gamma}_0\right)^{\mathrm{T}}\\
&=\left(\sum_{j=1}^{q}x_j\boldsymbol{\Gamma}_j-\boldsymbol{\Gamma}_0\right)\left(\sum_{j=1}^{r}\langle\boldsymbol{E}^{1/2}\rangle_{:,j}(\langle\boldsymbol{E}^{1/2}\rangle_{:,j})^{\mathrm{T}}\right)\left(\sum_{j=1}^{q}x_j\boldsymbol{\Gamma}_j-\boldsymbol{\Gamma}_0\right)^{\mathrm{T}}\\
&=\left(\sum_{j=1}^{q}x_j\boldsymbol{\Gamma}_j-\boldsymbol{\Gamma}_0\right)\boldsymbol{E}\left(\sum_{j=1}^{q}x_j\boldsymbol{\Gamma}_j-\boldsymbol{\Gamma}_0\right)^{\mathrm{T}}
\end{aligned}\tag{9.85}
$$

结合式 (9.83) 和式 (9.85), 可知

$$
\begin{aligned}
&\begin{bmatrix}\boldsymbol{x}\\-1\end{bmatrix}^{\mathrm{T}}\left(\boldsymbol{H}_0+\sum_{j=1}^{r}\hat{\hat{h}}_j\tilde{\boldsymbol{H}}_j\right)^{\mathrm{T}}\left(\sum_{j=1}^{r}\tilde{\boldsymbol{H}}_j\begin{bmatrix}\boldsymbol{x}\\-1\end{bmatrix}\begin{bmatrix}\boldsymbol{x}\\-1\end{bmatrix}^{\mathrm{T}}\tilde{\boldsymbol{H}}_j^{\mathrm{T}}\right)^{-1}\\
&\times\left(\boldsymbol{H}_0+\sum_{j=1}^{r}\hat{\hat{h}}_j\tilde{\boldsymbol{H}}_j\right)\begin{bmatrix}\boldsymbol{x}\\-1\end{bmatrix}\\
&=(\boldsymbol{B}\boldsymbol{x}-\boldsymbol{z})^{\mathrm{T}}\left(\left(\sum_{j=1}^{q}x_j\boldsymbol{\Gamma}_j-\boldsymbol{\Gamma}_0\right)\boldsymbol{E}\left(\sum_{j=1}^{q}x_j\boldsymbol{\Gamma}_j-\boldsymbol{\Gamma}_0\right)^{\mathrm{T}}\right)^{-1}(\boldsymbol{B}\boldsymbol{x}-\boldsymbol{z})
\end{aligned}\tag{9.86}
$$

由此可知, 式 (9.79) 与式 (8.15) 是等价的, 这意味着结构总体最小二乘估计方法与第 8 章约束总体最小二乘估计方法给出的估计值是一致的, 它们都具有渐近最优性。

9.4 数值实验

本节将针对第 8.4.1 节给出的多项式因式分解问题进行数值实验, 用以验证结构总体最小二乘估计方法的渐近最优性, 实验中采用的算法是第 9.2.2 节中的逆迭代算法, 并且将其与第 8 章的约束总体最小二乘估计方法 (基于牛顿迭代法) 进行比较。

根据式 (8.41) 和式 (8.42) 可知

$$\boldsymbol{C}=[\boldsymbol{B}\ \boldsymbol{z}]=\begin{bmatrix}\hat{b}_0 & 0 & 0 & \cdots & 0 & \hat{a}_0\\ \hat{b}_1 & \hat{b}_0 & & & \vdots & \hat{a}_1\\ & \hat{b}_1 & & 0 & 0 & \hat{a}_2\\ \vdots & & & \hat{b}_0 & 0 & \\ \hat{b}_{N_1} & \vdots & & \hat{b}_1 & \hat{b}_0 & \\ 0 & \hat{b}_{N_1} & \vdots & & \hat{b}_1 & \vdots\\ 0 & & & \vdots & & \\ \vdots & & 0 & \hat{b}_{N_1} & \vdots & \\ 0 & \cdots & 0 & 0 & \hat{b}_{N_1} & \hat{a}_N\end{bmatrix}=\sum_{j=1}^{N+N_1+2}\hat{h}_j\boldsymbol{H}_j \tag{9.87}$$

其中:

$$\begin{cases}\hat{h}_j=\hat{b}_{j-1} & (1\leqslant j\leqslant N_1+1)\\ \hat{h}_j=\hat{a}_{j-N_1-2} & (N_1+2\leqslant j\leqslant N+N_1+2)\end{cases} \tag{9.88}$$

$$\begin{cases}\boldsymbol{H}_j=[\boldsymbol{i}_{N+1}^{(j)}\quad \boldsymbol{i}_{N+1}^{(j+1)}\quad \cdots\quad \boldsymbol{i}_{N+1}^{(j+N_2-1)}\quad \boldsymbol{i}_{N+1}^{(j+N_2)}\quad \boldsymbol{O}_{(N+1)\times 1}] & (1\leqslant j\leqslant N_1+1)\\ \boldsymbol{H}_j=[\boldsymbol{O}_{(N+1)\times(N_2+1)}\quad \boldsymbol{i}_{N+1}^{(j-N_1-1)}] & (N_1+2\leqslant j\leqslant N+N_1+2)\end{cases} \tag{9.89}$$

其中, $\boldsymbol{i}_{N+1}^{(j)}$ 表示矩阵 $\boldsymbol{I}_{N+1}$ 中的第 j 个列向量, 并且 $1\leqslant j\leqslant N+1$。对于多项式因式分解问题而言, 式 (9.61) 中的 $\boldsymbol{H}_0=\boldsymbol{O}_{(N+1)\times(N_2+2)}$。

将多项式 $g_1(t)$、$g_2(t)$ 和 $g(t)$ 分别设为

$$\begin{cases}g_1(t)=4-2t+3t^2-5t^3+7t^4\\ g_2(t)=2+8t-3t^2+t^3-6t^4-4t^5\\ g(t)=8+28t-22t^2+24t^3-61t^4+70t^5-36t^6+25t^7-22t^8-28t^9\end{cases} \tag{9.90}$$

不难验证 $g(t)=g_1(t)g_2(t)$, 需要求解的参数是多项式 $g_2(t)$ 的系数。假设多项式 $g_1(t)$ 和 $g(t)$ 中的系数均含有误差, 并且观测误差服从均值为零的高斯分布, 其协方差矩阵为

$$\boldsymbol{E}=\sigma^2\begin{bmatrix}\frac{1}{2}\boldsymbol{I}_5+\frac{1}{2}\boldsymbol{1}_{5\times 1}\boldsymbol{1}_{5\times 1}^{\mathrm{T}} & \boldsymbol{O}_{5\times 10}\\ \boldsymbol{O}_{10\times 5} & \frac{3}{4}\boldsymbol{I}_{10}+\frac{1}{4}\boldsymbol{1}_{10\times 1}\boldsymbol{1}_{10\times 1}^{\mathrm{T}}\end{bmatrix} \tag{9.91}$$

其中 σ 表示观测误差标准差。采用第 9.2.2 节中的逆迭代算法对多项式 $g_2(t)$ 的系数进行求解, 并且与第 8 章的约束总体最小二乘估计方法 (基于牛顿迭代法) 进行比较, 多项式 $g_2(t)$ 的系数向量 $\boldsymbol{x}$ 估计均方根误差随观测误差标准差 σ 的变化曲线如图 9.1 所示, 其中还给出了利用式 (8.73) 所计算出的克拉美罗界。

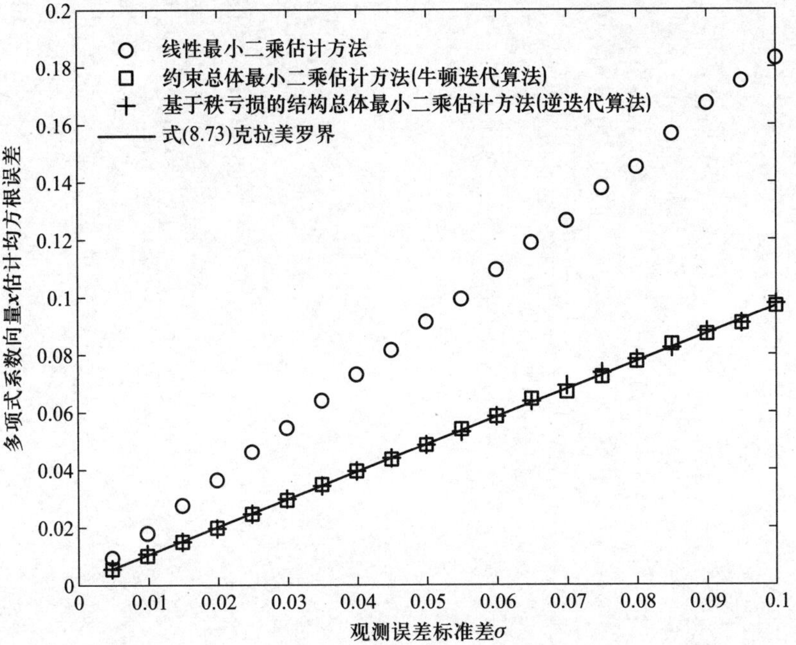

图 9.1　多项式 $g_2(t)$ 的系数向量 $\boldsymbol{x}$ 估计均方根误差随观测误差标准差 σ 的变化曲线

从图 9.1 中可以看出, 基于秩亏损的结构总体最小二乘估计方法与约束总体最小二乘估计方法的性能几乎是一致的, 它们的估计均方根误差均可以达到相应的克拉美罗界, 这一结果进一步验证了第 9.3.2 节理论分析的有效性。此外, 这两种方法的估计精度均高于线性最小二乘估计方法, 这是充分考虑观测向量 $\boldsymbol{z}$ 和观测矩阵 $\boldsymbol{B}$ 中的误差模型所带来的性能增益。

第 10 章 基于 2-范数的结构总体最小二乘估计理论与方法: 模型 I

本章将讨论另一类结构总体最小二乘 (Structured Total Least Squares, STLS) 估计方法, 该类方法并不是从秩亏损的角度建立优化模型, 其目标函数是以 2-范数的形式给出, 并且不包含等式约束, 其数值求解方法为高斯–牛顿法, 该方法需要进行迭代。根据观测误差结构的不同, 该类方法包含两种优化模型 (分别记为模型 I 和模型 II), 本章主要针对模型 I 进行讨论, 并给出其求解方法以及推导该方法参数估计的理论性能。

10.1 线性观测模型

考虑如下线性观测模型

$$\boldsymbol{z} = \boldsymbol{z}_0 + \boldsymbol{e} = \boldsymbol{A}\boldsymbol{x} + \boldsymbol{e} \tag{10.1}$$

其中:

$\boldsymbol{z}_0 = \boldsymbol{A}\boldsymbol{x} \in \mathbf{R}^{p\times 1}$ 表示没有误差条件下的观测向量;

$\boldsymbol{z} \in \mathbf{R}^{p\times 1}$ 表示含有误差条件下的观测向量;

$\boldsymbol{x} = [x_1\ x_2\ \cdots\ x_q]^{\mathrm{T}} \in \mathbf{R}^{q\times 1}$ 表示待估计的未知参量, 其中 $q < p$ 以确保问题属于超定问题 (即观测量个数大于未知参数个数);

$\boldsymbol{A} \in \mathbf{R}^{p\times q}$ 表示观测矩阵;

$\boldsymbol{e} \in \mathbf{R}^{p\times 1}$ 表示观测误差向量, 这里假设其服从均值为零、协方差矩阵为 $\mathbf{cov}(\boldsymbol{e}) = \mathrm{E}[\boldsymbol{e}\boldsymbol{e}^{\mathrm{T}}] = \boldsymbol{E}$ 的高斯分布。本章假设 $\boldsymbol{E}$ 为可逆矩阵, 第 11 章则假设 $\boldsymbol{E}$ 为奇异矩阵, 这也是这两章模型的主要差别。

与第 6 章至第 9 章类似, 本章仍然假设观测矩阵 $\boldsymbol{A}$ 并不能精确已知, 也就是说实际中获得的观测矩阵 (记为 $\boldsymbol{B}$) 是在矩阵 $\boldsymbol{A}$ 的基础上叠加观测误差

$$\boldsymbol{B} = \boldsymbol{A} + \boldsymbol{\Xi} \tag{10.2}$$

式中 $\boldsymbol{\Xi} \in \mathbf{R}^{p\times q}$ 表示观测误差矩阵。注意到矩阵 $\boldsymbol{A}$ 是含有结构的, 假设其中包含 m 个独立元素, 这些元素可以形成向量 $\boldsymbol{c}_0 \in \mathbf{R}^{m\times 1}$, 而矩阵 $\boldsymbol{A}$ 是关于向量 $\boldsymbol{c}_0$ 的线性函数, 并将该函数记为 $\boldsymbol{A} = \boldsymbol{H}(\boldsymbol{c}_0)$。矩阵 $\boldsymbol{A}$ 的结构会使得误差

矩阵 $\boldsymbol{\varXi}$ 中也含有结构, 其中包含 m 个误差元素, 这些随机变量可以形成向量 $\boldsymbol{\alpha}=[\alpha_1\ \alpha_2\ \cdots\ \alpha_m]\in\mathbf{R}^{m\times1}$, 并且有 $\boldsymbol{\varXi}=\boldsymbol{H}(\boldsymbol{\alpha})$。这里假设误差向量 $\boldsymbol{\alpha}$ 服从均值为零、协方差矩阵为 $\mathbf{cov}(\boldsymbol{\alpha})=\mathrm{E}[\boldsymbol{\alpha}\boldsymbol{\alpha}^{\mathrm{T}}]=\boldsymbol{\Sigma}_{\boldsymbol{\alpha}}$ 的高斯分布, 并且与误差向量 $\boldsymbol{e}$ 统计独立。

既然矩阵 $\boldsymbol{A}$ 不能精确已知, 向量 $\boldsymbol{c}_0$ 就无法准确获得, 不妨将其观测向量记为

$$\boldsymbol{c}=\boldsymbol{c}_0+\boldsymbol{\alpha} \tag{10.3}$$

于是有 $\boldsymbol{B}=\boldsymbol{H}(\boldsymbol{c})$。结合式 (10.2) 可得

$$\boldsymbol{A}=\boldsymbol{B}-\boldsymbol{\varXi}=\boldsymbol{H}(\boldsymbol{c})-\boldsymbol{H}(\boldsymbol{\alpha})=\boldsymbol{H}(\boldsymbol{c}-\boldsymbol{\alpha})=\boldsymbol{H}(\boldsymbol{c}_0) \tag{10.4}$$

此外, 根据函数 $\boldsymbol{H}(\boldsymbol{\alpha})$ 的形式可以引申出另一个函数 $\boldsymbol{G}(\boldsymbol{x})$, 两个函数之间满足

$$\boldsymbol{\varXi}\boldsymbol{x}=\boldsymbol{H}(\boldsymbol{\alpha})\boldsymbol{x}=\boldsymbol{G}(\boldsymbol{x})\boldsymbol{\alpha} \tag{10.5}$$

式中 $\boldsymbol{G}(\boldsymbol{x})$ 是关于未知参量 $\boldsymbol{x}$ 的线性函数, 其函数形式由函数 $\boldsymbol{H}(\boldsymbol{\alpha})$ 所决定。

为了更加直观地说明函数 $\boldsymbol{H}(\boldsymbol{\alpha})$ 与 $\boldsymbol{G}(\boldsymbol{x})$ 之间的关系, 下面以汉克尔 (Hankel) 矩阵和特普利茨 (Toeplitz) 矩阵为例进行说明。假设下面两种误差矩阵, 其中, $\boldsymbol{\varXi}_{\mathrm{H}}$ 为 Hankel 矩阵, $\boldsymbol{\varXi}_{\mathrm{T}}$ 为 Toeplitz 矩阵。①

$$\boldsymbol{\varXi}_{\mathrm{H}}=\begin{bmatrix}\alpha_1&\alpha_2&\alpha_3\\\alpha_2&\alpha_3&\alpha_4\\\alpha_3&\alpha_4&\alpha_5\\\alpha_4&\alpha_5&\alpha_6\\\alpha_5&\alpha_6&\alpha_7\end{bmatrix}=\boldsymbol{H}_{\mathrm{H}}(\boldsymbol{\alpha}),\quad \boldsymbol{\varXi}_{\mathrm{T}}=\begin{bmatrix}\alpha_3&\alpha_2&\alpha_1\\\alpha_4&\alpha_3&\alpha_2\\\alpha_5&\alpha_4&\alpha_3\\\alpha_6&\alpha_5&\alpha_4\\\alpha_7&\alpha_6&\alpha_5\end{bmatrix}=\boldsymbol{H}_{\mathrm{T}}(\boldsymbol{\alpha}) \tag{10.6}$$

式中 $\boldsymbol{\alpha}=[\alpha_1\ \alpha_2\ \alpha_3\ \alpha_4\ \alpha_5\ \alpha_6\ \alpha_7]^{\mathrm{T}}$。于是可以推得

$$\boldsymbol{\varXi}_{\mathrm{H}}\boldsymbol{x}=\begin{bmatrix}\alpha_1&\alpha_2&\alpha_3\\\alpha_2&\alpha_3&\alpha_4\\\alpha_3&\alpha_4&\alpha_5\\\alpha_4&\alpha_5&\alpha_6\\\alpha_5&\alpha_6&\alpha_7\end{bmatrix}\begin{bmatrix}x_1\\x_2\\x_3\end{bmatrix}$$

① 下标 H 和 T 分别对应 Hankel 矩阵和 Toeplitz 矩阵。

$$
= \begin{bmatrix} x_1 & x_2 & x_3 & 0 & 0 & 0 & 0 \\ 0 & x_1 & x_2 & x_3 & 0 & 0 & 0 \\ 0 & 0 & x_1 & x_2 & x_3 & 0 & 0 \\ 0 & 0 & 0 & x_1 & x_2 & x_3 & 0 \\ 0 & 0 & 0 & 0 & x_1 & x_2 & x_3 \end{bmatrix} \begin{bmatrix} \alpha_1 \\ \alpha_2 \\ \alpha_3 \\ \alpha_4 \\ \alpha_5 \\ \alpha_6 \\ \alpha_7 \end{bmatrix} = \boldsymbol{G}_{\mathrm{H}}(\boldsymbol{x})\boldsymbol{\alpha} \tag{10.7}
$$

$$
\boldsymbol{\varXi}_{\mathrm{T}}\boldsymbol{x} = \begin{bmatrix} \alpha_3 & \alpha_2 & \alpha_1 \\ \alpha_4 & \alpha_3 & \alpha_2 \\ \alpha_5 & \alpha_4 & \alpha_3 \\ \alpha_6 & \alpha_5 & \alpha_4 \\ \alpha_7 & \alpha_6 & \alpha_5 \end{bmatrix} \begin{bmatrix} x_1 \\ x_2 \\ x_3 \end{bmatrix}
$$

$$
= \begin{bmatrix} x_3 & x_2 & x_1 & 0 & 0 & 0 & 0 \\ 0 & x_3 & x_2 & x_1 & 0 & 0 & 0 \\ 0 & 0 & x_3 & x_2 & x_1 & 0 & 0 \\ 0 & 0 & 0 & x_3 & x_2 & x_1 & 0 \\ 0 & 0 & 0 & 0 & x_3 & x_2 & x_1 \end{bmatrix} \begin{bmatrix} \alpha_1 \\ \alpha_2 \\ \alpha_3 \\ \alpha_4 \\ \alpha_5 \\ \alpha_6 \\ \alpha_7 \end{bmatrix} = \boldsymbol{G}_{\mathrm{T}}(\boldsymbol{x})\boldsymbol{\alpha} \tag{10.8}
$$

利用式 (10.7) 和式 (10.8) 就可以分别获得 $\boldsymbol{G}_{\mathrm{H}}(\boldsymbol{x})$ 与 $\boldsymbol{G}_{\mathrm{T}}(\boldsymbol{x})$ 的形式。

10.2 基于 2-范数的结构总体最小二乘估计优化模型与求解方法

本节将基于第 10.1 节给出的观测模型, 构建基于 2-范数的结构总体最小二乘估计优化模型。与第 9 章构建的优化模型不同, 这里的优化模型中可以不包含等式约束。

定义残差向量

$$
\begin{aligned} \boldsymbol{r}(\boldsymbol{x},\boldsymbol{\alpha}) &= \boldsymbol{z} - \boldsymbol{A}\boldsymbol{x} = \boldsymbol{z} - (\boldsymbol{B} - \boldsymbol{H}(\boldsymbol{\alpha}))\boldsymbol{x} \\ &= \boldsymbol{z} - \boldsymbol{B}\boldsymbol{x} + \boldsymbol{H}(\boldsymbol{\alpha})\boldsymbol{x} = \boldsymbol{z} - \boldsymbol{B}\boldsymbol{x} + \boldsymbol{G}(\boldsymbol{x})\boldsymbol{\alpha} \end{aligned} \tag{10.9}
$$

式中最后一个等号利用了式 (10.5), 于是基于第 10.1 节中的模型假设可以建立

如下优化模型

$$\begin{cases}\min\limits_{\substack{\boldsymbol{x}\in\mathbf{R}^{q\times1}\\ \boldsymbol{\alpha}\in\mathbf{R}^{m\times1}\\ \boldsymbol{e}\in\mathbf{R}^{p\times1}}}\{\boldsymbol{e}^{\mathrm{T}}\boldsymbol{E}^{-1}\boldsymbol{e}+\boldsymbol{\alpha}^{\mathrm{T}}\boldsymbol{\Sigma}_{\boldsymbol{\alpha}}^{-1}\boldsymbol{\alpha}\} \text{ 或 } \{||\boldsymbol{E}^{-1/2}\boldsymbol{e}||_2^2+||\boldsymbol{\Sigma}_{\boldsymbol{\alpha}}^{-1/2}\boldsymbol{\alpha}||_2^2\}\\ \text{s.t. } \boldsymbol{e}=\boldsymbol{r}(\boldsymbol{x},\boldsymbol{\alpha})=\boldsymbol{z}-\boldsymbol{B}\boldsymbol{x}+\boldsymbol{H}(\boldsymbol{\alpha})\boldsymbol{x}=\boldsymbol{z}-\boldsymbol{B}\boldsymbol{x}+\boldsymbol{G}(\boldsymbol{x})\boldsymbol{\alpha}\end{cases} \tag{10.10}$$

式 (10.10) 可以直接转化为如下无约束优化问题

$$\begin{aligned}&\min_{\substack{\boldsymbol{x}\in\mathbf{R}^{q\times1}\\ \boldsymbol{\alpha}\in\mathbf{R}^{m\times1}}}\{(\boldsymbol{r}(\boldsymbol{x},\boldsymbol{\alpha}))^{\mathrm{T}}\boldsymbol{E}^{-1}\boldsymbol{r}(\boldsymbol{x},\boldsymbol{\alpha})+\boldsymbol{\alpha}^{\mathrm{T}}\boldsymbol{\Sigma}_{\boldsymbol{\alpha}}^{-1}\boldsymbol{\alpha}\}\\ &\text{或 } \{||\boldsymbol{E}^{-1/2}\boldsymbol{r}(\boldsymbol{x},\boldsymbol{\alpha})||_2^2+||\boldsymbol{\Sigma}_{\boldsymbol{\alpha}}^{-1/2}\boldsymbol{\alpha}||_2^2\}\end{aligned} \tag{10.11}$$

式中 $\boldsymbol{E}^{-1}$ 和 $\boldsymbol{\Sigma}_{\boldsymbol{\alpha}}^{-1}$ 均为加权矩阵, 可以最大程度地抑制观测误差 $\boldsymbol{e}$ 和 $\boldsymbol{\alpha}$ 的影响。

式 (10.11) 是关于向量 $\boldsymbol{x}$ 和 $\boldsymbol{\alpha}$ 的无约束优化问题, 可以通过高斯–牛顿法进行求解, 下面推导其迭代公式。根据式 (10.9) 将式 (10.11) 中的目标函数表示为

$$J_{\mathrm{STLS}}(\boldsymbol{x},\boldsymbol{\alpha})=\left\|\begin{bmatrix}\boldsymbol{E}^{-1/2}\boldsymbol{z}\\ \boldsymbol{O}_{m\times1}\end{bmatrix}-\boldsymbol{f}(\boldsymbol{x},\boldsymbol{\alpha})\right\|_2^2 \tag{10.12}$$

式中

$$\boldsymbol{f}(\boldsymbol{x},\boldsymbol{\alpha})=\begin{bmatrix}\boldsymbol{E}^{-1/2}(\boldsymbol{B}-\boldsymbol{H}(\boldsymbol{\alpha}))\boldsymbol{x}\\ \boldsymbol{\Sigma}_{\boldsymbol{\alpha}}^{-1/2}\boldsymbol{\alpha}\end{bmatrix}=\begin{bmatrix}\boldsymbol{E}^{-1/2}(\boldsymbol{B}\boldsymbol{x}-\boldsymbol{G}(\boldsymbol{x})\boldsymbol{\alpha})\\ \boldsymbol{\Sigma}_{\boldsymbol{\alpha}}^{-1/2}\boldsymbol{\alpha}\end{bmatrix} \tag{10.13}$$

高斯–牛顿法属于迭代类方法。假设向量 $\boldsymbol{x}$ 和 $\boldsymbol{\alpha}$ 在第 k 次的迭代值分别为 $\hat{\boldsymbol{x}}_k$ 和 $\hat{\boldsymbol{\alpha}}_k$, 现将函数 $\boldsymbol{f}(\boldsymbol{x},\boldsymbol{\alpha})$ 在点 $(\hat{\boldsymbol{x}}_k,\hat{\boldsymbol{\alpha}}_k)$ 处进行一阶泰勒 (Taylor) 级数展开, 可得

$$\begin{aligned}\boldsymbol{f}(\boldsymbol{x},\boldsymbol{\alpha})&\approx\boldsymbol{f}(\hat{\boldsymbol{x}}_k,\hat{\boldsymbol{\alpha}}_k)+\begin{bmatrix}\boldsymbol{E}^{-1/2}(\boldsymbol{B}-\boldsymbol{H}(\hat{\boldsymbol{\alpha}}_k))\\ \boldsymbol{O}_{m\times q}\end{bmatrix}(\boldsymbol{x}-\hat{\boldsymbol{x}}_k)\\ &\quad+\begin{bmatrix}-\boldsymbol{E}^{-1/2}\boldsymbol{G}(\hat{\boldsymbol{x}}_k)\\ \boldsymbol{\Sigma}_{\boldsymbol{\alpha}}^{-1/2}\end{bmatrix}(\boldsymbol{\alpha}-\hat{\boldsymbol{\alpha}}_k)\\ &=\boldsymbol{f}(\hat{\boldsymbol{x}}_k,\hat{\boldsymbol{\alpha}}_k)+\left[\begin{array}{c:c}\boldsymbol{E}^{-1/2}(\boldsymbol{B}-\boldsymbol{H}(\hat{\boldsymbol{\alpha}}_k)) & -\boldsymbol{E}^{-1/2}\boldsymbol{G}(\hat{\boldsymbol{x}}_k)\\ \hdashline \boldsymbol{O}_{m\times q} & \boldsymbol{\Sigma}_{\boldsymbol{\alpha}}^{-1/2}\end{array}\right]\begin{bmatrix}\boldsymbol{x}-\hat{\boldsymbol{x}}_k\\ \boldsymbol{\alpha}-\hat{\boldsymbol{\alpha}}_k\end{bmatrix}\end{aligned} \tag{10.14}$$

将式 (10.14) 代入式 (10.12), 可以得到求解第 $k+1$ 次迭代值的线性最小二

乘估计优化模型, 即有

$$
\begin{aligned}
&\min_{\substack{\boldsymbol{x}\in\mathbf{R}^{q\times 1}\\ \boldsymbol{\alpha}\in\mathbf{R}^{m\times 1}}}\left\|\begin{bmatrix}\boldsymbol{E}^{-1/2}\boldsymbol{z}\\ \boldsymbol{O}_{m\times 1}\end{bmatrix}-\boldsymbol{f}(\hat{\boldsymbol{x}}_k,\hat{\boldsymbol{\alpha}}_k)\right.\\
&\left.-\left[\begin{array}{c:c}\boldsymbol{E}^{-1/2}(\boldsymbol{B}-\boldsymbol{H}(\hat{\boldsymbol{\alpha}}_k)) & -\boldsymbol{E}^{-1/2}\boldsymbol{G}(\hat{\boldsymbol{x}}_k)\\ \hdashline \boldsymbol{O}_{m\times q} & \boldsymbol{\Sigma}_{\boldsymbol{\alpha}}^{-1/2}\end{array}\right]\begin{bmatrix}\boldsymbol{x}-\hat{\boldsymbol{x}}_k\\ \boldsymbol{\alpha}-\hat{\boldsymbol{\alpha}}_k\end{bmatrix}\right\|_2^2\\
=&\min_{\substack{\boldsymbol{x}\in\mathbf{R}^{q\times 1}\\ \boldsymbol{\alpha}\in\mathbf{R}^{m\times 1}}}\left\|\begin{bmatrix}\boldsymbol{E}^{-1/2}(\boldsymbol{z}-(\boldsymbol{B}-\boldsymbol{H}(\hat{\boldsymbol{\alpha}}_k))\hat{\boldsymbol{x}}_k)\\ -\boldsymbol{\Sigma}_{\boldsymbol{\alpha}}^{-1/2}\hat{\boldsymbol{\alpha}}_k\end{bmatrix}\right.\\
&\left.-\left[\begin{array}{c:c}\boldsymbol{E}^{-1/2}(\boldsymbol{B}-\boldsymbol{H}(\hat{\boldsymbol{\alpha}}_k)) & -\boldsymbol{E}^{-1/2}\boldsymbol{G}(\hat{\boldsymbol{x}}_k)\\ \hdashline \boldsymbol{O}_{m\times q} & \boldsymbol{\Sigma}_{\boldsymbol{\alpha}}^{-1/2}\end{array}\right]\begin{bmatrix}\boldsymbol{x}-\hat{\boldsymbol{x}}_k\\ \boldsymbol{\alpha}-\hat{\boldsymbol{\alpha}}_k\end{bmatrix}\right\|_2^2
\end{aligned}
\tag{10.15}
$$

由于式 (10.15) 是关于向量 $\boldsymbol{x}$ 和 $\boldsymbol{\alpha}$ 的二次优化问题, 因此其存在最优闭式解, 而此闭式解即为第 $k+1$ 次迭代值, 即有

$$
\begin{aligned}
&\begin{bmatrix}\hat{\boldsymbol{x}}_{k+1}\\ \hat{\boldsymbol{\alpha}}_{k+1}\end{bmatrix}\\
=&\begin{bmatrix}\hat{\boldsymbol{x}}_k\\ \hat{\boldsymbol{\alpha}}_k\end{bmatrix}+\left(\left[\begin{array}{c:c}\boldsymbol{E}^{-1/2}(\boldsymbol{B}-\boldsymbol{H}(\hat{\boldsymbol{\alpha}}_k)) & -\boldsymbol{E}^{-1/2}\boldsymbol{G}(\hat{\boldsymbol{x}}_k)\\ \hdashline \boldsymbol{O}_{m\times q} & \boldsymbol{\Sigma}_{\boldsymbol{\alpha}}^{-1/2}\end{array}\right]^{\mathrm{T}}\right.\\
&\left.\times\left[\begin{array}{c:c}\boldsymbol{E}^{-1/2}(\boldsymbol{B}-\boldsymbol{H}(\hat{\boldsymbol{\alpha}}_k)) & -\boldsymbol{E}^{-1/2}\boldsymbol{G}(\hat{\boldsymbol{x}}_k)\\ \hdashline \boldsymbol{O}_{m\times q} & \boldsymbol{\Sigma}_{\boldsymbol{\alpha}}^{-1/2}\end{array}\right]\right)^{-1}\\
&\times\left[\begin{array}{c:c}\boldsymbol{E}^{-1/2}(\boldsymbol{B}-\boldsymbol{H}(\hat{\boldsymbol{\alpha}}_k)) & -\boldsymbol{E}^{-1/2}\boldsymbol{G}(\hat{\boldsymbol{x}}_k)\\ \hdashline \boldsymbol{O}_{m\times q} & \boldsymbol{\Sigma}_{\boldsymbol{\alpha}}^{-1/2}\end{array}\right]^{\mathrm{T}}\begin{bmatrix}\boldsymbol{E}^{-1/2}(\boldsymbol{z}-(\boldsymbol{B}-\boldsymbol{H}(\hat{\boldsymbol{\alpha}}_k))\hat{\boldsymbol{x}}_k)\\ -\boldsymbol{\Sigma}_{\boldsymbol{\alpha}}^{-1/2}\hat{\boldsymbol{\alpha}}_k\end{bmatrix}\\
=&\begin{bmatrix}\hat{\boldsymbol{x}}_k\\ \hat{\boldsymbol{\alpha}}_k\end{bmatrix}+\left[\begin{array}{c:c}(\boldsymbol{B}-\boldsymbol{H}(\hat{\boldsymbol{\alpha}}_k))^{\mathrm{T}}\boldsymbol{E}^{-1}(\boldsymbol{B}-\boldsymbol{H}(\hat{\boldsymbol{\alpha}}_k)) & -(\boldsymbol{B}-\boldsymbol{H}(\hat{\boldsymbol{\alpha}}_k))^{\mathrm{T}}\boldsymbol{E}^{-1}\boldsymbol{G}(\hat{\boldsymbol{x}}_k)\\ \hdashline -(\boldsymbol{G}(\hat{\boldsymbol{x}}_k))^{\mathrm{T}}\boldsymbol{E}^{-1}(\boldsymbol{B}-\boldsymbol{H}(\hat{\boldsymbol{\alpha}}_k)) & (\boldsymbol{G}(\hat{\boldsymbol{x}}_k))^{\mathrm{T}}\boldsymbol{E}^{-1}\boldsymbol{G}(\hat{\boldsymbol{x}}_k)+\boldsymbol{\Sigma}_{\boldsymbol{\alpha}}^{-1}\end{array}\right]^{-1}\\
&\times\begin{bmatrix}(\boldsymbol{B}-\boldsymbol{H}(\hat{\boldsymbol{\alpha}}_k))^{\mathrm{T}}\boldsymbol{E}^{-1}(\boldsymbol{z}-(\boldsymbol{B}-\boldsymbol{H}(\hat{\boldsymbol{\alpha}}_k))\hat{\boldsymbol{x}}_k)\\ -(\boldsymbol{G}(\hat{\boldsymbol{x}}_k))^{\mathrm{T}}\boldsymbol{E}^{-1}(\boldsymbol{z}-(\boldsymbol{B}-\boldsymbol{H}(\hat{\boldsymbol{\alpha}}_k))\hat{\boldsymbol{x}}_k)-\boldsymbol{\Sigma}_{\boldsymbol{\alpha}}^{-1}\hat{\boldsymbol{\alpha}}_k\end{bmatrix}
\end{aligned}
\tag{10.16}
$$

式 (10.16) 即为求解式 (10.11) 的高斯–牛顿迭代公式, 该方法的具体计算步骤见表 10.1。

表 10.1　高斯–牛顿迭代法的计算步骤

步骤	求解方法
1	令 $k := 1$, 设置迭代收敛门限 δ, 并计算 $\hat{\boldsymbol{x}}_k = (\boldsymbol{B}^{\mathrm{T}}\boldsymbol{E}^{-1}\boldsymbol{B})^{-1}\boldsymbol{B}^{\mathrm{T}}\boldsymbol{E}^{-1}\boldsymbol{z}$ 和 $\hat{\boldsymbol{\alpha}}_k = \boldsymbol{O}_{m\times 1}$
2	利用式 (10.16) 计算 $\begin{bmatrix}\hat{\boldsymbol{x}}_{k+1} \\ \hat{\boldsymbol{\alpha}}_{k+1}\end{bmatrix}$
3	若 $\left\|\begin{bmatrix}\hat{\boldsymbol{x}}_{k+1}-\hat{\boldsymbol{x}}_k \\ \hat{\boldsymbol{\alpha}}_{k+1}-\hat{\boldsymbol{\alpha}}_k\end{bmatrix}\right\|_2 \leqslant \delta$ 则停止计算; 否则令 $k := k+1$, 并转至步骤 2

【**注记 10.1**】在上述迭代方法中, 未知参量 $\boldsymbol{x}$ 的初始值由第 3 章的线性最小二乘估计值 (即式 (3.11)) 给出, 误差向量 $\boldsymbol{\alpha}$ 的初始值则直接设为零向量, 大量数值实验结果表明这种初始值的选取方式是可行的。

10.3　基于 2-范数的结构总体最小二乘估计的理论性能

下面将针对第 10.1 节中的观测模型, 从统计的角度推导基于 2-范数的结构总体最小二乘估计值的理论性能。这里的理论分析是基于迭代公式 (10.16) 进行的, 并且采用一阶误差分析方法进行推导, 即忽略误差的二次及其以上各次项。

将式 (10.16) 给出的迭代收敛值记为 $\hat{\boldsymbol{x}}_{\mathrm{STLS}}$ 和 $\hat{\boldsymbol{\alpha}}_{\mathrm{STLS}}$ (即有 $\hat{\boldsymbol{x}}_{\mathrm{STLS}} = \lim\limits_{k\to+\infty}\hat{\boldsymbol{x}}_k$ 和 $\hat{\boldsymbol{\alpha}}_{\mathrm{STLS}} = \lim\limits_{k\to+\infty}\hat{\boldsymbol{\alpha}}_k$), 对式 (10.16) 两边取极限, 可得

$$
\begin{aligned}
&\lim_{k\to+\infty}\begin{bmatrix}\hat{\boldsymbol{x}}_{k+1} \\ \hat{\boldsymbol{\alpha}}_{k+1}\end{bmatrix} = \lim_{k\to+\infty}\begin{bmatrix}\hat{\boldsymbol{x}}_k \\ \hat{\boldsymbol{\alpha}}_k\end{bmatrix} \\
&+\lim_{k\to+\infty}\left[\begin{array}{c:c}(\boldsymbol{B}-\boldsymbol{H}(\hat{\boldsymbol{\alpha}}_k))^{\mathrm{T}}\boldsymbol{E}^{-1}(\boldsymbol{B}-\boldsymbol{H}(\hat{\boldsymbol{\alpha}}_k)) & -(\boldsymbol{B}-\boldsymbol{H}(\hat{\boldsymbol{\alpha}}_k))^{\mathrm{T}}\boldsymbol{E}^{-1}\boldsymbol{G}(\hat{\boldsymbol{x}}_k) \\ \hdashline -(\boldsymbol{G}(\hat{\boldsymbol{x}}_k))^{\mathrm{T}}\boldsymbol{E}^{-1}(\boldsymbol{B}-\boldsymbol{H}(\hat{\boldsymbol{\alpha}}_k)) & (\boldsymbol{G}(\hat{\boldsymbol{x}}_k))^{\mathrm{T}}\boldsymbol{E}^{-1}\boldsymbol{G}(\hat{\boldsymbol{x}}_k)+\boldsymbol{\Sigma}_{\boldsymbol{\alpha}}^{-1}\end{array}\right]^{-1} \\
&\times\begin{bmatrix}(\boldsymbol{B}-\boldsymbol{H}(\hat{\boldsymbol{\alpha}}_k))^{\mathrm{T}}\boldsymbol{E}^{-1}(\boldsymbol{z}-(\boldsymbol{B}-\boldsymbol{H}(\hat{\boldsymbol{\alpha}}_k))\hat{\boldsymbol{x}}_k) \\ -(\boldsymbol{G}(\hat{\boldsymbol{x}}_k))^{\mathrm{T}}\boldsymbol{E}^{-1}(\boldsymbol{z}-(\boldsymbol{B}-\boldsymbol{H}(\hat{\boldsymbol{\alpha}}_k))\hat{\boldsymbol{x}}_k)-\boldsymbol{\Sigma}_{\boldsymbol{\alpha}}^{-1}\hat{\boldsymbol{\alpha}}_k\end{bmatrix} \\
&\Rightarrow\begin{bmatrix}(\boldsymbol{B}-\boldsymbol{H}(\hat{\boldsymbol{\alpha}}_{\mathrm{STLS}}))^{\mathrm{T}}\boldsymbol{E}^{-1}(\boldsymbol{z}-(\boldsymbol{B}-\boldsymbol{H}(\hat{\boldsymbol{\alpha}}_{\mathrm{STLS}}))\hat{\boldsymbol{x}}_{\mathrm{STLS}}) \\ -(\boldsymbol{G}(\hat{\boldsymbol{x}}_{\mathrm{STLS}}))^{\mathrm{T}}\boldsymbol{E}^{-1}(\boldsymbol{z}-(\boldsymbol{B}-\boldsymbol{H}(\hat{\boldsymbol{\alpha}}_{\mathrm{STLS}}))\hat{\boldsymbol{x}}_{\mathrm{STLS}})-\boldsymbol{\Sigma}_{\boldsymbol{\alpha}}^{-1}\hat{\boldsymbol{\alpha}}_{\mathrm{STLS}}\end{bmatrix} \\
&=\boldsymbol{O}_{(q+m)\times 1}
\end{aligned}
\tag{10.17}
$$

由此可以进一步推得

$$\begin{aligned}
&\boldsymbol{O}_{(q+m)\times 1}\\
&=\begin{bmatrix}(\boldsymbol{B}-\boldsymbol{H}(\hat{\boldsymbol{\alpha}}_{\text{STLS}}))^{\text{T}}\boldsymbol{E}^{-1}(\boldsymbol{z}-(\boldsymbol{B}-\boldsymbol{H}(\hat{\boldsymbol{\alpha}}_{\text{STLS}}))\hat{\boldsymbol{x}}_{\text{STLS}})\\ -(\boldsymbol{G}(\hat{\boldsymbol{x}}_{\text{STLS}}))^{\text{T}}\boldsymbol{E}^{-1}(\boldsymbol{z}-(\boldsymbol{B}-\boldsymbol{H}(\hat{\boldsymbol{\alpha}}_{\text{STLS}}))\hat{\boldsymbol{x}}_{\text{STLS}})-\boldsymbol{\Sigma}_{\boldsymbol{\alpha}}^{-1}\hat{\boldsymbol{\alpha}}_{\text{STLS}}\end{bmatrix}\\
&\approx\begin{bmatrix}(\boldsymbol{B}-\boldsymbol{H}(\boldsymbol{\alpha}))^{\text{T}}\boldsymbol{E}^{-1}(\boldsymbol{z}-(\boldsymbol{B}-\boldsymbol{H}(\hat{\boldsymbol{\alpha}}_{\text{STLS}}))\hat{\boldsymbol{x}}_{\text{STLS}})\\ -(\boldsymbol{G}(\boldsymbol{x}))^{\text{T}}\boldsymbol{E}^{-1}(\boldsymbol{z}-(\boldsymbol{B}-\boldsymbol{H}(\hat{\boldsymbol{\alpha}}_{\text{STLS}}))\hat{\boldsymbol{x}}_{\text{STLS}})-\boldsymbol{\Sigma}_{\boldsymbol{\alpha}}^{-1}\hat{\boldsymbol{\alpha}}_{\text{STLS}}\end{bmatrix}\\
&=\begin{bmatrix}\boldsymbol{A}^{\text{T}}\boldsymbol{E}^{-1}(\boldsymbol{z}-(\boldsymbol{A}-\boldsymbol{H}(\Delta\boldsymbol{\alpha}_{\text{STLS}}))(\boldsymbol{x}+\Delta\boldsymbol{x}_{\text{STLS}}))\\ -(\boldsymbol{G}(\boldsymbol{x}))^{\text{T}}\boldsymbol{E}^{-1}(\boldsymbol{z}-(\boldsymbol{A}-\boldsymbol{H}(\Delta\boldsymbol{\alpha}_{\text{STLS}}))(\boldsymbol{x}+\Delta\boldsymbol{x}_{\text{STLS}}))-\boldsymbol{\Sigma}_{\boldsymbol{\alpha}}^{-1}(\boldsymbol{\alpha}+\Delta\boldsymbol{\alpha}_{\text{STLS}})\end{bmatrix}\\
&\approx\begin{bmatrix}\boldsymbol{A}^{\text{T}}\boldsymbol{E}^{-1}(\boldsymbol{e}-\boldsymbol{A}\Delta\boldsymbol{x}_{\text{STLS}}+\boldsymbol{G}(\boldsymbol{x})\Delta\boldsymbol{\alpha}_{\text{STLS}})\\ -(\boldsymbol{G}(\boldsymbol{x}))^{\text{T}}\boldsymbol{E}^{-1}(\boldsymbol{e}-\boldsymbol{A}\Delta\boldsymbol{x}_{\text{STLS}}+\boldsymbol{G}(\boldsymbol{x})\Delta\boldsymbol{\alpha}_{\text{STLS}})-\boldsymbol{\Sigma}_{\boldsymbol{\alpha}}^{-1}(\boldsymbol{\alpha}+\Delta\boldsymbol{\alpha}_{\text{STLS}})\end{bmatrix}
\end{aligned}\tag{10.18}$$

式中 $\Delta\boldsymbol{x}_{\text{STLS}}$ 和 $\Delta\boldsymbol{\alpha}_{\text{STLS}}$ 表示估计误差。利用式 (10.18) 可以推得估计误差 $\Delta\boldsymbol{x}_{\text{STLS}}$ 和 $\Delta\boldsymbol{\alpha}_{\text{STLS}}$ 关于观测误差 $\boldsymbol{e}$ 和 $\boldsymbol{\alpha}$ 的线性关系, 即有

$$\begin{aligned}
&\left[\begin{array}{c:c}\boldsymbol{A}^{\text{T}}\boldsymbol{E}^{-1}\boldsymbol{A} & -\boldsymbol{A}^{\text{T}}\boldsymbol{E}^{-1}\boldsymbol{G}(\boldsymbol{x})\\ \hdashline -(\boldsymbol{G}(\boldsymbol{x}))^{\text{T}}\boldsymbol{E}^{-1}\boldsymbol{A} & (\boldsymbol{G}(\boldsymbol{x}))^{\text{T}}\boldsymbol{E}^{-1}\boldsymbol{G}(\boldsymbol{x})+\boldsymbol{\Sigma}_{\boldsymbol{\alpha}}^{-1}\end{array}\right]\begin{bmatrix}\Delta\boldsymbol{x}_{\text{STLS}}\\ \Delta\boldsymbol{\alpha}_{\text{STLS}}\end{bmatrix}\\
&\quad\approx\begin{bmatrix}\boldsymbol{A}^{\text{T}}\boldsymbol{E}^{-1}\boldsymbol{e}\\ -(\boldsymbol{G}(\boldsymbol{x}))^{\text{T}}\boldsymbol{E}^{-1}\boldsymbol{e}-\boldsymbol{\Sigma}_{\boldsymbol{\alpha}}^{-1}\boldsymbol{\alpha}\end{bmatrix}\\
&\quad\Rightarrow\begin{bmatrix}\Delta\boldsymbol{x}_{\text{STLS}}\\ \Delta\boldsymbol{\alpha}_{\text{STLS}}\end{bmatrix}\approx\left[\begin{array}{c:c}\boldsymbol{A}^{\text{T}}\boldsymbol{E}^{-1}\boldsymbol{A} & -\boldsymbol{A}^{\text{T}}\boldsymbol{E}^{-1}\boldsymbol{G}(\boldsymbol{x})\\ \hdashline -(\boldsymbol{G}(\boldsymbol{x}))^{\text{T}}\boldsymbol{E}^{-1}\boldsymbol{A} & (\boldsymbol{G}(\boldsymbol{x}))^{\text{T}}\boldsymbol{E}^{-1}\boldsymbol{G}(\boldsymbol{x})+\boldsymbol{\Sigma}_{\boldsymbol{\alpha}}^{-1}\end{array}\right]^{-1}\\
&\quad\quad\times\begin{bmatrix}\boldsymbol{A}^{\text{T}}\boldsymbol{E}^{-1}\boldsymbol{e}\\ -(\boldsymbol{G}(\boldsymbol{x}))^{\text{T}}\boldsymbol{E}^{-1}\boldsymbol{e}-\boldsymbol{\Sigma}_{\boldsymbol{\alpha}}^{-1}\boldsymbol{\alpha}\end{bmatrix}
\end{aligned}\tag{10.19}$$

由此可知, 误差向量 $\Delta\boldsymbol{x}_{\text{STLS}}$ 和 $\Delta\boldsymbol{\alpha}_{\text{STLS}}$ 渐近服从零均值的高斯分布, 并且估计值 $\hat{\boldsymbol{x}}_{\text{STLS}}$ 和 $\hat{\boldsymbol{\alpha}}_{\text{STLS}}$ 的均方误差矩阵为

$$\begin{aligned}
\textbf{MSE}\left(\begin{bmatrix}\hat{\boldsymbol{x}}_{\text{STLS}}\\ \hat{\boldsymbol{\alpha}}_{\text{STLS}}\end{bmatrix}\right)&=\text{E}\left(\begin{bmatrix}\hat{\boldsymbol{x}}_{\text{STLS}}-\boldsymbol{x}\\ \hat{\boldsymbol{\alpha}}_{\text{STLS}}-\boldsymbol{\alpha}\end{bmatrix}\begin{bmatrix}\hat{\boldsymbol{x}}_{\text{STLS}}-\boldsymbol{x}\\ \hat{\boldsymbol{\alpha}}_{\text{STLS}}-\boldsymbol{\alpha}\end{bmatrix}^{\text{T}}\right)\\
&=\text{E}\left(\begin{bmatrix}\Delta\boldsymbol{x}_{\text{STLS}}\\ \Delta\boldsymbol{\alpha}_{\text{STLS}}\end{bmatrix}\begin{bmatrix}\Delta\boldsymbol{x}_{\text{STLS}}\\ \Delta\boldsymbol{\alpha}_{\text{STLS}}\end{bmatrix}^{\text{T}}\right)
\end{aligned}$$

$$
\approx \left[\begin{array}{c|c} \boldsymbol{A}^{\mathrm{T}}\boldsymbol{E}^{-1}\boldsymbol{A} & -\boldsymbol{A}^{\mathrm{T}}\boldsymbol{E}^{-1}\boldsymbol{G}(\boldsymbol{x}) \\ \hdashline -(\boldsymbol{G}(\boldsymbol{x}))^{\mathrm{T}}\boldsymbol{E}^{-1}\boldsymbol{A} & (\boldsymbol{G}(\boldsymbol{x}))^{\mathrm{T}}\boldsymbol{E}^{-1}\boldsymbol{G}(\boldsymbol{x})+\boldsymbol{\Sigma}_{\boldsymbol{\alpha}}^{-1} \end{array}\right]^{-1}
$$

$$
\times \mathrm{E}\left(\left[\begin{array}{c} \boldsymbol{A}^{\mathrm{T}}\boldsymbol{E}^{-1}\boldsymbol{e} \\ -(\boldsymbol{G}(\boldsymbol{x}))^{\mathrm{T}}\boldsymbol{E}^{-1}\boldsymbol{e}-\boldsymbol{\Sigma}_{\boldsymbol{\alpha}}^{-1}\boldsymbol{\alpha} \end{array}\right]\left[\begin{array}{c} \boldsymbol{A}^{\mathrm{T}}\boldsymbol{E}^{-1}\boldsymbol{e} \\ -(\boldsymbol{G}(\boldsymbol{x}))^{\mathrm{T}}\boldsymbol{E}^{-1}\boldsymbol{e}-\boldsymbol{\Sigma}_{\boldsymbol{\alpha}}^{-1}\boldsymbol{\alpha} \end{array}\right]^{\mathrm{T}}\right)
$$

$$
\times \left[\begin{array}{c|c} \boldsymbol{A}^{\mathrm{T}}\boldsymbol{E}^{-1}\boldsymbol{A} & -\boldsymbol{A}^{\mathrm{T}}\boldsymbol{E}^{-1}\boldsymbol{G}(\boldsymbol{x}) \\ \hdashline -(\boldsymbol{G}(\boldsymbol{x}))^{\mathrm{T}}\boldsymbol{E}^{-1}\boldsymbol{A} & (\boldsymbol{G}(\boldsymbol{x}))^{\mathrm{T}}\boldsymbol{E}^{-1}\boldsymbol{G}(\boldsymbol{x})+\boldsymbol{\Sigma}_{\boldsymbol{\alpha}}^{-1} \end{array}\right]^{-1}
$$

$$
= \left[\begin{array}{c|c} \boldsymbol{A}^{\mathrm{T}}\boldsymbol{E}^{-1}\boldsymbol{A} & -\boldsymbol{A}^{\mathrm{T}}\boldsymbol{E}^{-1}\boldsymbol{G}(\boldsymbol{x}) \\ \hdashline -(\boldsymbol{G}(\boldsymbol{x}))^{\mathrm{T}}\boldsymbol{E}^{-1}\boldsymbol{A} & (\boldsymbol{G}(\boldsymbol{x}))^{\mathrm{T}}\boldsymbol{E}^{-1}\boldsymbol{G}(\boldsymbol{x})+\boldsymbol{\Sigma}_{\boldsymbol{\alpha}}^{-1} \end{array}\right]^{-1} \tag{10.20}
$$

需要指出的是, 在实际应用中人们更关心 $\hat{\boldsymbol{x}}_{\mathrm{STLS}}$ 的均方误差矩阵, 结合式 (10.20)、命题 2.1 和命题 2.5 可得

$$
\begin{aligned}
&\mathbf{MSE}(\hat{\boldsymbol{x}}_{\mathrm{STLS}}) \\
&\approx (\boldsymbol{A}^{\mathrm{T}}(\boldsymbol{E}^{-1}-\boldsymbol{E}^{-1}\boldsymbol{G}(\boldsymbol{x})((\boldsymbol{G}(\boldsymbol{x}))^{\mathrm{T}}\boldsymbol{E}^{-1}\boldsymbol{G}(\boldsymbol{x})+\boldsymbol{\Sigma}_{\boldsymbol{\alpha}}^{-1})^{-1}(\boldsymbol{G}(\boldsymbol{x}))^{\mathrm{T}}\boldsymbol{E}^{-1})\boldsymbol{A})^{-1} \\
&= (\boldsymbol{A}^{\mathrm{T}}(\boldsymbol{E}+\boldsymbol{G}(\boldsymbol{x})\boldsymbol{\Sigma}_{\boldsymbol{\alpha}}(\boldsymbol{G}(\boldsymbol{x}))^{\mathrm{T}})^{-1}\boldsymbol{A})^{-1}
\end{aligned} \tag{10.21}
$$

【命题 10.1】向量 $\hat{\boldsymbol{x}}_{\mathrm{STLS}}$ 是关于未知参量 $\boldsymbol{x}$ 的渐近最优无偏估计值。

【证明】首先根据式 (10.19) 可知 $\mathrm{E}[\Delta\boldsymbol{x}_{\mathrm{STLS}}]\approx\boldsymbol{O}_{q\times 1}$, 因此 $\hat{\boldsymbol{x}}_{\mathrm{STLS}}$ 的渐近无偏性得证。下面仅需要证明 $\hat{\boldsymbol{x}}_{\mathrm{STLS}}$ 是关于未知参量 $\boldsymbol{x}$ 的渐近最优估计值 (即估计方差最小), 也就是证明 $\hat{\boldsymbol{x}}_{\mathrm{STLS}}$ 的均方误差矩阵等于其克拉美罗界。

基于观测模型式 (10.1) 和式 (10.3) 推导估计未知参量 $\boldsymbol{x}$ 的克拉美罗界。由于向量 $\boldsymbol{c}_0$ 是未知的, 因此未知参量将同时包含向量 $\boldsymbol{x}$ 和 $\boldsymbol{c}_0$, 而观测量将同时包含向量 $\boldsymbol{z}$ 和 $\boldsymbol{c}$。对于给定的参量 $\boldsymbol{x}$ 和 $\boldsymbol{c}_0$, 观测量 $\boldsymbol{z}$ 和 $\boldsymbol{c}$ 的概率密度函数可以表示为

$$
\begin{aligned}
&g(\boldsymbol{z},\boldsymbol{c};\boldsymbol{x},\boldsymbol{c}_0)=(2\pi)^{-(p+m)/2}(\det(\boldsymbol{E}))^{-1/2}(\det(\boldsymbol{\Sigma}_{\boldsymbol{\alpha}}))^{-1/2} \\
&\times\exp\left\{-\frac{1}{2}\left(\begin{bmatrix}\boldsymbol{z}\\\boldsymbol{c}\end{bmatrix}-\begin{bmatrix}\boldsymbol{A}\boldsymbol{x}\\\boldsymbol{c}_0\end{bmatrix}\right)^{\mathrm{T}}\begin{bmatrix}\boldsymbol{E}^{-1} & \boldsymbol{O}_{p\times m}\\ \boldsymbol{O}_{m\times p} & \boldsymbol{\Sigma}_{\boldsymbol{\alpha}}^{-1}\end{bmatrix}\left(\begin{bmatrix}\boldsymbol{z}\\\boldsymbol{c}\end{bmatrix}-\begin{bmatrix}\boldsymbol{A}\boldsymbol{x}\\\boldsymbol{c}_0\end{bmatrix}\right)\right\}
\end{aligned} \tag{10.22}
$$

取对数可得

$$
\begin{aligned}
\ln(g(\boldsymbol{z},\boldsymbol{c};\boldsymbol{x},\boldsymbol{c}_0))&=-\frac{p+m}{2}\ln(2\pi)-\frac{1}{2}\ln(\det(\boldsymbol{E}))-\frac{1}{2}\ln(\det(\boldsymbol{\Sigma}_{\boldsymbol{\alpha}})) \\
&-\frac{1}{2}\left(\begin{bmatrix}\boldsymbol{z}\\\boldsymbol{c}\end{bmatrix}-\begin{bmatrix}\boldsymbol{A}\boldsymbol{x}\\\boldsymbol{c}_0\end{bmatrix}\right)^{\mathrm{T}}\begin{bmatrix}\boldsymbol{E}^{-1} & \boldsymbol{O}_{p\times m}\\ \boldsymbol{O}_{m\times p} & \boldsymbol{\Sigma}_{\boldsymbol{\alpha}}^{-1}\end{bmatrix}\left(\begin{bmatrix}\boldsymbol{z}\\\boldsymbol{c}\end{bmatrix}-\begin{bmatrix}\boldsymbol{A}\boldsymbol{x}\\\boldsymbol{c}_0\end{bmatrix}\right)
\end{aligned} \tag{10.23}
$$

由式 (10.23) 可知, 函数 $\ln(g(\boldsymbol{z},\boldsymbol{c};\boldsymbol{x},\boldsymbol{c}_0))$ 关于全部未知向量 $\begin{bmatrix}\boldsymbol{x}\\ \boldsymbol{c}_0\end{bmatrix}$ 的梯度向量可以表示为①

$$\begin{bmatrix}\dfrac{\partial\ln(g(\boldsymbol{z},\boldsymbol{c};\boldsymbol{x},\boldsymbol{c}_0))}{\partial\boldsymbol{x}}\\ \dfrac{\partial\ln(g(\boldsymbol{z},\boldsymbol{c};\boldsymbol{x},\boldsymbol{c}_0))}{\partial\boldsymbol{c}_0}\end{bmatrix}=\begin{bmatrix}\boldsymbol{A} & \boldsymbol{G}(\boldsymbol{x})\\ \boldsymbol{O}_{m\times q} & \boldsymbol{I}_m\end{bmatrix}^{\mathrm{T}}\begin{bmatrix}\boldsymbol{E}^{-1} & \boldsymbol{O}_{p\times m}\\ \boldsymbol{O}_{m\times p} & \boldsymbol{\Sigma}_{\boldsymbol{\alpha}}^{-1}\end{bmatrix}\begin{bmatrix}\boldsymbol{z}-\boldsymbol{A}\boldsymbol{x}\\ \boldsymbol{c}-\boldsymbol{c}_0\end{bmatrix}$$
$$=\begin{bmatrix}\boldsymbol{A}^{\mathrm{T}} & \boldsymbol{O}_{q\times m}\\ (\boldsymbol{G}(\boldsymbol{x}))^{\mathrm{T}} & \boldsymbol{I}_m\end{bmatrix}\begin{bmatrix}\boldsymbol{E}^{-1} & \boldsymbol{O}_{p\times m}\\ \boldsymbol{O}_{m\times p} & \boldsymbol{\Sigma}_{\boldsymbol{\alpha}}^{-1}\end{bmatrix}\begin{bmatrix}\boldsymbol{e}\\ \boldsymbol{\alpha}\end{bmatrix} \tag{10.24}$$

根据命题 2.37 可知, 关于全部未知向量 $\begin{bmatrix}\boldsymbol{x}\\ \boldsymbol{c}_0\end{bmatrix}$ 的费希尔信息矩阵为

$$\mathbf{FISH}_{\mathrm{STLS}}\left(\begin{bmatrix}\boldsymbol{x}\\ \boldsymbol{c}_0\end{bmatrix}\right)=\mathrm{E}\left(\begin{bmatrix}\dfrac{\partial\ln(g(\boldsymbol{z},\boldsymbol{c};\boldsymbol{x},\boldsymbol{c}_0))}{\partial\boldsymbol{x}}\\ \dfrac{\partial\ln(g(\boldsymbol{z},\boldsymbol{c};\boldsymbol{x},\boldsymbol{c}_0))}{\partial\boldsymbol{c}_0}\end{bmatrix}\begin{bmatrix}\dfrac{\partial\ln(g(\boldsymbol{z},\boldsymbol{c};\boldsymbol{x},\boldsymbol{c}_0))}{\partial\boldsymbol{x}}\\ \dfrac{\partial\ln(g(\boldsymbol{z},\boldsymbol{c};\boldsymbol{x},\boldsymbol{c}_0))}{\partial\boldsymbol{c}_0}\end{bmatrix}^{\mathrm{T}}\right)$$
$$=\begin{bmatrix}\boldsymbol{A}^{\mathrm{T}} & \boldsymbol{O}_{q\times m}\\ (\boldsymbol{G}(\boldsymbol{x}))^{\mathrm{T}} & \boldsymbol{I}_m\end{bmatrix}\begin{bmatrix}\boldsymbol{E}^{-1} & \boldsymbol{O}_{p\times m}\\ \boldsymbol{O}_{m\times p} & \boldsymbol{\Sigma}_{\boldsymbol{\alpha}}^{-1}\end{bmatrix}\begin{bmatrix}\boldsymbol{A} & \boldsymbol{G}(\boldsymbol{x})\\ \boldsymbol{O}_{m\times q} & \boldsymbol{I}_m\end{bmatrix}$$
$$=\left[\begin{array}{c:c}\boldsymbol{A}^{\mathrm{T}}\boldsymbol{E}^{-1}\boldsymbol{A} & \boldsymbol{A}^{\mathrm{T}}\boldsymbol{E}^{-1}\boldsymbol{G}(\boldsymbol{x})\\ \hdashline (\boldsymbol{G}(\boldsymbol{x}))^{\mathrm{T}}\boldsymbol{E}^{-1}\boldsymbol{A} & (\boldsymbol{G}(\boldsymbol{x}))^{\mathrm{T}}\boldsymbol{E}^{-1}\boldsymbol{G}(\boldsymbol{x})+\boldsymbol{\Sigma}_{\boldsymbol{\alpha}}^{-1}\end{array}\right] \tag{10.25}$$

于是估计未知参量 $\boldsymbol{x}$ 的克拉美罗界可以表示为

$$\begin{aligned}&\mathbf{CRB}_{\mathrm{STLS}}(\boldsymbol{x})\\ &=[\boldsymbol{I}_q\ \ \boldsymbol{O}_{q\times m}]\mathbf{CRB}_{\mathrm{STLS}}\left(\begin{bmatrix}\boldsymbol{x}\\ \boldsymbol{c}_0\end{bmatrix}\right)\begin{bmatrix}\boldsymbol{I}_q\\ \boldsymbol{O}_{m\times q}\end{bmatrix}\\ &=[\boldsymbol{I}_q\ \ \boldsymbol{O}_{q\times m}]\left(\mathbf{FISH}_{\mathrm{STLS}}\left(\begin{bmatrix}\boldsymbol{x}\\ \boldsymbol{c}_0\end{bmatrix}\right)\right)^{-1}\begin{bmatrix}\boldsymbol{I}_q\\ \boldsymbol{O}_{m\times q}\end{bmatrix}\\ &=[\boldsymbol{I}_q\ \ \boldsymbol{O}_{q\times m}]\left[\begin{array}{c:c}\boldsymbol{A}^{\mathrm{T}}\boldsymbol{E}^{-1}\boldsymbol{A} & \boldsymbol{A}^{\mathrm{T}}\boldsymbol{E}^{-1}\boldsymbol{G}(\boldsymbol{x})\\ \hdashline (\boldsymbol{G}(\boldsymbol{x}))^{\mathrm{T}}\boldsymbol{E}^{-1}\boldsymbol{A} & (\boldsymbol{G}(\boldsymbol{x}))^{\mathrm{T}}\boldsymbol{E}^{-1}\boldsymbol{G}(\boldsymbol{x})+\boldsymbol{\Sigma}_{\boldsymbol{\alpha}}^{-1}\end{array}\right]^{-1}\begin{bmatrix}\boldsymbol{I}_q\\ \boldsymbol{O}_{m\times q}\end{bmatrix}\\ &=(\boldsymbol{A}^{\mathrm{T}}(\boldsymbol{E}^{-1}-\boldsymbol{E}^{-1}\boldsymbol{G}(\boldsymbol{x})((\boldsymbol{G}(\boldsymbol{x}))^{\mathrm{T}}\boldsymbol{E}^{-1}\boldsymbol{G}(\boldsymbol{x})+\boldsymbol{\Sigma}_{\boldsymbol{\alpha}}^{-1})^{-1}(\boldsymbol{G}(\boldsymbol{x}))^{\mathrm{T}}\boldsymbol{E}^{-1})\boldsymbol{A})^{-1}\\ &=(\boldsymbol{A}^{\mathrm{T}}(\boldsymbol{E}+\boldsymbol{G}(\boldsymbol{x})\boldsymbol{\Sigma}_{\boldsymbol{\alpha}}(\boldsymbol{G}(\boldsymbol{x}))^{\mathrm{T}})^{-1}\boldsymbol{A})^{-1}\end{aligned} \tag{10.26}$$

---

① 这里利用了等式 $\boldsymbol{A}\boldsymbol{x}=\boldsymbol{H}(\boldsymbol{c}_0)\boldsymbol{x}=\boldsymbol{G}(\boldsymbol{x})\boldsymbol{c}_0$, 该式可以由式 (10.4) 和式 (10.5) 获得。

结合式 (10.21) 和式 (10.26) 可得 $\mathbf{CRB}_{\mathrm{STLS}}(\boldsymbol{x}) \approx \mathbf{MSE}(\hat{\boldsymbol{x}}_{\mathrm{STLS}})$。综上可知, 向量 $\hat{\boldsymbol{x}}_{\mathrm{STLS}}$ 是关于未知参量 $\boldsymbol{x}$ 的渐近最优无偏估计值。证毕。

10.4 数值实验

10.4.1 观测矩阵 $\boldsymbol{A}$ 具有 Hankel 结构

将观测矩阵 $\boldsymbol{A}$ 设为如下 Hankel 矩阵

$$\boldsymbol{A} = \begin{bmatrix} -1 & -2 & -3 & -4 \\ -2 & -3 & -4 & 0 \\ -3 & -4 & 0 & 0.5 \\ -4 & 0 & 0.5 & 1.5 \\ 0 & 0.5 & 1.5 & 2.5 \\ 0.5 & 1.5 & 2.5 & 3.5 \end{bmatrix} \tag{10.27}$$

将未知参量设为 $\boldsymbol{x} = [1\ 2\ 3\ 4]^{\mathrm{T}}$。观测向量 $\boldsymbol{z}$ 的观测误差 $\boldsymbol{e}$ 服从均值为零的高斯分布, 并且其协方差矩阵为 $\boldsymbol{E} = \sigma_1^2 \boldsymbol{I}_6$, 其中 σ_1 表示观测误差标准差。由式 (10.27) 可以看出, 产生矩阵 $\boldsymbol{A}$ 的向量 $\boldsymbol{c}_0$ 共包含 9 个元素, 在实际计算中, 向量 $\boldsymbol{c}_0$ 无法准确获知, 仅能得到其观测向量 $\boldsymbol{c}$, 其中的观测误差 $\boldsymbol{\alpha}$ 服从均值为零的高斯分布, 并且其协方差矩阵为 $\boldsymbol{\Sigma} = \sigma_2^2 \boldsymbol{I}_9$, 其中 σ_2 同样表示观测误差标准差。下面将对未知参量 $\boldsymbol{x}$ 进行估计, 并且将本章基于 2-范数的结构总体最小二乘估计方法与第 8 章的约束总体最小二乘估计方法 (基于牛顿迭代法) 进行比较。

首先, 将 σ_2 固定为 $\sigma_2 = 0.05$, 图 10.1 给出了未知参量 $\boldsymbol{x}$ 的估计均方根误差随观测误差标准差 σ_1 的变化曲线; 然后, 将 σ_1 固定为 $\sigma_1 = 0.03$, 图 10.2 给出了未知参量 $\boldsymbol{x}$ 的估计均方根误差随着观测误差标准差 σ_2 的变化曲线。需要指出的是, 图 10.1 和图 10.2 中都给出了利用式 (10.26) 所计算出的克拉美罗界。

从图 10.1 和图 10.2 中一方面可以看出, 基于 2-范数的结构总体最小二乘估计方法与约束总体最小二乘估计方法的性能几乎是一致的, 它们的估计均方根误差均可以达到相应的克拉美罗界, 这一结果验证了第 10.3 节理论分析的有效性。此外, 相比于线性最小二乘估计方法, 基于 2-范数的结构总体最小二乘估计方法的估计精度明显更高, 这是充分考虑了观测矩阵 $\boldsymbol{B}$ 中的误差模型或是矩阵结构所带来的性能增益。另一方面, 仔细观察图中的结果可知, 当 σ_2 固定而 σ_1 不断增大时, 观测向量 $\boldsymbol{z}$ 中的误差将逐渐占据主导, 此时结构 (或约束) 总体最小二乘估计方法与线性最小二乘估计方法的性能差异会越来越小 (如图 10.1 所

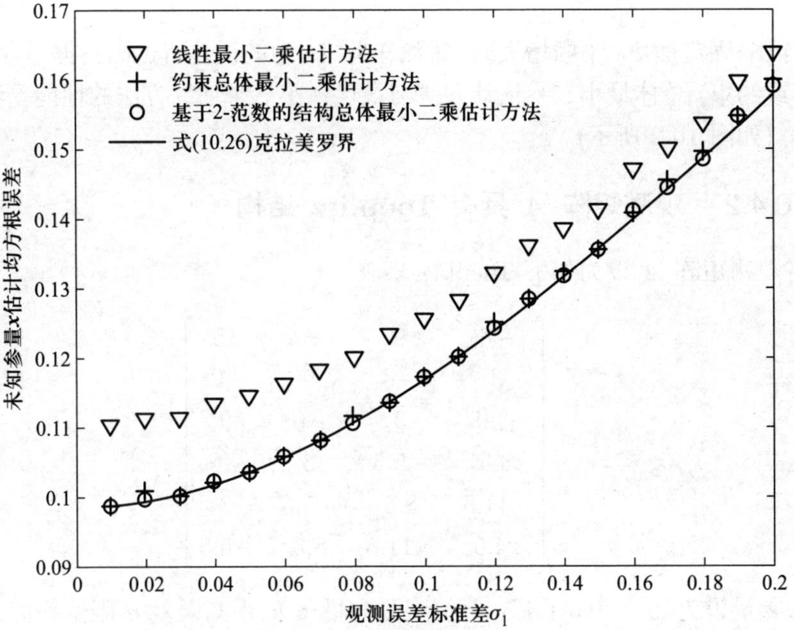

图 10.1　未知参量 $\boldsymbol{x}$ 估计均方根误差随观测误差标准差 σ_1 的变化曲线

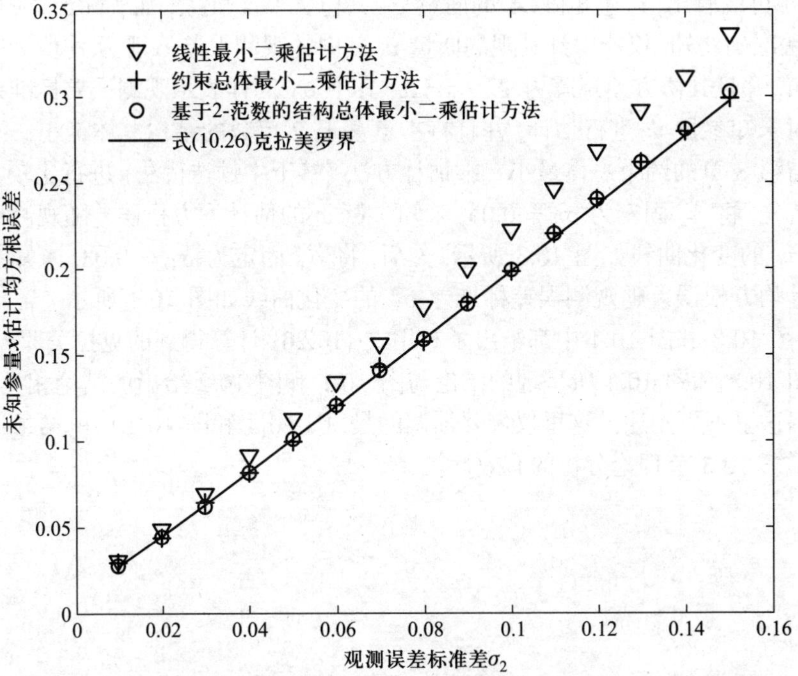

图 10.2　未知参量 $\boldsymbol{x}$ 估计均方根误差随观测误差标准差 σ_2 的变化曲线

示); 当 σ_1 固定而 σ_2 不断增大时, 观测矩阵 $\boldsymbol{B}$ 中的误差将逐渐占据主导, 此时结构 (或约束) 总体最小二乘估计方法与线性最小二乘估计方法的性能差异会越来越大 (如图 10.2 所示)。

10.4.2 观测矩阵 $\boldsymbol{A}$ 具有 Toeplitz 结构

将观测矩阵 $\boldsymbol{A}$ 设为如下 Toeplitz 矩阵

$$\boldsymbol{A}=\begin{bmatrix} -6 & 9 & -12 & 15 \\ 3 & -6 & 9 & -12 \\ -5.5 & 3 & -6 & 9 \\ 8.5 & -5.5 & 3 & -6 \\ -11.5 & 8.5 & -5.5 & 3 \\ 14.5 & -11.5 & 8.5 & -5.5 \end{bmatrix} \tag{10.28}$$

将未知参量设为 $\boldsymbol{x}=[0.5\ 1\ 1.5\ 2]^{\mathrm{T}}$。观测向量 $\boldsymbol{z}$ 的观测误差 $\boldsymbol{e}$ 服从均值为零的高斯分布, 并且其协方差矩阵为 $\boldsymbol{E}=\sigma_1^2\boldsymbol{I}_6$, 其中 σ_1 表示观测误差标准差。由式 (10.28) 可以看出, 产生矩阵 $\boldsymbol{A}$ 的向量 $\boldsymbol{c}_0$ 共包含 9 个元素, 在实际计算中, 向量 $\boldsymbol{c}_0$ 无法准确获知, 仅能得到其观测向量 $\boldsymbol{c}$, 其中的观测误差 $\boldsymbol{\alpha}$ 服从均值为零的高斯分布, 并且其协方差矩阵为 $\boldsymbol{\Sigma}=\sigma_2^2\boldsymbol{I}_9$, 其中 σ_2 同样表示观测误差标准差。下面将对未知参量 $\boldsymbol{x}$ 进行估计, 并且将本章基于 2-范数的结构总体最小二乘估计方法与第 8 章的约束总体最小二乘估计方法 (基于牛顿迭代法) 进行比较。

首先, 将 σ_2 固定为 $\sigma_2=0.05$, 未知参量 $\boldsymbol{x}$ 的估计均方根误差随观测误差标准差 σ_1 的变化曲线如图 10.3 所示; 然后, 将 σ_1 固定为 $\sigma_1=0.03$, 未知参量 $\boldsymbol{x}$ 的估计均方根误差随观测误差标准差 σ_2 的变化曲线如图 10.4 所示。需要指出的是, 图 10.3 和图 10.4 中都给出了利用式 (10.26) 计算得到的克拉美罗界。

图 10.3 和图 10.4 所呈现的结论与图 10.1 和图 10.2 给出的结论相类似, 限于篇幅这里不再阐述。这里仅仅要强调的是, 图 10.3 和图 10.4 中的结果进一步验证了第 10.3 节理论分析的有效性。

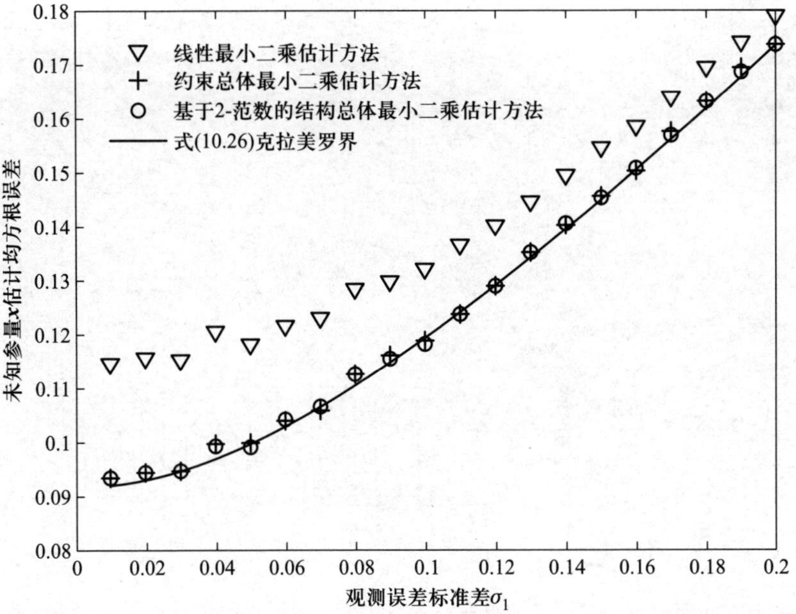

图 10.3　未知参量 $\boldsymbol{x}$ 估计均方根误差随观测误差标准差 σ_1 的变化曲线

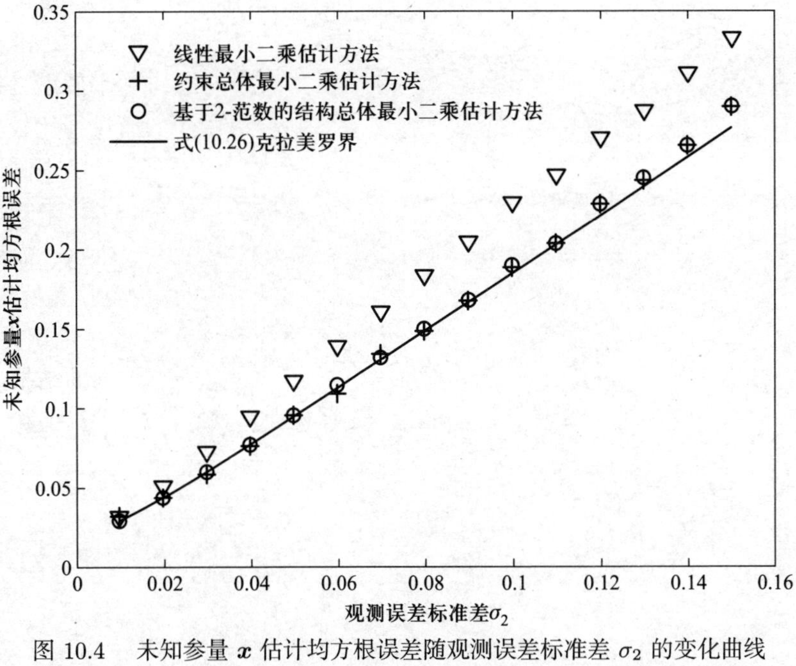

图 10.4　未知参量 $\boldsymbol{x}$ 估计均方根误差随观测误差标准差 σ_2 的变化曲线

第 11 章　基于 2-范数的结构总体最小二乘估计理论与方法: 模型 Ⅱ

本章仍然讨论基于 2-范数的结构总体最小二乘 (Structured Total Least Squares, STLS) 估计方法, 并且主要针对模型 Ⅱ 进行讨论, 给出其求解方法, 并推导其参数估计的理论性能。

11.1　线性观测模型

考虑如下线性观测模型

$$\boldsymbol{z} = \boldsymbol{z}_0 + \boldsymbol{e} = \boldsymbol{A}\boldsymbol{x} + \boldsymbol{T}\boldsymbol{\beta} \tag{11.1}$$

其中:

$\boldsymbol{z}_0 = \boldsymbol{A}\boldsymbol{x} \in \mathbf{R}^{p\times 1}$ 表示没有误差条件下的观测向量;

$\boldsymbol{z} \in \mathbf{R}^{p\times 1}$ 表示含有误差条件下的观测向量;

$\boldsymbol{x} = [x_1\ x_2\ \cdots\ x_q]^{\mathrm{T}} \in \mathbf{R}^{q\times 1}$ 表示待估计的未知参量, 其中 $q < p$ 以确保问题属于超定问题 (即观测量个数大于未知参数个数);

$\boldsymbol{A} \in \mathbf{R}^{p\times q}$ 表示观测矩阵;

$\boldsymbol{e} = \boldsymbol{T}\boldsymbol{\beta} \in \mathbf{R}^{p\times 1}$ 表示观测误差向量;

$\boldsymbol{\beta} \in \mathbf{R}^{n\times 1}$ 服从均值为零、协方差矩阵为 $\mathbf{cov}(\boldsymbol{\beta}) = \mathrm{E}[\boldsymbol{\beta}\boldsymbol{\beta}^{\mathrm{T}}] = \boldsymbol{\Sigma}_{\boldsymbol{\beta}}$ 的高斯分布, 其中 $q < n < p$;

$\boldsymbol{T} \in \mathbf{R}^{p\times n}$ 是列满秩矩阵, 对于估计器而言其是确定已知的。

【注记 11.1】 由于 $n < p$, 因此 $\boldsymbol{T}$ 是 “瘦高型” 矩阵, 这与第 5 章讨论的模型类似。

【注记 11.2】 式 (11.1) 中的误差向量 $\boldsymbol{e}$ 服从均值为零、协方差矩阵为 $\boldsymbol{E} = \mathrm{E}[\boldsymbol{e}\boldsymbol{e}^{\mathrm{T}}] = \boldsymbol{T}\boldsymbol{\Sigma}_{\boldsymbol{\beta}}\boldsymbol{T}^{\mathrm{T}}$ 的高斯分布。假设 $\boldsymbol{\Sigma}_{\boldsymbol{\beta}}$ 是满秩矩阵, 由于 $\boldsymbol{T}$ 是 “瘦高型” 列满秩矩阵, 因此协方差矩阵 $\boldsymbol{E}$ 是秩亏损的, 其逆矩阵并不存在。

与第 6 章至第 10 章类似, 本章仍然假设观测矩阵 $\boldsymbol{A}$ 并不能精确已知, 也就是说实际中获得的观测矩阵 (记为 $\boldsymbol{B}$) 是在矩阵 $\boldsymbol{A}$ 的基础上叠加观测误差, 即

$$\boldsymbol{B} = \boldsymbol{A} + \boldsymbol{\Xi} \tag{11.2}$$

式中 $\boldsymbol{\varXi} \in \mathbf{R}^{p\times q}$ 表示观测误差矩阵。注意到矩阵 $\boldsymbol{A}$ 是含有结构的, 假设其中包含 m 个独立元素, 这些元素可以形成向量 $\boldsymbol{c}_0 \in \mathbf{R}^{m\times 1}$, 而矩阵 $\boldsymbol{A}$ 是关于向量 $\boldsymbol{c}_0$ 的线性函数, 并将该函数记为 $\boldsymbol{A} = \boldsymbol{H}(\boldsymbol{c}_0)$。矩阵 $\boldsymbol{A}$ 的结构会使得误差矩阵 $\boldsymbol{\varXi}$ 中也含有结构, 其中包含 m 个误差元素, 这些随机变量可以形成向量 $\boldsymbol{\alpha} = [\alpha_1\ \alpha_2\ \cdots\ \alpha_m] \in \mathbf{R}^{m\times 1}$, 并且有 $\boldsymbol{\varXi} = \boldsymbol{H}(\boldsymbol{\alpha})$。这里假设误差向量 $\boldsymbol{\alpha}$ 服从均值为零、协方差矩阵为 $\mathbf{cov}(\boldsymbol{\alpha}) = \mathrm{E}[\boldsymbol{\alpha}\boldsymbol{\alpha}^{\mathrm{T}}] = \boldsymbol{\Sigma}_{\boldsymbol{\alpha}}$ 的高斯分布, 并且与误差向量 $\boldsymbol{e}$ 统计独立。

既然矩阵 $\boldsymbol{A}$ 不能精确已知, 向量 $\boldsymbol{c}_0$ 就无法准确获得, 那么不妨将其观测向量记为

$$\boldsymbol{c} = \boldsymbol{c}_0 + \boldsymbol{\alpha} \tag{11.3}$$

于是有 $\boldsymbol{B} = \boldsymbol{H}(\boldsymbol{c})$, 结合式 (11.2) 可得

$$\boldsymbol{A} = \boldsymbol{B} - \boldsymbol{\varXi} = \boldsymbol{H}(\boldsymbol{c}) - \boldsymbol{H}(\boldsymbol{\alpha}) = \boldsymbol{H}(\boldsymbol{c} - \boldsymbol{\alpha}) = \boldsymbol{H}(\boldsymbol{c}_0) \tag{11.4}$$

此外, 根据函数 $\boldsymbol{H}(\boldsymbol{\alpha})$ 的形式可以引申出另一个函数 $\boldsymbol{G}(\boldsymbol{x})$, 两个函数之间满足

$$\boldsymbol{\varXi}\boldsymbol{x} = \boldsymbol{H}(\boldsymbol{\alpha})\boldsymbol{x} = \boldsymbol{G}(\boldsymbol{x})\boldsymbol{\alpha} \tag{11.5}$$

式中 $\boldsymbol{G}(\boldsymbol{x})$ 是关于未知参量 $\boldsymbol{x}$ 的线性函数, 其函数形式由函数 $\boldsymbol{H}(\boldsymbol{\alpha})$ 所决定。

【注记 11.3】 基于上述讨论可知, 矩阵 $\boldsymbol{B}$ 中的误差模型与第 10 章的误差模型是一致的。因此, 本章讨论的误差模型 (记为模型 Ⅱ) 与第 10 章的误差模型 (记为模型 Ⅰ) 的主要区别在于, 观测误差向量 $\boldsymbol{e}$ 的协方差矩阵 $\boldsymbol{E}$ 是秩亏损的。

11.2 基于 2-范数的结构总体最小二乘估计优化模型与求解方法

11.2.1 基于 2-范数的结构总体最小二乘估计优化模型

本节将基于第 11.1 节讨论的观测模型, 构建基于 2-范数的结构总体最小二乘估计优化模型。由于这里的矩阵 $\boldsymbol{E}$ 是秩亏损的, 因此式 (10.10) 给出的优化模型将不再适用, 此时需要构建新的优化模型。

可以采用第 5 章的处理方法, 将误差协方差矩阵秩亏损条件下的估计问题

转化为含有等式约束的估计问题。首先对矩阵 $\boldsymbol{T}$ 进行奇异值分解, 可得

$$\boldsymbol{T}=\boldsymbol{U}\boldsymbol{\Lambda}\boldsymbol{V}^{\mathrm{T}}=\left[\underbrace{\boldsymbol{U}_1}_{p\times n}\quad\underbrace{\boldsymbol{U}_2}_{p\times(p-n)}\right]\begin{bmatrix}\underbrace{\boldsymbol{\Lambda}_1}_{n\times n}\\ \boldsymbol{O}_{(p-n)\times n}\end{bmatrix}\boldsymbol{V}^{\mathrm{T}}=\boldsymbol{U}_1\boldsymbol{\Lambda}_1\boldsymbol{V}^{\mathrm{T}} \tag{11.6}$$

式中 $\boldsymbol{U}=[\boldsymbol{U}_1\quad\boldsymbol{U}_2]\in\mathbf{R}^{p\times p}$ 和 $\boldsymbol{V}\in\mathbf{R}^{n\times n}$ 均为正交矩阵, $\boldsymbol{\Lambda}=\begin{bmatrix}\boldsymbol{\Lambda}_1\\ \boldsymbol{O}_{(p-n)\times n}\end{bmatrix}$, $\boldsymbol{\Lambda}_1$ 是 $n\times n$ 阶对角矩阵, 其中的对角元素是矩阵 $\boldsymbol{T}$ 的奇异值, 它们均为正数。若分别利用矩阵 $\boldsymbol{U}_1^{\mathrm{T}}$ 和 $\boldsymbol{U}_2^{\mathrm{T}}$ 左乘以式 (11.1), 可以得到如下两个等式

$$\boldsymbol{z}_1=\boldsymbol{U}_1^{\mathrm{T}}\boldsymbol{z}=\boldsymbol{U}_1^{\mathrm{T}}\boldsymbol{A}\boldsymbol{x}+\boldsymbol{U}_1^{\mathrm{T}}\boldsymbol{T}\boldsymbol{\beta}\in\mathbf{R}^{n\times 1} \tag{11.7}$$

$$\begin{aligned}\boldsymbol{z}_2&=\boldsymbol{U}_2^{\mathrm{T}}\boldsymbol{z}=\boldsymbol{U}_2^{\mathrm{T}}\boldsymbol{A}\boldsymbol{x}+\boldsymbol{U}_2^{\mathrm{T}}\boldsymbol{T}\boldsymbol{\beta}=\boldsymbol{U}_2^{\mathrm{T}}\boldsymbol{A}\boldsymbol{x}+\boldsymbol{U}_2^{\mathrm{T}}\boldsymbol{U}_1\boldsymbol{\Lambda}_1\boldsymbol{V}^{\mathrm{T}}\boldsymbol{\beta}\\&=\boldsymbol{U}_2^{\mathrm{T}}\boldsymbol{A}\boldsymbol{x}\in\mathbf{R}^{(p-n)\times 1}\end{aligned} \tag{11.8}$$

式 (11.8) 中的最后一个等号利用了关系式 $\boldsymbol{U}_2^{\mathrm{T}}\boldsymbol{U}_1=\boldsymbol{O}_{(p-n)\times n}$。不难发现, 向量 $\boldsymbol{\beta}$ 仅仅出现在式 (11.7) 中, 而并未出现在式 (11.8) 中, 此时观测模型式 (11.1) 可以等价表示为含有线性等式约束的观测模型

$$\begin{cases}\boldsymbol{z}_1=\boldsymbol{U}_1^{\mathrm{T}}\boldsymbol{z}=\boldsymbol{U}_1^{\mathrm{T}}\boldsymbol{A}\boldsymbol{x}+\boldsymbol{e}_1\\ \text{s.t. }\boldsymbol{z}_2=\boldsymbol{U}_2^{\mathrm{T}}\boldsymbol{z}=\boldsymbol{U}_2^{\mathrm{T}}\boldsymbol{A}\boldsymbol{x}\end{cases} \tag{11.9}$$

式中 $\boldsymbol{e}_1=\boldsymbol{U}_1^{\mathrm{T}}\boldsymbol{T}\boldsymbol{\beta}\in\mathbf{R}^{n\times 1}$。显然, 向量 $\boldsymbol{e}_1$ 可以看成是式 (11.9) 中的观测误差, 其协方差矩阵为

$$\boldsymbol{E}_1=\mathrm{E}[\boldsymbol{e}_1\boldsymbol{e}_1^{\mathrm{T}}]=\boldsymbol{U}_1^{\mathrm{T}}\boldsymbol{T}\mathrm{E}[\boldsymbol{\beta}\boldsymbol{\beta}^{\mathrm{T}}]\boldsymbol{T}^{\mathrm{T}}\boldsymbol{U}_1=\boldsymbol{U}_1^{\mathrm{T}}\boldsymbol{T}\boldsymbol{\Sigma}_{\boldsymbol{\beta}}\boldsymbol{T}^{\mathrm{T}}\boldsymbol{U}_1=\boldsymbol{U}_1^{\mathrm{T}}\boldsymbol{E}\boldsymbol{U}_1\in\mathbf{R}^{n\times n} \tag{11.10}$$

由于 $\boldsymbol{U}_1^{\mathrm{T}}\boldsymbol{T}=\boldsymbol{\Lambda}_1\boldsymbol{V}^{\mathrm{T}}$ 是满秩方阵, 所以 $\boldsymbol{E}_1$ 为可逆矩阵, 甚至是正定矩阵, 此时就不存在误差协方差矩阵的秩亏损问题了。

接下来定义残差向量

$$\begin{aligned}\boldsymbol{r}_1(\boldsymbol{x},\boldsymbol{\alpha})&=\boldsymbol{z}_1-\boldsymbol{U}_1^{\mathrm{T}}\boldsymbol{A}\boldsymbol{x}=\boldsymbol{z}_1-\boldsymbol{U}_1^{\mathrm{T}}(\boldsymbol{B}-\boldsymbol{H}(\boldsymbol{\alpha}))\boldsymbol{x}\\&=\boldsymbol{z}_1-\boldsymbol{W}_1(\boldsymbol{\alpha})\boldsymbol{x}=\boldsymbol{z}_1-\boldsymbol{U}_1^{\mathrm{T}}\boldsymbol{B}\boldsymbol{x}+\boldsymbol{U}_1^{\mathrm{T}}\boldsymbol{G}(\boldsymbol{x})\boldsymbol{\alpha}\end{aligned} \tag{11.11}$$

式中 $\boldsymbol{W}_1(\boldsymbol{\alpha})=\boldsymbol{U}_1^{\mathrm{T}}(\boldsymbol{B}-\boldsymbol{H}(\boldsymbol{\alpha}))$, 结合式 (11.9) 和第 11.1 节中的模型假设可以

建立如下优化模型

$$\begin{cases} \min\limits_{\substack{\boldsymbol{x}\in\mathbf{R}^{q\times 1}\\ \boldsymbol{\alpha}\in\mathbf{R}^{m\times 1}\\ \boldsymbol{e}_1\in\mathbf{R}^{n\times 1}}} \{\boldsymbol{e}_1^{\mathrm{T}}\boldsymbol{E}_1^{-1}\boldsymbol{e}_1+\boldsymbol{\alpha}^{\mathrm{T}}\boldsymbol{\Sigma}_{\boldsymbol{\alpha}}^{-1}\boldsymbol{\alpha}\} \text{ 或 } \{||\boldsymbol{E}_1^{-1/2}\boldsymbol{e}_1||_2^2+||\boldsymbol{\Sigma}_{\boldsymbol{\alpha}}^{-1/2}\boldsymbol{\alpha}||_2^2\} \\ \text{s.t. } \boldsymbol{z}_2=\boldsymbol{U}_2^{\mathrm{T}}\boldsymbol{z}=\boldsymbol{U}_2^{\mathrm{T}}(\boldsymbol{B}-\boldsymbol{H}(\boldsymbol{\alpha}))\boldsymbol{x}=\boldsymbol{W}_2(\boldsymbol{\alpha})\boldsymbol{x} \\ \qquad \boldsymbol{e}_1=\boldsymbol{r}_1(\boldsymbol{x},\boldsymbol{\alpha})=\boldsymbol{z}_1-\boldsymbol{W}_1(\boldsymbol{\alpha})\boldsymbol{x}=\boldsymbol{z}_1-\boldsymbol{U}_1^{\mathrm{T}}\boldsymbol{B}\boldsymbol{x}+\boldsymbol{U}_1^{\mathrm{T}}\boldsymbol{G}(\boldsymbol{x})\boldsymbol{\alpha} \end{cases} \tag{11.12}$$

式 (11.12) 可以直接转化为如下优化问题

$$\begin{cases} \min\limits_{\substack{\boldsymbol{x}\in\mathbf{R}^{q\times 1}\\ \boldsymbol{\alpha}\in\mathbf{R}^{m\times 1}}} \{(\boldsymbol{r}_1(\boldsymbol{x},\boldsymbol{\alpha}))^{\mathrm{T}}\boldsymbol{E}_1^{-1}\boldsymbol{r}_1(\boldsymbol{x},\boldsymbol{\alpha})+\boldsymbol{\alpha}^{\mathrm{T}}\boldsymbol{\Sigma}_{\boldsymbol{\alpha}}^{-1}\boldsymbol{\alpha}\} \text{ 或} \\ \qquad\qquad \{||\boldsymbol{E}_1^{-1/2}\boldsymbol{r}_1(\boldsymbol{x},\boldsymbol{\alpha})||_2^2+||\boldsymbol{\Sigma}_{\boldsymbol{\alpha}}^{-1/2}\boldsymbol{\alpha}||_2^2\} \\ \text{s.t. } \boldsymbol{z}_2=\boldsymbol{U}_2^{\mathrm{T}}\boldsymbol{z}=\boldsymbol{U}_2^{\mathrm{T}}(\boldsymbol{B}-\boldsymbol{H}(\boldsymbol{\alpha}))\boldsymbol{x}=\boldsymbol{W}_2(\boldsymbol{\alpha})\boldsymbol{x} \end{cases} \tag{11.13}$$

式中 $\boldsymbol{W}_2(\boldsymbol{\alpha})=\boldsymbol{U}_2^{\mathrm{T}}(\boldsymbol{B}-\boldsymbol{H}(\boldsymbol{\alpha}))$, 而 $\boldsymbol{E}_1^{-1}$ 和 $\boldsymbol{\Sigma}_{\boldsymbol{\alpha}}^{-1}$ 均为加权矩阵, 可以最大程度地抑制观测误差 $\boldsymbol{e}_1$ 和 $\boldsymbol{\alpha}$ 的影响。

【注记 11.4】与式 (3.51) 相类似, 这里需要假设式 (11.13) 中的 $\boldsymbol{W}_2(\boldsymbol{\alpha})$ 为行满秩矩阵, 从而保证线性等式约束之间是相互独立的。此外, 还需要假设 $p-n<q$, 即 $\boldsymbol{W}_2(\boldsymbol{\alpha})$ 为 “矮胖型” 矩阵。

11.2.2 基于 2-范数结构总体最小二乘估计问题的数值求解方法

本节将给出 4 种求解式 (11.13) 的数值算法, 虽然这 4 种算法形式迥异, 但最终目标都是获得式 (11.13) 的最优解。

一、参数解耦法

参数解耦法的基本思想是独立地对未知参量 $\boldsymbol{x}$ 和 $\boldsymbol{\alpha}$ 进行优化, 而并非联合优化。当向量 $\boldsymbol{\alpha}$ 已知时, 根据式 (3.57) 可知, 式 (11.13) 关于向量 $\boldsymbol{x}$ 的最优解为

$$\begin{aligned} \hat{\boldsymbol{x}}_{\mathrm{OPT}}(\boldsymbol{\alpha}) &= \hat{\boldsymbol{x}}_{\mathrm{O}}(\boldsymbol{\alpha})-((\boldsymbol{W}_1(\boldsymbol{\alpha}))^{\mathrm{T}}\boldsymbol{E}_1^{-1}\boldsymbol{W}_1(\boldsymbol{\alpha}))^{-1}(\boldsymbol{W}_2(\boldsymbol{\alpha}))^{\mathrm{T}} \\ &\quad \times(\boldsymbol{W}_2(\boldsymbol{\alpha})((\boldsymbol{W}_1(\boldsymbol{\alpha}))^{\mathrm{T}}\boldsymbol{E}_1^{-1}\boldsymbol{W}_1(\boldsymbol{\alpha}))^{-1}(\boldsymbol{W}_2(\boldsymbol{\alpha}))^{\mathrm{T}})^{-1} \\ &\quad \times(\boldsymbol{W}_2(\boldsymbol{\alpha})\hat{\boldsymbol{x}}_{\mathrm{O}}(\boldsymbol{\alpha})-\boldsymbol{z}_2) \end{aligned} \tag{11.14}$$

式中

$$\hat{\boldsymbol{x}}_{\mathrm{O}}(\boldsymbol{\alpha})=((\boldsymbol{W}_1(\boldsymbol{\alpha}))^{\mathrm{T}}\boldsymbol{E}_1^{-1}\boldsymbol{W}_1(\boldsymbol{\alpha}))^{-1}(\boldsymbol{W}_1(\boldsymbol{\alpha}))^{\mathrm{T}}\boldsymbol{E}_1^{-1}\boldsymbol{z}_1 \tag{11.15}$$

显然, 式 (11.14) 给出的最优解 $\hat{\boldsymbol{x}}_{\text{OPT}}(\boldsymbol{\alpha})$ 是关于向量 $\boldsymbol{\alpha}$ 的函数, 将该解代回式 (11.13) 中可以得到仅关于向量 $\boldsymbol{\alpha}$ 的无约束优化问题, 即有

$$\begin{aligned}&\min_{\boldsymbol{\alpha}\in\mathbf{R}^{m\times 1}}\{(\boldsymbol{r}_1(\hat{\boldsymbol{x}}_{\text{OPT}}(\boldsymbol{\alpha}),\boldsymbol{\alpha}))^{\text{T}}\boldsymbol{E}_1^{-1}\boldsymbol{r}_1(\hat{\boldsymbol{x}}_{\text{OPT}}(\boldsymbol{\alpha}),\boldsymbol{\alpha})+\boldsymbol{\alpha}^{\text{T}}\boldsymbol{\Sigma}_{\boldsymbol{\alpha}}^{-1}\boldsymbol{\alpha}\}\\&\text{或 }\{||\boldsymbol{E}_1^{-1/2}\boldsymbol{r}_1(\hat{\boldsymbol{x}}_{\text{OPT}}(\boldsymbol{\alpha}),\boldsymbol{\alpha})||_2^2+||\boldsymbol{\Sigma}_{\boldsymbol{\alpha}}^{-1/2}\boldsymbol{\alpha}||_2^2\}\end{aligned}\tag{11.16}$$

式 (11.16) 可以通过高斯–牛顿法进行求解, 该方法属于迭代类方法, 下面推导其迭代公式。

首先根据式 (11.11) 可以将式 (11.16) 中的目标函数表示为

$$J_{\text{STLS}}^{(\text{a})}(\boldsymbol{\alpha})=\left\|\begin{bmatrix}\boldsymbol{E}_1^{-1/2}\boldsymbol{z}_1\\\boldsymbol{O}_{m\times 1}\end{bmatrix}-\boldsymbol{f}^{(\text{a})}(\boldsymbol{\alpha})\right\|_2^2\tag{11.17}$$

式中

$$\begin{aligned}\boldsymbol{f}^{(\text{a})}(\boldsymbol{\alpha})&=\begin{bmatrix}\boldsymbol{E}_1^{-1/2}\boldsymbol{W}_1(\boldsymbol{\alpha})\hat{\boldsymbol{x}}_{\text{OPT}}(\boldsymbol{\alpha})\\\boldsymbol{\Sigma}_{\boldsymbol{\alpha}}^{-1/2}\boldsymbol{\alpha}\end{bmatrix}\\&=\begin{bmatrix}\boldsymbol{E}_1^{-1/2}\boldsymbol{U}_1^{\text{T}}\boldsymbol{B}\hat{\boldsymbol{x}}_{\text{OPT}}(\boldsymbol{\alpha})-\boldsymbol{E}_1^{-1/2}\boldsymbol{U}_1^{\text{T}}\boldsymbol{G}(\hat{\boldsymbol{x}}_{\text{OPT}}(\boldsymbol{\alpha}))\boldsymbol{\alpha}\\\boldsymbol{\Sigma}_{\boldsymbol{\alpha}}^{-1/2}\boldsymbol{\alpha}\end{bmatrix}\end{aligned}\tag{11.18}$$

假设向量 $\boldsymbol{\alpha}$ 在第 k 次的迭代值为 $\hat{\boldsymbol{\alpha}}_k^{(\text{a})}$, 现将函数 $\boldsymbol{f}^{(\text{a})}(\boldsymbol{\alpha})$ 在 $\hat{\boldsymbol{\alpha}}_k^{(\text{a})}$ 处进行一阶泰勒级数展开, 可得

$$\begin{aligned}\boldsymbol{f}^{(\text{a})}(\boldsymbol{\alpha})\approx{}&\boldsymbol{f}^{(\text{a})}(\hat{\boldsymbol{\alpha}}_k^{(\text{a})})\\&+\begin{bmatrix}\boldsymbol{E}_1^{-1/2}(\boldsymbol{W}_1(\hat{\boldsymbol{\alpha}}_k^{(\text{a})})\hat{\boldsymbol{X}}_{\text{OPT}}(\hat{\boldsymbol{\alpha}}_k^{(\text{a})})-\boldsymbol{U}_1^{\text{T}}\boldsymbol{G}(\hat{\boldsymbol{x}}_{\text{OPT}}(\hat{\boldsymbol{\alpha}}_k^{(\text{a})})))\\\boldsymbol{\Sigma}_{\boldsymbol{\alpha}}^{-1/2}\end{bmatrix}(\boldsymbol{\alpha}-\hat{\boldsymbol{\alpha}}_k^{(\text{a})})\end{aligned}\tag{11.19}$$

式中 $\hat{\boldsymbol{X}}_{\text{OPT}}(\hat{\boldsymbol{\alpha}}_k^{(\text{a})})=\left.\dfrac{\partial\hat{\boldsymbol{x}}_{\text{OPT}}(\boldsymbol{\alpha})}{\partial\boldsymbol{\alpha}^{\text{T}}}\right|_{\boldsymbol{\alpha}=\hat{\boldsymbol{\alpha}}_k^{(\text{a})}}$, 该矩阵的表达式非常复杂, 附录 I 推导了其表达式。将式 (11.19) 代入式 (11.17), 可以得到求解第 $k+1$ 次迭代值的线性最小二乘估计优化模型

$$\begin{aligned}\min_{\boldsymbol{\alpha}\in\mathbf{R}^{m\times 1}}&\left\|\begin{bmatrix}\boldsymbol{E}_1^{-1/2}\boldsymbol{z}_1\\\boldsymbol{O}_{m\times 1}\end{bmatrix}-\boldsymbol{f}^{(\text{a})}(\hat{\boldsymbol{\alpha}}_k^{(\text{a})})\right.\\&\left.-\begin{bmatrix}\boldsymbol{E}_1^{-1/2}(\boldsymbol{W}_1(\hat{\boldsymbol{\alpha}}_k^{(\text{a})})\hat{\boldsymbol{X}}_{\text{OPT}}(\hat{\boldsymbol{\alpha}}_k^{(\text{a})})-\boldsymbol{U}_1^{\text{T}}\boldsymbol{G}(\hat{\boldsymbol{x}}_{\text{OPT}}(\hat{\boldsymbol{\alpha}}_k^{(\text{a})})))\\\boldsymbol{\Sigma}_{\boldsymbol{\alpha}}^{-1/2}\end{bmatrix}(\boldsymbol{\alpha}-\hat{\boldsymbol{\alpha}}_k^{(\text{a})})\right\|_2^2\end{aligned}$$

$$
= \min_{\boldsymbol{\alpha}\in\mathbf{R}^{m\times 1}} \left\| \begin{bmatrix} \boldsymbol{E}_1^{-1/2}(\boldsymbol{z}_1 - \boldsymbol{W}_1(\hat{\boldsymbol{\alpha}}_k^{(\mathrm{a})})\hat{\boldsymbol{x}}_{\mathrm{OPT}}(\hat{\boldsymbol{\alpha}}_k^{(\mathrm{a})})) \\ -\boldsymbol{\Sigma}_{\boldsymbol{\alpha}}^{-1/2}\hat{\boldsymbol{\alpha}}_k^{(\mathrm{a})} \end{bmatrix} \right.
$$
$$
\left. - \begin{bmatrix} \boldsymbol{E}_1^{-1/2}(\boldsymbol{W}_1(\hat{\boldsymbol{\alpha}}_k^{(\mathrm{a})})\hat{\boldsymbol{X}}_{\mathrm{OPT}}(\hat{\boldsymbol{\alpha}}_k^{(\mathrm{a})}) - \boldsymbol{U}_1^{\mathrm{T}}\boldsymbol{G}(\hat{\boldsymbol{x}}_{\mathrm{OPT}}(\hat{\boldsymbol{\alpha}}_k^{(\mathrm{a})}))) \\ \boldsymbol{\Sigma}_{\boldsymbol{\alpha}}^{-1/2} \end{bmatrix} (\boldsymbol{\alpha} - \hat{\boldsymbol{\alpha}}_k^{(\mathrm{a})}) \right\|_2^2 \tag{11.20}
$$

由于式 (11.20) 是关于向量 $\boldsymbol{\alpha}$ 的二次优化问题, 因此其存在最优闭式解, 而此闭式解即为第 $k+1$ 次迭代值, 如下式所示

$$
\begin{aligned}
\hat{\boldsymbol{\alpha}}_{k+1}^{(\mathrm{a})} = \hat{\boldsymbol{\alpha}}_k^{(\mathrm{a})} &+ ((\boldsymbol{W}_1(\hat{\boldsymbol{\alpha}}_k^{(\mathrm{a})})\hat{\boldsymbol{X}}_{\mathrm{OPT}}(\hat{\boldsymbol{\alpha}}_k^{(\mathrm{a})}) - \boldsymbol{U}_1^{\mathrm{T}}\boldsymbol{G}(\hat{\boldsymbol{x}}_{\mathrm{OPT}}(\hat{\boldsymbol{\alpha}}_k^{(\mathrm{a})})))^{\mathrm{T}} \\
&\times \boldsymbol{E}_1^{-1}(\boldsymbol{W}_1(\hat{\boldsymbol{\alpha}}_k^{(\mathrm{a})})\hat{\boldsymbol{X}}_{\mathrm{OPT}}(\hat{\boldsymbol{\alpha}}_k^{(\mathrm{a})}) - \boldsymbol{U}_1^{\mathrm{T}}\boldsymbol{G}(\hat{\boldsymbol{x}}_{\mathrm{OPT}}(\hat{\boldsymbol{\alpha}}_k^{(\mathrm{a})}))) + \boldsymbol{\Sigma}_{\boldsymbol{\alpha}}^{-1})^{-1} \\
&\times ((\boldsymbol{W}_1(\hat{\boldsymbol{\alpha}}_k^{(\mathrm{a})})\hat{\boldsymbol{X}}_{\mathrm{OPT}}(\hat{\boldsymbol{\alpha}}_k^{(\mathrm{a})}) - \boldsymbol{U}_1^{\mathrm{T}}\boldsymbol{G}(\hat{\boldsymbol{x}}_{\mathrm{OPT}}(\hat{\boldsymbol{\alpha}}_k^{(\mathrm{a})})))^{\mathrm{T}} \\
&\times \boldsymbol{E}_1^{-1}(\boldsymbol{z}_1 - \boldsymbol{W}_1(\hat{\boldsymbol{\alpha}}_k^{(\mathrm{a})})\hat{\boldsymbol{x}}_{\mathrm{OPT}}(\hat{\boldsymbol{\alpha}}_k^{(\mathrm{a})})) - \boldsymbol{\Sigma}_{\boldsymbol{\alpha}}^{-1}\hat{\boldsymbol{\alpha}}_k^{(\mathrm{a})})
\end{aligned} \tag{11.21}
$$

将式 (11.21) 的迭代收敛值记为 $\hat{\boldsymbol{\alpha}}_{\mathrm{STLS}}^{(\mathrm{a})}$, 将其代入式 (11.14) 中即可得到未知参量 $\boldsymbol{x}$ 的最优解, 并将其记为 $\hat{\boldsymbol{x}}_{\mathrm{STLS}}^{(\mathrm{a})}$。参数解耦法的计算步骤见表 11.1。

表 11.1　参数解耦法的计算步骤

步骤	求解方法
1	令 $k := 1$, 设置迭代收敛门限 δ, 并取初始值 $\hat{\boldsymbol{\alpha}}_k^{(\mathrm{a})} = \boldsymbol{O}_{m\times 1}$
2	利用式 (11.21) 计算 $\hat{\boldsymbol{\alpha}}_{k+1}^{(\mathrm{a})}$
3	若 $\|\hat{\boldsymbol{\alpha}}_{k+1}^{(\mathrm{a})} - \hat{\boldsymbol{\alpha}}_k^{(\mathrm{a})}\|_2 \leqslant \delta$, 则令 $\hat{\boldsymbol{\alpha}}_{\mathrm{STLS}}^{(\mathrm{a})} := \hat{\boldsymbol{\alpha}}_{k+1}^{(\mathrm{a})}$, 转至步骤 4; 否则令 $k := k+1$, 转至步骤 2
4	利用式 (11.14) 计算 $\hat{\boldsymbol{x}}_{\mathrm{STLS}}^{(\mathrm{a})}$

【注记 11.5】 在参数解耦法中, 仅仅需要对向量 $\boldsymbol{\alpha}$ 进行迭代即可, 当迭代收敛时, 将其收敛值代入式 (11.14) 中就可以得到未知参量 $\boldsymbol{x}$ 的解, 由于这两个步骤是先后进行的, 这就实现了参数解耦估计。需要指出的是, 并不是所有问题都可以利用参数解耦法进行求解。事实上, 应用参数解耦法的基本条件是, 当固定一个参数时可以得到其余参数的闭式解 (如式 (11.14) 所示)。

二、消元法

消元法的基本思想是利用等式约束将部分未知参量消去。由于 $\boldsymbol{W}_2(\boldsymbol{\alpha})$ 是"矮胖型"行满秩矩阵, 并且其行数为 $p-n$, 因此该矩阵中一定存在 $p-n$ 个列向

量能够形成满秩方阵。不失一般性, 假设矩阵 $\boldsymbol{W}_2(\boldsymbol{\alpha})$ 中前 $p-n$ 列构成的子矩阵为满秩方阵, 并且将矩阵 $\boldsymbol{W}_1(\boldsymbol{\alpha})$ 和 $\boldsymbol{W}_2(\boldsymbol{\alpha})$ 写成如下分块形式

$$\begin{cases} \boldsymbol{W}_1(\boldsymbol{\alpha}) = \left[\underbrace{\boldsymbol{W}_{11}(\boldsymbol{\alpha})}_{n\times(p-n)} \quad \underbrace{\boldsymbol{W}_{12}(\boldsymbol{\alpha})}_{n\times(q-p+n)} \right] \\ \boldsymbol{W}_2(\boldsymbol{\alpha}) = \left[\underbrace{\boldsymbol{W}_{21}(\boldsymbol{\alpha})}_{(p-n)\times(p-n)} \quad \underbrace{\boldsymbol{W}_{22}(\boldsymbol{\alpha})}_{(p-n)\times(q-p+n)} \right] \end{cases} \tag{11.22}$$

其中 $\boldsymbol{W}_{21}(\boldsymbol{\alpha})$ 是可逆矩阵。然后将未知参量 $\boldsymbol{x}$ 分块表示为

$$\boldsymbol{x} = \begin{bmatrix} \underbrace{\boldsymbol{x}_1}_{(p-n)\times 1} \\ \underbrace{\boldsymbol{x}_2}_{(q-p+n)\times 1} \end{bmatrix} \tag{11.23}$$

此时可将等式约束 $\boldsymbol{z}_2 = \boldsymbol{W}_2(\boldsymbol{\alpha})\boldsymbol{x}$ 等价表示为

$$\boldsymbol{z}_2 = \boldsymbol{W}_2(\boldsymbol{\alpha})\boldsymbol{x} = \boldsymbol{W}_{21}(\boldsymbol{\alpha})\boldsymbol{x}_1 + \boldsymbol{W}_{22}(\boldsymbol{\alpha})\boldsymbol{x}_2 \Rightarrow \boldsymbol{x}_1 = (\boldsymbol{W}_{21}(\boldsymbol{\alpha}))^{-1}(\boldsymbol{z}_2 - \boldsymbol{W}_{22}(\boldsymbol{\alpha})\boldsymbol{x}_2) \tag{11.24}$$

由此可知, 向量 $\boldsymbol{x}_1$ 可以由向量 $\boldsymbol{x}_2$ 和 $\boldsymbol{\alpha}$ 显式表示, 因此仅需要针对向量 $\boldsymbol{x}_2$ 和 $\boldsymbol{\alpha}$ 进行联合优化求解即可。将式 (11.22) 和式 (11.23) 代入式 (11.11), 可得

$$\begin{aligned} \boldsymbol{r}_1(\boldsymbol{x},\boldsymbol{\alpha}) &= \boldsymbol{z}_1 - \boldsymbol{W}_{11}(\boldsymbol{\alpha})\boldsymbol{x}_1 - \boldsymbol{W}_{12}(\boldsymbol{\alpha})\boldsymbol{x}_2 \\ &= \boldsymbol{z}_1 - \boldsymbol{W}_{11}(\boldsymbol{\alpha})(\boldsymbol{W}_{21}(\boldsymbol{\alpha}))^{-1}(\boldsymbol{z}_2 - \boldsymbol{W}_{22}(\boldsymbol{\alpha})\boldsymbol{x}_2) - \boldsymbol{W}_{12}(\boldsymbol{\alpha})\boldsymbol{x}_2 \\ &= \boldsymbol{z}_1 - \boldsymbol{W}_{11}(\boldsymbol{\alpha})(\boldsymbol{W}_{21}(\boldsymbol{\alpha}))^{-1}\boldsymbol{z}_2 - (\boldsymbol{W}_{12}(\boldsymbol{\alpha}) \\ &\quad - \boldsymbol{W}_{11}(\boldsymbol{\alpha})(\boldsymbol{W}_{21}(\boldsymbol{\alpha}))^{-1}\boldsymbol{W}_{22}(\boldsymbol{\alpha}))\boldsymbol{x}_2 \\ &= \tilde{\boldsymbol{r}}_1(\boldsymbol{x}_2,\boldsymbol{\alpha}) \end{aligned} \tag{11.25}$$

结合式 (11.13) 和式 (11.25) 可以得到关于向量 $\boldsymbol{x}_2$ 和 $\boldsymbol{\alpha}$ 的无约束优化问题

$$\begin{aligned} &\min_{\substack{\boldsymbol{x}_2\in\mathbf{R}^{(q-p+n)\times 1} \\ \boldsymbol{\alpha}\in\mathbf{R}^{m\times 1}}} \{(\tilde{\boldsymbol{r}}_1(\boldsymbol{x}_2,\boldsymbol{\alpha}))^{\mathrm{T}}\boldsymbol{E}_1^{-1}\tilde{\boldsymbol{r}}_1(\boldsymbol{x}_2,\boldsymbol{\alpha}) + \boldsymbol{\alpha}^{\mathrm{T}}\boldsymbol{\Sigma}_{\boldsymbol{\alpha}}^{-1}\boldsymbol{\alpha}\} \\ &\text{或 } \{||\boldsymbol{E}_1^{-1/2}\tilde{\boldsymbol{r}}_1(\boldsymbol{x}_2,\boldsymbol{\alpha})||_2^2 + ||\boldsymbol{\Sigma}_{\boldsymbol{\alpha}}^{-1/2}\boldsymbol{\alpha}||_2^2\} \end{aligned} \tag{11.26}$$

式 (11.26) 仍然可以通过高斯–牛顿法进行求解, 该方法属于迭代类方法, 下面推导其迭代公式。

结合式 (11.25) 可以将式 (11.26) 中的目标函数表示为

$$J_{\mathrm{STLS}}^{(\mathrm{b})}(\boldsymbol{x}_2,\boldsymbol{\alpha})=\left\|\begin{bmatrix}\boldsymbol{E}_1^{-1/2}\boldsymbol{z}_1\\ \boldsymbol{O}_{m\times 1}\end{bmatrix}-\boldsymbol{f}^{(\mathrm{b})}(\boldsymbol{x}_2,\boldsymbol{\alpha})\right\|_2^2 \tag{11.27}$$

式中

$$\begin{aligned}&\boldsymbol{f}^{(\mathrm{b})}(\boldsymbol{x}_2,\boldsymbol{\alpha})\\ &=\begin{bmatrix}\boldsymbol{E}_1^{-1/2}(\boldsymbol{W}_{11}(\boldsymbol{\alpha})(\boldsymbol{W}_{21}(\boldsymbol{\alpha}))^{-1}\boldsymbol{z}_2+(\boldsymbol{W}_{12}(\boldsymbol{\alpha})-\boldsymbol{W}_{11}(\boldsymbol{\alpha})(\boldsymbol{W}_{21}(\boldsymbol{\alpha}))^{-1}\boldsymbol{W}_{22}(\boldsymbol{\alpha}))\boldsymbol{x}_2)\\ \boldsymbol{\Sigma}_{\boldsymbol{\alpha}}^{-1/2}\boldsymbol{\alpha}\end{bmatrix}\\ &=\begin{bmatrix}\boldsymbol{f}_0^{(\mathrm{b})}(\boldsymbol{x}_2,\boldsymbol{\alpha})\\ \boldsymbol{\Sigma}_{\boldsymbol{\alpha}}^{-1/2}\boldsymbol{\alpha}\end{bmatrix}\end{aligned} \tag{11.28}$$

其中

$$\begin{aligned}\boldsymbol{f}_0^{(\mathrm{b})}(\boldsymbol{x}_2,\boldsymbol{\alpha})=\boldsymbol{E}_1^{-1/2}&(\boldsymbol{W}_{11}(\boldsymbol{\alpha})(\boldsymbol{W}_{21}(\boldsymbol{\alpha}))^{-1}\boldsymbol{z}_2\\ &+(\boldsymbol{W}_{12}(\boldsymbol{\alpha})-\boldsymbol{W}_{11}(\boldsymbol{\alpha})(\boldsymbol{W}_{21}(\boldsymbol{\alpha}))^{-1}\boldsymbol{W}_{22}(\boldsymbol{\alpha}))\boldsymbol{x}_2)\end{aligned} \tag{11.29}$$

假设向量 $\boldsymbol{x}_2$ 和 $\boldsymbol{\alpha}$ 在第 k 次的迭代值分别为 $\hat{\boldsymbol{x}}_{2,k}^{(\mathrm{b})}$ 和 $\hat{\boldsymbol{\alpha}}_k^{(\mathrm{b})}$, 现将函数 $\boldsymbol{f}^{(\mathrm{b})}(\boldsymbol{x}_2,\boldsymbol{\alpha})$ 在点 $(\hat{\boldsymbol{x}}_{2,k}^{(\mathrm{b})},\hat{\boldsymbol{\alpha}}_k^{(\mathrm{b})})$ 处进行一阶泰勒级数展开, 可得

$$\begin{aligned}\boldsymbol{f}^{(\mathrm{b})}(\boldsymbol{x}_2,\boldsymbol{\alpha})&\approx\boldsymbol{f}^{(\mathrm{b})}(\hat{\boldsymbol{x}}_{2,k}^{(\mathrm{b})},\hat{\boldsymbol{\alpha}}_k^{(\mathrm{b})})+\begin{bmatrix}\boldsymbol{F}_{0,1}^{(\mathrm{b})}(\hat{\boldsymbol{x}}_{2,k}^{(\mathrm{b})},\hat{\boldsymbol{\alpha}}_k^{(\mathrm{b})})\\ \boldsymbol{O}_{m\times(q-p+n)}\end{bmatrix}(\boldsymbol{x}_2-\hat{\boldsymbol{x}}_{2,k}^{(\mathrm{b})})\\ &\quad+\begin{bmatrix}\boldsymbol{F}_{0,2}^{(\mathrm{b})}(\hat{\boldsymbol{x}}_{2,k}^{(\mathrm{b})},\hat{\boldsymbol{\alpha}}_k^{(\mathrm{b})})\\ \boldsymbol{\Sigma}_{\boldsymbol{\alpha}}^{-1/2}\end{bmatrix}(\boldsymbol{\alpha}-\hat{\boldsymbol{\alpha}}_k^{(\mathrm{b})})\\ &=\boldsymbol{f}^{(\mathrm{b})}(\hat{\boldsymbol{x}}_{2,k}^{(\mathrm{b})},\hat{\boldsymbol{\alpha}}_k^{(\mathrm{b})})+\left[\begin{array}{c:c}\boldsymbol{F}_{0,1}^{(\mathrm{b})}(\hat{\boldsymbol{x}}_{2,k}^{(\mathrm{b})},\hat{\boldsymbol{\alpha}}_k^{(\mathrm{b})}) & \boldsymbol{F}_{0,2}^{(\mathrm{b})}(\hat{\boldsymbol{x}}_{2,k}^{(\mathrm{b})},\hat{\boldsymbol{\alpha}}_k^{(\mathrm{b})})\\ \hdashline \boldsymbol{O}_{m\times(q-p+n)} & \boldsymbol{\Sigma}_{\boldsymbol{\alpha}}^{-1/2}\end{array}\right]\begin{bmatrix}\boldsymbol{x}_2-\hat{\boldsymbol{x}}_{2,k}^{(\mathrm{b})}\\ \boldsymbol{\alpha}-\hat{\boldsymbol{\alpha}}_k^{(\mathrm{b})}\end{bmatrix}\end{aligned} \tag{11.30}$$

式中 $\boldsymbol{F}_{0,1}^{(\mathrm{b})}(\hat{\boldsymbol{x}}_{2,k}^{(\mathrm{b})},\ \hat{\boldsymbol{\alpha}}_k^{(\mathrm{b})})=\left.\dfrac{\partial\boldsymbol{f}_0^{(\mathrm{b})}(\boldsymbol{x}_2,\ \boldsymbol{\alpha})}{\partial\boldsymbol{x}_2^{\mathrm{T}}}\right|_{\substack{\boldsymbol{x}_2=\hat{\boldsymbol{x}}_{2,k}^{(\mathrm{b})}\\ \boldsymbol{\alpha}=\hat{\boldsymbol{\alpha}}_k^{(\mathrm{b})}}}$ 和 $\boldsymbol{F}_{0,2}^{(\mathrm{b})}(\hat{\boldsymbol{x}}_{2,k}^{(\mathrm{b})},\ \hat{\boldsymbol{\alpha}}_k^{(\mathrm{b})})=\left.\dfrac{\partial\boldsymbol{f}_0^{(\mathrm{b})}(\boldsymbol{x}_2,\ \boldsymbol{\alpha})}{\partial\boldsymbol{\alpha}^{\mathrm{T}}}\right|_{\substack{\boldsymbol{x}_2=\hat{\boldsymbol{x}}_{2,k}^{(\mathrm{b})}\\ \boldsymbol{\alpha}=\hat{\boldsymbol{\alpha}}_k^{(\mathrm{b})}}}$ 这两个矩阵的表达式非常复杂, 附录 J 对其进行了推导。将式 (11.30) 代入式

(11.27) 中可以得到求解第 $k+1$ 次迭代值的线性最小二乘估计优化模型, 即

$$\begin{aligned}
&\min_{\substack{\boldsymbol{x}_2\in\mathbf{R}^{(q-p+n)\times 1}\\ \boldsymbol{\alpha}\in\mathbf{R}^{m\times 1}}} \left\| \begin{bmatrix} \boldsymbol{E}_1^{-1/2}\boldsymbol{z}_1 \\ \boldsymbol{O}_{m\times 1} \end{bmatrix} - \boldsymbol{f}^{(\mathrm{b})}(\hat{\boldsymbol{x}}_{2,k}^{(\mathrm{b})}, \hat{\boldsymbol{\alpha}}_k^{(\mathrm{b})}) \right. \\
&\left. - \left[\begin{array}{c:c} \boldsymbol{F}_{0,1}^{(\mathrm{b})}(\hat{\boldsymbol{x}}_{2,k}^{(\mathrm{b})}, \hat{\boldsymbol{\alpha}}_k^{(\mathrm{b})}) & \boldsymbol{F}_{0,2}^{(\mathrm{b})}(\hat{\boldsymbol{x}}_{2,k}^{(\mathrm{b})}, \hat{\boldsymbol{\alpha}}_k^{(\mathrm{b})}) \\ \hdashline \boldsymbol{O}_{m\times(q-p+n)} & \boldsymbol{\Sigma}_{\boldsymbol{\alpha}}^{-1/2} \end{array}\right] \begin{bmatrix} \boldsymbol{x}_2 - \hat{\boldsymbol{x}}_{2,k}^{(\mathrm{b})} \\ \boldsymbol{\alpha} - \hat{\boldsymbol{\alpha}}_k^{(\mathrm{b})} \end{bmatrix} \right\|_2^2 \\
=\ &\min_{\substack{\boldsymbol{x}_2\in\mathbf{R}^{(q-p+n)\times 1}\\ \boldsymbol{\alpha}\in\mathbf{R}^{m\times 1}}} \left\| \begin{bmatrix} \boldsymbol{E}_1^{-1/2}\boldsymbol{z}_1 - \boldsymbol{f}_0^{(\mathrm{b})}(\hat{\boldsymbol{x}}_{2,k}^{(\mathrm{b})}, \hat{\boldsymbol{\alpha}}_k^{(\mathrm{b})}) \\ -\boldsymbol{\Sigma}_{\boldsymbol{\alpha}}^{-1/2}\hat{\boldsymbol{\alpha}}_k^{(\mathrm{b})} \end{bmatrix} \right. \\
&\left. - \left[\begin{array}{c:c} \boldsymbol{F}_{0,1}^{(\mathrm{b})}(\hat{\boldsymbol{x}}_{2,k}^{(\mathrm{b})}, \hat{\boldsymbol{\alpha}}_k^{(\mathrm{b})}) & \boldsymbol{F}_{0,2}^{(\mathrm{b})}(\hat{\boldsymbol{x}}_{2,k}^{(\mathrm{b})}, \hat{\boldsymbol{\alpha}}_k^{(\mathrm{b})}) \\ \hdashline \boldsymbol{O}_{m\times(q-p+n)} & \boldsymbol{\Sigma}_{\boldsymbol{\alpha}}^{-1/2} \end{array}\right] \begin{bmatrix} \boldsymbol{x}_2 - \hat{\boldsymbol{x}}_{2,k}^{(\mathrm{b})} \\ \boldsymbol{\alpha} - \hat{\boldsymbol{\alpha}}_k^{(\mathrm{b})} \end{bmatrix} \right\|_2^2
\end{aligned} \tag{11.31}$$

由于式 (11.31) 是关于向量 $\boldsymbol{x}_2$ 和 $\boldsymbol{\alpha}$ 的二次优化问题, 因此其存在最优闭式解, 而此闭式解即为第 $k+1$ 次迭代值, 即有

$$\begin{aligned}
&\begin{bmatrix} \hat{\boldsymbol{x}}_{2,k+1}^{(\mathrm{b})} \\ \hat{\boldsymbol{\alpha}}_{k+1}^{(\mathrm{b})} \end{bmatrix} = \begin{bmatrix} \hat{\boldsymbol{x}}_{2,k}^{(\mathrm{b})} \\ \hat{\boldsymbol{\alpha}}_k^{(\mathrm{b})} \end{bmatrix} \\
&+ \left(\left[\begin{array}{c:c} \boldsymbol{F}_{0,1}^{(\mathrm{b})}(\hat{\boldsymbol{x}}_{2,k}^{(\mathrm{b})}, \hat{\boldsymbol{\alpha}}_k^{(\mathrm{b})}) & \boldsymbol{F}_{0,2}^{(\mathrm{b})}(\hat{\boldsymbol{x}}_{2,k}^{(\mathrm{b})}, \hat{\boldsymbol{\alpha}}_k^{(\mathrm{b})}) \\ \hdashline \boldsymbol{O}_{m\times(q-p+n)} & \boldsymbol{\Sigma}_{\boldsymbol{\alpha}}^{-1/2} \end{array}\right]^{\mathrm{T}} \left[\begin{array}{c:c} \boldsymbol{F}_{0,1}^{(\mathrm{b})}(\hat{\boldsymbol{x}}_{2,k}^{(\mathrm{b})}, \hat{\boldsymbol{\alpha}}_k^{(\mathrm{b})}) & \boldsymbol{F}_{0,2}^{(\mathrm{b})}(\hat{\boldsymbol{x}}_{2,k}^{(\mathrm{b})}, \hat{\boldsymbol{\alpha}}_k^{(\mathrm{b})}) \\ \hdashline \boldsymbol{O}_{m\times(q-p+n)} & \boldsymbol{\Sigma}_{\boldsymbol{\alpha}}^{-1/2} \end{array}\right] \right)^{-1} \\
&\times \left[\begin{array}{c:c} \boldsymbol{F}_{0,1}^{(\mathrm{b})}(\hat{\boldsymbol{x}}_{2,k}^{(\mathrm{b})}, \hat{\boldsymbol{\alpha}}_k^{(\mathrm{b})}) & \boldsymbol{F}_{0,2}^{(\mathrm{b})}(\hat{\boldsymbol{x}}_{2,k}^{(\mathrm{b})}, \hat{\boldsymbol{\alpha}}_k^{(\mathrm{b})}) \\ \hdashline \boldsymbol{O}_{m\times(q-p+n)} & \boldsymbol{\Sigma}_{\boldsymbol{\alpha}}^{-1/2} \end{array}\right]^{\mathrm{T}} \begin{bmatrix} \boldsymbol{E}_1^{-1/2}\boldsymbol{z}_1 - \boldsymbol{f}_0^{(\mathrm{b})}(\hat{\boldsymbol{x}}_{2,k}^{(\mathrm{b})}, \hat{\boldsymbol{\alpha}}_k^{(\mathrm{b})}) \\ -\boldsymbol{\Sigma}_{\boldsymbol{\alpha}}^{-1/2}\hat{\boldsymbol{\alpha}}_k^{(\mathrm{b})} \end{bmatrix} \\
&= \begin{bmatrix} \hat{\boldsymbol{x}}_{2,k}^{(\mathrm{b})} \\ \hat{\boldsymbol{\alpha}}_k^{(\mathrm{b})} \end{bmatrix} \\
&+ \left[\begin{array}{c:c} (\boldsymbol{F}_{0,1}^{(\mathrm{b})}(\hat{\boldsymbol{x}}_{2,k}^{(\mathrm{b})}, \hat{\boldsymbol{\alpha}}_k^{(\mathrm{b})}))^{\mathrm{T}}\boldsymbol{F}_{0,1}^{(\mathrm{b})}(\hat{\boldsymbol{x}}_{2,k}^{(\mathrm{b})}, \hat{\boldsymbol{\alpha}}_k^{(\mathrm{b})}) & (\boldsymbol{F}_{0,1}^{(\mathrm{b})}(\hat{\boldsymbol{x}}_{2,k}^{(\mathrm{b})}, \hat{\boldsymbol{\alpha}}_k^{(\mathrm{b})}))^{\mathrm{T}}\boldsymbol{F}_{0,2}^{(\mathrm{b})}(\hat{\boldsymbol{x}}_{2,k}^{(\mathrm{b})}, \hat{\boldsymbol{\alpha}}_k^{(\mathrm{b})}) \\ \hdashline (\boldsymbol{F}_{0,2}^{(\mathrm{b})}(\hat{\boldsymbol{x}}_{2,k}^{(\mathrm{b})}, \hat{\boldsymbol{\alpha}}_k^{(\mathrm{b})}))^{\mathrm{T}}\boldsymbol{F}_{0,1}^{(\mathrm{b})}(\hat{\boldsymbol{x}}_{2,k}^{(\mathrm{b})}, \hat{\boldsymbol{\alpha}}_k^{(\mathrm{b})}) & (\boldsymbol{F}_{0,2}^{(\mathrm{b})}(\hat{\boldsymbol{x}}_{2,k}^{(\mathrm{b})}, \hat{\boldsymbol{\alpha}}_k^{(\mathrm{b})}))^{\mathrm{T}}\boldsymbol{F}_{0,2}^{(\mathrm{b})}(\hat{\boldsymbol{x}}_{2,k}^{(\mathrm{b})}, \hat{\boldsymbol{\alpha}}_k^{(\mathrm{b})}) + \boldsymbol{\Sigma}_{\boldsymbol{\alpha}}^{-1} \end{array}\right]^{-1} \\
&\times \begin{bmatrix} (\boldsymbol{F}_{0,1}^{(\mathrm{b})}(\hat{\boldsymbol{x}}_{2,k}^{(\mathrm{b})}, \hat{\boldsymbol{\alpha}}_k^{(\mathrm{b})}))^{\mathrm{T}}(\boldsymbol{E}_1^{-1/2}\boldsymbol{z}_1 - \boldsymbol{f}_0^{(\mathrm{b})}(\hat{\boldsymbol{x}}_{2,k}^{(\mathrm{b})}, \hat{\boldsymbol{\alpha}}_k^{(\mathrm{b})})) \\ (\boldsymbol{F}_{0,2}^{(\mathrm{b})}(\hat{\boldsymbol{x}}_{2,k}^{(\mathrm{b})}, \hat{\boldsymbol{\alpha}}_k^{(\mathrm{b})}))^{\mathrm{T}}(\boldsymbol{E}_1^{-1/2}\boldsymbol{z}_1 - \boldsymbol{f}_0^{(\mathrm{b})}(\hat{\boldsymbol{x}}_{2,k}^{(\mathrm{b})}, \hat{\boldsymbol{\alpha}}_k^{(\mathrm{b})})) - \boldsymbol{\Sigma}_{\boldsymbol{\alpha}}^{-1}\hat{\boldsymbol{\alpha}}_k^{(\mathrm{b})} \end{bmatrix}
\end{aligned} \tag{11.32}$$

将式 (11.32) 的迭代收敛值记为 $\begin{bmatrix} \hat{\boldsymbol{x}}_{2,\mathrm{STLS}}^{(\mathrm{b})} \\ \hat{\boldsymbol{\alpha}}_{\mathrm{STLS}}^{(\mathrm{b})} \end{bmatrix}$, 将其代入式 (11.24) 中即可得到未知参量 $\boldsymbol{x}_1$ 的最优解, 记为 $\hat{\boldsymbol{x}}_{1,\mathrm{STLS}}^{(\mathrm{b})}$。消元法的计算步骤见表 11.2。

表 11.2　消元法的计算步骤

步骤	求解方法
1	令 $k:=1$, 设置迭代收敛门限 δ, 并取初始值 $\hat{\boldsymbol{\alpha}}_k^{(\mathrm{b})}=\boldsymbol{O}_{m\times 1}$, $\hat{\boldsymbol{x}}_{2,k}^{(\mathrm{b})}$ 由线性最小二乘估计值给出
2	利用式 (11.32) 计算 $\begin{bmatrix}\hat{\boldsymbol{x}}_{2,k+1}^{(\mathrm{b})}\\ \hat{\boldsymbol{\alpha}}_{k+1}^{(\mathrm{b})}\end{bmatrix}$
3	若 $\left\|\begin{bmatrix}\hat{\boldsymbol{x}}_{2,k+1}^{(\mathrm{b})}\\ \hat{\boldsymbol{\alpha}}_{k+1}^{(\mathrm{b})}\end{bmatrix}-\begin{bmatrix}\hat{\boldsymbol{x}}_{2,k}^{(\mathrm{b})}\\ \hat{\boldsymbol{\alpha}}_{k}^{(\mathrm{b})}\end{bmatrix}\right\|_2\leqslant\delta$, 则令 $\begin{bmatrix}\hat{\boldsymbol{x}}_{2,\mathrm{STLS}}^{(\mathrm{b})}\\ \hat{\boldsymbol{\alpha}}_{\mathrm{STLS}}^{(\mathrm{b})}\end{bmatrix}:=\begin{bmatrix}\hat{\boldsymbol{x}}_{2,k+1}^{(\mathrm{b})}\\ \hat{\boldsymbol{\alpha}}_{k+1}^{(\mathrm{b})}\end{bmatrix}$, 转至步骤 4; 否则令 $k:=k+1$, 转至步骤 2
4	利用式 (11.24) 计算 $\hat{\boldsymbol{x}}_{1,\mathrm{STLS}}^{(\mathrm{b})}$

【注记 11.6】 在消元法中, 未知参量 $\boldsymbol{x}_2$ 的初始值由第 3 章的线性最小二乘估计值 (即式 (3.11)) 给出, 误差向量 $\boldsymbol{\alpha}$ 的初始值则直接设为零向量, 大量数值实验结果表明这种初始值的选取方式是可行的。

三、拉格朗日乘子法

拉格朗日乘子法是基于拉格朗日乘子理论对式 (11.13) 进行求解。首先构造关于式 (11.13) 的拉格朗日函数

$$l^{(\mathrm{c})}(\boldsymbol{x},\boldsymbol{\alpha},\boldsymbol{\lambda})=(\boldsymbol{r}_1(\boldsymbol{x},\boldsymbol{\alpha}))^{\mathrm{T}}\boldsymbol{E}_1^{-1}\boldsymbol{r}_1(\boldsymbol{x},\boldsymbol{\alpha})+\boldsymbol{\alpha}^{\mathrm{T}}\boldsymbol{\Sigma}_{\boldsymbol{\alpha}}^{-1}\boldsymbol{\alpha}+\boldsymbol{\lambda}^{\mathrm{T}}(\boldsymbol{z}_2-\boldsymbol{W}_2(\boldsymbol{\alpha})\boldsymbol{x}) \tag{11.33}$$

式中 $\boldsymbol{\lambda}$ 为拉格朗日乘子向量。分别将向量 $\boldsymbol{x}$、$\boldsymbol{\alpha}$ 和 $\boldsymbol{\lambda}$ 的最优解记为 $\hat{\boldsymbol{x}}_{\mathrm{STLS}}$、$\hat{\boldsymbol{\alpha}}_{\mathrm{STLS}}$ 和 $\hat{\boldsymbol{\lambda}}_{\mathrm{STLS}}$, 再将函数 $l^{(\mathrm{c})}(\boldsymbol{x},\boldsymbol{\alpha},\boldsymbol{\lambda})$ 分别对向量 $\boldsymbol{x}$、$\boldsymbol{\alpha}$ 和 $\boldsymbol{\lambda}$ 求偏导, 并令它们等于零, 可得

$$\left.\frac{\partial l^{(\mathrm{c})}(\boldsymbol{x},\boldsymbol{\alpha},\boldsymbol{\lambda})}{\partial\boldsymbol{x}}\right|_{\substack{\boldsymbol{x}=\hat{\boldsymbol{x}}_{\mathrm{STLS}}\\ \boldsymbol{\alpha}=\hat{\boldsymbol{\alpha}}_{\mathrm{STLS}}\\ \boldsymbol{\lambda}=\hat{\boldsymbol{\lambda}}_{\mathrm{STLS}}}}=-2(\boldsymbol{W}_1(\hat{\boldsymbol{\alpha}}_{\mathrm{STLS}}))^{\mathrm{T}}\boldsymbol{E}_1^{-1}\boldsymbol{r}_1(\hat{\boldsymbol{x}}_{\mathrm{STLS}},\hat{\boldsymbol{\alpha}}_{\mathrm{STLS}})-(\boldsymbol{W}_2(\hat{\boldsymbol{\alpha}}_{\mathrm{STLS}}))^{\mathrm{T}}\hat{\boldsymbol{\lambda}}_{\mathrm{STLS}}=\boldsymbol{O}_{q\times 1} \tag{11.34}$$

$$\left.\frac{\partial l^{(\mathrm{c})}(\boldsymbol{x},\boldsymbol{\alpha},\boldsymbol{\lambda})}{\partial\boldsymbol{\alpha}}\right|_{\substack{\boldsymbol{x}=\hat{\boldsymbol{x}}_{\mathrm{STLS}}\\ \boldsymbol{\alpha}=\hat{\boldsymbol{\alpha}}_{\mathrm{STLS}}\\ \boldsymbol{\lambda}=\hat{\boldsymbol{\lambda}}_{\mathrm{STLS}}}}=2(\boldsymbol{G}(\hat{\boldsymbol{x}}_{\mathrm{STLS}}))^{\mathrm{T}}\boldsymbol{U}_1\boldsymbol{E}_1^{-1}\boldsymbol{r}_1(\hat{\boldsymbol{x}}_{\mathrm{STLS}},\hat{\boldsymbol{\alpha}}_{\mathrm{STLS}})$$

$$+2\boldsymbol{\Sigma}_{\boldsymbol{\alpha}}^{-1}\boldsymbol{\alpha}+(\boldsymbol{G}(\hat{\boldsymbol{x}}_{\mathrm{STLS}}))^{\mathrm{T}}\boldsymbol{U}_2\hat{\boldsymbol{\lambda}}_{\mathrm{STLS}}=\boldsymbol{O}_{m\times 1} \tag{11.35}$$

$$\left.\frac{\partial l^{(\mathrm{c})}(\boldsymbol{x},\boldsymbol{\alpha},\boldsymbol{\lambda})}{\partial \boldsymbol{\lambda}}\right|_{\substack{\boldsymbol{x}=\hat{\boldsymbol{x}}_{\mathrm{STLS}}\\ \boldsymbol{\alpha}=\hat{\boldsymbol{\alpha}}_{\mathrm{STLS}}\\ \boldsymbol{\lambda}=\hat{\boldsymbol{\lambda}}_{\mathrm{STLS}}}}=\boldsymbol{z}_2-\boldsymbol{W}_2(\hat{\boldsymbol{\alpha}}_{\mathrm{STLS}})\hat{\boldsymbol{x}}_{\mathrm{STLS}}=\boldsymbol{O}_{(p-n)\times 1} \tag{11.36}$$

式 (11.34) 至式 (11.36) 可以看成是关于 $\hat{\boldsymbol{x}}_{\mathrm{STLS}}$、$\hat{\boldsymbol{\alpha}}_{\mathrm{STLS}}$ 和 $\hat{\boldsymbol{\lambda}}_{\mathrm{STLS}}$ 的非线性方程组, 而求解式 (11.13) 的过程即为求解此非线性方程组的过程。

非线性方程组式 (11.34) 至式 (11.36) 可以利用牛顿迭代法进行求解, 为此需要确定拉格朗日函数 $l^{(\mathrm{c})}(\boldsymbol{x},\boldsymbol{\alpha},\boldsymbol{\lambda})$ 的梯度向量和 Hessian 矩阵的表达式分别为

$$\nabla l^{(\mathrm{c})}(\boldsymbol{x},\boldsymbol{\alpha},\boldsymbol{\lambda})=\begin{bmatrix}\dfrac{\partial l^{(\mathrm{c})}(\boldsymbol{x},\boldsymbol{\alpha},\boldsymbol{\lambda})}{\partial \boldsymbol{x}}\\ \dfrac{\partial l^{(\mathrm{c})}(\boldsymbol{x},\boldsymbol{\alpha},\boldsymbol{\lambda})}{\partial \boldsymbol{\alpha}}\\ \dfrac{\partial l^{(\mathrm{c})}(\boldsymbol{x},\boldsymbol{\alpha},\boldsymbol{\lambda})}{\partial \boldsymbol{\lambda}}\end{bmatrix}=\begin{bmatrix}-2(\boldsymbol{W}_1(\boldsymbol{\alpha}))^{\mathrm{T}}\boldsymbol{E}_1^{-1}\boldsymbol{r}_1(\boldsymbol{x},\boldsymbol{\alpha})-(\boldsymbol{W}_2(\boldsymbol{\alpha}))^{\mathrm{T}}\boldsymbol{\lambda}\\ 2(\boldsymbol{G}(\boldsymbol{x}))^{\mathrm{T}}\boldsymbol{U}_1\boldsymbol{E}_1^{-1}\boldsymbol{r}_1(\boldsymbol{x},\boldsymbol{\alpha})+2\boldsymbol{\Sigma}_{\boldsymbol{\alpha}}^{-1}\boldsymbol{\alpha}+(\boldsymbol{G}(\boldsymbol{x}))^{\mathrm{T}}\boldsymbol{U}_2\boldsymbol{\lambda}\\ \boldsymbol{z}_2-\boldsymbol{W}_2(\boldsymbol{\alpha})\boldsymbol{x}\end{bmatrix} \tag{11.37}$$

$$\nabla^2 l^{(\mathrm{c})}(\boldsymbol{x},\boldsymbol{\alpha},\boldsymbol{\lambda})=\begin{bmatrix}\dfrac{\nabla^2 l^{(\mathrm{c})}(\boldsymbol{x},\boldsymbol{\alpha},\boldsymbol{\lambda})}{\partial \boldsymbol{x}\partial \boldsymbol{x}^{\mathrm{T}}} & \dfrac{\nabla^2 l^{(\mathrm{c})}(\boldsymbol{x},\boldsymbol{\alpha},\boldsymbol{\lambda})}{\partial \boldsymbol{x}\partial \boldsymbol{\alpha}^{\mathrm{T}}} & \dfrac{\nabla^2 l^{(\mathrm{c})}(\boldsymbol{x},\boldsymbol{\alpha},\boldsymbol{\lambda})}{\partial \boldsymbol{x}\partial \boldsymbol{\lambda}^{\mathrm{T}}}\\ \dfrac{\nabla^2 l^{(\mathrm{c})}(\boldsymbol{x},\boldsymbol{\alpha},\boldsymbol{\lambda})}{\partial \boldsymbol{\alpha}\partial \boldsymbol{x}^{\mathrm{T}}} & \dfrac{\nabla^2 l^{(\mathrm{c})}(\boldsymbol{x},\boldsymbol{\alpha},\boldsymbol{\lambda})}{\partial \boldsymbol{\alpha}\partial \boldsymbol{\alpha}^{\mathrm{T}}} & \dfrac{\nabla^2 l^{(\mathrm{c})}(\boldsymbol{x},\boldsymbol{\alpha},\boldsymbol{\lambda})}{\partial \boldsymbol{\alpha}\partial \boldsymbol{\lambda}^{\mathrm{T}}}\\ \dfrac{\nabla^2 l^{(\mathrm{c})}(\boldsymbol{x},\boldsymbol{\alpha},\boldsymbol{\lambda})}{\partial \boldsymbol{\lambda}\partial \boldsymbol{x}^{\mathrm{T}}} & \dfrac{\nabla^2 l^{(\mathrm{c})}(\boldsymbol{x},\boldsymbol{\alpha},\boldsymbol{\lambda})}{\partial \boldsymbol{\lambda}\partial \boldsymbol{\alpha}^{\mathrm{T}}} & \dfrac{\nabla^2 l^{(\mathrm{c})}(\boldsymbol{x},\boldsymbol{\alpha},\boldsymbol{\lambda})}{\partial \boldsymbol{\lambda}\partial \boldsymbol{\lambda}^{\mathrm{T}}}\end{bmatrix}$$

$$=\left[\begin{array}{c:c:c}2(\boldsymbol{W}_1(\boldsymbol{\alpha}))^{\mathrm{T}}\boldsymbol{E}_1^{-1}\boldsymbol{W}_1(\boldsymbol{\alpha}) & \begin{array}{c}\bar{\boldsymbol{G}}(2\boldsymbol{U}_1\boldsymbol{E}_1^{-1}\boldsymbol{r}_1(\boldsymbol{x},\boldsymbol{\alpha})+\boldsymbol{U}_2\boldsymbol{\lambda})\\ -2(\boldsymbol{W}_1(\boldsymbol{\alpha}))^{\mathrm{T}}\boldsymbol{E}_1^{-1}\boldsymbol{U}_1^{\mathrm{T}}\boldsymbol{G}(\boldsymbol{x})\end{array} & -(\boldsymbol{W}_2(\boldsymbol{\alpha}))^{\mathrm{T}}\\ \hdashline \begin{array}{c}\bar{\boldsymbol{H}}(2\boldsymbol{U}_1\boldsymbol{E}_1^{-1}\boldsymbol{r}_1(\boldsymbol{x},\boldsymbol{\alpha})+\boldsymbol{U}_2\boldsymbol{\lambda})\\ -2(\boldsymbol{G}(\boldsymbol{x}))^{\mathrm{T}}\boldsymbol{U}_1\boldsymbol{E}_1^{-1}\boldsymbol{W}_1(\boldsymbol{\alpha})\end{array} & 2(\boldsymbol{G}(\boldsymbol{x}))^{\mathrm{T}}\boldsymbol{U}_1\boldsymbol{E}_1^{-1}\boldsymbol{U}_1^{\mathrm{T}}\boldsymbol{G}(\boldsymbol{x})+2\boldsymbol{\Sigma}_{\boldsymbol{\alpha}}^{-1} & (\boldsymbol{G}(\boldsymbol{x}))^{\mathrm{T}}\boldsymbol{U}_2\\ \hdashline -\boldsymbol{W}_2(\boldsymbol{\alpha}) & \boldsymbol{U}_2^{\mathrm{T}}\boldsymbol{G}(\boldsymbol{x}) & \boldsymbol{O}_{(p-n)\times(p-n)}\end{array}\right] \tag{11.38}$$

式中 $\bar{\boldsymbol{G}}(\cdot)$ 和 $\bar{\boldsymbol{H}}(\cdot)$ 分别是由 $\boldsymbol{G}(\cdot)$ 和 $\boldsymbol{H}(\cdot)$ 衍生出的函数, 它们满足

$$(\boldsymbol{H}(\boldsymbol{\alpha}))^{\mathrm{T}}\boldsymbol{y} = \bar{\boldsymbol{G}}(\boldsymbol{y})\boldsymbol{\alpha} \tag{11.39}$$

$$(\boldsymbol{G}(\boldsymbol{x}))^{\mathrm{T}}\boldsymbol{y} = \bar{\boldsymbol{H}}(\boldsymbol{y})\boldsymbol{x} \tag{11.40}$$

式中 $\boldsymbol{y}$ 为任意 p 维向量。结合式 (11.5)、式 (11.39) 和式 (11.40) 可得

$$\boldsymbol{x}^{\mathrm{T}}\bar{\boldsymbol{G}}(\boldsymbol{y})\boldsymbol{\alpha} = \boldsymbol{x}^{\mathrm{T}}(\boldsymbol{H}(\boldsymbol{\alpha}))^{\mathrm{T}}\boldsymbol{y} = \boldsymbol{\alpha}^{\mathrm{T}}(\boldsymbol{G}(\boldsymbol{x}))^{\mathrm{T}}\boldsymbol{y} = \boldsymbol{\alpha}^{\mathrm{T}}\bar{\boldsymbol{H}}(\boldsymbol{y})\boldsymbol{x} = \boldsymbol{x}^{\mathrm{T}}(\bar{\boldsymbol{H}}(\boldsymbol{y}))^{\mathrm{T}}\boldsymbol{\alpha} \tag{11.41}$$

由此可知 $\bar{\boldsymbol{G}}(\boldsymbol{y}) = (\bar{\boldsymbol{H}}(\boldsymbol{y}))^{\mathrm{T}}$。

牛顿迭代公式满足

$$\nabla^2 l^{(\mathrm{c})}(\hat{\boldsymbol{x}}_k^{(\mathrm{c})}, \hat{\boldsymbol{\alpha}}_k^{(\mathrm{c})}, \hat{\boldsymbol{\lambda}}_k^{(\mathrm{c})}) \begin{bmatrix} \hat{\boldsymbol{x}}_{k+1}^{(\mathrm{c})} - \hat{\boldsymbol{x}}_k^{(\mathrm{c})} \\ \hat{\boldsymbol{\alpha}}_{k+1}^{(\mathrm{c})} - \hat{\boldsymbol{\alpha}}_k^{(\mathrm{c})} \\ \hat{\boldsymbol{\lambda}}_{k+1}^{(\mathrm{c})} - \hat{\boldsymbol{\lambda}}_k^{(\mathrm{c})} \end{bmatrix} = -\nabla l^{(\mathrm{c})}(\hat{\boldsymbol{x}}_k^{(\mathrm{c})}, \hat{\boldsymbol{\alpha}}_k^{(\mathrm{c})}, \hat{\boldsymbol{\lambda}}_k^{(\mathrm{c})}) \tag{11.42}$$

式中 $\hat{\boldsymbol{x}}_k^{(\mathrm{c})}$、$\hat{\boldsymbol{\alpha}}_k^{(\mathrm{c})}$ 和 $\hat{\boldsymbol{\lambda}}_k^{(\mathrm{c})}$ 表示第 k 次迭代结果, $\hat{\boldsymbol{x}}_{k+1}^{(\mathrm{c})}$、$\hat{\boldsymbol{\alpha}}_{k+1}^{(\mathrm{c})}$ 和 $\hat{\boldsymbol{\lambda}}_{k+1}^{(\mathrm{c})}$ 则表示第 $k+1$ 次迭代结果。将式 (11.37) 和式 (11.38) 代入式 (11.42), 可知

$$\begin{aligned}
&\left[\begin{array}{c:c:c}
2(\boldsymbol{W}_1(\hat{\boldsymbol{\alpha}}_k^{(\mathrm{c})}))^{\mathrm{T}}\boldsymbol{E}_1^{-1}\boldsymbol{W}_1(\hat{\boldsymbol{\alpha}}_k^{(\mathrm{c})}) & \begin{array}{c}\bar{\boldsymbol{G}}(2\boldsymbol{U}_1\boldsymbol{E}_1^{-1}\boldsymbol{r}_1(\hat{\boldsymbol{x}}_k^{(\mathrm{c})}, \hat{\boldsymbol{\alpha}}_k^{(\mathrm{c})}) + \boldsymbol{U}_2\hat{\boldsymbol{\lambda}}_k^{(\mathrm{c})}) \\ -2(\boldsymbol{W}_1(\hat{\boldsymbol{\alpha}}_k^{(\mathrm{c})}))^{\mathrm{T}}\boldsymbol{E}_1^{-1}\boldsymbol{U}_1^{\mathrm{T}}\boldsymbol{G}(\hat{\boldsymbol{x}}_k^{(\mathrm{c})})\end{array} & -(\boldsymbol{W}_2(\hat{\boldsymbol{\alpha}}_k^{(\mathrm{c})}))^{\mathrm{T}} \\ \hdashline
\begin{array}{c}\bar{\boldsymbol{H}}(2\boldsymbol{U}_1\boldsymbol{E}_1^{-1}\boldsymbol{r}_1(\hat{\boldsymbol{x}}_k^{(\mathrm{c})}, \hat{\boldsymbol{\alpha}}_k^{(\mathrm{c})}) + \boldsymbol{U}_2\hat{\boldsymbol{\lambda}}_k^{(\mathrm{c})}) \\ -2(\boldsymbol{G}(\hat{\boldsymbol{x}}_k^{(\mathrm{c})}))^{\mathrm{T}}\boldsymbol{U}_1\boldsymbol{E}_1^{-1}\boldsymbol{W}_1(\hat{\boldsymbol{\alpha}}_k^{(\mathrm{c})})\end{array} & 2(\boldsymbol{G}(\hat{\boldsymbol{x}}_k^{(\mathrm{c})}))^{\mathrm{T}}\boldsymbol{U}_1\boldsymbol{E}_1^{-1}\boldsymbol{U}_1^{\mathrm{T}}\boldsymbol{G}(\hat{\boldsymbol{x}}_k^{(\mathrm{c})}) + 2\boldsymbol{\Sigma}_{\boldsymbol{\alpha}}^{-1} & (\boldsymbol{G}(\hat{\boldsymbol{x}}_k^{(\mathrm{c})}))^{\mathrm{T}}\boldsymbol{U}_2 \\ \hdashline
-\boldsymbol{W}_2(\hat{\boldsymbol{\alpha}}_k^{(\mathrm{c})}) & \boldsymbol{U}_2^{\mathrm{T}}\boldsymbol{G}(\hat{\boldsymbol{x}}_k^{(\mathrm{c})}) & \boldsymbol{O}_{(p-n)\times(p-n)}
\end{array}\right] \\
&\times \begin{bmatrix} \hat{\boldsymbol{x}}_{k+1}^{(\mathrm{c})} - \hat{\boldsymbol{x}}_k^{(\mathrm{c})} \\ \hat{\boldsymbol{\alpha}}_{k+1}^{(\mathrm{c})} - \hat{\boldsymbol{\alpha}}_k^{(\mathrm{c})} \\ \hat{\boldsymbol{\lambda}}_{k+1}^{(\mathrm{c})} - \hat{\boldsymbol{\lambda}}_k^{(\mathrm{c})} \end{bmatrix} \\
= &-\begin{bmatrix} -2(\boldsymbol{W}_1(\hat{\boldsymbol{\alpha}}_k^{(\mathrm{c})}))^{\mathrm{T}}\boldsymbol{E}_1^{-1}\boldsymbol{r}_1(\hat{\boldsymbol{x}}_k^{(\mathrm{c})}, \hat{\boldsymbol{\alpha}}_k^{(\mathrm{c})}) - (\boldsymbol{W}_2(\hat{\boldsymbol{\alpha}}_k^{(\mathrm{c})}))^{\mathrm{T}}\hat{\boldsymbol{\lambda}}_k^{(\mathrm{c})} \\ 2(\boldsymbol{G}(\hat{\boldsymbol{x}}_k^{(\mathrm{c})}))^{\mathrm{T}}\boldsymbol{U}_1\boldsymbol{E}_1^{-1}\boldsymbol{r}_1(\hat{\boldsymbol{x}}_k^{(\mathrm{c})}, \hat{\boldsymbol{\alpha}}_k^{(\mathrm{c})}) + 2\boldsymbol{\Sigma}_{\boldsymbol{\alpha}}^{-1}\hat{\boldsymbol{\alpha}}_k^{(\mathrm{c})} + (\boldsymbol{G}(\hat{\boldsymbol{x}}_k^{(\mathrm{c})}))^{\mathrm{T}}\boldsymbol{U}_2\hat{\boldsymbol{\lambda}}_k^{(\mathrm{c})} \\ \boldsymbol{z}_2 - \boldsymbol{W}_2(\hat{\boldsymbol{\alpha}}_k^{(\mathrm{c})})\hat{\boldsymbol{x}}_k^{(\mathrm{c})} \end{bmatrix}
\end{aligned} \tag{11.43}$$

下面将基于式 (11.43) 推导关于 $\hat{\boldsymbol{x}}_{k+1}^{(\mathrm{c})}$、$\hat{\boldsymbol{\alpha}}_{k+1}^{(\mathrm{c})}$ 和 $\hat{\boldsymbol{\lambda}}_{k+1}^{(\mathrm{c})}$ 的迭代公式。将式

(11.43) 展开可以得到

$$\boldsymbol{\Phi}(\hat{\boldsymbol{x}}_k^{(\mathrm{c})},\hat{\boldsymbol{\alpha}}_k^{(\mathrm{c})},\hat{\boldsymbol{\lambda}}_k^{(\mathrm{c})})\begin{bmatrix}\hat{\boldsymbol{x}}_{k+1}^{(\mathrm{c})}-\hat{\boldsymbol{x}}_k^{(\mathrm{c})}\\ \hat{\boldsymbol{\alpha}}_{k+1}^{(\mathrm{c})}-\hat{\boldsymbol{\alpha}}_k^{(\mathrm{c})}\end{bmatrix}+\begin{bmatrix}-(\boldsymbol{W}_2(\hat{\boldsymbol{\alpha}}_k^{(\mathrm{c})}))^{\mathrm{T}}\\ \hdashline (\boldsymbol{G}(\hat{\boldsymbol{x}}_k^{(\mathrm{c})}))^{\mathrm{T}}\boldsymbol{U}_2\end{bmatrix}(\hat{\boldsymbol{\lambda}}_{k+1}^{(\mathrm{c})}-\hat{\boldsymbol{\lambda}}_k^{(\mathrm{c})})$$
$$=-\begin{bmatrix}-2(\boldsymbol{W}_1(\hat{\boldsymbol{\alpha}}_k^{(\mathrm{c})}))^{\mathrm{T}}\boldsymbol{E}_1^{-1}\boldsymbol{r}_1(\hat{\boldsymbol{x}}_k^{(\mathrm{c})},\hat{\boldsymbol{\alpha}}_k^{(\mathrm{c})})-(\boldsymbol{W}_2(\hat{\boldsymbol{\alpha}}_k^{(\mathrm{c})}))^{\mathrm{T}}\hat{\boldsymbol{\lambda}}_k^{(\mathrm{c})}\\ 2(\boldsymbol{G}(\hat{\boldsymbol{x}}_k^{(\mathrm{c})}))^{\mathrm{T}}\boldsymbol{U}_1\boldsymbol{E}_1^{-1}\boldsymbol{r}_1(\hat{\boldsymbol{x}}_k^{(\mathrm{c})},\hat{\boldsymbol{\alpha}}_k^{(\mathrm{c})})+2\boldsymbol{\Sigma}_{\boldsymbol{\alpha}}^{-1}\hat{\boldsymbol{\alpha}}_k^{(\mathrm{c})}+(\boldsymbol{G}(\hat{\boldsymbol{x}}_k^{(\mathrm{c})}))^{\mathrm{T}}\boldsymbol{U}_2\hat{\boldsymbol{\lambda}}_k^{(\mathrm{c})}\end{bmatrix} \tag{11.44}$$

$$[-\boldsymbol{W}_2(\hat{\boldsymbol{\alpha}}_k^{(\mathrm{c})})\quad \boldsymbol{U}_2^{\mathrm{T}}\boldsymbol{G}(\hat{\boldsymbol{x}}_k^{(\mathrm{c})})]\begin{bmatrix}\hat{\boldsymbol{x}}_{k+1}^{(\mathrm{c})}-\hat{\boldsymbol{x}}_k^{(\mathrm{c})}\\ \hat{\boldsymbol{\alpha}}_{k+1}^{(\mathrm{c})}-\hat{\boldsymbol{\alpha}}_k^{(\mathrm{c})}\end{bmatrix}=-(\boldsymbol{z}_2-\boldsymbol{W}_2(\hat{\boldsymbol{\alpha}}_k^{(\mathrm{c})})\hat{\boldsymbol{x}}_k^{(\mathrm{c})}) \tag{11.45}$$

式中,

$$\boldsymbol{\Phi}(\hat{\boldsymbol{x}}_k^{(\mathrm{c})},\hat{\boldsymbol{\alpha}}_k^{(\mathrm{c})},\hat{\boldsymbol{\lambda}}_k^{(\mathrm{c})})$$
$$=\left[\begin{array}{c:c}2(\boldsymbol{W}_1(\hat{\boldsymbol{\alpha}}_k^{(\mathrm{c})}))^{\mathrm{T}}\boldsymbol{E}_1^{-1}\boldsymbol{W}_1(\hat{\boldsymbol{\alpha}}_k^{(\mathrm{c})}) & \begin{array}{c}\bar{\boldsymbol{G}}(2\boldsymbol{U}_1\boldsymbol{E}_1^{-1}\boldsymbol{r}_1(\hat{\boldsymbol{x}}_k^{(\mathrm{c})},\hat{\boldsymbol{\alpha}}_k^{(\mathrm{c})})+\boldsymbol{U}_2\hat{\boldsymbol{\lambda}}_k^{(\mathrm{c})})\\ -2(\boldsymbol{W}_1(\hat{\boldsymbol{\alpha}}_k^{(\mathrm{c})}))^{\mathrm{T}}\boldsymbol{E}_1^{-1}\boldsymbol{U}_1^{\mathrm{T}}\boldsymbol{G}(\hat{\boldsymbol{x}}_k^{(\mathrm{c})})\end{array}\\ \hdashline \begin{array}{c}\bar{\boldsymbol{H}}(2\boldsymbol{U}_1\boldsymbol{E}_1^{-1}\boldsymbol{r}_1(\hat{\boldsymbol{x}}_k^{(\mathrm{c})},\hat{\boldsymbol{\alpha}}_k^{(\mathrm{c})})+\boldsymbol{U}_2\hat{\boldsymbol{\lambda}}_k^{(\mathrm{c})})\\ -2(\boldsymbol{G}(\hat{\boldsymbol{x}}_k^{(\mathrm{c})}))^{\mathrm{T}}\boldsymbol{U}_1\boldsymbol{E}_1^{-1}\boldsymbol{W}_1(\hat{\boldsymbol{\alpha}}_k^{(\mathrm{c})})\end{array} & 2(\boldsymbol{G}(\hat{\boldsymbol{x}}_k^{(\mathrm{c})}))^{\mathrm{T}}\boldsymbol{U}_1\boldsymbol{E}_1^{-1}\boldsymbol{U}_1^{\mathrm{T}}\boldsymbol{G}(\hat{\boldsymbol{x}}_k^{(\mathrm{c})})+2\boldsymbol{\Sigma}_{\boldsymbol{\alpha}}^{-1}\end{array}\right] \tag{11.46}$$

将式 (11.44) 两边同时乘以 $[-\boldsymbol{W}_2(\hat{\boldsymbol{\alpha}}_k^{(\mathrm{c})})\quad \boldsymbol{U}_2^{\mathrm{T}}\boldsymbol{G}(\hat{\boldsymbol{x}}_k^{(\mathrm{c})})](\boldsymbol{\Phi}(\hat{\boldsymbol{x}}_k^{(\mathrm{c})},\hat{\boldsymbol{\alpha}}_k^{(\mathrm{c})},\hat{\boldsymbol{\lambda}}_k^{(\mathrm{c})}))^{-1}$, 可得

$$[-\boldsymbol{W}_2(\hat{\boldsymbol{\alpha}}_k^{(\mathrm{c})})\quad \boldsymbol{U}_2^{\mathrm{T}}\boldsymbol{G}(\hat{\boldsymbol{x}}_k^{(\mathrm{c})})]\begin{bmatrix}\hat{\boldsymbol{x}}_{k+1}^{(\mathrm{c})}-\hat{\boldsymbol{x}}_k^{(\mathrm{c})}\\ \hat{\boldsymbol{\alpha}}_{k+1}^{(\mathrm{c})}-\hat{\boldsymbol{\alpha}}_k^{(\mathrm{c})}\end{bmatrix}+[-\boldsymbol{W}_2(\hat{\boldsymbol{\alpha}}_k^{(\mathrm{c})})\quad \boldsymbol{U}_2^{\mathrm{T}}\boldsymbol{G}(\hat{\boldsymbol{x}}_k^{(\mathrm{c})})]$$
$$(\boldsymbol{\Phi}(\hat{\boldsymbol{x}}_k^{(\mathrm{c})},\hat{\boldsymbol{\alpha}}_k^{(\mathrm{c})},\hat{\boldsymbol{\lambda}}_k^{(\mathrm{c})}))^{-1}\begin{bmatrix}-(\boldsymbol{W}_2(\hat{\boldsymbol{\alpha}}_k^{(\mathrm{c})}))^{\mathrm{T}}\\ \hdashline (\boldsymbol{G}(\hat{\boldsymbol{x}}_k^{(\mathrm{c})}))^{\mathrm{T}}\boldsymbol{U}_2\end{bmatrix}(\hat{\boldsymbol{\lambda}}_{k+1}^{(\mathrm{c})}-\hat{\boldsymbol{\lambda}}_k^{(\mathrm{c})})$$
$$=-[-\boldsymbol{W}_2(\hat{\boldsymbol{\alpha}}_k^{(\mathrm{c})})\quad \boldsymbol{U}_2^{\mathrm{T}}\boldsymbol{G}(\hat{\boldsymbol{x}}_k^{(\mathrm{c})})](\boldsymbol{\Phi}(\hat{\boldsymbol{x}}_k^{(\mathrm{c})},\hat{\boldsymbol{\alpha}}_k^{(\mathrm{c})},\hat{\boldsymbol{\lambda}}_k^{(\mathrm{c})}))^{-1}$$
$$\times\begin{bmatrix}-2(\boldsymbol{W}_1(\hat{\boldsymbol{\alpha}}_k^{(\mathrm{c})}))^{\mathrm{T}}\boldsymbol{E}_1^{-1}\boldsymbol{r}_1(\hat{\boldsymbol{x}}_k^{(\mathrm{c})},\hat{\boldsymbol{\alpha}}_k^{(\mathrm{c})})-(\boldsymbol{W}_2(\hat{\boldsymbol{\alpha}}_k^{(\mathrm{c})}))^{\mathrm{T}}\hat{\boldsymbol{\lambda}}_k^{(\mathrm{c})}\\ 2(\boldsymbol{G}(\hat{\boldsymbol{x}}_k^{(\mathrm{c})}))^{\mathrm{T}}\boldsymbol{U}_1\boldsymbol{E}_1^{-1}\boldsymbol{r}_1(\hat{\boldsymbol{x}}_k^{(\mathrm{c})},\hat{\boldsymbol{\alpha}}_k^{(\mathrm{c})})+2\boldsymbol{\Sigma}_{\boldsymbol{\alpha}}^{-1}\hat{\boldsymbol{\alpha}}_k^{(\mathrm{c})}+(\boldsymbol{G}(\hat{\boldsymbol{x}}_k^{(\mathrm{c})}))^{\mathrm{T}}\boldsymbol{U}_2\hat{\boldsymbol{\lambda}}_k^{(\mathrm{c})}\end{bmatrix} \tag{11.47}$$

然后, 将式 (11.45) 代入式 (11.47) 并进行化简, 可知

$$-(\boldsymbol{z}_2-\boldsymbol{W}_2(\hat{\boldsymbol{\alpha}}_k^{(\mathrm{c})})\hat{\boldsymbol{x}}_k^{(\mathrm{c})})+[-\boldsymbol{W}_2(\hat{\boldsymbol{\alpha}}_k^{(\mathrm{c})})\quad \boldsymbol{U}_2^{\mathrm{T}}\boldsymbol{G}(\hat{\boldsymbol{x}}_k^{(\mathrm{c})})]$$
$$\times(\boldsymbol{\Phi}(\hat{\boldsymbol{x}}_k^{(\mathrm{c})},\hat{\boldsymbol{\alpha}}_k^{(\mathrm{c})},\hat{\boldsymbol{\lambda}}_k^{(\mathrm{c})}))^{-1}\begin{bmatrix}-(\boldsymbol{W}_2(\hat{\boldsymbol{\alpha}}_k^{(\mathrm{c})}))^{\mathrm{T}}\\ \hdashline (\boldsymbol{G}(\hat{\boldsymbol{x}}_k^{(\mathrm{c})}))^{\mathrm{T}}\boldsymbol{U}_2\end{bmatrix}\hat{\boldsymbol{\lambda}}_{k+1}^{(\mathrm{c})}$$

$$
= -[-\boldsymbol{W}_2(\hat{\boldsymbol{\alpha}}_k^{(c)}) \quad \boldsymbol{U}_2^{\mathrm{T}}\boldsymbol{G}(\hat{\boldsymbol{x}}_k^{(c)})](\boldsymbol{\Phi}(\hat{\boldsymbol{x}}_k^{(c)},\hat{\boldsymbol{\alpha}}_k^{(c)},\hat{\boldsymbol{\lambda}}_k^{(c)}))^{-1}
\times\begin{bmatrix} -2(\boldsymbol{W}_1(\hat{\boldsymbol{\alpha}}_k^{(c)}))^{\mathrm{T}}\boldsymbol{E}_1^{-1}\boldsymbol{r}_1(\hat{\boldsymbol{x}}_k^{(c)},\hat{\boldsymbol{\alpha}}_k^{(c)}) \\ 2(\boldsymbol{G}(\hat{\boldsymbol{x}}_k^{(c)}))^{\mathrm{T}}\boldsymbol{U}_1\boldsymbol{E}_1^{-1}\boldsymbol{r}_1(\hat{\boldsymbol{x}}_k^{(c)},\hat{\boldsymbol{\alpha}}_k^{(c)})+2\boldsymbol{\Sigma}_{\boldsymbol{\alpha}}^{-1}\hat{\boldsymbol{\alpha}}_k^{(c)} \end{bmatrix} \tag{11.48}
$$

由此可得

$$
\hat{\boldsymbol{\lambda}}_{k+1}^{(c)} = \left([-\boldsymbol{W}_2(\hat{\boldsymbol{\alpha}}_k^{(c)}) \quad \boldsymbol{U}_2^{\mathrm{T}}\boldsymbol{G}(\hat{\boldsymbol{x}}_k^{(c)})](\boldsymbol{\Phi}(\hat{\boldsymbol{x}}_k^{(c)},\hat{\boldsymbol{\alpha}}_k^{(c)},\hat{\boldsymbol{\lambda}}_k^{(c)}))^{-1}\begin{bmatrix} -(\boldsymbol{W}_2(\hat{\boldsymbol{\alpha}}_k^{(c)}))^{\mathrm{T}} \\ \hdashline (\boldsymbol{G}(\hat{\boldsymbol{x}}_k^{(c)}))^{\mathrm{T}}\boldsymbol{U}_2 \end{bmatrix}\right)^{-1}
\times\Bigg(\boldsymbol{z}_2-\boldsymbol{W}_2(\hat{\boldsymbol{\alpha}}_k^{(c)})\hat{\boldsymbol{x}}_k^{(c)}-[-\boldsymbol{W}_2(\hat{\boldsymbol{\alpha}}_k^{(c)}) \quad \boldsymbol{U}_2^{\mathrm{T}}\boldsymbol{G}(\hat{\boldsymbol{x}}_k^{(c)})]
\times(\boldsymbol{\Phi}(\hat{\boldsymbol{x}}_k^{(c)},\hat{\boldsymbol{\alpha}}_k^{(c)},\hat{\boldsymbol{\lambda}}_k^{(c)}))^{-1}\begin{bmatrix} -2(\boldsymbol{W}_1(\hat{\boldsymbol{\alpha}}_k^{(c)}))^{\mathrm{T}}\boldsymbol{E}_1^{-1}\boldsymbol{r}_1(\hat{\boldsymbol{x}}_k^{(c)},\hat{\boldsymbol{\alpha}}_k^{(c)}) \\ 2(\boldsymbol{G}(\hat{\boldsymbol{x}}_k^{(c)}))^{\mathrm{T}}\boldsymbol{U}_1\boldsymbol{E}_1^{-1}\boldsymbol{r}_1(\hat{\boldsymbol{x}}_k^{(c)},\hat{\boldsymbol{\alpha}}_k^{(c)})+2\boldsymbol{\Sigma}_{\boldsymbol{\alpha}}^{-1}\hat{\boldsymbol{\alpha}}_k^{(c)} \end{bmatrix}\Bigg) \tag{11.49}
$$

此外, 由式 (11.44) 还可以进一步推得

$$
\begin{bmatrix} \hat{\boldsymbol{x}}_{k+1}^{(c)} \\ \hat{\boldsymbol{\alpha}}_{k+1}^{(c)} \end{bmatrix} = \begin{bmatrix} \hat{\boldsymbol{x}}_k^{(c)} \\ \hat{\boldsymbol{\alpha}}_k^{(c)} \end{bmatrix} - (\boldsymbol{\Phi}(\hat{\boldsymbol{x}}_k^{(c)},\hat{\boldsymbol{\alpha}}_k^{(c)},\hat{\boldsymbol{\lambda}}_k^{(c)}))^{-1}
\times\left(\begin{bmatrix} -2(\boldsymbol{W}_1(\hat{\boldsymbol{\alpha}}_k^{(c)}))^{\mathrm{T}}\boldsymbol{E}_1^{-1}\boldsymbol{r}_1(\hat{\boldsymbol{x}}_k^{(c)},\hat{\boldsymbol{\alpha}}_k^{(c)}) \\ 2(\boldsymbol{G}(\hat{\boldsymbol{x}}_k^{(c)}))^{\mathrm{T}}\boldsymbol{U}_1\boldsymbol{E}_1^{-1}\boldsymbol{r}_1(\hat{\boldsymbol{x}}_k^{(c)},\hat{\boldsymbol{\alpha}}_k^{(c)})+2\boldsymbol{\Sigma}_{\boldsymbol{\alpha}}^{-1}\hat{\boldsymbol{\alpha}}_k^{(c)} \end{bmatrix}
+\begin{bmatrix} -(\boldsymbol{W}_2(\hat{\boldsymbol{\alpha}}_k^{(c)}))^{\mathrm{T}} \\ \hdashline (\boldsymbol{G}(\hat{\boldsymbol{x}}_k^{(c)}))^{\mathrm{T}}\boldsymbol{U}_2 \end{bmatrix}\hat{\boldsymbol{\lambda}}_{k+1}^{(c)}\right) \tag{11.50}
$$

基于上述讨论可以得到利用拉格朗日乘子法求解式 (11.13) 的计算步骤, 详细总结见表 11.3。

表 11.3　拉格朗日乘子法的计算步骤

步骤	求解方法
1	令 $k:=1$, 设置迭代收敛门限 δ, 并取初始值 $$\hat{\boldsymbol{x}}_k^{(c)}=(\boldsymbol{B}^{\mathrm{T}}\boldsymbol{B})^{-1}\boldsymbol{B}^{\mathrm{T}}\boldsymbol{z},\ \hat{\boldsymbol{\alpha}}_k^{(c)}=\boldsymbol{O}_{m\times 1},$$ $$\hat{\boldsymbol{\lambda}}_k^{(c)}=-2\left(\boldsymbol{W}_2(\hat{\boldsymbol{\alpha}}_k^{(c)})(\boldsymbol{W}_2(\hat{\boldsymbol{\alpha}}_k^{(c)}))^{\mathrm{T}}+\boldsymbol{U}_2^{\mathrm{T}}\boldsymbol{G}(\hat{\boldsymbol{x}}_k^{(c)})(\boldsymbol{G}(\hat{\boldsymbol{x}}_k^{(c)}))^{\mathrm{T}}\boldsymbol{U}_2\right)^{-1} \times\begin{pmatrix} \boldsymbol{W}_2(\hat{\boldsymbol{\alpha}}_k^{(c)})(\boldsymbol{W}_1(\hat{\boldsymbol{\alpha}}_k^{(c)}))^{\mathrm{T}}\boldsymbol{E}_1^{-1}\boldsymbol{r}_1(\hat{\boldsymbol{x}}_k^{(c)},\hat{\boldsymbol{\alpha}}_k^{(c)})+\boldsymbol{U}_2^{\mathrm{T}}\boldsymbol{G}(\hat{\boldsymbol{x}}_k^{(c)})\boldsymbol{\Sigma}_{\boldsymbol{\alpha}}^{-1}\hat{\boldsymbol{\alpha}}_k^{(c)} \\ +\boldsymbol{U}_2^{\mathrm{T}}\boldsymbol{G}(\hat{\boldsymbol{x}}_k^{(c)})(\boldsymbol{G}(\hat{\boldsymbol{x}}_k^{(c)}))^{\mathrm{T}}\boldsymbol{U}_1\boldsymbol{E}_1^{-1}\boldsymbol{r}_1(\hat{\boldsymbol{x}}_k^{(c)},\hat{\boldsymbol{\alpha}}_k^{(c)}) \end{pmatrix}$$

续表

步骤	求解方法
2	利用式 (11.46) 计算 $\boldsymbol{\Phi}(\hat{\boldsymbol{x}}_k^{(\mathrm{c})}, \hat{\boldsymbol{\alpha}}_k^{(\mathrm{c})}, \hat{\boldsymbol{\lambda}}_k^{(\mathrm{c})})$
3	利用式 (11.49) 计算 $\hat{\boldsymbol{\lambda}}_{k+1}^{(\mathrm{c})}$
4	利用式 (11.50) 计算 $\begin{bmatrix} \hat{\boldsymbol{x}}_{k+1}^{(\mathrm{c})} \\ \hat{\boldsymbol{\alpha}}_{k+1}^{(\mathrm{c})} \end{bmatrix}$, 若 $\left\Vert \begin{bmatrix} \hat{\boldsymbol{x}}_{k+1}^{(\mathrm{c})} \\ \hat{\boldsymbol{\alpha}}_{k+1}^{(\mathrm{c})} \end{bmatrix} - \begin{bmatrix} \hat{\boldsymbol{x}}_{k}^{(\mathrm{c})} \\ \hat{\boldsymbol{\alpha}}_{k}^{(\mathrm{c})} \end{bmatrix} \right\Vert_2 \leqslant \delta$, 停止计算; 否则令 $k := k+1$, 转至步骤 2

【注记 11.7】 在拉格朗日乘子法中, 未知参量 $\boldsymbol{x}$ 的初始值由第 3 章的线性最小二乘估计值 (即式 (3.11)) 给出, 误差向量 $\boldsymbol{\alpha}$ 的初始值直接设为零向量, 拉格朗日乘子向量 $\boldsymbol{\lambda}$ 的初始值则是通过联立方程组式 (11.34) 和式 (11.35) 所获得①, 大量数值实验结果表明这种初始值的选取方式是可行的。

四、加权法

这里加权法的基本思想与第 5.3.3 节中加权法的基本思想类似, 都是通过引入加权因子将等式约束优化问题转化为无约束优化问题。

首先根据式 (11.13) 中的等式约束定义另一个残差向量

$$\begin{aligned}\boldsymbol{r}_2(\boldsymbol{x}, \boldsymbol{\alpha}) &= \boldsymbol{z}_2 - \boldsymbol{U}_2^{\mathrm{T}}\boldsymbol{A}\boldsymbol{x} = \boldsymbol{z}_2 - \boldsymbol{U}_2^{\mathrm{T}}(\boldsymbol{B} - \boldsymbol{H}(\boldsymbol{\alpha}))\boldsymbol{x} = \boldsymbol{z}_2 - \boldsymbol{W}_2(\boldsymbol{\alpha})\boldsymbol{x} \\ &= \boldsymbol{z}_2 - \boldsymbol{U}_2^{\mathrm{T}}\boldsymbol{B}\boldsymbol{x} + \boldsymbol{U}_2^{\mathrm{T}}\boldsymbol{G}(\boldsymbol{x})\boldsymbol{\alpha}\end{aligned} \tag{11.51}$$

再通过引入加权因子将式 (11.13) 转化为无约束优化问题

$$\begin{aligned}&\min_{\substack{\boldsymbol{x}\in\mathbf{R}^{q\times 1} \\ \boldsymbol{\alpha}\in\mathbf{R}^{m\times 1}}} \{(\boldsymbol{r}_1(\boldsymbol{x}, \boldsymbol{\alpha}))^{\mathrm{T}}\boldsymbol{E}_1^{-1}\boldsymbol{r}_1(\boldsymbol{x}, \boldsymbol{\alpha}) + w^2(\boldsymbol{r}_2(\boldsymbol{x}, \boldsymbol{\alpha}))^{\mathrm{T}}\boldsymbol{r}_2(\boldsymbol{x}, \boldsymbol{\alpha}) + \boldsymbol{\alpha}^{\mathrm{T}}\boldsymbol{\Sigma}_{\boldsymbol{\alpha}}^{-1}\boldsymbol{\alpha}\} \\ &\text{或 } \{\|\boldsymbol{E}_1^{-1/2}\boldsymbol{r}_1(\boldsymbol{x}, \boldsymbol{\alpha})\|_2^2 + \|w\boldsymbol{r}_2(\boldsymbol{x}, \boldsymbol{\alpha})\|_2^2 + \|\boldsymbol{\Sigma}_{\boldsymbol{\alpha}}^{-1/2}\boldsymbol{\alpha}\|_2^2\}\end{aligned} \tag{11.52}$$

式中 $w \in \mathbf{R}^+$ 表示加权因子。类似于命题 5.1 的证明可知, 当 w 的数值逐渐增大时, 式 (11.52) 的最优解会收敛至式 (11.13) 的最优解。式 (11.52) 仍然可以通过高斯–牛顿法进行求解, 该方法属于迭代类方法, 下面推导其迭代公式。

① 当 $\boldsymbol{x}$、$\boldsymbol{\alpha}$ 已知时, 式 (11.34)、式 (11.35) 可以看成是关于 $\boldsymbol{\lambda}$ 的线性方程组, 并且其系数矩阵是列满秩的。

结合式 (11.11) 和式 (11.51) 可以将式 (11.52) 中的目标函数表示为

$$J_{\mathrm{STLS}}^{(\mathrm{d})}(\boldsymbol{x},\boldsymbol{\alpha})=\left\|\begin{bmatrix}\boldsymbol{E}_1^{-1/2}\boldsymbol{z}_1\\ w\boldsymbol{z}_2\\ \boldsymbol{O}_{m\times 1}\end{bmatrix}-\boldsymbol{f}^{(\mathrm{d})}(\boldsymbol{x},\boldsymbol{\alpha})\right\|_2^2 \tag{11.53}$$

式中

$$\begin{aligned}\boldsymbol{f}^{(\mathrm{d})}(\boldsymbol{x},\boldsymbol{\alpha})&=\begin{bmatrix}\boldsymbol{E}_1^{-1/2}\boldsymbol{W}_1(\boldsymbol{\alpha})\boldsymbol{x}\\ w\boldsymbol{W}_2(\boldsymbol{\alpha})\boldsymbol{x}\\ \boldsymbol{\Sigma}_{\boldsymbol{\alpha}}^{-1/2}\boldsymbol{\alpha}\end{bmatrix}=\begin{bmatrix}\boldsymbol{E}_1^{-1/2}\boldsymbol{U}_1^{\mathrm{T}}\boldsymbol{B}\boldsymbol{x}-\boldsymbol{E}_1^{-1/2}\boldsymbol{U}_1^{\mathrm{T}}\boldsymbol{G}(\boldsymbol{x})\boldsymbol{\alpha}\\ w\boldsymbol{U}_2^{\mathrm{T}}\boldsymbol{B}\boldsymbol{x}-w\boldsymbol{U}_2^{\mathrm{T}}\boldsymbol{G}(\boldsymbol{x})\boldsymbol{\alpha}\\ \boldsymbol{\Sigma}_{\boldsymbol{\alpha}}^{-1/2}\boldsymbol{\alpha}\end{bmatrix}\\ &=\begin{bmatrix}\boldsymbol{f}_0^{(\mathrm{d})}(\boldsymbol{x},\boldsymbol{\alpha})\\ \boldsymbol{\Sigma}_{\boldsymbol{\alpha}}^{-1/2}\boldsymbol{\alpha}\end{bmatrix}\end{aligned} \tag{11.54}$$

其中

$$\boldsymbol{f}_0^{(\mathrm{d})}(\boldsymbol{x},\boldsymbol{\alpha})=\begin{bmatrix}\boldsymbol{E}_1^{-1/2}\boldsymbol{W}_1(\boldsymbol{\alpha})\boldsymbol{x}\\ w\boldsymbol{W}_2(\boldsymbol{\alpha})\boldsymbol{x}\end{bmatrix}=\begin{bmatrix}\boldsymbol{E}_1^{-1/2}\boldsymbol{U}_1^{\mathrm{T}}\boldsymbol{B}\boldsymbol{x}-\boldsymbol{E}_1^{-1/2}\boldsymbol{U}_1^{\mathrm{T}}\boldsymbol{G}(\boldsymbol{x})\boldsymbol{\alpha}\\ w\boldsymbol{U}_2^{\mathrm{T}}\boldsymbol{B}\boldsymbol{x}-w\boldsymbol{U}_2^{\mathrm{T}}\boldsymbol{G}(\boldsymbol{x})\boldsymbol{\alpha}\end{bmatrix} \tag{11.55}$$

假设向量 $\boldsymbol{x}$ 和 $\boldsymbol{\alpha}$ 在第 k 次的迭代值分别为 $\hat{\boldsymbol{x}}_k^{(\mathrm{d})}$ 和 $\hat{\boldsymbol{\alpha}}_k^{(\mathrm{d})}$, 现将函数 $\boldsymbol{f}^{(\mathrm{d})}(\boldsymbol{x},\boldsymbol{\alpha})$ 在点 $(\hat{\boldsymbol{x}}_k^{(\mathrm{d})},\hat{\boldsymbol{\alpha}}_k^{(\mathrm{d})})$ 处进行一阶泰勒级数展开, 可得

$$\begin{aligned}\boldsymbol{f}^{(\mathrm{d})}(\boldsymbol{x},\boldsymbol{\alpha})&\approx\boldsymbol{f}^{(\mathrm{d})}(\hat{\boldsymbol{x}}_k^{(\mathrm{d})},\hat{\boldsymbol{\alpha}}_k^{(\mathrm{d})})+\begin{bmatrix}\boldsymbol{F}_{0,1}^{(\mathrm{d})}(\hat{\boldsymbol{x}}_k^{(\mathrm{d})},\hat{\boldsymbol{\alpha}}_k^{(\mathrm{d})})\\ \boldsymbol{O}_{m\times q}\end{bmatrix}(\boldsymbol{x}-\hat{\boldsymbol{x}}_k^{(\mathrm{d})})\\ &\quad+\begin{bmatrix}\boldsymbol{F}_{0,2}^{(\mathrm{d})}(\hat{\boldsymbol{x}}_k^{(\mathrm{d})},\hat{\boldsymbol{\alpha}}_k^{(\mathrm{d})})\\ \boldsymbol{\Sigma}_{\boldsymbol{\alpha}}^{-1/2}\end{bmatrix}(\boldsymbol{\alpha}-\hat{\boldsymbol{\alpha}}_k^{(\mathrm{d})})\\ &=\boldsymbol{f}^{(\mathrm{d})}(\hat{\boldsymbol{x}}_k^{(\mathrm{d})},\hat{\boldsymbol{\alpha}}_k^{(\mathrm{d})})+\left[\begin{array}{c:c}\boldsymbol{F}_{0,1}^{(\mathrm{d})}(\hat{\boldsymbol{x}}_k^{(\mathrm{d})},\hat{\boldsymbol{\alpha}}_k^{(\mathrm{d})}) & \boldsymbol{F}_{0,2}^{(\mathrm{b})}(\hat{\boldsymbol{x}}_k^{(\mathrm{d})},\hat{\boldsymbol{\alpha}}_k^{(\mathrm{d})})\\ \hdashline \boldsymbol{O}_{m\times q} & \boldsymbol{\Sigma}_{\boldsymbol{\alpha}}^{-1/2}\end{array}\right]\begin{bmatrix}\boldsymbol{x}-\hat{\boldsymbol{x}}_k^{(\mathrm{d})}\\ \boldsymbol{\alpha}-\hat{\boldsymbol{\alpha}}_k^{(\mathrm{d})}\end{bmatrix}\end{aligned} \tag{11.56}$$

式中

$$\boldsymbol{F}_{0,1}^{(\mathrm{d})}(\hat{\boldsymbol{x}}_k^{(\mathrm{d})},\hat{\boldsymbol{\alpha}}_k^{(\mathrm{d})})=\left.\frac{\partial\boldsymbol{f}_0^{(\mathrm{d})}(\boldsymbol{x},\boldsymbol{\alpha})}{\partial\boldsymbol{x}^{\mathrm{T}}}\right|_{\substack{\boldsymbol{x}=\hat{\boldsymbol{x}}_k^{(\mathrm{d})}\\ \boldsymbol{\alpha}=\hat{\boldsymbol{\alpha}}_k^{(\mathrm{d})}}}=\begin{bmatrix}\boldsymbol{E}_1^{-1/2}\boldsymbol{W}_1(\hat{\boldsymbol{\alpha}}_k^{(\mathrm{d})})\\ w\boldsymbol{W}_2(\hat{\boldsymbol{\alpha}}_k^{(\mathrm{d})})\end{bmatrix} \tag{11.57}$$

$$\boldsymbol{F}_{0,2}^{(\mathrm{d})}(\hat{\boldsymbol{x}}_k^{(\mathrm{d})},\hat{\boldsymbol{\alpha}}_k^{(\mathrm{d})})=\left.\frac{\partial\boldsymbol{f}_0^{(\mathrm{d})}(\boldsymbol{x},\boldsymbol{\alpha})}{\partial\boldsymbol{\alpha}^{\mathrm{T}}}\right|_{\substack{\boldsymbol{x}=\hat{\boldsymbol{x}}_k^{(\mathrm{d})}\\ \boldsymbol{\alpha}=\hat{\boldsymbol{\alpha}}_k^{(\mathrm{d})}}}=\begin{bmatrix}-\boldsymbol{E}_1^{-1/2}\boldsymbol{U}_1^{\mathrm{T}}\boldsymbol{G}(\hat{\boldsymbol{x}}_k^{(\mathrm{d})})\\ -w\boldsymbol{U}_2^{\mathrm{T}}\boldsymbol{G}(\hat{\boldsymbol{x}}_k^{(\mathrm{d})})\end{bmatrix} \tag{11.58}$$

将式 (11.56) 代入式 (11.53), 得到求解第 $k+1$ 次迭代值的线性最小二乘估计优化模型

$$
\begin{aligned}
&\min_{\substack{\boldsymbol{x}\in\mathbf{R}^{q\times 1}\\ \boldsymbol{\alpha}\in\mathbf{R}^{m\times 1}}} \left\| \begin{bmatrix} \boldsymbol{E}_1^{-1/2}\boldsymbol{z}_1 \\ w\boldsymbol{z}_2 \\ \boldsymbol{O}_{m\times 1} \end{bmatrix} \right. \\
&\left. -\boldsymbol{f}^{(\mathrm{d})}(\hat{\boldsymbol{x}}_k^{(\mathrm{d})},\hat{\boldsymbol{\alpha}}_k^{(\mathrm{d})}) - \left[\begin{array}{c:c} \boldsymbol{F}_{0,1}^{(\mathrm{d})}(\hat{\boldsymbol{x}}_k^{(\mathrm{d})},\hat{\boldsymbol{\alpha}}_k^{(\mathrm{d})}) & \boldsymbol{F}_{0,2}^{(\mathrm{d})}(\hat{\boldsymbol{x}}_k^{(\mathrm{d})},\hat{\boldsymbol{\alpha}}_k^{(\mathrm{d})}) \\ \hdashline \boldsymbol{O}_{m\times q} & \boldsymbol{\Sigma}_{\boldsymbol{\alpha}}^{-1/2} \end{array}\right] \begin{bmatrix} \boldsymbol{x}-\hat{\boldsymbol{x}}_k^{(\mathrm{d})} \\ \boldsymbol{\alpha}-\hat{\boldsymbol{\alpha}}_k^{(\mathrm{d})} \end{bmatrix} \right\|_2^2 \\
=& \min_{\substack{\boldsymbol{x}\in\mathbf{R}^{q\times 1}\\ \boldsymbol{\alpha}\in\mathbf{R}^{m\times 1}}} \left\| \begin{bmatrix} \boldsymbol{z}_w - \boldsymbol{f}_0^{(\mathrm{d})}(\hat{\boldsymbol{x}}_k^{(\mathrm{d})},\hat{\boldsymbol{\alpha}}_k^{(\mathrm{d})}) \\ -\boldsymbol{\Sigma}_{\boldsymbol{\alpha}}^{-1/2}\hat{\boldsymbol{\alpha}}_k^{(\mathrm{d})} \end{bmatrix} \right. \\
&\left. - \left[\begin{array}{c:c} \boldsymbol{F}_{0,1}^{(\mathrm{d})}(\hat{\boldsymbol{x}}_k^{(\mathrm{d})},\hat{\boldsymbol{\alpha}}_k^{(\mathrm{d})}) & \boldsymbol{F}_{0,2}^{(\mathrm{d})}(\hat{\boldsymbol{x}}_k^{(\mathrm{d})},\hat{\boldsymbol{\alpha}}_k^{(\mathrm{d})}) \\ \hdashline \boldsymbol{O}_{m\times q} & \boldsymbol{\Sigma}_{\boldsymbol{\alpha}}^{-1/2} \end{array}\right] \begin{bmatrix} \boldsymbol{x}-\hat{\boldsymbol{x}}_k^{(\mathrm{d})} \\ \boldsymbol{\alpha}-\hat{\boldsymbol{\alpha}}_k^{(\mathrm{d})} \end{bmatrix} \right\|_2^2
\end{aligned} \tag{11.59}
$$

式中 $\boldsymbol{z}_w = \begin{bmatrix} \boldsymbol{E}_1^{-1/2}\boldsymbol{z}_1 \\ w\boldsymbol{z}_2 \end{bmatrix}$。由于式 (11.59) 是关于向量 $\boldsymbol{x}$ 和 $\boldsymbol{\alpha}$ 的二次优化问题, 因此其存在最优闭式解, 而此闭式解即为第 $k+1$ 次迭代值, 如式 (11.60) 所示

$$
\begin{aligned}
&\begin{bmatrix} \hat{\boldsymbol{x}}_{k+1}^{(\mathrm{d})} \\ \hat{\boldsymbol{\alpha}}_{k+1}^{(\mathrm{d})} \end{bmatrix} = \begin{bmatrix} \hat{\boldsymbol{x}}_k^{(\mathrm{d})} \\ \hat{\boldsymbol{\alpha}}_k^{(\mathrm{d})} \end{bmatrix} \\
&+ \left(\left[\begin{array}{c:c} \boldsymbol{F}_{0,1}^{(\mathrm{d})}(\hat{\boldsymbol{x}}_k^{(\mathrm{d})},\hat{\boldsymbol{\alpha}}_k^{(\mathrm{d})}) & \boldsymbol{F}_{0,2}^{(\mathrm{d})}(\hat{\boldsymbol{x}}_k^{(\mathrm{d})},\hat{\boldsymbol{\alpha}}_k^{(\mathrm{d})}) \\ \hdashline \boldsymbol{O}_{m\times q} & \boldsymbol{\Sigma}_{\boldsymbol{\alpha}}^{-1/2} \end{array}\right]^{\mathrm{T}} \left[\begin{array}{c:c} \boldsymbol{F}_{0,1}^{(\mathrm{d})}(\hat{\boldsymbol{x}}_k^{(\mathrm{d})},\hat{\boldsymbol{\alpha}}_k^{(\mathrm{d})}) & \boldsymbol{F}_{0,2}^{(\mathrm{d})}(\hat{\boldsymbol{x}}_k^{(\mathrm{d})},\hat{\boldsymbol{\alpha}}_k^{(\mathrm{d})}) \\ \hdashline \boldsymbol{O}_{m\times q} & \boldsymbol{\Sigma}_{\boldsymbol{\alpha}}^{-1/2} \end{array}\right] \right)^{-1} \\
&\times \left[\begin{array}{c:c} \boldsymbol{F}_{0,1}^{(\mathrm{d})}(\hat{\boldsymbol{x}}_k^{(\mathrm{d})},\hat{\boldsymbol{\alpha}}_k^{(\mathrm{d})}) & \boldsymbol{F}_{0,2}^{(\mathrm{d})}(\hat{\boldsymbol{x}}_k^{(\mathrm{d})},\hat{\boldsymbol{\alpha}}_k^{(\mathrm{d})}) \\ \hdashline \boldsymbol{O}_{m\times q} & \boldsymbol{\Sigma}_{\boldsymbol{\alpha}}^{-1/2} \end{array}\right]^{\mathrm{T}} \begin{bmatrix} \boldsymbol{z}_w - \boldsymbol{f}_0^{(\mathrm{d})}(\hat{\boldsymbol{x}}_k^{(\mathrm{d})},\hat{\boldsymbol{\alpha}}_k^{(\mathrm{d})}) \\ -\boldsymbol{\Sigma}_{\boldsymbol{\alpha}}^{-1/2}\hat{\boldsymbol{\alpha}}_k^{(\mathrm{d})} \end{bmatrix} \\
&= \begin{bmatrix} \hat{\boldsymbol{x}}_k^{(\mathrm{d})} \\ \hat{\boldsymbol{\alpha}}_k^{(\mathrm{d})} \end{bmatrix} \\
&+ \left[\begin{array}{c:c} (\boldsymbol{F}_{0,1}^{(\mathrm{d})}(\hat{\boldsymbol{x}}_k^{(\mathrm{d})},\hat{\boldsymbol{\alpha}}_k^{(\mathrm{d})}))^{\mathrm{T}}\boldsymbol{F}_{0,1}^{(\mathrm{d})}(\hat{\boldsymbol{x}}_k^{(\mathrm{d})},\hat{\boldsymbol{\alpha}}_k^{(\mathrm{d})}) & (\boldsymbol{F}_{0,1}^{(\mathrm{d})}(\hat{\boldsymbol{x}}_k^{(\mathrm{d})},\hat{\boldsymbol{\alpha}}_k^{(\mathrm{d})}))^{\mathrm{T}}\boldsymbol{F}_{0,2}^{(\mathrm{d})}(\hat{\boldsymbol{x}}_k^{(\mathrm{d})},\hat{\boldsymbol{\alpha}}_k^{(\mathrm{d})}) \\ \hdashline (\boldsymbol{F}_{0,2}^{(\mathrm{d})}(\hat{\boldsymbol{x}}_k^{(\mathrm{d})},\hat{\boldsymbol{\alpha}}_k^{(\mathrm{d})}))^{\mathrm{T}}\boldsymbol{F}_{0,1}^{(\mathrm{d})}(\hat{\boldsymbol{x}}_k^{(\mathrm{d})},\hat{\boldsymbol{\alpha}}_k^{(\mathrm{d})}) & (\boldsymbol{F}_{0,2}^{(\mathrm{d})}(\hat{\boldsymbol{x}}_k^{(\mathrm{d})},\hat{\boldsymbol{\alpha}}_k^{(\mathrm{d})}))^{\mathrm{T}}\boldsymbol{F}_{0,2}^{(\mathrm{d})}(\hat{\boldsymbol{x}}_k^{(\mathrm{d})},\hat{\boldsymbol{\alpha}}_k^{(\mathrm{d})}) + \boldsymbol{\Sigma}_{\boldsymbol{\alpha}}^{-1} \end{array}\right]^{-1} \\
&\times \begin{bmatrix} (\boldsymbol{F}_{0,1}^{(\mathrm{d})}(\hat{\boldsymbol{x}}_k^{(\mathrm{d})},\hat{\boldsymbol{\alpha}}_k^{(\mathrm{d})}))^{\mathrm{T}}(\boldsymbol{z}_w - \boldsymbol{f}_0^{(\mathrm{d})}(\hat{\boldsymbol{x}}_k^{(\mathrm{d})},\hat{\boldsymbol{\alpha}}_k^{(\mathrm{d})})) \\ (\boldsymbol{F}_{0,2}^{(\mathrm{d})}(\hat{\boldsymbol{x}}_k^{(\mathrm{d})},\hat{\boldsymbol{\alpha}}_k^{(\mathrm{d})}))^{\mathrm{T}}(\boldsymbol{z}_w - \boldsymbol{f}_0^{(\mathrm{d})}(\hat{\boldsymbol{x}}_k^{(\mathrm{d})},\hat{\boldsymbol{\alpha}}_k^{(\mathrm{d})})) - \boldsymbol{\Sigma}_{\boldsymbol{\alpha}}^{-1}\hat{\boldsymbol{\alpha}}_k^{(\mathrm{d})} \end{bmatrix}
\end{aligned} \tag{11.60}
$$

基于上述讨论可以得到利用加权法求解式 (11.13) 的计算步骤, 详见表 11.4。

表 11.4 加权法的计算步骤

步骤	求解方法
1	令 $k := 1$, 设置迭代收敛门限 δ, 并取初始值 $\hat{\boldsymbol{x}}_k^{(\mathrm{d})} = (\boldsymbol{B}^{\mathrm{T}}\boldsymbol{B})^{-1}\boldsymbol{B}^{\mathrm{T}}\boldsymbol{z}$ 和 $\hat{\boldsymbol{\alpha}}_k^{(\mathrm{d})} = \boldsymbol{O}_{m\times 1}$
2	利用式 (11.60) 计算 $\begin{bmatrix} \hat{\boldsymbol{x}}_{k+1}^{(\mathrm{d})} \\ \hat{\boldsymbol{\alpha}}_{k+1}^{(\mathrm{d})} \end{bmatrix}$
3	若 $\left\Vert \begin{bmatrix} \hat{\boldsymbol{x}}_{k+1}^{(\mathrm{d})} \\ \hat{\boldsymbol{\alpha}}_{k+1}^{(\mathrm{d})} \end{bmatrix} - \begin{bmatrix} \hat{\boldsymbol{x}}_{k}^{(\mathrm{d})} \\ \hat{\boldsymbol{\alpha}}_{k}^{(\mathrm{d})} \end{bmatrix} \right\Vert_2 \leqslant \delta$, 则令 $\begin{bmatrix} \hat{\boldsymbol{x}}_{\mathrm{STLS}}^{(\mathrm{d})} \\ \hat{\boldsymbol{\alpha}}_{\mathrm{STLS}}^{(\mathrm{d})} \end{bmatrix} := \begin{bmatrix} \hat{\boldsymbol{x}}_{k+1}^{(\mathrm{d})} \\ \hat{\boldsymbol{\alpha}}_{k+1}^{(\mathrm{d})} \end{bmatrix}$; 否则令 $k := k+1$, 转至步骤 2

【**注记 11.8**】在加权法中, 未知参量 $\boldsymbol{x}$ 的初始值由第 3 章的线性最小二乘估计值 (即式 (3.11)) 给出, 误差向量 $\boldsymbol{\alpha}$ 的初始值则直接设为零向量, 大量数值实验结果表明这种初始值的选取方式可行。

11.3 基于 2-范数的结构总体最小二乘估计的理论性能

针对第 11.1 节中的观测模型, 将从统计的角度推导基于 2-范数的结构总体最小二乘估计值的理论性能。第 11.2 节给出了 4 种求解优化模型式 (11.13) 的数值算法, 虽然这 4 种算法在形式上差异甚大, 但最终目的都是为了获得式 (11.13) 的最优解。如果这 4 种算法都能够找寻式 (11.13) 的最优解, 那么它们的统计性能就是一致的。

需要指出的是, 推导一种估计器的理论性能的方式有多种, 既能从算法演进的形式出发进行推导 (例如第 10.3 节采用的方法), 也能从估计器的优化模型出发进行推演。只要算法可以提供该优化模型的最优解, 这两种方式所得到的理论性能就是一致的。本节将从估计器的优化模型 (即式 (11.13)) 出发进行推导。

注意到式 (11.13) 是关于 $\boldsymbol{x}$ 和 $\boldsymbol{\alpha}$ 的联合优化问题, 由式 (11.3) 可知 $\boldsymbol{\alpha}$ 是向量 $\boldsymbol{c}$ 中的观测误差, 于是对 $\boldsymbol{\alpha}$ 进行估计等价于对 $\boldsymbol{c}_0$ 进行估计 (因为 $\boldsymbol{c}$ 是已知量)。因此, 需要将式 (11.13) 转化成关于 $\boldsymbol{x}$ 和 $\boldsymbol{c}_0$ 的优化问题, 具体可见如下命题。

【**命题 11.1**】假设式 (11.13) 的最优解为 $\hat{\boldsymbol{x}}_{\mathrm{STLS}}$ 和 $\hat{\boldsymbol{\alpha}}_{\mathrm{STLS}}$，若令 $\hat{\boldsymbol{c}}_{0,\mathrm{STLS}} = \boldsymbol{c} - \hat{\boldsymbol{\alpha}}_{\mathrm{STLS}}$，则 $\hat{\boldsymbol{x}}_{\mathrm{STLS}}$ 和 $\hat{\boldsymbol{c}}_{0,\mathrm{STLS}}$ 是如下问题的最优解

$$\begin{cases} \min\limits_{\substack{\boldsymbol{x}\in\mathbf{R}^{q\times 1}\\ \boldsymbol{c}_0\in\mathbf{R}^{m\times 1}}} \left\{\left(\begin{bmatrix}\boldsymbol{z}_1\\ \boldsymbol{c}\end{bmatrix} - \begin{bmatrix}\boldsymbol{U}_1^{\mathrm{T}}\boldsymbol{H}(\boldsymbol{c}_0)\boldsymbol{x}\\ \boldsymbol{c}_0\end{bmatrix}\right)^{\mathrm{T}} \begin{bmatrix}\boldsymbol{E}_1^{-1} & \boldsymbol{O}_{n\times m}\\ \boldsymbol{O}_{m\times n} & \boldsymbol{\Sigma}_{\boldsymbol{\alpha}}^{-1}\end{bmatrix}\right.\\ \left.\times\left(\begin{bmatrix}\boldsymbol{z}_1\\ \boldsymbol{c}\end{bmatrix} - \begin{bmatrix}\boldsymbol{U}_1^{\mathrm{T}}\boldsymbol{H}(\boldsymbol{c}_0)\boldsymbol{x}\\ \boldsymbol{c}_0\end{bmatrix}\right)\right\}\\ \text{或 } \left\{\left(\begin{bmatrix}\boldsymbol{z}_1\\ \boldsymbol{c}\end{bmatrix} - \begin{bmatrix}\boldsymbol{U}_1^{\mathrm{T}}\boldsymbol{G}(\boldsymbol{x})\boldsymbol{c}_0\\ \boldsymbol{c}_0\end{bmatrix}\right)^{\mathrm{T}} \begin{bmatrix}\boldsymbol{E}_1^{-1} & \boldsymbol{O}_{n\times m}\\ \boldsymbol{O}_{m\times n} & \boldsymbol{\Sigma}_{\boldsymbol{\alpha}}^{-1}\end{bmatrix}\right.\\ \left.\times\left(\begin{bmatrix}\boldsymbol{z}_1\\ \boldsymbol{c}\end{bmatrix} - \begin{bmatrix}\boldsymbol{U}_1^{\mathrm{T}}\boldsymbol{G}(\boldsymbol{x})\boldsymbol{c}_0\\ \boldsymbol{c}_0\end{bmatrix}\right)\right\}\\ \text{s.t. } \boldsymbol{z}_2 = \boldsymbol{U}_2^{\mathrm{T}}\boldsymbol{z} = \boldsymbol{U}_2^{\mathrm{T}}\boldsymbol{H}(\boldsymbol{c}_0)\boldsymbol{x} = \boldsymbol{U}_2^{\mathrm{T}}\boldsymbol{G}(\boldsymbol{x})\boldsymbol{c}_0 \end{cases} \tag{11.61}$$

【**证明**】根据式 (11.3) 可知 $\boldsymbol{\alpha} = \boldsymbol{c} - \boldsymbol{c}_0$，基于此可以将式 (11.13) 中的目标函数表示为

$$\begin{aligned} &(\boldsymbol{r}_1(\boldsymbol{x},\boldsymbol{\alpha}))^{\mathrm{T}}\boldsymbol{E}_1^{-1}\boldsymbol{r}_1(\boldsymbol{x},\boldsymbol{\alpha}) + \boldsymbol{\alpha}^{\mathrm{T}}\boldsymbol{\Sigma}_{\boldsymbol{\alpha}}^{-1}\boldsymbol{\alpha}\\ =\,&(\boldsymbol{z}_1 - \boldsymbol{U}_1^{\mathrm{T}}(\boldsymbol{B} - \boldsymbol{H}(\boldsymbol{\alpha}))\boldsymbol{x})^{\mathrm{T}}\boldsymbol{E}_1^{-1}(\boldsymbol{z}_1 - \boldsymbol{U}_1^{\mathrm{T}}(\boldsymbol{B} - \boldsymbol{H}(\boldsymbol{\alpha}))\boldsymbol{x})\\ &+ (\boldsymbol{c} - \boldsymbol{c}_0)^{\mathrm{T}}\boldsymbol{\Sigma}_{\boldsymbol{\alpha}}^{-1}(\boldsymbol{c} - \boldsymbol{c}_0)\\ =\,&(\boldsymbol{z}_1 - \boldsymbol{U}_1^{\mathrm{T}}(\boldsymbol{H}(\boldsymbol{c}) - \boldsymbol{H}(\boldsymbol{\alpha}))\boldsymbol{x})^{\mathrm{T}}\boldsymbol{E}_1^{-1}(\boldsymbol{z}_1 - \boldsymbol{U}_1^{\mathrm{T}}(\boldsymbol{H}(\boldsymbol{c}) - \boldsymbol{H}(\boldsymbol{\alpha}))\boldsymbol{x})\\ &+ (\boldsymbol{c} - \boldsymbol{c}_0)^{\mathrm{T}}\boldsymbol{\Sigma}_{\boldsymbol{\alpha}}^{-1}(\boldsymbol{c} - \boldsymbol{c}_0)\\ =\,&(\boldsymbol{z}_1 - \boldsymbol{U}_1^{\mathrm{T}}\boldsymbol{H}(\boldsymbol{c}_0)\boldsymbol{x})^{\mathrm{T}}\boldsymbol{E}_1^{-1}(\boldsymbol{z}_1 - \boldsymbol{U}_1^{\mathrm{T}}\boldsymbol{H}(\boldsymbol{c}_0)\boldsymbol{x}) + (\boldsymbol{c} - \boldsymbol{c}_0)^{\mathrm{T}}\boldsymbol{\Sigma}_{\boldsymbol{\alpha}}^{-1}(\boldsymbol{c} - \boldsymbol{c}_0)\\ =\,&\left(\begin{bmatrix}\boldsymbol{z}_1\\ \boldsymbol{c}\end{bmatrix} - \begin{bmatrix}\boldsymbol{U}_1^{\mathrm{T}}\boldsymbol{H}(\boldsymbol{c}_0)\boldsymbol{x}\\ \boldsymbol{c}_0\end{bmatrix}\right)^{\mathrm{T}} \begin{bmatrix}\boldsymbol{E}_1^{-1} & \boldsymbol{O}_{n\times m}\\ \boldsymbol{O}_{m\times n} & \boldsymbol{\Sigma}_{\boldsymbol{\alpha}}^{-1}\end{bmatrix}\left(\begin{bmatrix}\boldsymbol{z}_1\\ \boldsymbol{c}\end{bmatrix} - \begin{bmatrix}\boldsymbol{U}_1^{\mathrm{T}}\boldsymbol{H}(\boldsymbol{c}_0)\boldsymbol{x}\\ \boldsymbol{c}_0\end{bmatrix}\right)\\ =\,&\left(\begin{bmatrix}\boldsymbol{z}_1\\ \boldsymbol{c}\end{bmatrix} - \begin{bmatrix}\boldsymbol{U}_1^{\mathrm{T}}\boldsymbol{G}(\boldsymbol{x})\boldsymbol{c}_0\\ \boldsymbol{c}_0\end{bmatrix}\right)^{\mathrm{T}} \begin{bmatrix}\boldsymbol{E}_1^{-1} & \boldsymbol{O}_{n\times m}\\ \boldsymbol{O}_{m\times n} & \boldsymbol{\Sigma}_{\boldsymbol{\alpha}}^{-1}\end{bmatrix}\left(\begin{bmatrix}\boldsymbol{z}_1\\ \boldsymbol{c}\end{bmatrix} - \begin{bmatrix}\boldsymbol{U}_1^{\mathrm{T}}\boldsymbol{G}(\boldsymbol{x})\boldsymbol{c}_0\\ \boldsymbol{c}_0\end{bmatrix}\right) \end{aligned} \tag{11.62}$$

式 (11.13) 中的等式约束也可以重新表示为

$$\begin{aligned} \boldsymbol{z}_2 &= \boldsymbol{U}_2^{\mathrm{T}}\boldsymbol{z} = \boldsymbol{U}_2^{\mathrm{T}}(\boldsymbol{B} - \boldsymbol{H}(\boldsymbol{\alpha}))\boldsymbol{x} = \boldsymbol{U}_2^{\mathrm{T}}(\boldsymbol{H}(\boldsymbol{c}) - \boldsymbol{H}(\boldsymbol{\alpha}))\boldsymbol{x}\\ &= \boldsymbol{U}_2^{\mathrm{T}}\boldsymbol{H}(\boldsymbol{c}_0)\boldsymbol{x} = \boldsymbol{U}_2^{\mathrm{T}}\boldsymbol{G}(\boldsymbol{x})\boldsymbol{c}_0 \end{aligned} \tag{11.63}$$

式 (11.62) 和式 (11.63) 中的最后一个等号均利用了式 (11.5)。结合式 (11.62) 和式 (11.63) 可知, 式 (11.13) 可以等价转化为优化模型式 (11.61), 并且其最优解为 $\hat{\boldsymbol{x}}_{\mathrm{STLS}}$ 和 $\hat{\boldsymbol{c}}_{0,\mathrm{STLS}}=\boldsymbol{c}-\hat{\boldsymbol{\alpha}}_{\mathrm{STLS}}$。证毕。

下面将基于式 (11.61) 推导估计值 $\hat{\boldsymbol{x}}_{\mathrm{STLS}}$ 和 $\hat{\boldsymbol{c}}_{0,\mathrm{STLS}}$ 的理论性能。由于无法直接获得式 (11.61) 的最优闭式解, 因此与第 6.2.2 节类似, 这里仍然采用一阶误差分析方法进行推导, 即忽略误差的二次及其以上各次项。

将估计值 $\hat{\boldsymbol{x}}_{\mathrm{STLS}}$ 和 $\hat{\boldsymbol{c}}_{0,\mathrm{STLS}}$ 中的误差分别记为 $\Delta\boldsymbol{x}_{\mathrm{STLS}}$ 和 $\Delta\boldsymbol{c}_{0,\mathrm{STLS}}$, 即 $\Delta\boldsymbol{x}_{\mathrm{STLS}}=\hat{\boldsymbol{x}}_{\mathrm{STLS}}-\boldsymbol{x}$, $\Delta\boldsymbol{c}_{0,\mathrm{STLS}}=\hat{\boldsymbol{c}}_{0,\mathrm{STLS}}-\boldsymbol{c}_0$。根据第 2.5.2 节中的讨论可知, 在一阶误差分析条件下, 误差向量 $\Delta\boldsymbol{x}_{\mathrm{STLS}}$ 和 $\Delta\boldsymbol{c}_{0,\mathrm{STLS}}$ 是如下约束优化问题的最优解

$$\left\{\begin{array}{l}\min\limits_{\substack{\Delta\boldsymbol{x}\in\mathbf{R}^{q\times 1}\\ \Delta\boldsymbol{c}_0\in\mathbf{R}^{m\times 1}}}\left\{\left(\begin{bmatrix}\boldsymbol{U}_1^{\mathrm{T}}\boldsymbol{T}\boldsymbol{\beta}\\ \boldsymbol{\alpha}\end{bmatrix}-\begin{bmatrix}\boldsymbol{U}_1^{\mathrm{T}}\boldsymbol{H}(\boldsymbol{c}_0) & \boldsymbol{U}_1^{\mathrm{T}}\boldsymbol{G}(\boldsymbol{x})\\ \boldsymbol{O}_{m\times q} & \boldsymbol{I}_m\end{bmatrix}\begin{bmatrix}\Delta\boldsymbol{x}\\ \Delta\boldsymbol{c}_0\end{bmatrix}\right)^{\mathrm{T}}\right.\\ \left.\times\begin{bmatrix}\boldsymbol{E}_1^{-1} & \boldsymbol{O}_{n\times m}\\ \boldsymbol{O}_{m\times n} & \boldsymbol{\Sigma}_{\boldsymbol{\alpha}}^{-1}\end{bmatrix}\left(\begin{bmatrix}\boldsymbol{U}_1^{\mathrm{T}}\boldsymbol{T}\boldsymbol{\beta}\\ \boldsymbol{\alpha}\end{bmatrix}-\begin{bmatrix}\boldsymbol{U}_1^{\mathrm{T}}\boldsymbol{H}(\boldsymbol{c}_0) & \boldsymbol{U}_1^{\mathrm{T}}\boldsymbol{G}(\boldsymbol{x})\\ \boldsymbol{O}_{m\times q} & \boldsymbol{I}_m\end{bmatrix}\begin{bmatrix}\Delta\boldsymbol{x}\\ \Delta\boldsymbol{c}_0\end{bmatrix}\right)\right\}\\ \text{s.t. } \boldsymbol{O}_{(p-n)\times 1}=\boldsymbol{U}_2^{\mathrm{T}}[\boldsymbol{H}(\boldsymbol{c}_0)\quad \boldsymbol{G}(\boldsymbol{x})]\begin{bmatrix}\Delta\boldsymbol{x}\\ \Delta\boldsymbol{c}_0\end{bmatrix}\end{array}\right. \tag{11.64}$$

式 (11.64) 是含有线性等式约束的二次优化问题, 其最优解存在闭式表达式, 根据式 (3.57) 可知其最优解的表达式为

$$\begin{aligned}&\begin{bmatrix}\Delta\boldsymbol{x}_{\mathrm{STLS}}\\ \Delta\boldsymbol{c}_{0,\mathrm{STLS}}\end{bmatrix}\\ &=\left[\begin{array}{c:c}(\boldsymbol{H}(\boldsymbol{c}_0))^{\mathrm{T}}\boldsymbol{U}_1\boldsymbol{E}_1^{-1}\boldsymbol{U}_1^{\mathrm{T}}\boldsymbol{H}(\boldsymbol{c}_0) & (\boldsymbol{H}(\boldsymbol{c}_0))^{\mathrm{T}}\boldsymbol{U}_1\boldsymbol{E}_1^{-1}\boldsymbol{U}_1^{\mathrm{T}}\boldsymbol{G}(\boldsymbol{x})\\ \hdashline (\boldsymbol{G}(\boldsymbol{x}))^{\mathrm{T}}\boldsymbol{U}_1\boldsymbol{E}_1^{-1}\boldsymbol{U}_1^{\mathrm{T}}\boldsymbol{H}(\boldsymbol{c}_0) & (\boldsymbol{G}(\boldsymbol{x}))^{\mathrm{T}}\boldsymbol{U}_1\boldsymbol{E}_1^{-1}\boldsymbol{U}_1^{\mathrm{T}}\boldsymbol{G}(\boldsymbol{x})+\boldsymbol{\Sigma}_{\boldsymbol{\alpha}}^{-1}\end{array}\right]^{-1}\\ &\times\begin{bmatrix}(\boldsymbol{H}(\boldsymbol{c}_0))^{\mathrm{T}}\boldsymbol{U}_1\boldsymbol{E}_1^{-1}\boldsymbol{U}_1^{\mathrm{T}}\boldsymbol{T}\boldsymbol{\beta}\\ (\boldsymbol{G}(\boldsymbol{x}))^{\mathrm{T}}\boldsymbol{U}_1\boldsymbol{E}_1^{-1}\boldsymbol{U}_1^{\mathrm{T}}\boldsymbol{T}\boldsymbol{\beta}+\boldsymbol{\Sigma}_{\boldsymbol{\alpha}}^{-1}\boldsymbol{\alpha}\end{bmatrix}\\ &-\left[\begin{array}{c:c}(\boldsymbol{H}(\boldsymbol{c}_0))^{\mathrm{T}}\boldsymbol{U}_1\boldsymbol{E}_1^{-1}\boldsymbol{U}_1^{\mathrm{T}}\boldsymbol{H}(\boldsymbol{c}_0) & (\boldsymbol{H}(\boldsymbol{c}_0))^{\mathrm{T}}\boldsymbol{U}_1\boldsymbol{E}_1^{-1}\boldsymbol{U}_1^{\mathrm{T}}\boldsymbol{G}(\boldsymbol{x})\\ \hdashline (\boldsymbol{G}(\boldsymbol{x}))^{\mathrm{T}}\boldsymbol{U}_1\boldsymbol{E}_1^{-1}\boldsymbol{U}_1^{\mathrm{T}}\boldsymbol{H}(\boldsymbol{c}_0) & (\boldsymbol{G}(\boldsymbol{x}))^{\mathrm{T}}\boldsymbol{U}_1\boldsymbol{E}_1^{-1}\boldsymbol{U}_1^{\mathrm{T}}\boldsymbol{G}(\boldsymbol{x})+\boldsymbol{\Sigma}_{\boldsymbol{\alpha}}^{-1}\end{array}\right]^{-1}\begin{bmatrix}(\boldsymbol{H}(\boldsymbol{c}_0))^{\mathrm{T}}\\ (\boldsymbol{G}(\boldsymbol{x}))^{\mathrm{T}}\end{bmatrix}\boldsymbol{U}\\ &\times\big(\boldsymbol{U}_2^{\mathrm{T}}[\boldsymbol{H}(\boldsymbol{c}_0)\quad \boldsymbol{G}(\boldsymbol{x})]\\ &\times\left[\begin{array}{c:c}(\boldsymbol{H}(\boldsymbol{c}_0))^{\mathrm{T}}\boldsymbol{U}_1\boldsymbol{E}_1^{-1}\boldsymbol{U}_1^{\mathrm{T}}\boldsymbol{H}(\boldsymbol{c}_0) & (\boldsymbol{H}(\boldsymbol{c}_0))^{\mathrm{T}}\boldsymbol{U}_1\boldsymbol{E}_1^{-1}\boldsymbol{U}_1^{\mathrm{T}}\boldsymbol{G}(\boldsymbol{x})\\ \hdashline (\boldsymbol{G}(\boldsymbol{x}))^{\mathrm{T}}\boldsymbol{U}_1\boldsymbol{E}_1^{-1}\boldsymbol{U}_1^{\mathrm{T}}\boldsymbol{H}(\boldsymbol{c}_0) & (\boldsymbol{G}(\boldsymbol{x}))^{\mathrm{T}}\boldsymbol{U}_1\boldsymbol{E}_1^{-1}\boldsymbol{U}_1^{\mathrm{T}}\boldsymbol{G}(\boldsymbol{x})+\boldsymbol{\Sigma}_{\boldsymbol{\alpha}}^{-1}\end{array}\right]^{-1}\begin{bmatrix}(\boldsymbol{H}(\boldsymbol{c}_0))^{\mathrm{T}}\\ (\boldsymbol{G}(\boldsymbol{x}))^{\mathrm{T}}\end{bmatrix}\boldsymbol{U}_2\end{aligned}$$

$$\times \boldsymbol{U}_2^{\mathrm{T}}[\boldsymbol{H}(\boldsymbol{c}_0) \quad \boldsymbol{G}(\boldsymbol{x})] \left[\begin{array}{c:c} (\boldsymbol{H}(\boldsymbol{c}_0))^{\mathrm{T}}\boldsymbol{U}_1\boldsymbol{E}_1^{-1}\boldsymbol{U}_1^{\mathrm{T}}\boldsymbol{H}(\boldsymbol{c}_0) & (\boldsymbol{H}(\boldsymbol{c}_0))^{\mathrm{T}}\boldsymbol{U}_1\boldsymbol{E}_1^{-1}\boldsymbol{U}_1^{\mathrm{T}}\boldsymbol{G}(\boldsymbol{x}) \\ \hdashline (\boldsymbol{G}(\boldsymbol{x}))^{\mathrm{T}}\boldsymbol{U}_1\boldsymbol{E}_1^{-1}\boldsymbol{U}_1^{\mathrm{T}}\boldsymbol{H}(\boldsymbol{c}_0) & (\boldsymbol{G}(\boldsymbol{x}))^{\mathrm{T}}\boldsymbol{U}_1\boldsymbol{E}_1^{-1}\boldsymbol{U}_1^{\mathrm{T}}\boldsymbol{G}(\boldsymbol{x})+\boldsymbol{\Sigma}_{\boldsymbol{\alpha}}^{-1} \end{array}\right]^{-1}$$

$$\times \begin{bmatrix} (\boldsymbol{H}(\boldsymbol{c}_0))^{\mathrm{T}}\boldsymbol{U}_1\boldsymbol{E}_1^{-1}\boldsymbol{U}_1^{\mathrm{T}}\boldsymbol{T}\boldsymbol{\beta} \\ (\boldsymbol{G}(\boldsymbol{x}))^{\mathrm{T}}\boldsymbol{U}_1\boldsymbol{E}_1^{-1}\boldsymbol{U}_1^{\mathrm{T}}\boldsymbol{T}\boldsymbol{\beta}+\boldsymbol{\Sigma}_{\boldsymbol{\alpha}}^{-1}\boldsymbol{\alpha} \end{bmatrix} \tag{11.65}$$

式 (11.65) 给出了估计误差 $\begin{bmatrix} \Delta\boldsymbol{x}_{\mathrm{STLS}} \\ \Delta\boldsymbol{c}_{0,\mathrm{STLS}} \end{bmatrix}$ 与观测误差 $\boldsymbol{\beta}$ 和 $\boldsymbol{\alpha}$ 之间的线性关系, 由式 (11.65) 可知, 误差向量 $\begin{bmatrix} \Delta\boldsymbol{x}_{\mathrm{STLS}} \\ \Delta\boldsymbol{c}_{0,\mathrm{STLS}} \end{bmatrix}$ 渐近服从零均值的高斯分布, 并且估计值 $\begin{bmatrix} \hat{\boldsymbol{x}}_{\mathrm{STLS}} \\ \hat{\boldsymbol{c}}_{0,\mathrm{STLS}} \end{bmatrix}$ 的均方误差矩阵为

$$\begin{aligned}
&\mathbf{MSE}\left(\begin{bmatrix} \hat{\boldsymbol{x}}_{\mathrm{STLS}} \\ \hat{\boldsymbol{c}}_{0,\mathrm{STLS}} \end{bmatrix}\right) \\
&= \mathrm{E}\left(\begin{bmatrix} \hat{\boldsymbol{x}}_{\mathrm{STLS}}-\boldsymbol{x} \\ \hat{\boldsymbol{c}}_{0,\mathrm{STLS}}-\boldsymbol{c}_0 \end{bmatrix}\begin{bmatrix} \hat{\boldsymbol{x}}_{\mathrm{STLS}}-\boldsymbol{x} \\ \hat{\boldsymbol{c}}_{0,\mathrm{STLS}}-\boldsymbol{c}_0 \end{bmatrix}^{\mathrm{T}}\right) = \mathrm{E}\left(\begin{bmatrix} \Delta\boldsymbol{x}_{\mathrm{STLS}} \\ \Delta\boldsymbol{c}_{0,\mathrm{STLS}} \end{bmatrix}\begin{bmatrix} \Delta\boldsymbol{x}_{\mathrm{STLS}} \\ \Delta\boldsymbol{c}_{0,\mathrm{STLS}} \end{bmatrix}^{\mathrm{T}}\right) \\
&\approx \left[\begin{array}{c:c} (\boldsymbol{H}(\boldsymbol{c}_0))^{\mathrm{T}}\boldsymbol{U}_1\boldsymbol{E}_1^{-1}\boldsymbol{U}_1^{\mathrm{T}}\boldsymbol{H}(\boldsymbol{c}_0) & (\boldsymbol{H}(\boldsymbol{c}_0))^{\mathrm{T}}\boldsymbol{U}_1\boldsymbol{E}_1^{-1}\boldsymbol{U}_1^{\mathrm{T}}\boldsymbol{G}(\boldsymbol{x}) \\ \hdashline (\boldsymbol{G}(\boldsymbol{x}))^{\mathrm{T}}\boldsymbol{U}_1\boldsymbol{E}_1^{-1}\boldsymbol{U}_1^{\mathrm{T}}\boldsymbol{H}(\boldsymbol{c}_0) & (\boldsymbol{G}(\boldsymbol{x}))^{\mathrm{T}}\boldsymbol{U}_1\boldsymbol{E}_1^{-1}\boldsymbol{U}_1^{\mathrm{T}}\boldsymbol{G}(\boldsymbol{x})+\boldsymbol{\Sigma}_{\boldsymbol{\alpha}}^{-1} \end{array}\right]^{-1} \\
&- \left[\begin{array}{c:c} (\boldsymbol{H}(\boldsymbol{c}_0))^{\mathrm{T}}\boldsymbol{U}_1\boldsymbol{E}_1^{-1}\boldsymbol{U}_1^{\mathrm{T}}\boldsymbol{H}(\boldsymbol{c}_0) & (\boldsymbol{H}(\boldsymbol{c}_0))^{\mathrm{T}}\boldsymbol{U}_1\boldsymbol{E}_1^{-1}\boldsymbol{U}_1^{\mathrm{T}}\boldsymbol{G}(\boldsymbol{x}) \\ \hdashline (\boldsymbol{G}(\boldsymbol{x}))^{\mathrm{T}}\boldsymbol{U}_1\boldsymbol{E}_1^{-1}\boldsymbol{U}_1^{\mathrm{T}}\boldsymbol{H}(\boldsymbol{c}_0) & (\boldsymbol{G}(\boldsymbol{x}))^{\mathrm{T}}\boldsymbol{U}_1\boldsymbol{E}_1^{-1}\boldsymbol{U}_1^{\mathrm{T}}\boldsymbol{G}(\boldsymbol{x})+\boldsymbol{\Sigma}_{\boldsymbol{\alpha}}^{-1} \end{array}\right]^{-1} \begin{bmatrix} (\boldsymbol{H}(\boldsymbol{c}_0))^{\mathrm{T}} \\ (\boldsymbol{G}(\boldsymbol{x}))^{\mathrm{T}} \end{bmatrix} \boldsymbol{U}_2 \\
&\times \left(\boldsymbol{U}_2^{\mathrm{T}}[\boldsymbol{H}(\boldsymbol{c}_0) \quad \boldsymbol{G}(\boldsymbol{x})] \left[\begin{array}{c:c} (\boldsymbol{H}(\boldsymbol{c}_0))^{\mathrm{T}}\boldsymbol{U}_1\boldsymbol{E}_1^{-1}\boldsymbol{U}_1^{\mathrm{T}}\boldsymbol{H}(\boldsymbol{c}_0) & (\boldsymbol{H}(\boldsymbol{c}_0))^{\mathrm{T}}\boldsymbol{U}_1\boldsymbol{E}_1^{-1}\boldsymbol{U}_1^{\mathrm{T}}\boldsymbol{G}(\boldsymbol{x}) \\ \hdashline (\boldsymbol{G}(\boldsymbol{x}))^{\mathrm{T}}\boldsymbol{U}_1\boldsymbol{E}_1^{-1}\boldsymbol{U}_1^{\mathrm{T}}\boldsymbol{H}(\boldsymbol{c}_0) & (\boldsymbol{G}(\boldsymbol{x}))^{\mathrm{T}}\boldsymbol{U}_1\boldsymbol{E}_1^{-1}\boldsymbol{U}_1^{\mathrm{T}}\boldsymbol{G}(\boldsymbol{x})+\boldsymbol{\Sigma}_{\boldsymbol{\alpha}}^{-1} \end{array}\right]^{-1}\right. \\
&\left.\times \begin{bmatrix} (\boldsymbol{H}(\boldsymbol{c}_0))^{\mathrm{T}} \\ (\boldsymbol{G}(\boldsymbol{x}))^{\mathrm{T}} \end{bmatrix} \boldsymbol{U}_2\right)^{-1} \\
&\times \boldsymbol{U}_2^{\mathrm{T}}[\boldsymbol{H}(\boldsymbol{c}_0) \quad \boldsymbol{G}(\boldsymbol{x})] \left[\begin{array}{c:c} (\boldsymbol{H}(\boldsymbol{c}_0))^{\mathrm{T}}\boldsymbol{U}_1\boldsymbol{E}_1^{-1}\boldsymbol{U}_1^{\mathrm{T}}\boldsymbol{H}(\boldsymbol{c}_0) & (\boldsymbol{H}(\boldsymbol{c}_0))^{\mathrm{T}}\boldsymbol{U}_1\boldsymbol{E}_1^{-1}\boldsymbol{U}_1^{\mathrm{T}}\boldsymbol{G}(\boldsymbol{x}) \\ \hdashline (\boldsymbol{G}(\boldsymbol{x}))^{\mathrm{T}}\boldsymbol{U}_1\boldsymbol{E}_1^{-1}\boldsymbol{U}_1^{\mathrm{T}}\boldsymbol{H}(\boldsymbol{c}_0) & (\boldsymbol{G}(\boldsymbol{x}))^{\mathrm{T}}\boldsymbol{U}_1\boldsymbol{E}_1^{-1}\boldsymbol{U}_1^{\mathrm{T}}\boldsymbol{G}(\boldsymbol{x})+\boldsymbol{\Sigma}_{\boldsymbol{\alpha}}^{-1} \end{array}\right]^{-1}
\end{aligned} \tag{11.66}$$

由于 $\boldsymbol{A}=\boldsymbol{H}(\boldsymbol{c}_0)$, 将其代入式 (11.66) 可得

$$\mathbf{MSE}\left(\begin{bmatrix} \hat{\boldsymbol{x}}_{\mathrm{STLS}} \\ \hat{\boldsymbol{c}}_{0,\mathrm{STLS}} \end{bmatrix}\right) \approx \left[\begin{array}{c:c} \boldsymbol{A}^{\mathrm{T}}\boldsymbol{U}_1\boldsymbol{E}_1^{-1}\boldsymbol{U}_1^{\mathrm{T}}\boldsymbol{A} & \boldsymbol{A}^{\mathrm{T}}\boldsymbol{U}_1\boldsymbol{E}_1^{-1}\boldsymbol{U}_1^{\mathrm{T}}\boldsymbol{G}(\boldsymbol{x}) \\ \hdashline (\boldsymbol{G}(\boldsymbol{x}))^{\mathrm{T}}\boldsymbol{U}_1\boldsymbol{E}_1^{-1}\boldsymbol{U}_1^{\mathrm{T}}\boldsymbol{A} & (\boldsymbol{G}(\boldsymbol{x}))^{\mathrm{T}}\boldsymbol{U}_1\boldsymbol{E}_1^{-1}\boldsymbol{U}_1^{\mathrm{T}}\boldsymbol{G}(\boldsymbol{x})+\boldsymbol{\Sigma}_{\boldsymbol{\alpha}}^{-1} \end{array}\right]^{-1}$$

$$
\begin{aligned}
&-\left[\begin{array}{c:c}\boldsymbol{A}^{\mathrm{T}}\boldsymbol{U}_1\boldsymbol{E}_1^{-1}\boldsymbol{U}_1^{\mathrm{T}}\boldsymbol{A} & \boldsymbol{A}^{\mathrm{T}}\boldsymbol{U}_1\boldsymbol{E}_1^{-1}\boldsymbol{U}_1^{\mathrm{T}}\boldsymbol{G}(\boldsymbol{x}) \\ \hdashline (\boldsymbol{G}(\boldsymbol{x}))^{\mathrm{T}}\boldsymbol{U}_1\boldsymbol{E}_1^{-1}\boldsymbol{U}_1^{\mathrm{T}}\boldsymbol{A} & (\boldsymbol{G}(\boldsymbol{x}))^{\mathrm{T}}\boldsymbol{U}_1\boldsymbol{E}_1^{-1}\boldsymbol{U}_1^{\mathrm{T}}\boldsymbol{G}(\boldsymbol{x})+\boldsymbol{\Sigma}_{\boldsymbol{\alpha}}^{-1}\end{array}\right]^{-1}\left[\begin{array}{c}\boldsymbol{A}^{\mathrm{T}} \\ (\boldsymbol{G}(\boldsymbol{x}))^{\mathrm{T}}\end{array}\right]\boldsymbol{U}_2 \\
&\times\left(\boldsymbol{U}_2^{\mathrm{T}}[\boldsymbol{A}\quad\boldsymbol{G}(\boldsymbol{x})]\left[\begin{array}{c:c}\boldsymbol{A}^{\mathrm{T}}\boldsymbol{U}_1\boldsymbol{E}_1^{-1}\boldsymbol{U}_1^{\mathrm{T}}\boldsymbol{A} & \boldsymbol{A}^{\mathrm{T}}\boldsymbol{U}_1\boldsymbol{E}_1^{-1}\boldsymbol{U}_1^{\mathrm{T}}\boldsymbol{G}(\boldsymbol{x}) \\ \hdashline (\boldsymbol{G}(\boldsymbol{x}))^{\mathrm{T}}\boldsymbol{U}_1\boldsymbol{E}_1^{-1}\boldsymbol{U}_1^{\mathrm{T}}\boldsymbol{A} & (\boldsymbol{G}(\boldsymbol{x}))^{\mathrm{T}}\boldsymbol{U}_1\boldsymbol{E}_1^{-1}\boldsymbol{U}_1^{\mathrm{T}}\boldsymbol{G}(\boldsymbol{x})+\boldsymbol{\Sigma}_{\boldsymbol{\alpha}}^{-1}\end{array}\right]^{-1}\right. \\
&\left.\times\left[\begin{array}{c}\boldsymbol{A}^{\mathrm{T}} \\ (\boldsymbol{G}(\boldsymbol{x}))^{\mathrm{T}}\end{array}\right]\boldsymbol{U}_2\right)^{-1} \\
&\times\boldsymbol{U}_2^{\mathrm{T}}[\boldsymbol{A}\quad\boldsymbol{G}(\boldsymbol{x})]\left[\begin{array}{c:c}\boldsymbol{A}^{\mathrm{T}}\boldsymbol{U}_1\boldsymbol{E}_1^{-1}\boldsymbol{U}_1^{\mathrm{T}}\boldsymbol{A} & \boldsymbol{A}^{\mathrm{T}}\boldsymbol{U}_1\boldsymbol{E}_1^{-1}\boldsymbol{U}_1^{\mathrm{T}}\boldsymbol{G}(\boldsymbol{x}) \\ \hdashline (\boldsymbol{G}(\boldsymbol{x}))^{\mathrm{T}}\boldsymbol{U}_1\boldsymbol{E}_1^{-1}\boldsymbol{U}_1^{\mathrm{T}}\boldsymbol{A} & (\boldsymbol{G}(\boldsymbol{x}))^{\mathrm{T}}\boldsymbol{U}_1\boldsymbol{E}_1^{-1}\boldsymbol{U}_1^{\mathrm{T}}\boldsymbol{G}(\boldsymbol{x})+\boldsymbol{\Sigma}_{\boldsymbol{\alpha}}^{-1}\end{array}\right]^{-1}
\end{aligned}
\tag{11.67}
$$

命题 11.2 将证明 $\begin{bmatrix}\hat{\boldsymbol{x}}_{\mathrm{STLS}} \\ \hat{\boldsymbol{c}}_{0,\mathrm{STLS}}\end{bmatrix}$ 是关于未知向量 $\begin{bmatrix}\boldsymbol{x} \\ \boldsymbol{c}_0\end{bmatrix}$ 的渐近最优无偏估计值。

【命题 11.2】向量 $\begin{bmatrix}\hat{\boldsymbol{x}}_{\mathrm{STLS}} \\ \hat{\boldsymbol{c}}_{0,\mathrm{STLS}}\end{bmatrix}$ 是关于未知向量 $\begin{bmatrix}\boldsymbol{x} \\ \boldsymbol{c}_0\end{bmatrix}$ 的渐近最优无偏估计值。

【证明】首先，根据式 (11.65) 可知 $\mathrm{E}\left(\begin{bmatrix}\Delta\boldsymbol{x}_{\mathrm{STLS}} \\ \Delta\boldsymbol{c}_{0,\mathrm{STLS}}\end{bmatrix}\right)\approx\boldsymbol{O}_{(q+m)\times 1}$，因此，$\begin{bmatrix}\hat{\boldsymbol{x}}_{\mathrm{STLS}} \\ \hat{\boldsymbol{c}}_{0,\mathrm{STLS}}\end{bmatrix}$ 的渐近无偏性得证。其次要证明 $\begin{bmatrix}\hat{\boldsymbol{x}}_{\mathrm{STLS}} \\ \hat{\boldsymbol{c}}_{0,\mathrm{STLS}}\end{bmatrix}$ 是关于未知向量 $\begin{bmatrix}\boldsymbol{x} \\ \boldsymbol{c}_0\end{bmatrix}$ 的渐近最优估计值 (即估计方差最小)，仅需要证明 $\begin{bmatrix}\hat{\boldsymbol{x}}_{\mathrm{STLS}} \\ \hat{\boldsymbol{c}}_{0,\mathrm{STLS}}\end{bmatrix}$ 的均方误差矩阵等于其克拉美罗界即可。

通过观测模型式 (11.3) 和式 (11.9) 推导估计未知向量 $\begin{bmatrix}\boldsymbol{x} \\ \boldsymbol{c}_0\end{bmatrix}$ 的克拉美罗界，此时的观测量同时包含向量 $\boldsymbol{z}_1$ 和 $\boldsymbol{c}$，与此同时还含有等式约束。对于给定的参量 $\boldsymbol{x}$ 和 $\boldsymbol{c}_0$，观测量 $\boldsymbol{z}_1$ 和 $\boldsymbol{c}$ 的概率密度函数可以表示为

$$
\begin{aligned}
g(\boldsymbol{z}_1,\boldsymbol{c};\boldsymbol{x},\boldsymbol{c}_0)=&(2\pi)^{-(n+m)/2}(\det(\boldsymbol{E}_1))^{-1/2}(\det(\boldsymbol{\Sigma}_{\boldsymbol{\alpha}}))^{-1/2} \\
&\times\exp\left\{-\frac{1}{2}\left(\begin{bmatrix}\boldsymbol{z}_1 \\ \boldsymbol{c}\end{bmatrix}-\begin{bmatrix}\boldsymbol{U}_1^{\mathrm{T}}\boldsymbol{A}\boldsymbol{x} \\ \boldsymbol{c}_0\end{bmatrix}\right)^{\mathrm{T}}\begin{bmatrix}\boldsymbol{E}_1^{-1} & \boldsymbol{O}_{n\times m} \\ \boldsymbol{O}_{m\times n} & \boldsymbol{\Sigma}_{\boldsymbol{\alpha}}^{-1}\end{bmatrix}\right. \\
&\left.\times\left(\begin{bmatrix}\boldsymbol{z}_1 \\ \boldsymbol{c}\end{bmatrix}-\begin{bmatrix}\boldsymbol{U}_1^{\mathrm{T}}\boldsymbol{A}\boldsymbol{x} \\ \boldsymbol{c}_0\end{bmatrix}\right)\right\}
\end{aligned}
$$

$$
\begin{aligned}
&= (2\pi)^{-(n+m)/2}(\det(\boldsymbol{E}_1))^{-1/2}(\det(\boldsymbol{\Sigma}_{\boldsymbol{\alpha}}))^{-1/2} \\
&\quad \times \exp\left\{-\frac{1}{2}\left(\begin{bmatrix}\boldsymbol{z}_1\\ \boldsymbol{c}\end{bmatrix}-\begin{bmatrix}\boldsymbol{U}_1^{\mathrm{T}}\boldsymbol{G}(\boldsymbol{x})\boldsymbol{c}_0\\ \boldsymbol{c}_0\end{bmatrix}\right)^{\mathrm{T}}\begin{bmatrix}\boldsymbol{E}_1^{-1} & \boldsymbol{O}_{n\times m}\\ \boldsymbol{O}_{m\times n} & \boldsymbol{\Sigma}_{\boldsymbol{\alpha}}^{-1}\end{bmatrix}\right. \\
&\quad \left.\times\left(\begin{bmatrix}\boldsymbol{z}_1\\ \boldsymbol{c}\end{bmatrix}-\begin{bmatrix}\boldsymbol{U}_1^{\mathrm{T}}\boldsymbol{G}(\boldsymbol{x})\boldsymbol{c}_0\\ \boldsymbol{c}_0\end{bmatrix}\right)\right\}
\end{aligned} \tag{11.68}
$$

取对数可得

$$
\begin{aligned}
&\ln(g(\boldsymbol{z}_1,\boldsymbol{c};\boldsymbol{x},\boldsymbol{c}_0)) \\
= &-\frac{n+m}{2}\ln(2\pi)-\frac{1}{2}\ln(\det(\boldsymbol{E}_1))-\frac{1}{2}\ln(\det(\boldsymbol{\Sigma}_{\boldsymbol{\alpha}})) \\
&-\frac{1}{2}\left(\begin{bmatrix}\boldsymbol{z}_1\\ \boldsymbol{c}\end{bmatrix}-\begin{bmatrix}\boldsymbol{U}_1^{\mathrm{T}}\boldsymbol{A}\boldsymbol{x}\\ \boldsymbol{c}_0\end{bmatrix}\right)^{\mathrm{T}}\begin{bmatrix}\boldsymbol{E}_1^{-1} & \boldsymbol{O}_{n\times m}\\ \boldsymbol{O}_{m\times n} & \boldsymbol{\Sigma}_{\boldsymbol{\alpha}}^{-1}\end{bmatrix}\left(\begin{bmatrix}\boldsymbol{z}_1\\ \boldsymbol{c}\end{bmatrix}-\begin{bmatrix}\boldsymbol{U}_1^{\mathrm{T}}\boldsymbol{A}\boldsymbol{x}\\ \boldsymbol{c}_0\end{bmatrix}\right) \\
= &-\frac{n+m}{2}\ln(2\pi)-\frac{1}{2}\ln(\det(\boldsymbol{E}_1))-\frac{1}{2}\ln(\det(\boldsymbol{\Sigma}_{\boldsymbol{\alpha}})) \\
&-\frac{1}{2}\left(\begin{bmatrix}\boldsymbol{z}_1\\ \boldsymbol{c}\end{bmatrix}-\begin{bmatrix}\boldsymbol{U}_1^{\mathrm{T}}\boldsymbol{G}(\boldsymbol{x})\boldsymbol{c}_0\\ \boldsymbol{c}_0\end{bmatrix}\right)^{\mathrm{T}}\begin{bmatrix}\boldsymbol{E}_1^{-1} & \boldsymbol{O}_{n\times m}\\ \boldsymbol{O}_{m\times n} & \boldsymbol{\Sigma}_{\boldsymbol{\alpha}}^{-1}\end{bmatrix}\left(\begin{bmatrix}\boldsymbol{z}_1\\ \boldsymbol{c}\end{bmatrix}-\begin{bmatrix}\boldsymbol{U}_1^{\mathrm{T}}\boldsymbol{G}(\boldsymbol{x})\boldsymbol{c}_0\\ \boldsymbol{c}_0\end{bmatrix}\right)
\end{aligned} \tag{11.69}
$$

由式 (11.69) 可知, 函数 $\ln(g(\boldsymbol{z}_1,\boldsymbol{c};\boldsymbol{x},\boldsymbol{c}_0))$ 关于全部未知向量 $\begin{bmatrix}\boldsymbol{x}\\ \boldsymbol{c}_0\end{bmatrix}$ 的梯度向量可以表示为

$$
\begin{aligned}
&\begin{bmatrix}\dfrac{\partial\ln(g(\boldsymbol{z}_1,\boldsymbol{c};\boldsymbol{x},\boldsymbol{c}_0))}{\partial\boldsymbol{x}}\\ \dfrac{\partial\ln(g(\boldsymbol{z}_1,\boldsymbol{c};\boldsymbol{x},\boldsymbol{c}_0))}{\partial\boldsymbol{c}_0}\end{bmatrix} \\
&=\begin{bmatrix}\boldsymbol{U}_1^{\mathrm{T}}\boldsymbol{A} & \boldsymbol{U}_1^{\mathrm{T}}\boldsymbol{G}(\boldsymbol{x})\\ \boldsymbol{O}_{m\times q} & \boldsymbol{I}_m\end{bmatrix}^{\mathrm{T}}\begin{bmatrix}\boldsymbol{E}_1^{-1} & \boldsymbol{O}_{n\times m}\\ \boldsymbol{O}_{m\times n} & \boldsymbol{\Sigma}_{\boldsymbol{\alpha}}^{-1}\end{bmatrix}\begin{bmatrix}\boldsymbol{z}_1-\boldsymbol{U}_1^{\mathrm{T}}\boldsymbol{A}\boldsymbol{x}\\ \boldsymbol{c}-\boldsymbol{c}_0\end{bmatrix} \\
&=\begin{bmatrix}\boldsymbol{A}^{\mathrm{T}}\boldsymbol{U}_1 & \boldsymbol{O}_{q\times m}\\ (\boldsymbol{G}(\boldsymbol{x}))^{\mathrm{T}}\boldsymbol{U}_1 & \boldsymbol{I}_m\end{bmatrix}\begin{bmatrix}\boldsymbol{E}_1^{-1} & \boldsymbol{O}_{n\times m}\\ \boldsymbol{O}_{m\times n} & \boldsymbol{\Sigma}_{\boldsymbol{\alpha}}^{-1}\end{bmatrix}\begin{bmatrix}\boldsymbol{U}_1^{\mathrm{T}}\boldsymbol{T}\boldsymbol{\beta}\\ \boldsymbol{\alpha}\end{bmatrix}
\end{aligned} \tag{11.70}
$$

根据命题 2.37 可知, 关于全部未知向量 $\begin{bmatrix} \boldsymbol{x} \\ \boldsymbol{c}_0 \end{bmatrix}$ 的费希尔信息矩阵为

$$
\begin{aligned}
&\mathbf{FISH}_{\mathrm{STLS}}\left(\begin{bmatrix} \boldsymbol{x} \\ \boldsymbol{c}_0 \end{bmatrix}\right) \\
&= \mathrm{E}\left(\begin{bmatrix} \dfrac{\partial \ln(g(\boldsymbol{z}_1, \boldsymbol{c}; \boldsymbol{x}, \boldsymbol{c}_0))}{\partial \boldsymbol{x}} \\ \dfrac{\partial \ln(g(\boldsymbol{z}_1, \boldsymbol{c}; \boldsymbol{x}, \boldsymbol{c}_0))}{\partial \boldsymbol{c}_0} \end{bmatrix} \begin{bmatrix} \dfrac{\partial \ln(g(\boldsymbol{z}_1, \boldsymbol{c}; \boldsymbol{x}, \boldsymbol{c}_0))}{\partial \boldsymbol{x}} \\ \dfrac{\partial \ln(g(\boldsymbol{z}_1, \boldsymbol{c}; \boldsymbol{x}, \boldsymbol{c}_0))}{\partial \boldsymbol{c}_0} \end{bmatrix}^{\mathrm{T}}\right) \\
&= \begin{bmatrix} \boldsymbol{A}^{\mathrm{T}}\boldsymbol{U}_1 & \boldsymbol{O}_{q\times m} \\ (\boldsymbol{G}(\boldsymbol{x}))^{\mathrm{T}}\boldsymbol{U}_1 & \boldsymbol{I}_m \end{bmatrix} \begin{bmatrix} \boldsymbol{E}_1^{-1} & \boldsymbol{O}_{n\times m} \\ \boldsymbol{O}_{m\times n} & \boldsymbol{\Sigma}_{\boldsymbol{\alpha}}^{-1} \end{bmatrix} \begin{bmatrix} \boldsymbol{U}_1^{\mathrm{T}}\boldsymbol{A} & \boldsymbol{U}_1^{\mathrm{T}}\boldsymbol{G}(\boldsymbol{x}) \\ \boldsymbol{O}_{m\times q} & \boldsymbol{I}_m \end{bmatrix} \\
&= \left[\begin{array}{c:c} \boldsymbol{A}^{\mathrm{T}}\boldsymbol{U}_1\boldsymbol{E}_1^{-1}\boldsymbol{U}_1^{\mathrm{T}}\boldsymbol{A} & \boldsymbol{A}^{\mathrm{T}}\boldsymbol{U}_1\boldsymbol{E}_1^{-1}\boldsymbol{U}_1^{\mathrm{T}}\boldsymbol{G}(\boldsymbol{x}) \\ \hdashline (\boldsymbol{G}(\boldsymbol{x}))^{\mathrm{T}}\boldsymbol{U}_1\boldsymbol{E}_1^{-1}\boldsymbol{U}_1^{\mathrm{T}}\boldsymbol{A} & (\boldsymbol{G}(\boldsymbol{x}))^{\mathrm{T}}\boldsymbol{U}_1\boldsymbol{E}_1^{-1}\boldsymbol{U}_1^{\mathrm{T}}\boldsymbol{G}(\boldsymbol{x}) + \boldsymbol{\Sigma}_{\boldsymbol{\alpha}}^{-1} \end{array}\right]
\end{aligned} \tag{11.71}
$$

式 (11.9) 中的等式约束函数关于未知向量 $\begin{bmatrix} \boldsymbol{x} \\ \boldsymbol{c}_0 \end{bmatrix}$ 的 Jacobian 矩阵可以表示为 $\boldsymbol{U}_2^{\mathrm{T}}[\boldsymbol{A} \quad \boldsymbol{G}(\boldsymbol{x})]$, 结合命题 2.40 可知, 在式 (11.9) 中的等式约束条件下, 估计未知向量 $\begin{bmatrix} \boldsymbol{x} \\ \boldsymbol{c}_0 \end{bmatrix}$ 的克拉美罗界可以表示为

$$
\begin{aligned}
&\mathbf{CRB}_{\mathrm{STLS}}\left(\begin{bmatrix} \boldsymbol{x} \\ \boldsymbol{c}_0 \end{bmatrix}\right) \\
&= \left[\begin{array}{c:c} \boldsymbol{A}^{\mathrm{T}}\boldsymbol{U}_1\boldsymbol{E}_1^{-1}\boldsymbol{U}_1^{\mathrm{T}}\boldsymbol{A} & \boldsymbol{A}^{\mathrm{T}}\boldsymbol{U}_1\boldsymbol{E}_1^{-1}\boldsymbol{U}_1^{\mathrm{T}}\boldsymbol{G}(\boldsymbol{x}) \\ \hdashline (\boldsymbol{G}(\boldsymbol{x}))^{\mathrm{T}}\boldsymbol{U}_1\boldsymbol{E}_1^{-1}\boldsymbol{U}_1^{\mathrm{T}}\boldsymbol{A} & (\boldsymbol{G}(\boldsymbol{x}))^{\mathrm{T}}\boldsymbol{U}_1\boldsymbol{E}_1^{-1}\boldsymbol{U}_1^{\mathrm{T}}\boldsymbol{G}(\boldsymbol{x}) + \boldsymbol{\Sigma}_{\boldsymbol{\alpha}}^{-1} \end{array}\right]^{-1} \\
&\quad - \left[\begin{array}{c:c} \boldsymbol{A}^{\mathrm{T}}\boldsymbol{U}_1\boldsymbol{E}_1^{-1}\boldsymbol{U}_1^{\mathrm{T}}\boldsymbol{A} & \boldsymbol{A}^{\mathrm{T}}\boldsymbol{U}_1\boldsymbol{E}_1^{-1}\boldsymbol{U}_1^{\mathrm{T}}\boldsymbol{G}(\boldsymbol{x}) \\ \hdashline (\boldsymbol{G}(\boldsymbol{x}))^{\mathrm{T}}\boldsymbol{U}_1\boldsymbol{E}_1^{-1}\boldsymbol{U}_1^{\mathrm{T}}\boldsymbol{A} & (\boldsymbol{G}(\boldsymbol{x}))^{\mathrm{T}}\boldsymbol{U}_1\boldsymbol{E}_1^{-1}\boldsymbol{U}_1^{\mathrm{T}}\boldsymbol{G}(\boldsymbol{x}) + \boldsymbol{\Sigma}_{\boldsymbol{\alpha}}^{-1} \end{array}\right]^{-1} \begin{bmatrix} \boldsymbol{A}^{\mathrm{T}} \\ (\boldsymbol{G}(\boldsymbol{x}))^{\mathrm{T}} \end{bmatrix} \boldsymbol{U}_2 \\
&\quad \times \left(\boldsymbol{U}_2^{\mathrm{T}}[\boldsymbol{A} \quad \boldsymbol{G}(\boldsymbol{x})] \left[\begin{array}{c:c} \boldsymbol{A}^{\mathrm{T}}\boldsymbol{U}_1\boldsymbol{E}_1^{-1}\boldsymbol{U}_1^{\mathrm{T}}\boldsymbol{A} & \boldsymbol{A}^{\mathrm{T}}\boldsymbol{U}_1\boldsymbol{E}_1^{-1}\boldsymbol{U}_1^{\mathrm{T}}\boldsymbol{G}(\boldsymbol{x}) \\ \hdashline (\boldsymbol{G}(\boldsymbol{x}))^{\mathrm{T}}\boldsymbol{U}_1\boldsymbol{E}_1^{-1}\boldsymbol{U}_1^{\mathrm{T}}\boldsymbol{A} & (\boldsymbol{G}(\boldsymbol{x}))^{\mathrm{T}}\boldsymbol{U}_1\boldsymbol{E}_1^{-1}\boldsymbol{U}_1^{\mathrm{T}}\boldsymbol{G}(\boldsymbol{x}) + \boldsymbol{\Sigma}_{\boldsymbol{\alpha}}^{-1} \end{array}\right]^{-1}\right. \\
&\quad \left. \times \begin{bmatrix} \boldsymbol{A}^{\mathrm{T}} \\ (\boldsymbol{G}(\boldsymbol{x}))^{\mathrm{T}} \end{bmatrix} \boldsymbol{U}_2 \right)^{-1}
\end{aligned}
$$

$$\times \boldsymbol{U}_2^{\mathrm{T}}[\boldsymbol{A} \quad \boldsymbol{G}(\boldsymbol{x})]\left[\begin{array}{c:c} \boldsymbol{A}^{\mathrm{T}}\boldsymbol{U}_1\boldsymbol{E}_1^{-1}\boldsymbol{U}_1^{\mathrm{T}}\boldsymbol{A} & \boldsymbol{A}^{\mathrm{T}}\boldsymbol{U}_1\boldsymbol{E}_1^{-1}\boldsymbol{U}_1^{\mathrm{T}}\boldsymbol{G}(\boldsymbol{x}) \\ \hdashline (\boldsymbol{G}(\boldsymbol{x}))^{\mathrm{T}}\boldsymbol{U}_1\boldsymbol{E}_1^{-1}\boldsymbol{U}_1^{\mathrm{T}}\boldsymbol{A} & (\boldsymbol{G}(\boldsymbol{x}))^{\mathrm{T}}\boldsymbol{U}_1\boldsymbol{E}_1^{-1}\boldsymbol{U}_1^{\mathrm{T}}\boldsymbol{G}(\boldsymbol{x})+\boldsymbol{\Sigma}_{\boldsymbol{\alpha}}^{-1} \end{array}\right]^{-1} \tag{11.72}$$

结合式 (11.67) 和式 (11.72) 可得$\mathbf{MSE}\left(\begin{bmatrix} \hat{\boldsymbol{x}}_{\mathrm{STLS}} \\ \hat{\boldsymbol{c}}_{0,\mathrm{STLS}} \end{bmatrix}\right) \approx \mathbf{CRB}_{\mathrm{STLS}}\left(\begin{bmatrix} \boldsymbol{x} \\ \boldsymbol{c}_0 \end{bmatrix}\right)$。综上可知, 向量 $\begin{bmatrix} \hat{\boldsymbol{x}}_{\mathrm{STLS}} \\ \hat{\boldsymbol{c}}_{0,\mathrm{STLS}} \end{bmatrix}$ 是关于未知向量 $\begin{bmatrix} \boldsymbol{x} \\ \boldsymbol{c}_0 \end{bmatrix}$ 的渐近最优无偏估计值。证毕。

【注记 11.9】在实际应用中, 人们往往仅关心估计值 $\hat{\boldsymbol{x}}_{\mathrm{STLS}}$ 的均方误差矩阵及其克拉美罗界, 根据式 (11.67) 和式 (11.72) 可知

$$\begin{aligned}
&\mathbf{MSE}(\hat{\boldsymbol{x}}_{\mathrm{STLS}}) \\
&\approx \mathbf{CRB}_{\mathrm{STLS}}(\boldsymbol{x}) = [\boldsymbol{I}_q \quad \boldsymbol{O}_{q\times m}]\mathbf{CRB}_{\mathrm{STLS}}\left(\begin{bmatrix} \boldsymbol{x} \\ \boldsymbol{c}_0 \end{bmatrix}\right)\begin{bmatrix} \boldsymbol{I}_q \\ \boldsymbol{O}_{m\times q} \end{bmatrix} \\
&= [\boldsymbol{I}_q \quad \boldsymbol{O}_{q\times m}]\left[\begin{array}{c:c} \boldsymbol{A}^{\mathrm{T}}\boldsymbol{U}_1\boldsymbol{E}_1^{-1}\boldsymbol{U}_1^{\mathrm{T}}\boldsymbol{A} & \boldsymbol{A}^{\mathrm{T}}\boldsymbol{U}_1\boldsymbol{E}_1^{-1}\boldsymbol{U}_1^{\mathrm{T}}\boldsymbol{G}(\boldsymbol{x}) \\ \hdashline (\boldsymbol{G}(\boldsymbol{x}))^{\mathrm{T}}\boldsymbol{U}_1\boldsymbol{E}_1^{-1}\boldsymbol{U}_1^{\mathrm{T}}\boldsymbol{A} & (\boldsymbol{G}(\boldsymbol{x}))^{\mathrm{T}}\boldsymbol{U}_1\boldsymbol{E}_1^{-1}\boldsymbol{U}_1^{\mathrm{T}}\boldsymbol{G}(\boldsymbol{x})+\boldsymbol{\Sigma}_{\boldsymbol{\alpha}}^{-1} \end{array}\right]^{-1}\begin{bmatrix} \boldsymbol{I}_q \\ \boldsymbol{O}_{m\times q} \end{bmatrix} \\
&\quad - [\boldsymbol{I}_q \quad \boldsymbol{O}_{q\times m}]\left[\begin{array}{c:c} \boldsymbol{A}^{\mathrm{T}}\boldsymbol{U}_1\boldsymbol{E}_1^{-1}\boldsymbol{U}_1^{\mathrm{T}}\boldsymbol{A} & \boldsymbol{A}^{\mathrm{T}}\boldsymbol{U}_1\boldsymbol{E}_1^{-1}\boldsymbol{U}_1^{\mathrm{T}}\boldsymbol{G}(\boldsymbol{x}) \\ \hdashline (\boldsymbol{G}(\boldsymbol{x}))^{\mathrm{T}}\boldsymbol{U}_1\boldsymbol{E}_1^{-1}\boldsymbol{U}_1^{\mathrm{T}}\boldsymbol{A} & (\boldsymbol{G}(\boldsymbol{x}))^{\mathrm{T}}\boldsymbol{U}_1\boldsymbol{E}_1^{-1}\boldsymbol{U}_1^{\mathrm{T}}\boldsymbol{G}(\boldsymbol{x})+\boldsymbol{\Sigma}_{\boldsymbol{\alpha}}^{-1} \end{array}\right]^{-1} \\
&\quad \times \begin{bmatrix} \boldsymbol{A}^{\mathrm{T}} \\ (\boldsymbol{G}(\boldsymbol{x}))^{\mathrm{T}} \end{bmatrix}\boldsymbol{U}_2 \\
&\quad \times \left(\boldsymbol{U}_2^{\mathrm{T}}[\boldsymbol{A} \quad \boldsymbol{G}(\boldsymbol{x})]\left[\begin{array}{c:c} \boldsymbol{A}^{\mathrm{T}}\boldsymbol{U}_1\boldsymbol{E}_1^{-1}\boldsymbol{U}_1^{\mathrm{T}}\boldsymbol{A} & \boldsymbol{A}^{\mathrm{T}}\boldsymbol{U}_1\boldsymbol{E}_1^{-1}\boldsymbol{U}_1^{\mathrm{T}}\boldsymbol{G}(\boldsymbol{x}) \\ \hdashline (\boldsymbol{G}(\boldsymbol{x}))^{\mathrm{T}}\boldsymbol{U}_1\boldsymbol{E}_1^{-1}\boldsymbol{U}_1^{\mathrm{T}}\boldsymbol{A} & (\boldsymbol{G}(\boldsymbol{x}))^{\mathrm{T}}\boldsymbol{U}_1\boldsymbol{E}_1^{-1}\boldsymbol{U}_1^{\mathrm{T}}\boldsymbol{G}(\boldsymbol{x})+\boldsymbol{\Sigma}_{\boldsymbol{\alpha}}^{-1} \end{array}\right]^{-1}\right. \\
&\quad \left. \times \begin{bmatrix} \boldsymbol{A}^{\mathrm{T}} \\ (\boldsymbol{G}(\boldsymbol{x}))^{\mathrm{T}} \end{bmatrix}\boldsymbol{U}_2\right)^{-1} \\
&\quad \times \boldsymbol{U}_2^{\mathrm{T}}[\boldsymbol{A} \quad \boldsymbol{G}(\boldsymbol{x})]\left[\begin{array}{c:c} \boldsymbol{A}^{\mathrm{T}}\boldsymbol{U}_1\boldsymbol{E}_1^{-1}\boldsymbol{U}_1^{\mathrm{T}}\boldsymbol{A} & \boldsymbol{A}^{\mathrm{T}}\boldsymbol{U}_1\boldsymbol{E}_1^{-1}\boldsymbol{U}_1^{\mathrm{T}}\boldsymbol{G}(\boldsymbol{x}) \\ \hdashline (\boldsymbol{G}(\boldsymbol{x}))^{\mathrm{T}}\boldsymbol{U}_1\boldsymbol{E}_1^{-1}\boldsymbol{U}_1^{\mathrm{T}}\boldsymbol{A} & (\boldsymbol{G}(\boldsymbol{x}))^{\mathrm{T}}\boldsymbol{U}_1\boldsymbol{E}_1^{-1}\boldsymbol{U}_1^{\mathrm{T}}\boldsymbol{G}(\boldsymbol{x})+\boldsymbol{\Sigma}_{\boldsymbol{\alpha}}^{-1} \end{array}\right]^{-1} \\
&\quad \times \begin{bmatrix} \boldsymbol{I}_q \\ \boldsymbol{O}_{m\times q} \end{bmatrix}
\end{aligned} \tag{11.73}$$

11.4 数值实验

11.4.1 观测矩阵 $\boldsymbol{A}$ 具有 Hankel 结构

将观测矩阵 $\boldsymbol{A}$ 设为如下 Hankel 矩阵

$$\boldsymbol{A}=\begin{bmatrix} 1 & 1.5 & -2 & -3 \\ 1.5 & -2 & -3 & 3.5 \\ -2 & -3 & 3.5 & -0.5 \\ -3 & 3.5 & -0.5 & -1.5 \\ 3.5 & -0.5 & -1.5 & 2.5 \\ -0.5 & -1.5 & 2.5 & 4 \\ -1.5 & 2.5 & 4 & -3.5 \\ 2.5 & 4 & -3.5 & -5 \end{bmatrix} \tag{11.74}$$

将未知参量设为 $\boldsymbol{x}=[0.5\ 1.5\ \ -0.5\ \ -2]^{\mathrm{T}}$。观测向量 $\boldsymbol{z}$ 中的观测误差 $\boldsymbol{e}$ 服从均值为零的高斯分布, 且其协方差矩阵为 $\boldsymbol{E}=\sigma_1^2\boldsymbol{T}\boldsymbol{T}^{\mathrm{T}}$, 其中 σ_1 表示观测误差标准差, 矩阵 $\boldsymbol{T}$ 为

$$\boldsymbol{T}=\begin{bmatrix} 1 & 0 & 1 & 0 & 0 & 0 \\ 0 & 1 & 0 & 0 & 1 & 0 \\ 0 & 0 & 1 & 0 & 0 & 0 \\ 1 & 0 & 0 & 1 & 0 & 0 \\ 0 & 0 & 0 & 0 & 1 & 0 \\ 0 & 0 & 0 & 1 & 0 & 1 \\ 1 & 0 & 0 & 0 & 1 & 0 \\ 0 & 1 & 0 & 0 & 0 & 1 \end{bmatrix} \tag{11.75}$$

由式 (11.74) 可以看出, 产生矩阵 $\boldsymbol{A}$ 的向量 $\boldsymbol{c}_0$ 共包含 11 个元素。在实际计算中, 向量 $\boldsymbol{c}_0$ 无法准确获知, 仅能得到其观测向量 $\boldsymbol{c}$, 观测误差 $\boldsymbol{\alpha}$ 服从均值为零的高斯分布, 并且其协方差矩阵为 $\boldsymbol{\Sigma}=\sigma_2^2\boldsymbol{I}_{11}$, 其中 σ_2 同样表示观测误差标准差。下面将对未知参量 $\boldsymbol{x}$ 进行估计, 并且将本章基于 2-范数的结构总体最小二乘估计方法 (共有 4 种方法) 与第 8 章的约束总体最小二乘估计方法 (基于牛顿迭代法) 进行比较。

首先, 将 σ_2 固定为 $\sigma_2=0.1$, 未知参量 $\boldsymbol{x}$ 估计均方根误差随观测误差标准差 σ_1 的变化曲线如图 11.1 所示; 然后, 将 σ_1 固定为 $\sigma_1=0.05$, 未知参量 $\boldsymbol{x}$ 估

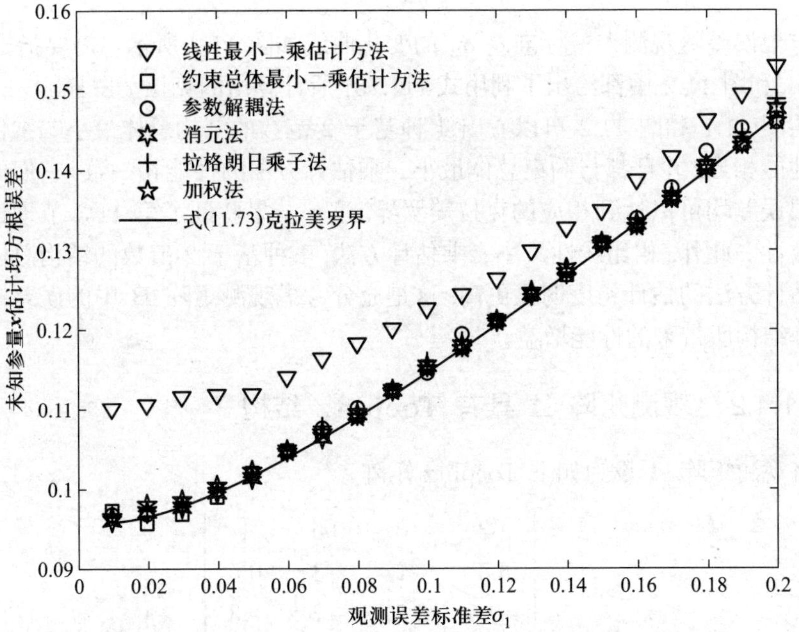

图 11.1　未知参量 $\boldsymbol{x}$ 估计均方根误差随观测误差标准差 σ_1 的变化曲线 (彩图)

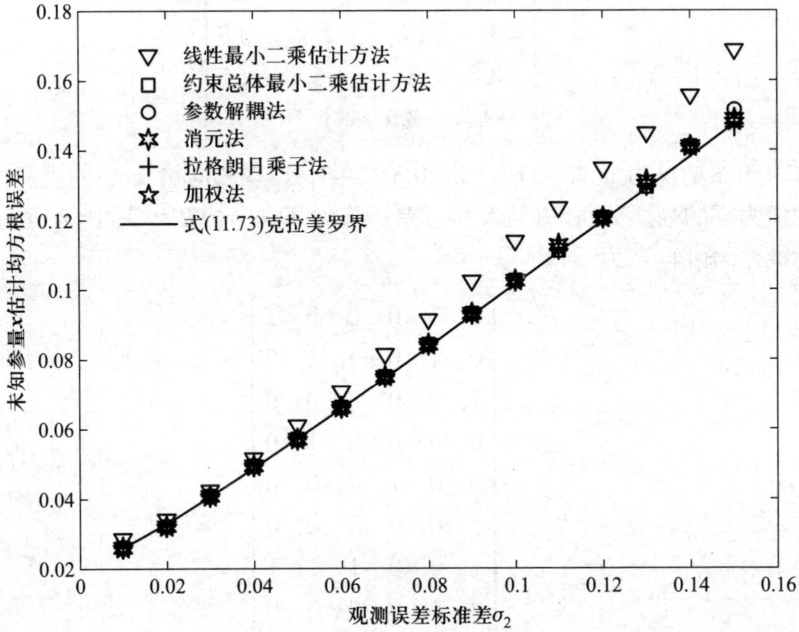

图 11.2　未知参量 $\boldsymbol{x}$ 估计均方根误差随观测误差标准差 σ_2 的变化曲线 (彩图)

计均方根误差随观测误差标准差 σ_2 的变化曲线如图 11.2 所示。需要指出的是，图 11.1 和图 11.2 中都给出了利用式 (11.73) 所计算出的克拉美罗界。

从图 11.1 和图 11.2 可以看出,4 种基于 2-范数的结构总体最小二乘估计方法的性能相当，并且都与约束总体最小二乘估计方法的性能相一致，它们的估计均方根误差均可以达到相应的克拉美罗界，这一结果验证了第 11.3 节理论分析的有效性。此外，相比线性最小二乘估计方法，4 种基于 2-范数的结构总体最小二乘估计方法的估计精度明显更高，这是充分考虑观测矩阵 $\boldsymbol{B}$ 中的误差模型或是矩阵结构所带来的性能增益。

11.4.2 观测矩阵 $\boldsymbol{A}$ 具有 Toeplitz 结构

将观测矩阵 $\boldsymbol{A}$ 设为如下 Toeplitz 矩阵

$$\boldsymbol{A}=\begin{bmatrix} -2 & -3 & 0.5 & 1 \\ 3.5 & -2 & -3 & 0.5 \\ -0.5 & 3.5 & -2 & -3 \\ -2.5 & -0.5 & 3.5 & -2 \\ 1.5 & -2.5 & -0.5 & 3.5 \\ 3 & 1.5 & -2.5 & -0.5 \\ -3.5 & 3 & 1.5 & -2.5 \\ -1 & -3.5 & 3 & 1.5 \end{bmatrix} \tag{11.76}$$

将未知参量设为 $\boldsymbol{x}=[-1.5\quad 2\quad 0.5\quad -1]^{\mathrm{T}}$。观测向量 $\boldsymbol{z}$ 中的观测误差 $\boldsymbol{e}$ 服从均值为零的高斯分布，并且其协方差矩阵为 $\boldsymbol{E}=\sigma_1^2\boldsymbol{T}\boldsymbol{T}^{\mathrm{T}}$，其中 σ_1 表示观测误差标准差，矩阵 $\boldsymbol{T}$ 为

$$\boldsymbol{T}=\begin{bmatrix} 0 & 1 & 0 & 0 & 0 & 1 \\ 0 & 1 & 0 & 1 & 1 & 0 \\ 1 & 0 & 0 & 0 & 0 & 0 \\ 0 & 0 & 0 & 0 & 1 & 0 \\ 0 & 0 & 1 & 0 & 0 & 0 \\ 1 & 0 & 0 & 1 & 0 & 0 \\ 1 & 0 & 0 & 1 & 1 & 1 \\ 0 & 1 & 0 & 0 & 0 & 0 \end{bmatrix} \tag{11.77}$$

由式 (11.76) 可以看出，产生矩阵 $\boldsymbol{A}$ 的向量 $\boldsymbol{c}_0$ 共包含 11 个元素，在实际计算中，向量 $\boldsymbol{c}_0$ 无法准确获知，仅能得到其观测向量 $\boldsymbol{c}$，其中的观测误差 $\boldsymbol{\alpha}$ 服从均

值为零的高斯分布, 并且其协方差矩阵为 $\boldsymbol{\Sigma}=\sigma_2^2\boldsymbol{I}_{11}$, 其中 σ_2 同样表示观测误差标准差。下面将对未知参量 $\boldsymbol{x}$ 进行估计, 并且将本章基于 2-范数的结构总体最小二乘估计方法 (共有 4 种方法) 与第 8 章的约束总体最小二乘估计方法 (基于牛顿迭代法) 进行比较。

首先, 将 σ_2 固定为 $\sigma_2=0.08$, 图 11.3 是未知参量 $\boldsymbol{x}$ 估计均方根误差随观测误差标准差 σ_1 的变化曲线; 然后, 将 σ_1 固定为 $\sigma_1=0.05$, 图 11.4 为未知参量 $\boldsymbol{x}$ 估计均方根误差随观测误差标准差 σ_2 的变化曲线。需要指出的是, 图 11.3 和图 11.4 中都给出了利用式 (11.73) 所计算出的克拉美罗界。

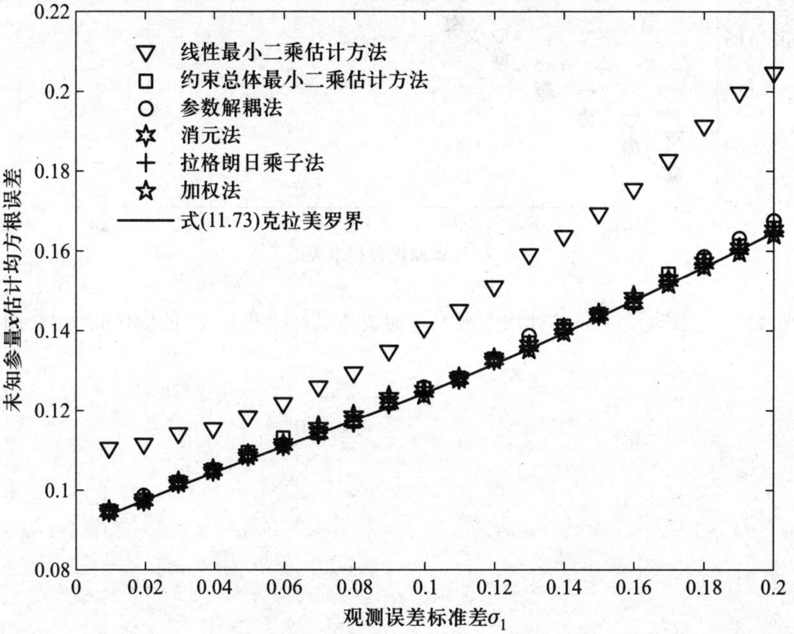

图 11.3　未知参量 $\boldsymbol{x}$ 估计均方根误差随观测误差标准差 σ_1 的变化曲线 (彩图)

图 11.3 和图 11.4 所呈现的结论与图 11.1 和图 11.2 给出的结论相类似, 限于篇幅这里不再阐述。这里仅仅要强调的是, 图 11.3 和图 11.4 中的结果进一步验证了第 11.3 节理论分析的有效性。

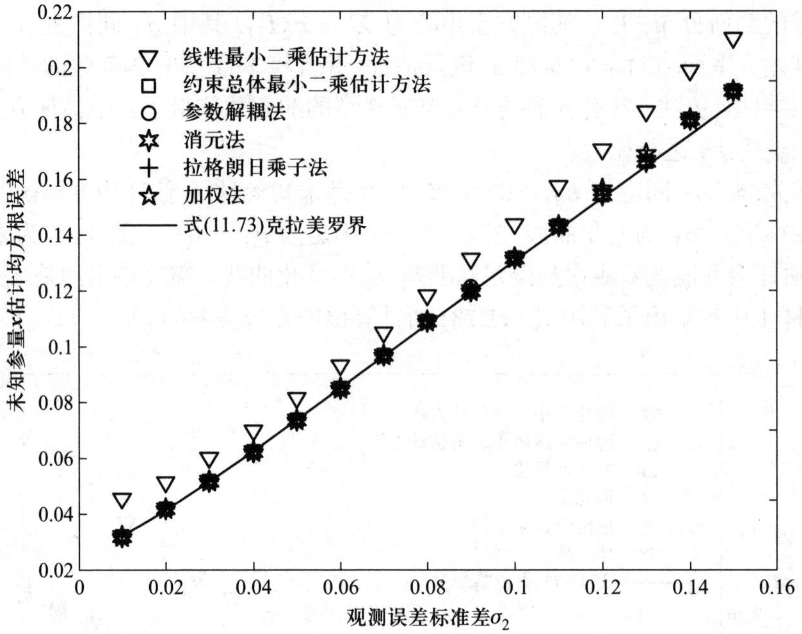

图 11.4　未知参量 $\boldsymbol{x}$ 估计均方根误差随观测误差标准差 σ_2 的变化曲线 (彩图)

第 12 章　贝叶斯估计理论与方法 I: 未知参量为标量

前面给出的各种最小二乘估计方法均假设未知参量 $\boldsymbol{x}$ 为确定型参数，而从本章开始，我们讨论的方法均假设未知参量 $\boldsymbol{x}$ 为随机型参数。该类方法称为贝叶斯估计方法 [13]，它是在贝叶斯定理的基础上提出的。贝叶斯估计方法可以利用关于未知参量的先验知识①，相比传统的最小二乘估计方法，该类方法可以有效改善参数估计精度。当没有关于未知参量的先验知识时，贝叶斯估计方法将退化为最小二乘估计方法。

虽然贝叶斯估计理论框架与最小二乘估计理论框架存在一定的差异，但两者在思想和方法上仍然有关联。在接下来的 4 章中，我们将从不同的角度阐述贝叶斯估计理论的基础知识，当然所讨论的观测模型仍然是线性模型。本章将首先给出未知参量为标量时的贝叶斯估计方法。

12.1　先验知识的重要作用

贝叶斯估计将未知参量看成是随机变量，并且利用未知参量的先验知识得到更加准确的估计值。下面不妨通过一个简单的例子说明先验知识的重要意义。

考虑如下线性观测模型

$$\boldsymbol{z} = \boldsymbol{1}_{p\times 1}x + \boldsymbol{e} \tag{12.1}$$

其中：$\boldsymbol{z} = [z_1\ z_2\ \cdots\ z_p]^{\mathrm{T}}$ 表示观测向量；$\boldsymbol{e} \in \mathbf{R}^{p\times 1}$ 表示观测误差向量，假设其服从均值为零、协方差矩阵为 $\boldsymbol{E} = \sigma^2 \boldsymbol{I}_p$ 的高斯分布，式中 σ 为观测误差标准差；x 表示未知参量，它是个标量。不同于前面各章的观测模型，这里的 x 为随机变量，假设其服从区间为 $[-a, a]$ 的均匀分布，并且与观测误差 $\boldsymbol{e}$ 统计独立。

若 x 是确定型参数，根据式 (3.11) 可知，其线性最小二乘估计值为

$$\hat{x}_{\mathrm{LLS}} = (\boldsymbol{1}_{p\times 1}^{\mathrm{T}} \boldsymbol{E}^{-1} \boldsymbol{1}_{p\times 1})^{-1} \boldsymbol{1}_{p\times 1}^{\mathrm{T}} \boldsymbol{E}^{-1} \boldsymbol{z} = \frac{1}{p}\sum_{j=1}^{p} z_j = \bar{z} \tag{12.2}$$

① 这里的先验知识是指统计意义上的先验信息，例如概率分布。

若 x 是随机型参数, 则需要利用贝叶斯估计方法进行求解, 并且需要融入 x 的先验知识。一种常用的准则是使估计均方误差最小化, 估计均方误差的表达式为

$$\mathbf{MSE}(\hat{x}) = \mathrm{E}[(x-\hat{x})^2] = \iint (x-\hat{x})^2 g(\boldsymbol{z}, x)\mathrm{d}\boldsymbol{z}\mathrm{d}x \tag{12.3}$$

式中 $g(\boldsymbol{z}, x)$ 为观测向量 $\boldsymbol{z}$ 和未知参量 x 的联合概率密度函数。

下面推导使 $\mathbf{MSE}(\hat{x})$ 最小化的最优估计值, 并称其为贝叶斯最小均方误差 (Mimimum Mean Square Error, MMSE) 估计值 (记为 $\hat{x}_{\mathrm{MMSE}}$)。利用贝叶斯定理可知

$$g(\boldsymbol{z}, x) = g(x|\boldsymbol{z})g(\boldsymbol{z}) \tag{12.4}$$

其中: $g(\boldsymbol{z})$ 为观测向量 $\boldsymbol{z}$ 的概率密度函数, $g(x|\boldsymbol{z})$ 为后验概率密度函数。将式 (12.4) 代入式 (12.3) 可以将 $\mathbf{MSE}(\hat{x})$ 重新表示为

$$\mathbf{MSE}(\hat{x}) = \int \left(\int (x-\hat{x})^2 g(x|\boldsymbol{z})\mathrm{d}x \right) g(\boldsymbol{z})\mathrm{d}\boldsymbol{z} \tag{12.5}$$

将 $\mathbf{MSE}(\hat{x})$ 对 $\hat{x}$ 求导, 并令其等于零, 可得

$$\begin{aligned} \left.\frac{\mathrm{d}\mathbf{MSE}(\hat{x})}{\mathrm{d}\hat{x}}\right|_{\hat{x}=\hat{x}_{\mathrm{MMSE}}} &= \left.\frac{\mathrm{d}\int \left(\int (x-\hat{x})^2 g(x|\boldsymbol{z})\mathrm{d}x \right) g(\boldsymbol{z})\mathrm{d}\boldsymbol{z}}{\mathrm{d}\hat{x}}\right|_{\hat{x}=\hat{x}_{\mathrm{MMSE}}} \\ &= 2\int \left(\int (\hat{x}_{\mathrm{MMSE}} - x) g(x|\boldsymbol{z})\mathrm{d}x \right) g(\boldsymbol{z})\mathrm{d}\boldsymbol{z} = 0 \end{aligned} \tag{12.6}$$

由此可知

$$\begin{aligned} \int \hat{x}_{\mathrm{MMSE}} g(x|\boldsymbol{z})\mathrm{d}x = \hat{x}_{\mathrm{MMSE}} \int g(x|\boldsymbol{z})\mathrm{d}x &= \int x g(x|\boldsymbol{z})\mathrm{d}x \\ \Rightarrow \hat{x}_{\mathrm{MMSE}} &= \int x g(x|\boldsymbol{z})\mathrm{d}x = \mathrm{E}[x|\boldsymbol{z}] \end{aligned} \tag{12.7}$$

式中利用了等式 $\int g(x|\boldsymbol{z})\mathrm{d}x = 1$。根据式 (12.7) 可知, 估计值 $\hat{x}_{\mathrm{MMSE}}$ 是服从后验概率密度函数 $g(x|\boldsymbol{z})$ 分布的变量均值。

【注记 12.1】 对于确定型参数而言, 一般难以直接从最小均方误差准则出发获得未知参量的估计值, 这是因为该估计值与未知参量的真实值有关; 但对于随机型参数来说, 基于最小均方误差准则可以直接得到未知参量的估计值, 这是因为通过积分消除了对未知参量的依赖性。

从式 (12.7) 中可以看出, 若要获得估计值 $\hat{x}_{\mathrm{MMSE}}$, 需要先确定后验概率密度函数 $g(x|\boldsymbol{z})$。再次利用贝叶斯定理可得

$$g(x|\boldsymbol{z})=\frac{g(\boldsymbol{z}|x)g(x)}{g(\boldsymbol{z})}=\frac{g(\boldsymbol{z}|x)g(x)}{\displaystyle\int g(\boldsymbol{z},x)\mathrm{d}x}=\frac{g(\boldsymbol{z}|x)g(x)}{\displaystyle\int g(\boldsymbol{z}|x)g(x)\mathrm{d}x} \tag{12.8}$$

式中 $g(x)$ 为未知参量 x 的先验概率密度函数。回到式 (12.1) 中的观测模型可知

$$g(\boldsymbol{z}|x)=\frac{1}{(2\pi\sigma^2)^{p/2}}\exp\left\{-\frac{1}{2\sigma^2}\sum_{j=1}^{p}(z_j-x)^2\right\},\quad g(x)=\begin{cases}\dfrac{1}{2a}; & -a\leqslant x\leqslant a\\ 0; & 其他\end{cases} \tag{12.9}$$

将式 (12.9) 代入式 (12.8), 可得

$$g(x|\boldsymbol{z})=\begin{cases}\dfrac{\dfrac{1}{2(2\pi\sigma^2)^{p/2}a}\exp\left\{-\dfrac{1}{2\sigma^2}\displaystyle\sum_{j=1}^{p}(z_j-x)^2\right\}}{\displaystyle\int_{-a}^{a}\dfrac{1}{2(2\pi\sigma^2)^{p/2}a}\exp\left\{-\dfrac{1}{2\sigma^2}\sum_{j=1}^{p}(z_j-u)^2\right\}\mathrm{d}u}; & -a\leqslant x\leqslant a\\ 0; & 其他\end{cases} \tag{12.10}$$

附录 K 推导了关于 $g(x|\boldsymbol{z})$ 的另一个表达式, 如下式所示

$$g(x|\boldsymbol{z})=\begin{cases}\dfrac{1}{c\sqrt{2\pi\sigma^2/p}}\exp\left\{-\dfrac{1}{2\sigma^2/p}(x-\bar{z})^2\right\}; & -a\leqslant x\leqslant a\\ 0; & 其他\end{cases} \tag{12.11}$$

式中

$$c=\int_{-a}^{a}\frac{1}{\sqrt{2\pi\sigma^2/p}}\exp\left\{-\frac{1}{2\sigma^2/p}(u-\bar{z})^2\right\}\mathrm{d}u \tag{12.12}$$

由式 (12.11) 可以看出, $g(x|\boldsymbol{z})$ 也可以是截断高斯概率密度函数。

图 12.1 描绘了先验概率密度函数 $g(x)$ 和后验概率密度函数 $g(x|\boldsymbol{z})$ 的曲线示意图。从中可以看出, 在没有观测数据 $\{z_j\}_{1\leqslant j\leqslant p}$ 的条件下, 未知参量 x 在区间 $[-a,a]$ 内取到任何一个值的概率都是相等的, 但是当观测数据 $\{z_j\}_{1\leqslant j\leqslant p}$ 出现时, 未知参量 x 在 $\bar{z}$ 附近取值的概率更大一些, 这说明观测数据 $\{z_j\}_{1\leqslant j\leqslant p}$ 减少了关于 x 的不确定性。

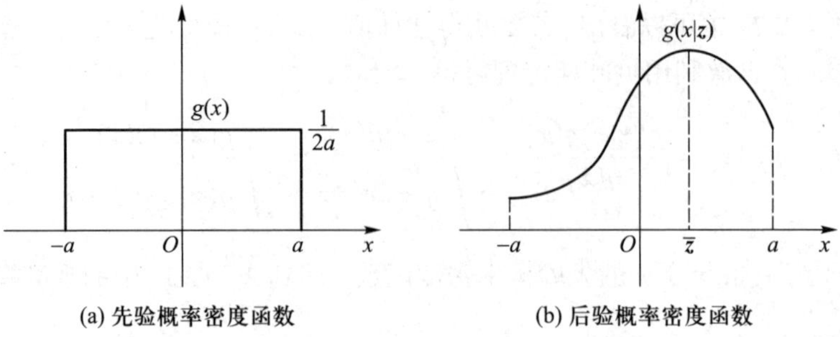

图 12.1　先验概率密度函数与后验概率密度函数的比较

最后将式 (12.11) 代入式 (12.7), 得到贝叶斯最小均方误差估计值 $\hat{x}_{\mathrm{MMSE}}$ 为

$$\hat{x}_{\mathrm{MMSE}}=\mathrm{E}[x|\boldsymbol{z}]=\int xg(x|\boldsymbol{z})\mathrm{d}x=\frac{\displaystyle\int_{-a}^{a}\frac{x}{\sqrt{2\pi\sigma^2/p}}\exp\left\{-\frac{1}{2\sigma^2/p}(x-\bar{z})^2\right\}\mathrm{d}x}{\displaystyle\int_{-a}^{a}\frac{1}{\sqrt{2\pi\sigma^2/p}}\exp\left\{-\frac{1}{2\sigma^2/p}(u-\bar{z})^2\right\}\mathrm{d}u} \tag{12.13}$$

【注记 12.2】由式 (12.13) 可知, 当 $a\to+\infty$ 时可得

$$\lim_{a\to+\infty}\hat{x}_{\mathrm{MMSE}}=\frac{\displaystyle\int_{-\infty}^{+\infty}\frac{x}{\sqrt{2\pi\sigma^2/p}}\exp\left\{-\frac{1}{2\sigma^2/p}(x-\bar{z})^2\right\}\mathrm{d}x}{\displaystyle\int_{-\infty}^{+\infty}\frac{1}{\sqrt{2\pi\sigma^2/p}}\exp\left\{-\frac{1}{2\sigma^2/p}(u-\bar{z})^2\right\}\mathrm{d}u}=\frac{\bar{z}}{1}=\bar{z}=\hat{x}_{\mathrm{LLS}} \tag{12.14}$$

由此可知, 当 $a\to+\infty$ 时, 贝叶斯最小均方误差估计值 $\hat{x}_{\mathrm{MMSE}}$ 将退化为线性最小二乘估计值 $\hat{x}_{\mathrm{LLS}}$。这一结果并不难理解, 这是因为当 $a\to+\infty$ 时, 未知参量 x 的先验知识已经没有任何意义, 此时的估计值自然是由观测数据 $\{z_j\}_{1\leqslant j\leqslant p}$ 所决定。

【注记 12.3】由式 (12.13) 可知, 当 $a\to 0$ 时可得①

$$\lim_{a\to 0}\hat{x}_{\mathrm{MMSE}}=\lim_{a\to 0}\frac{\displaystyle\int_{-a}^{a}\frac{x}{\sqrt{2\pi\sigma^2/p}}\exp\left\{-\frac{1}{2\sigma^2/p}(x-\bar{z})^2\right\}\mathrm{d}x}{\displaystyle\int_{-a}^{a}\frac{1}{\sqrt{2\pi\sigma^2/p}}\exp\left\{-\frac{1}{2\sigma^2/p}(u-\bar{z})^2\right\}\mathrm{d}u}=0 \tag{12.15}$$

① 可以采用洛必达法则进行证明。

由此可知, 当 $a \to 0$ 时, 贝叶斯最小均方误差估计值 $\hat{x}_{\text{MMSE}}$ 趋于零。这是因为当 $a \to 0$ 时, 未知参量 x 的先验知识将会起到主导作用, 甚至完全消除了 x 的不确定性, 此时观测数据 $\{z_j\}_{1\leqslant j\leqslant p}$ 的作用逐渐减弱, 直至可以完全被忽略。

根据上述分析可知, 贝叶斯最小均方误差估计值 $\hat{x}_{\text{MMSE}}$ 同时依赖于先验知识 $g(x)$ 和观测数据 $\{z_j\}_{1\leqslant j\leqslant p}$。当 $|a|$ 较大时, 先验知识 $g(x)$ 相对较弱, 此时估计值受到观测数据 $\{z_j\}_{1\leqslant j\leqslant p}$ 的影响相对较大; 当 $|a|$ 较小时, 先验知识 $g(x)$ 相对较强, 估计值受到观测数据 $\{z_j\}_{1\leqslant j\leqslant p}$ 的影响相对较小, 极端地, 如果 $a=0$, 未知参量 x 将直接由先验知识所决定。

为了更加直观地说明先验知识的重要性, 下面通过数值实验比较线性最小二乘估计方法与贝叶斯最小均方误差估计方法的估计精度。将观测模型式 (12.1) 中的 p 设为 20, 首先令 $a=0.5$, 图 12.2 给出了两种方法的估计均方根误差随观测误差标准差 σ 的变化曲线; 再令观测误差标准差为 $\sigma=1$, 图 12.3 所示为两种方法估计均方根误差随 a 的变化曲线。

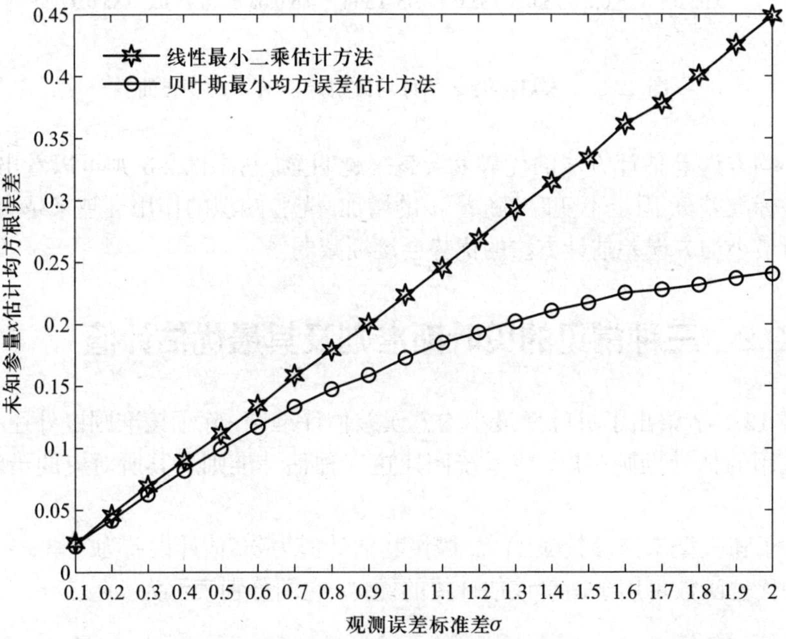

图 12.2　未知参量 x 估计均方根误差随观测误差标准差 σ 的变化曲线

从图 12.2 可以看出, 当 a 固定不变时, 随着观测误差标准差 σ 的增加, 观测向量 $\boldsymbol{z}$ 的不确定性会越来越大, 相比而言先验知识的作用会逐渐显现, 于是贝叶

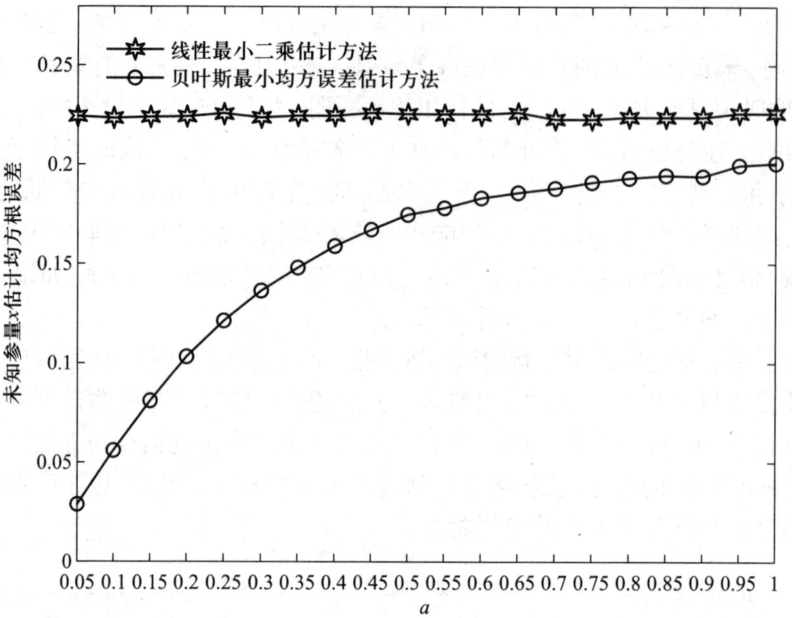

图 12.3　未知参量 x 估计均方根误差随 a 的变化曲线

斯最小均方误差估计方法的优势就会越来越明显。从图 12.3 则可以看出, 当观测误差标准差 σ 固定不变时, 随着 a 的增加, 先验知识的作用会越来越小, 于是贝叶斯最小均方误差估计方法的优势会逐渐减弱。

12.2　三种常见的贝叶斯准则及其最优估计值

第 12.1 节给出了贝叶斯最小均方误差估计准则, 除了该准则以外还有其他两种常用的估计准则, 本节将系统阐述这三种估计准则及其所对应的最优估计值。

对于随机型未知参量 x 而言, 假设其估计值为 $\hat{x}$, 估计误差为 $\varepsilon = x - \hat{x}$。现有三种代价函数可用于衡量该估计值的优劣, 它们分别表示为

$$C_{\mathrm{a}}(\varepsilon) = \varepsilon^2 = (x - \hat{x})^2 \quad (\text{称为二次型代价函数}) \tag{12.16}$$

$$C_{\mathrm{b}}(\varepsilon) = |\varepsilon| = |x - \hat{x}| \quad (\text{称为绝对值型代价函数}) \tag{12.17}$$

$$C_{\mathrm{c}}(\varepsilon) = \begin{cases} 0; & |\varepsilon| = |x - \hat{x}| < \delta \\ 1; & |\varepsilon| = |x - \hat{x}| > \delta \end{cases} \quad (\text{称为“成功–失败”型代价函数}) \tag{12.18}$$

式中 $\delta > 0$。图 12.4 描绘了三种代价函数的曲线示意图。

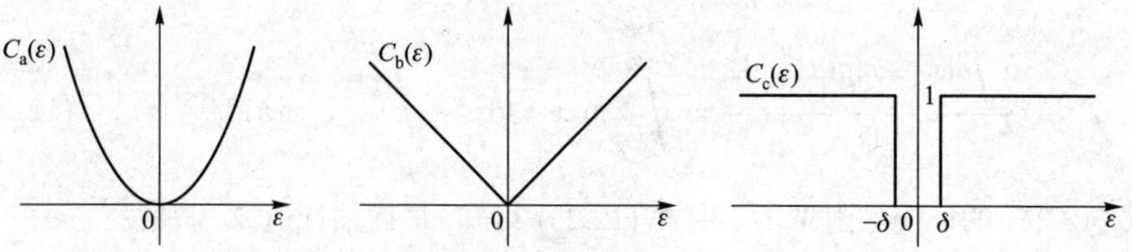

(a) 二次型代价函数　(b) 绝对值型代价函数　(c) "成功-失败"型代价函数

图 12.4　三种代价函数曲线示意图

上述三种代价函数的均值称为估计值的贝叶斯风险, 它们可以分别表示为

$$R_{\rm a}(\hat{x}) = {\rm E}[C_{\rm a}(\varepsilon)], \quad R_{\rm b}(\hat{x}) = {\rm E}[C_{\rm b}(\varepsilon)], \quad R_{\rm c}(\hat{x}) = {\rm E}[C_{\rm c}(\varepsilon)] \tag{12.19}$$

下面将推导每一种贝叶斯风险的表达式, 由此可以推得相应的最优估计值, 也就是使贝叶斯风险最小。

第一种贝叶斯风险表达式为

$$R_{\rm a}(\hat{x}) = {\rm E}[C_{\rm a}(\varepsilon)] = {\rm E}[\varepsilon^2] = {\rm E}[(x-\hat{x})^2] = \iint (x-\hat{x})^2 g(\boldsymbol{z}, x){\rm d}\boldsymbol{z}{\rm d}x \tag{12.20}$$

式中 $g(\boldsymbol{z}, x)$ 为观测向量 $\boldsymbol{z}$ 和未知参量 x 的联合概率密度函数。不妨将使 $R_{\rm a}(\hat{x})$ 取最小值的估计值记为 $\hat{x}_{\rm a}$, 利用第 12.1 节中的结论可得

$$\hat{x}_{\rm a} = \int x g(x|\boldsymbol{z}){\rm d}x = {\rm E}[x|\boldsymbol{z}] \tag{12.21}$$

由此可知, 最优估计值 $\hat{x}_{\rm a}$ 是服从后验概率密度函数 $g(x|\boldsymbol{z})$ 分布的变量均值, 可将其称为贝叶斯最小均方误差估计值 (亦记为 $\hat{x}_{\rm MMSE}$)。

第二种贝叶斯风险表达式为

$$R_{\rm b}(\hat{x}) = {\rm E}[C_{\rm b}(\varepsilon)] = {\rm E}[|\varepsilon|] = {\rm E}[|x-\hat{x}|] = \iint |x-\hat{x}| g(\boldsymbol{z}, x){\rm d}\boldsymbol{z}{\rm d}x \tag{12.22}$$

不妨将使 $R_{\rm b}(\hat{x})$ 取最小值的估计值记为 $\hat{x}_{\rm b}$, 下面推导该估计值所应满足的条件。将 $R_{\rm b}(\hat{x})$ 重新表示为

$$R_{\rm b}(\hat{x}) = \int \left(\int |x-\hat{x}| g(x|\boldsymbol{z}){\rm d}x \right) g(\boldsymbol{z}){\rm d}\boldsymbol{z} \tag{12.23}$$

式 (12.23) 括号内的积分为

$$\int |x-\hat{x}| g(x|\boldsymbol{z}){\rm d}x = \int_{-\infty}^{\hat{x}} (\hat{x}-x) g(x|\boldsymbol{z}){\rm d}x + \int_{\hat{x}}^{+\infty} (x-\hat{x}) g(x|\boldsymbol{z}){\rm d}x \tag{12.24}$$

将该积分对 $\hat{x}$ 求导, 可得

$$\frac{\mathrm{d}\int|x-\hat{x}|g(x|\boldsymbol{z})\mathrm{d}x}{\mathrm{d}\hat{x}}=\int_{-\infty}^{\hat{x}}g(x|\boldsymbol{z})\mathrm{d}x-\int_{\hat{x}}^{+\infty}g(x|\boldsymbol{z})\mathrm{d}x \tag{12.25}$$

式 (12.25) 的证明见附录 L。由式 (12.25) 可知, 最优估计值 $\hat{x}_{\mathrm{b}}$ 满足

$$\int_{-\infty}^{\hat{x}_{\mathrm{b}}}g(x|\boldsymbol{z})\mathrm{d}x=\int_{\hat{x}_{\mathrm{b}}}^{+\infty}g(x|\boldsymbol{z})\mathrm{d}x \tag{12.26}$$

由此可知, 最优估计值 $\hat{x}_{\mathrm{b}}$ 是服从后验概率密度函数 $g(x|\boldsymbol{z})$ 分布的变量中值, 即满足 $\Pr\{x\leqslant\hat{x}_{\mathrm{b}}|\boldsymbol{z}\}=0.5$。

第三种贝叶斯风险表达式为

$$R_{\mathrm{c}}(\hat{x})=\mathrm{E}[C_{\mathrm{c}}(\varepsilon)]=\int\left(\int_{-\infty}^{\hat{x}-\delta}g(x|\boldsymbol{z})\mathrm{d}x+\int_{\hat{x}+\delta}^{+\infty}g(x|\boldsymbol{z})\mathrm{d}x\right)g(\boldsymbol{z})\mathrm{d}\boldsymbol{z} \tag{12.27}$$

将使 $R_{\mathrm{c}}(\hat{x})$ 取最小值的估计值记为 $\hat{x}_{\mathrm{c}}$, 下面推导该估计值所应满足的条件。由于 $\int g(x|\boldsymbol{z})\mathrm{d}x=1$, 结合式 (12.27) 可得

$$R_{\mathrm{c}}(\hat{x})=\mathrm{E}[C_{\mathrm{c}}(\varepsilon)]=\int\left(1-\int_{\hat{x}-\delta}^{\hat{x}+\delta}g(x|\boldsymbol{z})\mathrm{d}x\right)g(\boldsymbol{z})\mathrm{d}\boldsymbol{z} \tag{12.28}$$

为了使 $R_{\mathrm{c}}(\hat{x})$ 最小化, 应使得 $\int_{\hat{x}-\delta}^{\hat{x}+\delta}g(x|\boldsymbol{z})\mathrm{d}x$ 最大化, 对于任意小的 δ, 最优估计值 $\hat{x}_{\mathrm{c}}$ 应取为后验概率密度函数 $g(x|\boldsymbol{z})$ 最大值所对应的位置点, 即为服从后验概率密度函数 $g(x|\boldsymbol{z})$ 分布的变量众数。

如图 12.5 所示的是服从后验概率密度函数 $g(x|\boldsymbol{z})$ 分布的变量均值、中值和众数。

【注记 12.4】假设后验概率密度函数 $g(x|\boldsymbol{z})$ 为高斯函数, 即有

$$g(x|\boldsymbol{z})=\frac{1}{\sqrt{2\pi\sigma_{x|\boldsymbol{z}}^{2}}}\exp\left\{-\frac{1}{2\sigma_{x|\boldsymbol{z}}^{2}}(x-\mu_{x|\boldsymbol{z}})^{2}\right\} \tag{12.29}$$

其中: $\mu_{x|\boldsymbol{z}}$ 为均值, $\sigma_{x|\boldsymbol{z}}^{2}$ 为方差。此时该函数的均值、中值和众数均为 $\mu_{x|\boldsymbol{z}}$, 如图 12.6 所示, 这意味着三种贝叶斯准则给出的最优估计值是一致的。

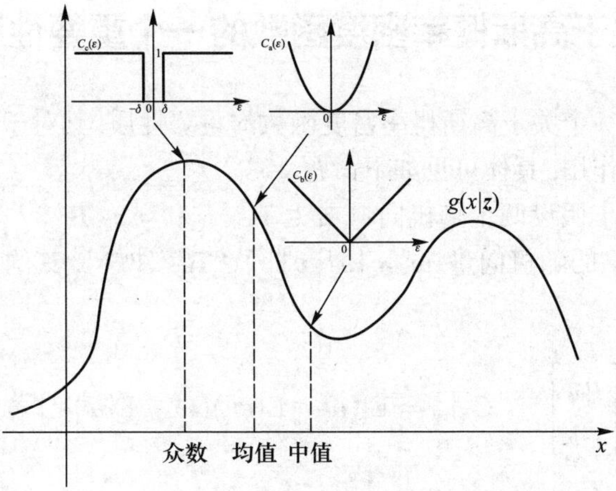

图 12.5 后验概率密度函数分布的均值、中值和众数示意图

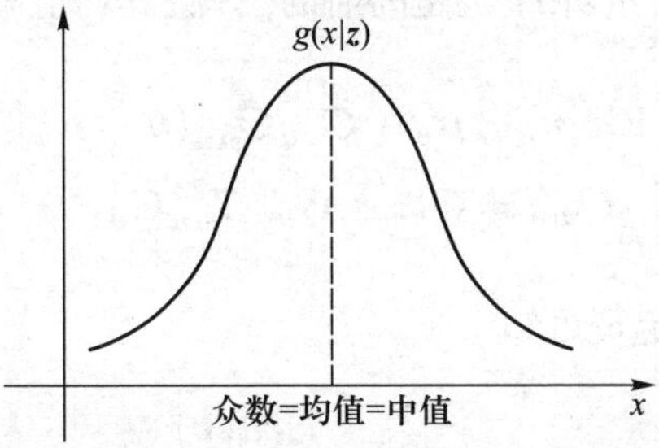

图 12.6 高斯后验概率密度函数的均值、中值和众数示意图

【注记 12.5】若后验概率密度函数 $g(x|\boldsymbol{z})$ 为高斯函数, 三种最优估计值均为 $\hat{x}_{\mathrm{a}} = \hat{x}_{\mathrm{b}} = \hat{x}_{\mathrm{c}} = \mathrm{E}[x|\boldsymbol{z}]$, 它们的估计均方误差为

$$\begin{aligned}
\mathbf{MSE}(\hat{x}_{\mathrm{a}}) = \mathbf{MSE}(\hat{x}_{\mathrm{b}}) = \mathbf{MSE}(\hat{x}_{\mathrm{c}}) \\
&= \mathrm{E}[(x-\hat{x}_{\mathrm{a}})^2] = \iint (x-\hat{x}_{\mathrm{a}})^2 g(\boldsymbol{z},x)\mathrm{d}\boldsymbol{z}\mathrm{d}x \\
&= \iint (x-\mathrm{E}[x|\boldsymbol{z}])^2 g(\boldsymbol{z},x)\mathrm{d}\boldsymbol{z}\mathrm{d}x \\
&= \int \left(\int (x-\mathrm{E}[x|\boldsymbol{z}])^2 g(x|\boldsymbol{z})\mathrm{d}x \right) g(\boldsymbol{z})\mathrm{d}\boldsymbol{z} \\
&= \int \mathrm{var}(x|\boldsymbol{z}) g(\boldsymbol{z})\mathrm{d}\boldsymbol{z}
\end{aligned} \tag{12.30}$$

由此可知, 贝叶斯估计均方误差是后验方差 $\mathrm{var}(x|\boldsymbol{z})$ 关于概率密度函数 $g(\boldsymbol{z})$ 取均值。

12.3 关于高斯概率密度函数的一个重要性质

本节将推导一个关于高斯概率密度函数的重要性质, 其对于确定贝叶斯最优估计值具有重要作用, 具体可见如下命题。

【命题 12.1】 假设两个随机向量 $\boldsymbol{u} \in \mathbf{R}^{n\times 1}$ 和 $\boldsymbol{v} \in \mathbf{R}^{m\times 1}$ 服从联合高斯分布, 并且定义扩维的随机向量 $\boldsymbol{w} = [\boldsymbol{u}^{\mathrm{T}} \ \boldsymbol{v}^{\mathrm{T}}]^{\mathrm{T}} \in \mathbf{R}^{(n+m)\times 1}$, 其均值和协方差矩阵分别为

$$\boldsymbol{\mu}_{\boldsymbol{w}} = \mathrm{E}[\boldsymbol{w}] = \begin{bmatrix} \boldsymbol{\mu}_{\boldsymbol{u}} \\ \boldsymbol{\mu}_{\boldsymbol{v}} \end{bmatrix}, \quad \boldsymbol{C}_{\boldsymbol{w}\boldsymbol{w}} = \mathrm{E}[(\boldsymbol{w} - \mathrm{E}[\boldsymbol{w}])(\boldsymbol{w} - \mathrm{E}[\boldsymbol{w}])^{\mathrm{T}}] = \begin{bmatrix} \boldsymbol{C}_{\boldsymbol{u}\boldsymbol{u}} & \boldsymbol{C}_{\boldsymbol{v}\boldsymbol{u}}^{\mathrm{T}} \\ \boldsymbol{C}_{\boldsymbol{v}\boldsymbol{u}} & \boldsymbol{C}_{\boldsymbol{v}\boldsymbol{v}} \end{bmatrix} \tag{12.31}$$

那么条件概率密度函数 $g(\boldsymbol{v}|\boldsymbol{u})$ 也是高斯的, 并且其均值和协方差矩阵分别为

$$\mathrm{E}[\boldsymbol{v}|\boldsymbol{u}] = \boldsymbol{\mu}_{\boldsymbol{v}} + \boldsymbol{C}_{\boldsymbol{v}\boldsymbol{u}}\boldsymbol{C}_{\boldsymbol{u}\boldsymbol{u}}^{-1}(\boldsymbol{u} - \boldsymbol{\mu}_{\boldsymbol{u}}) \tag{12.32}$$

$$\boldsymbol{C}_{\boldsymbol{v}|\boldsymbol{u}} = \boldsymbol{C}_{\boldsymbol{v}\boldsymbol{v}} - \boldsymbol{C}_{\boldsymbol{v}\boldsymbol{u}}\boldsymbol{C}_{\boldsymbol{u}\boldsymbol{u}}^{-1}\boldsymbol{C}_{\boldsymbol{v}\boldsymbol{u}}^{\mathrm{T}} \tag{12.33}$$

【证明】 由贝叶斯定理可知

$$g(\boldsymbol{v}|\boldsymbol{u}) = \frac{g(\boldsymbol{u}, \boldsymbol{v})}{g(\boldsymbol{u})} \tag{12.34}$$

式中 $g(\boldsymbol{u})$ 为 $\boldsymbol{u}$ 的概率密度函数, $g(\boldsymbol{u}, \boldsymbol{v})$ 为 $\boldsymbol{u}$ 和 $\boldsymbol{v}$ 的联合概率密度函数。根据命题中的条件可得

$$g(\boldsymbol{u}) = \frac{1}{(2\pi)^{n/2}(\det(\boldsymbol{C}_{\boldsymbol{u}\boldsymbol{u}}))^{1/2}} \exp\left\{-\frac{1}{2}(\boldsymbol{u} - \boldsymbol{\mu}_{\boldsymbol{u}})^{\mathrm{T}}\boldsymbol{C}_{\boldsymbol{u}\boldsymbol{u}}^{-1}(\boldsymbol{u} - \boldsymbol{\mu}_{\boldsymbol{u}})\right\} \tag{12.35}$$

$$g(\boldsymbol{u}, \boldsymbol{v}) = \frac{1}{(2\pi)^{(n+m)/2}(\det(\boldsymbol{C}_{\boldsymbol{w}\boldsymbol{w}}))^{1/2}} \exp\left\{-\frac{1}{2}(\boldsymbol{w} - \boldsymbol{\mu}_{\boldsymbol{w}})^{\mathrm{T}}\boldsymbol{C}_{\boldsymbol{w}\boldsymbol{w}}^{-1}(\boldsymbol{w} - \boldsymbol{\mu}_{\boldsymbol{w}})\right\} \tag{12.36}$$

将式 (12.35) 和式 (12.36) 代入式 (12.34), 可知

$$g(\boldsymbol{v}|\boldsymbol{u}) = \frac{\dfrac{1}{(2\pi)^{(n+m)/2}(\det(\boldsymbol{C}_{\boldsymbol{w}\boldsymbol{w}}))^{1/2}} \exp\left\{-\dfrac{1}{2}(\boldsymbol{w} - \boldsymbol{\mu}_{\boldsymbol{w}})^{\mathrm{T}}\boldsymbol{C}_{\boldsymbol{w}\boldsymbol{w}}^{-1}(\boldsymbol{w} - \boldsymbol{\mu}_{\boldsymbol{w}})\right\}}{\dfrac{1}{(2\pi)^{n/2}(\det(\boldsymbol{C}_{\boldsymbol{u}\boldsymbol{u}}))^{1/2}} \exp\left\{-\dfrac{1}{2}(\boldsymbol{u} - \boldsymbol{\mu}_{\boldsymbol{u}})^{\mathrm{T}}\boldsymbol{C}_{\boldsymbol{u}\boldsymbol{u}}^{-1}(\boldsymbol{u} - \boldsymbol{\mu}_{\boldsymbol{u}})\right\}}$$

$$= \frac{1}{(2\pi)^{m/2}\left(\dfrac{\det(\boldsymbol{C_{ww}})}{\det(\boldsymbol{C_{uu}})}\right)^{1/2}}$$

$$\times \exp\left\{-\frac{1}{2}((\boldsymbol{w}-\boldsymbol{\mu_w})^{\mathrm{T}}\boldsymbol{C}_{\boldsymbol{ww}}^{-1}(\boldsymbol{w}-\boldsymbol{\mu_w})-(\boldsymbol{u}-\boldsymbol{\mu_u})^{\mathrm{T}}\boldsymbol{C}_{\boldsymbol{uu}}^{-1}(\boldsymbol{u}-\boldsymbol{\mu_u}))\right\} \tag{12.37}$$

利用命题 2.30 可得

$$\det(\boldsymbol{C_{ww}}) = \det(\boldsymbol{C_{uu}})\det(\boldsymbol{C_{vv}}-\boldsymbol{C_{vu}}\boldsymbol{C}_{\boldsymbol{uu}}^{-1}\boldsymbol{C}_{\boldsymbol{vu}}^{\mathrm{T}}) \tag{12.38}$$

根据注记 2.1 和命题 2.4 可知

$$\begin{aligned}
\boldsymbol{C}_{\boldsymbol{ww}}^{-1} &= \begin{bmatrix} \boldsymbol{C_{uu}} & \boldsymbol{C}_{\boldsymbol{vu}}^{\mathrm{T}} \\ \boldsymbol{C_{vu}} & \boldsymbol{C_{vv}} \end{bmatrix}^{-1} \\
&= \left[\begin{array}{c|c} (\boldsymbol{C_{uu}}-\boldsymbol{C}_{\boldsymbol{vu}}^{\mathrm{T}}\boldsymbol{C}_{\boldsymbol{vv}}^{-1}\boldsymbol{C_{vu}})^{-1} & -\boldsymbol{C}_{\boldsymbol{uu}}^{-1}\boldsymbol{C}_{\boldsymbol{vu}}^{\mathrm{T}}(\boldsymbol{C_{vv}}-\boldsymbol{C_{vu}}\boldsymbol{C}_{\boldsymbol{uu}}^{-1}\boldsymbol{C}_{\boldsymbol{vu}}^{\mathrm{T}})^{-1} \\ \hline -(\boldsymbol{C_{vv}}-\boldsymbol{C_{vu}}\boldsymbol{C}_{\boldsymbol{uu}}^{-1}\boldsymbol{C}_{\boldsymbol{vu}}^{\mathrm{T}})^{-1}\boldsymbol{C_{vu}}\boldsymbol{C}_{\boldsymbol{uu}}^{-1} & (\boldsymbol{C_{vv}}-\boldsymbol{C_{vu}}\boldsymbol{C}_{\boldsymbol{uu}}^{-1}\boldsymbol{C}_{\boldsymbol{vu}}^{\mathrm{T}})^{-1} \end{array}\right] \\
&= \left[\begin{array}{c|c} \boldsymbol{C}_{\boldsymbol{uu}}^{-1}+\boldsymbol{C}_{\boldsymbol{uu}}^{-1}\boldsymbol{C}_{\boldsymbol{vu}}^{\mathrm{T}}(\boldsymbol{C_{vv}}-\boldsymbol{C_{vu}}\boldsymbol{C}_{\boldsymbol{uu}}^{-1}\boldsymbol{C}_{\boldsymbol{vu}}^{\mathrm{T}})^{-1}\boldsymbol{C_{vu}}\boldsymbol{C}_{\boldsymbol{uu}}^{-1} & -\boldsymbol{C}_{\boldsymbol{uu}}^{-1}\boldsymbol{C}_{\boldsymbol{vu}}^{\mathrm{T}}(\boldsymbol{C_{vv}}-\boldsymbol{C_{vu}}\boldsymbol{C}_{\boldsymbol{uu}}^{-1}\boldsymbol{C}_{\boldsymbol{vu}}^{\mathrm{T}})^{-1} \\ \hline -(\boldsymbol{C_{vv}}-\boldsymbol{C_{vu}}\boldsymbol{C}_{\boldsymbol{uu}}^{-1}\boldsymbol{C}_{\boldsymbol{vu}}^{\mathrm{T}})^{-1}\boldsymbol{C_{vu}}\boldsymbol{C}_{\boldsymbol{uu}}^{-1} & (\boldsymbol{C_{vv}}-\boldsymbol{C_{vu}}\boldsymbol{C}_{\boldsymbol{uu}}^{-1}\boldsymbol{C}_{\boldsymbol{vu}}^{\mathrm{T}})^{-1} \end{array}\right]
\end{aligned} \tag{12.39}$$

再利用式 (12.39) 和分块矩阵乘法规则得到

$$\begin{aligned}
\boldsymbol{C}_{\boldsymbol{ww}}^{-1} &= \begin{bmatrix} \boldsymbol{C_{uu}} & \boldsymbol{C}_{\boldsymbol{vu}}^{\mathrm{T}} \\ \boldsymbol{C_{vu}} & \boldsymbol{C_{vv}} \end{bmatrix}^{-1} \\
&= \begin{bmatrix} \boldsymbol{I}_n & -\boldsymbol{C}_{\boldsymbol{uu}}^{-1}\boldsymbol{C}_{\boldsymbol{vu}}^{\mathrm{T}} \\ \boldsymbol{O}_{m\times n} & \boldsymbol{I}_m \end{bmatrix} \begin{bmatrix} \boldsymbol{C}_{\boldsymbol{uu}}^{-1} & \boldsymbol{O}_{n\times m} \\ \boldsymbol{O}_{m\times n} & (\boldsymbol{C_{vv}}-\boldsymbol{C_{vu}}\boldsymbol{C}_{\boldsymbol{uu}}^{-1}\boldsymbol{C}_{\boldsymbol{vu}}^{\mathrm{T}})^{-1} \end{bmatrix} \\
&\quad \times \begin{bmatrix} \boldsymbol{I}_n & \boldsymbol{O}_{n\times m} \\ -\boldsymbol{C_{vu}}\boldsymbol{C}_{\boldsymbol{uu}}^{-1} & \boldsymbol{I}_m \end{bmatrix}
\end{aligned} \tag{12.40}$$

于是有

$$\begin{aligned}
&(\boldsymbol{w}-\boldsymbol{\mu_w})^{\mathrm{T}}\boldsymbol{C}_{\boldsymbol{ww}}^{-1}(\boldsymbol{w}-\boldsymbol{\mu_w})-(\boldsymbol{u}-\boldsymbol{\mu_u})^{\mathrm{T}}\boldsymbol{C}_{\boldsymbol{uu}}^{-1}(\boldsymbol{u}-\boldsymbol{\mu_u}) \\
&= (\boldsymbol{v}-(\boldsymbol{\mu_v}+\boldsymbol{C_{vu}}\boldsymbol{C}_{\boldsymbol{uu}}^{-1}(\boldsymbol{u}-\boldsymbol{\mu_u})))^{\mathrm{T}}(\boldsymbol{C_{vv}}-\boldsymbol{C_{vu}}\boldsymbol{C}_{\boldsymbol{uu}}^{-1}\boldsymbol{C}_{\boldsymbol{vu}}^{\mathrm{T}})^{-1} \\
&\quad \times (\boldsymbol{v}-(\boldsymbol{\mu_v}+\boldsymbol{C_{vu}}\boldsymbol{C}_{\boldsymbol{uu}}^{-1}(\boldsymbol{u}-\boldsymbol{\mu_u})))
\end{aligned} \tag{12.41}$$

将式 (12.38) 和式 (12.41) 代入式 (12.37), 可知

$$\begin{aligned}
g(\boldsymbol{v}|\boldsymbol{u}) &= \frac{1}{(2\pi)^{m/2}(\det(\boldsymbol{C}_{\boldsymbol{vv}} - \boldsymbol{C}_{\boldsymbol{vu}}\boldsymbol{C}_{\boldsymbol{uu}}^{-1}\boldsymbol{C}_{\boldsymbol{vu}}^{\mathrm{T}}))^{1/2}} \\
&\quad \times \exp\left\{ -\frac{1}{2}(\boldsymbol{v} - (\boldsymbol{\mu}_{\boldsymbol{v}} + \boldsymbol{C}_{\boldsymbol{vu}}\boldsymbol{C}_{\boldsymbol{uu}}^{-1}(\boldsymbol{u} - \boldsymbol{\mu}_{\boldsymbol{u}})))^{\mathrm{T}}(\boldsymbol{C}_{\boldsymbol{vv}} - \boldsymbol{C}_{\boldsymbol{vu}}\boldsymbol{C}_{\boldsymbol{uu}}^{-1}\boldsymbol{C}_{\boldsymbol{vu}}^{\mathrm{T}})^{-1} \right. \\
&\quad \left. \times (\boldsymbol{v} - (\boldsymbol{\mu}_{\boldsymbol{v}} + \boldsymbol{C}_{\boldsymbol{vu}}\boldsymbol{C}_{\boldsymbol{uu}}^{-1}(\boldsymbol{u} - \boldsymbol{\mu}_{\boldsymbol{u}}))) \right\} \\
&= \frac{1}{(2\pi)^{m/2}(\det(\boldsymbol{C}_{\boldsymbol{v}|\boldsymbol{u}}))^{1/2}} \exp\left\{ -\frac{1}{2}(\boldsymbol{v} - \mathrm{E}[\boldsymbol{v}|\boldsymbol{u}])^{\mathrm{T}}\boldsymbol{C}_{\boldsymbol{v}|\boldsymbol{u}}^{-1}(\boldsymbol{v} - \mathrm{E}[\boldsymbol{v}|\boldsymbol{u}]) \right\}
\end{aligned} \tag{12.42}$$

由此可知, 条件概率密度函数 $g(\boldsymbol{v}|\boldsymbol{u})$ 具有高斯函数的形式, 并且其均值和协方差矩阵分别由式 (12.32) 和式 (12.33) 给出。证毕。

为了理解命题 12.1 的物理含义, 可以将命题 12.1 中的结论应用于标量情形, 并针对此情形进行讨论。将命题 12.1 应用于标量可以直接得到如下结论。

【命题 12.2】 假设两个随机标量 $u \in \mathbf{R}$ 和 $v \in \mathbf{R}$ 均服从联合高斯分布, 并令 $\boldsymbol{w} = [u\ v]^{\mathrm{T}} \in \mathbf{R}^{2\times 1}$, 其均值和协方差矩阵分别为

$$\begin{aligned}
\boldsymbol{\mu}_{\boldsymbol{w}} &= \mathrm{E}[\boldsymbol{w}] = \begin{bmatrix} \mu_u \\ \mu_v \end{bmatrix}, \\
\boldsymbol{C}_{\boldsymbol{ww}} &= \mathrm{E}[(\boldsymbol{w} - \mathrm{E}[\boldsymbol{w}])(\boldsymbol{w} - \mathrm{E}[\boldsymbol{w}])^{\mathrm{T}}] = \begin{bmatrix} \mathrm{var}(u) & \mathrm{cov}(u,v) \\ \mathrm{cov}(u,v) & \mathrm{var}(v) \end{bmatrix}
\end{aligned} \tag{12.43}$$

于是条件概率密度函数 $g(v|u)$ 也是高斯的, 并且其均值和方差分别为

$$\mathrm{E}[v|u] = \mu_v + \frac{\mathrm{cov}(u,v)}{\mathrm{var}(u)}(u - \mu_u) \tag{12.44}$$

$$\mathrm{var}(v|u) = \mathrm{var}(v) - \frac{(\mathrm{cov}(u,v))^2}{\mathrm{var}(u)} \tag{12.45}$$

【注记 12.6】 由命题 12.2 可知, 若两个随机变量 u 和 v 服从联合高斯分布, 则可将 u 看成是关于 v 的观测量, 在观测量 u 出现以前, 随机变量 v 的均值和方差分别为 μ_v 和 $\mathrm{var}(v)$, 在观测量 u 出现之后, 随机变量 v 的均值和方差均发生了变化, 分别由式 (12.44) 和式 (12.45) 给出。

【注记 12.7】 基于式 (12.45) 可以将 $\mathrm{var}(v|u)$ 表示为

$$\mathrm{var}(v|u) = \mathrm{var}(v)(1 - \rho^2) \tag{12.46}$$

式中 $\rho=\dfrac{\text{cov}(u,v)}{\sqrt{\text{var}(u)}\sqrt{\text{var}(v)}}$为 u 和 v 之间的相关系数, 满足 $|\rho|\leqslant 1$。当 u 和 v 并不统计独立时 (即 $|\rho|\neq 0$), 有 $\text{var}(v|u)<\text{var}(v)$, 说明观测量 u 的出现减少了随机变量 v 的不确定性, 增加了随机变量 v 的确定性。

【注记 12.8】结合式 (12.21) 和式 (12.44) 可知, 在获得观测量 u 的条件下, 关于随机变量 v 的贝叶斯最小均方误差估计值为

$$\hat{v}_{\text{MMSE}}=\text{E}[v|u]=\mu_v+\frac{\text{cov}(u,v)}{\text{var}(u)}(u-\mu_u) \tag{12.47}$$

利用式 (12.30) 和式 (12.45) 可知, 该估计值的均方误差为

$$\begin{aligned}\textbf{MSE}(\hat{v}_{\text{MMSE}})&=\int\text{var}(v|u)g(u)\text{d}u=\text{var}(v|u)\int g(u)\text{d}u\\&=\text{var}(v|u)=\text{var}(v)(1-\rho^2)\end{aligned} \tag{12.48}$$

式 (12.48) 中的第二个等号是由于后验方差 $\text{var}(v|u)$ 与观测量 u 无关。由式 (12.48) 可知, 随机变量 u 和 v 之间的相关性越大 (即 $|\rho|$ 越大), 该估计值的均方误差就越小。

【注记 12.9】若将 v 看成是关于 u 的观测量, 也可以得到类似的结论, 限于篇幅这里不再阐述。

12.4 高斯后验概率密度函数条件下的一个数值实验

这里的数值实验采用的观测模型与式 (12.1) 基本相同, 唯一的区别在于未知参量 x 服从均值为 μ_x、方差为 σ_x^2 的高斯分布。根据命题 12.1 中的结论可知, 后验概率密度函数 $g(x|\boldsymbol{z})$ 是高斯的, 此时第 12.2 节中的三种贝叶斯准则给出的最优估计值是一致的, 并且其估计均方误差最小。

根据式 (12.21) 和式 (12.32) 可知, 贝叶斯最小均方误差估计值为

$$\hat{x}_{\text{MMSE}}=\text{E}[x|\boldsymbol{z}]=\mu_x+\boldsymbol{C}_{x\boldsymbol{z}}\boldsymbol{C}_{\boldsymbol{zz}}^{-1}(\boldsymbol{z}-\boldsymbol{\mu}_{\boldsymbol{z}}) \tag{12.49}$$

其中:

$$\boldsymbol{\mu}_{\boldsymbol{z}}=\text{E}[\boldsymbol{z}]=\boldsymbol{1}_{p\times 1}\text{E}[x]+\text{E}[\boldsymbol{e}]=\boldsymbol{1}_{p\times 1}\mu_x \tag{12.50}$$

$$\boldsymbol{C}_{x\boldsymbol{z}}=\text{E}[(x-\mu_x)(\boldsymbol{z}-\boldsymbol{\mu}_{\boldsymbol{z}})^{\text{T}}]=\text{E}[(x-\mu_x)(x-\mu_x)^{\text{T}}\boldsymbol{1}_{1\times p}]=\sigma_x^2\boldsymbol{1}_{1\times p} \tag{12.51}$$

$$\begin{aligned}\boldsymbol{C}_{\boldsymbol{zz}}&=\text{E}[(\boldsymbol{z}-\boldsymbol{\mu}_{\boldsymbol{z}})(\boldsymbol{z}-\boldsymbol{\mu}_{\boldsymbol{z}})^{\text{T}}]=\text{E}[\boldsymbol{1}_{p\times 1}(x-\mu_x)(x-\mu_x)^{\text{T}}\boldsymbol{1}_{1\times p}]+\text{E}[\boldsymbol{e}\boldsymbol{e}^{\text{T}}]\\&=\sigma_x^2\boldsymbol{1}_{p\times 1}\boldsymbol{1}_{1\times p}+\sigma^2\boldsymbol{I}_p\end{aligned} \tag{12.52}$$

将式 (12.50) 至式 (12.52) 代入式 (12.49), 可得

$$\begin{aligned}
\hat{x}_{\mathrm{MMSE}} &= \mu_x + \sigma_x^2 \boldsymbol{1}_{1\times p}(\sigma_x^2 \boldsymbol{1}_{p\times 1}\boldsymbol{1}_{1\times p} + \sigma^2 \boldsymbol{I}_p)^{-1}(\boldsymbol{z} - \boldsymbol{1}_{p\times 1}\mu_x) \\
&= \mu_x + \sigma_x^2 \boldsymbol{1}_{1\times p}\left(\frac{\boldsymbol{I}_p}{\sigma^2} - \frac{\boldsymbol{1}_{p\times 1}\boldsymbol{1}_{1\times p}}{\dfrac{\sigma^4}{\sigma_x^2} + \sigma^2 \boldsymbol{1}_{1\times p}\boldsymbol{1}_{p\times 1}}\right)(\boldsymbol{z} - \boldsymbol{1}_{p\times 1}\mu_x) \\
&= \mu_x + \sigma_x^2\left(\frac{1}{\sigma^2} - \frac{p\sigma_x^2}{\sigma^4 + p\sigma^2\sigma_x^2}\right)(p\bar{z} - p\mu_x) \\
&= \mu_x + \frac{\sigma_x^2}{\sigma^2/p + \sigma_x^2}(\bar{z} - \mu_x)
\end{aligned} \tag{12.53}$$

式中第二个等号利用了命题 2.2。

根据式 (12.33) 可知, 后验方差为

$$\begin{aligned}
\mathrm{var}(x|\boldsymbol{z}) &= \boldsymbol{C}_{xx} - \boldsymbol{C}_{x\boldsymbol{z}}\boldsymbol{C}_{\boldsymbol{zz}}^{-1}\boldsymbol{C}_{x\boldsymbol{z}}^{\mathrm{T}} = \sigma_x^2 - \sigma_x^4 \boldsymbol{1}_{1\times p}(\sigma_x^2 \boldsymbol{1}_{p\times 1}\boldsymbol{1}_{1\times p} + \sigma^2\boldsymbol{I}_p)^{-1}\boldsymbol{1}_{p\times 1} \\
&= \sigma_x^2 - \sigma_x^4 \boldsymbol{1}_{1\times p}\left(\frac{\boldsymbol{I}_p}{\sigma^2} - \frac{\boldsymbol{1}_{p\times 1}\boldsymbol{1}_{1\times p}}{\dfrac{\sigma^4}{\sigma_x^2} + \sigma^2 \boldsymbol{1}_{1\times p}\boldsymbol{1}_{p\times 1}}\right)\boldsymbol{1}_{p\times 1} \\
&= \sigma_x^2 - \sigma_x^4\left(\frac{p}{\sigma^2} - \frac{p^2\sigma_x^2}{\sigma^4 + p\sigma^2\sigma_x^2}\right) \\
&= \frac{\sigma_x^2(\sigma^2/p)}{\sigma_x^2 + \sigma^2/p}
\end{aligned} \tag{12.54}$$

由于后验方差 $\mathrm{var}(x|\boldsymbol{z})$ 与观测向量 $\boldsymbol{z}$ 无关, 于是估计值 $\hat{x}_{\mathrm{MMSE}}$ 的均方误差为

$$\begin{aligned}
\mathbf{MSE}(\hat{x}_{\mathrm{MMSE}}) &= \int \mathrm{var}(x|\boldsymbol{z})g(\boldsymbol{z})\mathrm{d}\boldsymbol{z} = \mathrm{var}(x|\boldsymbol{z})\int g(\boldsymbol{z})\mathrm{d}\boldsymbol{z} \\
&= \mathrm{var}(x|\boldsymbol{z}) = \frac{\sigma_x^2(\sigma^2/p)}{\sigma_x^2 + \sigma^2/p}
\end{aligned} \tag{12.55}$$

【注记 12.10】不难证明,线性最小二乘估计值 $\hat{x}_{\mathrm{LLS}}$ 的均方误差为 $\mathbf{MSE}(\hat{x}_{\mathrm{LLS}}) = \sigma^2/p$, 将其与式 (12.55) 进行比较, 可知 $\mathbf{MSE}(\hat{x}_{\mathrm{MMSE}}) < \mathbf{MSE}(\hat{x}_{\mathrm{LLS}})$, 说明利用未知参量 x 的先验知识可以改善其估计精度。

【注记 12.11】根据式 (12.55) 可得

$$\lim_{\sigma_x\to+\infty}\mathbf{MSE}(\hat{x}_{\mathrm{MMSE}}) = \lim_{\sigma_x\to+\infty}\frac{\sigma_x^2(\sigma^2/p)}{\sigma_x^2 + \sigma^2/p} = \frac{\sigma^2}{p} = \mathbf{MSE}(\hat{x}_{\mathrm{LLS}}) \tag{12.56}$$

这是因为当 $\sigma_x \to +\infty$ 时, 先验知识几乎不起作用, 此时贝叶斯最小均方误差估计值与线性最小二乘估计值将趋于一致。

【注记 12.12】根据式 (12.56) 可知

$$\lim_{\sigma \to +\infty} \mathbf{MSE}(\hat{x}_{\text{MMSE}}) = \lim_{\sigma \to +\infty} \frac{\sigma_x^2(\sigma^2/p)}{\sigma_x^2 + \sigma^2/p} = \sigma_x^2 \tag{12.57}$$

这是因为当 $\sigma \to +\infty$ 时, 观测向量 $\boldsymbol{z}$ 无法降低未知参量 x 的不确定性, 此时贝叶斯估计的均方误差将趋于先验方差 σ_x^2。

通过数值实验比较线性最小二乘估计方法与贝叶斯最小均方误差估计方法的估计精度。将观测模型式 (12.1) 中的 p 设为 25。首先, 令先验标准差为 $\sigma_x = 0.3$, 图 12.7 给出了两种方法的估计均方根误差随观测误差标准差 σ 的变化曲线; 然后, 令观测误差标准差为 $\sigma = 1.2$, 图 12.8 给出了两种方法的估计均方根误差随先验标准差 σ_x 的变化曲线。

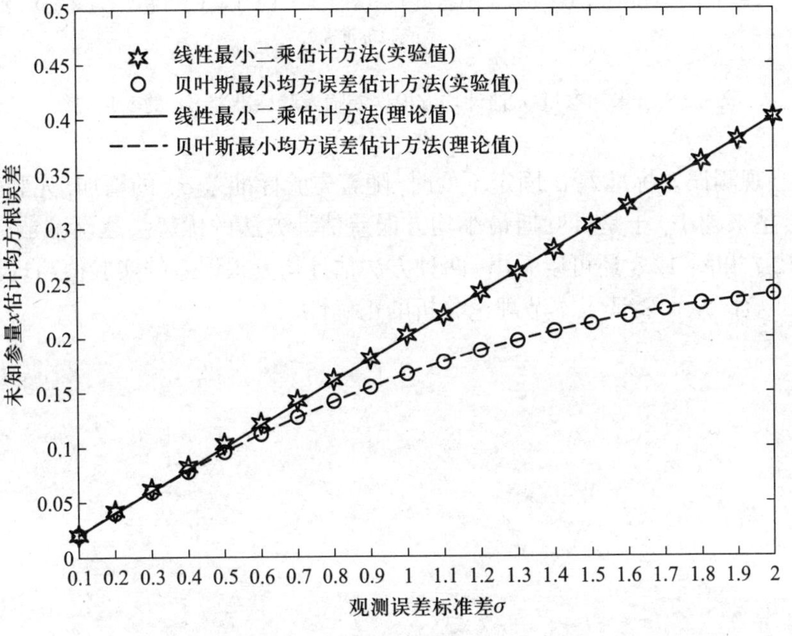

图 12.7　未知参量 x 估计均方根误差随观测误差标准差 σ 的变化曲线

从图 12.7 可以看出, 当先验标准差 σ_x 固定不变时, 随着观测误差标准差 σ 的增加, 观测向量 $\boldsymbol{z}$ 的不确定性会越来越大, 相比而言先验知识的作用就会逐渐突显, 因此贝叶斯最小均方误差估计方法的优势会越来越明显。从图 12.8 可以

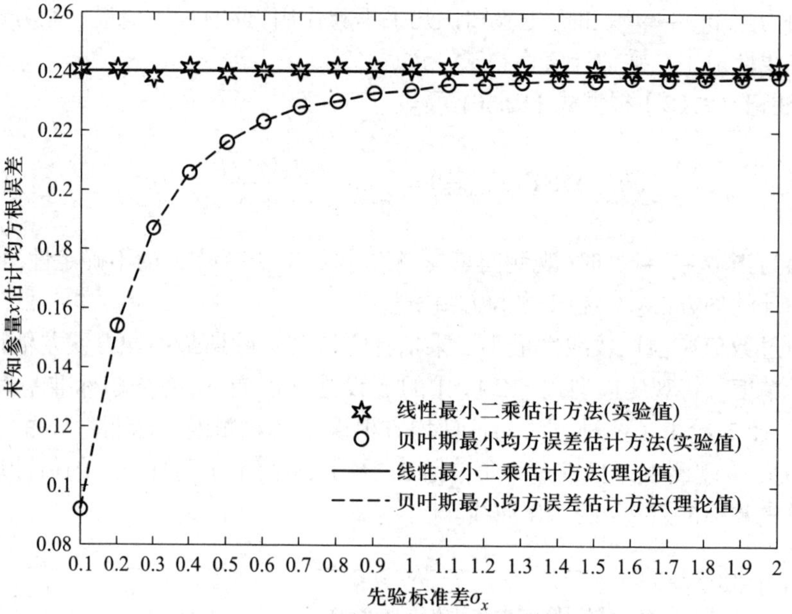

图 12.8　未知参量 x 估计均方根误差随先验标准差 σ_x 的变化曲线

看出, 当观测误差标准差 σ 固定不变时, 随着先验标准差 σ_x 的增加, 先验知识的作用会越来越小, 于是贝叶斯最小均方误差估计方法的优势会逐渐减弱。此外, 从图 12.7 和图 12.8 还可以看出, 两种方法估计均方根误差的实验值与理论值都各自相吻合, 从而验证了本节理论分析的正确性。

第 13 章 贝叶斯估计理论与方法 Ⅱ: 未知参量为向量

本章将给出未知参量为向量 (即多变量) 时的贝叶斯估计方法, 重点讨论贝叶斯最小均方误差估计方法和最大后验概率 (Maximum a Posteriori, MAP) 估计方法。与未知参量为标量的情形类似, 当观测向量和未知参量服从联合高斯分布时, 这两种贝叶斯估计器是相互等价的。[13]

13.1 多余参数的影响

在很多复杂问题中, 未知参量会包含多个参数, 但是人们真正感兴趣的参数可能仅仅是其中某个子集, 该子集之外的未知参量就称为多余参数。对于确定型未知参量, 多余参数可能会使整个问题不可解。然而, 对于随机型未知参量, 尽管多余参数也会影响最终估计值, 但一般不会使问题不可解, 这是因为可以通过积分来消除多余参数的影响。

假设感兴趣的未知参量为 $\boldsymbol{x}$, 多余参数为 $\boldsymbol{y}$, 观测向量为 $\boldsymbol{z}$。如果 $g(\boldsymbol{x},\boldsymbol{y}|\boldsymbol{z})$ 表示关于全部未知参量的后验概率密度函数, 那么仅关于 $\boldsymbol{x}$ 的后验概率密度函数可以表示为

$$g(\boldsymbol{x}|\boldsymbol{z})=\int g(\boldsymbol{x},\boldsymbol{y}|\boldsymbol{z})\mathrm{d}\boldsymbol{y} \tag{13.1}$$

该函数还可以写成

$$g(\boldsymbol{x}|\boldsymbol{z})=\frac{g(\boldsymbol{z}|\boldsymbol{x})g(\boldsymbol{x})}{g(\boldsymbol{z})}=\frac{g(\boldsymbol{z}|\boldsymbol{x})g(\boldsymbol{x})}{\displaystyle\int g(\boldsymbol{z}|\boldsymbol{x})g(\boldsymbol{x})\mathrm{d}\boldsymbol{x}} \tag{13.2}$$

式中

$$g(\boldsymbol{z}|\boldsymbol{x})=\int g(\boldsymbol{z}|\boldsymbol{x},\boldsymbol{y})g(\boldsymbol{y}|\boldsymbol{x})\mathrm{d}\boldsymbol{y} \tag{13.3}$$

如果 $\boldsymbol{x}$ 和 $\boldsymbol{y}$ 相互独立, 可将式 (13.3) 重新表示为

$$g(\boldsymbol{z}|\boldsymbol{x})=\int g(\boldsymbol{z}|\boldsymbol{x},\boldsymbol{y})g(\boldsymbol{y})\mathrm{d}\boldsymbol{y} \tag{13.4}$$

【注记 13.1】对条件概率密度函数 $g(\boldsymbol{z}|\boldsymbol{x},\boldsymbol{y})$ 中的多余参数进行积分就可以消除条件概率密度函数中的多余参数。

【注记 13.2】与没有多余参数的情形相同, 直接对后验概率密度函数 $g(\boldsymbol{x}|\boldsymbol{z})$ 进行处理即可得到相应的贝叶斯估计值。

【注记 13.3】即使多余参数 $\boldsymbol{y}$ 与感兴趣的未知参量 $\boldsymbol{x}$ 相互独立, $\boldsymbol{y}$ 的出现仍然会对 $\boldsymbol{x}$ 的估计值产生一定的影响, 这是因为式 (13.4) 中的 $g(\boldsymbol{z}|\boldsymbol{x})$ 与先验概率密度函数 $g(\boldsymbol{y})$ 有关。

下面的例子可以更直观地说明 $\boldsymbol{y}$ 对 $\boldsymbol{x}$ 的影响。考虑观测向量 $\boldsymbol{z}\in\mathbf{R}^{p\times 1}$, 假设其条件概率密度函数为

$$g(\boldsymbol{z}|\boldsymbol{x},y)=\frac{1}{(2\pi)^{p/2}(\det(y\boldsymbol{C}(\boldsymbol{x})))^{1/2}}\exp\left\{-\frac{1}{2}\boldsymbol{z}^{\mathrm{T}}(y\boldsymbol{C}(\boldsymbol{x}))^{-1}\boldsymbol{z}\right\} \tag{13.5}$$

其中: $\boldsymbol{x}$ 是需要估计的未知参量; y 是多余参数, 它是个标量。若 $\boldsymbol{x}$ 与 y 相互独立, 并且 y 的先验概率密度函数为①

$$g(y)=\begin{cases}\dfrac{\lambda\exp\{-\lambda/y\}}{y^2}; & y>0\\ 0; & y<0\end{cases} \tag{13.6}$$

式中 $\lambda>0$。根据式 (13.4) 可得

$$\begin{aligned}g(\boldsymbol{z}|\boldsymbol{x})&=\int g(\boldsymbol{z}|\boldsymbol{x},y)g(y)\mathrm{d}y\\&=\int_0^{+\infty}\frac{1}{(2\pi)^{p/2}(\det(y\boldsymbol{C}(\boldsymbol{x})))^{1/2}}\\&\quad\times\exp\left\{-\frac{1}{2}\boldsymbol{z}^{\mathrm{T}}(y\boldsymbol{C}(\boldsymbol{x}))^{-1}\boldsymbol{z}\right\}\frac{\lambda\exp\{-\lambda/y\}}{y^2}\mathrm{d}y\\&=\int_0^{+\infty}\frac{1}{(2\pi)^{p/2}y^{p/2}(\det(\boldsymbol{C}(\boldsymbol{x})))^{1/2}}\\&\quad\times\exp\left\{-\frac{1}{2y}\boldsymbol{z}^{\mathrm{T}}(\boldsymbol{C}(\boldsymbol{x}))^{-1}\boldsymbol{z}\right\}\frac{\lambda\exp\{-\lambda/y\}}{y^2}\mathrm{d}y\end{aligned} \tag{13.7}$$

若令 $u=1/y$, 则可将式 (13.7) 进一步表示为

$$g(\boldsymbol{z}|\boldsymbol{x})=\frac{\lambda}{(2\pi)^{p/2}(\det(\boldsymbol{C}(\boldsymbol{x})))^{1/2}}\int_0^{+\infty}u^{p/2}\exp\left\{-\left(\lambda+\frac{1}{2}\boldsymbol{z}^{\mathrm{T}}(\boldsymbol{C}(\boldsymbol{x}))^{-1}\boldsymbol{z}\right)u\right\}\mathrm{d}u \tag{13.8}$$

① 此概率密度函数是逆伽马概率密度函数的一个特例。

根据伽马积分的性质可知

$$\int_{0}^{+\infty} u^{n-1}\exp\{-au\}\mathrm{d}u = a^{-n}\Gamma(n) \tag{13.9}$$

结合式 (13.8) 和式 (13.9) 可得

$$g(\boldsymbol{z}|\boldsymbol{x}) = \frac{\lambda\Gamma(p/2+1)}{(2\pi)^{p/2}(\det(\boldsymbol{C}(\boldsymbol{x})))^{1/2}\left(\lambda+\dfrac{1}{2}\boldsymbol{z}^{\mathrm{T}}(\boldsymbol{C}(\boldsymbol{x}))^{-1}\boldsymbol{z}\right)^{p/2+1}} \tag{13.10}$$

将式 (13.10) 代入式 (13.2) 中即可求得后验概率密度函数 $g(\boldsymbol{x}|\boldsymbol{z})$。

通过该例可以清晰地发现多余参数对条件概率密度函数 $g(\boldsymbol{z}|\boldsymbol{x})$ 的影响, 进而会影响最终的贝叶斯估计值。

13.2 贝叶斯最小均方误差估计方法

13.2.1 基本原理

假设 $\boldsymbol{z}$ 为 $p\times 1$ 阶观测向量, $\boldsymbol{x}$ 为 $q\times 1$ 阶未知参量。若要估计其中第 1 个参数 x_1, 可将其余 $q-1$ 个参数看成是多余参数, 并且关于第 1 个参数 x_1 的贝叶斯最小均方误差估计值为

$$\hat{x}_{1,\mathrm{MMSE}} = \mathrm{E}[x_1|\boldsymbol{z}] = \int x_1 g(x_1|\boldsymbol{z})\mathrm{d}x_1 \tag{13.11}$$

该估计值满足

$$\begin{aligned}\hat{x}_{1,\mathrm{MMSE}} &= \arg\min_{\hat{x}_1}\{\mathbf{MSE}(\hat{x}_1)\}\\ &= \arg\min_{\hat{x}_1}\{\mathrm{E}[(x_1-\hat{x}_1)^2]\}\\ &= \arg\min_{\hat{x}_1}\left\{\iint(x_1-\hat{x}_1)^2 g(\boldsymbol{z},x_1)\mathrm{d}\boldsymbol{z}\mathrm{d}x_1\right\}\end{aligned} \tag{13.12}$$

相应的估计均方误差为

$$\begin{aligned}\mathbf{MSE}(\hat{x}_{1,\mathrm{MMSE}}) &= \mathrm{E}[(x_1-\hat{x}_{1,\mathrm{MMSE}})^2] = \iint(x_1-\hat{x}_{1,\mathrm{MMSE}})^2 g(\boldsymbol{z},x_1)\mathrm{d}\boldsymbol{z}\mathrm{d}x_1\\ &= \iint(x_1-\mathrm{E}[x_1|\boldsymbol{z}])^2 g(\boldsymbol{z},x_1)\mathrm{d}\boldsymbol{z}\mathrm{d}x_1\\ &= \int\left(\int(x_1-\mathrm{E}[x_1|\boldsymbol{z}])^2 g(x_1|\boldsymbol{z})\mathrm{d}x_1\right)g(\boldsymbol{z})\mathrm{d}\boldsymbol{z}\\ &= \int \mathrm{var}(x_1|\boldsymbol{z})g(\boldsymbol{z})\mathrm{d}\boldsymbol{z}\end{aligned} \tag{13.13}$$

基于式 (13.1) 可以将式 (13.11) 进一步表示为

$$\begin{aligned}\hat{x}_{1,\mathrm{MMSE}} &= \int x_1 g(x_1|\boldsymbol{z})\mathrm{d}x_1 \\ &= \int x_1 \left(\int \cdots \int g(\boldsymbol{x}|\boldsymbol{z})\mathrm{d}x_2 \cdots \mathrm{d}x_q\right)\mathrm{d}x_1 \\ &= \int x_1 g(\boldsymbol{x}|\boldsymbol{z})\mathrm{d}\boldsymbol{x} \end{aligned} \tag{13.14}$$

类似地, 对于第 j 个参数 x_j, 其贝叶斯最小均方误差估计值为

$$\hat{x}_{j,\mathrm{MMSE}} = \int x_j g(\boldsymbol{x}|\boldsymbol{z})\mathrm{d}\boldsymbol{x} \quad (1 \leqslant j \leqslant q) \tag{13.15}$$

将式 (13.15) 写成向量形式可得

$$\hat{\boldsymbol{x}}_{\mathrm{MMSE}} = \begin{bmatrix} \int x_1 g(\boldsymbol{x}|\boldsymbol{z})\mathrm{d}\boldsymbol{x} \\ \int x_2 g(\boldsymbol{x}|\boldsymbol{z})\mathrm{d}\boldsymbol{x} \\ \vdots \\ \int x_q g(\boldsymbol{x}|\boldsymbol{z})\mathrm{d}\boldsymbol{x} \end{bmatrix} = \int \boldsymbol{x} g(\boldsymbol{x}|\boldsymbol{z})\mathrm{d}\boldsymbol{x} = \mathrm{E}[\boldsymbol{x}|\boldsymbol{z}] \tag{13.16}$$

由此可知, 当未知参量为向量时, 贝叶斯最小均方误差估计值 $\hat{\boldsymbol{x}}_{\mathrm{MMSE}}$ 是对向量参数的后验概率密度函数 $g(\boldsymbol{x}|\boldsymbol{z})$ 求数学期望所得, 并且估计值 $\hat{\boldsymbol{x}}_{\mathrm{MMSE}}$ 中的每个分量都具有最小的均方误差。

贝叶斯估计值 $\hat{\boldsymbol{x}}_{\mathrm{MMSE}}$ 的均方误差矩阵为

$$\begin{aligned}\mathbf{MSE}(\hat{\boldsymbol{x}}_{\mathrm{MMSE}}) &= \iint (\boldsymbol{x} - \hat{\boldsymbol{x}}_{\mathrm{MMSE}})(\boldsymbol{x} - \hat{\boldsymbol{x}}_{\mathrm{MMSE}})^{\mathrm{T}} g(\boldsymbol{z},\boldsymbol{x})\mathrm{d}\boldsymbol{z}\mathrm{d}\boldsymbol{x} \\ &= \int \left(\int (\boldsymbol{x} - \mathrm{E}[\boldsymbol{x}|\boldsymbol{z}])(\boldsymbol{x} - \mathrm{E}[\boldsymbol{x}|\boldsymbol{z}])^{\mathrm{T}} g(\boldsymbol{x}|\boldsymbol{z})\mathrm{d}\boldsymbol{x}\right) g(\boldsymbol{z})\mathrm{d}\boldsymbol{z} \\ &= \int \boldsymbol{C}_{\boldsymbol{x}|\boldsymbol{z}} g(\boldsymbol{z})\mathrm{d}\boldsymbol{z} \end{aligned} \tag{13.17}$$

式中 $\boldsymbol{C}_{\boldsymbol{x}|\boldsymbol{z}} = \int (\boldsymbol{x} - \mathrm{E}[\boldsymbol{x}|\boldsymbol{z}])(\boldsymbol{x} - \mathrm{E}[\boldsymbol{x}|\boldsymbol{z}])^{\mathrm{T}} g(\boldsymbol{x}|\boldsymbol{z})\mathrm{d}\boldsymbol{x}$ 表示后验概率密度函数 $g(\boldsymbol{x}|\boldsymbol{z})$ 的协方差矩阵。显然, 矩阵 $\mathrm{MSE}(\hat{\boldsymbol{x}}_{\mathrm{MMSE}})$ 中的每个对角元素均为估计值 $\hat{\boldsymbol{x}}_{\mathrm{MMSE}}$ 中相应分量的均方误差。

如果 $\boldsymbol{x}$ 和 $\boldsymbol{z}$ 服从联合高斯分布, 并且定义扩维的随机向量 $\boldsymbol{w} = [\boldsymbol{z}^{\mathrm{T}} \ \boldsymbol{x}^{\mathrm{T}}]^{\mathrm{T}} \in$

$\mathbf{R}^{(p+q)\times 1}$, 假设向量 $\boldsymbol{w}$ 的均值和协方差矩阵分别为

$$\boldsymbol{\mu}_{\boldsymbol{w}} = \mathrm{E}[\boldsymbol{w}] = \begin{bmatrix} \boldsymbol{\mu}_{\boldsymbol{z}} \\ \boldsymbol{\mu}_{\boldsymbol{x}} \end{bmatrix}, \quad \boldsymbol{C}_{\boldsymbol{ww}} = \mathrm{E}[(\boldsymbol{w} - \mathrm{E}[\boldsymbol{w}])(\boldsymbol{w} - \mathrm{E}[\boldsymbol{w}])^{\mathrm{T}}] = \begin{bmatrix} \boldsymbol{C}_{\boldsymbol{zz}} & \boldsymbol{C}_{\boldsymbol{xz}}^{\mathrm{T}} \\ \boldsymbol{C}_{\boldsymbol{xz}} & \boldsymbol{C}_{\boldsymbol{xx}} \end{bmatrix} \tag{13.18}$$

利用命题 12.1 中的结论可知, 关于 $\boldsymbol{x}$ 的贝叶斯最小均方误差估计值 $\hat{\boldsymbol{x}}_{\mathrm{MMSE}}$ 可以表示为

$$\hat{\boldsymbol{x}}_{\mathrm{MMSE}} = \mathrm{E}[\boldsymbol{x}|\boldsymbol{z}] = \boldsymbol{\mu}_{\boldsymbol{x}} + \boldsymbol{C}_{\boldsymbol{xz}}\boldsymbol{C}_{\boldsymbol{zz}}^{-1}(\boldsymbol{z} - \boldsymbol{\mu}_{\boldsymbol{z}}) \tag{13.19}$$

并且此时后验概率密度函数 $g(\boldsymbol{x}|\boldsymbol{z})$ 的协方差矩阵 $\boldsymbol{C}_{\boldsymbol{x}|\boldsymbol{z}}$ 等于

$$\boldsymbol{C}_{\boldsymbol{x}|\boldsymbol{z}} = \boldsymbol{C}_{\boldsymbol{xx}} - \boldsymbol{C}_{\boldsymbol{xz}}\boldsymbol{C}_{\boldsymbol{zz}}^{-1}\boldsymbol{C}_{\boldsymbol{xz}}^{\mathrm{T}} \tag{13.20}$$

由于 $\boldsymbol{C}_{\boldsymbol{x}|\boldsymbol{z}}$ 与观测向量 $\boldsymbol{z}$ 无关, 将式 (13.20) 代入式 (13.17) 可知, 估计值 $\hat{\boldsymbol{x}}_{\mathrm{MMSE}}$ 的均方误差矩阵为

$$\mathbf{MSE}(\hat{\boldsymbol{x}}_{\mathrm{MMSE}}) = \int \boldsymbol{C}_{\boldsymbol{x}|\boldsymbol{z}}g(\boldsymbol{z})\mathrm{d}\boldsymbol{z} = \boldsymbol{C}_{\boldsymbol{x}|\boldsymbol{z}}\int g(\boldsymbol{z})\mathrm{d}\boldsymbol{z} = \boldsymbol{C}_{\boldsymbol{x}|\boldsymbol{z}} = \boldsymbol{C}_{\boldsymbol{xx}} - \boldsymbol{C}_{\boldsymbol{xz}}\boldsymbol{C}_{\boldsymbol{zz}}^{-1}\boldsymbol{C}_{\boldsymbol{xz}}^{\mathrm{T}} \tag{13.21}$$

13.2.2 基于线性模型的贝叶斯最小均方误差估计方法

【**命题 13.1**】考虑如下线性观测模型

$$\boldsymbol{z} = \boldsymbol{A}\boldsymbol{x} + \boldsymbol{e} \tag{13.22}$$

其中: $\boldsymbol{z} \in \mathbf{R}^{p\times 1}$ 表示观测向量; $\boldsymbol{x} \in \mathbf{R}^{q\times 1}$ 表示随机型未知参量; $\boldsymbol{A} \in \mathbf{R}^{p\times q}$ 表示精确已知的观测矩阵; $\boldsymbol{e} \in \mathbf{R}^{p\times 1}$ 表示观测误差向量, 假设其服从均值为零、协方差矩阵为 $\boldsymbol{E}$ 的高斯分布。若未知参量 $\boldsymbol{x}$ 亦服从高斯分布, 其均值为 $\boldsymbol{\mu}_{\boldsymbol{x}}$、协方差矩阵为 $\boldsymbol{C}_{\boldsymbol{xx}}$, 并且与观测误差 $\boldsymbol{e}$ 相互独立, 那么关于 $\boldsymbol{x}$ 的贝叶斯最小均方误差估计值 $\hat{\boldsymbol{x}}_{\mathrm{MMSE}}$ 可以表示为

$$\hat{\boldsymbol{x}}_{\mathrm{MMSE}} = \boldsymbol{\mu}_{\boldsymbol{x}} + \boldsymbol{C}_{\boldsymbol{xx}}\boldsymbol{A}^{\mathrm{T}}(\boldsymbol{A}\boldsymbol{C}_{\boldsymbol{xx}}\boldsymbol{A}^{\mathrm{T}} + \boldsymbol{E})^{-1}(\boldsymbol{z} - \boldsymbol{A}\boldsymbol{\mu}_{\boldsymbol{x}}) \tag{13.23}$$

若将其估计误差记为 $\Delta\boldsymbol{x}_{\mathrm{MMSE}} = \boldsymbol{x} - \hat{\boldsymbol{x}}_{\mathrm{MMSE}}$, 则误差向量 $\Delta\boldsymbol{x}_{\mathrm{MMSE}}$ 服从高斯分布, 并且其均值为零、协方差矩阵为

$$\mathbf{cov}(\Delta\boldsymbol{x}_{\mathrm{MMSE}}) = \boldsymbol{C}_{\boldsymbol{xx}} - \boldsymbol{C}_{\boldsymbol{xx}}\boldsymbol{A}^{\mathrm{T}}(\boldsymbol{A}\boldsymbol{C}_{\boldsymbol{xx}}\boldsymbol{A}^{\mathrm{T}} + \boldsymbol{E})^{-1}\boldsymbol{A}\boldsymbol{C}_{\boldsymbol{xx}} \tag{13.24}$$

此协方差矩阵等于估计值 $\hat{\boldsymbol{x}}_{\text{MMSE}}$ 的均方误差矩阵 $\textbf{MSE}(\hat{\boldsymbol{x}}_{\text{MMSE}})$。

【证明】定义扩维的随机向量 $\boldsymbol{w} = [\boldsymbol{z}^{\text{T}}\ \boldsymbol{x}^{\text{T}}]^{\text{T}} \in \mathbf{R}^{(p+q)\times 1}$, 根据命题中的假设可知其服从高斯分布, 且均值和协方差矩阵分别为

$$\begin{cases} \boldsymbol{\mu}_{\boldsymbol{w}} = \text{E}[\boldsymbol{w}] = \begin{bmatrix} \boldsymbol{A}\boldsymbol{\mu}_{\boldsymbol{x}} \\ \boldsymbol{\mu}_{\boldsymbol{x}} \end{bmatrix} \\ \boldsymbol{C}_{\boldsymbol{ww}} = \text{E}[(\boldsymbol{w} - \text{E}[\boldsymbol{w}])(\boldsymbol{w} - \text{E}[\boldsymbol{w}])^{\text{T}}] \\ \qquad = \begin{bmatrix} \boldsymbol{C}_{\boldsymbol{zz}} & \boldsymbol{C}_{\boldsymbol{xz}}^{\text{T}} \\ \boldsymbol{C}_{\boldsymbol{xz}} & \boldsymbol{C}_{\boldsymbol{xx}} \end{bmatrix} = \left[\begin{array}{c:c} \boldsymbol{A}\boldsymbol{C}_{\boldsymbol{xx}}\boldsymbol{A}^{\text{T}} + \boldsymbol{E} & \boldsymbol{A}\boldsymbol{C}_{\boldsymbol{xx}} \\ \hdashline \boldsymbol{C}_{\boldsymbol{xx}}\boldsymbol{A}^{\text{T}} & \boldsymbol{C}_{\boldsymbol{xx}} \end{array}\right] \end{cases} \tag{13.25}$$

利用命题 12.1 中的结论可知, 向量 $\boldsymbol{x}$ 的贝叶斯最小均方误差估计值 $\hat{\boldsymbol{x}}_{\text{MMSE}}$ 为服从后验概率密度函数 $g(\boldsymbol{x}|\boldsymbol{z})$ 分布的变量均值, 即

$$\begin{aligned} \hat{\boldsymbol{x}}_{\text{MMSE}} &= \text{E}[\boldsymbol{x}|\boldsymbol{z}] = \boldsymbol{\mu}_{\boldsymbol{x}} + \boldsymbol{C}_{\boldsymbol{xz}}\boldsymbol{C}_{\boldsymbol{zz}}^{-1}(\boldsymbol{z} - \boldsymbol{\mu}_{\boldsymbol{z}}) \\ &= \boldsymbol{\mu}_{\boldsymbol{x}} + \boldsymbol{C}_{\boldsymbol{xx}}\boldsymbol{A}^{\text{T}}(\boldsymbol{A}\boldsymbol{C}_{\boldsymbol{xx}}\boldsymbol{A}^{\text{T}} + \boldsymbol{E})^{-1}(\boldsymbol{z} - \boldsymbol{A}\boldsymbol{\mu}_{\boldsymbol{x}}) \end{aligned} \tag{13.26}$$

其估计误差为

$$\begin{aligned} \Delta\boldsymbol{x}_{\text{MMSE}} = \boldsymbol{x} - \hat{\boldsymbol{x}}_{\text{MMSE}} &= \boldsymbol{x} - \boldsymbol{\mu}_{\boldsymbol{x}} - \boldsymbol{C}_{\boldsymbol{xx}}\boldsymbol{A}^{\text{T}}(\boldsymbol{A}\boldsymbol{C}_{\boldsymbol{xx}}\boldsymbol{A}^{\text{T}} + \boldsymbol{E})^{-1}(\boldsymbol{z} - \boldsymbol{A}\boldsymbol{\mu}_{\boldsymbol{x}}) \\ &= \boldsymbol{x} - \boldsymbol{\mu}_{\boldsymbol{x}} - \boldsymbol{C}_{\boldsymbol{xx}}\boldsymbol{A}^{\text{T}}(\boldsymbol{A}\boldsymbol{C}_{\boldsymbol{xx}}\boldsymbol{A}^{\text{T}} + \boldsymbol{E})^{-1}(\boldsymbol{A}(\boldsymbol{x} - \boldsymbol{\mu}_{\boldsymbol{x}}) + \boldsymbol{e}) \\ &= (\boldsymbol{I}_q - \boldsymbol{C}_{\boldsymbol{xx}}\boldsymbol{A}^{\text{T}}(\boldsymbol{A}\boldsymbol{C}_{\boldsymbol{xx}}\boldsymbol{A}^{\text{T}} + \boldsymbol{E})^{-1}\boldsymbol{A})(\boldsymbol{x} - \boldsymbol{\mu}_{\boldsymbol{x}}) \\ &\quad - \boldsymbol{C}_{\boldsymbol{xx}}\boldsymbol{A}^{\text{T}}(\boldsymbol{A}\boldsymbol{C}_{\boldsymbol{xx}}\boldsymbol{A}^{\text{T}} + \boldsymbol{E})^{-1}\boldsymbol{e} \end{aligned} \tag{13.27}$$

由此可知, 误差向量 $\Delta\boldsymbol{x}_{\text{MMSE}}$ 服从零均值的高斯分布, 且协方差矩阵为

$$\begin{aligned} \textbf{cov}(\Delta\boldsymbol{x}_{\text{MMSE}}) &= \text{E}[(\Delta\boldsymbol{x}_{\text{MMSE}} - \text{E}[\Delta\boldsymbol{x}_{\text{MMSE}}])(\Delta\boldsymbol{x}_{\text{MMSE}} - \text{E}[\Delta\boldsymbol{x}_{\text{MMSE}}])^{\text{T}}] \\ &= \text{E}[\Delta\boldsymbol{x}_{\text{MMSE}}\Delta\boldsymbol{x}_{\text{MMSE}}^{\text{T}}] \\ &= (\boldsymbol{I}_q - \boldsymbol{C}_{\boldsymbol{xx}}\boldsymbol{A}^{\text{T}}(\boldsymbol{A}\boldsymbol{C}_{\boldsymbol{xx}}\boldsymbol{A}^{\text{T}} + \boldsymbol{E})^{-1}\boldsymbol{A}) \\ &\quad \times \boldsymbol{C}_{\boldsymbol{xx}}(\boldsymbol{I}_q - \boldsymbol{C}_{\boldsymbol{xx}}\boldsymbol{A}^{\text{T}}(\boldsymbol{A}\boldsymbol{C}_{\boldsymbol{xx}}\boldsymbol{A}^{\text{T}} + \boldsymbol{E})^{-1}\boldsymbol{A})^{\text{T}} \\ &\quad + \boldsymbol{C}_{\boldsymbol{xx}}\boldsymbol{A}^{\text{T}}(\boldsymbol{A}\boldsymbol{C}_{\boldsymbol{xx}}\boldsymbol{A}^{\text{T}} + \boldsymbol{E})^{-1}\boldsymbol{E}(\boldsymbol{A}\boldsymbol{C}_{\boldsymbol{xx}}\boldsymbol{A}^{\text{T}} + \boldsymbol{E})^{-1}\boldsymbol{A}\boldsymbol{C}_{\boldsymbol{xx}} \\ &= \boldsymbol{C}_{\boldsymbol{xx}} - \boldsymbol{C}_{\boldsymbol{xx}}\boldsymbol{A}^{\text{T}}(\boldsymbol{A}\boldsymbol{C}_{\boldsymbol{xx}}\boldsymbol{A}^{\text{T}} + \boldsymbol{E})^{-1}\boldsymbol{A}\boldsymbol{C}_{\boldsymbol{xx}} \end{aligned} \tag{13.28}$$

根据命题 12.1 的结论可知, 后验概率密度函数 $g(\boldsymbol{x}|\boldsymbol{z})$ 的协方差矩阵

$$\boldsymbol{C}_{\boldsymbol{x}|\boldsymbol{z}} = \boldsymbol{C}_{\boldsymbol{xx}} - \boldsymbol{C}_{\boldsymbol{xz}}\boldsymbol{C}_{\boldsymbol{zz}}^{-1}\boldsymbol{C}_{\boldsymbol{xz}}^{\text{T}} = \boldsymbol{C}_{\boldsymbol{xx}} - \boldsymbol{C}_{\boldsymbol{xx}}\boldsymbol{A}^{\text{T}}(\boldsymbol{A}\boldsymbol{C}_{\boldsymbol{xx}}\boldsymbol{A}^{\text{T}} + \boldsymbol{E})^{-1}\boldsymbol{A}\boldsymbol{C}_{\boldsymbol{xx}} \tag{13.29}$$

由于 $\boldsymbol{C}_{\boldsymbol{x}|\boldsymbol{z}}$ 与观测向量 $\boldsymbol{z}$ 无关, 将式 (13.29) 代入式 (13.17) 可知, 估计值 $\hat{\boldsymbol{x}}_{\text{MMSE}}$ 的均方误差矩阵为

$$\begin{aligned}\mathbf{MSE}(\hat{\boldsymbol{x}}_{\text{MMSE}}) &= \int \boldsymbol{C}_{\boldsymbol{x}|\boldsymbol{z}} g(\boldsymbol{z})\mathrm{d}\boldsymbol{z} = \boldsymbol{C}_{\boldsymbol{x}|\boldsymbol{z}} \int g(\boldsymbol{z})\mathrm{d}\boldsymbol{z} \\ &= \boldsymbol{C}_{\boldsymbol{x}|\boldsymbol{z}} = \boldsymbol{C}_{\boldsymbol{xx}} - \boldsymbol{C}_{\boldsymbol{xx}}\boldsymbol{A}^{\mathrm{T}}(\boldsymbol{A}\boldsymbol{C}_{\boldsymbol{xx}}\boldsymbol{A}^{\mathrm{T}} + \boldsymbol{E})^{-1}\boldsymbol{A}\boldsymbol{C}_{\boldsymbol{xx}}\end{aligned} \tag{13.30}$$

对比式 (13.28) 和式 (13.30) 可得 $\mathbf{cov}(\Delta\boldsymbol{x}_{\text{MMSE}}) = \mathbf{MSE}(\hat{\boldsymbol{x}}_{\text{MMSE}})$。证毕。

【注记 13.4】容易验证矩阵等式

$$\boldsymbol{C}_{\boldsymbol{xx}}\boldsymbol{A}^{\mathrm{T}}(\boldsymbol{A}\boldsymbol{C}_{\boldsymbol{xx}}\boldsymbol{A}^{\mathrm{T}} + \boldsymbol{E})^{-1} = (\boldsymbol{C}_{\boldsymbol{xx}}^{-1} + \boldsymbol{A}^{\mathrm{T}}\boldsymbol{E}^{-1}\boldsymbol{A})^{-1}\boldsymbol{A}^{\mathrm{T}}\boldsymbol{E}^{-1}$$

将其代入式 (13.23), 可以得到贝叶斯最小均方误差估计值 $\hat{\boldsymbol{x}}_{\text{MMSE}}$ 的另一种表达式为

$$\hat{\boldsymbol{x}}_{\text{MMSE}} = \mathrm{E}[\boldsymbol{x}|\boldsymbol{z}] = \boldsymbol{\mu}_{\boldsymbol{x}} + (\boldsymbol{C}_{\boldsymbol{xx}}^{-1} + \boldsymbol{A}^{\mathrm{T}}\boldsymbol{E}^{-1}\boldsymbol{A})^{-1}\boldsymbol{A}^{\mathrm{T}}\boldsymbol{E}^{-1}(\boldsymbol{z} - \boldsymbol{A}\boldsymbol{\mu}_{\boldsymbol{x}}) \tag{13.31}$$

【注记 13.5】利用命题 2.1 可知

$$\boldsymbol{C}_{\boldsymbol{xx}} - \boldsymbol{C}_{\boldsymbol{xx}}\boldsymbol{A}^{\mathrm{T}}(\boldsymbol{A}\boldsymbol{C}_{\boldsymbol{xx}}\boldsymbol{A}^{\mathrm{T}} + \boldsymbol{E})^{-1}\boldsymbol{A}\boldsymbol{C}_{\boldsymbol{xx}} = (\boldsymbol{C}_{\boldsymbol{xx}}^{-1} + \boldsymbol{A}^{\mathrm{T}}\boldsymbol{E}^{-1}\boldsymbol{A})^{-1} \tag{13.32}$$

由此可得估计值 $\hat{\boldsymbol{x}}_{\text{MMSE}}$ 的均方误差矩阵的另一种表达式为

$$\mathbf{MSE}(\hat{\boldsymbol{x}}_{\text{MMSE}}) = (\boldsymbol{C}_{\boldsymbol{xx}}^{-1} + \boldsymbol{A}^{\mathrm{T}}\boldsymbol{E}^{-1}\boldsymbol{A})^{-1} \tag{13.33}$$

根据式 (3.26) 可知, 线性最小二乘估计值 $\hat{\boldsymbol{x}}_{\text{LLS}}$ 的均方误差矩阵

$$\mathbf{MSE}(\hat{\boldsymbol{x}}_{\text{LLS}}) = (\boldsymbol{A}^{\mathrm{T}}\boldsymbol{E}^{-1}\boldsymbol{A})^{-1} \tag{13.34}$$

比较式 (13.33) 和式 (13.34), 可知 $\mathbf{MSE}(\hat{\boldsymbol{x}}_{\text{MMSE}}) \leqslant \mathbf{MSE}(\hat{\boldsymbol{x}}_{\text{LLS}})$, 并且当且仅当 $\boldsymbol{C}_{\boldsymbol{xx}} \to +\infty$ 时 $\mathbf{MSE}(\hat{\boldsymbol{x}}_{\text{MMSE}}) = \mathbf{MSE}(\hat{\boldsymbol{x}}_{\text{LLS}})$, 也就是说当先验知识不提供信息时, 两者的估计性能就是一致的。

接下来给出两个贝叶斯最小均方误差估计器的重要性质, 具体见如下命题。

【命题 13.2】假设基于观测向量 $\boldsymbol{z}$ 估计随机型未知参量 $\boldsymbol{x}$, 若关于 $\boldsymbol{x}$ 的贝叶斯最小均方误差估计值为 $\hat{\boldsymbol{x}}_{\text{MMSE}}$, 那么关于 $\boldsymbol{y} = \boldsymbol{H}\boldsymbol{x} + \boldsymbol{h}$ 的贝叶斯最小均方误差估计值为 $\hat{\boldsymbol{y}}_{\text{MMSE}} = \boldsymbol{H}\hat{\boldsymbol{x}}_{\text{MMSE}} + \boldsymbol{h}$。

【证明】由式 (13.16) 可知, 关于 $\boldsymbol{y}$ 的贝叶斯最小均方误差估计值①

$$\hat{\boldsymbol{y}}_{\text{MMSE}} = \mathrm{E}[\boldsymbol{y}|\boldsymbol{z}] = \mathrm{E}[\boldsymbol{H}\boldsymbol{x} + \boldsymbol{h}|\boldsymbol{z}] = \boldsymbol{H}\mathrm{E}[\boldsymbol{x}|\boldsymbol{z}] + \boldsymbol{h} = \boldsymbol{H}\hat{\boldsymbol{x}}_{\text{MMSE}} + \boldsymbol{h} \tag{13.35}$$

① 利用数学期望运算的线性性质。

证毕。

【**命题 13.3**】假设基于观测向量 $\boldsymbol{z}_1$ 和 $\boldsymbol{z}_2$ 估计随机型未知参量 $\boldsymbol{x}$, 其中 $\boldsymbol{z}_1$ 和 $\boldsymbol{z}_2$ 是相互独立的观测向量, 并且 $\boldsymbol{z}_1$、$\boldsymbol{z}_2$ 和 $\boldsymbol{x}$ 服从联合高斯分布。若定义扩维随机向量 $\boldsymbol{w}=[\boldsymbol{z}_1^{\mathrm{T}} \quad \boldsymbol{z}_2^{\mathrm{T}} \quad \boldsymbol{x}^{\mathrm{T}}]^{\mathrm{T}}$, 并且假设向量 $\boldsymbol{w}$ 的均值和协方差矩阵分别为

$$\begin{cases}\boldsymbol{\mu}_{\boldsymbol{w}}=\mathrm{E}[\boldsymbol{w}]=\begin{bmatrix}\boldsymbol{\mu}_{\boldsymbol{z}_1}\\ \boldsymbol{\mu}_{\boldsymbol{z}_2}\\ \boldsymbol{\mu}_{\boldsymbol{x}}\end{bmatrix}\\ \boldsymbol{C}_{\boldsymbol{ww}}=\mathrm{E}[(\boldsymbol{w}-\mathrm{E}[\boldsymbol{w}])(\boldsymbol{w}-\mathrm{E}[\boldsymbol{w}])^{\mathrm{T}}]=\begin{bmatrix}\boldsymbol{C}_{\boldsymbol{z}_1\boldsymbol{z}_1} & \boldsymbol{C}_{\boldsymbol{z}_2\boldsymbol{z}_1}^{\mathrm{T}} & \boldsymbol{C}_{\boldsymbol{x}\boldsymbol{z}_1}^{\mathrm{T}}\\ \boldsymbol{C}_{\boldsymbol{z}_2\boldsymbol{z}_1} & \boldsymbol{C}_{\boldsymbol{z}_2\boldsymbol{z}_2} & \boldsymbol{C}_{\boldsymbol{x}\boldsymbol{z}_2}^{\mathrm{T}}\\ \boldsymbol{C}_{\boldsymbol{x}\boldsymbol{z}_1} & \boldsymbol{C}_{\boldsymbol{x}\boldsymbol{z}_2} & \boldsymbol{C}_{\boldsymbol{xx}}\end{bmatrix}\end{cases} \tag{13.36}$$

那么, 关于 $\boldsymbol{x}$ 的贝叶斯最小均方误差估计值

$$\hat{\boldsymbol{x}}_{\mathrm{MMSE}}=\boldsymbol{\mu}_{\boldsymbol{x}}+\boldsymbol{C}_{\boldsymbol{x}\boldsymbol{z}_1}\boldsymbol{C}_{\boldsymbol{z}_1\boldsymbol{z}_1}^{-1}(\boldsymbol{z}_1-\boldsymbol{\mu}_{\boldsymbol{z}_1})+\boldsymbol{C}_{\boldsymbol{x}\boldsymbol{z}_2}\boldsymbol{C}_{\boldsymbol{z}_2\boldsymbol{z}_2}^{-1}(\boldsymbol{z}_2-\boldsymbol{\mu}_{\boldsymbol{z}_2}) \tag{13.37}$$

【**证明**】利用式 (13.19) 可知, 关于 $\boldsymbol{x}$ 的贝叶斯最小均方误差估计值

$$\begin{aligned}\hat{\boldsymbol{x}}_{\mathrm{MMSE}}&=\mathrm{E}[\boldsymbol{x}|\boldsymbol{z}]=\boldsymbol{\mu}_{\boldsymbol{x}}+\boldsymbol{C}_{\boldsymbol{xz}}\boldsymbol{C}_{\boldsymbol{zz}}^{-1}(\boldsymbol{z}-\boldsymbol{\mu}_{\boldsymbol{z}})\\ &=\boldsymbol{\mu}_{\boldsymbol{x}}+[\boldsymbol{C}_{\boldsymbol{x}\boldsymbol{z}_1} \quad \boldsymbol{C}_{\boldsymbol{x}\boldsymbol{z}_2}]\begin{bmatrix}\boldsymbol{C}_{\boldsymbol{z}_1\boldsymbol{z}_1} & \boldsymbol{C}_{\boldsymbol{z}_2\boldsymbol{z}_1}^{\mathrm{T}}\\ \boldsymbol{C}_{\boldsymbol{z}_2\boldsymbol{z}_1} & \boldsymbol{C}_{\boldsymbol{z}_2\boldsymbol{z}_2}\end{bmatrix}^{-1}\begin{bmatrix}\boldsymbol{z}_1-\boldsymbol{\mu}_{\boldsymbol{z}_1}\\ \boldsymbol{z}_2-\boldsymbol{\mu}_{\boldsymbol{z}_2}\end{bmatrix}\end{aligned} \tag{13.38}$$

由于 $\boldsymbol{z}_1$ 和 $\boldsymbol{z}_2$ 相互独立, 因此有 $\boldsymbol{C}_{\boldsymbol{z}_2\boldsymbol{z}_1}=\boldsymbol{O}$, 将其代入式 (13.38) 可得

$$\begin{aligned}\hat{\boldsymbol{x}}_{\mathrm{MMSE}}&=\boldsymbol{\mu}_{\boldsymbol{x}}+[\boldsymbol{C}_{\boldsymbol{x}\boldsymbol{z}_1} \quad \boldsymbol{C}_{\boldsymbol{x}\boldsymbol{z}_2}]\begin{bmatrix}\boldsymbol{C}_{\boldsymbol{z}_1\boldsymbol{z}_1} & \boldsymbol{O}\\ \boldsymbol{O} & \boldsymbol{C}_{\boldsymbol{z}_2\boldsymbol{z}_2}\end{bmatrix}^{-1}\begin{bmatrix}\boldsymbol{z}_1-\boldsymbol{\mu}_{\boldsymbol{z}_1}\\ \boldsymbol{z}_2-\boldsymbol{\mu}_{\boldsymbol{z}_2}\end{bmatrix}\\ &=\boldsymbol{\mu}_{\boldsymbol{x}}+\boldsymbol{C}_{\boldsymbol{x}\boldsymbol{z}_1}\boldsymbol{C}_{\boldsymbol{z}_1\boldsymbol{z}_1}^{-1}(\boldsymbol{z}_1-\boldsymbol{\mu}_{\boldsymbol{z}_1})+\boldsymbol{C}_{\boldsymbol{x}\boldsymbol{z}_2}\boldsymbol{C}_{\boldsymbol{z}_2\boldsymbol{z}_2}^{-1}(\boldsymbol{z}_2-\boldsymbol{\mu}_{\boldsymbol{z}_2})\end{aligned} \tag{13.39}$$

证毕。

【**注记 13.6**】由命题 13.3 可知, 对于独立观测向量而言, 贝叶斯最小均方误差估计值具有叠加性。

13.2.3 两个贝叶斯最小均方误差估计的例子

一、基于贝叶斯的傅里叶系数估计

考虑如下信号观测模型

$$z_j=x_1\cos(2\pi f_0(j-1))+x_2\sin(2\pi f_0(j-1))+e_j \quad (1\leqslant j\leqslant p) \tag{13.40}$$

其中:

f_0 表示数字频率, 它是 $1/p$ 的整数倍, 并且不等于 0 或者 1/2;

$\{e_j\}_{1\leqslant j\leqslant p}$ 表示观测误差;

x_1 和 x_2 表示需要估计的傅里叶系数, 它们均是随机型未知参数。

将式 (13.40) 写成向量形式, 可得

$$\begin{aligned}\boldsymbol{z}&=\begin{bmatrix}z_1\\z_2\\\vdots\\z_p\end{bmatrix}=\begin{bmatrix}1&0\\\cos(2\pi f_0)&\sin(2\pi f_0)\\\vdots&\vdots\\\cos(2\pi f_0(p-1))&\sin(2\pi f_0(p-1))\end{bmatrix}\begin{bmatrix}x_1\\x_2\end{bmatrix}+\begin{bmatrix}e_1\\e_2\\\vdots\\e_p\end{bmatrix}\\&=\boldsymbol{A}\boldsymbol{x}+\boldsymbol{e}\end{aligned}\tag{13.41}$$

式中

$$\boldsymbol{A}=\begin{bmatrix}1&0\\\cos(2\pi f_0)&\sin(2\pi f_0)\\\vdots&\vdots\\\cos(2\pi f_0(p-1))&\sin(2\pi f_0(p-1))\end{bmatrix},\quad\boldsymbol{e}=\begin{bmatrix}e_1\\e_2\\\vdots\\e_p\end{bmatrix},\quad\boldsymbol{x}=\begin{bmatrix}x_1\\x_2\end{bmatrix}\tag{13.42}$$

假设观测误差向量 $\boldsymbol{e}$ 服从均值为零、协方差矩阵为 $\boldsymbol{E}=\sigma^2\boldsymbol{I}_p$ 的高斯分布; 随机型未知参量 $\boldsymbol{x}$ 服从均值为 $\boldsymbol{\mu}_{\boldsymbol{x}}=\boldsymbol{O}_{2\times1}$、协方差矩阵为 $\boldsymbol{C}_{\boldsymbol{xx}}=\sigma_x^2\boldsymbol{I}_2$ 的高斯分布, 并且与观测误差 $\boldsymbol{e}$ 统计独立。

根据式 (13.31) 可知, 未知参量 $\boldsymbol{x}$ 的贝叶斯最小均方误差估计值

$$\begin{aligned}\hat{\boldsymbol{x}}_{\text{MMSE}}&=\text{E}[\boldsymbol{x}|\boldsymbol{z}]=\boldsymbol{\mu}_{\boldsymbol{x}}+(\boldsymbol{C}_{\boldsymbol{xx}}^{-1}+\boldsymbol{A}^{\text{T}}\boldsymbol{E}^{-1}\boldsymbol{A})^{-1}\boldsymbol{A}^{\text{T}}\boldsymbol{E}^{-1}(\boldsymbol{z}-\boldsymbol{A}\boldsymbol{\mu}_{\boldsymbol{x}})\\&=\frac{1}{\sigma^2}\left(\frac{1}{\sigma_x^2}\boldsymbol{I}_2+\frac{1}{\sigma^2}\boldsymbol{A}^{\text{T}}\boldsymbol{A}\right)^{-1}\boldsymbol{A}^{\text{T}}\boldsymbol{z}\end{aligned}\tag{13.43}$$

利用式 (3.99) 至式 (3.101) 可以证明 $\boldsymbol{A}^{\text{T}}\boldsymbol{A}=p\boldsymbol{I}_2/2$, 将其代入式 (13.43) 可得

$$\hat{\boldsymbol{x}}_{\text{MMSE}}=\frac{1}{\sigma^2}\left(\frac{1}{\sigma_x^2}\boldsymbol{I}_2+\frac{p}{2\sigma^2}\boldsymbol{I}_2\right)^{-1}\boldsymbol{A}^{\text{T}}\boldsymbol{z}=\frac{1/\sigma^2}{1/\sigma_x^2+p/(2\sigma^2)}\boldsymbol{A}^{\text{T}}\boldsymbol{z}\tag{13.44}$$

将式 (13.44) 展开可知

$$\hat{x}_{1,\mathrm{MMSE}} = \frac{1}{1+\dfrac{2\sigma^2/p}{\sigma_x^2}}\left(\frac{2}{p}\sum_{j=1}^{p} z_j\cos(2\pi f_0(j-1))\right) \tag{13.45}$$

$$\hat{x}_{2,\mathrm{MMSE}} = \frac{1}{1+\dfrac{2\sigma^2/p}{\sigma_x^2}}\left(\frac{2}{p}\sum_{j=1}^{p} z_j\sin(2\pi f_0(j-1))\right) \tag{13.46}$$

将式 (13.45) 和式 (13.46) 与式 (3.103) 进行对比，可以发现贝叶斯最小均方误差估计值与线性最小二乘估计值仅仅相差一个比例因子。当 $\sigma_x^2 \gg 2\sigma^2/p$ 时，两种估计值趋于一致，此时先验知识相比观测数据提供的信息可以近似被忽略。

利用式 (13.33) 可知，估计值 $\hat{\boldsymbol{x}}_{\mathrm{MMSE}}$ 的均方误差矩阵

$$\begin{aligned}\mathbf{MSE}(\hat{\boldsymbol{x}}_{\mathrm{MMSE}}) &= (\boldsymbol{C}_{\boldsymbol{xx}}^{-1} + \boldsymbol{A}^{\mathrm{T}}\boldsymbol{E}^{-1}\boldsymbol{A})^{-1} \\ &= \left(\frac{1}{\sigma_x^2}\boldsymbol{I}_2 + \frac{p}{2\sigma^2}\boldsymbol{I}_2\right)^{-1} = \frac{1}{1/\sigma_x^2 + p/(2\sigma^2)}\boldsymbol{I}_2\end{aligned} \tag{13.47}$$

由此可知

$$\mathrm{MSE}(\hat{x}_{1,\mathrm{MMSE}}) = \mathrm{MSE}(\hat{x}_{2,\mathrm{MMSE}}) = \frac{1}{1/\sigma_x^2 + p/(2\sigma^2)} \tag{13.48}$$

根据式 (13.48) 可知，参数 x_1 和 x_2 具有相同的均方误差。再利用式 (13.34) 可知，线性最小二乘估计值 $\hat{x}_{1,\mathrm{LLS}}$ 和 $\hat{x}_{2,\mathrm{LLS}}$ 的均方误差为

$$\mathrm{MSE}(\hat{x}_{1,\mathrm{LLS}}) = \mathrm{MSE}(\hat{x}_{2,\mathrm{LLS}}) = \frac{2\sigma^2}{p} = \frac{1}{p/(2\sigma^2)} \tag{13.49}$$

比较式 (13.48) 和式 (13.49)，可知 $\mathrm{MSE}(\hat{x}_{1,\mathrm{MMSE}}) \leqslant \mathrm{MSE}(\hat{x}_{1,\mathrm{LLS}})$，以及 $\mathrm{MSE}(\hat{x}_{2,\mathrm{MMSE}}) \leqslant \mathrm{MSE}(\hat{x}_{2,\mathrm{LLS}})$，并且当且仅当 $\sigma_x^2 \to +\infty$ 时，$\mathrm{MSE}(\hat{x}_{1,\mathrm{MMSE}}) = \mathrm{MSE}(\hat{x}_{1,\mathrm{LLS}})$，$\mathrm{MSE}(\hat{x}_{2,\mathrm{MMSE}}) = \mathrm{MSE}(\hat{x}_{2,\mathrm{LLS}})$。

下面通过数值实验比较线性最小二乘估计方法与贝叶斯最小均方误差估计方法的估计精度。首先，将观测模型式 (13.40) 中的 f_0 设为 $f_0 = 5/14$ (即 $p = 14$)，并且令先验标准差为 $\sigma_x = 0.5$，图 13.1 给出了两种方法对 x_1 的估计均方根误差随观测误差标准差 σ 的变化曲线，图 13.2 给出了两种方法对 x_2 的估计均方根误差随观测误差标准差 σ 的变化曲线；然后，将观测模型式 (13.40) 中的 f_0 设为 $f_0 = 5/14$，并且令观测误差标准差为 $\sigma = 0.5$，图 13.3 给出了两种方法对 x_1 的估计均方根误差随先验标准差 σ_x 的变化曲线，图 13.4 给出了两种

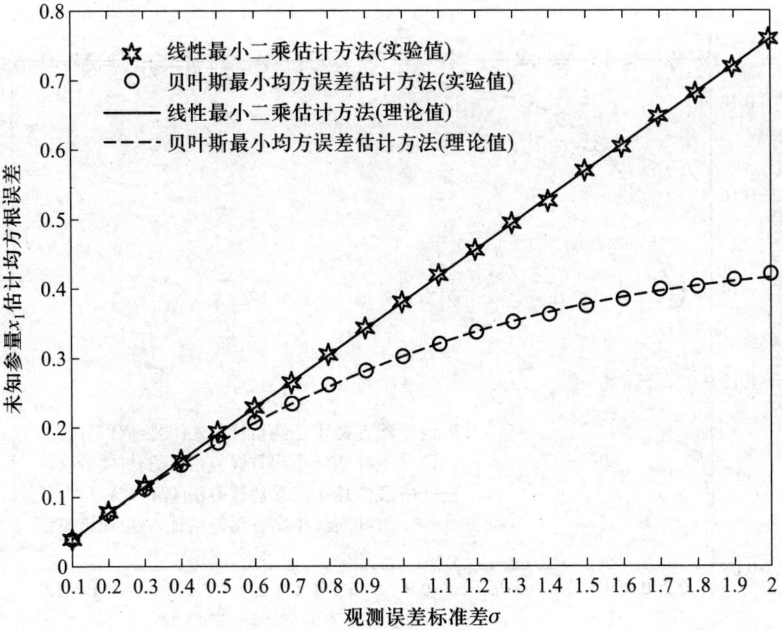

图 13.1　未知参量 x_1 估计均方根误差随观测误差标准差 σ 的变化曲线

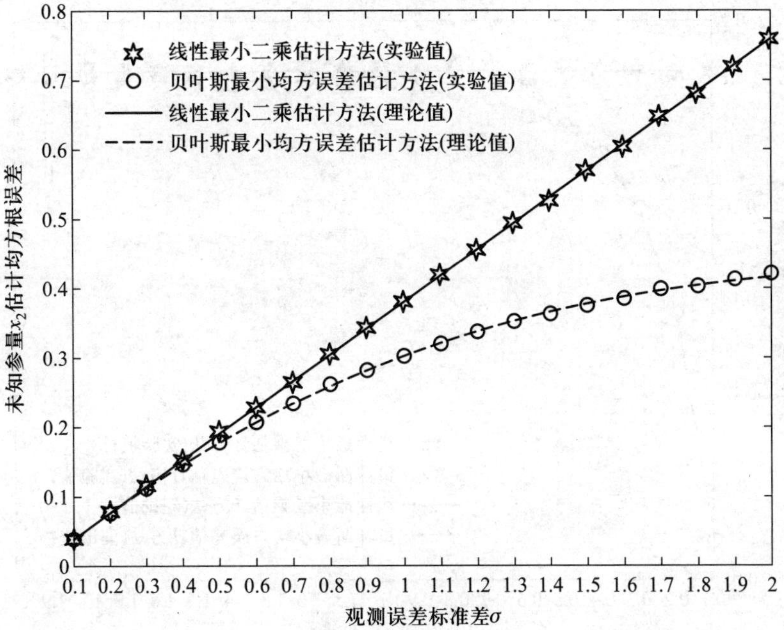

图 13.2　未知参量 x_2 估计均方根误差随观测误差标准差 σ 的变化曲线

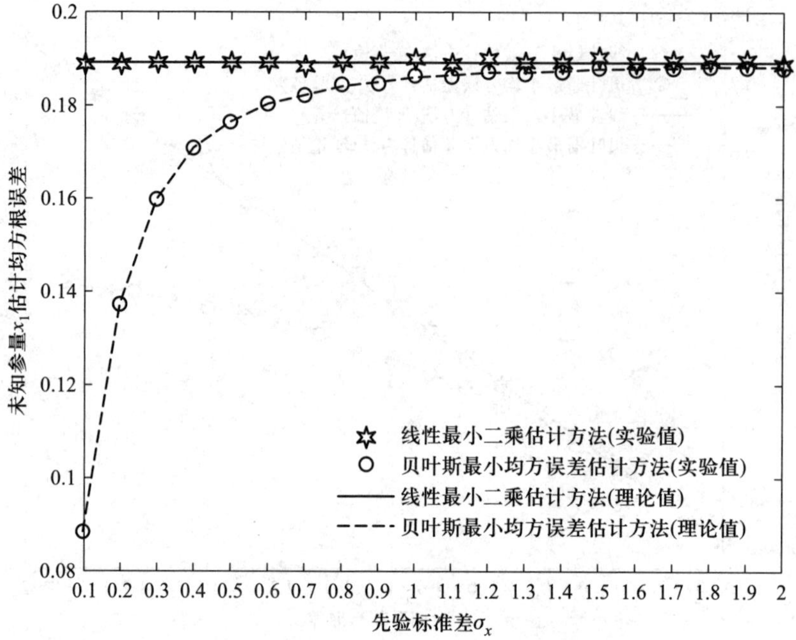

图 13.3　未知参量 x_1 估计均方根误差随先验标准差 σ_x 的变化曲线

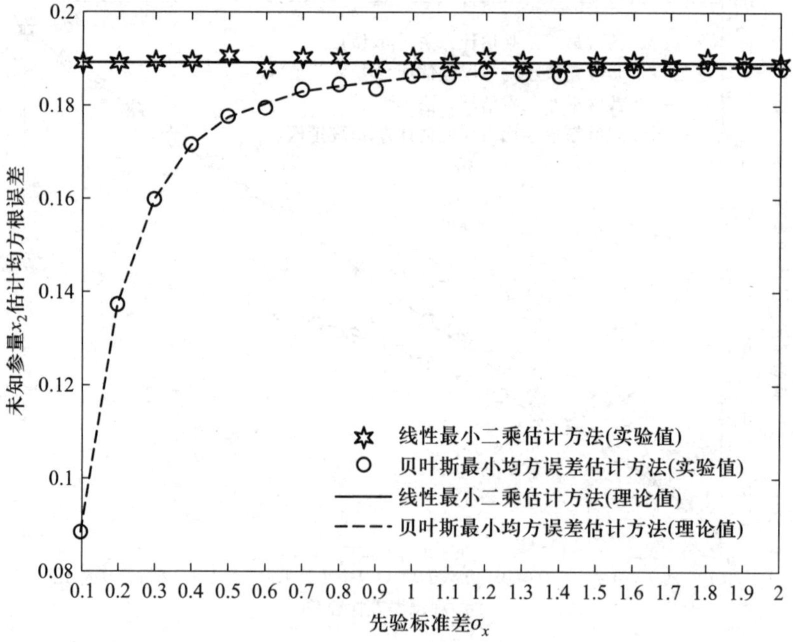

图 13.4　未知参量 x_2 估计均方根误差随先验标准差 σ_x 的变化曲线

方法对 x_2 的估计均方根误差随先验标准差 σ_x 的变化曲线; 最后, 将观测模型式 (13.40) 中的 f_0 设为 $f_0 = 5/p$, 并且令先验标准差为 $\sigma_x = 0.5$, 观测误差标准差为 $\sigma = 0.5$, 图 13.5 给出了两种方法对 x_1 的估计均方根误差随观测量个数 p 的变化曲线, 图 13.6 给出了两种方法对 x_2 的估计均方根误差随观测量个数 p 的变化曲线。

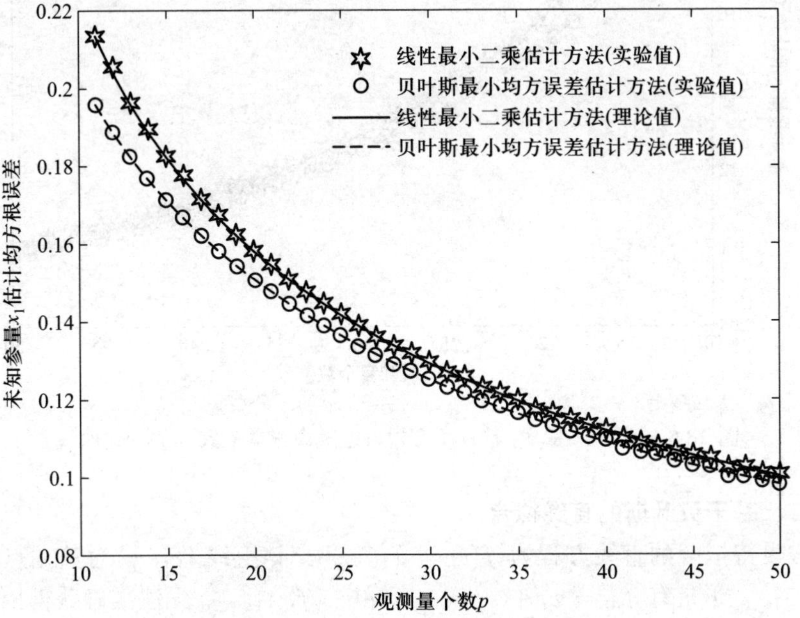

图 13.5　未知参量 x_1 估计均方根误差随观测量个数 p 的变化曲线

从图 13.1 和图 13.2 可以看出, 当先验标准差 σ_x 固定不变时, 随着观测误差标准差 σ 的增加, 观测向量 $\boldsymbol{z}$ 的不确定性会逐渐变大, 相比而言先验知识的作用就会慢慢显现, 于是贝叶斯最小均方误差估计方法的优势会越来越明显。从图 13.3 和图 13.4 可以看出, 当观测误差标准差 σ 固定不变时, 随着先验标准差 σ_x 的增加, 先验知识的作用会逐渐变小, 于是贝叶斯最小均方误差估计方法的优势会越来越小。从图 13.5 和图 13.6 可以看出, 随着观测量个数 p 的增加, 观测向量 $\boldsymbol{z}$ 的不确定性会逐渐变小, 相比而言先验知识的作用就会慢慢变弱, 于是贝叶斯最小均方误差估计方法的优势会越来越小。此外, 从图 13.1 至图 13.6 还可以看出, 两种方法估计均方根误差的实验值与理论值都各自相吻合, 从而验证了理论分析的正确性。

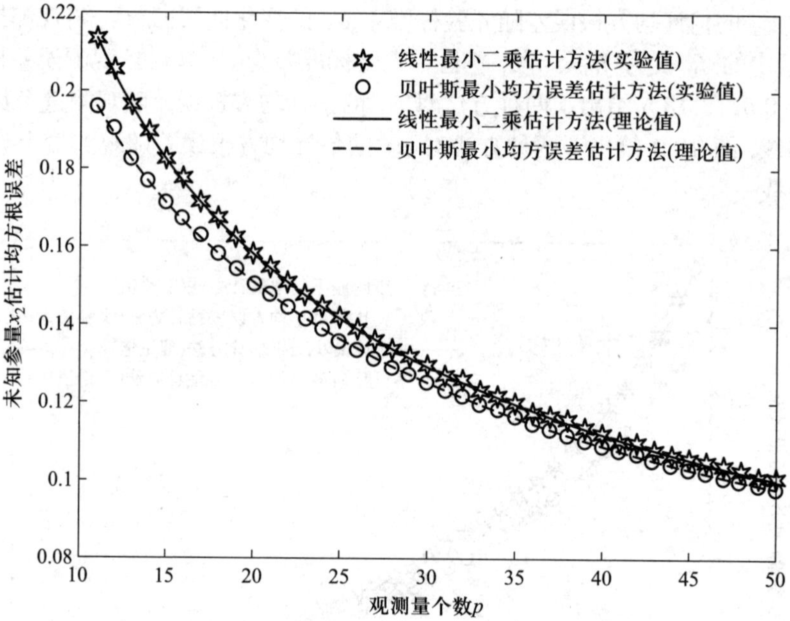

图 13.6　未知参量 x_2 估计均方根误差随观测量个数 p 的变化曲线

二、基于贝叶斯的直线拟合

假设待拟合的直线方程为 $f(t) = x_1 + x_2 t$, 该直线上有 p 对数据点 $\{(t_{j0}, f_{j0})\}_{1\leqslant j\leqslant p}$, 于是有 $f_{j0} = x_1 + x_2 t_{j0}$。实际中 $\{f_{j0}\}_{1\leqslant j\leqslant p}$ 无法准确获得, 仅能得到含有误差的观测数据 $\{f_j\}_{1\leqslant j\leqslant p}$, 相应的观测模型可以表示为

$$\boldsymbol{z} = \begin{bmatrix} f_1 \\ f_2 \\ \vdots \\ f_p \end{bmatrix} = \begin{bmatrix} 1 & t_{10} \\ 1 & t_{20} \\ \vdots & \vdots \\ 1 & t_{p0} \end{bmatrix} \begin{bmatrix} x_1 \\ x_2 \end{bmatrix} + \begin{bmatrix} e_1 \\ e_2 \\ \vdots \\ e_p \end{bmatrix} = \boldsymbol{A}\boldsymbol{x} + \boldsymbol{e} \tag{13.50}$$

式中

$$\boldsymbol{A} = \begin{bmatrix} 1 & t_{10} \\ 1 & t_{20} \\ \vdots & \vdots \\ 1 & t_{p0} \end{bmatrix}, \quad \boldsymbol{e} = \begin{bmatrix} e_1 \\ e_2 \\ \vdots \\ e_p \end{bmatrix}, \quad \boldsymbol{x} = \begin{bmatrix} x_1 \\ x_2 \end{bmatrix} \tag{13.51}$$

假设观测误差向量 $\boldsymbol{e}$ 服从均值为零、协方差矩阵为 $\boldsymbol{E} = \sigma^2 \boldsymbol{I}_p$ 的高斯分布;

随机型未知参量 $\boldsymbol{x}$ 服从均值为 $\boldsymbol{\mu_x} = \begin{bmatrix} \mu_{x_1} \\ \mu_{x_2} \end{bmatrix}$、协方差矩阵为 $\boldsymbol{C_{xx}} = \begin{bmatrix} \sigma_{x_1}^2 & 0 \\ 0 & \sigma_{x_2}^2 \end{bmatrix}$ 的高斯分布, 并且与观测误差 $\boldsymbol{e}$ 统计独立。

根据式 (13.31) 可知, 未知参量 $\boldsymbol{x}$ 的贝叶斯最小均方误差估计值

$$\begin{aligned}
\hat{\boldsymbol{x}}_{\text{MMSE}} &= \mathrm{E}[\boldsymbol{x}|\boldsymbol{z}] = \boldsymbol{\mu_x} + (\boldsymbol{C}_{\boldsymbol{xx}}^{-1} + \boldsymbol{A}^{\mathrm{T}}\boldsymbol{E}^{-1}\boldsymbol{A})^{-1}\boldsymbol{A}^{\mathrm{T}}\boldsymbol{E}^{-1}(\boldsymbol{z} - \boldsymbol{A}\boldsymbol{\mu_x}) \\
&= \begin{bmatrix} \mu_{x_1} \\ \mu_{x_2} \end{bmatrix} + \frac{1}{\sigma^2}\left(\begin{bmatrix} \dfrac{1}{\sigma_{x_1}^2} & 0 \\ 0 & \dfrac{1}{\sigma_{x_2}^2} \end{bmatrix} + \frac{1}{\sigma^2}\begin{bmatrix} p & p\bar{t}_1 \\ p\bar{t}_1 & p\bar{t}_2 \end{bmatrix}\right)^{-1} \\
&\quad \times \left(\begin{bmatrix} p\bar{z} \\ p\bar{t}_3 \end{bmatrix} - \begin{bmatrix} p\mu_{x_1} + p\mu_{x_2}\bar{t}_1 \\ p\mu_{x_1}\bar{t}_1 + p\mu_{x_2}\bar{t}_2 \end{bmatrix}\right) \\
&= \begin{bmatrix} \mu_{x_1} \\ \mu_{x_2} \end{bmatrix} + \begin{bmatrix} 1 + \dfrac{\sigma^2}{p\sigma_{x_1}^2} & \bar{t}_1 \\ \bar{t}_1 & \bar{t}_2 + \dfrac{\sigma^2}{p\sigma_{x_2}^2} \end{bmatrix}^{-1} \begin{bmatrix} \bar{z} - \mu_{x_1} - \mu_{x_2}\bar{t}_1 \\ \bar{t}_3 - \mu_{x_1}\bar{t}_1 - \mu_{x_2}\bar{t}_2 \end{bmatrix} \\
&= \begin{bmatrix} \mu_{x_1} \\ \mu_{x_2} \end{bmatrix} + \frac{p^2\sigma_{x_1}^2\sigma_{x_2}^2}{(p\sigma_{x_1}^2 + \sigma^2)(p\sigma_{x_2}^2\bar{t}_2 + \sigma^2) - p^2\sigma_{x_1}^2\sigma_{x_2}^2 t_1^{-2}} \\
&\quad \times \begin{bmatrix} \dfrac{\sigma^2}{p\sigma_{x_2}^2}(\bar{z} - \mu_{x_1} - \mu_{x_2}\bar{t}_1) + (\mu_{x_1}\bar{t}_1 - \bar{t}_3)\bar{t}_1 + (\bar{z} - \mu_{x_1})\bar{t}_2 \\ \dfrac{\sigma^2}{p\sigma_{x_1}^2}(\bar{t}_3 - \mu_{x_1}\bar{t}_1 - \mu_{x_2}\bar{t}_2) + (\mu_{x_2}\bar{t}_1 - \bar{z})\bar{t}_1 - \mu_{x_2}\bar{t}_2 + \bar{t}_3 \end{bmatrix}
\end{aligned} \tag{13.52}$$

式中 $\bar{t}_1 = \dfrac{1}{p}\sum\limits_{j=1}^{p} t_{j0}$, $\bar{t}_2 = \dfrac{1}{p}\sum\limits_{j=1}^{p} t_{j0}^2$, $\bar{t}_3 = \dfrac{1}{p}\sum\limits_{j=1}^{p} t_{j0}z_j$ 和 $\bar{z} = \dfrac{1}{p}\sum\limits_{j=1}^{p} z_j$。

利用式 (13.33) 可知, 估计值 $\hat{\boldsymbol{x}}_{\text{MMSE}}$ 的均方误差矩阵

$$\begin{aligned}
\mathbf{MSE}(\hat{\boldsymbol{x}}_{\text{MMSE}}) &= (\boldsymbol{C}_{\boldsymbol{xx}}^{-1} + \boldsymbol{A}^{\mathrm{T}}\boldsymbol{E}^{-1}\boldsymbol{A})^{-1} = \left(\begin{bmatrix} \dfrac{1}{\sigma_{x_1}^2} & 0 \\ 0 & \dfrac{1}{\sigma_{x_2}^2} \end{bmatrix} + \frac{1}{\sigma^2}\begin{bmatrix} p & p\bar{t}_1 \\ p\bar{t}_1 & p\bar{t}_2 \end{bmatrix}\right)^{-1} \\
&= \sigma^2\begin{bmatrix} p + \dfrac{\sigma^2}{\sigma_{x_1}^2} & p\bar{t}_1 \\ p\bar{t}_1 & p\bar{t}_2 + \dfrac{\sigma^2}{\sigma_{x_2}^2} \end{bmatrix}^{-1} = \frac{\sigma^2}{p}\begin{bmatrix} 1 + \dfrac{\sigma^2}{p\sigma_{x_1}^2} & \bar{t}_1 \\ \bar{t}_1 & \bar{t}_2 + \dfrac{\sigma^2}{p\sigma_{x_2}^2} \end{bmatrix}^{-1}
\end{aligned}$$

$$= \frac{p\sigma^2\sigma_{x_1}^2\sigma_{x_2}^2}{(p\sigma_{x_1}^2+\sigma^2)(p\sigma_{x_2}^2\bar{t}_2+\sigma^2)-p^2\sigma_{x_1}^2\sigma_{x_2}^2\bar{t}_1^2}\begin{bmatrix} \bar{t}_2+\dfrac{\sigma^2}{p\sigma_{x_2}^2} & -\bar{t}_1 \\ -\bar{t}_1 & 1+\dfrac{\sigma^2}{p\sigma_{x_1}^2} \end{bmatrix} \tag{13.53}$$

根据式 (13.34) 可知, 线性最小二乘估计值 $\hat{\boldsymbol{x}}_{\text{LLS}}$ 的均方误差矩阵

$$\textbf{MSE}(\hat{\boldsymbol{x}}_{\text{LLS}}) = (\boldsymbol{A}^{\text{T}}\boldsymbol{E}^{-1}\boldsymbol{A})^{-1} = \sigma^2\begin{bmatrix} p & p\bar{t}_1 \\ p\bar{t}_1 & p\bar{t}_2 \end{bmatrix}^{-1} = \frac{\sigma^2}{p(\bar{t}_2-\bar{t}_1^2)}\begin{bmatrix} \bar{t}_2 & -\bar{t}_1 \\ -\bar{t}_1 & 1 \end{bmatrix} \tag{13.54}$$

类似地可以证明 $\textbf{MSE}(\hat{\boldsymbol{x}}_{\text{MMSE}}) \leqslant \textbf{MSE}(\hat{\boldsymbol{x}}_{\text{LLS}})$, 并且结合式 (13.53) 和式 (13.54) 可得

$$\begin{aligned}
\lim_{\substack{\sigma_{x_1}^2\to+\infty \\ \sigma_{x_2}^2\to+\infty}} \textbf{MSE}(\hat{\boldsymbol{x}}_{\text{MMSE}}) &= \lim_{\substack{\sigma_{x_1}^2\to+\infty \\ \sigma_{x_2}^2\to+\infty}} \frac{p\sigma^2\sigma_{x_1}^2\sigma_{x_2}^2}{(p\sigma_{x_1}^2+\sigma^2)(p\sigma_{x_2}^2\bar{t}_2+\sigma^2)-p^2\sigma_{x_1}^2\sigma_{x_2}^2\bar{t}_1^2} \\
&\quad \times \begin{bmatrix} \bar{t}_2+\dfrac{\sigma^2}{p\sigma_{x_2}^2} & -\bar{t}_1 \\ -\bar{t}_1 & 1+\dfrac{\sigma^2}{p\sigma_{x_1}^2} \end{bmatrix} \\
&= \frac{\sigma^2}{p(\bar{t}_2-\bar{t}_1^2)}\begin{bmatrix} \bar{t}_2 & -\bar{t}_1 \\ -\bar{t}_1 & 1 \end{bmatrix} = \textbf{MSE}(\hat{\boldsymbol{x}}_{\text{LLS}})
\end{aligned} \tag{13.55}$$

通过数值实验可以对线性最小二乘估计方法与贝叶斯最小均方误差估计方法的估计精度进行比较。将观测模型式 (13.50) 中的 t_{j0} 设为 $t_{j0}=j-1$。首先, 令 $p=14$, 先验均值为 $\mu_{x_1}=1$ 和 $\mu_{x_2}=2$, 先验标准差为 $\sigma_{x_1}=0.5$ 和 $\sigma_{x_2}=1$, 如图 13.7 所示是两种方法对 x_1 的估计均方根误差随观测误差标准差 σ 的变化曲线, 图 13.8 为两种方法对 x_2 的估计均方根误差随观测误差标准差 σ 的变化曲线; 然后, 令 $p=14$, 观测误差标准差为 $\sigma=0.5$, 先验均值为 $\mu_{x_1}=1$ 和 $\mu_{x_2}=2$, 先验标准差满足 $\sigma_{x_2}=2\sigma_{x_1}$, 图 13.9 给出了两种方法对 x_1 的估计均方根误差随先验标准差 σ_{x_1} 的变化曲线, 图 13.10 给出了两种方法对 x_2 的估计均方根误差随先验标准差 σ_{x_1} 的变化曲线; 最后, 令观测误差标准差为 $\sigma=0.5$, 先验均值为 $\mu_{x_1}=1$ 和 $\mu_{x_2}=2$, 先验标准差为 $\sigma_{x_1}=0.5$ 和 $\sigma_{x_2}=1$, 图 13.11 给出了两种方法对 x_1 的估计均方根误差随观测量个数 p 的变化曲线, 图 13.12 给出了两种方法对 x_2 的估计均方根误差随观测量个数 p 的变化曲线。

从图 13.7 至图 13.12 中可以得到类似图 13.1 至图 13.6 中的结论, 限于篇幅这里不再阐述。

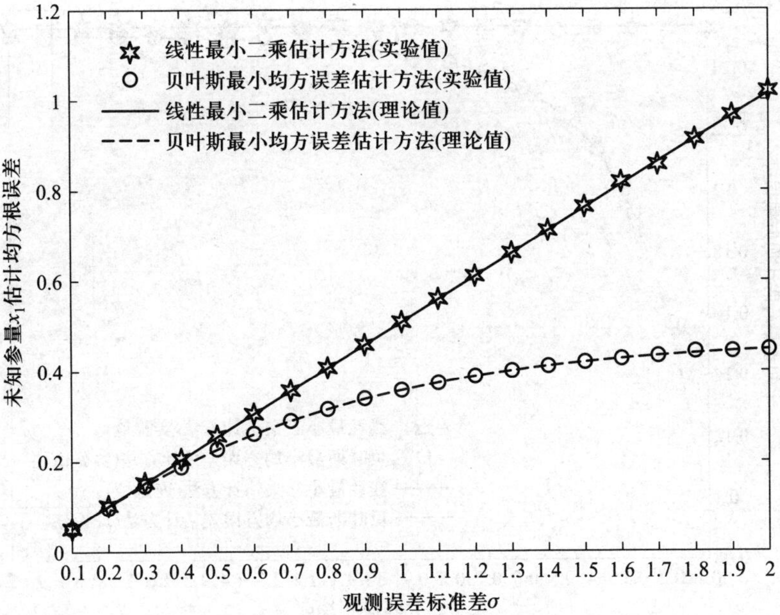

图 13.7　未知参量 x_1 估计均方根误差随观测误差标准差 σ 的变化曲线

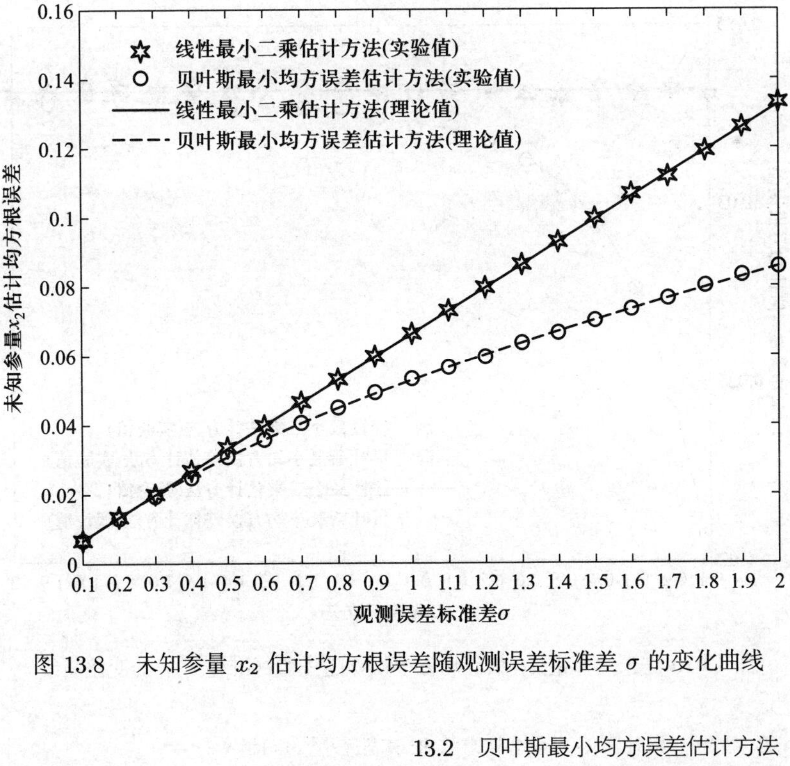

图 13.8　未知参量 x_2 估计均方根误差随观测误差标准差 σ 的变化曲线

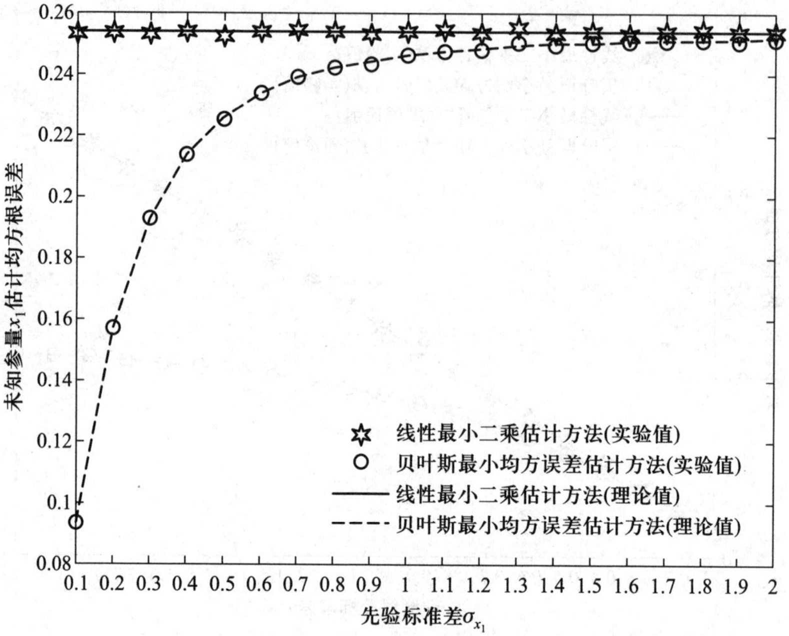

图 13.9　未知参量 x_1 估计均方根误差随先验标准差 σ_{x_1} 的变化曲线

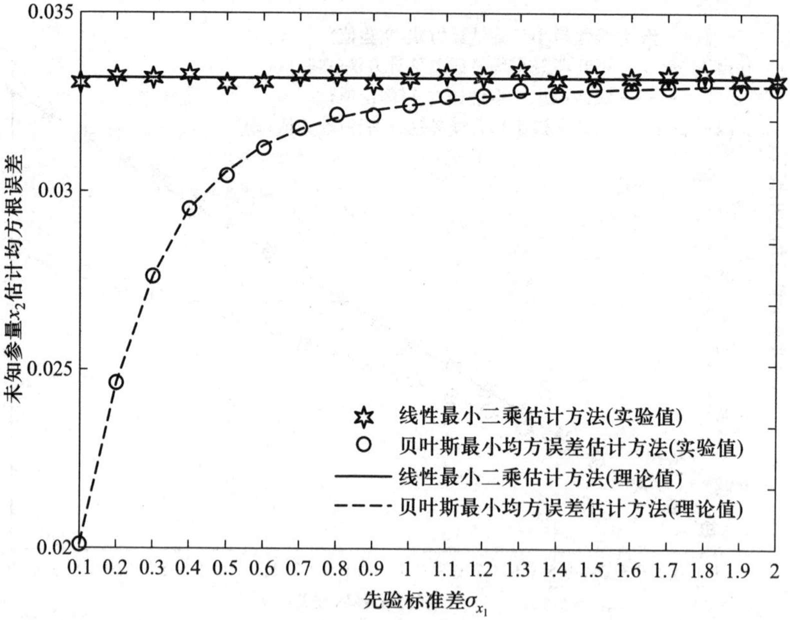

图 13.10　未知参量 x_2 估计均方根误差随先验标准差 σ_{x_1} 的变化曲线

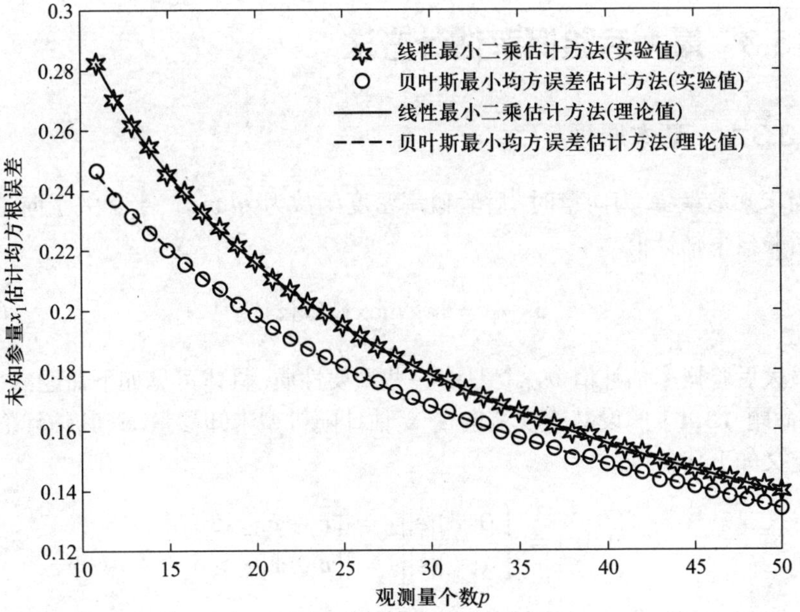

图 13.11　未知参量 x_1 估计均方根误差随观测量个数 p 的变化曲线

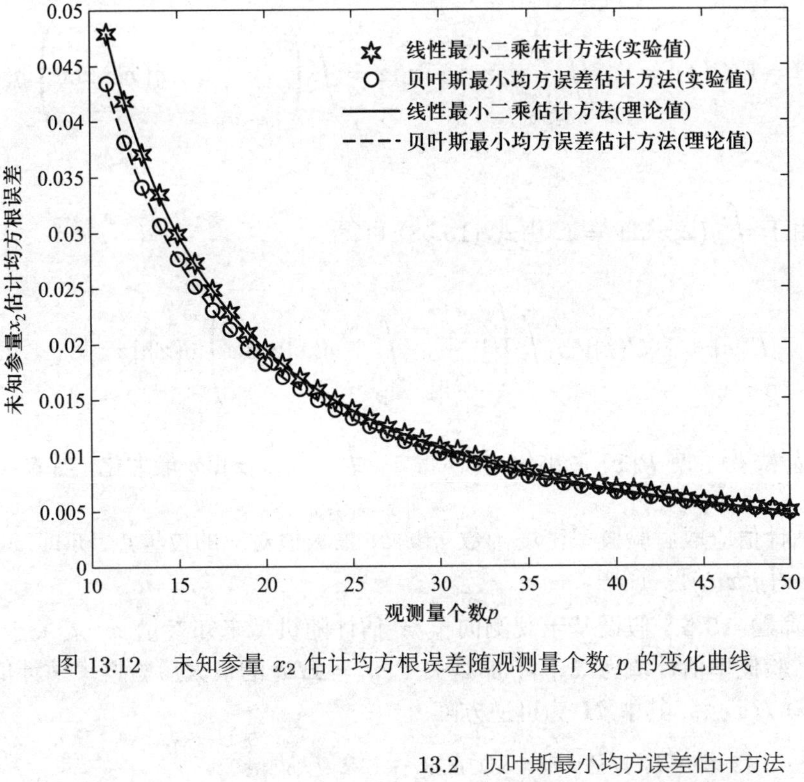

图 13.12　未知参量 x_2 估计均方根误差随观测量个数 p 的变化曲线

13.3 最大后验概率估计方法

13.3.1 基本原理

当未知参量 $\boldsymbol{x}$ 为向量时, 后验概率密度函数为 $g(\boldsymbol{x}|\boldsymbol{z})$, 于是关于向量 $\boldsymbol{x}$ 的最大后验概率估计值

$$\hat{\boldsymbol{x}}_{\text{MAP}} = \arg\max_{\boldsymbol{x}}\{g(\boldsymbol{x}|\boldsymbol{z})\} \tag{13.56}$$

最大后验概率估计值 $\hat{\boldsymbol{x}}_{\text{MAP}}$ 具有一些重要性质, 具体可见如下命题。

【**命题 13.4**】假设基于观测向量 $\boldsymbol{z}$ 估计随机型未知参量 $\boldsymbol{x}$, 其估计值为 $\hat{\boldsymbol{x}}$。不妨定义如下代价函数

$$C(\boldsymbol{\varepsilon}) = \begin{cases} 0; & ||\boldsymbol{\varepsilon}||_2 = ||\boldsymbol{x} - \hat{\boldsymbol{x}}||_2 < \delta \\ 1; & ||\boldsymbol{\varepsilon}||_2 = ||\boldsymbol{x} - \hat{\boldsymbol{x}}||_2 > \delta \end{cases} \tag{13.57}$$

当 $\delta \to 0$ 时, 估计值 $\hat{\boldsymbol{x}}_{\text{MAP}}$ 可使得贝叶斯风险 $R(\hat{\boldsymbol{x}}) = \mathrm{E}[C(\boldsymbol{\varepsilon})]$ 取最小值。

【**证明**】首先将贝叶斯风险 $R(\hat{\boldsymbol{x}}) = \mathrm{E}[C(\boldsymbol{\varepsilon})]$ 表示为

$$R(\hat{\boldsymbol{x}}) = \mathrm{E}[C(\boldsymbol{\varepsilon})] = \iint\limits_{||\boldsymbol{x}-\hat{\boldsymbol{x}}||_2>\delta} g(\boldsymbol{z},\boldsymbol{x})\mathrm{d}\boldsymbol{x}\mathrm{d}\boldsymbol{z} = \int\left(\int\limits_{||\boldsymbol{x}-\hat{\boldsymbol{x}}||_2>\delta} g(\boldsymbol{x}|\boldsymbol{z})\mathrm{d}\boldsymbol{x}\right)g(\boldsymbol{z})\mathrm{d}\boldsymbol{z} \tag{13.58}$$

由于 $\displaystyle\int g(\boldsymbol{x}|\boldsymbol{z})\mathrm{d}\boldsymbol{x} = 1$, 由式 (13.58) 可得

$$R(\hat{\boldsymbol{x}}) = \mathrm{E}[C(\boldsymbol{\varepsilon})] = \int\left(1 - \int\limits_{||\boldsymbol{x}-\hat{\boldsymbol{x}}||_2\leqslant\delta} g(\boldsymbol{x}|\boldsymbol{z})\mathrm{d}\boldsymbol{x}\right)g(\boldsymbol{z})\mathrm{d}\boldsymbol{z} \tag{13.59}$$

显然, 为了使 $R(\hat{\boldsymbol{x}})$ 最小化, 应使得 $\displaystyle\int\limits_{||\boldsymbol{x}-\hat{\boldsymbol{x}}||_2\leqslant\delta} g(\boldsymbol{x}|\boldsymbol{z})\mathrm{d}\boldsymbol{x}$ 最大化。当 $\delta \to 0$ 时, 最优估计值应取后验概率密度函数 $g(\boldsymbol{x}|\boldsymbol{z})$ 最大值对应的位置点, 亦即 $\hat{\boldsymbol{x}}_{\text{MAP}} = \arg\max\limits_{\boldsymbol{x}}\{g(\boldsymbol{x}|\boldsymbol{z})\}$。证毕。

【**命题 13.5**】假设基于观测向量 $\boldsymbol{z}$ 估计随机型未知参量 $\boldsymbol{x}$, 若关于 $\boldsymbol{x}$ 的最大后验概率估计值为 $\hat{\boldsymbol{x}}_{\text{MAP}}$, 那么关于 $\boldsymbol{y} = \boldsymbol{H}\boldsymbol{x}$ 的最大后验概率估计值应为 $\hat{\boldsymbol{y}}_{\text{MAP}} = \boldsymbol{H}\hat{\boldsymbol{x}}_{\text{MAP}}$, 其中 $\boldsymbol{H}$ 为可逆方阵。

【证明】若关于未知参量 $\boldsymbol{x}$ 的后验概率密度函数为 $g_{\boldsymbol{x}}(\boldsymbol{x}|\boldsymbol{z})$, 则关于 $\boldsymbol{y}=\boldsymbol{H}\boldsymbol{x}$ 的后验概率密度函数应为

$$g_{\boldsymbol{y}}(\boldsymbol{y}|\boldsymbol{z})=\frac{1}{|\det(\boldsymbol{H})|}g_{\boldsymbol{x}}(\boldsymbol{H}^{-1}\boldsymbol{y}|\boldsymbol{z}) \tag{13.60}$$

由于 $\hat{\boldsymbol{x}}_{\mathrm{MAP}}$ 是 $g_{\boldsymbol{x}}(\boldsymbol{x}|\boldsymbol{z})$ 取最大值对应的位置点, 于是 $\hat{\boldsymbol{y}}_{\mathrm{MAP}}=\boldsymbol{H}\hat{\boldsymbol{x}}_{\mathrm{MAP}}$ 就是 $g_{\boldsymbol{y}}(\boldsymbol{y}|\boldsymbol{z})$ 取最大值对应的位置点。证毕。

【命题 13.6】假设基于观测向量 $\boldsymbol{z}$ 估计随机型未知参量 $\boldsymbol{x}$, 并且 $\boldsymbol{x}$ 和 $\boldsymbol{z}$ 服从联合高斯分布, 那么关于 $\boldsymbol{x}$ 的贝叶斯最小均方误差估计值 $\hat{\boldsymbol{x}}_{\mathrm{MMSE}}$ 和最大后验概率估计值 $\hat{\boldsymbol{x}}_{\mathrm{MAP}}$ 是相同的, 即有 $\hat{\boldsymbol{x}}_{\mathrm{MMSE}}=\hat{\boldsymbol{x}}_{\mathrm{MAP}}$。

【证明】根据命题 12.1 可知, 若 $\boldsymbol{x}$ 和 $\boldsymbol{z}$ 服从联合高斯分布, 那么后验概率密度函数 $g(\boldsymbol{x}|\boldsymbol{z})$ 也对应高斯分布, 此时有

$$\hat{\boldsymbol{x}}_{\mathrm{MMSE}}=\mathrm{E}[\boldsymbol{x}|\boldsymbol{z}]=\arg\max_{\boldsymbol{x}}\{g(\boldsymbol{x}|\boldsymbol{z})\}=\hat{\boldsymbol{x}}_{\mathrm{MAP}} \tag{13.61}$$

证毕。

13.3.2 一个最大后验概率估计的例子

考虑如下线性观测模型

$$z_j=a+e_j \quad (1\leqslant j\leqslant p) \tag{13.62}$$

其中:

a 为未知参量, 它是随机型参数, 服从均值为 μ_a、方差为 $\sigma_a^2=\beta\sigma^2$ 的高斯分布;

$\{e_j\}_{1\leqslant j\leqslant p}$ 表示观测误差, 不同误差之间相互独立, 并且服从均值为零、方差为 σ^2 的高斯分布;

方差 σ^2 是未知的, 并且其先验概率密度函数 $g(\sigma^2)=\dfrac{\lambda\exp\{-\lambda/\sigma^2\}}{\sigma^4}$。

显然, 观测模型式 (13.62) 中包含两个随机型未知参数, 因此未知参量应为 $\boldsymbol{x}=[a\ \sigma^2]^{\mathrm{T}}$, 下面将推导未知参量 $\boldsymbol{x}$ 的最大后验概率估计值 $\hat{\boldsymbol{x}}_{\mathrm{MAP}}$。若定义函数 $h(\boldsymbol{x})=g(\boldsymbol{z}|\boldsymbol{x})g(\boldsymbol{x})$, 则由式 (13.2) 可知, 估计值 $\hat{\boldsymbol{x}}_{\mathrm{MAP}}$ 应使得函数 $h(\boldsymbol{x})$ 取最大值。①

首先, 条件概率密度函数 $g(\boldsymbol{z}|\boldsymbol{x})$ 的表达式为

$$g(\boldsymbol{z}|\boldsymbol{x})=\frac{1}{(2\pi\sigma^2)^{p/2}}\exp\left\{-\frac{1}{2\sigma^2}\sum_{j=1}^{p}(x_j-a)^2\right\} \tag{13.63}$$

① 因为式 (13.2) 中的分母 $g(\boldsymbol{z})$ 与 $\boldsymbol{x}$ 无关。

先验概率密度函数 $g(\boldsymbol{x})$ 的表达式为

$$\begin{aligned} g(\boldsymbol{x}) &= g(a|\sigma^2)g(\sigma^2) \\ &= \frac{1}{\sqrt{2\pi\beta\sigma^2}}\exp\left\{-\frac{1}{2\beta\sigma^2}(a-\mu_a)^2\right\}\frac{\lambda\exp\{-\lambda/\sigma^2\}}{\sigma^4} \end{aligned} \tag{13.64}$$

结合式 (13.63) 和式 (13.64) 可得

$$\begin{aligned} h(\boldsymbol{x}) &= g(\boldsymbol{z}|\boldsymbol{x})g(\boldsymbol{x}) = g(\boldsymbol{z}|\boldsymbol{x})g(a|\sigma^2)g(\sigma^2) \\ &= \frac{\lambda}{(2\pi\sigma^2)^{p/2}\sqrt{2\pi\beta\sigma^2}\sigma^4}\exp\left\{-\frac{1}{2\sigma^2}\sum_{j=1}^{p}(x_j-a)^2-\frac{1}{2\beta\sigma^2}(a-\mu_a)^2-\frac{\lambda}{\sigma^2}\right\} \end{aligned} \tag{13.65}$$

令 $h_{\mathrm{e}}(\boldsymbol{x}) = \ln(h(\boldsymbol{x}))$, 由于对数函数是单调递增函数, 因此仅需要考虑使 $h_{\mathrm{e}}(\boldsymbol{x})$ 最大化即可。

根据式 (13.65) 可知

$$\begin{aligned} h_{\mathrm{e}}(\boldsymbol{x}) &= \ln(h(\boldsymbol{x})) \\ &= c-\frac{p+5}{2}\ln(\sigma^2)-\frac{1}{2\sigma^2}\sum_{j=1}^{p}(x_j-a)^2-\frac{1}{2\beta\sigma^2}(a-\mu_a)^2-\frac{\lambda}{\sigma^2} \end{aligned} \tag{13.66}$$

将未知参量 a 和 σ^2 的最大后验概率估计值分别记为 $\hat{a}_{\mathrm{MAP}}$ 和 $\hat{\sigma}^2_{\mathrm{MAP}}$, 下面将函数 $h_{\mathrm{e}}(\boldsymbol{x})$ 分别对 a 和 σ^2 求偏导, 并令它们等于零, 可得

$$\left.\frac{\partial h_{\mathrm{e}}(\boldsymbol{x})}{\partial a}\right|_{\substack{a=\hat{a}_{\mathrm{MAP}}\\ \sigma^2=\hat{\sigma}^2_{\mathrm{MAP}}}} = -\frac{1}{\hat{\sigma}^2_{\mathrm{MAP}}}\sum_{j=1}^{p}(\hat{a}_{\mathrm{MAP}}-x_j)-\frac{1}{\beta\hat{\sigma}^2_{\mathrm{MAP}}}(\hat{a}_{\mathrm{MAP}}-\mu_a)=0 \tag{13.67}$$

$$\begin{aligned} \left.\frac{\partial h_{\mathrm{e}}(\boldsymbol{x})}{\partial \sigma^2}\right|_{\substack{a=\hat{a}_{\mathrm{MAP}}\\ \sigma^2=\hat{\sigma}^2_{\mathrm{MAP}}}} &= -\frac{p+5}{2\hat{\sigma}^2_{\mathrm{MAP}}} \\ &\quad +\frac{1}{\hat{\sigma}^4_{\mathrm{MAP}}}\left(\frac{1}{2}\sum_{j=1}^{p}(x_j-\hat{a}_{\mathrm{MAP}})^2+\frac{1}{2\beta}(\hat{a}_{\mathrm{MAP}}-\mu_a)^2+\lambda\right)=0 \end{aligned} \tag{13.68}$$

由式 (13.67) 可知

$$\hat{a}_{\mathrm{MAP}} = \frac{\mu_a+\beta p\bar{x}}{1+\beta p} \tag{13.69}$$

由式 (13.68) 可得

$$\begin{aligned}\hat{\sigma}^2_{\text{MAP}} &= \frac{1}{p+5}\sum_{j=1}^{p}(x_j-\hat{a}_{\text{MAP}})^2+\frac{1}{\beta(p+5)}(\hat{a}_{\text{MAP}}-\mu_a)^2+\frac{2\lambda}{p+5}\\ &= \frac{p}{p+5}\left(\frac{1}{p}\sum_{j=1}^{p}x_j^2-\hat{a}^2_{\text{MAP}}\right)+\frac{1}{\beta(p+5)}(\mu_a^2-\hat{a}^2_{\text{MAP}})+\frac{2\lambda}{p+5}\end{aligned} \tag{13.70}$$

式 (13.70) 中的第 2 个等号利用了式 (13.69)。

结合式 (13.69) 和式 (13.70) 可知, 未知参量 $\boldsymbol{x}$ 的最大后验概率估计值

$$\hat{\boldsymbol{x}}_{\text{MAP}} = \begin{bmatrix}\hat{a}_{\text{MAP}}\\ \hat{\sigma}^2_{\text{MAP}}\end{bmatrix} = \begin{bmatrix}\dfrac{\mu_a+\beta p\bar{x}}{1+\beta p}\\ \dfrac{p}{p+5}\left(\dfrac{1}{p}\displaystyle\sum_{j=1}^{p}x_j^2-\hat{a}^2_{\text{MAP}}\right)+\dfrac{1}{\beta(p+5)}(\mu_a^2-\hat{a}^2_{\text{MAP}})+\dfrac{2\lambda}{p+5}\end{bmatrix} \tag{13.71}$$

【注记 13.7】 由式 (13.71) 可知

$$\lim_{p\to+\infty}\hat{a}_{\text{MAP}} = \lim_{p\to+\infty}\frac{\mu_a+\beta p\bar{x}}{1+\beta p}=\bar{x} \tag{13.72}$$

$$\begin{aligned}\lim_{p\to+\infty}\hat{\sigma}^2_{\text{MAP}} &= \lim_{p\to+\infty}\frac{p}{p+5}\left(\frac{1}{p}\sum_{j=1}^{p}x_j^2-\hat{a}^2_{\text{MAP}}\right)+\frac{1}{\beta(p+5)}(\mu_a^2-\hat{a}^2_{\text{MAP}})+\frac{2\lambda}{p+5}\\ &= \lim_{p\to+\infty}\frac{1}{p}\sum_{j=1}^{p}x_j^2-\bar{x}^2=\lim_{p\to+\infty}\frac{1}{p}\sum_{j=1}^{p}(x_j-\bar{x})^2\end{aligned} \tag{13.73}$$

由此可知, 当 $p\to+\infty$, 先验知识的作用会越来越少, 此时的估计值会趋于常规估计值。

第 14 章　贝叶斯估计理论与方法 III：线性最小均方误差估计器

第 13 章讨论的贝叶斯最小均方误差估计值和最大后验概率估计值一般难以通过闭式解获得，因为贝叶斯最小均方误差估计器需要计算多重积分，而最大后验概率估计器则需要多维寻优。尽管在联合高斯分布条件下这些估计值是比较容易求出的，但是在更一般的情况下并不容易获得。为此，本章将阐述一种更为简单的估计器——线性最小均方误差 (Linear Mimimum Mean Square Error, LMMSE) 估计器，它仍然保留了最小均方误差准则，但是限定估计值是观测量的线性函数，因此仅基于概率密度函数的前两阶矩就可以获得其闭式解。需要指出的是，该类估计器也称维纳滤波器 [13]，具有较广泛的应用。

14.1　线性最小均方误差估计器的基本原理

本节将给出线性最小均方误差估计器的基本原理，首先讨论未知参量为标量时的线性最小均方误差估计器，然后讨论未知参量为向量时的线性最小均方误差估计器。

14.1.1　未知参量为标量

假设观测向量为 $\boldsymbol{z} \in \mathbf{R}^{p\times 1}$，随机型未知参量为 $x \in \mathbf{R}$，x 是个标量。未知参量 x 的线性最小均方误差估计值 (记为 $\hat{x}_{\mathrm{LMMSE}}$) 是关于观测向量 $\boldsymbol{z}$ 的线性函数，并且具有最小的均方误差。

由于是关于观测向量 $\boldsymbol{z}$ 的线性函数，于是可以将 $\hat{x}_{\mathrm{LMMSE}}$ 表示为

$$\hat{x}_{\mathrm{LMMSE}} = \boldsymbol{a}^{\mathrm{T}}\boldsymbol{z} + b \tag{14.1}$$

式中 $\boldsymbol{a} \in \mathbf{R}^{p\times 1}$ 和 $b \in \mathbf{R}$ 是待优化的参数，其目标是使估计值 $\hat{x}_{\mathrm{LMMSE}}$ 的均方误差最小。估计值 $\hat{x}_{\mathrm{LMMSE}}$ 的均方误差可以表示为

$$\mathrm{MSE}(\hat{x}_{\mathrm{LMMSE}}) = \mathrm{E}[(x - \hat{x}_{\mathrm{LMMSE}})^2] = \mathrm{E}[(x - \boldsymbol{a}^{\mathrm{T}}\boldsymbol{z} - b)^2] \tag{14.2}$$

首先将 $\mathrm{MSE}(\hat{x}_{\mathrm{LMMSE}})$ 对标量 b 求偏导, 并令其等于零, 可得

$$\frac{\partial \mathrm{MSE}(\hat{x}_{\mathrm{LMMSE}})}{\partial b}=\frac{\partial \mathrm{E}[(x-\boldsymbol{a}^{\mathrm{T}}\boldsymbol{z}-b)^2]}{\partial b}=2\mathrm{E}[b+\boldsymbol{a}^{\mathrm{T}}\boldsymbol{z}-x]=0 \tag{14.3}$$

由此可知

$$b=\mathrm{E}[x]-\boldsymbol{a}^{\mathrm{T}}\mathrm{E}[\boldsymbol{z}] \tag{14.4}$$

将式 (14.4) 代入式 (14.2), 可得

$$\begin{aligned}\mathrm{MSE}(\hat{x}_{\mathrm{LMMSE}})&=\mathrm{E}[(x-\boldsymbol{a}^{\mathrm{T}}\boldsymbol{z}-\mathrm{E}[x]+\boldsymbol{a}^{\mathrm{T}}\mathrm{E}[\boldsymbol{z}])^2]\\&=\mathrm{E}[(x-\mathrm{E}[x]-\boldsymbol{a}^{\mathrm{T}}(\boldsymbol{z}-\mathrm{E}[\boldsymbol{z}]))^2]\\&=\mathrm{E}[\boldsymbol{a}^{\mathrm{T}}(\boldsymbol{z}-\mathrm{E}[\boldsymbol{z}])(\boldsymbol{z}-\mathrm{E}[\boldsymbol{z}])^{\mathrm{T}}\boldsymbol{a}]-\mathrm{E}[\boldsymbol{a}^{\mathrm{T}}(\boldsymbol{z}-\mathrm{E}[\boldsymbol{z}])(x-\mathrm{E}[x])]\\&\quad-\mathrm{E}[(x-\mathrm{E}[x])(\boldsymbol{z}-\mathrm{E}[\boldsymbol{z}])^{\mathrm{T}}\boldsymbol{a}]+\mathrm{E}[(x-\mathrm{E}[x])^2]\\&=\boldsymbol{a}^{\mathrm{T}}\boldsymbol{C}_{\boldsymbol{z}\boldsymbol{z}}\boldsymbol{a}-\boldsymbol{a}^{\mathrm{T}}\boldsymbol{C}_{\boldsymbol{z}x}-\boldsymbol{C}_{x\boldsymbol{z}}\boldsymbol{a}+C_{xx}\end{aligned} \tag{14.5}$$

其中: $\boldsymbol{C}_{\boldsymbol{z}\boldsymbol{z}}=\mathrm{E}[(\boldsymbol{z}-\mathrm{E}[\boldsymbol{z}])(\boldsymbol{z}-\mathrm{E}[\boldsymbol{z}])^{\mathrm{T}}]$ 表示 $\boldsymbol{z}$ 的协方差矩阵, $\boldsymbol{C}_{\boldsymbol{z}x}=\mathrm{E}[(\boldsymbol{z}-\mathrm{E}[\boldsymbol{z}])(x-\mathrm{E}[x])]$ 表示 $\boldsymbol{z}$ 和 x 的互协方差 (列) 向量, $\boldsymbol{C}_{x\boldsymbol{z}}=\boldsymbol{C}_{\boldsymbol{z}x}^{\mathrm{T}}$ 为行向量, $C_{xx}=\mathrm{E}[(x-\mathrm{E}[x])^2]$ 表示 x 的方差。将 $\mathrm{MSE}(\hat{x}_{\mathrm{LMMSE}})$ 对向量 $\boldsymbol{a}$ 求偏导, 并令其等于零, 可知

$$\frac{\partial \mathrm{MSE}(\hat{x}_{\mathrm{LMMSE}})}{\partial \boldsymbol{a}}=2\boldsymbol{C}_{\boldsymbol{z}\boldsymbol{z}}\boldsymbol{a}-\boldsymbol{C}_{\boldsymbol{z}x}-\boldsymbol{C}_{x\boldsymbol{z}}^{\mathrm{T}}=2\boldsymbol{C}_{\boldsymbol{z}\boldsymbol{z}}\boldsymbol{a}-2\boldsymbol{C}_{\boldsymbol{z}x}=\boldsymbol{O}_{p\times 1} \tag{14.6}$$

由此可得

$$\boldsymbol{a}=\boldsymbol{C}_{\boldsymbol{z}\boldsymbol{z}}^{-1}\boldsymbol{C}_{\boldsymbol{z}x} \tag{14.7}$$

将式 (14.4) 和式 (14.7) 代入式 (14.1), 可知

$$\hat{x}_{\mathrm{LMMSE}}=\boldsymbol{C}_{x\boldsymbol{z}}\boldsymbol{C}_{\boldsymbol{z}\boldsymbol{z}}^{-1}\boldsymbol{z}+\mathrm{E}[x]-\boldsymbol{C}_{x\boldsymbol{z}}\boldsymbol{C}_{\boldsymbol{z}\boldsymbol{z}}^{-1}\mathrm{E}[\boldsymbol{z}]=\mathrm{E}[x]+\boldsymbol{C}_{x\boldsymbol{z}}\boldsymbol{C}_{\boldsymbol{z}\boldsymbol{z}}^{-1}(\boldsymbol{z}-\mathrm{E}[\boldsymbol{z}]) \tag{14.8}$$

最后将式 (14.7) 代入式 (14.5), 可知估计值 $\hat{x}_{\mathrm{LMMSE}}$ 的均方误差为

$$\begin{aligned}\mathrm{MSE}(\hat{x}_{\mathrm{LMMSE}})&=\boldsymbol{C}_{x\boldsymbol{z}}\boldsymbol{C}_{\boldsymbol{z}\boldsymbol{z}}^{-1}\boldsymbol{C}_{\boldsymbol{z}\boldsymbol{z}}\boldsymbol{C}_{\boldsymbol{z}\boldsymbol{z}}^{-1}\boldsymbol{C}_{\boldsymbol{z}x}-\boldsymbol{C}_{x\boldsymbol{z}}\boldsymbol{C}_{\boldsymbol{z}\boldsymbol{z}}^{-1}\boldsymbol{C}_{\boldsymbol{z}x}-\boldsymbol{C}_{x\boldsymbol{z}}\boldsymbol{C}_{\boldsymbol{z}\boldsymbol{z}}^{-1}\boldsymbol{C}_{\boldsymbol{z}x}+C_{xx}\\&=C_{xx}-\boldsymbol{C}_{x\boldsymbol{z}}\boldsymbol{C}_{\boldsymbol{z}\boldsymbol{z}}^{-1}\boldsymbol{C}_{\boldsymbol{z}x}\end{aligned} \tag{14.9}$$

需要指出的是, 式 (14.9) 给出的均方误差是所有线性估计器所能达到的最小值。

【注记 14.1】根据式 (14.8) 可知 $\mathrm{E}[\hat{x}_{\mathrm{LMMSE}}]=\mathrm{E}[x]+\boldsymbol{C}_{x\boldsymbol{z}}\boldsymbol{C}_{\boldsymbol{z}\boldsymbol{z}}^{-1}(\mathrm{E}[\boldsymbol{z}]-\mathrm{E}[\boldsymbol{z}])=\mathrm{E}[x]$, 这意味着估计误差 $\Delta x_{\mathrm{LMMSE}}=x-\hat{x}_{\mathrm{LMMSE}}$ 的均值为零。

【注记 14.2】如果 x 和 $\boldsymbol{z}$ 是联合高斯分布的, 根据式 (13.19) 可知, 线性最小均方误差估计值 $\hat{x}_{\mathrm{LMMSE}}$ 等于贝叶斯最小均方误差估计值 $\hat{x}_{\mathrm{MMSE}}$。这是因为当 x 和 $\boldsymbol{z}$ 服从联合高斯分布时, 估计值 $\hat{x}_{\mathrm{MMSE}}$ 恰好也是观测向量 $\boldsymbol{z}$ 的线性函数, 因此它必然与 $\hat{x}_{\mathrm{LMMSE}}$ 相等。

【注记 14.3】如果 x 和 $\boldsymbol{z}$ 是联合高斯分布的, 式 (14.9) 与式 (13.21) 也是一致的。

【注记 14.4】如果 x 和 $\boldsymbol{z}$ 并不是联合高斯分布, 那么 $\hat{x}_{\mathrm{LMMSE}}$ 仅仅是关于 x 的次优估计值 (在均方误差最小意义下), 因为在这种情况下估计值 $\hat{x}_{\mathrm{LMMSE}}$ 与 $\hat{x}_{\mathrm{MMSE}}$ 并不相同。尽管如此, 估计值 $\hat{x}_{\mathrm{LMMSE}}$ 仍然非常重要, 因为它具有闭式表达式, 并且计算简便, 在非高斯分布条件下是较好的选择。

为了更好地说明 $\hat{x}_{\mathrm{LMMSE}}$ 仅仅是次优估计值, 需要回到式 (12.1) 给出的观测模型中, 其中 x 和 $\boldsymbol{z}$ 并不是联合高斯分布。首先推导关于 x 的线性最小均方误差估计值 $\hat{x}_{\mathrm{LMMSE}}$ 及其均方误差。由于 $\mathrm{E}[x]=0$ 和 $\mathrm{E}[\boldsymbol{z}]=\boldsymbol{O}_{p\times 1}$, 于是有

$$\begin{aligned}\boldsymbol{C}_{\boldsymbol{z}\boldsymbol{z}}&=\mathrm{E}[(\boldsymbol{z}-\mathrm{E}[\boldsymbol{z}])(\boldsymbol{z}-\mathrm{E}[\boldsymbol{z}])^{\mathrm{T}}]=\mathrm{E}[\boldsymbol{z}\boldsymbol{z}^{\mathrm{T}}]=\mathrm{E}[(\boldsymbol{1}_{p\times 1}x+\boldsymbol{e})(\boldsymbol{1}_{p\times 1}x+\boldsymbol{e})^{\mathrm{T}}]\\&=\mathrm{E}[x^2]\boldsymbol{1}_{p\times 1}\boldsymbol{1}_{p\times 1}^{\mathrm{T}}+\sigma^2\boldsymbol{I}_p=\frac{a^2}{3}\boldsymbol{1}_{p\times 1}\boldsymbol{1}_{p\times 1}^{\mathrm{T}}+\sigma^2\boldsymbol{I}_p\end{aligned}\tag{14.10}$$

$$\begin{aligned}\boldsymbol{C}_{x\boldsymbol{z}}&=\mathrm{E}[(x-\mathrm{E}[x])(\boldsymbol{z}-\mathrm{E}[\boldsymbol{z}])^{\mathrm{T}}]=\mathrm{E}[x\boldsymbol{z}^{\mathrm{T}}]=\mathrm{E}[x(\boldsymbol{1}_{p\times 1}x+\boldsymbol{e})^{\mathrm{T}}]\\&=\mathrm{E}[x^2]\boldsymbol{1}_{p\times 1}^{\mathrm{T}}=\frac{a^2}{3}\boldsymbol{1}_{p\times 1}^{\mathrm{T}}\end{aligned}\tag{14.11}$$

式中 $\mathrm{E}[x^2]=a^2/3$。将式 (14.10) 和式 (14.11) 代入式 (14.8), 可得

$$\begin{aligned}\hat{x}_{\mathrm{LMMSE}}&=\mathrm{E}[x]+\boldsymbol{C}_{x\boldsymbol{z}}\boldsymbol{C}_{\boldsymbol{z}\boldsymbol{z}}^{-1}(\boldsymbol{z}-\mathrm{E}[\boldsymbol{z}])=\frac{a^2}{3}\boldsymbol{1}_{p\times 1}^{\mathrm{T}}\left(\frac{a^2}{3}\boldsymbol{1}_{p\times 1}\boldsymbol{1}_{p\times 1}^{\mathrm{T}}+\sigma^2\boldsymbol{I}_p\right)^{-1}\boldsymbol{z}\\&=\frac{a^2}{3}\boldsymbol{1}_{p\times 1}^{\mathrm{T}}\left(\frac{1}{\sigma^2}\boldsymbol{I}_p-\frac{\frac{1}{\sigma^4}\boldsymbol{1}_{p\times 1}\boldsymbol{1}_{p\times 1}^{\mathrm{T}}}{\frac{3}{a^2}+\frac{1}{\sigma^2}\boldsymbol{1}_{p\times 1}^{\mathrm{T}}\boldsymbol{1}_{p\times 1}}\right)\boldsymbol{z}=\frac{pa^2}{3\sigma^2+pa^2}\bar{z}\end{aligned}\tag{14.12}$$

式中 $\bar{z}=\dfrac{1}{p}\sum_{j=1}^{p}z_j$, 其中第 3 个等号利用了命题 2.2。根据式 (12.13) 可知, 贝叶斯最小均方误差估计值 $\hat{x}_{\mathrm{MMSE}}$ 需要通过积分才能获其数值解, 但是线性最小均方误差估计值 $\hat{x}_{\mathrm{LMMSE}}$ 则存在简单的闭式表达式。将式 (14.10)、式 (14.11) 和

$C_{xx} = \mathrm{E}[x^2] = a^2/3$ 代入式 (14.9), 可得

$$\begin{aligned}
\mathrm{MSE}(\hat{x}_{\mathrm{LMMSE}}) &= C_{xx} - \boldsymbol{C}_{xz}\boldsymbol{C}_{zz}^{-1}\boldsymbol{C}_{zx} \\
&= \frac{a^2}{3} - \frac{a^2}{3}\boldsymbol{1}_{p\times 1}^{\mathrm{T}}\left(\frac{a^2}{3}\boldsymbol{1}_{p\times 1}\boldsymbol{1}_{p\times 1}^{\mathrm{T}} + \sigma^2\boldsymbol{I}_p\right)^{-1}\frac{a^2}{3}\boldsymbol{1}_{p\times 1} \\
&= \frac{a^2}{3} - \frac{a^2}{3}\boldsymbol{1}_{p\times 1}^{\mathrm{T}}\left(\frac{1}{\sigma^2}\boldsymbol{I}_p - \frac{\dfrac{1}{\sigma^4}\boldsymbol{1}_{p\times 1}\boldsymbol{1}_{p\times 1}^{\mathrm{T}}}{\dfrac{3}{a^2} + \dfrac{1}{\sigma^2}\boldsymbol{1}_{p\times 1}^{\mathrm{T}}\boldsymbol{1}_{p\times 1}}\right)\frac{a^2}{3}\boldsymbol{1}_{p\times 1} \\
&= \frac{a^2\sigma^2}{3\sigma^2 + pa^2}
\end{aligned} \tag{14.13}$$

下面的数值实验比较了线性最小均方误差估计方法与贝叶斯最小均方误差估计方法的估计精度。将观测模型式 (12.1) 中的 p 设为 20, 首先令 $a = 2$, 图 14.1 给出了两种方法的估计均方根误差随观测误差标准差 σ 的变化曲线; 然后, 令观测误差标准差为 $\sigma = 1$, 图 14.2 给出了两种方法的估计均方根误差随 a 的变化曲线。

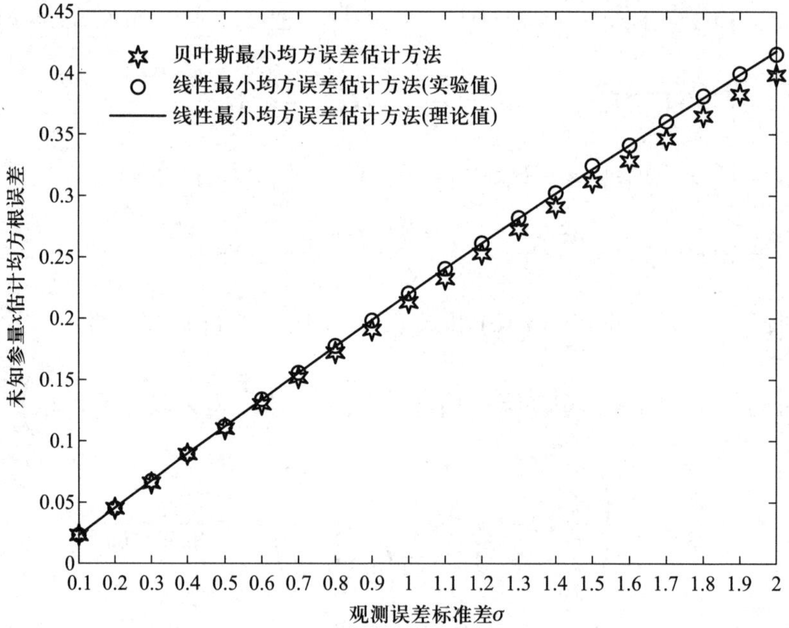

图 14.1　未知参量 x 估计均方根误差随观测误差标准差 σ 的变化曲线

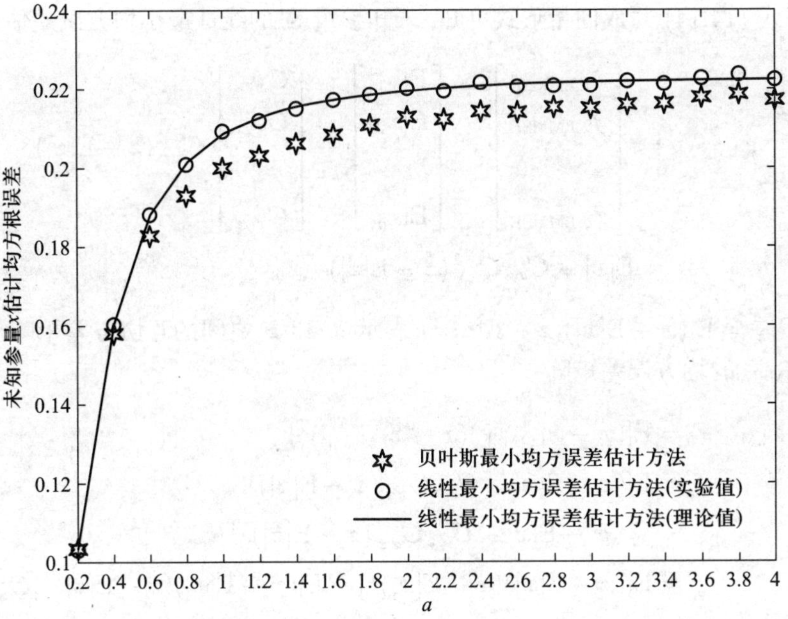

图 14.2 未知参量 x 估计均方根误差随 a 的变化曲线

从图 14.1 和图 14.2 中可以发现, 线性最小均方误差估计方法的估计误差要略大于贝叶斯最小均方误差估计方法, 这说明前者是次优估计值。此外, 对于线性最小均方误差估计方法而言, 其估计均方根误差的实验值与理论值是相互吻合的, 从而验证了上述理论分析的正确性。

14.1.2 未知参量为向量

假设观测向量为 $\boldsymbol{z} \in \mathbf{R}^{p\times 1}$, 随机型未知参量为 $\boldsymbol{x} = [x_1\ x_2\ \cdots\ x_q]^{\mathrm{T}} \in \mathbf{R}^{q\times 1}$, 它是个向量, 其中包含多个未知参量。依据第 14.1.1 节中的推导可知, 第 j 个未知参量 x_j 的线性最小均方误差估计值

$$\hat{x}_{j,\mathrm{LMMSE}} = \mathrm{E}[x_j] + \boldsymbol{C}_{x_j\boldsymbol{z}}\boldsymbol{C}_{\boldsymbol{zz}}^{-1}(\boldsymbol{z} - \mathrm{E}[\boldsymbol{z}]) \quad (1 \leqslant j \leqslant q) \tag{14.14}$$

其均方误差

$$\mathrm{MSE}(\hat{x}_{j,\mathrm{LMMSE}}) = C_{x_jx_j} - \boldsymbol{C}_{x_j\boldsymbol{z}}\boldsymbol{C}_{\boldsymbol{zz}}^{-1}\boldsymbol{C}_{\boldsymbol{z}x_j} \quad (1 \leqslant j \leqslant q) \tag{14.15}$$

将式 (14.14) 写成向量形式可知, 未知参量 $\boldsymbol{x}$ 的线性最小均方误差估计值

$$
\begin{aligned}
\hat{\boldsymbol{x}}_{\text{LMMSE}} = \begin{bmatrix} \hat{x}_{1,\text{LMMSE}} \\ \hat{x}_{2,\text{LMMSE}} \\ \vdots \\ \hat{x}_{q,\text{LMMSE}} \end{bmatrix} &= \begin{bmatrix} \text{E}[x_1] \\ \text{E}[x_2] \\ \vdots \\ \text{E}[x_q] \end{bmatrix} + \begin{bmatrix} \boldsymbol{C}_{x_1\boldsymbol{z}} \\ \boldsymbol{C}_{x_2\boldsymbol{z}} \\ \vdots \\ \boldsymbol{C}_{x_q\boldsymbol{z}} \end{bmatrix} \boldsymbol{C}_{\boldsymbol{zz}}^{-1}(\boldsymbol{z} - \text{E}[\boldsymbol{z}]) \\
&= \text{E}[\boldsymbol{x}] + \boldsymbol{C}_{\boldsymbol{xz}}\boldsymbol{C}_{\boldsymbol{zz}}^{-1}(\boldsymbol{z} - \text{E}[\boldsymbol{z}])
\end{aligned} \tag{14.16}
$$

式中 $\boldsymbol{C}_{\boldsymbol{xz}} = \text{E}[(\boldsymbol{x} - \text{E}[\boldsymbol{x}])(\boldsymbol{z} - \text{E}[\boldsymbol{z}])^{\text{T}}]$ 表示 $\boldsymbol{x}$ 和 $\boldsymbol{z}$ 之间的互协方差矩阵。估计值 $\hat{\boldsymbol{x}}_{\text{LMMSE}}$ 的均方误差矩阵

$$
\begin{aligned}
\mathbf{MSE}(\hat{\boldsymbol{x}}_{\text{LMMSE}}) &= \text{E}[(\boldsymbol{x} - \hat{\boldsymbol{x}}_{\text{LMMSE}})(\boldsymbol{x} - \hat{\boldsymbol{x}}_{\text{LMMSE}})^{\text{T}}] \\
&= \text{E}[(\boldsymbol{x} - \text{E}[\boldsymbol{x}] - \boldsymbol{C}_{\boldsymbol{xz}}\boldsymbol{C}_{\boldsymbol{zz}}^{-1}(\boldsymbol{z} - \text{E}[\boldsymbol{z}])) \\
&\quad \times (\boldsymbol{x} - \text{E}[\boldsymbol{x}] - \boldsymbol{C}_{\boldsymbol{xz}}\boldsymbol{C}_{\boldsymbol{zz}}^{-1}(\boldsymbol{z} - \text{E}[\boldsymbol{z}]))^{\text{T}}] \\
&= \text{E}[(\boldsymbol{x} - \text{E}[\boldsymbol{x}])(\boldsymbol{x} - \text{E}[\boldsymbol{x}])^{\text{T}}] - \text{E}[(\boldsymbol{x} - \text{E}[\boldsymbol{x}])(\boldsymbol{z} - \text{E}[\boldsymbol{z}])^{\text{T}}]\boldsymbol{C}_{\boldsymbol{zz}}^{-1}\boldsymbol{C}_{\boldsymbol{zx}} \\
&\quad - \boldsymbol{C}_{\boldsymbol{xz}}\boldsymbol{C}_{\boldsymbol{zz}}^{-1}\text{E}[(\boldsymbol{z} - \text{E}[\boldsymbol{z}])(\boldsymbol{x} - \text{E}[\boldsymbol{x}])^{\text{T}}] \\
&\quad + \boldsymbol{C}_{\boldsymbol{xz}}\boldsymbol{C}_{\boldsymbol{zz}}^{-1}\text{E}[(\boldsymbol{z} - \text{E}[\boldsymbol{z}])(\boldsymbol{z} - \text{E}[\boldsymbol{z}])^{\text{T}}]\boldsymbol{C}_{\boldsymbol{zz}}^{-1}\boldsymbol{C}_{\boldsymbol{zx}} \\
&= \boldsymbol{C}_{\boldsymbol{xx}} - \boldsymbol{C}_{\boldsymbol{xz}}\boldsymbol{C}_{\boldsymbol{zz}}^{-1}\boldsymbol{C}_{\boldsymbol{zx}} - \boldsymbol{C}_{\boldsymbol{xz}}\boldsymbol{C}_{\boldsymbol{zz}}^{-1}\boldsymbol{C}_{\boldsymbol{zx}} + \boldsymbol{C}_{\boldsymbol{xz}}\boldsymbol{C}_{\boldsymbol{zz}}^{-1}\boldsymbol{C}_{\boldsymbol{zz}}\boldsymbol{C}_{\boldsymbol{zz}}^{-1}\boldsymbol{C}_{\boldsymbol{zx}} \\
&= \boldsymbol{C}_{\boldsymbol{xx}} - \boldsymbol{C}_{\boldsymbol{xz}}\boldsymbol{C}_{\boldsymbol{zz}}^{-1}\boldsymbol{C}_{\boldsymbol{zx}}
\end{aligned} \tag{14.17}
$$

式中 $\boldsymbol{C}_{\boldsymbol{zx}} = \boldsymbol{C}_{\boldsymbol{xz}}^{\text{T}}$。比较式 (14.15) 和式 (14.17) 可知, 矩阵 $\mathbf{MSE}(\hat{\boldsymbol{x}}_{\text{LMMSE}})$ 中的每个对角元素都是线性估计器所能达到的最小均方误差。

两个线性最小均方误差估计器的重要性质见如下命题。

【命题 14.1】 假设基于观测向量 $\boldsymbol{z}$ 估计随机型未知参量 $\boldsymbol{x}$, 若关于 $\boldsymbol{x}$ 的线性最小均方误差估计值为 $\hat{\boldsymbol{x}}_{\text{LMMSE}}$, 那么关于 $\boldsymbol{y} = \boldsymbol{H}\boldsymbol{x} + \boldsymbol{h}$ 的线性最小均方误差估计值为 $\hat{\boldsymbol{y}}_{\text{LMMSE}} = \boldsymbol{H}\hat{\boldsymbol{x}}_{\text{LMMSE}} + \boldsymbol{h}$。

【证明】 由式 (14.16) 可得

$$
\begin{cases}
\hat{\boldsymbol{x}}_{\text{LMMSE}} = \text{E}[\boldsymbol{x}] + \boldsymbol{C}_{\boldsymbol{xz}}\boldsymbol{C}_{\boldsymbol{zz}}^{-1}(\boldsymbol{z} - \text{E}[\boldsymbol{z}]) \\
\hat{\boldsymbol{y}}_{\text{LMMSE}} = \text{E}[\boldsymbol{y}] + \boldsymbol{C}_{\boldsymbol{yz}}\boldsymbol{C}_{\boldsymbol{zz}}^{-1}(\boldsymbol{z} - \text{E}[\boldsymbol{z}])
\end{cases} \tag{14.18}
$$

式中

$$
\begin{cases}
\text{E}[\boldsymbol{y}] = \boldsymbol{H}\text{E}[\boldsymbol{x}] + \boldsymbol{h} \\
\boldsymbol{C}_{\boldsymbol{yz}} = \text{E}[(\boldsymbol{y} - \text{E}[\boldsymbol{y}])(\boldsymbol{z} - \text{E}[\boldsymbol{z}])^{\text{T}}] = \boldsymbol{H}\text{E}[(\boldsymbol{x} - \text{E}[\boldsymbol{x}])(\boldsymbol{z} - \text{E}[\boldsymbol{z}])^{\text{T}}] = \boldsymbol{H}\boldsymbol{C}_{\boldsymbol{xz}}
\end{cases} \tag{14.19}
$$

将式 (14.19) 代入式 (14.18) 中的第 2 个等式, 可知

$$\begin{aligned}\hat{\boldsymbol{y}}_{\mathrm{LMMSE}} &= \boldsymbol{H}\mathrm{E}[\boldsymbol{x}] + \boldsymbol{H}\boldsymbol{C}_{\boldsymbol{x}\boldsymbol{z}}\boldsymbol{C}_{\boldsymbol{z}\boldsymbol{z}}^{-1}(\boldsymbol{z}-\mathrm{E}[\boldsymbol{z}]) + \boldsymbol{h} \\ &= \boldsymbol{H}(\mathrm{E}[\boldsymbol{x}] + \boldsymbol{C}_{\boldsymbol{x}\boldsymbol{z}}\boldsymbol{C}_{\boldsymbol{z}\boldsymbol{z}}^{-1}(\boldsymbol{z}-\mathrm{E}[\boldsymbol{z}])) + \boldsymbol{h} \\ &= \boldsymbol{H}\hat{\boldsymbol{x}}_{\mathrm{LMMSE}} + \boldsymbol{h} \end{aligned} \tag{14.20}$$

证毕。

【命题 14.2】假设基于观测向量 $\boldsymbol{z}$ 估计两个随机型未知参量 $\boldsymbol{x}_1$ 和 $\boldsymbol{x}_2$, 若关于 $\boldsymbol{x}_1$ 和 $\boldsymbol{x}_2$ 的线性最小均方误差估计值分别为 $\hat{\boldsymbol{x}}_{1,\mathrm{LMMSE}}$ 和 $\hat{\boldsymbol{x}}_{2,\mathrm{LMMSE}}$, 那么, 关于 $\boldsymbol{x}=\boldsymbol{x}_1+\boldsymbol{x}_2$ 的线性最小均方误差估计值为 $\hat{\boldsymbol{x}}_{\mathrm{LMMSE}}=\hat{\boldsymbol{x}}_{1,\mathrm{LMMSE}}+\hat{\boldsymbol{x}}_{2,\mathrm{LMMSE}}$。

【证明】根据式 (14.16) 可得

$$\begin{cases}\hat{\boldsymbol{x}}_{1,\mathrm{LMMSE}} = \mathrm{E}[\boldsymbol{x}_1] + \boldsymbol{C}_{\boldsymbol{x}_1\boldsymbol{z}}\boldsymbol{C}_{\boldsymbol{z}\boldsymbol{z}}^{-1}(\boldsymbol{z}-\mathrm{E}[\boldsymbol{z}]) \\ \hat{\boldsymbol{x}}_{2,\mathrm{LMMSE}} = \mathrm{E}[\boldsymbol{x}_2] + \boldsymbol{C}_{\boldsymbol{x}_2\boldsymbol{z}}\boldsymbol{C}_{\boldsymbol{z}\boldsymbol{z}}^{-1}(\boldsymbol{z}-\mathrm{E}[\boldsymbol{z}]) \\ \hat{\boldsymbol{x}}_{\mathrm{LMMSE}} = \mathrm{E}[\boldsymbol{x}] + \boldsymbol{C}_{\boldsymbol{x}\boldsymbol{z}}\boldsymbol{C}_{\boldsymbol{z}\boldsymbol{z}}^{-1}(\boldsymbol{z}-\mathrm{E}[\boldsymbol{z}]) \end{cases} \tag{14.21}$$

式中

$$\begin{cases}\mathrm{E}[\boldsymbol{x}] = \mathrm{E}[\boldsymbol{x}_1] + \mathrm{E}[\boldsymbol{x}_2] \\ \boldsymbol{C}_{\boldsymbol{x}\boldsymbol{z}} = \mathrm{E}[(\boldsymbol{x}-\mathrm{E}[\boldsymbol{x}])(\boldsymbol{z}-\mathrm{E}[\boldsymbol{z}])^{\mathrm{T}}] \\ \quad\;\; = \mathrm{E}[(\boldsymbol{x}_1-\mathrm{E}[\boldsymbol{x}_1]+\boldsymbol{x}_2-\mathrm{E}[\boldsymbol{x}_2])(\boldsymbol{z}-\mathrm{E}[\boldsymbol{z}])^{\mathrm{T}}] \\ \quad\;\; = \mathrm{E}[(\boldsymbol{x}_1-\mathrm{E}[\boldsymbol{x}_1])(\boldsymbol{z}-\mathrm{E}[\boldsymbol{z}])^{\mathrm{T}}] + \mathrm{E}[(\boldsymbol{x}_2-\mathrm{E}[\boldsymbol{x}_2])(\boldsymbol{z}-\mathrm{E}[\boldsymbol{z}])^{\mathrm{T}}] \\ \quad\;\; = \boldsymbol{C}_{\boldsymbol{x}_1\boldsymbol{z}} + \boldsymbol{C}_{\boldsymbol{x}_2\boldsymbol{z}} \end{cases} \tag{14.22}$$

将式 (14.22) 代入式 (14.21) 中的第 3 个等式, 可知

$$\begin{aligned}\hat{\boldsymbol{x}}_{\mathrm{LMMSE}} &= \mathrm{E}[\boldsymbol{x}_1] + \boldsymbol{C}_{\boldsymbol{x}_1\boldsymbol{z}}\boldsymbol{C}_{\boldsymbol{z}\boldsymbol{z}}^{-1}(\boldsymbol{z}-\mathrm{E}[\boldsymbol{z}]) + \mathrm{E}[\boldsymbol{x}_2] + \boldsymbol{C}_{\boldsymbol{x}_2\boldsymbol{z}}\boldsymbol{C}_{\boldsymbol{z}\boldsymbol{z}}^{-1}(\boldsymbol{z}-\mathrm{E}[\boldsymbol{z}]) \\ &= \hat{\boldsymbol{x}}_{1,\mathrm{LMMSE}} + \hat{\boldsymbol{x}}_{2,\mathrm{LMMSE}} \end{aligned} \tag{14.23}$$

证毕。

若贝叶斯观测模型为线性观测模型, 则可以得到类似命题 13.1 中的结论, 具体可见如下命题。

【命题 14.3】考虑如下线性观测模型

$$\boldsymbol{z} = \boldsymbol{A}\boldsymbol{x} + \boldsymbol{e} \tag{14.24}$$

其中: $\boldsymbol{z}\in\mathbf{R}^{p\times 1}$ 表示观测向量, $\boldsymbol{x}\in\mathbf{R}^{q\times 1}$ 表示随机型未知参量, $\boldsymbol{A}\in\mathbf{R}^{p\times q}$ 表示精确已知的观测矩阵, $\boldsymbol{e}\in\mathbf{R}^{p\times 1}$ 表示观测误差向量, 其均值为零、协方差矩阵为

$\boldsymbol{E}$。若未知参量 $\boldsymbol{x}$ 的均值为 $\boldsymbol{\mu}_{\boldsymbol{x}}$、协方差矩阵为 $\boldsymbol{C}_{\boldsymbol{xx}}$, 并且与观测误差 $\boldsymbol{e}$ 相互独立, 那么关于 $\boldsymbol{x}$ 的线性最小均方误差估计值 $\hat{\boldsymbol{x}}_{\text{LMMSE}}$ 可以表示为

$$\hat{\boldsymbol{x}}_{\text{LMMSE}} = \boldsymbol{\mu}_{\boldsymbol{x}} + \boldsymbol{C}_{\boldsymbol{xx}}\boldsymbol{A}^{\mathrm{T}}(\boldsymbol{A}\boldsymbol{C}_{\boldsymbol{xx}}\boldsymbol{A}^{\mathrm{T}} + \boldsymbol{E})^{-1}(\boldsymbol{z} - \boldsymbol{A}\boldsymbol{\mu}_{\boldsymbol{x}}) \tag{14.25}$$

若将其估计误差记为 $\Delta\boldsymbol{x}_{\text{LMMSE}} = \boldsymbol{x} - \hat{\boldsymbol{x}}_{\text{LMMSE}}$, 则误差向量 $\Delta\boldsymbol{x}_{\text{LMMSE}}$ 的均值为零、协方差矩阵为

$$\mathbf{cov}(\Delta\boldsymbol{x}_{\text{LMMSE}}) = \boldsymbol{C}_{\boldsymbol{xx}} - \boldsymbol{C}_{\boldsymbol{xx}}\boldsymbol{A}^{\mathrm{T}}(\boldsymbol{A}\boldsymbol{C}_{\boldsymbol{xx}}\boldsymbol{A}^{\mathrm{T}} + \boldsymbol{E})^{-1}\boldsymbol{A}\boldsymbol{C}_{\boldsymbol{xx}} \tag{14.26}$$

此协方差矩阵等于估计值 $\hat{\boldsymbol{x}}_{\text{LMMSE}}$ 的均方误差矩阵 $\mathbf{MSE}(\hat{\boldsymbol{x}}_{\text{LMMSE}})$。

【**证明**】由式 (14.24) 可得

$$\mathrm{E}[\boldsymbol{z}] = \boldsymbol{A}\mathrm{E}[\boldsymbol{x}] + \mathrm{E}[\boldsymbol{e}] = \boldsymbol{A}\boldsymbol{\mu}_{\boldsymbol{x}} \tag{14.27}$$

由此可知

$$\begin{cases} \boldsymbol{C}_{\boldsymbol{xz}} = \mathrm{E}[(\boldsymbol{x} - \mathrm{E}[\boldsymbol{x}])(\boldsymbol{z} - \mathrm{E}[\boldsymbol{z}])^{\mathrm{T}}] = \mathrm{E}[(\boldsymbol{x} - \boldsymbol{\mu}_{\boldsymbol{x}})(\boldsymbol{A}\boldsymbol{x} - \boldsymbol{A}\boldsymbol{\mu}_{\boldsymbol{x}} + \boldsymbol{e})^{\mathrm{T}}] \\ \qquad = \mathrm{E}[(\boldsymbol{x} - \boldsymbol{\mu}_{\boldsymbol{x}})(\boldsymbol{x} - \boldsymbol{\mu}_{\boldsymbol{x}})^{\mathrm{T}}]\boldsymbol{A}^{\mathrm{T}} + \mathrm{E}[(\boldsymbol{x} - \boldsymbol{\mu}_{\boldsymbol{x}})\boldsymbol{e}^{\mathrm{T}}] = \boldsymbol{C}_{\boldsymbol{xx}}\boldsymbol{A}^{\mathrm{T}} \\ \boldsymbol{C}_{\boldsymbol{zz}} = \mathrm{E}[(\boldsymbol{z} - \mathrm{E}[\boldsymbol{z}])(\boldsymbol{z} - \mathrm{E}[\boldsymbol{z}])^{\mathrm{T}}] \\ \qquad = \mathrm{E}[(\boldsymbol{A}\boldsymbol{x} - \boldsymbol{A}\boldsymbol{\mu}_{\boldsymbol{x}} + \boldsymbol{e})(\boldsymbol{A}\boldsymbol{x} - \boldsymbol{A}\boldsymbol{\mu}_{\boldsymbol{x}} + \boldsymbol{e})^{\mathrm{T}}] \\ \qquad = \boldsymbol{A}\mathrm{E}[(\boldsymbol{x} - \boldsymbol{\mu}_{\boldsymbol{x}})(\boldsymbol{x} - \boldsymbol{\mu}_{\boldsymbol{x}})^{\mathrm{T}}]\boldsymbol{A}^{\mathrm{T}} + \boldsymbol{A}\mathrm{E}[(\boldsymbol{x} - \boldsymbol{\mu}_{\boldsymbol{x}})\boldsymbol{e}^{\mathrm{T}}] \\ \qquad\quad + \mathrm{E}[\boldsymbol{e}(\boldsymbol{x} - \boldsymbol{\mu}_{\boldsymbol{x}})^{\mathrm{T}}]\boldsymbol{A}^{\mathrm{T}} + \mathrm{E}[\boldsymbol{e}\boldsymbol{e}^{\mathrm{T}}] \\ \qquad = \boldsymbol{A}\boldsymbol{C}_{\boldsymbol{xx}}\boldsymbol{A}^{\mathrm{T}} + \boldsymbol{E} \end{cases} \tag{14.28}$$

结合式 (14.16)、式 (14.27) 和式 (14.28) 可得

$$\begin{aligned} \hat{\boldsymbol{x}}_{\text{LMMSE}} &= \mathrm{E}[\boldsymbol{x}] + \boldsymbol{C}_{\boldsymbol{xz}}\boldsymbol{C}_{\boldsymbol{zz}}^{-1}(\boldsymbol{z} - \mathrm{E}[\boldsymbol{z}]) \\ &= \boldsymbol{\mu}_{\boldsymbol{x}} + \boldsymbol{C}_{\boldsymbol{xx}}\boldsymbol{A}^{\mathrm{T}}(\boldsymbol{A}\boldsymbol{C}_{\boldsymbol{xx}}\boldsymbol{A}^{\mathrm{T}} + \boldsymbol{E})^{-1}(\boldsymbol{z} - \boldsymbol{A}\boldsymbol{\mu}_{\boldsymbol{x}}) \end{aligned} \tag{14.29}$$

其估计误差为

$$\begin{aligned} \Delta\boldsymbol{x}_{\text{LMMSE}} &= \boldsymbol{x} - \hat{\boldsymbol{x}}_{\text{LMMSE}} = \boldsymbol{x} - \boldsymbol{\mu}_{\boldsymbol{x}} - \boldsymbol{C}_{\boldsymbol{xx}}\boldsymbol{A}^{\mathrm{T}}(\boldsymbol{A}\boldsymbol{C}_{\boldsymbol{xx}}\boldsymbol{A}^{\mathrm{T}} + \boldsymbol{E})^{-1}(\boldsymbol{z} - \boldsymbol{A}\boldsymbol{\mu}_{\boldsymbol{x}}) \\ &= \boldsymbol{x} - \boldsymbol{\mu}_{\boldsymbol{x}} - \boldsymbol{C}_{\boldsymbol{xx}}\boldsymbol{A}^{\mathrm{T}}(\boldsymbol{A}\boldsymbol{C}_{\boldsymbol{xx}}\boldsymbol{A}^{\mathrm{T}} + \boldsymbol{E})^{-1}(\boldsymbol{A}(\boldsymbol{x} - \boldsymbol{\mu}_{\boldsymbol{x}}) + \boldsymbol{e}) \\ &= (\boldsymbol{I}_q - \boldsymbol{C}_{\boldsymbol{xx}}\boldsymbol{A}^{\mathrm{T}}(\boldsymbol{A}\boldsymbol{C}_{\boldsymbol{xx}}\boldsymbol{A}^{\mathrm{T}} + \boldsymbol{E})^{-1}\boldsymbol{A})(\boldsymbol{x} - \boldsymbol{\mu}_{\boldsymbol{x}}) \\ &\quad - \boldsymbol{C}_{\boldsymbol{xx}}\boldsymbol{A}^{\mathrm{T}}(\boldsymbol{A}\boldsymbol{C}_{\boldsymbol{xx}}\boldsymbol{A}^{\mathrm{T}} + \boldsymbol{E})^{-1}\boldsymbol{e} \end{aligned} \tag{14.30}$$

由此可知, 误差向量 $\Delta\boldsymbol{x}_{\mathrm{LMMSE}}$ 的均值为零, 协方差矩阵

$$\begin{aligned}
\mathbf{cov}(\Delta\boldsymbol{x}_{\mathrm{LMMSE}}) &= \mathrm{E}[(\Delta\boldsymbol{x}_{\mathrm{LMMSE}} - \mathrm{E}[\Delta\boldsymbol{x}_{\mathrm{LMMSE}}])(\Delta\boldsymbol{x}_{\mathrm{LMMSE}} - \mathrm{E}[\Delta\boldsymbol{x}_{\mathrm{LMMSE}}])^{\mathrm{T}}] \\
&= \mathrm{E}[\Delta\boldsymbol{x}_{\mathrm{LMMSE}}\Delta\boldsymbol{x}_{\mathrm{LMMSE}}^{\mathrm{T}}] \\
&= (\boldsymbol{I}_q - \boldsymbol{C}_{\boldsymbol{xx}}\boldsymbol{A}^{\mathrm{T}}(\boldsymbol{A}\boldsymbol{C}_{\boldsymbol{xx}}\boldsymbol{A}^{\mathrm{T}} + \boldsymbol{E})^{-1}\boldsymbol{A}) \\
&\quad \times \boldsymbol{C}_{\boldsymbol{xx}}(\boldsymbol{I}_q - \boldsymbol{C}_{\boldsymbol{xx}}\boldsymbol{A}^{\mathrm{T}}(\boldsymbol{A}\boldsymbol{C}_{\boldsymbol{xx}}\boldsymbol{A}^{\mathrm{T}} + \boldsymbol{E})^{-1}\boldsymbol{A})^{\mathrm{T}} \\
&\quad + \boldsymbol{C}_{\boldsymbol{xx}}\boldsymbol{A}^{\mathrm{T}}(\boldsymbol{A}\boldsymbol{C}_{\boldsymbol{xx}}\boldsymbol{A}^{\mathrm{T}} + \boldsymbol{E})^{-1}\boldsymbol{E}(\boldsymbol{A}\boldsymbol{C}_{\boldsymbol{xx}}\boldsymbol{A}^{\mathrm{T}} + \boldsymbol{E})^{-1}\boldsymbol{A}\boldsymbol{C}_{\boldsymbol{xx}} \\
&= \boldsymbol{C}_{\boldsymbol{xx}} - \boldsymbol{C}_{\boldsymbol{xx}}\boldsymbol{A}^{\mathrm{T}}(\boldsymbol{A}\boldsymbol{C}_{\boldsymbol{xx}}\boldsymbol{A}^{\mathrm{T}} + \boldsymbol{E})^{-1}\boldsymbol{A}\boldsymbol{C}_{\boldsymbol{xx}}
\end{aligned} \tag{14.31}$$

并且有

$$\begin{aligned}
\mathbf{cov}(\Delta\boldsymbol{x}_{\mathrm{LMMSE}}) &= \mathrm{E}[\Delta\boldsymbol{x}_{\mathrm{LMMSE}}\Delta\boldsymbol{x}_{\mathrm{LMMSE}}^{\mathrm{T}}] \\
&= \mathrm{E}[(\boldsymbol{x} - \hat{\boldsymbol{x}}_{\mathrm{LMMSE}})(\boldsymbol{x} - \hat{\boldsymbol{x}}_{\mathrm{LMMSE}})^{\mathrm{T}}] = \mathbf{MSE}(\hat{\boldsymbol{x}}_{\mathrm{LMMSE}})
\end{aligned} \tag{14.32}$$

证毕。

【**注记 14.5**】容易验证矩阵等式

$$\boldsymbol{C}_{\boldsymbol{xx}}\boldsymbol{A}^{\mathrm{T}}(\boldsymbol{A}\boldsymbol{C}_{\boldsymbol{xx}}\boldsymbol{A}^{\mathrm{T}} + \boldsymbol{E})^{-1} = (\boldsymbol{C}_{\boldsymbol{xx}}^{-1} + \boldsymbol{A}^{\mathrm{T}}\boldsymbol{E}^{-1}\boldsymbol{A})^{-1}\boldsymbol{A}^{\mathrm{T}}\boldsymbol{E}^{-1}$$

结合式 (14.25) 可以得到线性最小均方误差估计值 $\hat{\boldsymbol{x}}_{\mathrm{LMMSE}}$ 的另一种表达式为

$$\hat{\boldsymbol{x}}_{\mathrm{LMMSE}} = \boldsymbol{\mu}_{\boldsymbol{x}} + (\boldsymbol{C}_{\boldsymbol{xx}}^{-1} + \boldsymbol{A}^{\mathrm{T}}\boldsymbol{E}^{-1}\boldsymbol{A})^{-1}\boldsymbol{A}^{\mathrm{T}}\boldsymbol{E}^{-1}(\boldsymbol{z} - \boldsymbol{A}\boldsymbol{\mu}_{\boldsymbol{x}}) \tag{14.33}$$

【**注记 14.6**】利用命题 2.1 可知

$$\boldsymbol{C}_{\boldsymbol{xx}} - \boldsymbol{C}_{\boldsymbol{xx}}\boldsymbol{A}^{\mathrm{T}}(\boldsymbol{A}\boldsymbol{C}_{\boldsymbol{xx}}\boldsymbol{A}^{\mathrm{T}} + \boldsymbol{E})^{-1}\boldsymbol{A}\boldsymbol{C}_{\boldsymbol{xx}} = (\boldsymbol{C}_{\boldsymbol{xx}}^{-1} + \boldsymbol{A}^{\mathrm{T}}\boldsymbol{E}^{-1}\boldsymbol{A})^{-1} \tag{14.34}$$

结合式 (14.26) 可得, 估计值 $\hat{\boldsymbol{x}}_{\mathrm{LMMSE}}$ 的均方误差矩阵的另一种表达式为

$$\mathbf{MSE}(\hat{\boldsymbol{x}}_{\mathrm{LMMSE}}) = (\boldsymbol{C}_{\boldsymbol{xx}}^{-1} + \boldsymbol{A}^{\mathrm{T}}\boldsymbol{E}^{-1}\boldsymbol{A})^{-1} \tag{14.35}$$

【**注记 14.7**】如果 $\boldsymbol{x}$ 和 $\boldsymbol{z}$ 是联合高斯分布的, 则命题 14.3 中的结论与命题 13.1 中的结论是一致的。

【**注记 14.8**】如果 $\boldsymbol{x}$ 和 $\boldsymbol{z}$ 均为零均值随机变量, 那么估计值 $\hat{\boldsymbol{x}}_{\mathrm{LMMSE}}$ 也是零均值的。

【**注记 14.9**】与标量的情形相类似, 如果 $\boldsymbol{x}$ 和 $\boldsymbol{z}$ 并不是联合高斯分布, 那么 $\hat{\boldsymbol{x}}_{\mathrm{LMMSE}}$ 仅仅是关于 $\boldsymbol{x}$ 的次优估计值 (在均方误差最小意义下), 因为在这种情况下线性最小均方误差估计值 $\hat{\boldsymbol{x}}_{\mathrm{LMMSE}}$ 与贝叶斯最小均方误差估计值 $\hat{\boldsymbol{x}}_{\mathrm{MMSE}}$ 并不相等。尽管如此, 估计值 $\hat{\boldsymbol{x}}_{\mathrm{LMMSE}}$ 仍然非常重要, 因为它具有闭式表达式, 计算简便, 在非高斯分布条件下是较好的选择。

为了更好地说明 $\hat{\boldsymbol{x}}_{\text{LMMSE}}$ 是次优估计值, 下面就式 (13.40) 至式 (13.42) 给出的观测模型进行讨论。只是这里假设 x_1 和 x_2 均服从区间为 $[-a,a]$ 的均匀分布, 并且它们两者统计独立, 与观测误差 $\boldsymbol{e}$ 也统计独立。

首先给出贝叶斯最小均方误差估计值 $\hat{\boldsymbol{x}}_{\text{MMSE}}$, 根据式 (13.16) 可知

$$\hat{\boldsymbol{x}}_{\text{MMSE}}=\text{E}[\boldsymbol{x}|\boldsymbol{z}]=\frac{1}{c}\begin{bmatrix}\displaystyle\int_{-a}^{a}\int_{-a}^{a}\frac{x_1}{4a^2(2\pi\sigma^2)^{p/2}}\exp\left\{-\frac{1}{2\sigma^2}||\boldsymbol{z}-\boldsymbol{A}\boldsymbol{x}||_2^2\right\}\text{d}x_1\text{d}x_2\\ \hdashline \displaystyle\int_{-a}^{a}\int_{-a}^{a}\frac{x_2}{4a^2(2\pi\sigma^2)^{p/2}}\exp\left\{-\frac{1}{2\sigma^2}||\boldsymbol{z}-\boldsymbol{A}\boldsymbol{x}||_2^2\right\}\text{d}x_1\text{d}x_2\end{bmatrix} \tag{14.36}$$

式中

$$\begin{cases}\boldsymbol{A}=\begin{bmatrix}1 & 0\\ \cos(2\pi f_0) & \sin(2\pi f_0)\\ \vdots & \vdots\\ \cos(2\pi f_0(p-1)) & \sin(2\pi f_0(p-1))\end{bmatrix},\quad \boldsymbol{x}=\begin{bmatrix}x_1\\ x_2\end{bmatrix}\\ c=\displaystyle\int_{-a}^{a}\int_{-a}^{a}\frac{1}{4a^2(2\pi\sigma^2)^{p/2}}\exp\left\{-\frac{1}{2\sigma^2}||\boldsymbol{z}-\boldsymbol{A}\boldsymbol{u}||_2^2\right\}\text{d}u_1\text{d}u_2\end{cases} \tag{14.37}$$

式 (14.36) 的推导可见附录 M。由式 (14.36) 可知, 要想获得估计值 $\hat{\boldsymbol{x}}_{\text{MMSE}}$, 必须进行二维数值积分。

接着给出线性最小均方误差估计值 $\hat{\boldsymbol{x}}_{\text{LMMSE}}$, 由于 $\boldsymbol{\mu}_{\boldsymbol{x}}=\boldsymbol{O}_{2\times1}$, 此时利用式 (14.33) 可得其表达式为

$$\hat{\boldsymbol{x}}_{\text{LMMSE}}=(\sigma^2\boldsymbol{C}_{\boldsymbol{xx}}^{-1}+\boldsymbol{A}^{\text{T}}\boldsymbol{A})^{-1}\boldsymbol{A}^{\text{T}}\boldsymbol{z}=\frac{1}{3\sigma^2/a^2+p/2}\boldsymbol{A}^{\text{T}}\boldsymbol{z} \tag{14.38}$$

式中, $\boldsymbol{C}_{\boldsymbol{xx}}=a^2\boldsymbol{I}_2/3$, $\boldsymbol{A}^{\text{T}}\boldsymbol{A}=p\boldsymbol{I}_2/2$。根据式 (14.35) 可知, 估计值 $\hat{\boldsymbol{x}}_{\text{LMMSE}}$ 的均方误差矩阵

$$\mathbf{MSE}(\hat{\boldsymbol{x}}_{\text{LMMSE}})=(3\boldsymbol{I}_2/a^2+\boldsymbol{A}^{\text{T}}\boldsymbol{A}/\sigma^2)^{-1}=\frac{\sigma^2}{3\sigma^2/a^2+p/2}\boldsymbol{I}_2 \tag{14.39}$$

下面的数值实验可以比较线性最小均方误差估计方法与贝叶斯最小均方误差估计方法的估计精度。首先, 将式 (13.40) 中的 f_0 设为 $f_0=5/15$ (即 $p=15$), 并且令 $a=3$, 图 14.3 给出了两种方法对 x_1 的估计均方根误差随观测误差标准差 σ 的变化曲线, 图 14.4 给出了两种方法对 x_2 的估计均方根误差随观测误差标准差 σ 的变化曲线; 然后, 将式 (13.40) 中的 f_0 设为 $f_0=5/15$, 并且令观测误差标准差为 $\sigma=1$, 图 14.5 给出了两种方法对 x_1 的估计均方根误差随 a 的变化曲线, 图 14.6 给出了两种方法对 x_2 的估计均方根误差随 a 的变化曲线; 最后,

将式 (13.40) 中的 f_0 设为 $f_0 = 5/p$, 并且令 $a = 3.5$, 观测误差标准差为 $\sigma = 1.5$, 图 14.7 给出了两种方法对 x_1 的估计均方根误差随观测量个数 p 的变化曲线,

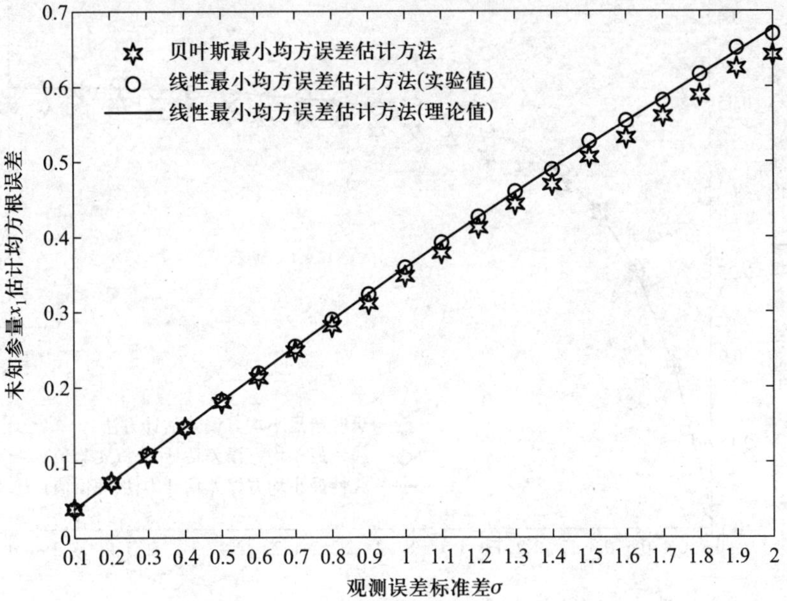

图 14.3　未知参量 x_1 估计均方根误差随观测误差标准差 σ 的变化曲线

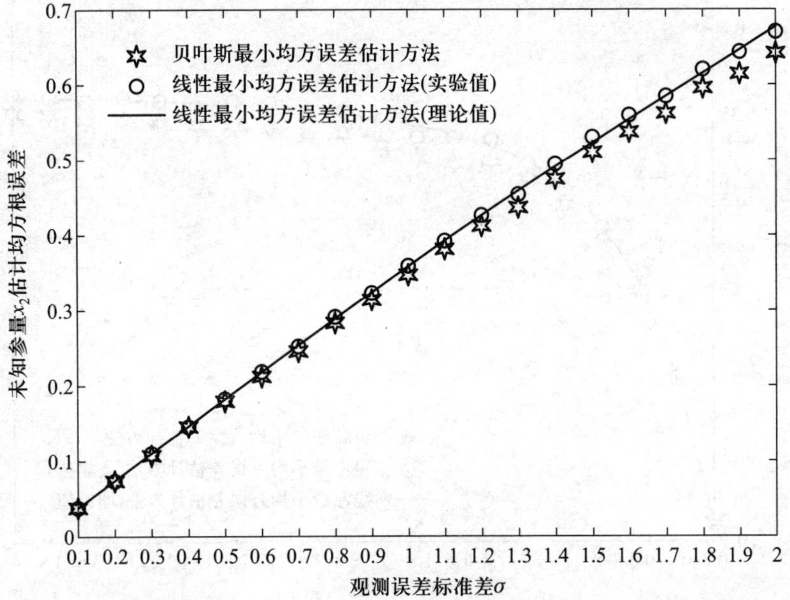

图 14.4　未知参量 x_2 估计均方根误差随观测误差标准差 σ 的变化曲线

图 14.8 给出了两种方法对 x_2 的估计均方根误差随观测量个数 p 的变化曲线。

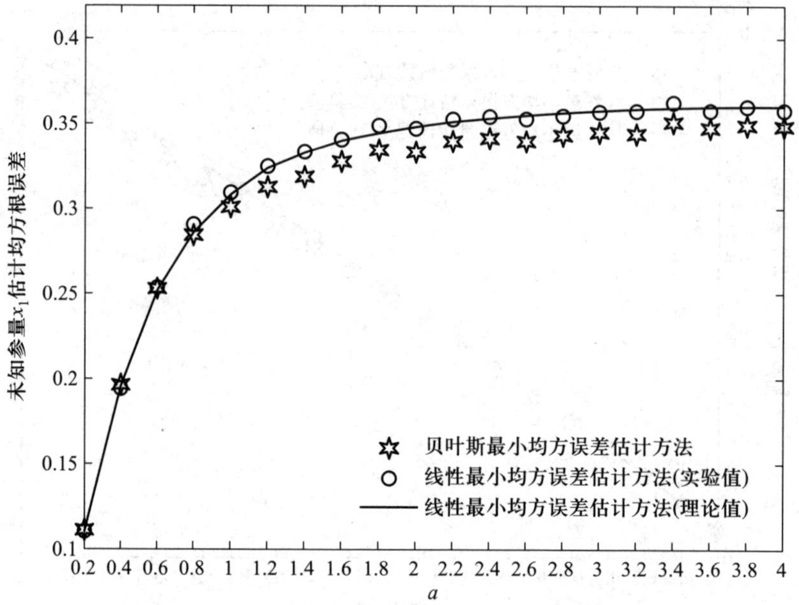

图 14.5 未知参量 x_1 估计均方根误差随 a 的变化曲线

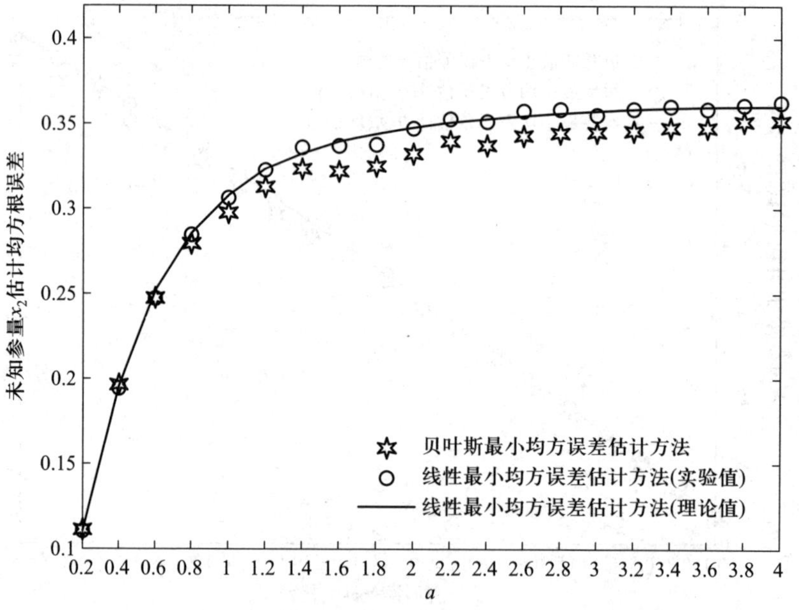

图 14.6 未知参量 x_2 估计均方根误差随 a 的变化曲线

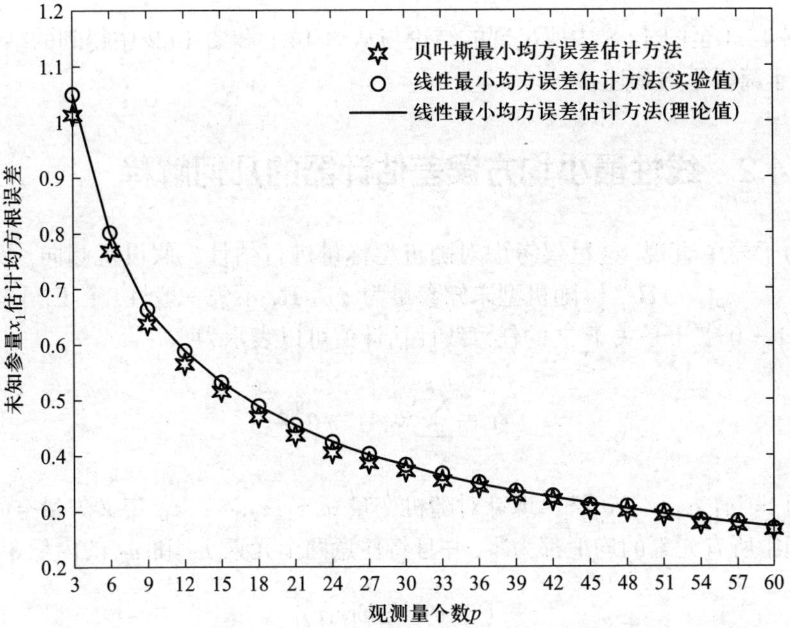

图 14.7　未知参量 x_1 估计均方根误差随观测量个数 p 的变化曲线

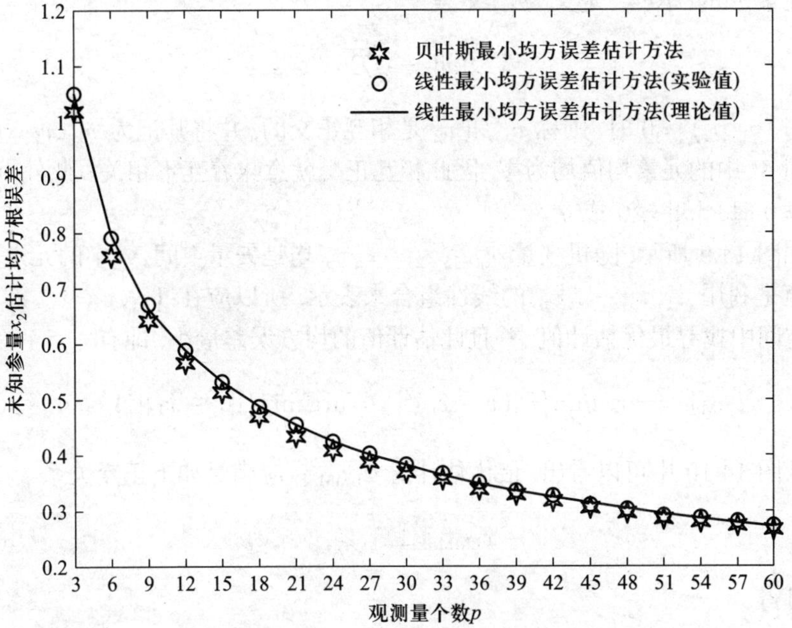

图 14.8　未知参量 x_2 估计均方根误差随观测量个数 p 的变化曲线

图 14.3 至图 14.8 中所呈现的结论与从图 14.1 和图 14.2 中得到的结论相类似, 限于篇幅不再阐述。

14.2 线性最小均方误差估计器的几何解释

为了简单直观, 这里仅考虑对随机型标量进行估计。假设观测向量为 $\boldsymbol{z} = [z_1\ z_2\ \cdots\ z_p]^{\mathrm{T}} \in \mathbf{R}^{p\times 1}$, 随机型未知参量为 $x \in \mathbf{R}$, 不失一般性, 令 $\mathrm{E}[\boldsymbol{z}] = \boldsymbol{O}_{p\times 1}$ 和 $\mathrm{E}[x] = 0$①, 于是关于 x 的任意线性估计值可以表示为

$$\hat{x}_{\mathrm{L}} = \sum_{j=1}^{p} a_j z_j = \boldsymbol{a}^{\mathrm{T}}\boldsymbol{z} \tag{14.40}$$

式中 $\boldsymbol{a} = [a_1\ a_2\ \cdots\ a_p]^{\mathrm{T}}$。现针对随机变量 $x, z_1, z_2, \cdots, z_p$ 定义矢量空间 $\mathbf{V}$②, 该空间中所有元素的均值都为零, 并且将任意两个元素 v_1 和 v_2 的内积定义为

$$(v_1, v_2) = \mathrm{E}[v_1 v_2] \tag{14.41}$$

任意元素 v 的 "长度" 定义为

$$||v|| = \sqrt{\mathrm{E}[v^2]} \tag{14.42}$$

当 $(v_1, v_2) = 0$ 时, 则称 v_1 和 v_2 是相互正交的, 并将其记为 $v_1 \perp v_2$。由于矢量空间 $\mathbf{V}$ 中的元素均值均为零, 因此相互正交就意味着互不相关。此外, 当且仅当 $v = 0$ 时, $||v|| = 0$ 成立。

如图 14.9 所示, 随机变量 $x, z_1, z_2, \cdots, z_p$ 均是矢量空间 $\mathbf{V}$ 中的元素。由于估计值是利用 $z_1, z_2, \cdots, z_p$ 的线性组合来表示, 所以应在 $\{z_1, z_2, \cdots, z_p\}$ 张成的子空间中找寻最优估计值, 并且此估计值的均方误差最小, 即有

$$\hat{x}_{\mathrm{LMMSE}} = \arg\min_{\hat{x}_{\mathrm{L}}}\{\mathrm{E}[(x - \hat{x}_{\mathrm{L}})^2]\} = \arg\min_{\hat{x}_{\mathrm{L}}}\{||x - \hat{x}_{\mathrm{L}}||^2\} \tag{14.43}$$

从图 14.10 中可以看出, 最优估计值 $\hat{x}_{\mathrm{LMMSE}}$ 应满足如下正交关系

$$x - \hat{x}_{\mathrm{LMMSE}} \perp z_1, z_2, \cdots, z_p \tag{14.44}$$

由此可得

$$\mathrm{E}[(x - \hat{x}_{\mathrm{LMMSE}})z_j] = 0 \quad (1 \leqslant j \leqslant p) \tag{14.45}$$

---

① 若零均值条件不满足, 则令 $\boldsymbol{z}' = \boldsymbol{z} - \mathrm{E}[\boldsymbol{z}]$ 和 $x' = x - \mathrm{E}[x]$ 即可。

② 该空间是 Hilbert 空间的一个特例。

式 (14.45) 反映的性质即为正交性原理。正交性原理的物理意义是，当利用观测数据的线性组合估计随机变量时，如果估计误差与每个观测数据均正交，则相应估计值就具有最小的均方误差，亦即最优估计值。

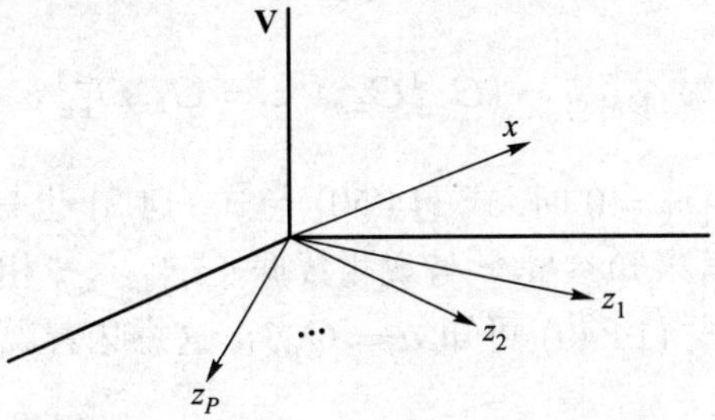

图 14.9　随机变量的矢量空间示意图

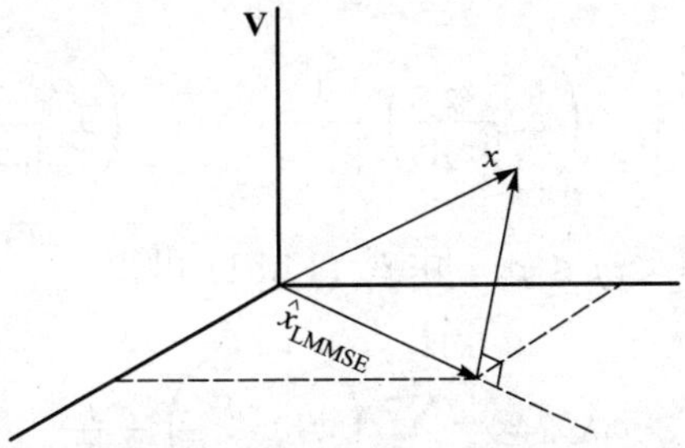

图 14.10　线性最小均方误差估计的正交性原理示意图

利用正交性原理可以很容易获得系数 $\{a_j\}_{1\leqslant j\leqslant p}$ 的最优值。结合式 (14.40) 和式 (14.45) 可得

$$\mathrm{E}\left[\left(x-\sum_{k=1}^{p}a_kz_k\right)z_j\right]=0\quad(1\leqslant j\leqslant p)\tag{14.46}$$

由此可知

$$\mathrm{E}[xz_j]=\sum_{k=1}^{p}a_k\mathrm{E}[z_jz_k]\quad(1\leqslant j\leqslant p)\tag{14.47}$$

将式 (14.47) 写成矩阵形式可得

$$\boldsymbol{C}_{zx}=\begin{bmatrix}\mathrm{E}[xz_1]\\\mathrm{E}[xz_2]\\\vdots\\\mathrm{E}[xz_p]\end{bmatrix}=\begin{bmatrix}\mathrm{E}[z_1z_1]&\mathrm{E}[z_1z_2]&\cdots&\mathrm{E}[z_1z_p]\\\mathrm{E}[z_2z_1]&\mathrm{E}[z_2z_2]&\cdots&\mathrm{E}[z_2z_p]\\\vdots&\vdots&&\vdots\\\mathrm{E}[z_pz_1]&\mathrm{E}[z_pz_2]&\cdots&\mathrm{E}[z_pz_p]\end{bmatrix}\begin{bmatrix}a_1\\a_2\\\vdots\\a_p\end{bmatrix}=\boldsymbol{C}_{zz}\boldsymbol{a}\tag{14.48}$$

即有

$$\boldsymbol{a} = \boldsymbol{C}_{\boldsymbol{zz}}^{-1}\boldsymbol{C}_{\boldsymbol{z}x} \tag{14.49}$$

式 (14.49) 与式 (14.7) 是一致的。进一步可得

$$\hat{x}_{\text{LMMSE}} = (\boldsymbol{C}_{\boldsymbol{zz}}^{-1}\boldsymbol{C}_{\boldsymbol{z}x})^{\text{T}}\boldsymbol{z} = \boldsymbol{C}_{x\boldsymbol{z}}\boldsymbol{C}_{\boldsymbol{zz}}^{-1}\boldsymbol{z} \tag{14.50}$$

当 $\text{E}[\boldsymbol{z}] = \boldsymbol{O}_{p\times 1}$ 和 $\text{E}[x] = 0$ 时, 式 (14.50) 与式 (14.8) 也是一致的。

【注记 14.10】 若未知参量 x 与观测数据 $\{z_j\}_{1\leqslant j\leqslant p}$ 相互正交 (即 $\text{E}[xz_j] = 0\ (1\leqslant j\leqslant p)$), 则由式 (14.49) 可知 $\boldsymbol{a} = \boldsymbol{O}_{p\times 1}$, 这意味着观测数据 $\{z_j\}_{1\leqslant j\leqslant p}$ 对于估计 x 无任何贡献。

【注记 14.11】 若观测数据 $\{z_j\}_{1\leqslant j\leqslant p}$ 之间相互正交 (即 $\text{E}[z_{j_1}z_{j_2}] = 0\ (1\leqslant j_1 \neq j_2 \leqslant p)$), 则有

$$\boldsymbol{a} = \left[\left(x, \frac{z_1}{||z_1||}\right)\frac{1}{||z_1||} \quad \left(x, \frac{z_2}{||z_2||}\right)\frac{1}{||z_2||} \quad \cdots \quad \left(x, \frac{z_p}{||z_p||}\right)\frac{1}{||z_p||}\right]^{\text{T}} \tag{14.51}$$

式中 $||z_j|| = \sqrt{\text{E}[z_j^2]}\ (1\leqslant j\leqslant p)$。由式 (14.51) 可得

$$\hat{x}_{\text{LMMSE}} = \sum_{j=1}^{p}\left(x, \frac{z_j}{||z_j||}\right)\frac{z_j}{||z_j||} \tag{14.52}$$

式中每个分量 $\left(x, \frac{z_j}{||z_j||}\right)\frac{z_j}{||z_j||}$ 均为投影 $\left(x, \frac{z_j}{||z_j||}\right)$ 与观测数据单位矢量 $\frac{z_j}{||z_j||}$ 的乘积。

14.3 序贯线性最小均方误差估计器

第 4.2 节讨论了序贯线性最小二乘估计方法, 与之相似的是, 本节将讨论序贯线性最小均方误差估计方法。

14.3.1 未知参量为标量

为了便于数学分析, 这里考虑如下简单的线性观测模型①

$$\boldsymbol{z}_p = \boldsymbol{1}_{p\times 1}x + \boldsymbol{e}_p \quad (1\leqslant p\leqslant +\infty) \tag{14.53}$$

① 这里将观测向量表示成 $\boldsymbol{z}_p$ 是为了突出序贯估计, 其中观测量个数 p 是动态变化的。

其中: $\boldsymbol{z}_p \in \mathbf{R}^{p\times 1}$ 表示第 p 个时刻的观测向量; $\boldsymbol{e}_p \in \mathbf{R}^{p\times 1}$ 表示第 p 个时刻的观测误差向量, 假设其服从均值为零、协方差矩阵为 $\boldsymbol{E}_p = \sigma^2 \boldsymbol{I}_p$ 的高斯分布, σ 为观测误差标准差; x 表示随机型未知参量, 为标量, 其均值为零, 方差为 σ_x^2, 并且与观测误差 $\boldsymbol{e}_p$ 相互独立。针对未知参量 x, 下面推导两种序贯线性最小均方误差估计方法。

一、常规法

第一种方法是按照常规的思路推导序贯线性最小均方误差估计方法的递推公式。在第 p 个时刻, 根据式 (14.8) 可得线性最小均方误差估计值

$$\hat{x}_{\mathrm{LMMSE},p} = \mathrm{E}[x] + \boldsymbol{C}_{x\boldsymbol{z}_p}\boldsymbol{C}_{\boldsymbol{z}_p\boldsymbol{z}_p}^{-1}(\boldsymbol{z}_p - \mathrm{E}[\boldsymbol{z}_p]) = \boldsymbol{C}_{x\boldsymbol{z}_p}\boldsymbol{C}_{\boldsymbol{z}_p\boldsymbol{z}_p}^{-1}\boldsymbol{z}_p \tag{14.54}$$

式中

$$\begin{cases} \boldsymbol{C}_{x\boldsymbol{z}_p} = \mathrm{E}[(x-\mathrm{E}[x])(\boldsymbol{z}_p - \mathrm{E}[\boldsymbol{z}_p])^{\mathrm{T}}] = \mathrm{E}[x\boldsymbol{z}_p^{\mathrm{T}}] = \sigma_x^2 \boldsymbol{1}_{1\times p} \\ \boldsymbol{C}_{\boldsymbol{z}_p\boldsymbol{z}_p} = \mathrm{E}[(\boldsymbol{z}_p - \mathrm{E}[\boldsymbol{z}_p])(\boldsymbol{z}_p - \mathrm{E}[\boldsymbol{z}_p])^{\mathrm{T}}] = \sigma_x^2 \boldsymbol{1}_{p\times 1}\boldsymbol{1}_{1\times p} + \sigma^2 \boldsymbol{I}_p \end{cases} \tag{14.55}$$

将式 (14.55) 代入式 (14.54), 可得

$$\begin{aligned} \hat{x}_{\mathrm{LMMSE},p} &= \sigma_x^2 \boldsymbol{1}_{1\times p}(\sigma_x^2 \boldsymbol{1}_{p\times 1}\boldsymbol{1}_{1\times p} + \sigma^2 \boldsymbol{I}_p)^{-1}\boldsymbol{z}_p \\ &= \sigma_x^2 \boldsymbol{1}_{1\times p}\left(\sigma^{-2}\boldsymbol{I}_p - \frac{\sigma^{-4}\boldsymbol{1}_{p\times 1}\boldsymbol{1}_{1\times p}}{\sigma_x^{-2} + \sigma^{-2}\boldsymbol{1}_{1\times p}\boldsymbol{1}_{p\times 1}}\right)\boldsymbol{z}_p \\ &= \left(\frac{p\sigma_x^2}{\sigma^2} - \frac{p^2\sigma^{-2}\sigma_x^4}{\sigma^2 + p\sigma_x^2}\right)\bar{z}_p = \frac{p\sigma_x^2}{\sigma^2 + p\sigma_x^2}\bar{z}_p = \frac{\sigma_x^2}{\sigma_x^2 + \sigma^2/p}\bar{z}_p \end{aligned} \tag{14.56}$$

式中 $\bar{z}_p = \boldsymbol{1}_{1\times p}\boldsymbol{z}_p/p$ 表示观测向量 $\boldsymbol{z}_p$ 中的数据平均值。联合式 (14.9) 和式 (14.55) 可知, 估计值 $\hat{x}_{\mathrm{LMMSE},p}$ 的均方误差

$$\begin{aligned} \mathrm{MSE}(\hat{x}_{\mathrm{LMMSE},p}) &= C_{xx} - \boldsymbol{C}_{x\boldsymbol{z}_p}\boldsymbol{C}_{\boldsymbol{z}_p\boldsymbol{z}_p}^{-1}\boldsymbol{C}_{\boldsymbol{z}_p x} \\ &= \sigma_x^2 - \sigma_x^4 \boldsymbol{1}_{1\times p}(\sigma_x^2 \boldsymbol{1}_{p\times 1}\boldsymbol{1}_{1\times p} + \sigma^2 \boldsymbol{I}_p)^{-1}\boldsymbol{1}_{p\times 1} \\ &= \sigma_x^2 - \sigma_x^4 \boldsymbol{1}_{1\times p}\left(\sigma^{-2}\boldsymbol{I}_p - \frac{\sigma^{-4}\boldsymbol{1}_{p\times 1}\boldsymbol{1}_{1\times p}}{\sigma_x^{-2} + \sigma^{-2}\boldsymbol{1}_{1\times p}\boldsymbol{1}_{p\times 1}}\right)\boldsymbol{1}_{p\times 1} \\ &= \sigma_x^2 - p\sigma^{-2}\sigma_x^4 + \frac{p^2\sigma^{-4}\sigma_x^4}{\sigma_x^{-2} + p\sigma^{-2}} \\ &= \frac{\sigma^2\sigma_x^2}{\sigma^2 + p\sigma_x^2} \end{aligned} \tag{14.57}$$

下面推导未知参量估计值及其均方误差的更新公式。将第 $p+1$ 个时刻的观测向量记为 $\boldsymbol{z}_{p+1} \in \mathbf{R}^{(p+1)\times 1}$, 其与第 p 个时刻观测向量 $\boldsymbol{z}_p$ 之间的关系为 $\boldsymbol{z}_{p+1} = [\boldsymbol{z}_p^{\mathrm{T}} \quad z_{p+1}]^{\mathrm{T}}$, 其中 z_{p+1} 表示第 $p+1$ 个时刻新增的观测数据。根据式 (14.56) 可得

$$
\begin{aligned}
\hat{x}_{\mathrm{LMMSE},p+1} &= \frac{\sigma_x^2}{\sigma_x^2 + \sigma^2/(p+1)}\bar{z}_{p+1} = \frac{\sigma_x^2}{\sigma_x^2 + \sigma^2/(p+1)}\frac{1}{p+1}(p\bar{z}_p + z_{p+1}) \\
&= \frac{p\sigma_x^2}{(p+1)\sigma_x^2 + \sigma^2}\frac{\sigma_x^2 + \sigma^2/p}{\sigma_x^2}\hat{x}_{\mathrm{LMMSE},p} + \frac{\sigma_x^2}{(p+1)\sigma_x^2 + \sigma^2}z_{p+1} \\
&= \frac{p\sigma_x^2 + \sigma^2}{(p+1)\sigma_x^2 + \sigma^2}\hat{x}_{\mathrm{LMMSE},p} + \frac{\sigma_x^2}{(p+1)\sigma_x^2 + \sigma^2}z_{p+1} \\
&= \hat{x}_{\mathrm{LMMSE},p} - \frac{\sigma_x^2}{(p+1)\sigma_x^2 + \sigma^2}\hat{x}_{\mathrm{LMMSE},p} + \frac{\sigma_x^2}{(p+1)\sigma_x^2 + \sigma^2}z_{p+1} \\
&= \hat{x}_{\mathrm{LMMSE},p} + \frac{\sigma_x^2}{(p+1)\sigma_x^2 + \sigma^2}(z_{p+1} - \hat{x}_{\mathrm{LMMSE},p})
\end{aligned}
\tag{14.58}
$$

若令 $H_{p+1} = \dfrac{\sigma_x^2}{(p+1)\sigma_x^2 + \sigma^2}$, 则由式 (14.58) 可知

$$
\hat{x}_{\mathrm{LMMSE},p+1} = \hat{x}_{\mathrm{LMMSE},p} + H_{p+1}(z_{p+1} - \hat{x}_{\mathrm{LMMSE},p}) \tag{14.59}
$$

同时利用式 (14.57) 可以推得

$$
H_{p+1} = \frac{\mathrm{MSE}(\hat{x}_{\mathrm{LMMSE},p})}{\sigma^2 + \mathrm{MSE}(\hat{x}_{\mathrm{LMMSE},p})} \tag{14.60}
$$

此外, 由式 (14.57) 还可知

$$
\begin{aligned}
\mathrm{MSE}(\hat{x}_{\mathrm{LMMSE},p+1}) &= \frac{\sigma^2\sigma_x^2}{\sigma^2 + (p+1)\sigma_x^2} \\
&= \frac{\sigma^2\sigma_x^2}{\sigma^2 + p\sigma_x^2}\frac{\sigma^2 + p\sigma_x^2}{\sigma^2 + (p+1)\sigma_x^2} \\
&= (1 - H_{p+1}) \cdot \mathrm{MSE}(\hat{x}_{\mathrm{LMMSE},p})
\end{aligned}
\tag{14.61}
$$

结合式 (14.56)、式 (14.57)、式 (14.59)、式 (14.60) 和式 (14.61), 表 14.1 给出利用 $\hat{x}_{\mathrm{LMMSE},p}$ 递推求解 $\hat{x}_{\mathrm{LMMSE},p+1}$ 的计算步骤。

表 14.1　利用 $\hat{x}_{\mathrm{LMMSE},p}$ 递推求解 $\hat{x}_{\mathrm{LMMSE},p+1}$ 的计算步骤

步骤	求解方法
1	令 $p:=1$, 并计算 $\hat{x}_{\mathrm{LMMSE},p}=\dfrac{\sigma_x^2}{\sigma_x^2+\sigma^2/p}\bar{z}_p$ 和 $\mathrm{MSE}(\hat{x}_{\mathrm{LMMSE},p})=\dfrac{\sigma^2\sigma_x^2}{\sigma^2+p\sigma_x^2}$
2	计算 $H_{p+1}=\dfrac{\mathrm{MSE}(\hat{x}_{\mathrm{LMMSE},p})}{\sigma^2+\mathrm{MSE}(\hat{x}_{\mathrm{LMMSE},p})}$
3	计算 $\hat{x}_{\mathrm{LMMSE},p+1}=\hat{x}_{\mathrm{LMMSE},p}+H_{p+1}(z_{p+1}-\hat{x}_{\mathrm{LMMSE},p})$
4	计算 $\mathrm{MSE}(\hat{x}_{\mathrm{LMMSE},p+1})=(1-H_{p+1})\mathrm{MSE}(\hat{x}_{\mathrm{LMMSE},p})$, 并令 $p:=p+1$, 然后转至步骤 2

二、Gram-Schmidt 正交化方法

第二种方法是从另一种角度来推导序贯线性最小均方误差估计方法的递推公式, 其中需要利用 Gram-Schmidt 正交化过程, 具体可见如下命题。

【命题 14.4】基于零均值观测数据 $\{z_j\}_{1\leqslant j\leqslant+\infty}$，可以构造新的观测数据 $\{\tilde{z}_j\}_{1\leqslant j\leqslant+\infty}$, 如下式所示

$$\begin{cases}\tilde{z}_1=z_1\\ \tilde{z}_2=z_2-\hat{z}(2|1)\\ \tilde{z}_3=z_3-\hat{z}(3|1,2)\\ \quad\vdots\\ \tilde{z}_p=z_p-\hat{z}(p|1,2,\cdots,p-1)\\ \quad\vdots\end{cases}\tag{14.62}$$

式中 $\hat{z}(p|1,2,\cdots,p-1)$ 表示基于观测数据 $\{z_j\}_{1\leqslant j\leqslant p-1}$ 关于 z_p 的线性最小均方误差估计值, 故新构造出的观测数据 $\{\tilde{z}_j\}_{1\leqslant j\leqslant+\infty}$ 是相互正交的。

【证明】若观测数据 $\{z_j\}_{1\leqslant j\leqslant+\infty}$ 是零均值的, 则由式 (14.62) 构造出的观测数据 $\{\tilde{z}_j\}_{1\leqslant j\leqslant+\infty}$ 也是零均值的。根据正交性原理式 (14.45) 可知

$$\mathrm{E}[\tilde{z}_p z_j]=\mathrm{E}[(z_p-\hat{z}(p|1,2,\cdots,p-1))z_j]=0\quad(1\leqslant j\leqslant p-1)\tag{14.63}$$

不难验证 $\{\tilde{z}_j\}_{1\leqslant j\leqslant p-1}$ 是关于 $\{z_j\}_{1\leqslant j\leqslant p-1}$ 的线性组合, 此时结合式 (14.63) 可得

$$\mathrm{E}[\tilde{z}_p\tilde{z}_j]=0\quad(1\leqslant j\leqslant p-1)\tag{14.64}$$

由于式 (14.64) 对于任意正整数 p 都成立, 于是新构造出的观测数据 $\{\tilde{z}_j\}_{1\leqslant j\leqslant+\infty}$ 是相互正交的。证毕。

【注记 14.12】由观测数据 $\{z_j\}_{1\leqslant j\leqslant+\infty}$ 获得观测数据 $\{\tilde{z}_j\}_{1\leqslant j\leqslant+\infty}$ 的过程称为 Gram-Schmidt 正交化过程。

基于命题 14.4 还可以得到如下结论。

【命题 14.5】现有零均值观测数据 $\{z_j\}_{1\leqslant j\leqslant p}$ 及其 Gram-Schmidt 正交化后的观测数据 $\{\tilde{z}_j\}_{1\leqslant j\leqslant p}$, 若 x 为随机型未知参量, 则基于观测数据 $\{z_j\}_{1\leqslant j\leqslant p}$ 给出的关于 x 的线性最小均方误差估计值与基于观测数据 $\{\tilde{z}_j\}_{1\leqslant j\leqslant p}$ 给出的关于 x 的线性最小均方误差估计值是相等的。

【证明】分别令 $\boldsymbol{z}_p=[z_1\ z_2\ \cdots\ z_p]^{\mathrm{T}}$ 和 $\tilde{\boldsymbol{z}}_p=[\tilde{z}_1\ \tilde{z}_2\ \cdots\ \tilde{z}_p]^{\mathrm{T}}$, 由式 (14.62) 可知

$$\tilde{\boldsymbol{z}}_p=\boldsymbol{L}\boldsymbol{z}_p\Rightarrow\boldsymbol{z}_p=\boldsymbol{L}^{-1}\tilde{\boldsymbol{z}}_p \tag{14.65}$$

式中 $\boldsymbol{L}$ 为对角元素均为 1 的下三角矩阵, 则有

$$\begin{aligned}\boldsymbol{C}_{x\tilde{\boldsymbol{z}}_p}&=\mathrm{E}[(x-\mathrm{E}[x])\tilde{\boldsymbol{z}}_p^{\mathrm{T}}]=\mathrm{E}[(x-\mathrm{E}[x])\boldsymbol{z}_p^{\mathrm{T}}]\boldsymbol{L}^{\mathrm{T}}=\boldsymbol{C}_{x\boldsymbol{z}_p}\boldsymbol{L}^{\mathrm{T}}\\&\Rightarrow\boldsymbol{C}_{x\boldsymbol{z}_p}=\boldsymbol{C}_{x\tilde{\boldsymbol{z}}_p}\boldsymbol{L}^{-\mathrm{T}}\end{aligned} \tag{14.66}$$

$$\begin{aligned}\boldsymbol{C}_{\tilde{\boldsymbol{z}}_p\tilde{\boldsymbol{z}}_p}&=\mathrm{E}[\tilde{\boldsymbol{z}}_p\tilde{\boldsymbol{z}}_p^{\mathrm{T}}]=\boldsymbol{L}\mathrm{E}[\boldsymbol{z}_p\boldsymbol{z}_p^{\mathrm{T}}]\boldsymbol{L}^{\mathrm{T}}=\boldsymbol{L}\boldsymbol{C}_{\boldsymbol{z}_p\boldsymbol{z}_p}\boldsymbol{L}^{\mathrm{T}}\\&\Rightarrow\boldsymbol{C}_{\boldsymbol{z}_p\boldsymbol{z}_p}=\boldsymbol{L}^{-1}\boldsymbol{C}_{\tilde{\boldsymbol{z}}_p\tilde{\boldsymbol{z}}_p}\boldsymbol{L}^{-\mathrm{T}}\end{aligned} \tag{14.67}$$

联合式 (14.8)、式 (14.65)、式 (14.66) 和式 (14.67) 可知, 基于观测数据 $\{z_j\}_{1\leqslant j\leqslant p}$ 给出的关于 x 的线性最小均方误差估计值

$$\begin{aligned}\hat{x}_{\mathrm{LMMSE}}&=\mathrm{E}[x]+\boldsymbol{C}_{x\boldsymbol{z}_p}\boldsymbol{C}_{\boldsymbol{z}_p\boldsymbol{z}_p}^{-1}\boldsymbol{z}_p=\mathrm{E}[x]+\boldsymbol{C}_{x\tilde{\boldsymbol{z}}_p}\boldsymbol{L}^{-\mathrm{T}}\boldsymbol{L}^{\mathrm{T}}\boldsymbol{C}_{\tilde{\boldsymbol{z}}_p\tilde{\boldsymbol{z}}_p}^{-1}\boldsymbol{L}\boldsymbol{L}^{-1}\tilde{\boldsymbol{z}}_p\\&=\mathrm{E}[x]+\boldsymbol{C}_{x\tilde{\boldsymbol{z}}_p}\boldsymbol{C}_{\tilde{\boldsymbol{z}}_p\tilde{\boldsymbol{z}}_p}^{-1}\tilde{\boldsymbol{z}}_p\end{aligned} \tag{14.68}$$

式 (14.68) 最右侧是基于观测数据 $\{\tilde{z}_j\}_{1\leqslant j\leqslant p}$ 给出的关于 x 的线性最小均方误差估计值。证毕。

根据命题 14.5 中的结论可知, 可以利用 Gram-Schmidt 正交化后的观测数据 $\{\tilde{z}_j\}_{1\leqslant j\leqslant\infty}$ 对观测模型式 (14.53) 中的未知参量 x 进行估计, 并得到其递推公式。假设有 $p+1$ 个观测数据 $\{\tilde{z}_j\}_{1\leqslant j\leqslant p+1}$, 它们彼此间相互正交, 此时根据式 (14.52) 和式 (14.62) 可知

$$\begin{aligned}\hat{x}_{\mathrm{LMMSE},p+1}&=\sum_{j=1}^{p+1}\left(x,\frac{\tilde{z}_j}{||\tilde{z}_j||}\right)\frac{\tilde{z}_j}{||\tilde{z}_j||}\\&=\sum_{j=1}^{p+1}G_j\tilde{z}_j=G_1z_1+\sum_{j=2}^{p+1}G_j(z_j-\hat{z}(j|1,2,\cdots,j-1))\end{aligned} \tag{14.69}$$

式中

$$G_1 = \frac{\mathrm{E}[xz_1]}{\mathrm{E}[z_1^2]}, \quad G_j = \frac{\mathrm{E}[x\tilde{z}_j]}{\mathrm{E}[\tilde{z}_j^2]} = \frac{\mathrm{E}[x(z_j - \hat{z}(j|1,2,\cdots,j-1))]}{\mathrm{E}[(z_j - \hat{z}(j|1,2,\cdots,j-1))^2]} \quad (2 \leqslant j \leqslant p+1) \tag{14.70}$$

利用式 (14.69) 可以得到如下递推公式

$$\hat{x}_{\mathrm{LMMSE},p+1} = \hat{x}_{\mathrm{LMMSE},p} + G_{p+1}(z_{p+1} - \hat{z}(p+1|1,2,\cdots,p)) \tag{14.71}$$

下面将继续推导 $\hat{z}(p+1|1,2,\cdots,p)$ 和 G_{p+1} 的表达式。首先令 $\boldsymbol{z}_p = [z_1 \quad z_2 \quad \cdots \quad z_p]^{\mathrm{T}}$, 由式 (14.8) 可得

$$\hat{z}(p+1|1,2,\cdots,p) = \boldsymbol{C}_{z_{p+1}\boldsymbol{z}_p}\boldsymbol{C}_{\boldsymbol{z}_p\boldsymbol{z}_p}^{-1}\boldsymbol{z}_p = \boldsymbol{C}_{x\boldsymbol{z}_p}\boldsymbol{C}_{\boldsymbol{z}_p\boldsymbol{z}_p}^{-1}\boldsymbol{z}_p + \boldsymbol{C}_{e_{p+1}\boldsymbol{z}_p}\boldsymbol{C}_{\boldsymbol{z}_p\boldsymbol{z}_p}^{-1}\boldsymbol{z}_p \tag{14.72}$$

其中: z_{p+1} 表示第 $p+1$ 个时刻新增的观测数据, e_{p+1} 表示 z_{p+1} 中的观测误差。由于 $\boldsymbol{C}_{e_{p+1}\boldsymbol{z}_p} = \boldsymbol{O}_{1\times p}$, 于是有

$$\hat{z}(p+1|1,2,\cdots,p) = \boldsymbol{C}_{x\boldsymbol{z}_p}\boldsymbol{C}_{\boldsymbol{z}_p\boldsymbol{z}_p}^{-1}\boldsymbol{z}_p = \hat{x}_{\mathrm{LMMSE},p} \tag{14.73}$$

结合式 (14.70) 和式 (14.73), 可知

$$G_{p+1} = \frac{\mathrm{E}[x(z_{p+1} - \hat{z}(p+1|1,2,\cdots,p))]}{\mathrm{E}[(z_{p+1} - \hat{z}(p+1|1,2,\cdots,p))^2]} = \frac{\mathrm{E}[x(z_{p+1} - \hat{x}_{\mathrm{LMMSE},p})]}{\mathrm{E}[(z_{p+1} - \hat{x}_{\mathrm{LMMSE},p})^2]} \tag{14.74}$$

由于 $z_{p+1} - \hat{x}_{\mathrm{LMMSE},p} = \tilde{z}_{p+1}$ 与观测数据 $\{z_j\}_{1\leqslant j\leqslant p}$ 正交, 并且 $\hat{x}_{\mathrm{LMMSE},p}$ 是关于观测数据 $\{z_j\}_{1\leqslant j\leqslant p}$ 的线性组合, 因此 $\tilde{z}_{p+1}$ 与 $\hat{x}_{\mathrm{LMMSE},p}$ 也是正交的, 由此可得

$$\begin{aligned}\mathrm{E}[x(z_{p+1} - \hat{x}_{\mathrm{LMMSE},p})] &= \mathrm{E}[(x - \hat{x}_{\mathrm{LMMSE},p})(z_{p+1} - \hat{x}_{\mathrm{LMMSE},p})] \\ &= \mathrm{E}[(x - \hat{x}_{\mathrm{LMMSE},p})(e_{p+1} + x - \hat{x}_{\mathrm{LMMSE},p})] \\ &= \mathrm{E}[(x - \hat{x}_{\mathrm{LMMSE},p})^2] + \mathrm{E}[(x - \hat{x}_{\mathrm{LMMSE},p})e_{p+1}] \\ &= \mathrm{E}[(x - \hat{x}_{\mathrm{LMMSE},p})^2] = \mathrm{MSE}(\hat{x}_{\mathrm{LMMSE},p})\end{aligned} \tag{14.75}$$

式 (14.75) 中的第 4 个等号利用了关系式 $\mathrm{E}[(x - \hat{x}_{\mathrm{LMMSE},p})e_{p+1}] = 0$。同时还有

$$\begin{aligned}\mathrm{E}[(z_{p+1} - \hat{x}_{\mathrm{LMMSE},p})^2] &= \mathrm{E}[(e_{p+1} + x - \hat{x}_{\mathrm{LMMSE},p})^2] \\ &= \mathrm{E}[(x - \hat{x}_{\mathrm{LMMSE},p})^2] + \mathrm{E}[e_{p+1}^2] + 2\mathrm{E}[(x - \hat{x}_{\mathrm{LMMSE},p})e_{p+1}] \\ &= \sigma^2 + \mathrm{MSE}(\hat{x}_{\mathrm{LMMSE},p})\end{aligned} \tag{14.76}$$

将式 (14.75) 和式 (14.76) 代入式 (14.74), 可知

$$G_{p+1}=\frac{\mathrm{MSE}(\hat{x}_{\mathrm{LMMSE},p})}{\sigma^2+\mathrm{MSE}(\hat{x}_{\mathrm{LMMSE},p})} \tag{14.77}$$

随后将式 (14.73) 代入式 (14.71), 可得

$$\hat{x}_{\mathrm{LMMSE},p+1}=\hat{x}_{\mathrm{LMMSE},p}+G_{p+1}(z_{p+1}-\hat{x}_{\mathrm{LMMSE},p}) \tag{14.78}$$

下面还需要推导均方误差 $\mathrm{MSE}(\hat{x}_{\mathrm{LMMSE},p})$ 的递推公式。基于式 (14.78) 可知

$$\begin{aligned}\mathrm{MSE}(\hat{x}_{\mathrm{LMMSE},p+1})&=\mathrm{E}[(x-\hat{x}_{\mathrm{LMMSE},p+1})^2]\\&=\mathrm{E}[(x-\hat{x}_{\mathrm{LMMSE},p}-G_{p+1}(z_{p+1}-\hat{x}_{\mathrm{LMMSE},p}))^2]\\&=\mathrm{MSE}(\hat{x}_{\mathrm{LMMSE},p})+G_{p+1}^2\mathrm{E}[(z_{p+1}-\hat{x}_{\mathrm{LMMSE},p})^2]\\&\quad-2G_{p+1}\mathrm{E}[(x-\hat{x}_{\mathrm{LMMSE},p})(z_{p+1}-\hat{x}_{\mathrm{LMMSE},p})]\end{aligned} \tag{14.79}$$

将式 (14.76) 代入式 (14.79) 可得①

$$\begin{aligned}\mathrm{MSE}(\hat{x}_{\mathrm{LMMSE},p+1})=&\,\mathrm{MSE}(\hat{x}_{\mathrm{LMMSE},p})+G_{p+1}^2(\sigma^2+\mathrm{MSE}(\hat{x}_{\mathrm{LMMSE},p}))\\&-2G_{p+1}\mathrm{MSE}(\hat{x}_{\mathrm{LMMSE},p})\end{aligned} \tag{14.80}$$

联合式 (14.77) 和式 (14.80) 可知

$$\mathrm{MSE}(\hat{x}_{\mathrm{LMMSE},p+1})=(1-G_{p+1})\mathrm{MSE}(\hat{x}_{\mathrm{LMMSE},p}) \tag{14.81}$$

【注记 14.13】式 (14.78)、式 (14.77) 和式 (14.81) 分别与式 (14.59)、式 (14.60) 和式 (14.61) 相一致, 因此两种方法得到的结论是完全相同的。

【注记 14.14】上述推导过程可以推广至更为复杂的观测模型中。

14.3.2 未知参量为向量

这里考虑如下更具普适性的线性观测模型

$$\boldsymbol{z}_p=\boldsymbol{A}_p\boldsymbol{x}+\boldsymbol{e}_p\quad(1\leqslant p\leqslant+\infty) \tag{14.82}$$

其中: $\boldsymbol{z}_p\in\mathbf{R}^{p\times 1}$ 表示第 p 个时刻的观测向量; $\boldsymbol{e}_p\in\mathbf{R}^{p\times 1}$ 表示第 p 个时刻的观测误差向量, 假设其服从均值为零、协方差矩阵为 $\boldsymbol{E}_p=\mathrm{diag}[\sigma_1^2\quad\sigma_2^2\quad\cdots\quad\sigma_p^2]$

① 注意到 $\mathrm{E}[(x-\hat{x}_{\mathrm{LMMSE},p})(z_{p+1}-\hat{x}_{\mathrm{LMMSE},p})]=\mathrm{E}[(x-\hat{x}_{\mathrm{LMMSE},p})(e_{p+1}+x-\hat{x}_{\mathrm{LMMSE},p})]=\mathrm{E}[(x-\hat{x}_{\mathrm{LMMSE},p})e_{p+1}]+\mathrm{MSE}(\hat{x}_{\mathrm{LMMSE},p})=\mathrm{MSE}(\hat{x}_{\mathrm{L,MMSE},p})$。

的高斯分布, σ_j 表示第 j 个时刻的观测误差标准差; $\boldsymbol{x} \in \mathbf{R}^{q\times 1}$ 表示随机型未知参量, 它是向量, 其均值为 $\boldsymbol{\mu}_{\boldsymbol{x}}$, 协方差矩阵为 $\boldsymbol{C}_{\boldsymbol{xx}}$, 并且与观测误差 $\boldsymbol{e}_p$ 相互独立。针对未知参量 $\boldsymbol{x}$, 下面推导序贯线性最小均方误差估计方法。

在第 p 个时刻, 根据式 (14.16) 可得线性最小均方误差估计值

$$\hat{\boldsymbol{x}}_{\text{LMMSE},p} = \boldsymbol{\mu}_{\boldsymbol{x}} + \boldsymbol{C}_{\boldsymbol{x}\boldsymbol{z}_p}\boldsymbol{C}_{\boldsymbol{z}_p\boldsymbol{z}_p}^{-1}(\boldsymbol{z}_p - \text{E}[\boldsymbol{z}_p]) \tag{14.83}$$

式中

$$\begin{cases} \boldsymbol{C}_{\boldsymbol{x}\boldsymbol{z}_p} = \text{E}[(\boldsymbol{x} - \text{E}[\boldsymbol{x}])(\boldsymbol{z}_p - \text{E}[\boldsymbol{z}_p])^{\text{T}}] = \boldsymbol{C}_{\boldsymbol{xx}}\boldsymbol{A}_p^{\text{T}} \\ \boldsymbol{C}_{\boldsymbol{z}_p\boldsymbol{z}_p} = \text{E}[(\boldsymbol{z}_p - \text{E}[\boldsymbol{z}_p])(\boldsymbol{z}_p - \text{E}[\boldsymbol{z}_p])^{\text{T}}] = \boldsymbol{A}_p\boldsymbol{C}_{\boldsymbol{xx}}\boldsymbol{A}_p^{\text{T}} + \boldsymbol{E}_p \end{cases} \tag{14.84}$$

将式 (14.84) 代入式 (14.83), 可得

$$\hat{\boldsymbol{x}}_{\text{LMMSE},p} = \boldsymbol{\mu}_{\boldsymbol{x}} + \boldsymbol{C}_{\boldsymbol{xx}}\boldsymbol{A}_p^{\text{T}}(\boldsymbol{A}_p\boldsymbol{C}_{\boldsymbol{xx}}\boldsymbol{A}_p^{\text{T}} + \boldsymbol{E}_p)^{-1}(\boldsymbol{z}_p - \text{E}[\boldsymbol{z}_p]) \tag{14.85}$$

联合式 (14.17)、式 (14.34) 和式 (14.84) 可知, 估计值 $\hat{\boldsymbol{x}}_{\text{LMMSE},p}$ 的均方误差矩阵

$$\begin{aligned} \mathbf{MSE}(\hat{\boldsymbol{x}}_{\text{LMMSE},p}) &= \boldsymbol{C}_{\boldsymbol{xx}} - \boldsymbol{C}_{\boldsymbol{x}\boldsymbol{z}_p}\boldsymbol{C}_{\boldsymbol{z}_p\boldsymbol{z}_p}^{-1}\boldsymbol{C}_{\boldsymbol{z}_p\boldsymbol{x}} \\ &= \boldsymbol{C}_{\boldsymbol{xx}} - \boldsymbol{C}_{\boldsymbol{xx}}\boldsymbol{A}_p^{\text{T}}(\boldsymbol{A}_p\boldsymbol{C}_{\boldsymbol{xx}}\boldsymbol{A}_p^{\text{T}} + \boldsymbol{E}_p)^{-1}\boldsymbol{A}_p\boldsymbol{C}_{\boldsymbol{xx}} \\ &= (\boldsymbol{C}_{\boldsymbol{xx}}^{-1} + \boldsymbol{A}_p^{\text{T}}\boldsymbol{E}_p^{-1}\boldsymbol{A}_p)^{-1} \end{aligned} \tag{14.86}$$

下面推导未知参量估计值及其均方误差矩阵的更新公式。将第 $p+1$ 个时刻的观测向量记为 $\boldsymbol{z}_{p+1} \in \mathbf{R}^{(p+1)\times 1}$, 其与第 p 个时刻观测向量 $\boldsymbol{z}_p$ 之间的关系为 $\boldsymbol{z}_{p+1} = [\boldsymbol{z}_p^{\text{T}} \quad z_{p+1}]^{\text{T}}$, 其中 z_{p+1} 表示第 $p+1$ 个时刻新增的观测数据。根据式 (14.85) 可知

$$\hat{\boldsymbol{x}}_{\text{LMMSE},p+1} = \boldsymbol{\mu}_{\boldsymbol{x}} + \boldsymbol{C}_{\boldsymbol{xx}}\boldsymbol{A}_{p+1}^{\text{T}}(\boldsymbol{A}_{p+1}\boldsymbol{C}_{\boldsymbol{xx}}\boldsymbol{A}_{p+1}^{\text{T}} + \boldsymbol{E}_{p+1})^{-1}(\boldsymbol{z}_{p+1} - \text{E}[\boldsymbol{z}_{p+1}]) \tag{14.87}$$

将矩阵 $\boldsymbol{A}_{p+1}$ 和 $\boldsymbol{E}_{p+1}$ 分块表示为

$$\boldsymbol{A}_{p+1} = \begin{bmatrix} \boldsymbol{A}_p \\ \boldsymbol{a}_{p+1}^{\text{T}} \end{bmatrix}, \quad \boldsymbol{E}_{p+1} = \begin{bmatrix} \boldsymbol{E}_p & \boldsymbol{O}_{p\times 1} \\ \boldsymbol{O}_{1\times p} & \sigma_{p+1}^2 \end{bmatrix} \tag{14.88}$$

将式 (14.88) 代入式 (14.87), 可得

$$\begin{aligned} \hat{\boldsymbol{x}}_{\text{LMMSE},p+1} = \boldsymbol{\mu}_{\boldsymbol{x}} + \boldsymbol{C}_{\boldsymbol{xx}}[\boldsymbol{A}_p^{\text{T}} \quad \boldsymbol{a}_{p+1}] &\left[\begin{array}{c:c} \boldsymbol{A}_p\boldsymbol{C}_{\boldsymbol{xx}}\boldsymbol{A}_p^{\text{T}} + \boldsymbol{E}_p & \boldsymbol{A}_p\boldsymbol{C}_{\boldsymbol{xx}}\boldsymbol{a}_{p+1} \\ \hdashline \boldsymbol{a}_{p+1}^{\text{T}}\boldsymbol{C}_{\boldsymbol{xx}}\boldsymbol{A}_p^{\text{T}} & \boldsymbol{a}_{p+1}^{\text{T}}\boldsymbol{C}_{\boldsymbol{xx}}\boldsymbol{a}_{p+1} + \sigma_{p+1}^2 \end{array}\right]^{-1} \\ &\times \begin{bmatrix} \boldsymbol{z}_p - \text{E}[\boldsymbol{z}_p] \\ z_{p+1} - \text{E}[z_{p+1}] \end{bmatrix} \end{aligned}$$

$$= \hat{\boldsymbol{x}}_{\mathrm{LMMSE},p} + \frac{\mathbf{MSE}(\hat{\boldsymbol{x}}_{\mathrm{LMMSE},p})\boldsymbol{a}_{p+1}(z_{p+1} - \boldsymbol{a}_{p+1}^{\mathrm{T}}\hat{\boldsymbol{x}}_{\mathrm{LMMSE},p})}{\sigma_{p+1}^2 + \boldsymbol{a}_{p+1}^{\mathrm{T}}\mathbf{MSE}(\hat{\boldsymbol{x}}_{\mathrm{LMMSE},p})\boldsymbol{a}_{p+1}} \tag{14.89}$$

式 (14.89) 中第 2 个等式的推导见附录 N。若令

$$\boldsymbol{H}_{p+1} = \frac{\mathbf{MSE}(\hat{\boldsymbol{x}}_{\mathrm{LMMSE},p})\boldsymbol{a}_{p+1}}{\sigma_{p+1}^2 + \boldsymbol{a}_{p+1}^{\mathrm{T}}\mathbf{MSE}(\hat{\boldsymbol{x}}_{\mathrm{LMMSE},p})\boldsymbol{a}_{p+1}} \tag{14.90}$$

则可将式 (14.89) 重新表示为

$$\hat{\boldsymbol{x}}_{\mathrm{LMMSE},p+1} = \hat{\boldsymbol{x}}_{\mathrm{LMMSE},p} + \boldsymbol{H}_{p+1}(z_{p+1} - \boldsymbol{a}_{p+1}^{\mathrm{T}}\hat{\boldsymbol{x}}_{\mathrm{LMMSE},p}) \tag{14.91}$$

接着将式 (14.88) 代入式 (14.86), 可得

$$\begin{aligned}
\mathbf{MSE}(\hat{\boldsymbol{x}}_{\mathrm{LMMSE},p+1}) &= \boldsymbol{C}_{\boldsymbol{xx}} - \boldsymbol{C}_{\boldsymbol{xx}}[\boldsymbol{A}_p^{\mathrm{T}} \quad \boldsymbol{a}_{p+1}] \\
&\quad \times \left[\begin{array}{c:c} \boldsymbol{A}_p\boldsymbol{C}_{\boldsymbol{xx}}\boldsymbol{A}_p^{\mathrm{T}} + \boldsymbol{E}_p & \boldsymbol{A}_p\boldsymbol{C}_{\boldsymbol{xx}}\boldsymbol{a}_{p+1} \\ \hdashline \boldsymbol{a}_{p+1}^{\mathrm{T}}\boldsymbol{C}_{\boldsymbol{xx}}\boldsymbol{A}_p^{\mathrm{T}} & \boldsymbol{a}_{p+1}^{\mathrm{T}}\boldsymbol{C}_{\boldsymbol{xx}}\boldsymbol{a}_{p+1} + \sigma_{p+1}^2 \end{array}\right]^{-1} \begin{bmatrix} \boldsymbol{A}_p \\ \boldsymbol{a}_{p+1}^{\mathrm{T}} \end{bmatrix} \boldsymbol{C}_{\boldsymbol{xx}} \\
&= \mathbf{MSE}(\hat{\boldsymbol{x}}_{\mathrm{LMMSE},p}) \\
&\quad - \frac{\mathbf{MSE}(\hat{\boldsymbol{x}}_{\mathrm{LMMSE},p})\boldsymbol{a}_{p+1}\boldsymbol{a}_{p+1}^{\mathrm{T}}\mathbf{MSE}(\hat{\boldsymbol{x}}_{\mathrm{LMMSE},p})}{\sigma_{p+1}^2 + \boldsymbol{a}_{p+1}^{\mathrm{T}}\mathbf{MSE}(\hat{\boldsymbol{x}}_{\mathrm{LMMSE},p})\boldsymbol{a}_{p+1}} \\
&= (\boldsymbol{I}_q - \boldsymbol{H}_{p+1}\boldsymbol{a}_{p+1}^{\mathrm{T}})\mathbf{MSE}(\hat{\boldsymbol{x}}_{\mathrm{LMMSE},p})
\end{aligned} \tag{14.92}$$

式 (14.92) 中第 2 个等式的推导见附录 O。

结合式 (14.90)、式 (14.91) 和式 (14.92), 利用 $\hat{\boldsymbol{x}}_{\mathrm{LMMSE},p}$ 递推求解 $\hat{\boldsymbol{x}}_{\mathrm{LMMSE},p+1}$ 的计算步骤见表 14.2。

表 14.2 利用 $\hat{\boldsymbol{x}}_{\mathrm{LMMSE},p}$ 递推求解 $\hat{\boldsymbol{x}}_{\mathrm{LMMSE},p+1}$ 的计算步骤

步骤	求解方法
1	令 $p := 0$, 并计算 $\hat{\boldsymbol{x}}_{\mathrm{LMMSE},p} = \boldsymbol{\mu}_{\boldsymbol{x}}$ 和 $\mathbf{MSE}(\hat{\boldsymbol{x}}_{\mathrm{LMMSE},p}) = \boldsymbol{C}_{\boldsymbol{xx}}$
2	计算 $\boldsymbol{H}_{p+1} = \dfrac{\mathbf{MSE}(\hat{\boldsymbol{x}}_{\mathrm{LMMSE},p})\boldsymbol{a}_{p+1}}{\sigma_{p+1}^2 + \boldsymbol{a}_{p+1}^{\mathrm{T}} \cdot \mathbf{MSE}(\hat{\boldsymbol{x}}_{\mathrm{LMMSE},p})\boldsymbol{a}_{p+1}}$
3	计算 $\hat{\boldsymbol{x}}_{\mathrm{LMMSE},p+1} = \hat{\boldsymbol{x}}_{\mathrm{LMMSE},p} + \boldsymbol{H}_{p+1}(z_{p+1} - \boldsymbol{a}_{p+1}^{\mathrm{T}}\hat{\boldsymbol{x}}_{\mathrm{LMMSE},p})$
4	计算 $\mathbf{MSE}(\hat{\boldsymbol{x}}_{\mathrm{LMMSE},p+1}) = (\boldsymbol{I}_q - \boldsymbol{H}_{p+1}\boldsymbol{a}_{p+1}^{\mathrm{T}})\mathbf{MSE}(\hat{\boldsymbol{x}}_{\mathrm{LMMSE},p})$, 并令 $p := p+1$, 然后转至步骤 2

【注记 14.15】表 14.2 中计算方法的步骤 1 是初始化过程, 整个计算步骤与第 14.3.1 节针对标量参量的计算步骤相类似。

第 15 章 贝叶斯估计理论与方法 Ⅳ: 线性卡尔曼滤波

线性卡尔曼滤波是一种基于线性系统状态方程, 利用系统输入和输出观测数据对系统状态进行最优估计的方法。由于观测数据中包含系统中的误差, 所以最优估计也可以看成是滤波过程。需要指出的是, 在高斯误差条件下, 卡尔曼滤波器是最小均方误差 (Mimimum Mean Square Error, MMSE) 估计器; 在非高斯误差条件下, 卡尔曼滤波器则是线性最小均方误差 (Linear Mimimum Mean Square Error, LMMSE) 估计器。[43]

15.1 线性系统状态估计问题的数学模型与新息序列

假设某线性随机动态系统, 其中包含状态转移方程和观测方程, 分别为

$$\boldsymbol{x}_{k+1} = \boldsymbol{T}_k \boldsymbol{x}_k + \boldsymbol{\Gamma}_k \boldsymbol{\xi}_k \tag{15.1}$$

$$\boldsymbol{z}_k = \boldsymbol{A}_k \boldsymbol{x}_k + \boldsymbol{e}_k \tag{15.2}$$

其中: k 表示离散整数, 可以指离散时间; $\boldsymbol{x}_k \in \mathbf{R}^{q\times 1}$ 表示 k 时刻系统状态向量; $\boldsymbol{T}_k \in \mathbf{R}^{q\times q}$ 表示系统状态转移矩阵; $\boldsymbol{\xi}_k$ 表示状态演化误差 (或称过程误差) 向量; $\boldsymbol{z}_k \in \mathbf{R}^{p\times 1}$ 表示观测向量; $\boldsymbol{A}_k \in \mathbf{R}^{p\times q}$ 表示观测矩阵; $\boldsymbol{e}_k \in \mathbf{R}^{p\times 1}$ 表示观测误差向量。

将直至 k 时刻所有观测向量构成的集合记为

$$\mathbf{Z}(k) = \{\boldsymbol{z}_1, \boldsymbol{z}_2, \cdots, \boldsymbol{z}_k\} \tag{15.3}$$

若基于观测信息 $\mathbf{Z}(k)$ 对状态向量 $\boldsymbol{x}_k$ 进行估计, 则称此过程为状态滤波; 若基于观测信息 $\mathbf{Z}(k)$ 对状态向量 $\boldsymbol{x}_{k+l}$ $(l>0)$ 进行估计, 则称此过程为状态预测; 若基于观测信息 $\mathbf{Z}(k)$ 对状态向量 $\boldsymbol{x}_{k-l}$ $(l>0)$ 进行估计, 则称此过程为状态平滑。

假设式 (15.1) 和式 (15.2) 中的误差均服从高斯分布, 若基于观测信息 $\mathbf{Z}(k-1)$ 对观测向量 $\boldsymbol{z}_k$ 进行状态预测①, 则根据第 13.2 节可知, 其最小均方误差预测

① 由于仅仅提前一个时间单位, 所以称其为一步提前预测。

值为

$$\hat{\boldsymbol{z}}_{k|k-1}=\mathrm{E}[\boldsymbol{z}_k|\mathbf{Z}(k-1)] \tag{15.4}$$

相应的预测误差

$$\tilde{\boldsymbol{z}}_{k|k-1}=\boldsymbol{z}_k-\hat{\boldsymbol{z}}_{k|k-1} \tag{15.5}$$

并称序列 $\{\tilde{\boldsymbol{z}}_{k|k-1}\}_{1\leqslant k\leqslant+\infty}$ 为新息序列 [43]。

若式 (15.1) 和式 (15.2) 中的误差服从非高斯分布, 则 $\hat{\boldsymbol{z}}_{k|k-1}$ 表示关于 $\boldsymbol{z}_k$ 的线性最小均方误差估计值, 并且将式 (15.5) 中定义的误差序列称为伪新息序列 [43]。

下面给出一个非常重要的结论, 具体可见如下命题。

【**命题 15.1**】若式 (15.1) 和式 (15.2) 中的误差均服从高斯分布, 则由观测序列 $\{\boldsymbol{z}_1,\boldsymbol{z}_2,\cdots,\boldsymbol{z}_k\}$ 产生的新息序列 $\{\tilde{\boldsymbol{z}}_{1|0},\tilde{\boldsymbol{z}}_{2|1},\cdots,\tilde{\boldsymbol{z}}_{k|k-1}\}$ 是一个零均值的独立随机过程①, 两种序列之间互为可逆的仿射变换, 它们包含的信息量是相同的。

【**证明**】首先令 $\bar{\boldsymbol{z}}(k-1)=[\boldsymbol{z}_1^{\mathrm{T}}\quad \boldsymbol{z}_2^{\mathrm{T}}\quad \cdots\quad \boldsymbol{z}_{k-1}^{\mathrm{T}}]^{\mathrm{T}}$, 则根据式 (13.19) 可得

$$\begin{aligned}\hat{\boldsymbol{z}}_{k|k-1}&=\mathrm{E}[\boldsymbol{z}_k|\mathbf{Z}(k-1)]=\mathrm{E}[\boldsymbol{z}_k|\bar{\boldsymbol{z}}(k-1)]\\&=\mathrm{E}[\boldsymbol{z}_k]+\boldsymbol{C}_{\boldsymbol{z}_k\bar{\boldsymbol{z}}(k-1)}\boldsymbol{C}_{\bar{\boldsymbol{z}}(k-1)\bar{\boldsymbol{z}}(k-1)}^{-1}(\bar{\boldsymbol{z}}(k-1)-\mathrm{E}[\bar{\boldsymbol{z}}(k-1)])\end{aligned} \tag{15.6}$$

于是有

$$\begin{aligned}\tilde{\boldsymbol{z}}_{k|k-1}&=\boldsymbol{z}_k-\hat{\boldsymbol{z}}_{k|k-1}\\&=\boldsymbol{z}_k-\mathrm{E}[\boldsymbol{z}_k]-\boldsymbol{C}_{\boldsymbol{z}_k\bar{\boldsymbol{z}}(k-1)}\boldsymbol{C}_{\bar{\boldsymbol{z}}(k-1)\bar{\boldsymbol{z}}(k-1)}^{-1}(\bar{\boldsymbol{z}}(k-1)-\mathrm{E}[\bar{\boldsymbol{z}}(k-1)])\end{aligned} \tag{15.7}$$

由此可知

$$\begin{aligned}\mathrm{E}[\tilde{\boldsymbol{z}}_{k|k-1}]&=\mathrm{E}[\boldsymbol{z}_k]-\mathrm{E}[\boldsymbol{z}_k]-\boldsymbol{C}_{\boldsymbol{z}_k\bar{\boldsymbol{z}}(k-1)}\boldsymbol{C}_{\bar{\boldsymbol{z}}(k-1)\bar{\boldsymbol{z}}(k-1)}^{-1}(\mathrm{E}[\bar{\boldsymbol{z}}(k-1)]-\mathrm{E}[\bar{\boldsymbol{z}}(k-1)])\\&=\boldsymbol{O}_{p\times1}\end{aligned} \tag{15.8}$$

---

① $\hat{\boldsymbol{z}}_{1|0}=\mathrm{E}[\boldsymbol{z}_1]$, $\tilde{\boldsymbol{z}}_{1|0}=\boldsymbol{z}_1-\hat{\boldsymbol{z}}_{1|0}=\boldsymbol{z}_1-\mathrm{E}[\boldsymbol{z}_1]$。

此外, 对于任意 $1 \leqslant s < l \leqslant k$, 利用式 (15.7) 可得

$$
\begin{aligned}
\tilde{\boldsymbol{z}}_{s|s-1} &= \boldsymbol{z}_s - \hat{\boldsymbol{z}}_{s|s-1} \\
&= \boldsymbol{z}_s - \mathrm{E}[\boldsymbol{z}_s] - \boldsymbol{C}_{\boldsymbol{z}_s\bar{\boldsymbol{z}}(s-1)}\boldsymbol{C}_{\bar{\boldsymbol{z}}(s-1)\bar{\boldsymbol{z}}(s-1)}^{-1}(\bar{\boldsymbol{z}}(s-1) - \mathrm{E}[\bar{\boldsymbol{z}}(s-1)]) \\
&= [-\boldsymbol{C}_{\boldsymbol{z}_s\bar{\boldsymbol{z}}(s-1)}\boldsymbol{C}_{\bar{\boldsymbol{z}}(s-1)\bar{\boldsymbol{z}}(s-1)}^{-1} \quad \boldsymbol{I}_p \quad \boldsymbol{O}_{p\times(l-s-1)p}]\begin{bmatrix} \bar{\boldsymbol{z}}(s-1) - \mathrm{E}[\bar{\boldsymbol{z}}(s-1)] \\ \boldsymbol{z}_s - \mathrm{E}[\boldsymbol{z}_s] \\ \boldsymbol{z}_{s+1} - \mathrm{E}[\boldsymbol{z}_{s+1}] \\ \vdots \\ \boldsymbol{z}_{l-1} - \mathrm{E}[\boldsymbol{z}_{l-1}] \end{bmatrix} \\
&= \bar{\boldsymbol{C}}_{sl}(\bar{\boldsymbol{z}}(l-1) - \mathrm{E}[\bar{\boldsymbol{z}}(l-1)])
\end{aligned} \tag{15.9}
$$

$$
\begin{aligned}
\tilde{\boldsymbol{z}}_{l|l-1} &= \boldsymbol{z}_l - \hat{\boldsymbol{z}}_{l|l-1} \\
&= \boldsymbol{z}_l - \mathrm{E}[\boldsymbol{z}_l] - \boldsymbol{C}_{\boldsymbol{z}_l\bar{\boldsymbol{z}}(l-1)}\boldsymbol{C}_{\bar{\boldsymbol{z}}(l-1)\bar{\boldsymbol{z}}(l-1)}^{-1}(\bar{\boldsymbol{z}}(l-1) - \mathrm{E}[\bar{\boldsymbol{z}}(l-1)])
\end{aligned} \tag{15.10}
$$

式中

$$
\bar{\boldsymbol{C}}_{sl} = [-\boldsymbol{C}_{\boldsymbol{z}_s\bar{\boldsymbol{z}}(s-1)}\boldsymbol{C}_{\bar{\boldsymbol{z}}(s-1)\bar{\boldsymbol{z}}(s-1)}^{-1} \quad \boldsymbol{I}_p \quad \boldsymbol{O}_{p\times(l-s-1)p}] \tag{15.11}
$$

结合式 (15.9) 和式 (15.10) 可知, 向量 $\tilde{\boldsymbol{z}}_{s|s-1}$ 与 $\tilde{\boldsymbol{z}}_{l|l-1}$ 之间的互协方差矩阵

$$
\begin{aligned}
\boldsymbol{C}_{\tilde{\boldsymbol{z}}_{s|s-1}\tilde{\boldsymbol{z}}_{l|l-1}} &= \mathrm{E}[(\tilde{\boldsymbol{z}}_{s|s-1} - \mathrm{E}[\tilde{\boldsymbol{z}}_{s|s-1}])(\tilde{\boldsymbol{z}}_{l|l-1} - \mathrm{E}[\tilde{\boldsymbol{z}}_{l|l-1}])^{\mathrm{T}}] = \mathrm{E}[\tilde{\boldsymbol{z}}_{s|s-1}\tilde{\boldsymbol{z}}_{l|l-1}^{\mathrm{T}}] \\
&= \bar{\boldsymbol{C}}_{sl}\mathrm{E}[(\bar{\boldsymbol{z}}(l-1) - \mathrm{E}[\bar{\boldsymbol{z}}(l-1)])(\boldsymbol{z}_l - \mathrm{E}[\boldsymbol{z}_l])^{\mathrm{T}}] \\
&\quad - \bar{\boldsymbol{C}}_{sl}\mathrm{E}[(\bar{\boldsymbol{z}}(l-1) - \mathrm{E}[\bar{\boldsymbol{z}}(l-1)])(\bar{\boldsymbol{z}}(l-1) - \mathrm{E}[\bar{\boldsymbol{z}}(l-1)])^{\mathrm{T}}] \\
&\quad \times \boldsymbol{C}_{\bar{\boldsymbol{z}}(l-1)\bar{\boldsymbol{z}}(l-1)}^{-1}\boldsymbol{C}_{\boldsymbol{z}_l\bar{\boldsymbol{z}}(l-1)}^{\mathrm{T}} \\
&= \bar{\boldsymbol{C}}_{sl}\boldsymbol{C}_{\boldsymbol{z}_l\bar{\boldsymbol{z}}(l-1)}^{\mathrm{T}} - \bar{\boldsymbol{C}}_{sl}\boldsymbol{C}_{\boldsymbol{z}_l\bar{\boldsymbol{z}}(l-1)}^{\mathrm{T}} = \boldsymbol{O}_{p\times p}
\end{aligned} \tag{15.12}
$$

基于上述推导可知, 新息序列 $\{\tilde{\boldsymbol{z}}_{1|0}, \tilde{\boldsymbol{z}}_{2|1}, \cdots, \tilde{\boldsymbol{z}}_{k|k-1}\}$ 是一个零均值的独立随机过程。

对于任意 $1 \leqslant s \leqslant k$, 式 (15.9) 可以重新表示为

$$
\begin{aligned}
\tilde{\boldsymbol{z}}_{s|s-1} &= [-\boldsymbol{C}_{\boldsymbol{z}_s\bar{\boldsymbol{z}}(s-1)}\boldsymbol{C}_{\bar{\boldsymbol{z}}(s-1)\bar{\boldsymbol{z}}(s-1)}^{-1} \quad \boldsymbol{I}_p]\begin{bmatrix} \bar{\boldsymbol{z}}(s-1) - \mathrm{E}[\bar{\boldsymbol{z}}(s-1)] \\ \boldsymbol{z}_s - \mathrm{E}[\boldsymbol{z}_s] \end{bmatrix} \\
&= [-\boldsymbol{C}_{\boldsymbol{z}_s\bar{\boldsymbol{z}}(s-1)}\boldsymbol{C}_{\bar{\boldsymbol{z}}(s-1)\bar{\boldsymbol{z}}(s-1)}^{-1} \quad \boldsymbol{I}_p](\bar{\boldsymbol{z}}(s) - \mathrm{E}[\bar{\boldsymbol{z}}(s)])
\end{aligned} \tag{15.13}
$$

若令 $\bar{\bar{z}}(k)=[\tilde{z}_{1|0}^{\mathrm{T}}\quad \tilde{z}_{2|1}^{\mathrm{T}}\quad \cdots\quad \tilde{z}_{k|k-1}^{\mathrm{T}}]^{\mathrm{T}}$, 则根据式 (15.13) 可得

$$\begin{aligned}\bar{\bar{z}}(k)&=\begin{bmatrix} I_p & & & & \\ -C_{z_2\bar{z}(1)}C_{\bar{z}(1)\bar{z}(1)}^{-1} & I_p & & & \\ & -C_{z_3\bar{z}(2)}C_{\bar{z}(2)\bar{z}(2)}^{-1} & I_p & & \\ & & & \ddots & \\ & & & -C_{z_k\bar{z}(k-1)}C_{\bar{z}(k-1)\bar{z}(k-1)}^{-1} & I_p \end{bmatrix}(\bar{z}(k)-\mathrm{E}[\bar{z}(k)])\\ &=F_k(\bar{z}(k)-\mathrm{E}[\bar{z}(k)])\\ &\Rightarrow \bar{z}(k)=\mathrm{E}[\bar{z}(k)]+F_k^{-1}\bar{\bar{z}}(k)\end{aligned} \tag{15.14}$$

式中 F_k 是块状下三角矩阵, 它是一个可逆矩阵。由式 (15.14) 可知, 观测序列 $\{z_1,z_2,\cdots,z_k\}$ 与新息序列 $\{\tilde{z}_{1|0},\tilde{z}_{2|1},\cdots,\tilde{z}_{k|k-1}\}$ 之间互为可逆的仿射变换, 所以它们包含的信息量是相同的。证毕。

序列 $\{z_1,z_2,\cdots,z_k\}$ 与序列 $\{\tilde{z}_{1|0},\tilde{z}_{2|1},\cdots,\tilde{z}_{k|k-1}\}$ 包含的信息量相同, 这意味着以 $\{z_1,z_2,\cdots,z_k\}$ 为条件得到未知参量 x 的最小均方误差估计值与以 $\{\tilde{z}_{1|0},\tilde{z}_{2|1},\cdots,\tilde{z}_{k|k-1}\}$ 为条件得到未知参量 x 的最小均方误差估计值是相同的, 即有 $\mathrm{E}[x|\bar{\bar{z}}(k)]=\mathrm{E}[x|\bar{z}(k)]$。事实上, 该等式也容易得到证明。根据式 (13.19) 可得

$$\begin{aligned}\mathrm{E}[x|\bar{\bar{z}}(k)]&=\mathrm{E}[x]+C_{x\bar{\bar{z}}(k)}C_{\bar{\bar{z}}(k)\bar{\bar{z}}(k)}^{-1}(\bar{\bar{z}}(k)-\mathrm{E}[\bar{\bar{z}}(k)])\\ &=\mathrm{E}[x]+C_{x\bar{\bar{z}}(k)}C_{\bar{\bar{z}}(k)\bar{\bar{z}}(k)}^{-1}\bar{\bar{z}}(k)\end{aligned} \tag{15.15}$$

由于 $\bar{\bar{z}}(k)=F_k(\bar{z}(k)-\mathrm{E}[\bar{z}(k)])$, 于是有

$$\begin{cases} C_{x\bar{\bar{z}}(k)}=\mathrm{E}[(x-\mathrm{E}[x])(\bar{\bar{z}}(k)-\mathrm{E}[\bar{\bar{z}}(k)])^{\mathrm{T}}]=\mathrm{E}[(x-\mathrm{E}[x])(\bar{\bar{z}}(k))^{\mathrm{T}}]\\ \qquad\quad =\mathrm{E}[(x-\mathrm{E}[x])(\bar{z}(k)-\mathrm{E}[\bar{z}(k)])^{\mathrm{T}}]F_k^{\mathrm{T}}=C_{x\bar{z}(k)}F_k^{\mathrm{T}}\\ C_{\bar{\bar{z}}(k)\bar{\bar{z}}(k)}=\mathrm{E}[(\bar{\bar{z}}(k)-\mathrm{E}[\bar{\bar{z}}(k)])(\bar{\bar{z}}(k)-\mathrm{E}[\bar{\bar{z}}(k)])^{\mathrm{T}}]=\mathrm{E}[\bar{\bar{z}}(k)(\bar{\bar{z}}(k))^{\mathrm{T}}]\\ \qquad\quad =F_k\mathrm{E}[(\bar{z}(k)-\mathrm{E}[\bar{z}(k)])(\bar{z}(k)-\mathrm{E}[\bar{z}(k)])^{\mathrm{T}}]F_k^{\mathrm{T}}=F_kC_{\bar{z}(k)\bar{z}(k)}F_k^{\mathrm{T}} \end{cases} \tag{15.16}$$

将式 (15.16) 代入式 (15.15) 可得

$$\begin{aligned}\mathrm{E}[x|\bar{\bar{z}}(k)]&=\mathrm{E}[x]+C_{x\bar{z}(k)}F_k^{\mathrm{T}}F_k^{-\mathrm{T}}C_{\bar{z}(k)\bar{z}(k)}^{-1}F_k^{-1}F_k(\bar{z}(k)-\mathrm{E}[\bar{z}(k)])\\ &=\mathrm{E}[x]+C_{x\bar{z}(k)}C_{\bar{z}(k)\bar{z}(k)}^{-1}(\bar{z}(k)-\mathrm{E}[\bar{z}(k)])=\mathrm{E}[x|\bar{z}(k)]\end{aligned} \tag{15.17}$$

若式 (15.1) 和式 (15.2) 中的误差服从非高斯分布, 可以得到类似于命题 15.1 的结论, 具体可见如下命题。

【命题 15.2】若式 (15.1) 和式 (15.2) 中的误差服从非高斯分布, 则由观测序列 $\{\boldsymbol{z}_1, \boldsymbol{z}_2, \cdots, \boldsymbol{z}_k\}$ 产生的伪新息序列 $\{\tilde{\boldsymbol{z}}_{1|0}, \tilde{\boldsymbol{z}}_{2|1}, \cdots, \tilde{\boldsymbol{z}}_{k|k-1}\}$ 是一个零均值的独立随机过程, 两种序列之间互为可逆的仿射变换, 它们包含的信息量是相同的。

由于非高斯分布条件下线性最小均方误差估计值的表达式与高斯分布条件下最小均方误差估计值的表达式相同, 而伪新息序列中采用的估计值为线性最小均方误差估计值, 因此命题 15.1 的证明过程可以直接应用于证明命题 15.2, 限于篇幅不再重复阐述。

根据新息的性质还可以得到如下重要结论。

【命题 15.3】若 $\{\tilde{\boldsymbol{z}}_{1|0}, \tilde{\boldsymbol{z}}_{2|1}, \cdots, \tilde{\boldsymbol{z}}_{k|k-1}\}$ 是由观测序列 $\{\boldsymbol{z}_1, \boldsymbol{z}_2, \cdots, \boldsymbol{z}_k\}$ 产生的新息序列, 并且向量 $\boldsymbol{x}$ 与 $\{\boldsymbol{z}_1, \boldsymbol{z}_2, \cdots, \boldsymbol{z}_k\}$ 服从联合高斯分布, 分别令 $\mathrm{E}[\boldsymbol{x}] = \boldsymbol{\mu}_{\boldsymbol{x}}$, $\bar{\tilde{\boldsymbol{z}}}(k) = [\tilde{\boldsymbol{z}}_{1|0}^{\mathrm{T}} \quad \tilde{\boldsymbol{z}}_{2|1}^{\mathrm{T}} \quad \cdots \quad \tilde{\boldsymbol{z}}_{k|k-1}^{\mathrm{T}}]^{\mathrm{T}}$ 以及 $\bar{\boldsymbol{z}}(k) = [\boldsymbol{z}_1^{\mathrm{T}} \quad \boldsymbol{z}_2^{\mathrm{T}} \quad \cdots \quad \boldsymbol{z}_k^{\mathrm{T}}]^{\mathrm{T}}$, 则

$$\mathrm{E}[\boldsymbol{x}|\bar{\boldsymbol{z}}(k)] = \mathrm{E}[\boldsymbol{x}|\bar{\tilde{\boldsymbol{z}}}(k)] = \sum_{j=1}^{k} \mathrm{E}[\boldsymbol{x}|\tilde{\boldsymbol{z}}_{j|j-1}] - (k-1)\boldsymbol{\mu}_{\boldsymbol{x}} \tag{15.18}$$

【证明】式 (15.18) 中的第 1 个等式已在式 (15.17) 中得到证明, 下面仅需要证明其中第 2 个等式成立。根据式 (15.15) 可得

$$\mathrm{E}[\boldsymbol{x}|\bar{\tilde{\boldsymbol{z}}}(k)] = \boldsymbol{\mu}_{\boldsymbol{x}} + \boldsymbol{C}_{\boldsymbol{x}\bar{\tilde{\boldsymbol{z}}}(k)} \boldsymbol{C}_{\bar{\tilde{\boldsymbol{z}}}(k)\bar{\tilde{\boldsymbol{z}}}(k)}^{-1} \bar{\tilde{\boldsymbol{z}}}(k) \tag{15.19}$$

式中

$$\begin{cases} \boldsymbol{C}_{\boldsymbol{x}\bar{\tilde{\boldsymbol{z}}}(k)} = [\boldsymbol{C}_{\boldsymbol{x}\tilde{\boldsymbol{z}}_{1|0}} \quad \boldsymbol{C}_{\boldsymbol{x}\tilde{\boldsymbol{z}}_{2|1}} \quad \cdots \quad \boldsymbol{C}_{\boldsymbol{x}\tilde{\boldsymbol{z}}_{k|k-1}}] \\ \boldsymbol{C}_{\bar{\tilde{\boldsymbol{z}}}(k)\bar{\tilde{\boldsymbol{z}}}(k)} = \mathrm{blkdiag}[\boldsymbol{C}_{\tilde{\boldsymbol{z}}_{1|0}\tilde{\boldsymbol{z}}_{1|0}} \quad \boldsymbol{C}_{\tilde{\boldsymbol{z}}_{2|1}\tilde{\boldsymbol{z}}_{2|1}} \quad \cdots \quad \boldsymbol{C}_{\tilde{\boldsymbol{z}}_{k|k-1}\tilde{\boldsymbol{z}}_{k|k-1}}] \end{cases} \tag{15.20}$$

式中 (15.20) 中的第 2 个等式利用了新息序列之间的独立性 (见命题 15.1)。将式 (15.20) 代入式 (15.19), 可知

$$\begin{aligned} \mathrm{E}[\boldsymbol{x}|\bar{\tilde{\boldsymbol{z}}}(k)] &= \boldsymbol{\mu}_{\boldsymbol{x}} + \sum_{j=1}^{k} \boldsymbol{C}_{\boldsymbol{x}\tilde{\boldsymbol{z}}_{j|j-1}} \boldsymbol{C}_{\tilde{\boldsymbol{z}}_{j|j-1}\tilde{\boldsymbol{z}}_{j|j-1}}^{-1} \tilde{\boldsymbol{z}}_{j|j-1} \\ &= \sum_{j=1}^{k} (\boldsymbol{\mu}_{\boldsymbol{x}} + \boldsymbol{C}_{\boldsymbol{x}\tilde{\boldsymbol{z}}_{j|j-1}} \boldsymbol{C}_{\tilde{\boldsymbol{z}}_{j|j-1}\tilde{\boldsymbol{z}}_{j|j-1}}^{-1} \tilde{\boldsymbol{z}}_{j|j-1}) - (k-1)\boldsymbol{\mu}_{\boldsymbol{x}} \\ &= \sum_{j=1}^{k} \mathrm{E}[\boldsymbol{x}|\tilde{\boldsymbol{z}}_{j|j-1}] - (k-1)\boldsymbol{\mu}_{\boldsymbol{x}} \end{aligned} \tag{15.21}$$

证毕。

若式 (15.1) 和式 (15.2) 中的误差服从非高斯分布, 可以得到类似于命题 15.3 中的结论, 具体见如下命题。

【命题 15.4】 若 $\{\tilde{\boldsymbol{z}}_{1|0}, \tilde{\boldsymbol{z}}_{2|1}, \cdots, \tilde{\boldsymbol{z}}_{k|k-1}\}$ 是由观测序列 $\{\boldsymbol{z}_1, \boldsymbol{z}_2, \cdots, \boldsymbol{z}_k\}$ 产生的伪新息序列, 并且向量 $\boldsymbol{x}$ 与 $\{\boldsymbol{z}_1, \boldsymbol{z}_2, \cdots, \boldsymbol{z}_k\}$ 服从非高斯分布, 分别令 $\mathrm{E}[\boldsymbol{x}] = \boldsymbol{\mu}_{\boldsymbol{x}}$, $\bar{\tilde{\boldsymbol{z}}}(k) = [\tilde{\boldsymbol{z}}_{1|0}^{\mathrm{T}} \quad \tilde{\boldsymbol{z}}_{2|1}^{\mathrm{T}} \quad \cdots \quad \tilde{\boldsymbol{z}}_{k|k-1}^{\mathrm{T}}]^{\mathrm{T}}$ 以及 $\bar{\boldsymbol{z}}(k) = [\boldsymbol{z}_1^{\mathrm{T}} \quad \boldsymbol{z}_2^{\mathrm{T}} \quad \cdots \quad \boldsymbol{z}_k^{\mathrm{T}}]^{\mathrm{T}}$, 则有如下关系式

$$\mathrm{E}_{\mathrm{LMMSE}}[\boldsymbol{x}|\bar{\boldsymbol{z}}(k)] = \mathrm{E}_{\mathrm{LMMSE}}[\boldsymbol{x}|\bar{\tilde{\boldsymbol{z}}}(k)] = \sum_{j=1}^{k} \mathrm{E}_{\mathrm{LMMSE}}[\boldsymbol{x}|\tilde{\boldsymbol{z}}_{j|j-1}] - (k-1)\boldsymbol{\mu}_{\boldsymbol{x}} \tag{15.22}$$

式中 $\mathrm{E}_{\mathrm{LMMSE}}[\boldsymbol{x}|\bar{\boldsymbol{z}}(k)]$ 表示基于观测量 $\bar{\boldsymbol{z}}(k)$ 得到关于向量 $\boldsymbol{x}$ 的线性最小均方误差估计值, $\mathrm{E}_{\mathrm{LMMSE}}[\boldsymbol{x}|\bar{\tilde{\boldsymbol{z}}}(k)]$ 和 $\mathrm{E}_{\mathrm{LMMSE}}[\boldsymbol{x}|\tilde{\boldsymbol{z}}_{j|j-1}]$ 的定义与其相似。

由于非高斯分布条件下 $\mathrm{E}_{\mathrm{LMMSE}}[\boldsymbol{x}|\bar{\boldsymbol{z}}(k)]$ 的表达式与高斯分布条件下 $\mathrm{E}[\boldsymbol{x}|\bar{\boldsymbol{z}}(k)]$ 的表达式完全一致 (其他两个也如此), 并且伪新息序列之间也是相互独立的 (见命题 15.2), 因此命题 15.3 的证明过程可以直接应用于证明命题 15.4, 限于篇幅不再重复阐述。

15.2 标准线性卡尔曼滤波器

本节将讨论标准线性卡尔曼滤波器的状态向量递推更新公式, 具体可见如下命题。

【命题 15.5】 对于由式 (15.1) 和式 (15.2) 刻画的线性随机动态系统, 假设向量 $\boldsymbol{\xi}_k$ 是一个关于离散时间 k 的独立随机过程, 其服从均值为零、协方差矩阵为 $\boldsymbol{\Omega}_k$ 的高斯分布, 向量 $\boldsymbol{e}_k$ 也是一个关于离散时间 k 的独立随机过程, 其服从均值为零、协方差矩阵为 $\boldsymbol{E}_k$ 的高斯分布, 并且 $\boldsymbol{\xi}_k$ 与 $\boldsymbol{e}_k$ 相互独立。若初始状态 $\boldsymbol{x}_0$ 服从均值为 $\boldsymbol{\mu}_{\boldsymbol{x}_0}$, 协方差矩阵为 $\boldsymbol{P}_0$ 的高斯分布, 则为了能够在任意 k 时刻得到关于系统状态向量 $\boldsymbol{x}_k$ 的最小均方误差估计值, 可以通过以下递推公式来实现。

步骤 1: 初始化

$$\hat{\boldsymbol{x}}_{0|0} = \boldsymbol{\mu}_{\boldsymbol{x}_0}, \quad \widetilde{\boldsymbol{x}}_{0|0} = \boldsymbol{x}_0 - \hat{\boldsymbol{x}}_{0|0}, \quad \mathbf{cov}(\widetilde{\boldsymbol{x}}_{0|0}) = \boldsymbol{P}_0 \tag{15.23}$$

步骤 2: 计算一步提前预测值和预测误差的协方差矩阵

$$\hat{\boldsymbol{x}}_{k|k-1} = \mathrm{E}[\boldsymbol{x}_k|\mathbf{Z}(k-1)] = \boldsymbol{T}_{k-1}\hat{\boldsymbol{x}}_{k-1|k-1}, \quad \widetilde{\boldsymbol{x}}_{k|k-1} = \boldsymbol{x}_k - \hat{\boldsymbol{x}}_{k|k-1} \tag{15.24}$$

$$\boldsymbol{P}_{k|k-1} = \mathbf{cov}(\widetilde{\boldsymbol{x}}_{k|k-1}) = \boldsymbol{T}_{k-1}\boldsymbol{P}_{k-1|k-1}\boldsymbol{T}_{k-1}^{\mathrm{T}} + \boldsymbol{\Gamma}_{k-1}\boldsymbol{\Omega}_{k-1}\boldsymbol{\Gamma}_{k-1}^{\mathrm{T}} \tag{15.25}$$

步骤 3: 利用新的观测向量 $\boldsymbol{z}_k$ 更新滤波值, 并计算滤波误差的协方差矩阵

$$\hat{\boldsymbol{x}}_{k|k} = \mathrm{E}[\boldsymbol{x}_k|\mathbf{Z}(k)] = \hat{\boldsymbol{x}}_{k|k-1} + \boldsymbol{H}_k(\boldsymbol{z}_k - \boldsymbol{A}_k\hat{\boldsymbol{x}}_{k|k-1}), \quad \widetilde{\boldsymbol{x}}_{k|k} = \boldsymbol{x}_k - \hat{\boldsymbol{x}}_{k|k} \tag{15.26}$$

$$\boldsymbol{P}_{k|k} = \mathbf{cov}(\widetilde{\boldsymbol{x}}_{k|k}) = \boldsymbol{P}_{k|k-1} - \boldsymbol{P}_{k|k-1}\boldsymbol{A}_k^{\mathrm{T}}(\boldsymbol{A}_k\boldsymbol{P}_{k|k-1}\boldsymbol{A}_k^{\mathrm{T}} + \boldsymbol{E}_k)^{-1}\boldsymbol{A}_k\boldsymbol{P}_{k|k-1} \tag{15.27}$$

式中 $\boldsymbol{H}_k$ 为增益矩阵, 其表达式为

$$\boldsymbol{H}_k = \boldsymbol{P}_{k|k-1}\boldsymbol{A}_k^{\mathrm{T}}(\boldsymbol{A}_k\boldsymbol{P}_{k|k-1}\boldsymbol{A}_k^{\mathrm{T}} + \boldsymbol{E}_k)^{-1} \tag{15.28}$$

【**证明**】首先, 在没有任何观测量的条件下, $\hat{\boldsymbol{x}}_{0|0} = \boldsymbol{\mu}_{\boldsymbol{x}_0}$ 就是关于初始状态 $\boldsymbol{x}_0$ 的最小均方误差估计值。

任意 k 时刻, 当仅有观测信息 $\mathbf{Z}(k-1) = \{\boldsymbol{z}_1, \boldsymbol{z}_2, \cdots, \boldsymbol{z}_{k-1}\}$ 时, 关于 $\boldsymbol{x}_k$ 的最小均方误差估计值 (亦即一步提前预测值) 为

$$\begin{aligned}
\hat{\boldsymbol{x}}_{k|k-1} &= \mathrm{E}[\boldsymbol{x}_k|\mathbf{Z}(k-1)] \\
&= \mathrm{E}[\boldsymbol{T}_{k-1}\boldsymbol{x}_{k-1} + \boldsymbol{\Gamma}_{k-1}\boldsymbol{\xi}_{k-1}|\mathbf{Z}(k-1)] \\
&= \mathrm{E}[\boldsymbol{T}_{k-1}\boldsymbol{x}_{k-1}|\mathbf{Z}(k-1)] + \mathrm{E}[\boldsymbol{\Gamma}_{k-1}\boldsymbol{\xi}_{k-1}|\mathbf{Z}(k-1)] \\
&= \boldsymbol{T}_{k-1}\mathrm{E}[\boldsymbol{x}_{k-1}|\mathbf{Z}(k-1)] + \boldsymbol{\Gamma}_{k-1}\mathrm{E}[\boldsymbol{\xi}_{k-1}|\mathbf{Z}(k-1)] \\
&= \boldsymbol{T}_{k-1}\hat{\boldsymbol{x}}_{k-1|k-1}
\end{aligned} \tag{15.29}$$

式 (15.29) 中的第 5 个等号利用性质 $\mathrm{E}[\boldsymbol{\xi}_{k-1}|\mathbf{Z}(k-1)] = \boldsymbol{O}$。预测误差 $\widetilde{\boldsymbol{x}}_{k|k-1} = \boldsymbol{x}_k - \hat{\boldsymbol{x}}_{k|k-1}$ 的均值为零、协方差矩阵

$$\begin{aligned}
\boldsymbol{P}_{k|k-1} &= \boldsymbol{C}_{\widetilde{\boldsymbol{x}}_{k|k-1}\widetilde{\boldsymbol{x}}_{k|k-1}} = \mathbf{cov}(\widetilde{\boldsymbol{x}}_{k|k-1}) = \mathrm{E}[(\boldsymbol{x}_k - \hat{\boldsymbol{x}}_{k|k-1})(\boldsymbol{x}_k - \hat{\boldsymbol{x}}_{k|k-1})^{\mathrm{T}}] \\
&= \mathrm{E}[(\boldsymbol{T}_{k-1}(\boldsymbol{x}_{k-1} - \hat{\boldsymbol{x}}_{k-1|k-1}) + \boldsymbol{\Gamma}_{k-1}\boldsymbol{\xi}_{k-1}) \\
&\quad \times (\boldsymbol{T}_{k-1}(\boldsymbol{x}_{k-1} - \hat{\boldsymbol{x}}_{k-1|k-1}) + \boldsymbol{\Gamma}_{k-1}\boldsymbol{\xi}_{k-1})^{\mathrm{T}}] \\
&= \boldsymbol{T}_{k-1}\mathrm{E}[(\boldsymbol{x}_{k-1} - \hat{\boldsymbol{x}}_{k-1|k-1})(\boldsymbol{x}_{k-1} - \hat{\boldsymbol{x}}_{k-1|k-1})^{\mathrm{T}}] \\
&\quad \times \boldsymbol{T}_{k-1}^{\mathrm{T}} + \boldsymbol{\Gamma}_{k-1}\mathrm{E}[\boldsymbol{\xi}_{k-1}\boldsymbol{\xi}_{k-1}^{\mathrm{T}}]\boldsymbol{\Gamma}_{k-1}^{\mathrm{T}} \\
&= \boldsymbol{T}_{k-1}\boldsymbol{P}_{k-1|k-1}\boldsymbol{T}_{k-1}^{\mathrm{T}} + \boldsymbol{\Gamma}_{k-1}\boldsymbol{\Omega}_{k-1}\boldsymbol{\Gamma}_{k-1}^{\mathrm{T}}
\end{aligned} \tag{15.30}$$

关于 $\boldsymbol{z}_k$ 的最小均方误差估计值 (亦即一步提前预测值) 为

$$\begin{aligned}\hat{\boldsymbol{z}}_{k|k-1} &= \mathrm{E}[\boldsymbol{z}_k|\mathbf{Z}(k-1)] \\ &= \mathrm{E}[\boldsymbol{A}_k\boldsymbol{x}_k + \boldsymbol{e}_k|\mathbf{Z}(k-1)] \\ &= \mathrm{E}[\boldsymbol{A}_k\boldsymbol{x}_k|\mathbf{Z}(k-1)] + \mathrm{E}[\boldsymbol{e}_k|\mathbf{Z}(k-1)] \\ &= \boldsymbol{A}_k\mathrm{E}[\boldsymbol{x}_k|\mathbf{Z}(k-1)] + \mathrm{E}[\boldsymbol{e}_k|\mathbf{Z}(k-1)] \\ &= \boldsymbol{A}_k\hat{\boldsymbol{x}}_{k|k-1}\end{aligned} \tag{15.31}$$

式 (15.31) 中的第 5 个等号利用了性质 $\mathrm{E}[\boldsymbol{e}_k|\mathbf{Z}(k-1)] = \boldsymbol{O}$。于是预测误差 (亦即新息) $\tilde{\boldsymbol{z}}_{k|k-1} = \boldsymbol{z}_k - \hat{\boldsymbol{z}}_{k|k-1}$ 为

$$\tilde{\boldsymbol{z}}_{k|k-1} = \boldsymbol{z}_k - \hat{\boldsymbol{z}}_{k|k-1} = \boldsymbol{A}_k\boldsymbol{x}_k - \boldsymbol{A}_k\hat{\boldsymbol{x}}_{k|k-1} + \boldsymbol{e}_k = \boldsymbol{A}_k\widetilde{\boldsymbol{x}}_{k|k-1} + \boldsymbol{e}_k \tag{15.32}$$

容易证明, 预测误差 $\tilde{\boldsymbol{z}}_{k|k-1}$ 的均值为零, 与之相关的协方差矩阵为

$$\begin{aligned}\boldsymbol{C}_{\tilde{\boldsymbol{z}}_{k|k-1}\tilde{\boldsymbol{z}}_{k|k-1}} &= \mathbf{cov}(\tilde{\boldsymbol{z}}_{k|k-1}) \\ &= \mathrm{E}[\tilde{\boldsymbol{z}}_{k|k-1}\tilde{\boldsymbol{z}}_{k|k-1}^{\mathrm{T}}] \\ &= \mathrm{E}[(\boldsymbol{A}_k\widetilde{\boldsymbol{x}}_{k|k-1} + \boldsymbol{e}_k)(\boldsymbol{A}_k\widetilde{\boldsymbol{x}}_{k|k-1} + \boldsymbol{e}_k)^{\mathrm{T}}] \\ &= \boldsymbol{A}_k\boldsymbol{P}_{k|k-1}\boldsymbol{A}_k^{\mathrm{T}} + \boldsymbol{E}_k\end{aligned} \tag{15.33}$$

$$\begin{aligned}\boldsymbol{C}_{\boldsymbol{x}_k\tilde{\boldsymbol{z}}_{k|k-1}} &= \mathbf{cov}(\boldsymbol{x}_k, \tilde{\boldsymbol{z}}_{k|k-1}) \\ &= \mathrm{E}[(\boldsymbol{x}_k - \mathrm{E}[\boldsymbol{x}_k])\tilde{\boldsymbol{z}}_{k|k-1}^{\mathrm{T}}] \\ &= \mathrm{E}[\widetilde{\boldsymbol{x}}_{k|k-1}\tilde{\boldsymbol{z}}_{k|k-1}^{\mathrm{T}}] \\ &= \mathrm{E}[\widetilde{\boldsymbol{x}}_{k|k-1}(\boldsymbol{A}_k\widetilde{\boldsymbol{x}}_{k|k-1} + \boldsymbol{e}_k)^{\mathrm{T}}] \\ &= \boldsymbol{P}_{k|k-1}\boldsymbol{A}_k^{\mathrm{T}}\end{aligned} \tag{15.34}$$

式 (15.34) 中第 3 个等式的证明见附录 P。当获得观测向量 $\boldsymbol{z}_k$ 之后, 关于 $\boldsymbol{x}_k$ 的最小均方误差估计值 (亦即滤波值) 为

$$\begin{aligned}\hat{\boldsymbol{x}}_{k|k} &= \mathrm{E}[\boldsymbol{x}_k|\mathbf{Z}(k)] \\ &= \mathrm{E}[\boldsymbol{x}_k|\bar{\tilde{\boldsymbol{z}}}(k)] \\ &= \mathrm{E}[\boldsymbol{x}_k|\bar{\tilde{\boldsymbol{z}}}(k-1), \tilde{\boldsymbol{z}}_{k|k-1}] \\ &= \mathrm{E}[\boldsymbol{x}_k|\bar{\tilde{\boldsymbol{z}}}(k-1)] + \mathrm{E}[\boldsymbol{x}_k|\tilde{\boldsymbol{z}}_{k|k-1}] - \mathrm{E}[\boldsymbol{x}_k] \\ &= \hat{\boldsymbol{x}}_{k|k-1} + \boldsymbol{C}_{\boldsymbol{x}_k\tilde{\boldsymbol{z}}_{k|k-1}}\boldsymbol{C}_{\tilde{\boldsymbol{z}}_{k|k-1}\tilde{\boldsymbol{z}}_{k|k-1}}^{-1}\tilde{\boldsymbol{z}}_{k|k-1} \\ &= \hat{\boldsymbol{x}}_{k|k-1} + \boldsymbol{H}_k(\boldsymbol{z}_k - \boldsymbol{A}_k\hat{\boldsymbol{x}}_{k|k-1})\end{aligned} \tag{15.35}$$

式中

$$\boldsymbol{H}_k = \boldsymbol{C}_{\boldsymbol{x}_k\tilde{\boldsymbol{z}}_{k|k-1}}\boldsymbol{C}_{\tilde{\boldsymbol{z}}_{k|k-1}\tilde{\boldsymbol{z}}_{k|k-1}}^{-1} = \boldsymbol{P}_{k|k-1}\boldsymbol{A}_k^{\mathrm{T}}(\boldsymbol{A}_k\boldsymbol{P}_{k|k-1}\boldsymbol{A}_k^{\mathrm{T}} + \boldsymbol{E}_k)^{-1} \tag{15.36}$$

需要指出的是, 式 (15.35) 中的第 4 个等号利用了命题 15.3 中的结论。由式 (15.35) 可知, 滤波误差

$$\widetilde{\boldsymbol{x}}_{k|k} = \boldsymbol{x}_k - \hat{\boldsymbol{x}}_{k|k} = \boldsymbol{x}_k - \hat{\boldsymbol{x}}_{k|k-1} - \boldsymbol{H}_k(\boldsymbol{z}_k - \boldsymbol{A}_k\hat{\boldsymbol{x}}_{k|k-1}) = \widetilde{\boldsymbol{x}}_{k|k-1} - \boldsymbol{H}_k\tilde{\boldsymbol{z}}_{k|k-1} \tag{15.37}$$

滤波误差 $\widetilde{\boldsymbol{x}}_{k|k}$ 的均值为零, 协方差矩阵为

$$\begin{aligned}
\boldsymbol{P}_{k|k} &= \mathrm{E}[\widetilde{\boldsymbol{x}}_{k|k}\widetilde{\boldsymbol{x}}_{k|k}^{\mathrm{T}}] \\
&= \mathrm{E}[(\widetilde{\boldsymbol{x}}_{k|k-1} - \boldsymbol{H}_k\tilde{\boldsymbol{z}}_{k|k-1})(\widetilde{\boldsymbol{x}}_{k|k-1} - \boldsymbol{H}_k\tilde{\boldsymbol{z}}_{k|k-1})^{\mathrm{T}}] \\
&= \mathrm{E}[\widetilde{\boldsymbol{x}}_{k|k-1}\widetilde{\boldsymbol{x}}_{k|k-1}^{\mathrm{T}}] - \mathrm{E}[\widetilde{\boldsymbol{x}}_{k|k-1}\tilde{\boldsymbol{z}}_{k|k-1}^{\mathrm{T}}\boldsymbol{H}_k^{\mathrm{T}}] - \mathrm{E}[\boldsymbol{H}_k\tilde{\boldsymbol{z}}_{k|k-1}\widetilde{\boldsymbol{x}}_{k|k-1}^{\mathrm{T}}] \\
&\quad + \mathrm{E}[\boldsymbol{H}_k\tilde{\boldsymbol{z}}_{k|k-1}\tilde{\boldsymbol{z}}_{k|k-1}^{\mathrm{T}}\boldsymbol{H}_k^{\mathrm{T}}] \\
&= \boldsymbol{P}_{k|k-1} - \boldsymbol{P}_{k|k-1}\boldsymbol{A}_k^{\mathrm{T}}\boldsymbol{H}_k^{\mathrm{T}} - \boldsymbol{H}_k\boldsymbol{A}_k\boldsymbol{P}_{k|k-1} + \boldsymbol{H}_k(\boldsymbol{A}_k\boldsymbol{P}_{k|k-1}\boldsymbol{A}_k^{\mathrm{T}} + \boldsymbol{E}_k)\boldsymbol{H}_k^{\mathrm{T}} \\
&= \boldsymbol{P}_{k|k-1} - \boldsymbol{P}_{k|k-1}\boldsymbol{A}_k^{\mathrm{T}}(\boldsymbol{A}_k\boldsymbol{P}_{k|k-1}\boldsymbol{A}_k^{\mathrm{T}} + \boldsymbol{E}_k)^{-1}\boldsymbol{A}_k\boldsymbol{P}_{k|k-1}
\end{aligned} \tag{15.38}$$

式 (15.38) 中的第 5 个等号利用了式 (15.36)。证毕。

若式 (15.1) 和式 (15.2) 中的误差服从非高斯分布, 同样可以得到类似命题 15.5 中的结论, 具体可见如下命题。

【命题 15.6】 对于由式 (15.1) 和式 (15.2) 刻画的线性随机动态系统, 假设向量 $\boldsymbol{\xi}_k$ 是一个关于离散时间 k 的独立随机过程, 其均值为零, 协方差矩阵为 $\boldsymbol{\Omega}_k$, 向量 $\boldsymbol{e}_k$ 也是一个关于离散时间 k 的独立随机过程, 其均值为零, 协方差矩阵为 $\boldsymbol{E}_k$, 并且 $\boldsymbol{\xi}_k$ 与 $\boldsymbol{e}_k$ 相互独立。若初始状态 $\boldsymbol{x}_0$ 的均值为 $\boldsymbol{\mu}_{\boldsymbol{x}_0}$, 协方差矩阵为 $\boldsymbol{P}_0$, 则为了能够在任意 k 时刻得到关于系统状态向量 $\boldsymbol{x}_k$ 的线性最小均方误差估计值, 可以通过如下递推公式来实现。

步骤 1: 初始化

$$\hat{\boldsymbol{x}}_{0|0} = \boldsymbol{\mu}_{\boldsymbol{x}_0}, \quad \tilde{\boldsymbol{x}}_{0|0} = \boldsymbol{x}_0 - \hat{\boldsymbol{x}}_{0|0}, \quad \mathbf{cov}(\tilde{\boldsymbol{x}}_{0|0}) = \boldsymbol{P}_0 \tag{15.39}$$

步骤 2: 计算一步提前预测值和预测误差的协方差矩阵

$$\hat{\boldsymbol{x}}_{k|k-1} = \mathrm{E}_{\mathrm{LMMSE}}[\boldsymbol{x}_k|\mathbf{Z}(k-1)] = \boldsymbol{T}_{k-1}\hat{\boldsymbol{x}}_{k-1|k-1}, \quad \tilde{\boldsymbol{x}}_{k|k-1} = \boldsymbol{x}_k - \hat{\boldsymbol{x}}_{k|k-1} \tag{15.40}$$

$$\boldsymbol{P}_{k|k-1} = \mathbf{cov}(\tilde{\boldsymbol{x}}_{k|k-1}) = \boldsymbol{T}_{k-1}\boldsymbol{P}_{k-1|k-1}\boldsymbol{T}_{k-1}^{\mathrm{T}} + \boldsymbol{\Gamma}_{k-1}\boldsymbol{\Omega}_{k-1}\boldsymbol{\Gamma}_{k-1}^{\mathrm{T}} \tag{15.41}$$

步骤 3: 利用新的观测信息 $\boldsymbol{z}_k$ 更新滤波值, 并计算滤波误差的协方差矩阵

$$\hat{\boldsymbol{x}}_{k|k} = \mathrm{E}_{\mathrm{LMMSE}}[\boldsymbol{x}_k|\mathbf{Z}(k)] = \hat{\boldsymbol{x}}_{k|k-1} + \boldsymbol{H}_k(\boldsymbol{z}_k - \boldsymbol{A}_k\hat{\boldsymbol{x}}_{k|k-1}), \quad \tilde{\boldsymbol{x}}_{k|k} = \boldsymbol{x}_k - \hat{\boldsymbol{x}}_{k|k} \tag{15.42}$$

$$\boldsymbol{P}_{k|k} = \mathbf{cov}(\tilde{\boldsymbol{x}}_{k|k}) = \boldsymbol{P}_{k|k-1} - \boldsymbol{P}_{k|k-1}\boldsymbol{A}_k^{\mathrm{T}}(\boldsymbol{A}_k\boldsymbol{P}_{k|k-1}\boldsymbol{A}_k^{\mathrm{T}} + \boldsymbol{E}_k)^{-1}\boldsymbol{A}_k\boldsymbol{P}_{k|k-1} \tag{15.43}$$

式中 $\boldsymbol{H}_k$ 为增益矩阵, 其表达式为

$$\boldsymbol{H}_k = \boldsymbol{P}_{k|k-1}\boldsymbol{A}_k^{\mathrm{T}}(\boldsymbol{A}_k\boldsymbol{P}_{k|k-1}\boldsymbol{A}_k^{\mathrm{T}} + \boldsymbol{E}_k)^{-1} \tag{15.44}$$

由于非高斯分布条件下 $\mathrm{E}_{\mathrm{LMMSE}}[\boldsymbol{x}_k|\mathbf{Z}(k-1)]$ 的表达式与高斯分布条件下 $\mathrm{E}[\boldsymbol{x}_k|\mathbf{Z}(k-1)]$ 的表达式完全一致, 非高斯分布条件下 $\mathrm{E}_{\mathrm{LMMSE}}[\boldsymbol{x}_k|\mathbf{Z}(k)]$ 的表达式与高斯分布条件下 $\mathrm{E}[\boldsymbol{x}_k|\mathbf{Z}(k)]$ 的表达式也完全一致, 故命题 15.5 的证明过程可以直接应用于证明命题 15.6, 限于篇幅不再重复阐述。

【注记 15.1】 根据命题 15.5 和命题 15.6 中的结论可知, 当式 (15.1) 和式 (15.2) 中的误差服从高斯分布时, 线性卡尔曼滤波器是最小均方误差估计器; 当式 (15.1) 和式 (15.2) 中的误差服从非高斯分布时, 线性卡尔曼滤波器是线性最小均方误差估计器。

15.3 信息滤波器

第 15.2 节讨论的线性卡尔曼滤波器需要更新两个协方差矩阵, 分别为 $\boldsymbol{P}_{k|k-1}$ 和 $\boldsymbol{P}_{k|k}$, 在计算增益矩阵 $\boldsymbol{H}_k$ 时需要利用它们。本节将给出卡尔曼滤波器的另一种等价形式, 该滤波器是对这两个协方差矩阵的逆矩阵 (即 $\boldsymbol{P}_{k|k-1}^{-1}$ 和 $\boldsymbol{P}_{k|k}^{-1}$) 进行递推更新。由于协方差矩阵的逆可称为信息矩阵, 因此称该滤波器为信息滤波器。关于逆矩阵 $\boldsymbol{P}_{k|k-1}^{-1}$ 和 $\boldsymbol{P}_{k|k}^{-1}$ 的递推公式可见如下命题。

【命题 15.7】 对于由式 (15.1) 和式 (15.2) 刻画的线性随机动态系统, 如果标准线性卡尔曼滤波器存在, 并且状态转移矩阵 $\boldsymbol{T}_k$ 可逆, 所有的误差协方差矩阵也都可逆, 此时信息矩阵 $\boldsymbol{P}_{k|k-1}^{-1}$、$\boldsymbol{P}_{k|k}^{-1}$ 和增益矩阵 $\boldsymbol{H}_k$ 可以按照以下进行更新

预测信息矩阵 $\boldsymbol{P}_{k|k-1}^{-1}$ 为

$$\begin{aligned}\boldsymbol{P}_{k|k-1}^{-1} &= (\boldsymbol{B}_{k-1}^{-1} + \boldsymbol{\Gamma}_{k-1}\boldsymbol{\Omega}_{k-1}\boldsymbol{\Gamma}_{k-1}^{\mathrm{T}})^{-1} \\ &= \boldsymbol{B}_{k-1} - \boldsymbol{B}_{k-1}\boldsymbol{\Gamma}_{k-1}(\boldsymbol{\Omega}_{k-1}^{-1} + \boldsymbol{\Gamma}_{k-1}^{\mathrm{T}}\boldsymbol{B}_{k-1}\boldsymbol{\Gamma}_{k-1})^{-1}\boldsymbol{\Gamma}_{k-1}^{\mathrm{T}}\boldsymbol{B}_{k-1}\end{aligned} \tag{15.45}$$

式中 $\boldsymbol{B}_{k-1}=\boldsymbol{T}_{k-1}^{-\mathrm{T}}\boldsymbol{P}_{k-1|k-1}^{-1}\boldsymbol{T}_{k-1}^{-1}$。

滤波信息矩阵 $\boldsymbol{P}_{k|k}^{-1}$ 为

$$\boldsymbol{P}_{k|k}^{-1}=\boldsymbol{P}_{k|k-1}^{-1}+\boldsymbol{A}_k^{\mathrm{T}}\boldsymbol{E}_k^{-1}\boldsymbol{A}_k \tag{15.46}$$

增益矩阵 $\boldsymbol{H}_k$ 为

$$\boldsymbol{H}_k=\boldsymbol{P}_{k|k}\boldsymbol{A}_k^{\mathrm{T}}\boldsymbol{E}_k^{-1} \tag{15.47}$$

【**证明**】式 (15.45) 中的第 1 个等式可以直接由式 (15.25) 证得, 第 2 个等式可以直接利用命题 2.1 证得。

结合命题 2.1 和式 (15.27) 可得

$$\begin{aligned}\boldsymbol{P}_{k|k}&=\boldsymbol{P}_{k|k-1}-\boldsymbol{P}_{k|k-1}\boldsymbol{A}_k^{\mathrm{T}}(\boldsymbol{A}_k\boldsymbol{P}_{k|k-1}\boldsymbol{A}_k^{\mathrm{T}}+\boldsymbol{E}_k)^{-1}\boldsymbol{A}_k\boldsymbol{P}_{k|k-1}\\&=(\boldsymbol{P}_{k|k-1}^{-1}+\boldsymbol{A}_k^{\mathrm{T}}\boldsymbol{E}_k^{-1}\boldsymbol{A}_k)^{-1}\end{aligned} \tag{15.48}$$

由此可知, 式 (15.46) 成立。

结合命题 2.1 和式 (15.28) 可知

$$\begin{aligned}\boldsymbol{H}_k&=\boldsymbol{P}_{k|k-1}\boldsymbol{A}_k^{\mathrm{T}}(\boldsymbol{A}_k\boldsymbol{P}_{k|k-1}\boldsymbol{A}_k^{\mathrm{T}}+\boldsymbol{E}_k)^{-1}\\&=\boldsymbol{P}_{k|k-1}\boldsymbol{A}_k^{\mathrm{T}}(\boldsymbol{E}_k^{-1}-\boldsymbol{E}_k^{-1}\boldsymbol{A}_k(\boldsymbol{P}_{k|k-1}^{-1}+\boldsymbol{A}_k^{\mathrm{T}}\boldsymbol{E}_k^{-1}\boldsymbol{A}_k)^{-1}\boldsymbol{A}_k^{\mathrm{T}}\boldsymbol{E}_k^{-1})\\&=\boldsymbol{P}_{k|k-1}\boldsymbol{A}_k^{\mathrm{T}}\boldsymbol{E}_k^{-1}-\boldsymbol{P}_{k|k-1}\boldsymbol{A}_k^{\mathrm{T}}\boldsymbol{E}_k^{-1}\boldsymbol{A}_k(\boldsymbol{P}_{k|k-1}^{-1}+\boldsymbol{A}_k^{\mathrm{T}}\boldsymbol{E}_k^{-1}\boldsymbol{A}_k)^{-1}\boldsymbol{A}_k^{\mathrm{T}}\boldsymbol{E}_k^{-1}\end{aligned} \tag{15.49}$$

将式 (15.46) 代入式 (15.49), 可得

$$\boldsymbol{H}_k=\boldsymbol{P}_{k|k-1}\boldsymbol{A}_k^{\mathrm{T}}\boldsymbol{E}_k^{-1}-\boldsymbol{P}_{k|k-1}\boldsymbol{A}_k^{\mathrm{T}}\boldsymbol{E}_k^{-1}\boldsymbol{A}_k\boldsymbol{P}_{k|k}\boldsymbol{A}_k^{\mathrm{T}}\boldsymbol{E}_k^{-1} \tag{15.50}$$

结合命题 2.4 与式 (15.46) 可知

$$\begin{aligned}\boldsymbol{P}_{k|k-1}&=(\boldsymbol{P}_{k|k}^{-1}-\boldsymbol{A}_k^{\mathrm{T}}\boldsymbol{E}_k^{-1}\boldsymbol{A}_k)^{-1}\\&=\boldsymbol{P}_{k|k}+\boldsymbol{P}_{k|k}\boldsymbol{A}_k^{\mathrm{T}}(\boldsymbol{E}_k-\boldsymbol{A}_k\boldsymbol{P}_{k|k}\boldsymbol{A}_k^{\mathrm{T}})^{-1}\boldsymbol{A}_k\boldsymbol{P}_{k|k}\end{aligned} \tag{15.51}$$

然后将式 (15.51) 代入式 (15.50), 可得

$$\begin{aligned}\boldsymbol{H}_k&=\boldsymbol{P}_{k|k}\boldsymbol{A}_k^{\mathrm{T}}\boldsymbol{E}_k^{-1}+\boldsymbol{P}_{k|k}\boldsymbol{A}_k^{\mathrm{T}}(\boldsymbol{E}_k-\boldsymbol{A}_k\boldsymbol{P}_{k|k}\boldsymbol{A}_k^{\mathrm{T}})^{-1}\boldsymbol{A}_k\boldsymbol{P}_{k|k}\boldsymbol{A}_k^{\mathrm{T}}\boldsymbol{E}_k^{-1}\\&\quad-\boldsymbol{P}_{k|k}\boldsymbol{A}_k^{\mathrm{T}}\boldsymbol{E}_k^{-1}\boldsymbol{A}_k\boldsymbol{P}_{k|k}\boldsymbol{A}_k^{\mathrm{T}}\boldsymbol{E}_k^{-1}-\boldsymbol{P}_{k|k}\boldsymbol{A}_k^{\mathrm{T}}(\boldsymbol{E}_k-\boldsymbol{A}_k\boldsymbol{P}_{k|k}\boldsymbol{A}_k^{\mathrm{T}})^{-1}\\&\quad\times\boldsymbol{A}_k\boldsymbol{P}_{k|k}\boldsymbol{A}_k^{\mathrm{T}}\boldsymbol{E}_k^{-1}\boldsymbol{A}_k\boldsymbol{P}_{k|k}\boldsymbol{A}_k^{\mathrm{T}}\boldsymbol{E}_k^{-1}\\&=\boldsymbol{P}_{k|k}\boldsymbol{A}_k^{\mathrm{T}}\boldsymbol{E}_k^{-1}+\boldsymbol{P}_{k|k}\boldsymbol{A}_k^{\mathrm{T}}((\boldsymbol{E}_k-\boldsymbol{A}_k\boldsymbol{P}_{k|k}\boldsymbol{A}_k^{\mathrm{T}})^{-1}-(\boldsymbol{E}_k-\boldsymbol{A}_k\boldsymbol{P}_{k|k}\boldsymbol{A}_k^{\mathrm{T}})^{-1}\\&\quad\times\boldsymbol{A}_k\boldsymbol{P}_{k|k}\boldsymbol{A}_k^{\mathrm{T}}\boldsymbol{E}_k^{-1}-\boldsymbol{E}_k^{-1})\boldsymbol{A}_k\boldsymbol{P}_{k|k}\boldsymbol{A}_k^{\mathrm{T}}\boldsymbol{E}_k^{-1}\end{aligned} \tag{15.52}$$

又因为

$$
\begin{aligned}
&(\boldsymbol{E}_k - \boldsymbol{A}_k \boldsymbol{P}_{k|k} \boldsymbol{A}_k^{\mathrm{T}})^{-1} - (\boldsymbol{E}_k - \boldsymbol{A}_k \boldsymbol{P}_{k|k} \boldsymbol{A}_k^{\mathrm{T}})^{-1} \boldsymbol{A}_k \boldsymbol{P}_{k|k} \boldsymbol{A}_k^{\mathrm{T}} \boldsymbol{E}_k^{-1} - \boldsymbol{E}_k^{-1} \\
&= (\boldsymbol{E}_k - \boldsymbol{A}_k \boldsymbol{P}_{k|k} \boldsymbol{A}_k^{\mathrm{T}})^{-1} \boldsymbol{E}_k \boldsymbol{E}_k^{-1} - (\boldsymbol{E}_k - \boldsymbol{A}_k \boldsymbol{P}_{k|k} \boldsymbol{A}_k^{\mathrm{T}})^{-1} \boldsymbol{A}_k \boldsymbol{P}_{k|k} \boldsymbol{A}_k^{\mathrm{T}} \boldsymbol{E}_k^{-1} - \boldsymbol{E}_k^{-1} \\
&= (\boldsymbol{E}_k - \boldsymbol{A}_k \boldsymbol{P}_{k|k} \boldsymbol{A}_k^{\mathrm{T}})^{-1} (\boldsymbol{E}_k - \boldsymbol{A}_k \boldsymbol{P}_{k|k} \boldsymbol{A}_k^{\mathrm{T}}) \boldsymbol{E}_k^{-1} - \boldsymbol{E}_k^{-1} \\
&= \boldsymbol{E}_k^{-1} - \boldsymbol{E}_k^{-1} = \boldsymbol{O}_{p\times p}
\end{aligned} \tag{15.53}
$$

将式 (15.53) 代入式 (15.52), 可知式 (15.47) 成立, 证毕。

【注记 15.2】信息滤波器与标准线性卡尔曼滤波器是相互等价的。如果系统状态向量 $\boldsymbol{x}_k$ 的维数远大于观测向量 $\boldsymbol{z}_k$ 的维数, 则采用标准线性卡尔曼滤波器会更加有效, 因为其中矩阵求逆的阶数等于观测向量 $\boldsymbol{z}_k$ 的维数; 如果观测向量 $\boldsymbol{z}_k$ 的维数远大于系统状态向量 $\boldsymbol{x}_k$ 的维数, 则采用信息滤波器会更加有效, 因为其中矩阵求逆的阶数等于系统状态向量 $\boldsymbol{x}_k$ 的维数。

15.4 误差统计相关条件下的线性卡尔曼滤波器

15.4.1 过程误差为色噪声时的线性卡尔曼滤波器

考虑由式 (15.1) 和式 (15.2) 刻画的线性随机动态系统, 过程误差 $\{\boldsymbol{\xi}_k\}$ 是一个色噪声过程, 其余假设条件不变。若 $\{\boldsymbol{\xi}_k\}$ 是一个具有有理谱密度的平稳过程, 则根据谱分解定理可以将 $\boldsymbol{\xi}_k$ 表示为①

$$
\boldsymbol{\xi}_{k+1} = \boldsymbol{\Phi}_{1,k} \boldsymbol{\xi}_k + \boldsymbol{\gamma}_{1,k} \tag{15.54}
$$

式中 $\{\boldsymbol{\gamma}_{1,k}\}$ 是零均值的独立随机过程, 并且 $\boldsymbol{\gamma}_{1,k}$ 与 $\boldsymbol{\xi}_k$ 互不相关。由式 (15.54) 可知, 系统过程误差可以看成是某个动态系统的输出, 此时可以考虑将系统状态向量进行扩维, 即

$$
\bar{\boldsymbol{x}}_k = \begin{bmatrix} \boldsymbol{x}_k \\ \boldsymbol{\xi}_k \end{bmatrix} \tag{15.55}
$$

① 可参阅文献 [41]。

于是, 结合式 (15.1)、式 (15.2) 和式 (15.54) 可得

$$\bar{\boldsymbol{x}}_{k+1}=\begin{bmatrix}\boldsymbol{x}_{k+1}\\ \boldsymbol{\xi}_{k+1}\end{bmatrix}=\begin{bmatrix}\boldsymbol{T}_k & \boldsymbol{\Gamma}_k\\ \boldsymbol{O} & \boldsymbol{\Phi}_{1,k}\end{bmatrix}\begin{bmatrix}\boldsymbol{x}_k\\ \boldsymbol{\xi}_k\end{bmatrix}+\begin{bmatrix}\boldsymbol{O}\\ \boldsymbol{\gamma}_{1,k}\end{bmatrix}=\bar{\boldsymbol{T}}_k\bar{\boldsymbol{x}}_k+\bar{\boldsymbol{\gamma}}_{1,k} \tag{15.56}$$

$$\boldsymbol{z}_k=[\boldsymbol{A}_k\quad \boldsymbol{O}]\begin{bmatrix}\boldsymbol{x}_k\\ \boldsymbol{\xi}_k\end{bmatrix}+\boldsymbol{e}_k=\bar{\boldsymbol{A}}_k\bar{\boldsymbol{x}}_k+\boldsymbol{e}_k \tag{15.57}$$

式中

$$\bar{\boldsymbol{T}}_k=\begin{bmatrix}\boldsymbol{T}_k & \boldsymbol{\Gamma}_k\\ \boldsymbol{O} & \boldsymbol{\Phi}_{1,k}\end{bmatrix},\quad \bar{\boldsymbol{\gamma}}_{1,k}=\begin{bmatrix}\boldsymbol{O}\\ \boldsymbol{\gamma}_{1,k}\end{bmatrix},\quad \bar{\boldsymbol{A}}_k=[\boldsymbol{A}_k\ \boldsymbol{O}] \tag{15.58}$$

式 (15.56) 和式 (15.57) 刻画了一个新的线性随机动态系统, 可以将其看成是原系统的增广形式, 并且新系统的过程噪声是一个独立的随机过程, 此时利用前面描述的标准线性卡尔曼滤波器对其进行滤波即可。需要指出的是, 由于状态变量的维数有所增加, 因此计算量也会随之增加。

15.4.2 观测误差为色噪声时的线性卡尔曼滤波器

考虑由式 (15.1) 和式 (15.2) 刻画的线性随机动态系统, 观测误差 $\{\boldsymbol{e}_k\}$ 是一个色噪声过程, 其余假设条件不变。若 $\{\boldsymbol{e}_k\}$ 是一个具有有理谱密度的平稳过程, 则同样利用谱分解定理可以将 $\boldsymbol{e}_k$ 表示为

$$\boldsymbol{e}_k=\boldsymbol{\Phi}_{2,k-1}\boldsymbol{e}_{k-1}+\boldsymbol{\gamma}_{2,k-1} \tag{15.59}$$

式中 $\{\boldsymbol{\gamma}_{2,k}\}$ 是零均值的独立随机过程, 并且 $\boldsymbol{\gamma}_{2,k-1}$ 与 $\boldsymbol{e}_{k-1}$ 互不相关。由式 (15.59) 可知, 系统的观测误差可以看成是某个动态系统的输出。针对观测误差为色噪声的情形, 下面简要阐述两种滤波方法。

第一种方法与第 15.4.1 节中的处理方式相似, 仍然考虑将系统状态向量进行扩维, 即

$$\widetilde{\boldsymbol{x}}_k=\begin{bmatrix}\boldsymbol{x}_k\\ \boldsymbol{e}_k\end{bmatrix} \tag{15.60}$$

于是, 结合式 (15.1)、式 (15.2) 和式 (15.59) 可得

$$\widetilde{\boldsymbol{x}}_{k+1}=\begin{bmatrix}\boldsymbol{x}_{k+1}\\ \boldsymbol{e}_{k+1}\end{bmatrix}=\begin{bmatrix}\boldsymbol{T}_k & \boldsymbol{O}\\ \boldsymbol{O} & \boldsymbol{\Phi}_{2,k}\end{bmatrix}\begin{bmatrix}\boldsymbol{x}_k\\ \boldsymbol{e}_k\end{bmatrix}+\begin{bmatrix}\boldsymbol{\Gamma}_k\boldsymbol{\xi}_k\\ \boldsymbol{\gamma}_{2,k}\end{bmatrix}=\tilde{\boldsymbol{T}}_k\tilde{\boldsymbol{x}}_k+\tilde{\boldsymbol{\Gamma}}_k\tilde{\boldsymbol{\xi}}_k \tag{15.61}$$

$$\boldsymbol{z}_k=[\boldsymbol{A}_k\quad \boldsymbol{I}_p]\begin{bmatrix}\boldsymbol{x}_k\\ \boldsymbol{e}_k\end{bmatrix}=\tilde{\boldsymbol{A}}_k\widetilde{\boldsymbol{x}}_k \tag{15.62}$$

式中

$$\tilde{\boldsymbol{T}}_k = \begin{bmatrix} \boldsymbol{T}_k & \boldsymbol{O} \\ \boldsymbol{O} & \boldsymbol{\Phi}_{2,k} \end{bmatrix}, \quad \tilde{\boldsymbol{\Gamma}}_k = \begin{bmatrix} \boldsymbol{\Gamma}_k & \boldsymbol{O} \\ \boldsymbol{O} & \boldsymbol{I}_p \end{bmatrix}, \quad \tilde{\boldsymbol{\xi}}_k = \begin{bmatrix} \boldsymbol{\xi}_k \\ \gamma_{2,k} \end{bmatrix}, \quad \tilde{\boldsymbol{A}}_k = [\boldsymbol{A}_k \quad \boldsymbol{I}_p] \tag{15.63}$$

式 (15.61) 和式 (15.62) 刻画了一个新的线性随机动态系统, 可以将其看成是原系统的增广形式, 并且新系统不存在观测误差, 这等价于系统观测误差的均值为零、协方差矩阵亦为零。理论上来说, 当系统没有观测误差时, 线性卡尔曼滤波器仍然可以使用, 只是在实际应用时会出现一些问题, 读者可参阅文献 [42]。

第二种方法不是对系统进行扩维, 而是对观测向量进行差分运算, 用于构造新的观测向量, 即

$$\boldsymbol{z'}_k = \boldsymbol{z}_{k+1} - \boldsymbol{\Phi}_{2,k}\boldsymbol{z}_k \tag{15.64}$$

将式 (15.1) 和式 (15.2) 代入式 (15.64), 可得

$$\begin{aligned} \boldsymbol{z'}_k &= \boldsymbol{A}_{k+1}\boldsymbol{x}_{k+1} + \boldsymbol{e}_{k+1} - \boldsymbol{\Phi}_{2,k}(\boldsymbol{A}_k\boldsymbol{x}_k + \boldsymbol{e}_k) \\ &= \boldsymbol{A}_{k+1}(\boldsymbol{T}_k\boldsymbol{x}_k + \boldsymbol{\Gamma}_k\boldsymbol{\xi}_k) + \boldsymbol{e}_{k+1} - \boldsymbol{\Phi}_{2,k}(\boldsymbol{A}_k\boldsymbol{x}_k + \boldsymbol{e}_k) \\ &= (\boldsymbol{A}_{k+1}\boldsymbol{T}_k - \boldsymbol{\Phi}_{2,k}\boldsymbol{A}_k)\boldsymbol{x}_k + \boldsymbol{A}_{k+1}\boldsymbol{\Gamma}_k\boldsymbol{\xi}_k + \gamma_{2,k} \\ &= \boldsymbol{A'}_k\boldsymbol{x}_k + \boldsymbol{e'}_k \end{aligned} \tag{15.65}$$

式中

$$\begin{cases} \boldsymbol{A'}_k = \boldsymbol{A}_{k+1}\boldsymbol{T}_k - \boldsymbol{\Phi}_{2,k}\boldsymbol{A}_k \\ \boldsymbol{e'}_k = \boldsymbol{A}_{k+1}\boldsymbol{\Gamma}_k\boldsymbol{\xi}_k + \gamma_{2,k} \end{cases} \tag{15.66}$$

式 (15.65) 中的观测误差 $\{\boldsymbol{e'}_k\}$ 是零均值的独立随机过程。式 (15.65) 可以看成是新系统的观测方程。新系统的观测误差虽然是白噪声, 但是却与过程误差统计相关, 因此需要对状态转移方程进行变换, 即

$$\begin{aligned} \boldsymbol{x}_{k+1} &= \boldsymbol{T}_k\boldsymbol{x}_k + \boldsymbol{\Gamma}_k\boldsymbol{\xi}_k + \boldsymbol{J}_k(\boldsymbol{z'}_k - \boldsymbol{A'}_k\boldsymbol{x}_k - \boldsymbol{e'}_k) \\ &= (\boldsymbol{T}_k - \boldsymbol{J}_k\boldsymbol{A'}_k)\boldsymbol{x}_k + \boldsymbol{J}_k\boldsymbol{z'}_k + \boldsymbol{\Gamma}_k\boldsymbol{\xi}_k - \boldsymbol{J}_k\boldsymbol{e'}_k \\ &= \boldsymbol{T'}_k\boldsymbol{x}_k + \boldsymbol{u}_k + \boldsymbol{\xi'}_k \end{aligned} \tag{15.67}$$

式中

$$\boldsymbol{T'}_k = \boldsymbol{T}_k - \boldsymbol{J}_k\boldsymbol{A'}_k, \quad \boldsymbol{u}_k = \boldsymbol{J}_k\boldsymbol{z'}_k, \quad \boldsymbol{\xi'}_k = \boldsymbol{\Gamma}_k\boldsymbol{\xi}_k - \boldsymbol{J}_k\boldsymbol{e'}_k \tag{15.68}$$

在式 (15.67) 中, 矩阵 $\boldsymbol{J}_k$ 的选取应使得 $\boldsymbol{\xi'}_k$ 与 $\boldsymbol{e'}_k$ 互不相关, 即有 $\mathrm{E}[\boldsymbol{\xi'}_k\boldsymbol{e'}^{\mathrm{T}}_k] = \boldsymbol{O}$。此外, 式 (15.67) 中的向量 $\boldsymbol{u}_k$ 可以看成是控制项。

15.4.3 过程误差与观测误差相关时的线性卡尔曼滤波器

考虑由式 (15.1) 和式 (15.2) 刻画的线性随机动态系统, 但是这里假设过程误差 $\boldsymbol{\xi}_{k-1}$ 与观测误差 $\boldsymbol{e}_k$ 统计相关, 并且令

$$\boldsymbol{C}_{\boldsymbol{\xi}_{k-1}\boldsymbol{e}_k} = \mathbf{cov}(\boldsymbol{\xi}_{k-1}, \boldsymbol{e}_k) = \mathrm{E}[\boldsymbol{\xi}_{k-1}\boldsymbol{e}_k^{\mathrm{T}}] = \boldsymbol{W}_k \tag{15.69}$$

在这种情况下, 命题 15.5 中的式 (15.29) 至式 (15.32) 仍然成立, 但是式 (15.33) 和式 (15.34) 将会发生变化。由式 (15.30) 可得

$$\widetilde{\boldsymbol{x}}_{k|k-1} = \boldsymbol{x}_k - \hat{\boldsymbol{x}}_{k|k-1} = \boldsymbol{T}_{k-1}(\boldsymbol{x}_{k-1} - \hat{\boldsymbol{x}}_{k-1|k-1}) + \boldsymbol{\Gamma}_{k-1}\boldsymbol{\xi}_{k-1} \tag{15.70}$$

于是有

$$\begin{aligned}
\boldsymbol{C}_{\tilde{\boldsymbol{z}}_{k|k-1}\tilde{\boldsymbol{z}}_{k|k-1}} &= \mathbf{cov}(\tilde{\boldsymbol{z}}_{k|k-1}) = \mathrm{E}[\tilde{\boldsymbol{z}}_{k|k-1}\tilde{\boldsymbol{z}}_{k|k-1}^{\mathrm{T}}] \\
&= \mathrm{E}[(\boldsymbol{A}_k\widetilde{\boldsymbol{x}}_{k|k-1} + \boldsymbol{e}_k)(\boldsymbol{A}_k\widetilde{\boldsymbol{x}}_{k|k-1} + \boldsymbol{e}_k)^{\mathrm{T}}] \\
&= \boldsymbol{A}_k\boldsymbol{P}_{k|k-1}\boldsymbol{A}_k^{\mathrm{T}} + \boldsymbol{E}_k + \boldsymbol{A}_k\boldsymbol{\Gamma}_{k-1}\boldsymbol{W}_k + \boldsymbol{W}_k^{\mathrm{T}}\boldsymbol{\Gamma}_{k-1}^{\mathrm{T}}\boldsymbol{A}_k^{\mathrm{T}} \qquad (15.71) \\
\boldsymbol{C}_{\boldsymbol{x}_k\tilde{\boldsymbol{z}}_{k|k-1}} &= \mathbf{cov}(\boldsymbol{x}_k, \tilde{\boldsymbol{z}}_{k|k-1}) = \mathrm{E}[(\boldsymbol{x}_k - \mathrm{E}[\boldsymbol{x}_k])\tilde{\boldsymbol{z}}_{k|k-1}^{\mathrm{T}}] = \mathrm{E}[\widetilde{\boldsymbol{x}}_{k|k-1}\tilde{\boldsymbol{z}}_{k|k-1}^{\mathrm{T}}] \\
&= \mathrm{E}[\widetilde{\boldsymbol{x}}_{k|k-1}(\boldsymbol{A}_k\widetilde{\boldsymbol{x}}_{k|k-1} + \boldsymbol{e}_k)^{\mathrm{T}}] = \boldsymbol{P}_{k|k-1}\boldsymbol{A}_k^{\mathrm{T}} + \boldsymbol{\Gamma}_{k-1}\boldsymbol{W}_k \qquad (15.72)
\end{aligned}$$

由此可得

$$\begin{aligned}
\boldsymbol{H}_k &= \boldsymbol{C}_{\boldsymbol{x}_k\tilde{\boldsymbol{z}}_{k|k-1}}\boldsymbol{C}_{\tilde{\boldsymbol{z}}_{k|k-1}\tilde{\boldsymbol{z}}_{k|k-1}}^{-1} \\
&= (\boldsymbol{P}_{k|k-1}\boldsymbol{A}_k^{\mathrm{T}} + \boldsymbol{\Gamma}_{k-1}\boldsymbol{W}_k) \\
&\quad\times(\boldsymbol{A}_k\boldsymbol{P}_{k|k-1}\boldsymbol{A}_k^{\mathrm{T}} + \boldsymbol{E}_k + \boldsymbol{A}_k\boldsymbol{\Gamma}_{k-1}\boldsymbol{W}_k + \boldsymbol{W}_k^{\mathrm{T}}\boldsymbol{\Gamma}_{k-1}^{\mathrm{T}}\boldsymbol{A}_k^{\mathrm{T}})^{-1} \qquad (15.73) \\
\boldsymbol{P}_{k|k} &= \mathrm{E}[\widetilde{\boldsymbol{x}}_{k|k}\widetilde{\boldsymbol{x}}_{k|k}^{\mathrm{T}}] = \mathrm{E}[(\widetilde{\boldsymbol{x}}_{k|k-1} - \boldsymbol{H}_k\tilde{\boldsymbol{z}}_{k|k-1})(\widetilde{\boldsymbol{x}}_{k|k-1} - \boldsymbol{H}_k\tilde{\boldsymbol{z}}_{k|k-1})^{\mathrm{T}}] \\
&= \mathrm{E}[\widetilde{\boldsymbol{x}}_{k|k-1}\widetilde{\boldsymbol{x}}_{k|k-1}^{\mathrm{T}}] - \mathrm{E}[\widetilde{\boldsymbol{x}}_{k|k-1}\tilde{\boldsymbol{z}}_{k|k-1}^{\mathrm{T}}\boldsymbol{H}_k^{\mathrm{T}}] - \mathrm{E}[\boldsymbol{H}_k\tilde{\boldsymbol{z}}_{k|k-1}\widetilde{\boldsymbol{x}}_{k|k-1}^{\mathrm{T}}] \\
&\quad + \mathrm{E}[\boldsymbol{H}_k\tilde{\boldsymbol{z}}_{k|k-1}\tilde{\boldsymbol{z}}_{k|k-1}^{\mathrm{T}}\boldsymbol{H}_k^{\mathrm{T}}] \\
&= \boldsymbol{P}_{k|k-1} - (\boldsymbol{P}_{k|k-1}\boldsymbol{A}_k^{\mathrm{T}} + \boldsymbol{\Gamma}_{k-1}\boldsymbol{W}_k)\boldsymbol{H}_k^{\mathrm{T}} - \boldsymbol{H}_k(\boldsymbol{A}_k\boldsymbol{P}_{k|k-1} + \boldsymbol{W}_k^{\mathrm{T}}\boldsymbol{\Gamma}_{k-1}^{\mathrm{T}}) \\
&\quad + \boldsymbol{H}_k(\boldsymbol{A}_k\boldsymbol{P}_{k|k-1}\boldsymbol{A}_k^{\mathrm{T}} + \boldsymbol{E}_k + \boldsymbol{A}_k\boldsymbol{\Gamma}_{k-1}\boldsymbol{W}_k + \boldsymbol{W}_k^{\mathrm{T}}\boldsymbol{\Gamma}_{k-1}^{\mathrm{T}}\boldsymbol{A}_k^{\mathrm{T}})\boldsymbol{H}_k^{\mathrm{T}} \\
&= \boldsymbol{P}_{k|k-1} - (\boldsymbol{P}_{k|k-1}\boldsymbol{A}_k^{\mathrm{T}} + \boldsymbol{\Gamma}_{k-1}\boldsymbol{W}_k)(\boldsymbol{A}_k\boldsymbol{P}_{k|k-1}\boldsymbol{A}_k^{\mathrm{T}} + \boldsymbol{E}_k + \boldsymbol{A}_k\boldsymbol{\Gamma}_{k-1}\boldsymbol{W}_k \\
&\quad + \boldsymbol{W}_k^{\mathrm{T}}\boldsymbol{\Gamma}_{k-1}^{\mathrm{T}}\boldsymbol{A}_k^{\mathrm{T}})^{-1}(\boldsymbol{A}_k\boldsymbol{P}_{k|k-1} + \boldsymbol{W}_k^{\mathrm{T}}\boldsymbol{\Gamma}_{k-1}^{\mathrm{T}}) \qquad (15.74)
\end{aligned}$$

基于上述结论可以继续使用线性卡尔曼滤波器对系统状态向量进行估计。

附录

A 式 (3.99) 至式 (3.101) 的证明

首先根据积化和差公式可知

$$\cos(x_1)\cos(x_2) = \frac{1}{2}\cos(x_1+x_2) + \frac{1}{2}\cos(x_1-x_2) \tag{F.1}$$

$$\sin(x_1)\sin(x_2) = \frac{1}{2}\cos(x_1-x_2) - \frac{1}{2}\cos(x_1+x_2) \tag{F.2}$$

$$\cos(x_1)\sin(x_2) = \frac{1}{2}\sin(x_1+x_2) - \frac{1}{2}\sin(x_1-x_2) \tag{F.3}$$

于是有

$$\begin{aligned}&\cos\left(\frac{2\pi(j-1)k_1}{p}\right)\cos\left(\frac{2\pi(j-1)k_2}{p}\right)\\ =&\frac{1}{2}\cos\left(\frac{2\pi(j-1)(k_1+k_2)}{p}\right) + \frac{1}{2}\cos\left(\frac{2\pi(j-1)(k_1-k_2)}{p}\right)\end{aligned} \tag{F.4}$$

$$\begin{aligned}&\sin\left(\frac{2\pi(j-1)k_1}{p}\right)\sin\left(\frac{2\pi(j-1)k_2}{p}\right)\\ =&\frac{1}{2}\cos\left(\frac{2\pi(j-1)(k_1-k_2)}{p}\right) - \frac{1}{2}\cos\left(\frac{2\pi(j-1)(k_1+k_2)}{p}\right)\end{aligned} \tag{F.5}$$

$$\begin{aligned}&\cos\left(\frac{2\pi(j-1)k_1}{p}\right)\sin\left(\frac{2\pi(j-1)k_2}{p}\right)\\ =&\frac{1}{2}\sin\left(\frac{2\pi(j-1)(k_1+k_2)}{p}\right) - \frac{1}{2}\sin\left(\frac{2\pi(j-1)(k_1-k_2)}{p}\right)\end{aligned} \tag{F.6}$$

又因为

$$\sum_{j=1}^{p}\exp\left(\frac{\mathrm{i}2\pi(j-1)k}{p}\right) = \begin{cases}0; & ((k))_p \neq 0\\ p; & ((k))_p = 0\end{cases} \tag{F.7}$$

从而有

$$\sum_{j=1}^{p}\cos\left(\frac{2\pi(j-1)k}{p}\right) = \operatorname{Re}\left\{\sum_{j=1}^{p}\exp\left(\frac{\mathrm{i}2\pi(j-1)k}{p}\right)\right\} = \begin{cases}0; & ((k))_p \neq 0\\ p; & ((k))_p = 0\end{cases} \tag{F.8}$$

$$\sum_{j=1}^{p}\sin\left(\frac{2\pi(j-1)k}{p}\right) = \operatorname{Im}\left\{\sum_{j=1}^{p}\exp\left(\frac{\mathrm{i}2\pi(j-1)k}{p}\right)\right\} = 0 \tag{F.9}$$

结合式 (F.4) 和式 (F.8) 可得

$$\begin{aligned}&\sum_{j=1}^{p}\cos\left(\frac{2\pi(j-1)k_1}{p}\right)\cos\left(\frac{2\pi(j-1)k_2}{p}\right)\\ &=\frac{1}{2}\sum_{j=1}^{p}\cos\left(\frac{2\pi(j-1)(k_1+k_2)}{p}\right)+\frac{1}{2}\sum_{j=1}^{p}\cos\left(\frac{2\pi(j-1)(k_1-k_2)}{p}\right)\\ &=\begin{cases}0; & ((k_1+k_2))_p \neq 0\\ \dfrac{p}{2}; & ((k_1+k_2))_p = 0\end{cases}+\begin{cases}0; & ((k_1-k_2))_p \neq 0\\ \dfrac{p}{2}; & ((k_1-k_2))_p = 0\end{cases}\end{aligned} \tag{F.10}$$

再结合式 (F.5) 和式 (F.8) 可知

$$\begin{aligned}&\sum_{j=1}^{p}\sin\left(\frac{2\pi(j-1)k_1}{p}\right)\sin\left(\frac{2\pi(j-1)k_2}{p}\right)\\ &=\frac{1}{2}\sum_{j=1}^{p}\cos\left(\frac{2\pi(j-1)(k_1-k_2)}{p}\right)-\frac{1}{2}\sum_{j=1}^{p}\cos\left(\frac{2\pi(j-1)(k_1+k_2)}{p}\right)\\ &=\begin{cases}0; & ((k_1-k_2))_p \neq 0\\ \dfrac{p}{2}; & ((k_1-k_2))_p = 0\end{cases}-\begin{cases}0; & ((k_1+k_2))_p \neq 0\\ \dfrac{p}{2}; & ((k_1+k_2))_p = 0\end{cases}\end{aligned} \tag{F.11}$$

由于 $1 \leqslant k_1$, $k_2 \leqslant K$, 并且 $p > 2K$, 于是恒有 $((k_1+k_2))_p \neq 0$, 并且当且仅当 $k_1 = k_2$ 时满足 $((k_1-k_2))_p = 0$。由此可知式 (3.99) 和式 (3.100) 成立。最后结合式 (F.6) 和式 (F.9) 可得

$$\begin{aligned}&\sum_{j=1}^{p}\cos\left(\frac{2\pi(j-1)k_1}{p}\right)\sin\left(\frac{2\pi(j-1)k_2}{p}\right)\\ &=\frac{1}{2}\sum_{j=1}^{p}\sin\left(\frac{2\pi(j-1)(k_1+k_2)}{p}\right)-\frac{1}{2}\sum_{j=1}^{p}\sin\left(\frac{2\pi(j-1)(k_1-k_2)}{p}\right)=0\end{aligned} \tag{F.12}$$

由此可知式 (3.101) 成立。

B 式 (4.20) 的证明

首先利用正交投影矩阵的表达式可知

$$\boldsymbol{\Pi}^{\perp}\left[\boldsymbol{E}^{-1/2}\boldsymbol{A}_{q+1}\right]=\boldsymbol{I}_p-\boldsymbol{E}^{-1/2}\boldsymbol{A}_{q+1}\boldsymbol{B}_{q+1}\boldsymbol{A}_{q+1}^{\mathrm{T}}\boldsymbol{E}^{-1/2} \tag{F.13}$$

将式 (4.8) 和式 (4.13) 代入式 (F.13), 可得

$$\begin{aligned}
&\boldsymbol{\Pi}^{\perp}\left[\boldsymbol{E}^{-1/2}\boldsymbol{A}_{q+1}\right]=\boldsymbol{I}_p-\boldsymbol{E}^{-1/2}\left[\boldsymbol{A}_q \;\vdots\; \boldsymbol{a}_{q+1}\right]\\
&\times\left[\begin{array}{c:c}
\boldsymbol{B}_q+\dfrac{\boldsymbol{B}_q\boldsymbol{A}_q^{\mathrm{T}}\boldsymbol{E}^{-1}\boldsymbol{a}_{q+1}\boldsymbol{a}_{q+1}^{\mathrm{T}}\boldsymbol{E}^{-1}\boldsymbol{A}_q\boldsymbol{B}_q}{\left(\boldsymbol{E}^{-1/2}\boldsymbol{a}_{q+1}\right)^{\mathrm{T}}\boldsymbol{\Pi}^{\perp}\left[\boldsymbol{E}^{-1/2}\boldsymbol{A}_q\right]\left(\boldsymbol{E}^{-1/2}\boldsymbol{a}_{q+1}\right)} & -\dfrac{\boldsymbol{B}_q\boldsymbol{A}_q^{\mathrm{T}}\boldsymbol{E}^{-1}\boldsymbol{a}_{q+1}}{\left(\boldsymbol{E}^{-1/2}\boldsymbol{a}_{q+1}\right)^{\mathrm{T}}\boldsymbol{\Pi}^{\perp}\left[\boldsymbol{E}^{-1/2}\boldsymbol{A}_q\right]\left(\boldsymbol{E}^{-1/2}\boldsymbol{a}_{q+1}\right)}\\
\hdashline
-\dfrac{\boldsymbol{a}_{q+1}^{\mathrm{T}}\boldsymbol{E}^{-1}\boldsymbol{A}_q\boldsymbol{B}_q}{\left(\boldsymbol{E}^{-1/2}\boldsymbol{a}_{q+1}\right)^{\mathrm{T}}\boldsymbol{\Pi}^{\perp}\left[\boldsymbol{E}^{-1/2}\boldsymbol{A}_q\right]\left(\boldsymbol{E}^{-1/2}\boldsymbol{a}_{q+1}\right)} & \dfrac{1}{\left(\boldsymbol{E}^{-1/2}\boldsymbol{a}_{q+1}\right)^{\mathrm{T}}\boldsymbol{\Pi}^{\perp}\left[\boldsymbol{E}^{-1/2}\boldsymbol{A}_q\right]\left(\boldsymbol{E}^{-1/2}\boldsymbol{a}_{q+1}\right)}
\end{array}\right]\\
&\times\begin{bmatrix}\boldsymbol{A}_q^{\mathrm{T}}\\ \boldsymbol{a}_{q+1}^{\mathrm{T}}\end{bmatrix}\boldsymbol{E}^{-1/2}\\
&=\boldsymbol{I}_p-\boldsymbol{E}^{-1/2}\left(\begin{array}{c}
\boldsymbol{A}_q\boldsymbol{B}_q\boldsymbol{A}_q^{\mathrm{T}}+\dfrac{\boldsymbol{A}_q\boldsymbol{B}_q\boldsymbol{A}_q^{\mathrm{T}}\boldsymbol{E}^{-1}\boldsymbol{a}_{q+1}\boldsymbol{a}_{q+1}^{\mathrm{T}}\boldsymbol{E}^{-1}\boldsymbol{A}_q\boldsymbol{B}_q\boldsymbol{A}_q^{\mathrm{T}}}{\left(\boldsymbol{E}^{-1/2}\boldsymbol{a}_{q+1}\right)^{\mathrm{T}}\boldsymbol{\Pi}^{\perp}\left[\boldsymbol{E}^{-1/2}\boldsymbol{A}_q\right]\left(\boldsymbol{E}^{-1/2}\boldsymbol{a}_{q+1}\right)}\\
-\dfrac{\boldsymbol{A}_q\boldsymbol{B}_q\boldsymbol{A}_q^{\mathrm{T}}\boldsymbol{E}^{-1}\boldsymbol{a}_{q+1}\boldsymbol{a}_{q+1}^{\mathrm{T}}}{\left(\boldsymbol{E}^{-1/2}\boldsymbol{a}_{q+1}\right)^{\mathrm{T}}\boldsymbol{\Pi}^{\perp}\left[\boldsymbol{E}^{-1/2}\boldsymbol{A}_q\right]\left(\boldsymbol{E}^{-1/2}\boldsymbol{a}_{q+1}\right)}\\
-\dfrac{\boldsymbol{a}_{q+1}\boldsymbol{a}_{q+1}^{\mathrm{T}}\boldsymbol{E}^{-1}\boldsymbol{A}_q\boldsymbol{B}_q\boldsymbol{A}_q^{\mathrm{T}}}{\left(\boldsymbol{E}^{-1/2}\boldsymbol{a}_{q+1}\right)^{\mathrm{T}}\boldsymbol{\Pi}^{\perp}\left[\boldsymbol{E}^{-1/2}\boldsymbol{A}_q\right]\left(\boldsymbol{E}^{-1/2}\boldsymbol{a}_{q+1}\right)}\\
+\dfrac{\boldsymbol{a}_{q+1}\boldsymbol{a}_{q+1}^{\mathrm{T}}}{\left(\boldsymbol{E}^{-1/2}\boldsymbol{a}_{q+1}\right)^{\mathrm{T}}\boldsymbol{\Pi}^{\perp}\left[\boldsymbol{E}^{-1/2}\boldsymbol{A}_q\right]\left(\boldsymbol{E}^{-1/2}\boldsymbol{a}_{q+1}\right)}
\end{array}\right)\boldsymbol{E}^{-1/2}\\
&=\boldsymbol{\Pi}^{\perp}\left[\boldsymbol{E}^{-1/2}\boldsymbol{A}_q\right]-\left(\begin{array}{c}
\dfrac{\boldsymbol{\Pi}\left[\boldsymbol{E}^{-1/2}\boldsymbol{A}_q\right]\left(\boldsymbol{E}^{-1/2}\boldsymbol{a}_{q+1}\right)\left(\boldsymbol{E}^{-1/2}\boldsymbol{a}_{q+1}\right)^{\mathrm{T}}\boldsymbol{\Pi}\left[\boldsymbol{E}^{-1/2}\boldsymbol{A}_q\right]}{\left(\boldsymbol{E}^{-1/2}\boldsymbol{a}_{q+1}\right)^{\mathrm{T}}\boldsymbol{\Pi}^{\perp}\left[\boldsymbol{E}^{-1/2}\boldsymbol{A}_q\right]\left(\boldsymbol{E}^{-1/2}\boldsymbol{a}_{q+1}\right)}\\
-\dfrac{\boldsymbol{\Pi}\left[\boldsymbol{E}^{-1/2}\boldsymbol{A}_q\right]\left(\boldsymbol{E}^{-1/2}\boldsymbol{a}_{q+1}\right)\left(\boldsymbol{E}^{-1/2}\boldsymbol{a}_{q+1}\right)^{\mathrm{T}}}{\left(\boldsymbol{E}^{-1/2}\boldsymbol{a}_{q+1}\right)^{\mathrm{T}}\boldsymbol{\Pi}^{\perp}\left[\boldsymbol{E}^{-1/2}\boldsymbol{A}_q\right]\left(\boldsymbol{E}^{-1/2}\boldsymbol{a}_{q+1}\right)}\\
-\dfrac{\left(\boldsymbol{E}^{-1/2}\boldsymbol{a}_{q+1}\right)\left(\boldsymbol{E}^{-1/2}\boldsymbol{a}_{q+1}\right)^{\mathrm{T}}\boldsymbol{\Pi}\left[\boldsymbol{E}^{-1/2}\boldsymbol{A}_q\right]}{\left(\boldsymbol{E}^{-1/2}\boldsymbol{a}_{q+1}\right)^{\mathrm{T}}\boldsymbol{\Pi}^{\perp}\left[\boldsymbol{E}^{-1/2}\boldsymbol{A}_q\right]\left(\boldsymbol{E}^{-1/2}\boldsymbol{a}_{q+1}\right)}\\
+\dfrac{\left(\boldsymbol{E}^{-1/2}\boldsymbol{a}_{q+1}\right)\left(\boldsymbol{E}^{-1/2}\boldsymbol{a}_{q+1}\right)^{\mathrm{T}}}{\left(\boldsymbol{E}^{-1/2}\boldsymbol{a}_{q+1}\right)^{\mathrm{T}}\boldsymbol{\Pi}^{\perp}\left[\boldsymbol{E}^{-1/2}\boldsymbol{A}_q\right]\left(\boldsymbol{E}^{-1/2}\boldsymbol{a}_{q+1}\right)}
\end{array}\right)
\end{aligned} \tag{F.14}$$

式中 $\boldsymbol{\Pi}\left[\boldsymbol{E}^{-1/2}\boldsymbol{A}_q\right]=\boldsymbol{E}^{-1/2}\boldsymbol{A}_q\boldsymbol{B}_q\boldsymbol{A}_q^{\mathrm{T}}\boldsymbol{E}^{-1/2}$ 。再将关系式 $\boldsymbol{\Pi}\left[\boldsymbol{E}^{-1/2}\boldsymbol{A}_q\right]=$

$\boldsymbol{I}_p - \boldsymbol{\Pi}^{\perp}\left[\boldsymbol{E}^{-1/2}\boldsymbol{A}_q\right]$ 代入式 (F.14), 可知

$$\boldsymbol{\Pi}^{\perp}\left[\boldsymbol{E}^{-1/2}\boldsymbol{A}_{q+1}\right] = \boldsymbol{\Pi}^{\perp}\left[\boldsymbol{E}^{-1/2}\boldsymbol{A}_q\right] - \frac{\boldsymbol{\Pi}^{\perp}\left[\boldsymbol{E}^{-1/2}\boldsymbol{A}_q\right]\left(\boldsymbol{E}^{-1/2}\boldsymbol{a}_{q+1}\right)\left(\boldsymbol{E}^{-1/2}\boldsymbol{a}_{q+1}\right)^{\mathrm{T}}\boldsymbol{\Pi}^{\perp}\left[\boldsymbol{E}^{-1/2}\boldsymbol{A}_q\right]}{\left(\boldsymbol{E}^{-1/2}\boldsymbol{a}_{q+1}\right)^{\mathrm{T}}\boldsymbol{\Pi}^{\perp}\left[\boldsymbol{E}^{-1/2}\boldsymbol{A}_q\right]\left(\boldsymbol{E}^{-1/2}\boldsymbol{a}_{q+1}\right)} \tag{F.15}$$

至此, 式 (4.20) 得证。

C 式 (4.45)、式 (4.46) 和式 (4.50) 的另一种推导方法

这里将从参数融合估计的视角推导式 (4.45)、式 (4.46) 和式 (4.50)。

在第 $p+1$ 时刻, 可以将 $\hat{\boldsymbol{x}}_{\mathrm{LLS},p}$ 和 z_{p+1} 均看成是关于未知参量 $\boldsymbol{x}$ 的线性观测量, 相应的观测模型可以表示为

$$\begin{bmatrix} \hat{\boldsymbol{x}}_{\mathrm{LLS},p} \\ z_{p+1} \end{bmatrix} = \begin{bmatrix} \boldsymbol{I}_q \\ \boldsymbol{a}_{p+1}^{\mathrm{T}} \end{bmatrix} \boldsymbol{x} + \xi_{p+1} \tag{F.16}$$

式中 $\xi_{p+1} \in \mathbf{R}^{(q+1)\times 1}$ 表示观测误差向量, 并且其服从均值为零、协方差矩阵为 $\mathbf{cov}(\xi_{p+1}) = \mathrm{E}\left[\xi_{p+1}\xi_{\mathrm{p+1}}^{\mathrm{T}}\right] = \begin{bmatrix} \boldsymbol{B}_p & \boldsymbol{O}_{q\times 1} \\ \boldsymbol{O}_{1\times q} & \sigma_{p+1}^2 \end{bmatrix}$ 的高斯分布。

注意到式 (F.16) 是线性观测模型, 相应的线性最小二乘估计优化模型为

$$\min_{\boldsymbol{x}\in\mathbf{R}^{q\times 1}} \left\{ \left(\begin{bmatrix} \hat{\boldsymbol{x}}_{\mathrm{LLS},p} \\ z_{p+1} \end{bmatrix} - \begin{bmatrix} \boldsymbol{I}_q \\ \boldsymbol{a}_{p+1}^{\mathrm{T}} \end{bmatrix} \boldsymbol{x} \right)^{\mathrm{T}} \begin{bmatrix} \boldsymbol{B}_p^{-1} & \boldsymbol{O}_{q\times 1} \\ \boldsymbol{O}_{1\times q} & \dfrac{1}{\sigma_{p+1}^2} \end{bmatrix} \left(\begin{bmatrix} \hat{\boldsymbol{x}}_{\mathrm{LLS},p} \\ z_{p+1} \end{bmatrix} - \begin{bmatrix} \boldsymbol{I}_q \\ \boldsymbol{a}_{p+1}^{\mathrm{T}} \end{bmatrix} \boldsymbol{x} \right) \right\} \tag{F.17}$$

式 (F.17) 的最优闭式解

$$\hat{\boldsymbol{x}}_{\mathrm{OPT},p+1} = \left(\left[\boldsymbol{I}_q \,\vdots\, \boldsymbol{a}_{p+1} \right] \begin{bmatrix} \boldsymbol{B}_p^{-1} & \boldsymbol{O}_{q\times 1} \\ \boldsymbol{O}_{1\times q} & \dfrac{1}{\sigma_{p+1}^2} \end{bmatrix} \begin{bmatrix} \boldsymbol{I}_q \\ \boldsymbol{a}_{p+1}^{\mathrm{T}} \end{bmatrix} \right)^{-1} \times \left[\boldsymbol{I}_q \,\vdots\, \boldsymbol{a}_{p+1} \right] \begin{bmatrix} \boldsymbol{B}_p^{-1} & \boldsymbol{O}_{q\times 1} \\ \boldsymbol{O}_{1\times q} & \dfrac{1}{\sigma_{p+1}^2} \end{bmatrix} \begin{bmatrix} \hat{\boldsymbol{x}}_{\mathrm{LLS},p} \\ z_{p+1} \end{bmatrix}$$

$$= \left(\boldsymbol{B}_p^{-1} + \frac{1}{\sigma_{p+1}^2} \boldsymbol{a}_{p+1} \boldsymbol{a}_{p+1}^{\mathrm{T}} \right)^{-1} \left(\boldsymbol{B}_p^{-1} \hat{\boldsymbol{x}}_{\mathrm{LLS},p} + \boldsymbol{a}_{p+1} \frac{z_{p+1}}{\sigma_{p+1}^2} \right) \tag{F.18}$$

利用命题 2.2 可知

$$\left(\boldsymbol{B}_p^{-1} + \frac{1}{\sigma_{p+1}^2} \boldsymbol{a}_{p+1} \boldsymbol{a}_{p+1}^{\mathrm{T}} \right)^{-1} = \boldsymbol{B}_p - \frac{\boldsymbol{B}_p \boldsymbol{a}_{p+1} \boldsymbol{a}_{p+1}^{\mathrm{T}} \boldsymbol{B}_p}{\sigma_{p+1}^2 + \boldsymbol{a}_{p+1}^{\mathrm{T}} \boldsymbol{B}_p \boldsymbol{a}_{p+1}} = \left(\boldsymbol{I_q} - \boldsymbol{\beta}_{p+1} \boldsymbol{a}_{p+1}^{\mathrm{T}} \right) \boldsymbol{B}_p \tag{F.19}$$

式中 $\boldsymbol{\beta}_{p+1}$ 的表达式见式 (4.46)。将式 (F.19) 代入式 (F.18) 可得

$$\hat{\boldsymbol{x}}_{\mathrm{OPT},p+1} = \left(\boldsymbol{I}_q - \boldsymbol{\beta}_{p+1} \boldsymbol{a}_{p+1}^{\mathrm{T}} \right) \hat{\boldsymbol{x}}_{\mathrm{LLS},p} + \left(\boldsymbol{B}_p \boldsymbol{a}_{p+1} - \boldsymbol{\beta}_{p+1} \boldsymbol{a}_{p+1}^{\mathrm{T}} \boldsymbol{B}_p \boldsymbol{a}_{p+1} \right) \frac{z_{p+1}}{\sigma_{p+1}^2} \tag{F.20}$$

此外, 根据 $\boldsymbol{\beta}_{p+1}$ 的表达式可知

$$\boldsymbol{B}_p \boldsymbol{a}_{p+1} - \boldsymbol{\beta}_{p+1} \boldsymbol{a}_{p+1}^{\mathrm{T}} \boldsymbol{B}_p \boldsymbol{a}_{p+1} = \boldsymbol{\beta}_{p+1} \sigma_{p+1}^2 \tag{F.21}$$

将式 (F.21) 代入式 (F.20) 中可得

$$\hat{\boldsymbol{x}}_{\mathrm{OPT},p+1} = \left(\boldsymbol{I}_q - \boldsymbol{\beta}_{p+1} \boldsymbol{a}_{p+1}^{\mathrm{T}} \right) \hat{\boldsymbol{x}}_{\mathrm{LLS},p} + \boldsymbol{\beta}_{p+1} z_{p+1} = \hat{\boldsymbol{x}}_{\mathrm{LLS},p} + \boldsymbol{\beta}_{p+1} \left(z_{p+1} - \boldsymbol{a}_{p+1}^{\mathrm{T}} \hat{\boldsymbol{x}}_{\mathrm{LLS},p} \right) \tag{F.22}$$

比较式 (F.22) 和式 (4.50) 可知 $\hat{\boldsymbol{x}}_{\mathrm{OPT},p+1} = \hat{\boldsymbol{x}}_{\mathrm{LLS},p+1}$。

根据命题 3.2 可知, 估计值 $\hat{\boldsymbol{x}}_{\mathrm{OPT},p+1}$ 的均方误差矩阵

$$\begin{aligned} \mathbf{MSE}\left(\hat{\boldsymbol{x}}_{\mathrm{OPT},p+1}\right) &= \mathrm{E}\left[\left(\hat{\boldsymbol{x}}_{\mathrm{OPT},p+1} - \boldsymbol{x}\right) \left(\hat{\boldsymbol{x}}_{\mathrm{OPT},p+1} - \boldsymbol{x}\right)^{\mathrm{T}} \right] \\ &= \left(\boldsymbol{B}_p^{-1} + \frac{1}{\sigma_{p+1}^2} \boldsymbol{a}_{p+1} \boldsymbol{a}_{p+1}^{\mathrm{T}} \right)^{-1} = \left(\boldsymbol{I}_q - \boldsymbol{\beta}_{p+1} \boldsymbol{a}_{p+1}^{\mathrm{T}} \right) \boldsymbol{B}_p \end{aligned} \tag{F.23}$$

比较式 (F.23) 和式 (4.45), 可知 $\mathbf{MSE}\left(\hat{\boldsymbol{x}}_{\mathrm{OPT},p+1}\right) = \boldsymbol{B}_{p+1}$。

D $\dfrac{\partial \mathbf{vec}(\boldsymbol{H}(\boldsymbol{x}))}{\partial \boldsymbol{x}^{\mathrm{T}}}$ 表达式的推导

为了推导 $\dfrac{\partial \mathbf{vec}(\boldsymbol{H}(\boldsymbol{x}))}{\partial \boldsymbol{x}^{\mathrm{T}}}$ 的表达式, 需要将矩阵 $\boldsymbol{\Phi}$ 均匀分块为如下形式

$$\boldsymbol{\Phi}=\left[\begin{array}{c:cccc}\boldsymbol{\Phi}_{11} & \boldsymbol{\Phi}_{12} & \boldsymbol{\Phi}_{13} & \cdots & \boldsymbol{\Phi}_{1,q+1}\\ \hdashline \boldsymbol{\Phi}_{21} & \boldsymbol{\Phi}_{22} & \boldsymbol{\Phi}_{23} & \cdots & \boldsymbol{\Phi}_{2,q+1}\\ \boldsymbol{\Phi}_{31} & \boldsymbol{\Phi}_{32} & \boldsymbol{\Phi}_{33} & \cdots & \boldsymbol{\Phi}_{3,q+1}\\ \vdots & \vdots & \vdots & & \vdots\\ \boldsymbol{\Phi}_{q+1,1} & \boldsymbol{\Phi}_{q+1,2} & \boldsymbol{\Phi}_{q+1,3} & \cdots & \boldsymbol{\Phi}_{q+1,q+1}\end{array}\right] \tag{F.24}$$

式中 $\boldsymbol{\Phi}_{j_1j_2}^{\mathrm{T}}=\boldsymbol{\Phi}_{j_2j_1}\,(1\leqslant j_1,j_2\leqslant q+1)$，这是因为 $\boldsymbol{\Phi}$ 是对称矩阵。

结合式 (7.23) 中的第二式和式 (F.24) 可知

$$\begin{aligned}\boldsymbol{H}(\boldsymbol{x})&=\boldsymbol{\Phi}_{11}-\sum_{j=1}^{q}x_j\boldsymbol{\Phi}_{1,j+1}-\sum_{j=1}^{q}x_j\boldsymbol{\Phi}_{j+1,1}+\sum_{j_1=1}^{q}\sum_{j_2=1}^{q}x_{j_1}x_{j_2}\boldsymbol{\Phi}_{j_1+1,j_2+1}\\&=\boldsymbol{\Phi}_{11}-\sum_{j=1}^{q}x_j\left(\boldsymbol{\Phi}_{1,j+1}+\boldsymbol{\Phi}_{1,j+1}^{\mathrm{T}}\right)+\sum_{j_1=1}^{q}\sum_{j_2=1}^{q}x_{j_1}x_{j_2}\boldsymbol{\Phi}_{j_1+1,j_2+1}\end{aligned} \tag{F.25}$$

于是有

$$\frac{\partial \boldsymbol{H}(\boldsymbol{x})}{\partial x_j}=-\left(\boldsymbol{\Phi}_{1,j+1}+\boldsymbol{\Phi}_{1,j+1}^{\mathrm{T}}\right)+\sum_{k=1}^{q}x_k\left(\boldsymbol{\Phi}_{k+1,j+1}+\boldsymbol{\Phi}_{k+1,j+1}^{\mathrm{T}}\right)\quad(1\leqslant j\leqslant q) \tag{F.26}$$

由式 (F.26) 可以进一步推得

$$\begin{aligned}\frac{\partial\,\mathrm{vec}(\boldsymbol{H}(\boldsymbol{x}))}{\partial \boldsymbol{x}_j}=&-\mathrm{vec}\left(\boldsymbol{\Phi}_{1,j+1}+\boldsymbol{\Phi}_{1,j+1}^{\mathrm{T}}\right)\\&+\sum_{k=1}^{q}\mathrm{vec}\left(\boldsymbol{\Phi}_{k+1,j+1}+\boldsymbol{\Phi}_{k+1,j+1}^{\mathrm{T}}\right)x_k\quad(1\leqslant j\leqslant q)\end{aligned} \tag{F.27}$$

由于 $\dfrac{\partial\,\mathrm{vec}(\boldsymbol{H}(\boldsymbol{x}))}{\partial x_j}$ 是矩阵 $\dfrac{\partial\,\mathrm{vec}(\boldsymbol{H}(\boldsymbol{x}))}{\partial \boldsymbol{x}^{\mathrm{T}}}$ 中的第 j 列向量，于是利用式 (F.27) 就可以获得矩阵 $\dfrac{\partial\,\mathrm{vec}(\boldsymbol{H}(\boldsymbol{x}))}{\partial \boldsymbol{x}^{\mathrm{T}}}$ 的表达式。

E　式 (7.38) 的证明

首先将矩阵 $\boldsymbol{\Phi}$ 分块表示为

$$\boldsymbol{\Phi}=\left[\begin{array}{c:c}\boldsymbol{E} & \boldsymbol{\Gamma}\\ \hdashline \boldsymbol{\Gamma}^{\mathrm{T}} & \boldsymbol{\Omega}\end{array}\right] \tag{F.28}$$

比较式 (F.28) 和式 (7.4) 可知 $\boldsymbol{\Gamma}=\mathrm{E}[\boldsymbol{e}(\mathrm{vec}(\boldsymbol{\Xi}))^{\mathrm{T}}]$。利用命题 2.5 可知

$$\boldsymbol{\Phi}^{-1}=\left[\begin{array}{c:c}\left(\boldsymbol{E}-\boldsymbol{\Gamma}\boldsymbol{\Omega}^{-1}\boldsymbol{\Gamma}^{\mathrm{T}}\right)^{-1} & -\left(\boldsymbol{E}-\boldsymbol{\Gamma}\boldsymbol{\Omega}^{-1}\boldsymbol{\Gamma}^{\mathrm{T}}\right)^{-1}\boldsymbol{\Gamma}\boldsymbol{\Omega}^{-1} \\ \hdashline -\boldsymbol{\Omega}^{-1}\boldsymbol{\Gamma}^{\mathrm{T}}\left(\boldsymbol{E}-\boldsymbol{\Gamma}\boldsymbol{\Omega}^{-1}\boldsymbol{\Gamma}^{\mathrm{T}}\right)^{-1} & (\boldsymbol{\Omega}-\boldsymbol{\Gamma}^{\mathrm{T}}\boldsymbol{E}^{-1}\boldsymbol{\Gamma})^{-1}\end{array}\right] \tag{F.29}$$

于是有

$$\begin{aligned}&\begin{bmatrix}\boldsymbol{A}^{\mathrm{T}} & \boldsymbol{O}_{q\times pq}\\ \boldsymbol{x}\otimes\boldsymbol{I}_p & \boldsymbol{I}_{pq}\end{bmatrix}\boldsymbol{\Phi}^{-1}\begin{bmatrix}\boldsymbol{A} & \boldsymbol{x}^{\mathrm{T}}\otimes\boldsymbol{I}_p\\ \boldsymbol{O}_{pq\times q} & \boldsymbol{I}_{pq}\end{bmatrix}\\ &=\left[\begin{array}{c:c}\boldsymbol{A}^{\mathrm{T}}\left(\boldsymbol{E}-\boldsymbol{\Gamma}\boldsymbol{\Omega}^{-1}\boldsymbol{\Gamma}^{\mathrm{T}}\right)^{-1}\boldsymbol{A} & \boldsymbol{A}^{\mathrm{T}}\left(\boldsymbol{E}-\boldsymbol{\Gamma}\boldsymbol{\Omega}^{-1}\boldsymbol{\Gamma}^{\mathrm{T}}\right)^{-1}\left(\boldsymbol{x}\otimes\boldsymbol{I}_p-\boldsymbol{\Omega}^{-1}\boldsymbol{\Gamma}^{\mathrm{T}}\right)^{\mathrm{T}}\\ \hdashline \begin{array}{c}\left(\boldsymbol{x}\otimes\boldsymbol{I}_p-\boldsymbol{\Omega}^{-1}\boldsymbol{\Gamma}^{\mathrm{T}}\right)\\ \times\left(\boldsymbol{E}-\boldsymbol{\Gamma}\boldsymbol{\Omega}^{-1}\boldsymbol{\Gamma}^{\mathrm{T}}\right)^{-1}\boldsymbol{A}\end{array} & \begin{array}{c}(\boldsymbol{\Omega}-\boldsymbol{\Gamma}^{\mathrm{T}}\boldsymbol{E}^{-1}\boldsymbol{\Gamma})^{-1}+(\boldsymbol{x}\otimes\boldsymbol{I}_p)(\boldsymbol{E}-\boldsymbol{\Gamma}\boldsymbol{\Omega}^{-1}\boldsymbol{\Gamma}^{\mathrm{T}})^{-1}\\ \times(\boldsymbol{x}^{\mathrm{T}}\otimes\boldsymbol{I}_p)-\boldsymbol{\Omega}^{-1}\boldsymbol{\Gamma}^{\mathrm{T}}(\boldsymbol{E}-\boldsymbol{\Gamma}\boldsymbol{\Omega}^{-1}\boldsymbol{\Gamma}^{\mathrm{T}})^{-1}(\boldsymbol{x}^{\mathrm{T}}\otimes\boldsymbol{I}_p)\\ -(\boldsymbol{x}\otimes\boldsymbol{I}_p)(\boldsymbol{E}-\boldsymbol{\Gamma}\boldsymbol{\Omega}^{-1}\boldsymbol{\Gamma}^{\mathrm{T}})^{-1}\boldsymbol{\Gamma}\boldsymbol{\Omega}^{-1}\end{array}\end{array}\right]\end{aligned} \tag{F.30}$$

结合式 (F.30) 和命题 2.5, 可以进一步推得

$$\begin{aligned}&\begin{bmatrix}\boldsymbol{I}_q & \boldsymbol{O}_{q\times pq}\end{bmatrix}\left(\begin{bmatrix}\boldsymbol{A}^{\mathrm{T}} & \boldsymbol{O}_{q\times pq}\\ \boldsymbol{x}\otimes\boldsymbol{I}_p & \boldsymbol{I}_{pq}\end{bmatrix}\boldsymbol{\Phi}^{-1}\begin{bmatrix}\boldsymbol{A} & \boldsymbol{x}^{\mathrm{T}}\otimes\boldsymbol{I}_p\\ \boldsymbol{O}_{pq\times q} & \boldsymbol{I}_{pq}\end{bmatrix}\right)^{-1}\begin{bmatrix}\boldsymbol{I}_q\\ \boldsymbol{O}_{pq\times q}\end{bmatrix}\\ &=\left(\boldsymbol{A}^{\mathrm{T}}\left(\begin{array}{c}(\boldsymbol{E}-\boldsymbol{\Gamma}\boldsymbol{\Omega}^{-1}\boldsymbol{\Gamma}^{\mathrm{T}})^{-1}-(\boldsymbol{E}-\boldsymbol{\Gamma}\boldsymbol{\Omega}^{-1}\boldsymbol{\Gamma}^{\mathrm{T}})^{-1}(\boldsymbol{x}\otimes\boldsymbol{I}_p-\boldsymbol{\Omega}^{-1}\boldsymbol{\Gamma}^{\mathrm{T}})^{\mathrm{T}}\\ \times\left(\begin{array}{c}(\boldsymbol{\Omega}-\boldsymbol{\Gamma}^{\mathrm{T}}\boldsymbol{E}^{-1}\boldsymbol{\Gamma})^{-1}+(\boldsymbol{x}\otimes\boldsymbol{I}_p)(\boldsymbol{E}-\boldsymbol{\Gamma}\boldsymbol{\Omega}^{-1}\boldsymbol{\Gamma}^{\mathrm{T}})^{-1}(\boldsymbol{x}^{\mathrm{T}}\otimes\boldsymbol{I}_p)\\ -\boldsymbol{\Omega}^{-1}\boldsymbol{\Gamma}^{\mathrm{T}}(\boldsymbol{E}-\boldsymbol{\Gamma}\boldsymbol{\Omega}^{-1}\boldsymbol{\Gamma}^{\mathrm{T}})^{-1}(\boldsymbol{x}^{\mathrm{T}}\otimes\boldsymbol{I}_p)\\ -(\boldsymbol{x}\otimes\boldsymbol{I}_p)(\boldsymbol{E}-\boldsymbol{\Gamma}\boldsymbol{\Omega}^{-1}\boldsymbol{\Gamma}^{\mathrm{T}})^{-1}\boldsymbol{\Gamma}\boldsymbol{\Omega}^{-1}\end{array}\right)^{-1}\\ \times(\boldsymbol{x}\otimes\boldsymbol{I}_p-\boldsymbol{\Omega}^{-1}\boldsymbol{\Gamma}^{\mathrm{T}})(\boldsymbol{E}-\boldsymbol{\Gamma}\boldsymbol{\Omega}^{-1}\boldsymbol{\Gamma}^{\mathrm{T}})^{-1}\end{array}\right)\boldsymbol{A}\right)^{-1}\end{aligned} \tag{F.31}$$

利用命题 2.4 可知

$$(\boldsymbol{\Omega}-\boldsymbol{\Gamma}^{\mathrm{T}}\boldsymbol{E}^{-1}\boldsymbol{\Gamma})^{-1}=\boldsymbol{\Omega}^{-1}+\boldsymbol{\Omega}^{-1}\boldsymbol{\Gamma}^{\mathrm{T}}(\boldsymbol{E}-\boldsymbol{\Gamma}\boldsymbol{\Omega}^{-1}\boldsymbol{\Gamma}^{\mathrm{T}})^{-1}\boldsymbol{\Gamma}\boldsymbol{\Omega}^{-1} \tag{F.32}$$

将式 (F.32) 代入式 (F.31), 可得

$$\begin{bmatrix}\boldsymbol{I}_q & \boldsymbol{O}_{q\times pq}\end{bmatrix}\left(\begin{bmatrix}\boldsymbol{A}^{\mathrm{T}} & \boldsymbol{O}_{q\times pq}\\ \boldsymbol{x}\otimes\boldsymbol{I}_p & \boldsymbol{I}_{pq}\end{bmatrix}\boldsymbol{\Phi}^{-1}\begin{bmatrix}\boldsymbol{A} & \boldsymbol{x}^{\mathrm{T}}\otimes\boldsymbol{I}_p\\ \boldsymbol{O}_{pq\times q} & \boldsymbol{I}_{pq}\end{bmatrix}\right)^{-1}\begin{bmatrix}\boldsymbol{I}_q\\ \boldsymbol{O}_{pq\times q}\end{bmatrix}$$

$$
=\left(\boldsymbol{A}^{\mathrm{T}}\begin{pmatrix}(\boldsymbol{E}-\boldsymbol{\Gamma}\boldsymbol{\Omega}^{-1}\boldsymbol{\Gamma}^{\mathrm{T}})^{-1}-(\boldsymbol{E}-\boldsymbol{\Gamma}\boldsymbol{\Omega}^{-1}\boldsymbol{\Gamma}^{\mathrm{T}})^{-1}(\boldsymbol{x}\otimes\boldsymbol{I}_p-\boldsymbol{\Omega}^{-1}\boldsymbol{\Gamma}^{\mathrm{T}})^{\mathrm{T}}\\ \times\left(\boldsymbol{\Omega}^{-1}+(\boldsymbol{x}\otimes\boldsymbol{I}_p-\boldsymbol{\Omega}^{-1}\boldsymbol{\Gamma}^{\mathrm{T}})(\boldsymbol{E}-\boldsymbol{\Gamma}\boldsymbol{\Omega}^{-1}\boldsymbol{\Gamma}^{\mathrm{T}})^{-1}(\boldsymbol{x}\otimes\boldsymbol{I}_p-\boldsymbol{\Omega}^{-1}\boldsymbol{\Gamma}^{\mathrm{T}})^{\mathrm{T}}\right)^{-1}\\ \times(\boldsymbol{x}\otimes\boldsymbol{I}_p-\boldsymbol{\Omega}^{-1}\boldsymbol{\Gamma}^{\mathrm{T}})(\boldsymbol{E}-\boldsymbol{\Gamma}\boldsymbol{\Omega}^{-1}\boldsymbol{\Gamma}^{\mathrm{T}})^{-1}\end{pmatrix}\boldsymbol{A}\right)^{-1}
\tag{F.33}
$$

由式 (F.28) 可知

$$
\begin{aligned}
&\left(\boldsymbol{A}^{\mathrm{T}}\left(\left[-\boldsymbol{I}_p \,\vdots\, \boldsymbol{x}^{\mathrm{T}}\otimes\boldsymbol{I}_p\right]\boldsymbol{\Phi}\begin{bmatrix}-\boldsymbol{I}_p\\ \hdashline \boldsymbol{x}\otimes\boldsymbol{I}_p\end{bmatrix}\right)^{-1}\boldsymbol{A}\right)^{-1}\\
=&\left(\boldsymbol{A}^{\mathrm{T}}\left(\left[-\boldsymbol{I}_p \,\vdots\, \boldsymbol{x}^{\mathrm{T}}\otimes\boldsymbol{I}_p\right]\begin{bmatrix}\boldsymbol{E} & \boldsymbol{\Gamma}\\ \boldsymbol{\Gamma}^{\mathrm{T}} & \boldsymbol{\Omega}\end{bmatrix}\begin{bmatrix}-\boldsymbol{I}_p\\ \hdashline \boldsymbol{x}\otimes\boldsymbol{I}_p\end{bmatrix}\right)^{-1}\boldsymbol{A}\right)^{-1}\\
=&\left(\boldsymbol{A}^{\mathrm{T}}\left(\boldsymbol{E}-\left(\boldsymbol{x}^{\mathrm{T}}\otimes\boldsymbol{I}_p\right)\boldsymbol{\Gamma}^{\mathrm{T}}-\boldsymbol{\Gamma}\left(\boldsymbol{x}\otimes\boldsymbol{I}_p\right)+\left(\boldsymbol{x}^{\mathrm{T}}\otimes\boldsymbol{I}_p\right)\boldsymbol{\Omega}\left(\boldsymbol{x}\otimes\boldsymbol{I}_p\right)\right)^{-1}\boldsymbol{A}\right)^{-1}\\
=&\left(\boldsymbol{A}^{\mathrm{T}}\left(\boldsymbol{E}-\boldsymbol{\Gamma}\boldsymbol{\Omega}^{-1}\boldsymbol{\Gamma}^{\mathrm{T}}+\left(\boldsymbol{x}\otimes\boldsymbol{I}_p-\boldsymbol{\Omega}^{-1}\boldsymbol{\Gamma}^{\mathrm{T}}\right)^{\mathrm{T}}\boldsymbol{\Omega}\left(\boldsymbol{x}\otimes\boldsymbol{I}_p-\boldsymbol{\Omega}^{-1}\boldsymbol{\Gamma}^{\mathrm{T}}\right)\right)^{-1}\boldsymbol{A}\right)^{-1}
\end{aligned}
\tag{F.34}
$$

利用命题 2.1, 可得

$$
\begin{aligned}
&\left(\boldsymbol{E}-\boldsymbol{\Gamma}\boldsymbol{\Omega}^{-1}\boldsymbol{\Gamma}^{\mathrm{T}}+\left(\boldsymbol{x}\otimes\boldsymbol{I}_p-\boldsymbol{\Omega}^{-1}\boldsymbol{\Gamma}^{\mathrm{T}}\right)^{\mathrm{T}}\boldsymbol{\Omega}\left(\boldsymbol{x}\otimes\boldsymbol{I}_p-\boldsymbol{\Omega}^{-1}\boldsymbol{\Gamma}^{\mathrm{T}}\right)\right)^{-1}\\
=&\left(\boldsymbol{E}-\boldsymbol{\Gamma}\boldsymbol{\Omega}^{-1}\boldsymbol{\Gamma}^{\mathrm{T}}\right)^{-1}-\left(\boldsymbol{E}-\boldsymbol{\Gamma}\boldsymbol{\Omega}^{-1}\boldsymbol{\Gamma}^{\mathrm{T}}\right)^{-1}\left(\boldsymbol{x}\otimes\boldsymbol{I}_p-\boldsymbol{\Omega}^{-1}\boldsymbol{\Gamma}^{\mathrm{T}}\right)^{\mathrm{T}}\\
\times&\left(\boldsymbol{\Omega}^{-1}+\left(\boldsymbol{x}\otimes\boldsymbol{I}_p-\boldsymbol{\Omega}^{-1}\boldsymbol{\Gamma}^{\mathrm{T}}\right)\left(\boldsymbol{E}-\boldsymbol{\Gamma}\boldsymbol{\Omega}^{-1}\boldsymbol{\Gamma}^{\mathrm{T}}\right)^{-1}\left(\boldsymbol{x}\otimes\boldsymbol{I}_p-\boldsymbol{\Omega}^{-1}\boldsymbol{\Gamma}^{\mathrm{T}}\right)^{\mathrm{T}}\right)^{-1}\\
\times&\left(\boldsymbol{x}\otimes\boldsymbol{I}_p-\boldsymbol{\Omega}^{-1}\boldsymbol{\Gamma}^{\mathrm{T}}\right)\left(\boldsymbol{E}-\boldsymbol{\Gamma}\boldsymbol{\Omega}^{-1}\boldsymbol{\Gamma}^{\mathrm{T}}\right)^{-1}
\end{aligned}
\tag{F.35}
$$

将式 (F.35) 代入式 (F.34), 可知

$$
\begin{aligned}
&\left(\boldsymbol{A}^{\mathrm{T}}\left(\left[-\boldsymbol{I}_p \,\vdots\, \boldsymbol{x}^{\mathrm{T}}\otimes\boldsymbol{I}_p\right]\boldsymbol{\Phi}\begin{bmatrix}-\boldsymbol{I}_p\\ \hdashline \boldsymbol{x}\otimes\boldsymbol{I}_p\end{bmatrix}\right)^{-1}\boldsymbol{A}\right)^{-1}\\
=&\left(\boldsymbol{A}^{\mathrm{T}}\begin{pmatrix}\left(\boldsymbol{E}-\boldsymbol{\Gamma}\boldsymbol{\Omega}^{-1}\boldsymbol{\Gamma}^{\mathrm{T}}\right)^{-1}-\left(\boldsymbol{E}-\boldsymbol{\Gamma}\boldsymbol{\Omega}^{-1}\boldsymbol{\Gamma}^{\mathrm{T}}\right)^{-1}\left(\boldsymbol{x}\otimes\boldsymbol{I}_p-\boldsymbol{\Omega}^{-1}\boldsymbol{\Gamma}^{\mathrm{T}}\right)^{\mathrm{T}}\\ \times\left(\boldsymbol{\Omega}^{-1}+\left(\boldsymbol{x}\otimes\boldsymbol{I}_p-\boldsymbol{\Omega}^{-1}\boldsymbol{\Gamma}^{\mathrm{T}}\right)\left(\boldsymbol{E}-\boldsymbol{\Gamma}\boldsymbol{\Omega}^{-1}\boldsymbol{\Gamma}^{\mathrm{T}}\right)^{-1}\left(\boldsymbol{x}\otimes\boldsymbol{I}_p-\boldsymbol{\Omega}^{-1}\boldsymbol{\Gamma}^{\mathrm{T}}\right)^{\mathrm{T}}\right)^{-1}\\ \times\left(\boldsymbol{x}\otimes\boldsymbol{I}_p-\boldsymbol{\Omega}^{-1}\boldsymbol{\Gamma}^{\mathrm{T}}\right)\left(\boldsymbol{E}-\boldsymbol{\Gamma}\boldsymbol{\Omega}^{-1}\boldsymbol{\Gamma}^{\mathrm{T}}\right)^{-1}\end{pmatrix}\boldsymbol{A}\right)^{-1}
\end{aligned}
\tag{F.36}
$$

比较式 (F.33) 和式 (F.36), 可知式 (7.38) 成立。

F $\dfrac{\partial \mathrm{vec}(\boldsymbol{W}(\boldsymbol{x}))}{\partial \boldsymbol{x}^{\mathrm{T}}}$ 表达式的推导

基于式 (8.24) 中的第二式可知

$$\frac{\partial \boldsymbol{W}(\boldsymbol{x})}{\partial x_j}=\boldsymbol{\Gamma}_j\boldsymbol{E}\left(\sum_{k=1}^{q}x_k\boldsymbol{\Gamma}_k-\boldsymbol{\Gamma}_0\right)^{\mathrm{T}}+\left(\sum_{k=1}^{q}x_k\boldsymbol{\Gamma}_k-\boldsymbol{\Gamma}_0\right)\boldsymbol{E}\boldsymbol{\Gamma}_j^{\mathrm{T}}\quad(1\leqslant j\leqslant q) \tag{F.37}$$

于是有

$$\begin{aligned}\frac{\partial \mathrm{vec}(\boldsymbol{W}(\boldsymbol{x}))}{\partial x_j}=&\left(\left(\sum_{k=1}^{q}x_k\boldsymbol{\Gamma}_k-\boldsymbol{\Gamma}_0\right)\otimes\boldsymbol{\Gamma}_j\right)\mathrm{vec}(\boldsymbol{E})\\&+\left(\boldsymbol{\Gamma}_j\otimes\left(\sum_{k=1}^{q}x_k\boldsymbol{\Gamma}_k-\boldsymbol{\Gamma}_0\right)\right)\mathrm{vec}(\boldsymbol{E})\quad(1\leqslant j\leqslant q)\end{aligned} \tag{F.38}$$

由于 $\dfrac{\partial \mathrm{vec}(\boldsymbol{W}(\boldsymbol{x}))}{\partial x_j}$ 是矩阵 $\dfrac{\partial \mathrm{vec}(\boldsymbol{W}(\boldsymbol{x}))}{\partial \boldsymbol{x}^{\mathrm{T}}}$ 中的第 j 列向量, 即有

$$\frac{\partial\, \mathrm{vec}(\boldsymbol{W}(\boldsymbol{x}))}{\partial \boldsymbol{x}^{\mathrm{T}}}=\left[\frac{\partial\, \mathrm{vec}(\boldsymbol{W}(\boldsymbol{x}))}{\partial x_1}\frac{\partial\, \mathrm{vec}(\boldsymbol{W}(\boldsymbol{x}))}{\partial x_2}\cdots\frac{\partial\, \mathrm{vec}(\boldsymbol{W}(\boldsymbol{x}))}{\partial x_q}\right] \tag{F.39}$$

结合式 (F.38) 和式 (F.39) 就可以获得矩阵 $\dfrac{\partial \mathrm{vec}(\boldsymbol{W}(\boldsymbol{x}))}{\partial \boldsymbol{x}^{\mathrm{T}}}$ 的表达式。

G 式 (8.76) 的证明

由式 (8.75) 可得

$$\left[\dot{\boldsymbol{R}}_1\boldsymbol{x}\quad\dot{\boldsymbol{R}}_2\boldsymbol{x}\quad\cdots\quad\dot{\boldsymbol{R}}_r\boldsymbol{x}\right]-\boldsymbol{T}=\sum_{j=1}^{q}x_j\boldsymbol{\Gamma}_j-\boldsymbol{\Gamma}_0 \tag{F.40}$$

将式 (F.40) 代入式 (8.69), 可知

$$\boldsymbol{C}\left(\begin{bmatrix}\boldsymbol{x}\\ \tilde{\boldsymbol{z}}_0\end{bmatrix}\right)=\left[\boldsymbol{A}\;\vdots\;\sum_{j=1}^{q}x_j\boldsymbol{\Gamma}_j-\boldsymbol{\Gamma}_0\right]=\left[\boldsymbol{A}\quad\overline{\boldsymbol{A}}\right] \tag{F.41}$$

式中 $\overline{\boldsymbol{A}}=\sum\limits_{j=1}^{q}x_j\boldsymbol{\Gamma}_j-\boldsymbol{\Gamma}_0$ 为行满秩矩阵 (见注记 8.1)。此时可将式 (8.76) 的左侧表示为

$$左侧=(\boldsymbol{A}^{\mathrm{T}}(\overline{\boldsymbol{A}}\boldsymbol{E}\overline{\boldsymbol{A}}^{\mathrm{T}})^{-1}\boldsymbol{A})^{-1} \tag{F.42}$$

将矩阵 $\boldsymbol{Q}$ 分块表示为

$$\boldsymbol{Q} = \begin{bmatrix} \underbrace{\boldsymbol{Q}_1}_{q\times(q+r-p)} \\ \underbrace{\boldsymbol{Q}_2}_{r\times(q+r-p)} \end{bmatrix} \tag{F.43}$$

于是结合式 (8.71) 中的第一式和式 (F.41), 可得

$$\boldsymbol{C}\left(\begin{bmatrix} \boldsymbol{x} \\ \tilde{z}_0 \end{bmatrix}\right)\boldsymbol{Q} = \boldsymbol{A}\boldsymbol{Q}_1 + \overline{\boldsymbol{A}}\boldsymbol{Q}_2 = \boldsymbol{A}\boldsymbol{Q}_1 + \overline{\boldsymbol{A}}\boldsymbol{E}^{1/2}\boldsymbol{E}^{-1/2}\boldsymbol{Q}_2 = \boldsymbol{O}_{p\times(q+r-p)} \tag{F.44}$$

并且可将式 (8.76) 的右侧表示为 ①

$$\text{右侧} = \boldsymbol{Q}_1\left(\boldsymbol{Q}_2^{\mathrm{T}}\boldsymbol{E}^{-1}\boldsymbol{Q}_2\right)^{-1}\boldsymbol{Q}_1^{\mathrm{T}} \tag{F.45}$$

下面仅需要证明等式 $\left(\boldsymbol{A}^{\mathrm{T}}\left(\overline{\boldsymbol{A}}\boldsymbol{E}\overline{\boldsymbol{A}}^{\mathrm{T}}\right)^{-1}\boldsymbol{A}\right)^{-1} = \boldsymbol{Q}_1\left(\boldsymbol{Q}_2^{\mathrm{T}}\boldsymbol{E}^{-1}\boldsymbol{Q}_2\right)^{-1}\boldsymbol{Q}_1^{\mathrm{T}}$ 即可。

分别定义矩阵

$$\boldsymbol{Z}_1 = \begin{bmatrix} \boldsymbol{A}^{\mathrm{T}} \\ \boldsymbol{E}^{1/2}\overline{\boldsymbol{A}}^{\mathrm{T}} \end{bmatrix} \in \mathbf{R}^{(q+r)\times p}, \quad \boldsymbol{Z}_2 = \begin{bmatrix} \boldsymbol{Q}_1 \\ \boldsymbol{E}^{-1/2}\boldsymbol{Q}_2 \end{bmatrix} \in \mathbf{R}^{(q+r)\times(q+r-p)} \tag{F.46}$$

由于 $\overline{\boldsymbol{A}}$ 是行满秩矩阵, $\boldsymbol{Z}_1$ 一定是列满秩矩阵。此外, 由于 $\boldsymbol{Q}$ 是列正交矩阵, $\boldsymbol{Z}_2 = \mathrm{blkdiag}[\boldsymbol{I}_q \;\; \boldsymbol{E}^{-1/2}]\boldsymbol{Q}$ 也一定是列满秩矩阵。于是, 结合式 (F.44) 和正交投影矩阵的定义可知

$$\boldsymbol{\Pi}[\boldsymbol{Z}_1] = \boldsymbol{\Pi}^{\perp}[\boldsymbol{Z}_2] \Rightarrow \boldsymbol{\Pi}[\boldsymbol{Z}_1] + \boldsymbol{\Pi}[\boldsymbol{Z}_2] = \boldsymbol{I}_{q+r} \tag{F.47}$$

由式 (F.46) 可以分别得到矩阵 $\boldsymbol{\Pi}[\boldsymbol{Z}_1]$ 和 $\boldsymbol{\Pi}[\boldsymbol{Z}_2]$ 的左上角分块矩阵为

$$\begin{cases} \boldsymbol{\Pi}[\boldsymbol{Z}_1] = \boldsymbol{Z}_1(\boldsymbol{Z}_1^{\mathrm{T}}\boldsymbol{Z}_1)^{-1}\boldsymbol{Z}_1^{\mathrm{T}} = \left[\begin{array}{c:c} \boldsymbol{A}^{\mathrm{T}}(\boldsymbol{A}\boldsymbol{A}^{\mathrm{T}} + \overline{\boldsymbol{A}}\boldsymbol{E}\overline{\boldsymbol{A}}^{\mathrm{T}})^{-1}\boldsymbol{A} & * \\ \hdashline * & * \end{array}\right] \\ \boldsymbol{\Pi}[\boldsymbol{Z}_2] = \boldsymbol{Z}_2(\boldsymbol{Z}_2^{\mathrm{T}}\boldsymbol{Z}_2)^{-1}\boldsymbol{Z}_2^{\mathrm{T}} = \left[\begin{array}{c:c} \boldsymbol{Q}_1(\boldsymbol{Q}_1^{\mathrm{T}}\boldsymbol{Q}_1 + \boldsymbol{Q}_2^{\mathrm{T}}\boldsymbol{E}^{-1}\boldsymbol{Q}_2)^{-1}\boldsymbol{Q}_1^{\mathrm{T}} & * \\ \hdashline * & * \end{array}\right] \end{cases} \tag{F.48}$$

---

① 式 (F. 45) 中间的矩阵求逆需要 $\boldsymbol{Q}_2$ 为列满秩矩阵, 这是可以得到证明的。首先由式(F.44)可得 $\boldsymbol{Q}_1 = -(\boldsymbol{A}^{\mathrm{T}}\boldsymbol{A})^{-1}\boldsymbol{A}^{\mathrm{T}}\overline{\boldsymbol{A}}\boldsymbol{Q}_2$, 再根据矩阵 $\boldsymbol{Q}$ 的列正交性可知 $\boldsymbol{Q}_1^{\mathrm{T}}\boldsymbol{Q}_1 + \boldsymbol{Q}_2^{\mathrm{T}}\boldsymbol{Q}_2 = \boldsymbol{Q}2^{\mathrm{T}}(\overline{\boldsymbol{A}}^{\mathrm{T}}\boldsymbol{A}(\boldsymbol{A}^{\mathrm{T}}\boldsymbol{A})^{-1} \times(\boldsymbol{A}^{\mathrm{T}}\boldsymbol{A})^{-1}(\boldsymbol{A}^{\mathrm{T}}\overline{\boldsymbol{A}} + \boldsymbol{I}_r)\boldsymbol{Q}_2 = \boldsymbol{I}_{q+r-p}$, 由此可知 $\boldsymbol{Q}_2$ 一定是列满秩的, 否则该式左侧是秩亏损的, 不可能等于单位阵。

结合式 (F.47) 和式 (F.48), 可得

$$\boldsymbol{A}^{\mathrm{T}}\left(\boldsymbol{A}\boldsymbol{A}^{\mathrm{T}}+\overline{\boldsymbol{A}}\boldsymbol{E}\overline{\boldsymbol{A}}^{\mathrm{T}}\right)^{-1}\boldsymbol{A}+\boldsymbol{Q}_1\left(\boldsymbol{Q}_1^{\mathrm{T}}\boldsymbol{Q}_1+\boldsymbol{Q}_2^{\mathrm{T}}\boldsymbol{E}^{-1}\boldsymbol{Q}_2\right)^{-1}\boldsymbol{Q}_1^{\mathrm{T}}=\boldsymbol{I}_q \tag{F.49}$$

根据命题 2.1 可知

$$\begin{cases}\left(\boldsymbol{A}\boldsymbol{A}^{\mathrm{T}}+\overline{\boldsymbol{A}}\boldsymbol{E}\overline{\boldsymbol{A}}^{\mathrm{T}}\right)^{-1}=\left(\overline{\boldsymbol{A}}\boldsymbol{E}\overline{\boldsymbol{A}}^{\mathrm{T}}\right)^{-1}-\left(\overline{\boldsymbol{A}}\boldsymbol{E}\overline{\boldsymbol{A}}^{\mathrm{T}}\right)^{-1}\boldsymbol{A}\left(\boldsymbol{I}_q+\right.\\ \qquad\left.\boldsymbol{A}^{\mathrm{T}}\left(\overline{\boldsymbol{A}}\boldsymbol{E}\overline{\boldsymbol{A}}^{\mathrm{T}}\right)^{-1}\boldsymbol{A}\right)^{-1}\boldsymbol{A}^{\mathrm{T}}\left(\overline{\boldsymbol{A}}\boldsymbol{E}\overline{\boldsymbol{A}}^{\mathrm{T}}\right)^{-1}\\ \left(\boldsymbol{Q}_1^{\mathrm{T}}\boldsymbol{Q}_1+\boldsymbol{Q}_2^{\mathrm{T}}\boldsymbol{E}^{-1}\boldsymbol{Q}_2\right)^{-1}=\left(\boldsymbol{Q}_2^{\mathrm{T}}\boldsymbol{E}^{-1}\boldsymbol{Q}_2\right)^{-1}-\left(\boldsymbol{Q}_2^{\mathrm{T}}\boldsymbol{E}^{-1}\boldsymbol{Q}_2\right)^{-1}\boldsymbol{Q}_1^{\mathrm{T}}\left(\boldsymbol{I}_q+\right.\\ \qquad\left.\boldsymbol{Q}_1\left(\boldsymbol{Q}_2^{\mathrm{T}}\boldsymbol{E}^{-1}\boldsymbol{Q}_2\right)^{-1}\boldsymbol{Q}_1^{\mathrm{T}}\right)^{-1}\boldsymbol{Q}_1\left(\boldsymbol{Q}_2^{\mathrm{T}}\boldsymbol{E}^{-1}\boldsymbol{Q}_2\right)^{-1}\end{cases} \tag{F.50}$$

将式 (F.50) 代入式 (F.49), 可得

$$\begin{aligned}&\boldsymbol{A}^{\mathrm{T}}\left(\overline{\boldsymbol{A}}\boldsymbol{E}\overline{\boldsymbol{A}}^{\mathrm{T}}\right)^{-1}\boldsymbol{A}-\boldsymbol{A}^{\mathrm{T}}\left(\overline{\boldsymbol{A}}\boldsymbol{E}\overline{\boldsymbol{A}}^{\mathrm{T}}\right)^{-1}\boldsymbol{A}\left(\boldsymbol{I}_q\right.\\ &\left.+\boldsymbol{A}^{\mathrm{T}}\left(\overline{\boldsymbol{A}}\boldsymbol{E}\overline{\boldsymbol{A}}^{\mathrm{T}}\right)^{-1}\boldsymbol{A}\right)^{-1}\boldsymbol{A}^{\mathrm{T}}\left(\overline{\boldsymbol{A}}\boldsymbol{E}\overline{\boldsymbol{A}}^{\mathrm{T}}\right)^{-1}\boldsymbol{A}\\ &+\boldsymbol{Q}_1\left(\boldsymbol{Q}_2^{\mathrm{T}}\boldsymbol{E}^{-1}\boldsymbol{Q}_2\right)^{-1}\boldsymbol{Q}_1^{\mathrm{T}}-\boldsymbol{Q}_1\left(\boldsymbol{Q}_2^{\mathrm{T}}\boldsymbol{E}^{-1}\boldsymbol{Q}_2\right)^{-1}\boldsymbol{Q}_1^{\mathrm{T}}\left(\boldsymbol{I}_q\right.\\ &\left.+\boldsymbol{Q}_1\left(\boldsymbol{Q}_2^{\mathrm{T}}\boldsymbol{E}^{-1}\boldsymbol{Q}_2\right)^{-1}\boldsymbol{Q}_1^{\mathrm{T}}\right)^{-1}\boldsymbol{Q}_1\left(\boldsymbol{Q}_2^{\mathrm{T}}\boldsymbol{E}^{-1}\boldsymbol{Q}_2\right)^{-1}\boldsymbol{Q}_1^{\mathrm{T}}=\boldsymbol{I}_q\end{aligned} \tag{F.51}$$

定义如下矩阵

$$\begin{cases}\boldsymbol{M}_1=\boldsymbol{A}^{\mathrm{T}}\left(\overline{\boldsymbol{A}}\boldsymbol{E}\overline{\boldsymbol{A}}^{\mathrm{T}}\right)^{-1}\boldsymbol{A}\\ \boldsymbol{M}_2=\boldsymbol{Q}_1\left(\boldsymbol{Q}_2^{\mathrm{T}}\boldsymbol{E}^{-1}\boldsymbol{Q}_2\right)^{-1}\boldsymbol{Q}_1^{\mathrm{T}}\end{cases} \tag{F.52}$$

将式 (F.52) 代入式 (F.51), 可知

$$\begin{aligned}&\boldsymbol{M}_1-\boldsymbol{M}_1\left(\boldsymbol{I}_q+\boldsymbol{M}_1\right)^{-1}\boldsymbol{M}_1+\boldsymbol{M}_2-\boldsymbol{M}_2\left(\boldsymbol{I}_q+\boldsymbol{M}_2\right)^{-1}\boldsymbol{M}_2=\boldsymbol{I}_q\\ &\Rightarrow\boldsymbol{M}_1\left(\boldsymbol{I}_q+\boldsymbol{M}_1\right)^{-1}+\boldsymbol{M}_2\left(\boldsymbol{I}_q+\boldsymbol{M}_2\right)^{-1}=\boldsymbol{I}_q\\ &\Rightarrow\boldsymbol{M}_2\left(\boldsymbol{I}_q+\boldsymbol{M}_2\right)^{-1}=\boldsymbol{I}_q-\boldsymbol{M}_1\left(\boldsymbol{I}_q+\boldsymbol{M}_1\right)^{-1}=\left(\boldsymbol{I}_q+\boldsymbol{M}_1\right)^{-1}\\ &\Rightarrow\left(\boldsymbol{I}_q+\boldsymbol{M}_1\right)\boldsymbol{M}_2\left(\boldsymbol{I}_q+\boldsymbol{M}_2\right)^{-1}=\boldsymbol{I}_q\Rightarrow\left(\boldsymbol{I}_q+\boldsymbol{M}_1\right)\boldsymbol{M}_2=\boldsymbol{I}_q+\boldsymbol{M}_2\\ &\Rightarrow\boldsymbol{M}_1\boldsymbol{M}_2=\boldsymbol{I}_q\Rightarrow\boldsymbol{M}_1^{-1}=\boldsymbol{M}_2\end{aligned} \tag{F.53}$$

由此可知等式 $\left(\boldsymbol{A}^{\mathrm{T}}\left(\bar{\boldsymbol{A}}\boldsymbol{E}\bar{\boldsymbol{A}}^{\mathrm{T}}\right)^{-1}\boldsymbol{A}\right)^{-1}=\boldsymbol{Q}_1\left(\boldsymbol{Q}_2^{\mathrm{T}}\boldsymbol{E}^{-1}\boldsymbol{Q}_2\right)^{-1}\boldsymbol{Q}_1^{\mathrm{T}}$ 成立。至此, 式 (8.76) 得证。

H 式 (9.67) 的证明

首先有

$$\left(\boldsymbol{H}_0+\sum_{j=1}^{r}\langle\hat{\tilde{\boldsymbol{h}}}'_{\mathrm{STLS}}\rangle_j\tilde{\boldsymbol{H}}_j\right)\hat{\boldsymbol{y}}'_{\mathrm{STLS}}$$
$$=-\frac{1}{\langle\hat{\boldsymbol{y}}_{\mathrm{STLS}}\rangle_{q+1}}\left(\boldsymbol{H}_0+\sum_{j=1}^{r}\langle\hat{\tilde{h}}_{\mathrm{STLS}}\rangle_j\tilde{\boldsymbol{H}}_j\right)\hat{\boldsymbol{y}}_{\mathrm{STLS}}=\boldsymbol{O}_{p\times 1} \tag{F.54}$$

由此可知, $\hat{\boldsymbol{y}}'_{\mathrm{STLS}}$ 和 $\hat{\tilde{\boldsymbol{h}}}'_{\mathrm{STLS}}$ 是式 (9.66) 的可行解。然后采用反证法进行证明, 如果 $\hat{\boldsymbol{y}}'_{\mathrm{STLS}}$ 和 $\hat{\tilde{\boldsymbol{h}}}'_{\mathrm{STLS}}$ 不是式 (9.66) 的最优解, 那么一定存在式 (9.66) 的某个可行解 $\hat{\boldsymbol{y}}_{\mathrm{O}}$ 和 $\hat{\tilde{\boldsymbol{h}}}_{\mathrm{O}}$, 满足

$$\begin{cases}\left(\hat{\tilde{h}}_{\mathrm{O}}-\hat{\tilde{\boldsymbol{h}}}\right)^{\mathrm{T}}\left(\hat{\tilde{\boldsymbol{h}}}_{\mathrm{O}}-\hat{\tilde{\boldsymbol{h}}}\right)<\left(\hat{\tilde{\boldsymbol{h}}}'_{\mathrm{STLS}}-\hat{\tilde{\boldsymbol{h}}}\right)^{\mathrm{T}}\left(\hat{\tilde{\boldsymbol{h}}}'_{\mathrm{STLS}}-\hat{\tilde{\boldsymbol{h}}}\right)=\left(\hat{\tilde{\boldsymbol{h}}}_{\mathrm{STLS}}-\hat{\tilde{\boldsymbol{h}}}\right)^{\mathrm{T}}\left(\hat{\tilde{\boldsymbol{h}}}_{\mathrm{STLS}}-\hat{\tilde{\boldsymbol{h}}}\right)\\ \left(\boldsymbol{H}_0+\sum_{j=1}^{r}\langle\hat{\tilde{\boldsymbol{h}}}_{\mathrm{O}}\rangle_j\tilde{\boldsymbol{H}}_j\right)\hat{\boldsymbol{y}}_{\mathrm{O}}=\boldsymbol{O}_{p\times 1}\\ \langle\hat{\boldsymbol{y}}_{\mathrm{O}}\rangle_{q+1}=-1\end{cases} \tag{F.55}$$

于是, $\dfrac{\hat{\boldsymbol{y}}_{\mathrm{O}}}{\|\hat{\boldsymbol{y}}_{\mathrm{O}}\|_2}$ 和 $\hat{\tilde{\boldsymbol{h}}}_{\mathrm{O}}$ 是式 (9.65) 的可行解。但由于 $\left(\hat{\tilde{\boldsymbol{h}}}_{\mathrm{O}}-\hat{\tilde{\boldsymbol{h}}}\right)^{\mathrm{T}}\left(\hat{\tilde{\boldsymbol{h}}}_{\mathrm{O}}-\hat{\tilde{\boldsymbol{h}}}\right)<\left(\hat{\tilde{\boldsymbol{h}}}_{\mathrm{STLS}}-\hat{\tilde{\boldsymbol{h}}}\right)^{\mathrm{T}}\left(\hat{\tilde{\boldsymbol{h}}}_{\mathrm{STLS}}-\hat{\tilde{\boldsymbol{h}}}\right)$, 这与 $\hat{\boldsymbol{y}}_{\mathrm{STLS}}$ 和 $\hat{\tilde{\boldsymbol{h}}}_{\mathrm{STLS}}$ 是式 (9.65) 的最优解矛盾, 因此, $\hat{\boldsymbol{y}}'_{\mathrm{STLS}}$ 和 $\hat{\tilde{\boldsymbol{h}}}'_{\mathrm{STLS}}$ 必然是式 (9.66) 的最优解。至此, 式 (9.67) 得证。

I $\hat{\boldsymbol{X}}_{\mathrm{OPT}}(\boldsymbol{\alpha})$ 表达式的推导

根据矩阵 $\hat{\boldsymbol{X}}_{\mathrm{OPT}}(\boldsymbol{\alpha})$ 的定义可知

$$\hat{\boldsymbol{X}}_{\mathrm{OPT}}(\boldsymbol{\alpha})=\left[\frac{\partial\hat{\boldsymbol{x}}_{\mathrm{OPT}}(\boldsymbol{\alpha})}{\partial\alpha_1}\ \frac{\partial\hat{\boldsymbol{x}}_{\mathrm{OPT}}(\boldsymbol{\alpha})}{\partial\alpha_2}\cdots\frac{\partial\hat{\boldsymbol{x}}_{\mathrm{OPT}}(\boldsymbol{\alpha})}{\partial\alpha_m}\right] \tag{F.56}$$

式中

$$
\begin{aligned}
\frac{\partial \hat{\boldsymbol{x}}_{\mathrm{OPT}}(\boldsymbol{\alpha})}{\partial \alpha_j} = {} & \frac{\partial \hat{\boldsymbol{x}}_{\mathrm{O}}(\boldsymbol{\alpha})}{\partial \alpha_j} + \left((\boldsymbol{W}_1(\boldsymbol{\alpha}))^{\mathrm{T}} \boldsymbol{E}_1^{-1} \boldsymbol{W}_1(\boldsymbol{\alpha})\right)^{-1} \\
& \times \begin{pmatrix} \left(\dot{\boldsymbol{W}}_{1j}(\boldsymbol{\alpha})\right)^{\mathrm{T}} \boldsymbol{E}_1^{-1} \boldsymbol{W}_1(\boldsymbol{\alpha}) \\ + (\boldsymbol{W}_1(\boldsymbol{\alpha}))^{\mathrm{T}} \boldsymbol{E}_1^{-1} \dot{\boldsymbol{W}}_{1j}(\boldsymbol{\alpha}) \end{pmatrix} \left((\boldsymbol{W}_1(\boldsymbol{\alpha}))^{\mathrm{T}} \boldsymbol{E}_1^{-1} \boldsymbol{W}_1(\boldsymbol{\alpha})\right)^{-1} \\
& \times (\boldsymbol{W}_2(\boldsymbol{\alpha}))^{\mathrm{T}} \left(\boldsymbol{W}_2(\boldsymbol{\alpha}) \left((\boldsymbol{W}_1(\boldsymbol{\alpha}))^{\mathrm{T}} \boldsymbol{E}_1^{-1} \boldsymbol{W}_1(\boldsymbol{\alpha})\right)^{-1} \right. \\
& \left. \times (\boldsymbol{W}_2(\boldsymbol{\alpha}))^{\mathrm{T}} \right)^{-1} (\boldsymbol{W}_2(\boldsymbol{\alpha}) \hat{\boldsymbol{x}}_{\mathrm{O}}(\boldsymbol{\alpha}) - \boldsymbol{z}_2) \\
& - \left((\boldsymbol{W}_1(\boldsymbol{\alpha}))^{\mathrm{T}} \boldsymbol{E}_1^{-1} \boldsymbol{W}_1(\boldsymbol{\alpha})\right)^{-1} \left(\dot{\boldsymbol{W}}_{2j}(\boldsymbol{\alpha})\right)^{\mathrm{T}} \\
& \times \left(\boldsymbol{W}_2(\boldsymbol{\alpha}) \left((\boldsymbol{W}_1(\boldsymbol{\alpha}))^{\mathrm{T}} \boldsymbol{E}_1^{-1} \boldsymbol{W}_1(\boldsymbol{\alpha})\right)^{-1} (\boldsymbol{W}_2(\boldsymbol{\alpha}))^{\mathrm{T}} \right)^{-1} \\
& \times (\boldsymbol{W}_2(\boldsymbol{\alpha}) \hat{\boldsymbol{x}}_{\mathrm{O}}(\boldsymbol{\alpha}) - \boldsymbol{z}_2) \\
& + \left((\boldsymbol{W}_1(\boldsymbol{\alpha}))^{\mathrm{T}} \boldsymbol{E}_1^{-1} \boldsymbol{W}_1(\boldsymbol{\alpha})\right)^{-1} (\boldsymbol{W}_2(\boldsymbol{\alpha}))^{\mathrm{T}} \\
& \times \left(\boldsymbol{W}_2(\boldsymbol{\alpha}) \left((\boldsymbol{W}_1(\boldsymbol{\alpha}))^{\mathrm{T}} \boldsymbol{E}_1^{-1} \boldsymbol{W}_1(\boldsymbol{\alpha})\right)^{-1} (\boldsymbol{W}_2(\boldsymbol{\alpha}))^{\mathrm{T}} \right)^{-1} \\
& \times \begin{pmatrix} \dot{\boldsymbol{W}}_{2j}(\boldsymbol{\alpha}) \left((\boldsymbol{W}_1(\boldsymbol{\alpha}))^{\mathrm{T}} \boldsymbol{E}_1^{-1} \boldsymbol{W}_1(\boldsymbol{\alpha})\right)^{-1} (\boldsymbol{W}_2(\boldsymbol{\alpha}))^{\mathrm{T}} \\ - \boldsymbol{W}_2(\boldsymbol{\alpha}) \left((\boldsymbol{W}_1(\boldsymbol{\alpha}))^{\mathrm{T}} \boldsymbol{E}_1^{-1} \boldsymbol{W}_1(\boldsymbol{\alpha})\right)^{-1} \\ \times \left(\left(\dot{\boldsymbol{W}}_{1j}(\boldsymbol{\alpha})\right)^{\mathrm{T}} \boldsymbol{E}_1^{-1} \boldsymbol{W}_1(\boldsymbol{\alpha}) + (\boldsymbol{W}_1(\boldsymbol{\alpha}))^{\mathrm{T}} \boldsymbol{E}_1^{-1} \dot{\boldsymbol{W}}_{1j}(\boldsymbol{\alpha}) \right) \\ \times \left((\boldsymbol{W}_1(\boldsymbol{\alpha}))^{\mathrm{T}} \boldsymbol{E}_1^{-1} \boldsymbol{W}_1(\boldsymbol{\alpha})\right)^{-1} (\boldsymbol{W}_2(\boldsymbol{\alpha}))^{\mathrm{T}} \\ + \boldsymbol{W}_2(\boldsymbol{\alpha}) \left((\boldsymbol{W}_1(\boldsymbol{\alpha}))^{\mathrm{T}} \boldsymbol{E}_1^{-1} \boldsymbol{W}_1(\boldsymbol{\alpha})\right)^{-1} \left(\dot{\boldsymbol{W}}_{2j}(\boldsymbol{\alpha})\right)^{\mathrm{T}} \end{pmatrix} \\
& \times \left(\boldsymbol{W}_2(\boldsymbol{\alpha}) \left((\boldsymbol{W}_1(\boldsymbol{\alpha}))^{\mathrm{T}} \boldsymbol{E}_1^{-1} \boldsymbol{W}_1(\boldsymbol{\alpha})\right)^{-1} (\boldsymbol{W}_2(\boldsymbol{\alpha}))^{\mathrm{T}} \right)^{-1} \\
& \times (\boldsymbol{W}_2(\boldsymbol{\alpha}) \hat{\boldsymbol{x}}_{\mathrm{O}}(\boldsymbol{\alpha}) - \boldsymbol{z}_2) \\
& - \left((\boldsymbol{W}_1(\boldsymbol{\alpha}))^{\mathrm{T}} \boldsymbol{E}_1^{-1} \boldsymbol{W}_1(\boldsymbol{\alpha})\right)^{-1} (\boldsymbol{W}_2(\boldsymbol{\alpha}))^{\mathrm{T}} \\
& \times \left(\boldsymbol{W}_2(\boldsymbol{\alpha}) \left((\boldsymbol{W}_1(\boldsymbol{\alpha}))^{\mathrm{T}} \boldsymbol{E}_1^{-1} \boldsymbol{W}_1(\boldsymbol{\alpha})\right)^{-1} (\boldsymbol{W}_2(\boldsymbol{\alpha}))^{\mathrm{T}} \right)^{-1} \\
& \times \left(\dot{\boldsymbol{W}}_{2j}(\boldsymbol{\alpha}) \hat{\boldsymbol{x}}_{\mathrm{O}}(\boldsymbol{\alpha}) + \boldsymbol{W}_2(\boldsymbol{\alpha}) \frac{\partial \hat{\boldsymbol{x}}_{\mathrm{O}}(\boldsymbol{\alpha})}{\partial \alpha_j} \right) \quad (1 \leqslant j \leqslant m) \qquad \text{(F.57)}
\end{aligned}
$$

其中

$$\frac{\partial \hat{\boldsymbol{x}}_{\mathrm{O}}(\boldsymbol{\alpha})}{\partial \alpha_j} = \left((\boldsymbol{W}_1(\boldsymbol{\alpha}))^{\mathrm{T}} \boldsymbol{E}_1^{-1} \boldsymbol{W}_1(\boldsymbol{\alpha})\right)^{-1} \left(\dot{\boldsymbol{W}}_{1j}(\boldsymbol{\alpha})\right)^{\mathrm{T}} \boldsymbol{E}_1^{-1} \boldsymbol{z}_1$$
$$- \left((\boldsymbol{W}_1(\boldsymbol{\alpha}))^{\mathrm{T}} \boldsymbol{E}_1^{-1} \boldsymbol{W}_1(\boldsymbol{\alpha})\right)^{-1}$$
$$\times \begin{pmatrix} \left(\dot{\boldsymbol{W}}_{1j}(\boldsymbol{\alpha})\right)^{\mathrm{T}} \boldsymbol{E}_1^{-1} \boldsymbol{W}_1(\boldsymbol{\alpha}) \\ + (\boldsymbol{W}_1(\boldsymbol{\alpha}))^{\mathrm{T}} \boldsymbol{E}_1^{-1} \dot{\boldsymbol{W}}_{1j}(\boldsymbol{\alpha}) \end{pmatrix} \left((\boldsymbol{W}_1(\boldsymbol{\alpha}))^{\mathrm{T}} \boldsymbol{E}_1^{-1} \boldsymbol{W}_1(\boldsymbol{\alpha})\right)^{-1}$$
$$\times (\boldsymbol{W}_1(\boldsymbol{\alpha}))^{\mathrm{T}} \boldsymbol{E}_1^{-1} \boldsymbol{Z}_1 \tag{F.58}$$

$$\dot{\boldsymbol{W}}_{1j}(\boldsymbol{\alpha}) = \frac{\partial \boldsymbol{W}_1(\boldsymbol{\alpha})}{\partial \boldsymbol{\alpha}_j} = -\boldsymbol{U}_1^{\mathrm{T}} \dot{\boldsymbol{H}}_j(\boldsymbol{\alpha}),\ \dot{\boldsymbol{W}}_{2j}(\boldsymbol{\alpha}) = \frac{\partial \boldsymbol{W}_2(\boldsymbol{\alpha})}{\partial \alpha_j} = -\boldsymbol{U}_2^{\mathrm{T}} \dot{\boldsymbol{H}}_j(\boldsymbol{\alpha}),$$
$$\dot{\boldsymbol{H}}_j(\boldsymbol{\alpha}) = \frac{\partial \boldsymbol{H}(\boldsymbol{\alpha})}{\partial \alpha_j} \tag{F.59}$$

J $\boldsymbol{F}_{0,1}^{(\mathrm{b})}(\boldsymbol{x}_2, \boldsymbol{\alpha})$ 和 $\boldsymbol{F}_{0,2}^{(\mathrm{b})}(\boldsymbol{x}_2, \boldsymbol{\alpha})$ 表达式的推导

首先利用式 (11.29) 可得

$$\boldsymbol{F}_{0,1}^{(\mathrm{b})}(\boldsymbol{x}_2, \boldsymbol{\alpha}) = \frac{\partial \boldsymbol{f}_0^{(\mathrm{b})}(\boldsymbol{x}_2, \boldsymbol{\alpha})}{\partial \boldsymbol{x}_2^{\mathrm{T}}}$$
$$= \boldsymbol{E}_1^{-1/2} \left(\boldsymbol{W}_{12}(\boldsymbol{\alpha}) - \boldsymbol{W}_{11}(\boldsymbol{\alpha}) (\boldsymbol{W}_{21}(\boldsymbol{\alpha}))^{-1} \boldsymbol{W}_{22}(\boldsymbol{\alpha})\right) \tag{F.60}$$

然后, 根据矩阵 $\boldsymbol{F}_{0,2}^{(\mathrm{b})}(\boldsymbol{x}_2, \boldsymbol{\alpha})$ 的定义可知

$$\boldsymbol{F}_{0,2}^{(\mathrm{b})}(\boldsymbol{x}_2, \boldsymbol{\alpha}) = \left[\frac{\partial \boldsymbol{f}_0^{(\mathrm{b})}(\boldsymbol{x}_2, \boldsymbol{\alpha})}{\partial \alpha_1}\ \frac{\partial \boldsymbol{f}_0^{(\mathrm{b})}(\boldsymbol{x}_2, \boldsymbol{\alpha})}{\partial \alpha_2}\ \cdots\ \frac{\partial \boldsymbol{f}_0^{(\mathrm{b})}(\boldsymbol{x}_2, \boldsymbol{\alpha})}{\partial \alpha_m}\right] \tag{F.61}$$

式中

$$\frac{\partial \boldsymbol{f}_0^{(\mathrm{b})}(\boldsymbol{x}_2, \boldsymbol{\alpha})}{\partial \alpha_j} = \boldsymbol{E}_1^{-1/2} \left(\dot{\boldsymbol{W}}_{11,j}(\alpha) (\boldsymbol{W}_{21}(\boldsymbol{\alpha}))^{-1}\right.$$
$$\left.-\boldsymbol{W}_{11}(\alpha) (\boldsymbol{W}_{21}(\boldsymbol{\alpha}))^{-1} \dot{\boldsymbol{W}}_{21,j}(\alpha) (\boldsymbol{W}_{21}(\boldsymbol{\alpha}))^{-1} \boldsymbol{z}_2\right.$$
$$+\boldsymbol{E}_1^{-1/2} \begin{pmatrix} \dot{\boldsymbol{W}}_{12,j}(\boldsymbol{\alpha}) - \dot{\boldsymbol{W}}_{11,j}(\boldsymbol{\alpha}) (\boldsymbol{W}_{21}(\boldsymbol{\alpha}))^{-1} \boldsymbol{W}_{22}(\boldsymbol{\alpha}) \\ -\boldsymbol{W}_{11}(\boldsymbol{\alpha}) (\boldsymbol{W}_{21}(\boldsymbol{\alpha}))^{-1} \dot{\boldsymbol{W}}_{22,j}(\boldsymbol{\alpha}) \\ +\boldsymbol{W}_{11}(\boldsymbol{\alpha}) (\boldsymbol{W}_{21}(\boldsymbol{\alpha}))^{-1} \\ \times \dot{\boldsymbol{W}}_{21,j}(\boldsymbol{\alpha}) (\boldsymbol{W}_{21}(\boldsymbol{\alpha}))^{-1} \boldsymbol{W}_{22}(\boldsymbol{\alpha}) \end{pmatrix} \boldsymbol{x}_2$$
$$(1 \leqslant j \leqslant m) \tag{F.62}$$

其中

$$\dot{\boldsymbol{W}}_{11,j}(\boldsymbol{\alpha})=\frac{\partial \boldsymbol{W}_{11}(\boldsymbol{\alpha})}{\partial \alpha_j},\ \dot{\boldsymbol{W}}_{12,j}(\boldsymbol{\alpha})=\frac{\partial \boldsymbol{W}_{12}(\boldsymbol{\alpha})}{\partial \alpha_j},$$

$$\dot{\boldsymbol{W}}_{21,j}(\boldsymbol{\alpha})=\frac{\partial \boldsymbol{W}_{21}(\boldsymbol{\alpha})}{\partial \alpha_j},\ \dot{\boldsymbol{W}}_{22,j}(\boldsymbol{\alpha})=\frac{\partial \boldsymbol{W}_{22}(\boldsymbol{\alpha})}{\partial \alpha_j} \tag{F.63}$$

上述矩阵可以由式 (F.64) 和式 (F.65) 获得

$$\dot{\boldsymbol{W}}_{1j}(\boldsymbol{\alpha})=\frac{\partial \boldsymbol{W}_1(\boldsymbol{\alpha})}{\partial \alpha_j}=-\boldsymbol{U}_1^{\mathrm{T}}\dot{\boldsymbol{H}}_j(\boldsymbol{\alpha})=\left[\underbrace{\dot{\boldsymbol{W}}_{11,j}(\boldsymbol{\alpha})}_{n\times(p-n)}\quad \underbrace{\dot{\boldsymbol{W}}_{12,j}(\boldsymbol{\alpha})}_{n\times(q-p+n)}\right] \tag{F.64}$$

$$\dot{\boldsymbol{W}}_{2j}(\boldsymbol{\alpha})=\frac{\partial \boldsymbol{W}_2(\boldsymbol{\alpha})}{\partial \alpha_j}=-\boldsymbol{U}_2^{\mathrm{T}}\dot{\boldsymbol{H}}_j(\boldsymbol{\alpha})=\left[\underbrace{\dot{\boldsymbol{W}}_{21,j}(\boldsymbol{\alpha})}_{(p-n)\times(p-n)}\quad \underbrace{\dot{\boldsymbol{W}}_{22,j}(\boldsymbol{\alpha})}_{(p-n)\times(q-p+n)}\right] \tag{F.65}$$

式中 $\dot{\boldsymbol{H}}_j(\boldsymbol{\alpha})=\dfrac{\partial \boldsymbol{H}(\boldsymbol{\alpha})}{\partial \alpha_j}$。

K 式 (12.11) 的证明

已知

$$\sum_{j=1}^{p}(z_j-x)^2=\sum_{j=1}^{p}z_j^2-2px\bar{z}+px^2=p(x-\bar{z})^2+\sum_{j=1}^{p}z_j^2-p\bar{z}^2 \tag{F.66}$$

注意到式 (F.66) 中的第 2 个等号右边第 2 项和第 3 项均与 x 无关, 将式 (F.66) 代入式 (12.10) 可得

$$g(x|z)=\begin{cases}\dfrac{\dfrac{1}{2\,(2\pi\sigma^2)^{p/2}\,a}\exp\left\{-\dfrac{p(x-\bar{z})^2}{2\sigma^2}-\dfrac{1}{2\sigma^2}\displaystyle\sum_{j=1}^{p}z_j^2+\dfrac{p\bar{z}^2}{2\sigma^2}\right\}}{\displaystyle\int_{-a}^{a}\dfrac{1}{2\,(2\pi\sigma^2)^{p/2}\,a}\exp\left\{-\dfrac{1}{2\sigma^2}\sum_{j=1}^{p}(z_j-u)^2\right\}\mathrm{d}u} \\ \qquad =\dfrac{1}{c\sqrt{2\pi\sigma^2/p}}\exp\left\{-\dfrac{1}{2\sigma^2/p}(x-\bar{z})^2\right\}; & -a\leqslant x\leqslant a\\ 0; & \text{其他}\end{cases} \tag{F.67}$$

式中 c 为归一化因子, 其作用是使 $\displaystyle\int g(x|\boldsymbol{z})\mathrm{d}x=1$, 因此 c 应由式 (12.12) 所确定。

L　式 (12.25) 的证明

在证明式 (12.25) 之前考虑如下积分求导公式

$$
\begin{aligned}
&\frac{\mathrm{d}\displaystyle\int_{\phi_1(u)}^{\phi_2(u)} h(u,v)\mathrm{d}v}{\mathrm{d}u} \\
&= \int_{\phi_1(u)}^{\phi_2(u)} \frac{\partial h(u,v)}{\partial u}\mathrm{d}v + \frac{\mathrm{d}\phi_2(u)}{\mathrm{d}u} h\left(u,\phi_2(u)\right) - \frac{\mathrm{d}\phi_1(u)}{\mathrm{d}u} h\left(u,\phi_1(u)\right)
\end{aligned} \tag{F.68}
$$

针对第 1 个积分, 可令 $h(\hat{x},x) = (\hat{x}-x)g(x|\boldsymbol{z})$, 并利用式 (F.68) 有

$$
\begin{aligned}
&\frac{\mathrm{d}\displaystyle\int_{-\infty}^{\hat{x}} (\hat{x}-x)g(x|\boldsymbol{z})\mathrm{d}x}{\mathrm{d}\hat{x}} \\
&= \int_{-\infty}^{\hat{x}} \frac{\partial(\hat{x}-x)g(x|\boldsymbol{z})}{\partial\hat{x}}\mathrm{d}x + \frac{\mathrm{d}\hat{x}}{\mathrm{d}\hat{x}}(\hat{x}-\hat{x})g(\hat{x}|\boldsymbol{z}) \\
&= \int_{-\infty}^{\hat{x}} g(x|\boldsymbol{z})\mathrm{d}x
\end{aligned} \tag{F.69}
$$

针对第 2 个积分, 应令 $h(\hat{x},x) = (x-\hat{x})g(x|\boldsymbol{z})$, 并利用式 (F.68) 有

$$
\begin{aligned}
&\frac{\mathrm{d}\displaystyle\int_{\hat{x}}^{+\infty} (x-\hat{x})g(x|\boldsymbol{z})\mathrm{d}x}{\mathrm{d}\hat{x}} \\
&= \int_{\hat{x}}^{+\infty} \frac{\partial(x-\hat{x})g(x|\boldsymbol{z})}{\partial\hat{x}}\mathrm{d}x - \frac{\mathrm{d}\hat{x}}{\mathrm{d}\hat{x}}(\hat{x}-\hat{x})g(\hat{x}|\boldsymbol{z}) \\
&= -\int_{\hat{x}}^{+\infty} g(x|\boldsymbol{z})\mathrm{d}x
\end{aligned} \tag{F.70}
$$

结合式 (F.69) 和式 (F.70), 可知式 (12.25) 成立。

M　式 (14.36) 的证明

基于式 (13.16) 可知

$$
\hat{\boldsymbol{x}}_{\mathrm{MMSE}} = \mathrm{E}\left[\boldsymbol{x}|\,\boldsymbol{z}\right] = \int \boldsymbol{x}g(\boldsymbol{x}|\boldsymbol{z})\mathrm{d}\boldsymbol{x} = \begin{bmatrix} \displaystyle\int x_1 g(\boldsymbol{x}|\boldsymbol{z})\mathrm{d}\boldsymbol{x} \\ \displaystyle\int x_2 g(\boldsymbol{x}|\boldsymbol{z})\mathrm{d}\boldsymbol{x} \end{bmatrix} \tag{F.71}
$$

式中 $g(\boldsymbol{x}|\boldsymbol{z})$ 为后验概率密度函数, 其表达式为

$$g\left(\boldsymbol{x}\right|\boldsymbol{z})=\frac{g(\boldsymbol{z}|\boldsymbol{x})g(\boldsymbol{x})}{g(\boldsymbol{z})}=\frac{g(\boldsymbol{z}|\boldsymbol{x})g(\boldsymbol{x})}{\displaystyle\int g(\boldsymbol{z},\boldsymbol{x})\mathrm{d}\boldsymbol{x}}=\frac{g(\boldsymbol{z}|\boldsymbol{x})g(\boldsymbol{x})}{\displaystyle\int g(\boldsymbol{z}|\boldsymbol{x})g(\boldsymbol{x})\mathrm{d}\boldsymbol{x}} \tag{F.72}$$

式中 $g(\boldsymbol{z}|\boldsymbol{x})$ 为条件概率密度函数, $g(\boldsymbol{x})$ 为先验概率密度函数, 根据假设可得它们的表达式为

$$\begin{aligned}g(\boldsymbol{z}|\boldsymbol{x})&=\frac{1}{(2\pi\sigma^2)^{p/2}}\exp\left\{-\frac{1}{2\sigma^2}\|\boldsymbol{z}-\boldsymbol{A}\boldsymbol{x}\|_2^2\right\}\ ,\\ g(\boldsymbol{x})&=\begin{cases}\dfrac{1}{4a^2}; & -a\leqslant x_1\leqslant a\ ,\ -a\leqslant x_2\leqslant a\\ 0; & \text{其他}\end{cases}\end{aligned} \tag{F.73}$$

将式 (F.73) 代入式 (F.72), 可得

$$g(\boldsymbol{x}|\boldsymbol{z})=\begin{cases}\dfrac{\dfrac{1}{4a^2\left(2\pi\sigma^2\right)^{p/2}}\exp\left\{-\dfrac{1}{2\sigma^2}\|\boldsymbol{z}-\boldsymbol{A}\boldsymbol{x}\|_2^2\right\}}{\displaystyle\int_{-a}^{a}\int_{-a}^{a}\dfrac{1}{4a^2\left(2\pi\sigma^2\right)^{p/2}}\exp\left\{-\dfrac{1}{2\sigma^2}\|\boldsymbol{z}-\boldsymbol{A}\boldsymbol{u}\|_2^2\right\}\mathrm{d}u_1\mathrm{d}u_2}; & \begin{pmatrix}-a\leqslant x_1\leqslant a,\\ -a\leqslant x_2\leqslant a\end{pmatrix}\\ 0; & \text{其他}\end{cases} \tag{F.74}$$

将式 (F.74) 代入式 (F.71), 可知式 (14.36) 成立。

N 式 (14.89) 中第 2 个等式的证明

结合式 (14.86)、命题 2.4 和注记 2.1, 有

$$\begin{aligned}&\left[\begin{array}{c:c}\boldsymbol{A}_p\boldsymbol{C}_{\boldsymbol{xx}}\boldsymbol{A}_{\mathrm{p}}^{\mathrm{T}}+\boldsymbol{E}_p & \boldsymbol{A}_p\boldsymbol{C}_{\boldsymbol{xx}}\boldsymbol{a}_{p+1}\\ \hdashline \boldsymbol{a}_{p+1}^{\mathrm{T}}\boldsymbol{C}_{\boldsymbol{xx}}\boldsymbol{A}_p^{\mathrm{T}} & \boldsymbol{a}_{p+1}^{\mathrm{T}}\boldsymbol{C}_{\boldsymbol{xx}}\boldsymbol{a}_{p+1}+\sigma_{p+1}^2\end{array}\right]^{-1}\\ &=\left[\begin{array}{c:c}\left(\boldsymbol{A}_p\boldsymbol{C}_{\boldsymbol{xx}}\boldsymbol{A}_p^{\mathrm{T}}+\boldsymbol{E}_p\right)^{-1} & \boldsymbol{O}_{p\times 1}\\ \hdashline \boldsymbol{O}_{1\times p} & 0\end{array}\right]\end{aligned}$$

$$+\frac{\left[\begin{array}{c:c}\begin{matrix}(\boldsymbol{A}_p\boldsymbol{C}_{\boldsymbol{xx}}\boldsymbol{A}_p^{\mathrm{T}}+\boldsymbol{E}_p)^{-1}\boldsymbol{A}_p\boldsymbol{C}_{\boldsymbol{xx}}\\ \times\boldsymbol{a}_{p+1}\boldsymbol{a}_{p+1}^{\mathrm{T}}\boldsymbol{C}_{xx}\boldsymbol{A}_p^{1}\left(\boldsymbol{A}_p\boldsymbol{C}_{\boldsymbol{xx}}\boldsymbol{A}_p^{\mathrm{T}}+\boldsymbol{E}_p\right)^{-1}\end{matrix} & -(\boldsymbol{A}_p\boldsymbol{C}_{\boldsymbol{xx}}\boldsymbol{A}_p^{\mathrm{T}}+\boldsymbol{E}_p)^{-1}\boldsymbol{A}_p\boldsymbol{C}_{\boldsymbol{xx}}\boldsymbol{a}_{p+1}\\ \hdashline -\boldsymbol{a}_{p+1}^{\mathrm{T}}\boldsymbol{C}_{\boldsymbol{xx}}\boldsymbol{A}_p^{\mathrm{T}}\left(\boldsymbol{A}_p\boldsymbol{C}_{\boldsymbol{xx}}\boldsymbol{A}_p^{\mathrm{T}}+\boldsymbol{E}_p\right)^{-1} & 1\end{array}\right]}{\sigma_{p+1}^2+\boldsymbol{a}_{p+1}^{\mathrm{T}}\mathbf{MSE}\left(\hat{\boldsymbol{x}}_{\mathrm{LMMSE},p}\right)\boldsymbol{a}_{p+1}} \tag{F.75}$$

将式 (F.75) 代入式 (14.89), 可知

$$\begin{aligned}\hat{\boldsymbol{x}}_{\mathrm{LMMSE},p+1}=&\boldsymbol{\mu}_x+\boldsymbol{C}_{\boldsymbol{xx}}\boldsymbol{A}_p^{\mathrm{T}}\left(\boldsymbol{A}_p\boldsymbol{C}_{\boldsymbol{xx}}\boldsymbol{A}_p^{\mathrm{T}}+\boldsymbol{E}_p\right)^{-1}(\boldsymbol{z}_p-\mathrm{E}[\boldsymbol{z}_p])\\&+\frac{\left(\begin{pmatrix}\boldsymbol{C}_{\boldsymbol{xx}}\boldsymbol{A}_p^{\mathrm{T}}\left(\boldsymbol{A}_p\boldsymbol{C}_{\boldsymbol{xx}}\boldsymbol{A}_p^{\mathrm{T}}+\boldsymbol{E}_p\right)^{-1}\boldsymbol{A}_p\boldsymbol{C}_{\boldsymbol{xx}}\boldsymbol{a}_{p+1}\boldsymbol{a}_{p+1}^{\mathrm{T}}\\ \times\boldsymbol{C}_{\boldsymbol{xx}}\boldsymbol{A}_p^{\mathrm{T}}\left(\boldsymbol{A}_p\boldsymbol{C}_{\boldsymbol{xx}}\boldsymbol{A}_p^{\mathrm{T}}+\boldsymbol{E}_p\right)^{-1}\\ -\boldsymbol{C}_{\boldsymbol{xx}}\boldsymbol{a}_{p+1}\boldsymbol{a}_{p+1}^{\mathrm{T}}\boldsymbol{C}_{\boldsymbol{xx}}\boldsymbol{A}_p^{\mathrm{T}}\left(\boldsymbol{A}_p\boldsymbol{C}_{\boldsymbol{xx}}\boldsymbol{A}_p^{\mathrm{T}}+\boldsymbol{E}_p\right)^{-1}\end{pmatrix}(\boldsymbol{z}_p-\mathrm{E}[\boldsymbol{z}_p])\\ +\begin{pmatrix}\boldsymbol{C}_{xx}\boldsymbol{a}_{p+1}-\boldsymbol{C}_{xx}\boldsymbol{A}_p^{\mathrm{T}}\left(\boldsymbol{A}_p\boldsymbol{C}_{xx}\boldsymbol{A}_p^{\mathrm{T}}+\boldsymbol{E}_p\right)^{-1}\\ \times\boldsymbol{A}_p\boldsymbol{C}_{xx}\boldsymbol{a}_{p+1}\end{pmatrix}(z_{p+1}-\mathrm{E}[z_{p+1}])\right)}{\sigma_{p+1}^2+\boldsymbol{a}_{p+1}^{\mathrm{T}}\mathbf{MSE}\left(\hat{\boldsymbol{x}}_{\mathrm{LMMSE},p}\right)\boldsymbol{a}_{p+1}}\end{aligned} \tag{F.76}$$

结合式 (F.76)、式 (14.85) 和式 (14.86), 可得

$$\begin{aligned}&\hat{\boldsymbol{x}}_{\mathrm{LMMSE},p+1}=\hat{\boldsymbol{x}}_{\mathrm{LMMSE},p}\\&-\frac{\begin{pmatrix}\mathbf{MSE}\left(\hat{\boldsymbol{x}}_{\mathrm{LMMSE},p}\right)\boldsymbol{a}_{p+1}\boldsymbol{a}_{p+1}^{\mathrm{T}}\boldsymbol{C}_{xx}\boldsymbol{A}_p^{\mathrm{T}}\left(\boldsymbol{A}_p\boldsymbol{C}_{\boldsymbol{xx}}\boldsymbol{A}_p^{\mathrm{T}}+\boldsymbol{E}_p\right)^{-1}(\boldsymbol{z}_p-\mathrm{E}[\boldsymbol{z}_p])\\ -\mathbf{MSE}\left(\hat{\boldsymbol{x}}_{\mathrm{LMMSE},p}\right)\boldsymbol{a}_{p+1}(z_{p+1}-\mathrm{E}[z_{p+1}])\end{pmatrix}}{\sigma_{p+1}^2+\boldsymbol{a}_{p+1}^{\mathrm{T}}\cdot\mathbf{MSE}\left(\hat{\boldsymbol{x}}_{\mathrm{LMMSE},p}\right)\cdot\boldsymbol{a}_{p+1}}\end{aligned} \tag{F.77}$$

由式 (14.85) 可知

$$\hat{\boldsymbol{x}}_{\mathrm{LMMSE},p}-\boldsymbol{\mu}_{\boldsymbol{x}}=\boldsymbol{C}_{\boldsymbol{xx}}\boldsymbol{A}_p^{\mathrm{T}}\left(\boldsymbol{A}_p\boldsymbol{C}_{\boldsymbol{xx}}\boldsymbol{A}_p^{\mathrm{T}}+\boldsymbol{E}_p\right)^{-1}(\boldsymbol{z}_p-\mathrm{E}[\boldsymbol{z}_p]) \tag{F.78}$$

将式 (F.78) 代入式 (F.77), 可得

$$\begin{aligned}\hat{\boldsymbol{x}}_{\mathrm{LMMSE},p+1}=&\hat{\boldsymbol{x}}_{\mathrm{LMMSE},p}\\&-\frac{\begin{matrix}\mathbf{MSE}\left(\hat{\boldsymbol{x}}_{\mathrm{LMMSE},p}\right)\boldsymbol{a}_{p+1}\boldsymbol{a}_{p+1}^{\mathrm{T}}\left(\hat{\boldsymbol{x}}_{\mathrm{LMMSE},p}-\boldsymbol{\mu}_{\boldsymbol{x}}\right)\\ -\mathbf{MSE}\left(\hat{\boldsymbol{x}}_{\mathrm{LMMSE},p}\right)\boldsymbol{a}_{p+1}(z_{p+1}-\mathrm{E}[z_{p+1}])\end{matrix}}{\sigma_{p+1}^{\mathrm{T}}+\boldsymbol{a}_{p+1}^{\mathrm{T}}\mathbf{MSE}\left(\hat{\boldsymbol{x}}_{\mathrm{LMMSE},p}\right)\boldsymbol{a}_{p+1}}\\=&\hat{\boldsymbol{x}}_{\mathrm{LMMSE},p}+\frac{\mathbf{MSE}\left(\hat{\boldsymbol{x}}_{\mathrm{LMMSE},p}\right)\boldsymbol{a}_{p+1}\left(\boldsymbol{z}_{p+1}-\boldsymbol{a}_{p+1}^{\mathrm{T}}\hat{\boldsymbol{x}}_{\mathrm{LMMSE},p}\right)}{\sigma_{p+1}^2+\boldsymbol{a}_{p+1}^{\mathrm{T}}\mathbf{MSE}\left(\hat{\boldsymbol{x}}_{\mathrm{LMMSE},p}\right)\boldsymbol{a}_{p+1}}\end{aligned} \tag{F.79}$$

式中第 2 个等号利用了关系式 $\mathrm{E}[z_{p+1}] = \boldsymbol{a}_{p+1}^{\mathrm{T}} \boldsymbol{\mu}_{\boldsymbol{x}}$ 。由式 (F.79) 可知, 式 (14.89) 中的第 2 个等式成立。

O 式 (14.92) 中第 2 个等式的证明

将式 (F.75) 代入式 (14.92), 可得

$$
\begin{aligned}
&\mathbf{MSE}\left(\hat{\boldsymbol{x}}_{\mathrm{LMMSE},p+1}\right) \\
&= \boldsymbol{C}_{\boldsymbol{xx}} - \boldsymbol{C}_{\boldsymbol{xx}} \boldsymbol{A}_p^{\mathrm{T}} \left(\boldsymbol{A}_p \boldsymbol{C}_{\boldsymbol{xx}} \boldsymbol{A}_p^{\mathrm{T}} + \boldsymbol{E}_p\right)^{-1} \boldsymbol{A}_p \boldsymbol{C}_{\boldsymbol{xx}} \\
&\quad - \frac{\boldsymbol{C}_{\boldsymbol{xx}} \left[\boldsymbol{A}_p^{\mathrm{T}} \quad \boldsymbol{a}_{p+1}\right] \left[\begin{array}{c:c} \begin{array}{c} \left(\boldsymbol{A}_p \boldsymbol{C}_{\boldsymbol{xx}} \boldsymbol{A}_p^{\mathrm{T}} + \boldsymbol{E}_p\right)^{-1} \\ \times \boldsymbol{A}_p \boldsymbol{C}_{\boldsymbol{xx}} \boldsymbol{a}_{p+1} \boldsymbol{a}_{p+1}^{\mathrm{T}} \boldsymbol{C}_{\boldsymbol{xx}} \boldsymbol{A}_p^{\mathrm{T}} \\ \times \left(\boldsymbol{A}_p \boldsymbol{C}_{\boldsymbol{xx}} \boldsymbol{A}_p^{\mathrm{T}} + \boldsymbol{E}_p\right)^{-1} \end{array} & \begin{array}{c} -\left(\boldsymbol{A}_p \boldsymbol{C}_{\boldsymbol{xx}} \boldsymbol{A}_p^{\mathrm{T}} + \boldsymbol{E}_p\right)^{-1} \\ \times \boldsymbol{A}_p \boldsymbol{C}_{\boldsymbol{xx}} \boldsymbol{a}_{p+1} \end{array} \\ \hdashline \begin{array}{c} -\boldsymbol{a}_{p+1}^{\mathrm{T}} \boldsymbol{C}_{\boldsymbol{xx}} \boldsymbol{A}_p^{\mathrm{T}} \\ \times \left(\boldsymbol{A}_p \boldsymbol{C}_{\boldsymbol{xx}} \boldsymbol{A}_p^{\mathrm{T}} + \boldsymbol{E}_p\right)^{-1} \end{array} & 1 \end{array}\right] \begin{bmatrix} \boldsymbol{A}_p \\ \boldsymbol{a}_{p+1}^{\mathrm{T}} \end{bmatrix} \boldsymbol{C}_{\boldsymbol{xx}}}{\sigma_{p+1}^2 + \boldsymbol{a}_{p+1}^{\mathrm{T}} \mathbf{MSE}\left(\hat{\boldsymbol{x}}_{\mathrm{LMMSE},p}\right) \boldsymbol{a}_{p+1}} \\
&= \boldsymbol{C}_{\boldsymbol{xx}} - \boldsymbol{C}_{\boldsymbol{xx}} \boldsymbol{A}_p^{\mathrm{T}} \left(\boldsymbol{A}_p \boldsymbol{C}_{\boldsymbol{xx}} \boldsymbol{A}_p^{\mathrm{T}} + \boldsymbol{E}_p\right)^{-1} \boldsymbol{A}_p \boldsymbol{C}_{\boldsymbol{xx}} \\
&\quad - \frac{\begin{array}{c} \left(\boldsymbol{C}_{\boldsymbol{xx}} - \boldsymbol{C}_{\boldsymbol{xx}} \boldsymbol{A}_p^{\mathrm{T}} \left(\boldsymbol{A}_p \boldsymbol{C}_{\boldsymbol{xx}} \boldsymbol{A}_p^{\mathrm{T}} + \boldsymbol{E}_p\right)^{-1} \boldsymbol{A}_p \boldsymbol{C}_{\boldsymbol{xx}}\right) \boldsymbol{a}_{p+1} \boldsymbol{a}_{p+1}^{\mathrm{T}} \\ \times \left(\boldsymbol{C}_{\boldsymbol{xx}} - \boldsymbol{C}_{\boldsymbol{xx}} \boldsymbol{A}_p^{\mathrm{T}} \left(\boldsymbol{A}_p \boldsymbol{C}_{\boldsymbol{xx}} \boldsymbol{A}_p^{\mathrm{T}} + \boldsymbol{E}_p\right)^{-1} \boldsymbol{A}_p \boldsymbol{C}_{\boldsymbol{xx}}\right) \end{array}}{\sigma_{p+1}^2 + \boldsymbol{a}_{p+1}^{\mathrm{T}} \mathbf{MSE}\left(\hat{\boldsymbol{x}}_{\mathrm{LMMSE},p}\right) \boldsymbol{a}_{p+1}}
\end{aligned} \tag{F.80}
$$

将式 (14.86) 代入式 (F.80), 可知

$$
\begin{aligned}
&\mathbf{MSE}(\hat{\boldsymbol{x}}_{\mathrm{LMMSE},p+1}) \\
&= \mathbf{MSE}(\hat{\boldsymbol{x}}_{\mathrm{LMMSE},p}) - \frac{\mathbf{MSE}(\hat{\boldsymbol{x}}_{\mathrm{LMMSE},p}) \boldsymbol{a}_{p+1} \boldsymbol{a}_{p+1}^{\mathrm{T}} \mathbf{MSE}(\hat{\boldsymbol{x}}_{\mathrm{LMMSE},p})}{\sigma_{p+1}^2 + \boldsymbol{a}_{p+1}^{\mathrm{T}} \mathbf{MSE}(\hat{\boldsymbol{x}}_{\mathrm{LMMSE},p}) \boldsymbol{a}_{p+1}}
\end{aligned} \tag{F.81}
$$

由此可知, 式 (14.92) 中的第 2 个等式成立。

P 式 (15.34) 中第 3 个等式的证明

由于

$$
\begin{aligned}
\hat{\boldsymbol{x}}_{k|k-1} &= \mathrm{E}\left[\boldsymbol{x}_k | \mathbf{Z}(k-1)\right] = \mathrm{E}\left[\boldsymbol{x}_k | \overline{\overline{\boldsymbol{z}}}(k-1)\right] \\
&= \mathrm{E}\left[\boldsymbol{x}_k\right] + \boldsymbol{C}_{\boldsymbol{x}_k \overline{\overline{\boldsymbol{z}}}(k-1)} \boldsymbol{C}_{\overline{\overline{\boldsymbol{z}}}(k-1) \overline{\overline{\boldsymbol{z}}}(k-1)}^{-1} (\overline{\overline{\boldsymbol{z}}}(k-1) - \mathrm{E}[\overline{\overline{\boldsymbol{z}}}(k-1)]) \\
&= \mathrm{E}\left[\boldsymbol{x}_k\right] + \boldsymbol{C}_{\boldsymbol{x}_k \overline{\overline{\boldsymbol{z}}}(k-1)} \boldsymbol{C}_{\overline{\overline{\boldsymbol{z}}}(k-1) \overline{\overline{\boldsymbol{z}}}(k-1)}^{-1} \overline{\overline{\boldsymbol{z}}}(k-1)
\end{aligned} \tag{F.82}
$$

式中 $\overline{\overline{\boldsymbol{z}}}(k-1)=\left[\widetilde{\boldsymbol{z}}_{1|0}^{\mathrm{T}}\ \widetilde{\boldsymbol{z}}_{2|1}^{\mathrm{T}}\cdots\widetilde{\boldsymbol{z}}_{k-1|k-2}^{\mathrm{T}}\right]^{\mathrm{T}}$。由此可得

$$\mathrm{E}\left[\boldsymbol{x}_k\right]=\hat{\boldsymbol{x}}_{k|k-1}-\boldsymbol{C}_{\boldsymbol{x}_k\overline{\overline{\boldsymbol{z}}}(k-1)}\boldsymbol{C}_{\overline{\overline{\boldsymbol{z}}}(k-1)\overline{\overline{\boldsymbol{z}}}(k-1)}^{-1}\overline{\overline{\boldsymbol{z}}}(k-1) \tag{F.83}$$

于是有

$$\begin{aligned}
&\mathrm{E}\left[\left(\boldsymbol{x}_k-\mathrm{E}\left[\boldsymbol{x}_k\right]\right)\widetilde{\boldsymbol{z}}_{k|k-1}^{\mathrm{T}}\right]\\
&=\mathrm{E}\left[\left(\boldsymbol{x}_k-\hat{\boldsymbol{x}}_{k|k-1}+\boldsymbol{C}_{\boldsymbol{x}_k\overline{\overline{\boldsymbol{z}}}(k-1)}\boldsymbol{C}_{\overline{\overline{\boldsymbol{z}}}(k-1)\overline{\overline{\boldsymbol{z}}}(k-1)}^{-1}\overline{\overline{\boldsymbol{z}}}(k-1)\right)\widetilde{\boldsymbol{z}}_{k|k-1}^{\mathrm{T}}\right]\\
&=\mathrm{E}\left[\widetilde{\boldsymbol{x}}_{k|k-1}\widetilde{\boldsymbol{z}}_{k|k-1}^{\mathrm{T}}\right]+\mathrm{E}\left[\boldsymbol{C}_{\boldsymbol{x}_k\overline{\overline{\boldsymbol{z}}}(k-1)}\boldsymbol{C}_{\overline{\overline{\boldsymbol{z}}}(k-1)\overline{\overline{\boldsymbol{z}}}(k-1)}^{-1}\overline{\overline{\boldsymbol{z}}}(k-1)\widetilde{\boldsymbol{z}}_{k|k-1}^{\mathrm{T}}\right]\\
&=\mathrm{E}\left[\widetilde{\boldsymbol{x}}_{k|k-1}\widetilde{\boldsymbol{z}}_{k|k-1}^{\mathrm{T}}\right]+\boldsymbol{C}_{\boldsymbol{x}_k\overline{\overline{\boldsymbol{z}}}(k-1)}\boldsymbol{C}_{\overline{\overline{\boldsymbol{z}}}(k-1)\overline{\overline{\boldsymbol{z}}}(k-1)}^{-1}\mathrm{E}\left[\overline{\overline{\boldsymbol{z}}}(k-1)\widetilde{\boldsymbol{z}}_{k|k-1}^{\mathrm{T}}\right]\\
&=\mathrm{E}\left[\widetilde{\boldsymbol{x}}_{k|k-1}\widetilde{\boldsymbol{z}}_{k|k-1}^{\mathrm{T}}\right]
\end{aligned} \tag{F.84}$$

式 (F.84) 中的最后一个等号利用了新息序列之间的独立性。由式 (F.84) 可知, 式 (15.34) 中的第 3 个等式成立。

参考文献

[1] 魏木生. 广义最小二乘问题的理论和计算 [M]. 北京: 科学出版社, 2006.

[2] Gopalakrishnan B. Least-squares methods for linear programming problems[M]. Saarbrücken: LAP Lambert Academic Publishing, 2011.

[3] Alcocer G. Solution of systems of equations and the least square method[M]. Saarbrücken: LAP Lambert Academic Publishing, 2015.

[4] Bochev PB, Gunzburger M D. Least-squares finite element methods[M]. Berlin: Springer, 2009.

[5] 葛永慧. 再生权最小二乘法稳健估计 [M]. 北京: 科学出版社, 2015.

[6] 米歇尔 · 沃哈根, 文森特 · 沃达特. 滤波与系统辨识: 最小二乘法 [M]. 廖桂生, 兰岚, 廖瑞乾, 等, 译. 北京: 机械工业出版社, 2018.

[7] Wolberg J. Data analysis using the method of least squares: extracting the most information from experiments[M]. Berlin: Springer, 2006.

[8] 汤露 · 舒茨, 数据拟合与不确定度: 加权最小二乘及其推广的实用指南 [M]. 王鼎, 唐涛, 吴志东, 等, 译. 北京: 国防工业出版社, 2017.

[9] 刘京礼. 鲁棒最小二乘支持向量机研究与应用 [M]. 北京: 经济管理出版社, 2012.

[10] 王桂增, 叶昊. 主元分析与偏最小二乘法 [M]. 北京: 清华大学出版社, 2012.

[11] 黄建平, 李闯, 李庆洋. 最小二乘偏移成像理论及方法 [M]. 北京: 科学出版社, 2016.

[12] 王鼎. 校正源条件下广义最小二乘无源定位理论与方法 [M]. 北京: 科学出版社, 2015.

[13] 史蒂芬 M K., 统计信号处理基础——估计与检测理论 [M]. 罗鹏飞, 张文明, 刘忠, 等, 译. 北京: 电子工业出版社, 2014.

[14] 张贤达. 现代信号处理 [M]. 3 版. 北京: 清华大学出版社, 2015.

[15] Markovsky I, Huffel S V. Overview of total least-squares methods[J]. Signal Processing, 2007, 87(10): 2283-2302.

[16] Xing Fang. Weighted total least squares: necessary and sufficient conditions, fixed and random parameters[J]. Journal of Geodesy, 2013, 87(8): 733-749.

[17] Markovsky I, Rastello M L, Premoli A, et al. The element-wise weighted total least-squares problem[J]. Computational Statistics & Data Analysis, 2006, 50(1): 181-209.

[18] Schaffrin B, Felus Y A. An algorithmic approach to the total least-squares problem with linear and quadratic constraints[J]. Studia Geophysica et Geodaetica, 2009, 53(1): 1-16.

[19] Mahboub V, Sharifi M A. On weighted total least-squares with linear and quadratic constraints[J]. Journal of Geodesy, 2013, 87(3): 279-286.

[20] Xing Fang. A structured and constrained total least-squares solution with cross-covariances[J]. Studia Geophysica et Geodaetica, 2014, 58(1): 1-16.

[21] 张贤达. 矩阵分析与应用 [M]. 2 版. 北京: 清华大学出版社, 2013.

[22] Abatzoglou T J, Mendel J M, Harada G A. The constrained total least squares technique and its applications to harmonic superresolution[J]. IEEE Transactions on Signal Processing, 1991, 39(5): 1070-1087.

[23] Moor B D. Total least squares for affinely structured matrices and the noisy realization problem[J]. IEEE Transactions on Signal Processing, 1994, 42(11): 3104-3113.

[24] Markovsky I, Willems J C, Huffel S V, et al. Application of structured total least squares for system identification and model reduction[J]. IEEE Transactions on Automatic Control, 2005, 50(10): 1490-1500.

[25] Huffel S V, Park H, Rosen J B. Formulation and solution of structured total least norm problems for parameter estimation[J]. IEEE Transactions on Signal Processing, 1996, 44(10): 2464-2474.

[26] Markovsky I, Huffel S V, Pintelon R. Block-Toeplitz/Hankel structured total least squares[J]. SIAM Journal on Matrix Analysis and Applications, 2005, 26(4): 1083-1099.

[27] Lemmerling P, Moor B D, Huffel S V. On the equivalence of constrained total least squares and structured total least squares[J]. IEEE Transactions on Signal Processing, 1996, 44(11): 2908-2911.

[28] Chandrasekaran S, Golub G H, Gu M, Sayed A H. Parameter estimation in the presence of bounded modeling errors[J]. IEEE Signal Processing Letters, 1997, 4(7): 195-197.

[29] Ghaoui L E, Lebret H. Robust solutions to least-squares problems with uncertain data[J]. SIAM Journal on Matrix Analysis and Applications, 1997, 18(4): 1035-1064.

[30] Pilanci M, Arikan O, Pinar M C. Structured least squares problems and robust estimators[J]. IEEE Transactions on Signal Processing, 2010, 58(5): 2453-2465.

[31] Eldar Y C, Ben-Tal A, Nemirovski A. Robust mean-squared error estimation in the presence of model uncertainties[J]. IEEE Transactions on Signal Processing, 2005, 53(1): 168-181.

[32] Yeredor A. The extended least squares criterion: minimization algorithms and applications[J]. IEEE Transactions on Signal Processing, 2001, 49(1): 74-86.

[33] 豪格 A J H. 贝叶斯估计与跟踪实用指南 [M]. 王欣, 于晓, 译. 北京: 国防工业出版社, 2014.

[34] 程云鹏, 张凯院, 徐仲. 矩阵论 [M]. 3 版. 西安: 西北工业大学出版社, 2013.

[35] 戈卢布 G H, 范洛恩 C F. 矩阵计算 [M]. 袁亚湘, 等译. 3 版. 北京: 人民邮电出版社, 2011.

[36] 宋叔尼, 张国伟, 王晓敏. 实变函数与泛函分析 [M]. 2 版. 北京: 科学出版社, 2019.

[37] Ho K C. Bias reduction for an explicit solution of source localization using TDOA[J]. IEEE Transactions on Signal Processing, 2012, 60(5): 2101-2114.

[38] Loan C V. On the method of weighting for equality-constrained least-squares problems[J]. SLAM Journal on Numerical Analysis, 1985, 22(5): 851-864.

[39] 王松桂, 吴密霞, 贾忠贞. 矩阵不等式 [M]. 2 版. 北京: 科学出版社, 2006.

[40] 孙继广. 矩阵扰动分析 [M]. 2 版. 北京: 科学出版社, 2001.

[41] 肖先赐. 现代谱估计——原理与应用 [M]. 哈尔滨: 哈尔滨工业大学出版社, 1991.

[42] 西蒙 D. 最优状态估计——卡尔曼, H_∞ 及非线性滤波 [M]. 张勇刚, 李宁, 奔粤阳, 译. 北京: 国防工业出版社, 2013.

[43] 韩崇昭, 朱洪艳, 段战胜. 多源信息融合 [M]. 2 版. 北京: 清华大学出版社, 2010.

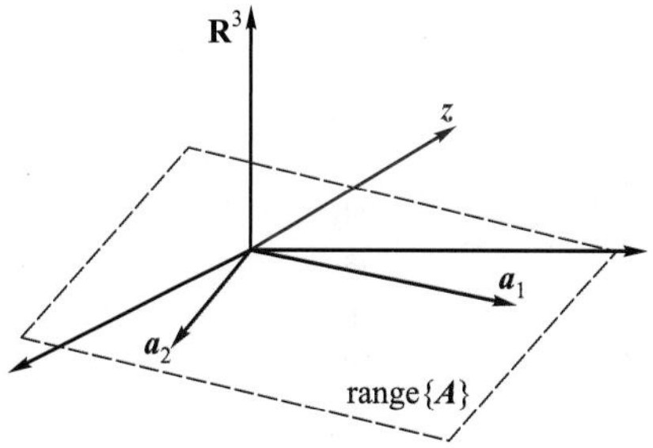

图 3.1　线性子空间 range$\{\boldsymbol{A}\}$ 与欧氏空间 $\mathbf{R}^p$ 的示意图 (以 $p=3$ 和 $q=2$ 为例)

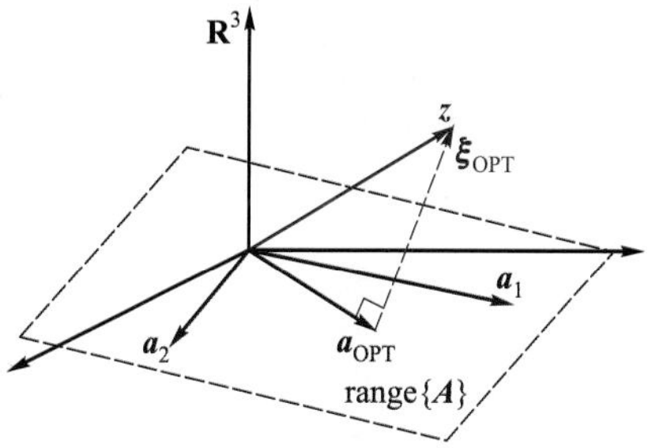

图 3.2　最小二乘估计正交原理示意图

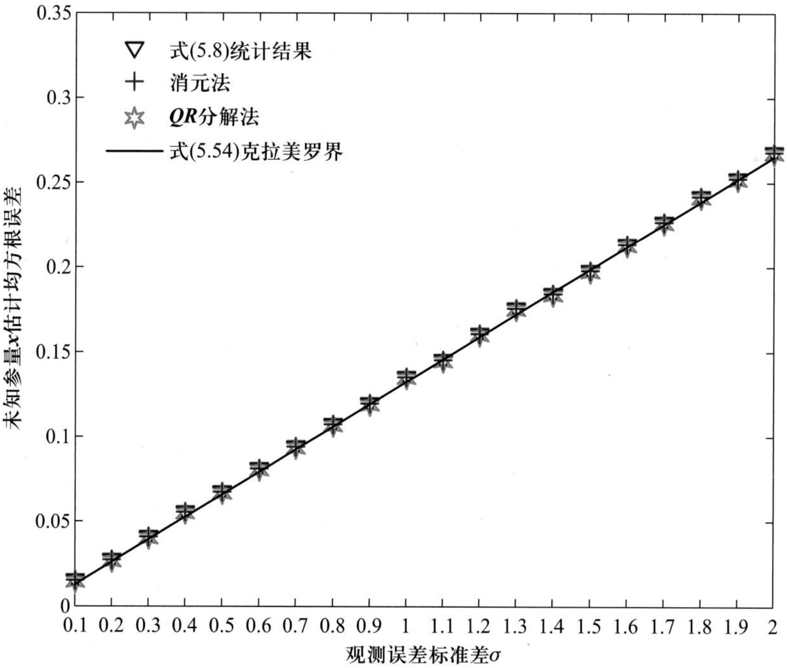

图 5.1　未知参量 $\boldsymbol{x}$ 估计均方根误差随观测误差标准差 σ 的变化曲线 (比较式 (5.8)、消元法和 $\boldsymbol{QR}$ 分解法)

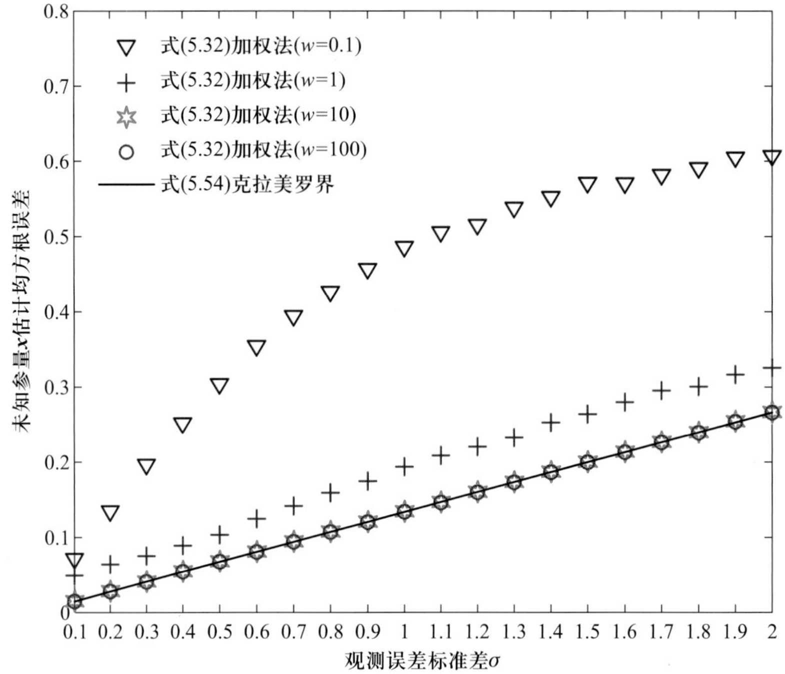

图 5.2　未知参量 $\boldsymbol{x}$ 估计均方根误差随观测误差标准差 σ 的变化曲线 (不同加权因子条件下的性能比较)

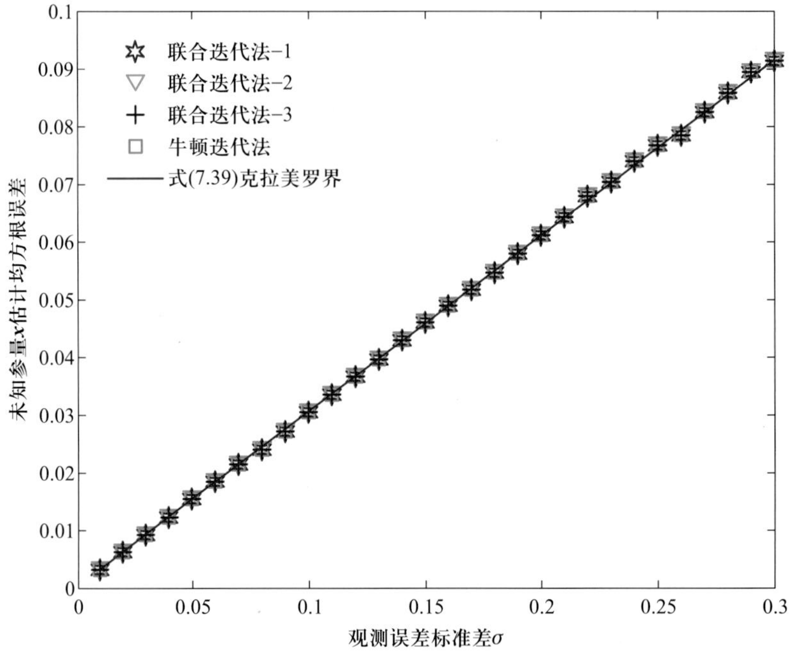

图 7.1　未知参量 $\boldsymbol{x}$ 估计均方根误差随观测误差标准差 σ 的变化曲线

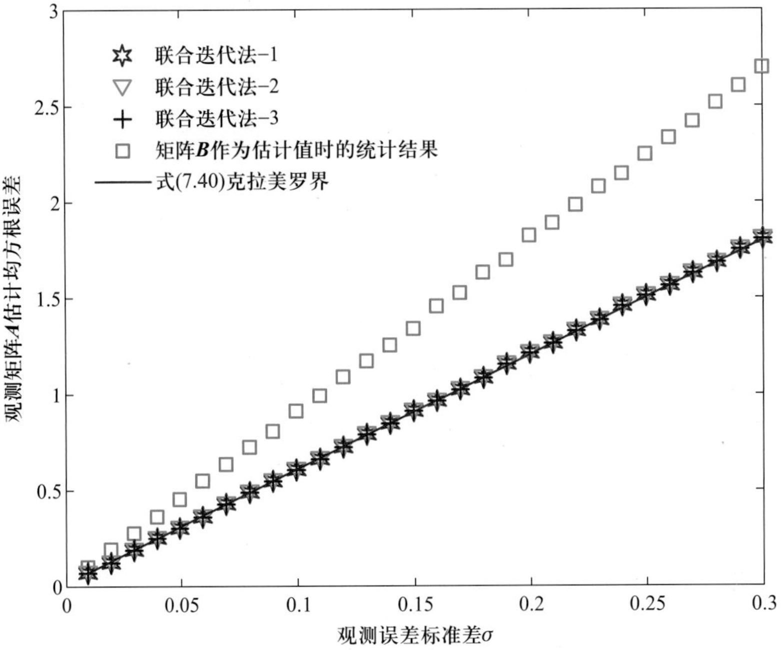

图 7.2　观测矩阵 $\boldsymbol{A}$ 估计均方根误差随观测误差标准差 σ 的变化曲线

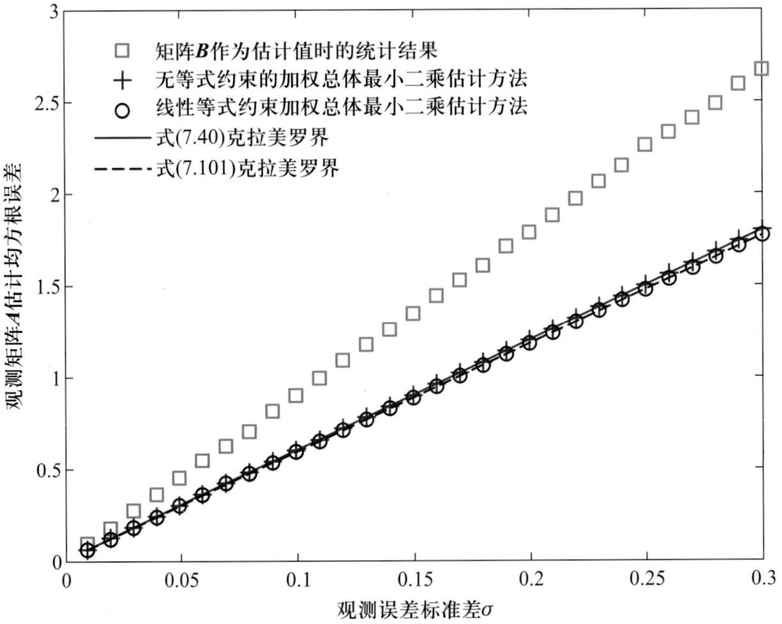

图 7.4　观测矩阵 $\boldsymbol{A}$ 估计均方根误差随观测误差标准差 σ 的变化曲线

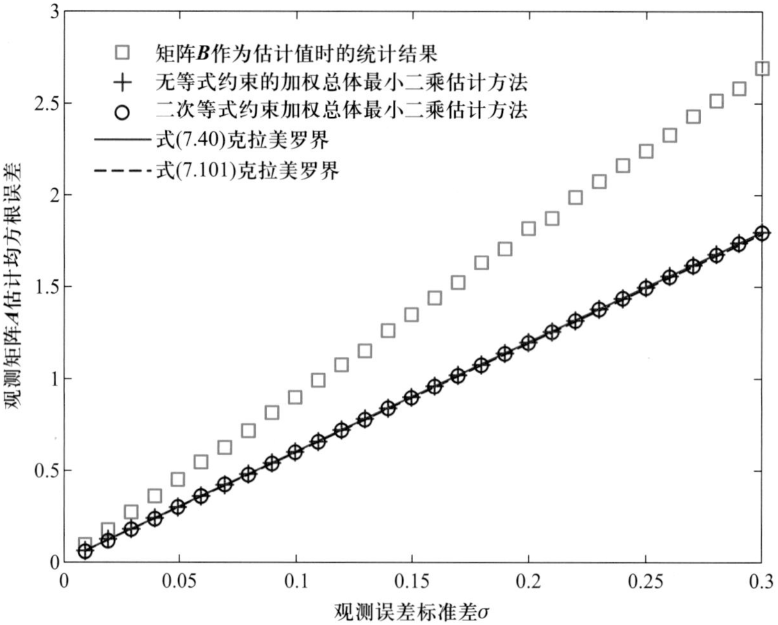

图 7.6　观测矩阵 $\boldsymbol{A}$ 估计均方根误差随观测误差标准差 σ 的变化曲线

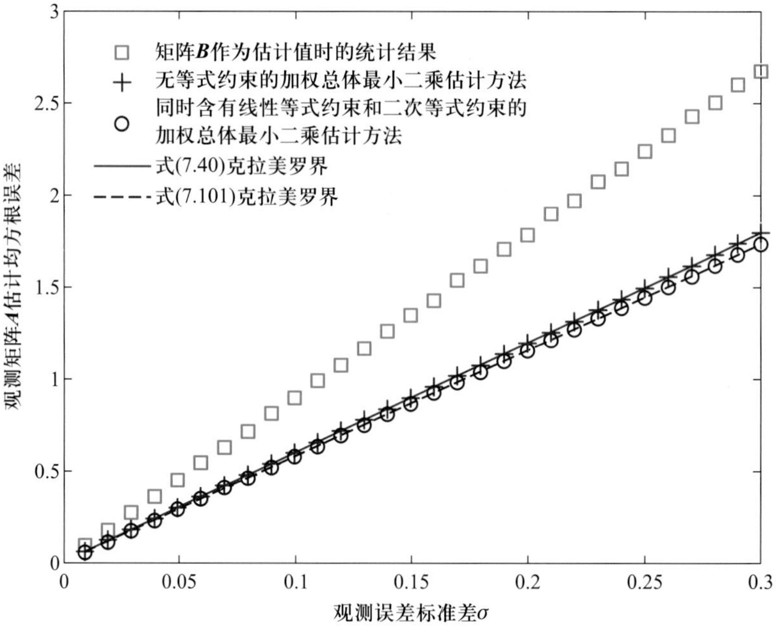

图 7.8　观测矩阵 $\boldsymbol{A}$ 估计均方根误差随观测误差标准差 σ 的变化曲线

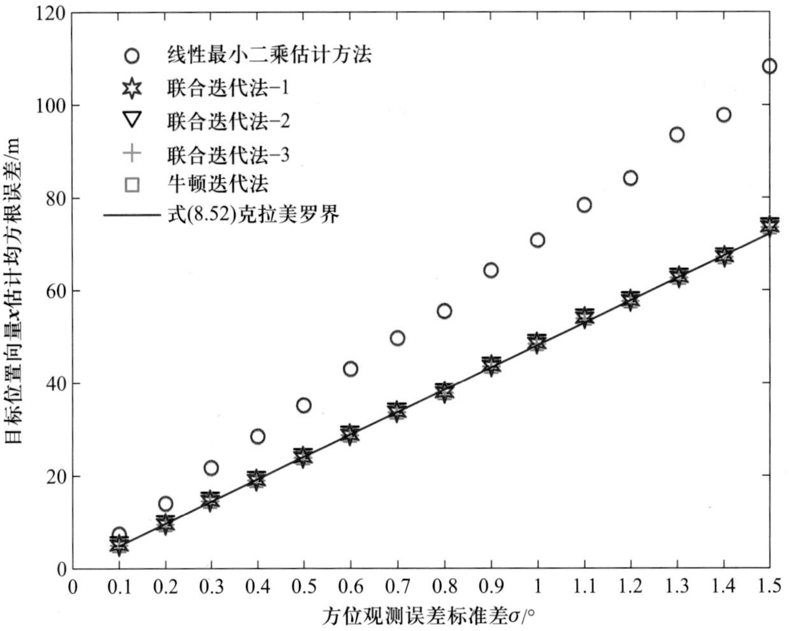

图 8.2　目标位置向量 $\boldsymbol{x}$ 估计均方根误差随方位观测误差标准差 σ 的变化曲线

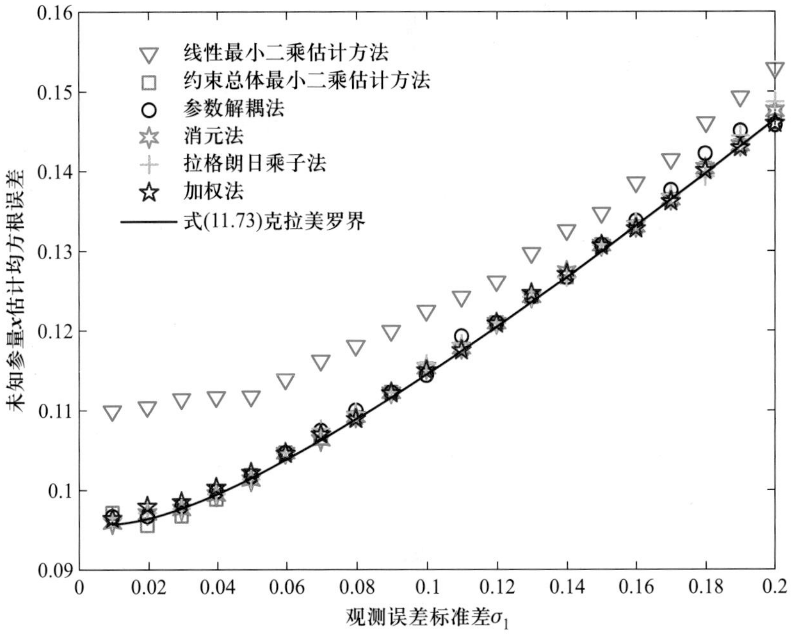

图 11.1　未知参量 $\boldsymbol{x}$ 估计均方根误差随观测误差标准差 σ_1 的变化曲线

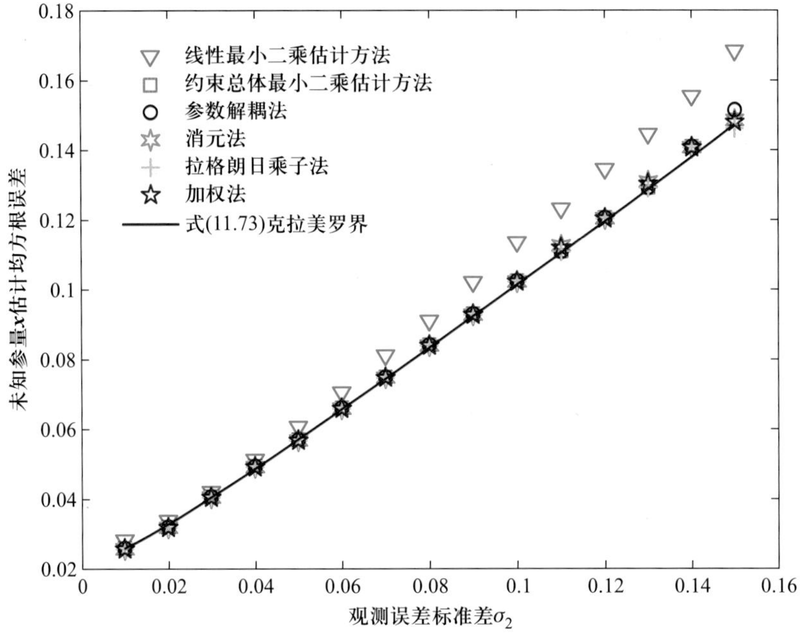

图 11.2　未知参量 $\boldsymbol{x}$ 估计均方根误差随观测误差标准差 σ_2 的变化曲线

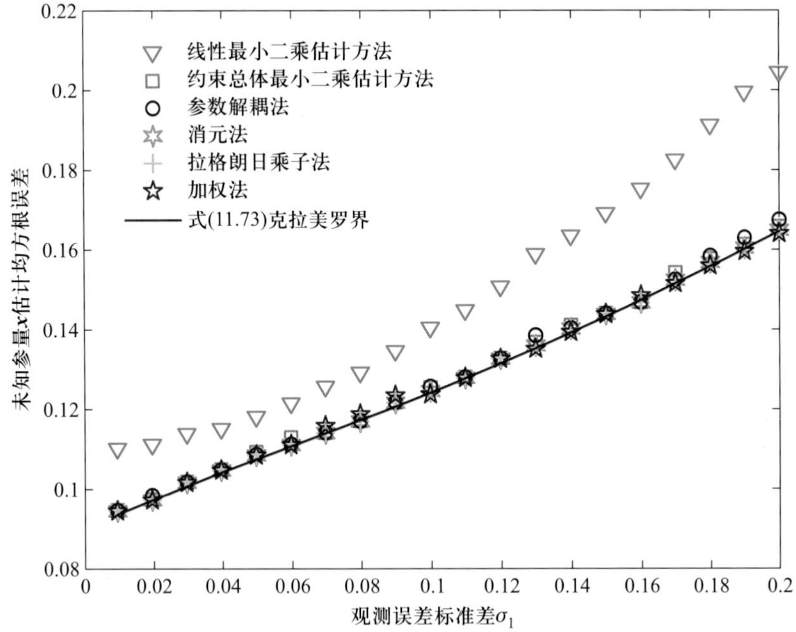

图 11.3　未知参量 $\boldsymbol{x}$ 估计均方根误差随观测误差标准差 σ_1 的变化曲线

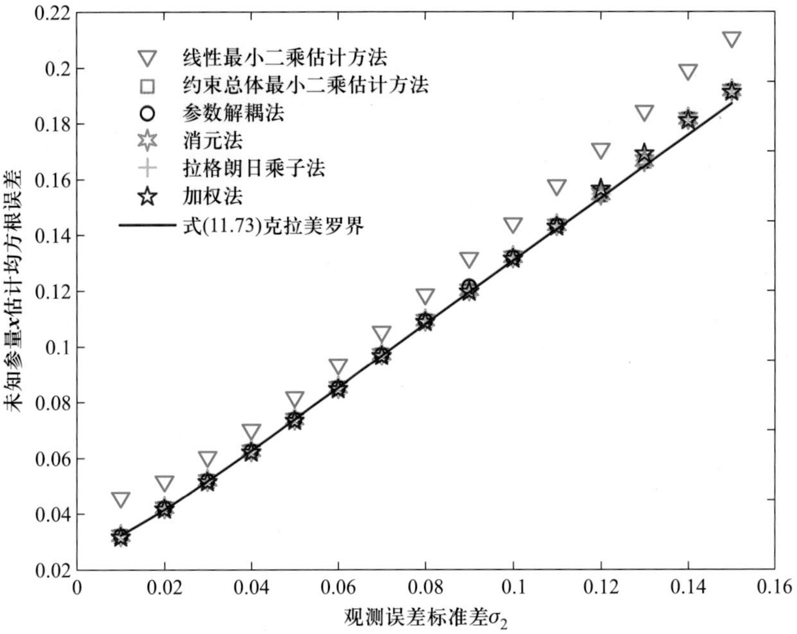

图 11.4　未知参量 $\boldsymbol{x}$ 估计均方根误差随观测误差标准差 σ_2 的变化曲线